Biogene Gifte

Biologie - Chemie - Pharmakologie

von Eberhard Teuscher
und Ulrike Lindequist

2. bearbeitete und erweiterte Auflage mit
379 Farbabbildungen auf 64 Tafeln,
244 Formelabbildungen und
60 Tabellen

SEMPER BONIS ARTIBUS

Gustav Fischer · Stuttgart · Jena · New York
1994

Prof. Dr. habil. Eberhard Teuscher
Prof. Dr. habil. Ulrike Lindequist
Institut für Pharmazeutische Biologie der
Ernst-Moritz-Arndt-Universität Greifswald
Friedrich-Ludwig-Jahn-Straße 15a
17489 Greifswald

Die Abbildungen des Umschlags zeigen (von links nach rechts):
1. Reihe: *Arum maculatum*, Gefleckter Aronstab (Früchte); *Pterois volitans*, Rotfeuerfisch
2. Reihe: *Cortinarius splendens*, Schöngelber Klumpfuß; *Papaver somniferum*, Schlaf-Mohn; *Dendrobates lehmanni* (ein Pfeilgiftfrosch); *Corynebacterium diphtheriae* (Erreger der Diphtherie).

Frontispiz: Raupe von *Cerura vinula*, Gabelschwanz.

Die Deutsche Bibliothek – CIP-Einheitsaufnahme

Teuscher, Eberhard:
Biogene Gifte : Biologie - Chemie - Pharmakologie ; 60 Tabellen / von Eberhard Teuscher und Ulrike Lindequist. - 2., bearb. und erw. Aufl. - Stuttgart ; Jena ; New York : G. Fischer, 1994

ISBN 3-437-30747-9
NE: Lindequist, Ulrike:

Gesetzt in der Garamond 9 1/2 auf 11 Punkt und der Futura auf Berthold, gedruckt auf BVS-Plus matt chlorfrei gebleicht - TCF, 100 g/m² und 115 g/m².
Herstellung: Martina Dörsam
Umschlaggestaltung: Klaus Dempel, Stuttgart
Satz: Typomedia Satztechnik GmbH, Ostfildern
Druck: Karl Grammlich GmbH, Pliezhausen
Einband: Großbuchbinderei Heinrich Koch, Tübingen
Printed in Germany

Wichtiger Hinweis
Die pharmakotherapeutischen Erkenntnisse in der Medizin unterliegen laufendem Wandel durch Forschung und klinische Erfahrungen. Die Autoren dieses Werkes haben große Sorgfalt darauf verwandt, daß die in diesem Werk gemachten therapeutischen Angaben (insbesondere hinsichtlich Indikation, Dosierung und unerwünschten Wirkungen) dem derzeitigen Wissensstand entsprechen. Das entbindet den Benutzer dieses Werkes aber nicht von der Verpflichtung, anhand der Beipackzettel zu verschreibender Präparate zu überprüfen, ob die dort gemachten Angaben von denen in diesem Buch abweichen und seine Verordnung in eigener Verantwortung zu bestimmen.

0 1 2 3 4 5

Vorwort zur 2. Auflage

Seit dem Erscheinen der 1. Auflage sind 6 Jahre vergangen. In diesem kurzen Zeitraum sind derartig viele neue Erkenntnisse auf dem Gebiet der Chemie und Pharmakologie biogener Gifte gewonnen worden, daß unsere Absicht, das Buch an den gegenwärtigen Erkenntnisstand heranzuführen, sich nur durch eine völlige Neufassung fast aller Kapitel und durch viele Neuaufnahmen verwirklichen ließ.

Dabei haben wir an der ursprünglichen Konzeption festgehalten. Geblieben ist das Anliegen, Studierenden und in der Praxis und Forschung tätigen Pharmazeuten, Medizinern, Veterinärmedizinern, Chemikern, Biochemikern und Biologen, aber auch jedem anderen naturwissenschaftlich Interessierten, eine Übersicht über die Biologie von giftigen Mikroorganismen, Giftpilzen, Giftpflanzen und Gifttieren und die Chemie und Pharmakologie biogener Gifte zur Verfügung zu stellen. Wir wollen auf Gefahren aufmerksam machen, die uns in unserer natürlichen Umwelt sowie in unseren Nahrungs- und Genußmitteln entgegentreten können und dem Arzt Hinweise auf neue Behandlungsmethoden von Vergiftungen geben. Durch ein umfangreiches Literaturverzeichnis soll zur Vertiefung der Kenntnisse angeregt und ein Weiterverarbeiten ermöglicht werden.

Gern sind wir der Aufforderung des Fischer-Verlages nachgekommen, das Buch mit Fotos der Giftstoffe bildenden Lebewesen auszustatten. Viele Freunde, denen wir sehr dankbar sind, haben uns dabei geholfen. Wir hoffen, durch die Illustrationen dem Interessierten die Produzenten der biogenen Wirkstoffe vorzustellen und dem Praktiker die Diagnose erleichtern zu können. Bei der Vielzahl der aufgenommenen giftigen Lebewesen konnte dies nur beispielhaft geschehen und Vollständigkeit nicht erreicht werden.

Schwerer als bei der 1. Auflage ist uns die Auswahl der aufzunehmenden Fakten gefallen, die, wie könnte es anders sein, subjektiv sein mußte. Die riesige Menge neu aufgefundener und charakterisierter Naturstoffe, besonders die enorme Fülle strukturell interessanter Stoffe aus Meeresorganismen, hat die Wahl zur Qual werden lassen und der für den biologischen und naturstoffchemischen Teil verantwortlich zeichnende erstgenannte Autor hat vielleicht die Kunst des Weglassens bei so vielen faszinierenden Strukturen manchmal ein wenig vernachlässigt und es der Autorin des pharmakologischen Teils schwer gemacht, mit den oft nur spärlich vorhandenen pharmakologischen Untersuchungsergebnissen das Bild dieser Naturstoffe als Wirkstoffe abzurunden.

Dennoch waren wir bemüht, aus den verstreut aufzufindenden Steinchen ein Mosaik zu schaffen, das die enorme Vielfalt der im Existenzkampf mit dem Ziel des Überlebens entwickelten chemischen Strukturen und ihre Wirkungen in einem überschaubaren Gesamtbild sichtbar macht. Diese Mannigfaltigkeit der Verteidigungsstrategien der Lebewesen verdient unsere Bewunderung, und ihre Schöpfer verdienen unseren Schutz.

Dem Pharmakologen und dem Biochemiker wollen wir die ungeheure Vielfalt der Naturstoffe aufzeigen, die einer näheren pharmakologischen und biochemischen Untersuchung harren, die aber auch eine Herausforderung für den Synthetiker sein sollten. Die Natur hat zwar ebenfalls ungezielt synthetisiert, aber im Verlaufe einer Jahrmilliarden dauernden Evolution auf Wirkung optimiert, Unbrauchbares verworfen und Brauchbares verbessert. Viele Schätze warten auf ihre Entdeckung.

Das Buch wurde vor allem für den deutschsprachigen Raum Mitteleuropas geschrieben. Giftige Pilze, Pflanzen und Tiere, die in diesem Raum vorkommen, wurden deshalb besonders ausführlich behandelt. Mitteleuropa haben wir dabei in den Grenzen aufgefaßt, die Hegi in der «Flora von Mitteleuropa» abgesteckt hat. Darüber hinaus wurden natürlich die Gifte der ubiquitären Bakterien und niederen Pilze berücksichtigt. In verstärktem Maße haben wir in dieser Auflage auch wichtige Giftpilze, Giftpflanzen und Gifttiere aus anderen Regionen der Erde aufgenommen, mit denen der Reisende unterwegs und mit deren Wirkstoffen der Arzt und Patient daheim bei der therapeutischen Anwendung in Kontakt kommen kann.

Bei der Fülle an gesichteter Originalliteratur war es

nicht immer möglich, alle Originalarbeiten in das Literaturverzeichnis aufzunehmen. Wenn Übersichtsarbeiten oder Originalarbeiten mit referierendem Teil vorlagen, haben wir diese zitiert. Dennoch sollte jeder genannte Fakt belegt sein.

In Fragen der Nomenklatur und Systematik haben wir uns für die Pilze an das Handbuch für Pilzfreunde von MICHAEL, HENNIG und KREISEL, Ausgabe 1983–1988, für die Pflanzen Mitteleuropas an die von ROTHMALER begründeten Exkursionsfloren, Ausgabe 1988, für Kulturpflanzen an MANSFELD, Ausgabe 1986, für Zierpflanzen an GRUNERT, Ausgabe 1989, für exotische Pflanzen an ZANDER, Ausgabe 1980, und für die Tiere an die von STRESEMANN herausgegebenen Exkursionsfaunen, Ausgabe 1983–1984, gehalten (siehe Literaturanhang).

Es ist uns eine angenehme Pflicht, allen zu danken, die uns beim Zustandekommen der 2. Auflage unterstützt haben. Besonders danken wir Fräulein MEYER für ihre unermüdliche Hilfe bei der Literaturrecherche und der Literaturbeschaffung, ihr und Frau FREITAG für die technische Unterstützung bei der Erstellung des Literaturverzeichnisses sowie Frau WIESE für die Anfertigung der Druckvorlagen für die Formelabbildungen. Den Bibliothekarinnen Frau HAGEMANN und Frau WALTER danken wir für ihr Verständnis für unsere ungewöhnlich großen Anforderungen an ihre Arbeit. Herrn Thomas Flatt, Solothurn, danken wir für die Beratung in Fragen der Nomenklatur der Spinnentiere und der Kriechtiere.

Unser besonderer Dank gilt Frau Christiane GRUNOW, vormals leitende Lektorin des Akademie-Verlags Berlin, für ihre Unterstützung bei der Herausgabe der 1. Auflage dieses Buches, Herrn Bernd VON BREITENBUCH, Geschäftsführer des Fischer Verlages Stuttgart, für die Ermöglichung der 2. Auflage und Herrn Dr. JAUS und Frau DÖRSAM vom Fischer-Verlag für die Unterstützung bei der Bildauswahl und die Förderung des Vorhabens.

Danken möchten wir auch all denen, die uns auf Fehler in der 1. Auflage hingewiesen haben. Sicherlich wurden auch in dieser Auflage Fehler gemacht. Für kritische Hinweise, für Literatur und Bildmaterial sind wir jederzeit dankbar.

Unseren Familien sei für die uns entgegengebrachte große Geduld und das Verständnis für viele vernachlässigte Pflichten und für ihre tätige Mithilfe gedankt.

Greifswald, Sommer 1993

Eberhard Teuscher
Ulrike Lindequist

Inhalt

1. Biogene Gifte ... **1**
1.1 Was sind biogene Gifte? ... 1
1.2 Chemie und Biologie biogener Gifte ... 1
1.2.1 Zur Geschichte biogener Gifte ... 1
1.2.2 Lebende Organismen als Quellen biogener Gifte ... 4
1.2.3 Struktur und Wirkung biogener Gifte ... 5
1.2.4 Giftige Lebewesen als Gefahrenquelle für den Menschen ... 6
1.2.5 Rolle biogener Gifte in biologischen Systemen ... 7
1.3 Allgemeine Toxikologie biogener Gifte ... 9
1.3.1 Toxikologische Bewertung ... 9
1.3.2 Toxikokinetik ... 9
1.3.3 Toxikodynamik ... 10
1.4 Klinische Toxikologie ... 12
1.4.1 Diagnostik von Vergiftungen ... 12
1.4.2 Therapie von Vergiftungen ... 13
1.5 Literatur ... 14

2 Aliphathische Säuren ... **16**
2.1 Mono- und Dicarbonsäuren ... 16
2.1.1 Aliphathische Säuren in Wehrgiften von Insekten (Hexapoda) ... 16
2.1.2 Oxalsäure als Giftstoff von Pflanzen ... 17
2.2 Lactone aliphathischer Säuren ... 21
2.2.1 Protoanemonin als Giftstoff der Hahnenfußgewächse (Ranunculaceae) ... 21
2.2.2 Parasorbinsäure als Giftstoff der Ebereschen (*Sorbus*-Arten) ... 23
2.2.3 α-Methylen-γ-butyrolacton als Allergen von Tulpen (*Tulipa*-Arten) ... 24
2.3 Literatur ... 25

3 Polyine ... **28**
3.1 Toxinologie ... 28
3.2 Polyine als potentielle Giftstoffe von Ständerpilzen (Basidiomycetes) ... 29
3.3 Cytostatisch wirksame Acetylenverbindungen aus Rotalgen (Rhodophyta) ... 30
3.4 Cicutoxin als Giftstoff des Wasserschierlings *(Cicuta virosa)* ... 30
3.5 Oenanthotoxin als Giftstoff der Rebendolde *(Oenanthe crocata)* ... 31
3.6 Weitere Polyine als mögliche Giftstoffe von Doldengewächsen (Apiaceae) ... 33
3.7 Phototoxische Inhaltsstoffe der Studentenblumen (*Tagetes*-Arten) ... 34
3.8 Cytotoxische Polyine der Schwämme (Porifera) ... 35
3.9 Literatur ... 35

4 Polyketide ... **40**
4.1 Allgemeines ... 40
4.2 Acylphloroglucinole ... 41
4.2.1 Toxinologie ... 41
4.2.2 Acylphloroglucinole der Wurmfarne (*Dryopteris*-Arten) ... 42
4.3 Alkylphenole ... 44
4.3.1 Alkylphenole als Kontaktallergene der Sumachgewächse (Anacardiaceae) ... 44
4.3.2 Alkylphenole als Kontaktallergene des Ginkgobaumes *(Ginkgo biloba)* ... 46
4.3.3 Alkylphenole als Kontaktallergene von *Philodendron*-Arten ... 47
4.3.4 Alkylphenole als Kontaktallergene der Silbereiche *(Grevillea robusta)* ... 47
4.4 Alkylchinone ... 47
4.4.1 Primin als Kontaktallergen der Primeln (*Primula*-Arten) ... 47
4.4.2 Prenylierte Chinone als Kontaktallergene der Rainfarn-Phacelie *(Phacelia tanacetifolia)* ... 48
4.4.3 Iris-Chinone als potentielle Kontaktallergene der Schwertlilien (*Iris*-Arten) ... 48
4.5 Cannabinoide als Wirkstoffe des Hanfs *(Cannabis sativa)* ... 49
4.6 Flavanderivate ... 54
4.6.1 Allgemeines ... 54
4.6.2 Flavonoide ... 55
4.6.3 Catechine, Leukoanthocyanidine und Catechingerbstoffe ... 56
4.7 Polyketide als Giftstoffe der Blaualgen (Cyanophyta) ... 58
4.8 Polyketide als Giftstoffe der Panzergeißler (Dinophyceae) ... 60
4.9 Polyketide als Mycotoxine ... 63
4.9.1 Toxinologie ... 63
4.9.2 Patulin, Mycophenolsäure, Butenolid, Moniliformin ... 66
4.9.3 Penicillinsäure ... 66
4.9.4 Citrinin ... 67
4.9.5 Anthracen-Derivate ... 67
4.9.6 Citreoviridin ... 68
4.9.7 Zearalenone ... 68
4.9.8 Sterigmatocystine, Versicolorine ... 69
4.9.9 Aflatoxine ... 69

4.9.10 Rubratoxine . . . 73
4.9.11 Tenuazonsäure . . . 73
4.9.12 Ochratoxine . . . 74
4.9.13 Cytochalasane . . . 75
4.10 Polyketide als tierische Gifte . . . 76
4.10.1 Verbreitung der Polyketide bei Tieren . . . 76
4.10.2 Palytoxin . . . 76
4.10.3 Pederin . . . 78
4.10.4 Perhydro-9b-azaphenalene . . . 79
4.11 Literatur . . . 79

5 Terpene . . . 86
5.1 Chemie und Terminologie . . . 86
5.2 Biogenese . . . 86
5.3 Verbreitung und Bedeutung . . . 87
5.4 Literatur . . . 87

6 Monoterpene . . . 88
6.1 Allgemeines . . . 88
6.2 Thujanderivate . . . 88
6.2.1 Toxinologie . . . 88
6.2.2 Thujon als Giftstoff von Pflanzen . . . 91
6.2.2.1 Thujon in den Blättern der Lebensbäume (*Thuja*-Arten) . . . 91
6.2.2.2 Thujon im Wermut (*Artemisia*Arten) . . . 92
6.2.2.3 Thujon im Rainfarn *(Tanacetum vulgare)* . . . 93
6.2.2.4 Thujon im Salbei (*Salvia*-Arten) . . . 93
6.2.3 Sabinen, Sabinol und Sabinolester im Wacholder (*Juniperus*-Arten) . . . 94
6.3 Pinan-Derivate als mögliche Giftstoffe von Pfingstrosen (*Paeonia*-Arten) . . . 95
6.4 Pyrethrine . . . 96
6.5 Iridoide . . . 97
6.5.1 Allgemeines . . . 97
6.5.2 Iridoide der Baldriangewächse (Valerianaceae) als potentielle Mutagene . . . 97
6.5.3 Iridoide als Wehrgifte der Insekten (Hexapoda) . . . 99
6.6 Cantharidin als Wehrgift der Blasenkäfer (Meloidae) . . . 99
6.7 Monoterpene aus den Wehrgiften der Termiten (Isoptera) . . . 100
6.8 Monoterpene aus marinen Makroalgen . . . 101
6.9 Literatur . . . 102

7 Sesquiterpene . . . 105
7.1 Allgemeines . . . 105
7.2 Toxische Sesquiterpenlactone . . . 105
7.2.1 Toxinologie . . . 105
7.2.2 Toxische Sesquiterpenlactone der Arnika (*Arnica*-Arten) . . . 109
7.2.3 Toxische Sesquiterpenlactone von Sonnenbraut (*Helenium*-Arten), Bitterkraut (*Hymenoxys odorata*) und *Geigeria*-Arten . . . 111
7.2.4 Toxische Sesquiterpenlactone der Lattich-Arten (*Lactuca*-Arten) . . . 112
7.2.5 Sesquiterpene als Kontaktallergene . . . 112
7.3 Toxische Norsesquiterpene des Adlerfarns *(Pteridium aquilinum)* . . . 115
7.4 Toxische Aromadendran-Derivate aus dem Porst *(Ledum*-Arten) . . . 117
7.5 Mycotoxine der Trichothecengruppe . . . 118
7.6 PR-Toxin . . . 120
7.7 Sesquiterpene als mögliche Giftstoffe von Ständerpilzen (Basidiomycetes) . . . 121
7.8 Sesquiterpene aus marinen Makroalgen . . . 122
7.9 Sesquiterpene als mögliche Giftstoffe der Schwämme (Porifera) . . . 123
7.10 Literatur . . . 124

8 Diterpene . . . 132
8.1 Allgemeines . . . 132
8.2 Andromedanderivate als Giftstoffe der Heidekrautgewächse (Ericaceae) . . . 133
8.3 Tiglian-, Ingenan-, Daphnanderivate und makrocyclische Diterpene . . . 136
8.3.1 Toxinologie . . . 136
8.3.2 Tiglian-, Ingenan-, Daphnanderivate und makrocyclische Diterpene als Giftstoffe der Wolfsmilchgewächse (Euphorbiaceae) . . . 138
8.3.3 Daphnan- und Tiglianderivate als Giftstoffe der Spatzenzungengewächse (Thymelaeaceae) 145
8.4 Taxanderivate als Giftstoffe der Eiben (*Taxus*-Arten) . . . 147
8.5 Diterpene aus marinen Makroalgen . . . 149
8.6 Diterpene als mögliche Giftstoffe der Schwämme (Porifera) . . . 150
8.7 Diterpene als mögliche Giftstoffe der Weich- und Lederkorallen (Alcyonaria- und Gorgonaria-Arten) . . . 151
8.8 Diterpene der Wehrgifte der Termiten (Isoptera) . . . 152
8.9 Literatur . . . 153

9 Sesterterpene . . . 157
9.1 Allgemeines . . . 157
9.2 Sesterterpene der Schwämme (Porifera) . . . 157
9.3 Literatur . . . 158

10 Triterpene . . . 159
10.1 Allgemeines . . . 159
10.2 Icterogene Triterpensäureester und Steroidderivate . . . 160
10.2.1 Vorkommen . . . 160
10.2.2 Icterogene Triterpensäureester des Wandelröschens *(Lantana camara)* . . . 163
10.3 Cucurbitacine . . . 164
10.3.1 Toxinologie . . . 164
10.3.2 Cucurbitacine als Giftstoffe von Zaunrüben (*Bryonia*-Arten) . . . 166
10.3.3 Cucurbitacine als Giftstoffe des Gottesgnadenkrautes (*Gratiola officinalis*) . . . 167
10.3.4 Cucurbitacine im Balsamapfel *(Momordica charantia)* . . . 168
10.4 Iridale und Cycloiridale in Schwertlilien (*Iris*-Arten) . . . 168
10.5 Triterpene als mögliche Giftstoffe von Ständerpilzen (Basidiomycetes) 169
10.5.1 Allgemeines . . . 169
10.5.2 Triterpene aus dem Seifen-Ritterling *(Tricholoma saponaceum)* . . . 169
10.5.3 Fasciculole als Giftstoffe von Schwefelkopf-Arten (*Hypholoma*-Arten) . . . 170
10.5.4 Triterpene als Giftstoffe von Fälblingen (*Hebeloma*-Arten) . . . 170

10.5.5 Triterpene aus dem Glänzenden Lackporling *(Ganoderma lucidum)* 171
10.6 Gossypol als Giftstoff der Baumwollpflanze *(Gossypium*-Arten)...................... 172
10.7 Literatur.............................. 173

11 Tetraterpene **176**
11.1 Allgemeines 176
11.2 Toxische Spaltprodukte von Carotinoiden des Krokus (*Crocus*-Arten)............... 176
11.3 Literatur.............................. 178

12 Steroide............................ **181**
12.1 Allgemeines 181
12.2 Herzwirksame Steroide 182
12.2.1 Toxinologie............................ 182
12.2.2 Pflanzen mit Cardenoliden............... 187
12.2.2.1 Fingerhut (*Digitalis*-Arten)............... 187
12.2.2.2 Maiglöckchen *(Convallaria majalis)* 190
12.2.2.3 Milchstern (*Ornithogalum*-Arten) 191
12.2.2.4 Pfaffenhütchen (*Euonymus*-Arten) 192
12.2.2.5 Adonisröschen (*Adonis*-Arten)............ 193
12.2.2.6 Oleander (*Nerium*-Arten) 194
12.2.2.7 Kronwicke (*Coronilla*-Arten)............. 196
12.2.2.8 Goldlack (*Cheiranthus*-Arten) 199
12.2.2.9 Schöterich (*Erysimum*-Arten)............. 199
12.2.2.10 Weitere arzneilich verwendete Pflanzen..... 201
12.2.3 Pflanzen mit Bufadienoliden............. 201
12.2.3.1 Nieswurz (*Helleborus*-Arten) 202
12.2.3.2 Echte Meerzwiebel (*Urginea*-Arten) 204
12.2.3.3 Brutblatt, Flammendes Käthchen (*Kalanchoe*-Arten)...................... 205
12.2.4 Tiere mit herzwirksamen Steroiden........ 206
12.2.4.1 Insekten (Hexapoda)................... 206
12.2.4.2 Echte Kröten (*Bufo*-Arten)............... 207
12.2.4.3 Schlangen............................ 208
12.3 Withanolide 208
12.3.1 Toxinologie............................ 208
12.3.2 Withanolide der Lampionblume (*Physalis*-Arten) 210
12.4 Petuniasterone und Petunolide der Petunie (*Petunia*-Arten) 211
12.5 15-Oxasteroidglykoside als mögliche Wirkstoffe der Weißen Schwalbenwurz *(Cynanchum vincetoxicum)*............... 212
12.6 1,25-Dihydroxycalciferol als Wirkstoff von Pflanzen 212
12.7 Pregnanderivate als Giftstoffe der Schwimmkäfer (Dityscidae) 213
12.8 Literatur.............................. 213

13 Saponine............................ **220**
13.1 Toxinologie............................ 220
13.2 Steroidsaponine 224
13.2.1 Steroidsaponine bei Pflanzen 224
13.2.1.1 Steroidsaponine der Vierblättrigen Einbeere *(Paris quadrifolia)*............... 224
13.2.1.2 Steroidsaponine des Spargels (*Asparagus*-Arten) 225
13.2.1.3 Steriodsaponine der Weißwurz (*Polygonatum*-Arten).................... 227
13.2.1.4 Steroidsaponine des Bogenhanf (*Sansevieria*-Arten) 229
13.2.2 Steroidsaponine bei Tieren 229
13.2.2.1 Steroidsaponine der Schwämme (Porifera) .. 229
13.2.2.2 Steroidsaponine der Stachelhäuter (Echinodermata) 230
13.2.2.3 Steroidsaponine bei Knochenfischen (Osteichthyes) 235
13.3 Triterpensaponine 235
13.3.1 Triterpensaponine bei Pflanzen............ 235
13.3.1.1 Triterpensaponine der Kastanien (*Aesculus*-Arten)........................ 235
13.3.1.2 Triterpensaponine des Efeus (*Hedera*-Arten)......................... 236
13.3.1.3 Triterpensaponine der Kornrade *(Agrostemma githago)* 238
13.3.1.4 Triterpensaponine bei der Kermesbeere (*Phytolacca*-Arten)..................... 238
13.3.1.5 Triterpensaponine des Alpenveilchens (*Cyclamen*-Arten) 240
13.3.2 Triterpensaponine bei Stachelhäutern (Echinodermata) 240
13.4 Literatur.............................. 242

14 Phenylpropanderivate **247**
14.1 Allgemeines 247
14.2 Methoxyphenylpropene 247
14.2.1 Myristicin und Elemicin................. 247
14.2.2 Apiol................................ 251
14.2.3 Safrol 251
14.2.4 Asaron 252
14.3 Cumarine............................. 253
14.3.1 Allgemeines 253
14.3.2 Cumarin............................. 253
14.3.3 Dicumarol 254
14.3.4 Furocumarine......................... 255
14.4 Lignane.............................. 259
14.4.1 Toxinologie........................... 259
14.4.2 *meso*-Nordihydroguajaretsäure............ 259
14.4.3 Podophyllotoxine 260
14.5 Abbauprodukte von Phenylpropanderivaten in Wehrgiften von Gliederfüßern (Arthropoda)......................... 261
14.6 Literatur............................. 262

15 Anthracen- und Naphthalenderivate................. **266**
15.1 Toxinologie........................... 266
15.2 Anthracenderivate des Faulbaums (*Rhamnus*-Arten)...................... 272
15.3 Anthracenderivate im Rhabarber (*Rheum*-Arten)......................... 274
15.4 Anthracenderivate des Knöterichs (*Polygonum*-Arten) 276
15.5 Anthracenderivate im Ampfer (*Rumex*-Arten)........................ 277
15.6 Anthracenderivate in weiteren arzneilich verwendeten Pflanzen 278
15.7 Anthracenderivate im Johanniskraut (*Hypericum*-Arten)..................... 279
15.8 Anthracenderivate des Buchweizens (*Fagopyrum*-Arten)..................... 280

15.9 Anthracenderivate in Tullidora (*Karwinskia humboldtiana*) ... 281
15.10 Literatur ... 281

16 Aminosäuren ... 287
16.1 Allgemeines ... 287
16.2 Toxikologie proteinogener Aminosäuren 287
16.2.1 L-Aminosäuren ... 287
16.2.2 D-Aminosäuren ... 288
16.3 Toxische Aminosäuren mit aliphatischem Grundkörper ... 288
16.3.1 Toxische Aminosäuren der Platterbse (*Lathyrus*-Arten) ... 288
16.3.2 L-Canavanin ... 290
16.3.3 L-Indospicin ... 291
16.3.4 L-2-Amino-pent-4-insäure ... 291
16.4 Toxische Aminosäuren mit Cyclopropanring 291
16.4.1 L-Hypoglycin ... 291
16.4.2 Coprin ... 292
16.5 Toxische Aminosäuren mit 4gliedrigem heterocyclischem Ring ... 293
16.5.1 L-Azetidin-2-carbonsäure ... 293
16.6 Toxische Aminosäuren mit 5gliedrigem heterocyclischem Ringsystem ... 293
16.6.1 Ibotensäure ... 293
16.6.2 Pyrrolidin- und Oxadiazolidinderivate ... 295
16.7 Toxische Aminosäuren mit 6gliedrigem heterocyclischem Ringsystem ... 296
16.8 Schwefel- und selenhaltige toxische Aminosäuren ... 297
16.9 Literatur ... 298

17 Amine ... 301
17.1 Allgemeines ... 305
17.2 Aliphathische Amine und Azoverbindungen 305
17.2.1 Hydrazinderivate als Giftstoffe bei Lorcheln (*Gyromitra*- und *Discina*-Arten) ... 305
17.2.2 Hydrazinderivate als Giftstoffe der Champignons (*Agaricus*-Arten) ... 307
17.2.3 Dimethyl-methylazocarboxamid im Weißen Rasling (*Lyophyllum connatum*) ... 308
17.2.4 Muscarin als Giftstoff von Rißpilzen (*Inocybe*-Arten) und Trichterlingen (*Clitocybe*-Arten) ... 308
17.2.5 Guanidinderivate als Wirkstoffe der Geißraute (*Galega officinalis*) ... 310
17.2.6 Glykoside des Methylazoxymethanols als carcinogene Wirkstoffe der Palmfarne (Cycadales) ... 311
17.2.7 Aliphatische Amine in Tiergiften ... 312
17.3 Phenylalkylamine ... 313
17.3.1 Phenylalkylamine als Wirkstoffe des Peyotl ... 313
17.3.2 Phenylalkylamine als Wirkstoffe des Khat (*Catha edulis*) ... 314
17.3.3 Phenylalkylamine der Ephedra (*Ephedra*-Arten) ... 316
17.3.4 Amide des Vanillylamins als Neurotoxine des Paprikas (*Capsicum*-Arten) ... 316
17.3.5 Phenylalkylamine der Bananen (*Musa*-Arten) ... 318
17.3.6 Phenylalkylamine in Tiergiften ... 318
17.4 Indolylalkylamine ... 319
17.4.1 Indolylalkylamine in Wulstlingen (*Amanita*-Arten) ... 319
17.4.2 Indolylalkylamine als Wirkstoffe des Teonanacatl ... 319
17.4.3 Indolylalkylamine als Bestandteile südamerikanischer Rauschdrogen ... 325
17.4.4 Indolylalkylamine anderer höherer Pflanzen. 326
17.4.5 Indolylalkylamine in Tiergiften ... 326
17.5 Imidazolylalkylamine ... 327
17.6 Literatur ... 327

18 Cyanogene Verbindungen ... 332
18.1 Cyanogene Glykoside ... 332
18.1.1 Toxinologie ... 332
18.1.2 Cyanogene Glykoside als Giftstoffe von Rosengewächsen (Rosaceae) ... 335
18.1.3 Cyanogene Glykoside in Schmetterlingsblütengewächsen (Fabaceae) ... 337
18.1.4 Cyanogene Glykoside als Giftstoffe der Süßgräser (Poaceae) ... 337
18.1.5 Cyanogene Glykoside von Wolfsmilchgewächsen (Euphorbiaceae) ... 338
18.1.6 Cyanogene Glykoside des Saatleins (*Linum usitatissimum*) ... 339
18.1.7 Cyanogene Glykoside als Giftstoffe anderer Pflanzen ... 339
18.1.8 Cyanogenese bei Gliederfüßern (Arthropoda) ... 340
18.2 Cyanogene Lipide ... 340
18.3 Literatur ... 343

19 Glucosinolate ... 346
19.1 Toxinologie ... 346
19.2 Spaltprodukte der Glucosinolate als mögliche Giftstoffe der Kreuzblütengewächse (Brassicaceae) ... 350
19.3 Literatur ... 352

20 Aliphatische Nitroverbindungen ... 354
20.1 Toxinologie ... 354
20.2 Literatur ... 355

21 Alkaloide ... 357
21.1 Begriffsbestimmung ... 357
21.2 Chemie, Klassifizierung ... 357
21.3 Biogenese, Metabolismus, Speicherung ... 358
21.4 Verbreitung ... 361
21.5 Toxikologie ... 362
21.6 Literatur ... 363

22 Isochinolinalkaloide ... 364
22.1 Toxinologie ... 364
22.2 Isochinolinalkaloide als Giftstoffe der Mohngewächse (Papaveraceae) ... 370
22.3 Isochinolinalkaloide im Schöllkraut (*Chelidonium majus*) ... 373
22.4 Isochinolinalkaloide als Giftstoffe des Gemeinen Stachelmohns (*Argemone mexicana*) ... 374
22.5 Isochinolinalkaloide als Giftstoffe des Goldmohns (*Eschscholzia*-Arten) ... 374

22.6 Isochinolinalkaloide im Erdrauch (*Fumaria*-Arten) . . . 374
22.7 Isochinolinalkaloide als Giftstoffe des Lerchensporns (*Corydalis*-Arten) . . . 375
22.8 Isochinolinalkaloide der Herzblume (*Dicentra*-Arten) . . . 376
22.9 Isochinolinalkaloide der Berberitze (*Berberis*-Arten) und der Mahonie (*Mahonia*-Arten) . . 376
22.10 Isochinolinalkaloide als Wirkstoffe des Tubencurare . . . 379
22.11 Isochinolinalkaloide der Schneebeere (*Symphoricarpos albus*) . . . 379
22.12 Aristolochiasäuren als Giftstoffe der Osterluzei (*Aristolochia*-Arten) . . . 379
22.13 Isochinolinalkaloide als Giftstoffe der Brechwurz (*Cephaelis*-Arten) . . . 380
22.14 Literatur . . . 381

23 *Erythrina*- und *Cephalotaxus*-Alkaloide . . . 386
23.1 Toxinologie . . . 386
23.2 Literatur . . . 387

24 Tropolonalkaloide . . . 388
24.1 Toxinologie . . . 388
24.2 Tropolonalkaloide als Giftstoffe der Zeitlose (*Colchicum*-Arten) . . . 390
24.3 Literatur . . . 391

25 Amaryllidaceenalkaloide . . . 393
25.1 Toxinologie . . . 393
25.2 Literatur . . . 399

26 Indolalkaloide . . . 401
26.1 Chemie, Biogenese, Vorkommen . . . 401
26.2 Indolalkaloide der Calabarbohne (*Physostigma venenosum*) . . . 403
26.3 Indolalkaloide als psychotomimetisch wirksame Stoffe des Ayahuasca . . . 403
26.4 Indolalkaloide der Steppenraute (*Peganum harmala*) . . . 404
26.5 Indolalkaloide als Giftstoffe des Mutterkorns (*Claviceps*-Arten) . . . 405
26.6 Indolalkaloide endophytischer Pilze von Gräsern . . . 409
26.7 Indolalkaloide als psychotomimetisch wirksame Stoffe von Windengewächsen (Convolvulaceae) . . . 410
26.8 Indolalkaloide im Pinselschimmel (*Penicillium*-Arten) und Gießkannenschimmel (*Aspergillus*-Arten) . . . 411
26.9 Indolalkaloide als Giftstoffe des Immergrüns (*Vinca*-Arten) . . . 416
26.10 Indolalkaloide des Madagaskar-Immergrüns (*Catharanthus roseus*) . . . 417
26.11 Indolalkaloide als Giftstoffe von *Strychnos*-Arten . . . 418
26.12 Indolalkaloide von Bakterien (Prokaryota) . . 421
26.13 Indolalkaloide aus Meerestieren . . . 422
26.14 Literatur . . . 423

27 Chinolinalkaloide . . . 428
27.1 Chemie, Biogenese, Verbreitung . . . 428
27.2 Chinolinalkaloide als Wirkstoffe des Chinarindenbaumes (*Cinchona*-Arten) . . . 428
27.3 Chinolinalkaloide der Weinraute (*Ruta graveolens*) und des Diptam (*Dictamnus albus*) . . . 430
27.4 Literatur . . . 433

28 Chinazolinalkaloide . . . 434
28.1 Chemie, Biogenese, Verbreitung . . . 434
28.2 Tetrodotoxin und Analoga . . . 434
28.2.1 Toxinologie . . . 434
28.2.2 Tetrodotoxin als Giftstoff passiv giftiger Fische . . . 436
28.2.3 Tetrodotoxin in anderen Tieren . . . 436
28.3 Literatur . . . 436

29 Imidazolalkaloide . . . 438
29.1 Toxinologie . . . 438
29.2 Literatur . . . 439

30 Pyrrolizidinalkaloide . . . 440
30.1 Toxinologie . . . 440
30.2 Pyrrolizidinalkaloide als Giftstoffe der Korbblütengewächse (Asteraceae) . . . 444
30.3 Pyrrolizidinalkaloide als Giftstoffe der Borretschgewächse (Boraginaceae) . . . 446
30.4 Literatur . . . 448

31 Tropanalkaloide . . . 452
31.1 Toxinologie . . . 452
31.2 Tropanalkaloide als Giftstoffe der Nachtschattengewächse (Solanaceae) . . . 455
31.2.1 Verbreitung . . . 455
31.2.2 Tropanalkaloide der Tollkirsche (*Atropa belladonna*) . . . 455
31.2.3 Tropanalkaloide als Giftstoffe des Stechapfels (*Datura*-Arten) . . . 457
31.2.4 Tropanalkaloide im Bilsenkraut (*Hyoscyamus*-Arten) . . . 458
31.2.5 Tropanalkaloide und Pyridinalkaloide als Giftstoffe von *Duboisia*-Arten . . . 459
31.2.6 Tropanalkaloide der Spaltblume (*Schizanthus*-Arten) . . . 459
31.3 Tropanalkaloide als psychotomimetisch wirksame Stoffe des Cocastrauches (*Erythroxylum*-Arten) . . . 460
31.4 Literatur . . . 462

32 Pyridinalkaloide und verwandte Verbindungen . . . 465
32.1 Chemie, Biogenese, Verbreitung . . . 465
32.2 Pyridinalkaloide als Giftstoffe des Tabaks (*Nicotiana*-Arten) . . . 466
32.3 Piperideinalkaloide der Betelnußpalme (*Areca catechu*) . . . 471
32.4 Pyridinalkaloide von Haarschleierlingen (*Cortinarius*-Arten) . . . 473
32.5 Piperidinalkaloide des Gefleckten Schierlings (*Conium maculatum*) . . . 474
32.6 Piperidinalkaloide als mögliche Giftstoffe des Mauerpfeffers (*Sedum*-Arten) . . . 476

32.7 Piperideinalkaloide als mögliche Giftstoffe des Schachtelhalms (*Equisetum*-Arten) 477
32.8 Indolizidin- und Piperidinalkaloide als Cholinomimetica und Glykosidasehemmer 477
32.9 Pyridinalkaloide bei Schnurwürmern (Nemertini) 478
32.10 Pyridin- und Pyrrolalkaloide, deren Hydroderivate und Indolizidinalkaloide in Wehrgiften der Ameisen (Formicoidae)..... 479
32.11 Spiropiperidin-, Indolizidin- und Decahydrochinolinalkaloide von Baumsteigerfröschen (Dendrobatidae)...... 480
32.12 Literatur.............................. 481

33 Chinolizidinalkaloide............... 487
33.1 Toxinologie............................ 487
33.2 Chinolizidinalkaloide als Giftstoffe des Goldregens (*Laburnum*-Arten)............ 490
33.3 Chinolizidinalkaloide des Besenginsters (*Sarothamnus scoparius*).................. 491
33.4 Chinolizidinalkaloide als Giftstoffe von Lupinen (*Lupinus*-Arten) 491
33.5 Chinolizidinalkaloide des Stechginsters (*Ulex europaeus*), Ginsters (*Genista*-Arten), Geißklees (*Lembotropis*-Arten), Zwergginsters (*Chamaecytisus*-Arten) und des Japanischen Schnurbaums (*Sophora japonica*) 493
33.6 Literatur.............................. 493

34 Purinalkaloide...................... 495
34.1 Chemie, Verbreitung.................... 495
34.2 Methylxanthine........................ 495
34.2.1 Toxinologie............................ 495
34.2.2 Coffein als Wirkstoff des Kaffees.......... 497
34.2.3 Coffein als Wirkstoff des Tees 499
34.2.4 Coffein als Wirkstoff der Colasamen....... 500
34.2.5 Coffein als Wirkstoff von Maté und Kakao . 503
34.3 Gonyautoxine als Giftstoffe der Panzergeißler (Dinophyceae), Blaualgen (Cyanophyceae) und Rotalgen (Rhodophyceae)............ 503
34.4 Purinbasen, Purinnucleoside und ihre Analoga 505
34.5 Literatur.............................. 506

35 Pyrimidinderivate 510
35.1 Allgemeines........................... 510
35.2 Pyrimidinderivate als Giftstoffe von Wicken (*Vicia*-Arten) 510
35.3 Pyrimidinderivate des Steifen Lolchs (*Lolium rigidum*) 511
35.4 Literatur.............................. 512

36 Terpenalkaloide..................... 514
36.1 Allgemeines........................... 514
36.2 Monoterpenalkaloide 514
36.3 Sesquiterpenalkaloide.................. 515
36.3.1 Allgemeines........................... 515
36.3.2 Sesquiterpenalkaloide als Giftstoffe der Teichrosen (*Nuphar*-Arten)............ 516
36.4 Diterpenalkaloide 517
36.4.1 Allgemeines........................... 517
36.4.2 Diterpenalkaloide als Giftstoffe von Eisenhut oder Sturmhut (*Aconitum*-Arten)....................... 519
36.4.3 Diterpenalkaloide im Rittersporn (*Delphinium*-Arten)..................... 522
36.5 Literatur.............................. 523

37 Steroidalkaloide 526
37.1 Chemie, Biogenese, Verbreitung........... 526
37.2 Steroidalkaloide als Giftstoffe der Nachtschattengewächse (Solanaceae)....... 526
37.2.1 Steroidalkaloide des Bittersüßen Nachtschattens (*Solanum dulcamara*) 529
37.2.2 Steroidalkaloide des Schwarzen Nachtschattens (*Solanum nigrum*) 529
37.2.3 Steroidalkaloide in der Kartoffel (*Solanum tuberosum*) 530
37.2.4 Steroidalkaloide im Beißbeer-Nachtschatten (*Solanum capsicastrum*) und im Korallenbäumchen (*Solanum pseudocapsicum*) 532
37.2.5 Steroidalkaloide der Tomate (*Lycopersicon esculentum*) 532
37.3 Steroidalkaloide als Giftstoffe des Germer (*Veratrum*-Arten) 532
37.4 Steroidalkaloide als Giftstoffe von Schachblume und Kaiserkrone (*Frittilaria-Arten*) 537
37.5 Steroidalkaloide im Buxbaum (*Buxus*-Arten)............................ 538
37.6 Steroidalkaloide als Giftstoffe des Pachysander (*Pachysandra terminalis*) 539
37.8 Steroidalkaloide von Pfeilgiftfröschen (*Phyllobates*-Arten) 540
37.9 Steroidalkaloide als Giftstoffe der Salamander (*Salamandra-Arten*)........... 541
37.10 Steroidalkaloide von *Cephalodiscus gilchristi* . 542
37.11 Literatur.............................. 542

38 Peptide und Proteine 547
38.1 Literatur.............................. 547

39 Peptid- und Proteotoxine als Gifte der Mikroorganismen 549
39.1 Peptid- und Proteotoxine der Bakterien 549
39.1.1 Allgemeines........................... 549
39.1.2 Bakterielle Endotoxine 549
39.1.3 Bakterielle Exotoxine 550
39.1.3.1 Allgemeines........................... 550
39.1.3.2 Enterotoxine von *Staphylococcus aureus*..... 551
39.1.3.3 Enterotoxine von *Clostridium perfringens* ... 552
39.1.3.4 Enterotoxine von *Vibrio cholerae* 555
39.1.3.5 Neurotoxine aus *Clostridium tetani*........ 555
39.1.3.6 Neurotoxine aus *Clostridium botulinum* 556
39.1.3.7 Cytotoxine von *Corynebacterium diphtheriae* 557
39.1.3.8 Invasive Adenylatcyclase aus *Bordetella pertussis* 557
39.2 Peptidtoxine der Blaualgen (Cyanophyceae). 558
39.2.1 Allgemeines........................... 558
39.2.2 Peptidtoxine von *Microcystis*-, *Oscillatoria*-, *Anabaena*- und *Nostoc*-Arten 560
39.2.3 Peptidtoxine von *Nodularia spumigena* 560

39.3 Peptide als Mycotoxine 560
39.4 Literatur 561

40 Peptide als Giftstoffe höherer Pilze 564
40.1 Peptidtoxine als Giftstoffe der Knollenblätterpilze (*Amanita*-Arten) 564
40.2 Literatur 568

41 Lectine 570
41.1 Toxinologie 570
41.2 Lectine als Giftstoffe der Schmetterlingsblütengewächse (Fabaceae) 573
41.3 Toxische Lectine und andere Ribosomen inaktivierende Proteine von Pflanzen 574
41.4 Literatur 578

42 Peptide und Proteine als Giftstoffe von Tieren 581
42.1 Allgemeines 581
42.2 Peptidtoxine der Nesseltiere (Cnidaria) 583
42.2.1 Nesseltiere als Gifttiere 583
42.2.2 Gifte der Nesseltiere 584
42.3 Peptidtoxine der Kegelschnecke (*Conus*-Arten) 587
42.4 Peptidtoxine der Spinnentiere 588
42.4.1 Spinnentiere als Gifttiere 588
42.4.2 Peptidtoxine der Webspinnen (Araneae) 591
42.4.3 Peptidtoxine der Skorpione (Scorpiones) 595
42.4.4 Peptide und Proteine als Gifte der Zecken (Ixodides) 598
42.5 Peptidtoxine der Insekten (Hexapoda) 599
42.5.1 Peptidtoxine der Bienen (Apoidea) 600
42.5.2 Peptidtoxine der Faltenwespen (Vespoidae) 602
42.6 Peptid- und Proteotoxine der Knorpel- und Knochenfische (Chondrichthyes und Osteichthyes) 605
42.7 Peptidtoxine der Lurche (Amphibia) 609
42.7.1 Lurche als Gifttiere 609
42.7.2 Peptidtoxine der Froschlurche (Anura) 609
42.8 Peptid- und Proteotoxine der Kriechtiere (Reptilia) 611
42.8.1 Kriechtiere als Gifttiere 611
42.8.2 Proteotoxine der Krustenechsen (*Heloderma*-Arten) 611
42.8.3 Peptid- und Proteotoxine der Schlangen (Serpentes) 612
42.8.3.1 Giftschlangen 612
42.8.3.2 Giftapparat, Biß 614
42.8.3.3 Chemie der Giftstoffe 615
42.8.3.4 Toxikologie 618
42.9 Enzyme als Bestandteile von Tiergiften 621
42.10 Literatur 622

43 Kapitelüberschreitende Literatur 631

44 Anhang
Informationszentren für Vergiftungsfälle in der Bundesrepublik und in anderen europäischen Ländern 635
Verzeichnis der Bildautoren 638

45 Register 639

1 Biogene Gifte

1.1 Was sind biogene Gifte?

Unter biogenen Giften werden solche chemischen Verbindungen verstanden, die von lebenden Organismen gebildet werden können und die oberhalb bestimmter Konzentrationen im Organismus zu vorübergehender oder dauernder Schädigung bzw. zum Tode von Lebewesen führen.

Das Ausmaß der Schädigung wird dabei nicht nur von der Art des Stoffes und seiner Dosis, sondern auch vom Applikationsort, von der Applikationsart, von der Dauer der Einwirkung, von der individuellen Empfindlichkeit des Lebewesens und anderen Faktoren bestimmt. Die Bezeichnung eines Stoffes als Gift ist also nicht absolut aufzufassen, sondern eine Substanz kann in Abhängigkeit von den oben genannten Faktoren ohne Wirkung, ein Arzneistoff oder ein Gift sein.

Abweichend von den meistens üblichen Gepflogenheiten wollen wir den Begriff «biogenes Gift» und «Toxin» im gleichen Sinne verwenden und die Lehre von der Gesamtheit der Kenntnisse über ein biogenes Gift, über die Biologie seines Produzenten, seine Chemie, seine Biogenese, sein pharmakokinetisches Verhalten (Toxikokinetik), seinen Wirkungsmechanismus (Toxikodynamik), sein Wirkungsbild am betroffenen Lebewesen (Toxikographie) und über die Möglichkeiten, durch dieses Gift ausgelöste Vergiftungen zu bekämpfen, als Toxinologie bezeichnen. Der Begriff Toxikologie bleibt der Wissenschaft von den schädigenden Wirkungen von Pharmaka auf biologische Systeme, von deren Verhütung und Behandlung vorbehalten.

Im vorliegenden Buch sollen nur solche biogenen Gifte Berücksichtigung finden, die den tierischen und menschlichen Organismus zu schädigen vermögen; auf Mikroorganismen, Pilze oder Pflanzen wirkende Stoffe werden nicht erfaßt.

1.2 Chemie und Biologie biogener Gifte

1.2.1 Zur Geschichte biogener Gifte

Die Kenntnisse über giftige Pflanzen und Tiere sind älter als die Menschheit selbst. Sie wurden im Verlaufe der Evolution im Rahmen der Umwelterkundung durch zufällige Entdeckungen unter vielen Opfern zum Teil bereits von unseren tierischen Vorfahren erworben. Auch heute «kennt» jedes erwachsene Wildtier in seiner gewohnten Umwelt die Quellen biogener Gifte: gefährliche Pflanzen und giftige Tiere. Vergiftungen sind nur bei Tieren bekannt, die der natürlichen Umwelt entfremdet sind, oder denen giftige Pflanzen in ungewohnter Form (z. B. im Heu) bzw. ungewohnte giftige Pflanzen (z. B. Zierpflanzen) angeboten werden.

Die Nutzung von biogenen Giften begann bereits in der Urgesellschaft. So wurden und werden Gifte zur Erlegung von Beutetieren (Giftpfeile, Giftspeere, Giftköder, Fischgifte), als Insektizide, in geringen Dosen als Arzneimittel und leider auch als Selbstmordgifte, Abortiva, Mittel zur Strafvollziehung, Rauschgifte und Zaubermittel sowie in verbrecherischer Weise als Mordgifte und Waffen verwendet. Sehr gute Übersichten über die Rolle der Gifte in der Geschichte geben die Buchpublikationen von GMELIN 1777, 1803 (Ü 32) und LEWIN 1929 (Ü 67). Erwähnt sei auch ein von AMBERGER-LAHRMANN 1988 herausgegebenes Buch, das Teilaspekte der Geschichte der Toxikologie behandelt (2). In populärwissenschaftlicher Form finden wir einiges zur Geschichte der Gifte in einem Buch von KARGER-DEKKER 1966 (30).

Im Verlaufe der Giftverwendung kam es zu einer ständigen Erweiterung der Kenntnisse. Aber auch das Experiment mit dem Gift zur Erprobung des Einsatzes als Mordgift oder Waffe und zur Auffindung von Gegengiften spielte bereits sehr früh in der Geschichte der Menschheit eine Rolle. LEWIN berichtete über Giftgärten, Tierversuche und Versuche mit Menschen an pontischen, pergamischen und alexandrinischen Höfen. Als berühmt-berüchtigte Experimentatoren nennt er ATTALOS III. PHILOMETOR (König von Pergamon 138–133 v. Chr.) und MITHRIDATES EUPATOR (König von Pontos 111 bis 63 v. Chr.). Aus der römischen Geschichte sind derartige verbrecherische Versuche, z. B. durch NERO (römischer Kaiser 54–68 n. Chr.), ebenfalls bekannt. Auch KLEOPATRA (69 bis 30 v. Chr.) werden Versuche an Menschen nachgesagt.

Die Aufklärung der Chemie biogener Gifte ist untrennbar mit der Suche nach den Wirkstoffen von Arzneipflanzen und Arzneitieren verbunden (47). Nicht nur weil die meisten biogenen Arzneistoffe in höheren Dosen auch Giftstoffe sind, sondern auch weil sowohl die Isolierung und Charakterisierung von biogenen Arzneistoffen als auch die von biogenen Giften gleiche Methoden erfordern.

Sicherlich sind bereits frühzeitig Versuche gemacht worden, das Wirkungsprinzip einer pharmakologisch stark wirksamen Pflanze oder eines Tieres anzureichern. Besonders nach der von PARACELSUS (1493–1541) erhobenen Forderung, die Wirkstoffe von Arzneipflanzen zu isolieren, die zur Entwicklung der Iatrochemie beitrug, dürften diese Bemühungen verstärkt worden sein. Vor allem die Destillierkunst wurde in den Dienst der Stoffisolierung gestellt und lieferte eine Vielzahl ätherischer Öle und flüchtiger Reinstoffe (z. B. Bernsteinsäure, Benzoesäure, Kampfer und Thymol). Aber die bekannten Methoden waren für die Isolierung anderer Wirkstoffe oder gar für deren chemische Charakterisierung unzureichend.

Erst zu Beginn des 19. Jahrhunderts war die Chemie weit genug, die Ära der Isolierung von reinen Wirkstoffen aus biologischem Material einzuleiten. Ein wesentlicher Durchbruch war sicherlich die Gewinnung des Morphins 1806 durch F.W. SERTÜRNER (1783 bis 1841) aus dem Opium. Danach folgten rasch weitere wichtige Entdeckungen (Tabellen 1-1. und 21-1).

Tab. 1–1: Daten zur Isolierung toxischer Naturstoffe (außer Alkaloide, s. Kap. 21., in Anlehnung an Ü 55)

Jahr der Isolierung	Substanz	Autor(en)
1772–1773	Oxalsäure	SCHEELE
1810	Cantharidin	ROBIQUET
1830	Amygdalin	ROBIQUET u. BOUTRON
1831	Sinalbin	ROBIQUET u. BOUTRON
1839	Bergapten	MULDER
1846	Capsaicin	THRESH
1859	Parasorbinsäure	HOFMANN
1867	Digitoxin	NATIVELLE
1873	Karakin	SKEY
1882	Grayanotoxin I	PLUGGE u. EIJKMAN
1883	Urushiole	YOSHIDA
1887	Ephedrin	NAGAI
1889	Ricin (Nachweis)	STILLMARK
1895	Albaspidin	POULSSON
1896	Mezcalin	HEFTER
1896	Muscarin	SCHIEDEBERG u. KOPPE
1915	Cicutoxin	JACOBSON
1920	Hiptagin	GOSTER
1927	Primin	BLOCH u. KARRER
1937	Phallotoxine	LYNEN u. WIELAND
1938	Patulin	WIESNER
1940	Dicumarol	CAMPBELL u. Mitarb.
1941	Amatoxine	H. WIELAND u. HALLERMEYER
1942	Tetrahydrocannabinol	WOLLNER u. Mitarb.
1948	Trichothecin	FREEMAN u. MORRISON
1949	Oenanthotoxin	CLARK
1955	Cycasin	NISHIDA
1957	Saxitoxin	SCHANTZ u. Mitarb.
1959	Psilocybin	HOFMANN u. Mitarb.
1961–1962	Aflatoxine	SARGEANT u. Mitarb. VAN DE ZIJDEN u. Mitarb.
1962	Zearalenone	STOB u. Mitarb.
1964	Phorbolester	HECKER u. Mitarb.
1964	Agaritin	LEVENBERG
1966	Valepotriate	THIES/POETHKE
1967	Gyromitrin	LIST u. LUFT
1974	Palytoxin	KAUL u. Mitarb.
1975	Coprin	LINDBERG u. Mitarb. HATFIELD u. Mitarb.
1980	Cathinon	SZENDREI
1983	Ptaquilosid	VAN DER HOEVEN u. Mitarb. YAMADA u. Mitarb.

Zunächst nutzte man zur Abtrennung der gesuchten Wirkstoffe von den Begleitstoffen die Unterschiede in der Löslichkeit in verschiedenen Lösungsmitteln, im Verteilungsverhalten zwischen zwei nicht mischbaren flüssigen Phasen, in der Flüchtigkeit und in der chemischen Reaktivität, z. B. mit Fällungsmitteln.

Die Entwicklung chromatographischer Methoden in der Mitte des 20. Jahrhunderts machte einen gewaltigen Aufschwung in der Trenntechnik möglich. Basierend auf der Verteilung zwischen einer mobilen und einer stationären flüssigen Phase (letztere meistens an feste Partikel adsorbiert), auf der Adsorption, auf Molekülsiebeffekten, dem Ionenaustausch, der Affinität (besonders von Proteinen) zu bestimmten chemischen Verbindungen (z. B. zu Enzymsubstraten, Lectinen oder Antikörpern) und der Beweglichkeit geladener Moleküle im elektrischen Feld wurde eine Vielzahl eleganter Trenntechniken entwickelt. Zu ihnen gehören die Papier-, Dünnschicht-, Gel- und Säulenchromatographie, letztere durchgeführt mit flüssiger mobiler Phase (Flüssigchromatographie, in ihrer modernen Form besonders mit hohen Drücken betrieben: HPLC, high performance (pressure) liquid chromatography) oder mit gasförmiger mobiler Phase (Gaschromatographie). Auch die Verteilung zwischen zwei nicht mischbaren Flüssigkeiten hat in der Counter-Current Chromatography (DCCC, Droplet Counter-Current Chromatography, oder RLCC, Rotation Locular Counter-Current Chromatography) eine Renaissance erfahren. Diese Techniken erlauben neben der Stoffisolierung auch die Stoffidentifizierung und die quantitative Bestimmung (1, 26, 36).

Die Strukturaufklärung erfolgte zunächst ausschließlich mit Hilfe chemischer Methoden, besonders durch Elementaranalyse, durch Untersuchung des chemischen Verhaltens zur Ermittlung der funktionellen Gruppen und durch partiellen Abbau zu bereits bekannten Verbindungen. Anschließend wurde häufig eine Struktursicherung durch Synthese durchgeführt. Diese Art der Strukturaufklärung war sehr zeitaufwendig. Häufig lag zwischen der Isolierung des Wirkstoffes und der Strukturaufklärung mehr als ein halbes Jahrhundert.

Digitoxin beispielsweise wurde 1869 von NATIVELLE aus den Blättern des Roten Fingerhutes isoliert. Die Bruttoformel des Aglykons, des Digitoxigenins, konnte WINDAUS erst 1927 ermitteln. Die Strukturformel des Digitoxigenins stellten 1935 TSCHESCHE sowie JACOBS und ELDERFIELD unabhängig voneinander auf. Seine Konfiguration wurde 1945 von HUNZIKER und REICHSTEIN ermittelt. Nachdem WINDAUS und FREESE bereits 1925 erkannt hatten, daß das Aglykon Digitoxigenin im Digitoxin mit drei Molekülen Digitoxose verbunden ist, war also 1945, nach fast 80jähriger Forschungsarbeit, durch Bemühungen mehrerer Generationen die Formel des Digitoxins komplett.

Seit der Mitte des 20. Jahrhunderts erfuhren auch die Methoden der Strukturaufklärung durch die Indienststellung physikalischer Verfahren eine enorme Weiterentwicklung. Die Entwicklung der Ultraviolettspektroskopie, Infrarotspektroskopie, Kernresonanzspektroskopie, Massenspektrometrie und besonders die Röntgenstrukturanalyse (1, 36) hatten zur Folge, daß jetzt mit der Isolierung eines Stoffes fast stets auch dessen Strukturformel, mit allen stereochemischen Details, veröffentlicht wurde.

Die Entwicklung der Trennverfahren und der Methoden der Strukturaufklärung führte dazu, daß heute jährlich Hunderte von neuen Naturstoffen isoliert und strukturell charakterisiert werden.

Einen riesigen Zuwachs an biogenen Wirkstoffen, darunter auch an biogenen Giften, ermöglichte die Untersuchung solcher Quellen, die unseren Vorfahren für die Erprobung auf Nutzbarkeit nicht oder nur schwer zugänglich waren: Bakterien, Cyanobakterien, Fadenpilze, Hyphenkulturen höherer Pilze, Grün-, Rot- und Braunalgen sowie Meerestiere, besonders Schwämme (38, 39, 50).

Nadelöhr bei der Auffindung neuer Wirkstoffe aus biologischem Material war und ist auch heute noch die pharmakologische Testung. Bereits bei der Isolierung sollte die pharmakologische Kontrolle jedes Schrittes Auskunft darüber geben, welche Fraktion den Wirkstoff enthält. Auf alle Fälle ist eine pharmakologische Überprüfung des erhaltenen und charakterisierten neuen Naturstoffes nötig, um ihn mit dem Wirkstoff identifizieren zu können. Schon SERTÜRNER überprüfte das von ihm isolierte Morphin im Experiment am Tier und am Menschen auf seine Wirksamkeit. Hier entstand eine gewaltige Lücke. Viele Stoffe sind nur auf eine leicht erfaßbare Wirkung, z. B. ihren cytostatischen Effekt, überprüft. Über die Wirkung vieler anderer ist überhaupt nichts bekannt.

Ebenso wie die Methoden der Stoffisolierung und -charakterisierung wurden auch die der pharmakologischen Testung revolutioniert. So können Versuche am Tier heute teilweise oder ganz durch Versuche an Organpräparaten, isolierten, kultivierten Zellen, Bakterien oder zellfreien Systemen ersetzt werden (4, 8, 13, 19, 20, 29, 40, 44, 57, 64). Dadurch wurde ein erhöhter Durchsatz möglich, die Versuche wurden humaner, und der Substanzverbrauch nahm ab. Dennoch reicht die vorhandene pharmakologische Kapazität, auch bedingt durch den ständig wachsenden Zustrom synthetischer potentieller Pharmaka, nicht aus, um alle Wünsche der Pharmakognosten und Naturstoffchemiker zu erfüllen. So sind heute die Wirkungen Tausender isolierter und in der Struktur bekannter Naturstoffe noch nicht untersucht. Hier sind viele therapeutisch und diagnostisch nutzbare Wirkstoffe verborgen.

Erfolgreiche Untersuchungen zu Mechanismen der Biosynthese von biogenen Wirkstoffen wurden erst in der Mitte des 20. Jahrhunderts möglich, als mit radioaktiv markierten chemischen Substanzen Mittel vorhanden waren, das Schicksal eines einem Mikroorganismus, einem Pilz, einer Pflanze oder einem Tier angebotenen Stoffes zu verfolgen. Auch Defektmutanten, d. h. solche Lebewesen, die wegen des genetisch bedingten Fehlens einer oder mehrerer Enzyme die Biogenese eines Wirkstoffes nicht zu Ende führen können, sondern statt dessen Vorstufen des Wirkstoffes anreichern, wurden in der Biogeneseforschung eingesetzt.

1.2.2 Lebende Organismen als Quellen biogener Gifte

Viele Mikroorganismen, Pilze, Pflanzen und Tiere sind durch die Produktion von Giftstoffen primär giftig. Andere Lebewesen erlangen durch die Aufnahme toxischer Substanzen aus der unbelebten oder belebten Umwelt sekundäre Toxizität.

Die sekundäre Giftigkeit von Pflanzen entsteht, wenn man von Schmarotzerpflanzen absieht, die auf Giftpflanzen leben, entweder durch toxinbildende Mikroorganismen, die auf oder in ihnen vorkommen, oder durch Aufnahme anorganischer natürlicher Bestandteile des Bodens bzw. anorganischer oder organischer anthropogener Stoffe. Zu letzteren gehören besonders Schwermetalle aus der Emission von Industriebetrieben bzw. von Verkehrsmitteln (z. B. Blei, Cadmium, Caesium, Thallium, Quecksilber, Arsen, Chrom, Selen, Aluminium, darunter auch radioaktive Elemente) und organische Verbindungen, wie z. B. Insektizide und Herbizide (28, 53, 59, 60, 68).

Bei Tieren ist sekundäre Giftigkeit durch Aufnahme und Speicherung von Giften aus Mikroorganismen und Pflanzen relativ häufig. Gut untersucht ist das Vorkommen von Giftstoffen aus Blaualgen und primitiven Algen in Muscheln, Krabben und Fischen. Das Auftreten von pflanzlichen Giften und Mycotoxinen in tierischen Produkten (Milch, Fleisch, Eier) nach der Aufnahme von Giftpflanzen oder verschimmeltem Futter durch Weidetiere besitzt ebenfalls toxikologische Bedeutung. Ein interessantes Kapitel ist auch die Speicherung pflanzlicher Giftstoffe aus Nahrungspflanzen zum Schutz vor räuberischen Angriffen durch viele Insekten.

Potentiell sekundär giftige Lebewesen haben einen sehr unterschiedlichen Grad an Giftigkeit. Häufig sind sie ungiftig und werden als Nahrungsmittel genutzt. Eben deshalb führt das unvorhersehbare Auftreten von Giften in ihnen besonders häufig zu folgenschweren Intoxikationen.

Primär giftige Lebewesen zeigen oft ebenfalls starke Schwankungen im Giftgehalt. Diese Schwankungen können genetisch bedingt sein (chemische Rassen, Chemotypen) oder ihre Ursachen im Entwicklungszustand des Organismus bzw. in Umwelteinflüssen haben.

Genetisch bedingt ist beispielsweise das Auftreten von chemischen Rassen des Vogelbeerbaumes, die Parasorbosid, die Vorstufe der stark schleimhautreizenden Parasorbinsäure, enthalten und chemischen Rassen, in denen es fehlt. Ein weiteres Beispiel sind die beiden Chemotypen des Mandelbaumes, die Samen mit cyanogenen Glykosiden (Bittere Mandel) oder solche ohne cyanogene Glykoside (Süße Mandel) liefern. Giftfreie Rassen wurden oft in den Rang von Kulturpflanzen erhoben (z. B. die von Cucurbitacinen freien Gurken). Häufig besitzen Chemotypen eine bestimmte regionale Verbreitung, so daß Untersuchungen des Wirkstoffspektrums einer Organismen-Art (besonders bei den standorttreuen Pflanzen) in einer Region nicht zwangsläufig Aussagen über die Wirkstoffzusammensetzung des Organismus in einer anderen Region zulassen (25).

Beispiele für den Einfluß des Entwicklungszustandes auf den Giftgehalt eines Organes sind das Vorkommen von Steroidalkaloidglykosiden in unreifen Tomaten und ihr Fehlen in den reifen Früchten bzw. das Auftreten von L-Hypoglycin in den unreifen Samenmänteln und die Abwesenheit in den reifen Samenmänteln der Akeepflaume. Neben diesen Extremen sind auch die qualitativen und quantitativen Unterschiede im Wirkstoffgehalt in Lebewesen zu verschiedenen Jahreszeiten von Bedeutung.

Außer Schwankungen des Wirkstoffgehaltes im Gesamtorganismus ist zu berücksichtigen, daß in sehr vielen Fällen Wirkstoffspektrum und Wirkstoffmenge organspezifisch sind. So enthalten z. B. die Eiben in allen Organen, mit Ausnahme der von den Vögeln gern gefressenen roten Samenmäntel, toxische Diterpene. Bei den von uns genossenen Früchten der Rosaceae, z. B. dem Pfirsich, kommt nur in den Samen das toxische Amygdalin vor, das Fruchtfleisch ist davon frei. Bei Pufferfischen wird Tetrodotoxin nur in wenigen inneren Organen gefunden, ihr Fleisch wird als Delikatesse verspeist.

Ein Kapitel, dessen toxikologische Bedeutung noch nicht völlig klar ist, ist das der Phytoalexine. Bei ihnen handelt es sich um sekundäre Pflanzenstoffe, die in der gesunden Pflanze nicht oder nur in kleinen Mengen gebildet werden, deren Produktion aber durch von Mikroorganismen infizierte Pflanzen mit großer Intensität erfolgt. Die chemische Natur dieser Stoffe ist meistens spezifisch für die verschiedenen Pflanzenfamilien. So bilden z. B. Fabaceae Isoflavonoide, Solanaceae Sesquiterpene, Orchidaceae Dihydrophenanthrene, Vitaceae sowie Pinaceae Stilbene und Asteraceae Polyine (Übersichten: 6, 9, 10, 22, 35, 37, 70, 71). Von toxikologischem Interesse ist z. B. das Auftreten von hepatotoxischen und zu Lungenerkrankungen führenden Furanosesquiterpenen in den Knollen der Süßkartoffel (Batate, von *Ipomoea batatas* (L.) LAM.) nach Infektionen der Pflanze mit Fusarien (27).

In Abhängigkeit von der Art, in der ein Gift von einem Lebewesen dargeboten wird, unterscheidet man aktiv giftige und passiv giftige Organismen. Diese Unterscheidung wird gewöhnlich nur bei Tieren vorgenommen. Ein aktiv giftiges Tier verfügt meistens über einen Giftapparat, mit dem es einem Angreifer oder seiner Beute das Gift beibringen kann. Solche Tiere sind z. B. Nesseltiere, Spinnen, Skorpione, viele Insekten und Schlangen. Passiv giftige Tiere speichern das Gift in ihrem Körper oder bilden ein giftiges Oberflächensekret. Ihre Gifte weisen einen Angreifer entweder durch schlechten Geschmack oder Reizwirkung zurück (bei Oberflächensekreten) oder schädigen ihn nach der Aufnahme der Beute in den Magen-Darm-Trakt durch Vergiftung. Will man diese Einteilung auch auf Pflanzen anwenden, kann man, wenn auch mit Einschränkungen, solche mit Giftapparat (z. B. Brennesseln) denen gegenüberstellen, die die Giftstoffe im Gewebe enthalten (z. B. Tollkirsche).

1.2.3 Struktur und Wirkung biogener Gifte

Biogene Gifte weisen eine sehr große strukturelle Mannigfaltigkeit auf. Alle aus organischen Verbindungen bekannten Elemente (C, H, N, S, Se, O, P, Cl, Br, I) kommen in ihnen vor. Fast alle Typen organischer Verbindungen sind vertreten; fast alle bekannten funktionellen Gruppen wurden auch bei ihnen gefunden.

So gehören zu den biogenen Giften aliphatische Alkohole (z. B. Cicutoxin) und Aldehyde (Citral), Carbonsäuren (Oxalsäure), Lactone (Protoanemonin), alicyclische Kohlenwasserstoffe (Sabinen), Alkohole (Sabinol), Ketone (Thujon) und Hydroperoxide (Crispolid), aromatische Verbindungen wie Phenole (Safrol), Chinone (*p*-Benzochinon), Aldehyde (Salicylaldehyd) und Carbonsäuren (Flechtensäuren), polycyclische Kohlenwasserstoffe und deren Derivate (Steroide, viele Terpene), heterocyclische Verbindungen (Alkaloide), Aminosäuren (Coprin), Peptide (Amanitine), Proteine (Ricin), Amine (Muscarin), Amide (Palytoxin), Hydrazine (Gyromitrin), Nitrile (Linamarin), Isothiocyanate (Allylsenföl), Azoverbindungen (Cycasin), Halogenderivate (Surugatoxin) und die Glykoside sehr vieler dieser Substanzen.

Neben den die Zuordnung der oben genannten Verbindungstypen bestimmenden funktionellen Gruppen wurden u. a. gefunden: Epoxygruppen, Acetal- und Ketalgruppierungen, Estergruppierungen (Carboxylsäureester, Phosphate, Sulfate), SH-Gruppen, Nitrogruppen, Ethergruppierungen und innermolekulare Säureanhydride.

Die meisten der biogenen Gifte sind polyfunktionelle Verbindungen.

Obwohl die Anzahl der organischen Substanzen synthetischen oder biogenen Ursprungs, deren pharmakologische Wirkung wir kennen, sehr groß ist, steht die Aufklärung der Zusammenhänge zwischen Struktur und Wirkung, wenn man von einigen quantitativen Struktur-Wirkungs-Beziehungen absieht, noch ganz am Anfang (75). Wir wissen zwar in einigen Fällen, welche Molekülgruppierungen bei einem Stoff bekannter Wirkung für den pharmakologischen Effekt unabdingbar sind (sog. pharmakophore Gruppen), können aber aus der Struktur neu aufgefundener Naturstoffe kaum eine mögliche Wirkung ablesen.

Die Erkennung der Struktur-Wirkungs-Beziehungen wird durch die Tatsache erschwert, daß besonders bei kompliziert gebauten Naturstoffen die pharmakophoren Gruppen in einer Menge molekularen Beiwerks versteckt sind. Die biogenen Gifte sind von den Organismen ja nicht zielgerichtet entwickelt worden, sondern ihre Toxizität hat sich bei durch ungerichtete Mutationen ausgelösten Strukturveränderungen eines ungiftigen Vorläufers ergeben. So sind viele Schlangengifte «Varianten» von Phospholipase A_2. Ihre Wirkung bedarf sicherlich nicht dieses großen Moleküls, sondern wäre möglicherweise mit einem kleineren Peptid ebenfalls zu erreichen. Darüber hinaus können bereits geringe Veränderungen der Pharmakophore, sei es nur die Umwandlung eines Enantiomers in ein anderes, die Wirkung drastisch beeinflussen (Wirkungsverlust oder Wirkungsumkehr). Aber auch Abwandlungen nicht an der Wirkung beteiligter Molekülgruppierungen können die Wirkungsqualität entscheidend verändern. So ist Acetylcholin (Pharmakophore N^+, beide O-Atome) ein cholinerger Agonist. Physostigmin ist dagegen ein Acetylcholinesterasehemmer und Atropin ein cholinerger Antagonist, obwohl sie die gleichen Pharmakophore wie Acetylcholin besitzen.

Mehr über mögliche Wirkungen kann ausgesagt werden, wenn chemische Reaktivitäten oder physikochemische Eigenschaften die dann meistens unspezifische Wirkung bestimmen. So ist für einen Chemiker die Fähigkeit eines Stoffes zur Alkylierung (z. B. Vorhandensein einer α-Methylen-γ-lacton-Gruppierung), zur Abspaltung von HCN, von Hydrazinen oder Isothiocyanaten meistens aus der Struktur ablesbar. Ebenso kann er voraussagen, ob sich ein Stoff hydrophil, lipophil oder lyobipolar verhalten wird und damit Auskunft über sein Resorptionsverhalten und seinen Einfluß auf Biomembranen geben.

Trotz dieser bisher bescheidenen Einblicke in die Struktur-Wirkungs-Beziehungen haben die Naturstoffe dem Synthetiker bereits häufig als Leitsubstanzen bei der Synthese neuer Arzneistoffe gedient. Beispiele sind vom Morphin (z. B. die Benzomorphan-Derivate), vom (+)-Tubocurarin (z. B. Gallamin) und vom Khellin (z. B. Dinatriumcromoglicinat) abgeleitete Synthetika (3, 52). Auch hier liegt eine der großen Reserven der Arzneistofforschung: Aufklärung der Pharmakophore biogener Gifte, Synthese allen Beiwerks entkleideter Modellsubstanzen und Optimierung dieser Leitsubstanzen im Hinblick auf die Arzneimittelwirkung.

1.2.4 Giftige Lebewesen als Gefahrenquelle für den Menschen

Am häufigsten treten akzidentelle Vergiftungen auf, d. h. solche, bei denen eine Giftaufnahme nicht beabsichtigt war. Sie erfolgen hauptsächlich durch Verzehr von giftigen Mikroorganismen, Pilzen, Tieren und Pflanzen bzw. von Teilen oder Stoffwechselprodukten von ihnen in Nahrungs-, Genuß- und Arzneimitteln bzw. durch Auseinandersetzung mit giftigen Tieren.

Besonders häufig betroffen sind Kinder, die im Rahmen ihrer kindlichen Umwelterkundung auffällige Früchte oder Samen, ja sogar grüne Pflanzenteile, Blüten oder Wurzeln erproben. Selbst der unangenehme Geschmack vieler giftiger Pflanzen hält sie nicht von der Aufnahme größerer Mengen zurück. Erkundungsobjekte sind Pflanzen in Anlagen, Parks, Gärten, im Zimmer oder im Gelände. Auch der Versuch des Spielens mit giftigen Tieren (z. B. Bienen) wird gemacht.

Erwachsene sind vor den Vergiftungsverfahren ebenfalls nicht geschützt. Die zunehmende Entfremdung von der Natur führte dazu, daß die von unseren Vorfahren gesammelten Erfahrungen über Giftquellen in unserer natürlichen Umgebung verloren gingen. Diese Tatsache zusammen mit dem Bestreben der verstärkten Nutzung «natürlicher» Nahrungsmittel (z. B. von Pilzen, Wildfrüchten und Wildgemüsen) und der Tourismus, der Kontakte mit einer unbekannten Natur ermöglicht, haben eine Zunahme des Auftretens akzidenteller Vergiftungen zur Folge.

Eine weitere Möglichkeit der Vergiftung besteht in einem Überangebot von Naturprodukten (z. B. Kohl, Rhabarber, Spinat), die bei gelegentlichem Verzehr ungefährlich sind, und in der Aufnahme unsachgemäß zubereiteter (z. B. Maniok, Bohnen, tetrodotoxische Fische), gelagerter (z. B. ergrünte Kartoffeln, mit Bakterien- oder Pilztoxinen kontaminierte Lebensmittel) oder geernteter Pflanzen (z. B. unreife Mangofrüchte, aber auch unreifes Obst).

Häufige Ursache akzidenteller Vergiftungen ist auch der Genuß gewöhnlich ungiftiger Tiere oder ihrer Produkte, die durch Giftaufnahme aus der Umwelt sekundär giftig geworden sind. So erfolgen jährlich viele hundert Vergiftungen durch Muscheln, Krabben und Fische, die Giftstoffe gespeichert haben. Akute Vergiftungen durch Honig, der von den Bienen aus dem Nektar giftiger Pflanzen gewonnen wurde, werden zwar bisweilen beschrieben, sind aber offenbar recht selten.

Ein viel diskutiertes, aber noch weitgehend unklares Kapitel ist das der biogenen Gifte in unserer täglichen Nahrung. Schädigen die in fermentierten Milchprodukten enthaltenen D-Aminosäuren oder Amine den Menschen? Sind die in allen grünen Pflanzen enthaltenen und sich im AMES-Test als mutagen erweisenden Flavonole auch für den Menschen mutagen? Sind es die im gleichen Test positiv reagierenden, beim Kochen von Fleischwaren gebildeten Umwandlungsprodukte der Aminosäuren, z. B. das aus dem Tryptophan entstehende Mutagen 2-Amino-9H-pyrido[2,3-b]indol? Sind Oxalate der Nahrung gefährlich? Stellt das Agaritin in den Champignons eine Gefahr für den Menschen dar? Bestehen Gefahren durch aus der Tierernährung stammende Sekundärstoffe in der Milch, z. B. durch Aflatoxine, Pyrrolizidinalkaloide oder Ptaquiloside? Sollten Kohl und Kartoffeln von Schwangeren wegen der möglichen Teratogenität der Glucosinolate bzw. der Steroidalkaloidglykoside gemieden werden (34, 56, Ü 74)?

Akzidentelle Vergiftungen sind auch durch falsch dosierte biogene Arzneistoffe (z. B. Digitoxin) oder durch ärztlich nicht kontrollierte Anwendung stark wirksamer Naturprodukte zur Heilbehandlung möglich. Verwechslung von Arzneipflanzen mit Giftpflanzen, Erprobung potentieller Arzneipflanzen im Selbstversuch, in Ländern mit «großzügiger» Arzneimittelgesetzgebung auch kommerzielle «Wundermittel» oder der Versuch, Abort durch Einnahme von Pflanzen- oder Pflanzenextrakten herbeizuführen, können die Ursachen sein. «Erprobte», scheinbar harmlose pflanzliche Arzneimittel sind ebenfalls nicht immer ungefährlich, Daueranwendung bei Selbstmedikation kann zu Schädigungen führen (67).

Ein wichtiges Kapitel sind auch allergische Reaktionen, die durch Pflanzenstoffe oder Tiergifte ausgelöst werden. Allergische Kontaktdermatitiden nach Berührungen mit Pflanzen sind, wenn auch nicht lebensgefährliche, so doch sehr häufige und lästige Erkrankungen (7, 12, 41, Ü 42). Lebensgefahren können durch Insektenstichallergien hervorgerufen werden. Phototoxikosen nach Kontakt mit Pflanzen kommen ebenfalls nicht selten vor.

Eine vermutlich geringe Rolle spielt die Aufnahme der zur Herstellung von Schmuckketten verwendeten hochtoxischen Samen (z. B. von *Abrus precatorius*, *Ricinus communis*, *Thevetia neriifolia*) besonders durch Kinder.

Nicht als akzidentelle Vergiftungen kann man akute Erkrankungen oder chronische Schäden nach Aufnahme von Rauschmitteln (z. B. Haschisch, Opiumalkaloide), Dopingmitteln, aber auch bei Rauchern und bei Alkoholmißbrauch bezeichnen. Hier ist sich der Vergiftete der Gefahren zumindestens teilweise bewußt.

Die Gefahren der Vergiftungen durch aktiv giftige Tiere sind, wenn man von den oben erwähnten Insektenstichallergien absieht, in Mitteleuropa gering. Lediglich die sehr sporadisch auftretenden und wenig beißfreudigen Ottern stellen eine gewisse Gefahr dar. Jedoch sind durch sie ausgelöste tödliche Vergiftungen eine Seltenheit.

1.2.5 Rolle biogener Gifte in biologischen Systemen

Biogene Gifte sind vom Standpunkt des Grundstoffwechsels aus betrachtet Sekundärstoffe, d. h., sie sind weder am Energie- noch am Baustoffwechsel ihres Produzenten beteiligt, sind also für ihn nicht unmittelbar lebensnotwendig. Das zeigt auch ihre Verbreitung. Während beispielsweise Glycin als Primärstoff im Intermediärstoffwechsel aller Lebewesen und in allen Zellen eines Vielzellers auftritt, ist beispielsweise das Vorkommen der toxischen Cucurbitacine auf wenige Pflanzengattungen beschränkt. Man hat ihre Biosynthese durch züchterische Maßnahmen bei einigen Vertretern dieser Gattungen blockiert, z. B. bei Melonen und Gurken, ohne die Lebensfähigkeit der Pflanzen zu beeinträchtigen.

Dennoch besitzen Sekundärstoffe Bedeutung für ihren Produzenten. Der große Nutzen von toxischen Sekundärstoffen für aktiv giftige Tiere, z. B. für Schlangen als Mittel zur Tötung eines Beutetieres und zum Schutz des eigenen Lebens vor Angriffen, bedarf wohl keines Beweises. Für den Zweck der Verteidigung sind Gifte um so wirksamer, je schneller sie beim Angreifer einen Effekt auslösen. Deswegen werden bei aktiv giftigen Tieren die schädigenden, meistens relativ langsam wirkenden Komponenten, z. B. die Peptide des Bienengiftes, fast stets von sofort schmerzauslösenden Stoffen, z. B. Serotonin, begleitet.

Doch auch passiv giftige Tiere vermögen, wenn nicht das eigene Leben, so doch wohl das der Art zu schützen. Ein Vogel, der den bitteren Geschmack und die emetische Wirkung eines herzaktiven Steroids, das in einer Schmetterlingsraupe enthalten ist, probiert hat, wird wohl, wenn vielleicht auch erst nach einigen weiteren Versuchen, die genannte Art meiden. Eine wesentliche Rolle beim Schutz giftiger Tiere spielt die aposematische Färbung, d. h. die auffällige Warntracht z. B. einer Wespe oder eines Marienkäfers. Sie unterstützt den Lernvorgang bei potentiellen Angreifern. Wie wirksam diese Maßnahme ist, zeigt die Nachahmung durch viele «Hochstapler». So gibt sich die harmlose Schwebfliege das Aussehen einer gefährlichen Wespe und schreckt damit nicht nur Insektenfresser, sondern sogar unkundige Menschen ab.

Etwas komplexer ist vielleicht die Aufgabe toxischer Sekrete der Körperoberfläche, beispielsweise der Kröten und Salamander, zu sehen. Hier ist wahrscheinlich ein zurückweisender Effekt für den Angreifer mit antibiotischer Wirkung gekoppelt.

Pflanzengifte schützen ihren Produzenten ebenfalls. Wer sich eine abgeweidete Gebirgswiese mit den stehengebliebenen, hoch aufragenden Pflanzen des giftigen Weißen Germers vergegenwärtigt, wird sich dieses Eindrucks nicht erwehren können. Auch bei den Pflanzen wird ein Signal zur Unterstützung des Lernprozesses gesetzt: der bittere oder scharfe Geschmack giftiger Inhaltsstoffe. Obwohl der bittere Geschmack für die pharmakologische Wirkung nicht unabdingbar ist, schmecken fast alle toxischen Pflanzen bitter oder scharf. Bei Tier und Mensch ist der Geschmackseindruck «bitter» stets mit dem Impuls der Zurückweisung verbunden. Auch hier gibt es «Hochstapler». So ähnelt der Große Enzian im Aussehen und im bitteren Geschmack dem Weißen Germer und schützt sich so vor Fraßfeinden.

Im Verlauf der Evolution haben sich Lebewesen herausgebildet, die gegen bestimmte biogene Gifte unempfindlich geworden sind. So sind die Raupen des Kohlweißlings an die Glucosinolate der Kohl-Arten angepaßt. Sie schaden ihnen nicht nur nicht, sondern sind für sie Signale für gute Nahrungsquellen geworden, wo sie die Konkurrenz anderer Pflanzenfresser nicht zu fürchten haben. Die Allomone, so bezeichnet man Sekundärstoffe, die ihrem Produzenten nützen, indem sie ihn beispielsweise vor Fraßfeinden bewahren, sind zu Kairomonen geworden, d. h. zu Signalstoffen, die dem Räuber zur Auffindung der Nahrungsquelle dienen. Einige Insekten haben sich sogar soweit spezialisiert, daß sie die Allomone der Pflanze zu ihren eigenen machen, um sich ihrerseits vor Räubern zu schützen. Dennoch tragen auch in solchen Fällen die Giftstoffe dazu bei, die Anzahl der potentiellen «Liebhaber» einer Pflanze stark einzuschränken.

Natürlich hat auch der Mensch von seinen tierischen Vorfahren solche Resistenzen mitbekommen oder selbst erworben. Er hat Enzymgarnituren entwickelt, die Giftstoffe entgiften, die wichtigsten Enzyme sind hierbei die relativ unspezifischen Monooxygenasen, hat Resorptionsschranken aufgebaut und Targets so verändert, daß sie nicht mehr beeinflußt werden können. Auf diese Weise hat er sich eine Palette von Nahrungsmitteln erschlossen, die im Umfang größer ist als die fast jeden Tieres. Etwa 0,5 Millionen natürliche Verbindungen sind in unserer Nahrung enthalten, und noch einmal soviel entstehen bei ihrer Aufbereitung im Haushalt oder in der Industrie (45). Alle werden metabolisiert oder mehr oder weniger gut toleriert. Das ist einer der Gründe dafür, daß Stoffe, die sich in In-vitro-Systemen, z. B. bei Prüfung an Bakterien und Zellkulturen, als toxisch erwiesen haben, für den Menschen harmlos sind (umgekehrt können allerdings auch sich dort als unwirksam erweisende Stoffe für den Menschen toxisch sein). Beispielsweise werden Flavonoide, die Hemmer einer Vielzahl von Enzymen sind und in bakteriellen Systemen (AMES-Test) stark mutagen wirken, von unserem Körper seit Jahrmillionen ohne Schäden vertragen. Natürlich werden Stoffe, mit denen der Mensch selten in Kontakt kommt, durch diese Mechanismen nicht erfaßt. Auch Fehlleistungen werden erbracht, Stoffe werden von dem Entgiftungssystem gegiftet.

Der chemische Schutzwall der Pflanzen läßt häufig eine Hintertür für «Freunde» offen. Früchte, deren Samen über den Magen-Darm-Trakt eines Tieres verbreitet werden sollen, müssen entweder ungiftig sein oder zumindest von den Tierarten vertragen werden können, die sie verbreiten sollen. So finden wir sehr häufig die Erscheinung, daß bei vielen giftigen Pflanzen in den reifenden Früchten ein Abbau der Giftstoffe erfolgt. Ist dieser Abbau abgeschlossen, wird ein Signal für die «Erntereife» gesetzt, indem die grüne Farbe der Frucht in Rot oder Blau übergeht. Dieses Signal sollte vom Menschen mit Vorsicht betrachtet werden, beispielsweise beim Seidelbast oder bei der Tollkirsche gilt es nur für Vögel.

Stellt man die Frage, warum toxische Substanzen der aktiv giftigen Tiere einen lückenloseren Schutz gewährleisten als die der Pflanzen, so gibt es mehrere Antworten. Sicherlich ist der Giftbesitz für ein Tier von größerem Selektionsvorteil als für eine Pflanze. Eine von Raupen beschädigte Pflanze überlebt, vermehrt sich und wird nicht eliminiert. Welche Überlebenschancen hat eine wehrlose Qualle? Auch dürfte die Möglichkeit des weiträumigen Genaustausches und damit die Geschwindigkeit der Anpassung an neue Situationen, z. B. auch an Giftstoffe der Pflanzen, bei den ortsbeweglichen Tieren größer sein als bei den dem Standort verhafteten Pflanzen.

Nicht leicht ist die Frage nach dem «Woher?» der biogenen Gifte zu beantworten. Am ehesten läßt sich die Entstehung der Peptidtoxine der Schlangen erklären. Sie sind Abkömmlinge der Verdauungsenzyme und ihrer ruhigstellenden Inhibitoren der zu Giftdrüsen umfunktionierten Speicheldrüsen. So läßt sich durch Sequenzanalysen der Peptid- und Proteotoxine der Schlangengifte ihr Ursprung aus der Phospholipase A_2, der Ribonuclease, aus Proteasen und Proteaseinhibitoren nachweisen. Die Gene für diese Enzyme wurden vervielfacht und dem Spiel der Mutation ausgesetzt. Der Selektionsdruck sorgte dafür, daß mindestens eins der gebildeten Isoenzyme für den ursprünglichen Zweck brauchbar blieb. Die anderen durften sich frei verändern und wurden erst in dem Moment «interessant», in dem sie als Gifte einen Selektionsvorteil brachten. Nun sorgte der Selektionsdruck dafür, daß die einmal erworbenen Errungenschaften nicht wieder verlorengingen und weiter optimiert wurden.

Schwerer ist die Entstehung der umfangreichen Enzymgarnituren zu deuten, die für die Biogenese beispielsweise eines Alkaloides notwendig sind. Sicherlich spielt auch hier die große genetische Flexibilität der Isoenzyme eine entscheidende Rolle. Der Schritt vom Enzym des Primärstoffwechsels zu einem des Sekundärstoffwechsels ist sicherlich nicht so groß, wie der von einem Enzym zu einem Peptid- oder Proteotoxin. Vermutlich hat auch die «Ur-Tollkirsche» nicht gleich begonnen, Hyoscyamin zu synthetisieren. Wahrscheinlich brachte das einfach aus dem ubiquitären L-Prolin zu bildende Hygrin schon einen bescheidenen Selektionsvorteil, der dann immer weiter ausgebaut wurde, bis die Biogenese des sehr wirksamen Hyoscyamins möglich wurde. Sicherlich spielen bei dieser Entwicklung außer den Punktmutationen, wie sie bei der Entstehung der Peptidtoxine aus den Enzymen auftraten, noch andere, heute in ihrer Bedeutung noch nicht völlig durchschaute Mechanismen ebenfalls eine Rolle (Transposons, Genfusionen?). Auch hier wird die Zukunft neue Einsichten vermitteln. Von besonderem Interesse wäre eine Sequenzanalyse der Enzyme des Sekundärstoffwechsels, um zu klären, aus welchen Enzymen des Primärstoffwechsels und auf welche Weise sie entstanden sind.

Die Entwicklung von Giften setzte auch die Entwicklung von Mechanismen voraus, die verhindern, daß der Produzent sich selbst schädigt. Aktiv giftige Tiere speichern ihre Gifte gewöhnlich in gut abgeschirmten Giftdrüsen. Bei den passiv giftigen Pflanzen müssen sie für den Fall eines Angriffs im ganzen Organismus präsent sein. Dabei werden drei Wege beschritten: die Ablagerung in vom Cytoplasma getrennten Kompartimenten, die Speicherung in Form physiologisch inaktiver Vorstufen und die Neubildung erst bei Attacke durch einen Angreifer.

Speicherung außerhalb des Cytoplasmas erfolgt beispielsweise bei den Alkaloiden durch aktive Aufnahme in die Vakuole oder die Sekretion in Milchsäfte. Inaktive Vorstufen, die erst bei Verletzung des Pflanzengewebes durch einen Angreifer «entsichert werden», sind u.a. die cyanogenen Glykoside, die Glucosinolate, die Alliine, die Cucurbitacinglykoside, die bisdesmosidischen Saponine, das Ranunculin und das Parasorbosid. Bei Attacke neugebildet werden die bereits erwähnten Phytoalexine. Sie sind allerdings wegen ihrer verzögerten Verfügbarkeit nur gegen langsame Angreifer, z.B. phytopathogene Pilze, einsetzbar (Übersichten: 15, 16, 24, 46, 51, 58, 63, 65, 66).

1.3 Allgemeine Toxikologie biogener Gifte

1.3.1 Toxikologische Bewertung

Bei der Einschätzung der Giftwirkung muß zwischen akuter und chronischer Toxizität unterschieden werden. Die akute Toxizität wird nach einmaliger Dosis innerhalb kurzer Zeit sichtbar, während sich die chronische Toxizität erst nach einem längeren Zeitraum, während dessen die Substanz mehrere Male in akut untoxischen Dosen aufgenommen wird, bemerkbar macht.

In beiden Fällen wird die Wirkung eines Giftes entscheidend durch quantitative Parameter (Dosis, Einwirkungszeit u.a.) mitbestimmt. Als Kenngröße der akuten Toxizität wird am häufigsten die LD_{50} ermittelt, d.h. die Dosis, bei der 50% der Versuchstiere sterben. Die letalen Dosen sind in starkem Maße abhängig von der verwendeten Versuchstierspecies, deren Rasse, Alter, Geschlecht, den Haltungsbedingungen sowie von der Applikationsart. Die Übertragbarkeit der Ergebnisse auf den Menschen ist wie bei allen anderen Tierexperimenten problematisch. In der Literatur für den Menschen angegebene tödliche Dosen beruhen auf Erfahrungswerten.

Die chronische Toxizität ist wesentlich schwieriger zu bewerten als die akute Giftwirkung. Hierfür gibt es bis jetzt kaum konkrete Maßzahlen. Sie kann durch Stoff- bzw. Wirkungskumulationen verstärkt werden, kann aber auch durch Toleranz- oder Resistenzentwicklung im Zeitverlauf abnehmen. Zu qualitativen Veränderungen des Wirkungsbildes führen z.B. Allergien. Auf die Erfassung möglicher chronisch toxischer Wirkungen muß besonders bei den Verbindungen Wert gelegt werden, die als Bestandteile von Nahrungsmitteln, Tees oder Arzneizubereitungen in kleinen Dosen, aber über längere Zeit aufgenommen werden.

Die Gefährlichkeit einer giftigen Pflanze oder eines giftigen Tieres für Menschen oder Tiere hängt nicht allein von der Toxizität ihrer Inhaltsstoffe ab, sondern wird in der Praxis in entscheidendem Maße von dem Grad ihrer Zugänglichkeit für Mensch oder Nutztier bestimmt und davon, ob Anreiz zum Verzehr bzw. zur Kontaktaufnahme besteht (toxikologische Relevanz).

Auch individuelle Einflußfaktoren müssen bei der toxikologischen Bewertung einer Verbindung berücksichtigt werden. Dazu gehören Alter, Geschlecht, eventuell vorhandene Krankheiten, die Wechselwirkung mit Arzneimitteln und genetisch bedingte Enzymdefekte des Betroffenen.

1.3.2 Toxikokinetik

Voraussetzung für die Giftwirkung einer Substanz ist ihre Fähigkeit, aus dem Außenmilieu des Organismus oder aus räumlich begrenzten Stellen des Körperinneren (Magen-Darm-Trakt, Giftdepots im Gewebe nach Angriff durch aktiv giftige Tiere) in das Gewebe bzw. in die Lymph- oder Blutbahn zu gelangen (Resorption). Diese Fähigkeit wird durch die physikochemischen, bei aktiver Aufnahme auch durch die chemisch-strukturellen Parameter der Substanz sowie durch Applikationsart und Applikationsort bestimmt.

Für die am Wirkort vorhandene Konzentration des Giftstoffes ist jedoch nicht nur die Geschwindigkeit der Resorption, sondern auch die der Verteilung im Organismus, der Biotransformation und der Elimination entscheidend.

Bei unmittelbarem Eintritt des Giftes in ein Blutgefäß (z. B. bei Biß oder Stich von Tieren) wird der höchste Blutspiegel fast augenblicklich erreicht. Langsamer, in den meisten Fällen aber rascher als bei peroraler Aufnahme, gelangen Giftstoffe bei intracutaner, subcutaner oder intramuskulärer Applikation (bei Bissen oder Stichen giftiger Tiere) in die Blutbahn. Die Geschwindigkeit der Aufnahme wird hier außer durch die Stoffparameter (s. u.) auch durch den Applikationsort beeinflußt (Kapillarisierung, Durchblutung, Zustand der interzellulären Kittsubstanzen).

Bei peroraler Giftaufnahme limitiert zunächst die Freigabe der Giftstoffe aus den Giftquellen (z. B. Extraktion aus mehr oder weniger zerkleinerten Pflanzenteilen) und die Bindung an Begleitstoffe (z. B. von Alkaloiden an Gerbstoffe) die Aufnahme. Die Resorption selbst wird besonders durch Molekülgröße und Lipophilie der Wirkstoffe bestimmt. Phenolische OH-Gruppen und Carboxylgruppen in alkalischem Milieu (Darm) und Aminogruppen in saurem Milieu (Magen) sowie Hydroxylgruppen erhöhen, eine Vielzahl von CH_2-, CH-, Ether- und Estergruppen verringern die Wasserlöslichkeit, d. h. die Hydrophilie einer Substanz. Mit abnehmender Hydrophilie wächst dagegen die Lipophilie. Lipophile Stoffe werden besser resorbiert als hydrophile.

Stark hydrophile Verbindungen werden nur dann resorbiert, wenn sie in der Lage sind, mit physiologischen Verbindungen um die Carrier existierender Transportsysteme zu konkurrieren. So ist anzunehmen, daß die toxischen Aminosäuren über die Aminosäurecarrier transportiert werden. Sehr große Moleküle (Peptide, Proteine) werden nicht resorbiert, wenn sie nicht, wie beispielsweise die Lectine, Affinität zu Rezeptoren an der Zellmembran besitzen und auf dem Wege der Endocytose in den Organismus und in Zellen eindringen. Alle anderen stark hydrophilen bzw. großen Moleküle müssen unter Umgehung des Magen-Darm-Trakts ins Gewebe oder in die Blutbahn gelangen (durch den Giftapparat der Tiere, z. B. Giftzähne der Schlangen), sind also peroral unwirksam.

Lipophile Substanzen passieren zwar die Wandungen der Verdauungsorgane und auch die Zellmembranen gut, für den in wäßrigem Milieu (Verdauungssäfte, Blutplasma) erfolgenden Transport des Stoffes zum Wirkort ist jedoch eine, wenn auch geringe, Löslichkeit in Wasser erforderlich.

Für einige Verbindungen (z. B. Anthrachinonglykoside, cyanogene Glykoside, Cycasin) ist die Spaltung durch Enzyme des Gastrointestinaltrakts oder der gastrointestinalen Mikroflora Voraussetzung für Resorption und Wirkung.

Die unterschiedliche Verteilung der Stoffe im Organismus ist ein Hauptgrund dafür, daß sich die Wirkung vieler Gifte bevorzugt an bestimmten Organen dokumentiert. So werden herzwirksame Steroidglykoside besonders stark im Herzmuskel angereichert. Zur unterschiedlichen Empfindlichkeit einzelner Organe tragen außerdem die verschiedene Rezeptorausstattung, eine sich unterscheidende Protein- oder Nucleinsäuresyntheserate und weitere Faktoren bei.

Hauptprozesse der Biotransformation sind Oxidation, Reduktion, Hydrolyse und Konjugation. In den meisten Fällen erfolgt eine Umwandlung der Giftstoffe in weniger toxische, wasserlösliche Metabolite. Einige Verbindungen, z. B. die Pyrrolizidinalkaloide, werden aber auch erst im Organismus in die eigentlichen Wirkstoffe überführt (Giftung, 23). Oft handelt es sich hierbei um Toxine, die chronische Vergiftungen der Leber, des Hauptorgans der Biotransformation, verursachen. Unterschiede in der Biotransformationsgeschwindigkeit einer Verbindung bei einzelnen Tierspecies erklären oftmals die verschieden hohe Toxizität bei den einzelnen Arten. So ist Atropin für den Menschen stark toxisch (LD ca. 100 mg p. o.). Kaninchen können, da ihre Esterasen das Atropin sehr schnell spalten, unbeschadet Tollkirschen verzehren (LD_{50} Atropin 1,5 g/kg).

Die Elimination erfolgt bei wasserlöslichen Stoffen bzw. bei durch Metabolisierung wasserlöslich gemachten Stoffen vorwiegend über die Nieren. Die Nieren gehören damit zu den von der Giftwirkung am stärksten betroffenen Organen. Ein weiterer Teil der Gifte wird über die Galle in das Duodenum ausgeschieden. Durch erneute Resorption in den unteren Darmabschnitten kann das Gift in den enterohepatischen Kreislauf eintreten, und so kann seine Elimination stark verzögert werden.

1.3.3 Toxikodynamik

Entsprechend ihrer unterschiedlichen Struktur sind auch Angriffspunkte und Wirkungsmechanismen biogener Gifte im menschlichen und tierischen Organismus sehr vielfältig und noch lange nicht in allen

Fällen geklärt. Trotzdem wurden gerade auf diesem Gebiet während der letzten Jahre zahlreiche neue Erkenntnisse gewonnen.

Viele biologisch aktive Verbindungen wirken über eine Veränderung von Enzymaktivitäten. Je nach Art und Vorkommen der beeinflußten Enzyme ergeben sich sehr unterschiedliche Wirkungen. So führt die Hemmung der Cytochromoxidase durch Cyanid-Ionen zur Unterbrechung der Energieversorgung der Gewebe und zum Tod. Die Hemmung der Na^+/K^+-ATPase des Herzmuskels durch herzwirksame Steroide wird in therapeutischen Dosen zur Steigerung der Kontraktionskraft des Herzens genutzt, in toxischen Dosen kommt es dagegen zu Arrhythmien. 1-Aminocyclopropanol, ein Spaltprodukt des Coprins, verhindert durch Reaktion mit der Acetaldehyddehydrogenase die Weiteroxidation des beim Ethanolabbau gebildeten giftigen Acetaldehyds. Phorbolester entfalten ihre cocarcinogene Wirkung über eine Stimulation der Proteinkinase C. Bei vielen Stoffen wird ein Einfluß auf Enzyme des Prostaglandinstoffwechsels gefunden.

Einige biogene Gifte besitzen selbst enzymatische Aktivität. Hierzu gehören vor allem bakterielle Toxine. Das α-Toxin aus *Clostridium perfringens* ist eine Phospholipase C, das EF-Toxin aus *Bacillus anthracis* eine Adenylatcyclase. Andere, beispielsweise Diphtherietoxin und Choleratoxin, katalysieren den Transfer von Adenosinribosylphosphat-Resten von NAD auf Targetproteine und verändern damit deren Funktionsfähigkeit.

Viele Giftwirkungen beruhen auf Eingriffen in den Nucleinsäure- und Proteinstoffwechsel, die Informationsübertragung bei der Proteinsynthese und in die Zellteilung. Diese Eingriffe bestehen z. B. in der

- Blockade von Enzymen der DNA-, RNA- oder Proteinsynthese (z. B. der RNA-Polymerase II eukaryotischer Zellen durch Amanitine),
- Alkylierung von Nucleinsäuren und Proteinen (z. B. durch Sesquiterpenlactone),
- Interkalation der Toxine in die DNA und der damit bewirkten Veränderung der DNA-Struktur (z. B. durch Furocumarine),
- Reaktion der Gifte mit Proteinen des Spindelapparats und dadurch der Hemmung der Zellteilung (z. B. durch Colchicin oder Taxol) oder der
- Inaktivierung von Ribosomenbestandteilen (z. B. durch Ricin, Abrin oder Diphtherietoxin).

Je nach Menge und Wirkungsdauer der Toxine sowie je nach Art der betroffenen Zellen ergeben sich sehr unterschiedliche Effekte. Akute Vergiftungen führen zur Zerstörung zuerst der Zellen mit hoher Proteinsyntheserate, vor allem der Leberzellen (cytotoxische Wirkung). Langdauernde oder auch nur einmalige Zufuhr von kleinen Toxinmengen kann Mutationen auslösen. Daraus können sich maligne Entartungen von Zellen (carcinogene Wirkung) oder, wenn Keimzellen betroffen sind, teratogene Wirkungen ergeben (31, 32, 69).

Eine große Rolle spielt auch die Unterbrechung der Reizleitung und der neuromuskulären Erregungsübertragung durch Toxine, die die Ionenpermeabilität von Zellmembranen beeinflussen. Sie setzen z. B. die Permeabilität der Membranen für Natrium-Ionen herab und hemmen damit die Entstehung von Aktionspotentialen (z. B. Tetrodotoxin und Saxitoxin), oder sie verhindern die Inaktivierung der Kanäle und damit die Repolarisation (z. B. Batrachotoxin und Aconitin). Andere Wirkstoffe besitzen Bindungsstellen an Ca^{2+}- (z. B. Maitotoxin) oder K^+-Kanälen (z. B. Apamin, 5, 14, 43).

Viele Toxine greifen an den Rezeptoren für Neurotransmitter an. Entweder besitzen sie intrinsische Aktivität und führen damit zu überschießenden Reaktionen (z. B. Pilocarpin am muscarinerg-cholinergen Rezeptor), oder sie blockieren den Rezeptor (z. B. Atropin am muscarinerg-cholinergen Rezeptor). Der Wirkungsmechanismus vieler rauscherzeugender Stoffe besteht u. a. in der Beeinflussung der Freisetzung und des Stoffwechsels von Neurotransmittern.

Lyobipolare Verbindungen wirken aufgrund ihrer Oberflächenaktivität über eine Zerstörung von Membranstrukturen stark reizend und hämolysierend. Als Beispiele seien die Saponine und die Toxine vieler Tiergifte (z. B. Mellitin) aufgeführt.

Die allergisierende Wirkung vieler biogener Gifte wurde bereits genannt. Während pflanzliche Substanzen oft erst nach Bindung an körpereigene Proteine zum Allergen werden, stellen die meisten tierischen Gifte aufgrund ihrer Proteinnatur von vornherein Antigene dar. Am bekanntesten sind Allergien gegen Bienengift.

Andere biogene Gifte wirken dagegen supprimierend auf Immunreaktionen bzw. schädigen immunkompetente Zellen. Dazu gehören die meisten cytostatisch wirksamen Stoffe, z. B. die Catharanthus-Alkaloide und viele Mycotoxine.

1.4 Klinische Toxikologie

1.4.1 Diagnostik von Vergiftungen

Die Diagnose von Vergiftungen ist möglich anhand der

- Kenntnis ihrer Vorgeschichte,
- Symptome und
- toxikologisch-chemischen Analyse.

In den meisten Fällen wird man jedoch alle drei Methoden der Ursachenerkundung heranziehen müssen, um zu einer sicheren Aussage über den Charakter einer Vergiftung zu gelangen.

Eine einfache, aber keineswegs immer zuverlässige Art, festzustellen, ob eine Vergiftung vorliegt und bei Bejahung dieser Frage, welche Giftstoffe die Ursache sind, ist die Befragung des Patienten oder anderer Personen, die die Vorgeschichte der möglichen Vergiftung kennen könnten. Fast immer dürfte es darum gehen, aus recht ungenauen Angaben über Aussehen und Standort von aufgenommenen Pflanzen, aus vorgelegtem Pflanzen- oder Pilzmaterial, aus Angaben über Tiere, die den Patienten attackiert haben, oder über genossene, möglicherweise kontaminierte Speisen auf die Art des Giftes zu schließen. Aber auch scheinbar klare Aussagen über das verursachende Lebewesen müssen nicht immer zutreffen.

Hilfe bei der Ermittlung von Vergiftungen verursachenden Pilzen oder Pflanzen können Bestimmungsschlüssel sein, die dem Laien auf mykologischem oder botanischem Gebiet besonders dann weiterhelfen, wenn sie gut illustriert sind (z. B. für Pilze 62, Ü 9, Ü 82, für Pflanzen Ü 30, Ü 31, Ü 68, Ü 73, Ü 114, Ü 124). Liegen nur Pflanzen- oder Pilzteile vor, kann eine mikroskopische Untersuchung helfen (Hinweise dazu in Ü 9, Ü 30, Ü 104). Man sollte jedoch diese Möglichkeiten nicht überschätzen. Der auf diesem Gebiet Ungeübte wird kaum zu einem sicheren und vor allem schnellen Erfolg kommen. Der sicherste Weg ist die Konsultation der toxikologischen Beratungsdienste (s. Anhang), eines Mykologen, Botanikers, Pharmakognosten oder eines Apothekers. Dabei sollte das Pflanzen- oder Pilzmaterial möglichst vollständig vorgelegt werden, d. h. Pflanzen mit Blättern und Blüten bzw. Früchten, nicht nur die als Giftursache vermutete Wurzel oder Beere; bei Pilzen die gesamten verfügbaren Reste, z. B. Putzabfälle und Reste der Mahlzeit.

Vergiftungen durch Tiere in Mitteleuropa erfordern mit Ausnahme der durch die allgemein bekannten Giftschlangen nur eine symptomatische Behandlung, also kaum eine Identifizierung. Über Gefahren durch Tiere in subtropischen und tropischen Ländern informiert u. a. ein Buch von HABERMEHL (Ü 36).

Durch kontaminierte Lebensmittel ausgelöste Vergiftungen lassen sich nur mit Hilfe einer mikrobiologischen Analyse in einem Spezialinstitut klären.

Außer der Anamnese können auch bestimmte «Leitsymptome» Hinweise auf die Vergiftungsursache geben. So können Krämpfe z. B. Zeichen einer Cicutoxin- oder Strychninvergiftung sein. Miosis und Bewußtlosigkeit lassen an eine Morphinvergiftung denken. Herzrhythmusstörungen deuten möglicherweise auf Intoxikationen durch herzwirksame Steroide hin. Die Leitsymptome haben jedoch nur Wahrscheinlichkeitswert, da ein Symptom nie spezifisch für nur eine Ursache ist, nie alle Symptome einer Vergiftung vollständig und gleichzeitig vorhanden sind und das Vergiftungsbild z. B. durch Überlagerung mit anderen Krankheiten uncharakteristisch sein kann. Unter Umständen kann auch die Erhebbarkeit der Symptome sehr erschwert sein (z. B. bei Bewußtlosigkeit). Am aussagekräftigsten ist diese Art der Diagnostik, wenn eine Kombination von Symptomen, die für eine Intoxikationsart relativ charakteristisch ist, ausgewertet werden kann (z. B. die vier Hauptsymptome einer Atropinvergiftung, Kap. 31.1). Solche allgemeinen Symptome wie gastrointestinale Reizerscheinungen lassen sich für die Diagnostik kaum verwerten. Übersichten über Leitsymptome und deren mögliche Ursachen sind in den Büchern von MOESCHLIN (Ü 85) sowie LUDEWIG und LOHS (Ü 73) enthalten.

Die Diagnose einer Vergiftung anhand der Vorgeschichte und der Symptomatik wird erhärtet, in vielen Fällen allerdings überhaupt erst möglich, durch die toxikologisch-chemische Analyse, eines der schwierigsten und verantwortungsvollsten Kapitel der analytischen Chemie überhaupt.

Voraussetzung für eine einwandfreie toxikologisch-chemische Analyse ist zunächst eine sachgerechte Sicherstellung (Asservierung) des notwendigen Untersuchungsmaterials. Dazu gehören Reste noch nicht aufgenommener Gifte (Pilze, Pflanzenteile), Erbrochenes, Harn, Stuhl, Magenspülflüssigkeit nach Magenspülungen, Dialyseflüssigkeit nach Hämodialyse und Blutproben. Diese Materialien sollten luftdicht verpackt, möglichst ohne Zusätze von Konservierungsmitteln, umgehend in die Hand des toxikologischen Chemikers gelangen.

Der Giftnachweis durch toxikologisch-chemische Analyse erfolgt qualitativ und quantitativ, gezielt (bei bestehendem Verdacht auf ein bestimmtes Gift) oder ungezielt mit Hilfe ähnlicher Methoden wie sie bei der Isolierung und Identifizierung von Naturstoffen angewendet werden (Kap. 1.2.1). Dabei darf nicht nur nach Giften gesucht werden, sondern auch Biotransformationsprodukte sind zu erfassen.

Die Stofftrennung wird, gegebenenfalls nach Entfernung vorhandener Eiweißstoffe (z. B. der Plasmaproteine des Blutes), unter Nutzung der unterschiedlichen Flüchtigkeit, Löslichkeit, des Verteilungsverhaltens zwischen zwei nicht mischbaren flüssigen Phasen (oft bei variiertem pH-Wert), der Adsorptionsfähigkeit und anderer physikalischer Parameter der Stoffe durchgeführt. Die nach vorausgehender Grobtrennung eingesetzten Methoden sind besonders die Hochdruckflüssigkeitschromatographie (HPLC), die Gas- (GC) und die Dünnschichtchromatographie (DC).

Zur Identifizierung der Stoffe werden ihre chemische Reaktivität (z. B. mit Farbstoffen oder Farbstoffbildnern), ihre Spektren (UV-, IR-, NMR-, Massenspektrum) und bestimmte physikalische Konstanten (Schmelzpunkt, Siedepunkt) genutzt (Übersichten: 17, 33, 48, 49, 54, 55, Ü 91).

1.4.2 Therapie von Vergiftungen

Bei Vergiftungen oder Verdacht auf Vergiftungen sollte stets ein Arzt konsultiert werden. Einige Maßnahmen der ersten Hilfe bis zum Eintreffen des Arztes sind jedoch auch durch den Laien möglich. Sie sind vor allem auf die Entfernung des bereits aufgenommenen Giftes und die Verhütung einer weiteren Giftaufnahme sowie in lebensbedrohlichen Fällen auf die Sicherung der vitalen Funktionen gerichtet.

Von der Haut werden die Gifte am besten unter reichlich fließendem Wasser und mit Seife, eventuell auch mit Kaliumpermanganatlösung, abgespült. Sind die Augen bei cutaner oder inhalativer Vergiftung mitbetroffen, müssen diese ca. 10 min lang mit fließendem, klaren Wasser gespült werden.

Peroral aufgenommene Gifte können, solange noch keine Resorption stattgefunden hat, durch Auslösen von Erbrechen und Darmentleerung entfernt werden. Erbrechen darf jedoch nie bei Bewußtlosen und sonst nur, wenn keine Komplikationen zu erwarten sind, hervorgerufen werden. Geeignete Methoden sind mechanische Reizung der hinteren Rachenwand, z. B. mit Finger oder einem Löffelstiel, Trinken von reichlich Wasser, Fruchtsaft oder lauwarmer Kochsalzlösung (1 Eßlöffel auf 1 Glas Wasser), bei Kindern auch Gabe von Sirupus Ipecacuanhae (Kap. 22.13). Das Kind sollte danach über die Knie gelegt und so festgehalten werden, daß keine Aspirationsgefahr besteht. Zur Darmentleerung kann Natriumsulfat (Glaubersalz, 1–2 Eßlöffel) oder Sorbit gegeben werden. Als Adsorbens ist bei allen peroral aufgenommenen Giften Aktivkohle (Einzeldosis ca. 0,2–0,5 g/kg als Aufschwemmung in Wasser) einsetzbar. Ein starker Aufguß von Schwarzem Tee vermindert durch seinen Gerbstoffgehalt die enterale Resorption vieler Gifte, z. B. der Alkaloide.

Auch einige symptomatische Behandlungsmaßnahmen können bereits vom Laien eingeleitet werden. Dazu gehören die Gabe von Kaffee oder Schwarzem Tee als Stimulans bei Herz-Kreislauf-Schwäche oder von Haferschleim bei Reizerscheinungen des Magen-Darm-Trakts. Entscheidend ist die erste Hilfe bei lebensbedrohlichen Vergiftungen. Hierbei sind stabile Seitenlagerung des Patienten, Schutz vor Wärmeverlust, bei drohender Atemlähmung Atemspende und bei Herzstillstand Herzmassage erforderlich. Bei Krämpfen muß ein Taschentuch o. ä. zwischen die Zähne geklemmt werden. Der Transport in eine Klinik ist schnellstmöglich zu organisieren.

Alle weiteren Behandlungsschritte bleiben dem Arzt vorbehalten. Er wird bei Atemstörungen künstliche Beatmung vornehmen, bei Kreislaufversagen Plasmaexpander bzw. Plasma sowie gefäßkontrahierende (bei Weitstellung der peripheren Gefäße) oder gefäßerweiternde Mittel (bei Zentralisation des Kreislaufs) applizieren und Krämpfe mit Sedativa bzw. Barbituraten behandeln.

Bei peroraler Aufnahme potentiell gefährlicher Giftmengen wird der Arzt Magenspülungen durchführen. Als Methoden zur Beschleunigung der Elimination von Giften stehen ihm z. B. forcierte Diurese, Hämodialyse, Hämoperfusion, Peritonealdialyse und Blutaustauschtranfusion zur Verfügung.

Eine spezifische Kausalbehandlung der Vergiftung mit Antikörpern bzw. Antidota ist bis jetzt nur bei wenigen Giften möglich. Genannt seien die Therapie mit spezifischen oder polyvalenten Antiseren nach Bissen von giftigen Schlangen, Skorpionen oder anderen Tieren, die Gabe spezifischer Antikörperfragmente nach Vergiftungen mit herzwirksamen Steroiden und die Behandlung von Atropin-Vergiftungen mit Hemmstoffen der Acetylcholinesterase (Pyridostigmin, Physostigmin).

(Übersichten zur Behandlung von Vergiftungen: z. B. 7, 42, 61, Ü 6, Ü 10, Ü 50, Ü 62, Ü 73, Ü 85, Ü 125).

1.5 Literatur

1. Adam, G.(1974), Pharmazie 29: 737
2. Amberger-Lahrmann, M., Schmähl, D. (1989), Gifte – Geschichte der Toxikologie, Springer Verlag Berlin, Heidelberg, New York, Paris, Tokyo
3. Baerheim-Svendsen, A. (1984) In: Biogene Arzneistoffe (Ed: Czygan, F. C., Vieweg-Verlag Braunschweig): 27
4. Benford, D.J., Reavy, H.J., Hubbard, S.A. (1988), Xenobiotica 18: 649
5. Brazil, O.V. (1986), Cienc. Cult. (Sao Paulo) 38: 324
6. Brooks, C.J.W., Watson, D.G. (1985), Nat. Prod. Rep. 2: 427
7. Burall, B.A. (1989), Clin. Rev. Allergy 7: 417
8. Burres, N.S., Hunter, J.E., Wright, A.E. (1989), J. Nat. Prod. 52: 522
9. Dahiya, J.S. (1987), Indian J. Microbiol. 27: 1
10. Darvill, A.G., Albersheim, P. (1984), Ann. Rev. Plant Physiol. 35: 243
11. Debethizy, J.D., Hayes, J.R. (1989), Principles and Methods of Toxicology, Second Edition (Ed: Hayes, A.W., Raven Press New York): 29
12. Epstein, W.L. (1987), Ann. Emerg. Med. 16: 950
13. Flint, O.P. (1988), Xenobiotica 18: 707
14. Fox, A.P., Hirning, I.D. Kongsamut, S., Mecleskey, E.W., Miller, R.J., Olivera, B.M., Perney, T.M., Thayer, S.A., Talen, R.W. (1987), In: Neurotoxins and Their Pharmacological Implications (Ed: Jenner, P., Raven Press New York): 115
15. Fraenkel, G.S. (1959), Science 129: 1466
16. Freeland, W.J., Jansen, D.H. (1974), Amer. Naturalist 108: 269
17. Gerson, B. (1989), Guide to General Toxicology, 2nd Revised Edition, Karger Continuing Education 5 (Ed: Marguis, J.K., S. Karger AG Basel): 263
18. Golberg, L. (1983), Structure-activity correlation as a Predictive Tool in Toxicology: Fundamentals, Methods and Applications (Hemisphere Washington DC)
19. Goldberg, A.M., Frazier, J.M. (1989), Sci. Amer. 261: 24
20. Goldberg, A.M., Rowan, A.N. (1987), Def. Sci. J. 37: 99
21. Gossel, T.A., Bricker J.D. (1990), Principles of Clinical Toxicology, 2nd Edition (Raven Press New York)
22. Gross, D. (1987), Biol. Rdsch. 25: 225
23. Guengerich, F.P., Liebler, D.C. (1985), CRC Crit. Rev. Toxicol. 14: 259
24. Hartmann, T. (1985), Plant Syst. Evol. 150: 15
25. Hegnauer, R. (1984), In: Biogene Arzneistoffe (Ed: Czygan, F.C., Vieweg-Verlag, Braunschweig): 157
26. Hostettmann, K., Hostettmann, M., Marston, A. (1987), Preparative Chromotography Techniques, Akademie Verlag Berlin
27. Ingham J.L. (1972), Bot. Rev. 38: 343
28. Jelinek, C.F. (1982), J. Assoc. Off. Anal. Chem. 65: 942
29. Kalbe, L., Recknagel, R.D. (1985), Acta Hydrochim. et Hydrobiol. 13: 185
30. Karger-Decker, B. (1966), Gifte, Hexensalben, Liebestränke, Koehler & Amelang Leipzig
31. Keeler, F.R. (1983), In: Ü 57: 161
32. Kinghorn, A.D. (1983), In: Ü 57: 231
33. Klöcking, H.P. Müller, R.K. Wiecorek, W.D. (1990), Aktuelle Probleme der Toxikologie Bd. 6, Toxikologische Analytik 2. Aufl. (Verlag Gesundheit GmbH, Berlin)
34. Knudsen, I. (1986), Genetic Toxicology of the Diet, Alan. R. Liss. Inc. New York
35. Kolodzig, H. (1989), Dtsch. Apoth. Ztg. 129: 1385
36. Kubeczka, K.H. (1984), In: Biogene Arzneistoffe (Ed: Czygan F.C., Vieweg-Verlag Braunschweig): 239
37. Kuhn, P.J., Hargreaves J.A. (1987), Symp. Br. Mycol. Soc. 13 (Fungal Infect. Plants): 193
38. Lindequist U., Teuscher, E., Narbe, G. (1990), Z. f. Phytother. 11: 139
39. Lindequist, U., Teuscher E. (1987), Pharmazie 42: 1
40. Maier, P. (1988), Experientia 44: 807
41. Martinetz, D., Sonntag U. (1989), Z. Gesamte Hyg. Ihre Grenzgebiete 35: 386
42. McGuigan, M.A. (1989), Guide to General Toxicology, 2nd Revised Edition, Karger Continuing Education 5 (Ed: Marguis, J.K., S. Karger AG, Basel): 216
43. Moczydlowski, E. Lucchesi, K., Ravindran, A. (1988), J. Membrane Biol. 105: 95
44. Mohr U., Emura M. (1985), Chem. Toxic. 23: 233
45. Morgan, M.R.A., Fenwick, G.R. (1990), Lancet 336: 1492
46. Mothes, K. (1980), Wiss. Fortschr. 30: 413
47. Mothes, K. (1984), In: Biogene Arzneistoffe (Ed: Czygan, F.C., Vieweg-Verlag Braunschweig): 5
48. Müller, R.K. (1985), Beiträge zur Diagnose und Therapie von Intoxikationen (PGH Grafik-Druck/Leipzig)
49. Müller, R.K. (1991), Toxicological Analysis (Verlag Gesundheit Berlin)
50. Mundt, S., Teuscher E. (1988), Pharmazie 43: 809
51. Nahrstedt, A. (1989), Planta Med. 55: 333
52. Nuhn, P. (1985), Pharmazie 40: 1
53. Pfannhauser, W., Woldich, H. (1980), Toxicol. Environ Chem. Rev. 3: 131
54. Pondsold, A. (1967), Lehrbuch der gerichtlichen Medizin, Thieme Verlag Stuttgart
55. Prokop, O., Göhler, U. (1975), Forensische Medizin, 3. Aufl., Verlag Volk und Gesundheit Berlin
56. Reddy, C.S., Hayes, A.W. (1989), In: Principles and Methods of Toxicology, Second Edition (Ed: Hayes, A.W., Raven Press New York): 67
57. Richie, J.P. Jr., Mills, B.J., Lang, C.A. (1984), Fundam. Appl. Toxicol. 4: 1029
58. Schaefer, M. (1980), Naturwiss. Rdsch. 33: 128
59. Schilcher, H. (1982), Planta Med. 44: 65
60. Shupe, J.L., Peterson, H.B., Olson, A.E., Miller, G.W. (1978), In: Ü 35, 47
61. Spaeth G. (1982), Vergiftungen und akute Arzneimit-

telüberdosierung. Wirkungsmechanismus, Sofortmaßnahmen und Intensivtherapie (de Guyter Berlin)
62. Svrček, M., Kubička, J., Erhart, M. Erhart, J. (1979), Pilzführer, Artia-Verlag Prag
63. Swain, T. (1977), Ann. Rev. Physiol. 28: 479
64. Tardiff, R. G. (1978), Ann. Rev. Pharm. Toxicol. 18: 357
65. Teuscher, E. (1984), In: Biogene Arzneistoffe (Ed: Czygan, F. C., Vieweg-Verlag Braunschweig): 61
66. Teuscher, E. (1990), Dtsch. Apoth. Ztg. 130: 1627
67. Thesen, R. (1988), Z. Phytother. 9: 105
68. van Bruwaener, R. Kirchmann, R., Ipmens, R. (1984) Experientia 4: 43
69. Wichtl, M. (1989), Pharm. Ztg. 134: 9
70. Wilson, B.J., Burka, L.T. (1983), In: Ü 57, Bd. 1: 3
71. Wolters, B., Eilert, U. (1983), Dtsch. Apoth. Ztg. 123: 659
Mit Ü gekennzeichnete Zitate siehe Kap. 43

2 Aliphatische Säuren

2.1 Mono- und Dicarbonsäuren

2.1.1 Aliphatische Säuren in Wehrgiften von Insekten *(Hexapoda)*

Aliphatische Säuren werden von einer Vielzahl von Insekten als Wehrgifte eingesetzt.

Am wirksamsten scheint die Ameisensäure zu sein, eine stechend riechende Flüssigkeit, besonders dann, wenn sie von einem lipophilen Stoff begleitet wird, der als Vehikel ihr Eindringen in den Körper des unverletzten Angreifers durch die Haut oder den Chitinpanzer begünstigt sowie gleichzeitig als Fixativ und wahrscheinlich auch als Alarmpheromon wirkt (28). So wurde beobachtet, daß z. B. bei Käfern aus der Gattung *Pseudophonus* (Carabidae, Laufkäfer) die bis 20 cm weit verspritzte, in den paarigen Pygidialdrüsen gespeicherte 70–75%ige Ameisensäurelösung fast ausnahmslos n-Decan, n-Undecan oder/und n-Tridecan enthält (84).

Bei den Ameisen (Formicidae, Ordnung Hymenoptera, Hautflügler, siehe S. 19, Bild 2-1) scheint Ameisensäure als Wehrgift, ebenfalls von Kohlenwasserstoffen, z. B. n-Undecan, begleitet (36), nur bei Vertretern der Unterfamilie der Formicinae, Schuppenameisen, vorzukommen. Die Tiere dieser Sippe beißen in der Regel den Feind mit den kräftigen Kiefern, biegen dann den Hinterleib nach vorn und entleeren das Sekret der Giftdrüse in die Wunde. Die verspritzte Ameisensäuremenge pro Tier ist sehr unterschiedlich (0,005–4,6 mg) und wird wesentlich von der Größe des Insekts bestimmt (0,5–20% des Körpergewichts). Die Ameisensäurekonzentration im Sekret beträgt 21–71% (72, Ü 36, Ü 51). Die Biosynthese der Ameisensäure erfolgt bei den Ameisen wahrscheinlich aus Serin (38). Vertreter der Unterfamilien Myrmeciinae, Ponerinae (Stechameisen) und Myrmicinae (Knotenameisen) besitzen einen gut ausgebildeten Giftstachel. Ihre Gifte enthalten Monoterpene (Kap. 6.5.3), Piperidin-, Pyrrolidin- oder Indolizidinalkaloide (Kap. 32) bzw. Peptidtoxine (Kap. 42.1). Monoterpene kommen auch bei den Dolichoderinae (Drüsenameisen) vor, die einen sehr zurückgebildeten Giftapparat besitzen. Über die Gifte der anderen Familien mit fehlendem oder stark reduziertem Stechapparat ist kaum etwas bekannt. In Mitteleuropa sind neben wenigen Vertretern der Myrmicinae, z. B. der eingeschleppten Pharaoameise, *Monomorium pharaonis,* und Dolichoderinae, hauptsächlich Formicinae verbreitet.

Auch einige Schmetterlingsraupen (Ordnung Lepidoptera) nutzen Ameisensäure als Wehrsekret. So verspritzt die Raupe von *Cerura vinula*, Gabelschwanz (Notodontidae, Zahnspinner, siehe S. 19, Bild 2-2), bei Reizung 1–3 mg etwa 30%iger Ameisensäure aus Drüsenorganen, die in einer Hautfalte vor dem ersten Beinpaar liegen (85).

Obwohl die Ameisensäure als stärkste Monocarbonsäure zu sehr starken Verätzungen mit Blasenbildung führen kann, sind die bei Kontakt mit den ameisensäurehaltigen Wehrsekreten auftretenden Symptome wie Rötung, Schwellung und leichte Entzündung wegen der geringen vom Insekt abgegebenen Menge unbedeutend und bedürfen keiner Behandlung. Für kleinere Tiere wirkt Ameisensäure als Atemgift. Diese Eigenschaft nutzen unsere Singvögel vermutlich aus, wenn sie sich Ameisen zur Bekämpfung der auf ihrem Körper lebenden Parasiten ins Gefieder stecken.

Andere aliphatische Säuren kommen ebenfalls als Wehrgifte und «Desinfektionsmittel» bei Insekten vor. Bei den Laufkäfern (Carabidae) wurden u. a. gefunden: Isobuttersäure, Isovaleriansäure, Methacrylsäure und Tiglinsäure, auch hier häufig von C_{10}–C_{13}-Kohlenwasserstoffen begleitet. *Carabus auratus*, Gold-Laufkäfer, Goldschmied (siehe S. 19, Bild 2-3), der bei uns im offenen Gelände weit verbreitet ist, verspritzt nahezu reine Methacrylsäure (84).

Die Larven von *Papilio machaon*, Schwalbenschwanz (Papilionidae, Ritter), besitzen zwei ausstülpbare Wehrdrüsen, die Isobuttersäure und 2-Methylbuttersäure sezernieren (22).

Vertreter der Familie der Mycetophilidae, Pilzmücken (Ordnung Diptera, Zweiflügler), deren Larven zum Teil räuberisch leben und mit dem Speichelsekret kleine Fangnetze bauen, setzen in ihrem Netz Tröpfchen von Oxalsäurelösung ab, die die Beutetiere abtöten (57).

Auch bei diesen Säuren ist die lokale Reizwirkung Ursache für die Verwendung als Wehrgift. Für den Menschen besitzen die genannten Insekten jedoch keine toxikologische Bedeutung.

2.1.2 Oxalsäure als Giftstoff von Pflanzen

Oxalsäure (Ethandisäure) ist eine kristalline Substanz. Von besonderer physiologischer und toxikologischer Bedeutung ist ihre Eigenschaft, mit Calcium-Ionen schwerlösliches Calciumoxalat zu bilden, das in Abhängigkeit vom Kristallwassergehalt und den Milieubedingungen in Form von Einzelkristallen, Drusen oder Oxalatnadeln (letztere meistens zu sog. Raphidenbündeln vereinigt) vorkommt.

Die Entdeckung der Oxalsäure (vormals Zuckersäure) wird SCHEELE (1772–1773) zugeschrieben (11), nachdem das Kleesalz (Kaliumtetraoxalat) bereits zu Beginn des 17. Jahrhunderts aus Sauerklee und Sauerampfer erhalten werden konnte.

Die Biogenese des Oxalats erfolgt durch Oxidation des Glyoxalats, das aus Isocitrat (gespalten durch Isocitratlyase in Glyoxalat und Succinat, 63, 64, 76), aus Ascorbat (103) oder Glycin hervorgeht. Die beiden letztgenannten Wege dürften im menschlichen Organismus die Hauptrolle spielen. Möglicherweise wird Oxalsäure bei höheren Pflanzen auch aus Oxalacetat (durch Spaltung zu Oxalat und Acetat) oder durch oxidative Spaltung des Ascorbats (zu Oxalat und Tartrat) gebildet (76). Von Pflanzen und Mikroorganismen ist ein Abbau der Oxalsäure, katalysiert durch Oxalatoxidase zu CO_2 und H_2O_2 oder Oxalatdecarboxylase zu CO_2 und Ameisensäure, bekannt.

Calciumoxalat ist bei Pflanzen weit verbreitet. Freie Oxalsäure oder das wasserlösliche Kaliumhydrogenoxalat kommen in höheren Konzentrationen u. a. vor bei

- Aizoaceae (z. B. bei Mittagsblumen, *Mesembryanthemum*-Arten, als Zierpflanzen angebaut, siehe S. 19, Bild 2-4),
- Begoniaceae (z. B. bei Knollenbegonien, *Begonia tuberhybrida* VOSS),
- Chenopodiaceae (z. B. beim Spinat, in Blättern von *Beta*-Arten wie Rüben und Mangold, Gänsefuß, *Chenopodium*-Arten, und bei der als Zierpflanze angebauten Sommerzypresse, *Kochia scoparia* (L.) SCHRAD.),
- Oxalidaceae (z. B. Sauerklee, *Oxalis*-Arten, 88, siehe S. 19, Bild 2-5),
- Polygonaceae (Knöterich, *Polygonum*-Arten, Rhabarber, *Rheum*-Arten, Sauerampfer, *Rumex*-Arten),
- Portulacaceae (z. B. beim Portulak, Burzelkraut, *Portulaca oleracea* L. ssp. *sativa* (HAW.) CELAK.) und
- Vitaceae (in den Blättern des Weinstocks, *Vitis vinifera* L., bisweilen als Salat gegessen, sowie in den Beeren des Wilden Weins, *Parthenocissus quinquefolia* (L.) PLANCH. emend. REHD., 14, 66, 73).

Besonderes Interesse hat der Gehalt an Oxalat in pflanzlichen Produkten gefunden, die als Nahrungsmittel dienen. Da die in Tabelle 2-1 gezeigten Werte von verschiedenen Autoren mit unterschiedlichen Methoden erhalten wurden, sind sie nur größenordnungsmäßig vergleichbar.

Tab. 2–1: Oxalatgehalt in pflanzlichen Lebensmitteln (1, 2, 4, 47, 55, 56, 71, 86, 88, 102, Ü 74)

Produkt	Gesamtoxalat	lösl. Oxalat
	(mg/100 g Frischgewicht bzw. 100 ml)	
Spinat, roh	350–800	280–350
Spinat, gekocht	444	162
Mohrrüben	10 (227?)	10
Rhabarber	100–620	320–430
Sauerampfer	550	180–610
Blumenkohl	20	
Weißkohl	20	
Auberginen	96	
Tomaten	59	
Stachelbeeren		250
Weintrauben	28	
Johannisbeeren		3
Karambola		300–330
Orangensaft		0,6
Buchensamen	295	54
Erdnüsse	150–225	
Walnüsse	563	
Pecannüsse	202	
Cashewnüsse	31	
Reis	186	
Weizenkeime	269	
Kartoffeln	26– 56	
Kakaopulver	620–980	300–600
Kaffeepulver	57–230	
Schokolade	123–325	50–120
Süße Mandeln	378–407	130
Schwarzer Tee[1]		5– 26
Instantkaffee[2]		1

[1] 2 g/180 ml siedendes Wasser
[2] 2 g/120 ml Wasser, 85°C

Damit werden Konzentrationen von 6–8% Oxalat, in älteren Blättern sogar bis 16,5%, bezogen auf das Trockengewicht, beim Spinat, *Spinacea oleracea* L., und von 2 bis 20,0% (niedrigere Werte im Frühjahr) in den Stengeln des Gemüserhabarbers, Kulturformen von *Rheum rhabarbarum* L. oder von Hybriden dieser Art mit *Rh. rhaponticum* L., erreicht, die von den Wildpflanzen kaum übertroffen werden (54). So enthalten das Kraut von *Kochia scoparia* bis 4,7% lösliche, insgesamt 11,4% Oxalate (19), die reifen Beeren von *Parthenocissus quinquefolia*, Wilder Wein, 1,7% lösliche Oxalate (Ü 30), das Kraut von *Oxalis acetosella* L., Wald-Sauerklee, 0,3–1,25% Oxalate und die Blätter von *Rumex acetosa* L., Wiesen-Sauerampfer, etwa 1%.

Aufnahme größerer Mengen von Pflanzenteilen, die reich an löslichen Oxalaten sind, kann zu gastrointestinalen Reizerscheinungen und zu Störungen des Calciumstoffwechsels (Abnahme der Kontraktionskraft des Herzens, Beeinträchtigung der Blutgerinnung) führen (102). Chronische Zufuhr erhöht das Risiko der Bildung von Nierensteinen aus Calciumoxalat und damit der Nierenschädigung (55, 88).

Die tödliche Dosis an Oxalsäure liegt für den Menschen zwischen 2 bzw. 30 g [bei einmaliger Aufnahme bzw. bei Aufnahme verteilt über 14 d (Ü 74)]. Berücksichtigt man die relativ geringe Bioverfügbarkeit des in den Nahrungsmitteln enthaltenen Oxalats für den Menschen (Tab. 2-1) und das in Mitteleuropa normalerweise gegebene ausreichende Calciumangebot, so sind Schäden durch Verzehr oxalsäurehaltiger Nahrungsmittel wenig wahrscheinlich.

Bei Darmerkrankungen kann die Oxalatresorption jedoch erhöht sein. Aufnahme von Glyoxylsäure (u. a. in unreifen Stachelbeeren), Glykolsäure (u. a. in Fruchtsäften, besonders aus unreifen Früchten) und Ascorbinsäure (1,5–9 g/d), die zu Oxalsäure metabolisiert werden (34, 103), sowie eine erhöhte endogene Oxalat-Synthese (bei Vitamin B_1- und B_6-Mangel oder seltenen genetischen Defekten) führen ebenfalls zu einer Steigerung der Oxalsäurekonzentration im Organismus, zu einer vermehrten Ausscheidung im Urin und zu einem erhöhten Intoxikationsrisiko (Ü 74).

Die durch oxalathaltige Pflanzen, z. B. Ampfer (25), Sauerklee (Ü 102) oder Rhabarber (49), ausgelösten Vergiftungen (teilweise sogar mit tödlichem Ausgang!) lassen sich unseres Erachtens nur durch eine besonders massive Aufnahme, die Resorption steigernde Bedingungen (s. o.) oder die Beteiligung weiterer Stoffe an der toxischen Wirkung (z. B. Anthrachinone, Kap. 15) erklären.

Tiere sind erst bei einem hohen Anteil oxalatreicher Pflanzen im Futter gefährdet (45, 46). Am wenigsten empfindlich sind Wiederkäuer, deren Pansenflora größere Mengen Oxalsäure metabolisieren kann. Schafe tolerierten in Fütterungsversuchen 1 g Oxalat/kg ohne Vergiftungserscheinungen (62). Andererseits gibt es Berichte über akute Intoxikationen von Schafen durch *Mesembryanthemum*-Arten (44) und von Rindern durch *Rumex*-Arten (17) mit den typischen Symptomen einer Oxalatvergiftung. Unklar ist, inwieweit durch *Kochia scoparia* in Nordamerika ausgelöste Tiervergiftungen auf den Oxalatgehalt der Pflanzen zurückzuführen sind (18, 19). Die beobachteten Symptome (vorwiegend Photosensibilisierung!) sprechen gegen Oxalate als Hauptursache.

Eine ungewöhnliche Doppelrolle spielen die Oxalate bei den Araceae. Viele Vertreter dieser Familie besitzen in Blättern und Stengeln sog. Schießzellen, in denen sich Bündel von Oxalatnadeln (Rhaphiden) befinden. Diese Kristalle haben, orientiert zur Blattoberfläche, eine ausgezogene Spitze, besitzen Längsrinnen, somit einen H-förmigen Querschnitt, und von der Spitze weggerichtete Widerhaken. Bei Druck auf die Blätter werden diese Rhaphiden aus den ampullenförmigen Zellen, in denen durch enthaltene Schleimstoffe ein erheblicher Quellungsdruck herrscht, unter Mitnahme eines Teils des Zellinhaltes mit vermutlich hohen Konzentrationen gelöster Oxalate in den Längsrinnen, «herausgeschossen» und dringen in die Schleimhäute von Pflanzenfressern ein (82). Natürlich können sie auch Menschen schädigen, die diese Blätter kauen oder denen der Saft der Pflanzen ins Auge gelangt.

Von toxikologischem Interesse sind für uns vor allem die Schießzellen bei den aus Brasilien oder Westindien stammenden, wegen ihrer Anspruchslosigkeit häufig als Zimmerpflanzen gehaltenen *Dieffenbachia*-Arten, auch als Schweigrohr oder Giftaron bezeichnet (siehe S. 19, Bild 2-6), die sehr oft zu Schädigungen führen (s. u.). Ob die mechanische Verletzung durch die Rhaphiden und die eingebrachten löslichen Oxalate [bis 0,5% vom Frischgewicht (88)] allein die Schädigungen verursachen oder ob noch andere Faktoren die Vergiftungssymptome auslösen, bleibt zunächst unklar (10, Ü 30). Einige Autoren machen Proteinasen für die Wirkung mitverantwortlich (27, 49, 100). Systemische Wirkungen, der Einsatz von Extrakten aus den Pflanzen als Pfeilgift durch südamerikanische Indianer und zur Erzeugung vorübergehender Sterilität beim Mann, sprechen für das Vorkommen weiterer Wirkstoffe in der Pflanze (75).

Intensive Kontakte mit *Dieffenbachia*-Arten sind durch starke Haut- und Schleimhautreizungen gekennzeichnet. An der Haut kommt es zu Entzün-

Bild 2-1: *Formica rufa*, Rote Waldameise

Bild 2-2: Raupe von *Cerura vinula*, Gabelschwanz

Bild 2-3: *Carabus auratus*, Gold-Laufkäfer

Bild 2-4: *Mesembryanthemum cristallinum*, Mittagsblume

Bild 2-5: *Oxalis acetosella*, Wald-Sauerklee

Bild 2-6: *Dieffenbachia spec.*, Schweigrohr

Bild 2-7: *Zantedeschia aethiopica*, Zimmerkalla

Bild 2-8: *Anthurium andreanum*, Große Flamingoblume

Bild 2-9: *Arum maculatum*, Gefleckter Aronstab

Bild 2-10: *Calla palustris*, Sumpf-Kalla

Bild 2-11: *Caltha palustris*, Sumpf-Dotterblume

Bild 2-12: *Ranunculus acris*, Scharfer Hahnenfuß

dungsreaktionen, schmerzhaftem Brennen und Jukken, Ödem- und Blasenbildung, im Mund zu sehr starken Schwellungen der Mundschleimhaut und der Zunge, Schluck- und Sprechbeschwerden (Name!), starken Schmerzen und Schleimhautnekrosen (23). Werden Pflanzenteile geschluckt (wegen des raschen Eintritts der Reizwirkung geschieht dies nur selten), sind auch Speiseröhre und Magen betroffen. An systemischen Effekten wurden Schwindel, Erbrechen, Durchfall und Störungen der Herz- und Atemtätigkeit beobachtet (75), bei größeren Weidetieren auch Krämpfe und Tod im Koma (Ü 30). Am Auge wird durch den Saft der Pflanzen starkes Brennen und Tränenfluß ausgelöst. Veränderungen an der Hornhaut sind möglich (79).

Ein 47jähriger, an multipler Sklerose leidender und depressiver Patient biß während eines Wochenendurlaubs von der stationären Behandlung in suizidaler Absicht in seiner Wohnung in den Stiel einer Dieffenbachia, über deren Giftigkeit er informiert war. Bei der 90 min später erfolgenden Aufnahme in die Klinik zeigten sich monströse Schwellungen von Lippen, Zunge, Mundschleimhaut und Halsweichteilen, die in den folgenden Stunden noch zunahmen, Blasenbildung und Ulcerationen. Der Allgemeinzustand war durch die Schmerzen stark beeinträchtigt. Die Schluckbeschwerden hielten etwa 48 h an. Unter entsprechender Behandlung (s. u.) waren die Ulcerationen nach etwa 14 d abgeheilt (78).

Aufgrund der leichten Kontaktmöglichkeiten stehen Vergiftungen durch *Dieffenbachia*-Arten mit an vorderer Stelle in der Statistik der Intoxikationen des Menschen durch Pflanzen (43).

Vergiftungen durch andere Araceae, z. B. durch die als Zimmerpflanzen gehaltenen Vertreter der Gattungen *Zantedeschia*, Zimmerkalla, und *Anthurium*, Flamingoblume, scheinen ebenfalls möglich zu sein (siehe S. 20, Bild 2-7 u. 2-8). In Australien wurden bei Kindern, die von den Blüten von *Zantedeschia aethiopica* (L.) SPRENG., Zimmerkalla, gegessen hatten, ähnliche Symptome wie nach Vergiftungen mit *Dieffenbachia*-Arten beobachtet (24, 51).

Die Giftstoffe von *Arum maculatum* L., Gefleckter Aronstab (siehe S. 20, Bild 2-9), sind weitgehend unbekannt. Sein Gehalt an löslichen Oxalaten [0,28% vom Frischgewicht in den roten Beeren (88)] und an cyanogenen Glykosiden (Kap. 18.1.7) reicht nicht aus, Vergiftungen mit dieser Pflanze (29, 68) hinreichend zu erklären. Das gleiche gilt auch für *Calla palustris* L., Sumpf-Kalla, Schweinsohr (siehe S. 20, Bild 2-10) [0,18% vom Frischgewicht lösliches Oxalat in den roten Früchten (88)]. Möglicherweise sind es auch hier die in den Früchten vorhandenen Oxalatrhaphiden (88), die durch Schleimhautverletzungen und eingeschleppte Cytoplasmakomponenten die Haut- und Schleimhautsymptome auslösen.

Oxalatraphiden sollen auch die Ursache für nach dem Umgang mit den Zwiebeln von Hyazinthen (Kulturformen von *Hyacinthus orientalis* L.) oder Narzissen (Kulturformen von *Narcissus*) auftretenden Hauterkrankungen sein. Im Milchsaft von *Galanthus nivalis* L., Gemeines Schneeglöckchen, sind ebenfalls zahlreiche Rhaphiden enthalten (31).

Maßnahmen nach Vergiftungen durch perorale Aufnahme von Oxalsäure oder löslichen Oxalaten sind sofortiges Trinken von reichlich Milch (hoher Gehalt an Ca^{2+}-Ionen), Auslösen von Erbrechen und/oder Magenspülung mit Milch oder einer 1%igen Lösung von Calciumgluconat, -lactat oder -chlorid. Wichtig ist die Nachbeobachtung der Nierenfunktion. Patienten mit bestehender Nierenschädigung oder Neigung zu Nierensteinbildung sollten oxalsäurereiche Nahrungsmittel nur in geringen Mengen zu sich nehmen.

Vergiftungen durch *Dieffenbachia*-Arten müssen vorwiegend symptomatisch behandelt werden. Empfohlen werden die Gabe von Glucocorticoiden, Antihistaminica und Antibiotika, von Lokalanästhetica gegen die Schmerzzustände, Mundspülungen mit Kamillenzubereitungen, falls erforderlich parenterale Substitutionstherapie und später flüssige Kost (43, 78).

2.2 Lactone aliphatischer Säuren

2.2.1 Protoanemonin als Giftstoff der Hahnenfußgewächse (Ranunculaceae)

Ranunculaceae, Hahnenfußgewächse, sind meistens Stauden, seltener einjährige Kräuter gemäßigter Klimate. Auch Holzpflanzen kommen unter ihnen vor. Die auffallenden Blüten sind zwittrig, meistens radiär, mit einfachem *(Caltha, Anemone, Pulsatilla, Helleborus)* oder mit in Außenhülle und Petalen gegliedertem Perianth *(Ranunculus, Adonis)*. Einige der zahlreichen Staubblätter sind oft in nektartragende Honigblätter umgewandelt. Bei der Gattung *Ranunculus* übernehmen sie die Aufgabe des Schauapparates. Die Familie umfaßt etwa 70 Gattungen mit ca. 2000 Arten. Eine Vielzahl von ihnen ist zur Protoanemoninbildung fähig.

Protoanemonin (Lacton der 4-Hydroxy-penta-2,4-diensäure, α-Angelicalacton, Ranunculol, Anemonol, Anemonencampher, Pulsatillacampher, Abb. 2-1) ist eine gelbliche, stechend riechende, sehr stark haut- und schleimhautreizende Flüssigkeit, die leicht zum kristallinischen, wenig hautreizenden Anemonin dimerisiert. Protoanemonin entsteht erst bei Verletzung der frischen Pflanzen oder bei derem Welken, enzymatisch katalysiert, aus dem nichtflüchtigen Ranunculin (4S)-5(β-D-Glucopyranosyloxy)-pent-2-enolid-4,1). Getrocknete Pflanzen sind frei von Protoanemonin.

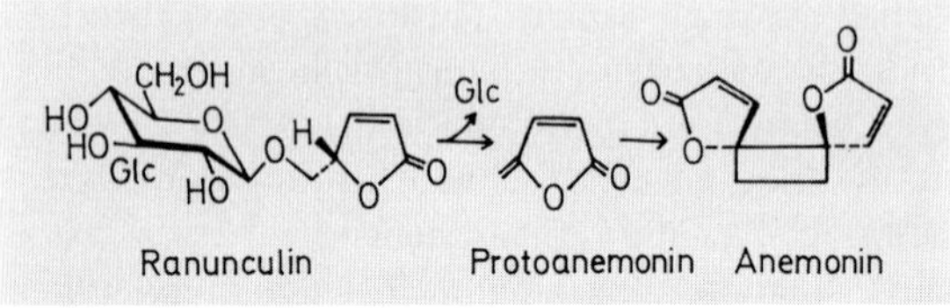

Abb. 2-1: Wirkstoffe aus Hahnenfußgewächsen (Ranunculaceae)

Protoanemonin besitzt auch bakteriostatische, fungistatische, antimutagene und antileukämische Wirksamkeit (58, 60, 65). Anemonin wirkt bei Mäusen antipyretisch. Beide Verbindungen tragen zum sedierenden Effekt von *Pulsatilla*-Arten bei Mäusen und Ratten bei (61).

Die Strukturaufklärung des Protoanemonins erfolgte 1922 durch ASAHINA und FUJITA(3). HILL und VAN HEYNINGEN (39) isolierten 1952 das Ranunculin, das bei enzymatischer Spaltung oder Wasserdampfdestillation in sein Anhydrogenin, das Protoanemonin, übergeht.

Die Biogenese des Ranunculins erfolgt aus 2-Ketoglutarsäure, wobei 5-Hydroxy-lävulinsäure und vermutlich auch 5-(β-D-Glucopyranosyloxy)-lävulinsäure als Intermediate auftreten (96). Letzere Verbindung ist wahrscheinlich auch das Ausgangsprodukt für die Biosynthese weiterer Glykoside von C_6-Säuren, die von TSCHESCHE und Mitarb. (96) isoliert wurden (Isoranunculin, Ranunculosid, Ranuncosid), aber vermutlich in vivo keine Protoanemoninpraekursoren darstellen.

Ranunculin, Protoanemonin bzw. Anemonin wurden von RUIJGROK (81) in *Anemone-*, *Clematis-*, *Helleborus-* und *Ranunculus*-Arten sowie in *Myosurus minimus* L. und *Hepatica nobilis* SCHREB. nachgewiesen. Quantitative Bestimmungen wurden sowohl von ihm als auch BONORA und Mitarb. (8) durchgeführt (Tab. 2-2). Aus der Tabelle geht hervor, daß *Helleborus foetidus* L., Stinkende Nieswurz, *Helleborus niger* L., Schwarze Nieswurz, Christrose, *Anemone nemorosa* L., Busch-Windröschen, *Ranunculus acris* L., Scharfer Hahnenfuß (siehe S. 20, Bild 2-12), *R. arvensis* L., Acker-Hahnenfuß, *R. bulbosus* L., Knolliger Hahnenfuß, und *R. illyricus* L., Illyrischer Hahnenfuß, besonders große Mengen an Protoanemonin liefern. Weitere Ranunculaceen mit hoher Protoanemoninbildungspotenz sind *Ranunculus sceleratus* L. (siehe S. 37, Bild 2-13), *R. thora* L., beide als Gift-Hahnenfuß bezeichnet, *R. flammula* L., Brennender Hahnenfuß, und *Pulsatilla vulgaris*, MILL., Gemeine Kuhschelle. Sehr wenig Protoanemonin scheinen *Caltha palustris* L., Sumpfdotterblume (siehe S. 20, Bild 2-11), *R. ficaria* L., Scharbockskraut, und *Hepatica nobilis* SCHREB., Leberblümchen (siehe S. 37, Bild 2-14 u. 2-15), zu liefern (7, 81). Von Interesse ist, daß bei Untersuchung des Scharbockskrautes auf Protoanemoningehalt gefunden wurde, daß nur 3% der in der Pflanze vorhandenen Menge in den oft als Salat genutzten Blättern vorkommen. Den größten Anteil enthielten Stengel (68%) und Blüten (25%, 9).

Bei intensivem Kontakt der Haut mit protoanemoninbildenden Pflanzen kommt es zu Rötung, Schwellung, Juckreiz und Blasenbildung bis hin zu schweren Entzündungserscheinungen und Nekrosen. Perorale Aufnahme führt zu starken Reizerscheinungen an den Schleimhäuten von Mund, Rachen und Bronchien, Gastroenteritis mit Erbrechen und blutigen Durchfällen und, bedingt durch die Ausscheidung des Protoanemonins über die Nieren, zu Nephritis. Nach Resorption treten zunächst zen-

Tab. 2–2: Protoanemoninausbeute bei Wasserdampfdestillation der Blätter verschiedener Hahnenfußgewächse (*Ranunculaceae*) (8)

Pflanze	Ausbeute (µg/g Frischgewicht)
Caltha palustris	0,26
Helleborus foetidus	672,00
– *niger*	5820,50
– *viridis*	28,40
Anemone nemorosa	333,30
Clematis vitalba	150,00
– *recta*	95,60
Ranunculus acris	1372,50
– *arvensis*	1646,20
– *bulbosus*	7765,60
– *illyricus*	5127,80
– *nemorosus*	75,04
– *repens*	125,70
Aquilegia atrata	0,30
– *vulgaris*	0,45
Paeonia moutan	0,17
– *officinalis*	0,45
Thalictrum aquilegifolium	1,48

trale Erregungs-, später Lähmungszustände auf. Der Tod tritt bei letalen Dosen [LD_{50} Protoanemonin 190 mg/kg, i.p., Maus (60), LD 20 mg/kg, p.o., Hund (77)] durch Atemlähmung 1–2 Tage nach Aufnahme der Giftstoffe ein. Für einen Erwachsenen sollen etwa 30 Exemplare von *A. nemorosa* tödlich sein (Ü 67).

Vergiftungen durch protoanemoninbildende Pflanzen beim Menschen sind selten. Sie treten auf bei volksmedizinischer Anwendung der Pflanzen (besonders von *Pulsatilla vulgaris* und *Anemone nemorosa*) als Vesicans in der Hautreiztherapie (13, 92), bei Verwendung der Blätter (z.B. von *Caltha palustris*, s. Farbtafeln, Bild 2-11) als Salat bzw. der Blütenknospen dieser Pflanzen als Kapernersatz (74), beim Verzehr von Pflanzenteilen oder Kauen der Stengel durch Kinder bzw. als sogenannte Wiesendermatitis beim Liegen auf Wiesen mit protoanemoninbildenden Pflanzen. Etwas häufiger sind Vergiftungen von Tieren, wenn das Weidefutter einen hohen Anteil dieser Pflanzen, besonders *R. sceleratus*, enthält (67, 74, Ü 40).

Die Therapie richtet sich zunächst auf eine Entfernung des Giftes, innerlich durch Gabe von Aktivkohle und eventuell Magenspülung, äußerlich durch Waschen mit Kaliumpermanganatlösung (69). Außerdem erfolgt symptomatische Behandlung mit Mucilaginosa, reichlich Flüssigkeitszufuhr sowie eventuelle Gabe von Kreislaufmitteln und künstliche Beatmung.

2.2.2 Parasorbinsäure als Giftstoff der Ebereschen (Sorbus-Arten)

Zur Gattung *Sorbus*, Eberesche, Vogelbeere, Mehlbeere (Rosaceae, Rosengewächse), gehören etwa 30 Arten, die in der gemäßigten Zone der nördlichen Erdhalbkugel verbreitet sind. Im Gebiet kommen über 10 *Sorbus*-Arten und eine Vielzahl von Bastarden vor.

Es handelt sich bei den Vertretern dieser Gattung um Sträucher oder Bäume mit ungeteilten oder gefiederten Blättern. Die Blüten stehen in reichblütigen Doldenrispen. Sie besitzen 5 Kelchblätter, 5 weiße, gelblichweiße oder rosa Blütenblätter, 15–25 Staubblätter und einen aus 2–5 Fruchtblättern hervorgehenden, mit dem becherförmigen Blütenboden verwachsenen Fruchtknoten. Die kugeligen kleinen roten, gelben oder braunen Scheinfrüchte besitzen Kerngehäuse mit pergamentartiger Wand der Fächer (apfelähnlich).

Bereits 1859 konnte HOFMANN (41) aus den Früchten von *Sorbus aucuparia* L., Eberesche, Echte Vogelbeere (siehe S. 37, Bild 2-16), durch Wasserdampfdestillation die durch Schleimhautreizung zu Verdauungsstörungen führende Parasorbinsäure isolieren. Neben HOFMANN trugen DOEBNER (21), FITTIG und BARRINGER (26), KUHN und JERCHEL (50) sowie HAYNES und JONES (37) zur Strukturaufklärung bei. Die Struktur des Parasorbosids, aus dem die Parasorbinsäure gebildet wird, wurde von TSCHESCHE und Mitarb. (97) ermittelt.

(5S)-(+)-Parasorbinsäure (Lacton der (5S)-5-Hydroxy-hex-2-ensäure-1, (S)-5,6-Dihydro-6-methyl-2H-pyran-2-on, Abb. 2-2) ist eine stechend riechende, die Schleimhäute reizende Flüssigkeit. Sie entsteht beim Verletzen der Früchte, enzymatisch katalysiert, aus dem im Fruchtfleisch enthaltenen Parasorbosid (3S,5S)-3-β-D-Glucopyranosyloxy-hexanolid-5,1) als deren Anhydrogenin. Energische Hydrolyse des Parasorbosids liefert die nichtschleimhautreizende, kristalline Sorbinsäure ((E),(E)-Hexa-2,4-diensäure). Parasorbosid ist neben den cyanogenen Glykosiden der Bitterstoff der Vogelbeeren (53).

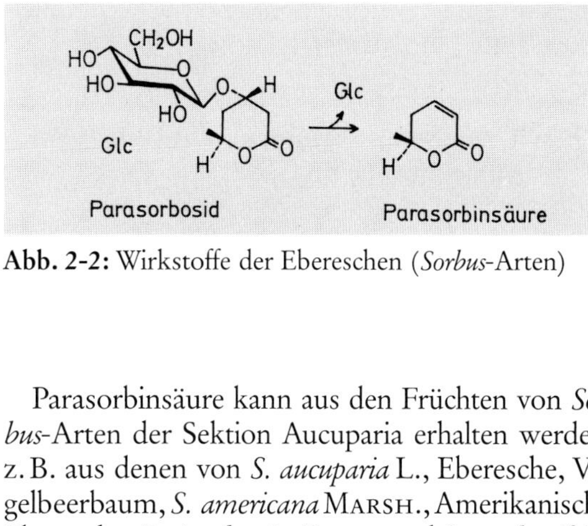

Abb. 2-2: Wirkstoffe der Ebereschen (*Sorbus*-Arten)

Parasorbinsäure kann aus den Früchten von *Sorbus*-Arten der Sektion Aucuparia erhalten werden, z.B. aus denen von *S. aucuparia* L., Eberesche, Vogelbeerbaum, *S. americana* MARSH., Amerikanische Eberesche, *S. tianshanica* RUPR., und *S. sambucifolia* ROEM., Holunderblättrige Eberesche. Der Gehalt beträgt 0,2–0,3% vom Frischgewicht (bis 0,9% vom Trockengewicht). Im Saft werden 1–2 g/l gefunden (20).

Sorbus-Arten anderer Sektionen, z.B. *S. domestica* L., Speierling, *S. aria* (L.) CRANTZ, Echte Mehlbeere, *S. torminalis* (L.) CRANTZ, Elsbeere, *S. chamaemespilus* (L.) CRANTZ, Zwergmehlbeere, bilden keine Parasorbinsäure. *S. aucuparia* var. *edulis* DIECK und *S. aucuparia* var. *rossica* SPÄTH et KOEHNE, die im Hinblick auf bitterstoffarme Früchte gezüchtet wurden, liefern nur wenig Parasorbinsäure (0,005–0,01%, 32, 52).

Als Nahrungsmittel wegen des hohen Gehalts der Beeren an Vitamin C (bis 70 mg/100 g) verwendete gekochte Fruchtsäfte, Fruchtmuse oder kandierte Früchte von *Sorbus*-Arten sind wegen der Flüchtigkeit des Reizstoffes frei von Parasorbinsäure.

Als Nebenwirkstoffe enthalten die Früchte der Vogelbeeren die cyanogenen Glykoside Prunasin und Amygdalin. Der Gehalt in den Samen beträgt bis 0,2%, in den Früchten bis 0,06%. Weitere Inhaltsstoffe sind Gerbstoffe, die für den adstringierenden Geschmack verantwortlich sind, bis 10% D-Sorbitol und bis 6% (–)-Äpfelsäure.

Parasorbinsäure wirkt reizend auf Haut und Schleimhäute. Perorale Aufnahme kann Gastroenteritis und Nierenschädigungen hervorrufen. Nach Resorption wurden beim Tier rauschartige Zustände, Mydriasis und Ataxie beobachtet (Ü 67). Bei Ratten entwickeln sich nach subcutaner Injektion von Parasorbinsäure lokale Sarcome (16, 42). Die LD_{50} ist mit 750 mg/kg Parasorbinsäure, i. p., Maus, sehr hoch (98).

Vergiftungen mit gastrointestinalen Symptomen treten selten und nur nach Verzehr größerer Mengen frischer Früchte auf. Die tödliche Dosis ist erst in etwa 90 kg frischen Früchten enthalten (Ü 30).

Als Behandlungsmaßnahmen kommen die Gabe von Aktivkohle, Mucilaginosa und reichliche Flüssigkeitszufuhr in Betracht.

2.2.3 α-Methylen-γ-butyrolacton als Allergen von Tulpen (*Tulipa*-Arten)

Die Gattung *Tulipa*, Tulpe (Liliaceae, Liliengewächse), umfaßt etwa 50 Arten, die im südlichen Europa und im gemäßigten Asien beheimatet sind. Im Gebiet eingebürgert kommt *Tulipa sylvestris* L., Wilde Tulpe, selten auf Weinbergen und in feuchten Wäldern auf basischen Böden vor. Angebaut werden eine Vielzahl von *Tulipa*-Arten und deren Hybride, z. B. *T. biflora* PALL., *T. clusiana* DC., *T. fosteriana* HOOG ex IRVING, *T. gesneriana* L., *T. greigii* REGEL, *T. praestans* Th. HOOG und *T. marjoletti* PERR. et SONG., *T. kaufmanniana* REGEL und *T. tarda* STAPF.

Tulpen sind ausdauernde Zwiebelgewächse mit breitlinealischen bis lanzettlichen Laubblättern und sechs freien Blütenhüllblättern, sechs Staubblättern und einem 3fächrigen Fruchtknoten, der sich zu einer Kapsel entwikkelt. Die Samen sind flach zusammengedrückt. Bei einigen Kulturformen ist die glockige bis trichterförmige Blüte auch gefüllt.

Bei häufigem Umgang mit Tulpen kann es zu einer allergischen Erkrankung kommen. Von VERSPYCK MIJNSSEN (99) konnte gezeigt werden, daß diese durch das Kontaktallergen α-Methylen-γ-butyrolacton ausgelöst wird, das bereits früher (12) aus *Erythronium americanum* KER-GAWLER (Liliaceae) isoliert worden war. TSCHESCHE und Mitarbeiter (95) gewannen aus *T. gesnerana* neben α-Methylen-γ-butyrolacton auch β-Hydroxy-α-methylen-γ-butyrolacton und zeigten, daß diese Stoffe Spaltprodukte der in der Pflanze vorhandenen 1-Acylglycoside der entsprechenden Säuren (Tuliposid A und Tuliposid B) sind.

α-Methylen-γ-butyrolacton (Tulipalin A, Lacton der 4-Hydroxy-2-methylen-buttersäure), eine farblose Flüssigkeit, entsteht aus dem Tuliposid A (4-Hydroxy-2-methylen-butyryl)-β-D-glucopyranosid durch saure oder enzymatische Hydrolyse. β-Hydroxy-α-methylen-γ-butyrolacton (Tulipalin B, Lacton der 3(S)-4-Dihydroxy-2-methylen-buttersäure) geht aus Tuliposid B (3(S),4-Dihydroxy-2-methylen-butyryl)-β-D-glucopyranosid, Abb. 2-3) hervor. Beide 1-Acylglykoside werden beim Lagern in die 6-Acylglykoside umgewandelt, die sehr reaktionsträge sind.

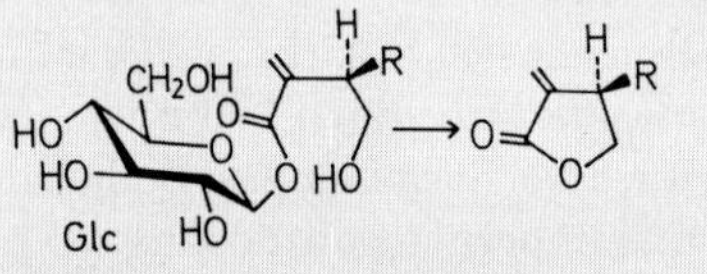

Tuliposid A (R=H) Tulipalin A (R=H)
Tuliposid B (R=OH) Tulipalin B (R=OH)

Abb. 2-3: Wirkstoffe der Tulpen (*Tulipa*-Arten)

Die Spaltung der Tuliposide zu freien Säuren, die in saurem Milieu spontan in die Lactone übergehen, scheint beim Verletzen der Pflanzen relativ langsam zu erfolgen und in größerem Umfang erst in Mikroorganismen oder in der Haut von Mensch und Tier zu geschehen. Tuliposide und Tulipaline sind in gleicher Weise antibiotisch wirksam (96).

Die Biogenese erfolgt wahrscheinlich aus 2 Molekülen Pyruvat durch Aldolkondensation zu 2-Keto-4-hydroxy-4-methyl-glutarsäure über 2-Keto-methylen-glutarsäure zu Tuliposid A (87).

Die Konzentration der Tuliposide in Tulpen ist hoch. In frischen Stempeln konnten 2,34% Tuliposid A und 1,50% Tuliposid B gefunden werden (96). Über die Blätter zur Zwiebel hin nimmt der Gehalt ab (90, 96). Die verschiedenen *Tulipa*-Arten und -Kultivare unterscheiden sich im Gehalt an Tuliposiden. Untersuchungen zu diesem Problem mit dem Ziel der Züchtung allergenarmer Rassen wurden von SLOB und VAREKAMP (90) durchgeführt.

Auch bei anderen Gattungen der Familie der Liliaceae kommen Tuliposide vor. In relativ hohen Konzentrationen wurden sie bei verschiedenen *Erythronium*-Arten (*E. americanum* KER-GAWLER, *E. grandiflorum* PURSH u. a.) gefunden. Die Vertreter dieser Gattung kommen, bis auf *E. dens-canis* L., Hundezahn, der auf der Südseite der Alpen gedeiht, aus Nordamerika und werden unter der Bezeichnung Zahnlilien bei uns in Steingärten kultiviert. Geringe Mengen an Tuliposiden wurden bei den einheimischen Gattungen *Gagea*, Goldstern, und *Fritillaria*, Schachblume, nachgewiesen. Reichlich sind Tuliposide bei den Alstroemeriaceae, einer Familie, die den Liliaceae sehr nahe steht, zu finden. Aus *Alstroemeria lightu* L., einer Inkalilie (siehe S. 37, Bild 2-17), die aus Chile stammt und in Deutschland häufig zur Gewinnung von Schnittblumen angebaut wird, wurden 1–2% Tuliposide isoliert. *Bomarea*-Arten, in Südamerika vorkommend, *Lilium*-Arten, Lilien, besonders *L. henryi* BAK. und *L. regale* WILS., Königslilie, bekannte Gartenpflanzen, enthalten ebenfalls Tuliposide (15, 35, 89, 91).

Den Tuliposiden ähnliche Verbindungen sind Narthesid A und Narthesid B, 3-Methoxy-4α-bzw.-4β-glucopyranosyloxy-but-2-enolid-4,1, die neben 2-Methoxy-but-2-enolid-4,1 aus der Liliacee *Narthecium ossifragum* (L.) HUDS., Beinbrech, Ährenlilie, (Kap. 10.2.1) erhalten wurden. Sie liefern bei enzymatischer Hydrolyse das antibiotisch wirksame Narthogenin (($\pm$)-4-Hydroxy-3-methoxy-but-2-enolid-1,4, 93, 94).

Als Nebenwirkstoff wurde aus Tulpen das aconitinartig wirkende, aber offenbar nur in toxikologisch unbedeutenden Mengen enthaltene Alkaloid Tulipin, dessen Struktur noch unbekannt ist, isoliert. Der Name Tulipin wurde auch für ein aus Tulpenzwiebeln isoliertes Glykoprotein vorgeschlagen, das in geringen Konzentrationen die DNA-Synthese bestimmter Tumorzellen hemmt. Seine LD_{50} beträgt 6,1 mg/kg, i. p., Maus (30).

Häufiger Kontakt mit α-Methylen-γ-butyrolacton-bildenden Pflanzen führt bei empfindlichen Personen zum klinischen Bild eines Kontaktekzems besonders an den Innenflächen der Hände («Tulpenfinger») und an den Unterarmen, aber auch im Gesicht und an anderen Hautpartien. Die betroffenen Hautabschnitte sind gerötet, trocken und schuppig, die Nägel stark brüchig (6, 40, 48, 80). Im Gegensatz zu früheren Angaben (35) soll auch β-Hydroxy-α-methylen-γ-butyrolacton als Kontaktallergen wirksam sein (5).

Das Krankheitsbild ist bei Blumengärtnern und -verkäufern relativ häufig zu beobachten. In einem Gartenbaubetrieb zeigten acht von zehn in der Tulpenernte Beschäftigte derartige Hautveränderungen (48). Bei drei von 50 Arbeitern, die mit *Alstroemeria* Kontakt hatten, wurden allergische Reaktionen gegen die Pflanzen beobachtet (59, 83).

Die Behandlung besteht vor allem im Meiden des Allergenkontakts (Arbeit mit Schutzhandschuhen usw.) und in symptomatischen Maßnahmen.

2.3 Literatur

1. ALLISON, R. M. J. (1966), J. Sci. Food Agric. 17: 554
2. ANDREWS, J. C, VISER, E. T. (1951), Food Res. 16: 306
3. ASAHINA, Y., FUJITA, A. (1992), Acta Phytochim. (Tokyo) 1: 1
4. ASSOLANT-VINET, C. H., BARDELETTI, G., COULET, P. R. (1987), Anal. Lett. 20: 513
5. BARBIER, P., BENEZRA C. (1986), J. Med. Chem. 29: 868
6. BEIJERSBERGEN, J. C. M., NIKOLOWSKI, W. (1975), Münchener Med. Wchschr. 177: 698
7. BERGMANN, M. (1946), Schweiz. Apoth. Ztg. 84: 233
8. BONORA A., DALL'OLIO, G., DONINI, A., BRUNI, A. (1987), Phytochemistry 26: 2277
9. BONORA, A., BOTTA, B., MENZIANI-ANDREOLI, E., BRUNI, A. (1988), Biochem. Physiol. Pflanz. 183: 443
10. BRODERSEN, H. P., SCHREINER, W. D. PFÄNDER, H. J., FROHNE D. (1979), Dtsch. Apoth. Ztg. 199: 1617
11. CASSEBAUM, H. (1981), Pharmazie 36: 135
12. CAVALLITO, C. J., HASKELL, T. H. (1946), J. Amer. Chem. Soc. 68: 2332
13. CMUNT(1955), Prakticky Lekar 35: 184
14. DELMAS, J., POITOU, N., BATS, J. (1961), CR hebd. Seances Acad. Sci. 253: 1018
15. DIAMOND, K. B., WARREN, G. R., CARDELLINA, J. H. II. (1985), J. Ethnopharmacol. 14: 99
16. DICKENS, F., JONES, H. E. H. (1963), Brit. J. Cancer 17: 100
17. DICKIE, C. W., HAWAUN, M. U., CARROLL, W. D., CHOU, F. (1978), J. Amer. Vet. Med. Assoc. 173: 73
18. DICKIE, C. W., JAMES, L. J. (1983), J. Amer. Vet. Med. Assoc. 183: 765
19. DICKIE, C. W., GERLACH, M. L., HAMAR, D. W. (1989), Vet. Hum. Toxicol. 31: 240
20. DIEMAIR, W., FRANZEN, K. (1959), Z. Lebensmittel-Untersuch. 109: 373
21. DOEBNER, O. (1894), Ber. Dtsch. Chem. Ges. B. 27: 344
22. EISNER, T., MAINWALD, Y. C. (1965), Science 150: 1733
23. EVANS, C. R. (1987), Brit. Dent. J. 162: 467
24. EVEREST, S. L. (1962), Queensland Agr. J. 88: 235
25. FARRE, M., XIRGU, J., SALGADO, A., PERACAULA, R., REIG, R., SANZ, P. (1989), Lancet II: 1524

26. Fittig, R., Barringer, J. B. (1896), Liebigs Ann. Chem. 161: 307
27. Fochtman, F.W., Manno, J. E., Wirek, C. L., Cooper, J. A. (1969), Toxicol. Appl. Pharmacol. 15: 38
28. Francke, W., Borchert, J., Klimetzek, D. (1985), Z. Naturforsch. C.: Biosci 40 C: 661
29. Font-Quer, P. (1962), Plantas Medicinalis (Ed: Labor, Barcelona)
30. Gasperi-Campani, A. et al. (1987), Anticancer Res. 7: 151
31. Gottlieb-Tannenheim, P.V. (1904), Abh. KK Zool. Bot. Ges. Wien II: 1
32. Handschak, W. (1963), Flora 153: 514
33. Hanson, C. F., Frankas, V. H., Thompson, W. D. (1989), Food Chem. Toxicol. 27: 181
34. Harris, K. S., Richardson, K. E. (1980), Invest. Urol. 18: 106
35. Hausen, B. M., Prater, E., Schubert, H. (1983), Contact Dermatitis 9: 46
36. Hayashi, N., Komae, H. (1980), Biochem. Syst. Ecol. 8: 293
37. Haynes, L. J., Jones, E. R. H. (1946), J. Chem. Soc. 954
38. Hefetz, A., Blum, M. S. (1978), Biochem. Biophys. Acta 543: 484
39. Hill, R., van Heyningen, R. (1951), Biochem. J. 49: 332
40. Hjorth, N., Wilkinson, D. S. (1978), Contact Dermatitis 4: 696
41. Hofmann, A.W. (1859), Ann. Chem. Pharm. 110: 129
42. IARC-Monographs on the evaluation of carcinogenic risk of chemicals to man (1986), Parasorbic. acid. 10: 199
43. Ippen, H., Wereta-Kubek, M., Rose, U. (1986), Derm. Beruf Umwelt 34: 93
44. Jacob, R. H., Peet, R. L. (1989), Aust. Vet. J. 66: 91
45. James, L. F. (1978), in: Ü 56: 139
46. James, L. F. (1972), Clin. Toxicol. 5: 231
47. Kaul, S., Verma, S. L. (1967), Ind. J. Med. Res. 55: 274
48. Klaschka, F., Grimm, W. Beiersdorf, H. U. (1964), Hautarzt 15: 317
49. Kuballa, B., Luguier, A. A. J., Anton, R. (1980), Planta Med. 39: 250
50. Kuhn, R., Jerchel, D. (1943), Ber. Dtsch. Chem. Ges. 76: 413
51. Ladeira, A. M., Andrade, S., Sawaya, P. (1975), Toxicol. Appl. Pharmacol. 34: 363
52. Letzig, E., Handschack, W. (1961), Nahrung 7: 591
53. Letzig, E. (1964), Nahrung 8: 49
54. Libert, B., Creed, C. (1985), J. Hortic. Sci. 60: 257
55. Libert, B., Franceschi, V. R. (1987), J. Agric. Food Chem. 35: 926
56. Majumdar, B. N., De, N. K. (1938), Ind. J. Med. Res. 25: 671
57. Mansbridge, G. H., Bruston, H.W. (1933), Trans. Roy. Entomol. Soc. London 81: 75
58. Mares, D. (1987), Mycopathologia 98: 133
59. Marks, J. G., Hershey, P. A. (1988), Arch. Dermatol. 124: 914
60. Martin, M. L., Roman, L. S., Dominguez, A. (1990), Planta Med. 56: 66
61. Martin, M. L., Ortiz de Urbina, A.V., Montero, M. J., Carron, R., San Roman, L. (1988), J. Ethnopharmacol. 24: 185
62. Mayome, B., Tiberio, M., Dattilo, M., Giacomini, A. (1962), Ann. Sper. Agrar. 16: 167
63. Millerd, A. (1962), Nature 196: 958
64. Millerd, A., Morton, R. K., Wells, J. R. E. (1963), Biochem. J. 88: 276
65. Minakata, H., Komura, H., Nakanishi, K., Kada, T. (1983), Mut. Res. 116: 317
66. Molisch, H. (1918), Flora 111/112: 60
67. Moore, L. B. O. (1955), Irish Vet. J. Dublin 9: 146
68. Moore, R. H. S. (1971), Vet. Rec. 89: 569
69. Mühe, R. (1947), Pharmazie 2: 333
70. Müller-Stoll, W. R. (1947), Pharmazie 2: 79
71. Ohkawa, H. (1985), J. Assoc. Off. Anal. Chem. 68: 108
72. Osman, M. F. H., Brander, J. (1961), Z. Naturforsch. B. 16: 749
73. Patschkowskyy N. (1920), Botan. Centr. Beihefte 1, Abt. 37: 259
74. Poulssen, E. (1916), Arch. Exp. Pathol. Pharmakol. 80: 173
75. Rauber, A. (1985), J. Toxicol. Clin. Toxicol. 23: 79
76. Raven, J. A., Griffiths, H. Glidewell, S. M., Preston, T. (1962), Proc. Roy. Soc. Ser. B. 216: 87
77. Raymond-Hamet(1927), Bull. Sci. Pharmacol. 34: 143
78. Reschke, B. (1990), Z. Klin. Med. 45: 165
79. Riede, B. (1971), Dtsch. Ges. Wesen 26: 73
80. Rook, A. (1962), Practitioner 188: 627
81. Ruijgrok, H.W. L. (1963), Planta Med. 11: 338
82. Sakai, W. S., Hanson, M. (1974), Ann. Bot. 38: 739
83. Santucii, B., Picardo, M., Javarone, C. et al. (1985), Contact Dermatitis 12: 215
84. Schildknecht, H. (1970), Angew. Chem. 82: 17
85. Schildknecht, H., Schmidt, H. (1963), Z. Naturforsch. B. 18: 585
86. Schütte, H. R. (1982), Biosynthese niedermolekularer Naturstoffe, Gustav-Fischer-Verlag Jena
87. Schuphan, W. (1961), Zur Qualität der Nahrungspflanzen. Erzeugnisinteressen–Verbraucherwünsche München, Bonn, Wien
88. Schwarte, M. (1986), Dissertation Univ. Kiel
89. Slob, A. (1973), Phytochemistry 12: 811
90. Slob, A., Varekamp, H. D. (1977), Proc. Kon. Nederl. Akad. Wetensch. Ser. C. 80: 201
91. Slob, A., Jekel, B., de Jong, B., Schlatmann, E. (1975) Phytochemistry 14: 1997
92. Sprengler, F. (1946) Pharmazie 1: 222
93. Stabursvik, A. (1954), Acta Chem. Scand. 8: 525
94. Tschesche, R., Hoppe, H.J. (1971), Chem. Ber. 104: 3573
95. Tschesche, R., Welmar, K., Wulff, G., Snatzke, G. (1972), Chem. Ber. 105: 290

96. TSCHESCHE, R., KÄMMERER, F.J., WULFF, G. (1969), Chem. Ber. 102: 2057
97. TSCHESCHE, R., HOPPE, H.J., SNATZKE, G., WULFF, G., FEHLHABER, H.W. (1971), Chem. Ber. 104: 1420
98. The Merck Index, 8th (1968) (Ed: Stecher P.G., Rahway, New York Merck & Co.): 783
99. VERSPYCK MIJNSSEN, G.A.W. (1969), Brit. J. Dermatol. 81: 737
100. WALTER, W.G., KHANNA, P.N. (1972), Econ. Bot. 26: 364
101. WINQUIST, F., DANIELSSON, B., MALPOTE, J.Y., PERSSON, L., LARSSON, M.B. (1985), Anal. Lett. 18: 573
102. YANG, J.C., LOEWUS, F.A. (1975), Plant Physiol. 56: 283

Mit Ü gekennzeichnete Zitate siehe Kap. 43

3 Polyine

3.1 Toxinologie

Polyine (Polyacetylene) sind aliphatische, unverzweigte, biogene Kohlenwasserstoffe mit einer oder mehreren C≡C-Gruppierungen sowie deren Umsetzungsprodukte, entstanden durch Cyclisierung (Bildung von Benzen- oder Naphthalenringen), Addition von Sauerstoff (Bildung von Epoxy-, Hydroxy-, Oxogruppen, O-heterocyclischen Ringsystemen, z. B. Furan- oder Pyranringen bzw. Spiroketalen) oder Schwefel (Bildung von Methylthiopolyinen oder cyclischen Disulfiden bzw. anderen S-heterocyclischen Ringsystemen, z. B. Thiophen- oder Dithiacyclohexadienderivaten). Sie enthalten neben C≡C- auch häufig C=C-Gruppen.

Polyine sind in reiner Form sehr instabil und polymerisieren bei Anwesenheit von Sauerstoff, besonders schnell im Licht, leicht zu braunen, harzartigen Produkten. In verdünnten Lösungen und in der Kälte sind sie besser haltbar. Bei Zimmertemperatur sind sie fast durchweg fest. Sie haben lipophilen Charakter. Teilweise sind sie mit Wasserdampf destillierbare Bestandteile ätherischer Öle (18, 46).

Bereits 1826 wurde aus einem ätherischen Öl ein Polyin, der Dehydromatricariaester, isoliert. Die erste Strukturaufklärung auf diesem Gebiet verdanken wir Arnaud, der 1892 aus den Triacylglycerolen der Samen von *Picramnia tariri* DC. die Taririsäure isolierte und 1902 die korrekte Struktur dieser Acetylenverbindung veröffentlichte (4). Die Struktur des ersten Diacetylens, des Lachnophyllumesters, wurde 1935 durch Wiljams und Mitarbeiter aufgeklärt (9). Die Anzahl der bisher bekannten Polyine dürfte über 1000 betragen. Allein durch Bohlmann und Mitarbeiter wurde die Struktur von etwa 700 Polyinen ermittelt (7).

Die bei Basidiomyceten gefundenen Polyine besitzen in der Regel 8–14 C-Atome, eine Carboxylgruppe, die frei, als Säureamid, als Nitril oder als Methylester vorliegen kann. Jedoch kommen bei ihnen auch Polyindicarbonsäuren, -aldehyde und -alkohole vor. Sekundär veränderte Pilzpolyine wurden bisher nur selten gefunden.

Die wegen ihrer cytostatischen Wirksamkeit interessierenden Acetylenverbindungen der Rotalgengattungen *Laurencia* und *Chondria* besitzen 15 C-Atome und bilden größtenteils O-heterocyclische Ringsysteme. Sie haben höchstens eine C≡C-Gruppierung. Es kommen jedoch auch C_{18}-Polyincarbonsäuren bei Rotalgen vor (Kap. 3.3).

Die Mehrzahl der Polyine wurde in höheren Pflanzen gefunden. Die Anzahl ihrer C-Atome beträgt in der Regel 11–17, seltener auch 18. Eine bisweilen vorhandene Carboxylgruppe ist mit Methanol verestert oder in einen Lactonring integriert. Bei einigen Pflanzenfamilien treten sie fast bei allen Arten und in großer Vielzahl auf: bei Asteraceae, Campanulaceae, Apiaceae, Araliaceae, Pittosporaceae, Oleaceae und Santalaceae. In anderen Familien kommen wenige Polyine sporadisch vor. Von besonderem toxikologischem Interesse ist ihr Auftreten bei den Apiaceae (Kap. 3.4–3.6) und einigen Asteraceae (3.7).

Bei Schwämmen wurden neben C_{14}-, C_{16}-, C_{18}-, C_{22}-, C_{23}-, C_{30}-Polyinen sehr langkettige Vertreter gefunden, z. B. die Petroformyne aus *Petrosia*-Arten mit 46 C-Atomen (Kap. 3.8).

Die Biogenese der Polyine höherer Pflanzen und der Basidiomyceten erfolgt aus Linolsäure durch Dehydrierung vorhandener oder neu gebildeter Doppelbindungen zu C≡C-Gruppierungen. Durch β- oder α-Oxidation, Elimination von CO_2 aus α-Hydroxysäuren unter Bildung von Vinylgruppen sowie Allyloxidation (Elimination der Methylgruppen von Allylgruppierungen durch Oxidation zu Carboxylgruppen und Abspaltung von CO_2) kommt es zur Kettenverkürzung. Sauerstoffatome werden, vermutlich zunächst unter Bildung von Epoxygruppen, durch Monooxygenasen eingeführt. In welcher Form der Schwefel in die Bindungen eintritt, ist noch unbekannt (8, 10, 11, 15, 17, 45). Bei Rotalgen dient vermutlich 4,7,10,13-Heptadecatetraensäure als Praekursor. Ob bei den Acetylenverbindungen der Rotalgen Polyine als Intermediate auftreten, ist noch ungeklärt. Über die Biogenese der Polyine der Schwämme existiert noch keine Klarheit.

Viele Polyine wirken baktericid, fungicid, insekticid, nematicid, cercaricid und virostatisch. Ihre biologische Funktion besteht somit wohl vorwiegend in der Abwehr von Viren, Mikroorganismen und niederen tierischen Räubern. Einige werden unter dem Einfluß von Angriffen auf die Pflanze gebildet, haben also den Charakter von Phytoalexinen.

Auf höhere Tiere und den Menschen üben nur sehr wenige Polyine starke Wirkungen aus. Einige haben im Tierversuch antiphlogistische und spasmolytische Aktivität. Viele von ihnen wirken cytostatisch. Die Mehrzahl ist wegen der schweren Zugänglichkeit und der Instabilität bisher nicht pharmakologisch untersucht worden. Von toxikologischem Interesse sind die bei den Apiaceae vorkommenden C_{17}-Polyindialkohole Cicutoxin, Oenanthotoxin und Falcarindiol, die C_{17}-Polyinalkohole bzw. -ketone Falcarinol, Falcarinon, Falcarinolon und Falcarindion sowie die als Giftstoffe verdächtigen C_{13}-Polyine Aethusin, Aethusanol A und Aethusanol B.

Angriffspunkt der Polyine bei mikrobiellen und tierischen Lebewesen sind sicherlich die Zellmembran und damit die in sie integrierten Rezeptoren, Enzyme, Ionenkanäle oder Carrier. Während sie in der Mehrzahl ähnlich wie die ätherischen Öle unspezifische Effekte zeigen, dürften die für höhere Tiere und den Menschen toxischen wohl die Funktion der Membranen von Neuronen im Zentralnervensystem beeinträchtigen.

3.2 Polyine als potentielle Giftstoffe von Ständerpilzen (Basidiomyceten)

Bei der Suche nach Antibiotika wurden in den 40er und 50er Jahren auch sehr viele höhere Pilze hinsichtlich ihrer Stoffproduktion in saprophytischen Kulturen untersucht. Dabei wurden in den Kulturflüssigkeiten einer Reihe von Basidiomyceten eine Vielzahl antibiotisch gut wirksamer Polyine gefunden, die aber wegen ihrer relativ hohen Toxizität für einen therapeutischen Einsatz ungeeignet sind. Bisher sind über 100 dieser Verbindungen bekannt. Sie spielen vermutlich bei der Verteidigungsstrategie des Pilzmycels im Boden oder im toten Holz eine Rolle. Es ist denkbar, daß solche Verbindungen auch in den Fruchtkörpern vorkommen und möglicherweise zu den Stoffen gehören, durch die einige Arten von Pilzen in rohem Zustand giftig sind.

Polyine wurden u. a. aus den Kulturen folgender einheimischer Pilze isoliert:

- *Agrocybe dura* (Bolt. ex Fr.) Sing., Rissiger Akkerling, das Agrocybin,
- *Clitocybe diatreta* (Fr. ex Fr.) Kumm., Fleischfalber Trichterling, Diatretin 1 und Diatretin 2,
- *Marasmiellus ramealis* (Bull. ex Fr.) Sing., Ast-Schwindling, ein unbenanntes Polyin,
- *Hypsizygus tessulatus* (Bull. ex Fr.) Sing., Ulmen-Holzrasling, zwei unbenannte Polyine,
- *Lepista nuda* (Bull. ex Fr.) Cke., Violetter Rötelritterling, ein roh giftiger Pilz, Diatretin 2 («nudic acid B»),
- *Xerula melanotricha* Dörfelt (*Oudemansiella melanotricha* (Dörfelt) Mos.), Schwarzhaariger Wurzelrübling, Xerulin, Dihydroxerulin und Xerulinsäure, Hemmstoffe der 3-Hydroxy-3-methylglutaryl-Coenzym A-Reduktase und damit der Cholesterolbiosynthese 18, 41, 52, Abb. 3-1).

$HOCH_2{-}(C{\equiv}C)_3{-}CONH_2$
Agrocybin

$HOOC{-}CH{=}CH{-}(C{\equiv}C)_2{-}CONH_2$
Diatretin 1

$HOOC{-}CH{=}CH{-}(C{\equiv}C)_2{-}C{\equiv}N$
Diatretin 2

$HC{\equiv}C{-}C{\equiv}C{-}CH{=}C{=}CH{-}CH_2{-}CH_2OH$
Polyin aus Marasmiellus ramealis

$H_3C{-}(C{\equiv}C)_3{-}CH{=}CH{-}CH_2OH$
$H_3C{-}(C{\equiv}C)_3{-}CH{=}CHO$
Polyine aus Hypsizygus tessulatus

$CH_3{-}(CH_2)_2{-}(C{\equiv}C)_2{-}(CH{=}CH)_3{-}CH{=}C{-}CH{=}CH$ (Ring: O — C=O)
Dihydroxerulin

Abb. 3-1: Polyine aus Ständerpilzen (Basidiomycetes)

Es ist zu vermuten, daß Polyine bei Pilzen weiter verbreitet sind als bisher bekannt.

Für Agrocybin wurde bei Mäusen eine letale Dosis von 6 mg/kg ermittelt (43). Da es bei der Zubereitung der Pilze zerstört wird, gilt der Rissige Ackerling (Frühlings-Ackerling) nicht als toxisch.

3.3 Cytostatisch wirksame Acetylenverbindungen aus Rotalgen (Rhodophyta)

Rotalgen der Gattungen *Laurencia* und *Chondria* (Rhodomelaceae) sind in der Lage, Verbindungen mit einer Acetylgruppierung zu bilden (Ü 20, Ü 21, Ü 22, Ü 44: VII, 265).

Die 80 Vertreter der Gattung *Laurencia* kommen vor allem in wärmeren Meeren vor. Im Gebiet wurden in der Nordsee nur *L. hybrida* (DC.) LEN. und *L. pinnatifida* (HUDS.) LAMOUR. gefunden. Die Gattung *Chondria* ist dort nur durch *Ch. dasyphylla* (WOODW.) C. A. AG. vertreten. Diese Arten wurden bisher noch nicht phytochemisch untersucht.

Die bekannten Acetylenverbindungen der *Laurencia*-Arten besitzen durchweg 15 C-Atome, bilden meistens durch Integration von Sauerstoff O-heterocyclische Ringe, haben höchstens eine terminale C≡C-Gruppierung und tragen zum größten Teil Brom- oder/und Chloratome (Abb. 3-2).

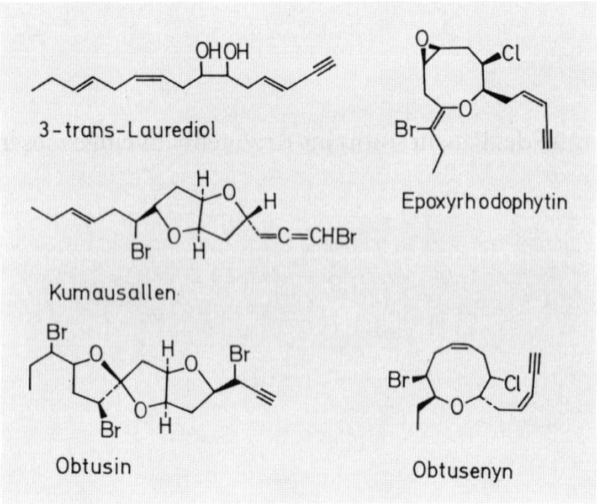

Abb. 3-2: Polyine aus Rotalgen (Rhodophyta)

Auch im Wehrsekret von *Aplysia*-Arten, Seehasen (zu der Klasse der Gastropoda, Schnecken, gehörend), wurden derartige C_{15}-Acetylenverbindungen nachgewiesen (32). Die in wärmeren Meeren lebenden Seehasen sind im Verlaufe der Evolution vom mechanischen Schutz durch ein Gehäuse zur chemischen Verteidigung übergegangen. Ihr Gehäuse ist zu einem winzigen Rudiment reduziert und kann daher keine Schutzfunktion mehr ausüben. Statt dessen speichern sie toxische Stoffe aus ihrer Nahrung (Kap. 4.7, Kap. 42.1), die sie mit einem aus der Mantelhöhle bei Reizung austretenden schleimig-milchigen Wehrsekret abgeben. Dieses Sekret kann kleinere Meerestiere lähmen. Es dient auch dazu, den Seehasen bitteren Geschmack und passive Giftigkeit zu verleihen.

Aus der in der Karibischen See vorkommenden Rotalge *Liagora farinosa* LAMOUR. wurden stark ichthyotoxische C_{18}-Polyincarbonsäuren, z. B. Octadec-5-in-7(Z),9(Z),12(Z)-triensäure, isoliert. Die letale Konzentration für den im Riff lebenden Fisch *Eupomacentrus leucostitus* beträgt 5–8 μg/ml (63).

3.4 Cicutoxin als Giftstoff des Wasserschierlings *(Cicuta virosa)*

Der Gattung *Cicuta*, Wasserschierling (Apiaceae, Doldengewächse), gehören etwa 10 in den gemäßigten Gebieten der nördlichen Halbkugel verbreitete Arten an. In Mitteleuropa kommt nur *C. virosa* L., Giftiger Wasserschierling, vor (siehe S. 37, Bild 3-1).

Wasserschierling ist eine 1 m hoch werdende, ausdauernde Sumpfpflanze mit 2- bis 3fach gefiederten Blättern, die schmal lanzettliche, sehr spitz zulaufende Fiederblättchen besitzen. Die 15- bis 25strahlige zusammengesetzte Dolde trägt kleine weiße Blüten. Die Frucht ist fast kugelig. Das Rhizom und der untere Teil des hohlen Stengels sind im Innern durch Querwände gekammert. Der beim Durchschneiden austretende, gelbliche, sellerieartig riechende Saft wird an der Luft zunächst orangegelb, später braun.

Cicutoxin ((–)-all-trans-Heptadeca-8,10,12-trien-4,6-diin-1,14-diol, Abb. 3-3), der Giftstoff der *Cicuta*-Arten, wurde 1915 von JACOBSON (44) aus der in Nordamerika beheimateten Art *C. douglasii* (DC.) COULT. et ROSE in noch relativ unreiner Form gewonnen. Die Isolierung als reine kristalline Substanz und die Strukturaufklärung gelangen 1953 einer Arbeitsgruppe von LYTHGOE (2, 42). Es ist außer in *C. douglasii* und *C. virosa* vermutlich auch in anderen *Cicuta*-Arten enthalten (13, 36). In besonders hoher Konzentration kommt es im Wurzelstock vor (bei *C. virosa* 0,2% vom Frischgewicht, 3,5% vom Trockengewicht).

Begleitstoffe sind das weniger oder nicht toxische Cicutol und eine Vielzahl weitere Polyine, Furanocumarine, ein Lignan und wahrscheinlich Alkylphthalide, die aber an der Giftwirkung nicht beteiligt sind.

Die Angriffspunkte von Cicutoxin befinden sich im Gehirn und im Rückenmark. Es ruft starke klonische, später auch tonische Krämpfe der gesamten Körpermuskulatur hervor und durch Beeinflussung

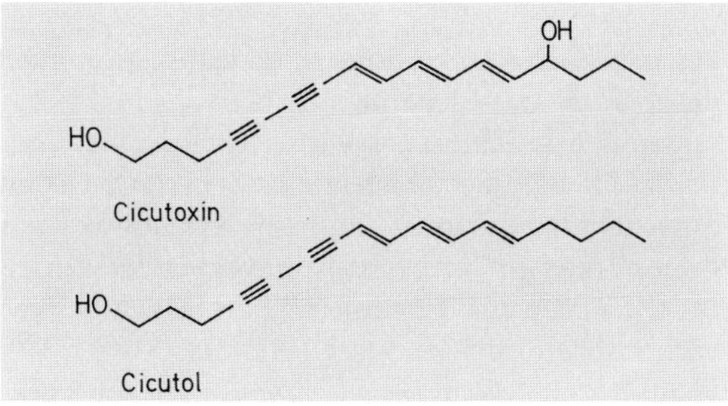

Abb. 3-3: Polyine des Wasserschierlings *(Cicuta virosa)*

der Medulla oblongata zunächst Erregung, danach Lähmung von Atem- und Vasomotorenzentrum. In vitro zeigt Cicutoxin antileukämische Aktivität (50).

Trotz relativ langsamer Resorption erfolgt der Wirkungseintritt innerhalb weniger Minuten bis etwa zwei Stunden nach Aufnahme des Giftes. Es kommt zu Brennen in Mund und Rachen, Leibschmerzen, Übelkeit, Schwindel, Einschränkung des Gesichtsfeldes, Taumeln und Empfindungslosigkeit. Unter Erbrechen und Aufschreien beginnt plötzlich der erste Krampfanfall, der 0,5–2 min andauert. Er wird begleitet von Zähneknirschen, Trismus, Austritt von blutigem Schaum aus dem Mund und röchelnder oder völlig aussetzender Atmung. Die Pupillen sind maximal erweitert und starr, das Bewußtsein ist vorübergehend erloschen. Diese im Unterschied zur Strychninvergiftung (Kap. 26.11) spontan einsetzenden Anfälle wiederholen sich etwa alle 15 min bis zur völligen Erschöpfung. Der Tod erfolgt durch Atemlähmung während eines Anfalls oder kurz danach innerhalb weniger Stunden. Bei Überstehen der Vergiftung bleiben erweiterte und starre Pupillen und relative Empfindungslosigkeit noch mindestens einen Tag bestehen.

2–3 g des Wurzelstocks des Wasserschierlings enthalten die für einen Menschen tödliche Menge Cicutoxin. Bei Katzen beträgt die letale Dosis für Cicutoxin 50 mg/kg, p.o., bei Hunden 21 mg/kg, i.v., 110 mg/kg, p.o., und bei Kaninchen 44 mg/kg. Für Mäuse ist die letale Dosis nach intraperitonealer Applikation kleiner als 9,2 mg/kg (71).

Über Vergiftungsfälle mit *C. virosa* und anderen *Cicuta*-Arten wird auch in jüngerer Zeit berichtet (3, 5, 20, 21, 49, 54, 59, 69, 75, 78). Die Letalitätsrate liegt bei ca. 30% (69). Von den Vergiftungen sind am ehesten Kinder betroffen, die beim Spielen am würzig duftenden und süßlich schmeckenden, ausgerissenen Rhizom kauen oder lecken (20, 51). Weitere Vergiftungsmöglichkeiten sind die Verwechslung mit anderen Pflanzen (z. B. Sellerie oder Engelwurz, 49) oder die Anwendung von Zubereitungen aus *C. virosa* bei Hauterkrankungen (34). In der alten Literatur gibt es auch Berichte über Gift- und Selbstmorde mit der Pflanze (6, 64).

Ein 30jähriger Mann aß in der Annahme, es handele sich um *Angelica archangelica* (von deren Verwendung in der Homöopathie er wußte), Ende Mai (im Frühjahr ist der Cicutoxingehalt am höchsten) ein ganzes Rhizom von *C. virosa.* Nach ca. 30 min kam es zu Schwindel, Übelkeit und Krämpfen mit kurzzeitigem Bewußtseinsausfall, nach dem ersten Anfall zu Erbrechen und «pirouettenähnlichen» Bewegungen. Auf dem Weg ins Krankenhaus traten erneut mehrere Krampfanfälle ein. Der Patient war bewußtlos und konnte auch durch provozierten Schmerz nicht geweckt werden. Die Pupillen waren weit dilatiert. Die Haut war cyanotisch verfärbt, die Salivation verstärkt und der Blutdruck erhöht. Die totale retrograde Amnesie hielt 48 h an, die Empfindungslosigkeit der Zunge 2 Monate. Erst nach ca. $\frac{1}{2}$ Jahr war der Patient intellektuell wieder voll leistungsfähig (49).

Tiervergiftungen durch *Cicuta*-Arten sind besonders in amerikanischen Ländern nicht selten (67). Pferde und Rinder verenden nach Ingestion eines etwa walnußgroßen Stückes des frischen Rhizoms von *C. virosa* (Ü 40).

Nach Aufnahme toxischer Mengen an *C. virosa* muß der Patient sofort ins Krankenhaus eingewiesen werden. Wegen der Krampfgefahr ist Magenspülung nur unter Narkose möglich. Zur Giftentfernung werden außerdem forcierte Diurese, Hämodialyse und Hämoperfusion empfohlen. Zur Verhinderung oder Beseitigung der Krämpfe werden Barbiturate oder Tranquilizer appliziert. Bei Lähmungserscheinungen sind Intubation und künstliche Beatmung erforderlich (49, 58, Ü 73).

In der Volksmedizin wurde *C. virosa* gelegentlich bei Hautleiden, Rheuma und Gicht eingesetzt, *C. maculata* in der amerikanischen Volksmedizin bei Tumorerkrankungen (50). Die hohe Toxizität von Cicutoxin verbietet die Anwendung als zentrales Analepticum.

3.5 Oenanthotoxin als Giftstoff der Rebendolde *(Oenanthe crocata)*

Die Gattung *Oenanthe*, Rebendolde (Apiaceae, Doldengewächse), ist in Europa, Asien, Afrika und Nordamerika vertreten. Sie umfaßt etwa 30 Arten. Von den im Gebiet vorkommenden sieben Arten gelten *Oe. fistulosa* L., Röhrige Pferdesaat, *Oe. aquatica* (L.) POIR., Wasserfenchel, und *Oe. peucedanifolia* POLLICH, Haarstrang-Pferdesaat, als giftig. Mit Ausnahme von *Oe. crocata* L., Safran-Rebendolde (siehe S. 38, Bild 3-2), die an feuchten Stellen im Westen Großbritanniens, in Westfrankreich und Marokko gedeiht, und von den Früchten von *Oe. aquatica*, die früher arzneilich eingesetzt wurden und heute noch in der Volksmedizin verwendet werden, sind jedoch keine weiteren Arten phytochemisch untersucht worden.

Das giftige Prinzip von *Oe. crocata* wurde erstmals 1949 von CLARK und Mitarbeitern isoliert (27). Die Aufklärung der Struktur erfolgte ebenso wie die des Cicutoxins 1953 durch LYTHGOE und Mitarbeiter (2). Die Struktursicherung durch Synthese führten BOHLMANN und WIEHE durch (16).

Oenanthotoxin ((+)-all-trans-Heptadeca-2,8,10-trien-4,6-diin-1,14-diol, Abb. 3—4) ist dem Cicutoxin isomer.

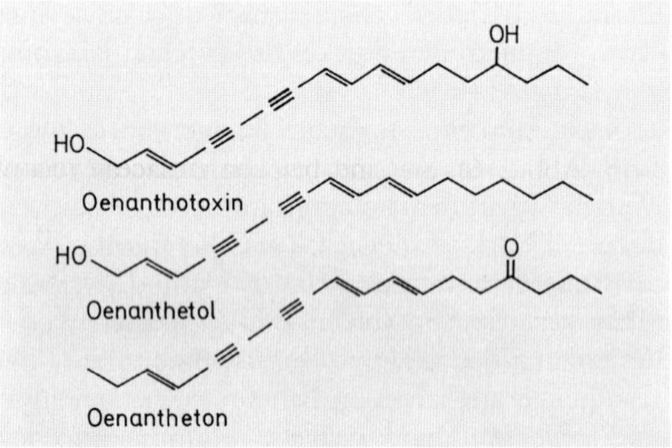

Abb. 3-4: Polyine der Safran-Rebendolde *(Oenanthe crocata)*

Der Gehalt an Oenanthotoxin beträgt in der Wurzel von *Oe. crocata* 1,3% (31), in den Früchten allerdings nur 0,009% (57). Es darf angenommen werden, daß es auch in anderen *Oenanthe*-Arten enthalten ist. Im Gegensatz zu den vegetativen Pflanzenteilen sind die aus den Früchten gewonnenen ätherischen Öle wegen der fehlenden Wasserdampfflüchtigkeit des Oenanthotoxins frei davon. Das gleiche gilt sicherlich auch für *Oe. sarmentosa* PRESL. und *Oe. pimpinelloides* L., deren Rhizome als eßbar gelten (gekocht?).

Als Begleitstoffe kommen in *Oe. crocata* weitere Polyine vor, darunter Oenanthetol und Oenantheton, die weniger toxisch sind als Oenanthotoxin. Während die Wurzeln der Pflanze im Spätherbst fast ausschließlich Oenanthotoxin enthalten, dominiert im Frühjahr das Oenanthetol (14).

Von den Früchten des Wasserfenchels, *Oe. aquatica* (L.) POIR., die auch heute noch in der Volksmedizin als Diureticum, Sedativum, Antasthmaticum, Expectorans und Carminativum verwendet werden, ist bekannt, daß Überdosierung zu Schwindel und narkotischen Effekten führt (76). HEGI (Ü 43: V/2, 1251) berichtet, daß die Früchte der Pflanze früher zur Bekämpfung von Ratten, Mäusen und anderen schädlichen Tieren benutzt wurden und daß fünf Früchte von *Oe. peucedanifolia* einen Sperling töten können. Bei neueren Untersuchungen wurden in den Früchten von *Oe. aquatica* neben zahlreichen Monoterpenen monooxygenierte C_{15}-Polyine nachgewiesen, über deren Toxizität allerdings nichts bekannt ist (28).

Das 2(Z)-Isomere des Oenanthotoxins wurde von chinesischen Autoren, als Bupleurotoxin (LD_{50} Maus, i. p., 3,03 mg/kg) bezeichnet, in *Bupleurum longiradiatum* TURCZ. nachgewiesen (79, 80).

Als möglicher Wirkungsmechanismus von Oenanthotoxin wurde eine reversible Hemmung des Na^+-Fluxes und damit der Ausbildung von Aktionspotentialen an zellulären Membranen beschrieben (33). Die krampfauslösende Wirkung kommt über Ca^{2+}-abhängige Mechanismen zustande (56). Auch phototoxische Effekte der Polyine aus *Oenanthe*-Arten sind bekannt (72).

Intravenöse Applikation von 1 mg Oenanthotoxin ruft beim Kaninchen Retraktion des Kopfes, Spasmen der Gliedmaßen und Anstieg von Atemfrequenz und -amplitude hervor (37). Beim Menschen tritt nach peroraler Aufnahme als erstes Symptom Erbrechen ein, das mehrere Stunden andauern kann. Weitere Vergiftungserscheinungen sind Krämpfe, Hypersalivation und Störungen der Atemtätigkeit (60).

Die letalen Dosen von Oenanthotoxin liegen bei peroraler Aufnahme für Maus, Katze und Meerschweinchen zwischen 0,05 und 0,15 mg/kg (55). Bei intraperitonealer Applikation beträgt die LD_{50} für Mäuse 1,22 mg/kg (37). Von *Oe. fistulosa* sollen 200—300 g eines Wurzelstocks für ein Pferd tödlich sein.

Vergiftungen durch die Wurzelstöcke von *Oe. crocata*, auch mit letalem Ausgang, sind bekannt (1, 49, 53, 58, 62, 65). Betroffen waren Kinder, die an den nach Pastinak schmeckenden Wurzeln mit ihrem an den Schnittstellen gelben Exkret leckten, Erwachsene, die die Wurzel mit der von Sellerie verwechselten, sie aus Unkenntnis der Toxizität im Rahmen einer vegetarischen Ernährung aßen, und solche, die in der Hoffnung auf halluzinogene Effekte mit Pflanzen experimentierten (49). In der Literatur ist auch ein Giftmord beschrieben (53).

Vergiftungen durch *Oe. fistulosa* sind beim Menschen sehr selten. Bei Tieren (Pferden – Name! – Rindern, Schweinen) ruft die Pflanze Gastroenteritis und Krämpfe hervor (Ü 40). Intoxikationen durch *Oe. aquatica* wurden, wie bereits erwähnt, bei Überdosierung der Droge beobachtet.

Die Therapie erfolgt je nach Schweregrad der Symptome wie die nach Vergiftungen mit Cicutoxin.

3.6 Weitere Polyine als mögliche Giftstoffe von Doldengewächsen (Apiaceae)

Eine Reihe weiterer Apiaceae (Doldengewächse) gelten als giftig, ohne daß, mit Ausnahme von *Conium maculatum* (Kap. 32.5), etwas über ihre Giftstoffe bekannt ist. Es wird angenommen (29), daß auch bei ihnen Polyine für die Giftwirkung verantwortlich sind.

Aus der Hundspetersilie, *Aethusa cynapium* L. (siehe S. 38, Bild 3-3), wurden neben einer Reihe weiterer Polyine als Hauptbestandteile des Polyingemisches Aethusin (Trideca-2,8,10-trien-4,6-diin), Aethusanol A (Trideca-5,11-dien-7,9-diin-4-ol) und Aethusanol B (Trideca-2,8,10-trien-4,6-diin-1-ol, Abb. 3-5) isoliert (12, 13). Aus der Wurzel wurden etwa 1%, aus dem Kraut etwa 0,2% Polyine erhalten. Daneben sollen in der Pflanze Spuren eines wasserdampfflüchtigen Alkaloids vorkommen.

Das im Gebiet auf kalkhaltigen Äckern, in Gärten und auf Schutt verbreitete, einjährige Kraut kann leicht mit nichtkrausen Formen der Gartenpetersilie verwechselt werden. Im Gegensatz zu dieser hat Hundspetersilie jedoch weiße Blüten, die Blätter erscheinen auf der Unterseite glänzend bereift und sind auch nach dem Zerreiben fast geruchlos. Auffällig sind die nur an der Außenseite der Döldchen befindlichen, herabhängenden, jeweils 3–4 Blättchen der Hüllchen.

Obwohl *Ae. cynapium* allgemein als Giftpflanze gilt, blieb bei Tieren auch die Aufnahme sehr großer Mengen der Pflanze (2 kg/Schaf, 10 kg/Rind) ohne schädliche Folgen (69). In Tierversuchen wurden 10–2500 μg Aethusin bzw. Aethusanol A/Maus, i. p., symptomlos vertragen. Die letale Dosis muß größer als 100 mg/kg Maus, sein. Auch perorale Zufuhr von Extrakten aus Pflanzen verschiedener Herkunft an Mäuse und Meerschweinchen hatte keine negativen Auswirkungen (71). Es ist daher anzunehmen, daß früher beobachtete Vergiftungen des Menschen (66) auf Verwechslungen mit *Conium maculatum* oder auf Verzehr von mit dem Rostpilz *Puccinia aethusae* MART. befallenen Exemplaren beruhen. Eventuell existieren auch unterschiedliche Chemotypen von *Ae. cynapium* (71).

Als giftig gelten auch die sauerstoffhaltigen Heptadeca-1,9-dien-4,6-diin-Derivate, z. B. Falcarinol (cis-Heptadeca-1,9-dien-4,6-diin-3-ol), Falcarinon (cis-Heptadeca-1,9-dien-4,6-diin-3-on), Falcarindiol (cis-Heptadeca-1,9-dien-4,6-diin-3,8-diol) und Falcarinolon (cis-Heptadeca-1,9-dien-4,6-diin-3-ol-8-on, Abb. 3-6). Sie sind bei den Apiaceae relativ weit verbreitet.

Falcarinol wirkt auf Mäuse neurotoxisch. Die LD_{50} ist jedoch mit 100 mg/kg sehr hoch (29). In anderen Versuchen wurden sogar 200 mg/kg Falcarinol, Falcarindiol oder Falcarinolon, i. p., Maus, überlebt (62). Die Verbindungen zeigen starke fungicide (30), darüber hinaus auch analgetische Wirksamkeit (62). Von Falcarinol wurden außerdem antiphlogistische (61), cytotoxische und antihepatotoxische (47) Effekte nachgewiesen. Sie beruhen u. a. auf einer

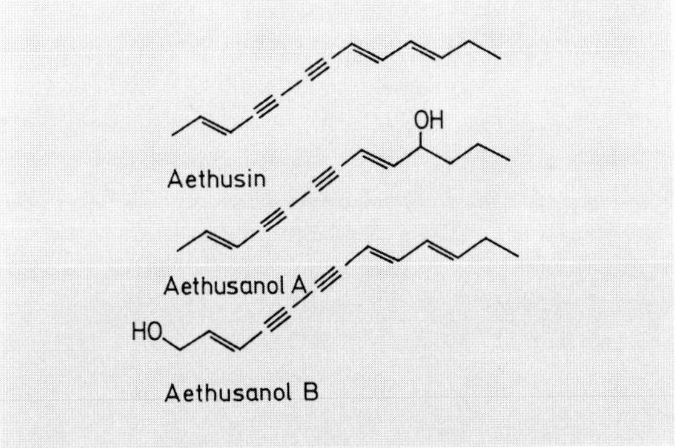

Abb. 3-5: Polyine der Hundspetersilie *(Aethusa cynapium)*

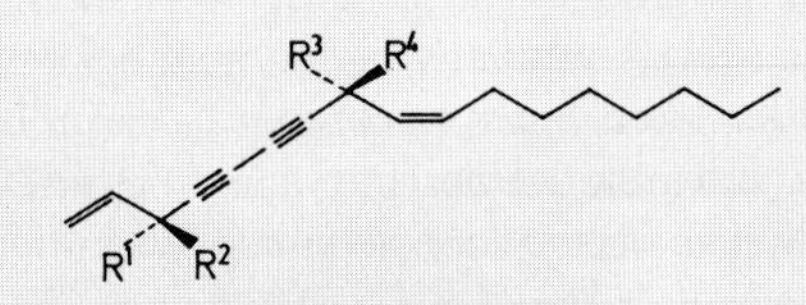

	R^1	R^2	R^3	R^4
Falcarinol	H	OH	H	H
Falcarinon	- O -		H	H
Falcarindiol	H	OH	H	OH
Falcarinolon	- O -		H	OH
Falcarindion	- O -		- O -	

Abb. 3-6: Heptadeca-1,9-dien-4,6-diin-Derivate

Hemmung der Lipidperoxidation (47) und der Blutplättchenaggregation (Hemmung der Thromboxan B_2-Synthese, 70). Toxikologisch bedeutsam ist die allergisierende Wirksamkeit von Falcarinol (Ü 42).

Falcarinon wurde in *Chaerophyllum temulum* L., Betäubender Kälberkropf, und neben Falcarinol in *Sium latifolium* L., Breitblättriger Merk, gefunden. Beide Pflanzen sollen giftig sein.

Beim Menschen sind Vergiftungen durch *Ch. temulum* unbekannt. Bei Tieren, besonders Rindern (Name!) führt die Aufnahme größerer Mengen der Pflanze zu Taumeln und fortschreitenden Lähmungen. Auch Vergiftungen durch *S. latifolium* sind beim Menschen sehr selten. Sie sind beispielsweise möglich durch Verwechslung mit Brunnenkresse und äußern sich in Gastroenteritis und Schwindel. Bei Rindern soll nach Resorption eine betäubende Wirkung hinzukommen (Ü 40).

Auch in als Nahrungsmitteln und Gewürzen genutzten Apiaceae wurden Falcarinol und verwandte Verbindungen nachgewiesen, z. B. Falcarinol, Falcarindiol sowie Falcarinolon in *Daucus carota* L. ssp. *sativus* (HOFFM.) ARCANG., Mohrrübe, Falcarinolon in *Petroselinum crispum* (MILLER) NYM. ex A.W. WILL, Petersilie, und Falcarindiol in *Levisticum officinale* KOCH, Garten-Liebstöckl (7, 19, 45). Die enthaltenen Mengen sind allerdings sehr gering. Aus 3 kg Mohrrüben wurden 80 mg Falcarinol (29) und aus 100 g frischen Wurzeln des Garten-Liebstöckls 61 mg Falcarindiol (45) isoliert.

Somit können allenfalls die Wurzeln des Garten-Liebstöckls als toxikologisch nicht unbedenklich angesehen werden (35). Intoxikationen durch die Mohrrübe wurden bei Pferden und Hornvieh erst nach Verfütterung sehr großer Mengen beobachtet (29). Die Sensibilisierungspotenz von *D. carota* ist schwach (Ü 42). Ob die Polyine für die anthelminthische Wirksamkeit roher Mohrrüben mitverantwortlich sind, bleibt zu untersuchen.

Aus toxikologischen Gründen bemerkenswert ist auch das Vorkommen von Polyinen bei den Araliaceae. Bei ihnen treten bevorzugt Falcarinol, Falcarinon, Falcarinolon, Falcarindiol und Falcarindion auf (38). Wegen ihrer allergisierenden Wirkung von Interesse sind *Hedera helix* L., Gemeiner Efeu, *Schefflera-*, *Aralia-* und *Fatsia-*Arten (38). *Schefflera-*Arten sind immergrüne Stauden, die in höheren Lagen tropischer Gebiete gedeihen. *Aralia-*Arten stammen aus Ostasien und dem Südwesten der USA. *Fatsia japonica* (THUNB.) DECNE. et PLANCH. ist in Japan und Südkorea beheimatet. Vertreter dieser Gattungen werden bei uns wegen ihres schönen Laubes als Zimmerpflanzen genutzt.

Auch in jüngerer Zeit erschienen mehrere Berichte über beim Kontakt mit *Schefflera arboricola* HAYATA und *H. helix* L., Efeu, auftretende allergische Kontaktdermatitiden, die von Falcarinol als Hauptallergen ausgelöst wurden (35, 39, Ü 42).

Betrachtet man die Toxizität der sauerstoffhaltigen Heptadeca-1,9-dien-4,6-diin-Derivate und geht davon aus, daß sie in sehr geringen Konzentrationen in den Pflanzen vorkommen, darf man annehmen, daß Pflanzen, die diese Stoffe enthalten, sieht man von der Allergien auslösenden Wirkung ab, für den Menschen ungefährlich sind und nur für Tiere, die sehr große Mengen davon aufnehmen, eine Gefahr darstellen.

3.7 Phototoxische Inhaltsstoffe der Studentenblumen (*Tagetes*-Arten)

Die Gattung *Tagetes*, Sammetblume, Studentenblume (Asteraceae, Korbblütengewächse), umfaßt etwa 30 Arten, die in wärmeren Gebieten des amerikanischen Kontinents, von Mexiko bis Argentinien, beheimatet sind. Die sich verästelnden, aufrechten Kräuter mit fiederteiligen Blättern und gelben bis braunroten, meistens einzeln sitzenden Blütenkörbchen, werden bei uns als Zierpflanzen kultiviert (*Tagetes vulgaris*, siehe S. 38, Bild 3-4). Besonders beliebt sind Hybriden und Sorten von *T. erecta* und *T. patula* L. sowie Sorten von *T. tenuifolia* CAV.

Von ihren Polyinen sind die Thiophenderivate, besonders das gut untersuchte α-Terthienyl und 5-(3-Buten-1-ynyl-)-2,2'-bithienyl (Abb. 3-7), wegen ihrer phototoxischen Wirkung von Interesse. Sie sind in der Lage, Mikroorganismen, Nematoden und auch Fische bei gleichzeitiger Bestrahlung mit UV zu töten. Beim Menschen führen sie bei Kontakt mit der Haut nach Sonnenbestrahlung zu Erythemen und langdauernder Hyperpigmentation (22).

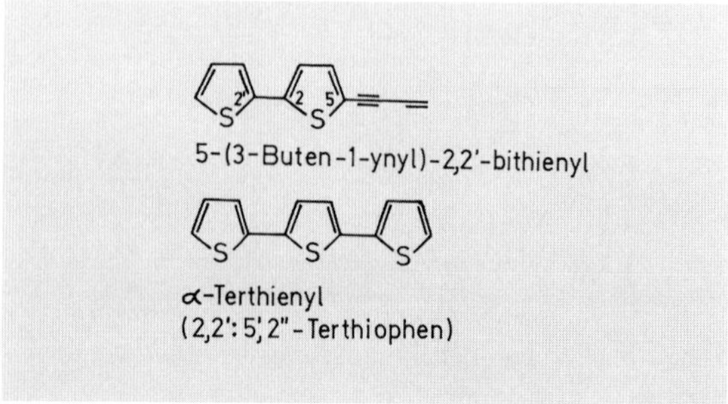

Abb. 3-7: Polyine der Studentenblumen (*Tagetes*-Arten)

α-Terthienyl und verwandte Thiophenderivate kommen auch in anderen Asteraceae vor, z. B. in den Gattungen *Dahlia, Rudbeckia, Eclipta, Tessaria* und *Porophyllum*.

Bei gleichzeitiger Einwirkung von Licht und Sauerstoff besitzen die Thiophenderivate außerdem virostatische (43) und hämolysierende (77) Wirkungen.

Da keine mutagenen und carcinogenen Effekte gefunden wurden, ist α-Terthienyl möglicherweise besser für die Photochemotherapie bei Psoriasis geeignet als die Furocumarine (73, Kap. 14.3.4).

3.8 Cytotoxische Polyine der Schwämme (Porifera)

Zum Stamm der Porifera, Schwämme, gehören etwa 5000 Arten, die in der Mehrzahl im Meer leben. Nur etwa 100 Arten kommen im Süßwasser vor. Im Gebiet wurden 25 marine und sechs Süßwasserarten gefunden.

Bei den Schwämmen handelt es sich um sehr primitive, vielzellige, aber sehr formenreiche Tiere. Gegen ihre Umwelt sind sie durch eine doppelte Epithelschicht abgegrenzt, die von zahlreichen Poren durchbrochen ist. Durch diese Poren wird durch die sog. Kragengeißelzellen, die sich in Kammern befinden, die mit dem zentralen Hohlraum oder einem Röhrensystem in Verbindung stehen, Wasser eingestrudelt. Die Plankton- oder Detrituspartikel werden abfiltriert und zur Ernährung genutzt. Das Wasser und die Abbauprodukte werden über eine nach außen führende Öffnung des Hohlraumsystems ausgestoßen. Zwischen Epithel- und Geißelzellschicht liegt eine bindegewebsartige Schicht mit nichtzelliger Grundsubstanz, amöboid beweglichen Zellen und Kiesel-, Kalk- oder Sponginnadeln als Stützgerüst. Schwämme sind ortsunbeweglich und erreichen Größen von einigen Millimetern bis zu zwei Metern.

Schwämme verfügen über keine Möglichkeiten einer mechanischen Verteidigung, von Skelettnadeln (Spicula) bei vielen Arten abgesehen, und keine Fluchtmöglichkeiten. Sie sind deshalb völlig auf eine chemische Abwehr angewiesen. Das erklärt die Vielzahl der bei ihren Vertretern gefundenen toxischen Sekundärstoffe, z. B. Polyine, Polyketide (Kap. 4.8), Monoterpene, Sesquiterpene (Kap. 7.9), Diterpene (Kap. 8.6), Sesterterpene (Kap. 9.2), Steroide und Alkaloide (Kap. 26.14, 29.1). Da viele von ihnen mit Cyanobakterien und Mikroalgen, besonders Dinophyceen, symbiontisch leben, wobei der Anteil an Symbionten bis zu 40% der Körpermasse ausmachen kann, ist jedoch nicht immer eindeutig festzustellen, ob sie oder die Symbionten Produzenten der gefundenen Giftstoffe sind.

Aus Schwämmen konnten zahlreiche Polyine isoliert werden. Sie sind teilweise bromiert. Einige relativ kurzkettige Polyine liegen als Monoglycerolether vor (Ü 21, Ü 23). Wegen ihrer ungewöhnlichen Struktur verdienen die C_{46}-Polyine, die Petroformyne (Abb. 3-8) aus *Petrosia ficiformis*, besondere Erwähnung. Ähnliche Polyacetylene, allerdings mit geringerer Kettenlänge, wurden auch aus *Xestospongia-*, *Siphonochalina-*, *Cribrochalina*-Arten und einer nicht identifizierten *Petrosia*-Art isoliert. Die Verbindungen besitzen cytostatische, teilweise auch cytotoxische Wirkung (24, 25, 26).

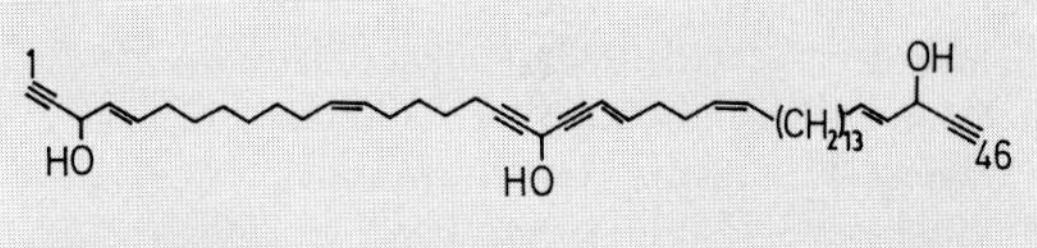

Abb. 3-8: Polyin des Meeresschwammes *Petrosia ficiformis*

3.9 Literatur

1. ANGER, J. P., ANGER, F., CHAUVEL, Y., GIRRE, R. L., CURTES, N., CURTES, J. P. (1976), Eur. J. Toxicol. Environ. Hyg. 9: 119
2. ANET, E. F. L. J., LYTHGOE, B., SILK, M. H., TRIPPETT, S. (1953), J. Chem. Soc. 309
3. APPLEFELD, J. C., CAPLAN, E. S. (1979), J. Am. Coll. Emerg. Phys. 8: 401
4. ARNAUD, A. (1902), CR Hebd. Séances Acad. Sci. 194: 473
5. BARTEL, J., GERBER, H. U. (1962), Kinderärztl. Praxis 30: 543
6. BERNDT, H. (1947), Pharmazie 2: 251
7. BOHLMANN, F. (1988), In: Bioactive Molecules-Chemistry and Biology of Naturally-Occuring Acetylenes and Related Compounds 7 (Ed: LAM, J., BRETELER, H., ARNASON, T., HANSEN, L., Elsevier Amsterdam): 1
8. BOHLMANN, F., BURKHARDT, T. (1969), Chem. Ber. 102: 1702
9. BOHLMANN, F., BURKHARDT, T., ZDERO, C. (1973), Naturally Occuring Acetylenes, Acad. Press London.
10. BOHLMANN, F., JENTE, R., REINECKE, R. (1969), Chem. Ber. 102: 3283

11. Bohlmann, F., Schulz, H. (1968), Tetrahedron Lett. 15: 1801
12. Bohlmann, F., Fanghaenel, L., Wotschokwosky, B. Laser, J. (1968), Chem. Ber. 101: 2510
13. Bohlmann, F., Arndt, C., Bornowski, H., Herst, P. (1960), Chem. Ber. 93: 981
14. Bohlmann, F., Rode, K. M. (1968), Chem. Ber. 101: 1163
15. Bohlmann, F., Karl, W. (1972), Chem. Ber. 105: 355
16. Bohlmann, F., Wiehe, H. G. (1955), Chem. Ber. 88: 1245
17. Bohlmann, F. (1967), Fortschr. Chem. Org. Naturstoffe 25: 1
18. Bohlmann, F., Mannhardt, H. J. (1957), Fortschr. Chem. Org. Naturstoffe 14: 2
19. Bohlmann, F. (1971), Bot. J. Linnean Soc. 64: 279
20. Bundschuh, G., Dominok, G.W. (1962), Dtsch. Z. Ges. Gerichtl. Med. 53: 87
21. Carlton, B. E., Tufts, E., Girard, D. E. (1979), Clin. Toxicol. 14: 87
22. Chan, G. F. Q., Prihoda, M., Towers, G. H. N., Mitchell, J. C. (1977), Contact Derm. 3: 215
23. Cichy, M., Wray, V., Höfle, G. (1984), Liebigs Ann. Chem. 397
24. Cimino, G. (1990), J. Nat. Prod. 53: 345
25. Cimino, G., Sispeno, A. De Rosa, S., De Stefano, S., Sodano, G. (1981), Experientia 37: 924
26. Cimino, G., De Giulio, A., De Rosa, S. (1989), Tetrahedron Lett. 30: 3563
27. Clark, E. G. C., Kidder, D. E., Robertson, W. D. (1949), J. Pharm. Pharmacol. 1: 377
28. Coran, S. A., Gianellini, V., Alberti, M. B. (1985), Planta Med. 51: 107
29. Crosby, D. G., Aharonson, N. (1967), Tetrahedron 23: 465
30. De Wit, P. J. G. M., Kodde, E. (1981), Physiol. Plant Pathol. 18: 143
31. Del Castillo, B., Garcia de Marina, A., Martinez-Honuvilla, M. P. (1980), Ital. J. Biochem. 29: 233«
32. Dilip de Silva, E., Schwartz, R. E., Scheuer, P. J., Shoolery, J. N. (1983), J. Org. Chem. 48: 395
33. Dubois, J. M., Schneider, M. F. (1981), Nature 289: 685
34. Egdahl, A. (1911), Arch. Int. Med. 7: 348
35. Freund, S., Naturwiss. Rdsch. 38: 28
36. Gompertz, L. M. (1926), J. Am. Med. Assoc. 87: 1277
37. Grundy, H. F., Howarth, F. (1956), Brit. J. Pharmacol. 11: 255
38. Hansen, L., Boll, P. M. (1986), Phytochemistry 25: 285
39. Hansen, L., Hammershøy, O., Boll, P. M. (1983) Contact Derm. 14: 91
40. Hausen, B. M., Broehan, J., Koenig, W. A., Faasch, H., Hahn, H., Bruhn, G. (1987) Contact Derm. 17: 1
41. Herbst, P. (1960) Planta Med. 8: 394
42. Hile, E., Lythgoe, B., Mirvish, S., Trippett, S. (1955) J. Chem. Soc. 1770
43. Hudson, J. B., Towers, G. H. N. (1988). In: Bioactive Molecules-Chemistry and Biology of Naturally-Occuring Acetylenes and Related Compounds 7 (Ed: Lam, J., Breteler, H., Arnason, T. M., Hausen, L., Elsevier Amsterdam)
44. Jacobson, C. A. (1915) J. Amer. Chem. 37: 916
45. Jente, R., Olatunii, A., Bosold, F. (1981) Phytochemistry 20: 2169
46. Johnson, A.W. (1965) Endeavour 24: 126
47. Kim, H., Lee, Y. H., Kim, S. I. (1989) Hanguk Sanghura Hakhoechi 22: 12
48. King, L. A., Lewis, M. J., Parry, D., Twitchett, P. J., Kilner, E. A. (1985) Hum. Toxicol. 4: 355
49. Knutsen, O. H., Paszkowski, P. (1984) J. Toxicol. Clin. Toxicol. 22: 157
50. Konoshima, T., Lee, K. H. (1986) J. Nat. Prod. 49: 1117
51. Krause, W. (1953) Dtsch. Gesundheitswesen 8: 1506
52. Kuhnt, D., Anke, T., Besl, H., Bross, M., Herrmann, R., Mocek, U., Steffan, B., Steglich, W., J. Antibiotics 42: 1413
53. Lenormand, C. (1936) Bull. Sci. Pharmacol. 43: 416
54. Lkhagvazhav, K., Biambasuren, C., Maslov, A.V. (1980) Sud. Med. Ekspert 23: 5152
55. Lorenzo-Velazquez, B., San Sancchez, F., Ballesteros, E., Jurado, R. Frias, J. (1966) Arch. Inst. Pharmacol. Exp. 18: 1
56. Louvel, J., Heinemann, U. (1983), Electroencephalogr. Clin. Neurophysiol. 56: 457
57. Martinez-Honduvilla, M. P., Aramburu, E., Bahlsen, C., Serranillos, F. M. G. (1981), Arch. Pharmacol. Toxicol. 7: 197
58. Mitchell, M. J., Routledge, P. A. (1978), Clin. Toxicol. 12: 417
59. Mutter, L. (1976), Can. J. Public. Health 67: 386
60. O'Mahony, S., Fitzgerald, P., Whelton, M. J. (1987), Ir. J. Med. Sci. 156: 241
61. Otsuka, H., Komiya, T., Fujioka, S., Goto, M., Hiramatsu, Y., Fujimura, H. (1981), Yakugaku Zasshi 101: 1119
62. Pallares, J. M., Saban, J., Bonza, S., Diaz, J. M., Rodriguez, R. L., de la Morena, J. C. L., Liste, D., Serrano-Rios, M. (1985), Human. Toxicol. 4: 521
63. Paul, V., Fenical, W. (1980), Tetrahedron Lett. 21: 3327
64. Pinkus, P. (1871), Neues Repetit. Pharm. 20: 193
65. Robson, P. (1965), Lancet II 1274
66. Seltmann, L. (1931), Med. Klin. 8: 281
67. Smith, R. A., Lewis, D. (1987), Vet. Hum. Toxicol. 29: 240
68. Starreveld, E., Hope, C. E. (1975), Neurology 25: 720
69. Swart, F.W. J. (1975), Tijschr. Diergenees-Kunde 100: 989
70. Teng, C. M., Kuo, S. C., Ko, F. N., Lee, J. C., Lee, L. G., Chen, S. C., Huang, T. F. (1989), Biochem. Biophys. Acta 990: 315
71. Teuscher, E., Greger, H., Adrian, V. (1990), Pharmazie 45: 537

Bild 2-13: *Ranunculus sceleratus*, Gift-Hahnenfuß

Bild 2-14: *Ranunculus ficaria*, Scharbockskraut

Bild 2-15: *Hepatica nobilis*, Leberblümchen

Bild 2-16: *Sorbus aucuparia*, Eberesche

Bild 2-17: *Alstroemeria lightu*, Inkalilie

Bild 3-1: *Cicuta virosa*, Giftiger Wasserschierling

Bild 3-2: *Oenanthe crocata*, Safran-Rebendolde

Bild 3-3: *Aethusa cynapium*, Hundspetersilie

Bild 3-4: *Tagetes vulgaris*, Sammetblume, Studenten blume

Bild 4-1: *Dryopteris filix-mas*, Gemeiner Wurmfarn

Bild 4-2: *Dryopteris dilatata*, Breitblättriger Dornfarn

Bild 4-3: *Toxicodendron quercifolium*, Giftsumach

72. Towers, G.H.N. (1979), In: Toxic Plants (Ed: Kingshorn, A.D., Columbia University Press, New York): 171
73. Towers, G.H.N., Champagne, D.E. (1988), In: Bioactive Molecules-Chemistry and Biology of Naturally-Occuring Acetylenes and Related Compound 7 (Ed: Lam, J., Breteler, H., Arnason, T., Hansen, L., Elsevier Amsterdam)
74. Turner, W.B., Aldridge, P.C. (1983), Fungal Metabolites II, Academic Press LD New York
75. van Heijst, A.N.P., Pikaar, S.A., Van Kesteren, R.G., Douze, J.M.C. (1983), Ned. Tijdschr. Geneeskd. 127: 2411
76. Vincieri, F.F., Coran, S.A., Bambagiotti, M. (1976), Planta Med. 29: 101
77. Wat, C.K., MacRae, W.D., Yamamato, E., Towers, G.H.N., Lam, J. (1980), Photochem. Photobiol. 32: 167
78. Withevs, L.M., Cole, F.R., Nelson, R.B. (1969), New England J. Med. 281: 566
79. Zhao, J., Guo, Y., Meng, X. (1985), Shenyang Yaoxueyuan 2: 301, zit: CA: 104, 65930p
80. Zhao, J., Guo, Y., Meng, X. (1987), Yaoxue Xuebao 22: 507, zit: CA: 107, 192634g

Mit Ü gekennzeichnete Zitate siehe Kap. 43

4 Polyketide

4.1 Allgemeines

Polyketide bilden eine Gruppe biogenetisch verwandter Stoffe, deren Muttersubstanzen Polyketosäuren sind. Die zunächst aliphatischen, bisweilen durch einen Arylrest terminierten Polyketosäuren gehen im Verlauf der Biogenese fast durchweg in cyclische, vielfach polycyclische oder makrocyclische Verbindungen über. Die Ringe oder Ringsysteme sind carbocyclisch bzw. durch Integration von Sauerstoff- oder Stickstoffatomen heterocyclisch und durch ein Alternieren O-freier und O-tragender C-Atome ausgezeichnet. Durch Hydrierung der Oxogruppen zu Hydroxygruppen und anschließende Eliminierung von H_2O unter Ausbildung von Doppelbindungen, durch Hydroxylierungen, C-Alkylierungen, Ausbildung intra- oder intermolekularer C- bzw. O-Brücken und andere Veränderungen vor oder nach der Cyclisierung wird das ursprüngliche Grundmuster häufig verwischt.

Die Biogenese der Polyketide (Abb. 4-1) erfolgt durch Verknüpfung von Säureresten, wobei Multienzymkomplexe die Katalyse übernehmen. Starter ist eine durch Bindung an Coenzym A aktivierte Säure, an die α-Carboxyacyl-CoA-Verbindungen (sog. Extender) mit ihrem α-C-Atom unter Bildung einer Polyketosäure ankondensiert werden. Das intermediär angelagerte CO_2 geht dabei wieder verloren. Starter ist sehr häufig Acetyl-CoA. Aber auch Propionyl-CoA, Malonyl-CoA, Malonamido-CoA, Anthranilyl-CoA, durch Bindung an Coenzym A aktivierte Phenylacrylsäuren, Phenolcarbonsäuren oder unverzweigte bzw. verzweigte Fettsäuren können Starterfunktion übernehmen. Extender sind in der Regel Malonyl-CoA-Moleküle, die unter Verlust von CO_2 und unter Abspaltung von CoASH als Acetylreste inkorporiert werden. Auch Methylmalonyl-CoA-Moleküle (eingebaut als

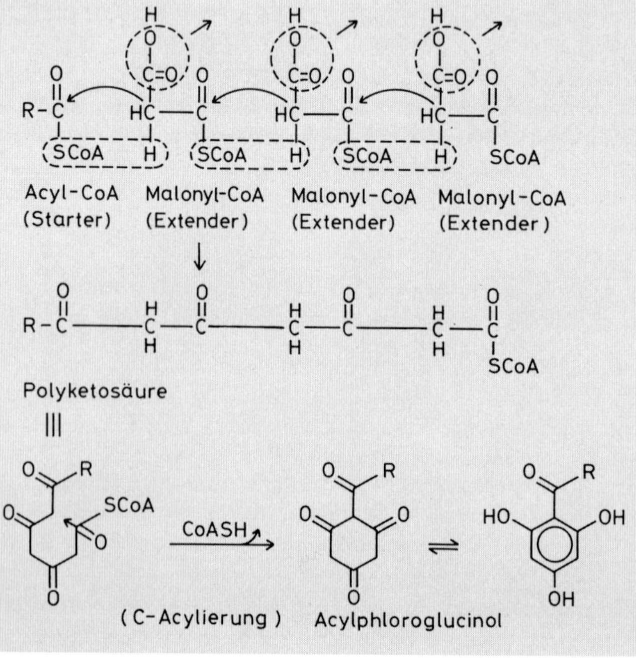

Abb. 4-1: Biogenese von Polyketiden am Beispiel der Acylphloroglucinole

Propionylreste) oder selten andere aktivierte aliphatische Säuren dienen als Extender. Die entstandene Polyketosäure wird noch am Multienzymkomplex durch Aldolkondensation, C-Acylierung oder Lactonbildung cyclisiert. Je nach Länge der primär gebildeten Polyketosäure und der Art des Ringschlusses können beispielsweise Benzen-, Naphthalen-, Anthracen-, Naphthacenderivate oder Macrocyclen entstehen. Da der Cyclisierung keine Reduktion der Oxogruppen der Polyketosäure vorausgeht, sind die gebildeten Verbindungen sehr reich an O-Atomen. Besonders bei Makrocyclen erfolgt jedoch durch Reduktion der Oxogruppen zu Hydroxygruppen und anschließende Dehydratisierung die Bildung sauerstoffarmer Verbindungen mit einem System konjugierter Doppelbindungen. Sekundäre Veränderungen, z. B. C-Methylierungen, C-Prenylierungen, Hydroxylierungen, Hydrierungen, Ausbildung von C- oder O-Brücken, Dimerisierungen, sind häufig (215, Ü 72, Ü 112).

Polyketide, die aus einheitlichen Acylresten gebildet wurden, bezeichnet man als einfache Polyketide. Zu ihnen gehören die Polyacetate (Acetogenine) und die Polypropionate. Nach der Anzahl der am Aufbau beteiligten Säurereste (meistens nur bei Polyacetaten angewandt) unterscheidet man Tetraketide, Pentaketide, Hexaketide etc. Sind unterschiedliche Acylreste am Aufbau beteiligt, spricht man von gemischten Polyketiden (Übersichten: 54, 182).

Polyketide sind bei Mikroorganismen, Pilzen, Pflanzen und Tieren gefunden worden. Aufgrund ihrer strukturellen Vielfalt zeigen sie sehr unterschiedliche pharmakologische Wirkungen. Auffällig ist jedoch, daß neben anderen Wirkungscharakteristika fast stets antibiotische Wirksamkeit vorhanden ist. Eine Vielzahl von Antibiotika, z. B. Flechtensäuren, Tetracyclinantibiotika, Anthracyclinantibiotika, Makrolidantibiotika und Polyenantibiotika, gehören dieser Gruppe an.

Von besonderem toxikologischem Interesse sind:

- Acylphloroglucinole (Farnphloroglucinole),
- Alkylphenole (z. B. Anacardsäuren, Urushiole, Cardole, Cardanole),
- Alkylchinone (z. B. Primin, Prenylbenzochinone, Iris-Chinone),
- Terpenophenole (Cannabinoide),
- Polyketide der Cyanobakterien (z. B. Aplysiatoxine, Anatoxin A),
- Polyketide der Dinophyceae (z. B. Okadainsäure, Brevetoxine, Pectenotoxine, Amphidinoloide, Prorocentrolid, Halichondrine),
- Polyketide mit Amidcharakter als tierische Gifte (Palytoxine, Pederin),
- Mycotoxine unterschiedlicher Endausgestaltung und
- Pseudoalkaloide, z. B. Coniin, Cytochalasane, Coccinellin, Pumiliotoxine, Gephyrotoxine, Histrionicotoxine.

Aus historischen Gründen sollen die Polyketidalkaloide mit Pyridin- bzw. Piperidingrundkörper bei den Pyridinalkaloiden (Kap. 32.5 und 32.11) abgehandelt werden.

4.2 Acylphloroglucinole

4.2.1 Toxinologie

Acylphloroglucinole sind Phloroglucinderivate, die am Ring einen Acetyl- (so substituierter Phloroglucinrest als A gekennzeichnet, Abb. 4-3), Propionyl- (P), Butyryl- (B), Isobutyryl- (iB), Valeryl- (V), Isovaleryl- (iV) oder 2-Methylbutyrylrest (2MeB) und einen oder mehrere Alkylreste tragen. Sie kommen als Monomere oder Oligomere vor. In der Regel sind sie gelb gefärbte, kristalline Verbindungen, die gut in organischen Lösungsmitteln und schlecht in Wasser löslich sind. In alkalischem Milieu sind sie wenig beständig.

Die Strukturaufklärung der Acylphloroglucinole erfolgte, beginnend mit der des Albaspidins, durch Boehm 1901 (26).

Acylphloroglucinole entstehen aus einem Acetat-, Propionat-, Butyrat-, Isobutyrat-, Valerianat-, Isovalerianat- oder 2-Methylbutyratrest (Starter) und drei Malonatresten, eingebaut als Acetatreste (Extender). Der Ringschluß geschieht durch C-Acylierung (Abb. 4-1). Die verzweigten Acylreste gehen wahrscheinlich aus Aminosäuren hervor, die durch Eliminierung der Aminogruppe in Ketosäuren überführt werden. Letztere werden decarboxyliert und anschließend zu den entsprechenden Acyl-CoA-Verbindungen dehydriert (Isobutyroyl-CoA aus Valin, 2-Methylbutyroyl-CoA aus Isoleucin, Isovaleroyl-CoA aus Leucin). Die gebildeten Monomere werden bei der Biogenese der oligomeren Acylphloroglucinole methyliert und durch oxidative Kopplung über Methylenbrücken verknüpft. Bei den Acylphloroglucinolen des Hopfens (Abb. 4-2) erfolgt nachträglich Prenylierung mit zwei oder drei Resten «aktiven Isoprens». Beim Rottlerin (aus *Mallotus philippinensis*) werden vermutlich ein Acetylphloroglucinol und ein prenyliertes Cinnamoylphloroglucinol miteinander verbunden. Es gibt auch Hinweise dafür, daß einige Acylphloroglucinole aus Acetylphloroglucinolen unter Verlängerung der Acylseitenkette durch schrittweise Methylierung gebildet werden (119).

Heute sind Acylphloroglucinole u. a. aus *Humulus lupulus* L., Gemeiner Hopfen, *Hypericum*-Arten (Kap. 15.7), *Dryopteris*-Arten (s. u.), *Hagenia abyssinica* J. F. Gmel., einer in Ostafrika heimischen,

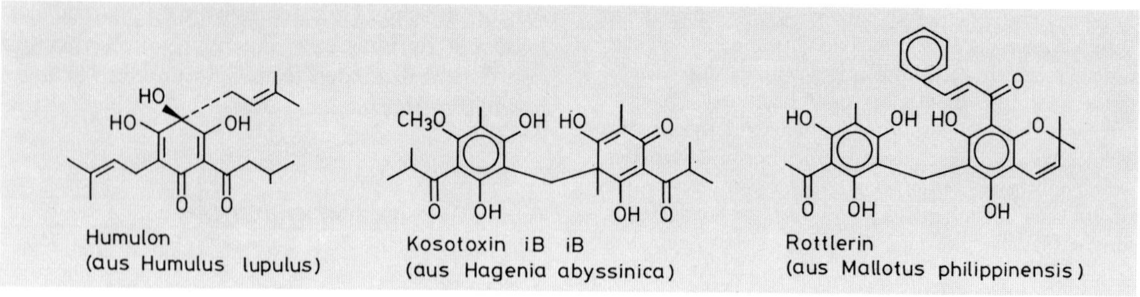

Abb. 4-2: Acylphloroglucinole

baumartigen Rosaceae (160), und *Mallotus philippinensis* (LAM.) MUELL.-ARG., einer von Indien bis Australien verbreiteten, baumartigen Euphorbiacee, bekannt (161). Lediglich die Acylphloroglucinole von *Dryopteris*-Arten besitzen toxikologisches Interesse. Hopfen wird wegen des bitteren Geschmacks und der antibiotischen Wirkung seiner Acylphloroglucinole zum Würzen des Bieres sowie seiner sedativen Eigenschaften als Zusatz zu Beruhigungsmitteln genutzt. Die Blüten von *Hagenia abyssinica* (Flores Koso) und die Drüsen- und Büschelhaare der Früchte von *Mallotus philippinensis* (Kamala) dienten früher wegen der anthelminthischen Wirkung ihrer Acylphloroglucinole als Wurmmittel (Abb. 4-2).

4.2.2 Acylphloroglucinole der Wurmfarne (*Dryopteris*-Arten)

Die Gattung *Dryopteris*, Wurmfarn (Aspidiaceae, Schildfarngewächse), umfaßt etwa 150 Arten. In Mitteleuropa kommen acht Arten vor. Davon sind relativ weit verbreitet *D. filix-mas* (L.) SCHOTT, Gemeiner Wurmfarn, *D. dilatata* (HOFFM.) A. GRAY (*D. austriaca* JACQ.) WOYNAR ex SCHINZ et THELL.), Breitblättriger Dornfarn, und *D. carthusiana* (VILL.) H.-P. FUCHS (*D. spinulosa* (O.F. MÜLLER) WATT), Dorniger Wurmfarn, Dornfarn.

Die *Dryopteris*-Arten (siehe S. 38, Bild 4-1 u. 4-2) zeichnen sich wie alle Polypodiales (Tüpfelfarnartige) durch freie, nicht in Sporokarpe eingeschlossene Sporangiengruppen auf der Blattunterseite aus. Die Sori sind von einem Schleier (Indusium) bedeckt, der nierenförmige Gestalt hat und in seiner Bucht angeheftet ist. Die Blätter sind einfach (z.B. *D. filix-mas*) oder 2- bis 4fach gefiedert (z.B. *D. carthusiana*, *D. dilatata*). Die Größe der drei genannten *Dryopteris*-Arten schwankt zwischen 30–120 cm *(D. filix-mas)* und 16–60 cm *(D. carthusiana)*. Sie haben ein ausdauerndes, kriechendes Rhizom, das wie auch die Blattstielbasen in Interzellularräume ragende Drüsenhaare besitzt, die in Lipiden gelöste Acylphloroglucinole ausscheiden.

Farnphloroglucinole, von denen etwa 100 bekannt sind (201, 329), kommen in allen mitteleuropäischen *Dryopteris*-Arten vor (1). Ihre Rhizome liefern bei Extraktion mit Ether 1–8% einer öligen Flüssigkeit, die zu etwa einem Drittel aus Acylphloroglucinolen besteht. Bei *D. filix-mas* und verwandten Arten (*D. pseudo-mas* (WOLLASTON) HOLUB et POUZAR, *D. abbreviata* (DC.) NEWM., *D. villarii* (BELL.) WOYNAR ex SCHINZ et THELL.) wird das Gemisch der Acylphloroglucinole als Rohfilicin, bei *D. dilatata* und verwandten Arten (*D. cristata* (L.) A. GRAY, *D. carthusiana* als Rohaspidin bezeichnet. Die Zusammensetzung dieser Stoffgemische bei typischen Vertretern der beiden Gruppen zeigt Tabelle 4-1.

Die Strukturformeln ausgewählter Farnphloroglucinole sind in Abbildung 4-3 dargestellt. Die nachgewiesenen Monomere, z.B. Aspidinol, sind wahrscheinlich Artefakte, die durch Depolymerisation in alkalischem Milieu entstehen. Außerdem ist zu berücksichtigen, daß auch ein Ringtausch zwischen den Oligomeren erfolgen kann (59).

Das Vorkommen der Acylphloroglucinole ist auf die Familie der Aspidiaceae beschränkt. Sie wurden nicht nur in den europäischen, sondern auch in vielen in Japan und Afrika vorkommenden *Dryopteris*-Arten nachgewiesen. Dabei wurden auch penta- und hexamere Acylphloroglucinole und solche mit n-Valeryl- und Isobutyrylseitenketten gefunden. In einigen Arten fehlen Acylphloroglucinole jedoch. Bei Vertretern der Gattungen *Arachnoides, Polystichum, Acrophorus, Pleocnemia, Rumohra, Polybotrya* (alle Japan), *Ctenitis* (Himalaya, Südamerika) und *Lastreopsis* (Australien) sind sie ebenfalls anzutreffen (336).

Acylphloroglucinole sind für die anthelminthische Wirksamkeit und die Toxizität von Wurmfarnextrakten (Extractum Filicis, Extrakt aus dem Rhizom von *D. filix-max*) verantwortlich. Sie weisen darüber hinaus antibakterielle Eigenschaften auf, ein ethanolischer Extrakt des Farnes wirkt virostatisch (120).

Tab. 4–1: Hauptbestandteile des Gemeinen Wurmfarns (*Dryopteris filix-mas*) und des Breitblättrigen Wurmfarns (*D. dilatata*) (325)

Acylphloroglucinol	Anteil in %			
	D. filix-mas im Rhizom	im Rohfilicin	*D. dilatata* im Rhizom	im Rohaspidin
Aspidinol	–	5,3	–	18,3
Albaspidin	0,12	5,6	0,22	18,4
Aspidin	–	–	0,44	26,6
Flavaspidsäure	0,31	57,5	0,14	7,8
Desaspidin	0,20	–	0,18	7,5
Filixsäure	0,19	19,3	–	–

Das Verhältnis der Seitenkettenhomologen (A : P : B ist artspezifisch. Bei *D. filix-mas* beträgt es 10 : 30 : 60, bei *D. dilatata* wurden 92% B-Homologe gefunden (323).

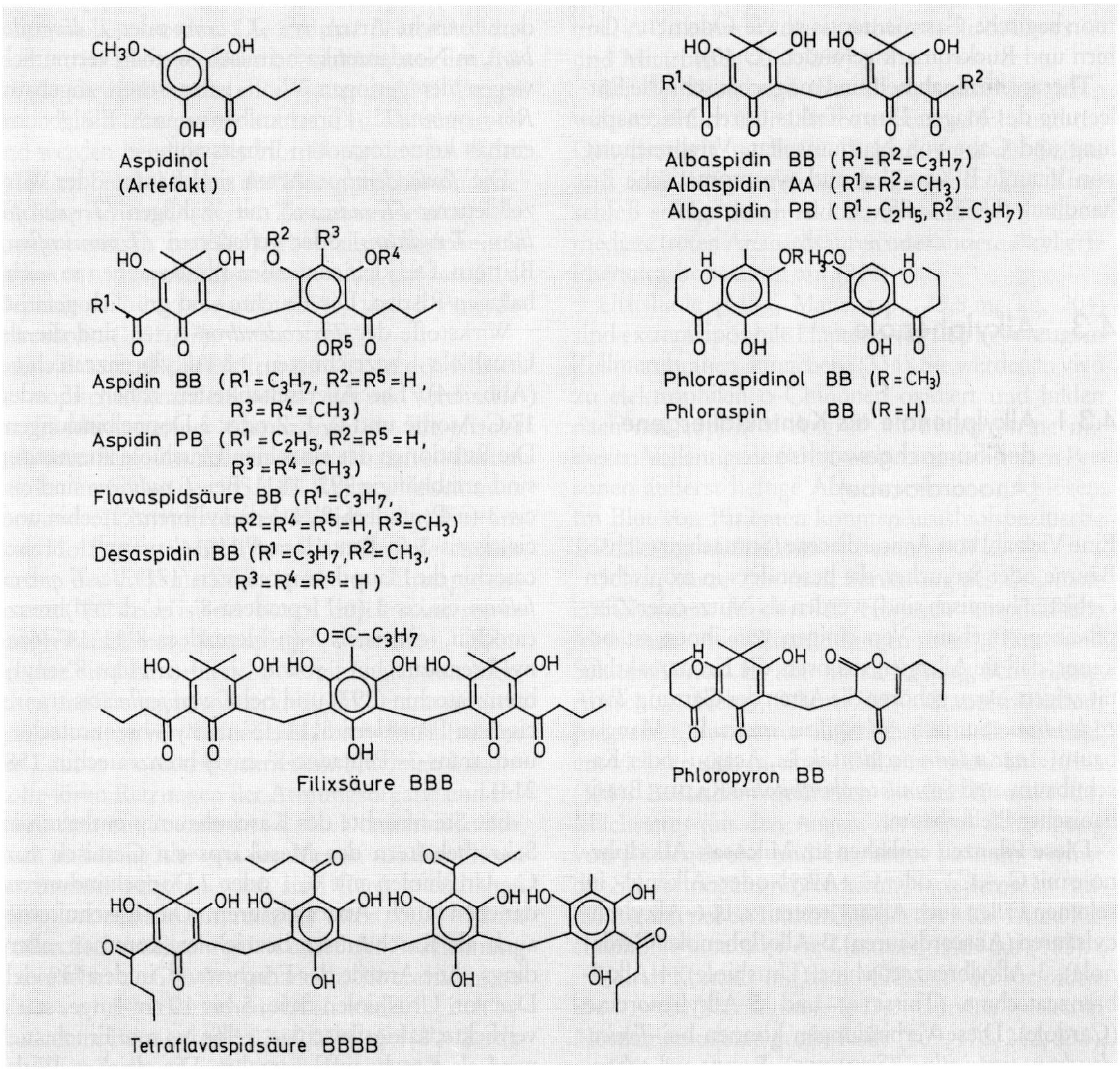

Abb. 4-3: Acylphloroglucinole der Wurmfarne (*Dryopteris*-Arten)

Pflanzen fast nur in Botanischen Gärten angebaut werden, sind Vergiftungen dagegen selten.

Nach Berührung mit dem giftigen Milchsaft von *Toxicodendron*-Arten ist die Haut sofort intensiv mit Seife oder Kaliumpermanganatlösung zu waschen. Günstige Behandlungserfolge werden mit Glucocorticoiden und Antihistaminica erzielt. Eine Desensibilisierung ist möglich (64, 333). Zur Prävention können Polyaminsalze eines Linolensäuredimeren topisch appliziert werden (213).

Auch durch die Nahrungsmittel liefernden Anacardiaceen (*Mangifera indica, Anacardium occidentale*; die zum Verzehr bestimmten Teile der Pflanzen sind frei von Urushiolen!) oder Kunstartikel, deren Lack entsprechende Phenolharze enthält, können Allergien ausgelöst werden (123).

Cardanol aus *Sch. terebinthifolius* wirkt nach einer relativ langen Latenzzeit hautreizend. Es ist gemeinsam mit dem ätherischen Öl für die gelegentlich bei Verwendung der Früchte als Gewürz (Rosa Pfeffer) auftretenden Intoxikationserscheinungen wie Übelkeit, Schwindel und Hautausschläge verantwortlich (280).

4.3.2 Alkylphenole als Kontaktallergene des Ginkgobaumes (*Ginkgo biloba*)

Ginkgo biloba L., Ginkgobaum (Ginkgoaceae, Ginkgogewächse, siehe S. 71, Bild 4-4), ist der einzige heute noch lebende Vertreter einer Klasse von Nacktsamern aus dem Oberdevon, den seine enorme Widerstandsfähigkeit und seine Beliebtheit als Kulturbaum in China und Japan vor dem Aussterben bewahrt haben. Die Eigenschaft von Blattextrakten, die Durchblutung im Gehirn und peripheren Bereich zu fördern und gleichzeitig die Hypoxietoleranz zu erhöhen, hat ihm zu einem festen Platz in der Therapie verholfen. Als Wirkstoffe kommen vor allem das Sesquiterpen Bilabid und Diterpenlaktone, besonders das Ginkgolid B, in Betracht.

Die äußere Samenhülle, die Sarcotesta, ist fleischig, die innere, die Sclerotesta, hart. Die Sarcotesta, die unangenehm nach Buttersäure riecht, enthält als Kontaktallergene Alkylphenole. Isoliert wurden Anacardsäuren (u.a. mit 10:0-, 15:1(8')- und 17:1(10')-Alkylresten, auch als Ginkgolsäuren bezeichnet), Bilabole (den Cardolen der Anacardiaceae entsprechend, u.a. mit 15:1(8')- und 17:1(10')-Alkylresten) und Cardanole (u.a. mit 15:1(8')- und 17:1(10')-Alkylresten), wobei die 15:1(8')-Anacardsäure allein über 40% der Alkylphenolfraktion und damit etwa 1,5% vom Frischgewicht der Sarcotesta ausmacht (83, 125).

Im Samenkern, der als Droge und in Notzeiten in Japan und China als Nahrungsmittel verwendet wurde, ist ein weiterer toxischer Inhaltsstoff, das Ginkgotoxin (4-Methylpyridoxin, Abb. 4-5), enthalten. Aus 2 kg der Samenkerne konnten 190 mg isoliert werden (330). In diesem Zusammenhang ist bemerkenswert, daß etwa 3 Monate unter Öl aufbewahrte «Früchte» in China bei Tuberkulose angewendet werden. Sie enthalten einen hitzestabilen, noch nicht identifizierten Stoff, dessen tuberkulostatische Wirksamkeit auch im Tierversuch nachweisbar war (189). Möglicherweise handelt es sich dabei um das 4-Methylpyridoxin. Die Immersion mit Öl dient wahrscheinlich der Entfernung der Alkylphenole.

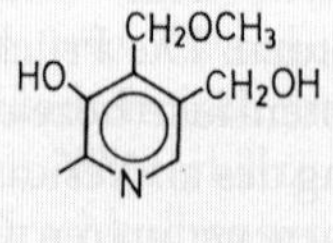

Ginkgotoxin

Abb. 4-5: Giftstoff aus den Samenkernen des Ginkgobaumes *(Ginkgo biloba)*

Hauptallergene von *G. biloba* sind die Anacardsäuren. Die Cardanole wirken beim Meerschweinchen nicht sensibilisierend (157). Bemerkenswert ist darüber hinaus die starke cytotoxische und antimikrobielle Wirksamkeit der Alkylphenole. Im Tierversuch zeigen sie Antitumoraktivität, z.B. beim Sarcom 180 der Maus (124).

Allergische Dermatitiden des Menschen nach Kontakt mit Ginkgofrüchten werden gelegentlich beobachtet (20, 157, 271).

Das Ginkgotoxin der Samenkerne wird für das in asiatischen Ländern nach Verzehr großer Mengen der Samen beobachtete «gin-nan food poisoning» verantwortlich gemacht. Von 1930–1960 wurde in Japan über 60 Fälle der Krankheit berichtet. Hauptsymptome sind Krämpfe und Bewußtlosigkeit. Kinder sind besonders gefährdet. Als Wirkungsmechanismen werden ein Vitamin B_6-Antagonismus und die Hemmung der GABA-Bildung im Gehirn diskutiert (330).

4.3.3 Alkylphenole als Kontaktallergene von *Philodendron*-Arten

Die Gattung *Philodendron*, Baumfreund (Araceae, Aronstabgewächse), umfaßt etwa 250 Arten, die in tropischen Regenwäldern Mittel- und Südamerikas beheimatet sind. *Ph. scandens* KOCH et SELLO ssp. *oxycardium* (SCHOTT) BUNTING, das auf Jamaika, Guadeloupe und in Puerto Rico vorkommt, wird besonders häufig als Grünpflanze kultiviert (siehe S. 71, Bild 4-5), weil es das Zimmerklima sehr gut verträgt. In den Blättern und Sproßachsen wurden 5-Alkylphenole nachgewiesen. Hauptkomponente dieser Pflanze ist 5-(Heptadeca-8(Z),11'(Z),14'(Z)-trienylresorcin. Daneben kommen Pentadecyl-, Pentadecenyl-, Heptadecenyl- und Heptadecadienylresorcin vor. Auch andere *Philodendron*-Arten enthalten Alkylphenole, *Ph. elegans* KRAUSE vor allem Heptadecenylresorcin, *Ph. erubescens* K. KOCH et AUG. sowohl Hepta- als auch Pentadecenyl-resorcin und *Ph. radiatum* SCHOTT 5-Tridecyl-resorcin, Pentadecenyl-resorcin, Heptadecadienyl-resorcin und Heptadecenyl-resorcin. Bei einigen Arten, z. B. bei *Ph. bipennifolium* SCHOTT und *Ph. sagittifolium*, fehlen Alkylphenole (237).

Auch die Alkylphenole der *Philodendron*-Arten sind als Kontaktallergene wirksam und können bei sensibilisierten Personen Dermatitiden hervorrufen (13, 65, 185). Die Sensibilisierungspotenz ist wahrscheinlich schwach (Ü 42).

Bei Tieren, besonders bei solchen, die in der Wohnung leben, sind auch resorptive Vergiftungen mit vorwiegend neurologischen Symptomen möglich. Nierenversagen und Todesfälle bei Katzen wurden beobachtet (31, 88, 228).

4.3.4 Alkylphenole als Kontaktallergene der Silbereiche (*Grevillea robusta*)

Ähnliche Alkylresorcinole enthält die Silbereiche, *Grevillea robusta* A. CUNN. (Proteaceae), ein in Australien beheimateter Baum. Im Holz wurden u. a. Grevillol (5-Tridecyl-resorcin) und 5-(Pentadec-10-enyl)resorcin, in den Blättern ein über einen Tetradecylrest und eine Sauerstoffbrücke verbundenes Dimeres, das Robustol, gefunden. Ihr Holz wird zur Herstellung von Möbeln und Schmuck verwendet. Auch als Topfpflanze wird sie kultiviert.

Das Auftreten allergischer Reaktionen, beispielsweise beim Tragen von Armreifen aus dem Holz, wurde besonders in den USA beobachtet (Ü 42). In Australien ist die Häufigkeit von Kontaktdermatitiden gegen *G. robusta* im Zunehmen begriffen (180).

4.4 Alkylchinone

4.4.1 Primin als Kontaktallergen der Primeln (*Primula*-Arten)

Zur Gattung *Primula*, Primel, Schlüsselblume (Primulaceae, Primelgewächse), gehören etwa 300 Arten. Davon kommen in Mitteleuropa 19 Arten vor. Relativ verbreitet sind *P. elatior* (L.) HILL., Hohe Primel, Waldprimel, Hohe Schlüsselblume, und *P. veris* L., Wiesenprimel, Wiesenschlüsselblume, beide mit gelber Blütenkrone. Daneben werden eine Reihe weiterer *Primula*-Arten als Garten- und Zimmerpflanze kultiviert (s. u.).

Bei den Vertretern der Gattung *Primula* handelt es sich um ausdauernde Stauden mit grundständiger Blattrosette. Die Blüten stehen häufig doldig oder kopfförmig am unbeblätterten Blütenstengel. Der Kelch ist röhrig, die Blütenkrone stieltellerförmig oder trichterförmig. Die einheimischen Primeln sind Frühblüher.

Das Kontaktallergen der Primulaceae, das Primin (2-Methoxy-6-pentyl-p-benzochinon, Abb. 4-6, 257), wird von Drüsenhaaren ausgeschieden und kann bei direktem Kontakt mit der Pflanze oder durch Einwirkung der sublimierten Priminmoleküle auf die Schleimhäute der Atmungsorgane und die Konjunktiva wirksam werden. Es ist eine gelbe, kristalline, leicht sublimierende Substanz.

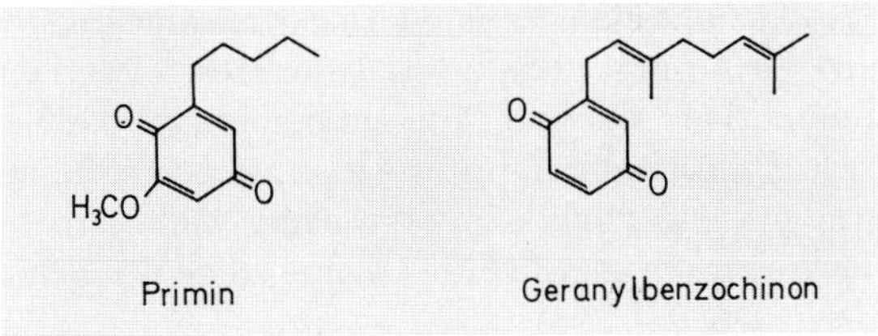

Abb. 4-6: Alkylchinone

Die Isolierung erfolgte 1927 durch BLOCH und KARRER (25), die Aufklärung der Konstitution 1967 durch SCHILDKNECHT und Mitarbeiter (256).

Vermutlich dient bei der Biogenese des Primins Capronsäure als Starter, während drei Essigsäurereste als Extender eingebaut werden. Damit würde Olivetolsäure, wie auch bei der Biogenese der Cannabinoide (Kap. 4.4), als Intermediat auftreten. Auch hier ist das Vorkommen von Homologen wahrscheinlich.

Primin wurde in fast allen untersuchten *Primula*-

Arten gefunden (99), so kommt es u. a. vor bei den als Topfpflanzen kultivierten Arten *P. obconica* Hance, Becherprimel, Giftprimel (siehe S. 71, Bild 4-6), *P. malacoides* Franch., Flieder- oder Brautprimel, *P. praenitens* Ker-Gawl. (*P. sinensis* Sabine ex Lindl.), Chinesenprimel, den im Garten angebauten Arten *P. denticulata* SM., Kugelprimel, *P. vulgaris* Huds., ssp. *vulgaris*, Kissenprimel, und den in Mitteleuropa heimischen, z.T. auch in Gärten kultivierten Arten, *P. elatior* (L.) Hill ssp. *elatior*, Hohe Primel, Waldprimel, *P. veris* L. ssp. *veris* Wiesenprimel, Wiesenschlüsselblume, *P. hirsuta* All., Behaarte Schlüsselblume, *P. latifolia* Lapeyr., Klebrige Schlüsselblume, und *P. minima* L., Speik, Zwergschlüsselblume, Hab-mich-lieb. Aber auch in anderen Primulaceae werden Primin oder verwandte Chinone gefunden, z.B. in *Glaux maritima* L., Strandmilchkraut.

Nennenswerte Begleitstoffe sind auf der Oberfläche der mehlbestäubten Primeln (z. B. *P. farinosa* L., Mehlprimel, *P. malacoides*) vorkommendes reines Flavon und 5-Hydroxy-6-methoxyflavon, die bei längerem Kontakt ebenfalls zu Allergien führen können (257). Außerdem ist der Gehalt an Saponinen vom Triterpen-Typ in allen *Primula*-Arten, in besonders hohen Konzentrationen in den Wurzeln (bis 15%), aber auch in anderen Pflanzenteilen, erwähnenswert (Ü 44: V, 389).

Primin geht als Hapten Wechselwirkungen mit Proteinen ein (Voraussetzung ist optimale Länge und Stellung der Seitenkette des Primins, 257) und bildet mit diesen Vollallergene, die bei sensibilisierten Personen die sogenannte «Primeldermatitis» auslösen. Sie beginnt nach kurzer Latenzzeit und erfaßt besonders Hände und Unterarme, aber auch das Gesicht. Es kommt zu schmerzhaften Hautentzündungen mit Blasenbildung, Schwellung und starkem Juckreiz. Auffällig sind die Ödeme an den Augenlidern (185, 247, 248).

Infolge der weiten Verbreitung von *Primula*-Arten sind Primeldermatitiden häufig. Anlaß dazu ist meistens der gärtnerische Umgang mit den Pflanzen (247, 248). In der Mehrzahl der Fälle wird *P. obconica* (Giftprimel!) verantwortlich gemacht.

Sensibilisierte Personen müssen den Kontakt mit den Pflanzen meiden. Die Behandlung der Dermatitiden erfolgt symptomatisch mit Antiphlogistica und Antihistaminica.

4.4.2 Prenylierte Chinone als Kontaktallergene der Rainfarn-Phacelie *(Phacelia tanacetifolia)*

Die Familie der Hydrophyllaceae, Wasserblattgewächse, umfaßt etwa 20 Gattungen mit etwa 270 Arten, die mit wenigen Ausnahmen in Nordamerika beheimatet sind. Bei uns sind *Phacelia*- und *Nemophila*-Arten bekannt. *Phacelia tanacetifolia* Benth., Rainfarn-Phacelie, Büschelschön oder Bienenfreund (siehe S. 71, Bild 4-7), wird als Bienenfutterpflanze kultiviert und ist ebenso wie *Ph. campanularia* A. Gray, *Ph. minor* (Harv.) Thell. und *Nemophila menziesii* Hook., Hainfreund oder Hainschönchen, bisweilen als Zierpflanze in unseren Gärten zu finden.

Als Kontaktallergene konnten im Exkret der Trichome prenylierte p-Chinone, besonders Geranylbenzochinon (Abb. 4-6) und Farnesylbenzochinon, nachgewiesen werden. Daneben enthalten sie auch die hydrierten Vorstufen, die entsprechenden prenylierten Hydrochinone (243).

Durch *Phacelia*-Arten ausgelöste Kontaktdermatitiden sind mit den durch *Toxicodendron*-Arten verursachten vergleichbar und in der Heimat der Pflanzen nicht selten. In Europa angebaute *Ph.*-Arten enthalten offenbar nur geringe Mengen der Kontaktallergene (244, Ü 42).

4.4.3 Iris-Chinone als potentielle Kontaktallergene der Schwertlilien (*Iris*-Arten)

Die Gattung *Iris*, Schwertlilie (Iridaceae, Irisgewächse), umfaßt etwa 200 Arten, Stauden mit waagerecht kriechender, knollig-verdickter, verzweigter Grundachse, zweizeilig angeordneten, reitenden, breit-schwertförmigen Laubblattern und aktinomorphem Perigon. Sie treten vor allem in wärmeren Teilen der nördlichen gemäßigten Zone auf, erreichen aber auch teilweise den subtropischen Gürtel. In Mitteleuropa besitzen nur *Iris pseudacorus* L., Wasser-Schwertlilie, und *I. sibirica* L., Sibirische Schwertlilie, größere Verbreitung. Eine Reihe anderer Arten dringen von Süden oder Südosten in das Gebiet vor. Zahlreiche Wildformen, Hybriden und züchterisch bearbeitete Sorten werden als Zierpflanzen angebaut. Bisher sind nur durch *I. pseudacorus* ausgelöste Kontaktdermatitiden bekannt geworden.

Als potentielle Reizstoffe in Betracht kommen die unlängst aus den Samenschalen von *Iris*-Arten isolierten alkylierten p-Chinone (Abb. 4-7, 343, 345, 346) und die aus den unterirdischen Organen ge-

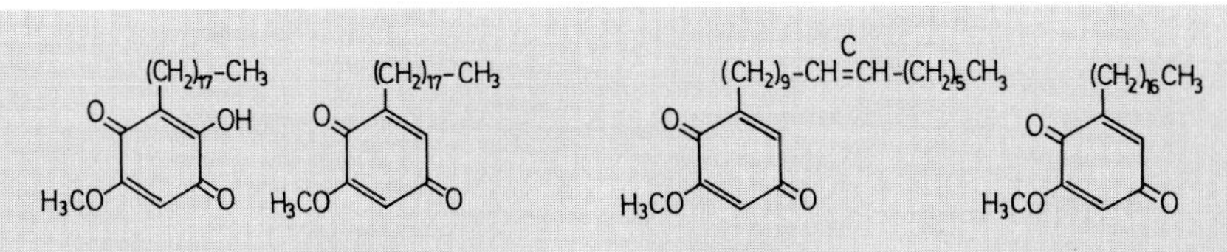

Irisochin Deoxyirisochin
(aus Iris missouriensis NUTT.)

Pallason A
(aus Iris pallasii FISCH.)

Pallason B

Abb. 4-7: Iris-Chinone der Schwertlilien (*Iris*-Arten)

wonnenen Triterpenaldehyde mit α,β-ungesättigter Aldehydendgruppe (Kap. 10.4). Obwohl die alkylierten p-Chinone bisher nur in nordamerikanischen und ostasiatischen Arten gefunden wurden, so darf man doch annehmen, daß sie auch in oberirdischen Teilen mitteleuropäischer und bei uns kultivierter Arten vorkommen.

Irisochin, ein Vertreter der alkylierten p-Chinone, und die zu den Triterpenen gehörenden Verbindungen Zeorin und Missourin aus *I. missouriensis* wirken in vitro stark cytotoxisch und sind möglicherweise für die beobachtete Antitumoraktivität von Wurzelextrakten der Pflanze verantwortlich (343, 344).

4.5 Cannabinoide als Wirkstoffe des Hanfs *(Cannabis sativa)*

Cannabinoide sind Abkömmlinge von 2,4-Dihydroxy-3-(3',7'-dimethyl-octa-2',6'-dienyl)-6-alkyl-benzoesäuren und deren Decarboxylierungsprodukte.

Bisher sind über 60 Cannabinoide bekannt (Abb. 4-8, 4-9). Der Alkylrest ist bei den meisten Vertretern ein Amylrest (n-Pentylrest), kann aber auch ein Methyl-, n-Propyl- oder n-Butylrest sein. Die Kennzeichnung der Methyl-, Propyl- oder Butylhomologen erfolgt entweder durch Praefixe (z. B. Propyl-Δ^9-THC), die Suffixe -C_1, -C_3 oder -C_4 (z. B. Δ^9-THC-C_3) oder Einschub der Silben -var- für die Propylserie (z. B. Δ^9-Tetrahydrocannabivarol, auch als Δ^9-Tetrahydrocannabivarin bezeichnet), oder -orc- für die Methylserie (z. B. Δ^9-Tetrahydrocannabiorcol, 98). Die Amylcannabinoide bilden die Hauptkomponente in Cannabinoidgemischen, die Propylcannabinoide kommen bei einigen Chemotypen in relativ hohen Konzentrationen vor, die Methyl- und Butylcannabinoide wurden bisher nur vereinzelt und in Spuren nachgewiesen. Die Dimethyloctankette der Cannabinoide kann offen sein (z. B. im Cannabigerol), kann einen p-Methanring bilden (z. B. beim Cannabidiol), der sekundär auf unterschiedliche Weise mit dem Hydroxybenzoesäurerest verbunden ist, beispielsweise unter Bildung eines Dibenzo[b,d]pyran-Grundkörpers (z. B. bei Δ^9-Tetrahydrocannabinol), oder die Seitenkette kann auf andere Art durch zusätzliche Bindungsstellen mit dem aromatischen Grundkörper verknüpft werden, z. B. unter Bildung von einem (z. B. Cannabichromen) oder zwei Pyranringen (z. B. Cannabicitran). Nachträgliche Hydroxylierung des p-Menthanringsystems ist möglich (z. B. beim Cannabitriol, Übersichten: 30, 61, 98, 177, 309, 331).

Der Hauptwirkstoff (–)-trans-Δ^9-Tetrahydrocannabinol ((3R,4R)-Δ^9-Tetrahydrocannabinol, abgekürzt Δ^9-THC) wurde 1942 von Wollner und Mitarbeitern (340) isoliert. Die endgültige Strukturformel stellten 1964 von Goani und Mechoulam (80) auf.

Wegen der Uneinheitlichkeit der Numerierung des Grundkörpers, entweder ausgehend von Dibenzopyran, wie hier praktiziert, die nur für Cannabinoide mit diesem Grundkörper anwendbar ist, oder ausgehend von einem Monoterpen, 3-Phenyl-p-menthan, wird das Δ^9-THC in der Literatur auch als Δ^1-THC geführt.

Δ^9-THC (= Δ^1-THC) ist eine nichtkristallisierende, sehr lipophile Substanz, die in Gegenwart von O_2, beschleunigt durch Wärme und Licht, zu Cannabinol (CBN) dehydriert wird. In saurem Milieu, oberhalb von pH 4,0, steht es mit Δ^8-THC (= Δ^6-THC) im Gleichgewicht, wobei das Δ^8-THC mit 97% im Gemisch dominiert. In stärker saurem Milieu, beispielsweise im Magensaft, wird der Pyranring unter Bildung verschiedener substituierter Derivate des Cannabidiols aufgespalten. Beim Rauchen einer Marihuana-Zigarette gelangt es teilweise zur Inhalation, ein anderer Teil geht durch Umwandlung in vermutlich psychotomimetisch inaktive Pyrolyseprodukte verloren. Der Verlust wird teilweise durch die Decarboxylierung der Tetrahydrocannabinolsäuren zu Δ^9-THC beim Erhitzen wieder ausgeglichen und ist offenbar geringer als bei peroraler Applikation.

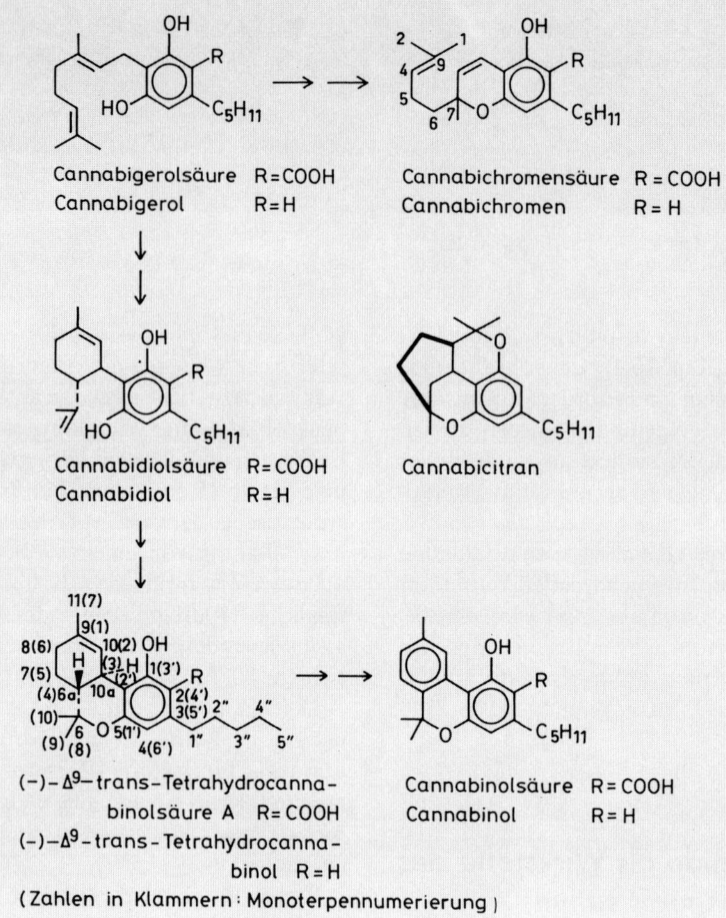

Abb. 4-8: Amyl-Cannabinoide des Hanfs *(Cannabis sativa)*

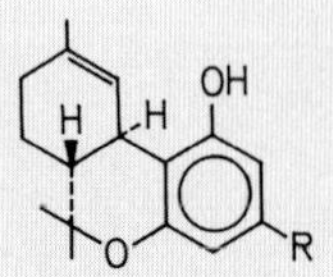

Δ^9-THC-C_1	Δ^9-Tetrahydrocannabiorcol	$R{=}CH_3$
Δ^9-THC-C_3	Δ^9-Tetrahydrocannabivarol	$R{=}C_3H_7$
Δ^9-THC-C_4	———	$R{=}C_4H_9$
Δ^9-THC-C_5	Δ^9-Tetrahydrocannabinol	$R{=}C_5H_{11}$

Abb. 4-9: Homologe Tetrahydrocannabinole

Die Biogenese (Abb. 4-10) erfolgt wahrscheinlich ausgehend von einem Acetyl-, Butyryl-, Valerianyl- oder Capronyl-CoA-Molekül als Starter und 3 Malonyl-CoA-Molekülen, eingebaut als Acetatreste, als Extendern. Die auf diese Weise gebildete Orsellinsäure oder die homologen 2,4-Dihydroxy-6-alkylbenzoesäuren werden mit einem aktivierten Geranylrest zu den Stammverbindungen der Gruppen verknüpft, die dann sekundär in die Cannabinoide übergehen. Die Decarboxylierung erfolgt wahrscheinlich teilweise (oder ganz, 312) postmortal (136, 222, 309).

Cannabinoide sind bisher nur bei *Cannabis sativa* L., Hanf (Cannabaceae, Hanfgewächse), nachgewiesen worden.

Cannabis sativa (siehe S. 71, Bild 4-8) ist ein einjähriges, 0,3–3,5 m hohes, zweihäusiges Kraut. Die handförmig geteilten Blätter mit 5–7 gezähnten Abschnitten sind gegenständig, im oberen Teil des aufrechten Stengels auch wechselständig. Die Blüten besitzen keine oder nur eine unscheinbare Blütenhülle. Die männlichen, in rispenartigen Trugdolden stehenden Blüten haben fünf herabhängende Staubblätter. Die weiblichen Blüten, deren zweigriffliger Fruchtknoten von einem dicht mit Drüsenhaaren besetzten Vorblatt kapuzenartig umhüllt ist, stehen zu zweit in den Achseln von Laubblättern und sind zu Scheinähren vereinigt. Die meisten Autoren betrachten die Gattung *Cannabis* als monotypisch, d. h. nur eine Art aufwei-

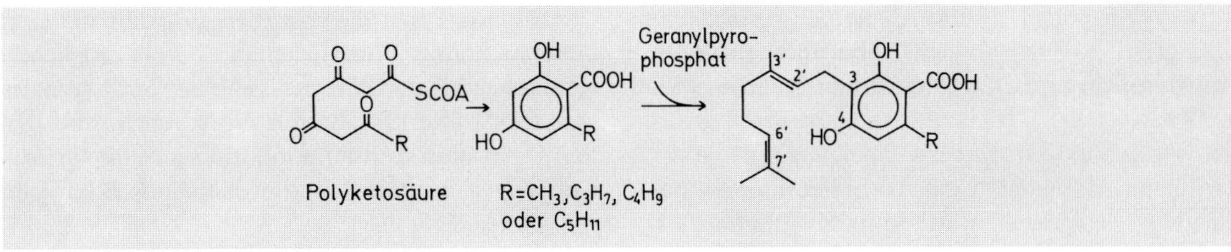

Abb. 4-10: Biogenese der Cannabinoide

send. Andere unterscheiden *Cannabis sativa* L., Kulturhanf, und *C. ruderalis* JANISCH, Wildhanf, oder trennen von *C. sativa* noch *C. indica* LAM. und andere Arten ab (177, 309). Hanf ist in den Steppengebieten Asiens heimisch und wird in den gemäßigten und tropischen Zonen beider Hemisphären als Faserpflanze angebaut.

Die Cannabinoide sind in den harzartigen Exkreten der Drüsenschuppen enthalten, die sowohl auf den weiblichen als auch auf den männlichen Pflanzen besonders im Blütenbereich in großer Menge vorhanden sind. Daneben werden sie auch im Protoplasma und Sekret der Milchröhren gefunden. In den Blättern nimmt der Gehalt mit der Größe ab. Im Stengel kommen nur Spuren vor. Die Wurzeln und Samen sind frei von Cannabinoiden (78, 222).

Der Gehalt an Cannabinoiden und der Anteil der einzelnen Komponenten am Cannabinoidgemisch sind genetisch determiniert, natürlich jedoch durch Umweltfaktoren in gewissen Grenzen variierbar (311). Durch Auslese auf möglichst hohe Faserqualitäten ohne Beachtung der psychoaktiven Wirkung oder auf hohen Wirkstoffgehalt ohne Beachtung der Faserqualität sind Kultivare vom Fasertyp und solche vom Drogentyp erhalten worden. Die von den ersteren gewonnenen Drogen haben einen niedrigen Gehalt an Δ^9-THC und einen hohen an Cannabidiol, die von den letzteren gewonnenen einen hohen Δ^9-THC-Gehalt bei geringem an Cannabidiol. Intermediäre Kultivare kommen vor. Weibliche und männliche Exemplare weichen, entgegen früheren Annahmen, weder im Cannabinoidspektrum noch im Gehalt an Cannabinoiden wesentlich voneinander ab (222).

Man kann unterscheiden:

- Kultivare vom *Drogentyp*, Gehalt an Δ^9-THC > 1%, nur Spuren von Cannabidiol (CBD) in der Droge, in Ländern warmer Klimate angebaut, z. B. in Mexiko, Indien und Südafrika, hierher sollten auch die Chemotypen, wahrscheinlich vorwiegend aus Südafrika stammend, gerechnet werden, die neben Δ^9-THC auch erhebliche Mengen Propyl-Δ^9-THC enthalten;
- Kultivare vom *Mischtyp*, Gehalt an Δ^9-THC > 0,5%, an CBD > 0,5% in der Droge, rund um das Mittelmeer kultiviert, z. B. in Marokko und im Libanon;
- Kultivare vom *Fasertyp*, Gehalt an Δ^9-THC < 0,25%, an CBD > 0,5% in der Droge, in Ländern gemäßigter Klimate zur Fasergewinnung angebaut, z. B. Frankreich, GUS, Ungarn (28, 29, 222).

Kultivare vom Drogentyp, die in kälteren Klimaten angebaut werden, liefern auch hier konstant Drogen mit hohen Δ^9-THC-Konzentrationen (27, 28, 68). Daher hat in Ländern gemäßigter Klimate der illegale Anbau von Hanf zur Drogengewinnung erheblichen Aufschwung genommen. Einige Autoren geben jedoch an, daß die in kälteren Klimazonen besser gedeihenden, an Δ^9-THC ärmeren Individuen sich allmählich in der Population durchsetzen, so daß nach einigen Jahren nur noch Drogen mit sehr geringen Δ^9-THC-Konzentrationen erhalten werden können (222).

Die Konzentration an Δ^9-THC in der Droge kann bis 11% und an Cannabidiol bis etwa 5% betragen. Wahrscheinlich werden beide Verbindungen zum größten Teil erst postmortal aus den entsprechenden Carbonsäuren, Δ^9-Tetrahydrocannabinolsäure und Cannabidiolsäure, durch spontane Decarboxylierung gebildet. Je nach Entwicklungszustand der Pflanze und der Art der Aufbereitung kommen in den frisch getrockneten Triebspitzen einer Pflanze vom Drogentyp als weitere Cannabinoide u. a. vor: Tetrahydrocannabinolsäuren A und B (B trägt die Carboxylgruppe in Position 4, bis 8%), Cannabidiolsäure (bis 3%), Cannabichromen (bis 1,5%), Cannabinol (bis 1%), Tetrahydrocannabivarol (bis 0,8%), Cannabigerol (bis 0,3%) und Cannabidivarol (bis 0,4%, 17, 102, 222, 310, 311).

Neben den Cannabinoiden wurden etwa weitere 400 Sekundärstoffe in *Cannabis sativa* nachgewiesen. Genannt werden sollen das ätherische Öl (0,1–0,3%, Mono- und Sesquiterpene enthaltend, 104), Spiroindane (61), Dihydrostilbene (61), Amide (z. B. Hexadecamid, N-(p-Hydroxy-β-phenylethyl)-phydroxycinnamid, 179) und Alkaloide (die dem Palustrin, Kap. 32.7, sehr ähnlichen Spermidinalkaloide Cannabisativin und Anhydrocannabisativin 61, 62, 98, 179).

Als psychotrope Droge verwendet werden die als Marihuana, Marijuana, Gras, Pot, Heu oder Kif bezeichneten getrockneten Triebspitzen der Pflanzen. Marihuana stammt vorwiegend aus Kolumbien, Bolivien, Mexiko, der Karibik, den Südstaaten Nordamerikas, Thailand, Zaire, Ghana, Kenia und Sierra Leone. Es wird in Form von Marihuana-Zigaretten, Joints, oder in einer Pfeife geraucht, oft auch mit Tabak, Oregano (*Origanum vulgare* L.) oder Heu verschnitten. Haschisch, auch Hasch, Shit, Stoff genannt, ist das Harz der Triebspitzen. Es wird durch Abreiben der Pflanzen (besonders in Nepal und Kaschmir) oder durch Absieben der Drüsenhaare (Marokko, Libanon, Türkei) gewonnen und mit Zucker vermischt in Form von Konfekt, in Gebäck oder Getränken aufgenommen, aber auch zusammen mit Tabak geraucht. Seit etwa 1960 auf dem illegalen Markt ist auch das Haschisch-Öl, Oil, Red Oil, Indian Oil. Es wird durch Extraktion mit Lösungsmitteln oder durch Destillation des Krautes gewonnen. Es ist von öliger Konsistenz. Herkunftsländer sind Marokko und Indien (30).

Die in einer Marihuanazigarette (1 g) enthaltenen Δ^9-THC-Mengen liegen in der Regel zwischen 30 und 50 mg (222). Haschisch enthält 2–7,5% Δ^9-THC, neben fast den gleichen Mengen Cannabinol (CBN) sowie Cannabidiol (CBD), und Haschisch-Öl 10 bis 30% (bis 60%) Δ^9-THC, neben CBN und CBD (bis etwa je 10%).

Trotz zahlreicher Arbeiten zur Pharmakologie der Cannabinoide ist ihr Wirkungsmechanismus auf zellulärer Ebene noch nicht vollständig geklärt. Gegenwärtig stehen sich zwei Hypothesen gegenüber. Die eine geht von der hohen Lipophilie der Cannabinoide aus, die eine Einlagerung in Membranen, die Beeinflussung von deren Struktur und damit die Veränderung der Aktivität membrangebundener Enzyme usw. gestattet. Die andere geht davon aus, daß die Wirksamkeit der Cannabinoide zumindest teilweise auf ihrem Angriff an spezifischen Rezeptoren im ZNS und vermutlich auch in der Peripherie beruht. Die Rezeptoren wurden mit Hilfe radioktiv markierter Derivate von Cannabinoiden identifiziert und charakterisiert. Über ihre Kopplung an bestimmte G-Proteine kommt es zur Hemmung der Adenylcyclaseaktivität und zur Senkung des cAMP-Spiegels in den Zellen. Es gilt als erwiesen, daß u. a. die analgetische Aktivität der Cannabinoide über diesen Mechanismus vermittelt wird (56,353). Inwieweit auch die psychotomimetische Wirkung der Cannabinoide hiermit erklärbar ist, bleibt weiteren Untersuchungen vorbehalten. Sie beruht möglicherweise eher auf der Beeinflussung des Stoffwechsels von Transmittern, z. B. von Noradrenalin, DOPamin, Serotonin und Aminobuttersäure im Gehirn, wobei der Angriff prä- und postsynaptisch erfolgen soll (2, 167, 225, 269).

In jüngster Zeit gelangen auf dem Weg über komplementäre DNA die Klonierung und Sequenzierung des THC-bindenden Rezeptors aus dem Gehirn von Ratten und des Menschen (354, 355). Als körpereigener Ligand wurde das wie die Cannabinoide lipophile Arachidonsäurederivat Anandamid (aus dem Sanskrit stammend und »innere Glückseligkeit« bedeutend) ermittelt. Jedoch sollen auch wasserlösliche endogene Substanzen an den Rezeptor binden können (356).

Strukturelle Voraussetzungen für die Wirkung auf das ZNS sind besonders eine freie phenolische OH-Gruppe am C—1 und eine entsprechende Geometrie des Ringes C (darf nicht mit Ring A in einer Ebene liegen). Zahlreiche weitere Faktoren, z. B. Substituenten, Position der Doppelbindungen und absolute Konfiguration des Moleküls, beeinflussen die Stärke der Wirkung (168, 234).

Die Resorption der Cannabinoide erfolgt besonders gut über den Respirationstrakt (Rauchen!). Die psychotomimetische Wirkung des Δ^9-THC tritt dann nach Sekunden bis Minuten ein und hält nach einer Zigarette 2–3 h an. Nach peroraler Aufnahme ist die Latenzzeit größer, und zum Erzielen des gleichen Effekts ist etwa die dreifache Dosis erforderlich (115). Im Magen kommt es zu einem Abbau eines Teils des Δ^9-THC zu inaktiven Metaboliten, im Blut werden die Cannabinoide hauptsächlich an Lipoproteine gebunden transportiert. Die Konzentration im Gehirn ist relativ gering. Der Metabolismus erfolgt in der Leber durch mikrosomale Hydroxylierung und nichtmikrosomale Oxidation. Zunächst werden pharmakologisch ebenfalls aktive 11-Hydroxy-Metabolite gebildet, die dann zu inaktiven Säuren oxidiert werden. Von den bisher im Tierversuch ca. 80 identifizierten Metaboliten des Δ^9-THC wurden etwa 30 auch beim Menschen gefunden. Die Elimination erfolgt über Urin und Faeces. Aufgrund der hohen Lipophilie vollzieht sich die Exkretion nur langsam, und es findet, besonders im Fettgewebe, eine Akkumulation statt (32, 98, 131, 197, 207, 305).

Die psychotomimetische Wirkung des Δ^9-THC (wirksame Dosis 30 mg/Person) zeigt sich in Rauschzuständen mit akustischen, visuellen und sensorischen Halluzinationen und ausgesprochener Euphorie. Sinneseindrücke werden übersteigert wiedergegeben, Zeit- und Raumgefühl sind verändert.

Der Zustand inneren Glücksgefühls ist oft gepaart mit Heiterkeit und Lachanfällen. Das Bewußtsein bleibt weitgehend erhalten. Dem Stadium der Angeregtheit folgt gewöhnlich ein langanhaltender Tiefschlaf, aus dem der Betroffene mit einem «Kater» erwacht (30, 49, 61, 178, 331, Ü 109).

Die akute Toxizität der Cannabinoide ist relativ gering. Die LD_{50} von Δ^9-THC beträgt bei der Maus je nach Lösungsmittel und eingesetztem Mäusestamm 43 oder 60 mg/kg, i.v., 170 bis 450 mg/kg, i.p., und 480 bis 2000 mg/kg, p.o. Für andere Tiere (Ratte, Hund, Rhesusaffe) liegen die Werte in ähnlichem Bereich (206).

Akute Vergiftungserscheinungen sind Übelkeit, Erbrechen, Tränenfluß, Reizhusten, Angstgefühl, Kälte und Taubsein der Extremitäten sowie Störungen der Herztätigkeit. Todesfälle sind sehr selten (49, 206, 331).

Anhaltender Mißbrauch führt zu chronischer Laryngitis und Bronchitis, zur Abnahme der körperlichen und geistigen Leistungsfähigkeit, zunehmender Interesse- und Motivlosigkeit, Apathie und schließlich zum psychischen Verfall (2, 5, 49, 55, 70, 114, 206, 331).

Auf zellulärer Ebene können Cannabinoide Chromosomen schädigen und damit embryo- und fetotoxisch sowie teratogen wirksam sein. Cannabinol wirkt bei Mäusen und Ratten stärker gametotoxisch als Δ^9-THC. Cannabis, vor allem Cannabisrauch, besitzt auch carcinogenes Potential (175, 206, 305).

Cannabisgebrauch von Schwangeren beeinträchtigt, da Cannabinoide die Plazentarschranke überschreiten, die normale Entwicklung des Neugeborenen. Außer geringerem Geburtsgewicht und erhöhter Wahrscheinlichkeit von Frühgeburten sind oftmals Verhaltensauffälligkeiten der Kinder zu beobachten (72). Während der Stillperiode reichern sich die Cannabinoide in der Muttermilch an. Die Kinder zeigen deutliche Rückstände in ihrer motorischen Entwicklung (12).

Von toxikologischer Bedeutung sind auch die immunsuppressive Wirkung der Cannabinoide und ihr hemmender Einfluß auf verschiedene endokrine Systeme (z. B. Reduktion des Plasmatestösteronspiegels schon durch den Rauch einer Marihuanazigarette, 55, 113, 176, 206).

Trotz zahlreicher toxischer Effekte weisen die Cannabinoide auch therapeutisch nutzbare Wirkungen auf. Dazu gehören analgetische, antemetische, krampflösende und antiphlogistische Effekte (332). Sie sind besonders bei den Vertretern interessant, deren psychotomimetische und toxische Wirkung geringer ist als die von Δ^9-THC. Cannabichromen beispielsweise ist in vitro und in vivo stärker antiphlogistisch wirksam als Phenylbutazon oder Aspirin und wirkt außerdem antimikrobiell. Die LD_{50} beträgt zwar nach intraperitonealer Applikation 113 mg/kg, Maus, nach peroraler oder subcutaner Zufuhr sind aber 3 g/kg noch nicht letal (61). Cannabidiol wirkt analgetisch und antikonvulsiv, die LD_{50} liegt bei 212 mg/kg, i.v., beim Rhesusaffen (114, 235, 249). Von den anderen erwähnten Inhaltsstoffen des Haschisch oder Marihuana (Spermidinalkaloide, Spiroindane, Dihydrostilbene) sind bisher keine bemerkenswerten biologischen Wirkungen bekannt. Auch die pharmakologische Bedeutung der Pyrolyseprodukte ist noch unklar (98).

Cannabis ist die am häufigsten verwendete psychotrope Pflanze. Schon vor ca. 5000 Jahren wurde sie von den Chinesen, Indern und Ägyptern als Arzneipflanze genutzt und diente u. a. zur Behandlung von Schmerzzuständen, Rheuma, Malaria, Epilepsie und vielen anderen Erkrankungen. Herodot schrieb, daß die Skythen, ein iranisches Reitervolk des 8. Jh. v. u. Z., den Rauch von erhitzten Samenkörnern des Hanfs (nach neueren Erkenntnissen handelte es sich dabei um getrocknete Hanfblüten) zur Erzeugung von Rauschzuständen einatmeten (30, 261, 262).

Zu Beginn des 20. Jahrhunderts verbreitete sich der Gebauch von *Cannabis* zu Rauschzwecken zunächst in den USA, später auch in Europa. Obwohl seit 1961 Anbau, Handel und Konsum unter Verbot gestellt sind, wird die Zahl der gewohnheitsmäßigen *Cannabis*-Konsumenten auf über 200 Millionen geschätzt (57). In den USA rechnet man mit 18–20 Millionen regelmäßig *Cannabis* Konsumierenden, meistens Jugendlichen (134). Das besondere Problem besteht in der Gefahr des «Umsteigens» auf härtere Drogen wie LSD oder Heroin.

Die Behandlung akuter Cannabinoid-Vergiftungen muß nach Giftentfernung symptomatisch erfolgen. Für die Überwindung des chronischen Mißbrauchs sind Entziehungskuren erforderlich. Wichtig ist das rechtzeitige Erkennen einer sich entwikkelnden Abhängigkeit (207).

Steigenden Wert gewinnt seit einigen Jahren die therapeutische Nutzung von Cannabinoiden, z. B. als Antemetica und appetitanregende Mittel, in der Krebstherapie, als Anticonvulsiva und zur Glaukombehandlung.

4.6 Flavanderivate

4.6.1 Allgemeines

Flavanderivate sind Abkömmlinge des 2-Phenylchromans (Flavan). Sie treten im Pflanzenreich bei Moosen (Bryophyta) und Farnen (Pteridophyta) häufig auf. Bei Samenpflanzen (Spermatophyta) sind sie vermutlich ubiquitär verbreitet. Bei Mikroorganismen und Algen werden sie nur sporadisch gefunden. Pilze enthalten sie wahrscheinlich nicht. Der tierische und menschliche Organismus kann sie nicht bilden. Es sind zur Zeit etwa 2000 Glykoside und etwa 500 Aglyka dieser Gruppe bekannt.

Sie werden nach dem Oxidationszustand des Chromanringes eingeteilt in:

- Flavanole (3-Hydroxyflavane, Catechine), z. B. (+)-Catechin,
- Flavandiole (3,4-Dihydroxyflavane, Leukoanthocyanidine), z. B. Leukocyanidin,
- Flavanone (4-Oxo-flavane), z. B. Naringenin,
- Flavone (4-Oxo-flav-2-ene), z. B. Apigenin,
- Flavonole (3-Hydroxy-4-oxo-flav-2-ene), z. B. Quercetin, und
- Flavyliumsalze (Anthocyanidine), z. B. Cyanidin.

Die Flavon-, Flavanon- und Flavonolderivate faßt man gewöhnlich unter dem Begriff Flavonoide oder auch Bioflavonoide zusammen.

Die Vertreter der einzelnen Typen (Abb. 4-11) unterscheiden sich durch das Substitutionsmuster der beiden aromatischen Ringe. Im Ring A werden häufig, entsprechend seiner biogenetischen Herkunft, Sauerstoffunktionen in den Positionen 5 und 7, im Ring C in den Positionen 4', 3', oder 4' und 3', bzw. 3', 4' und 5' gefunden (Abb. 4-11). Die Hydroxygruppen können alkyliert (meistens methyliert), acyliert, mit Mono-, Di-, seltener auch Trisacchariden verknüpft oder mit Schwefelsäure verestert sein. Auch C-Alkyl-Derivate (z. B. C-Methyl- oder C-Prenyl-Derivate), C-Glykosylverbindungen und dimere Flavonoide treten auf (96).

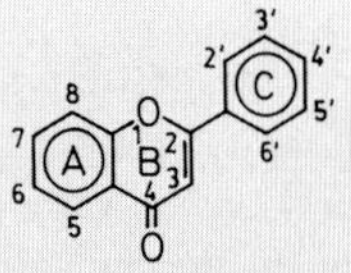

Name	Substitutionsmuster						
	3	5	7	8	3'	4'	5'
Galangin	OH	OH	OH				
Fisetin	OH		OH		OH	OH	
Kämpferol	OH	OH	OH			OH	
Quercetin	OH	OH	OH		OH	OH	
Rhamnetin	OH	OH	OCH_3		OH	OH	
Myricetin	OH	OH	OH		OH	OH	OH
Quercitrin	ORha	OH	OH		OH	OH	
Rutin	ORut	OH	OH		OH	OH	
Norwogonin		OH	OH	OH			
Wogonin		OH	OH	OCH_3			
Sexangularetin	OH	OH	OH	OCH_3		OH	
Isowogonin		OH	OCH_3	OH			
Primetin		OH		OH			
Apigenin		OH	OH			OH	
Luteolin		OH	OH		OH	OH	
3-Methylquercetin	OCH_3	OH	OH		OH	OH	
3,3'-Dimethylquercetin	OCH_3	OH	OH		OCH_3	OH	

Rha = L-Rhamnopyranosylrest, Rut = (6-D-α-L-Rhamnopyranosyl)-D-glucopyranosylrest

Abb. 4-11: Toxikologisch bemerkenswerte Flavonoide (225)

Die Biogenese der Flavanderivate erfolgt aus einem Molekül eines Phenylacryloyl-CoA-Derivates und drei Molekülen Malonyl-CoA (gebildet aus Acetyl-CoA, eingebaut als Acetylreste), katalysiert durch einen Multienzymkomplex. Auf gleichem Wege entstehen die Aurone. Die Isoflavane (3-Phenyl-chromane) gehen aus Flavanen durch Arylwanderung hervor. Alle diese Verbindungen sind also gemischte Polyketide (Ü 72).

4.6.2 Flavonoide

Flavonoide können in allen Teilen einer Pflanze vorhanden sein. In chlorophyllhaltigen Organen scheinen sie immer vorzukommen. Ihre Bedeutung für die Pflanzen ist noch nicht völlig klar. Möglicherweise sind sie am Elektronentransport bei der Photosynthese beteiligt, oder sie fungieren als UV-Protektoren. Eine Reihe von Pflanzenarten nutzen gelb gefärbte Flavonoide als Blütenfarbstoffe. Weitere dienen wegen der virostatischen, antibakteriellen und fungistatischen Wirkung und ihrer Toxizität für Insekten auch als Schutzstoffe (96).

Durch ihre in vitro beobachtete Mutagenität sind in Position 4' hydroxylierte Flavonole und in den Positionen 5, 7 sowie 8 hydroxylierte Flavone und Flavonole bzw. deren Glykoside von besonderem toxikologischem Interesse. Darüber hinaus sind sehr viele Flavonoide, z. B. die Flavone Apigenin, Luteolin und deren Glykoside, als Enzyminhibitoren wirksam. Eine Reihe von 3-Methoxyderivaten, z. B. 3-O-Methylquercetin und 3,3'-O-Dimethylquercetin, zeichnen sich durch virostatische Aktivität aus (258, 308, Abb. 4-11).

Die 4'-hydroxylierten Flavonole sind im Pflanzenreich sehr weit verbreitet. Untersuchungen der Blätter von 1000 Arten höherer Pflanzen haben gezeigt, daß in 56% von ihnen Quercetin, in 48% Kämpferol, in 10% Myricetin und in 60% diese drei Flavonole gemeinsam vorkommen (292). Apigenin, Luteolin und ihre Glykoside treten ebenfalls sehr häufig auf. Auch in zahlreichen zur menschlichen Ernährung und als Arzneidrogen genutzten Pflanzen sind die genannten Flavonole und Flavone enthalten. Die in Positionen 5, 7 und 8 hydroxylierten Flavanderivate kommen nur sehr selten vor, Wogonin beispielsweise bei *Scutellaria baicalensis* GEORGI, die koreanische Wurzeldroge Wogon liefernd, und Primetin im Mehlstaub verschiedener Primulaceae, z. B. bei *Primula denticulata* SM. (Ü 44).

Kenntnisse über die Pharmakologie und Toxikologie von Flavonoiden wurden vorwiegend bei In-vitro-Untersuchungen gewonnen. Von 200 getesteten Flavonoidaglyka zeigten 30, darunter Quercetin, Kämpferol, Myricetin, und Norwogonin, im AMES-Test Mutagenität (233).

Je nach Wirksamkeit auf einzelne *Salmonella*-Stämme und Strukturvoraussetzungen lassen sich die Verbindungen in zwei Gruppen einteilen:

- 3'- und 4'-hydroxylierte Flavonole, die besonders im Stamm TA 98 aktiv sind und frameshift-Mutationen auslösen, dazu gehören Quercetin, Fisetin, Kämpferol, Myricetin u. a.,
- in den Positionen 5, 7 und 8 Hydroxyl- bzw. Methoxygruppen besitzende Flavone oder Flavonole, beispielsweise Norwogonin, Wogonin und Sexangularetin (Abb. 4-11), sie verursachen Basenpaarsubstitutionen vor allem im Stamm TA 100.

In vielen Fällen ist eine Aktivierung durch mikrosomale Enzymsysteme erforderlich. Dabei kommt es zur Ausbildung chinoider Strukturen im sauerstoffhaltigen Ring und/oder im Ring B, die die Verbindungen zur Reaktion mit der DNA befähigen (110, 162). Glykoside, z. B. Rutin, werden erst nach Glykosidspaltung aktiv (350).

Quercetin löst, ebenso wie beispielsweise Galangin und Kämpferol, außer bei *Salmonella typhimurium* auch in Hefezellen und verschiedenen tierischen Zellen Mutationen aus (42, 162, 327). Bei In-vivo-Carcinogenitäts-Untersuchungen wurden jedoch nur in zwei von zehn Studien Effekte gefunden (110, 162). In dem einen Fall erhielten Ratten ein Jahr lang Futter mit einem Gehalt von 0,1% Quercetin. 80% der Tiere entwickelten Tumoren im Intestinum und 20% auch Blasentumoren (220). Der zweite positive Befund wurde von den selben Autoren erzielt. In allen anderen Arbeitsgruppen, die teilweise sogar mit noch höheren Quercetinkonzentrationen arbeiteten, wurden keine carcinogenen Wirkungen von Quercetin gefunden (110, 162).

Mögliche Konsequenzen aus den In-vitro-Untersuchungen für die menschliche Ernährung lassen sich nur sehr schwer ableiten. Das Fehlen carcinogener Effekte in den meisten Tierversuchen und das Ausbleiben auch anderer Flavonoidwirkungen (s. u.) unter In-vivo-Bedingungen (Gründe dafür könnten geringe Resorbierbarkeit, partieller Abbau durch die Darmflora oder wirksame Entgiftung sein) lassen annehmen, daß die mit der Nahrung oder beim Gebrauch von Arzneidrogen aufgenommenen Flavonoide kein Risiko darstellen. Erwähnt sei jedoch, daß eingelegtes Gemüse (pickles), das in Japan in Regionen mit einer hohen Inzidenz von Magenkrebs verzehrt wird, einen höheren Quercetingehalt aufwies und im Salmonella-Test stärker mutagen war als solches in Gebieten mit geringerer Tumorhäufigkeit

(296). Rutin, das als Hauptmutagen im Rotwein gilt, wird nur in geringem Maße resorbiert und schnell entgiftet (350).

Flavonoide, bei denen die meisten Hydroxylgruppen methyliert sind, besitzen cytotoxische Effekte. Zu ihnen gehört das Tangeritin (5,6,7,8,4'-Pentamethoxyflavon), das bei Applikation an tragende Ratten fetotoxisch wirkt (96).

Die enzymhemmenden Effekte der Flavonoide wurden bisher fast nur in vitro gefunden. Beeinflußt werden z. B. ATPase, cAMP-Phosphodiesterase, Proteinkinase C und Hyaluronidase (69, 210).

Die in vivo zu beobachtenden Antitumoreffekte einiger Flavonole, darunter die von Kämpferol, werden teilweise auf ihre immunstimulatorische Wirkung zurückgeführt.

Die therapeutische Anwendung von Flavonoiden bzw. flavonoidhaltigen Drogen beruht bis jetzt vorzugsweise auf ihrer auch in vivo nachweisbaren Fähigkeit zur Normalisierung der Kapillarpermeabilität und ihrer cardioaktiven Wirksamkeit.

Ein Auron mit toxikologischer Bedeutung ist das Sulfuretin (Abb. 4-12), das meistens in Form des Glucosids Sulfurein vorliegt. Es wurde erstmals in *Cosmos sulphureus* CAV. nachgewiesen. Es kommt in einigen Asteraceae, Korbblütengewächsen, u. a. in *Cosmos sulphureus* CAV. und *C. bipinnatus* CAV. vor, die unter der Bezeichnung Kosmee oder Schmuckkörbchen als Gartenpflanzen in vielen Ländern der Welt angebaut werden (siehe S. 71, Bild 4-9). Auch in *Dahlia*-Hybriden, Dahlien, Georginien, ist es enthalten. Beide Gattungen sind in Mittelamerika beheimatet (100). Sulfuretin ist ein Kontaktallergen, das bei sensibilisierten Personen Dermatitiden auszulösen vermag (Ü 42).

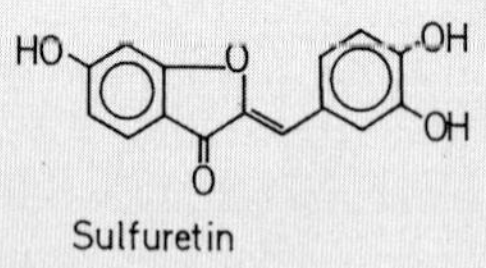

Abb. 4-12: Auron aus Korbblütengewächsen (Asteraceae) als Kontaktallergen

4.6.3 Catechine, Leukoanthocyanidine und Catechingerbstoffe

Catechine sind Flavan-3-ol-Derivate. Hauptvertreter dieser Gruppe sind die Diastereomerenpaare (+)-Catechin und (–)-Epicatechin sowie (+)-Gallocatechin und (–)-Epigallocatechin. Sie liegen frei, als

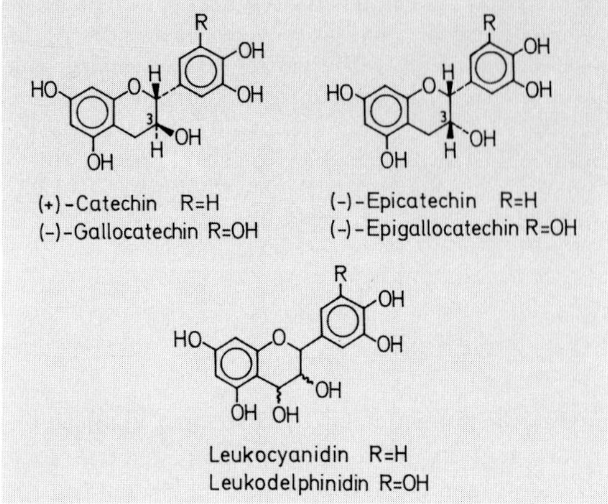

Abb. 4-13: Catechine und Leukoanthocyanidine

Catechin- oder Gallocatechin-3-gallate, bisweilen auch als Glykoside vor. Leukoanthocyanidine sind Flavan-3,4-diole. Häufig auftretende Vertreter sind Leukocyanidin und Leukodelphinidin (Abb. 4-13).

Bei Zerstörung catechin- und/oder leukoanthocyanidinhaltiger Zellen oder bei deren natürlichem Absterben, z. B. in der Rinde, gehen die Catechine und Leukoanthocyanidine, enzymatisch oder durch Säuren katalysiert, durch oxidative Kupplung in Oligomere oder Polymere über, die in den Positionen 4 und 8, 4 und 6, 8 und 6' oder 8 und 2' verknüpft sind (Abb. 4-14). Bis zu einem Polymerisationsgrad von etwa 6 sind die Oligomere wasserlöslich. Diese Oligomere sind die sogenannten Catechingerbstoffe, die auch als kondensierte Gerbstoffe bezeichnet werden. Ihre phenolischen Hydroxylgruppen und oxidativ entstandenen chinoiden oder semichinoiden Reste treten durch Wasserstoffbrückenbindung, Ionenbeziehungen und bei längerer Einwirkung auch durch kovalente Bindungen mit den freien Aminogruppen, Hydroxyl- oder Carboxylgrupen, aber auch den Peptidbindungen von Eiweißen in Wechselwirkung. Auch apolare Wechselwirkungen finden statt. Durch die Gerbstoffe werden native Eiweißstoffe somit denaturiert und ausgefällt (253, 352).

Mit Catechingerbstoffen zusammen oder allein treten Gallotannine auf, die auch hydrolysierbare Gerbstoffe genannt werden. Es sind mit Gallussäure oder Gallussäureoligomeren verknüpfte Monosaccharide oder Cyclitole (253, 352).

Bei den Braunalgen (Phaeophyta) übernehmen die Phlorotannine die Schutzfunktion gegenüber Mikroorganismen und tierischen Angreifern. Es sind über O- oder C-Brücken verknüpfte Oligomere des Phloroglucinols oder seiner Halogenderivate. Als Vertreter mit bekannter Wirkung sei das Eckol

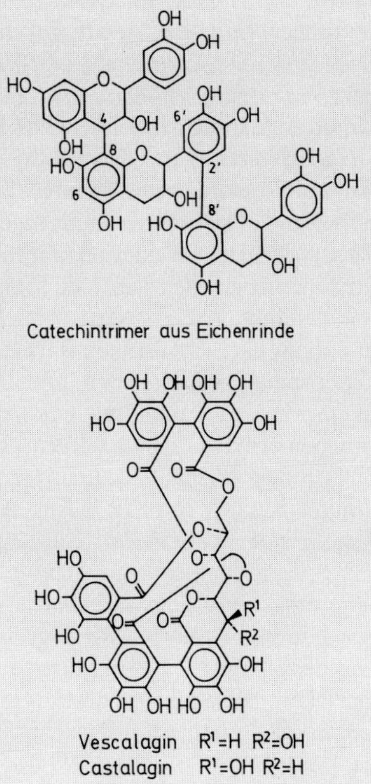

Abb. 4-14: Gerbstoffe aus Eichen (*Quercus*-Arten)

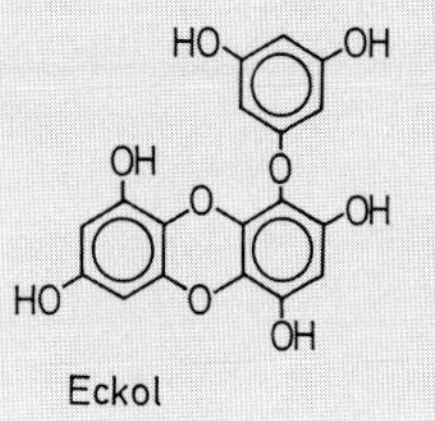

Abb. 4-15: Phlorotannin aus Braunalgen (Phaeophyta)

(Abb. 4-15) aus *Ecklonia kurome* genannt (77, 86, 342).

Die Gefahren akuter Vergiftungen durch Gerbstoffe sind gering, da Nahrungsmittel mit hohem Gerbstoffgehalt wegen des «gerbenden» Geschmacks durch Mensch und Tier zurückgewiesen werden. Chronische Vergiftungen sind besonders bei Tieren nicht auszuschließen. Am häufigsten treten Vergiftungen durch Aufnahme von Blättern und Früchten der Eiche auf (acorn poisoning, oak leaf poisoning).

Die Schadwirkungen der Gerbstoffe für Menschen und Tiere beruhen in erster Linie auf der Wechselwirkung der Verbindungen mit Proteinen. Reaktion mit Eiweißstoffen der Nahrung und mit Verdauungsenzymen hemmt die Verdauung. Die Wechselwirkung mit Proteinen von Mund-, Magen- und Darmschleimhaut vermindert die Resorption von Nahrungsbestandteilen. Es resultieren antinutritive Effekte, bei Schädigung der Darmschleimhaut sind auch resorptive Wirkungen möglich (34, 118, 170). Für Ratten ist eine tägliche Aufnahme von 1–5% Catechingerbstoffen im Futter als gefährlich anzusehen (Wachstumshemmung u. a., Ü 74).

Einige Gerbstoffe verursachen nach subcutaner Applikation bei Mäusen Lebertumoren (132). Für cancerogene Wirkungen nach peroraler Aufnahme gibt es keine Beweise (Ü 74). Bestimmte hydrolysierbare Gerbstoffe besitzen Antitumoraktivität (187), wirken leberprotektiv (107) und durch Hemmung der Virusadsorption (Herpes simplex-Viren) an die Targetzellen virostatisch (76). Die Gerbstoffe des Tees reduzieren die mutagene Aktivität von N-Nitrosoverbindungen (128).

Die Gattung *Quercus*, Eiche (Fagaceae, Buchengewächse), die etwa 200 Arten umfaßt, ist im Gebiet durch vier natürlich vorkommende Arten vertreten: *Quercus robur* L., Stiel-Eiche, *Qu. petraea* (MATTUSCHKA) LIEBL., Trauben-Eiche, und die selten vorkommenden Arten *Qu. pubescens* WILLD., Flaum-Eiche, sowie *Qu. cerris* L., Zerr-Eiche. Eine Vielzahl weiterer Arten wird als Zierbäume angebaut.

Eichen enthalten in allen Teilen Catechine, wobei in der Rinde offenbar vorwiegend präformierte oligomere Gerbstoffe vorliegen, in den lebenden Organen hingegen u. a. Catechine, Catechingallate, Catechinglykoside, dimere Proanthocyanidine, deren Gallate, Mono- bis Trigalloylchinasäuren, Galloylshikimisäure, Galloylglucose, Di- bis Pentagalloylquercitole und Derivate der Ellagsäure (Lacton der Hexahydroxydiphensäure, 2,2'-verknüpfte Digallussäure), z. B. Vescalagin und ähnliche Verbindungen (Abb. 4-15). Gehaltsbestimmungen an verschiedenen Eichen-Arten haben gezeigt, daß der Gehalt an gerbenden Substanzen in der Rinde 5–20%, in den Blättern bis 15% und in den Keimblättern, die die Hauptmasse der Früchte ausmachen, 4–9% betragen kann (Ü 44).

Vergiftungserscheinungen nach der Aufnahme von Eichenblättern und -früchten sind bei Weidetieren Freßunlust, Diarrhoe, Koliken und Nierenschädigung (126, 221). Beim Menschen sind nach Verzehr weniger Eicheln keine Vergiftungserscheinungen zu erwarten. Kinder können eventuell gastrointestinale Reizerscheinungen zeigen (Ü 30, Ü 62).

Vescalagin wurde neben den strukturell ähnlichen Verbindungen Catalagin, Stachyurin und Casuarin als einer der toxischen Inhaltsstoffe von *Thiloa glaucocarpa* (Combretaceae) erkannt. *Th. glaucocarpa* ist ein Strauch, der im nordöstlichen Brasilien gedeiht und für eine sehr häufig auftretende Vergiftung des Weideviehs (venta-seca) verantwortlich ist (126). Die subakut verlaufende Vergiftung tritt besonders häufig bei Rindern auf. Die Tiere zeigen ähnlich wie nach Vergiftungen durch Eichenblätter Verdauungsstörungen und Ödeme. Pathologisch sind Hämorrhagien und Nekrosen von Nierentubuli und Leberparenchym nachweisbar (126).

4.7 Polyketide als Giftstoffe von Blaualgen (Cyanophyceae)

Cyanophyta, Blaualgen oder besser Cyanobakterien, werden entweder als eigene Abteilung des Pflanzenreichs betrachtet oder als Klasse Cyanophyceae der Abteilung der Schizophyta zugerechnet. Sie sind einzellige, einzeln oder in fadenförmigen bzw. krustenförmigen Verbänden auftretende Lebewesen. Durch den Besitz von Chlorophyll, begleitet von den akzessorischen Pigmenten Phycocyan und z.T. auch Phycoerythrin, sind sie zur Photosynthese befähigte, somit autotrophe Organismen. Sie besitzen keinen echten Zellkern und einen Zellwandaufbau, der dem gramnegativer Bakterien ähnelt. Zellreihen, als Trichome bezeichnet, können auf feuchten Substraten kriechende Bewegungen ausführen. Es sind etwa 2000 Arten bekannt, die in Gewässern aller Art planktisch oder benthisch, auf feuchtem Erdboden, feuchten Steinen und Baumrinden sowie auch als Endosymbionten in Pflanzen aber auch Tieren leben, z.B. in Schwämmen und Manteltieren. Ihre Fähigkeit, an extremen Standorten, z.B. in sehr eutrophen, sauerstoffarmen Gewässern zu gedeihen, starke Schwankungen der Ionenkonzentration, der Temperatur, zeitweise Austrocknung und die Anwesenheit sich zersetzender organischer Substanzen zu ertragen, schafft ihnen in unserer belasteten Umwelt immer neue Lebensräume.

Die planktisch lebenden Arten sind durch Gasvakuolen fähig, ihre Tauchtiefe im Wasser den für sie optimalen Bedingungen anzupassen. Plötzliche Änderungen der Konvektionsbewegung der Gewässer oder Schädigungen der Cyanobakterien können zu Massenansammlungen an der Wasseroberfläche führen, die durch den Wind meistens in Ufernähe konzentriert werden. Dieses Phänomen wird als Wasserblüte (water blooms) bezeichnet. Wasserblüten bildende Gattungen sind u.a. *Aphanizomenon, Anabaena, Coelosphaerium, Gloeotrichia, Gomphosphaeria, Lyngbya, Microcystis, Nodularia, Nostoc* und *Oscillatoria*. Durch Aufnahme des Wassers von Seen, das mit den Exotoxinen oder mit den bei der Autolyse freigesetzten Endotoxinen der Cyanobakterien kontaminiert ist, kann es zu Massenvergiftungen von Fischen, Wasservögeln und Weidevieh kommen. Auch Menschen können betroffen sein. Jedoch lassen sich, selbst bei Kenntnis der Artenzusammensetzung einer Wasserblüte, keine Aussagen über deren Gefährlichkeit machen, da es neben toxinbildenden Stämmen einer Art auch toxinfreie gibt. Als Toxine kommen neben Polyketiden vorwiegend hepatotoxische Peptidtoxine (Kap. 39.2), neurotoxische Alkaloide (dieses Kapitel, Kap. 29.1, Kap. 34.3) und Lipopolysaccharide in Betracht (Kap. 39.1.2, 45, 142).

Die Vergiftungssymptome variieren je nach Art der Wasserblüte sehr stark. Im Vordergrund stehen beim Menschen allergische Erscheinungen, Reizwirkungen auf Haut, Schleimhäute und Atemwege sowie gastrointestinale und neurologische Störungen (200).

Zu den toxische Polyketide bildenden Cyanobakterien gehören *Lyngbya gracilis* Goumont und *L. majuscula* Goumont (Oscillatoriaceae). Diese fädigen Cyanobakterien kommen in subtropischen und tropischen Regionen des nördlichen Pazifik vor. Sie bilden sechs makrocyclische Dilactone, die Aplysiatoxine, zu denen neben Aplysiatoxin (Abb. 4-16) das Debromo-aplysiatoxin, 19-Bromo-aplysiatoxin, Oscillatoxin A (31-Nordebromo-aplysiatoxin), 17-Bromo-oscillatoxin A und 17,19-Dibromo-oscillatoxin A gehören (190). Aplysiatoxin wurde zuerst aus *Stylocheilus longicauda*, einer Kiemenschnecke, und aus anderen Vertretern der Familie der Aplysidae, Seehasen, isoliert, die sich von diesen Cyanobakterien ernähren. Auch in der Ostsee kommen *Lyngbya*-Arten vor, darunter *L. contorta* Lemm., die in den Buchten häufig Wasserblüten bildet. Debromoaplysiatoxin wird auch von dem Cyanobakterium *Schizothrix calcicola*, Oscillatoxin A von *Oscillatoria nigroviridis* produziert (45).

Andere Stämme von *L. majuscula* bilden zahlreiche weitere Sekundärstoffe, u.a. das Indolalkaloid Lyngbyatoxin A (Kap. 26.12) und Peptidtoxine (Kap. 39.2.1).

Die Aplysiatoxine (LD Aplysiatoxin 0,2 mg/kg, i.p., Maus) sind Tumorpromotoren vom TPA-Typ (Kap. 8.3.1), die an den gleichen Rezeptoren der Zellmembran wie die Phorbolester gebunden werden und ebenso wie TPA in vitro die Proteinkinase C ak-

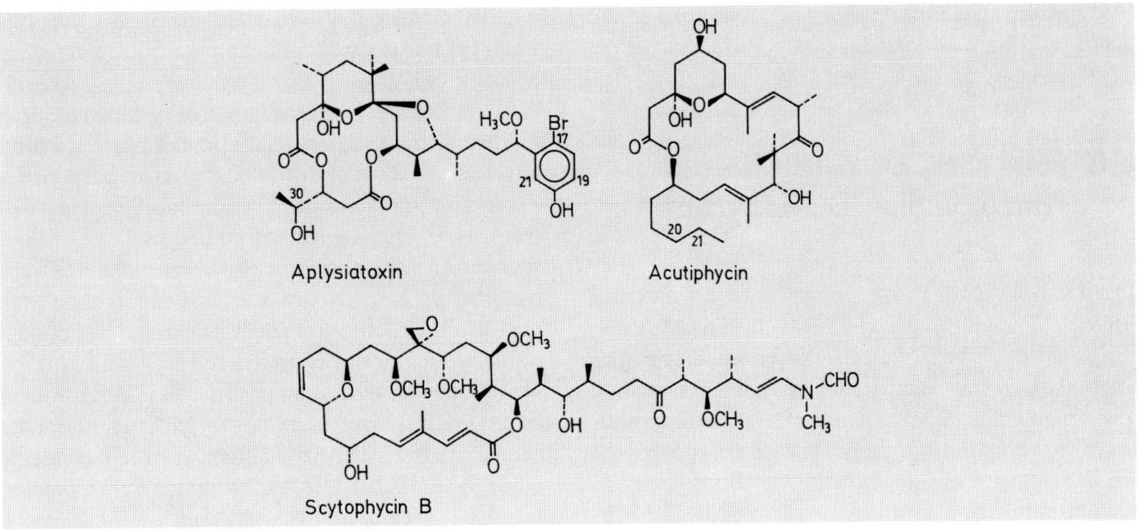

Abb. 4-16: Macrolide aus Cyanobakterien (Cyanophyta)

tivieren. Es wird angenommen, daß das Enzym die Phosphorylierung des Threoninrestes des EGF(epidermal growth factor)Rezeptors katalysiert, damit die Bindung von EGF an seine Rezeptoren und infolgedessen die Regulation der Zellproliferation beeinflußt (75, 193). Für eine maximale Aktivität als Tumorpromotor sind die OH-Gruppen am C-3, C-20 und C-30 der Aplysiatoxine essentiell (191).

Aplysiatoxine sind verantwortlich für die «seaweed dermatitis», die beispielsweise bei Schwimmern in den Gewässern um Hawaii beobachtet wird (37, 264). Durch Aplysiatoxine sekundär giftig gewordene Meerestiere (*Stylocheilus longicauda*, 191, *Dolabella auricularia*, ebenfalls ein Seehase, 269) rufen nach peroraler Aufnahme beim Menschen außer gastrointestinalen Vergiftungserscheinungen vor allem neurologische Symptome hervor.

Aus *Oscillatoria acutissima*, in den Küstengewässern Hawaiis vorkommend, wurden die Makrolide Acutiphycin und 20,21-Didehydroacutiphycin isoliert (18) und aus *Scytonema pseudohofmanni*, aus den gleichen Küstengewässern stammend, wurden Scytophycin A und B erhalten (Abb. 4-16, 194).

Acutiphycine und Scytophycine (LD_{50} Scytophycin B 650 μg/kg, i. p., Maus, 290) wirken stark cytotoxisch sowie fungicid und zeigen auch im Tierversuch Antitumoraktivität (18, 194, 195). Sie dürften für die cytotoxischen und fungiciden Effekte von Schwämmen und anderen Meerestieren, mit denen die Blaualgen in Symbiose leben, mitverantwortlich sein (194).

Ein Cyanobakterium, das als Bestandteil der Wasserblüte unserer Binnengewässer und der Ostsee gefährlich werden kann, ist *Anabaena flos-aquae* (LYNGB.) BREB. in BREB. et GODEY (Nostocaceae, siehe S. 72, Bild 4-10). Verschiedene Stämme dieser fädigen, kosmopolitisch verbreiteten Süß- und Brackwasserart bilden die Anatoxine A, B, C, A(s) und B(s) (38). Anatoxin A (VFDF, very fast death factor, Abb. 4-17, 53, 275) ist ein Pseudoalkaloid mit einem Azabicyclononan-Grundkörper, bei dem es sich möglicherweise um ein Pentaketid mit sekundär integriertem N-Atom handelt. Anatoxin A(s) ist ein Imidazolidinalkaloid, wahrscheinlich eine Vorstufe der Saxitoxine (Kap. 29.1). Über die Strukturen der übrigen Toxine ist nichts bekannt.

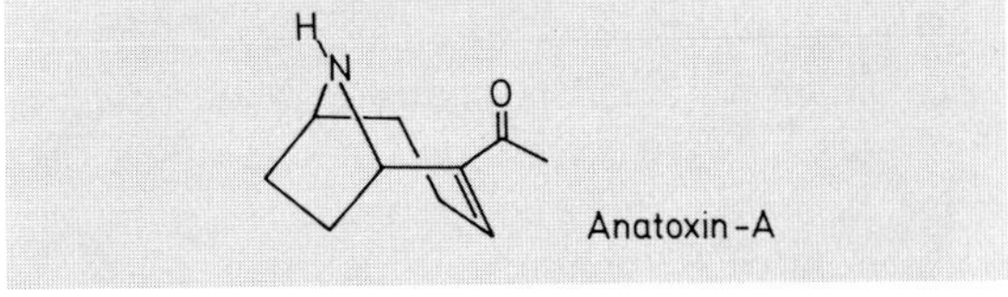

Abb. 4-17: Giftstoff von *Anabaena flos-aquae*, einem Cyanobakterium

Anatoxin A (LD_{50} 0,20–0,25 mg/kg, i. p., Maus) greift am nicotinergen sowie muscarinergen Acetylcholinrezeptor an und hemmt die neuromuskuläre Erregungsübertragung (40, 268). Der Tod der Versuchstiere erfolgt innerhalb weniger Minuten durch Atemlähmung (16). Akute Vergiftungssymptome bei Tieren sind Krämpfe, Ophistotonus, Atemstörungen und Tod innerhalb von 30–60 min (166).

Vergiftungen durch *Anabaena*-Arten wurden vor allem bei Tieren beobachtet (Kap. 29.1, 135, 165).

4.8 Polyketide als Giftstoffe der Panzergeißler (Dinophyceae)

Die Dinophyceae, Panzergeißler, auch als Pyrrhophyceae, Feueralgen, bezeichnet, gehören der Abteilung der Phycophyta, Algen, an, werden aber häufig auch als Dinoflagellata dem Tierreich zugerechnet. Zwei Geißeln befähigen die meisten Arten zur aktiven Ortsveränderung. Durch das das Chlorophyll begleitende β-Carotin und die Xanthophylle sind sie braun bis rot gefärbt. Heterotroph lebende Formen sind farblos. Sie leben planktisch oder benthisch, sehr häufig epiphytisch auf Makroalgen im Meer, aber auch symbiontisch oder parasitisch in Meerestieren, bevorzugt in Korallen und Schwämmen. Im Süßwasser kommen nur wenige Arten vor. Die Vertreter der Ordnungen der Peridinales, Dinophysiales und Prorocentrales besitzen eine aus porösen, polygonalen Celluloseplatten bestehende Zellhülle (Theka), die denen der Ordnung der Gymnodiales fehlt (Ü 281).

Vertreter der Gattungen *Amphidinium, Coolia, Dinophysis, Gambierdiscus, Ostreopsis, Prorocentrum, Ptychodiscus* und *Symbiodinium* bilden toxische Polyketide, solche der Gattungen *Protogonyaulax, Gymnodinium, Cochlodinium* und *Pyrodinium* toxische Purinalkaloide (Kap. 34.3).

Die planktischen Vertreter können ebenso wie die Blaualgen nach Massenvermehrung bei Eintreten geeigneter hydrographischer Verhältnisse Wasserblüten bilden. Diese Wasserblüten sind braun oder rot gefärbt und werden als «Rote Tiden» (red tides) bezeichnet. Ihr Auftreten hat häufig ein Massensterben von Fischen, Wasservögeln und Meeressäugern zur Folge.

Auch durch Aufnahme von Makroalgen, auf denen die besonders toxischen Dinophyceen epiphytisch leben, durch herbivore Meerestiere oder durch Nutzung von Schwämmen und Korallen als Nahrung durch carnivore Tiere gelangen die Giftstoffe in Nahrungsketten und somit, über den Genuß von Muscheln oder Fischen, auch zum Menschen.

Beim Menschen treten die durch den Genuß von Dinophyceentoxine enthaltenden Muscheln («diarrhetic shellfish poisoning») oder von Fischen (Ciguatera) verursachten Vergiftungen sehr häufig auf.

Die als DSP («diarrhetic shellfish poisoning») bezeichnete Vergiftung durch kontaminierte Muscheln wird in fast allen Regionen der Erde beobachtet (109, 151). 1981 wurden allein in Spanien 5000 Einzelfälle bekannt (347).

Unter Ciguatera versteht man Vergiftungen durch Fische, ausgenommen solche, die durch Tetrodotoxin (Kap. 28.2) oder durch Histamin als bakterielles Zersetzungsprodukt des Histidins ausgelöst werden (Kap. 17.5). Der Begriff wurde bereits 1787 von der spanischen Bezeichnung «cigua» für die in der Karibik lebende Turbanschnecke *(Turbo pica)* abgeleitet, die für Intoxikationen, wahrscheinlich verursacht durch Okadainsäureanreicherung, verantwortlich war. Heute versteht man darunter nur Vergiftungen durch Fische. Bisher sind etwa 400 Arten potentiell ciguatoxischer Fische bekannt, darunter eine Reihe guter Speisefische (z. B. *Acanthurus-, Ctenochaetus-, Caranx-, Gymnothorax-, Lutjanas-* und *Serriola*-Arten, Ü 117). Ciguatera tritt besonders in Küstengebieten zwischen 35° nördlicher Breite und 34° südlicher Breite auf. Die Erkrankungshäufigkeit ist sehr hoch. Sie wird auf etwa 10 000 bis 50 000 Fälle pro Jahr geschätzt. Die Sterblichkeit ist mit etwa 0,5% jedoch gering (4).

Für die Vergiftungen durch Muscheln sind von den Dinophyceentoxinen vor allem Okadainsäure, Dinophysistoxine, Brevetoxine, Pectenotoxine und Yessetoxin verantwortlich. Die Ciguatera auslösenden Dinophyceengifte sind Ciguatoxin, Scaritoxin und Maitotoxin, möglicherweise auch Okadainsäure.

Okadainsäure (Abb. 4-18) wurde erstmals 1981 aus den Schwämmen *Halichondria okadai* und *H. melanodocia* isoliert (294), die in den Küstengewässern Japans häufig auftreten. Produzenten sind *Dinophysis acuminata, D. acuta, D. fortii, D. norvegica* (Dinophysiales) und *Prorocentrum lima* (Prorocentrales). *D. fortii* bildet auch Dinophysistoxin-1 (35-Methylokadainsäure) und Dinophysistoxin-3 (7-O-Palmitoyl-35-methylokadainsäure). Dinophysistoxin-1 wird weiterhin durch *D. mitra, D. rotunda, D. acuta, D. triops, D. norvegica* und *Prorocentrum lima* erzeugt (151, 155). Diese Stoffe werden in Muscheln gespeichert. Okadainsäure konnte vorwiegend in Muscheln des europäischen Raumes, z. B. in *Mytilus edulis*, Miesmuschel, und die Dinophysistoxine bevorzugt in denen der Gewässer um Japan nachgewiesen werden.

Okadainsäure und die Dinophysistoxine sind Tumorpromotoren vom Nicht-TPA-Typ, die nicht zu einer Aktivierung der Proteinkinase C führen (73, 74, 289). Okadainsäure wirkt als spezifischer Serin/Threonin-Phosphatase-Hemmer, verursacht damit einen Anstieg des Phosphorylierungsgrades von Zellproteinen und moduliert als Folge davon ver-

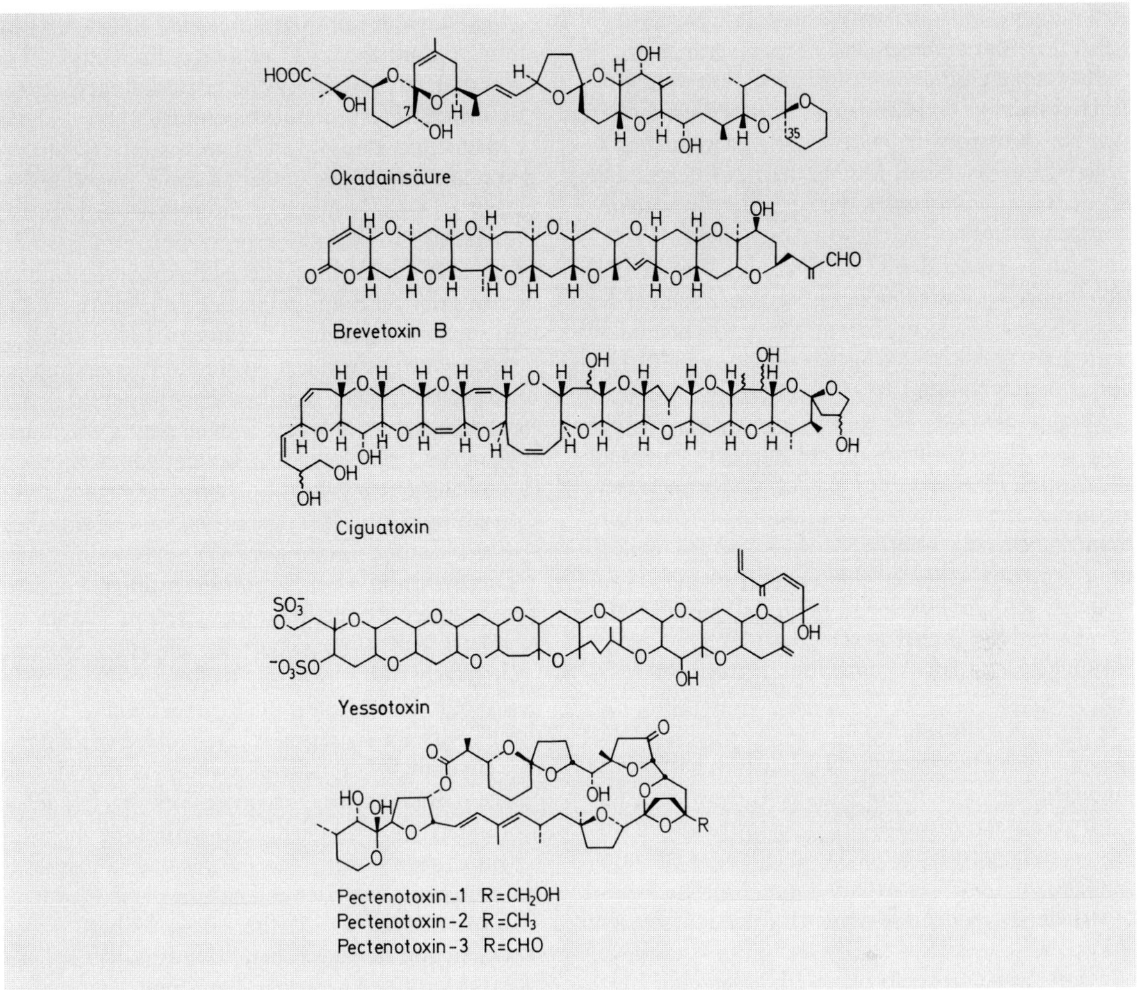

Abb. 4-18: Polyketide aus Panzergeißlern (Dinophyceae) Teil I

schiedene metabolische Prozesse (23). Über einen erhöhten Phosphorylierungsgrad der leichten Ketten des Myosins wird die Kontraktion von glatten und Herzmuskelzellen induziert (295). In Reticulocytenlysaten wird durch Verhinderung der Dephosphorylierung des Elongationsfaktors 2 die Proteinsynthese gehemmt (236). Die tumorpromovierende Wirkung beruht möglicherweise auf einer Veränderung des Aktivierungszustandes wachstumsbeeinflussender Enzyme (188).

Okadainsäure löst im Rattenintestinum schnell eine Hypersekretion aus und verursacht wie die Dinophysistoxine Schädigungen des Epithels des Gastrointestinaltrakts. Wie alle Tumorpromotoren wirken die Verbindungen stark hautreizend (74). Die LD_{50} von Okadainsäure beträgt 192 μg/kg, i. p., Maus (Ü 115).

Die Vergiftungssymptome durch Muscheln, die Okadainsäure oder Dinophysistoxine in ihrem Körper angereichert haben, sind hauptsächlich Durchfall, Übelkeit, Erbrechen und Abdominalschmerzen. Sie setzen meistens innerhalb von vier Stunden nach Verzehr der toxinhaltigen Lebensmittel ein und können mehrere Tage andauern. Todesfälle wurden beim Menschen bisher nicht beobachtet (347).

Brevetoxin B (PbTx-2, Abb. 4-18) ist das Haupttoxin der von *Ptychodiscus brevis* (Davis) Steiniger (früher *Gymnodinium breve*, Gymnodiales) gebildeten acht cyclischen Polyethertoxine (PbTx-1 bis PbTx-8), die sich in zwei Gruppen strukturell ähnlicher Verbindungen einteilen lassen (14). Daneben wurden auch die sogenannten Hemibrevetoxine nachgewiesen, die nur 28 C-Atome enthalten (230). *P. brevis* kommt an den Küsten Floridas und im Golf von Mexiko in Massen vor und ist für das Fischsterben und Vergiftungen des Menschen durch Muscheln (neurotoxic shellfish poisoning) in dieser Region verantwortlich (7, 266). Auch das Delphinsterben im Jahre 1988 an der Atlantikküste Nordamerikas wurde durch *Ptychodiscus brevis* verursacht (8).

Brevetoxine binden selektiv an die Bindungsstelle 5 der spannungsabhängigen Na^+-Kanäle, erhöhen den Na^+-Einstrom in die Zelle und bewirken die Depolarisation reizbarer Membranen (14, 265). Die bronchokonstriktorische Wirkung der Brevetoxine beruht auf der Freisetzung von Acetylcholin aus cholinergen Nervenenden (245). Die LD_{50} von PbTx-2 beträgt bei der Ratte 0,060 mg/kg, i. v. (299), bei der Maus liegt die LD_{50} für Brevetoxine zwischen 0,050 mg/kg, i. v. und 0,50 mg/kg, i. p. oder p. o. (226). Der Tod tritt durch Atemlähmung ein.

Vergiftungen des Menschen sind durch Verzehr von mit Brevetoxinen kontaminierten Muscheln oder durch Inhalation der im Aerosol befindlichen Toxine in der Nähe der Brandungszone möglich. Symptome sind erhöhter Speichel- und Tränenfluß, gastrointestinale Reizerscheinungen, Bronchokonstriktion und Arrhythmien, bei Inhalation Husten, Niesen und Konjunktivitis (14, 300). Aus Ziegen gewonnene Antikörper können Ratten prophylaktisch und therapeutisch vor der toxischen Wirkung der Brevetoxine schützen (300).

Die durch *Dinophysis fortii* gebildeten Pectenotoxine (PTX_{1-5}) und Yessotoxin (Abb. 4-18) wurden erstmals aus der Muschel *Patinopecten yessoensis* isoliert, gesammelt am Mutus Bay in Japan (347). Dinophysistoxin-1 und Yessotoxin konnten auch in Miesmuscheln der Küste Norwegens gefunden werden (154).

Targetorgan von Yessotoxin ist das Herz. Die LD_{50} der Verbindung liegt bei 286 μg/kg, i. p., Maus. Die Tiere sterben innerhalb von 3 h an Herzversagen (302).

Scaritoxin, Ciguatoxin und Maitotoxin, die in über 400 Arten von Knochenfischen nachgewiesen wurden, werden von *Gambierdiscus toxicus*, einem Panzergeißler gebildet, der vor allem an der Pazifikküste Nordamerikas, aber auch an der Küste Floridas vorkommt. Er lebt epiphytisch auf Grün-, Braun- oder Rotalgen. Bisher ist nur die Struktur des Ciguatoxins bekannt (Abb. 4-18, 203). Scaritoxin ist wahrscheinlich ein Stoffwechselprodukt des Ciguatoxins, das im Körper der Fische entsteht. Maitotoxin ist im Gegensatz zu Ciguatoxin und Scaritoxin gut wasserlöslich, es besitzt offenbar eine abweichende Struktur (16, 112, 138, 202, 349).

Ciguatoxin greift an spannungsabhängigen Na^+-Kanälen an und erhöht deren Durchlässigkeit für Na^+-Ionen (212). Die LD_{50} wird für Ciguatoxin mit 0,45 μg/kg, i. p., Maus, angegeben (4, 112). Die minimale letale Dosis für den Menschen soll bei etwa 20 ng/kg liegen (15).

Der Wirkungsmechanismus des Scaritoxins besteht vermutlich in der erhöhten Freisetzung von Noradrenalin und Acetylcholin aus adrenergen und cholinergen Nervenendigungen (212).

Maitotoxin ist ein Agonist an spannungsabhängigen und -unabhängigen Ca^{2+}-Kanälen, der eine Steigerung des Ca^{2+}-Influx in die Zellen bewirkt (67). Durch die Erhöhung der intrazellulären Ca^{2+}-Konzentration wird die oxidative Phosphorylierung gehemmt, der ATP-Spiegel in der Zelle sinkt, und es kommt zum Zelltod (152). Histopathologische Untersuchungen zeigen u. a. Veränderungen in Verdauungsorganen, Herz und Lymphgewebe (301). Die Anwesenheit von zwei Sulfatestergruppierungen scheint für die biologische Aktivität von Maitotoxin essentiell zu sein (95). Mit einer letalen Dosis von 0,13 μg/kg, i. p., Maus, gehört es zu den am stärksten wirksamen Giften (67, 349).

Die Symptome bei Vergiftungen durch Ciguatoxin, Scaritoxin oder Maitotoxin setzen 10 min bis 12 h nach Aufnahme der Toxine ein und zeigen ein breit gefächertes Spektrum. Vorherrschend sind die neurologischen Symptome (Paraesthesie, Dysaesthesie, «dry ice sensation»), aber auch gastrointestinale (Durchfall, Erbrechen, Übelkeit) und cardiovasculäre (Bradykardie, Hypotension, Tachykardie) Störungen sind möglich. Die neurologischen Erscheinungen können Monate oder Jahre fortbestehen und immer wieder aufflackern (4, 111).

Immunologische Methoden erlauben einen schnellen und empfindlichen Nachweis der Ciguatoxine (111, 112). Die Behandlung muß symptomatisch erfolgen (4). Gute Ergebnisse wurden durch Infusion von Mannitol (223) oder durch Gabe von Amitriptylin bzw. Nifedipin erzielt (35).

Eine nicht näher charakterisierte *Amphidinium*-Art (Gymnodiales), die mit einem an den Küsten Okinawas vorkommenden Plattwurm *Amphiscolops spec.* (Plathelminthes) symbiontisch lebt, bildet die Amphidinolide A–D (Abb. 4-19, 144). Besonders die Amphodinolide A und B besitzen starke cytotoxische Aktivität gegenüber bestimmten Leukämiezellen (144).

Prorocentrolid, eine makrocyclische Verbindung, die aus einer C_{19}-Fettsäure, einem C_{27}-Makrolid und einem Hexahydroxyisochinolin-Ringsystem hervorgegangen ist, wird von einem japanischen Stamm von *Prorocentrum lima* gebildet (Abb. 4–19, 306). Auch Prorocentrolid ist cytotoxisch wirksam, 0,4 mg/kg, i. p., der Verbindung sind letal für Mäuse (306).

Die hochwirksamen Giftstoffe der Dinophyceae dürften in Zukunft Einsatz in der Forschung finden, Okadainsäure beispielsweise zur Aufklärung des

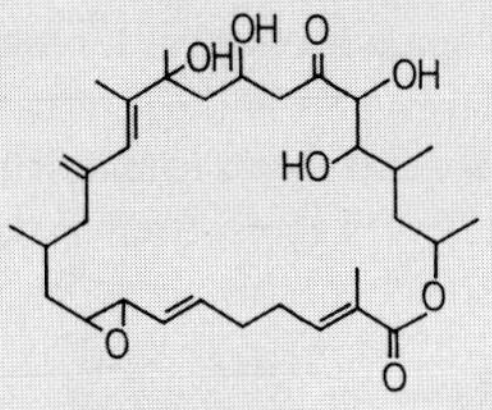

Amphidinolid B

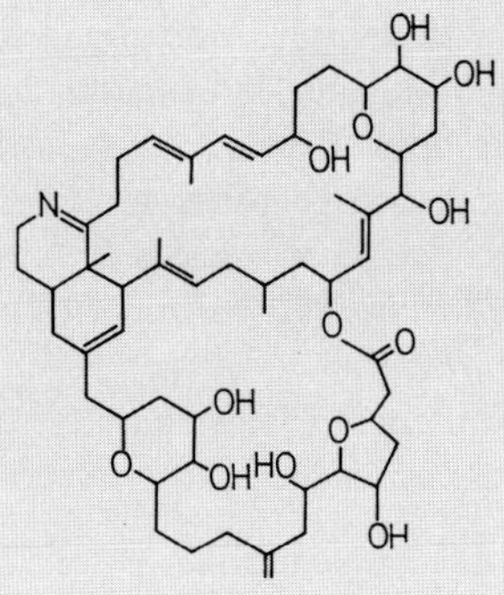

Prorocentrolid

Abb. 4-19: Polyketide aus Panzergeißlern (Dinophyceae) Teil II

Wirkungsmechanismus von Wachstumsfaktoren und Hormonen bei der Regulation der Zellvermehrung (188), Maitotoxin zur Untersuchung von Vorgängen an der Membran. Der Einsatz in der Therapie, z.B. von Tumorerkrankungen, wird durch die hohe Toxizität begrenzt sein.

4.9 Polyketide als Mycotoxine

4.9.1 Toxinologie

Mycotoxine sind Stoffwechselprodukte von Schimmelpilzen, die für Mensch und Tier giftig sind (22, 44, 48, 174, 241, 252, 319, 324, 341).

Obwohl Mycotoxine seit über einem halben Jahrhundert bekannt sind (die Entdeckung des Patulins erfolgte 1938, die des Trichothecens 1948), begann ihre intensive Untersuchung erst 1960 im Zusammenhang mit einem Truthahnmassensterben in Großbritannien, das durch von *Aspergillus flavus* befallenes Erdnußschrot ausgelöst und durch Aflatoxine verursacht wurde (71, 287).

Mycotoxine gehören den unterschiedlichsten Stoffklassen an. Von besonderer Bedeutung sind:

- Polyketide, dazu gehören Diketide (Moniliformin), Tetraketide (z.B. Patulin, Penicillinsäure), Pentaketide (z.B. Citrinin), Octaketide (Anthracenderivate, Wortmannin), Nonaketide (z.B. Citreoviridin, Zearalenone) und Dekaketide (z.B. Sterigmatocystin, Versicolorine, Aflatoxine),
- Polyketide mit Aminosäurebausteinen (z.B. Tenuazonsäure, Ochratoxine, Cytochalasane),
- Polyketide mit Terpenbausteinen (z.B. Mycophenolsäure),
- Terpene (z.B. Trichothecene, Kap. 7.5., z.T. mit Polyketidanteilen, PR-Toxin, Kap. 7.6),
- Polypeptide (z.B. Islanditoxin, Cyclochlorotin, Roseotoxin, Kap. 39.3),
- Alkaloide (z.B. Cyclopiazonsäure, Ergolinderivate, Roquefortine, Tryptoquivalin, Kap. 26.8, aber auch einige Polyketide sind per definitionem Alkaloide, z.B. Tenuazonsäure, Cytochalasane),
- Mycotoxine unklarer Biogenese (z.B. Butenolid, die wir aus praktischen Gründen dem Kapitel der Polyketide zuordnen wollen).

Produzenten der Mycotoxine sind eine Vielzahl von Schimmelpilzen unterschiedlicher systematischer Stellung (324, 341). Es wird eingeschätzt, daß Vertreter von 30–40% aller Arten von Schimmelpilzen zur Bildung von Mycotoxinen fähig sind. Innerhalb der Arten gibt es mycotoxigene und nicht mycotoxigene Stämme.

Aus der Klasse der Zygomycetes, Jochpilze, ist die Ordnung der Mucorales besonders artenreich. Obwohl in ihr sehr viele toxigene Vertreter vorkommen, sind ihre Mycotoxine nur in wenigen Fällen bekannt. Toxinbildner sind u.a. *Mucor-*, *Rhizopus-*, *Absidia-*, *Mortierella-* und *Piptocephalia-*Arten.

Die Mehrzahl der mycotoxigenen Pilze ist in der Klasse der Ascomycetes, Schlauchpilze, zu finden. Schwerpunktordnungen sind die Eurotiales, Sphaeriales und Hypocreales, deren mycotoxigene Vertreter allerdings größtenteils die Fähigkeit zur generativen Vermehrung verloren haben oder nur unter ganz besonderen Bedingungen Fruchtkörper bilden und daher als Fungi imperfecti anhand ihrer Nebenfruchtformen nach Form-Ordnungen klassifiziert werden. Dazu gehören die Gattungen *Aspergillus*, *Penicillium*, *Fusarium*, *Alternaria*, *Helminthosporium*,

Cephalosporium, Trichoderma, Stachybotrys, Cladosporium, Myrothecium, Paecilomyces und *Trichothecium* (Form-Ordnung Moniliales), *Ascochyta* und *Phoma* (Form-Ordnung Sphaeropsidales). Auch in anderen Ordnungen der Ascomyceten treten Mycotoxinbildner auf, z. B. bei den Microascales *(Chaetomium)* und Dothideales *(Cochliobolus lunatus*, imperf. Form *Curvularia lunata)*.

Von einer Reihe, besonders in Ostasien auftretender Mycotoxikosen sind bisher weder die Mycotoxinbildner noch die auslösenden Mycotoxine bekannt.

Chemotaxonomische Zusammenhänge sind nicht erkennbar. Pilze sehr unterschiedlicher systematischer Stellung bilden oft Mycotoxine gleicher oder ähnlicher Struktur (z. B. Cytochalasane, Trichothecene). Andererseits existieren innerhalb einer Art oft verschiedene Stämme, die strukturell unterschiedliche Mycotoxine bilden.

Das Wachstum der Pilze auf oder in Pflanzen, Lebens- und Futtermitteln und die Mycotoxinbildung, die oft bei schlechten Wachstumsbedingungen intensiver ist als bei optimalem Gedeihen, werden durch sehr viele Faktoren bestimmt (173). Die meisten Mycotoxinbildner haben ein Temperaturoptimum von 20–25 ° C. Viele von ihnen wachsen zwar noch bei niedrigeren Temperaturen, bilden aber unterhalb von 10–15 ° C keine Mycotoxine mehr. Diese Tatsache darf jedoch nicht verallgemeinert werden. Einige Stämme produzieren auch bei Kühlschranktemperaturen Mycotoxine. Für ein gutes Wachstum ist nicht nur ein feuchtes Substrat, sondern meistens auch eine minimale relative Luftfeuchte notwendig (für parasitische Pilze etwa 20–25%, für vorratsschädigende Pilze 12–18%). Pilze sind Aerobier, sie benötigen für ihr Wachstum Sauerstoff, wenn auch oft nur in geringen Konzentrationen. Sie vermögen auf allen organischen Substraten zu wachsen, die für die Ernährung von Mensch und Tier bestimmt sind (22, 148).

Die Mycotoxine der pflanzlichen Nahrungs- und Futtermittel werden entweder

- durch parasitische Pilze bereits vor der Ernte in den Pflanzen produziert oder von im Boden lebenden saprophytischen Pilzen gebildet und durch die Pflanze aufgenommen,
- nach der Ernte während der Lagerung durch saprophytische Pilze in den infizierten Rohprodukten oder Nahrungsmitteln erzeugt oder
- entstehen beim Einsatz ungeeigneter, mycotoxigener Pilze, z. B. bei der Produktion von Käse oder Koji, in den Nahrungsmitteln.

In tierische Produkte, z. B. Fleisch, Milch, Käse und Eier, gelangen Mycotoxine entweder durch Befall der Produkte mit mycotoxigenen Pilzen, häufiger aber durch Aufnahme mycotoxinhaltiger Futtermittel durch die Tiere (carry over).

Ursachen für den zunehmenden Mycotoxingehalt von Nahrungs- und Futtermitteln sind die hohe Anfälligkeit unserer Hochleistungspflanzenrassen für Pilzinfektionen auf ungünstigen Standorten bei unharmonischer Düngung, der Einsatz selektiv wirkender Agrochemikalien und das Erntegut schädigende maschinelle Erntetechnologien. Ungünstige Lagerbedingungen, Luftzutritt bei der Silierung und lange Lagerzeiten begünstigen die Ausbreitung der Infektion und die Mycotoxinbildung zusätzlich. Importe von Nahrungs- und Futtermitteln aus subtropischen und tropischen Ländern stellen einen weiteren Risikofaktor dar.

Die Effekte der Mycotoxine im menschlichen und tierischen Organismus lassen sich im wesentlichen auf folgende Wirkungsmechanismen zurückführen:

- Wechselwirkung mit Zellmembranen, z. B. durch die Cytochalasine, Penicillinsäure oder Citrinin,
- Beeinflussung des Energiestoffwechsels der Zellen, z. B. durch Citreoviridin, Cyclochlorotin oder Aflatoxin B_1,
- Wechselwirkung mit Nucleinsäuren oder Proteinen, z. B. bei Aflatoxinen, Ochratoxinen und Rubratoxinen,
- Hemmung der Biosynthese der DNA (Replikation), z. B. durch Aflatoxin B_1, Citrinin, Trichothecene,
- Hemmung der Biosynthese der RNA (Transskription), z. B. durch Aflatoxin B_1, Ochratoxin A, Patulin und Trichothecene,
- Hemmung der Proteinsynthese (Translation), z. B. durch Aflatoxin B_1, Citrinin, Ochratoxin A und Rubratoxin,
- Effekte auf den Lipidstoffwechsel, z. B. durch Citrinin und Aflatoxine,
- hormonale Effekte, z. B. bei den Zearalenonen, und
- Wechselwirkung mit dem Cytoskelett, z. B. bei den Cytochalasanen.

Oftmals handelt es sich um kombinierte Effekte, die in vivo außerdem stark von den jeweils entstehenden Metaboliten abhängig sind (21, 22, 140, 147, 148, 239, 317).

Aus den allgemeinen Wirkungsmechanismen resultieren als Vergiftungssymptome hauptsächlich hepatotoxische und hepatocarcinogene (z. B. bei Aflatoxinen, Sterigmatocystinen), nephrotoxische (z. B. bei Ochratoxinen, Citrinin), neurotoxische (z. B. bei

Citreoviridin, Tremorgenen), teratogene (z.B. bei Aflatoxinen und Ochratoxinen) und immunsuppressive (z.B. bei Trichothecenen) Wirkungen.

Durch kurzfristige Aufnahme größerer Toxinmengen hervorgerufene akute Mycotoxikosen treten in Mitteleuropa nur bei Nutztieren auf. Eine wesentlich größere Rolle für Menschen und Tiere spielen chronische Mycotoxikosen, die sich bei Aufnahme des Toxins über einen längeren Zeitraum hinweg entwikkeln. Ein besonderes Risiko stellt die carcinogene Wirksamkeit vieler Mycotoxine dar, die häufig durch den gleichzeitigen immunsuppressiven Effekt noch unterstützt wird (226). Nicht selten kommen sekundär bakterielle Infektionen hinzu.

Epidemiologische Untersuchungen machen deutlich, daß durch Mycotoxine verursachte Erkrankungen vor allem in wenig industrialisierten Ländern Asiens und Afrikas relativ häufig sind. Ursachen dafür dürften die für das Pilzwachstum günstigen klimatischen Bedingungen und das oft unzureichende Nahrungsangebot sein.

Erkrankungen des Menschen, bei denen ein ursächlicher Zusammenhang mit der Aufnahme von Mycotoxinen angenommen bzw. bewiesen wird, sind:

- der Ergotismus,
- Aflatoxikosen, die sich vorwiegend als Hepatitis oder Leberkrebs äußern,
- «Kwashiorkor», eine besonders afrikanische Kinder befallende Krankheit, bei deren Pathogenese Aflatoxine eine entscheidende Rolle spielen sollen (267),
- die akute kardiale Beriberi, eine in Asien auftretende Herzkrankheit, die durch das Wachstum von *Penicillium citreonigrum* (bildet Citreoviridin) auf ungenügend getrocknetem Reis zustande kommt,
- die alimentäre toxische Aleukie, die besonders während und nach dem 2. Weltkrieg in der UdSSR viele Todesopfer gefordert hat; sie wird durch Trichothecene, die in mit Fusarien befallenem überwintertem Getreide gebildet werden, verursacht und führt z.B. zu Knochenmarksinsuffizienz; möglicherweise sind auch an der Entstehung der Pellagra Trichothecene beteiligt,
- die KASHIN-BECK-Erkrankung, die bei Kindern durch Störungen der Skelettentwicklung gekennzeichnet ist und auf Fusarientoxine zurückgeführt wird,
- die endemische Nephropathie des Balkans, für die möglicherweise Ochratoxine und Citrinin verantwortlich sind und an der oftmals ganze Familien im südöstlichen Europa (besonders im Donaugebiet) erkranken,
- die «Gelbe Reistoxikose» («yellow rice syndrome»), eine in Asien auftretende Leberkrankheit, deren Ursache pilzbefallener Reis ist; verantwortliche Mycotoxine sollen Anthracen-Derivate, Islanditoxin und Cyclochlorotin sein,
- Onyalai, eine endemisch in Afrika zu beobachtende Krankheit mit Schädigungen der Mundschleimhaut, die durch von *Phoma sorghina* gebildete Toxine ausgelöst wird.

Es ist anzunehmen, daß auch an der Entstehung vieler Tumoren mit der Nahrung aufgenommene Mycotoxine beteiligt sind. So werden Fusarien-Toxine für die hohe Inzidenz von Speiseröhrenkrebs in der Transkei verantwortlich gemacht (21, 82, 147, 229, 239, 260, Ü 74).

Bei Tieren werden besonders folgende Mycotoxikosen beobachtet:

- Ergotismus,
- Stachyobotryotoxikose, eine durch die Toxine von *Stachybotrys alternans* verursachte, vor allem in Osteuropa beobachtete Erkrankung des Großviehs (Pferde), die durch Nekrosen, Hämorrhagien, neurologische und Atemstörungen gekennzeichnet ist (139),
- Aflatoxikose, die durch Aflatoxine kontaminierte Futtermittel ausgelöst wird und in vielen Fällen für den Tod von Rindern und anderen Tieren verantwortlich gemacht werden konnte,
- Nephropathie bei Schweinen, induziert durch Ochratoxin A und Citrinin,
- Lupinose, die durch das Gift von *Phomopsis leptostromiformis*, einem auf Lupinen lebenden Pilz, verursacht wird,
- Slaframintoxikose, verursacht durch *Rhizoctonia leguminicola* (auf Klee lebend),
- faciales Ekzem, besonders bei Schafen in Australien beobachtet und verursacht durch *Sporidesmium bakeri*,
- «Dendrodochis toxicosis», ausgelöst durch Roridine und Verrucarine aus *Dendrochium toxicum*, vor allem bei Pferden,
- östrogenes Syndrom, insbesondere bei Schweinen und verursacht durch Zearalenone.

Darüber hinaus wird die Beteiligung von Mycotoxinen an neurologischen Störungen bei Tieren, Fertilitätsstörungen und Aborten vermutet (19, 87, 147, 255).

Die Behandlung von Mycotoxinvergiftungen kann nur symptomatisch erfolgen. Wichtig ist die Vorbeugung durch Vermeiden von Schimmelpilzbefall von Pflanzen sowie Nahrungs- und Futtermitteln, ständige Kontrolle auf Mycotoxine in Futter- und Nahrungsmitteln und, falls ein unvertretbar hoher Gehalt festgestellt wird, Vernichtung der entsprechenden Produkte. Die Entfernung des Pilzmycels allein genügt nicht.

4.9.2 Patulin, Mycophenolsäure, Butenolid, Moniliformin

Patulin (Expansin, Clavatin, Claviform, Abb. 4-20) ist ein α,β-ungesättigtes Lacton, das als Gemisch des R- und S-Stereoisomers vorkommt. Es ist in Wasser und organischen Lösungsmitteln löslich, ist säurestabil und alkalilabil.

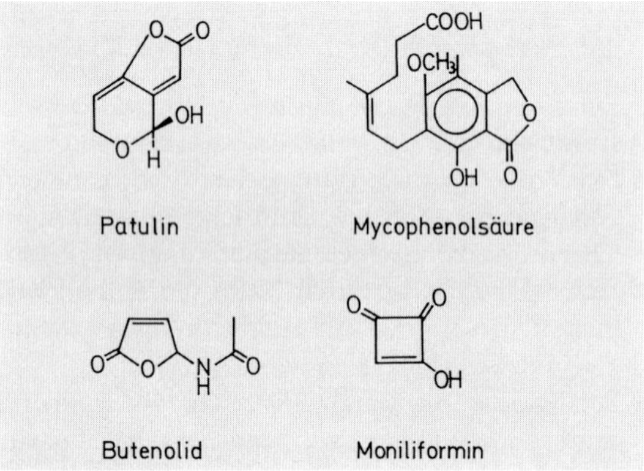

Abb. 4-20

Es wird von *Penicillium*-Arten (z. B. *P. patulum, P. urticae, P. expansum, P. claviforme, P. equinum, P. lapidosum, P. roqueforti, P. cyclopium*), *Aspergillus*-Arten (z. B. *A. clavatus, A. terreus, A. giganteus*), *Paecilomyces varoti, Byssochlamys nivea* und *B. fulva* gebildet und ist besonders in Früchten enthalten, die von der Braunfäule befallen sind, ausgelöst durch verschiedene *Penicillium*-Arten, z. B. *P. expansum*.

Besonders häufig kommt Patulin infolgedessen in Fruchtsäften vor, z. B. in Apfelsaft (bis 45 mg/l, 263, in der Regel aber nicht über 100 µg/l in Handelsprodukten, 22, 121, 263). Aber auch in Backwaren, z. B. Brot (bis 0,16 mg/kg), wurde es nachgewiesen. Durch Reaktion mit SH-Gruppen von Cystein oder Glutathion wird es entgiftet, so daß es in rohem Fleisch, in Rohwurst und Käse, wenn überhaupt, nur in sehr geringen Konzentrationen gefunden wird (241). Auch in Wein und anderen Gärungsprodukten ist es nicht nachweisbar (263).

Patulin ist ein Tetraketid, bei dessen Bildung intermediär 6-Methylsalicylsäure und Gentisinaldehyd auftreten. Letzterer wird nach Ringspaltung in Patulin umgelagert (81, 130, 205).

Die Toxizität von Patulin beruht auf seiner durch die Dienon-Struktur bedingten Fähigkeit zur Alkylierung von Enzymen und Nucleinsäuren. Es hemmt die RNA- und Proteinsynthese. Nach peroraler Zufuhr wurden keine carcinogenen Wirkungen beobachtet (199). Die LD_{50} beträgt für Mäuse 35 mg/kg, p. o., 10 mg/kg, s. c., und 15 mg/kg, i. p. (22, 48, 215, 218, 240, 324).

Mycophenolsäure (Abb. 4-20) wird von einigen *Penicillium*-Arten, z. B. *P. stoloniferum, P. brevi-compactum, P. viridicatum* und *P. roqueforti*, aber auch von *Verticicladia abietina* und *Septoria nodorum* gebildet. Hauptquelle für den Menschen ist der Käse (23–38% positive Befunde, 0,01–15 mg/kg), besonders der Roquefortkäse.

Die Biogenese der Mycophenolsäure erfolgt aus einem Farnesylrest und vier Acetatresten. Die Seitenkette wird schrittweise auf 6 C-Atome verkürzt (22).

Mycophenolsäure hat für Mäuse bei peroraler Zufuhr eine LD_{50} von 2500 mg/kg. Das Vorkommen von Mycophenolsäure im Käse hat nach bisherigen Erkenntnissen keine negativen Auswirkungen auf die menschliche Gesundheit (148).

Butenolid (Abb. 4-20) wird von verschiedenen *Fusarium*-Arten gebildet. Die Pilze gedeihen auf Gräsern, besonders *Festuca*-Arten.

Butenolid ruft im Tierversuch Hautreaktionen und Hämorrhagien hervor. Die LD_{50} liegt bei 43,6 mg/kg, i. p., und 275 mg/kg, p. o., Maus.

Moniliformin (Abb. 4–20) ist ebenfalls ein Mycotoxin der Gattung *Fusarium*. Es wurde zuerst aus *Fusarium moniliforme* isoliert. Hauptsächlich kommt es in kontaminiertem Getreide vor. Im Mais wurden 80–12 000 µg/kg nachgewiesen. Es ist vermutlich ein Diketid (129).

Moniliformin ist ein Hemmstoff des Energiestoffwechsels (147). Die akute Toxizität ist gering. Für Mäuse liegt die LD_{50} bei 2500 mg/kg, p. o., bzw. 450 mg/kg, i. v., für Ratten bei 700 mg/kg, p. o., bzw. 550 mg/kg, i. v. Ratten zeigen bei täglicher Aufnahme von 30 mg/kg der Verbindung Gewichtsverlust und Lethargie und sterben nach etwa 9 Wochen durch Herzversagen infolge Anämie (22).

4.9.3 Penicillinsäure

Penicillinsäure (Abb. 4-21) ist mit dem Patulin biogenetisch eng verwandt. Produzenten sind *Penicillium*-Arten (z. B. *P. puberulum, P. cyclopium, P. roqueforti, P. griseum, P. chrysogenum*), einige *Aspergillus*-Arten (z. B. *A. ochraceus, A. sulphureus, A. melleus*) und *Paecilomyces ehrlichii*. Einige von ihnen verursachen

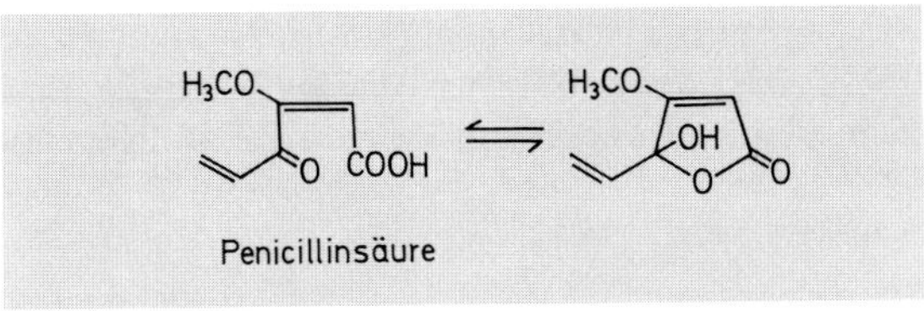

Abb. 4-21

die Blauverfärbung von Mais (blue eye disease). Sie wurde u. a. in Mais und Bohnen nachgewiesen (5–230 μg/kg, 22, 304).

Zwischenprodukt der Biogenese dieses Tetraketids ist die Orsellinsäure (22).

Penicillinsäure wirkt nach wiederholter subcutaner Injektion bei Ratten und Mäusen carcinogen. Die Substanz zeigt aber auch antivirale und cytotoxische Effekte. Die LD_{50} beträgt bei der Maus 5 mg/kg, i. v., und 2,2 mg/kg, s. c. (22).

4.9.4 Citrinin

Citrinin (Abb. 4-22) ist ein Isochromanderivat. Es ist fast wasserunlöslich, löslich in Ethanol, Dioxan und wäßrigen Alkalien. Es wird von *Penicillium*-Arten, u. a. von *P. citrinum, P. viridicatum, P. citreoviride, P. implicatum, P. jensenii, P. lividum, P. expansum, P. odoratum, P. roqueforti, P. claviforme*, einigen *Aspergillus*-Arten, z. B. *A. terreus, A. flavipes, Phytium ultimum*, und *Clavariopsis aquatica* produziert. Die Citrininbildner erzeugen häufig gleichzeitig Patulin, Citreoviridin und Ochratoxin A. Es wird allein oder mit diesen Mycotoxinen gemeinsam vor allem in Getreidefrüchten gefunden (0,07–80 mg/kg, 337). Aber auch in zur Förderung der Reifung mit Schimmelpilzen beimpften Fleischwaren, auf Landschinken, im Käse und in verschimmelten Backwaren (bis 0,4 mg/kg in Weizenbrot) wurde es nachgewiesen (22, 48, 121, 241, 341).

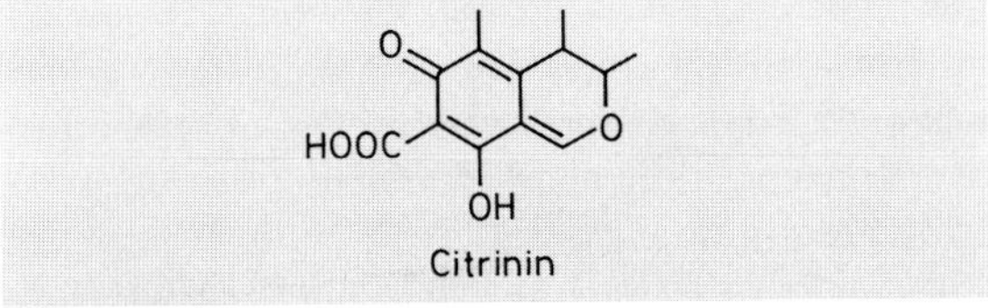

Abb. 4-22

Seine Biogenese erfolgt aus fünf Acetateinheiten (Pentaketid) und drei C_1-Körpern (22, Ü 72).

Citrinin beeinflußt die Permeabilität von Membranen, die Konzentration von Transmittern im ZNS, die Aktivität von Leberenzymen, den Lipidstoffwechsel und die Nucleinsäure- sowie Proteinsynthese. Aus den zahlreichen Angriffspunkten resultieren u. a. nephrotoxische (tubuläre Nekrosen, chronische Nierendegeneration), carcinogene, embryotoxische und teratogene Effekte. Die LD_{50} liegt für Mäuse bei 110 mg/kg, p. o., und 35 mg/kg, i. p. Neben den Ochratoxinen wird Citrinin als eine Ursache für Nierenerkrankungen bei Schweinen und wahrscheinlich auch beim Menschen angesehen (22, 48, 82, 218, 324).

4.9.5 Anthracen-Derivate

Über 30 monomere und dimere Anthracen-Derivate (Abb. 4-23) wurden als Produkte einer sehr großen Vielzahl von Schimmelpilzen nachgewiesen. Zu den Produzenten gehören u. a. *Penicillium avellanum, Aspergillus aculeatus, Cladosporium fulvum, Chaetomium elatum, Phoma foveata* (Emodin), *P. cyclopium, P. wortmanni, P. variabile, P. rugulosum, P. tardum, Myrothecium verucaria* (alle Rugulosin), *Aspergillus chevalieri, Ascochyta pisi, Chaetomium elatum* (Physcion) und *P. islandicum* (u. a. Luteoskyrin, Rugulosin, Chrysophanol, Flavoskyrin, Islandicin).

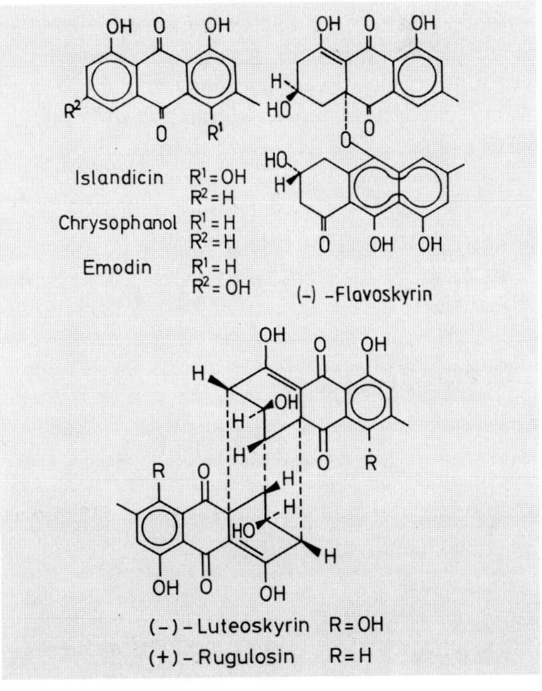

Abb. 4-23: Anthracenderivate als Mycotoxine

Über ihr Vorkommen in Nahrungs- und Futtermitteln ist noch sehr wenig bekannt. Von *P. islandicum* gebildete Anthracenderivate, besonders Luteoskyrin, wurden in gelagertem Reis und in Soja-Produkten nachgewiesen. Rugulosin wurde auch in Rohwürsten gefunden, wenn sie bei etwa 25 °C gelagert worden waren (22, 48, 241, 318, 341).

Der Anthracengrundkörper der genannten Mycotoxine wird aus acht Acetatresten aufgebaut (Octaketide, 22).

Die Anthracen-Derivate wirken über die Hemmung der RNA-Synthese, die Wechselwirkung mit Nucleinsäuren und die Beeinflussung von Atmung und oxidativer Phosphorylierung (teilweise als Entkoppler) cytotoxisch, hepatotoxisch, carcinogen und mutagen. Nach intraperitonealer Applikation liegt die LD_{50} von (−)-Luteoskyrin für die Maus bei 40,8 mg/kg, die von (+)-Rugulosin für die Maus bei 83,0 mg/kg und für die Ratte bei 44 mg/kg. Von Emodin sind 3,7 mg/kg, p. o., letal für Eintagsküken (22, 48, 218, 240, 324). Luteoskyrin und Rugulosin werden für die «Gelbe Reistoxikose» («yellow rice syndrome») mitverantwortlich gemacht (82).

4.9.6 Citreoviridin

Citreoviridin (Citreoviridin A, Abb. 4-24) besitzt einen 6gliedrigen, doppelt ungesättigten Lactonring. Es wird besonders von *P. citreoviride (P. toxicarium), P. charlesii, P. ochrosalmoneum, P. citrinum, P. miczynskii, P. pulvillorum, P. fellutanum* und *Aspergillus terreus* gebildet. Erstmals wurde es in kontaminiertem Reis («yellow rice») nachgewiesen. Es ist auch als in Fleischprodukten vorkommendes Mycotoxin von Bedeutung (48, 241).

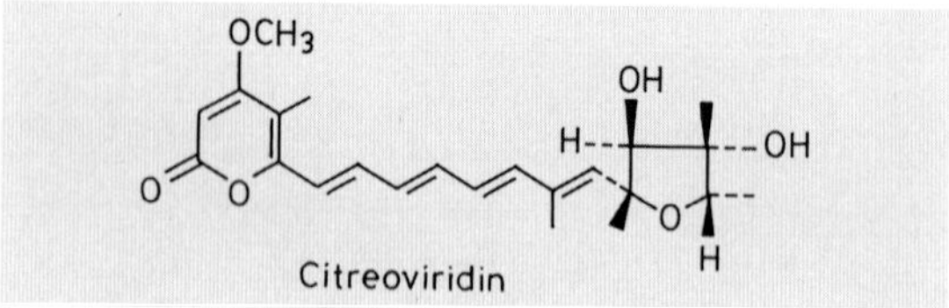

Abb. 4-24

Seine Biogenese erfolgt aus neun Acetateinheiten (Nonaketid) und fünf C_1-Körpern (22).

Citreoviridin greift in den Energiestoffwechsel ein und hemmt z. B. die ATPase-Aktivität. Die Bindung erfolgt an die β-Untereinheit der ATPase. Es wirkt vorwiegend neurotoxisch und verursacht schwere Störungen der Herztätigkeit (kardiale Beriberi). Die LD_{50} beträgt bei männlichen Mäusen 7,2 mg/kg, i. p., 11 mg/kg, s. c., und 29 mg/kg, p. o. (22, 48, 218, 240, 324).

4.9.7 Zearalenone

Zearalenone (Abb. 4-25) sind β-Resorcylsäurelactone mit 14gliedrigem Lactonring. Sie sind sehr schwer wasserlöslich, gut löslich in Alkalien und organischen Lösungsmitteln. Es sind 13 weitere Vertreter dieser Gruppe bekannt. In kontaminierten Nahrungs- und Futtermitteln wurden jedoch vorwiegend Zearalenon (F-2-Toxin), seltener Zearalenol gefunden, die übrigen Vertreter wurden aus Kulturmedien der Pilze isoliert (Ü 6, 44, 184).

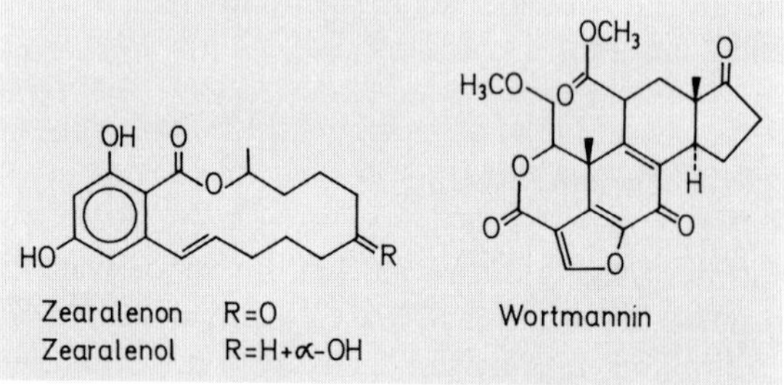

Abb. 4-25: Zearalenone und Wortmannin als Mycotoxine

Zearalenon ist 1962 erstmals von Stob und Mitarbeitern isoliert worden (285). Seine Struktur wurde 1966 von Urry und Mitarbeitern aufgeklärt (320).

Als Produzenten sind bekannt: *Gibberella zeae* (perfekte Form von *Fusarium graminearum* und *F. roseum*), *G. fujikuroi* (perfekte Form von *F. moniliforme*) und etwa 15 *Fusarium*-Arten, z. B. *F. graminearum, F. roseum, F. moniliforme, F. oxysporum, F. sambucinum, F. sporotrichoides, F. nivale* und *F. solani*. Hauptsubstrat der Pilze sind Getreidefrüchte, die bereits auf dem Felde befallen und bei Lagerung mit Feuchtegehalten über 23% vom Pilz weiter durchwachsen werden. Die Kontaminationshäufigkeit beträgt 9—17% (weltweit bis 43%). Die ermittelten Konzentrationen an Zearalenon betrugen bis 900 µg/kg im Mais, bis 8000 µg/kg im Weizen, bis 1500 µg/kg in Gerste und Malz (auch im Bier nachweisbar), bis 50 000 µg/kg im Getreidestaub und bis 450 µg/kg in Walnüssen. Wegen seiner Hitzeresistenz übersteht es auch den Backprozeß. Bei Aufnahme großer Mengen durch Milchvieh kann es teilweise in der Milch erscheinen (6, 85, 241).

Zearalenone sind aus neun Acetatresten aufgebaute Polyketide (Nonaketide, 183).

Sie greifen an Östrogenrezeptoren an. α-Zearalenol, das im Organismus aus Zearalenon gebildet wird, ist ca. 10mal stärker östrogen wirksam als die Ausgangsverbindung (317). Die östrogene Aktivität zeigt sich bei weiblichen Tieren in Vergrößerung der Genitalien und der Zitzen, Geschwulstbildung im Genitalbereich, Ovarienatrophie und Unfruchtbarkeit, bei männlichen Tieren in Feminisierung. Auch cytotoxische, mutagene, teratogene und carcinogene Wirkungen von Zearalenonen sind bekannt.

Die LD_{50} von Zearalenon ist mit 500 mg/kg für Mäuse und 5490 mg/kg für männliche Ratten, i. p., sehr hoch. Bei peroraler Zufuhr liegt sie zwischen 5 und 20 g/kg (22, 82, 117, 218, 317, 341).

Vergiftungen durch Zearalenone wurden bisher nur bei Haustieren, besonders Schweinen, beobachtet. Die in für die menschliche Ernährung bestimmten Getreideprodukten gefundenen Zearalenonmengen dürften nicht ausreichen, um Menschen zu gefährden (6).

Derivate der Zearalenone werden wegen ihrer anabolen Wirkung in der Veterinärmedizin eingesetzt.

Von *Fusarium oxysporum* wird auch das Octaketid Wortmannin (Abb. 4-25) gebildet. Im Tierversuch führt es zu Hämoglobinurie, Nekrosen der Thymusdrüse, der Milz und der Lymphknoten des Darmes (94).

4.9.8 Sterigmatocystine, Versicolorine

Sterigmatocystine sind Difuranoxanthonderivate (Abb. 4-26). Sie werden neben den biogenetisch eng verwandten Difuranoanthrachinonen, den Versicolorinen, von *Aspergillus versicolor, A. flavus* und anderen *Aspergillus*-Arten gebildet. Sterigmatocystine werden auch von *A. nidulans, A. sydowi, Penicillium luteum, Chaetomium-* sowie *Emericella*-Arten und *Bipolaris sorokiana* produziert (52, 303). Wesentliche Vertreter sind Sterigmatocystin und Versicolorin A.

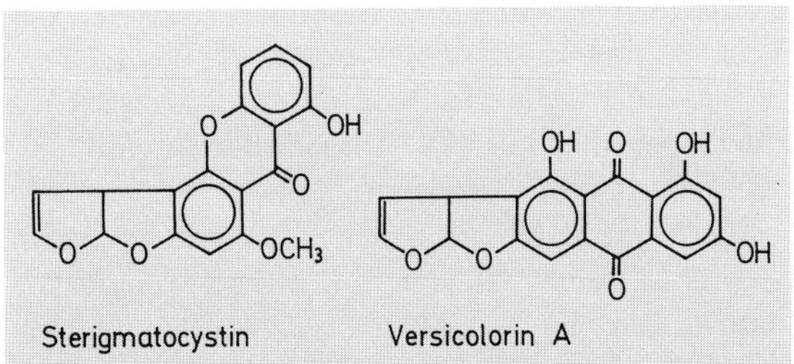

Abb. 4-26: Mycotoxine der Sterigmatocystin-Gruppe

A. versicolor (s. Farbtafeln, Bild 4-11) kommt u. a. auf Getreidekörnern, Früchten, Marmeladen, Käse und Landschinken vor. Sterigmatocystin wurde in verschimmelten Getreidekörnern und den äußeren Schichten von Hartkäse (300–600 μg/kg) gefunden (22, 326).

Biogenetisch sind Sterigmatocystine und Versicolorine aus Acetatresten aufgebaute Dekaketide. Die Versicolorine können in Sterigmatocystine und letztere in Aflatoxine übergehen.

Sterigmatocystin wirkt hepato- und nephrotoxisch. Die LD_{50} beträgt bei männlichen Ratten 166 mg/kg, p. o., 60 mg/kg, i. p., bei weiblichen Ratten 120 mg/kg, p. o., und bei männlichen Affen 32 mg/kg, i. p. (48, 218, 303, 324, 338). Im Vergleich zur relativ geringen akuten Toxizität besitzt Sterigmatocystin beträchtliche carcinogene Wirksamkeit.

Auch die Versicolorine zeichnen sich durch ihre genotoxische Aktivität aus (148).

4.9.9 Aflatoxine

Aflatoxine sind Difuranocyclopentanocumarine oder Difuranopentanolidocumarine (Abb. 4-27). Es sind etwa 20 Aflatoxine bekannt, die aus dem Stoffwechsel von Pilzen hervorgehen. Zahlreiche weitere entstehen nur oder auch durch Biotransformation im menschlichen bzw. tierischen Organismus (z. B. Aflatoxin M_1, Aflatoxin M_2, Aflatoxin GM_1, Aflatoxin GM_2, 208) oder durch Einwirkung von Mikroorganismen (z. B. Aflatoxicol). In natürlichen Substraten vorkommende Hauptprodukte sind Aflatoxin B_1 und Aflatoxin B_2 (B = blau fluoreszierend) sowie Aflatoxin G_1 und Aflaxtoxin G_2 (G = grün fluoreszierend).

Sie wurden 1961–1962 erstmals isoliert (254, 321). Die Struktur der Aflatoxine B_1 und G_1 wurde 1965 durch Asao und Mitarbeiter aufgeklärt (11, Übersichten zur Chemie: 6, 22, 33, 44, 90, 145, 159, 217, 241, 246).

Aflatoxine haben relativ hohe Schmelzpunkte (195–320 ° C), sind schlecht wasserlöslich (10–30 μg/kg), aber gut löslich in Methanol oder Dimethylsulfoxid. Sie sind hitzestabil und werden beim Kochen oder Backen nur zu einem geringen Teil zerstört (22, 286).

Die Biosynthese erfolgt aus 10 Acetateinheiten (Dekaketide), dabei treten als Zwischenprodukte Versicolorine und Sterigmatocystine auf (22, 282, 284, 351).

Die Bildung der Aflatoxine erfolgt durch Stämme der eng verwandten *Aspergillus*-Arten *A. flavus* (siehe

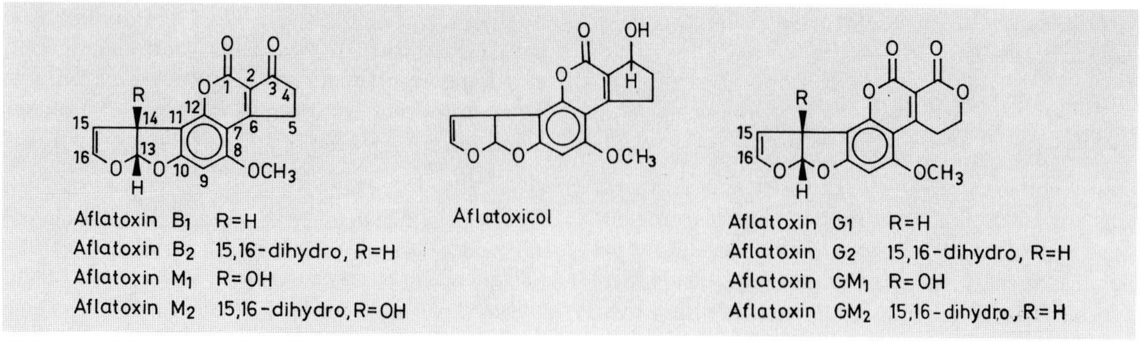

Abb. 4-27: Mycotoxine der Aflatoxin-Gruppe

S. 72, Bild 4-12), *A. parasiticus* und *A. nomius.* Die Pilze gedeihen bei einem Wassergehalt von mindestens 18% auf stärkehaltigen und von etwa 10% auf ölhaltigen Substraten, parasitieren aber auch auf lebenden Pflanzen. In einem Temperaturbereich von 7,5—40 ° C (Optimum zwischen 25 und 30 ° C) bilden sie Aflatoxine.

Besonders häufig werden Aflatoxine gefunden in Erdnüssen, Baumwollsamen, Getreidefrüchten (hauptsächlich von Mais, seltener Weizen, Reis, Gerste, Roggen, Hirse, Hafer), Haselnüssen, Walnüssen, Paranüssen, Pecannüssen, Pistazienkernen, Sonnenblumenkernen, Copra und Tierfutter pflanzlichen Ursprungs. Der Befall mit den aflatoxigenen Pilzen erfolgt meistens vor der Ernte, so daß ein Teil der Aflatoxine bereits bei der Ernte in den Samen bzw. Früchten enthalten ist. Weltweite Untersuchungen zeigten in den positiven Proben bei Erdnüssen sowie Erdnußprodukten Durchschnittswerte von 0,2 bis 2000 μg Aflatoxine/kg, bei Mais sowie Maisprodukten von 0,1 bis 80 μg/kg und bei Nüssen bzw. Pistazienkernen 1 bis 8 μg/kg, 129). Auch in Gewürzen und Drogen wurden Aflatoxine nachgewiesen (z. B. bis 1200 μg/kg in Pfefferkörnern, 250). Die in Mitteleuropa hergestellten Weizen- und Roggenmehle sowie die daraus hergestellten Teigwaren erwiesen sich als weitgehend frei von Aflatoxinen (273).

In den einzelnen Ländern sind unterschiedliche Höchstmengen an Aflatoxinen in Nahrungsmitteln zulässig, die nicht überschritten werden dürfen und die unter dem von der WHO empfohlenen Höchstwert von 30 μg/kg liegen (10—20 μg/kg, 259).

Bei der häufig auftretenden Kontamination des Tierfutters können Aflatoxine und ihre ebenfalls toxischen Biotransformationsprodukte in der Milch, in Milchprodukten und, nur bei experimenteller Verfütterung großer Aflatoxinmengen, auch in Eiern und Fleisch nachgewiesen werden (307). Es werden zwischen 0,17—3,0% der verfütterten Menge in der Milch ausgeschieden, hauptsächlich in Form von Aflaxotin M_1. Die Aflatoxingehalte der Milch sind sehr gering. In Deutschland ermittelte Werte für Trinkvollmilch lagen zwischen 0,2 und 67 ng/kg, für Milchpulver zwischen 2,3 und 31 ng/kg (101). Bei der Käsebereitung kann eine Anreicherung und eine zusätzliche Mycotoxinbildung durch kontaminierende Pilze erfolgen. Die nachgewiesenen Mengen lagen in den positiven Proben (44 bzw. 20%) zwischen 100 und 2100 ng/kg für Aflatoxin M_1 und 1000 und 50 000 ng/kg für Aflatoxin B_1.

Wichtigster Angriffspunkt der Aflatoxine bzw. ihrer aktiven Metabolite, der 2,3-Epoxide, ist die DNA. Neben einer nichtkovalenten, reversiblen Bindung findet eine kovalente, irreversible Bindung an die Guaninbestandteile der DNA statt. Strukturvoraussetzung für diese irreversible Bindung ist das Vorhandensein des am Cyclopentanocumaringrundkörper anellierten Furofuranringsystems mit der Doppelbindung zwischen C-15 und C-16. Daraus folgt, daß die Aflatoxine B_1 und G_1 aktiver sind als B_2 und G_2 (140). Wichtig sind weiterhin die Substituenten am Cumarinringsystem. Aflatoxin G_1 und Aflatoxicol sind viel schwächer wirksam als Aflatoxin B_1 (22).

Aus der Alkylierung der DNA resultieren starke carcinogene, mutagene und teratogene Wirkungen der Aflatoxine. Eine Aktivierung von Onkogenen in durch Aflatoxine induzierten Rattenlebertumoren und daraus gewonnenen Zellinien wurde nachgewiesen (103). Aflatoxin B_1 ist das stärkste bisher bekannte Lebercarcinogen natürlicher Herkunft (199).

Aflatoxin B_1 reduziert auch die Aktivität der RNA-Polymerase, beeinflußt Enzyme des Kohlenhydrat- und Lipid-Stoffwechsels und hemmt den Elektronentransport in Mitochondrien auf der Ebene der Cytochromoxidase (140).

Die Biotransformation der Aflatoxine erfolgt in der Leber durch das Cytochrom-P_{450}-System. Als Hauptmetabolite von Aflatoxin B_1 wurden im Urin von Ratten und ebenso beim Menschen ein Guanin-Aflatoxin B_1-Addukt, das 15,16-Dihydro-15-(N-7-

Bild 4-4: *Ginkgo biloba*, Ginkgobaum

Bild 4-5: *Philodendron scandens*, Kletternder Baumfreund

Bild 4-6: *Primula obconica*, Gift-Primel

Bild 4-7: *Phacelia tanacetifolia*, Rainfarn-Phacelie

Bild 4-8: *Cannabis sativa*, Hanf

Bild 4-9: *Cosmos bipinnatus*, Kosmee

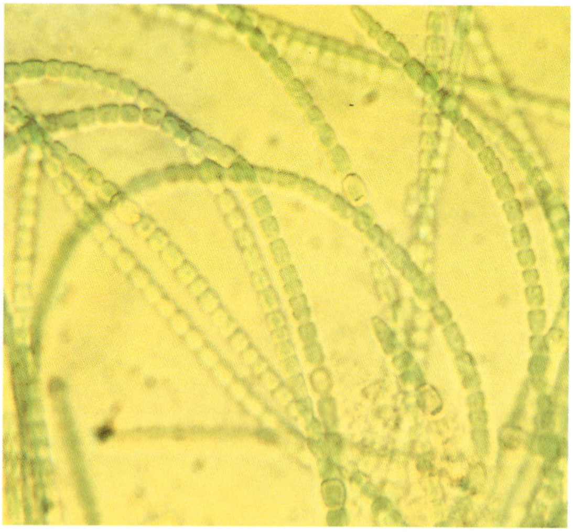

Bild 4-10: *Anabaena spec.*, Vergrößerung 630 ×

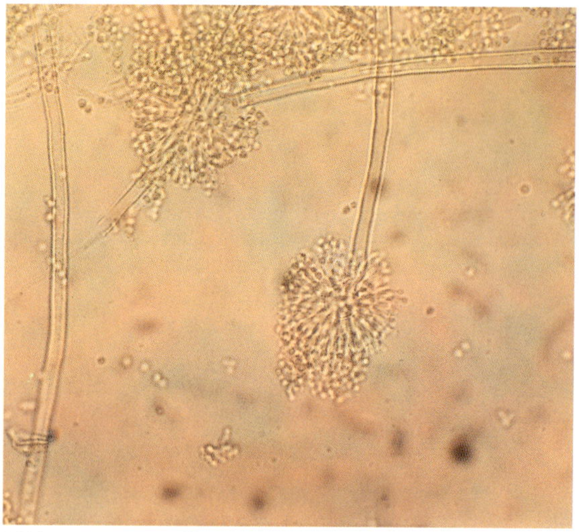

Bild 4-11: *Aspergillus versicolor*

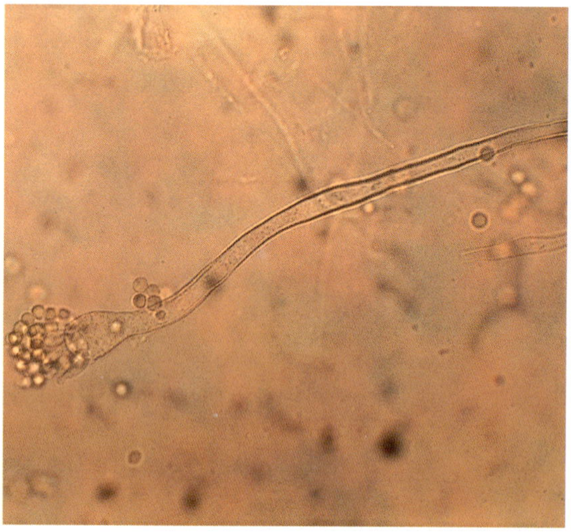

Bild 4-12: *Aspergillus flavus*

Bild 4-13: *Palythoa spec.*

Bild 4-14: *Coccinella septempunctata*, Siebenpunkt, Marienkäfer

Bild 6-1: *Thuja occidentalis*, Abendländischer Lebensbaum

guanyl)-16-hydroxy-aflatoxin B_1 sowie die Hydroxylierungsprodukte Aflatoxin M_1 und P_1 gefunden (92).

Aflatoxine wirken in erster Linie hepatotoxisch und hepatocarcinogen. Die akuten Leberschädigungen sind durch Zerstörung der Hepatocyten und Gallengangsproliferation charakterisiert. Extrahepatisch kommt es nach Aufnahme von Aflatoxin B_1 zu Hämorrhagien in Lunge, Niere und Nebenniere. Bei Ratten wurden außer Leberkrebs auch Carcinome anderer Organe gefunden.

Klinische Symptome einer akuten Aflatoxinvergiftung (Aflatoxikose) bei Tieren sind Wachstumsstillstand, Gewichtsverlust, schwerer Tenesmus und schließlich der Tod (6, 48, 82, 97, 217, 218).

Angaben zur akuten Toxizität von Aflatoxin B_1 sind in Tabelle 4-2 zusammengefaßt.

Tab. 4–2: Akute Toxizität von Aflatoxin B_1 (6, 33, 209)

Tierart	LD_{50} mg/kg
Kaninchen	0,3
Katze	0,55
Schwein	0,62
Hund	0,5–1,0
Schaf	1,0
Meerschweinchen	1,4
Ratte, männlich	7,2
Ratte, weiblich	17,9
Maus	9,0
Hamster	10,2

Der im Tierversuch (339) schon längere Zeit ermittelte Zusammenhang zwischen Aflatoxinaufnahme und einer erhöhten Inzidenz von Leberkrebs kann mittlerweile auch beim Menschen als erwiesen angesehen werden. Ergebnisse aus Untersuchungen in afrikanischen Ländern weisen das eindeutig aus. Aus ihnen ist auch eine deutlich höhere Empfindlichkeit von Männern für die schädigenden Wirkungen der Aflatoxine abzulesen (91).

Akute Erkrankungen des Menschen, bei denen ein ursächlicher Zusammenhang mit der Aufnahme von Aflatoxinen festgestellt wurde, sind unter 4.9.1 aufgeführt. In Indien kam es Mitte der 70er Jahre durch Verzehr von mit Aflatoxinen verunreinigtem Mais (Gehalt 0,25–15 mg/kg) zu akuter toxischer Hepatitis bei mehreren hundert Personen, von denen mehr als 100 starben (146, 297).

In Mitteleuropa dürften akute Vergiftungen, die Aflatoxinkonzentrationen im Bereich von mehreren Milligramm pro kg Nahrungsmittel erfordern, beim Menschen höchstens in Extremfällen auftreten. Nicht auszuschließen sind dagegen carcinogene und andere Spätwirkungen. Bei Tieren hingegen sind akute Aflatoxinvergiftungen auch in unseren Breiten möglich. Die in den 50er Jahren in den USA beobachtete «Hepatitis X» bei Hunden wurde wahrscheinlich durch mit Aflatoxinen kontaminiertes Hundefutter verursacht.

4.9.10 Rubratoxine

Rubratoxin A und Rubratoxin B (Abb. 4-28) haben einen Difuranocyclononan-Grundkörper. Sie werden von *Penicillium rubrum* und *P. purpurogenum* gebildet. Hauptprodukt ist Rubratoxin B. Rubratoxine wurden in Getreide, besonders im Mais, in Hülsenfrüchten und Sonnenblumenkernen nachgewiesen.

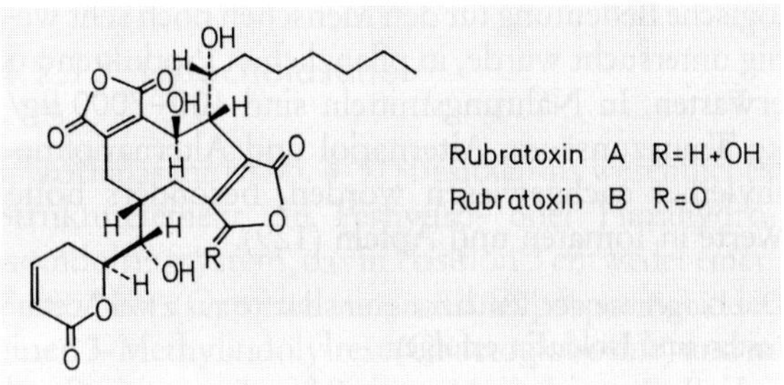

Abb. 4-28: Mycotoxine der Rubratoxin-Gruppe

An der Biogenese sind Acetatreste und zwei Oxalsäurereste beteiligt. Wahrscheinlich sind sie Dimere aus C_{13}-Monomeren (22).

Rubratoxine besitzen einen ungesättigten Lactonring und können infolgedessen alkylierend wirksam sein. Sie beeinflussen Lysosomen, Atmungskette und ATPasen. Haupttargetorgan ist die Leber. Bei Mäusen wurden embryotoxische und teratogene Effekte beobachtet. Die LD_{50} beträgt bei Mäusen 120 mg/kg, p. o., 3,5 mg/kg, i. p. (Lösung in Propylenglykol), bei der Ratte 0,35 mg/kg, i. p. (Lösung in DMSO, 22).

4.9.11 Tenuazonsäure

Alternaria-Arten bilden eine Vielzahl von Mycotoxinen (141). Von besonderem toxikologischem Interesse ist die Tenuazonsäure (Abb. 4-29). Sie wird von vielen *Alternaria*-Arten gebildet, z. B. von *A. alternata (A. tenuis)*, und kommt häufig zusammen mit

6 Monoterpene

6.1 Allgemeines

Die toxikologisch bedeutenden Monoterpene kann man nach ihrer Grundstruktur einteilen in:

- aliphatische Monoterpene vom 2,6-Dimethyloctan-Typ wie Myrcen, Geraniol, halogenierte aliphatische Monoterpene von Rotalgen und die Cycloether dieser Verbindungen wie die Aplysiapyranoide,
- aliphatische Monoterpene vom 3,3,6-Trimethylheptan-Typ wie die in den Pyrethrinen vorkommende Chrysanthemummonocarbonsäure,
- monocyclische Monoterpene mit Cyclohexanring, z. B. vom p-Menthan-Typ wie Thymol, Limonen bzw. Carvon, vom Camphan-Typ wie Campher oder Borneol bzw. vom Dimethyl-ethyl-cyclohexan-Typ wie viele halogenierte Monoterpene der Rotalgen,
- bicyclische Monoterpene, z. B. vom Thujan-Typ wie Thujon und Sabinen, vom Pinan-Typ wie α- oder β-Pinen bzw. die Paeonia-Monoterpene,
- Monoterpene mit Cyclopentanring, z. B. die Iridoide.

Besonders groß ist die Anzahl der flüchtigen Monoterpene, die in fast allen ätherischen Ölen höherer Pflanzen zu finden sind. Sie üben lokal appliziert Reizwirkung auf die Haut- und Schleimhaut aus und können in großen Dosen peroral gegeben toxische Effekte auslösen. Einige Komponenten ätherischer Öle besitzen besonders hohe Toxizität. Dazu gehören die Thujanderivate (Kap. 6.2), besonders das Thujon. Andere flüchtige Monoterpene sind Komponenten der Gifte der Termiten (Kap. 6.6).

Pinanderivate stellen die Hauptwirkstoffe der *Paeonia*-Arten dar (Kap. 6.3).

Schwerflüchtige Monoterpenester sind die Pyrethrine, die als sehr effektive Insektizide Einsatz finden (Kap. 6.4).

Die Iridoide haben vor allem als Komponenten der Insektengifte toxikologische Bedeutung (Kap. 6.5). Noch ungeklärt sind die Gefahren, die durch die iridoiden Valepotriate ausgelöst werden.

Cantharidin, das Wehrgift der Blasenkäfer, ist nur formalchemisch ein Monoterpen, biogenetisch ist es ein Abbauprodukt eines Sesquiterpens (Kap. 6.7).

Bemerkenswert sind auch die halogenierten Monoterpene der Rotalgen, die ichthyotoxische, insecticide, fungicide, baktericide und mutagene Wirkung besitzen (Kap. 6.8).

6.2 Thujanderivate

6.2.1 Toxinologie

Eine Reihe von Thujan-Derivaten, besonders Thujon, Umbellulon, Sabinen sowie Sabinol und dessen Ester (Abb. 6-1), werden für die Toxizität der sie enthaltenden ätherischen Öle und Pflanzen verantwortlich gemacht.

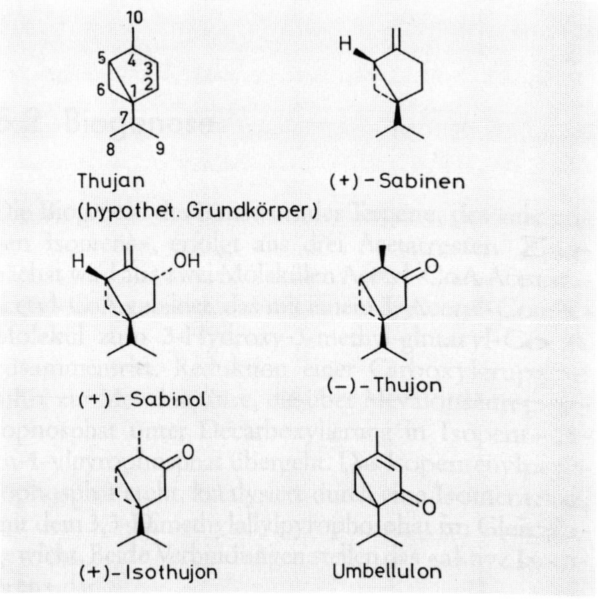

Abb. 6-1: Thujanderivate

Bild 6-2: *Artemisia absinthium*, Wermut

Bild 6-3: *Tanacetum vulgare*, Rainfarn

Bild 6-4: *Salvia officinalis*, Echter Salbei

Bild 6-5: *Juniperus sabina*, Sadebaum

Bild 6-6: *Juniperus communis*, Gemeiner Wacholder

Bild 6-7: *Paeonia tenuifolia*, Dünnblättrige Pfingstrose

Bild 6-8: *Chrysanthemum coccineum*, Rosenrote Wucherblume

Bild 6-9: *Valeriana officinalis*, Echter Baldrian

Bild 6-10: *Dlochrysa fastuosa* (Blattkäfer)

Bild 6-11: *Meloe violaceus*, Maiwurm

Bild 6-12: *Lytta vesicatoria*, die Droge Cantharides, Spanische Fliegen, liefernd

Bild 6-13: *Mylabris cichorii*, in einigen Ländern ebenfalls als Cantharides genutzt

Thujon (Konstitution 1900 durch SEMMLER aufgeklärt, 110) kommt in der Natur als (–)-Thujon ((1S,4R)-Thujan-3-on, α-l-Thujon, *cis*-Thujon, in einigen Arbeiten auch als (–)-Isothujon bezeichnet) und als (+)-Isothujon (1S,4S)-Thujan-3-on, β-d-Thujon, *trans*-Thujon, auch (+)-Thujon) vor. Die Gleichgewichtseinstellung zwischen beiden Isomeren (Gleichgewicht: 35% (–)-Thujon, 65% (+)-Isothujon) erfolgt unkatalysiert unmeßbar langsam. In der pharmakologischen Literatur wird zwischen beiden Isomeren meistens nicht unterschieden bzw. die Zusammensetzung des Isomerengemischs nicht ausgewiesen, obwohl die Isomeren erhebliche Differenzen in der Toxizität besitzen.

Toxikologisch bemerkenswerte Pflanzen, bei denen das (–)-Thujon im Gemisch der Isomeren dominiert, sind *Thuja*-Arten, einige Chemotypen von *Tanacetum vulgare* und von *Salvia officinale*. Bevorzugt (+)-Isothujon (neben wenig (–)-Thujon) wird von *Artemisia*-Arten sowie von einigen Chemotypen von *Tanacetum vulgare* und *Salvia officinale* gebildet.

(–)-Umbellulon ist der toxische Bestandteil des ätherischen Öls von *Umbellularia californica* MIESSN., Berglorbeer (Lauraceae, Lorbeerbaumgewächse), die in Nordamerika heimisch ist (38). Auch ein Chemotyp von *Tanacetum vulgare* enthält Umbellulon als Hauptbestandteil des ätherischen Öls.

Sabinen (Konstitution 1902 durch SEMMLER aufgeklärt, 109) kommt als (+)-Sabinen (R,R-Sabinen, α-Sabinen) in größeren Mengen im ätherischen Öl von *Juniperus*-Arten vor. Es soll neben (+)-Sabinol ((1S,3R,5S)-Thuj-4(10)-en-3-ol, *trans*-Sabinol, Konstitution 1900 durch SEMMLER aufgeklärt) und dessen Estern für die starke Reizwirkung des ätherischen Öls von *Juniperus sabina* verantwortlich sein.

Thujon hat neben seiner lokalen Reizwirkung nach Resorption zentralerregende und psychotomimetische Effekte. Bei Mäusen unterdrückt es die Schmerzempfindung (100). Chronische Zufuhr von Thujon hinterläßt bleibende Schäden des ZNS. Dazu kommen Störungen der Leber- und Nierenfunktion sowie der Herztätigkeit (Ü 70, Ü 85). Es wird aufgrund des lipophilen Charakters schnell über die Schleimhäute und auch über die intakte Haut resorbiert, die Elimination erfolgt vorwiegend über Niere und Lunge (Ü 73).

Vergiftungssymptome nach peroraler Aufnahme von toxischen Dosen von Thujon enthaltenden Pflanzenteilen und Zubereitungen sind Erbrechen, Leibschmerzen, Sehstörungen, Krämpfe, Arrhythmien, Kopfschmerzen sowie Zeichen von Nieren- und Leberschädigung. Da sich die Reizwirkungen reflektorisch auch auf den Uterus erstrecken, kann bei Schwangeren Abort ausgelöst werden (Ü 85, Ü 125). Der Tod kann durch Kreislauf- oder Atemstillstand eintreten (Ü 70).

Die LD_{50} von (–)-Thujon beträgt bei Mäusen 87,5 mg/kg, s.c., die von (+)-Isothujon 442,4 mg/kg (100).

Umbellulon (39) und Sabinen sowie Sabinol und dessen Ester üben ebenso wie Thujon Reizwirkungen aus (Ü 31, Ü 85). Die letale Dosis für Sabinol soll für den Menschen bei ca. 0,1–0,2 g liegen (?, Ü 73).

Nach Vergiftungen durch toxische Thujanderivate ist durch Magenspülung mit Aktivkohle bzw. durch Gabe von Brech- und Abführmitteln für eine primäre Giftentfernung zu sorgen. Daran schließen sich Gabe reizmildernder Pharmaka, reichlich Flüssigkeitszufuhr und wenn nötig symptomatische Maßnahmen an (Ü 70, Ü 73, Ü 85).

6.2.2 Thujon als Giftstoff von Pflanzen

6.2.2.1 Thujon in den Blättern der Lebensbäume *(Thuja-Arten)*

Zur Gattung *Thuja*, Lebensbaum (Cupressaceae, Zypressengewächse), gehören sechs Arten, die in Nordamerika oder Ostasien beheimatet sind. In Mitteleuropa werden als Zierbäume angebaut *Th. occidentalis* L., Abendländischer Lebensbaum (siehe S. 72, Bild 6–1), *Th. plicata* DONN ex D. DON, Riesen-Lebensbaum, in milden Lagen *Th. orientalis* L., Morgenländischer Lebensbaum, und selten auch *Th. standishii* CARR., Japanischer Lebensbaum. Besonders von *Th. occidentalis* gibt es sehr viele Sorten.

Die Blätter der genannten Arten enthalten 0,1–1,0% ätherische Öle, in denen Thujon vorkommt: bei *Th. occidentalis* 49–59% (–)-Thujon (neben etwa 7–10% (+)-Isothujon und 10–15% (–)-Fenchon, 151), bei *Th. plicata* 76–88% (–)-Thujon (neben 7–9% (+)-Isothujon und 1–8% Sabinen (69), andere Autoren fanden nur Spuren an Thujon und als Hauptbestandteile α-Pinen und Δ^3-Caren, 134) und bei *Th. orientalis* etwa 50% (–)-Thujon (neben 20% (+)-Isothujon, 13). *Th. standishii* enthält im ätherischen Öl maximal 1% (–)-Thujon neben den Hauptbestandteilen Fenchon, Fenchylacetat, Borneylacetat und β-Eudesmol (84, 151).

Als weitere Wirkstoffe kommen im Holz der *Thuja*-Arten Lignanderivate, z. B. Thujaplicatin, Dihydroxythujaplicatin, Plicatin (80) und Tropolonderivate, z. B. α-, β- und γ-Thujaplicin, vor (42, 122).

Äußerliche Anwendung von Lebensbaumzubereitungen, z. B. bei Rheuma und Gicht, kann starke lokale Reizwirkungen hervorrufen (Ü 70). Innerlich aufgenommen traten Vergiftungen bei Anwendung als Anthelminticum und Abortivum auf. Sie äußern sich in schwerer Gastroenteritis, tonisch-klonischen Krämpfen, Bewußtlosigkeit sowie Leber- und Nierenschäden (Ü 85, Ü 125). Pferde zeigten nach dem Abfressen von Zweigen des Lebensbaumes Vergiftungserscheinungen (Ü 68). Der Holzstaub von *Th. plicata* ist in der Lage, Histamin aus Lungengewebe freizusetzen und damit Asthmaanfälle auszulösen.

6.2.2.2 Thujon im Wermut (*Artemisia*-Arten)

Die Gattung *Artemisia*, Beifuß (Asteraceae, Korbblütengewächse), umfaßt etwa 200 Arten. Die Mehrzahl der Vertreter ist in Steppengebieten der nördlichen Erdhalbkugel heimisch. Für Mitteleuropa wird das Vorkommen von 24 Arten angegeben. Genannt seien der weit verbreitete Gemeine Beifuß, *Artemisia vulgaris* L., Wermut, *A. absinthium* L., Strand-Beifuß, *A. maritima* WILLD., Feld-Beifuß, *A. campestris* L., und die als Küchengewürze gebrauchten Arten *A. dracunculus* L., Estragon, und *A. abrotanum* L., Eberraute.

Von besonderem toxikologischem Interesse ist der Wermut, da sein an Thujon reiches ätherisches Öl als Bestandteil des Absinths (s. u.) dient, dessen Herstellung allerdings heute in den meisten Ländern verboten ist. Die zur Produktion von Wermutweinen und -likören benutzten wäßrigen Wermutextrakte enthalten neben den bitteren Sesquiterpenlactonen nur Spuren Thujon.

A. absinthium ist ein Halbstrauch, der bis 1,2 m hoch werden kann. Die 3fach fiederteiligen Blätter mit lanzettlichen, 2–3 mm breiten Zipfeln sind beiderseits dicht silbergrau behaart (siehe S. 89, Bild 6-2). Die Blütenköpfchen sind 2–4 mm breit und besitzen gelbe Blüten. Er kommt besonders an trockenen Ruderalstellen im gesamten Gebiet vor.

A. absinthium liefert 0,3–1,3% ätherisches Öl. Die Zusammensetzung ist sehr komplex (etwa 60 Verbindungen wurden isoliert) und stark abhängig vom Chemotyp. Hauptkomponenten sind Thujon (vorwiegend (+)-Isothujon neben wenig (-)-Thujon), insgesamt 10–80%, Thujylalkohol (vorwiegend (+)-Isothujylalkohol) und dessen Ester (besonders das Acetat), insgesamt 1–75%, und seltener auch Sabinylacetat (bis 28%) oder Epoxyocimen (16–57%, 11, 28, 102, 144).

Weitere erwähnenswerte Inhaltsstoffe des Wermuts sind eine Reihe Sesquiterpenlactone vom

- Guajanolidtyp, wie Artabsin (etwa 0,1%), Absinthin (dimer, etwa 0,2%, die beiden erstgenannten sind die Hauptbitterstoffe des Krautes), Isoabsinthin (dimer), Anabsin (dimer), Artenolid (dimer), Matricin, Artemolin, Artabsinolid A und Artabsinolid C,
- Germacranolidtyp, wie Artabin, Ketopelenolid A, Ketopelenolid B und Hydroxypelenolid sowie
- Eudesmanolidtyp, wie Arabsin.

Diese Sesquiterpenlactone haben durchweg keine exocyclische Methylengruppe am Lactonring, besitzen somit offenbar keine Allergenität (67, 68, 71, 88, 108, 123). Als weitere Inhaltsstoffe sind Polyine und sesaminähnliche Lignane bemerkenswert (52).

Neben *A. absinthium* enthalten auch eine Reihe anderer *Artemisia*-Arten erhebliche Thujonmengen, z. B. einige Chemotypen von *A. verlotiorum* LAMOTTE, Verlots-Beifuß, *A. maritima* L., Strand-Beifuß, *A. campestris* L., Feld-Beifuß, und *A. abrotanum* L., Eberraute. Fast frei von Thujon sind *A. vulgaris* L., Gemeiner Beifuß, der als Bratengewürz dient, und *A. dracunculus* L., Estragon. *A. pontica* L., Römischer Beifuß, der ebenfalls zu der Bereitung von Wermutweinen verwendet wird, enthält etwa 30% Thujon im ätherischen Öl (13, 118).

Der Genuß von «Absinth» war vor allem in der 2. Hälfte des 19. Jahrhunderts in der Armee und in Künstlerkreisen Frankreichs weit verbreitet. «Absinth» wurde aus dem ätherischen Öl des Wermuts und alkoholischen Extrakten von Anis, Fenchel, Ysop, Melisse, seltener von Angelicawurzel, Majorankraut, Wacholderbeeren und Muskatnuß hergestellt. Gewöhnlich wurde er mit kaltem Wasser verdünnt getrunken, das man über ein Stück Würfelzucker, das auf einem speziellen silbernen Sieb (Absinth-Löffel) über dem Glas lag, in den Absinth laufen ließ. Das grüne klare Getränk (Chlorophyll) wurde dadurch milchig gelb (Terpenemulsion, 8, 140).

Die psychotomimetische Wirkung des Getränks (gesteigertes Wohlbefinden, erhöhte geistige Aktivität und Kreativität, Halluzinationen) verleitete besonders Künstler zu chronischem Mißbrauch. Negative Begleiterscheinungen des Absinthismus waren Zittern, Magenreizungen, Abmagerung, Sehstörungen, Kopfschmerzen, Depressionen mit Suizidgefahr, Krämpfe und schließlich völliger Verfall der Persönlichkeit, Paralyse und Tod. Es gilt als erwiesen, daß z. B. viele der Krankheitssymptome von VAN GOGH auf den Genuß von Absinth zurückzuführen sind (7, 8, 140).

In einigen Ländern ist Thujon als Bestandteil von Absinth und anderen alkoholischen Getränken (Benediktiner, Chartreuse u. a.) auch heute noch von gewisser toxikologischer Bedeutung (139).

Vergiftungen durch *A. absinthium* selbst oder andere *Artemisia*-Arten sind nicht bekannt. Tödliche Intoxikationen sollen jedoch bei der früher in der Volksmedizin üblichen Anwendung von Wermutkraut als Wurmmittel und Abortivum vorgekommen sein (Ü 125).

Pharmazeutisch wird die Droge heute vorwiegend als Aromaticum amarum genutzt.

6.2.2.3 Thujon im Rainfarn (*Tanacetum vulgare*)

Von der Gattung *Tanacetum*, Rainfarn, Margerite (Asteraceae, Korbblütengewächse), die von vielen Autoren auch der Gattung *Chrysanthemum* zugeordnet wird, kommen im Gebiet sechs Arten vor. Von ihnen sind nur *T. parthenium* (L.) SCHULTZ-BIP., Mutterkraut (Kap. 7.2.5), und *T. vulgare*, Rainfarn, von toxikologischem Interesse.

Rainfarn ist eine ausdauernde, horstbildende, 0,6–1,2 m hoch werdende Pflanze mit 15–25 cm langen Blättern und 8–11 mm gelben Blütenköpfen, denen die Zungenblüten fehlen und die in Schirmrispen stehen. Sie kommt verbreitet, besonders an Wegrändern, Zäunen und Ruderalstellen, vor (siehe S. 89, Bild 6-3).

Im Kraut sind etwa 0,2–0,8%, in den als Arzneidroge verwendeten Blütenkörbchen bis 1,5% ätherisches Öl enthalten. Die Zusammensetzung des ätherischen Öls ist sehr unterschiedlich. TÉTÉNYI und Mitarbeiter (129) beschreiben allein für Ungarn 26 Chemotypen. HOLOPAINEN, HILTUNEN und VON SCHANTZ (61) finden bei Kreuzungsexperimenten acht definierte Chemotypen. Folgende Verbindungen können als Hauptbestandteile des ätherischen Öls bei den bisher bekannten Chemotypen auftreten: (–)-Thujon, (+)-Isothujon, Sabinen, Umbellulon, Campher (auch zusammen mit Umbellulon in etwa gleichen Konzentrationen), Borneylacetat, α-Pinen, 1,8-Cineol, Germacren D, Borneol, Lyratol, zusammen mit seinem Acetat, trans-Chrysanthenol und sein Acetat, Thuj-4-en-2-ylacetat, zusammen mit *trans*-Carveylacetat, (+)-Davonon, Artemisiaketon, allein als Hauptkomponente oder begleitet von Umbellulon oder Artemisiaalkohol, Chrysanthemumepoxid, Isopinocamphon, Sabinen, Tanaceton B sowie Vulgaron A und B (23, 46, 49, 59, 60, 106, 116, 117, 128, 135, 142, 143).

Weitere erwähnenswerte Wirkstoffe des Rainfarns sind Sesquiterpenlactone vom Guajanolid-, Germacranolid- und Eudesmanolidtyp (Tanacetin, Reynosin, 1β-Hydroxyarbusculin, Crispolid, Parthenolid, Artemorin, Tatridin A, Tatridin B, Tanachin, Santamarin, Tamirin, Chrysanin, Tawulinon, Chrysanthemin A sowie das Vulgarolid, letzteres mit ungewöhnlichem Grundkörper, u. a., 27, 46, 60, 116, 117, 119, 128, 135, 142, 143). Alle Sesquiterpenlactone besitzen einen α-Methylen-γ-lacton-Ring, kommen also als mögliche Allergene (Kap. 7.2.5) in Betracht. Auch Polyine, die zum Teil schwefelhaltig sind, kommen vor (114).

Vergiftungen des Menschen sind nur bei Verwendung der Droge als Anthelminthicum, Abortivum oder zur Epilepsiebehandlung (5) bekannt geworden. Wegen des unterschiedlich hohen Thujongehaltes verschiedener Chemotypen können sie unter Umständen auch bei normaler Dosierung auftreten (58). Von Tieren wird die Pflanze weitgehend gemieden (Ü 68). Vergiftungssymptome sind Gastroenteritis, klonische und tonische Krämpfe, Arrhythmien, Mydriasis und Pupillenstarre sowie Leber- und Nierenschädigungen. Der Tod kann 1–3,5 h nach Einnahme durch Kreislauf- und Atemstillstand oder infolge der Organschäden eintreten (Ü 70). Auch allergische Erscheinungen sind möglich. Der von SCHMILOWSKI (107) beobachtete Ikterus einer 24jährigen Frau nach Einnahme von 3 g Wurmpulver war wahrscheinlich Ausdruck einer Idiosynkrasie (79).

Die letale Dosis an ätherischem Öl beträgt für den Menschen 15–30 g (Ü 70).

Die Anwendung als Wurmmittel sollte wegen der toxischen Effekte unterbleiben.

6.2.2.4 Thujon im Salbei (*Salvia*-Arten)

Die Gattung *Salvia*, Salbei, ist mit etwa 500 Arten die größte Gattung der Lamiaceae (Lippenblütengewächse). In Mitteleuropa kommen davon 10 Arten vor. Von toxikologischem Interesse ist jedoch nur *S. officinalis* L., Echter Salbei.

Salvia officinalis ist ein bis 70 cm hoher Halbstrauch mit borkigen Ästen und mattgrünen, dicht behaarten Sprossen. Die Blätter sind lanzettlich, schwach gekerbt, runzlig und filzig. Die Blütenkrone ist hellviolett. Diese mediterrane Pflanze gedeiht bei uns als Kulturpflanze, sehr selten kommt sie auch verwildert vor (siehe S. 89, Bild 6-4). Es existieren drei Unterarten, die sich aber aufgrund der zahlreichen Kulturformen nur schwer voneinander abgrenzen lassen.

Die Blätter des Echten Salbei enthalten 1,5–3,5% ätherisches Öl (75, 91). Der Gehalt und die Zusammensetzung sind rassenspezifisch und abhängig vom Entwicklungszustand der Pflanze. Das ätherische Öl von *S. officinalis* ssp. *minor* (GMELIN) GAMS und ssp. *major* (GARSAULT) GAMS, Dalmatinischer Salbei, enthält 30–60% Thujon ((–)-Thujon und (+)-Isothujon etwa im Verhältnis 10:1 bis 1:1 neben Campher und 1,8-Cineol als weiteren Hauptkomponenten, 19, 75, 91). *S. officinalis* ssp. *lavandulifolia* Gams (auch als *S. lavandulifolia* Vahl abgetrennt), Spanischer Salbei, ist frei von Thujon (Hauptbestandteile Cineol und Campher, 19). *S. triloba* L. f., Griechischer Salbei, führt neben der Hauptkomponente Cineol etwa 5% Thujon (19).

Weiterhin erwähnenswert sind die antibiotisch wirksamen Diterpene Pikrosalvin (Carnosol, phenolisches Diterpenlacton), Hydroxy- und Acetoxyroyleanon (Diterpenchinone) und Salvin (Carnosolsäure) sowie O-Methylsalvin (phenolische Diterpensäure, 20, 37, 74).

Schwere akute Vergiftungen, die durch die Thujonwirkung charakterisiert sind, traten nur nach Mißbrauch großer Salbeimengen zu Abtreibungszwecken auf (Ü 31). Chronische Vergiftungen sind bei den geringen Mengen an Thujon, die bei Benutzung von Salbeiblättern als Gewürz oder Arzneidroge in den menschlichen Körper gelangen, auszuschließen, zumal eine Anwendung über längere Zeit wohl kaum erfolgt. Die Verwendung von Salbei als Haustee für den Dauergebrauch erscheint allerdings bedenklich. Gegen die weit verbreitete Anwendung von Salbeiextrakten zum Gurgeln bei Entzündungen der Mund- und Rachenschleimhaut (antiseptische Wirkung des ätherischen Öls und der Diterpene, adstringierende Wirkung des Gerbstoffs) und als Anthidroticum bestehen keine Bedenken. Allenfalls kann sich bei häufigem Gurgeln mit Salbeiextrakten in einzelnen Fällen eine Stomatitis entwikkeln (Ü 31, Ü 70).

6.2.3 Sabinen, Sabinol und Sabinolester im Wacholder (*Juniperus*-Arten)

Zur Gattung *Juniperus*, Wacholder (Cupressaceae, Zypressengewächse), gehören etwa 60 Arten, die alle auf der nördlichen Hemisphäre vorkommen. In Mitteleuropa heimisch sind *J. communis* L., Gemeiner Wacholder, *J. sibirica* C. Loddiges, Zwerg-Wacholder (auch als Varietät oder Unterart von *J. communis* aufgefaßt), und *J. sabina* L., Sadebaum, Stink-Wacholder. Daneben werden noch eine Reihe weiterer Arten als Ziersträucher angepflanzt (z. B. *J. virginiana* L., Virginischer Wacholder, *J. chinensis* L., Chinesischer Sadebaum, *J. oxycedrus* L., Spitzblättriger Wacholder, *J. horizontalis* Moench, Kriech-Wacholder).

Während die therapeutisch genutzten Beerenzapfen des Gemeinen Wacholders und ihr ätherisches Öl den Menschen nur bei Überdosierung schädigen, besitzen die getrockneten Zweigspitzen des Sadebaums und das daraus destillierte ätherische Öl hohe Toxizität.

Juniperus sabina, Sadebaum (siehe S. 89, Bild 6-5) ist ein niederliegender Strauch oder Baum mit aufsteigendem Stamm. Die jungen Pflanzen entwickeln nur nadelförmige, abstehende Blätter. Die Blätter der älteren Exemplare dagegen sind schuppig, kreuzgegenständig, spitz, ca. 2 mm lang, anliegend und unangenehm riechend. Die Blüten sind wie bei allen Nacktsamern unscheinbar. Aus den weiblichen Blüten entwickelt sich, meistens erst ein Jahr nach der Bestäubung, ein durch Verwachsung der drei oberen Schuppenblätter entstehender grüner Beerenzapfen, der sich im darauffolgenden Frühjahr blauschwarz färbt. Der Sadebaum kommt an sonnigen Berghängen, im Gebüsch und in trockenen Kiefernwäldern Oberbayerns, in Österreich und in der Schweiz vor. Im übrigen Gebiet wird er bisweilen als Zierstrauch angebaut.

Die früher äußerlich zur Entfernung von Warzen und spitzen Kondylomen genutzten Zweigspitzen des Sadebaums enthalten 2–5% ätherisches Öl. Dessen Hauptbestandteile sind (+)-Sabinen (10–30%), Sabinol (1–18%), Sabinylacetat (12–37%), β-Cadinen (3–11%), Terpineol (2–11%) und Terpinen-4-ol (bis 7%, entsteht bei der Destillation aus Sabinen, 47, 105). Aus den Beeren wurden 2,5% ätherisches Öl mit 61% Anteil an Sabinen erhalten (33).

Auch in den ätherischen Ölen der schuppen- oder nadelförmigen Blätter anderer *Juniperus*-Arten kann relativ viel Sabinen vorkommen, z. B. in dem von *J. communis* 0,2–50% (hohe Werte im Hochgebirge, 9, 137; siehe S. 89, Bild 6-6), von *J. depressa* bis 48% (50), von *J. chinensis* sowie *J. pseudosabina* bis 38% (47, 105) und von *J. horizontalis* (soll ähnlich wie das von *J. sabina* stark toxisch sein) bis 37% (31). Auch das therapeutisch verwendete ätherische Öl der Scheinbeeren des Gemeinen Wacholders enthält ebenso Sabinen (etwa 20%, 137) wie das einer Reihe anderer nichttoxischer Pflanzen (z. B. *Piper nigrum*, Schwarzer Pfeffer, etwa 25% im Fruchtöl, 150). Auch Sabinol und Sabinylacetat werden in den ätherischen Ölen einer Anzahl anderer *Juniperus*-Arten gefunden, z. B. von *J. phoenicea*, *J. depressa*, *J. thuringifera* (50, 99), aber ebenfalls in denen von Vertretern anderer Gattungen, z. B. bei *Artemisia maritima* (63) und Salbei.

Die Rolle von Sabinen, Sabinol und Sabinylacetat als Wirkstoffe des gewebezerstörenden ätherischen Öls ist damit sehr fragwürdig. Auch die nichtflüchtigen Lignane der Blätter (etwa 0,2%), Podophyllotoxin und Savinin (56), kann man kaum für die Wirkung verantwortlich machen. Vermutlich beruht der Effekt auf der raschen postmortalen Bildung von Peroxiden aus den ungesättigten Terpenen in den Sadebaumspitzen, möglicherweise katalysiert durch das Chlorophyll der Blätter. Bei gegen Terpene allergischen Probanden wurden sehr starke Hautreaktionen schon nach Kontakt mit sehr geringen Mengen an Terpenperoxiden beobachtet. Bei nicht allergischen Versuchspersonen lösten jedoch selbst 20%ige Lösungen keine Effekte aus (53). Das Zerreiben der frischen Blätter von *J. sabina* auf der Haut führt nach eigenen Beobachtungen zu keinerlei Reizerscheinungen.

Das ätherische Öl von *Juniperus communis* wirkt diuretisch. Erst in größeren Mengen kann es Nierenreizungen verursachen. Bei vorbestehender Nierenschädigung sollte seine Anwendung nur mit Vorsicht erfolgen, wegen möglicher abortiver Wirkung sollten Schwangere den Verzehr größerer Mengen von Wacholderbeeren meiden.

Extrakte amerikanischer *Juniperus*-Arten zeigen starke antibakterielle und antifungale Aktivität (29), solche aus *J. communis* wirken virostatisch auf Herpes-Viren (82).

Vergiftungen durch den Sadebaum traten früher bei mißbräuchlicher Anwendung von Sadebaumextrakten als Abortivum auf. Vergiftungserscheinungen waren starkes Erbrechen, blutige Durchfälle, Tenesmen, Abgang blutigen Urins, später Oligurie und Anurie sowie nach Resorption Krämpfe, Koma und schließlich zentrale Atemlähmung. Bei äußerlicher Anwendung der Zweigspitzen als Streupuder oder in Salben kam es relativ häufig zu Blasenbildung und Nekrosen (Ü 30, Ü 31, Ü 85). Die letale Dosis beträgt beim Menschen für die Droge ca. 20 g (Ü 73) und für das ätherische Öl ca. sechs Tropfen (Ü 85).

Zur Therapie von Vergiftungen mit dem ätherischen Öl des Sadebaums empfiehlt Moeschlin (Ü 85) entweder sofortige Magenspülung mit wäßriger Kohlesuspension oder bei bereits bestehendem Erbrechen nur Gabe von Aktivkohle und Paraffinum liquidum. Außerdem kann die Applikation von Spasmolytica, Intubation und künstliche Beatmung erforderlich sein.

6.3 Pinan-Derivate als mögliche Giftstoffe von Pfingstrosen (*Paeonia*-Arten)

Die Gattung *Paeonia*, Pfingstrose (Paeoniaceae, Pfingstrosengewächse), umfaßt etwa 30 Arten, die besonders im gemäßigten Asien beheimatet sind. Zahlreiche Pfingstrosen werden als Zierpflanzen angebaut, bevorzugt *P. officinalis* L., Garten-Pfingstrose, Hybriden von *P. suffruticosa* Andr. (*P. moutan* Sims), Strauch-Pfingstrosen, und von *P. lactiflora* Pall. (*P. albiflora* Pall.), Chinesische Pfingstrosen, Edel-Pfingstrosen, seltener *P. delavayi* Franchet, *P. mlokosewitschii* Lomak, *P. tenuifolia* L. (siehe S. 89, Bild 6-7) und Hybriden von *P. wittmanniana* Hartv. Im südlichen Österreich kommen *P. mascula* (L.) Mill., Großblättrige Pfingstrose, und *P. peregrina* Mill., Großblumige Pfingstrose, vor.

Als Hauptwirkstoffe der *Paeonia*-Arten dürften die in den in Ostasien als Drogen genutzten unterirdischen Organen nachgewiesenen Monoterpenester-Glucoside vom Pinan-Typ in Betracht kommen, Abb. 6-2). Gefunden wurden Paeoniflorin

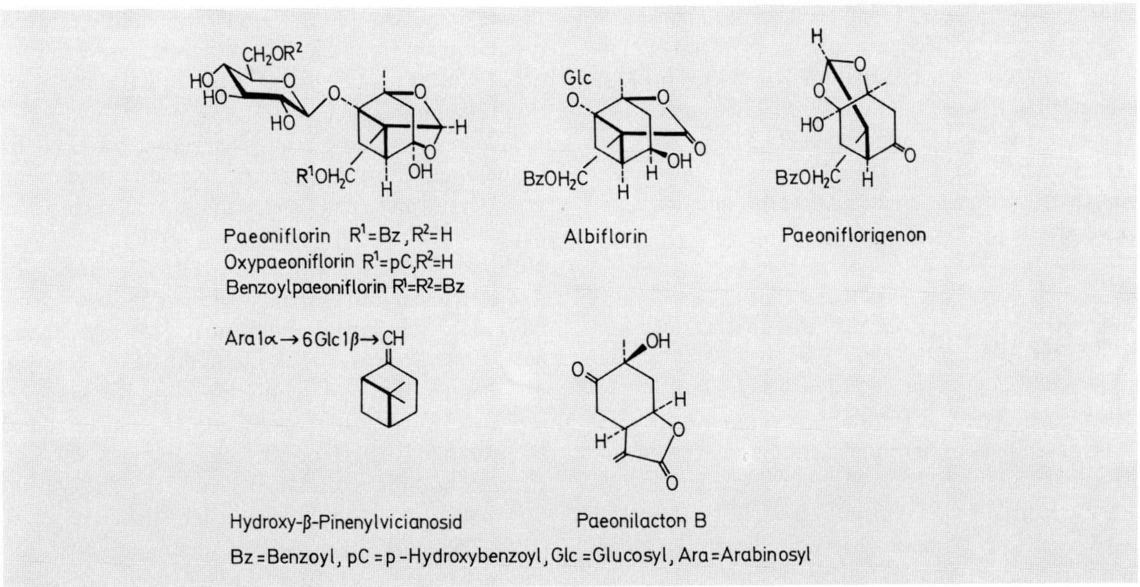

Abb. 6-2: Monoterpene als Wirkstoffe der Pfingstrosen (*Paeonia*-Arten)

(1,5–4,8%), Albiflorin (0,02–2,2%), Oxypaeoniflorin, Benzoylpaeoniflorin (6'-Benzoylpaeoniflorin), Benzoyloxypaeoniflorin (6'-Benzoyloxypaeoniflorin), Galloylpaeoniflorin (6'-Galloylpaeoniflorin), Paeoniflorigenon, (Z)-(1S,5R)-β-Pinen-10-yl-β-vicianosid und Lactiflorin (Grundkörper stark abgewandelt, 2, 3, 66, 73, 77, 87, 112, 124, 127). In geringeren Mengen wurden aus den Wurzeln von *P. albiflora* PALL. var. *trichocarpa* BUNGE auch Monoterpenlactone mit p-Menthangrundkörper isoliert, die Paeonilactone A–C, von denen das Paeonilacton B eine exocyclische Methylengruppierung am Lactonring trägt (57).

Ein weiterer erwähnenswerter Wirkstoff ist das Paeonol (2-Hydroxy-4-methoxy-benzoesäuremethylester), das frei, als Glucosid (Paeonosid) oder als 6-Apiosylglucosid (Apiopaeonosid) in den Vertretern der Sektion Moutan (verholzende Sippen) vorkommt (126, 152, 153). Außerdem wurden Gallussäuregerbstoffe (Penta- bis Decagalloylglucosen, 57) nachgewiesen, von denen die 1,2,3,4,6-Pentagalloylglucose virostatisch (125) und als Hemmstoff der Aldosereductase (1) wirksam sein soll.

Paeoniflorin, Paeoniflorigenon und Paeonilacton-C blockieren in verschiedenen Tiermodellen die neuromuskuläre Erregungsübertragung (57, 72). Paeoniflorin, Benzoylpaeoniflorin und Oxypaeoniflorin wirken antiphlogistisch und hemmen die Thrombocytenaggregation (65). Ebenso wirkt Paeonol, das außerdem antimutagene, analgetische, sedierende, diuretische und vor Streß schützende Eigenschaften besitzt (48, 55, 64, 69).

Die akute Toxizität von Paeoniflorin ist wie die peroral gegebener Gesamtextrakte von *Paeonia officinalis* (148) gering, die LD_{50} beträgt bei der Maus 9530 mg/kg, i. p., bzw 3530 mg/kg, i. v. (79). Als Vergiftungssymptome nach Aufnahme von Blüten und Samen der Pfingstrose werden Reizerscheinungen des Magen-Darm-Trakts angegeben (Ü 31).

Die Wurzeln verschiedener *Paeonia*-Arten werden vor allem in China in breitem Maße therapeutisch angewendet.

6.4 Pyrethrine

Pyrethrine sind Ester der Monoterpensäuren (+)-trans-Chrysanthemumsäure bzw. (+)-trans-Pyrethrinsäure mit den Alkylcyclopentenolonen (+)-Pyrethrolon (Pyrethrin I bzw. Pyrethrin II), (+)-Cinerolon (Cinerin I bzw. Cinerin II) oder (+)-Jasmolon (Jasmolin I bzw. Jasmolin II, Abb. 6–3).

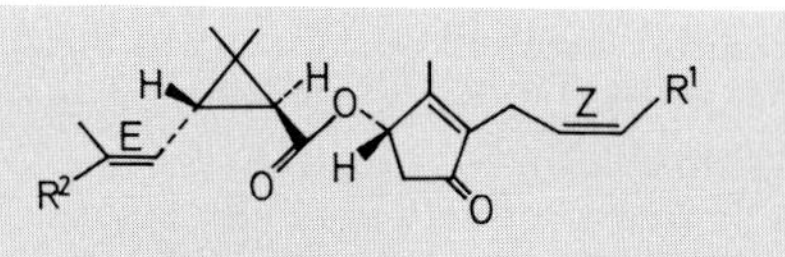

Cinerin	I bzw. II	R^1=CH_3
Pyrethrin	I bzw. II	R^1=-CH=CH_2
Jasmolin	I bzw. II	R^1=-CH_2-CH_3
Chrysanthemumsäureester		R^2=-CH_3
Pyrethrumsäureester		R^2=-COO-CH_3

Abb. 6-3: Pyrethrine, Insekticide einiger Korbblütengewächse (Asteraceae)

Die Biogenese der Monoterpensäuren erfolgt durch Kopf-Kopf-Kondensation von zwei Resten aktiven Isoprens. Über die Bildung der Alkylcyclopentenolone ist noch nichts bekannt.

Pyrethrine werden von einer Anzahl von Asteraceae gebildet, z. B. von *Chrysanthemum cinerariifolium* (TREVIR.) VIS., Dalmatinische Insektenblüte, an der Adriaküste beheimatet, und von *Ch. coccineum* WILLD., Rosenrote Wucherblume, Bunte Margerite, Pyrethrum (siehe S. 90, Bild 6-8), im Kaukasus beheimatet. Beide Arten werden in vielen Ländern gemäßigter und tropischer Klimate kultiviert.

Die Blütenkörbchen der Pflanzen enthalten 1,2–1,8% Pyrethrine. Die Pyrethrine sind in Öldrüsen auf der Oberfläche und in Sekretgängen in der Wand der Achänen lokalisiert. Auch auf den Blättern befinden sich Öldrüsen. Die getrockneten Blütenkörbchen der genannten Pflanzen waren früher als Flores Pyrethri, Insektenblüten, offizinell und wurden zur Bekämpfung von Eingeweidewürmern eingesetzt. Heute nutzt man sie zur Gewinnung der Pyrethrine, die als umweltfreundliche Insektizide eingesetzt werden. Synthetische Insektizide, die Pyrethroide, wurden von ihnen abgeleitet.

Ch. coccineum, die Bunte Margerite, wird bei uns in sehr vielen Sorten als Zierpflanze zur Gewinnung von Schnittblumen in Gärten und Gärtnereien angebaut.

Pyrethrine besitzen für Insekten sehr hohe, für den Menschen und für Säugetiere nur geringe Toxizität (LD_{50} Chrysanthemumsäure 1,25 g/kg, p. o., Maus, 54). Primärer Angriffspunkt der Pyrethrine und Pyrethroide sind bei Insekten und bei Säugetieren die spannungsabhängigen Na^+-Kanäle reizbarer Membranen. Durch die Verlängerung des Na^+-Einstromes kommt es zur Ausdehnung der Depolarisationsphase, später zur Blockade der Ansprechbarkeit (138). Die Wirkungen auf den nicotinergen Acetylcholin-Rezeptor- (41) und GABA-Rezeptor-Komplex (112) sind vermutlich durch die durch die Pyrethrine ausgelöste erhöhte Transmitterfreisetzung bedingt. Als Vergiftungserscheinungen werden Paraesthesien, Atemstörungen und andere neurotoxische Symptome beobachtet. Vergiftungen des Menschen sind jedoch selten (138).

6.5 Iridoide

6.5.1 Allgemeines

Iridoide (Iridane) sind Monoterpene mit einem cis-verknüpften, partiell hydrierten Cyclopenta[c]pyran-Grundkörper, in vollhydriertem Zustand auch als Iridan-Grundkörper (cis-3-Oxabicyclo[4.3.0]-nonan) bezeichnet. Die zunächst gebildeten C_{10}-Iridoide können sekundär durch Eliminierung von einem (am C-4 oder C-8) bzw. zwei C-Atomen (am C-4 und C-8) in C_9- bzw. C_8-Iridoide oder durch Aufspaltung des Cyclopentanringes in Secoiridoide umgewandelt werden. Sie kommen meistens als 1-O-Monoglucoside oder 1-O-Acylderivate vor. Weitere Säurereste können am Grundkörper oder am Glucoserest gebunden sein. Da sie bei Behandlung mit Säuren teilweise in blaue oder schwarze Verbindungen unbekannter Struktur übergehen, wurden sie auch als Pseudoindicane bezeichnet. Zur Zeit sind über 200 Verbindungen dieser Gruppe bekannt (Übersichten zur Chemie: 40, 131).

Die Iridoide wurden bereits Ende des 19. Jahrhunderts aus Pflanzen isoliert, aber erst 1958 wurde von HALPERN und SCHMID die Struktur des Grundkörpers erkannt.

Sie sind im Pflanzenreich weit verbreitet, häufig treten sie auf bei Loganiaceae, Rubiaceae, Apocynaceae, Gentianaceae, Menyanthaceae, Valerianaceae, Scrophulariaceae, Plantaginaceae, Verbenaceae und Lamiaceae.

Die Biogenese der Iridoide erfolgt ausgehend vom Geranylpyrophosphat über den Dialdehyd Iridodial (Abb. 6-5), der mit seinem cyclischen Enolhalbacetal im Gleichgewicht steht. Durch Blockade der bei der Cyclisierung entstandenen Hydroxylgruppe, meistens durch Glucosidierung oder Acylierung, wird der gebildete Pyranring stabilisiert.

Von toxikologischem Interesse sind die Iridoide des Baldrians und die zahlreicher Insektengifte.

Von allgemeinem Interesse dürfte die Tatsache sein, daß sehr viele flüchtige Iridoide Attractantia für Tiere aus der Familie der Felidae, Katzen, darstellen. Am wirksamsten ist das im ätherischen Öl der Echten Katzenminze, *Nepeta cataria* L., enthaltene Nepetalacton (103). Auch eine Vielzahl von in Insektengiften vorkommenden Iridoiden, z. B. Iridomyrmecin, Isoiridomyrmecin, Dihydronepetalacton, sowie das Iridoidalkaloid Actinidin, das auch in Pflanzen gefunden wird, z. B. bei *Valeriana*-Arten, Baldrian, wirkt anziehend auf Katzen (134).

Die Aglyka vieler Iridoide besitzen antimikrobielle Wirkung und Antitumoraktivität (88).

6.5.2 Iridoide der Baldriangewächse (Valerianaceae) als potentielle Mutagene

Die Familie Valerianaceae, Baldriangewächse (Ordnung Dipsacales, Kardenartige), umfaßt vor allem Kräuter mit gegenständigen Blättern und unsymmetrischen Blüten, die in Zymen angeordnet sind. In Mitteleuropa sind die Gattungen *Valeriana*, Baldrian, *Centranthus*, Spornblume, *Valerianella*, Rapünzchen, Feldsalat, vertreten. In allen genannten Gattungen kommen Valepotriate vor. Wegen seiner verbreiteten Anwendung als Arzneipflanze verdienen der Baldrian und seine Inhaltsstoffe besondere Beachtung.

Die Gattung *Valeriana*, Baldrian, kommt mit 12 Arten in Mitteleuropa vor. Von Bedeutung ist jedoch nur *V. officinalis* L., Echter Baldrian (siehe S. 90, Bild 6–9), eine mehrjährige bis 2 m hoch werdende Pflanze mit hell-rosalila bis weißen Blüten, die in Europa, mit Ausnahme des äußersten Nordens und Südens, in Westasien und Zentralasien, in Japan sowie in Nordamerika, an feuchten Standorten verbreitet ist. Die Sammelart umfaßt mehrere diploide, tetraploide und octoploide Kleinarten.

Die als Arzneidroge verwendete Wurzel enthält neben 0,2–2,0% ätherischem Öl 0,2–2,0% Valepotriate. Die arzneilich angewendeten isolierten Valepotriate der Fertigarzneimittel werden vor allem aus *V. wallichii* DC. (*V. jatamansi* JONES), Indischer Baldrian, gewonnen.

Valepotriate (Abb. 6-4, Name gebildet aus **Vale**riana**epoxytriacylate**) sind 8,10-Epoxy-iridoid-triester mit Doppelbindungen zwischen C-3 und C-4 (Monoen-Valepotriate) oder zwischen C-3 und C-4 sowie zwischen C-5 und C-6 (Dien-Valepotriate). Durch Addition einer Säure an die Epoxygruppe werden Valepotriat-Hydrine (Tetraester, Artefakte?) gebildet. Es sind bisher 18 in Pflanzen vorkommende Vertreter dieser Iridoidgruppe bekannt. Darüber hinaus wurden neun weitere Vertreter in Zellkulturen von *V. wallichii* gefunden (15). Als Säurekomponenten wurden Essigsäure, Isovaleriansäure, β-Methylvaleriansäure, α-Isovaleriansäure, α-Acet-

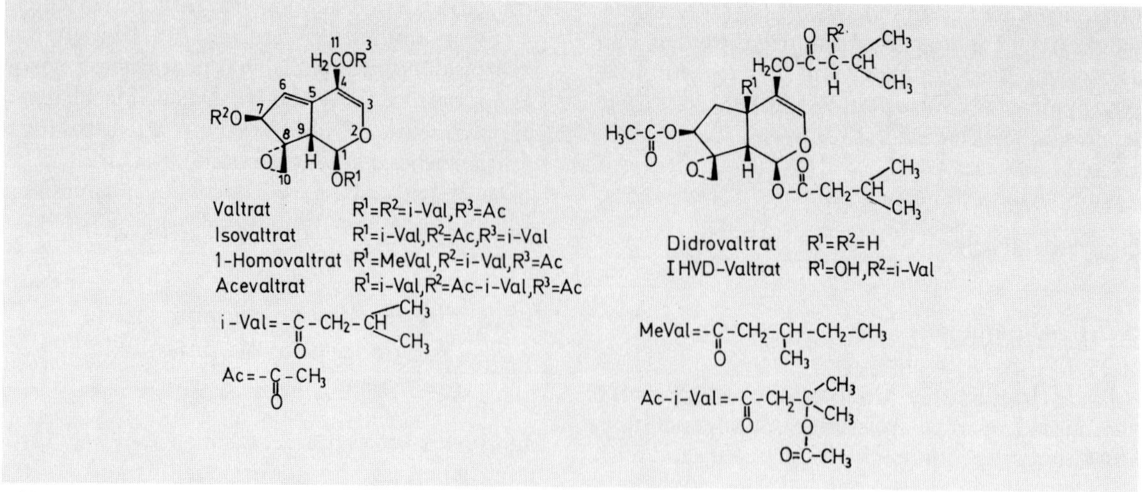

Abb. 6-4: Valepotriate, Wirkstoffe der Baldriangewächse (Valerianaceae)

oxyisovaleriansäure, β-Acetoxyisovaleriansäure, β-Acetoxy-β-methylvaleriansäure und β-Hydroxyisovaleriansäure nachgewiesen (45).

Das Verdienst der Entdeckung der Valepotriate gebührt den Arbeitsgruppen von Thies (130) und Poethke (82).

In der offizinellen Droge Valerianae radix stellen Valtrat und Isovaltrat die Hauptmenge der Valepotriate dar (durchschnittlich 53 bzw. 46%), gefolgt vom Isovaleroxyhydroxydidrovaltrat (IVDH-Valtrat), Didrovaltrat und Acevaltrat (132). Wegen der Instabilität der Valepotriate enthalten die handelsüblichen Baldriantinkturen nur noch deren Abbauprodukte ohne Epoxygruppierung. Auch im selbstbereiteten Baldriantee fehlen sie wegen ihrer geringen Wasserlöslichkeit (18).

Als weitere Wirkstoffe des Baldrians sind zu nennen: (–)-Borneylisovalerianat sowie Isovaleriansäure als Geruchsträger des ätherischen Öls, die Sesquiterpene Valerenon, Valerenal und Valerensäure sowie monoterpenoide Pyridin-Alkaloide (z. B. Actinidin, Valerianin).

Auch die bei uns bisweilen als Zierpflanze angebaute Rote Spornblume, *Centranthus ruber* (L.) DC., enthält reichlich Valepotriate, in den unterirdischen Organen 2,5–3,0%, vorwiegend Valtrat und Homovaltrat (45).

Die akute Toxizität der Valepotriate ist gering. Bei Mäusen beträgt die LD_{50} nach peroraler Gabe 4600 mg/kg, nach intraperitonealer Gabe 64 mg/kg (141). Die Verbindungen erweisen sich jedoch in vitro als alkylierend, cytotoxisch und mutagen wirksam. Der in vitro beobachtete proliferationshemmende Effekt auf Tumorzellen läßt sich in vivo nicht bestätigen (17, 136). Auch Baldrinal und Homobaldrinal, die Abbauprodukte der Valepotriate, beeinflussen DNA- und Proteinsynthese verschiedener Zellinien und verursachen Mutationen. Außer der bei den Valepotriaten vorhandenen Epoxidgruppe sind also auch erst bei der Biotransformation oder beim spontanen Abbau entstehende funktionelle Gruppen, z. B. die α, β-ungesättigte Aldehydgruppe, für die mutagene Wirkung verantwortlich (136).

Eine Abschätzung des möglichen genotoxischen Risikos bei länger dauernder Verwendung von Valepotriate enthaltenden Fertigarzneimitteln ist gegenwärtig nicht verläßlich möglich und erfordert in-vivo-Langzeitstudien. Da Valepotriate nur sehr schlecht resorbiert und Baldrinale kaum systemisch verteilt werden, kämen als Zielorgane allenfalls die Mukosa des Magen-Darm-Trakts oder die Leber in Betracht. Teeauszüge sind ohnehin unbedenklich, da sie keine Valepotriate enthalten (35, 62).

Baldrianzubereitungen werden hauptsächlich wegen ihrer sedativen Wirksamkeit verwendet. Diese wird auf die Wechselwirkung mit Adenosinrezeptoren zurückgeführt. Welche Inhaltsstoffe des Baldrians an den Rezeptoren angreifen, ist noch unklar (11). Nicht übersehen werden sollte ein möglicherweise über den typischen Geruch ausgelöster Effekt.

6.5.3 Iridoide als Wehrgifte der Insekten (Hexapoda)

Cyclopentanoide Monoterpene, meistens Iridoide, kommen vor in den Wehrsekreten von Vertretern der Unterfamilie Dolichoderinae, Drüsenameisen (Familie Formicidae), der Familie der Phasmatidae (Ordnung Phasmida, Gespenst- oder Stabschrekken), der Familie der Chrysomelidae (Blattkäfer), der Staphylinidae (Kurzflügler, Raubkäfer) und der Cerambycidae (Bockkäfer).

Bei den Drüsenameisen wurden u. a. gefunden Iridodial, Dolichodial, Iridomyrmecin, Isoiridomyrmecin, Iridolacton, Dihydronepetalacton und das Monoterpenalkaloid Actinidin (Abb. 6-5, 26). Das an der Luft leicht polymerisierende Iridodial wirkt immobilisierend auf den Gegner und dient gleichzeitig als Fixativ für die im Sekret der Ameisen (z. B. *Tapinoma nigerimum*) enthaltenen toxischen Ketone, z. B. 6-Methylhept-5-en-2-on (25).

Die in Florida beheimatete Stabheuschrecke *Anisomorpha buprestoides* verspritzt gezielt aus Wehrdrüsen im Thorax ein Gift, dessen aktiver Bestandteil Anisomorphal ist. Sie kann damit Ameisen, Käfer und sogar Mäuse abwehren. Beim Menschen reizt ihr Gift Augen und Bronchien (39).

Bei den Blattkäfern sind es die Larven der Unterfamilie der Chrysomelinae, die neun Paar (selten auch nur ein Paar) bei Reizung des Tieres ausstülpbare Drüsen im Rückenteil des Meso- und Metathorax besitzen. Zu ihnen gehören Vertreter der einheimischen Gattungen *Chrysomela*, *Hydrothassa*, *Dlochrysa* (siehe S. 90, Bild 6-10) und *Phaedon*. Ihre Gifte enthalten u. a. Chrysomelidial, Plagiodial, Plagiolacton und Gastrolacton (89). Bei den Kurzflüglern konnten neben Citronellal und Iridodial die Monoterpenalkaloide Actinidin und N-Ethyl-3-(2-methylbutyl)-piperidin nachgewiesen werden (16, 34). Auch die Bockkäfer besitzen im Wehrsekret teilweise Monoterpene, bei *Aromia moschata*, dem in alten Weiden vorkommenden metallgrünen Moschusbock, cis- und trans-Rosenoxid sowie γ- und δ-Iridodial. Beim Phloracanthal und Phloracanthol des australischen Eucalyptuskäfers *Phoracantha semipunctata* dürfte es sich um Abbauprodukte von Iridoiden handeln (Ü 36).

Einige Schmetterlingsraupen, die meistens eine aposematische Färbung besitzen, speichern bitter schmeckende Iridoidglykoside und schützen sich damit vor Räubern, besonders Vögeln (88).

Über die toxikologische Bedeutung der Insekten-Iridoide für den Menschen ist uns außer der möglichen Reizwirkung nichts bekannt.

6.6 Cantharidin als Wehrgift der Blasenkäfer (Meloidae)

In der Haemolymphe und zum Teil auch in den Nebendrüsen des Geschlechtsapparates der männlichen Tiere einer Reihe von Vertretern der Meloidae (Blasenkäfer, Ölkäfer, Pflasterkäfer, Maiwürmer, etwa 2700 Arten umfassend, davon 140 in Europa) und zwar bei den Gattungen *Lytta*, *Epicauta*, *Mylabris*, *Cyaneolyta*, *Zonitis*, *Pyrota*, *Nemognatha*, *Pseudomeloe*, *Cysteodesmus* und *Megetra* (4, 23, 104, 145), nach Angaben einiger Autoren (36) auch bei den bei uns heimischen Arten *Meloe violaceus*, Maiwurm

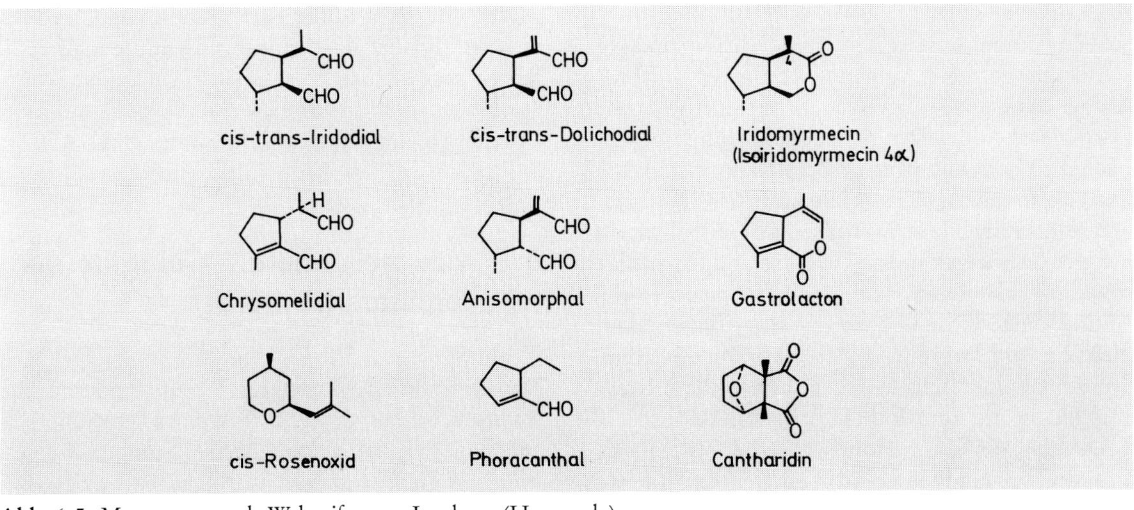

Abb. 6-5: Monoterpene als Wehrgifte von Insekten (Hexapoda)

(siehe S. 90, Bild 6-11), und *M. proscarabaeus*, kommt Cantharidin (Abb. 6-5) vor. Bei neueren Untersuchungen wurde bei Extraktion in alkalischem Milieu auch Cantharidinimid nachgewiesen (Artefakt?, 97). Durch das Cantharidin sind die Tiere nicht nur passiv giftig, sondern können auch durch Auspressen von Tröpfchen der Hämolymphe an den Gelenken der Beine (Autohämorrhoe) Angreifer attackieren.

Formal gesehen ist Cantharidin ein Monoterpen, das aber aus dem aliphatischen Sesquiterpen Farnesol unter Verlust von fünf C-Atomen gebildet wird (90).

Lytta vesicatoria, Spanische Fliege, ein 12—20 mm langer, goldgrüner Käfer, ist im südlichen und mittleren Europa in wärmeren Gebieten beheimatet. Er ernährt sich vorwiegend von Blättern von Oleaceae, z. B. des Ölbaumes, der Eschen, des Flieders, des Ligusters, kommt aber auch auf Ulmen vor. *Epicauta-*, *Cysteodesmus-* und *Nemognatha-*Arten werden in Amerika und *Mylabris-*Arten in Südeuropa und Ostasien gefunden.

Für medizinische Zwecke werden in einigen Ländern *Lytta vesicatoria* (siehe S. 90, Bild 6-12), *Mylabris cichorii* und *M. phalerata* verwendet. Der Gehalt von *Lytta vesicatoria* und *Mylabris-*Arten (siehe S. 90, Bild 6—13) an Cantharidin liegt zwischen 0,3 und 2,5%. Für die oft tödlichen, in Nordamerika von Arizona bis Colorado vorkommenden Vergiftungen von Weidetieren, besonders von Pferden, sind im Luzerne-Heu vorkommende *Epicauta-*Arten, z. B. *E. lemniscata, E. temexa, E. occidentalis, E. albida* und *E. pennsylvanica*, verantwortlich, die 1,0 bis 3,3% Cantharidin enthalten (98).

Cantharidin aktiviert im Cytoplasma von Säugetierzellen einen Faktor, der Akantholyse auslöst, d.h. Desintegration von Epidermiszellverbänden durch Auflösung der Interzellularbrücken. Es übt dadurch eine äußerst starke Reizwirkung auf Haut und Schleimhäute aus. Es entwickeln sich Blasen und Nekrosen. Bei peroraler Aufnahme kommt es zu schweren Schleimhautschädigungen im gesamten Magen-Darm-Trakt und wegen der Ausscheidung über die Nieren zu Entzündungen im Bereich der Harnwege. Die Vergiftungen äußern sich in Übelkeit, Durst, Erbrechen, Schluckbeschwerden, starker Salivation, heftigen Schmerzen in Nieren, Blase und Harnröhre sowie in Hämaturie, Dysurie, Priapismus und Anurie, die tödliche Urämie zur Folge haben kann. Nach Resorption größerer Dosen kommt es zu Blutdruckabfall, Herzschädigungen, Leberödem, Kreislaufkollaps und zum Tod (51, 92, 113, 149).

Die LD_{50} von Cantharidin beträgt bei der Maus ca. 1 mg/kg, i. p. Für Pferde sind 0,5 mg/kg (etwa 4—6 g der Käfer), für Katzen und Hunde 1,0—1,5 mg/kg und für Kaninchen 20 mg/kg letal (98). Für den Menschen liegt die tödliche Dosis nach peroraler Aufnahme bei etwa 0,5 mg/kg Cantharidin (Ü 85).

Vergiftungen kommen bei mißbräuchlicher Anwendung von Cantharidin als Aphrodisiacum (44, 92, 101) und bei Überdosierung des Wirkstoffs in der Hautreiztherapie vor (Ü 85). Kleinkinder sind durch Verschlucken von Käfern gefährdet (21, 149). Auch in der Kriminalgeschichte war Cantharidin von Bedeutung (Ü 79).

Presto und Muecke beschreiben den Vergiftungsfall eines 20jährigen Mannes, der während einer Hippie-Versammlung im New Yorker Central Park von einem Freund eine Kapsel bekam und diese im Glauben, es handele sich um ein Stimulans, einnahm. Zwei Stunden später traten krampfartige Abdominalschmerzen auf. Dazu kamen Erbrechen von blutigem Mageninhalt, Schwindel, Durchfall, Dysurie und Hämaturie. Nach intensiver intravenöser Flüssigkeitstherapie war der Patient am 6. Behandlungstag beschwerdefrei (92).

Zu Tiervergiftungen kommt es vor allem dann, wenn das Grünfutter oder Heu von Cantharidin enthaltenden Käfern besetzt ist und diese mitgefressen werden (14, 98, 113).

Reichliche Flüssigkeitszufuhr zur beschleunigten Entfernung des Cantharidins ist zunächst die wichtigste Therapiemaßnahme nach peroraler Aufnahme. Auch Magenspülung und Aktivkohle können erforderlich sein. Als Abführmittel ist wegen der Lipophilität von Cantharidin keinesfalls Ricinusöl zu verwenden. Die weitere Behandlung erfolgt symptomatisch vor allem mit Analgetica. Die Hautschäden werden trocken mit einem Wundpuder behandelt (92, 149, Ü 73).

Therapeutisch wird Cantharidin in Form von Pflastern als Hyperämicum in der Hautreiztherapie eingesetzt. In der traditionellen chinesischen Medizin werden Mylabris-Zubereitungen seit mehr als 2000 Jahren angewendet. Kürzlich erfolgte Untersuchungen zeigen immunstimulatorische und Antitumoraktivität einiger Cantharidinderivate (146, 147).

6.7 Monoterpene als Wehrgifte der Termiten (Isoptera)

Die Ordnung der Isoptera, Termiten oder Weiße Ameisen, umfaßt etwa 3000 Arten. Diese äußerlich ameisenähnlichen, jedoch mit den Schaben eng verwandten Tiere sind sehr wärmeliebend und kommen nur in subtropischen und tropischen Gegenden der Erde, besonders in Afrika, Südamerika und im indomalayischen Gebiet vor. In Mitteleuropa eingeschleppte Tiere, z. B. *Reticulitermes flavipes*, Gelbfußtermite, können durch Holzzerstörung in beheizten Räumen Schäden verursachen.

Termiten leben in sozialer Gemeinschaft. Neben den geflügelten Geschlechtstieren gibt es Arbeiter und Soldaten. Die letzteren sind durch kräftige Mandibeln zur mechanischen Verteidigung (Kiefersoldaten) oder durch das Vorhandensein eines langen, nasenförmigen Fortsatzes auf der Stirn, an dessen Spitze oder Basis eine Giftdrüse mündet (Nasensoldaten, Nasuti) zur chemischen Verteidigung in der Lage. Daneben können auch Speicheldrüsen und Lippendrüsen Giftstoffe produzieren (32, 88).

Die Wehrgifte enthalten Monoterpene, Sesquiterpene (Kap. 7.1), Diterpene (Kap. 8.8), Polyketide, z. B. makrocyclische Lactone (95), Nitroalkene (z. B. 1-Nitro-1(E)-pentadecen), langkettige Vinyl- oder Divinylketone sowie Ketoaldehyde (96), Proteine oder Mucopolysaccharide (88, 93, 94, 115). Die Sekrete wirken als Irritantia und weisen Angreifer zurück. Für andere Insekten sind sie als Kontaktgifte tödlich. Nach Verdunsten der flüchtigen Anteile können sie auch als Klebstoffe einen Gegner immobilisieren..

Die Monoterpene gehören u. a. dem 2,6-Dimethyloctan-, p-Menthan-, Pinan-, Caran- und Bornan-Typ an. In höheren Konzentrationen gefunden wurden z. B. Myrcen, cis-β-Ocimen, α-Pinen, β-Pinen, Limonen, α-Phellandren, Terpinolen, α-Terpinen und Δ^3-Caren (10). Die Monoterpene haben nicht nur toxische Eigenwirkungen auf die angreifenden Insekten. Sie dienen gleichzeitig auch als Alarm- oder Erkennungspheromone und als Lösungsmittel für die in den gleichen Sekreten enthaltenen, als Klebstoffe fungierenden Diterpene vom Cembran- oder Trinervitan-Typ sowie als Pheromone. Die Diterpene wiederum haben den Charakter von Fixativen für die Monoterpene (43).

6.8 Monoterpene aus marinen Makroalgen

Zum Schutz vor Mikroorganismen und herbivoren Wassertieren haben die Makroalgen der Abteilungen Chlorophyta, Phaeophyta und Rhodophyta eine Vielzahl von Sekundärstoffen entwickelt, dazu gehören u. a. von Fettsäuren abgeleitete, teils mit Acetylengruppierung ausgestattete Verbindungen (Kap. 3.3), Polyketide, Monoterpene, Sesquiterpene (Kap. 7.7), Diterpene (Kap. 8.5), ungewöhnliche Aminosäuren (Kap. 16.5.2), schwefelhaltige Verbindungen und Alkaloide.

Während bei Grünalgen und Braunalgen als Vertreter der Monoterpene nur die auch von höheren Pflanzen bekannten Verbindungen gefunden wurden, z. B. Geraniol, Linalool, α-Pinen, Terpinolen, Carvon, 1,8-Cineol und Limonen, die auch bei Rotalgen vorkommen (Ü 44: Bde. I und VII), bilden letztere darüber hinaus strukturell und pharmakologisch sehr interessante Stoffe, die meistens chlor- und bromsubstituiert sind, Abb. 6-6). Es handelt sich dabei entweder um aliphatische 2,6-Dimethyloctan-Derivate (z. B. aus *Plocamium*-Arten, 30, 70, 83, 121), Cycloether dieser Verbindungen (z. B. die Aplysiapyranoide A–D, isoliert aus *Aplysia kurodai*, 76), Lactone (z. B. Costatolid, ein Nor-Monoterpen aus *Plocamium costatum*) oder um Dimethyl-ethyl-hexan-Derivate (z. B. Aplysiaterpenoid A, isoliert aus *Aplysia kurodai*, 83, oder Cyclohexan-Derivate aus *Plocamium coccineum*, 24).

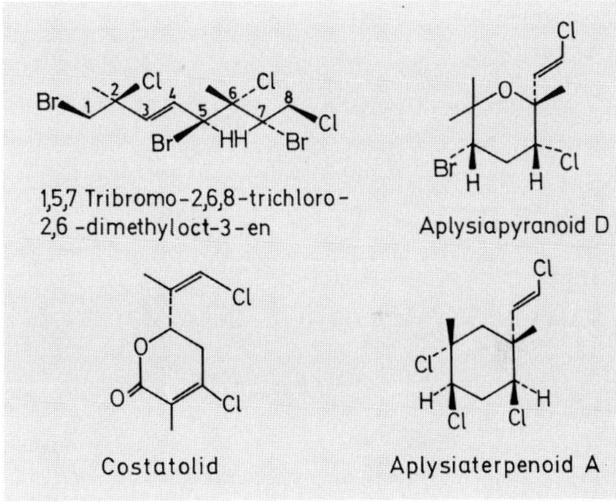

Abb. 6-6: Halogenierte Monoterpene von Rotalgen (Rhodophyta)

Die Verbindungen wurden hauptsächlich in den intensiv untersuchten *Laurencia*- (Kap. 3.3) oder *Plocamium*-Arten gefunden oder aus verschiedenen *Aplysia*-Arten, Seehasen, isoliert. Diese Tiere nehmen die Stoffe mit der Nahrung auf und speichern sie als Wehrgifte (Kap. 3.3). Die einzige in der Nord- und Ostsee vorkommende *Plocamium*-Art, *P. cartilagineum* (L.) DIXON (*P. coccineum* (HUDS.) LYNBG.), Gemeiner Kammtang, enthält zahlreiche halogenierte Monoterpene mit Dimethyl-ethyl-cyclohexangrundkörper. Auch andere Rotalgengattungen sind zur Bildung halogenierter Monoterpene befähigt (z. B. *Chondrococcus*, *Microcladia*, *Ochtodes*).

Viele der genannten halogenierten Monoterpene wirken antimikrobiell und cytotoxisch, Aplysiapyranosid D beispielsweise auch auf humane Tumorzellen (IC_{50} 14 µg/ml, 76, 85). Plocamenon, ein halogeniertes Monoterpenketon aus *Plocamium*-Arten, zeigt aufgrund der Nachbarschaft von Dichlormethylen- und Ketongruppierung in vitro starke mutagene Aktivität (121).

6.9 Literatur

1. Aida, K., Tawata, M., Shindo, H., Onaya, T. Sasaki, H., Nishimura, H., Chin, M., Mitsuhashi, H. (1989), Planta Med. 55: 22
2. Aimi, N., Inaba, M. Watanabe, M., Shibata, S. (1969), Tetrahedron 25: 1825
3. Akada, Y., Kawano, S., Tanase, Y. (1981), zit.: C. A. 94: 20479 g
4. Al-Badr, A. A., Muhtadi, F. J., Hassan, M. M. A. (1979), Pharmazie 34: 580
5. Antonow, N., Iotob, G. (1984), Nevrol. Psichiat. Neurochirurg. 23: 281
6. Appendino, G., Gariboldi, P., Valle, M. G. (1988), Gazz. Chim. Ital. 118: 55
7. Arnold, W. N. (1988), JAMA 260: 3042
8. Arnold, W. N. (1989), Sci. Am. 260: 86
9. Baerheim-Svendsen, A., Scheffer, J. J., Looman, A. (1985), Sci. Pharm. 53: 159
10. Baker, R., Walmsley, S. (1982), Tetrahedron 38: 1099
11. Balduini, W., Cattabeni, F. (1989), Med. Sci. Res. 17: 639
12. Banthorpe, D.V., Baxendale, D., Gatford, C., Williams, S. R. (1971), Planta Med. 20: 147
13. Banthorpe, D.V., Davies, H., Gatford, C., William, S. R. (1973), Planta Med. 23: 64
14. Beasley, V. R., Wolf, G. A., Fischer, D. C., Ray, A. C., Edwards, W. C. (1983), J. Am. Vet. Med. Assoc. 182: 283
15. Becker, H., Chavadej, S., Thies, P.W., Finner, E. (1984), Planta Med. 50: 245
16. Bellas, T. E., Brown, W.V., Moore, B. P. (1974), J. Insect Physiol. 20: 277
17. Braun, R., Dieckmann, H., Machut, M., Echarti, C., Maurer, H. R. (1986), Planta Med. 52: 446
18. Briehl, H. (1988), Dissertation Universität Frankfurt/Main
19. Brieskorn, C. H., Dalferth, S. (1964), Dtsch. Apoth. Ztg. 104: 1388
20. Brieskorn, C. H., Fuchs, A., Bredenberg, J. B., McChesney, J. D., Wenkert, E. (1964), J. Org. Chem. 29: 2293
21. Browne, S. G. (1960), Brit. Med. J. 2: 1290
22. Calleri, M., Chiari, G., Viterbo, D. (1983), Acta Crystallogr. Sct. C: Cryst. Struct. Commun. C. 39: 758
23. Carrel, J. E., Eisner, T. (1974), Science 183: 755
24. Castedo, L., Garcia, M. L., Quinoa, E., Riguera, R. (1984), J. Nat. Prod. 47: 724
25. Cavill, G.W. K., Robertson, P. L., Brophy, J. J., Duke, R. K., McDonald, J., Plant, W. D. (1984), Insect Biochem. 14: 505
26. Cavill, G.W. K., Robertson, P. L., Brophy, J. J., Clark, D.V., Duke, R., Orton, C. J., Plant, W. D. (1982) Tetrahedron 38: 1931
27. Chandra, A., Misra, L. N., Thakur, R. S. (1987), Phytochemistry 26: 1463
28. Chialva, F., Doglia, G., Gabri, G., Aisne, S., Milone, L. (1976), Rev. Ital. Essenze Profumi 58: 522
29. Clark, A. M., McChesney, J. D., Adams, R. P. (1990), Phytother. Res. 4: 15
30. Coll, J. C., Skelton, B.W., White, A. H., Wright, A. D. (1988), Aust. J. Chem. 41: 1743
31. Coucham, F. M., Rudloff, F.V. (1965), Can. J. Chem. 43: 1017
32. Deligne, I., Quennedey, A., Blenn, M. S. (1981), Social Insects 2, The Enemies and Defence Mechanism of Termites (Ed.: Herrmann, H. R.)
33. De Pasqual, T. J., Barrero, A. F., Caballero, M. C., San Feliciano, A. (1978), Am. Quim. 74: 1093
34. Dettner, K., Schwinger, G. (1986), Z. Naturforsch. 41: 366
35. Dieckmann, H. (1988), Dissertation Freie Universität Berlin
36 Dixon, A. F. G., Martin-Smith, S. J. (1963), Canad. Pharm. J. 96: 501
37. Dobrynin, V. N., Kolosov, M. N., Chernov, B. K., Derbentseva, N. A. (1976), Khim. Prir. Soedin. 5: 686
38. Drake, M. E., Stuhr, E. T. (1935), J. Am. Pharm. Assoc. 24: 196
39. Eisner, T. (1965), Science 148: 966
40. Eldefrawi M. E., Abbassy, M. A., Eldefrawi, A.T. (1984), In: Cellular and Molecular Neurotoxycology (Ed.: Narahashi, T., Raven Press New York): 177
41. El-Naggar, L. J., Beal, L. J. (1980), J. Nat. Prod. 43: 649
42. Erdtman, H., Norin, T. (1966), Fortsch. Chem. Org. Naturstoffe 24: 206
43. Everaerts, C., Pasteels, J. M., Raisin, Y., Bonnard, O. (1988), Biochem. Syst. Ecol. 16: 437
44. Ewart, W. B., Rabkin, S.W., Mitenko, P. A. (1978), Canad. Med. Assoc. J. 118: 1199
45. Fink, C. (1982), Dissertation Marburg
46. Forsen, K., von Schantz, M. (1974), Nobel-Symp. 25: 145
47. Fretz, T. A., Sydnor, T. D., Cobbs, M. R. (1976), Sci. Hortic. 5: 85
48. Fukuhara, Y., Yoshida, D. (1987), Agric. Biol. Chem. 51: 1441
49. Gallino, M. (1988), Planta Med. 54: 182
50. Gorgaev, M. I., Listhvanova, L. N., Bazalitskaya, V. S., Teppeev, S. B. (1963), Iswesstija Akademii Nauk. Kaz. SSR Ser. Chim. (2): 103

51. Graziano, M. J., Pessah, I. N., Matsuzawa, M., Casida, J. E. (1988), Mol. Pharmacol. 33: 706
52. Greger, H. (1979), Planta Med. 35: 84
53. Grimm, W., Gries, H. (1970), Berufsdermatosen 18: 165
54. Gurova, A. I., Grinina, O.V., Smolyar, N.Y., Drozhshina, N.A., Zasorina, I.N. (1986), Gig. Sanit. (1): 16
56. Harada, M., Yamashita, A. (1969), Yakugaku Zasshi 83: 1205
56. Hartwell, J. L., Johnsen, J. M., Fitzgerald, D. B., Belkin, M. (1953), J. Am. Chem. Soc. 75: 235
57. Hayashi, T., Shinbo, T., Shimizu, M., Arisawa, M., Morita, N., Kimura, M., Matsuda, S., Kikuchi, T. (1985), Tetrahedron Lett. 26: 3699
58. Hein, W. H., Schenck, G. (1949), Pharmazie 4: 520
59. Hendricks, H., van der Elst, D. J. D., van Putten, F. M. S., Bos, R. (1988), 36. Ann. Congr. Med. Plant Res., Freiburg, Thieme Verlag Stuttgart: 51
60. Héthelyi, E., Tétényi, P., Kettenes-van den Bosch, J. J., Salemink, C. A., Heerma, W., Vertluis, C., Klostermann, J., Sipma, G. (1981), Phytochemistry 20: 1847
61. Holopainen, M., Hiltunen, R., von Schantz, M. (1987), Planta Med. 53: 284
62. Houghton, P. J. (1988), J. Ethnopharmacol. 22: 121
63. Ishibashi, K., Katsuhara, J., Hashimoto, K., Kobayashi, Y. (1965), Kgoyo Kagaku Zasshi 68: 1224, ref. C.A. 111: 160062 h
64. Ishida, H., Takamatsu, M., Tsuji, K., Kosuge, T. (1987a), Chem. Pharm. Bull. 35: 846
65. Ishida, H., Takamatsu, M., Tsuji, K., Kosuge, T. (1987b), Chem. Pharm. Bull. 35: 849
66. Kang, S. S., Shin, K. H., Chi, H. J. (1989), Saengyak Hakhoechi 20: 48
67. Kasimov, S. Z., Abdulaev, N. D., Sidyakin, G. P. (1979), Khim. Prir. Soedin. 4: 495
68. Kasimov, S. Z., Abdulaev, N. D., Zakirov, S. H. (1979), Khim. Prir. Soedin. 5: 658
69. Kawashima, K., Miwa, Y., Kimura, M., Mizutani, K., Hayashi, A., Tanaka, O. (1985), Planta Med. 51 : 187
70. Kazlauskas, R., Murphy, P.T., Quinn, R.J., Wells, R.J. (1976), Tetrahedron Lett. 4451
71. Kelsey, R. G., Shafizadesh, F. (1979), Phytochemistry 18: 1591
72. Kimura, M., Kimura, I., Takahashi, K., Muroi, M., Yoshizaki, M., Kanaoka, M., Kitagawa, I. (1984), Jap. J. Pharmacol. 36: 275
73. Kitagawa, I., Yoshikawa, M., Tsunaga, K., Tani, T. (1980), zit.: C. A. 92: 169115 b
74. Krivut, B. A., Tolstykh, L. P. (1980), Chimiko-Farmatzewtitschesskii Shurnal 14: 66
75. Kustrak, D., Kuftinec, J., Balzevic, N. (1984), J. Nat. Prod. 47: 520
76. Kusmui, T., Uchida, H., Inouye, Y., Ishitauka, M., Yamamoto, H., Kakisawa, H. (1987), J. Org. Chem. 52: 4597
77. Lang, H., Li, S., Liang, X. (1983), Xaoxue Xuebao 18: 551, ref. C. A. 100: 82714 f
78. Lewis, S. J., Talken, R. L. (1982), US Dept. Health a Human Service
79. Lindner, D. (1948), Pharmazie 3: 284
80. Mannetstätter, H., Gerlach, H., Poethke, W. (1967), Pharm. Weekbl. 106: 797
81. Markkanen, T. (1981), Drugs. Exp. Clin. Res. VII: 69
82. McDonald, B. F., Swan, E. P. (1970), J. Chromatogr. 51: 553
83. Miyamoto, T., Higuchi, R., Marabayashi, N., Komori, T. (1988), Liebigs Ann. Chem. 1191
84. Nakatsuka, T., Hirose, Y. (1955), J. Japan Forestry Soc. 37: 496, ref. C.A. 50: 7404
85. Naylor, S., Hanke, E. J., Manes, L.V., Crews, P. (1986), Fortsch. Chem. Org. Naturstoffe 44: 190
86. Nishizawa, M., Yamagishi, T., Nonaka, G. J., Nishioka, I. (1980), Chem. Pharm. Bull. 28: 2850
87. Nishizawa, M., Hayashi, T., Yamagishi, T., Horikoshi, T., Hatakeyama, Y., Honma, N. (1986), Shoyakugaku Zasshi 40: 413, ref. C.A. 106: 219428 m
88. Ovezdurdyev A., Abdullaev, N. D., Ysupov, M. I., Kasymov, S. Z. (1987), Khim. Prir. Soedin. (5) 667
89. Pasteels, J. M., Braekman, J. C., Daloze, D., Ottinger, R. (1982), Tetrahedron 38: 1891
90. Peter, M. G., Woggon, W. D., Schmid, H. (1977), Helv. Chim. Acta 60: 2756
91. Pitarević, I., Kuftineć, J., Blaževic, N., Kuštrak, D. (1984), J. Nat. Prod. 47: 409
92. Presto, A. J., Muecke, E. C. (1970), J. Am. Med. Assoc. 214: 591
93. Prestwich, G. D. (1984), Ann. Rev. Entomol. 29: 201
94. Prestwich, G. D. (1979), J. Chem. Ecology 5: 459
95. Prestwich, G. D., Collins, M. S. (1981), Tetrahedron Lett. 22: 4587
96. Prestwick, G. D., Collins, M. S. (1982), J. Chem. Ecology 8: 147
97. Purevsuren, G., Koblicova, Z., Trojanek, J. (1987), Česk. Farm. 36: 32
98. Ray, A., Kyle, A. L. G., Murphy, M. J., Reagor, J. C. (1989), Am. J. Vet. Res. 50: 187
99. Revol, L. (1936), Bill. Sci. Pharmacol. 42: 577
100. Rice, K. C., Wilson, R. S. (1976), J. Med. Chem. 19: 1054
101. Rosin, R. D. (1967), Brit. Med. J. 4: 33
102. Sacco, T., Chialva, F. (1988), Planta Med. 54: 93
103. Sakurai, E., Ikeda, K., Mori, K. (1988), Agric. Biol. Chem. 52: 2369
104. Salama, R. B., Hammouda, Y., Gassin, I. (1974), J. Pharm. Pharmacol. 26: 268
105. Satar, S. (1984), Pharmazie 39: 66
106. Schearer, W. R. (1984), J. Nat. Prod. 47: 964
107. Schmilowski, G. (1974), Pharmazie 2: 524
108. Schneider, G. (1978), Dtsch. Apoth. Ztg. 118: 469
109. Semmler, F.W. (1902), Chem. Ber. 35: 2945
110. Semmler, F.W. (1900), Ber. Dtsch. Chem. Ges. 33: 275
111. Sherby, S. M., Eldefrawi, A.T., Despande, S. S.,

ALBUQUERQUE, E.K., ELDEFRAWI, M.E. (1986), Pestic. Biochem. Physiol. 34: 164
112. SHIMIZU, M., HAYASHI, T., MORIATA, N., KIMURA, I., KIUCHI, M., KLUCHI, F., NOGUCHI, H., IITAKA, Y., SANKAWA, U. (1981), Tetrahedron Lett. 22: 3069
113. SHOWLEY, R.V., ROLF, L.L. Jr. (1984), Am. J. Vet. Res. 45: 2261
114. SÖRENSEN, N.A. (1961), Pure Appl. Chem. 2: 569
115. SPANTON, S.G., PRESTWICH, G.D. (1982), Tetrahedron 38: 1921
116. STAHL, E., SCHEU, D. (1967), Arch. Pharm. 300: 456
117. STAHL, E., SCHEU, D. (1965), Naturwissenschaften 52: 394
118. STANGL, R., GREGER, H. (1980), Plant Syst. Evol. 136: 125
119. STEFANOVIC, M., MLADENOVIC, S., DERMANOVIC, M., RISTIC, N. (1985), J. Serb. Chem. Soc. 50: 263
120. STERMITZ, F.R. (1988) ACS Symp. Ser. 380 (Biol. Act. Nat. Prod.: Potential Use Agric.): 397
121. STIERLE, D.B., SIMS, J.J. (1984), Tetrahedron Lett. 35: 153
122. SWAN, E.P., JIANG, K.S., GARDNER, J.A.F. (1969), Phytochemistry 8: 345
123. SWIATEK, L. (1985), Farm. Pol. 41: 327
124. TADATO, T., KATZUKI ,T., MATSUDA, H., KUBO, M., ARICHI, S., YOSHIKAWA, M., KITAGAWA, J. (1980), zit. CA 95: 49251 h
125. TAKECHI, M., TANAKA, Y. (1982), Planta Med. 45: 252
126. TANI, T., KATSUKI, T., KUBO, M., ARICHI, S., KITAGAWA, I. (1981), zit.: C.A. 95: 49250 g
127. TANI, T., KATSUKI, T., KOSOTO, H., ARICHI, S., KUBO, M., MATSUDA, H., KIMURA, Y., KITAWARA, I., YOSHIKAWA, M. (1982), zit.: C.A. 97: 426 w
128. TETENYI, P., KAPOSI, P., HETHLEYI, E. (1975), Phytochemistry 14: 1539
129. THIES, P.W. (1985), Pharm. Unserer Zeit 14: 33
130. THIES, P.W., FUNKE, S. (1966), Tetrahedron Lett. 11: 1155
131. TIETZE, L.F. (1983), Angew. Chem. 95: 840
132. TITZ, W., JURENITSCH, J., FITZBAUER-BUSCH, F., WICHO, E., KUBELKA, W. (1982), Sci. Pharm. 50: 309
133. TRAUD, J., MUSCHE, H. (1983), Fresenius' Z. Anal. Chem. 315: 221
134. TUCKER, A.O., TUCKER, S.S. (1988), Econ. Bot. 42: 214
135. UCHIO, Y. (1978), Tetrahedron 34: 2893
136. VANDERHUDE, W., SCHEUTWINKELREICH, M., BRAUN, R., DITTMAR, W. (1985), Arch. Toxicol. 56: 267
137. VERNIN, G., BONIFACE, C., METZGER, J., GHIGLIONE, C., HAMMOUD, A., SUON, K.N., FRAISSE, D., PARKANYI, C. (1988), Phytochemistry 27: 1061
138. VIJVERBERG, H.P.M., VAN DEN BERCKEN, J. (1990), Crit. Rev. Toxicol. 21: 105
139. VOGT, D.D., MONTAGNE, M. (1983), Int. J. Addictions 1
140. VOGT, D.D. (1981), J. Ethnopharmacol. 4: 337
141. VON EICKSTEDT, K.W., RAHMANN, S. (1969), Arzneim. Forsch. 19: 316
142. VON SCHANTZ, M., FORSEN, K. (1971), Farmaseuttinen Aika-Kauslehti (Farmac. Notisbl.) 80: 122
143. VON SCHANTZ, M., JÄRVE, M., KAARTINEN, R. (1966), Planta Med. 14: 421
144. VOSTROWSKI, O., BROSCHE, T., IHM, H., ZINTL, B., KNOBLOCH, K. (1981), Z. Natuforsch. 36: 369
145. WALTER, W.G., COLE, S.F. (1967), J. Pharm. Sci. 56: 174
146. WANG, G.S. (1989), J. Ethnopharmacol. 26: 147
147. WANG, Z., LENG, H., SHA, K., LIU, J. (1983), Fenzi Kexue Yu Huaxue Yanjui 3: 25
148. WENZEL, D.G., HASKELL, A.R. (1952), J. Amer. Pharm. Ass. 41: 162
149. WERTELECKI, W., VIETTI, J.J., KULAPONGS, P. (1967), Pediatrics 39: 287
150. WROLSTAD, R.E., JENNINGS, W.G.: J. Food Sci. 30: 274
151. YATUGAI, M., SATO, T., TAKAHASHI, T. (1985), Biochem. Syst. Ecol. 13: 377
152. YU, J., LANG, H., XIAO, P. (1986), Xaoxue Xuebao 21: 191, ref. C.A. 105: 3559 m
153. YU, J., LANG, H., XIAO, P. (1985), Xaoxue Xuebao 20: 229, ref. C.A. 103: 68296 b

Mit Ü gekennzeichnete Zitate siehe Kap. 43.

7 Sesquiterpene

7.1 Allgemeines

Die aus drei Isoprenresten aufgebauten Sesquiterpene (C_{15}-Verbindungen) bilden mit etwa 3000 Vertretern die größte Gruppe der Terpene. Bisher sind über 100 Grundkörper dieser Gruppe bekannt. Weit verbreitet sind Verbindungen vom

- Bisabolan-Typ, z. B. die Sesquiterpene von *Ciocalypta* (Abb. 7-13),
- Germacran-Typ, z. B. das Germacranolid Costunolid (Abb. 7-7),
- Guajan-Typ, z. B. das Guajanolid Cynaropicrin (Abb. 7-7),
- Pseudoguajan-Typ, z. B. das Pseudoguajanolid Spathulin (Abb. 7-7), und
- Eudesman-Typ, z. B. das Eudesmanolid Frullanolid (Abb. 7-7).

Daneben kommen bei höheren Pflanzen unter anderem Vertreter des Farnesan-, Cadinan-, Aromadendran-, Eremophilan- und Xanthan-Typs vor. Bei niederen Pilzen wurden Trichothecan- und Eremophilan-Derivate gefunden, bei Basidiomyceten Verbindungen vom Illudan-, Protoilludan-, Marasman-, Lactaran-, Secolactaran-, Sterpuran-, Guajan- und Driman-Typ sowie bei Rotalgen vom Lauran- und Chamigran-Typ.

Eine Vielzahl von Sesquiterpenkohlenwasserstoffen, -alkoholen, -ketonen und -aldehyden oder polyfunktionellen Sesquiterpenen sind Bestandteile ätherischer Öle.

Von besonderem Interesse sind toxische Sesquiterpenlactone (Kap. 7.2), darunter Sesquiterpenlactone mit Allergien auslösenden Eigenschaften (Kap. 7.2.5), Mycotoxine mit Sesquiterpen-Grundkörpern (Kap. 7.4 und 7.5), Sesquiterpene als potentielle Giftstoffe von Ständerpilzen (Kap. 7.6), als Inhaltsstoffe von Makroalgen (Kap. 7.7) und von Schwämmen (Kap. 7.9). Auf zahlreiche antibiotisch wirksame Sesquiterpene aus höheren Pilzen (139) kann hier nicht eingegangen werden.

Bemerkenswert ist auch das Vorkommen von cytotoxischen Sesquiterpenen in Meerestieren, z. B. in Seerosen (Actinaria, z. B. 1,10-Epoxy-14-hydroperoxy-4-lepidozen in *Anthopleura pacifica*, 251), Lederkorallen und Seehasen (13). Ebenfalls enthalten sind Sesquiterpene in den Wehrgiften der Ameisen (z. B. Dendrolasin, 23, 189), der Schnellschwimmkäfer (z. B. Eudesmen-1,6-diol und Platambin, 202), der Schmetterlinge (z. B. β-Selinen, 163) und der Termiten (z. B. Ancistrodial, Amiteol und Helminthogermacren 14, 170, 186, 200). Auch als Phytoalexine, z. B. bei Solanaceae, und als Allelochemikalien spielen die Sesquiterpene eine Rolle (53).

7.2 Toxische Sesquiterpenlactone

7.2.1 Toxinologie

Die Sesquiterpenlactone, von denen über 2000 Vertreter bekannt sind, leiten sich von Verbindungen ab, die vorwiegend die Grundkörper Germacran, Guajan, Pseudoguajan, Eudesman, Eremophilan oder Xanthan besitzen und deren Isopropylseitenkette in einen anellierten Lactonring integriert ist. Die biologisch aktiven Sesquiterpenlactone sind fast stets α-Methylen-γ-lactone, d. h., sie weisen am Lactonring eine exocyclische Methylengruppe auf, die der Carbonylgruppe benachbart ist. Neben Hydroxylgruppen, die z. T. verestert oder glykosidisch mit einem Zucker verknüpft sein können, kommen Epoxygruppen, seltener auch Carboxygruppen, Halogen- oder Schwefelatome im Molekül vor (110, 192, 239).

Sesquiterpenlactone sind relativ stabil, nicht flüchtig, lipophil und zeichnen sich durch bitteren Geschmack aus. Einige von ihnen, die sog. Proazulene, gehen beim Erhitzen unter Öffnung des Lactonringes, unter Decarboxylierung und Dehydratisierung bzw. Dehydrierung in die pseudoaromatischen, wasserdampfflüchtigen Azulene über (97).

Als erstes Sesquiterpenlacton wurde 1830 von KAHLER (108) das Santonin aus den Blütenköpfchen von *Artemisia cina* O. C. BERG et C. F. SCHMIDT, Zitwer, isoliert, die als Flores Cinae, «Zitwersamen», zur Bekämpfung von Eingeweidewürmern offizinell waren. Die Struktur wurde 1929/30 von CLEMO, HAWORTH und WALTON aufgeklärt (44).

Sesquiterpenlactone sind bei Asteraceae (mit Ausnahme der Tribus Tageteae) ubiquitär verbreitet (zur Chemotaxonomie 56). Sie kommen darüber hinaus auch bei Apiaceae (98), Amaranthaceae, Aristolochiaceae, Lauraceae, Lamiaceae, Magnoliaceae, Menispermaceae und anderen Familien vor. Auch bei den Laubmoosen, Hepaticae, sind sie in zahlreichen Arten vorhanden. Bei höheren Pilzen wurden sie ebenfalls vereinzelt gefunden.

Bei den höheren Pflanzen werden sie in Drüsenhaaren akkumuliert oder überziehen als Exsudate die Oberfläche der Pflanze, so daß sie bei Berührung der Pflanzen durch Tier oder Mensch leicht auf die Schleimhaut, beispielsweise des Mundes, bzw. die Haut, übertragen werden.

Für die vielfältigen biologischen Wirkungen der Sesquiterpenlactone sind in erster Linie die häufig vorhandene α-Methylen-γ-lactongruppierung und/oder ein β-unsubstituierter Cyclopentenonring verantwortlich. Derartige Sesquiterpene reagieren selektiv mit nucleophilen Gruppen, vorzugsweise mit exponierten SH-Gruppen von Proteinen, und alkylieren diese in der Art einer MICHAEL-Addition. Dadurch kommt es zur Hemmung der Aktivität wichtiger Schlüsselenzyme und zur Bildung kompletter Antigene. Es resultieren u. a. antimikrobielle, cytotoxische, antineoplastische, antiphlogistische und antihyperlipidämische Effekte und allergische Reaktionen. Bifunktionelle Verbindungen (z. B. Helenalin) sind stärker wirksam als monofunktionelle (z. B. Tenulin, 103, 239). Für die Wirkungsspezifität einzelner Sesquiterpenlactone und die großen Unterschiede in ihrer biologischen Aktivität dürften außer den oben genannten reaktiven Gruppen weitere Faktoren entscheidend sein, beispielsweise die Konformation des Moleküls, seine Lipophilie oder die Anwesenheit anderer elektrophiler Zentren im Molekül (239).

Die cytotoxische und damit auch antineoplastische Wirkung vieler Sesquiterpenlactone (bei etwa 250 derartigen Verbindungen aus Asteraceae nachgewiesen, 239) beruht u. a. auf der Hemmung von Enzymen energieliefernder und signalübertragender Prozesse und auf dem Block der Nucleinsäure- und Proteinsynthese (54, 79, 168). Für Helenalin wurde in P 388-Leukämie-Zellen eine Inaktivierung des Initiationsfaktors IF-3 gezeigt (235).

Die antibakterielle Wirkung erstreckt sich vor allem auf GRAM-positive Keime (182). Entscheidendes Strukturelement soll ein α,β-ungesättigter Cyclopentenonring sein. Hauptangriffspunkt ist wahrscheinlich die Bakterienmembran, wo u. a. Enzyme der oxidativen Phosphorylierung blockiert werden (239).

Die antiphlogistische und antiarthritische Wirkung, für die die am Lactonring gebundene Methylengruppe Voraussetzung ist, beruht auf dem Eingriff in an Entzündungsvorgängen beteiligte metabolische Prozesse. Die Lysosomenmembran wird stabilisiert, die Aktivität lysosomaler Enzyme gehemmt, und oxidative Phosphorylierung, Chemotaxis und Migration von Leukozyten werden eingeschränkt (78, 80). Von den Sesquiterpenlactonen aus *Tanacetum parthenium* ist bekannt, daß sie die Aggregation und Sekretion von Thrombozyten und die Prostaglandinbiosynthese hemmen. Dadurch erklärt sich die lange bekannte Anwendung der Pflanze u. a. bei Arthritis (221). Dehydroleucodin ist das verantwortliche Sesquiterpenlacton für die magenprotektive Wirkung von *Artemisia douglasiana* BESSER, einer in Südamerika bei Magengeschwüren eingesetzten Pflanze (72).

Die antihyperlipidämische Wirkung resultiert aus der Hemmung der 3-Hydroxy-3-methyl-glutaryl-Coenzym-A-Reduktase und anderer Enzyme des Lipidstoffwechsels (77).

Die durch die Konjugation der Sesquiterpenlactone mit Sulfhydrylgruppen von Proteinen gebildeten kompletten Antigene können bei dafür empfindlichen Personen zu einer Sensibilisierung führen. Bei erneutem Kontakt mit dem Hapten werden oft sehr heftige allergische Reaktionen ausgelöst (103, 158, 241, Kap. 7.2.5).

Außer der allergisierenden Wirkung kann auch die einiger Sesquiterpenlactone auf das Herz-Kreislauf-System toxikologisch von Bedeutung sein. Sie ist besonders gut bei Helenalin und seinen Estern untersucht und äußert sich zunächst in einer Steigerung der Kontraktionskraft, in höheren Konzentrationen kommt es zu Arrhythmien und zum Stillstand der Vorhöfe (103, 116, 135, 244). Der Wirkungsmechanismus besteht vermutlich in einer Membranstabilisierung und dem dadurch bedingten Eingriff in die Regulation der intrazellulären Calciumkonzentration (239). Von vorwiegend therapeutischer Bedeutung ist die atemanaleptische Wirkung. Die LD_{50} von Helenalin beträgt bei der Maus 10 mg/kg, i. p., und 150 mg/kg, p. o. (103).

Eine Reihe von Sesquiterpenlactonen (Abb. 7-1) besitzt auch spezielle pharmakologische Effekte. Zu ihnen gehören die Dilactone Pikrotoxinin (45)

Bild 7-1: *Arnica montana*, Bergwohlverleih

Bild 7-2: *Arnica chamissonis,* Wiesenarnika

Bild 7-3: *Helenium autumnale*, Herbst-Sonnenbraut

Bild 7-4: *Lactuca virosa*, Gift-Lattich

Bild 7-5: *Cichorium intybus*, Gemeine Wegwarte

Bild 7-6: *Calendula officinalis*, Garten-Ringelblume

Bild 7-7: *Chamaemelum nobile*, Römische Kamille

Bild 7-8: *Chrysanthemum indicum* (Chrysantheme)

Bild 7-9: *Cynara scolymus*, Artischocke

Bild 7-10: *Eupatorium cannabinum*, Wasserdost

Bild 7-11: *Gaillardia aristata*, Kokardenblume

Bild 7-12: *Helianthus annuus*, Sonnenblume

aus *Anamirta cocculus* WIGHT et ARN., Scheinmyrte (Menispermaceae, in Indonesien beheimateter Kletterstrauch), und Anisatin, Neoanisatin sowie weitere Diterpenlactone (126, 127, 247) aus *Illicium anisatum* L. (*I. religiosum* SIEB. et ZUCC), Japanischer Sternanis (Illiciaceae, in Japan und Korea heimischer Baum).

Pikrotoxinin (Abb. 7-1) beeinträchtigt durch Herabsetzung der Affinität der GABA-Rezeptoren (Bindung am angekoppelten Chlorid-Ionophor) präsynaptische Hemmechanismen und wirkt in kleinen Dosen als Analepticum, in größeren als Krampfgift. Es wird, heute nur noch selten, als Atemanalepticum bei Barbituratvergiftungen verwendet und zur Kurz- und Langzeittherapie peripher bedingter Formen von Schwindelgefühlen eingesetzt. Die getrockneten Früchte von *Anamirta cocculus*, früher als Fructus Cocculi, Kokkelskörner, offizinell, wurden in der Heimat der Pflanze Südostasien auch als Fischgift zum Fischfang benutzt (64, 166). Medizinal bedingte Intoxikationen sind gekennzeichnet durch Übelkeit, Erbrechen, Miosis, Bradykardie, Krämpfe, Cyanose, Dyspnoe und schließlich Atemlähmung. Die letale Dosis beträgt für den Menschen etwa 20 mg Pikrotoxinin bzw. 2–3 g Kokkelskörner (Ü 73, Ü 85).

Vergiftungsgefahr durch Anisatin und Neoanisatin (Abb. 7–1) besteht bei Verwechslung der Früchte des Sternanis, *Illicium verum* HOOK. f., mit denen von *I. anisatum* L. Als Symptome wurden starke Krämpfe beobachtet. Der Tod erfolgt durch Atemlähmung (223).

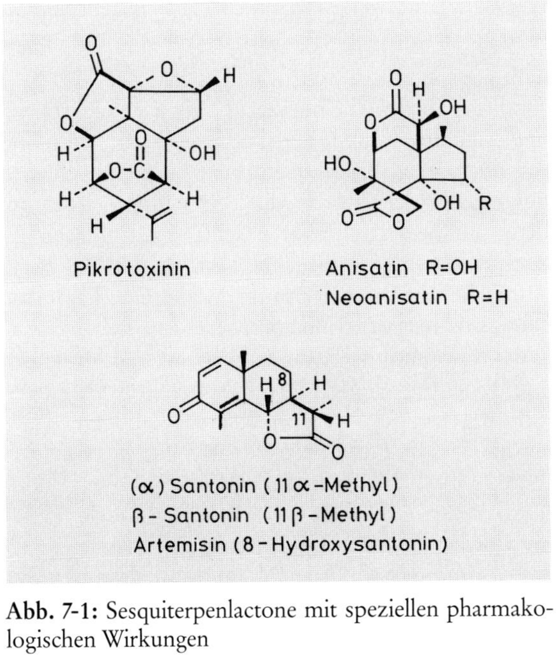

Abb. 7-1: Sesquiterpenlactone mit speziellen pharmakologischen Wirkungen

Einige Eudesmanolide, wie Santonin, β-Santonin und Artemisin (Abb. 7-1), sind ebenfalls von toxikologischem Interesse. Von den *Artemisia*-Arten, in denen sie vorkommen, gedeiht im Gebiet nur der Strand-Beifuß, *A. maritima* L. Er enthält im Kraut etwa 1,5% Santonin. Hauptquelle für das heute nur noch selten als Mittel zur Behandlung von Askaridosen eingesetzte Santonin ist allerdings *Artemisia cina* O. C. BERG et C. F. SCHMIDT., ein in Steppengebieten östlich des Kaspischen Meeres verbreiteter Halbstrauch.

Vergiftungen, auch mit tödlichem Ausgang, wurden bei therapeutischer Verwendung von Santonin beobachtet. Typisches Symptom ist die Xanthopsie, d. h. helle weiße Flecken werden zunächst violett, später gelb gesehen. Außerdem kommt es in schweren Fällen zu Hämaturie, Albuminurie, Temperaturabfall, Miktionsbeschwerden, Krämpfen und Bewußtlosigkeit. Die letale Dosis beträgt für Kinder 60–300 mg Santonin (Ü 73, Ü 85). Zur Aufnahme größerer Mengen des Krautes von *Artemisia*-Arten besteht kein Anreiz. Die Behandlung der Vergiftung erfolgt durch primäre Giftentfernung und symptomatisch.

7.2.2 Toxische Sesquiterpenlactone der Arnika (*Arnica*-Arten)

Die Gattung *Arnica*, Bergwohlverleih, Arnika (Asteraceae, Korbblütengewächse), wird in etwa 20–30 Arten untergliedert (141, 184). In Mitteleuropa kommt davon nur *A. montana* L., Bergwohlverleih, vor (siehe S. 107, Bild 7-1). Daneben ist noch *A. chamissonis* LESS., Wiesenarnika, zu erwähnen. Diese in Nordamerika beheimatete Pflanze tritt in mehreren Unterarten auf, von denen die Unterart *A. chamissonis* LESS., ssp. *foliosa* (NUTT.) MAGUIRE (siehe S. 107, Bild 7–2), in einigen Ländern auch die Unterart *A. chamissonis* LESS. ssp. *genuina* MAGUIRE (*A. chamissonis* ssp. *chamissonis*), als Arzneipflanzen angebaut werden.

Hauptwirkstoffe von *A. montana* sind die in allen Teilen der Pflanze vorhandenen Pseudoguajanolide vom Helenanolid-Typ (7,8 – anellierter Lactonring am Pseudoguajangrundkörper, Methylgruppe am C-10 α-ständig), besonders Ester des Helenalins und 11α,13-Dihydrohelenalins (Abb. 7–2). Weiterhin kommen in geringen Mengen u. a. 6-O-Isobutyryl-2,3,11α,13-tetrahydrohelenalin und 2-β-Ethoxy-6-O-isobutyryl-2,3-dihydrohelenalin vor. Die Konzentration der Sesquiterpenlactone in den Blütenkörbchen wurde mit 0,2–0,56% bestimmt. Das Verhältnis der Helenalinester zu den Dihydrohelena-

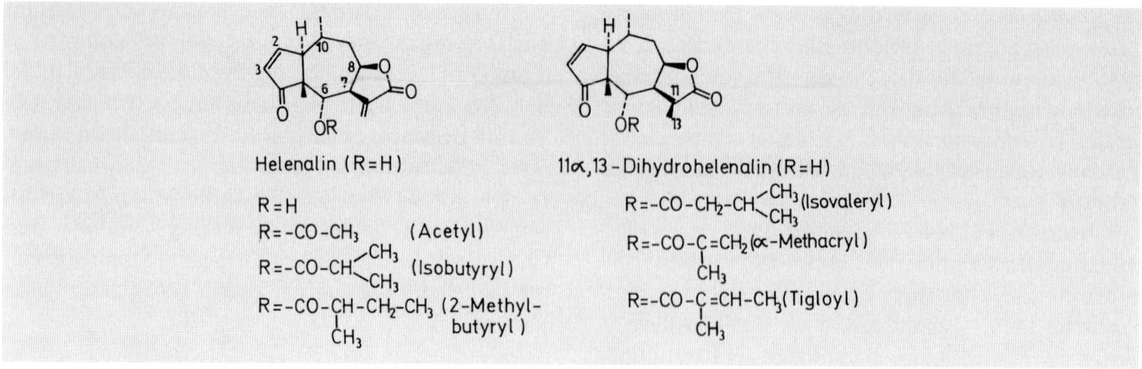

Abb. 7-2: Helenanolide des Berg-Wohlverleihs *(Arnica montana)*

linestern beträgt 2:1 bis 9:1 (240, 241, 242). Als Begleitstoffe sind u. a. Polyine, Thymolester sowie Thymolether, Hydroxycumarine, Phenylacrylsäuren, deren Ester mit Chinasäure (151), das Iridoid Loliolid und immunstimulatorisch wirkende Polysaccharide (187) isoliert worden (184, 237, zu den Inhaltsstoffen der Wurzeln 195).

Bei *Arnica chamissonis* ssp. *foliosa* wurden 0,6–1,7% Sesquiterpenlactone in den Blütenkörbchen nachgewiesen. Hauptkomponenten sind Helenalin, Arnifolin, 11α,13-Dihydroarnifolin und 6-O-Tigloyl-11α,13-dihydrohelenalin (Abb. 7-3, 127). Daneben kommen etwa 20 weitere Helenanolide in der Pflanze vor, darunter 6-O-Propionyl-11α,13-dihydrohelenalin, 4-O-Acetyl-6-desoxy-chamissonolid, 2α-Hydroxy-6-O-angelicoyl-2,3-dihydrohelenalin, 2α-Hydroxy-6-O-senecionyl-2,3-dihydrohelenalin, 2α-Hydroxy-6-O-tigloyl-2,3,11α,13-tetrahydrohelenalin, 2α-Hydroxy-6-O-isovaleryl-2,3,11α,13-tetrahydrohelenalin, 6-O-Acetylchamissonolid und 4,6-Di-O-acetylchamissonolid (238).

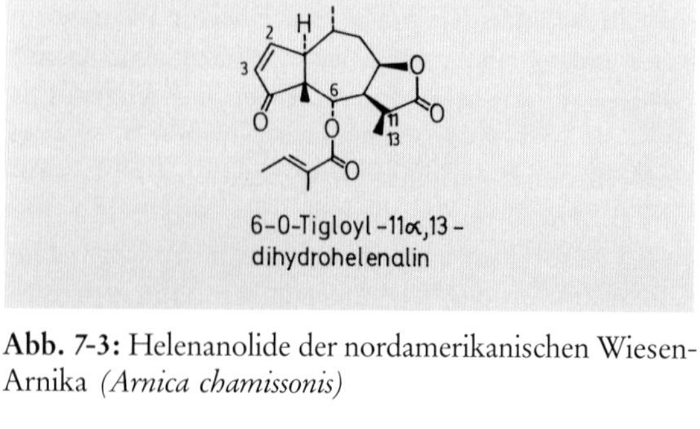

Abb. 7-3: Helenanolide der nordamerikanischen Wiesen-Arnika *(Arnica chamissonis)*

In *A. chamissonis* ssp. *genuina* wurden neben acht Helenanoliden, vor allem Chamissonolid und 6-Desoxychamissonolid, in geringen Mengen auch ein Eudesmanolid, das Ivalin, nachgewiesen (236).

Auch in weiteren *Arnica*-Arten wurden Sesquiterpenlactone gefunden. Dabei treten neben Pseudoguajanoliden und Eudesmanoliden auch Xanthanolide auf (210).

Sowohl die allergischen Hautreaktionen nach Anwendung von Arnika-Tinktur (Kap. 7.2.5) als auch Vergiftungen bei innerlichem Gebrauch lassen sich auf die Ester von Helenalin und Dihydrohelenalin zurückführen. Vergiftungen werden in erster Linie durch die therapeutische Anwendung von Arnikazubereitungen hervorgerufen. In Form der verdünnten (!) Tinktur wird Arnika bei Verstauchungen, Quetschungen, Blutergüssen, Rheuma und zur Wundbehandlung äußerlich eingesetzt (237). Arnikaextrakte sind auch Bestandteile verschiedener Kosmetika. Bei empfindlichen Personen können nach Sensibilisierung, besonders durch die unverdünnte Tinktur, allergisch bedingte Hautausschläge mit Blasenbildung und Juckreiz ausgelöst werden (82, 84, 241). Durch Berührung der Pflanzen kann eine Kontaktdermatitis hervorgerufen werden.

Bei Entzündungen, aber auch als Analepticum und Tonicum, werden Arnikazubereitungen innerlich angewendet. Vergiftungserscheinungen nach peroraler Aufnahme größerer Mengen sind Erbrechen, Durchfall, Schwindel, Arrhythmien und Atemstörungen. Todesfälle nach Einnahme der Tinktur wurden beobachtet (201). Auch die unkontrollierte Aufnahme von Arnikablüten enthaltendem Tee ist wegen der geringen therapeutischen Breite der Droge nicht ungefährlich (205).

Nach dem Trinken von zwei Likörgläsern einer Arnikatinktur, die unter Zusatz von Alkohol aus dem Preßsaft von Arnikablüten hergestellt worden war, als Abortivum kam es zu Erbrechen, Bauchkrämpfen, Durchfällen, schweren Kollapserscheinungen, langandauernder Benommenheit und Abort. Dauerschäden blieben nicht zurück (150).

Aus den genannten Gründen muß die therapeutische Anwendung von Arnikazubereitungen mit Vorsicht erfolgen. Innerlicher Gebrauch sollte nur unter ärztlicher Kontrolle stattfinden. Empfindliche Personen müssen auch den äußerlichen Kontakt meiden. Die Behandlung aufgetretener Vergiftungen kann nur durch primäre Giftentfernung und symptomatisch erfolgen.

7.2.3 Toxische Sesquiterpenlactone von Sonnenbraut (*Helenium*-Arten), Bitterkraut (*Hymenoxys odorata*) und *Geigeria*-Arten

Auch bei einer Reihe der etwa 30 *Helenium*-Arten, Sonnenbraut (Asteraceae, Korbblütengewächse), wurden Sesquiterpenlactone vom Helenalintyp nachgewiesen.

Helenium-Arten sind in Nord- und Südamerika beheimatet. Es sind ein- oder mehrjährige Kräuter mit zahlreichen Blütenkörbchen, angeordnet in Doldentrauben. Vor allem *Helenium*-Hybriden, an deren Entstehung *Helenium autumnale* L., Herbst-Sonnenbraut (siehe S. 107, Bild 7-3), wesentlich beteiligt ist, sind neben *H. bigelovii* A. Gray und *H. hoopesii* A. Gray, beliebte Gartenblumen. *H. microcephalum* DC., als Unkrautpflanze im Süden der USA vorkommend, wird für die häufig beobachteten Vergiftungen von Weidetieren verantwortlich gemacht (173).

Hymenoxys odorata DC., Bitterkraut (Asteraceae, Korbblütengewächse), gedeiht im Süden der USA und in Mexico. Sie ist ebenso wie die in Südafrika vorkommende *Geigeria filifolia* Maatf. für erhebliche Verluste an Weidetieren verantwortlich.

Aus den verschiedenen Chemotypen von *H. autumnale* wurden über 30 verschiedene Sesquiterpenlactone vom Eudesmanolid-, Germacranolid- und Guajanolidtyp sowie deren 4,5-seco-Derivate und vom Pseudoguajanolid-Typ isoliert, darunter eine Vielzahl mit exocyclischer Methylengruppe am Lactonring, z. B. Helenalin, Autumnolid, Halshalin, Picrohelenin und Alantolacton (Abb. 7-4). Bis-Sesquiterpenlactone wurden ebenfalls nachgewiesen (143). Auch das Sulferalin, ein Methylsulfonat eines Pseudoguajanolids, und dessen Ester sind bemerkens-

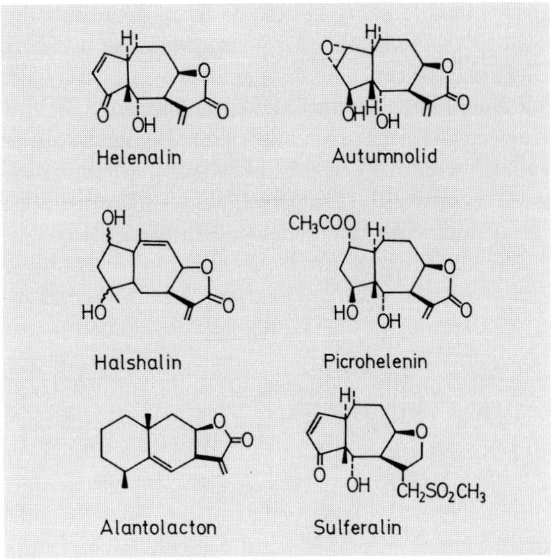

Abb. 7-4: Sesquiterpenlactone der Herbst-Sonnenbraut *(Helenium autumnale)*

wert (30, 43, 65, 96, 102, 121, 122, 123, 128, 147, 148, 193, 207, 231). Aus *H. microcephalum* wurde neben Helenalin auch Hymenoxon isoliert (173).

Aus *Hymenoxys odorata* wurden bisher fünf Guajanolide (z. B. Florilenalin), vier Pseudoguajanolide (z. B. Hymenograndin und Hymenoratin), fünf modifizierte Pseudoguajanolide (Pentanring durch Hemiacetalbildung zum Pyranring erweitert, z. B. Hymenoxon, Abb. 7-5) und 3β-Hydroxy-eicosan-1,5β-olid, ein aliphatisches Lacton, isoliert (66).

Bei *Geigeria filifolia* Mattf. wurden u. a. die Xanthanolide Gafrinin, Griesenin und Dihydrogriesenin nachgewiesen (207).

Neben Helenalin ist besonders das Hymenoxon toxikologisch gut untersucht. Beide Verbindungen dürften wesentlich zur Toxizität von *Helenium*- und *Hymenoxys*-Arten beitragen. Die Bishemiacetal-

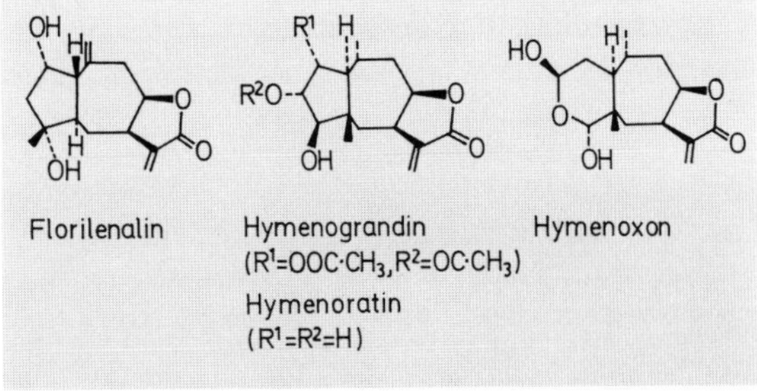

Abb. 7-5: Sesquiterpenlactone des Duftenden Bitterkrautes *(Hymenoxys odorata)*

gruppierung des Hymenoxons kann nichtenzymatisch in die Dialdehydform umgewandelt werden. Diese reagiert unter Bildung einer SCHIFFschen Base mit Aminogruppen von Makromolekülen, z. B. von Nucleinsäuren (Desoxyguanosin). Hymenoxon alkyliert damit nicht nur die SH-Gruppen von Enzymen, sondern führt auch zu Quervernetzungen der DNA und wirkt infolgedessen mutagen (218).

Tiervergiftungen durch *Helenium microcephalum* und *Hymenoxys odorata* sind durch Futterverweigerung, Ödeme, ZNS-Depression und Schaum um Nase und Maul gekennzeichnet. Der Tod erfolgt durch Kreislauflähmung mit sekundärem Atemstillstand. Die LD_{50} des getrockneten Bitterkrauts liegt für Schafe zwischen 2,5 und 8,0 g/kg, p. o. (198). Hymenoxys-Vergiftungen treten bei Schafen in den USA besonders häufig nach trockenen Jahren zwischen Dezember und Mai auf. Sie verursachen jährlich bis zu mehreren Millionen Dollar Verluste (198, 218). Beim Menschen sind uns keine Vergiftungen bekannt.

Geigeria filifolia kommt in Südafrika vor und löst dort bei Schafen, seltener auch bei Ziegen und Rindern, die als «vermeersiekte» bezeichnete Vergiftung aus. Sie ist durch Erbrechen bei den Tieren, Muskelsteife, Tremor und Lähmungen gekennzeichnet. Bei massenhaftem Auftreten der Pflanze kommt es zu erheblichen Tierverlusten. 1954 starben etwa 50 000 Tiere. Eine weitere Vergiftungswelle wurde 1981 beobachtet (107).

7.2.4 Toxische Sesquiterpenlactone der Lattich-Arten (*Lactuca*-Arten)

Von den etwa 70 Arten der Gattung *Lactuca*, Lattich (Asteraceae, Korbblütengewächse), sind neben der kultivierten Art *Lactuca sativa* L., Grüner Salat, nur sieben weitere in Mitteleuropa vertreten. Von toxikologischem Interesse ist besonders *L. virosa* L., Gift-Lattich (siehe S. 107, Bild 7-4). Er enthält in seinem Milchsaft bis zu 3,5% der Guajanolide Lactucin und Lactucopicrin (Lactupikrin, Intybin, p-Hydroxyphenylessigsäureester des Lactucins, Abb. 7-6, 19, 95, 153). Diese beiden bitteren Sesquiterpenlactone kommen neben 8-Desoxylactucin und zahlreichen weiteren Vertretern in geringeren Konzentrationen auch bei anderen *Lactuca*-Arten, z. B. bei *L. serriola* L., Kompaß-Lattich, und auch im Grünen Salat vor. Darüber hinaus wurden sie bei weiteren Arten der Tribus Cichorieae (Lactucae) nachgewiesen, z. B. in *Mycelis muralis* (L.) DUM. (*L. muralis* L.), Mauerlattich, in *Cichorium intybus* L., Wegwarte, Zichorie (siehe S. 107, Bild 7-5) (0,02% in *C. intybus* L. var. *foliosum* HEGI, Chicorée, 115), *C. endivia* L., Endivie, und in *Sonchus palustris* L., Sumpf-Gänsedistel (203). In den genannten Gemüsen machen sich die Sesquiterpene durch den bitteren Geschmack bemerkbar.

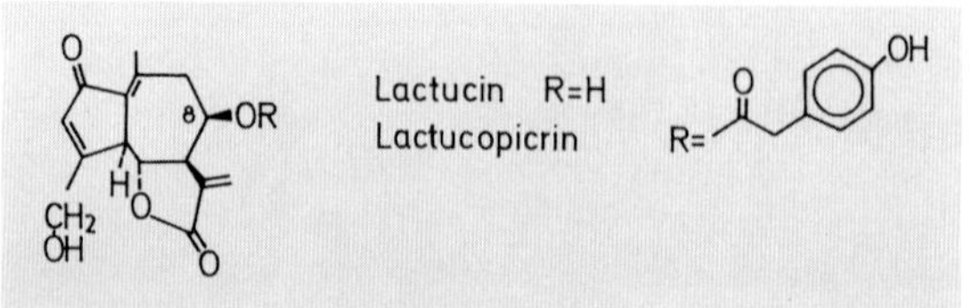

Abb. 7-6: Sesquiterpenlactone der Lattiche (*Lactuca*-Arten)

Der Gift-Lattich hat ungeteilte oder buchtig fiederspaltige Blätter mit waagerecht gestellter Spreite und gelbe Blütenköpfchen. Er ist nur im südlichen und südwestlichen Teil des Gebietes beheimatet, kommt aber als Kulturflüchtling des früher betriebenen Anbaus als Arzneipflanze an Ruderalstätten, sonnigen Hängen und auf Holzschlägen im Westen und Südwesten Deutschlands, aber auch in Thüringen und Sachsen-Anhalt, in Österreich und zerstreut in der Schweiz vor. Vom Kompaß-Lattich unterscheidet er sich vor allem durch die waagerechte Blattstellung.

Lactucin und Lactucopicrin sind für die sedativen Wirkungen des früher als Husten- und Schlafmittel angewendeten Lactucariums verantwortlich (130). Ihre Toxizität ist gering. Die letale Dosis beträgt bei Mäusen bei subcutaner Applikation 0,5–0,6 g/kg (Ü 68). Vergiftungen mit Übelkeit, Ohrensausen, Schwindel sowie Beschleunigung von Atmung und Puls sollen bei Überdosierung von Lactucarium oder Verzehr der Blätter als Salat aufgetreten sein (130).

Sesquiterpenlactone der Wegwarte wirken cytotoxisch. Eine Vergiftungsgefahr für den Menschen besteht nicht.

7.2.5 Sesquiterpene als Kontaktallergene

Während akute Vergiftungen durch Sesquiterpenlactone nur bei Tieren häufig auftreten, beim Menschen jedoch selten beobachtet werden, spielen allergische Erkrankungen nach wiederholtem Kontakt mit Pflanzen, die Sesquiterpenlactone mit exocyclischer Methylengruppe am γ-Lactonring enthalten, in der Dermatologie eine beachtliche Rolle. Darüber hinaus fungieren auch solche als Haptene, die andere reaktionsfähige Strukturen, z. B. Epoxy-Gruppen oder β-unsubstituierte Cyclopentenon-Ringe, besitzen (83). Sehr viele Sesquiterpenlactone sind als Allergene bekannt (57). Allergiepflanzen, von denen angenommen werden darf, daß sie aufgrund von Sesquiterpenlactonen wirksam sind, wurden tabellarisch zusammengefaßt (Tab. 7-1, zur chemischen Struktur s. Abb. 7-7, Pflanzenabbildungen siehe S. 107, 108 u. 125, Bilder 7-5 bis 7-15; 57, 192, Ü 42).

Bei den in Tabelle 7-1 genannten Asteraceae mit unbekannten Wirkstoffen wurden bisher weder Sesquiterpenlactone mit exocyclischer Methylengruppe am Lactonring noch mit anderen reaktionsfähigen Strukturen gefunden. Wie das Beispiel der Wiesen-Wucherblume, *Leucanthemum vulgare* LAMK., zeigt, können Asteraceae auch andere sensibilisierende Wirkstoffe enthalten. Bei dieser Pflanze wurde nachgewiesen, daß zwei Polyine ($H_3C-(C{\equiv}C)_3-(CH{=}CH)_2-CH_2-CH_2$ -OH und dessen Acetat) als hochaktive Haptene fungieren (208). Bei *Cosmos bipinnatus* CAV., Kosmee, Schmuckkörbchen, kommt ein Auronderivat als Allergen vor (Kap. 4.6.2).

Die durch die Allergene bei wiederholtem Kontakt (durch Pollenflug ist auch aerogener Kontakt möglich) ausgelösten Dermatitiden beginnen an den entsprechenden Kontaktflächen, meistens Händen und Unterarmen, und breiten sich später auf Hals und Gesicht aus. Sie sind durch Erythembildung, Schwellung, Entzündung und Ausschläge gekennzeichnet. Auch allergische Rhinitis und Konjunktivitis wurden beobachtet (73, 194). Irritative Hautveränderungen können zusätzlich zu den allergischen Erscheinungen auftreten.

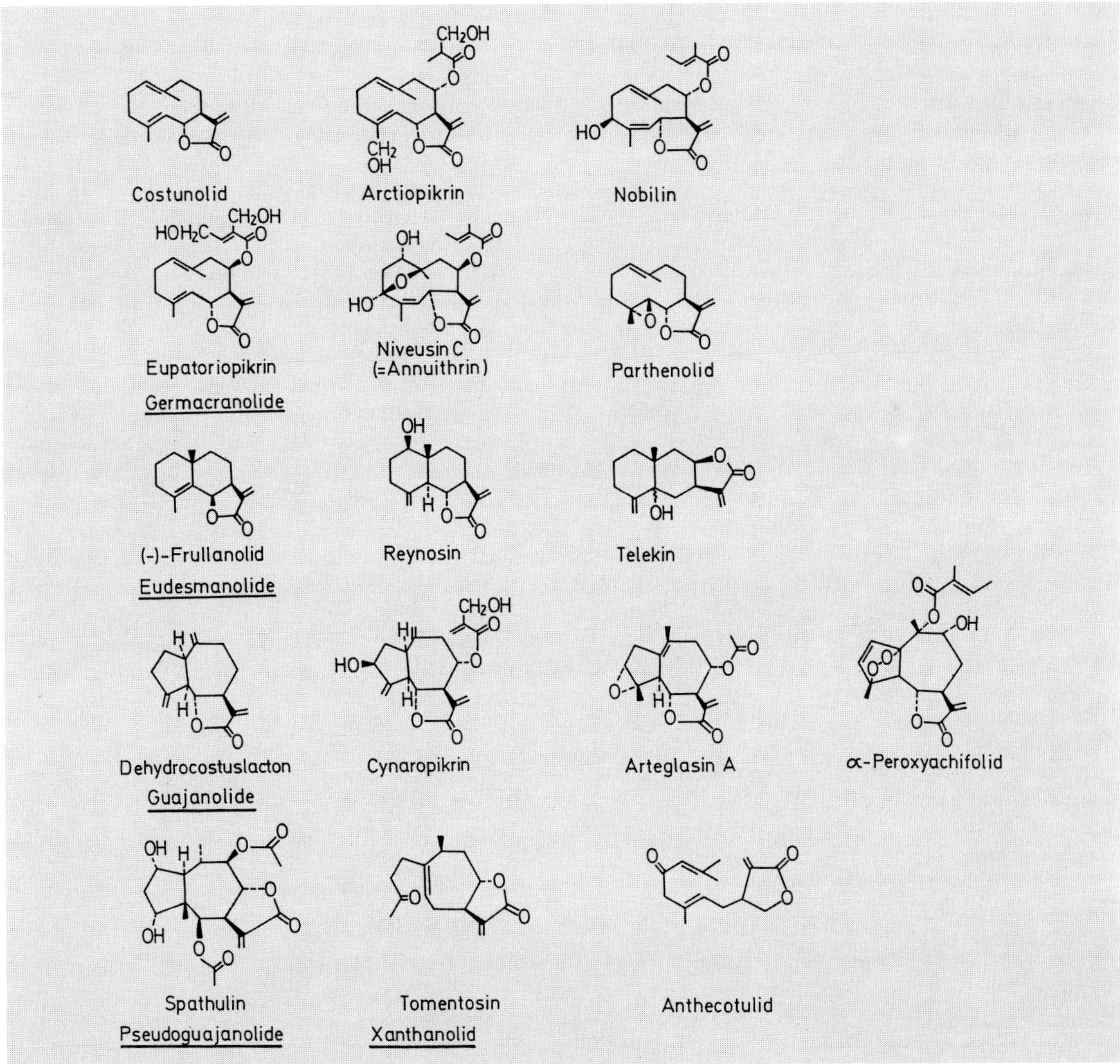

Abb. 7-7: Sensibilisierend wirkende Sesquiterpenlactone (Helenalin, Helenalinester s. Abb. 7-2, Alantolacton, Autumnolid s. Abb. 7-4, Florilenalin s. Abb. 7-5, Lactucin, Lactucopikrin s. Abb. 7-6)

Tab. 7–1: Allergiepflanzen mit sensibilisierend wirkenden Sesquiterpenlactonen

Lateinischer Pflanzenname	Deutscher Pflanzenname	Mögliche Allergene	Lit.
Frullaniaceae			
Frullania-Arten	Sackmoos, Frullania	(+)– Frullanolid, Costunolid u. a.	8,9 17
Lauraceae			
Laurus nobilis L.	Echter Lorbeer	Dehydrocostuslacton, Costunolid u. a.	52, 216
Asteraceae			
Achillea millefolium L.	Gemeine Schafgarbe	α-Peroxyachifolid	84
Anthemis cotula L.	Stink-Hundskamille	Anthecotulid u. a.	20
Ambrosia artemisiifolia L.	Beifußambrosie	Artemisiifolin	183
Arctium lappa L.	Große Klette	Arctiopicrin	207
Arnica montana L.	Bergwohlverleih, Arnika	Helenalin, Helenalinester	241
Arnica chamissonis L.	Wiesenarnika	Helenalin, Helenalinester	241
Calendula officinalis L.	Garten-Ringelblume	unbekannt	
Chamaemelum nobile (L.) ALL.	Römische Kamille	Nobilin u. a.	207
Chrysanthemum-Arten	Wucherblumen, Chrysanthemen	Arteglasin A u. a.	159
Cichorium intybus L. ssp. *foliosum* HEGI	Chicorée	Lactucin, Lactucopikrin	210, 236 188
C. endivia L.	Endivie	Lactucin, Lactucopikrin	210, 236
Cynara scolymus L.	Artischocke	Cynaropikrin Grossheimin u. a.	24 84
Dahlia-Hybriden	Dahlien	unbekannt	
Eupatorium cannabinum L.	Wasserdost	Eupatoriopikrin, Eupatolid u. a.	207 245, 250
Gaillardia-Arten	Kokardenblumen	Spathulin, Gaillardin u. a.	149, 207 248
Galinsoga parviflora CAV.	Kleinblütiges Knopfkraut	unbekannt	
Helenium-Arten	Sonnenbraut	Florilenalin, Autumnolid u. a.	207
Helianthus annuus L.	Sonnenblume	Niveusin C, Heliangin u. a.	207
Inula helenium L.	Echter Alant	Alantolacton Costunolid u. a.	31, 207
Lactuca sativa L.	Grüner Salat, Eisbergsalat u. a.	Lactucin, Lactupikrin u. a.	91, 142
Matricaria recutita L.	Echte Kamille	Anthecotulid u. a.	20, 84
Rudbeckia-Arten	Rudbeckie, Sonnenhut	Costunolid, Reynosin u. a.	104, 228 229
Tanacetum parthenium (L.) SCHULTZ-BIP	Mutterkraut	Parthenolid, Reynosin u. a.	21, 29 70, 237
Tanacetum vulgare L.	Rainfarn	Reynosin, Parthenolid u. a.	7, 28 173, 249
Taraxacum officinale L. (150 Kleinarten)	Gemeiner Löwenzahn	Taraxinsäureglucosid	134, 190
Telekia speciosa (SCHREBER) BAUMG.	Telekie	Alantolacton, Telekin u. a.	32, 33, 207
Xanthium strumarium L.	Gemeine Spitzklette	Tomentosin, Xanthanol u. a.	207, 243
Zinnia elegans JAQU.	Zinnie	Zinniolid u. a.	85

Ein hohes Sensibilisierungspotential besitzen *Frullania*-Arten, *Anthemis cotula*, *Arnica*-Arten, *Chrysanthemum*-Arten, *Cynara scolymus*, *Inula helenium*, *Tanacetum parthenium* und *T. vulgare*. Die Sensibilisierungspotenz ist mittelstark bei *Achillea millefolium*, *Galinsoga parviflora*, *Helenium*-Arten, *Helianthus annuus* und *Laurus nobilis*. Bei *Calendula officinalis*, *Cichorium intybus*, *Lactuca sativa*, *Matricaria recutita* und *Taraxacum officinale* ist das Sensibilisierungspotential nur schwach ausgeprägt (84, Ü 42, siehe S. 107, 108 u. 125, Bilder 7–5 bis 7–15).

Besonders häufig entwickeln sich allergische Kontaktdermatitiden beim gärtnerischen Umgang mit den Pflanzen sowie bei ihrer Ernte und Aufarbeitung. Bis zu 30% der mit dem Anbau und dem Verkauf von Chrysanthemen beschäftigten Gärtner weisen Allergien gegen *Chrysanthemum*-Arten auf (Berufsdermatose, 29, 93). In Frankreich ist die Artischockenallergie als Berufskrankheit bei Artischokkenpflückern anerkannt (84). Die Verarbeitung der Artischocken oder von *Cichorium*-Arten zu Nahrungsmitteln kann ebenfalls zu einer Sensibilisierung führen (85).

Allergien gegen *Frullania*-Arten werden besonders bei Waldarbeitern, die beim Fällen und Entrinden von Bäumen Kontakt mit den Lebermoosen haben, beobachtet (aerogene Kontaktdermatitis, «woodcutter's disease», 10).

Oftmals ist der therapeutische oder volksmedizinische Gebrauch von Zubereitungen allergenhaltiger Pflanzen Ursache für die Entstehung von Kontaktdermatitiden. Beispiele hierfür sind *Arnica*-Arten (Kap. 7.2.2, 82, 241), der Echte Lorbeer (90), das Mutterkraut (88) oder die Stink-Hundskamille (Verwechslung mit Echter Kamille, 92). Allergien gegen *Matricaria recutita* sind sehr selten (84, 89). Eine weitere Kontaktmöglichkeit bieten Kosmetika, Hautpflegemittel, Badezusätze, Shampoons usw., die Extrakte aus den genannten Asteraceae, z. B. aus *Achillea millefolium* oder *Calendula officinalis*, enthalten (85). *A. millefolium* kann auch Ursache einer Wiesendermatitis sein (181).

Zwischen verschiedenen Asteraceae mit allergisierenden Sesquiterpenlactonen können Kreuzreaktionen auftreten (29, 82, 85, 90). Beispielsweise führte die Anwendung von Arnika-haltigem Körperöl zu einer Verschlimmerung der Kontaktdermatitis eines Patienten gegen Kokardenblumen. Ursache war Spathulin (86).

Wichtigste prophylaktische Maßnahme ist das völlige Meiden des Kontakts mit den entsprechenden Pflanzen bzw. daraus hergestellten Zubereitungen durch die sensibilisierten Personen. Mögliche Kreuzallergien sind zu beachten. Die Behandlung der allergischen Erscheinungen erfolgt meistens mit Glucocorticoiden und Antihistaminica (84).

Ein weiteres Sesquiterpenlacton ist nicht aus toxikologischer, sondern aus therapeutischer Sicht bemerkenswert. Es ist das Artemisinin (Qinghaosu), ein Sesquiterpenperoxid, das vermutlich aus einem Cadinanolid-4,5-epoxid, z. B. Arteannuin B, durch Integration des O-Atoms der Epoxidgruppe in den Ring A hervorgeht. In Konzentrationen von 0,01–0,6% ist es neben seinem Dihydroderivat Artemisetin (Verhältnis 10:1 bis 1:1) in *Artemisia annua* L., Einjähriger Beifuß, aber auch in *A. apiacea* HANC., enthalten. *Artemisia annua* ist vom gemäßigten Asien bis Südosteuropa verbreitet, kommt aber adventiv auch vereinzelt im Gebiet an mäßig trockenen, stickstoffreichen Ruderalstellen vor. *Artemisia annua* wird seit Jahrtausenden in China als Arzneidroge genutzt (Huanghuahao, heute Qinghao, 1, 138, 140, 222).

Artemisinin und seine Derivate zeigen starke Antimalaria-Aktivität und werden bereits klinisch angewendet. Primärer Angriffspunkt könnte die Proteinsynthese der Parasiten sein. Mit einer LD_{50} von Artemisinin von 4228 mg/kg, p. o., oder 3840 mg/kg, i. m., Maus, ist die Toxizität praktisch zu vernachlässigen (140).

7.3 Toxische Norsesquiterpene des Adlerfarns (*Pteridium aquilinum*)

Pteridium aquilinum (L.) KUHN (*Pteris aquilina* L.), Adlerfarn (Polypodiaceae, Tüpfelfarngewächse, auch als Hypolepidiaceae oder Pteridiaceae, Adlerfarngewächse, abgetrennt), einzige Art der Gattung, ist ein auf allen Erdteilen verbreitetes Waldunkraut und fehlt nur in den Polargebieten, Wüsten, Steppen und in Gebirgen oberhalb der Baumgrenze. Es tritt oft in riesigen Beständen auf und ist gegenwärtig wegen der Lichtung der Wälder durch Umweltschäden in Ausbreitung begriffen (siehe S. 125, Bild 7-16).

Adlerfarn ist eine ausdauernde Pflanze, die bis 4 m hoch werden kann. Die Blattspreiten sind im Umriß dreieckig und 2–4fach gefiedert. Die Sori (Sporangienhäufchen) sind blattrandständig und von den zurückgerollten Blatträndern und einem Schleier bedeckt. Das reichlich Stärke enthaltende Rhizom ist mit Gliederhaaren besetzt. Es werden zwei Unterarten unterschieden: *P. aquilinum* ssp. *aquilinum*, auf der nördlichen Hemisphäre und in Afrika vorkommend, und *P. aquilinum* ssp. *caudatum*, auf der südlichen Erdhalbkugel gedeihend. Die Unterarten werden in sieben bzw. vier Varietäten untergliedert. In Mitteleuropa und Afrika wird *P. aquilinum* ssp. *aquilinum* var. *aquilinum* gefunden (60).

Adlerfarn wird in vielfältiger Weise vom Menschen genutzt. Das Rhizom kann zur Stärkegewinnung dienen. Die noch nicht vollständig aufgerollten jungen Wedel der Varietät *P. aquilinum* ssp. *aquilinum* var. *latiusculum* UNDERW. dienen, besonders in Japan, unter der Bezeichnung Warabi als Blattgemüse und werden zu diesem Zweck in großen Mengen eingesalzen aus der GUS importiert. Auch als Viehfutter, Einstreu, Verpackungsmaterial und zum Dachdecken werden die Wedel eingesetzt (60).

Wegen seiner toxischen Wirkungen wurde der Adlerfarn phytochemisch sehr gut untersucht (161). Von besonderem Interesse sind die carcinogenen Norsesquiterpene und die Thiaminase.

1983 wurde unabhängig voneinander durch VAN DER HOEVEN und Mitarbeiter (226) und YAMADA und Mitarbeiter (171) ein sehr instabiles Glykosid eines Norsesquiterpens mit Illudan-Grundkörper aufgefunden, das Aquilid A bzw. Ptaquilosid (Abb. 7-8) genannt wurde. Die Ausbeute beträgt etwa 0,1% (175). Es geht in alkalischem Milieu sehr leicht in ein konjugiertes Dienon über, das stark alkylierende Eigenschaften gegenüber einer Vielzahl nucleophiler Verbindungen, z. B. Aminen, Purin- und Pyrimidinbasen und damit auch Nucleinsäuren, besitzt. Endprodukt dieser Umwandlung ist das Pterosin B, das bereits vorher bekannt war, sich aber als nichttoxisch erwiesen hatte. In saurem Milieu wird aus Ptaquilosid sofort Pterosin B gebildet (174).

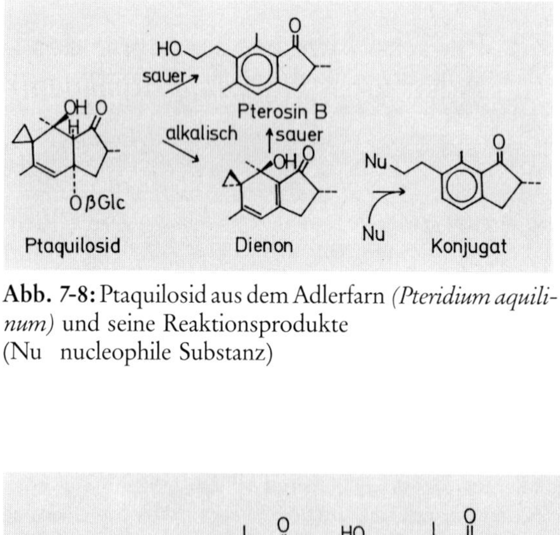

Abb. 7-8: Ptaquilosid aus dem Adlerfarn *(Pteridium aquilinum)* und seine Reaktionsprodukte
(Nu nucleophile Substanz)

Auch in *Pteris cretica* L. und *Histiopteris incisa* J. SMITH wurde Ptaquilosid nachgewiesen, in *Hypolepis punctata* METT. die verwandten Verbindungen Hypacron und die Hypoloside A–C sowie in *Dennstaedtia hirsuta* METT. die Hypoloside B und C, die alle mutagen wirksam sind (Abb. 7-9, 199).

Begleitet werden diese toxischen Substanzen von den nichtcarcinogenen Sesquiterpenen vom Pterosin Z-Typ und den Norsesquiterpenen vom Pterosin B-Typ. Die Glykoside dieser Pterosine werden als Pteroside bezeichnet. Über 100 Vertreter dieser 1-Indanonderivate mit Illudalan-(seco-Illudan)-Grundkörper sind bekannt. Bei ihnen ist im Gegensatz zu den mutagen wirksamen Ptaquilosidverwandten der Cyclopropanring geöffnet. Sie kommen bei vielen Polypodiaceen vor, z. B. bei den Gattungen *Pteris, Dennstaedia, Monachosorum, Plagiogyria, Pityrogramma und Histopteris.* Onitin ((2 R)-Onitisin-14-O-β-D-glucosid) wurde auch in *Equisetum arvense* gefunden. Ptaquilosid und Verwandte werden als biogenetische Vorstufen der Pterosine bzw. Pteroside betrachtet. Weitere bemerkenswerte Inhaltsstoffe sind Glykoside des p-Hydroxystyrols, die Ptelatoside, α-Ecdyson (bei Kröten hepatocarcinogen), Gerbstoffe und das cyanogene Glykosid Prunasin (161).

Wie einige Farn- und Schachtelhalmgewächse enthält auch der Adlerfarn Thiaminase I (EC.2.5.1.2). Dieses Enzym überträgt bei Aufnahme von Blättern oder Rhizomen der Pflanze im Magen-Darm-Trakt von Tier und Mensch den Pyrimidinanteil des Thiamins (Vitamin B_1) der Nahrung auf basische Substanzen, z. B. L-Prolin oder Nicotinsäure, und ist damit Ursache von Vitamin B_1-Avitaminosen (Abb. 7-10). Wiederkäuer, deren Pansenflora ausreichende Mengen an Vitamin B_1 bildet, werden nicht betrof-

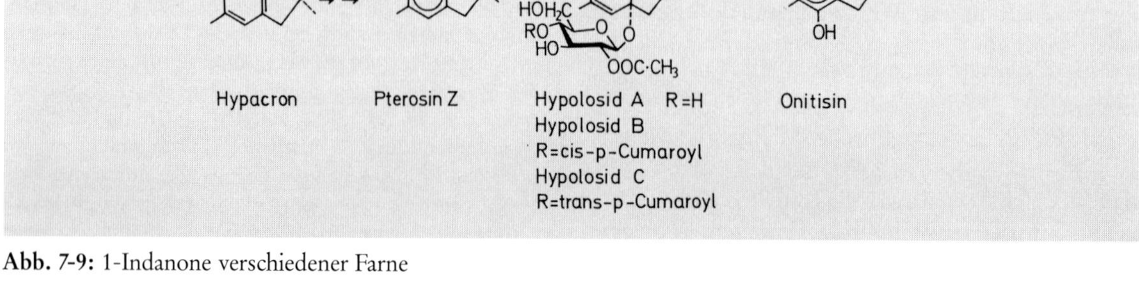

Abb. 7-9: 1-Indanone verschiedener Farne

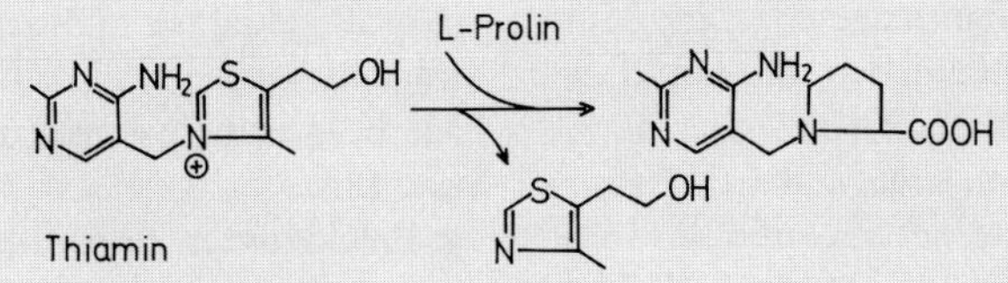

Abb. 7-10: Durch Thiaminase I katalysierte Reaktion

fen. Andere «hitzestabile Antivitamin B_1-Faktoren», z. B. 5-O-Caffeoylshikimisäure und Flavonoide, erwiesen sich später lediglich als Störstoffe bei der Thiochromreaktion zur Vitamin B_1-Bestimmung (6).

Akute Vergiftungen durch *Pteridium aquilinum* treten bei vielen Tierarten auf. Die bei Nichtwiederkäuern, z. B. Pferden und Schweinen, zu beobachtenden Vergiftungssymptome (Anorexie, neuromuskuläre Störungen, Entwicklungsstörungen) lassen sich durch Zufuhr von Thiamin beheben und sind vorwiegend durch den Thiaminasegehalt erklärbar. Dagegen machen sich bei Wiederkäuern, die nicht auf die Thiaminzufuhr angewiesen sind, Vergiftungserscheinungen bemerkbar, die wahrscheinlich durch die Sesquiterpene verursacht werden. Rinder und Schafe, die mehrere Wochen lang Adlerfarn fraßen, zeigten Hämorrhagien, Fieber, Leukopenie, Thrombocytopenie, Erblindung und Tumoren, Kühe besonders Blasenkrebs. Die Tiere sind um so empfindlicher, je jünger sie sind (5, 59, 60, 62, 131). Von 98 Mäusen, die über eine Magensonde 200 mg Sporen, suspendiert in Wasser, erhalten hatten, entwickelten 53 Carcinome, davon 28 Leukämien und sechs Magentumoren (58).

Epidemiologische Untersuchungen lassen auch beim Menschen eine Korrelation zwischen Tumorentstehung und Aufnahme von Adlerfarn erkennen. In Großbritannien wurde festgestellt, daß Aufnahme von Inhaltsstoffen des Adlerfarns während der Kindheit das Risiko einer späteren Erkrankung an Magenkrebs erhöht. In Costa Rica ist die Magenkrebsinzidenz in den Bergregionen, wo viel Adlerfarn wächst, dreimal größer als im farnfreien Tiefland. Auch die hohe Inzidenz von Oesophaguscarcinomen in Japan wird auf den Verzehr der jungen Wedel zurückgeführt (5, 6, 58, 60, 62).

Vergiftungsquellen für den Menschen sind außer dem direkten Genuß des Farnes als Nahrungsmittel das Einatmen von Sporen und die Aufnahme von sesquiterpenhaltiger Milch oder anderen Tierprodukten (58, 62). Da in Mitteleuropa *Pteridium aquilinum* kein Nahrungsmittel und kein bevorzugtes Tierfutter darstellt und in den Molkereien eine Durchmischung von Milch unterschiedlicher Herkunft erfolgt, ist die Gefahr einer Erkrankung hier sehr gering. Gefährdet sind Halter von Einzeltieren, Kühen oder Ziegen, in Waldgegenden, die die Milch ihrer Tiere ungekocht genießen. Kochen in alkalischem Milieu zerstört die Ptaquiloside (60).

Während der Sporulationsperiode des Farns sollten Waldarbeiter in Regionen, in denen viel Adlerfarn vorkommt, Schutzmasken tragen (60, 62). Für eine Gefahr durch Trinkwasser aus Brunnen in den entsprechenden Gebieten gibt es bis jetzt keine Beweise (62).

7.4 Toxische Aromadendran-Derivate aus dem Porst (*Ledum*-Arten)

Die Gattung *Ledum*, Porst (Ericaceae, Heidekrautgewächse), umfaßt nur wenige Arten. In Mitteleuropa kommen *L. palustre* L., Sumpf-Porst, und *L. groenlandicum* OEDER, Grönländischer Porst, vor, die auch als Varietäten von *L. palustre* zusammengefaßt werden (s. Farbtafeln, Bild 7-17).

Beide Arten sind bis zu 1,5 m hohe Sträucher mit bei *L. palustre* linealisch-lanzettlichen, bei *L. groenlandicum* eiförmigen bis breit-lanzettlichen, ledrigen, immergrünen Blättern. Die in Doldentrauben stehenden Blüten mit weißer 10–15 mm breiter, freiblättriger, 5zipfliger Krone haben bei *L. palustre* 10, bei *L. groenlandicum* 5–8 Staubblätter. Beide Arten werden auf Mooren, seltener an Felshängen gefunden. *L. palustre* erreicht das Gebiet von Nordeuropa her und ist westlich der Elbe seltener anzutreffen, es fehlt in der Schweiz völlig. *L. groenlandicum* ist ein Neophyt des 20. Jahrhunderts und tritt nur sporadisch auf (in Deutschland im Venner Moor).

Die Pflanzen enthalten in allen oberirdischen Teilen in Drüsenhaaren lokalisiertes ätherisches Öl (aus den Blättern wurden 0,9–2,6% erhalten, 69, 117, 118, 155). Die Zusammensetzung ist sehr komplex und abhängig von der untersuchten Varietät bzw. dem Chemotyp. Es wurden ca. 80 Verbindungen isoliert.

Hauptbestandteile sind Ledol, Palustrol (Abb. 7–11), Myrtenal, α-Selinen, Isofurogermacran, Myrcen, allo-Aromadendren, Lepalol, Lepalin und *trans*-Pinocarveol (117, 125, 136, 162, 220, 227). In einer japanischen Varietät von *Ledum palustre* wurde Ascaridol (19–38%) als Hauptbestandteil ermittelt (169).

Als Wirkstoffe von *L. palustre* werden die beiden Hauptbestandteile des ätherischen Öls, Ledol (=Ledumkampher) und Palustrol angesehen (220). Sie haben antimikrobielle und antiphlogistische Eigenschaften (125), sollen aber bei peroraler Aufnahme beim Menschen auch Erbrechen, Gastroenteritis, Schweißausbrüche, Pulsbeschleunigung und Erregungszustände hervorrufen können (69). Die Blätter wurden daher früher dem Bier («Porstbier») zugesetzt, um es berauschender zu machen (Ü 30). Vergiftungen traten bei mißbräuchlichem Einsatz als Abortivum auf, spielen aber heute keine Rolle mehr (Ü 125).

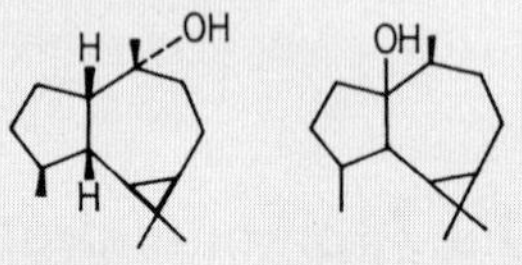

Abb. 7-11: Wirkstoffe des Sumpf-Porsts *(Ledum palustre)*

7.5 Mycotoxine der Trichothecengruppe

Die Trichothecene (Abb. 7-12) dürften neben den Aflatoxinen zu den toxikologisch bedeutendsten Mycotoxinen gehören. Sie sind Sesquiterpene mit dem Grundkörper des tetracyclischen 12,13-Epoxytrichothec-9-ens (die Doppelbindung in Position 9,10 kann durch eine zweite Epoxygruppe substituiert sein). Die über 80 Vertreter dieser Gruppe lassen sich weiter untergliedern in Trichothecene ohne Sauerstoffunktion am C-8 (z. B. Diacetoxyscirpenol), 8-Hydroxytrichothecene (z. B. T-2 Toxin), 8-Ketotrichothecene (z. B. Nivalenol), 7,8-Epoxytrichothecene (Crotocin), makrocyclische Diester des Verrucarols (z. B. Roridin E) und makrocyclische Triester des Verrucarols (z. B. Verrucarin A, 16, 25, 45, 50, 106, 246).

Bereits 1948 wurde Trichothecin bei der Suche nach Fungistatica als erster Vertreter dieser Gruppe aus *Trichothecium roseum* isoliert. Die Struktur wurde 1965 von Godtfredsen und Vangedal (68) aufgeklärt. Die Biogenese der Trichothecene erfolgt aus Farnesolpyrophosphat durch Ringschlüsse, Methylgruppenverlagerung und Oxidationsreaktionen (25).

Produzenten sind eine Vielzahl von Fungi imperfecti aus der Form-Ordnung der Moniliales, vor allem *Fusarium*-Arten, besonders *F. graminearum (F. poae), F. sporotrichoides (F. tricinctum)* (siehe S. 125, Bild 7-18), *F. roseum, Cephalosporium crotocigenum, Trichoderma*-Arten, *Trichothecium roseum, Stachybotrys*-Arten (z. B. *Stachybotrys atra*), *Cladosporium herbaceum, Myrothecium*-Arten und *Verticimonosporium*-Arten sowie die perfekten Formen dieser Fusarien (z. B. *Gibberella avenaceae, Calonectria nivalis*, alle aus der Familie der Nectriaceae, Ordnung Hypocreales, Klasse Ascomycetes). Einige dieser Pilze bilden schon bei niedrigen Temperaturen Trichothecene (*F. sporotrichoides* bereits bei 8 ° C).

Parasitische Pilze infizieren die wachsenden Pflanzen auf dem Felde und bilden dort den Großteil der Mycotoxine (z. B. *F. graminearum*, besonders Deoxynivalenol und Zearalenone erzeugend), saprophytisch lebende Arten befallen die ausgereiften Früchte vor der Ernte oder während der Lagerung. Der Hauptteil der Mycotoxine wird während der Lagerung gebildet (z. B. *F. sporotrichoides*, vorwiegend T-2 Toxin, HT-2 Toxin und Diacetoxyscirpenol erzeugend, 221).

Viele Trichothecene konnten bisher nur in Pilzkulturen nachgewiesen werden. In Nahrungs- und Genußmitteln wurden T-2 Toxin (T-2), HT-2 Toxin (HT-2), Nivalenol (NIV), Deoxynivalenol (DON, Vomitoxin), Diacetoxyscirpenol (DAS, Anguidin), T-2 Triol, 3-Acetyldeoxynivalenol (3-ADON), 15-Acetyldeoxynivalenol (15-ADON) und Roridin E (38, 99, 157) gefunden.

Nachgewiesen wurden Trichothecene in Getreide (40–50% aller Proben waren kontaminiert) und Früchten (gefundene Höchstwerte in mg/kg):

- Mais (40 DON, 4 T-2, 4 NIV, 32 DAS, 0,1 3-ADON, 0,5 15-ADON),
- Gerste (50 DON, 25 T-2, 0,5 HT-2, 30 NIV),
- Hafer (20 DON, 0,7 HT-2, 0,7 T-2),
- Weizen (18 DON , 13 T-2, 7 NIV),
- Roggen (0,8 DAS),
- Saflor, Hirse, Reis, Getreidemehl, Brot, Puffmais und Früchte, z. B. Äpfel, Bananen, Weintrauben (in Markenweinen bis 0,5 mg/l), und
- in Futtermitteln, z. B. in Gras, Heu, Silagen.

Trichothecene sind sehr hitzestabil und werden beim Kochen oder Backen nur teilweise zerstört, 60–80% der Mycotoxine der Rohprodukte erscheinen in den

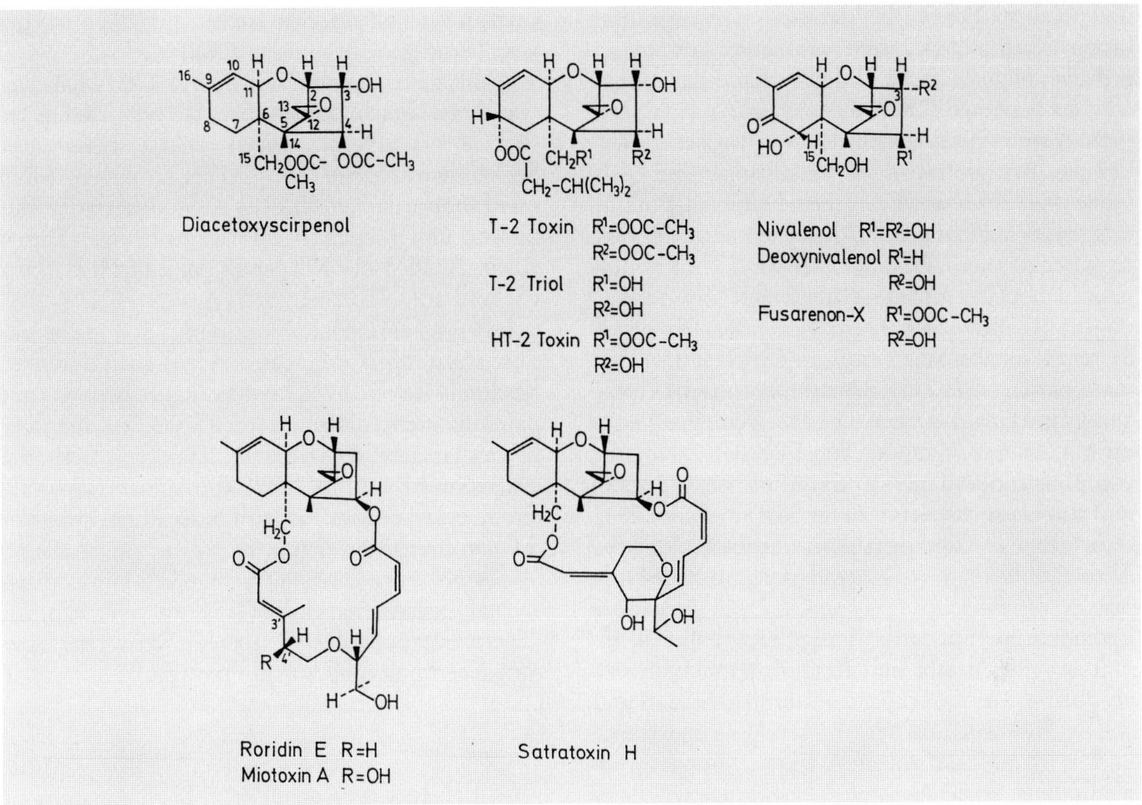

Abb. 7-12: Mycotoxine der Trichothecen-Gruppe

aufbereiteten Nahrungsmitteln. Ein Übergang der Trichothecene in die Milch bei Gabe kontaminierten Futters an Kühe erfolgt in nur geringem Maße (< 1%). Die Trichothecene werden durch die Mikroorganismen des Pansens der Wiederkäuer weitgehend entgiftet (Eliminierung der Epoxygrupppierung). Auch im Fleisch und in Eiern erscheinen nur Spuren (25, 100, 157, 220).

Bemerkenswert im Hinblick auf die Ursachen der Stachybotryotoxicose ist die Tatsache, daß aus Stroh oder Heu isolierte *Stachybotrys*-Arten in vitro die Satratoxine G und H produzieren (25).

Ein besonderer Fall der Bildung von Trichothecenen ist die Kooperation des Pilzes *Myrothecium verrucaria* mit dem in Brasilien, Uruguay, Paraguay und im Norden Argentiniens gedeihenden kleinen Strauch *Baccharis coridifolia DC.* (Asteraceae) bei der Bildung der Miotoxine. Der auf der Wurzeloberfläche der Pflanze lebende Pilz produziert Roridine, die von der Pflanze in die hochtoxischen Miotoxine umgewandelt und bevorzugt in der Blütenregion der weiblichen Exemplare gespeichert werden (75, 76). Es wird jedoch auch ein Gentransfer vom Pilz zur Pflanze und eine unabhängige Biosynthese der Trichothecene durch die Pflanze postuliert. An Vergiftungen durch *Baccharis coridifolia* sterben in Südamerika jährlich mindestens 200 000 Weidetiere. Die Vergiftungssymptome entsprechen denen von Trichothecenvergiftungen (s. u., 76).

Trichothecene hemmen die Proteinsynthese in eukaryotischen Zellen. Einige Verbindungen, z. B. Fusarenon X, Verrucarin A, T-2 Toxin und Nivalenol, blockieren vorwiegend den Initiierungsschritt der Proteinsynthese (Hemmung der Entstehung des 80S-Komplexes oder des Aufbrechens von Polyribosomen), andere, z. B. Trichodermin, Deoxynivalenol oder Crotocin, beeinflussen Elongation und/oder Termination. Sie reagieren mit dem aktiven Zentrum von Peptidyltransferasen an der 60S-Untereinheit und verhindern somit die Ausbildung von Peptidbindungen oder die Freisetzung des Polypeptids. Die Hemmung der Nucleinsäurebiosynthese in Zellen von Säugetieren ist ein sekundärer Effekt (25, 114). Untersuchungen an Erythrocyten zeigen, daß Trichothecene außer der Proteinsynthese weitere Angriffspunkte, z. B. die Zellmembran, besitzen (113).

Trichothecene wirken somit cytotoxisch, carcinogen

und mutagen. Bei einigen Vertretern wurden antimikrobielle, antineoplastische, antivirale, immunsuppressive, phytotoxische und insecticide Eigenschaften nachgewiesen (25, 100).

Im Vordergrund stehen die akut toxischen Wirkungen. Symptome akuter Vergiftungen bei Menschen und Tieren sind Erbrechen, Durchfall, Entzündungen, Schädigungen des Knochenmarks, erniedrigte Leukocyten-, Granulocyten- und Thrombocytenzahlen, Schleimhautschädigungen im Verdauungstrakt und Störungen des Herz-Kreislauf-Systems. Vor allem die Verrucarine wirken stark dermatotoxisch (196, 224). Bei intraperitonealer Applikation an Mäuse betragen die LD_{50}-Werte von Verrucarin A 0,5 bis 0,75 mg/kg, von T-2 Toxin 3,0 mg/kg, von Nivalenol 4,0 mg/kg, von Miotoxin 18 mg/kg und von Deoxynivalenol 70 mg/kg (15, 25, 45, 234).

Strukturelle Voraussetzungen für die biologische Aktivität sind die 12,13-Epoxidgruppe und die Doppelbindung zwischen C-9 und C-10. Bei Verlust der Epoxidgruppe büßen die Trichothecene ihre Wirksamkeit ein. Anzahl und Position von Hydroxylgruppen sowie die Art der veresternden Säuren und andere Substituenten beeinflussen Wirkungsstärke und Wirkungsmechanismus. Eine 2. Epoxidgruppierung steigert die Aktivität. Verbindungen mit Substituenten an C-3 und C-4 wirken vorwiegend über die Hemmung der Initiation, fehlt einer der Substituenten, werden Elongation und/oder Termination beeinflußt (25, 114).

Die Aufnahme der Trichothecene erfolgt bei Menschen und Tieren bevorzugt über den Gastrointestinaltrakt. Auch nach Einatmen oder Aufbringen auf die Haut kann eine Resorption erfolgen (47). Mögliche Stoffwechselwege sind die Hydrolyse durch mikrosomale Carboxylesterasen und die Deepoxidierung durch die intestinale Mikroflora. Resorption, Umwandlung in polare Metabolite und Elimination (z. B. als Glucuronide) vollziehen sich wahrscheinlich relativ schnell (209, 224).

Von *Fusarium sporotrichoides* und *F. poae* gebildete Trichothecene sind für die alimentäre toxische Aleukie des Menschen (ATA, Kap. 4.9.1) verantwortlich. Die Krankheit ist neben Fieber und Hämorrhagien durch eine starke Suppression der Tätigkeit des Knochenmarks und eine dadurch bedingte Leukopenie gekennzeichnet. Die ATA hat von 1942 bis 1948 besonders in der UdSSR viele Todesopfer gefordert. In einigen Regionen waren 10% der Bevölkerung betroffen, die Letalität lag bei etwa 60%. Ursache war kontaminiertes, überwintertes Getreide (106, 185). Von Juli bis September 1987 erkrankten in Indien mehrere tausend Personen an gastrointestinalen Störungen, die durch Brot, das aus Fusarien-befallenem, deoxynivalenolhaltigem Getreide gebacken worden war, hervorgerufen wurden (26).

Ähnliche Symptome wie die ATA bei Menschen weist die Stachybotryotoxicose bei Tieren auf (Kap. 4.9.1). Pferde zeigen zuerst Haut- und Schleimhautschäden und Ödeme am Kopf («Nilpferdkopf»), dann kommt es zu Störungen der Blutbildung und in der letzten Phase zu heftigen Durchfällen, Anstieg der Körpertemperatur, Herzschwäche und zum Tod (76).

Pellagra, eine Hauterkrankung, soll nicht nur durch Vitamin-B_1-Mangel, sondern auch durch auf feuchtem Getreide wachsende *Fusarium*-Arten und deren Toxine verursacht werden (206). In China werden als Ursache der «Keshan»-Krankheit Trichothecene vermutet (112). Chronische Aufnahme von Trichothecenen erhöht das Risiko der Entstehung von Speiseröhrenkrebs (99).

Gegenwärtig wird versucht, die antineoplastischen Eigenschaften einiger Trichothecene, z. B. von Diacetoxyscirpenol und seinen Derivaten, einer möglichen Nutzung zuzuführen (2).

7.6 PR-Toxin

Den Trichothecenen eng verwandt ist das PR-Toxin (Abb. 7-13). Es wird neben einer Reihe strukturell ähnlicher Verbindungen von *Penicillium roqueforti* in In-vitro Kultur gebildet. Unter natürlichen Reifungsbedingungen von Käse nach Roquefort-Art tritt es nicht auf, vermutlich weil es durch spontane Reaktion mit Aminosäuren und Ammoniumsalzen in ein instabiles Imin übergeht (180, 191).

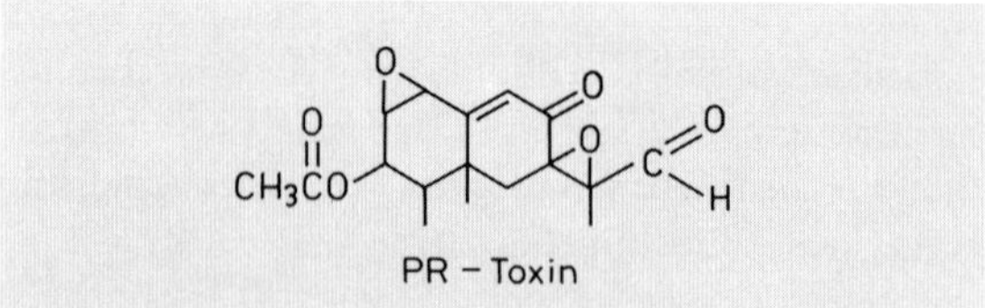

Abb. 7-13: Mycotoxin von *Penicillium roqueforti*

PR-Toxin hemmt die RNA-Polymerase und die Proteinsynthese (114). Ratten, die peroral 160 mg/kg PR-Toxin erhalten hatten, starben innerhalb kurzer Zeit an Atemlähmung. Pathologisch waren Ödeme und Hämorrhagien in Leber, Lunge, Niere und Gehirn sichtbar (233). Die LD_{50} beträgt bei Mäusen 2–6 mg/kg, i. p., und 60–140 mg/kg, p. o. (230).

7.7 Sesquiterpene als mögliche Giftstoffe von Ständerpilzen (Basidiomycetes)

Terpene sind bei höheren Pilzen in großer Mannigfaltigkeit weit verbreitet. Besonders häufig sind Sesquiterpene anzutreffen. Mono- und Diterpene wurden seltener gefunden (4, 12, 78). Triterpene von Basidiomyceten haben wegen ihrer pharmakologischen Wirkungen auf sich aufmerksam gemacht (Kap. 10.5).

Die isolierten Sesquiterpene gehören u. a. dem Hirsutan-, Protoilludan-, Illudan-, Secoilludan- (Illudalan-), Sterpuran-, Marasman-, Lactaran-, Secolactaran-, Guajan- oder Driman-Typ an. Da die Mehrzahl der Verbindungen, ihre antibiotische und cytostatische Wirkung als Marker nutzend, aus Kulturflüssigkeiten in vitro-kultivierter Pilze erhalten werden (4, 211) und auch die aus Fruchtkörpern isolierten Vertreter meistens nur auf diese beiden Effekte geprüft wurden, wissen wir fast nichts über ihre Toxikologie.

Chemisch gut untersucht sind die Sesquiterpene der Gattung *Lactarius*, Milchling (Russulaceae). Sie besitzen einen Lactaran-, Secolactaran-, Marasman-, seltener einen Driman- oder Guajangrundkörper. Die Guajanderivate haben bisweilen ein Azulenringsystem und sind für die Färbung des Milchsaftes verantwortlich (22, 204). In fast allen Fällen enthalten die intakten Pilze Sesquiterpenalkohol-Fettsäureester, die beim Verletzen der Hyphen enzymatisch gespalten werden. Die freigesetzten Sesquiterpenalkohole, die oft sekundären Veränderungen unterliegen, bedingen den scharfen Geschmack der Pilze und haben antibiotische, teilweise auch cytotoxische und mutagene Wirkung. Die aus farblosen Guajanderivaten nach Hydrolyse der Ester unter Einfluß des Luftsauerstoffs gebildeten Azulene färben die Wundflächen blau.

Besondere Bedeutung kommt den freigesetzten, enzymatisch oder/und spontan veränderten Sesquiterpenen bei einer Reihe scharfschmeckender *Lactarius*-Arten zu. So sind bei *Lactarius vellereus* (Fr.) Fr., Wolliger Milchling, Erdschieber (siehe S. 126, Bild 7-19), die nach der Spaltung des Velutinalstearylesters gebildeten Sesquiterpendialdehyde Isovelleral (Marasman-Typ) und Velleral (Lactaran-Typ, Abb. 7-14) für den scharfen Geschmack dieses Pilzes verantwortlich. Auch aus *L. piperatus* (L. ex Fr.) S. F. Gray, Pfeffer-Milchling, *L. rufus* (Scop. ex Fr.) Fr., Rotbrauner Milchling, *L. torminosus* (Schff. ex Fr.) S. F. Gray., Birken-Milchling, und weiteren scharf schmeckenden *Lactarius*-Arten konnten beide oder einer der Aldehyde isoliert werden. In *L. turpis* (Weinm..) Fr. (*L. necator* (Bull. ex Fr.) Karst., Tannen-Reizker, wurde 6'-Ketostearylvelutinal nachgewiesen. Auch andere scharf schmekkende Aldehyde, z. B. Piperdial und Piperalol, wurden bei *Lactarius*-Arten gefunden (Abb. 7-14, 22, 34, 212, 213, 214).

Vermutlich sind derartige und ähnliche Aldehyde (z. B. Lactaral, Abb. 7-14, aus *Russula sardonia* Fr., Zitronenblättriger Täubling, Piperdial aus *R. queletii* Fr., Stachelbeer-Täubling) auch die Scharfstoffe der Russulaceae, z. B. von *Russula emetica* (Schaeff. ex Fr.) S. F. Gray (siehe S. 126, Bild 7-20) (3, 214).

Isovelleral besitzt in vitro starke mutagene Wirksamkeit für *Salmonella typhimurium*. Voraussetzung ist die ungesättigte Dialdehydfunktion (215). Es ist anzunehmen, daß unter In-vivo-Bedingungen ein schneller Abbau dieser Gruppen stattfindet.

Bei *Armillariella polymyces* (Pers. ex S. F. Gray) Sing. et Clem. (*A. mellea* (Vahl. ex Fr.) Karst., Tricholomataceae), Hallimasch (siehe S. 126, Bild 7-21), wurden zahlreiche Ester von Sesquiterpenalko-

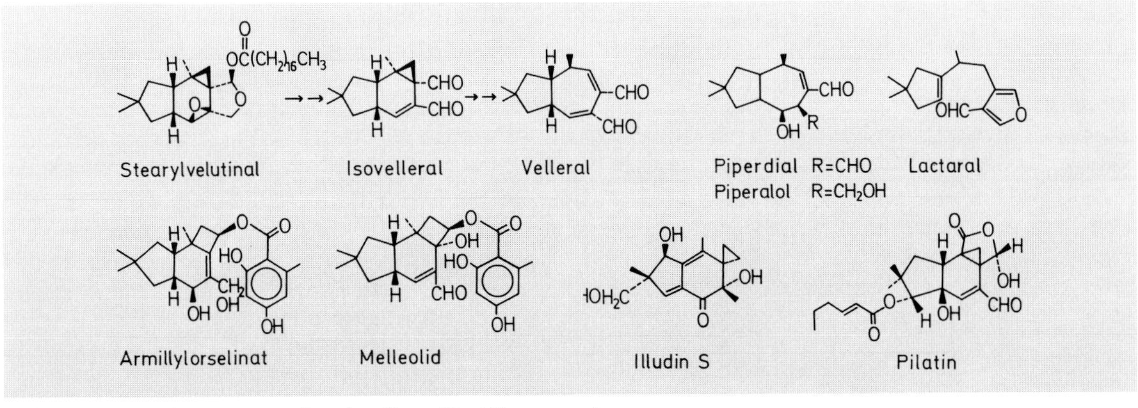

Abb. 7-14: Sesquiterpene von Ständerpilzen (Basidiomycetes)

holen mit Protoilludangrundkörper und daneben Phenolcarbonsäuren nachgewiesen. Hauptvertreter sind Armillylorselinat und Melleolid (Abb. 7-14, 49, 154, 172).

Für die Toxizität von *Omphalotus olearius* (DC. ex Fr.) Sing. (*Clitocybe illudens* (Schw.) Sacc.), Leuchtender Ölbaumpilz (siehe S. 126, Bild 7-22), werden die Illudine, besonders Illudin S (Abb. 7-14), verantwortlich gemacht. Diese Sesquiterpene mit Illudangrundkörper kommen auch in *Omphalotus olivascens* (Bigelow) Mill. et Thiers und *Lampteromyces japonica* (Kawamina) Sing. vor. Die letztgenannten Arten werden im Gebiet nicht gefunden (145, 164). In Submerskulturen des verwandten Pilzes *Flagelloscypha pilatii* Agerer wurden antibiotische und stark cytotoxische Marasmanderivate, z. B. Pilatin und Pilatol, nachgewiesen (94).

Die Illudine wirken durch Hemmung der DNA-Synthese stark cytotoxisch auch auf humane Tumorzellen. Ihre Wirkungsstärke ist mit der des Ricins (Kap. 41.3, 145) vergleichbar. Zu Vergiftungen durch *Omphalotus olearius* kommt es vor allem in den südeuropäischen Ländern durch Verwechslung mit *Cantharellus cibarius*, dem Echten Pfifferling. Aus Nordamerika ist aus jüngster Zeit ein mehrere Schulkinder betreffender Verwechslungsfall von *Omphalotus illudens* mit *Laetiporus sulphureus* bekannt geworden (63). Nach einer Latenzzeit von 1–2 Stunden setzen Übelkeit, Erbrechen, Kopfschmerzen, Schwäche, Speichelfluß und Schwitzen oder Kältegefühl ein. Die Behandlung muß symptomatisch erfolgen. Innerhalb weniger Tage sind die Vergiftungserscheinungen überwunden (63, Ü 9).

7.8 Sesquiterpene aus marinen Makroalgen

Bei den Chlorophyta, Grünalgen, wurden Sesquiterpene besonders häufig (bei 95% der untersuchten Arten) in der Ordnung der Bryopsidales (Caulerpales) bei den Familien der Caulerpaceae, Codiaceae und Udotaceae gefunden. Sie haben aliphatische oder monocyclische, seltener auch bicyclische Struktur und besitzen oft, wie die analog gebauten Diterpene (Kap. 8.5), eine endständige 1,4-Diacetoxybutadiengruppe, z. B. Dihydrorhipocephalin aus verschiedenen Udotaceae, bzw. einen Furanring, z. B. das Furocaulerpin aus *Caulerpa prolifera*. Bei der 1,4-Diacetoxybutadiengruppierung und dem Furanring handelt es sich um eine maskierte Dialdehydkonstellation, die für die hohe biologische Aktivität der Stoffe verantwortlich ist (Abb. 7-15, 27, 36, 61, 167, 177, 178, 179).

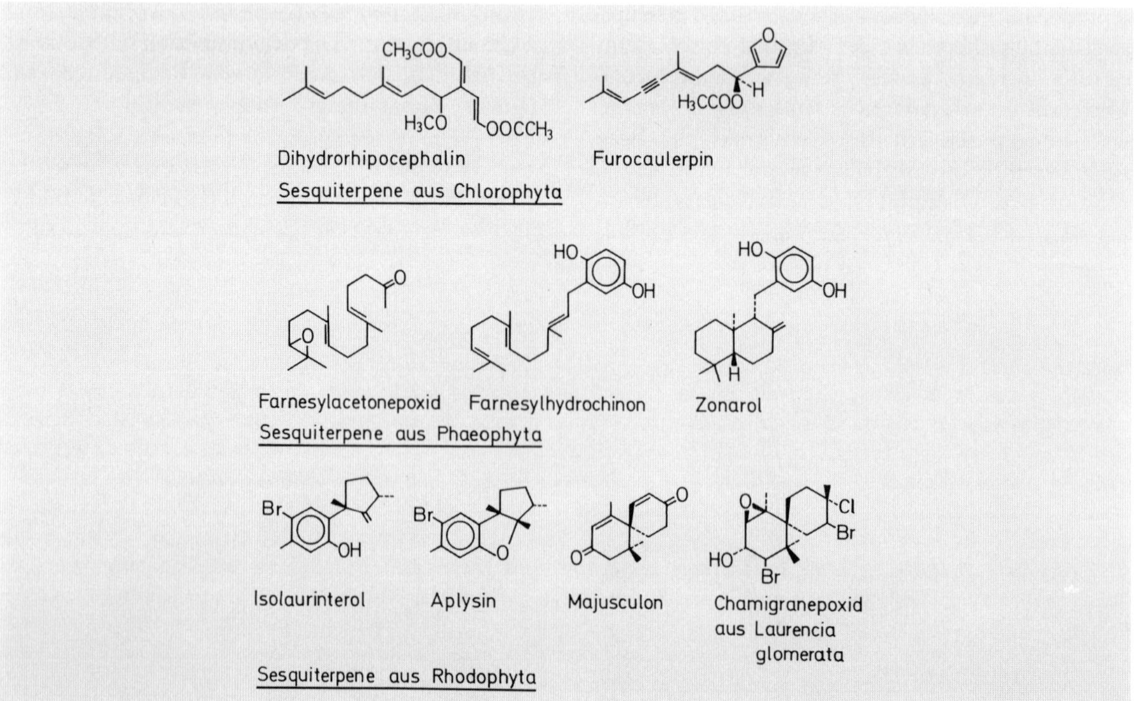

Abb. 7-15: Sesquiterpene von Makroalgen

Bei den Phaeophyta, Braunalgen, treten neben aliphatischen, mono- oder bicyclischen Sesquiterpenen, z. B. vom Farnesan-, Germacran- oder Cadinan-Typ, Terpenophenole auf, aufgebaut aus Sesquiterpenen und Phenolen. Als Beispiele seien das Farnesylacetonepoxid aus *Cystophora moniliformis*, das Zonarol und das Alkylphenol Farnesylhydrochinon aus *Dictyopteris undulata* genannt. Vermutlich sind sie als Alkylchinone wirksam (Abb. 7-15, 42, 111).

Bei den Rhodophyta, Rotalgen, werden wie auch bereits bei den Monoterpenen, bevorzugt halogenierte Verbindungen gefunden, hier auch Iodverbindungen. Es dominieren wieder Stoffe, die aus der Gattung *Laurencia* isoliert wurden. Neben den gewohnten Grundkörpern, wie Eudesman und Bisabolan, kommen sehr häufig ungewöhnliche vor, die sich nicht mit dem üblichen Verknüpfungsschema der Isopreneinheiten erklären lassen, vor allem sind es Verbindungen mit Lauran- oder Chamigran-Grundkörper. Bei den Lauran-Derivaten hat der 6gliedrige Ring häufig aromatische Struktur, z. B. beim Isolaurinterol aus *Laurencia filiformis* oder beim Aplysin aus *L. decidua*, zunächst aus *Aplysia kurodai*, einem Seehasen, isoliert (35, 146). Die Chamigran-Derivate scheinen teilweise aufgrund vorhandener α,β-ungesättigter Ketonstrukturen, z. B. beim Norchamigran-Derivat Majusculon aus *L. majuscula*, oder von Oxiran-Ringen, z. B. bei einem Chamigranepoxid aus *L. glomerata* KÜTZ, sehr reaktionsfähig zu sein (55, 217).

Die Toxizität der Verbindungen für den Menschen ist bisher kaum untersucht. Einige von ihnen besitzen jedoch starke antimikrobielle, cytotoxische und ichthyotoxische Eigenschaften (18, 177, 179, 197, 210). Farnesylacetonepoxid wirkt bei parenteraler Gabe spasmolytisch. Als Wirkungsmechanismus wird eine Hemmung der Atmungskette vermutet. Dosen von mehr als 300 mg/kg, i. p., verursachen bei Mäusen zunächst Hyperaktivität, dann Ataxie, Reflexverlust und Hypothermie (11).

7.9 Sesquiterpene als mögliche Giftstoffe der Schwämme (Porifera)

Neben Substanzen aus vielen anderen Stoffgruppen nutzen die Schwämme zur chemischen Verteidigung auch Terpene, besonders Sesquiterpene, Diterpene (Kap. 8.6) und Sesterterpene (Kap. 9.2). Es ist wenig wahrscheinlich, daß die Schwämme diese Substanzen selbst bilden, vermutlich stammen sie von Symbionten oder aus dem der Ernährung dienenden Plankton.

Die bisher nachgewiesenen Sesquiterpene (Abb. 7-16) sind häufig Terpenophenole. Sie sind aus einem Phenol und einem Sesquiterpenrest aufgebaut, ähnlich wie bei den Braunalgen beobachtet. Daneben kommen Furosesquiterpene, wie sie auch bei Grünalgen gefunden werden, und Sesquiterpene mit NH_2-CO-NH-, NH_2-C(=NH)-NH-, CN-, OCN- und SCN-Gruppen vor. Die Sesquiterpengrundkörper können unterschiedliche Struktur haben, z. B. wurden Bisabolan-Derivate und 1,6,6-Trimethyl-7-ethyl-decalin-Derivate gefunden (40, 156, Ü 20, Ü 22).

Unter den Terpenophenolen der Schwämme verdienen das Avaron und das entsprechende Hydrochinonderivat Avarol besondere Bedeutung. Es wird, wie auch Ilimachinon, in verschiedenen Schwämmen gefunden. Die Dactylospongenone A-D (nachgewiesen bei *Dactylospongia*-Arten) gehen durch Kontraktion des Benzenringes aus ihnen hervor (133). Weitere bemerkenswerte Meroterpenoide sind die Metachromine A–C aus *Hippospongia metachromia* (119) und das Panicein-B_2 aus *Halichondria panicea*, dem Brotkrumenschwamm (156, siehe S. 126, Bild 7-23). Der Brotkrumenschwamm kommt in der Nordsee und westlichen Ostsee im Flachwasser vor, besonders auf den Rhizoiden von *Laminaria*-Arten, und kann einen Durchmesser von 10 cm erreichen.

Furosesquiterpene wurden u. a. gefunden bei *Halichondria panicea, Stelospongia canalis, Dysidea*-Arten (ent-Furodysinin und das davon abgeleitete 15-Acetylthioxy-furodysininlacton) und *Spongia mycofijiensis* (Dendrolasin, das auch als Komponente der Wehrgifte von Ameisen bekannt ist, 39, 71, 129). Bemerkenswert ist das Vorkommen des Furanosesquiterpens Olepupuan in *Dendrodoris limbata*, einem Nacktkiemer, der von Schwämmen lebt. Diese Verbindung geht leicht in das Polygodial über, das als Scharfstoff im Pfefferknöterich nachgewiesen wurde (41).

Sesquiterpene oder Schwämme mit Stickstoffunktionen können u. a. vom Bisabolan (z. B. bei *Ciocalypta*- und *Epipolasis*-Arten), Eudesman (bei *Axinella cannabina*), Aromadendran *(Acanthella acuta)*, Guajan *(A. acuta)* oder anderen Grundkörpern (z. B. Axisonitril-1 aus *Axinella cannabina*) abgeleitet sein (39, 74, 144).

Ein ungewöhnliches Sesquiterpen ist das Agelasidin A, gewonnen aus einer in den Gewässern um Japan vorkommenden *Agelas*-Art (*A. nakamura* 165).

Ähnlich wie bei den Sesquiterpenen der marinen Makroalgen ist über die Toxizität der Verbindungen

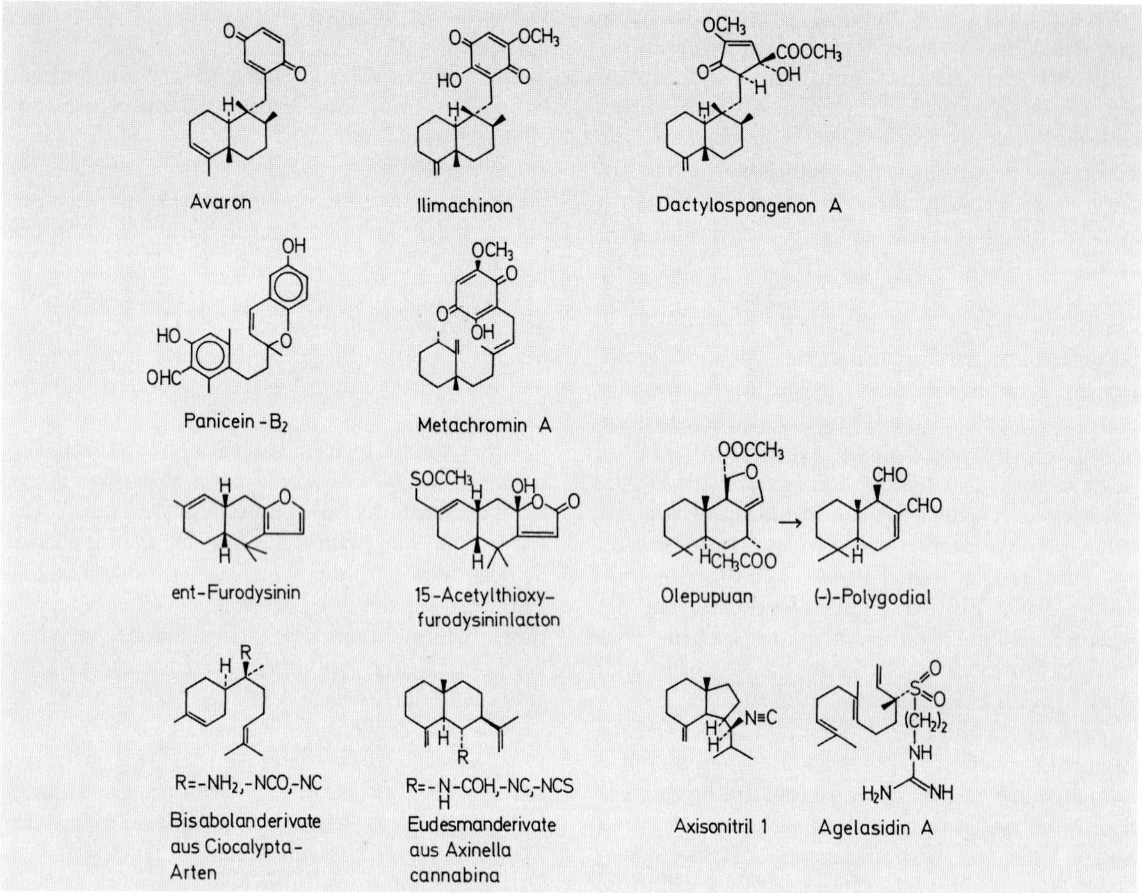

Abb. 7-16: Sesquiterpene von Schwämmen (Porifera)

aus den Schwämmen nur wenig bekannt. Viele von ihnen weisen antibiotische, ichthyotoxische und cytostatische Effekte auf (124). Darüber hinaus besitzen einige auch andere pharmakologische Wirkungen.

Die Metachromine wirken nicht nur stark cytotoxisch auf bestimmte Leukämiezellen, sondern auch koronardilatierend (101, 119). Dagegen wurde der günstige Effekt von Avarol und Avaron bei AIDS-Erkrankungen wahrscheinlich überschätzt (132). Avarol besitzt jedoch analgetische Wirksamkeit, seine Toxizität in vivo ist gering (LD_{50} 1 g/kg, i. p., Maus, 48). Die cytotoxische Wirkung von Avarol und Avaron soll auf einer Hemmung der Tubulinpolymerisation beruhen (120, 160). Ilimachinon zeigt antiphlogistische, cytotoxische und antimikrobielle Aktivität (132). 15-Acetylthioxy-furodysininlacton zeichnet sich durch eine hohe Affinität zum humanen Leukotrien-B_4-Rezeptor aus und fördert in bestimmten Zelltypen die durch diese Rezeptoren vermittelte Calciummobilisierung (37). Dendrolasin wirkt stark cytotoxisch (109). Schließlich sei noch die spasmolytische Wirksamkeit der Agelasidine genannt (165). Sie beruht auf der Hemmung der Na^+/K^+-ATPasen verschiedener Organe durch Eingriff in die Wechselbeziehungen zwischen den K^+-Bindungsstellen des Enzyms (120).

7.10 Literatur

1. Acton, N., Klayman, D. O. (1985), Planta Med. 51: 441
2. Anderson, D.W., Black, R. M., Lee, C. G., Pottage, C., Rickard, R. L., Sanford, M. S., Webber, T. D. Williams, N. E. (1989), J. Med. Chem. 32: 555
3. Andina, D., De Bernardi, M., Del Vicchio, A., Fronza, G. Mellerio, G., Vidari, G., Vita-Finzi, P. (1980), Phytochemistry 19: 93
4. Anke, T. (1978), Z. Mykologie 44: 131

Bild 7-13: *Inula helenium*, Echter Alant

Bild 7-14: *Matricaria recutita*, Echte Kamille

Bild 7-15: *Rudbeckia hirta*, Rauhe Rudbeckie

Bild 7-16: *Pteridium aquilinum*, Adlerfarn

Bild 7-17: *Ledum palustre*, Sumpfporst

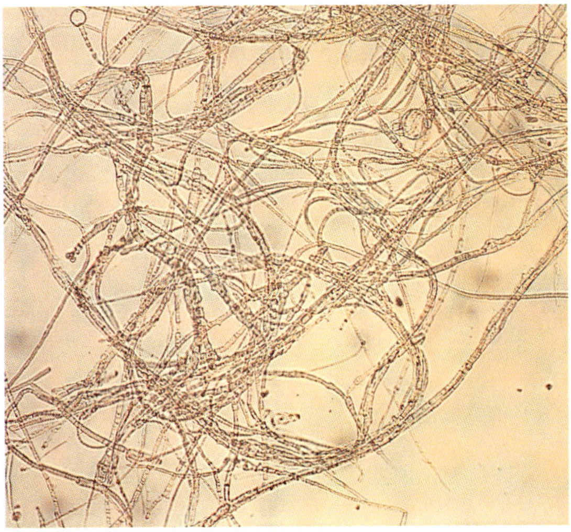

Bild 7-18: *Fusarium sporotrichoides*

Bild 7-19: *Lactarius vellereus*, Wolliger Milchling

Bild 7-20: *Russula emetica*, Spei-Täubling

Bild 7-21: *Armillariella polymyces*, Hallimasch

Bild 7-22: *Omphalotus olearius*, Leuchtender Ölbaumpilz

Bild 7-23: *Halichondria panicea*, Brotkrumenschwamm

Bild 8-1: *Atractylis gummifera*, Mastixdistel

5. Anonym (1987), Bioactive Molecules 2 (Ed.: Hirono, I., Kodanska Elsevier Tokyo, Amsterdam, Oxford, New York): 87
6. Anonym (1986), IARC Monographs on the Evaluation of the Carcinogenic Risk of Chemical to Humans 40 (Int. Agency Res. Cancer, Lyon)
7. Appendino, G., Gariboldi, P. (1982), Phytochemistry 21: 1099
8. Asakawa, Y. (1984), Rev. Latinoam. Quim. 14: 109
9. Asakawa, Y. (1982), Prog. Chem. Org. Nat. Prod. 42: 1
10. Asakawa, Y. (1982), Fortschr. Chem. Org. Naturstoffe 42: 1
11. Avanzini, A., Kosovel, V., Scareia, V., Furlani, A., Ravalico, L. (1987), Fitoterapia LVIII: 391
12. Ayer, W. A., Browne, L. M. (1981), Tetrahedron 37: 2199
13. Baker, B., Ratnapala, L., Mahindaratne, M. P. D., Dilip de Silva, E., Tillekeratne, L. M. V., Jeong, H. J., Scheuer, P. J., Seff, K. (1988), Tetrahedron 44: 4695
14. Baker, R., Walmsley, S. (1982), Tetrahedron 38: 1899
15. Bamburg, J. R., Strong, F. M. (1971), In: Microbial Toxins (Ed.: Kadis, S., Ciegler, A., Ail, S. J., Academic Press New York) VII: 207
16. Bamburg, R. J. (1976), In: Mycotoxins and other Fungal related Food Problems (Ed.: Rodricks, J. V., Washington): 144
17. Barbier, P., Benezra, C. (1982), Naturwissenschaften 69: 296
18. Barnekow, D. E., Cardellina, J. H., Martin, G. E. u. a. (1989), J. Am. Chem. Soc. 111: 3511
19. Barton, D. H. R., Narayanan, C. R. (1958), J. Chem. Soc. 963
20. Baruah, R. N., Bohlmann, F., King, R. M. (1985), Planta Med. 51: 531
21. Begley, M. J., Hewlett, M. J., Knight, D. W. (1989), Phytochemistry 28. 940
22. Bergendorf, O., Sterner, O. (1988), Phytochemistry 27: 97
23. Bernardi, R., Cardani, C., Ghiringhelli, D., Selva, A. (1967), Tetrahedron Letters 40: 3893
24. Bernhard, H. (1982), Pharm. Acta Helv. 57: 179
25. Betina, V. (1989), Mycotoxins, Biological and Environmental Aspects (Elsevier Science Publishers) Amsterdam
26. Bhat, R. V., Beedu, S. R., Ramakrishna, Y., Munshi, K. L. (1989), Lancet I: 35
27. Blackmann, A. J., Wells, R. J. (1978), Tetrahedron Lett. 3063
28. Blaszyk, E., Drozdz, B. (1978), Acta Soc. Bot. Pol. 47: 3
29. Bleumink, E., Mitchell, J. C., Geissman, T. A., Towers, G. H. N. (1976), Contact Dermatitis 2: 81
30. Bohlmann, F., Mahanta, P. K., Rastogi, R. C., Natu, A. A. (1978), Phytochemistry 17: 1165
31. Bohlmann, F., Zdero, C. (1977), Phytochemistry 16: 1243
32. Bohlmann, F., Jakupovic, I., Schuster, A. (1981), Phytochemistry 20: 1891
33. Bohlmann, F., Mahanta, P. K. (1979), Phytochemistry 18: 887
34. Camzine, S., Lupo, A. T. Jr. (1984), Mycologia 76: 355
35. Capon, R. J., Ghisalberti, E. L., Mori, T. A., Jefferies, P. R. (1988), J. Nat. Prod. 51: 1302
36. Capon, R. J., Ghisalberti, E. L., Jefferies, P. R. (1981), Aust. J. Chem. 34: 1775
37. Carte, B., Mong, S., Poehland, B., Sarau H., Westley, J. W., Faulkner, D. J. (1989), Tetrahedron Lett. 30: 2725
38. Ciegler, A. (1975), J. Nat. Prod. 38: 21
39. Ciminiello, P., Fattorusso, E., Magno, S., Mayol, L. (1984), J. Org. Chem. 49: 3949
40. Cimino, G. (1977), zit.: C.A. 87 R 181014x
41. Cimino, G., Sodano, G., Spinella, A. (1988), J. Nat. Prod. 51: 1010
42. Cimino, G. (1975), Experientia 31: 1250
43. Clark, S. (1936), J. Am. Chem. Soc. 58: 1982
44. Clemo, G. R., Haworth, R. D., Walton, E. (1930), J. Chem. Soc. 1110
45. Cole, R. J., Cox, R. H. (1981), Handbook of Toxic. Fungal Metabolites, Academic Press New York
46. Conroy, H. (1957), J. Am. Chem. Soc. 79: 5550
47. Creasia, D. A., Thurmann, J. D., Wannemacher, R. W. Jr., Bunner, D. L. (1990), Fund. Appl. Toxicol. 14: 54
48. De Pasquale, R., Circosta, C., Occhiuto, F., De Stefano, S., De Rosa, S. (1988), Pharmacol. Res. Commun. 20 Suppl. 5: 23
49. Donelly, D. M. X., Abe, F., Prange, T., Coveney, D., Fukuda, N., Oreilly, J., Polonsky, J. (1985), J. Nat. Prod. 48: 10
50. Douville, J. A. (1985), Dangerous Prop. Ind. Mater Rep. 5: 2
51. Drocher, W. (1989), Dtsch. Tierärztl. Wochenschr. 96: 350
52. El-Feraly, F. S., Benigni, D. A. (1980), J. Nat. Prod. 43: 527
53. Elakovich, S. D. (1987) ACS Symp. Ser. 325 (Ecol. Metab. Plant Lipids): 93
54. Elissalde, M. H., Ivie, G. W. (1987), Am. J. Vet. Res. 48: 148
55. Elsworth, J. F., Thomson, R. H. (1989), J. Nat. Prod. 52: 893
56. Emerenciano, V. de, P., Kaplan, M. A. C., Gottlieb, O. R. (1985), Biochem. Syst. Ecol. 13: 145
57. Evans, F. J., Schmidt, R. J. (1980), Planta Med. 38: 289
58. Evans, I. A., Galpin, O. P. (1990), Lancet 335: 231
59. Evans, W. C., Patel, W. C., Koogy, Y. (1982), Proc. R. Soc. Edinburgh, Sect. B: Biol. Sci. 81: 29
60. Evans, I. A. (1987), Rev. Environ. Health 7: 161
61. Fenical, W., Paul, V. J. (1984), Hydrobiologia 116 und 135
62. Fenwick, G. R. (1989), J. Sci. Food Agric. 46: 147
63. French, A. L., Garrettson, L. K. (1988), J. Toxicol. Clin. Toxicol. 26: 81
64. Frohne, D. (1989), Dtsch. Apoth. Ztg. 129: 82
65. Furukawa, H., Itoigawa, M., Kumagai, N.,

den Gehalt an den Ingenolestern zurückzuführen (RL 13, 72).

Eu. milii, in Madagaskar beheimatet, unter der Bezeichnung Christusdorn als Zimmerpflanze beliebt (siehe S. 144, Bild 8-13), enthält neben Phorbolestern (z. B. 12-Desoxy-4β-hydroxy-phorbol-13-phenylacetat-20-acetat, 12), Ingenolestern (z. B. Ingenoltriacetat, 11), toxischen Diterpenen ungewöhnlicher Struktur, auch die stark wirksamen Miliamine A–G (124). Diese Verbindungen sind Ingenolester, die in den Positionen 3 oder 20 einen Anthraniloylrest tragen, der peptidartig mit einem 3-Hydroxyanthraniloylrest verbunden ist, dessen Aminogruppe einen weiteren Anthraniloyl- oder einen N,N-Dimethylanthraniloylrest trägt (Abb. 8–4, 78, 124).

Begleitstoffe der proinflammatorischen Diterpene in *Euphorbia*-Arten sind die als Latexkomponenten vorkommenden all-cis-1,4-Polyisoprene, acetonlösliche Harze, Triterpenalkohole, Triterpenketone sowie polyfunktionelle Triterpene (z. B. Euphol, Tirucallol, Euphorbol), Nortriterpene (z. B. Cycloeuphordenol) und geringe Mengen an Esterwachsen und Alkanen (188). Weiterhin wurden u. a. nachgewiesen entzündungshemmend wirksame Saponine vom Triterpentyp (37, 182), Lasiodiplodin, ein antileukämisches Makrolid mit Lactonring aus *Eu. milii* (35), und eine Reihe ungewöhnlicher Aminosäuren, z. B. m-Hydroxyphenylglycin (132), sowie das ungewöhnliche Peptid- O-Acetyl-N-(N'-benzoyl-L-phenylalanyl)-L-phenylalaninol (185).

Erwähnt seien von Vertretern anderer Gattungen *Hura crepitans* L., Sandbüchsenbaum oder Assacu (siehe S. 161, Bild 8-14), und die *Jatropha*-Arten. Der Sandbüchsenbaum (die Früchte wurden als Sandstreudosen verwendet) ist im tropischen Südamerika beheimatet und wird in vielen tropischen Ländern kultiviert. Alle Teile der Pflanze werden zu medizinischen Zwecken genutzt, der Milchsaft diente früher als Fisch- und Pfeilgift. Als Hauptwirkstoff wurde das Huratoxin (5β-Hydroxy-6α,7α-epoxy-resiniferol-9,13,14-orthoester, Abb. 8–4) nachgewiesen (158).

Von den *Jatropha*-Arten ist *J. curcas* L., Purgiernuß, am bekanntesten. Das aus den Samen des von Mexico bis Chile verbreiteten Strauches gepreßte Öl wird für technische Zwecke, aber auch als drastisches Abführmittel verwendet. Als Wirkstoff ist u. a. ein intramolekularer 13,16-Diester des 12-Desoxy-16-hydroxy-phorbols nachgewiesen worden, der auch in *Jatropha gossypifolia* vorkommt (Abb. 8–4, 79). Aus *Jatropha*-Arten wurden auch makrocyclische Diterpene ohne Estergruppierungen mit Jatrophan A-, Jatrophan B- (Abb. 8–5) oder Rhamnofolangrundkörper isoliert, die, wie beispielsweise das Jatrophon (7,14-Dioxo-12,15-epoxy-jatrophan-3,5,8,12-tetraen A) und seine Epoxyderivate, das Tumorwachstum hemmen oder die, wie das tricyclische Jatrophatrion (7,12,14-Trioxo-jatropha-3,5,8-trien B), antileukämisch wirksam sind (191). Jatrophon wirkt außerdem hemmend auf die glatte Muskulatur (29).

Die stark hautreizenden Diterpenester der meisten Wolfsmilcharten verursachen bei äußerlichem Kontakt auf der Haut und Schleimhaut heftige Entzündungen mit Blasenbildung und Nekrosen, am Auge starke Konjunktivitis und in schweren Fällen Erblindung. Bei innerlicher Aufnahme (aufgrund des brennenden Geschmacks dürfte die Aufnahme größerer Mengen unwahrscheinlich sein) kommt es zu Rötung und Brennen in Mund und Rachen sowie schweren gastrointestinalen Störungen. Resorptive Vergiftungserscheinungen sind Mydriasis, Schwindel, Delirien, Krämpfe und Kollaps (Ü 31). Auch allergische Reaktionen wurden beobachtet.

In Übereinstimmung mit der Verbreitung der Diterpenester bei den untersuchten *Eu.*-Arten fanden Kinghorn und Evans (101) bei 53 von 60 untersuchten Arten irritierende Wirkung am Mäuseohr. Nur Vertreter der Sektionen Anisophyllum und Poinsettia waren im Tierversuch inaktiv (101, 154).

Vergiftungen durch Wolfsmilch-Arten sind auch in Mitteleuropa nicht selten. Sie treten bei Kontakt mit den Pflanzen während der Gartenarbeit, bei der Pflege von Zimmerpflanzen oder beim Spielen von Kindern mit den Pflanzen auf (130, 176).

Bei einem 8jährigen Mädchen, das beim Spielen von einem Jungen mit einem Exemplar von *Eu. marginata* (in Australien oft Ursache von Vergiftungen) geschlagen wurde, entwickelten sich sehr schnell Schwellungen von Gesicht und Augenlidern, Konjunktivitis und Hauterscheinungen (143).

Besonders gefährlich ist das Verspritzen des Milchsaftes ins Auge.

Ein 62jähriger Mann hatte zum Vertreiben der Wühlmäuse in seinem Garten mehrere Exemplare von *Eu. lathyris* angebaut. Beim Beseitigen der 2jährigen Pflanzen mit dem Spaten kam er zu Fall. Dabei gelangten Spritzer des Milchsaftes in beide Augen. Sofort setzten heftiges Brennen und starke Schmerzen ein. Der Arzt stellte am nächsten Tage am linken Auge viele Epitheldefekte der Kornea, Lidschwellungen und Miosis fest. Nach Therapie mit Tolazolin, Vitamin A und Sulfonamidsalbe war der Reizzustand nach etwa drei Wochen behoben (167).

Die Toxizität des Weihnachtssterns, *Eu. pulcherrima*, wird unterschiedlich beurteilt. Das Fehlen toxischer Diterpenester und die Unwirksamkeit im Tier-

Bild 8-2: *Rhododendron ferrugineum*, Rostblättrige Alpenrose

Bild 8-3: *Rhododendron catawbiense*, Catawba-Rhododendron-Hybride

Bild 8-4: *Kalmia latifolia*, Berglorbeer

Bild 8-5: *Pieris japonica*, Japanische Lavendelheide

Bild 8-6: *Leucothoe fontanesiana*, Traubenheide

Bild 8-7: *Rhododendron japonicum*, Japanischer Rhododendron

Bild 8-8: *Croton tiglium*, Krotonölbaum, Samen

Bild 8-9: *Euphorbia cyparissias*, Zypressen-Wolfsmilch

Bild 8-10: *Euphorbia helioscopia*, Sonnenwend-Wolfsmilch

Bild 8-11: *Euphorbia lathyris*, Spring-Wolfsmilch

Bild 8-12: *Euphorbia resinifera*

Bild 8-13: *Euphorbia milii*, Christusdorn

versuch lassen die Pflanze als ungefährlich gelten (Ü 30), dagegen sprechen einzelne Fallbeschreibungen mit allerdings harmlosen Symptomen (42).

In tropischen Ländern kann der Honig einiger dort beheimateter *Eu.*-Arten (z. B. von *Eu. ledienii* und *Eu. coerulescens*, «noors honey») Reizerscheinungen im Mund- und Rachenraum hervorrufen (175).

Die volksmedizinische Verwendung von *Eu.*-Arten war und ist ebenfalls Anlaß zu Vergiftungen. *Eu. tirucalli*, die in der Volksmedizin, z. B. in Indien, eine große Rolle spielt, wird für die Entstehung des BURKITT-Lymphoms mitverantwortlich gemacht (Aktivierung von EPSTEIN-BARR-Viren durch die Diterpenester?, 70).

Tiere erkranken, wenn das Heu größere Mengen an Wolfsmilch-Arten enthält. Auch in der Milch der Tiere konnten die hautreizenden Stoffe nachgewiesen werden (138). In den USA ruft *Eu. milii* viele Tiervergiftungen hervor.

Das häufige Auftreten von Speiseröhrenkrebs bei den Bewohnern Curaçaos ist dadurch erklärbar, daß die Einwohner die Wurzeln von *Croton flaveus* als angebliches Anregungsmittel kauen oder als Buschtee zu sich nehmen. Die cocarcinogene und virus-aktivierende Wirkung der Diterpenester kann auch bei der Entstehung anderer Carcinome eine Rolle spielen, beispielsweise beim häufigen Auftreten von Nasopharynxtumoren in Südchina, wo Tung-Öl aus *Aleurites fordii* häufig verwendet wird (70).

Jatropha-Arten sind in tropischen Ländern nicht nur bei volksmedizinischer Anwendung Anlaß zu Vergiftungen. Zwei nigerianische Kinder, die reife Samen von *J. curcas* gegessen hatten, zeigten nach etwa fünf Stunden Erbrechen und zentrale Erregungszustände. Mäuse, denen die Samen im Futter verabreicht wurden, starben. Pathologisch waren zahlreiche Hämorrhagien im Gastrointestinaltrakt nachweisbar (1).

Synadenium grantii HOOK., das im tropischen Afrika und in Indien häufig als Heckenpflanze dient, ist oftmals Ursache von Tiervergiftungen mit Haut- und Schleimhautschädigungen (8).

Vergiftungserscheinungen durch diterpenhaltige Euphorbiaceae können nach Giftentfernung (Abwaschen des Milchsaftes bei äußerlichem Kontakt bzw. Entleerung des Magen-Darm-Trakts und Gabe von Aktivkohle bei innerlicher Aufnahme) nur symptomatisch behandelt werden, beispielsweise mit Mucilaginosa und Antihistaminica.

8.3.3 Daphnan- und Tigliandervate als Giftstoffe der Spatzenzungengewächse (Thymelaeaceae)

Die Familie der Thymelaeaceae, Spatzenzungengewächse, umfaßt etwa 55 Gattungen und 500 Arten. Die Pflanzen sind vor allem Sträucher oder Bäume tropischer und gemäßigter Regionen. Eine Vielzahl der Arten ist toxisch. Einige dienten zur Gewinnung von Fischgiften (z. B. *Daphne-*, *Lasiosiphon-* und *Gnidia*-Arten) oder Pfeilgiften (z. B. *Lasiosiphon*-Arten). Viele werden in der Volksmedizin genutzt. Hinsichtlich ihrer Giftstoffe besonders gut untersucht sind die Gattungen *Aquilaria, Daphne, Daphnopsis, Dirca, Gnidia, Lasiosiphon, Pimelea, Stellera, Thymelaea* und *Wikstroemia* (19).

Im Gebiet sind nur die Gattungen *Daphne*, Seidelbast, Kellerhals, und *Thymelaea*, Spatzenzunge, vertreten. Die Gattung *Daphne* umfaßt etwa 50 Arten, die von Europa bis Asien verbreitet sind. In Mitteleuropa werden gefunden *D. mezereum* L., Gemeiner Seidelbast, *D. cneorum* L., Rosmarin-Seidelbast, Heideröschen, Reckhölderle, *D. laureola* L., Lorbeer-Seidelbast, Waldlorbeer, *D. alpina* L., Berg-Seidelbast, *D. striata* TRATT., Gestreifter Seidelbast, Steinröschen, Alpenflieder, und *D. blagayana* FREYER, Königsblume.

Während *D. mezereum*, wenn auch nur selten, noch im Nordosten des Gebietes angetroffen wird, kommen die anderen Arten nur im Süden, *D. alpina* nur in Österreich und der Schweiz, *D. blagayana* nur in Österreich (Steiermark) vor.

D. mezereum (siehe S. 161, Bild 8-15), seltener *D. cneorum*, werden auch in Gärten als Zierpflanze angebaut. *D. pontica* L. (gelblich-weiße Blüten), *D. caucasica* PALL. (weiße Blüten) und *D. arbuscula* ČELAK. (rosa Blüten) sind ebenfalls beliebte Zierpflanzen.

Daphne-Arten sind kleine Sträucher, seltener auch kleine Bäume. Die Blätter sind ganzrandig und meistens wechselständig. Die Blüten stehen in Köpfchen oder kurzen Trauben. Sie sind 4- oder 5zählig und zwittrig. Der Kelch ist kronblattartig gefärbt, Kronblätter fehlen. Acht Staubblätter sind vorhanden. Die Frucht ist eine kleine, meistens rote Steinfrucht. Die Farbe der Blüten ist gewöhnlich rosa (weiße Formen kommen vor), bei *D. laureola* und *D. blagayana* gelblichgrün bis gelblichweiß. Die reifen, etwa erbsengroßen Früchte sind bei *D. mezereum, D. alpina, D. cneorum* rot bis rotbraun, bei *D. striata* orangegelb, bei *D. blagayana* weißgelb und bei *D. laureola* schwarz.

Die Gattung *Thymelaea* ist nur durch die einjährige Art *Th. passerina* (L.) COSS. et GERM., Acker-Spatzenzunge, Sperlingskraut, vertreten, die in Süddeutschland und Österreich zerstreut, in der Schweiz selten vorkommt. Die Wirkstoffe dieser Giftpflanze sind noch nicht bekannt.

Hauptwirkstoffe von *Daphne mezereum* und *D. laureola* sind die Daphnanderivate Mezerein und Daphnetoxin (Abb. 8-6, 47, 152, 161). In den Samen wurden 0,1% Mezerein und 0,02% Daphnetoxin und in den ganzen Früchten 0,04% Mezerein gefunden. Das deutet darauf hin, daß das Fruchtfleisch frei von toxischen Diterpenen ist. Das würde der üblichen Strategie von Giftpflanzen entsprechen, die Früchte bei Reife im Dienste der endozoochoren Verbreitung, mit Ausnahme der Samen, von Abwehrstoffen frei zu machen. Dafür spricht auch die eigene Beobachtung, daß die Beeren des Seidelbastes von Grünfinken gern gefressen werden.

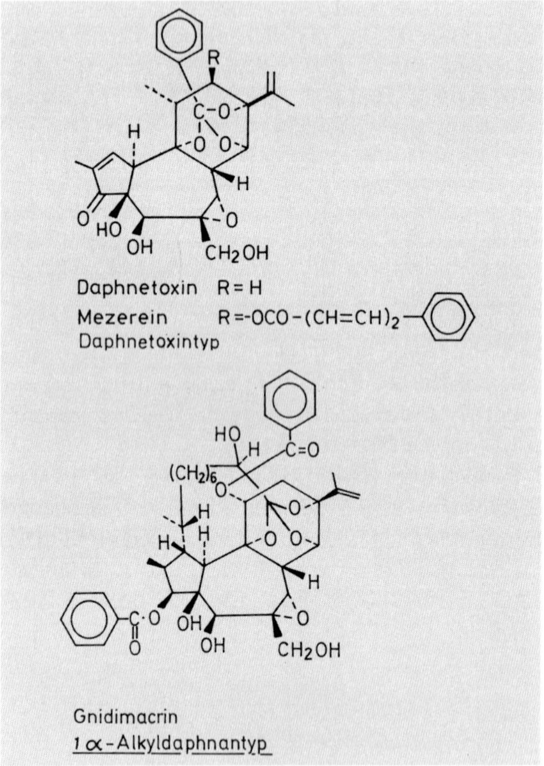

Abb. 8-6: Daphnanderivate der Spatzenzungengewächse (Thymelaeaceae)

Während die übrigen mitteleuropäischen *Daphne*-Arten phytochemisch noch nicht untersucht wurden, beschäftigen sich zahlreiche Publikationen mit den ostasiatischen Arten. In der in Südostasien vorkommenden *D. genkwa* Sieb. et Zucc. wurden Genkwadaphnin, Yuanhuafin, Yuanhuadin, Yuanhuatin und Yuanhuanin (97, 195, 196), in *D. odora* Thunb. neben Mezerein Gniditrin, Odoracin (Gnidilatidin) sowie Odoratin, in *D. tangutica* Gniditrin nachgewiesen (200). Es handelt sich um Daphnanmono- oder diester, die sich besonders in der Art der gebundenen Säure(n) vom Mezerein unterschieden. Auch bei *Lasiosiphon-*, *Gnidia-* (neben 1α-Alkyldaphnanderivaten, z. B. Gnidimacrin, Abb. 8–6) und *Pimelea*-Arten kommen derartige Ester vor. Bei *Pimelea*, *Daphnopsis* und *Aquilaria* wurden auch Tiglianderivate gefunden (19, 77).

Die giftigen Diterpene des Seidelbasts verursachen durch ihre starke Reizwirkung Schwellung der Haut, Blasenbildung, Abstoßung der Epidermis, erysipelartige Rötung und Pustelbildung. Bei längerer Einwirkung kommt es zum nekrotischen Zerfall des Gewebes. Perorale Aufnahme führt zu Rötung und Schwellung der Schleimhäute des Mundes, Durstgefühl, Speichelfluß, Magenschmerzen, Erbrechen und starkem Durchfall. Am Auge kommt es zu Konjunktivitis. Als Resorptionsfolgen können Kopfschmerzen, Schwindel, Benommenheit, Tachykardie, Krämpfe und eventuell Tod durch Kreislaufkollaps auftreten. Die Nieren als Ausscheidungsorgane werden besonders stark geschädigt (Ü 31).

Die ID_{50} beträgt für Daphnetoxin 0,016 nM/Ohr, für Mezerein 0,03 nM/Ohr (71), die LD_{50} liegt für Daphnetoxin bei ca. 275 μg/kg, Maus (178). Daphnetoxin ist stärker cocarcinogen wirksam als Mezerein (71). Gnidilatin, Gnidimacrin, Linimacrin und einige andere Diterpenester aus *Gnidia-*, *Pimelea-* und anderen Arten zeigen antineoplastische Aktivität gegenüber Leukämie-Zellen (18, 183).

Vergiftungen durch Seidelbast treten am häufigsten dann auf, wenn Kinder mit den Pflanzen spielen, Beeren oder Blüten verschlucken oder an den Zweigen kauen. Über Todesfälle wurde bereits nach dem Verzehr von 10–12 Beeren berichtet, in anderen Fällen wurden Vergiftungen mit über 60 Beeren überstanden (135). Gärtnerischer Umgang mit den Pflanzen kann Dermatitis hervorrufen (130).

Ein Botanikassistent, der mit den Fingernägeln eine Seidelbastpflanze präparierte und dabei eine Zigarette rauchte, zeigte innerhalb kurzer Zeit Schwellungen und Brennen im Gesicht, Speichelfluß, Schnupfen, Kopfschmerzen und Benommenheit (135).

Früher spielten auch Vergiftungen bei volksmedizinischer Anwendung der Pflanze, vor allem als Laxans und blasenziehendes Mittel (Auflegen feuchter Rinde), eine Rolle (161).

Gnidia-, *Lasiosiphon-* und *Pimelea*-Arten sind in ihrer Heimat Anlaß zu Tiervergiftungen (76, 105, 136, 177).

Die Behandlung von Seidelbast-Vergiftungen erfolgt nach äußerlicher Giftentfernung, Entleerung des Magen-Darm-Kanals und Verabreichung von Aktivkohle symptomatisch mit Mucilaginosa, kühlen Umschlägen, anästhesierenden Salben sowie innerlich mit Calciumgluconat (10%ig, 20 ml, i. v.), Cortison-Präparaten und Analeptica (Ü 85).

Einem Einsatz der Verbindungen mit Antitumorwirksamkeit bei der Leukämie-Behandlung dürfte die irritierende Wirkung entgegenstehen.

8.4 Taxanderivate als Giftstoffe von Eiben (*Taxus*-Arten)

Die Gattung *Taxus*, Eibe (Taxaceae, Eibengewächse), umfaßt etwa 10 Arten. In Mitteleuropa kommt nur *Taxus baccata* L., Eibe, vor (siehe S. 161, Bild 8-16). Weitere Arten sind in Nordamerika und Ostasien beheimatet.

Die Eibe ist ein immergrüner Strauch oder Baum mit anfangs rotbrauner, später graubrauner Rinde. Die nadelförmigen, stachelspitzigen Blätter sind oberseits dunkelgrün, glänzend und unterseits hellgrün, matt. Die Eibe ist zweihäusig. Die männlichen Blüten bestehen aus 6–15 Staubblättern und bilden ein kugeliges Köpfchen. Die weiblichen Blüten bestehen aus einer einzigen Samenanlage, die sich zu einem schwarzbraunen Samen entwickelt, der von einem zunächst grünen, später roten Samenmantel becherförmig umgeben ist. Die Länge dieser «Beere» beträgt etwa 15 mm. Die Eibe gedeiht in Buchen-Hangwäldern, stellenweise auch als Unterholz in Nadel- oder Laubwäldern, bevorzugt auf kalkhaltigem Boden. Es existieren mehrere Varietäten der Eibe, die sich in Wuchsform (säulenförmige Bäume bis Zwergsträucher), Form und Farbe der Nadeln (grüne, goldgelbe oder weißbunte Nadeln) sowie in der Farbe der Arilli (rot oder gelb) unterscheiden. Eiben werden häufig als Zierpflanzen angebaut.

Alle Teile der Eibe, mit Ausnahme des reifen Samenmantels (wohl aber die Samen!!), enthalten toxische Taxanderivate. Die 1856 von Lucas (118) isolierte Gesamtfraktion dieser Verbindungen wurde wegen des basischen Charakters einiger Komponenten zunächst als Alkaloid «Taxin» deklariert. Der Gehalt an «Taxin» wurde in den Nadeln mit 0,6% (im Mai) bis 1,97% (im Januar, 109) und mit 0,92% in den Samen (54) bestimmt. Später konnte gezeigt werden, daß «Taxin» ein Gemisch aus mindestens 11 basischen Substanzen ist (62).

Zur Zeit sind etwa 50 Taxanderivate der Eiben bekannt, von denen etwa 40 aus den Nadeln, der Stamm- und Wurzelrinde sowie aus dem Kernholz von *Taxus baccata* isoliert wurden (100, 129, neuere Arbeiten 62, 103, 128, 146, 169). Alle Verbindungen (Abb. 8-7) sind Ester von Polyalkoholen mit Tax-11-en-Grundkörper, nur für das Taxin A wird eine Einbeziehung der Methylgruppe am C-4 in den Makrocyclus postuliert. Hydroxygruppen können sich an den C-Atomen 1, 2, 5, 7, 9, 10 und 13 befinden. Am C-9 oder C-13 (selten auch am C-10) kann statt der Hydroxylgruppe auch eine Oxogruppe gebunden sein. Die Methylengruppierung am C-4 kann in einen Oxiranring integriert werden (z. B. bei Baccatin I) oder mit dem O-Atom am C-5 einen Oxetanring bilden (z. B. bei Taxol A und B).

Als Säurekomponenten kommen Essigsäure, Tiglinsäure, 2-Methyl-buttersäure, 3-Hydroxy-buttersäure, Caprinsäure, Benzoesäure, Zimtsäure, 2-Hydroxy-3-amino-3-phenylpropionsäure und 3-Dimethylamino-3-phenyl-propionsäure in Betracht. Die aromatischen Säuren sind meistens mit der Hydroxylgruppe am C-5 oder C-13, die Benzoesäure auch mit der am C-1, esterartig verknüpft. Die 2-Hydroxy-3-amino-3-phenylpropionsäure kann ihrerseits einen Benzoesäure- oder Tiglinsäurerest amidartig gebunden tragen. Die Hydroxylgruppe am C-7 kann glykosidisch mit einem D-Xyloserest verbunden sein.

Die Trivialnamen der Taxanderivate sind verwirrend und lassen keine Zuordnung zu einem bestimmten Typ zu. Einige Verbindungen tragen nur semisystematische Namen.

Da in der Literatur keine vergleichbaren Angaben über den Gehalt an den einzelnen Komponenten in den verschiedenen Organen von *Taxus baccata* zu finden sind, ist es unmöglich zu entscheiden, welches die Hauptkomponenten sind. Beispielhaft seien genannt Taxol A (Taxol), Taxol B (Cephalomannin), Taxol C, 7-Xylosyl-taxol-A, 10-Desacetyl-taxol-A, 10-Desacetyl-10-β-hydroxybutyryl-taxol-A, 10-Desacetyl-taxol B, Taxan-Tetraol, Taxusin, Taxin A und die Baccatine I–VII. Die Diterpene der übrigen *Taxus*-Arten stimmen größtenteils in ihrer Struktur mit denen von *Taxus baccata* überein. Bei *T. mairei* (Lemee et Levl.) S. Y. Hu, in China beheimatet, wurden auch die Tropolonderivate Taxamairin A und B gefunden (114).

In pharmakologischer Hinsicht wurde besonders das Taxol A untersucht. Es bindet spezifisch und reversibel an die Mikrotubuli tierischer und menschlicher Zellen, verändert deren räumliche Organisation sowie Stabilität und blockiert damit die Zellteilung in der späten G 2- bzw. der M-Phase (22, 82). In Neuronen wurde eine Störung der Wechselwirkung zwischen Mikrotubuli und den Mikrotubuli-assoziierten Proteinen festgestellt (14). Strukturelle Vor-

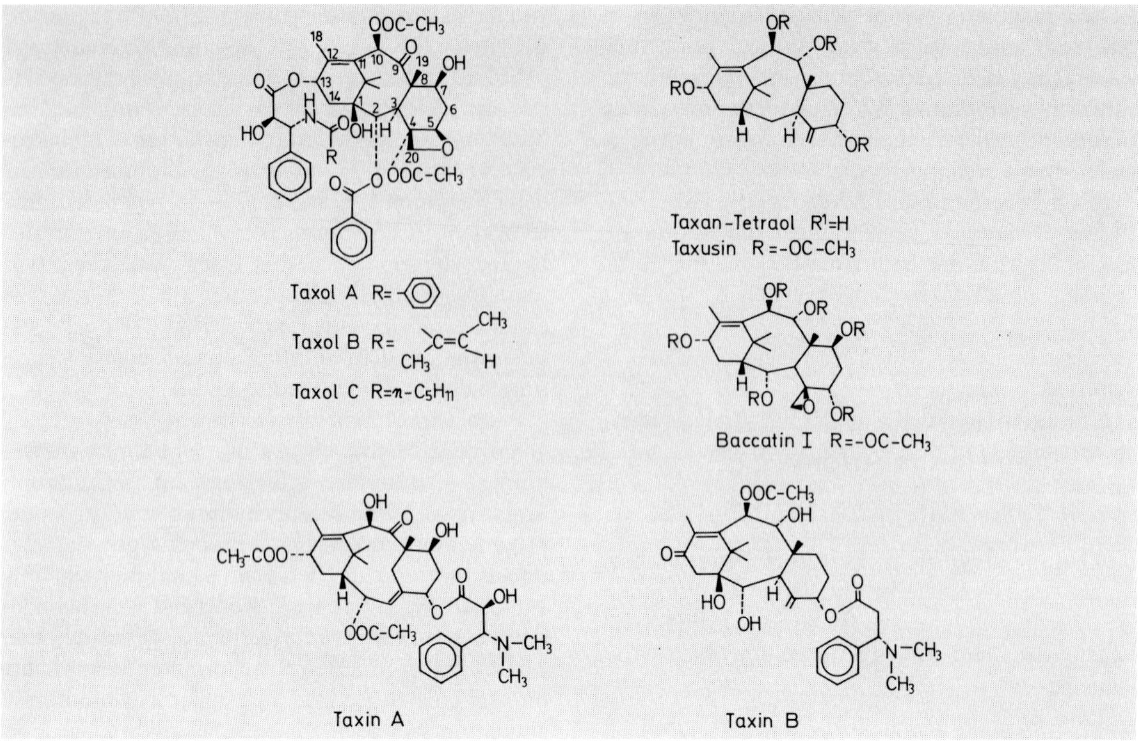

Abb. 8-7: Taxanderivate der Eiben (*Taxus*-Arten)

aussetzungen für die proliferationshemmende und antineoplastische Wirkung (ED_{50} von Taxol A für KB-Zellen 0,01 ng/ml) sind der intakte Taxan-Grundkörper, eine Esterseitenkette am C-13 und eine Hydroxylgruppe am C-2' der Seitenkette (82, 121). Auch die Taxamairine wirken cytotoxisch (114).

Die LD_{50} von Taxol A beträgt für Ratten 34 mg/kg, i. p., bei Beagle-Hunden 9 mg/kg, i. v. Hauptvergiftungssymptom ist eine dosisabhängige Myelosuppression (179).

Gesamtextrakte aus Eibenblättern stimulieren die glatte und quergestreifte Muskulatur, wirken aber lähmend auf die Herzmuskulatur. Der Blutdruck wird gesenkt, die Atmung zunächst angeregt, später gelähmt (192). Überempfindlichkeitserscheinungen wurden beobachtet (24).

Die Giftigkeit der Eiben war bereits im Altertum bekannt. Die Pflanzen spielten besonders im Totenkult eine große Rolle (Todesbaum) und sollten vor Dämonen und Blitzen schützen. Extrakte der Nadeln wurden als Mord-, Selbstmord- und Pfeilgift benutzt. Als gefährlich galt schon der Aufenthalt unter den Bäumen (54, 110).

Heute sind vor allem die Samen mit dem attraktiven roten Samenmantel Anlaß zu toxikologischen Beratungsfällen. Da der Arillus keine Giftstoffe enthält und die Samen meist unzerkaut verschluckt werden, kommt es jedoch nur selten zu ernsthaften Vergiftungen. Nicht ungefährlich ist dagegen das Kauen der Eibennadeln. Auch heute noch werden Extrakte aus Eibennadeln (32, 55, 166, 193) bzw. die Rinde (92) zu Suiziden bzw. Suizidversuchen benutzt. Als tödlich für den Menschen gilt ein Auszug aus 50–100 Nadeln.

Die Vergiftungserscheinungen beginnen etwa eine Stunde nach Aufnahme des Extraktes mit Erbrechen, Leibschmerzen, Durchfall und Koliken. Dazu kommen Schwindelzustände und Bewußtlosigkeit. Nach anfänglicher Beschleunigung der Atmung und des Pulses werden Herz- und Atemtätigkeit verlangsamt und immer oberflächlicher, bis schließlich der Tod durch Atemlähmung erfolgt.

Ein 40jähriger Mann, der in suizidaler Absicht einen Extrakt aus etwa 120 g Eibennadeln zu sich genommen hatte, bekam nach ca. einer Stunde heftige Schwindelgefühle, etwas später starken Brechreiz und wurde in benommenem Zustand in die Klinik eingewiesen. Das EKG zeigte eine Bradyarrhythmie (40 Schläge/min), die in eine Tachykardie überging, und bizarre, sehr breite Kammerkomplexe. Der Blutdruck war erniedrigt. Durch Behandlung mit Lidocain wurde der Zustand wesentlich gebessert, und der Patient konnte nach vier Tagen ohne weitere Arrhythmien entlassen werden (193).

Unter den Tieren sind besonders Pferde, Schweine und Schafe gefährdet. Die letalen Dosen der Nadeln liegen bei 0,2 bis 2 g/kg für das Pferd, 3 g/kg für das Schwein und 10 g/kg für Wiederkäuer (Ü 40).

Die Behandlung der Taxus-Vergiftungen muß nach Giftentfernung (Magenspülung auch noch nach Stunden sinnvoll) symptomatisch vorgenommen werden. Injektion oder Infusion von Lidocain kann die Prognose verbessern (191).

In der Volksmedizin wurden Eibenzubereitungen als Anthelminthicum, Abortivum und äußerlich als Wundmittel verwendet. Heute bietet sich die antineoplastische Aktivität von Taxol und Derivaten für eine mögliche therapeutische Nutzung an (121). Taxol A, gewonnen aus *T. brevifolia* NUTT., in Nordamerika vorkommend, wird heute bereits therapeutisch in der Tumortherapie eingesetzt.

8.5 Diterpene aus marinen Makroalgen

Bei den Chlorophyta, Grünalgen, werden Diterpene bevorzugt bei Vertretern der zu den Bryopsidales (Caulerpales) gehörenden Familien Caulerpaceae, Codiaceae und Udotaceae, gefunden (140). Sie sind fast stets aliphatischer oder monocyclischer Struktur und besitzen häufig als biologisch aktive Komponente eine endständige 1,4-Diacetoxybutadiengruppe (maskierte Dialdehydgruppierung, z. B. bei einem Diterpen aus *Penicillus dumetosus*, 141) oder zwei 1,4-Diacetoxybutadiengruppen (beim Chlorodesmin aus *Chlorodesmis fastigiata*, Abb. 8-8, 198).

Bei den Braunalgen, Phaeophyta, treten alipathische Diterpene nur selten auf. Es besteht eine Tendenz zur Ausbildung von Makrocyclen (z. B. Pachylacton aus *Pachydiction coriaceum*, 88), die aber auch sekundär durch Brücken (z. B. zu Spatanderivaten u. a. beim Spatol aus *Spatoglossum schmittii*, 59, oder zu Guajanderivaten beim Pachydictyol aus *Dictyota*

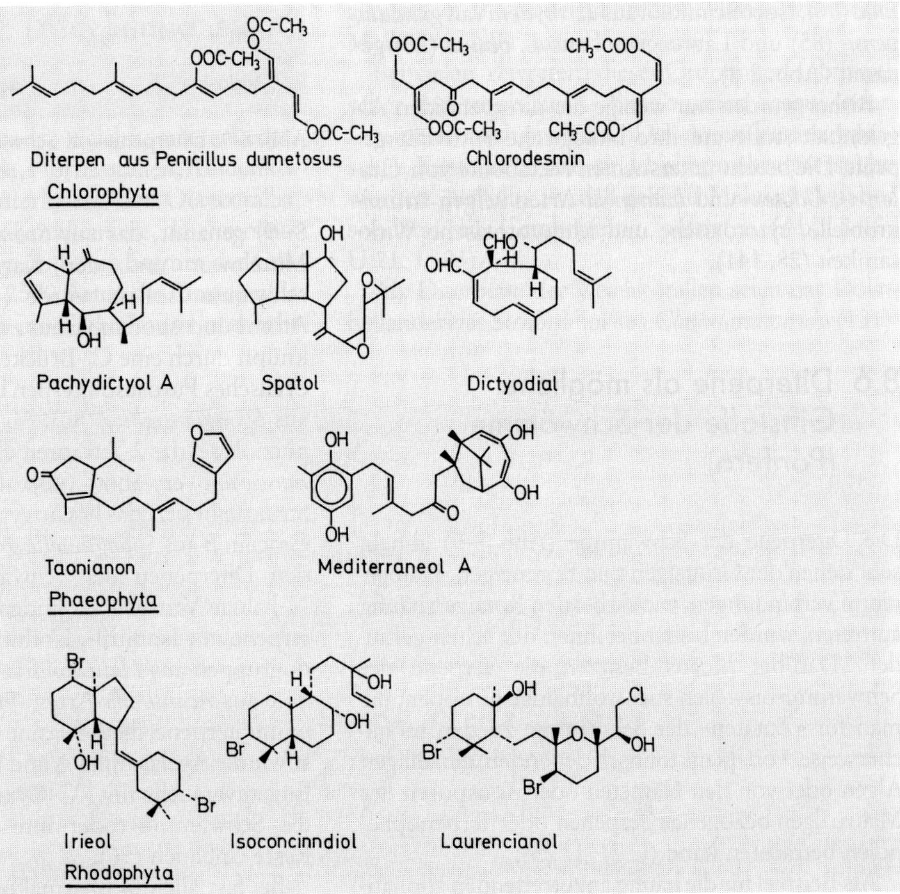

Abb. 8-8: Diterpene von Makroalgen

und das Cembranolid Sarcophycin aus *Sarcophytum glaucum* (134) genannt (Abb. 8–10).

Stellvertretend für die Diterpene der Lederkorallen sollen das Cembranderivat Asperidol A aus *Eunicea*-Arten (197), die Solenolide A–F aus einer *Solenopodium*-Art (63) und die Junceellolide A–D aus *Junceella fragilis* (171), beides Briaranderivate, erwähnt werden. Eine bemerkenswerte Gruppe von Diterpenen sind auch die Pseudopterosine A–L aus der Lederkoralle *Pseudopterogorgia elisabethae*, die in tropischen Teilen des Atlantischen Ozeans vorkommt. Es sind Glykoside mit den Monosaccharidkomponenten L-Fucose oder D-Arabinose und einem Aglykon mit einem Hexahydro-phenalen-Ringsystem (153).

Von den Bewohnern der Küsten asiatischer Länder werden Zubereitungen aus Korallenarten volksmedizinisch bei Entzündungs- und Schmerzzuständen verwendet (171). In Übereinstimmung damit wurden bei den Solenoliden, den Junceelloliden und den Pseudopterosiden starke antiinflammatorische Wirkungen gefunden. Sie kommen über die Hemmung der 5-Lipoxygenase (Solenolid A, Pseudopterosine), der Cyclooxygenase (Solenolid E) oder der Phospholipase A_2 (Junceellolide) zustande. Besonders die Solenolide zeigen auch antivirale Effekte (63, 134, 153). Ebenso wie die Diterpene der Algen und Schwämme wirken viele der Verbindungen aus Korallen cytotoxisch und ichthyotoxisch. Die LD_{50} der cytotoxischen Wirkung von Stolonidiol gegen P 388-Leukämiezellen liegt bei nur 0,015 µg/ml (131).

Einige der Wirkstoffe sind auch toxisch für andere Korallenarten und schalten so die Konkurrenz aus (38).

8.8 Diterpene der Wehrgifte der Termiten (Isoptera)

Neben Monoterpenen (Kap. 6.7), seltener auch Sesquiterpenen (Kap. 7.1), werden von den Termiten Diterpene als Bestandteile der Wehrgifte genutzt (Abb. 8-11). Es sind entweder acyclische Verbindungen, monocyclische Makrocyclen, häufig mit dem 14gliedrigen Cembrangrundkörper, und davon die durch weitere Ringschlüsse abgeleiteten bicyclischen 7,16-seco-Trinervitan-, tricyclischen Trinervitan- und tetracyclischen Kempan- und Rippertanderivate. Auch andere Strukturen kommen vor (z. B. Bifloranderivate). Sowohl Diterpenkohlenwasserstoffe als auch oxygenierte Verbindungen wurden gefunden.

Bisher sind etwa 50 derartige Diterpene bekannt. Nachgewiesen wurden sie u. a. bei den Gattungen *Bulbitermes, Constrictotermes, Coraritermes, Cubitermes, Nasutitermes, Longipeditermes, Reticulitermes* und *Trinervitermes* der Unterfamilie der Nasutitermae (9, 10, 39, 64, 139, 147, 148, 189). Die Diterpene sind in den Monoterpenen der Wehrsekrete der Nasuti (Nasensoldaten) gelöst. Sie wirken nach dem Verdunsten der Monoterpene leimartig immobilisie-

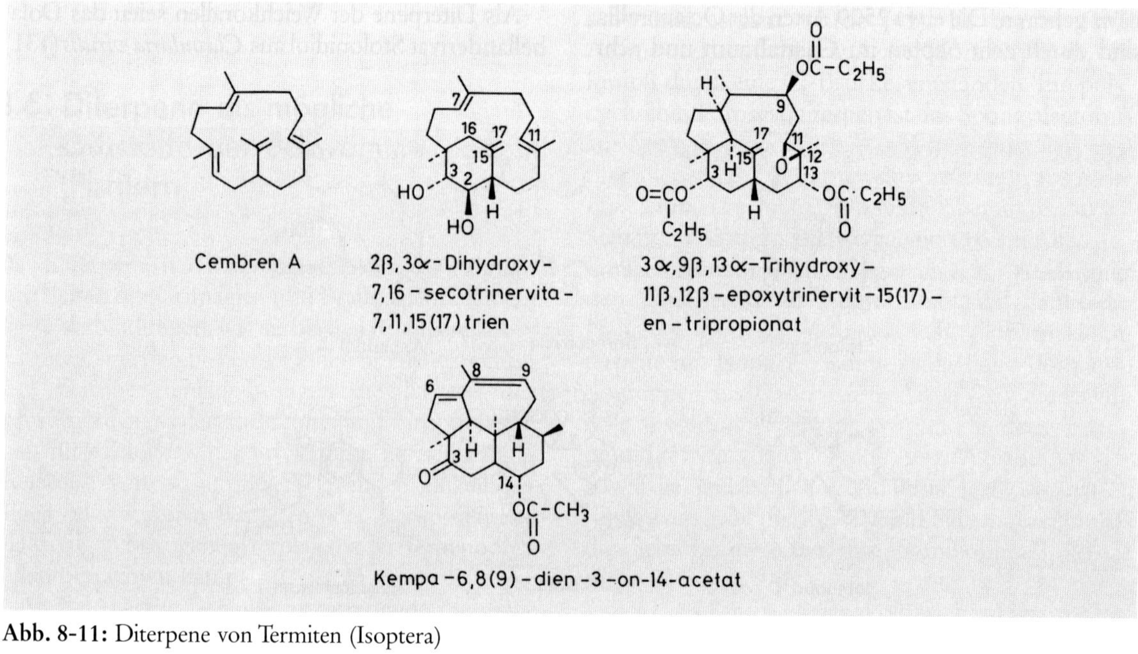

Abb. 8-11: Diterpene von Termiten (Isoptera)

rend auf angreifende Insekten und sind auch Fixative für die biologisch aktiven und als Alarmpheromone dienenden Monoterpene.

8.9 Literatur

1. Abdu-Aguye, I., Sannusi, A., Alafiya-Tayo, R. A., Bhusnurmath, S. R. (1986), Hum. Toxicol. 5: 269
2. Adolf, W., Hecker, E. (1975), Z. Krebsforsch. 84: 325
3. Adolf, W., Koehler, I., Hecker, E. (1984), Phytochemistry 23: 1461
4. Aitken, A. (1987), Bot. J. Linnean Society 94: 247
5. Akera, T., Ku, D. D., Frank, M., Brody, T. M., Iwasa, J. (1976), J. Pharmacol. Exp. Ther. 199: 247
6. Amico, V., Piatelli, M., Cunsolo, F., Neri, P., Ruberto, G. (1989), J. Nat. Prod. 52: 962
7. Ammon, H. P. T., Müller, A. B. (1985), Planta Med. 51: 473
8. Bagavathi, R., Sorg, B., Hecker, E. (1988), Planta Med. 54: 506
9. Baker, R., Parton, A. H., Howse, P. E. (1982), Experientia 38: 297
10. Baker, R., Organ, A. J., Prout, K., Jones, R. (1984), Tetrahedron Lett. 25: 579
11. Baslas, R. K., Gupta. N. C. (1984), Herba Hung. 23: 67
12. Baslas, R. K., Gupta, N. C. (1983), Herba Hung. 22: 61
13. Beutler, J. A., Alvarodo, A. B., McCloud, T. G., Crogg, G. M. (1989), Phytother. Res. 3: 188
14. Black, M. M. (1987), Soc. Neurosci. 7: 3695
15. Blumberg, P. M. (1988), Cancer Res. 48: 1
16. Blumberg, P. M. (1980/81), Critical Rev. Tox. 8: 199
17. Bolton, J. F. (1955), Veterin. Rec. 67: 138
18. Borris, R. P., Cordell, G. A. (1984), J. Nat. Prod. 47: 270
19. Borris, R. P., Blasko, G., Cordell, G. A. (1988), J. Ethnopharmcol. 24: 41
20. Brooks, G., Evans, A. T., Aitken, A., Evans, F. J. (1989), Carcinogenesis 10: 283
21. Brooks, G., Evans, A. T., Aitken, A., Evans, F. J. (1989), Carcinogenesis 10: 283
22. Brown, D. L., Little, J. E., Chaly, N., Schweitzer, I., Paulin-Levasseur, M. (1985), Europ. J. Cell. Biol. 37: 130
23. Bruni, A., Contessa, A. R., Luciani, S. (1962), Biochim. Biophys. Acta 60: 301
24. Burke, M. J., Siegel, D., Davidow, B. (1979), New York State J. Med. 79: 1576
25. Burke, J. W., Doskotch, R. W., Ni, C. Z., Clardy, J. (1989), J. Am. Chem. Soc. 111: 5831
26. Burreson, J. B., Scheuer, P. J. (1974), J. Chem. Soc. Chem. Comm. 1035
27. Bye, S. N., Coetzer, T. H. T., Dutton, M. F. (1990), Toxicon 28: 997
28. Caccamese, S., Toscano, R. M., Cerrini, S., Gavuzzo, E. (1982), Tetrahedron Lett. 23: 3415
29. Calixto, J. B., Sant'Ana, A. E. G. (1987), Phytother. Res. 1: 122
30. Carey, F. M., Lewis, J. J., MacGregor, J. L., Martin-Smith, M. (1959), J. Pharm. Pharmacol. 11: 269 T
31. Catterall, W. A. (1980), Ann. Rev. Pharmacol. 20: 15
32. Cerwek, H., Fischer, W. (1960), Arch. Toxicol. 19: 88
33. Chambers, A. M. (1984), Scott. Med. J. 29: 107
34. Chang, C. W. J., Patra, A., Baker, J. A., Scheuer, P. J. (1987), J. Am. Chem. Soc. 109: 6119
35. Chen, H. (1982), zit. C. A. 97: 78759 b
36. Chung, S., Ahn, B. Z., Pachaly, P. (1980), Planta Med. 38: 269
37. Ciaceri, G., Tita, B. (1983), zit. C. A. 86: 65610 u
38. Coll, J. C., Sammarco, P. W. (1983), Toxicon Suppl. 3: 69
39. Degiulio, A., Derosa, S., Divincenzo, G., Zavodnik, N. (1989), J. Nat. Prod. 52: 1258
40. Deligne, J., Quennedey, A., Blenn, M. S. (1981), Social Insects, The Enemies and Defence Mechanisms of Termites 2 (Ed: Herrmann, H. R., Academic Press New York)
41. De Pasquale, R., Circosta, C., Ochuito, F., De Stefano, S., De Rosa, S. (1988), Pharmacol. Res. Commun. 20: 23
42. Edwards, N. (1983), J. Pediat. 102: 404
43. Eijkman, I. F. (1882), R. Trav. Chim. Pays-Bas 1: 224
44. El-Naggar, S. F., Doskotch, R. W., O Dell, T. M., Girard, L. (1980), J. Nat. Prod. 43: 617
45. Enoki, N., Ishida, R., Urano, S., Ochi, M., Tokoroyama, T., Matsumoto, T. (1982), Chem. Lett. 1749 u. 1837
46. Evans, F. J., Kinghorn, A. D. (1977), Botan. J. Linn. Soc. 74: 23
47. Evans, F. J. (1986), Naturally Occuring Phorbol Esters, CRC Press Inc., Boca Raton, Florida
48. Evans, F. J. (1986), In: Nat. Occurring Phorbol Ester (Ed: Evans, F. J., CRC Boca Raton): 139
49. Evans, F. J., Kinghorn, A. D., Schmidt, R. J. (1975), Acta Pharmacol. Toxicol. 37: 250
50. Evans, F. J., Taylor, S. E. (1983), Prog. Chem. Org. Nat. Prod. 44: 1
51. Evans, F. J., Edwards, M. C. (1987), Bot. J. Linnean Soc. 94: 231
52. Evans, F. J., Soper, C. J. (1978), J. Nat. Prod. 41: 193
53. Fathi-Afshar, R., Allen, T. M. (1988), Can. J. Chem. 66: 45
54. Friese, W. (1951), Pharm. Zentralhalle 90: 259 u. 289
55. Frohne, D., Pribilla, O. (1965/66), Arch. Toxicol. 21: 150
56. Fürstenberger, G., Hecker, E. (1972), Planta Med. 22: 241
57. Fukuzawa, A., Takaya, Y., Matsue, H., Masamune, T. (1985), Chem. Lett. 1263

58. Georgiou, M., Sianidou, L., Hatzis, T., Papadatos, J., Koutselinis, A. (1988), J. Toxicol. Clin. Toxicol. 26: 487
59. Gerwick, W. H. u. a. (1980), J. Am. Chem. Soc. 102: 7991
60. Gössinger, H., Hruby, K, Pohl, A., Davogg, S., Sutterlütti, G., Mathis, G. (1983), Dtsch. Med. Wchschr. 108: 1555
61. Gotta, H., Adolf, W., Opferkuch, H. H., Hekker, E. (1984), Z. Naturforsch. B.: Anorg. Chem. Org. Chem. 39 B: 683
62. Graf, L. E., Kirfel, A., Wolff, G. J., Breitmaier, E. (1982), Liebigs Ann. Chem. 376
63. Groweiss, A., Look, S. A., Fenical, W. (1988), J. Org. Chem. 53: 2401
64. Gush, T. J., Bentley, B. L., Prestwick, G. D., Thorne, B. L. (1985), Biochem. Syst. Ecol. 13: 329
65. Hanson, J. R. (1987), Nat. Prod. Rep. 4: 399
66. Hausen, B. M., Schulz, K. H. (1977), Contact Dermatitis 3: 289
67. Hecker, E. (1968), Cancer Res. 28: 2338
68. Hecker, E. (1978), Naturwissenschaften 65: 640
69. Hecker, E. (1977), Pure Appl. Chem. 49: 1423
70. Hecker, E. (1987), Bot. J. Linnean Soc. 94: 197
71. Hecker, E. (1971), in: Pharmacognosy and Phytochemistry (Ed.: Wagner, H., Hörhammer, L., Springer-Verlag Berlin, Heidelberg, New York)
72. Hergenhahn, M., Kusomoto, S., Hecker, E. (1984), J. Cancer Res. Clin. Oncol. 108: 98
73. Hergenhahn, M., Kusumoto, S., Hecker, E. (1974), Experientia 30: 1438
74. Higgins, R. J., Hannam, D. A. R., Humpreys, D. J., Stodulski, J. B. J. (1985), Vet. Rec. 1216: 294
75. Hikono, H., Ohta, T., Hikimo, Y., Takemoto, T. (1972), Chem. Pharm. Bull. 20: 1090
76. Hill, M. W. M. (1970), Aust. Vet. J. 46: 287
77. Hirata, Y. (1987), Bioact. Mol. 2: 181
78. Hirata, Y. (1975), Pure Appl. Chem. 41: 175
79. Hirota, M., Suttajit, M., Suguri, H., Endo, Y., Shudo, K., Wongchai, V., Hecker, E., Fujiki, H. (1988), Cancer Res. 48: 5800
80. Hirsch, S., Kashman, Y. (1988), J. Nat. Prod. 51: 1243
81. Hollands, R. D., Hughes, M. C. (1986), Vet. Rec. 118: 407
82. Horwitz, S. B., Lothstein, L., Manfredi, J. J., Mellado, W., Parness, J., Roy, S. N., Schiff, P. B., Sorbaram, L., Zeheb, R. (1984), Ann. New York Acad. Sci. 466: 733
83. Hosie, B. D., Mullen, C. M., Gillespie, J. D., Cochrane, G. W. (1986), Vet. Rec. 118: 110
84. Hotta, Y., Takeya, K., Kobayashi, S., Harada, N., Sakakibara, J., Shirai, N. (1980), Arch. Toxicol. 44: 259
85. Howard, B. M., Fenical, W. (1980), Phytochemistry 19: 2774
86. Humphreys, D. J., Stodulski, J. B. J., Stokker, J. G. (1983), Vet. Rec. 113: 503
87. Iizuka, H., Sakai, H., Tamura, T. (1989), J. Invest. Dermat. 93: 387
88. Ishitsuka, M., Kusumi, T., Kakisawa, H., Kawakami, Y., Nagai, Y., Sato, T. (1983), Tetrahedon Lett. 24: 5117
89. Itai, A., Kato, Y., Tomioka, N., Iitaka, Y., Endo, Y., Hasegawa, M., Shudo, K., Fujiki, H., Sakai, S. I. (1988), Proc. Natl. Acad. Sci. USA 85: 3688
90. Itokawa, H., Ichihara, Y., Yahagi, M., Watanabe, K., Takeya, K. (1990), Phytochemistry 29: 2025
91. Itokawa, H., Ichihara, Y., Watanabe, K., Takeya, K. (1989), Planta Med. 55: 271
92. Janssen, J., Peltenburg, H. (1985), Ned. Tijschr. Geneeskad. 129: 603
93. Jury, S. L., Reynolds, T., Cutler, J. F., Evans, F. J. (1987), The Euphorbiales, Chemistry, Taxonomy and Economic Botany, Academic Press London
94. Kaiya, T., Sakakibara, J. (1985), Chem. Pharm. Bull. 33: 4637
95. Kakisawa, H. (1962), zit.: CA 57: 12335
96. Karuso, P., Scheuer, P. J. (1989), J. Org. Chem. 54: 2092
97. Kasai, R., Lee, K. H., Huang, H. C. (1981), Phytochemistry 20: 2592
98. Katai, M., Terai, T., Meguri, H. (1985), Chem. Lett. 443
99. Kerkvliet, J. D. (1981), J. Apic. Res. 20: 249
100. Khan, N., Khan, D., Parveen, N. (1987), J. Sci. Ind. Res. 46: 512
101. Kinghorn, A. D., Evans, F. J. (1975), Planta Med. 28: 325
102. Kinghorn, A. D. (1985), in: Plant Toxicol. Proc. Australia-USA Poisonous Plants Symp. 1984 (Ed.: Seawright, A. A., Queensl. Poisonous Plants Comm. Yeerongpilly, Australia): 357
103. Kingston, D. G., Hawkins, D. R., Ovington, L. (1982), J. Nat. Prod. 45: 466
104. Kinzel, V., Richards, J., Goerttler, K., Loehrke, H., Fürstenberger, G., Marks, F. (1984), Models, Mechanisms and Etiology of Tumour Promotion/Int. Agency Res. Cancer Lyon: 253
105. Kiptoon, J. C., Mugera, G. M., Waiyaki, P. G. (1982), Toxicology 25: 129
106. Klein-Schwartz, W., Litovitz, T. (1985), Clin. Toxicol. 23: 91
107. Kobayashi, M., Nakamura, H., Wu, H., Kobayashi, J., Ohizumi, Y. (1987), Arch. Biochem. Biphys. 259: 179
108. Kosemura, S., Shizuri, Y., Yamamura, S. (1985), Bull. Chem. Soc. Jpn. 58: 3112
109. Kuhn, A., Schäfer, G. (1937), Dtsch. Apoth. Ztg. 52: 1265
110. Kukowka, A. (1969), Heimatbote, Kr. Greiz, XV, 187
111. Kupchan, S. M., Uchida, I., Braufman, A. R., Dailey, R. G., Yu Fei, B. (1976), Science 191: 571
112. Lampe, K. F. (1988), J. Am. Med. Assn. 259: 2009
113. Leli, U., Hauser, G., Froimowitz, M. (1990), Mol. Pharmacol. 37: 286
114. Liang, J., Min, Z., Iinuma, M., Tanaka, T., Mizuno, M. (1987), Chem. Pharm. Bull. 35: 2613
115: Hecker, E., Sosath, S. (1989), Fett, Wissenschaft, Technologie 91: 468

116. LINDNER, E., DOHADWALLA, A. N., BHATTACHARYA, B. K. (1978), Arzneim. Forsch. 28: 284
117. LOOK, S. A., FENICAL, W. (1982), J. Org. Chem. 47: 4129
118. LUCAS, H. (1856), Arch. Pharm. 95: 145
119. MAGER, P. P., SEESE, A., HIKINO, H., OHTA, T., OGURA, M., OHIZUMI, Y., KONNO, C., TAKEMOTO, T. (1981), Pharmazie 36: 717
120. MAGER, P. P., SEESE, A., TAKEYA, K. (1981), Pharmazie 36: 381
121. MAGRI, N. F., KINGSTON, D. G. I. (1988), J. Nat. Prod. 51: 298
122. MANCINI, S. D., EDWARDS, J. M. (1979), J. Nat. Prod. 42: 483
123. MANNERS, G. D., WONG, R. Y. (1985), J. Chem. Soc. Perkin Trans. 1: 2075
124. MARSTON, A., HECKER, E. (1983), Planta Med. 47: 141
125. MARTIN, M. L., MORAN, A., SAN ROMAN, L. (1984), An. R. Acad. Farm 51: 751
126. MATSCHULLAT, G. (1974), Prakt. Tierarzt 55: 624
127. MAYOL, L., PICCIALLI, V., SICA, D. (1985), Tetrahedron Lett. 26: 1253
128. MCLAUGHLIN, J. L., MILLER, R.W., POWELL, R. G., SMITH, C. R. (1981), J. Nat. Prod. 44: 312
129. MILLER, R.W. (1980), J. Nat. Prod. 43: 425
130. MITCHELL, J., ROOK, A. (1979), Botanical Dermatology, Plants Injurious to the Skin, Green Grass, Vancouver
131. MORI, K., IGUCHI, K., YAMADA, N., YAMADA, Y., INOUYE, Y. (1988), Chem. Pharm. Bull. 36: 2840
132. MÜLLER, P., SCHÜTTE, H. R. (1968), Z. Naturforsch. 23 B: 659
133. MURPHY, P. T. u. a. (1981), Tetrahedron Lett. 22: 1555
134. NE'EMAN, I., FISHELSON, L., KASHMAN, Y. (1974), Toxicon 12: 593
135. NÖLLER, H. G. (1955), Monatsschr. Kinderheilkd. 103: 327
136. NWUDE, N. (1981), J. Anim. Prod. Res. 1: 109
137. OPFERKUCH, H. H., HECKER, E. (1973), Tetrahedron Lett. 3611
138. OTT, H. H., HECKER, E. (1981) Experientia 37: 88
139. PAKNIKAR, S. K., GREENE, A. E. (1988), J. Nat. Prod. 51: 326
140. PAUL, V. J., FENICAL, W. (1987), Biorg. Marine Chem. 1: 1
141. PAUL, V. J., FENICAL, W. (1984), Tetrahedron 40: 2913
142. PEGEL, K. H. (1981), Chem. Engng. News 59: 4
143. PINEDO, J. M., SAAVEDRA, v., GONZALES-DE-CANALES, F., LLAMAS, P. (1985), Contact Derm. 13: 44
144. PIOZZI, F. (1978), in: Atractyloside: Chemistry, Biochemistry and Toxicology (Eds. SANTI, R., LUCIANA, S., Piccin Medical Books, Padova)
145. PLUGGE, P. C. (1883), Arch. Pharm. 221: 813
146. POWELL, R. G., MILLER, R.W., SMITH, C. R. (1979), J. Chem. Soc. (London) Chem. Commun. 3: 102
147. PRESTWICH, G. D. (1977), Insect Biochem. 7: 91
148. PRESTWICH, G. D. (1982), Tetrahedron 38: 1911
149. RIPPMANN, F. (1990), Quantitative Structure Activity Relationship 9: 1
150. RIZK, A. M., HAMMOUDA, F. M., EL-MISSIRY, M. M., RADWAN, H. M. u. a. (1985), Phytochemistry 24: 1605
151. RIZK, A. M., HAMMOUDA, F. M., EL-MISSING, H. M., RADWAN, H. M., EVANS, F. J. (1988), Phytochemistry 27: 1605
152. RONLAN, A., WICKBERG, B. (1970), Tetrahedron Lett. 4261
153. ROUSSIS, V., WU, Z., FENICAL, W., STROBEL, S. A., VAN DUYNE, G. D., CLARDY, J. (1990), J. Org. Chem. 55: 4916
154. RUNYON, R. (1980), Clin. Toxicol. 16: 167
155. SAKAKIBARA, J., SHIRAI, N., KAIYA, T. (1981), Phytochemistry 20: 1744
156. SAKAKIBARA, J., KAIYA, T. (1983), Phytochemistry 22: 2547
157. SAKAKIBARA, T., KAIYA, T., SHIRAI, N. (1980), Yakugaku Zasshi 100: 540
158. SAKATA, K., KAWAZU, K., MITZUI, T. (1971), Tetrahedron Lett. 1141
159. SANTI, R. (1958), Nature 182: 257
160. SCHILDKNECHT, H., EDELMANN, G., MAURER, R. (1970), Chemiker-Ztg. 94: 347
161. SCHINDLER, H. (1962), Planta Med. 10: 232
162. SCHMIDT, R. J., EVANS, F. J. (1980), Arch. Toxicol. 44: 279
163. SCHMIDT, R. J., EVANS, F. J. (1980), Contact Dermatitis 6: 204
164. SCHMIDT, R. J. (1986), Nat. Occurring Phorbol. Ester (Ed.: EVANS, F. J., CRC Boca Raton): 87
165. SCHULTE, T. (1985), Arch. Toxicol. 34: 153
166. SEAMAN, F., BOHLMANN, F., ZDERO, C., MABRY, T. J. (1990), Diterpenes of Flowering Plants, Compositae (Asteraceae) (Springer Verlag, Berlin, Heidelberg, New York)
167. SEIDEL, K. (1962), Klin. Monatsbl. Augenheilk. u. augenärztl. Fortbild. 141: 374
168. SEIP, E. H., HECKER, E. (1982), Planta Med. 46: 215
169. SENILH, V., BLECHERT, S., COLIN, M., GUENARD, D., PICOT, F., POTIER, P., VARENNE, P. (1984), J. Nat. Prod. 47: 131
170. SHARKEY, N. A., HENNINGS, H., YUSPA, S. H., BLUMBERG, P. M. (1989), Carcinogenesis 10: 1937
171. SHIN, J., PARK, M., FENICAL, W. (1989), Tetrahedron 45: 1633
172. SHIZURI, Y., KOSEMURA, S., YAMAMURA, S., OHBA, S., ITO, M., SAITO, Y. (1983), Chem. Lett. 65
173. SHIZURI, Y., KOSEMURA, S., OHTSUKA, J., TERADA, Y., YAMAMURA, K., OHBA, S., ITO, S., SAITO, Y. (1984), Tetrahedron Lett. 25: 1155
174. SMITH, M. C. (1978), J. Am. Vet. Med. Assoc. 173: 78
175. SOSATH, S., OTT, H. H., HECKER, E. (1988), J. Nat. Prod. 51: 1062
176. SPOERKE, D. G., TEMPLE, A. R. (1979), Am. J. Disease Childhood 133: 28
177. STORIE, G. J. u. a. (1986), Aust. Vet. J. 63: 135

178. STOUT, G.H., POLING, M., HICKERNELL, G.L. (1970), J. Am. Chem. Soc. 92: 1070
179. SUFFNESS, M., CORDELL, G.A. (1985), The Alkaloids XXV: 1
180. TALLENT, W.H., RIETHOF, M.L., HORNING, E.C. (1957), J. Am. Chem. Soc. 79: 4548
181. TRINGALI, C., GERACI, C., NICOLOSI, G., VERLIEST, J.F., ROUSSAKIS, C. (1989), J. Nat. Prod. 52: 844
182. TRIPATHI, R.D., TIWARI, K.P. (1980), Phytochemistry 19: 2163
183. TRUEB, L.F. (1990), Z. f. Phytotherapie 2: 10
184. TYLER, M.I., HOWDEN, M.E.H. (1985), Plant Toxicol. Proc. Australia-USA Poisonous Plants Symp. 1984 (Ed.: SEAWRIGHT, A.A., Queensl. Poisonous Plants Comm. Yeerongpilly, Australia): 367
185. UEMURA, D., SUGIURA, K., HIRATA, Y. (1975), Chem. Lett. (6): 537
186. UPADHYAY, R.R., KHALESI, K., KHARAZI, G., GHAISARZADEH, M. (1977), Indian J. Chem. 15B: 294
187. UPADHYAY, R.R., BAKHTAVAR, F., GAISARZADEH, M., TILABI, J. (1978), Tumori 64: 99
188. UZABAKILIHO, B., LARGEAU, C., CASADEVALL, E. (1987), Phytochemistry 26: 3041
189. VALTEROVA, I., VASICKOVA, S., BUDESINSKY, M., VRKOC J. (1986), Collect. Czech. Chem. Comm. 51: 2884
190. VANDENBARK, G.R., NIEDEL, J.E. (1984), J. NCI 73: 1013
191. VILLARREAL, A.M., DOMINGUEZ, X.A., WILLIAMS, H.J., SCOTT, A.I., REIBENSPIES, J. (1988), J. Nat. Prod. 51: 749
192. VOHORA, S.B. (1972), Planta Med. 22: 59
193. VON DACH, B., STREULI, R.A. (1988), Schweiz. Med. Wschr. 118: 1113
194. VON KÜRTEN, S., AUF DEM KELLER, S., PACHALY, P., ZYMALKOWSKI, F., TAUBERGER, G., MOUSSAWI, M. (1971), Arch. Pharm. 304: 753
195. WANG, C.T., CHEN, C.H., YIN, P.P., PAN, P.C. (1981), zit. C.A. 95: 138452s
196. WANG, C.T., HUANG, H., HU, R., DOU, Y., WU, H., LI, Y. (1982), zit. C.A. 97: 107012k
197. WEINHEIMER, A.J., MATSON, J.A., VAN DER HELM, D., POLING, M. (1977), Tetrahedron Lett. 1295
198. WELLS, R.J., BARROW, K.D. (1979), Experientia 35: 1544
199. YAMAMURA, S., SHIZURI, Y., KOSEMURA, S., OHTSUKA, J., TAYAMA, T., OHBA, S., ITO, M., SAITO, Y., TERADA, Y. (1989), Phytochemistry 28: 3421
200. ZHUANG, L., SELIGMANN, O., JURCIC, K., WAGNER, H. (1982), Planta Med. 45: 172

Mit Ü gekennzeichnete Zitate siehe Kap. 43.

9 Sesterterpene

9.1 Allgemeines

Sesterterpene sind aus fünf Isopreneinheiten aufgebaut, besitzen also einen C_{25}-Grundkörper. Sie bilden eine relativ kleine Gruppe, deren erster Vertreter, das Ophiobolin A (Cochliobolin) erst 1957 aus *Helminthosporium oryzae*, dem Erreger der Fleckenkrankheit des Reises, isoliert wurde. Seine Struktur ist 1967 durch TSUDA und Mitarbeiter aufgeklärt worden (9). Ihre sporadisch bei niederen Pilzen, Farnen, Blütenpflanzen und Insekten vorkommenden Vertreter sind nicht auf ihre Wirkung an biologischen Objekten untersucht (3, 4). Von pharmakologischem Interesse sind bisher allein die Sesterterpene der Schwämme, die in den letzten Jahren in steigendem Maße nachgewiesen wurden.

9.2 Sesterterpene der Schwämme (Porifera)

Bei zahlreichen Schwämmen wurden Sesterterpene mit unterschiedlichen Strukturen und Wirkungen gefunden (Ü 20, Ü 21). Im Substitutionsmuster weichen sie teilweise nur wenig von den Diterpenen ab. Bei ihnen kommen ebenfalls aliphatische Verbindungen mit endständigen Furan- oder/und Butenolidringen, Pyranringen und Terpenophenole mit Hydrochinonbausteinen vor. Verbindungen mit 1,3,6-Trimethylcyclohexan, dem bicyclischen Clerodan- oder dem tetracyclischen Scalarangrundkörper wurden bei Schwämmen ebenso gefunden. N-haltige Sesquiterpene treten gleichfalls auf. Halogenierte Vertreter sind selten. Auch Sesterterpensulfate kommen vor. Eine Tendenz zur Bildung von Makrocyclen scheint nicht zu bestehen (Abb. 9–1).

Als Beispiele seien genannt:

- für die Furosesquiterpene das als Hauptbestandteil neben vielen weiteren Verbindungen mit einer meistens konjugierten Tetronsäureendgruppe in *Ircina-*, *Psammocinia-* und *Sarcotragus*-Arten vorkommende Variabilin (1, 2, 7),
- für die Terpenophenole das Disideintriacetat aus *Disidea pallescens* (5) und
- für die polycyclischen Dialdehyde mit Scalarangrundkörper das Scalaradial (10).

Einen bisher unbekannten Grundkörper weist das Cacospongionolid aus *Cacospongia mollior* auf (5). Als Beispiel für ein N-haltiges Sesterterpen sei das Molliorin A, ein Scalaranabkömmling, erwähnt (5).

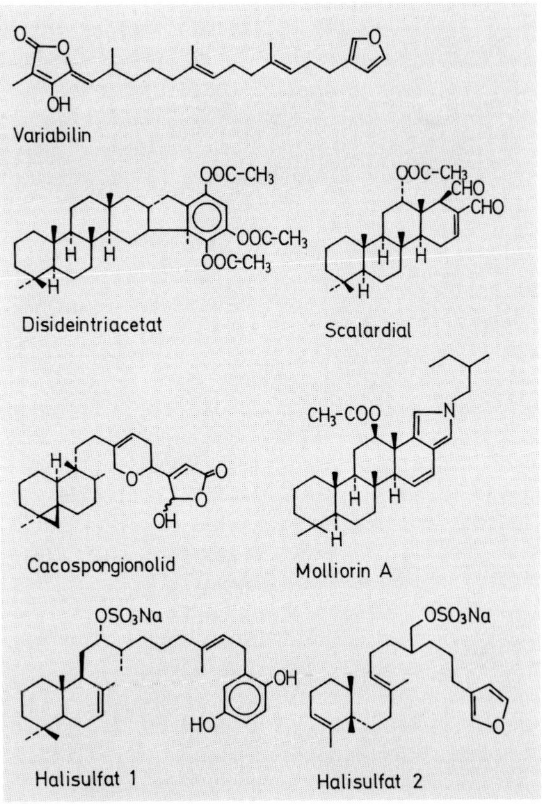

Abb. 9-1: Sesterterpene der Schwämme (Porifera)

Die Sesterterpensulfate bieten von der Grundstruktur des Kohlenstoffskeletts her nichts grundlegend Neues, wie die Halisulfate 1–6 aus *Halichondria*-Arten beweisen. Es handelt sich um Furosesterterpene oder Terpenophenole mit 1,2,6-Trimethylcyclohexan-, Clerodan- oder Labdangrundkörper (8).

Variabilin und Scalardial wirken antimikrobiell und cytotoxisch (2, 6, 10). Auch alle Halisulfate zeigen antibakterielle Effekte. Sie sind darüber hinaus, wahrscheinlich über eine Hemmung der Phospholipase A_2, antiphlogistisch wirksam (8). Starke Antitumorwirksamkeit besitzt das Cacospongionolid (6).

9.3 Literatur

1. Barrow, C.J., Blunt, J.W., Munro, M.H.G., Perry, N.B. (1988), J. Nat. Prod. 51: 1294
2. Barrow, C.J., Blunt, J.W., Munro, M.H.G., Perry, N.B. (1988), J. Nat. Prod. 51: 275
3. Cordell, G.A. (1977), Progr. Phytochem. 4: 209
4. Cordell, G.A. (1974), Phytochemistry 13: 2343
5. De Pasquale, R., Circosta, C., Occhiuto, F., De Stefano, S., De Rosa, S. (1988), Pharmacol. Res. Commun. 20: 23
6. De Rosa, S., De Stefano, S., Zavodnik, N. (1988), J. Org. Chem. 53: 5020
7. Garcia, M.O., Rodriguez, A.D. (1990), Tetrahedron 46: 1119
8. Kernan, M.R., Faulkner, D.J. (1988), J. Org. Chem. 53: 4574
9. Tsuda, K., Nozoe, S., Morisaki, M., Hirai, K., Itai, A., Okuda, S., Canonica, S., Fiecchi, A., Galli Kiente, M., Scala, A. (1967), Tetrahedron Lett. 3369
10. Yasuda, F., Tada, H. (1981), Experientia 37: 110

Mit Ü gekennzeichnete Zitate siehe Kap. 43.

10 Triterpene

10.1 Allgemeines

Die Grundkörper der Triterpene sind aus sechs Isopreneinheiten aufgebaut, sie sind also C_{30}-Verbindungen.

Neben dem häufig im unverseifbaren Anteil von pflanzlichen und tierischen Fetten anzutreffenden aliphatischen Squalen wurden bisher nur bei Meeresorganismen, wie Makroalgen und Schwämmen, aliphatische Triterpene oder davon abgeleitete Polyether gefunden. Auch das aus einem höheren Pilz erhaltene Saponaceolid A (Kap. 10.5) kann man zu dieser Gruppe rechnen.

Die Mehrzahl der auftretenden Triterpene besitzt tetracyclische oder pentacyclische Ringsysteme. Zu den tetracyclischen Triterpenen gehören die Derivate der hypothetischen Grundkörper Lanostan, Dammaran, Euphan und Cucurbitan. Pentacyclische Triterpene leiten sich u. a. vom Oleanan, Ursan, Hopan und Lupan ab. Mono-, bi- und tricyclische Triterpene treten selten auf.

Bei höheren Pflanzen werden verbreitet auch 3,4-seco-Derivate polycyclischer Triterpene gefunden (11). Über ihre pharmakologische Wirkung ist jedoch nichts bekannt, wenn man von den Iridalen absieht, die man als 3,4-seco-Derivate von bi- oder tricyclischen Triterpenen betrachten kann (Übersicht zur Biogenese und Bedeutung der Triterpene: 135).

Weit verbreitet sind die Triterpene als Aglyka der Triterpensaponine (Kap. 13.3). Von toxikologischem Interesse sind außerdem die icterogen wirksamen Triterpenester verschiedener Pflanzen (Kap. 10.2), die Curcurbitacine (Kap. 10.3), toxische und potentiell toxische Triterpene aus höheren Pilzen (Kap. 10.5) und das in der Baumwollpflanze vorkommende Gossypol (Kap. 10.6).

Darüber hinaus verdienen die Tetra- oder Pentanortriterpene der Meliaceae Erwähnung. Sie besitzen cytotoxische und Insekten abweisende Aktivität. Die bekanntesten Vertreter dieser Pflanzenfamilie sind *Azadirachta indica* A. Juss. *(Antelaea azadirachta* (L.) Adelbert), der in Südasien heimische, im arabischen Raum eingebürgerte Nimbaum, und *Melia azederach* L., der in Südwestasien beheimatete Zedrachbaum oder Xoan. Von den zahlreichen Wirkstoffen seien erwähnt das Nimbin (aus *A. indica)* und das Ohchinolid A (*aus M. azederach*). Bemerkenswert ist das Auftreten einer reaktiven Furanoendgruppe (Abb. 10-1, 60).

Im Gegensatz zu den niederen Terpenen treten Triterpene bei Makroalgen vergleichsweise selten auf. Ein Beispiel für ein Triterpen aus Braunalgen ist die Turbinarsäure, ein Trinor-Squalenderivat aus *Turbinaria ornata* (Sargassaceae), das cytotoxisch wirksam ist und die Squalen-2,3-epoxidlyase sehr effektiv hemmt (4). Ein tetracyclischer Squalenether ist das Venustatriol (Abb. 10-1). Es kommt neben ähnlichen Verbindungen (Thyrsiferol, Thyrsiferyl-23-acetat) in der Rotalge *Laurencia venusta* (Rhodomelaceae) vor und weist antivirale Aktivität auf (99). In *Laurencia obtusa* wurde neben Thyrsiferyl-23-acetat das stark cytostatisch wirksame Teurilen nachgewiesen (115).

Auch in Schwämmen werden Triterpene gefunden. Sie haben ebenfalls teilweise ungewöhnliche Grundstrukturen, z. B. das zu einer Gruppe ähnlicher, als Sipholanderivate bezeichneter Verbindungen gehörende Siphonellinol aus *Siphonochalina siphonella* oder das Triterpenglykosid Xestovanin A aus *Xestospongia vanilla* (Abb. 10-1, 82). Daneben wurden Norlanostanol-Oligoside (Sarsinoside A., B_1, C_1) und Triterpenglykoside mit einem carotinoidähnlichen Grundkörper (Pouoside A–E) bei Schwämmen gefunden (82).

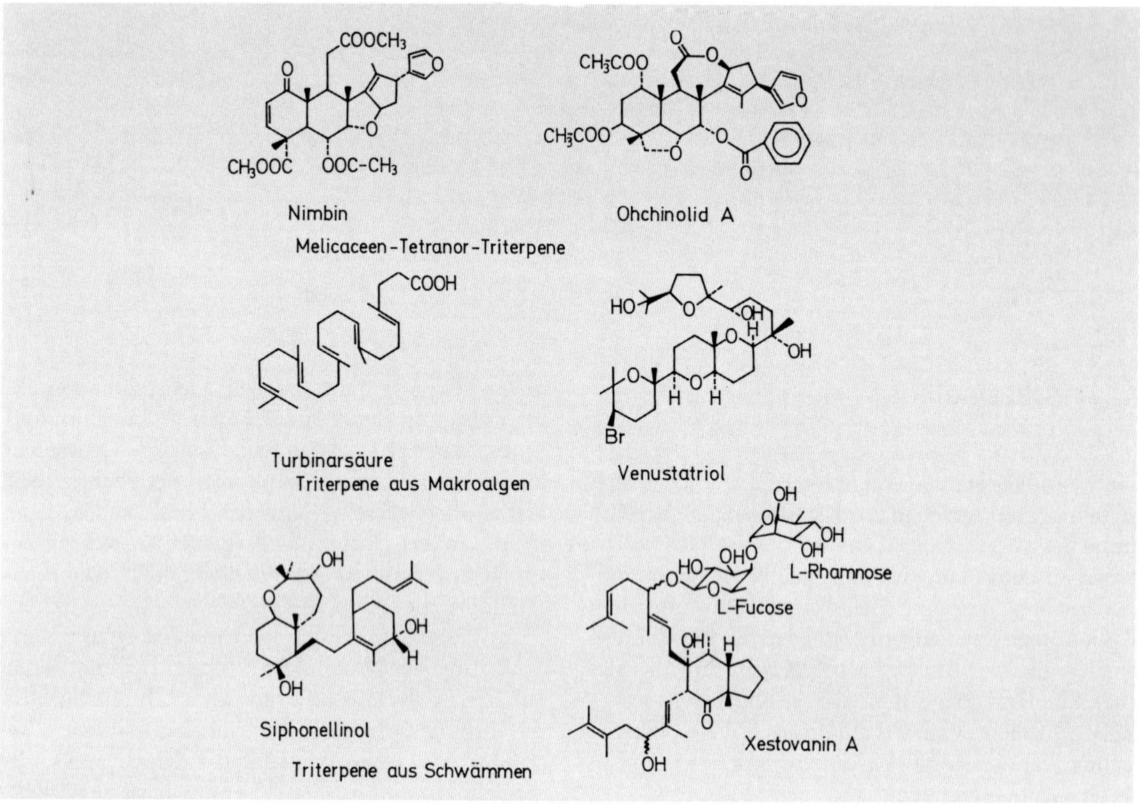

Abb. 10-1: Triterpene von Pflanzen der Familie der Meliaceae, von Makroalgen und Schwämmen

10.2 Icterogene Triterpensäureester und Steroidderivate

10.2.1. Vorkommen

Eine Reihe von Triterpenen und Steroidderivaten führen, vermutlich über eine Störung der Gallensaftausscheidung, zur Anreicherung von Abbauprodukten von Porphyrinderivaten (Chlorophyll, Hämoglobin) im Blut und damit zu einer Photosensibilisierung.

Pflanzen, die eine derartige Erkrankung auslösen können, sind *Narthecium ossifragum* (L.) HUDS., Europäischer Beinbrech, Ährenlilie (Liliaceae), *Tribulus*-Arten, z. B. *Tribulus terrestris* L., Erdburzeldorn (Zygophyllaceae), *Lippia*-Arten (Verbenaceae) und *Lantana camara* L., Wandelröschen (Verbenaceae).

Narthecium ossifragum (siehe S. 162, Bild 10-1) ist eine ausdauernde Pflanze mit dünner kriechender Grundachse, grundständigen, schmal-linealischen Blättern und 3zähligen Blüten mit sechs außen grünen und innen gelben Blütenhüllblättern. Sie kommt auf schlammig-moorigen Böden in Westeuropa von der iberischen Halbinsel über Großbritannien bis Skandinavien vor. In Deutschland wird es in Nordrhein-Westfalen, Niedersachsen und im Westen Schleswig-Holsteins gefunden, es fehlt in Österreich und der Schweiz.

Als Wirkstoffe werden Steroidsaponine angenommen. Die Hauptkomponente, das Saponin Narthecin, hat das Aglykon Sarsapogenin, das am C-3 ein aus D-Galaktose, D-Glucose und L-Arabinose aufgebautes, verzweigtes Trisaccharid trägt (107). Darüber hinaus wurden 22-Hydroxylcholesterol (Narthesterol) und 16-Hydroxycholesterol (Saxosterol) nachgewiesen. Beide Verbindungen liegen in der Pflanze als 3-Caprin- oder Laurinsäureester vor (108). Weiterhin wurden Narthesid A und B (3-Methoxy-4-α- bzw. β-glucopyranosyloxy-but-2-enolid-1,4, Kap. 2.2.3) aus der Pflanze isoliert.

Tribulus-Arten sind in mediterran-westasiatischen Steppengebieten, Südafrika und Vorderindien verbreitet. *Tribulus terrestris* (siehe S. 162, Bild 10-2) ist in Südeuropa heimisch und wurde im Gebiet bisher nur in Niederösterreich gefunden. In Deutschland tritt die Pflanze eingeschleppt kurzfristig und sporadisch auf. Es ist ein einjähriges, niederliegendes

Bild 8-14: *Hura crepitans*, Sandbüchsenbaum

Bild 8-14: Blüten und Frucht des Sandbüchsenbaumes

Bild 8-15: *Daphne mezereum*, Gemeiner Seidelbast

Bild 8-16: *Taxus baccata*, Eibe

Bild 10-1: *Narthecium ossifragum*, Europäischer Beinbrech

Bild 10-2: *Tribulus terrestris*, Erdburzeldorn

Bild 10-3: *Lantana camara*, Wandelröschen

Bild 10-4: *Ecbalium elaterium*, Spritzgurke

Bild 10-5: *Iberis umbellata*, Doldige Schleifenblume

Bild 10-6: *Bryonia dioica*, Rotbeerige Zaunrübe

Kraut mit paarig gefiederten Blättern und kleinen gelben Blüten.

Bei *Tribulus*-Arten wird die icterogene Wirkung ebenfalls Steroidsaponinen und ihren Spaltprodukten zugeschrieben (Protodioscin, Protogracilin, 23, 52). Präparate aus *Tribulus terrestris* sollen die Spermatogenese beim Mann und die Ovarialfunktion bei der Frau stimulieren und werden in der GUS als Sexualtonica und bei Dysmenorrhoe eingesetzt.

Icterogene *Lippia*-Arten, besonders *Lippia rehmannii* H. H. PEARS, kommen im mittleren und südlichen Amerika, in geringem Maße auch in Afrika vor. Durch *Lippia*-Arten hervorgerufene Photodermatosen und Gelbsucht wurden bei Tieren beobachtet (96).

Wirkstoffe der *Lippia*-Arten sind ebenso wie die des Wandelröschens (s. u.) Triterpenester, vor allem Lantaden A, Icterogenin und die entsprechenden 3β-Hydroxyanaloga (14).

10.2.2 Icterogene Triterpensäureester des Wandelröschens *(Lantana camara)*

Lantana camara L., Wandelröschen (Verbenaceae, Eisenkrautgewächse), ist eine im tropischen Amerika beheimatete, heute in vielen subtropischen und tropischen Gebieten der Welt verbreitete Pflanze, die bei uns als Zierpflanze im Zimmer oder im Sommer auf dem Balkon bzw. im Freiland gehalten wird (siehe S. 162, Bild 10-3). Sie kommt in mehreren Varietäten vor (37). Die kultivierten Vertreter der Gattung *Lantana* (etwa 150 Arten umfassend) sind meistens Hybriden.

Das Wandelröschen ist eine sparrig-ästige Pflanze, die einen bis 1 m hohen Strauch bilden kann. Die Blätter sind länglich herzförmig, gesägt und behaart. Die in Dolden angeordneten Blüten haben eine verwachsene, 5spaltige Blütenkrone, die im Verlauf des Aufblühens ihre Farbe von weiß oder gelb zu rot oder lila ändert (Name!). Es gibt aber auch weiße, gelbe, rosafarbene, orangefarbene und rotbraune Hybriden.

Die icterogenen Wirkstoffe des Wandelröschens sind Triterpensäureester, die sich bevorzugt von der Oleanolsäure ableiten (6, 7, 8, 9, 10, 40, 98, 113). Daneben kommen aber auch Ursanderivate, z. B. 3-Keto-ursolsäure, Lantinsäure (Struktur wie Lantanolsäure, aber 19β-methyl- statt 20β-methyl-substituiert) sowie Lupanderivate, z. B. Betulinsäure (3-Oxo-lup-20(29)-en-28-säure) und Lantabetulinsäure (3,25-Epoxy-3-hydroxy-lup-20(29)-en-28-säure) vor (Abb. 10-2).

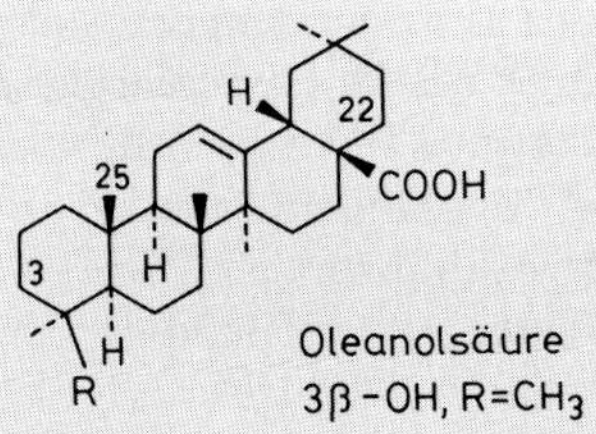

Name	Struktur, Substituenten			
	3	3/25	22β	R
Lantaden A (Rehmannsäure)	=O		OAng	CH_3
Lantaden B	=O		ODma	CH_3
Lantaden D	=O		OiBu	CH_3
22β-2-Methylbutyryloxy-3-oxo-oleanolsäure	=O		OMBu	CH_3
Icterogenin	=O		OAng	CH_2OH
22β-Angeloyloxy-oleanolsäure	βOH		OAng	CH_3
22β-Angeloyloxy-23-hydroxy-oleanolsäure	βOH		OAng	CH_2OH
22β-Dimethylacryloyl-oleanolsäure	βOH		ODma	CH_3
Lantanolsäure	βOH	–O–		CH_3
Lantanilsäure	βOH	–O–	ODma	CH_3
Lantaninilsäure	βOH	–O–	OH	CH_3

OAng = Angeloyloxy-, OiBu— = Isobutyryloxy-, ODma = 3,3-Dimethylacryloyloxy-, OMBu = 2-Methylbutyryloxy-

Abb. 10-2: Oleanolsäureabkömmlinge des Wandelröschens *(Lantana camara)*

Die Isolierung der Hauptwirkstoffe, der Lantadene, erfolgte 1948 durch LOUW (69), ihre Strukturaufklärung durch BARTON und DE MAYO (7).

Die einzelnen Sorten unterscheiden sich stark im Wirkstoffgehalt. Die Stammform und die Hybriden mit dunkelfarbenen Blüten enthalten bevorzugt Lantaden A und Lantaden B, die weiß blühenden Sorten daneben besonders Betulinsäure. Die orangefarbenen führen wenig Lantadene, dafür aber 22β-Angeloyloxy-23-hydroxy-oleanolsäure, die rosafarbenen keine Lantadene, aber Icterogenin, Lantanolsäure, Lantinsäure und Lantabetulinsäure (39, 40).

Nach peroraler Aufnahme werden die Wirkstoffe des Wandelröschens schnell resorbiert und über die Pfortader in die Leber transportiert. Sie werden zu polaren Verbindungen metabolisiert und in die Galle ausgeschieden. Dabei kommt es zur Schädigung der Membranen der Gallenkanäle (Störung der Phospholipidstrukturen der Membran?) und zur Cholestase. Die Aktivität vieler Enzyme wird verändert, der Proteingehalt von Lebermitochondrien und -mikrosomen reduziert und der Gehalt von Bilirubin sowie anderen Abbauprodukten der Porphyrinderivate im Serum erhöht. Die Motilität des Wiederkäuermagens wird gesenkt, so daß die Toxine über längere Zeit im Magen verbleiben (89, 121).

Symptome einer Lantana-Vergiftung bei Tieren sind Anorexie, Verstopfung, Erbrechen, Photodermatitis und Gelbsucht. Der Tod tritt durch Leber- und Nierenversagen ein. Pathologisch lassen sich Nekrosen des Lebergewebes und Hämorrhagien im Intestinaltrakt nachweisen (76, 102, 104).

Über die Toxizität der einzelnen Lantadene gibt es widersprüchliche Angaben. Möglicherweise spielen Kristallpolymorphismen eine Rolle (101). Bei Schafen wurden schwere Vergiftungserscheinungen durch perorale Gabe von 65–75 mg/kg Lantaden A bzw. 200–300 mg/kg Lantaden B ausgelöst (100).

Lantana camara gilt weltweit (besonders in Australien, Indien, Südafrika, Südamerika) als eine der gefährlichsten Pflanzen (37). Vergiftungen auch mit tödlichem Ausgang sind am häufigsten bei Weidevieh (Rinder, Schafe, Ziegen) zu beobachten. Erkrankungen von Kindern nach Verzehr der unreifen Früchte sind beschrieben (130). In Mitteleuropa treten Lantana-Vergiftungen sehr selten auf.

Bei der Behandlung von Tiervergiftungen durch *Lantana*-Arten ist durch Gabe von viel Aktivkohle und Zufuhr von Elektrolytlösung die weitere Toxinabsorption zu verhindern (76, 90). Antikörper gegen die Triterpene bieten einen gewissen Schutz vor den Vergiftungserscheinungen (109). Zur Vermeidung von Photodermatosen müssen betroffene Tiere im Dunkeln gehalten werden. Die weitere Behandlung erfolgt symptomatisch (102).

In tropischen und subtropischen Ländern werden Dekokte der Wurzeln von *Lantana*-Arten beispielsweise bei Wunden, Rheuma, Tetanus und Malaria angewendet (37).

10.3 Cucurbitacine

10.3.1 Toxinologie

Cucurbitacine sind Derivate des hypothetischen Triterpenkohlenwasserstoffs Cucurbitan (19(10 → 9β) abeo-5α-Lanostan, Abb. 10-3). Sie tragen meistens eine Vielzahl von Hydroxygruppen (besonders an C-2, C-16, C-20 und C-25, letztere häufig acetyliert) und Oxogruppen (vor allem an C-3, C-11 und C-22 bzw. C-24). Die aliphatische Seitenkette ist bisweilen durch eine Sauerstoffbrücke zu einem Furanring zusammengeschlossen. Doppelbindungen im tetracyclischen Ringsystem (Δ^1, Δ^2), aber auch in der Seitenkette (Δ^{23}), sind häufig. Bei den Momordicinen befindet sich in Position 9 eine Formylgruppe. Carboxycucurbitanderivate wurden bisher nicht gefunden. Zur Zeit sind etwa 50 natürlich vorkommende Cucurbitanderivate bekannt (87, 93).

Cucurbitacine wurden in freier oder glykosidisch gebundener Form isoliert. Die Monosaccharidkomponenten sind D-Glucose und L-Rhamnose. Neben Monodesmosiden, z. B. Bryoamarid, wurden auch Bisdesmoside, z. B. Bryosid, gefunden (Tab. 10-1). Da in fast allen bisher untersuchten cucurbitacinhaltigen Pflanzen eine sehr aktive β-Glucosidase (Elaterase) enthalten ist, die bei Zerstörung der Pflanzengewebe die Cucurbitacine rasch aus den Glykosiden freisetzt, ist noch ungeklärt, ob und in welchem Umfang in der intakten Pflanze freie Cucurbitacine vorkommen.

Das erste Cucurbitacin, Elaterin genannt, wurde bereits 1831 aus der Droge Elaterium erhalten, dem abführend wirkenden, eingedickten Saft von *Ecballium elaterium* (L.) A. RICH., Spritzgurke (siehe S. 162, Bild 10-4). Die exakte Strukturformel (Elaterin = Cucurbitacin E) konnte jedoch erst 1961 durch LAVIE und Mitarbeiter aufgestellt werden (65). Das erste isolierte Cucurbitacinglykosid ist vermutlich das Bryonosid, das, allerdings wahrscheinlich in sehr unreiner Form, 1806 von VAUQUELIN aus *Bryonia dioica* gewonnen wurde. Die Struktur des Aglykons ermittelten BIGLINO und Mitarbeiter 1963 (13).

Cucurbitacine sind bei den Cucurbitaceae, Kür-

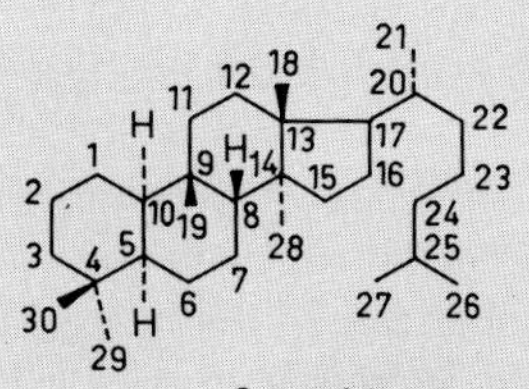

Cucurbitan

Name	Substituenten								Doppel-bindungen
	2β	3	11	16α	20β	22	24	25	
Cucurbitacin B	OH	=O	=O	OH	OH	=O		OAc	Δ^5 Δ^{23}
Cucurbitacin D	OH	=O	=O	OH	OH	=O		OH	Δ^5 Δ^{23}
Cucurbitacin E	OH	=O	=O	OH	OH	=O		OAc	Δ^1 Δ^5 Δ^{23}
Cucurbitacin I	OH	=O	=O	OH	OH	=O		OH	Δ^1 Δ^5 Δ^{23}
Cucurbitacin J	OH	=O	=O	OH	OH	=O	OHα	OH	Δ^1 Δ^5
Cucurbitacin K	OH	=O	=O	OH	OH	=O	OHβ	OH	Δ^1 Δ^5
Cucurbitacin L	OH	=O	=O	OH	OH	=O		OH	Δ^1 Δ^5
Cucurbitacin S	OH	=O	=O	└——	—— O ——	OCH_3	⁄— O —	┘	Δ^1 Δ^5
Bryodulcosigenin		OHβ	=O				OHβ	OH	Δ^5

Abb. 10-3: Cucurbitacine der Zaunrüben (*Bryonia*-Arten)

Tab. 10–1: Glykoside der Zaunrübe (*Bryonia*-Arten)

Name	Struktur	
Elaterinid	Cucurbitacin E	← 2-β1Glc
Bryoamarid	Cucurbitacin L	← 2-β1Glc
Bryonosid	Bryodulcosigenin	← 3-β1Glc2 ← 1Rha ← 25-β1Glc6 ← 1βGlc
Bryodulcosid	Bryodulcosigenin	← 3-β1Glc6 ← 1βGlc2 ← 1Rha ← 25-β1Glc6 ← 1βGlc2 ← 1Rha
Bryosid 2	Bryodulcosigenin	← 3-1Rha2 ← 1βGlc ← 25-β1Glc

bisgewächsen, weit verbreitet. Bisher wurden sie in etwa 100 der 900 Arten nachgewiesen. Besonders erwähnt sei ihr Vorkommen in *Bryonia*-Arten (Kap. 10.3.2), *Cucumis*-Arten, Gurke, Melone, *Cucurbita*-Arten, Kürbis, *Luffa*-Arten, Schwammgurke, *Coccinia*-Arten, *Echinocystis*-Arten, Igelgurke, Stachelgurke, *Lagenaria*-Arten, Flaschenkürbis, Kalebasse, *Citrullus*-Arten (35), Wassermelone, Koloquinte, und *Ecbalium elaterium* (L.) A. RICH., Spritzgurke (41). Sie sind für den bitteren Geschmack dieser Pflanzen verantwortlich.

Die Cucurbitacine treten in hohen Konzentrationen in den Wurzeln auf, in geringeren in Blättern und Stengeln. In den Früchten wird die höchste Konzentration bei der Reife erreicht. Bei einigen Arten, z. B. der Naraspflanze (*Acanthosicyos horridus* WELW. ex HOOK.f.), deren Frucht eßbar ist, nimmt die Konzentration jedoch bei der Fruchtreife ab. Die Samen sind arm an oder frei von Cucurbitacinen.

Die verwendeten Teile der kultivierten Cucurbitaceae (Gurke, Kürbis, Melone, Wassermelone) sind als Ergebnis züchterischer Maßnahmen frei von Cucurbitacinen. Sie verfügen offenbar über ein Suppressor-Gen, das die Cucurbitacinbiogenese unterdrückt. Rückmutationen, die relativ häufig auftreten, führen zu Pflanzen mit bitteren, toxischen Früchten. Auch die Nachkommen dieser Pflanzen bilden wieder Cucurbitacine.

Weitere cucurbitacinhaltige Pflanzen anderer Taxa sind u. a. *Gratiola*-Arten (Scrophulariaceae, Kap. 10.3.3), *Momordica charantia* (Cucurbitaceae, Kap. 10.3.4), *Begonia tuberhybrida* Voss., Knollenbegonie (Begoniaceae, 25), *Anagallis arvensis* L., Akker-Gauchheil (Primulaceae, 131), *Phormium tenax* J. R. et G. Forst., Neuseeländer Flachs (Liliaceae, 64), *Tropaeolum majus* L., Große Kapuzinerkresse (Tropaeolaceae, 129), und *Purshia tridentata* (Pursh) DC. (Rosaceae, 16). Auch in den Samen einiger Brassicaceae kommen sie vor, z. B. von *Iberis*-Arten (siehe S. 162, Bild 10-5), der bei uns als Zierpflanze angebauten Schleifenblumen (*I. sempervirens* L., *I. gibraltarica* L., *I. amara* L., *I. umbellata* L.), und der Gartenkresse (*Lepidium sativum* L.).

Die Cucurbitacine besitzen starke Reizwirkung und besonders Verbindungen mit einer Doppelbindung in der Seitenkette (B,D,E,J) wirken cytotoxisch (58, 59, 91). Sie blockieren durch Beeinflussung des Spindelapparates die Mitose in der Metaphase, führen zu Kernpyknosen, Chromosomenverkürzungen und -brüchen (91). Die LD_{50} von Cucurbitacin A beträgt bei der Maus 1,2 mg/kg, i. p., bei der Ratte 2 mg/kg, i. p. (48), die von Cucurbitacin B bei der Maus 10,9 mg/kg, p. o. (133), und 1,0 mg/kg, i. p., die von Cucurbitacin C bei der Maus 6,8 mg/kg, i. p. (78). Im Vergleich dazu liegt die ED_{50} der antiphlogistischen Wirkung von Cucurbitacin B bei 6,1 mg/kg, p. o., Maus (133). Die ED_{50} für die cytotoxische Wirkung gegenüber humanen Tumorzellinien beträgt 0,055–1 μg/ml (59). An HeLa-Zellen wurde eine Bindung der Cucurbitacine an die Glucocorticoidrezeptoren der Zellen festgestellt (128, Zusammenhang zur antiphlogistischen Wirkung?). Auch eine Beeinflussung des Prostaglandinstoffwechsels (Hemmung der Arachidonsäurefreisetzung aus humanen Neutrophilen) erfolgt (86).

Vergiftungen durch cucurbitacinhaltige Pflanzen sind möglich, wenn sich unter den als Nahrungsmittel kultivierten Cucurbitaceae (Kürbis, Melone, Gurke, Wassermelone, Zucchini) unerwartet bittere, toxische Früchte befinden und, da der bittere Geschmack besonders von Kindern oft nicht sofort bemerkt wird, mitgegessen werden (55, 56, 110). Tiere sind durch den Verzehr von wildwachsenden Cucurbitaceae gefährdet.

10.3.2 Cucurbitacine als Giftstoffe von Zaunrüben (*Bryonia*-Arten)

Die Gattung *Bryonia*, Zaunrübe (Cucurbitaceae, Kürbisgewächse), umfaßt etwa 10 Arten, die von den Kanarischen Inseln über das Mittelmeergebiet bis zum Iran verbreitet sind. In Mitteleuropa werden nur *B. alba* L., Weiße Zaunrübe, und *B. dioica* Jacq., Rotbeerige Zaunrübe, gefunden (siehe S. 162, Bild 10-6).

Zaunrüben sind ausdauernde Pflanzen mit rübenförmigen Wurzeln. Die Stengel klettern mit einfachen Wickelranken. Die Laubblätter sind kurz gestielt, breit herzförmig, fünfeckig bis handförmig fünflappig und beiderseits borstig behaart. Die getrennt geschlechtlichen Blüten sind fünfzählig, strahlig, oberständig, die grünlich-weiße Blumenkrone ist ca. 10 mm breit, trichterförmig und 5zipflig. Bei *B. alba* sind die Pflanzen einhäusig, d. h. männliche und weibliche Blüten kommen auf der gleichen Pflanze vor. Die reifen, etwa erbsengroßen Beeren sind schwarz. *B. dioica* ist zweihäusig. Die reifen Beeren sind rot. Die erstgenannte Art kommt besonders im Nordosten, die andere Art vor allem im Westen des Gebietes vor. Standorte sind Hecken, Zäune und Auwälder.

In den Wurzeln von *Bryonia*-Arten wurden u. a. gefunden (Abb. 10-3):

- Cucurbitacine B, D (Elatericin A), E (α-Elaterin), I (Elatericin B), J, K, L, S,
- 23,24-Dihydrocucurbitacine B, D (= Cucurbitacin R = Tetrahydrocucurbitacin I), E, J, K, iso-D,
- 1,2,23,24-Tetrahydrocucurbitacine iso-I (Tetrahydrocucurbitacin iso-R, bei iso-Cucurbitacinen Substituenten am C-3 und C-2 vertauscht),
- 22-Desoxycucurbitacine D, E und
- Bryodulcigenin.

An Cucurbitacinglykosiden wurden aus der Wurzel isoliert (Tab. 10-1): Bryonin, Elaterinid, Bryonosid, Bryosid 1, Bryosid 2, Bryodulcosid, Bryobiosid, Bryoamarid, 5-Acetylbryoamarid, 22-Desoxycucurbitosid A, 22-Desoxycucurbitosid B, das 3-α-D-Glucopyranosid des Cucurbitan I, das 2-β-Glucosid des 23,24-Dihydrocucurbitacin E sowie das 2-β-D-Glucopyranosid, 25-β-D-Glucopyranosid und das 2,25-Di-β-D-glucopyranosid des 23,24-Dihydro-iso-cucurbitacin D (17, 46, 47, 49, 85, 87, 88, 92, 97, 119, 120).

In den Beeren wurden ebenfalls Cucurbitacine nachgewiesen.

Neben den Cucurbitacinen kommen eine Reihe weiterer interessanter Stoffe in *Bryonia*-Arten vor. Dazu gehören Triterpene mit Multiflorangrundkörper (wie Oleanan ein Perhydro-picen-Ringsystem aufweisend, 4,4,10,13,14,18,20,20-octamethyliert), z. B. Bryonolsäure (3β-Hydroxy-multiflor-8-en-29-

säure), 3-Hydroxymultiflora-7,9 (11)-dien-29-säure und deren p-Hydroxycinnamoylester Bryocumarsäure (48). Von besonderem Interesse sind die den Eicosanoiden in Struktur und Wirkung ähnlichen ungesättigten Polyhydroxyfettsäuren, wie z. B. 9,12,13-Trihydroxy-octadeca-10(E)-15(Z)-diensäure und 12,15,16-Trihydroxy-octadeca-9(Z)-13(E)-diensäure (84, 87). Außerdem wurden eine Reihe am C-4 oder/und C-24 methylierter und ethylierter Cholest-7-en-3β-ole gefunden (87). Bemerkenswert ist weiterhin das Vorkommen Ribosomen-inaktivierender Proteine (Kap. 41.3). Auch die ungewöhnlichen Aminosäuren N-Ethyl-asparagin und N-Hydroxyethyl-asparagin wurden im Kraut von *Bryonia dioica* nachgewiesen (30).

Die Toxizität von *Bryonia*-Arten beruht in erster Linie auf der starken Reizwirkung der Cucurbitacine. Vergiftungssymptome nach peroraler Aufnahme sind Erbrechen, blutige Durchfälle, Koliken, Nierenreizung, Anurie, Kollaps, Krämpfe, Lähmungen und während der Schwangerschaft Abort. Tödlicher Ausgang durch zentrale Atemlähmung ist möglich. Äußerlicher Kontakt ruft Hautentzündungen mit Bildung von Blasen und Geschwüren hervor. Pathologisch wurden bei einem durch die Samen von *B. dioica* vergiftetem Hund zahlreiche Hämorrhagien nachgewiesen (127).

Für Kinder gelten bereits 15 Beeren als tödlich. Nach 6–8 Beeren beobachteten Krienke und Mühlendahl (63) mehrmaliges Erbrechen.

Vergiftungen mit *B. alba* oder *B. dioica* kommen zustande durch Verzehr der Beeren vor allem durch Kinder, durch Kontakt mit dem Saft frischer Zaunrüben oder durch die volksmedizinische Anwendung der Pflanzen als drastisch wirkendes Abführmittel, Abortivum oder Diureticum.

Nach Vergiftungen ist sofort Aktivkohle zu geben bzw. falls kein Erbrechen stattgefunden hat, ist Magenspülung durchzuführen. Die weitere Behandlung erfolgt symptomatisch.

Die Droge Bryoniae radix ist in einigen bei Rheuma eingesetzten Fertigarzneimitteln enthalten.

Eine therapeutische Nutzung der cytostatischen Wirksamkeit zur Tumorbehandlung erfolgt bis jetzt nicht.

10.3.3 Cucurbitacine als Giftstoffe des Gottesgnadenkrautes *(Gratiola officinalis)*

Gratiola officinalis L., Gottesgnadenkraut, Gemeines Gnadenkraut, ist der einzige in Mitteleuropa vorkommende Vertreter der Gattung *Gratiola* (Scrophulariaceae, Rachenblütler), die etwa 55 Arten umfaßt.

Gratiola officinalis ist eine ausdauernde Pflanze mit kriechendem Wurzelstock, aufrechtem, bis 40 cm hoch werdendem Stengel, der gegenständige, sitzende, lanzettliche, scharf gesägte, beiderseits drüsig-punktierte Blätter trägt. Die Blüten stehen einzeln in den Blattachseln. Der Kelch ist 5teilig. Die 8–10 mm lange, röhrige Blumenkrone trägt einen 5spaltigen Saum, ist weiß, rötlich geadert und oft rötlich überlaufen. Staubblätter sind zwei vorhanden. Die Frucht ist eine vierklappige Kapsel. Die Pflanze kommt an nassen Stellen, bevorzugt auf Sumpfwiesen, in der Ebene vor.

Im Kraut von *G. officinalis* wurden die Cucurbitacine Gratiogenin, 16-Hydroxygratiogenin (Abb. 10-4), Cucurbitacin L, Cucurbitacin E, Cucurbitacin I (Abb. 10-3) sowie die Cucurbitacinglykoside Gratiogenin-3β-D-glucopyranosid, Gratiosid (Gratiogenindiglucosid), Elaterinid und Desacetylelaterinid gefunden (36, 118). Der Gehalt an Cucurbitacinen beträgt etwa 1%.

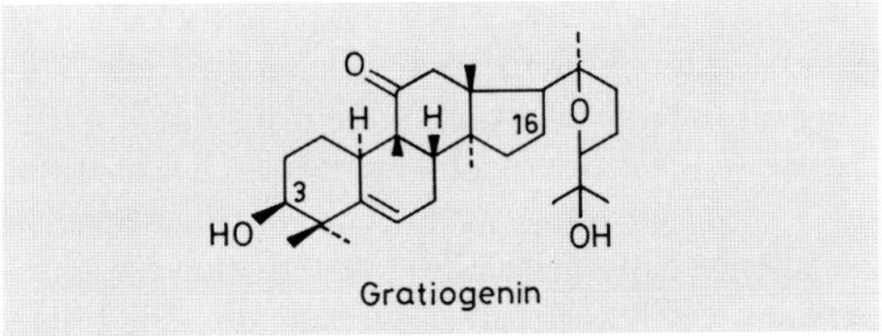

Abb. 10-4: Cucurbitacin des Gottesgnadenkrautes *(Gratiola officinalis)*

Als Nebenwirkstoffe kommen Saponine und Alkaloide vor. Die Versuche, die cardiotoxische Wirkung der Pflanze durch das Vorkommen von Cardenolid- oder Bufadienolidglykosiden erklären zu wollen, sind widersprüchlich. Vermutlich ist jedoch die Herzwirksamkeit auf die Cucurbitacine zurückzuführen (79).

Elaterinid bewirkt am isolierten Herzen Senkung von Kontraktionskraft und Frequenz sowie Erhöhung des Koronardurchflusses. Nach Dosen von mehr als 1 mg Elaterinid/ml Perfusionsmedium tritt Herzstillstand ein (79). Für die Toxizität von *G. officinalis* spielt die Herzwirksamkeit jedoch keine entscheidende Rolle, sondern hierfür dürfte vielmehr die Reizwirkung der Cucurbitacine verantwortlich sein. Im Tierversuch verursacht Elaterinid Blutdruckabfall und Atemlähmung infolge Lungenödem (29).

G. officinalis wurde früher, ähnlich wie *Bryonia*-Arten, als Drasticum, Anthelminthicum, Abortivum und Diureticum angewendet. Dabei zu beobachtende Vergiftungserscheinungen waren blutige Durchfälle, Erbrechen, Krämpfe, Nierenreizung sowie Störungen von Herztätigkeit und Atemfunktion. Die Vergiftungen hatten nicht selten tödlichen Ausgang (79). Heute sind Vergiftungen durch fälschliche Verwendung von Gottesgnadenkraut in Kräutertees möglich, jedoch sehr selten. Die Behandlung erfolgt wie bei Bryonia-Vergiftungen.

10.3.4 Cucurbitacine im Balsamapfel (*Momordica charantia*)

Momordica charantia L., Balsamapfel, Balsambirne, Balsamgurke (Cucurbitaceae), ist eine in den altweltlichen Tropen weit verbreitete Kletterpflanze, deren Unterart *M. ch.* ssp. *charantia* auch als Gemüse-, Gewürz- und Arzneipflanze kultiviert wird (siehe S. 179, Bild 10-7). Sie enthält als Bitterstoffe die Momordicine I–III (Abb. 10–5) und die Momordicoside K und L. Diese unterscheiden sich von den Cucurbitacinen der oben genannten Cucurbitaceae durch den Besitz einer Formylgruppe (132). Die Pflanze ist wegen ihrer antihypoglykämischen Wirkung oft untersucht worden. Dem Insulin ähnliche Peptide (80), ein Steroidglykosidgemisch Charantin (112), membranaktive Stoffe (die in der Pflanze nachgewiesenen Saponine?, 126) oder ethanol- bzw. acetonlösliche Glykoside (77) werden für den Effekt verantwortlich gemacht. Ob auch die Momordicine bzw. die Momordicoside am hypoglykämischen Effekt beteiligt sind, ist noch ungeklärt. Ribosomen inaktivierende Proteine enthält die Pflanze ebenfalls (Kap. 41.3).

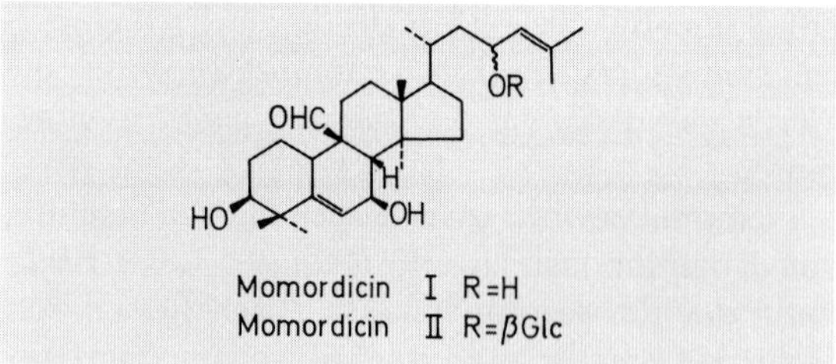

Abb. 10-5: Cucurbitacine des Balsamapfels *(Momordica charantia)*

Über die Toxizität von *Momordica charantia* für den Menschen ist uns nichts bekannt. Die Pflanze wird in der Volksmedizin zur Diabetesbehandlung benutzt (126). Interaktionen mit einer normalen Diabetes-Behandlung sind nicht auszuschließen (Ü 30).

10.4 Iridale und Cycloiridale in Schwertlilien (*Iris*-Arten)

Neben den potentiell toxischen Alkylbenzochinonen (Kap. 4.4.3) enthalten *Iris*-Arten Iridale bzw. Cycloiridale, das sind Triterpene mit einem oder zwei isolierten carbocyclischen 6-Ringen und einer hochreaktiven Aldehydfunktion (Abb. 10–6). Bisher wurden diese Verbindungen nur aus den frischen Rhizomen isoliert, sie dürften allerdings auch in anderen Pflanzenteilen vorkommen. Die Cycloiridale besitzen als zweiten Ring einen ungesättigten Methyliononring (Extramethylgruppe, C_{31}-Verbindungen!). Sie liefern bei längerer Lagerung durch oxidativen Abbau ein veilchenartig duftendes Ketongemisch, bestehend aus γ-Iron und α-Iron. Damit findet die Entstehung des Veilchengeruchs der früher verwendeten Droge Rhizoma Iridis, Veilchenwurz, eine Erklärung. Die Iridale und Cycloiridale liegen auch (in der inaktiven Pflanze nur?) als Fettsäureester vor, besonders als Myristate und Linolenate.

Nachgewiesen wurden sie in *Iris germanica* L. (Iridal: Iridogermanal, Cycloiridale: α-Irigermanal, δ-Iridogermanal, 10-Desoxy-iridogermanal, zusammen etwa 1% des Frischgewichtes, 61, 73); *I. versicolor* L., (Iridale: Iriversical, 21-Desoxy-iridogermanal, 61), *I. pseudacorus* L. (Iridal: 16-Hydroxy-iridal, 74), *I. missouriensis* Nutt. (Iridal: Isoiridogermanal), *I. pallida* Lam. (Iridal: Isoiridogermanal, Cycloiridale: Iripallidal, α-Irigermanal, Desoxyiripallidal, 62, 74), *I. florentina* (Cycloiridal: Iriflorental, 62), *I. pallisii* Fisch. var. *chinensis* Fisch. und *I. foetidissima* (ein spirobicyclisches Triterpen, 72).

Die Stengel und Blätter von *I. pseudacorus* (siehe S.179, Bild 10-8) wirken bei peroraler Aufnahme stark reizend. Bei Tieren wurden blutige Durchfälle beobachtet, die bisweilen, besonders bei Vorkom-

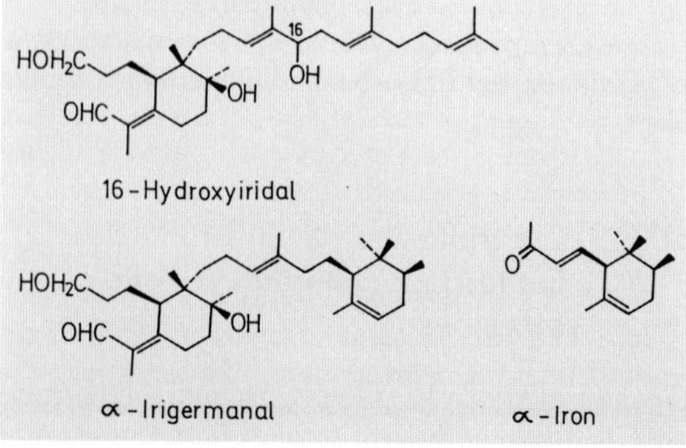

Abb. 10-6: Triterpene der Schwertlilien (*Iris*-Arten)

men der Blätter im Heu, zum Tode führten. Beim Menschen traten nach der Ingestion von Pflanzenteilen, z. B. bei Verwechslungen des Iris- mit dem Kalmusrhizom, Erbrechen und Koliken mit schwerer Diarrhoe auf. Beim Kauen auf den Stengeln durch Kinder kam es zu einer Entzündung der Mundschleimhaut (Ü 45 a). In der toxikologischen Literatur wird der Fall eines Jungen beschrieben, der auf einer Insel einen Strauß von Wasserschwertlilien gepflückt hatte, die er beim Zurückschwimmen im Munde trug. Die Folge waren schwere Entzündungen der Lippen.

10.5 Triterpene als mögliche Giftstoffe von Ständerpilzen (Basidiomycetes)

10.5.1 Allgemeines

Bei niederen und höheren Pilzen kommen eine Vielzahl von Triterpenen und Steroiden vor (23). Besonders weit verbreitet sind Triterpensäuren bei holzzerstörenden Pilzen, z. B. Trametenolsäure, Polyporensäuren und Eburicolsäure (134). Nur in wenigen Fällen wurden die isolierten Verbindungen auf ihre pharmakologische Wirkung untersucht. Man darf jedoch annehmen, daß sie, ebenso wie die Sesquiterpene der Pilze (Kap. 7.6), im Dienste der chemischen Verteidigung stehen und somit auf Mikroorganismen und tierische Lebewesen Wirkungen ausüben.

Bekannt ist Cytotoxizität und teilweise auch die Allgemeintoxizität des Saponaceolids A (Abb. 10–7) aus *Tricholoma saponaceum* für tierische Organismen (Kap. 10.5.2), der Fasciculole aus *Hypholoma fasciculare* (Kap. 10.5.3) und der Hebevinoside aus *Hebeloma*-Arten (Kap. 10.5.4). Aufgrund seiner gut untersuchten Triterpene, die eine Vielzahl von pharmakologischen Wirkungen ausüben, soll auch *Ganoderma lucidum* näher betrachtet werden (Kap. 10.5.5).

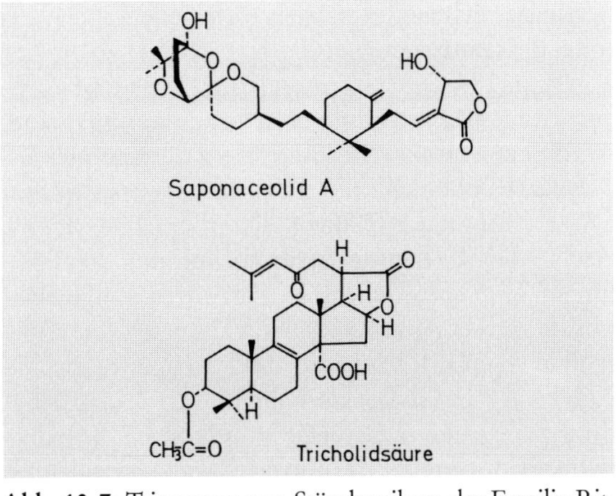

Abb. 10-7: Triterpene von Ständerpilzen der Familie Ritterlingsartige (Tricholomataceae)

Wegen ihrer cytostatischen Wirksamkeit erwähnenswerte Triterpene sind das Inotodiol (3β, 22-Dihydroxy-lanosta-8,24-dien) und verwandte Verbindungen aus dem schwarzen knollenförmigen, auf Laubhölzern lebenden Schiefen Schillerporling, auch Tschagapilz genannt (*Inonotus obliquus* (PERS. ex FR.) PIL., Hymenochaetaceae, 53, 54), sowie das Suillin aus *Suillus granulatus* (L.) O. K., dem Körnchen-Röhrling (Boletaceae).

10.5.2 Triterpene aus dem Seifen-Ritterling (*Tricholoma saponaceum*)

Die Tricholomataceae, Ritterlingsartige, sind mit etwa 60 Gattungen und 600 Arten die umfangreichste Familie der Basidiomycetes in Mitteleuropa. Ihr gehören eine Reihe giftiger Arten an: aus der Gattung *Tricholoma T. focale* (FR.) RICKEN, Halsband-Ritterling, *T. fulvum* (DC. ex FR.) SACC. (nur roh giftig), Gelbblättriger Ritterling, *T. pessundatum* (FR.) QUEL., Getropfter Ritterling, *T. albobrunneum* (PERS. ex FR.) KUMM., Weißbrauner Ritterling, und *T. saponaceum* (s. u.) sowie Vertreter der Gattungen *Armillariella* (Kap. 7.6) und *Clitocybe* (Kap. 17.2.4).

Tricholoma saponaceum (FR.) KUMM., Seifen-Ritterling (Tricholomataceae, Ritterlingsartige), hat seinen Namen von dem seifenlaugenartigen Geruch. Sein Hut ist olivgrün, seltener schwärzlich gefärbt, die Lamellen sind weißlich mit grünlichgelbem Beiton. Er kommt in Laub- und Nadelwäldern vor (siehe S. 179, Bild 10-9).

Das aus diesem Pilz isolierte Saponaceolid A (Abb. 10-7) hat eine ungewöhnliche Struktur. Es besitzt einen zentralen Methylencyclohexanring, der durch zwei äquatorial orientierte C_2-Ketten mit einem γ-Lactonring und einem Pyranring verbunden ist, der mit dem benachbarten 2,5-Dioxabicyclo[2.2.2.]octan Bestandteil eines Spiroketals ist (21).

T. saponaceum ist roh genossen giftig. Auch gekocht führt der Pilz in größeren Mengen zu Übelkeit und Erbrechen (Ü 82).

Erwähnt seien auch einige weitere isoprenoide Inhaltsstoffe der Tricholomataceae. Aus *T. populinum* LGE., dem Pappel-Ritterling, einem eßbaren Pilz, wurde als cytostatisch, virostatisch und immunsuppressiv wirkender Inhaltsstoff das Ergosterolperoxid isoliert (68), das bei Pilzen weit verbreitet zu sein scheint. Aus einer nicht spezifizierten japanischen *Tricholoma*-Art wurde die Tricholidsäure (Abb. 10–7) als potentieller Giftstoff gewonnen (83).

10.5.3 Fasciculole als Giftstoffe von Schwefelkopf-Arten (*Hypholoma*-Arten)

Aus der Familie der Strophariaceae, Träuschlingsartige, sind neben Arten der Gattung *Hypholoma* auch Vertreter der Gattung *Psilocybe* (Kap. 17.4.2) von toxikologischem Interesse.

Von der Gattung *Hypholoma*, Schwefelkopf, kommen in Mitteleuropa 13 Arten vor. Davon sind der giftige Grünblättrige Schwefelkopf, *H. fasciculare* (Huds. ex Fr.) Kumm. (*Naematoloma fasciculare* (Huds. ex Fr.) Karst.), und der leicht giftige, abgebrüht genießbare Ziegelrote Schwefelkopf, *H. sublateritium* (Fr.) Quel., aus toxikologischer Sicht bemerkenswert.

Die Gattung *Hypholoma*, Schwefelkopf, zeichnet sich durch Pilze mit kleinen bis mittelgroßen Hüten aus, die meistens dünnfleischig sind. Der Stiel ist unberingt und trägt höchstens die Reste des Schleiers. Die Lamellen sind angeheftet, tief ausgebuchtet, abgerundet oder breit angewachsen. Der Sporenstaub ist dunkelbraun bis schwarzviolett gefärbt. Die Mehrzahl der Arten sind Holzbewohner.

H. fasciculare hat einen schwefelgelben Hut mit fuchsfarbenem Scheitel sowie zuerst gelbe, dann grünliche Blätter. Der Pilz wird bis 10 cm hoch, der Hut bis 7 cm breit (siehe S. 179, Bild 10-10). Das Fleisch ist schwefelgelb und besitzt einen bitteren Geschmack. Er kommt von Mai bis November an Baumstümpfen und Wurzeln, selten auch an lebendem Holz, vor.

H. sublateritium hat einen ziegelrötlichen Hut und einen gelblichen Stengel mit rostbrauner Basis.

1983 wurde festgestellt, daß die bereits früher beschriebenen Fasciculole (77) für die Giftwirkung des Pilzes verantwortlich sind (114). Als Hauptwirkstoffe erwiesen sich Fasciculol E und Fasciculol F, Depsipeptide eines Polyhydroxylanostans (Abb. 10-8). In *H. sublateritium* wurden Fasciculol B und Fasciculol C nachgewiesen (19).

Aus Submerskulturen beider Pilze wurden die cytotoxischen Sesquiterpene Naematolin und Naematolon isoliert (5).

Die Fasciculole führen bei Mäusen durch Lähmung des Atemzentrums zum Tod. Die LD_{50} beträgt 50 mg/kg Fasciculol E bzw. 168 mg/kg Fasciculol F, i. p., Maus (114).

Die Giftigkeit von *H. fasciculare* für den Menschen

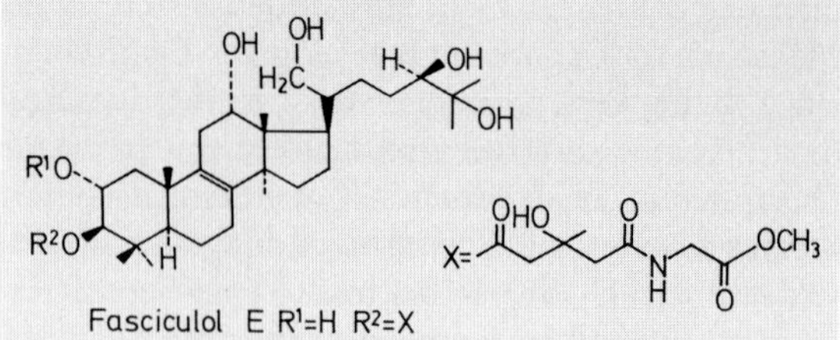

Abb. 10-8: Fasciculole der Gattung Schwefelkopf *(Hypholoma)*

wird unterschiedlich beurteilt. Schwere Vergiftungen, deren Symptome denen nach Aufnahme von *Amanita phalloides* ähneln (Kap. 40.1), wurden beschrieben (42, 124, 125).

Ein 65jähriger Mann, der ein Gericht aus selbstgesammelten Pilzen, darunter der Grüne Schwefelkopf, gegessen und dazu Wein getrunken hatte, zeigte neun Stunden danach Erbrechen und heftige Durchfälle. Nach vorübergehender Besserung kam es vier Tage später zum Exitus. Bei der Obduktion waren neben einer schweren Leberschädigung Verfettung von Herzmuskelfasern und Nieren nachweisbar (42).

Demgegenüber stehen Berichte, daß der Pilz nur gastrointestinale Reizwirkungen verursacht (Ü 9). Der bittere Geschmack dürfte den Verzehr größerer Mengen verhindern.

Die Behandlung erfolgt nach Giftentfernung symptomatisch.

10.5.4 Triterpene als Giftstoffe von Fälblingen (*Hebeloma*-Arten)

Die *Hebeloma*-Arten gehören zur Familie der Cortinariaceae, Schleierlingsartige, von denen auch Vertreter der Gattungen *Inocybe* (Kap. 17.2.4), *Gymnopilus* (Kap. 17.4.2), *Cortinarius* (Kap. 32.4) und *Galerina* (Kap. 40.1) toxikologisch bemerkenswert sind.

Von den europäischen Vertretern der Gattung *Hebeloma*, Fälbling, gilt nur *H. crustuliniforme* (Bull.) Quel., Tongrauer Fälbling, als giftig (siehe S. 179, Bild 10-11). In dem in Japan vorkommenden Fälbling *H. vinosophyllum* Hongo wurden die Hebevinoside II, III, (Abb. 10–9), VI, VII und IX (die anderen Hebevinoside sind Artefakte) nachgewiesen. Die Aglyka dieser Glykoside haben einen 3,7,16-Trihydroxy-cucurbita-5,24-dien-Grundkörper (Hydroxyhebevinogenin). Monosaccharidkomponenten der meistens bisdesmosidischen Bioside sind D-Glucose und D-Xylose in den Positionen 3 und

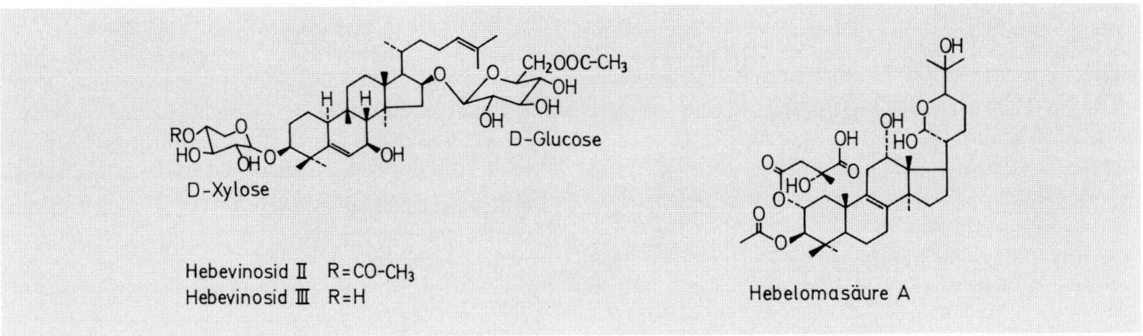

Abb. 10-9: Triterpene der Gattung Fälbling *(Hebeloma)*

16, seltener nur einer von beiden Zuckern. Die Zuckerreste sind teilweise acetyliert (33, 34).

In *H. crustuliniforme* f. *microspermum* HONGO japanischer Provenienz konnten keine toxischen Stoffe gefunden werden (32). Aus europäischen Vertretern von *H. crustuliniforme* und *H. sinapizans* (PAULET ex FR.) GILL., Großer Rettich-Fälbling, wurden Verbindungen mit Polyhydroxylanostangrundkörper, die cytotoxischen Hebelomasäuren A (Abb. 10–9) und B sowie deren Depsipeptide, die Crustulinole, isoliert, die den Fasciculolen strukturell und vermutlich auch in der Wirkung sehr ähnlich sind (45).

Die Hebevinoside sind für Mäuse neurotoxisch (Paralyse) und letal wirksam. Die LD_{50} vom Hebevinosid VI beträgt bei der Maus 66 mg/kg, i. p. Unerläßlich für die Toxizität ist der am C-16 gebundene Glucoserest. Substitution der am C-7 vorhandenen β-ständigen Hydroxylgruppe durch eine Methoxygruppe steigert die Toxizität (32, 33).

Über die Toxizität der Hebelomasäuren und Crustulinole sind uns keine weitergehenden Untersuchungen bekannt. Vergiftungen durch *H. crustuliniforme* äußern sich in nach kurzer Latenzzeit auftretenden gastrointestinalen Reizerscheinungen (Ü 9).

10.5.5 Triterpene aus dem Glänzenden Lackporling *(Ganoderma lucidum)*

Der Glänzende Lackporling, *Ganoderma lucidum* (CURT. ex FR.) KARST., gehört zur Familie der Ganodermataceae, Lackporlingsartige, die in Mitteleuropa nur durch die sieben Arten der Gattung *Ganoderma* vertreten ist. Es handelt sich um konsolenartige, seltener seitlich gestielte, auf totem oder lebendem Holz wachsende Pilze mit kahler, krustenartiger Oberfläche, die harzartig überzogen oder glänzend ist (siehe S. 179, Bild 10-12).

G. lucidum kommt zerstreut vor und gedeiht auf Laubhölzern, besonders auf Eichen- oder Buchenholz. Der Fruchtkörper ist seitlich gestielt, besitzt eine orangefarbene, später rotbraune, glänzende Oberfläche. Wegen seiner holzigen Konsistenz ist er ungenießbar. Er wird jedoch in Ostasien in vielfältiger Weise medizinisch verwendet (38). Eine sehr große Anzahl von Arbeiten beschäftigt sich mit seinen Inhaltsstoffen, den immunmodulatorisch wirkenden Proteinen (116), den antitumoral und immunstimulatorisch wirksamen β-Glucanen (122), den antihypoglykämisch wirkenden Heteroglykanen (43) und den teilweise bitteren Triterpenen, die für zahlreiche weitere Wirkungen des Pilzes verantwortlich zu machen sind. *G. lucidum* dürfte der am besten untersuchte höhere Pilz sein.

Von den Triterpenen sind über 80 strukturell aufgeklärt. Sie werden als Ganodersäuren, Furanoganodersäuren, Ganoderensäuren, Ganolucidinsäuren, Lucidinsäuren, Lucidensäuren, Ganoderiole, Epoxyganoderiole, Ganoderale, Ganodermsäuren, Lucidone, Ganodermenenol, Ganodermadiol und Ganodermatriol bezeichnet, oder sie sind unbenannt. Grundkörper ist ein meistens ungesättigtes Lanostan (Abb. 10-10), oft mit zwei konjugierten Doppelbindungen im Ringsystem in den Positionen 7 und 9 (11) oder einer Doppelbindung in Position 8, die mit zwei Oxogruppen in den Positionen 7 und 11 in Konjugation steht. Die Säuren besitzen eine Carboxylgruppe am Ende der Seitenkette in Position 26, bei den Trinor-Triterpensäuren, den Lucidinsäuren bzw. Lucidensäuren in Position 24 (C_{27}-Verbindungen). Methylester der Säuren kommen vor. Die Hydroxylgruppen sind teilweise acetyliert oder zu Oxogruppen dehydriert. Bei einigen Vertretern hat ein Abbau der Seitenkette bis auf zwei C-Atome stattgefunden (C_{23}-Verbindungen, eine Übersichtsarbeit zu dem sehr in Bewegung befindlichen Gebiet ist uns nicht bekannt, weiterführende Literaturhinweise sind zu finden in 23, 45, 81).

Bis jetzt wurden besonders die Ganodersäuren

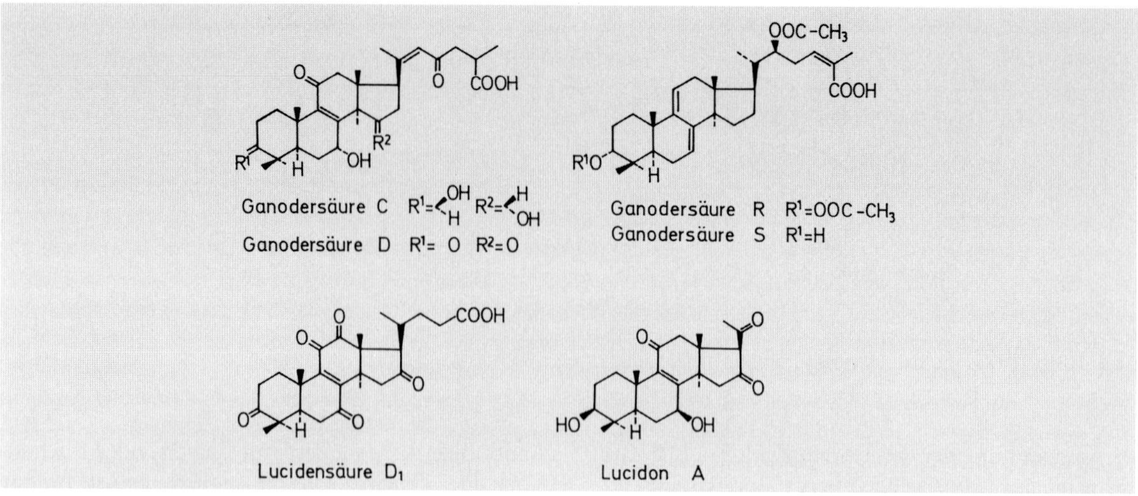

Abb. 10-10: Triterpene des Glänzenden Lackporlings *(Ganoderma lucidum)*

auf ihre biologische Aktivität getestet. Von diesen wirken die Ganodersäuren U bis Z cytotoxisch auf Hepatomzellen (117) und die Ganodersäuren R und S antihepatotoxisch im Modell der galaktosamininduzierten Hepatotoxizität an kultivierten Rattenhepatocyten (44). Die Ganodersäuren C und D hemmen die Histaminfreisetzung aus Rattenmastzellen und sind damit für die antiallergische Wirksamkeit von Extrakten aus den Pilzfruchtkörpern verantwortlich (136). Derivate der Ganodersäuren B und C reduzieren in Rattenleberhomogenaten die Cholesterolbiosynthese aus 24,25-Dihydrolanosterol (57). Auch eine Hemmung des «angiotensin converting enzyme» durch Lanostanderivate des Pilzes wurde beobachtet (71).

10.6 Gossypol als Giftstoff der Baumwollpflanze (*Gossypium*-Arten)

(+)-Gossypol und (±)-Gossypol (Abb. 10–11,1) kommen in lysigenen Exkretbehältern («Pigmentdrüsen») in allen Teilen von *Gossypium*-Arten, Baumwolle (Malvaceae), vor (siehe S. 180, Bild 10-13). Von toxikologischem Interesse ist besonders das Gossypol der zur Ölgewinnung und Herstellung von Eiweißpräparaten genutzten Samen. Ihr Gehalt an Gossypol beträgt 1,0–1,5% (bis 6,6%, 31). Aber auch an Gossypol arme, züchterisch erhaltene Varietäten sind bekannt (Gossypolgehalt der Samen < 0,01%). Das gelbe Gossypol geht bei Verarbeitungsprozessen und bei der Lagerung teilweise in toxi-

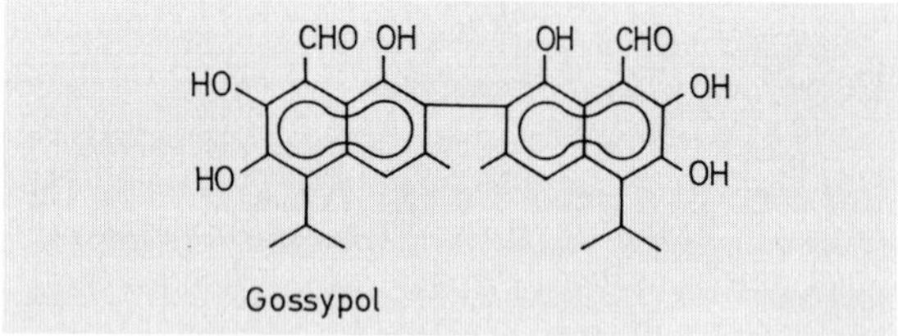

Abb. 10-11: Triterpen der Baumwollpflanzen *(Gossypium-Arten)*

schere, intensiver gefärbte Artefakte über (etwa 15 bekannt, z. B. das rote Gossypurpurin, LD_{50} 6,68 g/kg, p. o., Ratte, und das grüne Gossyverdurin, LD_{50} 0,66 g/kg, p. o., Ratte, 70, 111). Durch Einsatz gossypolarmer Samen und zusätzliche Verfahrensschritte lassen sich gossypolfreie Baumwollsamenöle und aus den Preßrückständen an Gossypol arme Eiweißpräparate gewinnen (Gossypolgehalt unterhalb des geforderten Grenzwertes von 0,045%, Ü 74).

Gossypol ist ein chemisch sehr reaktionsfähiger Stoff, der u. a. durch die Reaktion mit Aminogruppen (Bildung SCHIFFscher Basen) die Aktivität verschiedener Enzymsysteme vermindert. Beeinflußt werden z. B. Lactatdehydrogenase, Malatdehydrogenase und Glutathion-S-transferase (66, 75). Von besonderem Interesse ist seine Hemmwirkung auf die Spermatogenese und Spermienmotilität, die hauptsächlich auf einer Entkopplung der oxidativen Phosphorylierung in den Mitochondrien spermatogener Zellen und der Spermien beruht (95). Der Pyruvatmetabolismus spermatogener Zellen ist wesentlich empfindlicher für die Wirkung von Gossypol als der anderer Zellen (94). In einigen Testsystemen, darunter auch Keimzellen von Ratten, verursacht Gossypol Chromosomenschäden, so daß es als potentiell genotoxische Verbindung angesehen werden muß (15, 24). Embryotoxische Effekte wurden bei Mäusen und Küken, nicht jedoch bei Ratten gefunden (12, 67).

Gossypol wird bei Ratten aus dem Gastrointestinaltrakt nur in geringem Maße resorbiert und passiert die Plazentarschranke kaum. Die Ausscheidung erfolgt über Galle und Faeces. Bei Nichtwiederkäuern kommt es zur Kumulation (Ü 74).

Vergiftungssymptome bei Tieren sind verminderte Futteraufnahme, Gewichtsverlust, Durchfall sowie Störungen der Herz- und Leberfunktion. Pathologisch lassen sich nekrotische Veränderungen im Herzen, in der Leber und in der Skelettmuskulatur nachweisen. Während Ratten, Hamster und Affen wenig empfindlich sind, sind die toxischen Effekte von Gossypol bei Meerschweinchen, Kaninchen, Schweinen und Hunden stark ausgeprägt. Kaninchen sterben nach intravenöser Zufuhr von 0,05 g Gossypol innerhalb von 4 min, Hunde nach täglicher peroraler Aufnahme von 15–200 mg/kg nach 5–12 Tagen. Die LD_{50} beträgt bei der Ratte 2,4–3,3 g/kg, beim Schwein 0,55 g/kg (1, 27, 28, 106, 123, Ü 69, Ü 74).

Da Baumwollsamen von großer Bedeutung für die Ernährung von Menschen (vor allem das Baumwollsamenöl) und Tieren (Baumwollsamenmehl) sind, müssen diese durch geeignete Aufbereitungsverfahren, z. B. Erhitzen, von Gossypol befreit werden (Ü 69, Ü 74).

Die kontrazeptive Wirkung von Gossypol wird in einigen Ländern (China, Japan, Brasilien) klinisch erprobt. Zum Einsatz kommen Dosen von 20 mg/d über einen Zeitraum von 60 bis 70 Tagen und eine Erhaltungsdosis von 40–50 mg/Woche. Nebenwirkungen sollen kaum auftreten (123). Trotzdem lassen die möglichen genotoxischen Effekte, eine eventuelle Hypokaliämie und eine nicht völlige Wiederherstellung der Spermienbildung nach Absetzen des Medikaments eine umfangreiche Anwendung als Kontrazeptivum beim Mann noch fraglich erscheinen (3, Ü 74).

10.7 Literatur

1. Adams, R., Geissman, T. A., Edwards, J. D. (1960), Chem. Rev. 60: 555
2. Adams, R. (1938), J. Am. Chem. Soc. 60: 2193
3. Anonym (1987), Bull. WHO 65: 547
4. Asari, F., Kusumi, T., Kakisawa, H. (1989), J. Nat. Prod. 52: 1167
5. Backens, S., Steffan, B., Steglich, W., Zechlin, L., Anke, T. (1984), Liebigs Ann. Chem. 1332
6. Barton, D. H. R., de Mayo, P. (1954), J. Chem. Soc. 887
7. Barton, D. H. R., de Mayo, P. (1956), J. Chem. Soc. 4160
8. Barua, A. K., Chakrabarti, P., Sanyal, P. K., Das, B. (1969), J. Indian Chem. Soc. 46: 100
9. Barua, A. K., Chakrabarti, P., Dutta, S. P., Mukherjee, D. K., Das, B. C. (1971), Tetrahedron 27: 1141
10. Barua, A. K., Chakrabarti, P., Chowdhury, M. K., Basak, A., Basu, K. (1976), Phytochemistry 15: 987
11. Bass, W. J. (1985), Phytochemistry 24: 1875
12. Beaudoin, A. R. (1985), Teratology 32: 251
13. Biglino, G. u. a. (1963), Tetrahedron Lett. 1651
14. Brown, J. M. M., Rimington, C., Sawyer, B. C. (1963), Proc. Roy. Soc. B 157: 473
15. Buttar, H. S., Nayak, B. N. (1987), Toxicol. Lett. 38: 251
16. Carmely, S., Loya, Y., Kashman, Y. (1983), Tetrahedron Lett. 24: 3673
17. Cattel, L., Caputo, O., Delprino, L., Bighino, G. (1978), Gazz. Chim. Ital. 108: 1
18. Curtis, P. J., Meade, P. M. (1971), Phytochemistry 10: 3081
19. de Bernardi, M., Mellerio, G., Vidari, G., Vita-Finzi, P., Fronza, G., Kocor, M., Pyrek, J. S. (1983), J. Nat. Prod. 44: 351
20. De Bernardi, M., Garlaschelli, L., Vidari, G., Vita-Finzi, P. (1988), 36. Ann. Congr. Med. Plant Res. Freiburg, Abstracts, Thieme-Verlag Stuttgart: 36
21. De Bernardi, M., Garlaschelli, L., Gatti, G., Vidari, G., Vita-Finzi, P. (1988), Tetrahedron 44: 235
22. De Bernardi, M., Garlaschelli, L., Vidari, G., Vita-Finzi, P., Caprioli, V. (1989), Rev. Latinoam. Quim. 20 (2): 57
23. de Kock, W. T., Enslin, P. R. (1958), J. South African Chem. Inst. 11: 33
24. De-Yu, L., Lähdetie, J., Parvinen, M. (1988), Mutation Res. 208: 69
25. Doskotch, R. W. (1969), J. Nat. Prod. 33: 115
26. Dreyer, D. L., Trousdale, E. K. (1978), Phytochemistry 17: 325
27. Eagle, E., Bialek, H. R. (1950), Food Res. 15: 232
28. Eagle, E. (1950), Arch. Biochem. 26: 68
29. Edery, H., Schatzberg-Porath, G., Gitter, S. (1961), Arch. Int. Pharmacodynam. Ther. 130: 315
30. Fowden, L. (1961), Biochem. J. 81: 154
31. Frampton, V. L. (1960), Econ. Bot. 14: 197
32. Fujimoto, H., Yamazaki, M., Suzuki, A. (1982), Trans. Mycol. Soc. Japan 23: 405
33. Fujimoto, H., Hagiwara, H., Suzuki, K., Yamazaki, M. (1987), Chem. Pharm. Bull. 35: 2254
34. Fujimoto, H., Suzuki, K., Hagiwara, H., Yamazaki, M. (1986), Chem. Pharm. Bull. 34: 88

35. Gamlath, C. B., Gunatilaka, A. A. L., Alvi, K. A., Atta-ur-Rahman, Balasubramaniam, S. (1988), Phytochemistry 27: 3225
36. Gmelin, R. (1967), Arch. Pharm. 300: 234
37. Gujral, G. S., Vasudevan, P. (1983), J. Sci. Ind. Res. 42: 281
38. Hannsen, H. P. (1988), Dtsch. Apoth. Ztg. 128: 789
39. Hart, N. K., Lamberton, J. A., Sioumis, A. A., Suares, H., Seawright, A. A. (1976), Experientia 32: 412
40. Hart, N. K., Lamberton, J. A., Sioumis, A. A., Suares, H. (1976), Austral. J. Chem. 29: 655
41. Hegnauer, R. (1957), Pharm. Acta Helv. 32: 334
42. Herbich, J., Lohwag, K., Rotter, R. (1966), Arch. Toxicol. 21: 310
43. Hikino, H., Mizuno, T. (1989), Planta Med. 55: 385
44. Hirotani, M., Ino, C., Furuya, T., Shiro, M. (1986), Chem. Pharm. Bull. 34: 2282
45. Hirotani, M., Furuya T. (1990), Phytochemistry 29: 3767
46. Hylands, P. J., Salama, A. M. (1976), Phytochemistry 15: 559
47. Hylands, P. J., Kosugi, J. (1982), Phytochemistry 21: 1379
48. Hylands, P. J., Mansour, E. S. S., Oskoui, M. T. (1980), J. Chem. Soc. Perkin. Transaction 1: 2933
49. Hylands, P. J., Mansour, E. S. S. (1982), Phytochemistry 21: 2703
50. Ikeda, M., Sato, Y., Sassa, T., Miura, Y. (1979), zit. C. A. 90: 204294 s
51. Johns, S. R., Lamberton, J. A., Morton, T. C., Suares, H., Willing, R. I. (1983), Aust. J. Chem. 36: 1895
52. Kachukhashvili, T. N. (1965), Meditzinskaja Promyschlennost SSR 19: 46
53. Kahlos, K., Kaugas, L., Hiltunen, R. (1986), Acta Pharm. Fennica 95: 173
54. Kahlos, K., Hiltunen, R., von Schantz, M. (1984), Planta Med. 50: 197
55. Kirschman, J. C., Suber, R. L. (1989), Food Chem. Toxicol. 27: 555
56. Kirschman, J. C., Suber, R. C. (1989), Food Chem. Toxicol. 27: 555
57. Komoda, Y., Shimizu, M., Sonoda, Y., Sato, Y. (1989), Chem. Pharm. Bull. 37: 531
58. Konopa, J., Zielinsky, J., Matuszkiewicz, A. (1974), Arzneim. Forsch. 24: 1554
59. Konopa, J., Matuszkiewicz, A., Hrabowska, M., Onoszko, K. (1974), Arzneim. Forsch. 24: 1741
60. Kraus, W. (1984), Stud. Org. Chem. (Amsterdam) 17: 331
61. Krick, W., Marner, F. J., Jaenicke, L. (1983), Z. Naturforsch. C: Biosci. 38 C: 689
62. Krick, W., Marner, F. J., Jaenicke, L. (1984), Helv. Chim. Acta 67: 318
63. Krienke, E. G., von Mühlendahl, K. E. (1978), Notfallmedizin 4: 619
64. Kupchan, S. M., Meshulam, H., Sneden, A. T. (1978), Phytochemistry 17: 767
65. Lavie, D., Shoo, Y., Gottlieb, O. R., Glotter, E. (1961), Tetrahedron Lett. 615
66. Lee, C., Malling, H. V. (1981), Federat. Proc. 40: 718
67. Li, Y. F., Booth, G. M., Seegmiller, R. E. (1989), Reprod. Toxicol. 3: 59
68. Lindequist, U., Teuscher, E., Wolf, B., Völsgen, A., Hoffmann, S., Kutschabsky, L., Franke, P., Seefeldt, R. (1989), Pharmazie 44: 165
69. Louw, P. G. J. (1948), Onderstepoort J. Veterin. Sci. 23: 233
70. Lyman, C. L. El–Nockrashy, A. S., Dollahite, J. W. (1963), J. Am. Oil Chemists' Soc. 40: 571
71. Marigawa, A., Kitabatake, K., Fujimoto, Y., Ihekawa, N. (1986), Chem. Pharm. Bull. 34: 3025
72. Marner, F. J. (1990), Helv. Chim. Acta 73: 433
73. Marner, F. J., Krick, W., Gellrich, B., Jaenicke, L., Winter, W. (1982), J. Org. Chem. 47: 2531
74. Marner, F. J., Gladtke, D., Jaenicke, L. (1988), Helv. Chim. Acta 71: 1331
75. Maugh, T. H. (1981), Science 212: 314
76. McLennan, M. W., Amos, M. I. (1989), Aust. Vet. J. 66: 93
77. Meir, P., Yaniv, Z. (1985), Planta Med. 51: 12
78. Metcalf, R. L., Metcalf, R. A., Rhodes, A. M. (1980), Proc. Natl. Acad. Sci. USA 77: 3769
79. Mueller, A., Wichtl, M. (1979), Pharm. Ztg. 124: 1761
80. Ng, T. B., Wong, C. M., Li, W. W., Yeung, H. W. (1986), J. Ethnopharmacol. 15: 107
81. Nishitoba, T., Goto, S., Sato, H., Sakamura, S. (1989), Phytochemistry 28: 193
82. Northcote, P. T., Andersen, R. J. (1989), J. Am. Chem. Soc. 111: 6276
83. Nowe, S., Takahashi, A., Kusano, G., Itai, A., Itaka, Y. (1982), Chem. Lett. 1679
84. Panosyan, A. G., Avetisyan, G. M., Mnatsakanyan, V. A., Asatryan, T. A., Vartanyan, S. A., Boroyan, R. G., Batrakov, S. G. (1979), Bioorg. Khim. 5: 242
85. Panosyan, A. G., Nikishchenko, M. N., Avetisyan, G. M. (1985), Khim. Prir. Soedin. (5): 679
86. Panosyan, A. G. (1985), Bioorg. Khim. 11: 264
87. Panosyan, A. G., Avetisyan, G. M. (1985), Arm. Khim. Zh. 38: 644
88. Panosyan, A. G., Nikishchenko, M. N., Mnatsakanyan, V. A., Sabowskaya, W. L. (1979), Bioorg. Khim. 5: 721
89. Pass, M. A., Polett, S., Goosem, M. W., McSweeny, C. S. (1985), Plant Toxicol., Proc. Australia-USA Poisonous Plant Symp. 1984 (Ed. Seawright, A. A., Queensland Poisonous Plants Comm. Yeerongpilly, Australia): 487
90. Pass, M. A. (1986), Aust. Vet. J. 63: 169
91. Pohlmann, J. (1971), Planta 100: 31
92. Pohlmann, J. (1975), Phytochemistry 14: 1587
93. Rehm, S. (1960), Ergebn. Biol. 22: 108
94. Reyes, J., Benos, D. J. (1988), Am. J. Physiol. 254: C 571
95. Reyes, J., Borriero, L., Benos, D. J. (1988), Am. J. Physiol. 254: C 564
96. Rimington, C., Quin, J. I. (1937), Onderstepoort J. Vet. Anim. Ind. 9: 225

97. RIPPERGER, H. (1976), Tetrahedron 32: 1567
98. ROY, S., Barua, A. K. (1985), Phytochemistry 24: 1607
99. SAKEMI, S., HIGA, T., JEFFORD, C.W., BERNARDINELLI, G. (1986), Tetrahedron Lett. 27: 4287
100. SEAWRIGHT, A. A., HRDLICKA, J. (1977), Austr. Vet. J. 53: 230
101. SHARMA, O. P., DAWRA, R. K., MAKKAR, H. P. S. (1988), Toxicol. Lett. 42: 29
102. SHARMA, O. P., MAKKAR, H. P. S., DAWRA, P. K. (1988), Toxicon 26: 975
103. SHARMA, O. P., DAWRA, R. K., RAMESH, D. (1990), Phytochemistry 29: 3961
104. SHARMA, O. P., DAWRA, D. K., MAKKAR, H. P. S. (1989), Vet. Hum. Toxicol. 31: 10
105. SHIAO, M. S., LIN, L. J., YEH, S. F. (1988), Phytochemistry 27: 2911
106. SMITH, H. A. (1957), Am. J. Pathol. 33: 353
107. STABURSVIK, A. (1954), Acta Chem. Scand. 8: 1304
108. STABURSVIK, A., HOLEN, B. (1988), Phytochemistry 27: 1893
109. STEWART, C., LAMBERTON, J. A., FAIRCLOUGH, R. J., PASS, M. A. (1988), Aust. Vet. J. 65: 349
110. STEYN, D. G. (1950), South African Med. J. 24: 713
111. STIPANOVIC, R. D., BELL, A. A., MACE, M. E., HOWELL, C. R. (1975), Phytochemistry 14: 1077
112. SUCROW, W. (1965), Tetrahedron Lett. 26: 2217
113. SUNDARARARMAIAH, T., BAI, V.V. (1973), J. Indian Chem. Soc. 50: 620
114. SUZUKI, K., FUJIMOTO, H., YAMAZAKI, M. (1983), Chem. Pharm. Bull. 31: 2176
115. SUZUKI, T., SUZUKI, M., FURUSAKI, A., MATSUMOTO, T., KATO, A., IMANAKA, Y., KUROSAWA, E. (1985), Tetrahedron Lett. 26: 1329
116. TANAKA, S., KO, K., KINO, K., TSUCHIYA, K., YAMASHITA, A., MURASUGI, A., SAKUMA, S., TSUNOO, H. (1989), J. Biol. Chem. 264: 16372
117. TOTH, J. O., LUU, B., BECK, J. P., OURISSON, G. (1983), J. Chem. Res. Synop. 299
118. TSCHESCHE, R., BIERNOTH, G., SNATZKE, G. (1964), Liebigs Ann. Chem. 674: 197
119. TUNMANN, P., STAPEL, G. (1966), Arch. Pharm. 299: 597
120. TUNMANN, P., GERNER, W., STAPEL, G. (1966), Liebigs Ann. Chem. 693: 158
121. UPPAL, R. P., PAUL, B. S. (1982), Indian Veter. J. 59: 18
122. USUI, T., IWASAKI, Y., MIZUNO, T., TANAKA, M., SHINKAI, K., ARAKAWA, M. (1983), Carbohydr. Res. 115: 273
123. WALLER, D. P., ZANAVELD, L. J. D., FARNSWORTH, N. R. (1985), in: Economic and Medicinal Plant. Res. 1 (Ed.: WAGNER, H., HIKINO, H., FARNSWORTH, N. R., Academic Press Inc. London): 87
124. WASILJKOW, B. P. (1961), Botanitscheski Shurnal XLVI: 581
125. WASILJKOW, B. P. (1963), Schweiz. Z. Pilzkunde 41: 117
126. WELIHINDA, J., ARVIDSON, G., GYLFE, E., HELLMANN, B., KARLSSON, E. (1982), Acta Biol. Med. Germ. 41: 1229
127. WHUR, P. (1986), Vet. Rec. 119: 411
128. WITKOWSKI, A., KONOPA, J. (1981), Biochem. Biophys. Acta 674: 246
129. WOJCIECHOWSKA, B., WIZNER, L. (1983), Herba Pol. 29: 97
130. WOLFSON, S. L., SALOMONS, T.W. G. (1964), Am. J. Disease Childhood 107: 173
131. YAMADA, Y. K., HAGIWARA, K., IGUCHI, K., TAKAHASI, Y., HSU, H.Y. (1978), Phytochemistry 17: 1789
132. YASUDA, M., IWAMOTO, M., OKABE, H., YAMAUCHI, T. (1984), Chem. Pharm. Bull. 32: 2044
133. YESILADA, E., TANAKA, S., SEZIK, E., TABATA, M. (1988), J. Nat. Prod. 51: 504
134. YOKOYAMA, A., NATORI, S., AOSHIMA, K. (1975), Phytochemistry 14: 487

Mit Ü gekennzeichnete Zitate siehe Kap. 43.

11 Tetraterpene

11.1 Allgemeines

Tetraterpene sind aus acht isoprenoiden Resten aufgebaute C_{40}-Verbindungen. Sie liegen entweder in aliphatischer Form vor oder bilden langkettige Moleküle, die an einem oder an beiden Enden einen Ring tragen. Polycyclische Vertreter, wie sie von den Sesqui-, Di- und Triterpenen bekannt sind, treten bei ihnen nicht auf.

Die bekannten Tetraterpene kann man insgesamt zur Gruppe der Carotinoide rechnen. Diese durch Mikroorganismen und Pflanzen gebildeten aliphatischen, höchstens an den Kettenenden cyclisierten, fast durchweg gelb bis rotviolett gefärbten lipophilen Verbindungen sind so aufgebaut, daß sich im Zentrum des Moleküls zwei Methylgruppen in 1,6-Positionen befinden, während die übrigen Methylgruppen, mit Ausnahme der terminalen, in 1,5-Position stehen. Abbauprodukte der Carotinoide, bei denen diese Anordnung erhalten bleibt, bezeichnet man als Apocarotinoide. Auch Kettenverlängerungen zu C_{45}- oder C_{50}-Verbindungen kommen in der Natur vor.

Während die Carotinoide im allgemeinen als Blütenfarbstoffe, akzessorische Pigmente bei der Photosynthese, Photoprotektoren und Vorstufen des Vitamins A Bedeutung besitzen, schreibt man den Abbauprodukten des hypothetischen Protocrocins toxische Wirkung zu.

11.2 Toxische Spaltprodukte von Carotinoiden des Krokus (*Crocus*-Arten)

Die Gattung *Crocus*, Krokus (Iridaceae, Schwertliliengewächse), umfaßt etwa 80 Arten, deren Mehrzahl im Mittelmeergebiet heimisch ist. In Mitteleuropa kommt nur *C. albiflorus* Kit. ex Schult., Frühlingskrokus, vor. Diese ausdauernde Knollenpflanze mit meist weißen, seltener auch hell- bis dunkelvioletten Blüten ist auf feuchten, humusreichen Alpenwiesen verbreitet. Eine Vielzahl von Rassen von *C. neapolitanus* Mordon et Loisel. (*C. vernus* Wulf), mit weißen oder violetten Blüten, von *C. chrysanthus* Herb., mit gelben Blüten, beides Frühjahrsblüher, von *C. speciosus* M. B., mit violetten Blüten, im Herbst blühend, und andere Arten werden bei uns in Gärten angebaut.

Von besonderem Interesse ist *C. sativus* L., Safran, eine triploide und damit sterile Kulturpflanze, deren lebhaft orangefarbene Narbenschenkel in getrockneter und gepulverter Form als Gewürz, Safran, verwendet werden. Diese Pflanze mit hellvioletten, geaderten Blüten wird vorwiegend in Spanien kultiviert.

Die Gewürzdroge Safran enthält neben Carotinoiden, z. B. Lycopin, α-, β- und γ-Carotin, im frischen Zustand eine Reihe von Acylglykosiden des braunrot gefärbten, wasserlöslichen Apocarotinoids Crocetin, z. B. sein Di-β-gentiobiosid, Crocin genannt, sein β-D-Gentiobiosid, sein β-D-Glucosid und sein β-D-Glucosid-β-D-gentiobiosid, das β-D-Glucosid des Monomethylcrocetins, ein Xanthon-Carotinoid-Konjugat, das Magnicrocin, Magniferin-6'-O-(crocetyl-1'''-O-β-D-glucosidester), und den Bitterstoff Picrocrocin (2, 5, 8). Es wird angenommen, daß es sich bei allen diesen Verbindungen um Spaltprodukte des Carotinoid-Digentiobiosid-diglucosids Protocrocin handelt (Abb. 11-1, 7). Der Nachweis des Protocrocins ist bisher noch nicht gelungen.

Die Konstitution des Crocetins wurde 1932 durch Karrer und Mitarbeiter (6), die des Picrocrocins 1934 durch Kuhn und Winterstein (7) aufgeklärt.

Beim Lagern der Droge geht das geruchlose Picrocrocin durch hydrolytische bzw. nichthydrolytische Glucoseabspaltung in 4-Hydroxy-β-cyclocitral bzw. 4,5-Dehydro-β-cyclocitral (Safranal) und andere Spaltprodukte über (11). Die gelagerte Droge enthält 1,9–15% Crocin (und verwandte Acylglykoside), 2,7–12,9% Picrocrocin sowie 0,4–1,3% ätheri-

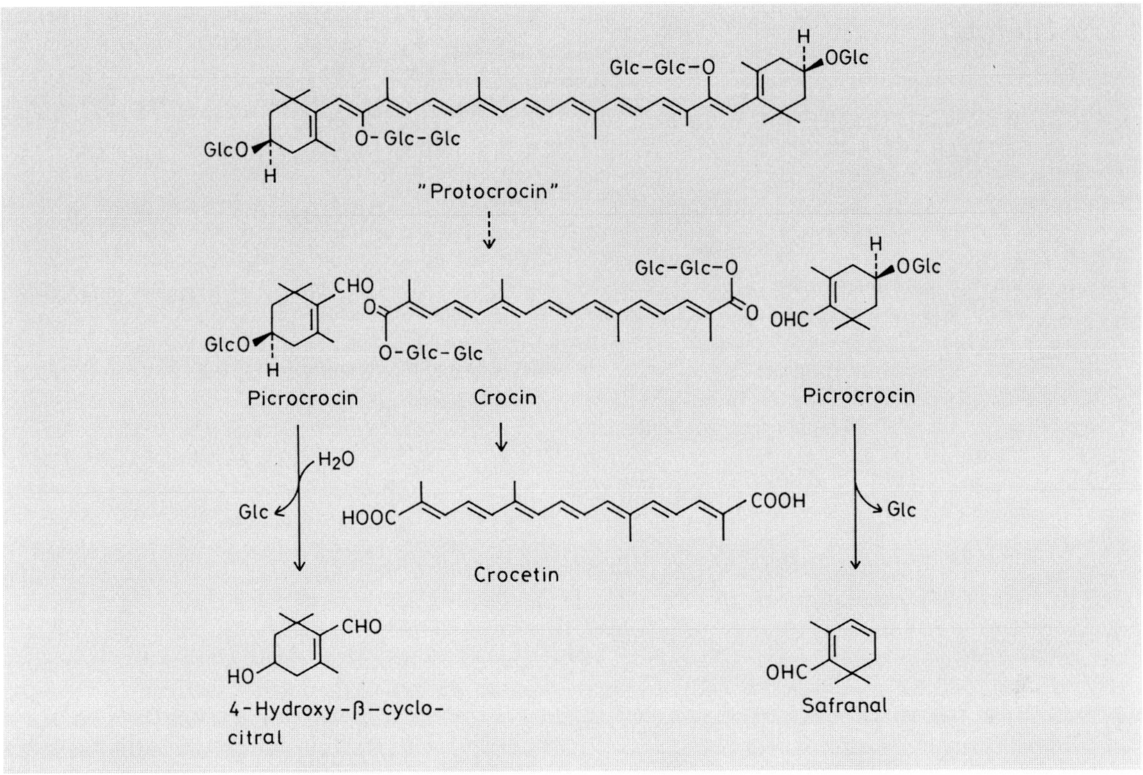

Abb. 11-1: Inhaltsstoffe des Safrans *(Crocus sativus)*

sches Öl mit den Spaltprodukten des Picrocrocin als Hauptbestandteile (9).

Auch in den Narbenschenkeln der in Mitteleuropa als Zierpflanzen kultivierten *Crocus*-Arten konnten Crocin, Crocetin und weitere Crocetinglykoside (Gentianoside) nachgewiesen werden, Picrocrocin wurde nicht gefunden (9).

Safran wird nicht nur als Gewürz und Färbemittel, sondern schon seit dem Altertum auch als Heilmittel, vor allem bei Erkrankungen des Gastrointestinaltraktes und bei Überlastung, genutzt (9). Vergiftungen traten besonders bei mißbräuchlicher Verwendung der Droge als Abortivum auf (3, 9). Es wird angenommen, daß Picrocrocin oder seine Spaltprodukte für die toxischen Effekte verantwortlich sind (9). Magnicrocin besitzt nachweisbare adaptogene Wirksamkeit (5).

Vorherrschende Vergiftungssymptome nach peroraler Aufnahme sind Brechdurchfall, Schwindel, Hämorrhagien, besonders in den Nieren als Hauptausscheidungsorgan, Schwellung der Lippen, Lider und Gelenke und bei Schwangeren Abort (3, Ü 31).

Bei einer 28jährigen schwangeren Frau, die ca. 5 g Safran in Milch zusammen mit östrogenhaltigen Tabletten eingenommen hatte, kam es neben dem Abort zu starker Gastroenteritis, Hämaturie, Kreislaufkollaps und infolge von Blutungen im Bereich der Nasenscheidewand zu schwerer Purpura mit tiefschwarzer Nekrose der Nase (3).

Die LD_{50} der Droge beträgt für Mäuse 20 g/kg, p. o. (1). Für den Menschen sind 5–10 g Droge tödlich (Ü 73).

Durch die in Mitteleuropa kultivierten *Crocus*-Arten sind uns keine Vergiftungsfälle bekannt.

Die Behandlung von Vergiftungen erfolgt nach primärer Giftentfernung symptomatisch.

11.3 Literatur

1. Chang, P.Y., Wang, C.K., Liang, C.T., Kuo, W. (1964), Jao Hsueh Hsueh Pao 11: 94, ref. C. A. 61: 2348 b
2. Dhingra, V.K., Seshadri, T.R., Mukerjee, S.K. (1975), Indian J. Chem. 13: 339
3. Frank, A. (1961), Dtsch. Med. Wochenschr. 86: 1618
4. Gainer, J. L., Jones, J. R. (1975), Experientia 31: 548
5. Ghosal, S., Singh, S.K., Battacharya, S.K. (1989), J. Chem. Res. (S) 70
6. Karrer, P., Benz, P., Morf, R., Raudnitz, H., Stoll, M., Takahashi, T. (1932), Helv. Chim. Acta 15: 1218 u. 1399
7. Kuhn, R., Winterstein, A. (1934), Ber. Dtsch. Chem. Ges. 67: 344
8. Pfänder, W., Wittwer, F. (1975), Helv. Chim. Acta 58: 2233
9. Wagner, K. (1969), Dissertation Saarbrücken
10. Wilkins, E. S., Wilkins, M. G. (1979), Experientia 35: 84
11. Zarghami, N. S., Heinz, D. E. (1971), Phytochemistry 10: 2755

Mit Ü gekennzeichnete Zitate s. Kap. 43

Bild 10-7: *Momordica charantia*, Balsamapfel

Bild 10-8: *Iris pseudacorus*, Wasser-Schwertlilie

Bild 10-9: *Tricholoma saponaceum*, Seifen-Ritterling

Bild 10-10: *Hypholoma fasciculare*, Grünblättriger Schwefelkopf

Bild 10-11: *Hebeloma crustuliniforme*, Tongrauer Fälbling

Bild 10-12: *Ganoderma lucidum*, Glänzender Lackporling

Bild 10-13: *Gossypium hirsutum*, Baumwolle

Bild 12-1: *Capsella bursa-pastoris*, Gemeines Hirtentäschel

Bild 12-2: *Lunaria rediviva*, Ausdauerndes Silberblatt

Bild 12-3: *Digitalis purpurea*, Roter Fingerhut

Bild 12-4: *Digitalis lanata*, Wolliger Fingerhut

Bild 12-5: *Convallaria majalis*, Maiglöckchen, Frucht

12 Steroide

12.1 Allgemeines

Steroide sind Verbindungen, die als Grundkörper den tetracyclischen, hypothetischen Kohlenwasserstoff Steran (Perhydro-1H-cyclopenta[a]phenanthren) besitzen. Zur Vereinfachung der Nomenklatur werden eine Reihe substituierter Steranderivate mit offener oder geschlossener Seitenkette bei der Aufstellung der rationellen Namen als Stämme verwendet, z. B. Estran, Androstan, Pregnan, Cholan, Cholestan, Lanostan, Spirostan, Furostan, Cardanolid und Bufanolid. Die Erweiterung eines Ringes des Sterangrundkörpers durch Einschub eines C-Atoms wird durch das Präfix «homo-» (bei 2 C-Atomen dihomo-), die Verengung eines Ringes unter Elimination eines C-Atoms durch «nor-» nach dem Buchstaben angegeben, der den Ring kennzeichnet (z. B. C-nor-D-homo-Steran). Geöffnete Ringe erhalten das Präfix «seco-».

Wird das Ringsystem eines Steroids als Projektion in der Papierebene gezeichnet, wird stets der Substituent am C-10 als Bezugspunkt gewählt und durch eine verstärkte Linie oder einen Keil mit dem Ringsystem verbunden. Er gilt als oberhalb der Ringebene orientiert und wird als β-ständig bezeichnet. Alle dann gleichfalls auf den Betrachter zeigenden Substituenten oder H-Atome werden ebenso dargestellt. Die vom Betrachter abgekehrten Gruppen, als α-ständig bezeichnet, werden durch gestrichelte Linien bzw. Linien von Punkten oder Querstrichen mit dem Ringsystem verknüpft.

Die Biogenese der Steroide erfolgt ausgehend vom aliphatischen Triterpenkohlenwasserstoff Squalen nach Bildung des Squalen-2,3-epoxids durch Cyclisierung und gleichzeitige Wanderung von zwei Methylgruppen mit Hilfe einer spezifischen Squalenexpoxidcyclase. Als erstes faßbares Produkt entstehen die cyclischen Triterpene Lanosterol (bei Mikroorganismen und Tieren), Cycloartenol (bei den meisten Pflanzen) oder ein Cucurbitanderivat (bei Cucurbitaceae und Brassicaceae). Durch Elimination von drei Methylgruppen können Cholestanderivate gebildet werden. Zur Biosynthese sind fast alle Lebewesen fähig. Ausnahmen bilden einige Mikroorganismen, Weichtiere, Krebse und Insekten (67, 83, 89, 90, 184, 258, Ü 72).

Steroide sind ubiquitär verbreitet. Besondere Bedeutung haben die Sterole (Sterine). Sie sind Bestandteile der Zellmembran aller Lebewesen und Präkursoren der Steroidhormone, der Gallensäuren sowie des Vitamin D bei Mensch und Tier und der Sekundärstoffe mit Sterangrundkörper. Von toxikologischem Interesse sind die herzwirksamen Steroide (Kap. 12.2), die Withanolide (Kap. 12.3), die Petuniasterone (Kap. 12.4), die 15-Oxasteroide (12.5), 1,25-Dihydroxycholecalciferol (Kap. 12.6), eine Reihe von Pregnanderivaten in Giften von Käfern (Kap. 12.7) und die Steroidsaponine (Kap. 13.2).

Das intensive Bemühen, Sekundärstoffe aus Meeresorganismen zu isolieren und ihre Struktur aufzuklären, hat auch zur Auffindung strukturell und pharmakologisch interessanter Steroide bei Schwämmen, Weichkorallen, Moostierchen und Lederkorallen geführt (182, 274, Ü 21, Ü 22, Ü 23, Sekundärliteratur in 182). Die meisten dieser Verbindungen sind allerdings kaum pharmakologisch untersucht worden. Erwähnt seien das immunsuppressiv wirksame 4α-Methyl-5α-cholest-8-en-3β-ol aus dem Schwamm *Agelas flabelliformis* (46) und das antileukämisch wirksame Penasterol aus dem Schwamm *Penares spec.* (5α-Lanosta-9,24-dien-3β-ol-30-säure, EC_{50} für die Teilungshemmung von Leukämiezellen 3,6 μg/ml, 46). Die Steroidsulfate der Meerestiere sollen wegen ihrer hohen Oberflächenaktivität den Saponinen angegliedert werden (Kap. 13.).

Von toxikologischem Interesse ist das 5α-Cholestan-3α,7α,12α,26,27-pentol-26-sulfat (5α-Cyprinol-26-sulfat), ein Bestandteil der Galle des Karpfens, *Cyprinus carpio*. Es löst Taubheit der Lippen und der Zunge, Nierenschäden, Leberfunktionsstörungen, Konvulsionen der Gliedmaßen, Paralysen und Bewußtlosigkeit aus. Vergiftungen wurden in Japan nach Genuß der Gerichte «arai», aus rohem Karpfenfleisch bereitet, zusammen mit «miso», einer Karpfensuppe, beobachtet (11).

12.2 Herzwirksame Steroide

12.2.1 Toxinologie

Herzwirksame Steroide sind durch ihre bei Gabe subtoxischer Dosen auftretende positiv inotrope, d. h. die Kontraktionskraft des Herzens vergrößernde Wirkung ausgezeichnete Verbindungen. Die Mehrzahl der Vertreter sind Glykoside, sie kommen jedoch auch verestert oder frei vor (zur Chemie: 18, 112, 180, 203, 239, 278, 292, 294).

Bisher sind etwa 100 Aglyka bekannt. Sie besitzen einen 10,13-Dimethyl-sterangrundkörper mit cis-trans-cis- (Abb. 12-4), seltener auch trans-trans-cis-Verknüpfung der Ringe A/B/C/D, und in Stellung 17 einen β-ständigen Lactonring. Dieser Lactonring ist bei den Cardenoliden (Derivate des 5β, 14β-Card-20(22)-enolids oder des 5α, 14β-Card-20(22)-enolids, Abb. 12-1) 5gliedrig und einfach ungesättigt (Butenolidring, But-2-en-4-olid-ring, (5H)-Furan-2-on-ring). Bei den Bufadienoliden (Derivate des 5β,14β-Bufa-20,22-dienolids, Abb. 12-2) ist er 6gliedrig und 2fach ungesättigt (Pentadienolidring, Penta-2,4-dien-5-olid-ring, Pyran-2-on-ring, Cumalinring).

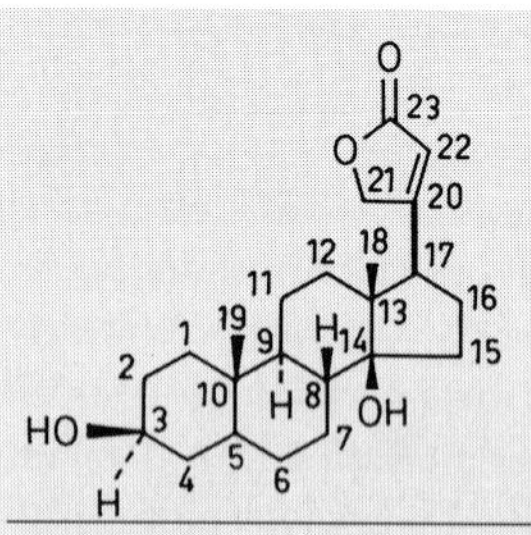

Name	Substituenten					
	1	5	11	12	16	10
Digitoxigenin						CH_3
Uzarigenin		Hα				CH_3
Syriogenin		Hα		OH		CH_3
Gitoxigenin					OH	CH_3
Gitaloxigenin					OForm	CH_3
Oleandrigenin					OAc	CH_3
Adigenin					OiVal	CH_3
Digoxigenin				OH		CH_3
Periplogenin		OH				CH_3
Sarmentogenin			OHα			CH_3
Cannogenol						CH_2OH
Cannogenin						CHO
Corotoxigenin		Hα				CHO
Diginatigenin				OH	OH	CH_3
Evonogenin	OH	OH				CH_3
Bipindogenin		OH	OHα			CH_3
Strophanthidol		OH				CH_2OH
Adonitoxilogenin					OH	CH_2OH
Adonitoxigenin					OH	CHO
Strophanthidin		OH				CHO
Sarmentologenin		OH	OHα			CH_2OH
Strophadogenin		OH			OH	CHO
Nigrescigenin		OH	OHα			CHO
Ouabagenin	OH	OH	OHα			CH_2OH
Hyrcanogenin		$\Delta^{4(5)}$				CHO

β-ständige Substituenten wurden nicht gesondert gekennzeichnet
Form = Formylrest, Ac = Acetylrest, iVal = Isovalerylrest

Abb. 12-1: Cardenolide

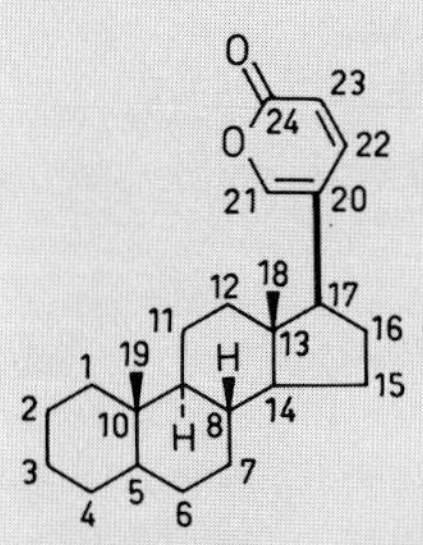

Name	Substituenten										Doppelbindung (Δ)
	3	5	6	8	11	12	14	15	16	10	
Scillarenin	OH						OH			CH_3	4
Bufalin	OH						OH			CH_3	
Helleborogenon	O=						OH			CH_3	1, 4
Scilliglaucogenin		OH					OH			CHO	3
Scillicyanogenin		OH					OH		OAc	CHO	3
Telocinobufagin	OH	OH					OH			CH_3	
Gamabufotalin	OH				OHα		OH			CH_3	
Scilliphäosidin	OH					OH	OH			CH_3	
Bufotalin	OH						OH		OAc	CH_3	
Hellebrigenin	OH	OH					OH			CHO	
Scilliglaucosidin	OH						OH			CHO	4
Resibufogenin	OH						–O–			CH_3	
Scillirubrosidin	OH			OH			OH			CH_3	4
Scillirosidin	OH		OAc	OH			OH			CH_3	4
Arenobufagin	OH				OHα	O=	OH			CH_3	

Abb. 12-2: Bufadienolide

In neuerer Zeit werden zunehmend auch abweichend gebaute Aglyka gefunden. So kommen, wenn auch selten, Verbindungen mit α-ständigem Lactonring vor (z. B. Glykoside des 17α-Digitoxigenins in *Cerbera*-Arten, 336). Sie werden auch als Allocardenolide bzw. Allobufadienolide bezeichnet. Auch einige Aglyka mit sekundären Veränderungen am Kohlenstoffskelett des Grundkörpers wurden nachgewiesen, z. B. ein seco-Cardenolid (Aglykon des Neriasids) oder ein 15(14 → 8)-Abeo-cardenolid (Oleagenin, Abb. 12-5).

Die Aglyka unterscheiden sich außer durch den unterschiedlich ausgestalteten Lactonring durch das Substitutionsmuster und durch das Auftreten von Doppelbindungen im Ringsystem. Als Substituenten kommen Hydroxy-, Epoxy- oder Oxogruppen vor. Die Hydroxygruppen sind in einigen Fällen acyliert. Die Methylgruppe am C-10 kann zur CH_2OH-, zur CHO- oder zur COOH-Gruppe oxidiert sein. Bei fast allen Vertretern sind β-ständige Hydroxylgruppen am C-3 und C-14 vorhanden (Abb. 12-1 und Abb. 12-2). Hier gibt es allerdings ebenfalls Abweichungen von der üblichen Struktur. Es werden auch in Position 3 (z. B. Scilliglaucogenin, Scillicyanogenin) oder Position 14 unsubstituierte Aglyka gefunden (z. B. die Aglyka der Neriumoside, Abb. 12-5, das 14,16-Dianhydrogitoxigenin aus *Cryptostegia madagascariensis*, 102, und die 14-Desoxybufadienolide aus *Urginea physodes*, 307).

Als Zuckerkomponenten der herzwirksamen Steroidglykoside kommen neben den weit verbreiteten Monosacchariden wie D-Glucose, L-Arabinose, L-Rhamnose und D-Xylose viele ungewöhnliche Zucker, besonders 6-Desoxyhexosen, 2,6-Didesoxyhexosen und deren Methylether vor. Es sind über 40 verschiedene Monosaccharide aus herzwirksamen Steroidglykosiden bekannt (Abb. 12-3).

Die glykosidische Bindung der Monosaccharide oder der stets unverzweigten, in der Regel 1 → 4-verknüpften, aus maximal fünf Monosaccharidresten bestehenden Oligosaccharide, erfolgt fast stets am C-3 des Aglykons (Abb. 12-4). D-Monosaccharide sind fast immer β-glykosidisch, L-Monosaccharide α-glykosidisch gebunden (KLYNEsche Regel). Von

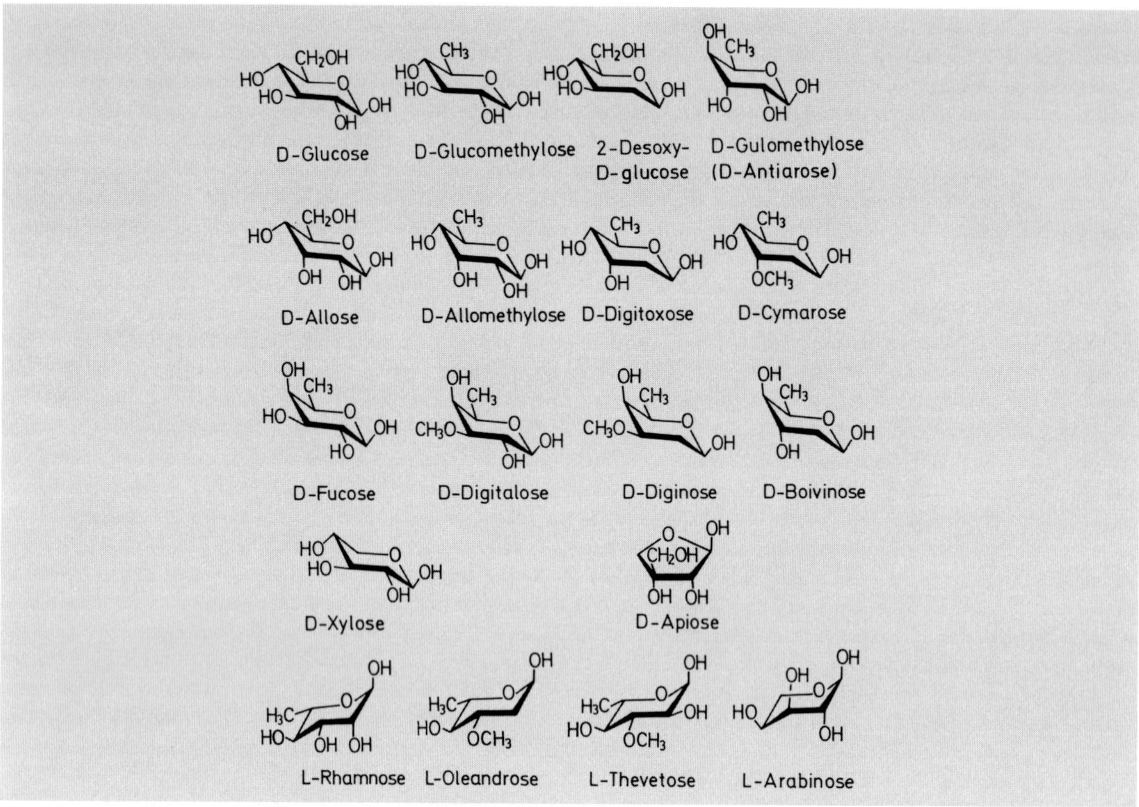

Abb. 12-3: Monosaccharide herzwirksamer Steroidglykoside (D-Zucker in β-Form, L-Zucker in α-Form)

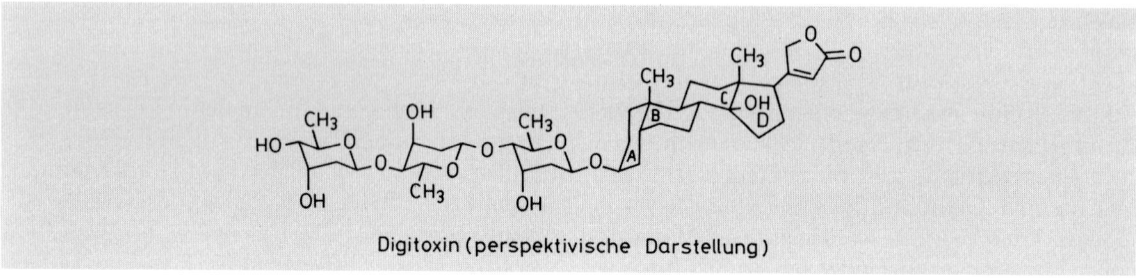

Abb. 12-4

dieser Regel abweichende Steroidglykoside, z. B. mit 1,2-Verknüpfung der Glucose mit einem Desoxyzucker oder mit α-glykosidischer Bindung eines terminalen D-Desoxyzuckers, werden als Neoglykoside bezeichnet (z. B. Neodigoxin, Neoglucoverodoxin). Sind neben Glucose andere Monosaccharide in der Zuckerkette vorhanden, ist die Glucose nicht direkt mit dem Aglykon verknüpft, sondern beschließt die Kette. Derartige Glykoside werden als Primärglykoside bezeichnet. Sie sind vermutlich eine Speicherform der Steroidglykoside. Die am Aglykon gebundenen Zucker werden bereits vor Ausbildung des Lactonringes angeknüpft, der terminale Glucoserest hingegen wird erst beim Übergang der noch glucosefreien Glykoside in die Vakuole gebunden (177) und bei Verletzung der Pflanzengewebe durch β-Glykosidasen unter Bildung der sog. Sekundärglykoside wieder abgespalten. Die Anzahl der bekannten herzwirksamen Steroidglykoside dürfte 500 übersteigen (81, 187, 238, 239).

In *Asclepias*-Arten wurden eine Reihe ungewöhnlicher Kopplungspartner der Aglyka gefunden, z. B. Desoxyhexosulosen, die gleichzeitig glykosidisch und hemiacetalisch am Aglykon gebunden sind (47). Auch Zuckerkomponenten mit angeknüpftem Thiazolinring kommen vor (102).

Die herzwirksamen Steroidglykoside werden in vielen (allen?) Fällen von Pregnanglykosiden begleitet, die als ihre biogenetischen Vorstufen oder Verwandten zu betrachten sind. Diese Verbindungen besitzen keine Herzwirksamkeit (239, 303).

Die Biogenese der Aglykone erfolgt ausgehend vom Cholesterol durch Verkürzung der Seitenkette. Aus den gebildeten Pregnan-21-ol-20-on-Derivaten entstehen durch Reaktion des C-Atoms 20 und der Hydroxylgruppe am C-21 mit Acetyl-Coenzym A unter Bildung eines Butenolidringes die Cardenolidgrundkörper bzw. durch Reaktion mit einem C_3-Körper, der wahrscheinlich aus Oxalacetat hervorgeht (82, 299), unter Bildung eines Pentadienolidringes die Bufadienolidgrundkörper (22, 44, 169, 239, 300). Die Bindung von Zuckern am Grundkörper erfolgt vermutlich bereits auf der Stufe der Pregnanderivate (157). Weitere Hydroxylierungen, katalysiert durch Monooxygenasen, und die Bildung der Oxogruppen, katalysiert durch Dehydrogenasen, sind auf der Glykosidstufe möglich (170, 178). Ein Abbau der herzwirksamen Steroide in der Pflanze, besonders am Ende der Vegetationsperiode, wurde beobachtet (162).

Als erstes herzwirksames Steroidglykosid wurde Digitoxin in annähernd reiner Form 1867 von NATIVELLE (19) isoliert. Die Spaltbarkeit des Digitoxins in das Aglykon Digitoxigenin und in Digitoxose wies KILIANI 1895 nach (140). An der Aufklärung der Struktur des Digitoxigenins waren WINDAUS (325, 326), JACOBS (118), TSCHESCHE (301), ELDERFIELD (218), REICHSTEIN (116) und MEYER (202) beteiligt. 1933 konnten STOLL und KREIS (290) zeigen, daß Digitoxin als Sekundärglykosid aus dem Primärglykosid Purpureaglykosid A hervorgeht.

Herzwirksame Steroidglykoside kommen in über 20 Pflanzenfamilien vor. Besonders gehäuft treten sie auf in den Familien Apocynaceae (z. B. bei *Acokanthera-, Adenium-, Apocynum-, Carissa-, Cerbera-, Nerium-, Plumeria-, Strophanthus-* und *Thevetia*-Arten), Asclepiadaceae (z. B. bei *Asclepias-, Calotropis-, Cryptostegia-, Marsdenia-, Periploca-* und *Xysmalobium*-Arten, 108, 233), Brassicaceae (z. B. bei *Erysimum*-und *Cheiranthus*-Arten), Crassulaceae (bei *Kalanchoe-, Cotyledon-* und *Tylecodon*-Arten) und Liliaceae s. l. (bei *Urginea-, Ornithogalum*-und *Convallaria*-Arten).

Gattungen mit herzwirksamen Steroiden bzw. Steroidglykosiden, die in Mitteleuropa vorkommen oder als Zimmerpflanzen gehalten werden, sind in Tabelle 12-1 zusammengefaßt (*Capsella bursa-pastoris* und *Lunaria rediviva* siehe S. 180, Bild 12-1 u. 12-2).

Auch bei Tieren werden herzwirksame Steroide und ihre Glykoside bzw. Ester gefunden. Während Kröten (Kap. 12.2.4.2), einige Schlangen (Kap. 12.2.4.3) und einige Vertreter der Blattkäfer selbst herzwirksame Steroide bilden, dürften sie von der Mehrzahl der Insekten mit herzwirksamen Steroiden (Kap. 12.2.4.1) aus den Futterpflanzen aufgenommen werden.

Tab. 12-1: Pflanzen mit herzwirksamen Steroiden bzw. Steroidglykosiden, mit denen in Mitteleuropa Kontaktmöglichkeiten bestehen (Z = Zimmerpflanze)

Familie	Gattung
Ranunculaceae	*Adonis, Helleborus*
Crassulaceae	*Kalanchoe* (*Bryophyllum*, Z), *Cotyledon* (Z)
Fabaceae	*Coronilla*
Celastraceae	*Euonymus*
Brassicaceae	*Alliaria, Capsella, Cheiranthus, Conringia, Erysimum, Hesperis, Lepidium, Lunaria, Matthiola* (?), *Sisymbrium*
Apocynaceae	*Nerium* (Z)
Scrophulariaceae	*Digitalis*
Liliaceae	*Convallaria, Ornithogalum* (auch Z), *Urginea* (Z)

Erste Angaben über eine therapeutische Verwendung von Pflanzen mit herzwirksamen Steroidglykosiden stammen bereits aus dem 16. Jh. v. Chr. (Papyrus EBERS: Meerzwiebel bei Herzleiden) und aus dem griechischen Altertum (*Helleborus* als Brechmittel). Krötengifte sind schon lange Bestandteil des chinesischen Arzneischatzes. Die Einführung von *Digitalis purpurea* in die Therapie von Herzkrankheiten erfolgte 1785 durch den englischen Arzt W. WITHERING. 1869 gewann NATIVELLE ein Digitalispräparat (Digitaline Nativelle), das für längere Zeit die Grundlage der Digitalistherapie in Europa bildete. Gegenwärtig werden wegen der schweren Standardisierbarkeit pflanzlicher Extrakte vorwiegend Reinglykoside eingesetzt, und das Bestreben geht dahin, Synthetika mit größerer therapeutischer Breite und besserem pharmakokinetischem Verhalten zu gewinnen (18, 95, 321).

Außer in der Medizin werden Pflanzen mit herzwirksamen Steroidglykosiden, u. a. *Antiaris-, Acokanthera-, Periploca-, Adenium-* und *Strophantus*-Arten, schon seit langem von Naturvölkern Ostasiens, Afrikas und Südamerikas als Pfeilgifte benutzt (18, 26, 45, 214).

Die positiv inotrope Wirkung der herzwirksamen Steroide beruht auf dem Angriff an der in der Herzmuskelzellmembran lokalisierten Na^+/K^+-ATPase. Die Bindung erfolgt an die α-Untereinheiten des Enzyms an der extraplasmatischen Seite der Membran (135), sie ist reversibel und erfüllt alle Kriterien einer spezifischen Rezeptorbindung. Bei therapeutischen Dosen werden nur 20–40% der Glykosidbindungsstellen am Enzym besetzt (5). Na^+- und Mg^{2+}-Ionen fördern die Glykosidbindung am Enzym, durch K^+-Ionen wird sie gehemmt (135). Die unterschiedliche Empfindlichkeit verschiedener Tierarten für herzwirksame Glykoside kommt durch die unterschiedliche Stabilität des Glykosid-Rezeptor-Komplexes zustande. Durch Hemmung des Enzyms wird der akute Na^+-/K^+-Austausch durch die Membran verringert und die intrazelluläre Natriumionenkonzentration erhöht. Das führt über verschiedene Mechanismen (Stimulierung eines transsarcolemalen Na^+-/Ca^{2+}-Austauschsystems, Freisetzung von intrazellulär gebundenen Ca^{2+}-Ionen durch Ionenaustausch) zu einer Erhöhung der für Kontraktionsvorgänge zur Verfügung stehenden Calciumionen in der Zelle und somit zur Erhöhung der Kontraktionskraft des Herzens. Ein Anstieg der intrazellulären Na^+-Konzentration von 1 auf 2 mM bewirkt in vitro eine Verdoppelung der Kontraktionsstärke (75). Eine gelegentlich beobachtete transiente Stimulation der Na^+/K^+-ATPase durch die Steroide wird indirekt durch die Freisetzung β-adrenerger Transmitter verursacht (135). Die positiv inotrope Wirkung tritt sowohl am gesunden als auch am insuffizienten Herzen auf. Das kranke Herz reagiert jedoch bedeutend empfindlicher.

Darüber hinaus wirken die herzwirksamen Glykoside in therapeutischen Dosen durch Verlangsamung der Reizübertragung im Herzen und Vaguseffekte negativ chronotrop, negativ dromotrop und positiv bathmotrop.

Möglicherweise ist der Wirkungsmechanismus der Verbindungen wesentlich komplexer als bisher angenommen (s. u., 109, zur Wirkung und zu Wirkungsmechanismen: 3, 5, 75, 94, 95, 135, 215, 242, 279, 281, 318).

Erwähnt sei auch die antivirale Wirksamkeit einiger herzwirksamer Steroide. 14β-Hydroxy-bufadienolide hemmen bereits in kleinen Konzentrationen die Vermehrung von Rhinoviren (130).

Für die Herzwirksamkeit essentielle Strukturmerkmale sind:

- der Carbonylsauerstoff des β-ständigen Lactonrings (Wirkgruppe), der stark elektronegativ ist und eine Wasserstoffbrückenbindung zum H-Donator des Rezeptors eingehen kann,
- das Steroidgerüst mit cis-Verknüpfung der Ringe C und D (Haftgruppe), das in dieser Anordnung van der Waalsche Bindungen zum Rezeptormolekül ausbildet, und
- die β-Stellung der OH-Gruppen am C-3 und C-14.

Der Ersatz des Butenolidringes durch den Pentadienolidring erhöht die Wirksamkeit auf etwa das 10fache.

Anzahl und Art der gebundenen Zucker bestimmen ebenso wie die Sauerstoffatome im Aglykon vor allem das pharmakokinetische Verhalten. An der Rezeptorbindung soll nur der dem Genin am nächsten stehende Zucker beteiligt sein. Eine zunehmende Zahl an Sauerstoffunktionen im Molekül erhöht dessen Polarität. Damit nehmen die Resorptionsquote aus dem Darm und die Festigkeit der Plasmaeiweißbindung ab, die Eliminationsgeschwindigkeit wird größer. Der Wirkungseintritt stark hydroxylierter Verbindungen erfolgt nach parenteraler Applikation sehr schnell, die Wirkungsdauer ist kurz. Wenig polare Verbindungen werden dagegen in größerem Maße resorbiert und fest an Plasmaeiweiße gebunden. Ihre Abklingquoten sind gering (zu Struktur-Wirkungs-Beziehungen und zur Pharmakokinetik: 37, 77, 94, 95, 106, 131, 207, 225, 241, 280, 319).

Toxische Dosen herzwirksamer Glykoside führen über eine weitere Hemmung der Na^+/K^+-Pumpe zu großen Nettoverlusten an zellulären Kaliumionen. Gleichzeitig kommt es zu einer «Überladung» mit Calciumionen. Es resultieren die die Vergiftung hauptsächlich kennzeichnenden Arrhythmien. Nach einer Hypothese von Heller (109) werden positiv inotrope und toxische Wirkungen der Verbindungen über unterschiedliche Mechanismen vermittelt (toxische Effekte durch den Angriff an der Na^+/K^+-ATPase, positiv inotrope durch den am Na^+-K^+-Cl^--Co-Transporter).

Extrakardiale toxische Wirkungen erstrecken sich auf das ZNS, besonders auf die Triggerzone in der Medulla oblongata, die Nieren und das Gefäßsystem. Es kommt zu Erbrechen, Übelkeit, Farbensehen, Halluzinationen und anderen Vergiftungserscheinungen. Bei langdauerndem Gebrauch können sich östrogenähnliche Nebenwirkungen (Gynäkomastie) bemerkbar machen (Steroidgerüst!, 175).

Die therapeutische Breite der herzwirksamen Glykoside ist gering, bei den Digitalispräparaten liegt die toxische Dosis nur um 50–60% höher als die therapeutische (zur Toxizität: 9, 10, 24, 60, 74, 75, 95, 106, 174, 179, 215, 246, 279, 280, 281, 294).

Hypokalämie, z. B. bei Anwendung von Diuretica oder Abführmitteln, und Hypercalcämie erhöhen das Risiko einer Vergiftung durch herzwirksame Steroidglykoside. Auch Hypomagnesämie kann dazu beitragen. Die Wirkung der herzwirksamen Steroidglykoside und damit das mögliche Auftreten von Intoxikationserscheinungen werden außerdem durch verschiedene Krankheitszustände, wie Niereninsuffiziens, Hyper- und Hypothyreose sowie durch das Lebensalter und Arzneimittelinteraktionen beeinflußt. Einer besonders intensiven Überwachung bedürfen Patienten mit Herzschrittmachern, da das Warnsymptom bradykarder Rhythmusstörungen hier nicht auftritt. Auch im Tierversuch zeigen sich in Abhängigkeit von Species, Alter und Geschlecht große Unterschiede in Wirksamkeit und Toxizität der Verbindungen (320, zur Beeinflussung der Wirkung: 10, 60, 74, 95, 106, 207, 246, 280).

Vergiftungen sind vorwiegend medizinal bedingt. Daneben sind auch akzidentelle Vergiftungen, Selbstmorde und Morde durch entsprechende Präparate bzw. Pflanzen mit herzwirksamen Steroiden bekannt.

Leichte Intoxikationserscheinungen während der Therapie mit herzwirksamen Glykosiden lassen sich durch Dosisreduktion oder kurzfristige Therapieunterbrechung beheben. Nach peroraler Aufnahme toxischer Konzentrationen ist Magenspülung mit Aktivkohle durchzuführen (219). Die Unterbrechung des enterohepatischen Kreislaufs von Digitoxin gelingt durch Gabe von Colestyramin. Eine wesentliche Verbesserung der Behandlungsmöglichkeiten bei schweren Vergiftungen ermöglicht der Einsatz der Fab-Fragmente spezifisch gegen Digoxin gerichteter Antikörper. Es besteht Kreuzreaktivität gegenüber Digitoxin. Ihre Applikation ist immer dann indiziert, wenn hohe Glykosidkonzentrationen im Serum nachweisbar sind (mehr als 100 ng/ml Digitoxin bzw. 3 ng/ml Digoxin), die Kaliumkonzentration größer als 7 mmol/l ist und bedrohliche Rhythmusstörungen auftreten. Die Glykoside werden durch die Fab-Fragmente gebunden und in Form von inaktiven Herzglykosid-Antikörper-Komplexen vorwiegend renal ausgeschieden. Oft kommt es schon während der Fab-Infusion bzw. kurz danach zum Rückgang der Arrhythmien (4, 74, 103, 284). Bei Digoxinüberdosierung war auch Hämofiltration erfolgreich (173). Hämoperfusion und -dialyse werden kontrovers beurteilt. Die Behandlung der Arrhythmien erfolgt mit Atropin oder Sympathicomimetica (bradykarde Störungen), Zufuhr von Kaliumsalzen (ektope Kammerarrythmien), Lidocain (supraventrikuläre Arrhythmien) oder durch Elektrodefibrillation möglichst unter Phenytoinschutz (Kammerflattern und -flimmern). Auch der Einsatz von Schrittmachern kann erforderlich sein (74). Bei zentralen Vergiftungserscheinungen können Phenothiazine oder Barbiturate appliziert werden. In jedem Falle ist die Bestimmung von Glykosid-, Kalium- und Calciumspiegel im Blut erforderlich, bei Rhythmusstörungen auch EKG-Überwachung (zur Therapie der Intoxikationen: 9, 60, 74, 103, 106).

12.2.2 Pflanzen mit Cardenoliden

12.2.2.1 Fingerhut (*Digitalis*-Arten)

Die Gattung *Digitalis*, Fingerhut (Scrophulariaceae, Braunwurzgewächse), umfaßt etwa 20 Arten, die von der Pyrenäenhalbinsel bis Mittelasien verbreitet sind. Viele früher zu dieser Gattung gerechnete, strauchförmige Arten, die endemisch auf Madeira und den Kanarischen Inseln vorkommen und auch in der Struktur und Zusammensetzung der herzwirksamen Steroidglykoside von *Digitalis*-Arten abweichen (*Isoplexis sceptrum* LINDL. soll frei von Cardenoliden sein, 92), werden heute als Gattung *Isoplexis* LINDL. abgetrennt.

In Mitteleuropa heimisch sind *D. purpurea* L., Purpurroter Fingerhut, *D. lutea* L., Gelber Fingerhut, *D. grandiflora* MILL., (*D. ambigua* MURR.), Großblütiger Fingerhut, und *D. laevigata* WALDST. et KIT., Glatter Fingerhut. In Südosteuropa verbreitet, dringt *D. lanata* EHRH., Wolliger Fingerhut, nördlich nur bis Südungarn vor. Da er aber in Mitteleuropa vielfach als Arzneipflanze angebaut wird und auch vereinzelt verwildert vorkommt, soll er ebenfalls in die Betrachtungen einbezogen werden. *D. purpurea, D. grandiflora, D. lutea* und die aus Südosteuropa stammende und von dort Ungarn erreichende Art *D. ferruginea* L., Rostfarbener Fingerhut, werden bei uns als Zierpflanzen angebaut.

Digitalis-Arten sind ausdauernde, 0,6–1,2 m hohe Stauden, die im ersten Jahr meistens nur eine grundständige Blattrosette und vom zweiten Jahr ab einen hohen unverzweigten Stengel mit endständiger Blütentraube bilden. Die Blüten haben einen 5zipfligen, glockigen Kelch, eine röhrige oder glockige Blütenkrone mit ungleich zweilippigem Saum und vier Staubblättern. Die Blätter sind ungeteilt. *D. purpurea* (siehe S. 180, Bild 12-3) hat purpurrote, seltener auch weiße Blüten und kommt in lichten Wäldern von Großbritannien und Südschweden bis zur Pyrenäenhalbinsel und Österreich vor. *D. grandiflora* besitzt über 3 cm lange, blaß ockergelbe, innen braun geaderte oder gefleckte Blüten und einen drüsig behaarten Stengel. Standorte sind lichte Wälder von Belgien bis zur Pyrenäenhalbinsel und im Osten bis Westsibirien. *D. lutea* hat ca. 2 cm lange, hell-zitronengelbe Blüten mit deutlich 5zipfliger Blütenröhre und einen kahlen Stengel. *D. lutea* gedeiht an buschigen Abhängen von Belgien bis Nordspanien und Nordwestafrika, im Osten bis Österreich. *D. laevigata* weist hell ockergelbe, rostbraun geaderte Blüten mit lang vorgezogenem Mittellappen der Unterlippe der Kronröhre auf und kommt nur in Österreich und auf der Balkanhalbinsel vor. *D. lanata* (siehe S. 180, Bild 12-4) hat weiße oder blaßockergelbe, braun geaderte Blüten mit langer Unterlippe und einen wollig behaarten Blütenstand. Heimat sind die Balkanhalbinsel und Südwestasien. *D. ferruginea* wird bis 1,50 m hoch und besitzt einen langen, lokkeren Blütenstand mit gelblichgrauen, innen rostroten Glocken.

In *Digitalis*-Arten wurden bisher über 100 verschiedene Glykoside nachgewiesen. Aglyka der genannten Arten sind Digitoxinin, Gitoxigenin, Digoxigenin, Diginatigenin und Gitaloxigenin. Die Glykoside teilt man, der Buchstabenbezeichnung der zugehörigen Lanatoside entsprechend, ein in Glykoside der A-Reihe (Aglykon Digitoxigenin), B-Reihe (Aglykon Gitoxigenin), C-Reihe (Aglykon Digoxigenin), D-Reihe (Aglykon Diginatigenin) und E-Reihe (Aglykon Gitaloxigenin). Als Monosaccharidkomponenten wurden nachgewiesen D-Glucose, D-Glucomethylose (6-Desoxy-D-glucose), D-Boivinose (2,6-Didesoxy-D-glucose), D-Allomethylose (6-Desoxy-D-allose), D-Digitoxose (2,6-Didesoxy-D-allose), L-Fucose (6-Desoxy-D-galaktose), D-Digitalose (L-Fucose-3-methylether) und D-Xylose. Die D-Glucose terminierten, genuinen Di-, Tri-, und Tetraglykoside, die sog. Primärglykoside (z. B. Purpureaglykosid A), können, katalysiert durch in der Pflanze enthaltene β-Glucosidasen, postmortal in die glucosefreien Sekundärglykoside übergehen (z. B. Digitoxin, 63, 321).

Der Gehalt an herzwirksamen Steroiden beträgt in den Pflanzen etwa 0,2–3% (bis 6%?, 48). Auskunft über Haupt- und wichtige Nebenglykoside, die in den Blättern der oben genannten *Digitalis*-Arten vorkommen, geben die Tabellen 12-2 und 12-3. In der wegen des völligen Fehlens quantitativer Angaben dort nicht aufgeführten *D. ferruginea* wurden gefunden: aus der A-Reihe Lanatosid A, Desacetyllanatosid A und Acetyldigitoxin, aus der B-Reihe Glucogitorosid, Digitalinum verum und Gitoxin, aus der C-Reihe Lanatosid C, Desacetyllanatosid C und Digoxin (48).

Die Glykosidzusammensetzung der Samen weicht von der der Blätter ab. So dominieren in den Samen von *D. purpurea* Digitalinum verum, Glucoverodoxin und Glucodigifucosid. Darüber hinaus kommen in den Samen von *D. lanata* in größerer Menge Desacetyllanatosid C, Glucoevatromonosid und Glucogitorosid vor, während in denen von *D. grandiflora* besonders Glucoevatromonosid und Purpureaglykosid A zu finden sind.

Das Glykosidspektrum ist sowohl in den Samen als auch im Kraut sehr stark abhängig von der Zugehörigkeit der Arten zu den einzelnen Unterarten, Varietäten sowie Chemotypen, vom Alter der Pflanze und von den Umweltbedingungen.

Als Begleitstoffe kommen vor:

- Digitanolglykoside, ca. 1%, z. B. Diginin, Digipurpurin, Digitalonin,
- Anthrachinonderivate und

Tab. 12-2: Herzwirksame Steroidglykoside aus den Blättern des Fingerhuts (*Digitalis*-Arten)

Reihe	Glykosid	Menge in mg/100 g Trockengewicht				
		D. purp.	*D. lut.*	*D. grd.*	*D. laev.*	*D. lan.*
A	Purpureaglykosid A	20–120	+			+
	Lanatosid A		10–90	80	50	80–240
	Digitoxin	2– 40	25	+		5– 20
	Acetyldigitoxin		60–80			
	Neoodorobiosid			45–75		
	Glucoevatromonosid	2– 25	10-35	2–120	+	20–160
B	Purpureaglykosid B	20– 80		+		+
	Lanatosid B		8	+		10–150
	Glucogitorosid	2– 62		15	15	20–120
	Digitalinum verum	10– 40		15		20–120
	Neodigitalinum verum		10–15	55–80	20	
C	Lanatosid C		+	+		80–240
	Desacetyllanatosid C					5– 20
D	Lanatosid D					+
E	Lanatosid E		+			5– 20
	Glucogitaloxin	10–100				+
	Glucoverodoxin	10– 40		+		20–100
	Neoglucoverodoxin			25–60		
	Glucolanodoxin	2– 43				20–120

- Steroidsaponine, z. B. die Bisdesmoside vom Furostantyp, Purpureagitosid, Lanagitosid, Lanatigosid, und die Spaltprodukte, die Monodesmoside vom Spirostantyp, Gitonin, Tigonin und Digitonin, in den Samen bis 6%.

Die beiden Digitalisglykoside, die am häufigsten in der Therapie eingesetzt werden und folglich am meisten Anlaß zu Vergiftungen geben, sind Digitoxin und Digoxin. Bei peroraler Anwendung wird Digitoxin zu 100%, Digoxin zu etwa 60% resorbiert. Digitoxin wird im Organismus sehr langsam metabolisiert. Nach sukzessiver Abspaltung der Desoxyzukker und Epimerisierung der OH-Gruppe am C-3 erfolgt Konjugation mit Glucuron- oder Schwefelsäure. Die Hauptmenge wird unverändert renal ausgeschieden. Die Abklingquote beträgt nur 9% am Tag und bedingt die relativ große Kumulationsgefahr. Digoxin wird vorwiegend über die Nieren ausgeschieden, die Abklingquote liegt zwischen 15 und 20%/Tag (207, 225).

Der therapeutische Plasmaspiegel an Digoxin ist größer als 0,8 ng/ml, aber bereits Konzentrationen oberhalb 1,7 ng/ml führen bei 10% der Patienten zu Arrhythmien. Für Digitoxin beginnt die therapeutische Plasmakonzentration bei 10 ng/ml, bereits bei 29 ng/ml ist bei 10% der Patienten mit Arrhythmien zu rechnen (63, Ü 73).

Akute Vergiftungen äußern sich in starken lokalen Reizerscheinungen im Magen-Darm-Kanal: Erbrechen, Übelkeit und Durchfälle. Als Resorptivwirkung tritt nach etwa 1 h zunächst Pulsverlangsamung auf. Der Puls kann auf weniger als 40 Schläge/min absinken und kaum noch fühlbar sein. Wichtigste kardiale Vergiftungssymptome sind verschiedene Herzrhythmusstörungen, z. B. ventrikuläre und

Tab. 12-3: Struktur und Toxizität ausgewählter Digitalis-Glykoside

Reihe	Name	Struktur	LD mg/kg (Katze, i. v.)
A	Purpureaglykosid A	DTX-Dx-Dx-Dx-Glc	0,33–0,51
	Lanatosid A	DTX-Dx-Dx-Dx(Ac)-Glc	0,36–0,38
	Digitoxin	DTX-Dx-Dx-Dx	0,24–0,62
	Acetyldigitoxin	DTX-Dx-Dx-Dx(Ac)	0,45–0,51
	Neoodorobiosid	DTX-Dtl-Glc(1–2)	1,03±0,13
	Glucoevatromonosid	DTX-Dx-Glc	6,63±0,23
	Evatromonosid	DTX-Dx	
B	Purpureaglykosid B	GTX-Dx-Dx-Dx-Glc	0,37–0,55
	Lanatosid B	GTX-Dx-Dx-Dx(Ac)-Glc	0,39–0,40
	Gitoxin	GTX-Dx-Dx-Dx	0,50–0,81
	Glucogitorosid	GTX-Dx-Glc	4,92±0,28
	Gitorosid	GTX-Dx	2,38±0,17
	Digitalinum verum	GTX-Dtl-Glc	0,97–1,33
	Neodigitalinum verum	GTX-Dtl-Glc(1–2)	inaktiv
C	Lanatosid C	DGG-Dx-Dx-Dx(Ac)-Glc	0,23–0,28
	Desacetyllanatosid C	DGG-Dx-Dx-Dx-Glc	0,23
	Digoxin	DGG-Dx-Dx-Dx	0,23–0,28
D	Lanatosid D	DNG-Dx-Dx-Dx(Ac)-Glc	0,41
	Diginatin	DNG-Dx-Dx-Dx	
E	Glucogitaloxin	GLG-Dx-Dx-Dx	
	Lanatosid E	GLG-Dx-Dx-Dx(Ac)-Glc	0,60
	Gitaloxin	GLG-Dx-Dx-Dx	0,71–1,01
	Glucoverodoxin	GLG-Dtl-Glc	
	Neoglucoverodoxin	GLG-Dtl-Glc(1–2)	
	Verodoxin	GLG-Dtl	0,26
	Glucolanodoxin	GLG-Dx-Glc	5,74±0,27
	Lanodoxin	GLG-Dx	

DTX = Digitoxigenin, GTX = Gitoxigenin, DGG = Digoxigenin, DNG = Diginatigenin, GLG = Gitaloxigenin, Dx = D-Digitoxose, Dx(Ac) = 3-Acetyl-D-digitoxose, Dtl = D-Digitalose, Glc = Glucose, Glc(1–2) = D-Glucose, 1–2-verknüpft superventrikuläre Arrhythmien, AV-Block und AV-Knotenrhythmus. Der Puls wird dann sehr rasch (bis 140 Schläge/min) und immer schwächer («Delirium cordis»). Extracardiale Symptome sind zentral bedingtes Erbrechen, Schwäche, Angst, Farbensehen und andere Sehstörungen (nicht wie oft angegeben spezifisch für Digitalisvergiftungen, 74), Kopfschmerzen, eventuell Psychosen, Halluzinationen und Delirien. Der Tod tritt durch Herzstillstand oder Asphyxie nach wenigen Stunden oder Tagen ein, bei intravenöser Applikation bereits nach Minuten.

An erster Stelle der Vergiftungen durch Digitalisglykoside stehen Intoxikationen während der Digitalistherapie. Ihre Häufigkeit lag in den Jahren von 1978–1981 in der Heidelberger Universitätsklinik bei Digoxin zwischen 1,8 und 6%, bei Digitoxin zwischen 1,6 und 4,5%. Früher waren diese Zahlen allgemein wesentlich höher (etwa 20%). Frauen sind häufiger betroffen als Männer (74). Die medizinal bedingten Intoxikationen kommen zustande durch Dosierungsfehler, Kumulation (Niereninsuffizienz!) oder eine veränderte Glykosidtoleranz infolge von Veränderungen des Krankheitsbildes (Fieber), hormonelle Einflüsse oder Arzneimittelwechselwirkungen (74).

Akzidentelle Vergiftungen durch die in vielen Haushalten verfügbaren Digitalispräparate sind bei Kindern nicht selten (171, 283). Es mehren sich auch die Berichte über Vergiftungen durch vorsätzliche Einnahme in suizidaler Absicht (13, 32, 33, 244, 282, 285). Eine 57jährige Frau, die nie herzkrank gewesen war, wurde mit Hilfe eines Digitalispräparates (8 mg Digitoxin), das in ein Glas mit Fruchtsaft gegeben worden war, ermordet (73). Die Letalität wird bei akzidentellen und suizidalen Vergiftungen mit Digitalisglykosiden mit 20% und mehr angegeben (103).

Demgegenüber sind Vergiftungen durch *Digitalis*-Pflanzen beim Menschen aufgrund der geringen Verwechslungsgefahr, des bitteren Geschmacks und des bald einsetzenden Erbrechens selten. Über Vergiftungen durch Tee aus Fingerhutblättern wurde berichtet (59, 176). 2–3 g der getrockneten Blätter sollen für einen Menschen tödlich sein. Tiere reagieren sehr unterschiedlich. Am empfindlichsten sind Pferde (tödliche Dosis etwa 25 g getrocknete Blätter, 100–200 g frische Blätter, Ü 40), Schweine, Enten und Katzen. Wiederkäuer sind, da die Glykoside durch die Pansenflora weitgehend zerstört werden, weniger gefährdet (tödliche Dosis bei Rindern mehr als 150 g der getrockneten Blätter, Ü 40). Von Rothirschen ist bekannt, daß sie gern Fingerhutblätter fressen. Wenn sie auf Flächen mit viel *Digitalis*-Pflanzen gehalten werden, zeigen sie als Intoxikationserscheinungen Anorexie, Erbrechen und Arrhythmien (15, 52).

12.2.2.2 Maiglöckchen (*Convallaria majalis*)

Convallaria majalis L., Maiglöckchen (Liliaceae, Liliengewächse, auch als Convallariaceae, Maiglöckchengewächse, abgetrennt), ist die einzige in Mitteleuropa vorkommende Art dieser sehr artenarmen Gattung.

Convallaria majalis ist eine ausdauernde, etwa 10–20 cm hoch werdende Pflanze mit ausläuferartig kriechendem Rhizom. Die Blätter sind ganzrandig, langelliptisch und zugespitzt. Der Blütenstengel ist unbeblättert und trägt an der Spitze eine einseitswendige, 5- bis 13blütige Traube mit weißen, kuglig-glockenförmigen, 6zipfligen, wohlriechenden Blüten. Die Früchte sind rote, dreifächrige Beeren mit 2–6 weißlichen oder blauen Samen (siehe S. 180, Bild 12-5). Das Maiglöckchen ist in fast ganz Europa und im gemäßigten Asien heimisch. In Nordamerika wurde es eingebürgert.

Der Gehalt an herzwirksamen Steroiden beträgt relativ konstant in den unterirdischen Organen 0,19–0,24%, in den oberirdischen Organen sinkt er, von 0,45% in den sehr jungen Blättern, als Folge des Überwiegen des Abbaus gegenüber der Neusynthese mit fortschreitendem Alter, auf etwa 0,01% in den Blättern am Ende der Vegetationsperiode (162). Der Gehalt in den Blüten entspricht etwa dem der jungen Blätter. Im Fruchtfleisch der reifen roten Beeren sind keine oder nur Spuren, in den Samen etwa 0,45% Cardenolidglykoside enthalten. Die herzwirksamen Steroidglykoside werden nur in den oberirdischen Organen gebildet (257, 259).

Bisher sind etwa 40 herzwirksame Glykoside aus *C. majalis* isoliert worden. Die Aglyka sind Periplogenin, Strophanthidol, Strophanthidin, Sarmentogenin, 19-Hydroxy-sarmentogenin, Bipindogenin, Sarmentologenin, Sarmentosigenin A sowie Cannogenol und die Monosaccharidkomponenten D-Glucose, L-Rhamnose, D-Allose, D-Allomethylose, L-Arabinose und D-Gulomethylose. Tabelle 12-4 gibt Aufschluß über die wichtigsten Cardenolidglykoside aus *C. majalis* (160).

Das Glykosidspektrum ist sehr stark vom Alter der Pflanzen, von den Standortbedingungen und vom Chemotyp abhängig. Bei Pflanzen West- und Nordwesteuropas dominieren Convallatoxin neben weniger Convallatoxol und bei Pflanzen aus Osteuropa Convallatoxin neben weniger Lokundjosid. Mitteleuropäische Herkünfte enthalten die Hauptglykoside Convallatoxin, Convallatoxol und Lokundjosid in ausgewogenem Verhältnis (27). Mit zunehmendem Alter der Blätter werden die Rhamnoside in Glucorhamnoside umgewandelt (177). Als Begleitstoffe sind Steroidsaponine (darunter auch

Tab. 12-4: Herzwirksame Steroidglykoside des Maiglöckchens (*Convallaria majalis*) (155, 160)

Name	% des Gesamtgehalts	Struktur	LD, mg/kg (Katze, i. v.)
Convallatoxin	4–40	SDN-Rha	0,07–0,08
Convallosid	4–24	SDN-Rha-Glc	0,22
Desglucocheirotoxin	3–15	SDN-Gulom	0,10
Glykosid F	3– 8	SDN-Allom-Rha	
Glykosid U	2– 5	SDN-Allom-Ara	
Convallatoxol	10–20	SDO-Rha	0,09
Convallatoxolosid	1– 3	SDO-Rha-Glc	
Desglucocheirotoxol	2–15	SDO-Gulom	
Lokundjosid	1–25	BIP-Rha	0,11
Cannogeninrhamnosid	5	CAN-Rha	

SDN = Strophanthidin, SDO = Strophanthidol, BIP = Bipindogenin, CAN = Cannogenin, Gulom = D-Gulomethylose, Rha = L-Rhamnose, Glc = D-Glucose, Allom = D-Allomethylose, Ara = L-Arabinose

das trisdesmosidische Convallamarosid) und Azetidin-2-carbonsäure erwähnenswert (Kap. 16.5.1).

Vergiftungen äußern sich in Erbrechen, Durchfällen, Schwindel, verstärkter Diurese, Schwäche sowie langsamem und irregulärem Puls. Letaler Ausgang ist selten. Bei Aufnahme der Pflanzen soll sowohl die Saponin- als auch die Cardenolidwirkung zum Tragen kommen.

Intoxikationen treten als Nebenwirkungen bei therapeutischer Anwendung von Convallatoxin oder Convallatoxol (durch die geringe Kumulationsneigung jedoch wesentlich seltener als bei Therapie mit Digitalisglykosiden), bei volksmedizinischer Anwendung der Droge gegen «Wassersucht» und als akzidentelle Vergiftungen auf. Besonders die roten Beeren locken Kinder zum Verzehr und geben Anlaß zu toxikologischen Beratungsfällen. Wegen des geringen Gehaltes an herzwirksamen Steroiden im Fruchtfleisch und der geringen Resorption nach peroraler Aufnahme sind die Folgeerscheinungen meistens relativ harmlos. Es ist unwahrscheinlich, daß das Trinken von Wasser aus einem Glas, in dem Maiglöckchen gestanden hatten, für den Tod eines dreijährigen Mädchens verantwortlich ist (8).

Bei Tieren, besonders Gänsen und Enten, wurden Todesfälle nach dem Fressen von Maiglöckchenblättern beobachtet (Ü 6, Ü 114).

12.2.2.3 Milchstern (*Ornithogalum*-Arten)

Der Gattung *Ornithogalum*, Milchstern (Liliaceae, Liliengewächse, auch als Hyacinthaceae ausgegliedert), gehören etwa 100 Arten an, die in Europa, Afrika und Asien beheimatet sind. Für das Gebiet werden sieben Arten angegeben, von denen *O. umbellatum* L., Dolden-Milchstern, Stern von Bethlehem, am weitesten verbreitet und hinsichtlich seiner herzwirksamen Steroide am besten untersucht ist (siehe S. 197, Bild 12-6). Von Interesse sind auch *O. caudatum* AIT., Geschwänzter Milchstern, Falsche Meerzwiebel, die aus Südafrika stammt und als Zimmerpflanze dient, sowie *O. thyrsoides* JACQ., Chincherinchee, die aus importierten Zwiebeln angezogen, einjährig in Gärten oder als Kalthauspflanze zur Gewinnung von sich mehrere Wochen in der Vase haltenden Schnittblumen kultiviert wird; auch Importe der Blütenstengel aus Südafrika erfolgen.

Die einheimischen Arten sind Zwiebelpflanzen mit grundständigen, linealischen, langscheidigen Blättern. Die Blüten stehen in Trauben oder Trugdolden, sie haben sechs weiße Blütenblätter mit einem grünen Mittelstreifen. *O. umbellatum* ist in Süd- und Mitteleuropa, Vorderasien und Nordafrika verbreitet. Nördlich der Alpen ist es vermutlich ein Kulturflüchtling aus Gärten. Bevorzugte Standorte sind fette Wiesen, Wegränder und Gebüsche. *O. comosum* L., Schopfiger Milchstern, und *O. pyramidale* L., Pyramiden-Milchstern, werden selten, im Gebiet nur im Südosten, in Niederösterreich, gefunden. *O. gussonei* TEN. (*O. orthophyllum* TEN.), Kochs Milchstern, kommt zerstreut in Österreich, im übrigen Gebiet selten vor, z. B. in Bayern und Sachsen-Anhalt. *O. nutans* L., Nickender Milchstern, wird als Relikt früherer Kulturen in Klostergärten im gesamten Gebiet angetroffen, besonders in Parks und Gärten. *O. boucheanum* (KUNTH) ASCHERS. et GRAEBN., Bóuches Milchstern, Garten-Milchstern, wird im östlichen Österreich zerstreut, im übrigen Gebiet selten, in Gärten und auf Äckern, beobachtet. *O. pyramidale* L., Pyramiden-Milchstern, hat seinen Verbreitungsschwerpunkt in Südwesteuropa und erreicht das Gebiet in Oberösterreich.

In den bisher untersuchten *Ornithogalum*-Arten (*O. umbellatum, O. magnum, O. schelkovnikovii, O. gussonei, O. boucheanum)* wurden die Aglyka Digitoxigenin, Gitoxigenin, Sarmentogenin, Strophanthidin, 3β-Hydroxy-4,5-dehydro-card-20(22)-enolid, Uzarigenin, 15β,16α-Dihydroxy-uzarigenin, Syriogenin sowie Oleandrigenin und als Zuckerkomponenten L-Arabinose, D-Glucose, 6-Desoxy-D-allose, D-Xylose, L-Rhamnose, D-Apiose sowie D-Digitoxose nachgewiesen (84).

In den Zwiebeln von *O. umbellatum* wurden bisher acht herzwirksame Steroidglykoside gefunden (Tabelle 12-5).

Aus Kraut und Zwiebel von *O. boucheanum* wurden acht (leider) unbenannte Glykoside erhalten: SAR-Allom-Xyl-Rha, SAR-Allom-Xyl-(1-3)Api, SAR-Dx-Xyl-(1-3)Api, SAR-Rha-Api, DTX-Allom-Xyl, UZA-Dx-Xyl-Rha, DH-UZA-Dx-Xyl-Rha und SYR-Dx-Xyl-Rha (SAR = Sarmentogenin, UZA = Uzarigenin, DH-UZA = 15β, 16-Dihydroxyuzarigenin, SYR = Syriogenin, Allom = D-Allomethylose, Xyl = D-Xylose, Rha = L-Rhamnose, Api = D-Apiose, Dx = D-Digitoxose, 84).

Aus *O. gussonei* sind Rhodexin A, Rhodexin B (Oleandrigeninrhamnosid) und Rhodexosid isoliert worden (150). Untersuchungen an *O. caudatum* und *O. thyrsoides*, die beide als giftig gelten, sind nicht bekannt.

Perorale Aufnahme von *O. umbellatum* verursacht beim Menschen Übelkeit und Gastroenteritis. In den USA wurden Massenvergiftungen von über 1000 Schafen, hervorgerufen durch das Fressen der Zwiebeln dieser Pflanze, beobachtet. Äußerlicher Kontakt mit *O. thyrsoides* führt bei empfindlichen Personen zu Dermatitis. Schwere Tiervergiftungen durch *O. thyrsoides* wurden bei Pferden beschrieben. Vergiftungssymptome waren gastrointestinale Reizerscheinungen und Krämpfe (Ü 87).

12.2.2.4 Pfaffenhütchen (*Euonymus*-Arten)

Die Gattung *Euonymus*, Spindelstrauch, Pfaffenhütchen (Celastraceae, Baumwürgergewächse), umfaßt über 100 Arten, deren Hauptverbreitungsschwerpunkt in Ostasien liegt. In Mitteleuropa sind drei Arten heimisch: *E. europaea* L., Europäisches Pfaffenhütchen, *E. verrucosa* Scop., Warzen-Spindelstrauch, und *E. latifolia* (L.) Mill., Breitblättriges Pfaffenhütchen, Voralpen-Spindelstrauch. Daneben werden in Gärten und Anlagen eine Vielzahl weiterer Arten kultiviert, z. B. *E. japonica* L. f. (in vielen Sorten), *E. atropurpurea* Jaqu. und *E. nana* M. B.

Euonymus-Arten sind meistens sommergrüne, seltener immergrüne Sträucher oder Bäume. *E. europaea* (siehe S.197, Bild 12-7) ist ein sommergrüner Strauch oder Baum mit abgerundeten oder vierkantigen Zweigen. Die Laubblätter sind feingekerbt, länglich lanzettlich oder länglich eiförmig und bis 10 cm lang. Die unscheinbaren, grünlichweißen 4- bis 5zipfligen Blüten bilden blattachselständige, 3- bis 9blütige Trugdolden. Am auffallendsten sind die 4- oder 5kantigen, rosen- oder karminroten Fruchtkapseln mit leuchtend orangerotem Samenmantel und weißlichen Samen. *E. europaea* ist in Wäldern und Hecken, an Ufern und Mauern in fast ganz Europa bis zur Krim und bis Westsibirien verbreitet. *E. verrucosa* ist durch dicht mit dunklen Korkwarzen bedeckte Zweige ausgezeichnet. Die Samen sind schwarz. Sie kommt im Osten des Gebiets und in Österreich vor. *E. latifolia* hat an den Kanten geflügelte Früchte. Sie besiedelt den Süden des Gebiets (Alpenvorland, Alpen).

Aus den Samen von *E. europaea* wurden bisher sechs herzwirksame Steroidglykoside isoliert und in ihrer Struktur aufgeklärt. Sie enthalten die Aglyka Digitoxigenin, Evonogenin und Cannogenol sowie die Monosaccharide L-Rhamnose und D-Glucose. Das wichtigste Primärglykosid ist das Evonosid (Tab. 12-6, 144, 145, 146, 204, 293).

In der Wurzelrinde von *E. atropurpurea*, die als Arzneidroge verwendet wird, konnten sieben Cardenolidglykoside nachgewiesen werden. In der Struktur aufgeklärt wurden Euatrosid (Digitoxige-

Tab. 12-5: Herzwirksame Steroidglykoside des Dolden-Milchsterns (*Ornithogalum umbellatum*) (39, 209, 341)

Name	Struktur	Gehalt (mg/100 g Trockengewicht in den Zwiebeln)	LD, mg/kg (Katze, i.v.)
Convallatoxin	SDN-Rha	40	0,07–0,08
Convallosid	SDN-Rha-Glc	10	0,22
Rhodexin A	SAR-Rha		0,10
Rhodexosid	SAR-Rha-Glc		

SDN = Strophanthidin, SAR = Sarmentogenin, Rha = L-Rhamnose, Glc = Glucose

Tab. 12-6: Herzwirksame Steroidglykoside der Samen des Europäischen Pfaffenhütchens (*Euonymus europaea*)

Name	Struktur	Gehalt (mg/100 g Trockengewicht)	LD, mg/kg (Katze, i. v.)
Evonosid	DTX-Rha-Glc-Glc	10	0,84
Evobiosid	DTX-Rha-Glc		
Evomonosid	DTX-Rha		0,28
Evonolosid	CON-Rha		
Glucoevonolosid	CON-Rha-Glc		
Glucoevonogenin	EVO-Glc		

DTX = Digitoxigenin, CON = Cannogenol, EVO = Evonogenin, Rha = L-Rhamnose, Glc = D-Glucose

nin(gluco)arabinosid), Euatromonosid (Digitoxigenin-arabinosid, 28) und Evatromonosid (Digitoxigenin-digitoxosid, 302).

Screeninguntersuchungen zeigten, daß die Blätter von 16 untersuchten Arten, darunter auch *Eu. europaea, Eu. verrucosa, Eu. latifolia, Eu. atropurpurea*, ebenfalls Cardenolidglykoside enthalten (79).

Als Begleitstoffe kommen in den Samen von *E. europaea* ca. 0,1% Alkaloide vor. In der Struktur aufgeklärt wurden eine Vielzahl von Polyestern eines Sesquiterpenpolyols mit der Grundstruktur des Maytols mit Pyridincarbonsäuren (z. B. Evononsäure), Essigsäure, Benzoesäure, 2-Methylbuttersäure und Furan-3-carbonsäure, z. B. Evonin, Isoevonin, Neoevonin und Evonymin. Weiterhin bekannt ist die Struktur des Armepavins, eines 1-Benzyl-tetrahydro-isochinolinalkaloids, und von Peptidalkaloiden, z. B. Frangulamin, Franganin und Frangufolin. In den Samen, dem Perikarp und den Blättern von *Evonymus*-Arten *(E. europaea, E. japonica, E. latifolia)* wurden auch Coffein und Theobromin gefunden (25, 38).

Die roten, auffällig geformten Früchte von *E. europaea* verlocken besonders Kinder zum Verzehr und geben aus diesem Grunde Anlaß zu Beratungs- bzw. leichten Vergiftungsfällen.

Vergiftungssymptome nach mehrstündiger Latenzzeit sind gastrointestinale Reizerscheinungen, in schweren Fällen Koliken, Kreislaufstörungen, Kollapserscheinungen und eventuell Krämpfe. Nieren- und Leberschäden können nach Überstehen der Vergiftungen zurückbleiben. 36 Früchte sollen für einen Menschen tödlich sein (111, 120, 305, Ü 31). Auch bei Tieren, wie Pferden, Schafen und Ziegen, sind Vergiftungen bekannt.

Für die insecticide Wirkung der früher bei Krätzmilben und anderem Ungeziefer angewendeten gepulverten Samen ist wahrscheinlich das Evonin verantwortlich. Abkochungen der Früchte dienten auch als Diureticum.

Vergiftungen durch *E. atropurpurea* traten vereinzelt bei arzneilicher Anwendung der Droge als Cholagogum, Laxans, Diureticum oder Herzmittel auf und sind durch Erbrechen und Leibschmerzen gekennzeichnet.

12.2.2.5 Adonisröschen (*Adonis*-Arten)

Die Gattung *Adonis*, Adonisröschen, Teufelsauge (Ranunculaceae, Hahnenfußgewächse), umfaßt etwa 25 Arten, die im gemäßigten Europa und Asien heimisch sind. In unserem Gebiet kommen vor: *A. vernalis* L., Frühlings-Adonisröschen, *A. flammea* Jacq., Brennendes Adonisröschen, *A. aestivalis* L., Sommer-Adonisröschen, und *A. annua* L., Herbst-Adonisröschen, letzteres vermutlich eingeschleppt.

Als Zierpflanzen angebaut werden neben *A. vernalis, A. aestivalis*, als Sommerblutströpfchen bekannt, und *A. annua*, gärtnerisch als Herbstfeuerröschen bezeichnet, auch die durch ihre dunkelroten Blüten auffallende, einjährige *A. aleppica* Bois., in Vorderasien beheimatet, und die mehrjährige, gelbblühende *A. amurensis* Regel et Radde, aus der Mandschurei stammend.

Adonis-Arten sind einjährige oder ausdauernde Kräuter mit 2- bis 5fach gefiederten Blättern mit schmal-linealischen Abschnitten. Die meistens einzeln stehenden Blüten sind radiär gebaut und haben fünf Kelchblätter, bis zu 20 lebhaft gefärbte Kronblätter und zahlreiche Staub- und Fruchtblätter.

A. vernalis (siehe S. 197, Bild 12-8) hat einen Blütendurchmesser von 3—82 cm, 10—20 gelbe Blütenblätter und behaarte Früchte. Sie ist in Ost-, Zentral- und Südeuropa auf Trockenrasenfluren und in lockeren Kiefernwäldern verbreitet. *A. flammea* hat einen Blütendurchmesser von 0,5—4 cm, drei bis acht rote oder selten gelbe Kronblätter und kahle Früchte. Sie kommt von Marokko bis nach Mitteleuropa auf nährstoff- und kalkreichen Feldern vor. *A.*

aestivalis besitzt bis zu 3 cm große Blüten mit meistens sechs mennigeroten, seltener gelben, länglich-ovalen Kronblättern und kahle Früchte. Sie ist von Nordafrika bis Mitteleuropa, östlich bis Vorderasien und in der südlichen GUS, besonders auf Getreidefeldern, zu finden. *A. annua* hat 1,5–3 cm große Blüten mit sechs bis zehn breitovalen, dunkelblutroten Kronblättern. Sie ist in Südeuropa beheimatet und kommt in diesem Gebiet selten vor, wohl aber als verwilderte Gartenpflanze.

Über den Gehalt des Krautes an herzwirksamen Steroidglykosiden werden folgende Angaben gemacht: für *A. vernalis* 0,24–5%, *A. flammea* 0,2–0,47%, *A. aestivalis* 0,20–0,39% und *A. annua* 0,10–0,66%. Die höchste Konzentration wird während der Blütezeit erreicht. Der Gehalt der Samen ist höher als der des Krautes (168, 196, 201, 311, 328, 340).

In den bisher untersuchten *Adonis*-Arten *(A. amurensis, A. mongolica, A. flammea, A. annua, A. aleppica, A. aestivalis)* wurden nachgewiesen als Aglyka Digitoxigenin, Periplogenin, Strophanthidin, Strophanthidol, Adonitoxigenin, Adonitoxilogenin (Adonitoxigenol), Strophadogenin sowie 3-epi-Periplogenin (nur frei gefunden) und als Monosaccharidkomponenten D-Glucose, D-Xylose, D-Allomethylose, D-Cymarose, D-Fucose, D-Digitalose, L-Rhamnose, D-Diginose, D-Boivinose sowie D-Gulomethylose (125, 154, 168, 232, 327).

Hinsichtlich des Charakters der herzwirksamen Steroidglykoside ist *A. vernalis* am besten untersucht. Die Struktur von 25 der 32 nachgewiesenen Cardenolide wurde aufgeklärt (124, 125, 126, 329, 340).

Als Aglyka kommen Strophanthidin, Strophanthidol, Adonitoxigenin, Adonitoxilogenin und Strophadogenin neben freiem 3-epi-Periplogenin und 3-Acetyl-strophadogenin vor. Monosaccharidkomponenten sind D-Glucose, D-Gulomethylose, D-Fucose, L-Rhamnose, D-Cymarose, D-Digitalose und D-Diginose (Tabelle 12-7, 126).

Das Glykosidspektrum anderer mitteleuropäischer Arten ist weniger gut bekannt. In *A. flammea* wurden 10 Cardenolide nachgewiesen (154), darunter k-Strophanthin-β und Cymarin, die auch in den anderen beiden Arten gefunden wurden (168, 340).

In *A. aleppica* kommen über 20 Cardenolide vor, von ihnen wurden Periplorhamnosid (Periplogenin-α-rhamnosid), Strophanthidin-diginosid und das frei vorliegende 3-epi-Periplogenin identifiziert (125). In *A. amurensis* wurden u. a. gefunden Cymarin, Convallatoxin und Chorchorosid A (Strophanthidin-boivinosid, 229).

Die herzwirksamen Glykoside der *Adonis*-Arten werden peroral appliziert nur wenig resorbiert und kumulieren kaum. Intoxikationen sind durch Überdosierungen von Drogenzubereitungen bei therapeutischer Anwendung bekannt. Bei peroraler Aufnahme stehen gastrointestinale Reizerscheinungen im Vordergrund, nach intravenöser Applikation ist auch tödlicher Ausgang möglich.

Vergiftungen durch die Pflanzen sind beim Menschen nicht bekannt geworden. Bei Tieren treten sie selten auf. Jungtiere zeigten nach dem Fressen der Blätter auf der Weide kolikartigen Durchfall und schließlich Herzstillstand (Ü 114).

12.2.2.6 Oleander (*Nerium*-Arten)

Der Gattung *Nerium*, Oleander (Apocynaceae, Hundsgiftgewächse), gehören nur wenige Arten an, die vom Mittelmeergebiet bis Ostindien beheimatet sind. *N. oleander* L., Oleander, Rosenlorbeer, sehr

Tab. 12-7: Herzwirksame Steroidglykoside des Frühlings-Adonisröschens (*Adonis vernalis*)

Name	Struktur	LD, mg/kg (Katze, i.v.)
Adonitoxin	ADI-Rha	0,19
3-Acetyladonitoxin	ADI-3-Acetyl-Rha	
k-Strophanthosid	SDN-Cym-Glc-Glc	0,13–0,19
k-Strophanthosid-β	SDN-Cym-Glc	0,13
Cymarin	SDN-Cym	0,11–0,13
Strophanthidinfucosid	SDN-Fuc	
Strophanthidindigitalosid	SDN-Dtl	
Vernadigin	SDG-Dgn	
Adonitoxol	ADO-Rha	

ADI = Adonitoxigenin, SDN = Strophanthidin, SDG = Strophadogenin, ADO = Adonitoxilogenin (Adonitoxigenol), Glc = D-Glucose, Rha = L-Rhamnose, Cym = D-Cymarose, Fuc = D-Fucose, Dtl = D-Digitalose, Dgn = D-Diginose selten auch *N. indicum* MILL. (*N. odorum* WILLD.), werden bei uns als Topf- oder Kübelpflanzen kultiviert.

N. oleander (siehe S. 197, Bild 12-9) ist eine strauchartige Pflanze mit ledrigen, lanzettlichen Blättern, die meistens zu dritt quirlständig, seltener gegenständig oder zu viert am Stengel angeordnet sind. Die ansehnlichen Blüten besitzen fünf rote oder selten weiße Kronblätter. Kultiviert werden häufig Formen mit gefüllten Blüten.

Der Gehalt an herzwirksamen Glykosiden wird sehr unterschiedlich angegeben. Während KARAWYA und Mitarbeiter (133) Mengen zwischen 0,35–0,52% in den Blättern (bezogen auf das Trockengewicht) ermitteln, finden TITTEL und WAGNER (298) in allen untersuchten Proben über 1%. Der Gehalt ist während der Blüte am höchsten. Rotblühende Arten haben einen geringfügig höheren Gehalt als weißblühende (133). Aus den Blättern wurden bisher etwa 30 Cardenolidglykoside isoliert.

Als Aglyka wurden gefunden Digitoxigenin, Gitoxigenin, Oleandrigenin, Adynerigenin, Δ^{16}-Dehydroadynerigenin, Oleagenin, Uzarigenin, Adigenin, 2α-Hydroxy-8,14β-epoxy-carda-16,20(22)-dienolid und 2α,14β-Dihydroxy-carda-16,20(22)-dienolid (Abb. 12-5). Als Monosaccharidkomponenten wurden nachgewiesen D-Glucose, L-Oleandrose, D-Sarmentose, D-Diginose und D-Digitalose (1, 277, 335, 338).

In den frischen Blättern von *N. oleander* kommen fast ausschließlich Trioside mit endständigem Gentiobioserest vor, offenbar die Primärglykoside, die sehr leicht enzymatisch zu den entsprechenden Biosiden oder Monosiden gespalten werden (17). Außer den in Tabelle 12-8 angegebenen Glykosiden sind u. a. noch die Oleaside B, C, D und E bekannt, die aber, wie auch Oleasid A, keine cardiotonische Wirkung besitzen.

Das Glykosidspektrum von *N. indicum* ähnelt in seinen Hauptglykosiden, von quantitativen Unterschieden abgesehen, im wesentlichen dem von *N. oleander* (128, 335). Neben den strukturell ungewöhnlichen Oleagenin- und Adynerigeninglykosiden wurden jedoch auch das seco-Cardenolid Neriasid (339) und die im Ring C einfach und im Ring D zweifach ungesättigten, gelb gefärbten Neriumoside A-1, A-2, B-1, B-2 und C-1 nachgewiesen (337, Abb. 12-5).

Als Begleitstoffe kommen auch bei *Nerium*-Arten Pregnanderivate, u. a. in der Wurzelrinde von *N. indicum* Pregnendione, sog. Neridienone, vor. Bemerkenswert ist das Auftreten von Triterpenen vom Ursantyp, die mit Phenylacrylsäuren verestert sind, z. B. von Neriucumarinsäure (3β-Hydroxy-2-cis-p-cumaroyloxy-28-carboxy-urs-12-en) oder Isoneriucumarinsäure (trans-Analogon), mit vermutlich depressorischer Wirkung auf das ZNS (275). 7,16-

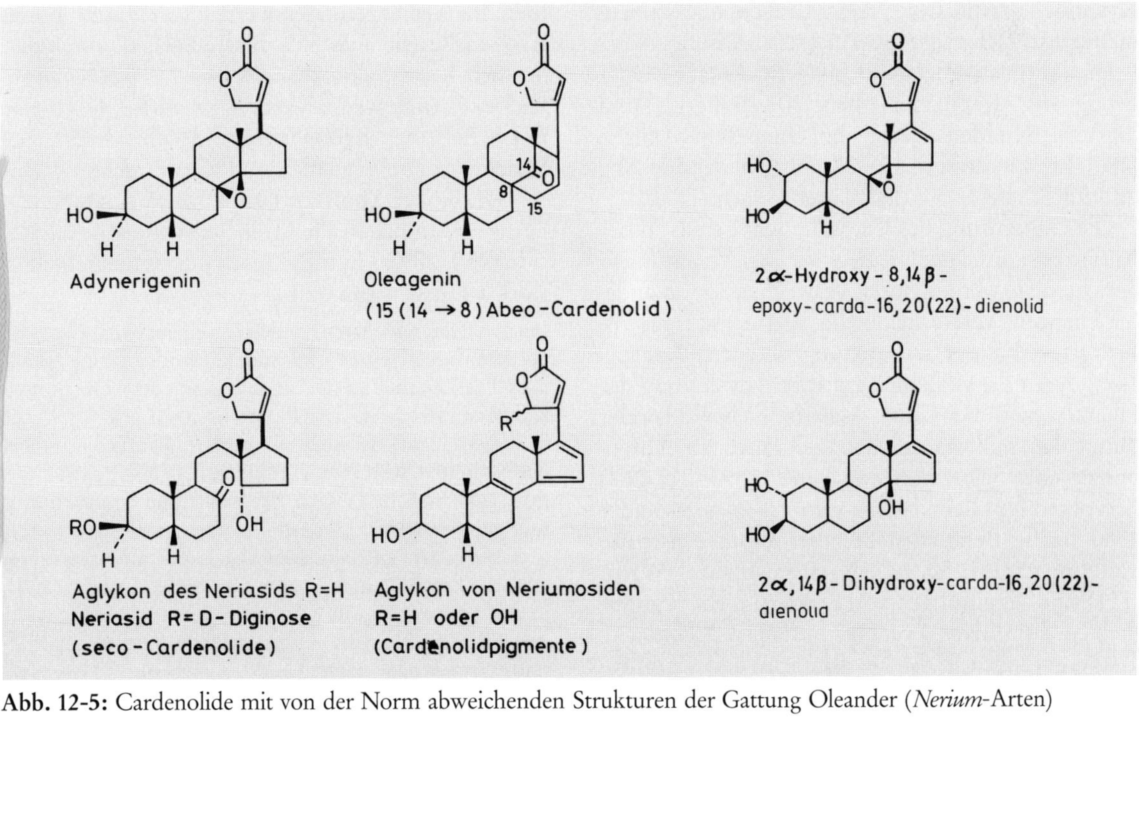

Abb. 12-5: Cardenolide mit von der Norm abweichenden Strukturen der Gattung Oleander (*Nerium*-Arten)

Tab. 12-8: Herzwirksame Steroidglykoside aus den Blättern des Oleanders (*Nerium oleander*) (1, 277, 298, 335, 338)

Name	Struktur	Gehalt (mg/100 g Trockengewicht	LD, mg/kg (Katze, i. v.)
Gentiobiosyloleandrin	OLE-Ole-Glc(1–6β)Glc	315–580	
Glucosyloleandrin	OLE-Ole-Glc	Spur–511	
Oleandrin	OLE-Ole	12–117	0,20
Nerigosid	OLE-Dgn	0– 58	
Odorosid H	DTX-Dtl	Spur– 73	0,20
Odorosid A	DTX-Dgn	17–154	0,19
Adynerin	ADY-Dgn	Spur– 13	inaktiv
Oleasid A	OLA-Dgn	89	
Kanerosid	HEC-Dgn		
Neriumosid	DHC-Dgn		

OLE = Oleandrin, DTX = Digitoxigenin, OLA = Oleagenin, HEC = 2α-Hydroxy-8,14β-epoxy-carda-16,20(22)-dienolid, DHC = 2α,14β-Dihydroxy-carda-16,20(22)-dienolid, Glc = D-Glucose, Ole = L-Oleandrose, Dgn = D-Diginose, Dtl = D-Digitalose

Dihydroxy- und 8,16-Dihydroxypalmitinsäure (Neriumol und Nerifol) wurden ebenfalls isoliert (276).

Die Herzwirksamkeit der Glykoside von *N. oleander* ist beim Menschen etwas schwächer ausgeprägt als die der Digitalisglykoside, besonders stark ist ihre diuretische Wirkung. Durch oxytocinähnliche Effekte auf den Uterus lassen sich Aborte nach Gabe von Oleanderextrakten erklären (210).

Vergiftungen sind gekennzeichnet durch Übelkeit, Erbrechen, Kopfschmerzen, Durchfälle, Cyanose, Dyspnoe, Bradykardie, Arrhythmien und zunehmende Herzschwäche bis zur Herzlähmung.

Die kumulative letale Dosis getrockneter Blätter beträgt für Kapuziner-Affen 30–60 mg/kg und dürfte für den Menschen in ähnlichem Bereich liegen (260). Für Pferde sind 15–20 g, für Rinder 10–20 g und für Schafe 1–5 g der Blätter tödlich (Ü 40).

Die Giftwirkung des Oleander war bereits in der Antike bekannt. Auch heute wird über Vergiftungen berichtet. Sie werden durch Verwechslung mit anderen Pflanzen (Verwechslung der Blätter mit Eucalyptusblättern bei der Teebereitung, tödlicher Augang, 107), durch die volksmedizinische Anwendung der Pflanzen (z. B. bei Lepra, Malaria, Fieber, 29) oder durch den mißbräuchlichen Gebrauch zu Abtreibungs- oder Selbstmordzwecken (31, 93, 217, 264) hervorgerufen. Bei Kindern veranlaßt der Oleander zwar häufig Beratungsfälle, aber kaum ernsthafte Vergiftungen (Ü: 30, 62). Nach JASPERSEN-SCHIB (121) sind Vergiftungen von Kindern nicht bekannt (Fehlen attraktiver Früchte, bitterer Geschmack). Tiervergiftungen, z. B. bei Rindern und Hunden, wurden beschrieben (56, 121, 183).

Die Anwendung von Oleandrin bzw. Drogenextrakten erfolgt bei leichter Herzinsuffizienz sowie äußerlich bei Hautausschlägen.

12.2.2.7 Kronwicke (*Coronilla*-Arten)

Der Gattung *Coronilla*, Kronwicke, Peltsche (Fabaceae, Schmetterlingsblütengewächse), gehören etwa 20 Arten an, die besonders in Südeuropa vorkommen. Im Gebiet gefunden werden *C. varia* L., Bunte Kronwicke (siehe S. 359, Bild 20–1), *C. emerus* L., Strauch-Kronwicke, *C. coronata* L., Berg-Kronwicke, *C. minima* L., Kleine Kronwicke, *C. vaginalis* L., Scheiden-Kronwicke, und sehr selten, aus Südeuropa eingeschleppt, *C. scorpioides* (L.) W. D. J. KOCH, Skorpionskraut. Mit Ausnahme von *C. emerus* enthalten alle Arten herzwirksame Glykoside (230, 289). Phytochemisch gut untersucht sind jedoch nur *C. varia* und *C. scorpioides.*

Bei den *Coronilla*-Arten handelt es sich um einjährige oder ausdauernde Kräuter, Halbsträucher oder kleine Sträucher. Die Laubblätter sind unpaarig gefiedert. Die Blütenstände sind Dolden. Die Blüten besitzen gelbe, seltener rosa, karminrot oder weiß gefärbte Kronblätter. Die Flügel der typischen Schmetterlingsblüten haben verkehrt eiförmige bis längliche Gestalt, das Schiffchen ist gekrümmt und geschnäbelt.

C. varia hat eine 5- bis 20blütige Dolde mit rosa, selten auch weißen Blüten. Sie kommt im Süden Deutschlands, in der Schweiz und in Österreich vor. *C. scorpioides* hat gelbe Blüten. Sie wird gelegentlich mit Saatgut aus Süd- und Westeuropa eingeschleppt. *C. emerus, C. coronata, C. minima* und *C. vaginalis* sind Stauden, Halbsträucher

Bild 12-6: *Ornithogalum umbellatum*, Dolden-Milchstern

Bild 12-7: *Euonymus europaea*, Europäisches Pfaffenhütchen

Bild 12-8: *Adonis vernalis*, Frühlings-Adonisröschen

Bild 12-9: *Nerium oleander*, Oleander

Bild 12-10: *Cheiranthus cheiri*, Goldlack

Bild 12-11: *Erysimum helveticum*, Schweizer Schöterich

Bild 12-12: *Erysimum perovskianum*

Bild 12-13: *Strophanthus gratus*, Samen

Bild 12-14: *Apocynum cannabinum*, Hanfartiger Hundswürger

Bild 12-15: *Thevetia peruviana*, Gelber Oleander

Bild 12-16: *Helleborus niger*, Schwarze Nieswurz

Bild 12-17: *Helleborus purpurascens*

oder Sträucher mit gelben Blüten. Sie werden nur im Südwesten und Süden des Gebiets gefunden.

C. varia enthält als Giftstoffe aliphatische Nitroverbindungen (Kap. 20) und herzwirksame Steroidglykoside. Isoliert und identifiziert wurden Hyrcanosid (Hyrcanogenin-3β-(4'-β-D-glucopyranosido)-β-D-xylopyranosid) und Desglucohyrcanosid (110, 153). In *C. scorpioides* wurden gefunden Glucocorotoxigenin (Corotoxigenin-3β-D-glucopyranosid), Frugosid (Coroglaucigenin-3β-D-allomethylopyranosid), Coronillobiosid (Corotoxigenin-3β-(4'-β-D-glucopyranosido)-D-glucopyranosid), Scorpiosid (Strophanthidin-3β-D-glucofuranosid), Glucocoroglaucigenin (14β,19-Dihydroxy-5α-card-20 (22)-enolid-3β-D-glucopyranosid) und Uzarigenin (151, 152, 155, 156).

Die herzwirksamen Steroidglykoside aus *Coronilla*-Arten werden bei peroraler Aufnahme nur in geringem Maße resorbiert und kumulieren kaum. Hyrcanosid und Desglucohyrcanosid zeigen zusätzlich zu ihrer Herzwirksamkeit auch cytostatische Effekte (110, 324).

Vergiftungen sind bei Mensch und Tier selten. Sie treten gelegentlich nach Überdosierung von harntreibendem Kronwickentee auf und äußern sich in Übelkeit, Erbrechen, Durchfällen und seltener in Krämpfen (Ü 114).

Die Anwendung von Zubereitungen aus *Coronilla*-Arten erfolgt wegen der diuretischen Wirksamkeit.

12.2.2.8 Goldlack (*Cheiranthus*-Arten)

Cheiranthus cheiri L., Goldlack (Brassicaceae, Kreuzblütengewächse), ein Vertreter der etwa 10 Arten umfassenden Gattung *Cheiranthus*, ist im östlichen Mittelmeergebiet beheimatet und wird im Gebiet in verschiedenen Kulturformen als Gartenpflanze kultiviert.

Cheiranthus cheiri (siehe S. 197, Bild 12-10) ist ein bis 70 cm hoher Halbstrauch mit kantigem, behaartem, in den unteren Teilen verholztem Stengel. Die Blätter sind lanzettlich geformt und ganzrandig oder spärlich gezähnt. Die Blüten stehen in dichter Traube. Die Blütenblätter der Wildform sind goldgelb, die der Kulturformen auch dunkelbraun, später gelb geflammt, purpurviolett oder scharlachfarben. Formen mit gefüllten Blüten sind ebenfalls bekannt. Als Kulturflüchtling ist Goldlack besonders im Rheingebiet eingebürgert.

Der Gehalt der Samen von *Ch. cheiri* an herzwirksamen Steroidglykosiden beträgt etwa 0,5%, der des Krautes ist wesentlich geringer (261). Es konnten etwa 30 herzwirksame Steroidglykoside nachgewiesen werden (185), von denen sechs ihrer chemischen Struktur nach aufgeklärt wurden (Tab. 12-9, 21, 189, 208). Auch in anderen *Cheiranthus*-Arten wurden herzwirksame Steroide gefunden (119).

Vergiftungen treten bei volksmedizinischer Anwendung als Herzmittel und Abortivum auf. Auch akzidentelle Vergiftungen sind möglich.

12.2.2.9 Schöterich (*Erysimum*-Arten)

Zur Gattung *Erysimum*, Schöterich, Schotendotter (Brassicaceae, Kreuzblütengewächse), werden etwa 130 Arten gerechnet. Sie sind in Europa, Nordafrika, West- und Zentralasien sowie in Nordamerika verbreitet. Für das Gebiet gibt Hegi das Vorkommen von 10 Arten an:

- die zum pontischen Florenelement gehörenden Arten *E. repandum* L., Spreiz-Schöterich, Brach-Schöterich, *E. crepidifolium* Rchb., Bleicher Schö-

Tab. 12-9: Herzwirksame Steroidglykoside des Goldlacks (*Cheiranthus cheiri*)

Name	Struktur	Gehalt (mg/100 g Trockengewicht)	LD, mg/kg (Katze, i. v.)
Cheirotoxin	SDN-Fuc-Glc	10–400	0,12
Erysimosid	SDN-Dx-Glc		0,16
Glucoerysimosid	SDN-Dx-Glc-Glc		
Cheirosid A	UZA-Fuc-Glc	40–58	0,68-0,79
Allisid	BIP-Fuc		
Glucobipindogeningulomethylosid	BIP-Gulom-Glc		

SDN = Strophanthidin, UZA = Uzarigenin, BIP = Bipindogenin, Fuc = D-Fucose, Glc = D-Glucose, Dx = D-Digitoxose, Gulom = D-Gulomethylose

9. Antman, E. M., Smith, T.W. (1985), Ann. Rev. Med. 36: 357
10. Aronson, J. K. (1983), Clin. Sci. 64: 253
11. Asakawa, M., Noguchi, T., Seto, H., Furihata, K., Fujikura, K., Hashimoto, K. (1990), Toxicon 28, 1063
12. Babulova, A., Buran, L., Selecky, F.V. (1963), Arzneim. Forsch. 13: 412
13. Bachmann, M. (1960) Z. Kreislaufforsch. 49: 982
14. Bähr, V., Hänsel, R. (1982), Planta Med. 44: 32
15. Barnikol, H., Hofmann, W. (1973), Tierärztl. Umschau 28: 612
16. Basudde, C. D. K. (1982), Poult Sci. 61: 1001
17. Bauer, P., Franz, G. (1985), Planta Med. 51: 202
18. Baumgarten, G. (1963), Die herzwirksamen Glykoside, Herkunft, Chemie und Grundlagen ihrer pharmakologischen und klinischen Wirkung, Georg Thieme Verlag, Leipzig
19. Baumgarten, G. (1969), Pharmazie 24: 778
20. Becker, H. (1984), Pharm. Unserer Zeit 13: 129
21. Belokon, V. F., Makarevich, I. F. (1980), Khim. Prir. Soedin. 424
22. Bennett, R. D., Heftmann, E., Winter, B. J. (1968), Phytochemistry 8: 2325
23. Bhattacharya, S. K., Goel, R. K., Kaur, R., Ghosal, S. (1987), Phytother. Res. 1: 32
24. Bigger, J.T. (1985) J. Clin. Pharmacol 25: 514
25. Bishay, D.W., Kowalewski, Z., Phillioson, J. D. (1973), Phytochemistry 12: 693
26. Bisset, N. G. (1979), J. Ethnopharmacol. 1: 325
27. Bleier, W., Kubelka, W., Wichtl, M. (1967), Pharm. Acta Helv. 42: 423
28. Bliss, C. A., Ramstad, E. (1957), J. Am. Pharm. Assoc. 46: 423
29. Blum, L. M., Rieders, F. (1987), J. Anal. Toxicol. 11: 219 (343)
30. Bogs, U. (1947), Pharmazie 2: 408
31. Bors, G., Popa, I., Voicu, A., Radian, I. S. (1971), Pharmazie 26: 764
32. Brandes, G., Suchowski, G. (1954), Aerztl. Wochenschr. 9: 134
33. Braun, V. (1959), Münch. Med. Wochenschr. 101: 1187
34. Brower, L. P., Glazier, S. C. (1975), Science 188: 19
35. Brower, L. P., van Zandt, Brower, J., Corvino, J. M. (1967), Proc. Nat. Acad. Sci. USA 57: 893
36. Brower, L. P., Fink, L. S. (1985), Ann. N.Y. Acad. Sci. 443 (Exp. Assess. Clin. Appl. Cond. Food Aversians): 171
37. Brown, L., Erdmann, E., Thomas, R. (1983), Biochem. Pharmacol. 32: 2767
38. Brüning, R., Wagner, H. (1978), Phytochemistry 17: 1821
39. Buchvarov, Y., Pargov, M., Akhtardzhiev, K. (1976), Farmatzija 26: 31
40. Budhiraja, R. D., Sudhir, S., Gara, K. N. (1984), Planta Med. 50: 134
41. Budhiraja, R. D., Garg, K. N., Sudhir, S., Arora, B. (1986), Planta Med. 52: 28
42. Budzikiewcz, H. P., Faber, L., Hermann, E. G., Perrolaz, F. F., Schlunegger, U. P., Wiegrebe, W. (1979), Liebigs Ann. Chem. 1212
43. Capon, R. J., McLeod, J. K., Oelrichs, P. B. (1986), Aust. J. Chem. 39: 1711
44. Caspi, E., Wickramansinghe, J. A. F., Lewis, D. O. (1968), Biochem. J. 108: 499
45. Cassels, B. K. (1985), J. Ethnopharmacol. 14: 273
46. Cheng, J. F., Kobayashi, J., Nakamura, H., Ohizumi, Y., Hirata, Y., Sasaki, T. (1988), J. Chem. Soc. Perkin. Trans. 1: 2403
47. Cheung, H.T. A., Nelson, C. J., Watson, T. R. (1988), J. Chem. Soc. Perkin. Trans. 1: 1851
48. Chkheidze, N. M., et al. (1988), Izv. Akad. Nauk. Gruz. SSSR, Ser. Biol. 14: 286
49. Christen, P. (1986), Pharm. Acta Helv. 61: 242
50. Christen, P. (1989), Pharm. Unserer Zeit 18: 129
51. Cohen, R. D. H. (1970), Aust. Vet. J. 46: 599
52. Corrigall, W., Moody, R. R., Forbes, J. C. (1978), Vet. Rec. 102: 119
53. Daloze, D., Pasteels, J. M. (1979), J. Chem. Ecol. 5: 63
54. Dämmrich, K., Dirksen, G., Plank, P. (1970), Dtsch. Tierärztl. Wschr. 77: 342
55. Das, H., Dutta, S. K., Bhattacharya, B., Chakraborti, S. K. (1985), Indian J. Cancer Chemother. 7: 59
56. De Barros, S., Tabone, E., Dos Santos, M., Andujar, M., Grimand, J. A. (1981), Virchows Arch. B., Cell Pathol. 35: 169
57. De Pinto, F., Palermo, D., Milillo, M. A., Iaffaldano, D. (1981), Clin. Veterin. 104: 15
58. Dessaigne, V., Chantard, J. (1852), J. Prakt. Chem. 55: 323
59. Dickstein, E. S., Kunkel, F.W. (1980), Am. J. Med. 69: 167
60. Dökert, B. (1979), Herzglykosidtherapie, Gustav Fischer Verlag, Jena
61. Drogomir, N., Georgescu, L., Plaudiethiu, M. G., Tudor, R., Nagy, I., Dinca Pateanu, R. (1979), Timisoara Med. 24: 17
62. Duffey, S. S., Scudder, G. G. E. (1972), J. Insect. Physiol. 18: 63
63. Dwenger, A. (1973), Arzneim. Forsch. 23: 1439
64. Eguchi, T., Fujimoto, Y., Kakinuma, K., Ikekawa, N., Sahai, M., Veima, M. P., Gupta, Y. K. (1988), Chem. Pharm. Bull. 36: 2897
65. Eisner, T., Wiemer, D. F., Haynes, L.W., Meinwald, J. (1978), Proc. Nat. Acad. Sci. USA 75: 905
66. Elliger, C. A., Genson, M. E., Haddon, W. F., Lundin, R. E., Waiss, A. C. Jr., Wong, R. Y., (1988), J. Chem. Soc. Perkin. Trans. 1: 711
67. Elliger, C. A., Waiss, A. C., Wong, R. Y., Benson, M. (1989), Phytochemistry 28: 3443
68. Elliger, C. A., Wong, R. Y., Waiss, A. C. Jr., Benson, M. (1990), J. Chem. Soc. Perkin. Trans. 1: 525
69. Elliger, C. A., Waiss, A. C. Jr. (1989), ACS Symp. Series 387: 188
70. Esparza, M. S., Skhiar, M. I., Gallego, S. E., Boland, R. L. (1983), Planta Med. 47: 63

71. FAWCETT, J. K., WATSON, J. G., KERR, K. A., STÖKKEL, K., STÖCKLIN, W., REICHSTEIN, T. (1968), Tetrahedron Lett. 3799
72. FIEGEL, G. (1954), Medizinische Wschr. 292
73. FISCHER, I. (1962), Acta Med. Leg. Soc. (Liége) 4: 85
74. FORTH, W. (1986), Klin. Wchschr. 64: 96
75. FOZZARD, H. A., SHEETS, M. F. (1985), J. Am. Coll. Cardiol. 5 (Suppl. A): 10 A
76. FRIEDRICH, H., KRÜGER, E. (1968), Dtsch. Apoth. Ztg. 108: 1273
77. FRAM, A. H. L. et al. (1984), J. Mol. Cell. Cardiol. 16: 835
78. FÜGNER, A. (1973), Arzneim. Forsch. 23: 932
79. FUNG, S. Y. (1986), Biochem. Syst. Ecol. 14: 371
80. FUNG, S. Y., HERREBOUT, W. M., VERPOORTE, R., FISCHER, F. C. (1988), J. Chem. Ecol. 14: 1099
81. GABRIEL, O., LEUTEN, L. V. (1978), in: Biochemistry of Carbohydrates II (Ed.: MANNERS, D. J., Baltimore)
82. GALAGOVSKY, L. R., PORTO, A. M., BURTON, G., MAIER, M. S., SELDES, A. M., GROS, E. G. (1982), An. Asoc. Quim. Argent. 70: 327
83. GALAGOVSKY, L. R., PORTO, A., BURTON, G., GROS, E. G. (1984), Z. Naturforsch. C: Biosci. 39C: 38
84. GHANNAMY, U., KOPP, B., ROBIEN, W., KUBELKA, W. (1987), Planta Med. 53: 172
85. GHOSAL, S., LAL, J., SRIVASTAVA, R., BHATTACHARYA, S. K., UPADHYAY, S. N., JAISWAL, A. K., CHATTOPADHYAY, U. (1989), Phytother. Res. 3: 201
86. GHOSAL, S., KAUR, R., SRIVASTAVA, R. S. (1988), Indian J. Nat. Prod. 4: 12
87. GILLIS, R. A., QUEST, J. A. (1979), Pharmacol. Rev. 31– 19
88. GLOMBITZA, K.W., KUCERA-WALDMANN, C., FRIKKE, U. (1988), 36. Ann. Congr. Med. Plant Res. Freiburg, Thieme-Verlag Stuttgart: 40
89. GOETZ, M. A., MEINWALD, J., EISNER, T. (1982), Experientia 37: 679
90. GOODWIN, T.W. (1985), Sterols and Bile Acids 12 (Elsevier Sci. Publ. B.V., Amsterdam): 175
91. GOODWIN, T.W. (1980), in: Biochemistry of Plants 4 (Academic Press, New York): 485
92. GONZALEZ, A. G., BRETON, J. L., NAVARRO, E., TRUJILLO, J., BOADA, J., RODRIGUEZ, R. (1985), Planta Med. 51: 9
93. GOSSEL, T. A., BRICKER, J. D. (1990), Principles of Clinical Toxicology 2nd Ed. (Raven Press New York): 218
94. GREEFF, K. (1984), Med. Monatsschr. Pharm. 7: 37
95. GREEFF, K. (1981), Cardiac Glycosides; Handb. Exp. Pharmacol. 56, I, II (Springer Verlag, Heidelberg)
96. GREEFF, K., WIRTH, K. E. (1981), in: Ü 95: 57
97. GRUNWALD, C. (1980), in: Encyclopedia of Plant Physiology. New Series, Secondary Plant Products (Eds. BELL, E. A., CHARLWOOD, B.V., Springer Verlag Berlin): 221
98. GUNASEKERA, S. P., CRANICK, S., LONGLEY, R. E. (1989), J. Nat. Prod. 52: 757
99. GUPTA, O. P., MISRA, K. C., ARORA, R. B. (1974), Indian J. Exp. Biol. 12: 399
100. HABERMEHL, G. (1969), Naturwissenschaften 56: 615
101. HAPP, G. M., Eisner, T. (1961), Science 134: 329
102. HARDMANN, R. (1986), Planta Med. 52: 233
103. HARRLASS, W. D., SCHRÖCKE, G. (1987), Z. Ges. Inn. Med. 42: 282
104. HASSAN, R., TEUSCHER, E., GRÜNDEMANN, E., FRANKE, P., HILLER, K., MAY, A., MAHMOOD, S. (1989), Pharmazie 44: 484
105. HAUSSLER, M. R., WASSERMANN, R. H., MCCAIN, T. A., PETERLIK, M., BURSAC, K. M., HUGHES, M. R. (1976), Life Sci. 18: 1049
106. HAUSTEIN, K. O. (1982), Pharmacol. Ther. 18:1
107. HAYNES, B. E., BESSEN, H. A., WIGHTMAN, W. D. (1985), Ann. Emergency Med. 14: 350
108. HEGNAUER, R. (1970/71), Planta Med. 19: 138
109. HELLER, M. (1990), Biochemical Pharmacology 40: 919
110. HEMBREE, J. A., CHANG, C. J., MCLAUGHLIN, J. L., PECK, G., CASSADY, J. M. (1979), J. Nat. Prod. 42: 293
111. HERMKES, L. (1941), Münch. Med. Wochenschr. 88: 1011
112. HEUSSER, H. (1950), Fortschr. Chem. Org. Naturstoffe (Wien) 7: 87
113. HÖRIGER, N. (1971), Dissertation, Basel
114. HOZNAGY, A., TOTH, L., SZENDREI, K. (1965), Pharmazie 20: 649
115. HUBER, K. (1967): Dissertation, Basel
116. HUNZIKER, H., REICHSTEIN, T. (1945), Helv. Chim. Acta 28: 1472
117. ITOKAWA, H., XU, J., TAKEYA, K., WATANABE, K., SHOJI, J. (1988), Chem. Pharm. Bull. 36: 982
118. JACOBS, W. A., ELDERFIELD, R. C. (1935), J. Biol. Chem. 108: 497
119. JARETZKY, R., WILKE, M. (1932), Arch. Pharm. 270: 81
120. JASPERSEN-SCHIB, R. (1984), Schweiz. Apoth. Ztg. 122: 1065
121. JASPERSEN-SCHIB, R. (1987), Schweiz. Apoth. Ztg. 125: 129
122. JOHNSON, C.T., ROUTLEDGE, J. K. (1971), Vet. Rec. 89: 202
123. JOUBERT, J. P. J., SCHULTZ, R. A. (1982), J. S. Afr. Vet. Assoc. 53: 25
124. JUNGINGER, M., WICHTL, M. (1988), 36. Ann. Congr. Med. Plant Res. Freiburg, Thieme-Verlag Stuttgart: 40
125. JUNIOR, P., KRÜGER, D., WINKLER, C. (1985), Dtsch. Apoth. Ztg. 125: 1945
126. JUNIOR, P., WICHTL, M. (1980), Phytochemistry 19: 2193
127. JUNIOR, P. (1979), Phytochemistry 18: 2053
128. KAJIMOTO, Y. (1937), Proc. Japan. Pharmacol. Soc. 11: 23
129. KAKRANI, A. L., RAJPUT, C. S., KHANDARE, S. K., REDKAR, V. E. (1981), Indian Heart J. 33: 31
130. KAMANO, Y, SATO, N., NAKAYOSHI, H., PETTIT, G. R., SMITH, C. R. (1988), Chem. Pharm. Bull. 36: 326

131. Kamernitzky, A. V., Reshetova, I. G., Ovchinnikov, A. A., Shamovsky, I. L., Massova, I. A., Mirsalikhova N. M. (1989), J. Steroid Biochem. 32: 857
132. Kamernitsky, A. V., Reshetova, I. G. (1977), Khim. Prir. Soedin. (2) 156
133. Karawya, M. S., Balbaa, S. I., Khayyal, S. E. (1973), Planta Med. 23: 70
134. Kasali, O. B., Krook, L., Pond, W. G., Wasserman, R. H. (1977), Cornell Vet. 67: 190
135. Katz, A. M. (1985), J. Am. Coll. Cardiol. 5, Suppl. A: 16 A
136. Kawai, M., Ogura, T., Matsumoto, A., Butsugan, Y., Hayashi, M. (1989), Chem. Express 4: 97
137. Kawai, M., Ogura, T., Nakanishi, M., Matsuura, T., Butsugan, Y., Mori, Y., Harada, K., Suzuki, M. (1988), Bull. Chem. Soc. Jpn. 61: 2696
138. Kawai, M., Matsuura, T., Kyuno, S., Matsuki, H., Takenaka, M., Katsuoka, T., Butsugan, Y., Saito, K. (1987), Phytochemistry 26: 3313
139. Kawai, M., Matsuura, T., Kyuno, S., Matsuki, H., Takenaka, M., Katsuoka, T., Butsugan, Y., Saito, K. (1987), Phytochemistry 26: 3313
140. Kiliani, H. (1895), Arch. Pharm. 233: 311
141. Kirchner, H. (1978), Dissertation, Formal- und Naturwissenschaftliche Fakultät der Universität Wien
142. Kirchner, H., Jurenitsch, J., Kubelka, W. (1981), Sci. Pharm. (Wien) 49: 281
143. Kirson, I., Glotter, E. (1989), J. Nat. Prod. 44: 633
144. Kislichenko, S. G., Makarevich, I. F., Kovalev, J. P., Kolesnikov, D. G. (1969), Khim. Prir. Soedin. 386
145. Kislichenko, S. G., Makarevich, I. F., Kolesnikov, D. G. (1967), Khim. Prir. Soedin. 241
146. Kislichenko, S. G., Makarevich, I. F., Kolesnikov, D. G. (1967), Khim. Prir. Soedin. 193
147. Kissmer, B., Wichtl, M. (1986), Planta Med. 52: 152
148. Kolarova, B., Boyadzhieva, M. (1977), Probl. Farm. 5
149. Kolarova, B., Boyadzhieva, M. (1979), Probl. Farm. 7: 70
150. Komissarenko, N. F., Krivenchuk, P. E. (1974), Khim. Prir. Soedin. 257
151. Komissarenko, N. F., Beleckij, J. N. (1968), Khim. Prir. Soedin. 56
152. Komissarenko, N. F., Beleckij, J. N., Kovaljew, J. P., Kolesnikow, D. G. (1969), Khim. Prir. Soedin. 381
153. Komissarenko, N. F. (1969), Khim. Prir. Soedin. 141
154. Komissarenko, N. F., Stupakova, E. P., Pakaln, D. A. (1981), Khim. Prirod. Soedin (2): 249
155. Komissarenko, N. F., Stupakova, E. P. (1989), Rastit. Resur. 3: 453
156. Komissarenko, N. F., Zoz, I. G., Beleckij, J. N., Sokolov, W. S. (1969), Planta Med. 17: 170
157. Kopp, B., Löffelhardt, W., Kubelka, W. (1978), Z. Naturforsch. 33: 646
158. Kopp, B. (1983), Sci. Pharm. 51: 238
159. Kopp, B., Danner, M. (1983), Sci. Pharm. 51: 227
160. Kopp, B., Kubelka, W. (1982), Planta Med. 45: 195
161. Kopp, B., Robien, W., Kubelka, W. (1984), Pharm. Tijdschrift 3: 380
162. Kopp, B., Kubelka, W., Jentzsch, K. (1981), Sci. Pharm. 49: 265
163. Kortus, M., Kowalewski, Z. (1977), Ann. Pharm. (Poznan) 12: 103
164. Kowalewski, Z., Kortus, M., Cisel, H. (1978), Ann. Pharm. (Poznan) 13: 163
165. Kowalewski, Z. (1963), Dissertat. Pharm. 15: 65
166. Krenn, L., Kopp, B., Kubelka, W. (1989), Ann. Congr. Med. Plant Res. Braunschweig, Thieme-Verlag Stuttgart: 45
167. Krenn, L., Jambrits, M., Kopp, B. (1988), Planta Med. 54: 227
168. Kretsu, L. G., Florya, V. N. (1982), Iswesstija Akademii Nauk Mold. SSR, Sserija Biologitschesskich Chimitschesskich Nauk (2): 69
169. Kubelka, W. (1974), Österr. Apoth. Ztg. 28: 249
170. Kubelka, W., Kopp, B., Jentzsch, K., Ruis, H. (1977), Phytochemistry 16: 687
171. Kurlemann(1975), Monatsschr. Kinderheilk. 133: 495
172. Kyerematen, G., Hagos, M., Weeratunga, G., Sandberg, F. (1985), Acta Pharm. Suec. 22: 37
173. Lai, K. N., Swaminathan, R., Pun, C. O., Vallance-Owen, J. (1986), Arch. Intern. Med. 146: 1219
174. Langer, G. A. (1981), Biochem. Pharmacol. 30: 3261
175. Le Winn, E. B. (1984), Perspect. Biol. Med. 27: 183
176. Lewis, W. H. (1978), J. Am. Med. Assoc. 240: 109
177. Löffelhardt, W., Kopp, B. (1981), Phytochemistry 20: 1219
178. Löffelhardt, W., Kopp, B., Kubelka, W. (1978), Phytochemistry 17: 1581
179. Longhurst, J. C., Ross, J. Jr.(1985), J. Am. Coll. Cardiol. 5 (Suppl. A): 99 A
180. Luckner, M., Diettrich, B. (1979), Pharmazie 34: 477
181. Lüllmann, H., Peters, T. (1979). Progr. Pharmacol. 2: 1
182. Madaio, A., Piccialli, V., Sica, D., Corriero, G. (1989), J. Nat. Prod. 52: 952
183. Mahin, L., Marzon, A., Huart, A. (1984), Vet. Hum. Toxicol. 26: 303
184. Maier, M. S., Seldes, A. M., Gros, E. G. (1986), Phytochemistry 35: 1327
185. Makarevich, I. F., Belokon, V. F. (1975), Khim. Prir. Soedin. 662
186. Makarevich, I. F., Pavlii, A. I., Makarevich, S. I. (1989), Khim. Prir. Soedin. (1) 73
187. Makarevich, I. F. (1968), Khim. Prir. Soedin. (1): 260
188. Makarevich, I. F., Pavlii, A. I., Makarevich, S. I. (1987), Khim. Prir. Soedin. (1): 119
189. Makarevich, I. F. (1973), zit. C. A. 78: 108229f
190. Makarevich, I. F., Zoz, I. G. (1964), Meditzinskaja Promyschlennost SSR 18: 19

191. MAKAREVICH, I.F. (1965), Khim. Prir. Soedin. 160
192. MALCOLM, S.B., BROWER, L.P. (1989), Experientia 45: 284
193. MALLICK, B.K. (1984), J. Indian Med. Assoc. 82: 296
194. MARTIN, R.A., LYNCH, S.P. (1988), J. Chem. Ecol. 14: 295
195. MASON, A.B., PUGH, S.E., HOLT, D.W: (1987), Human Toxicol. 6: 251
196. MATHE, A., MATHE, I. (1979), Herba Hungaria 18: 21
197. MATSURA, T., KAWAI, M., NAKASHIMA, R., BUTSUGAN, Y. (1969), Tetrahedron Lett. 1083
198. MCKENZIE, R.A., FRANKE, F.P., DUNSTER, P.J. (1987), Aust. Vet. J. 64: 298
199. MCKENZIE, R.A., DUNSTER, P.J. (1986), Aust. Vet. J. 63: 222
200. MCLENNAN, M.W., KELLY, W.R. (1984), Aust. Vet. J. 61: 289
201. MELNIKOVA, T.M., VOLOSHINA, D.A. (1981), Chimiko-Farmatzewtitschesskii Shurnal 15: 69
202. MEYER, K. (1947), Helv. Chim. Acta 30: 1976
203. MEYER, K. (1970), Planta Med. Suppl. 4: 2
204. MEYRAT, A., REICHSTEIN, T. (1948), Pharm. Acta Helv. 23: 135
205. MILLER, J.R., MUMMA, R.O. (1976), J. Chem. Ecol. 2: 115
206. MOHANA, K., UMA, R., PURUSHOTHAMAN, K.K. (1973), Indian J. Exp. Biol. 17: 690
207. MOORADIAN, A.D. (1988), Clin. Pharmacokin. 15: 165
208. MOORE, I.A., TAMM, C., REICHSTEIN, T. (1954), Helv. Chim. Acta 37: 755
209. MROCIK, H. (1959), Helv. Chim. Acta 42: 683
210. MURARD, T.M.C., GAZINELLI, N.M., SARSUR NETO, J.M., MURAD, J.A. (1980), zit. C. A. 93: 230921 a
211. NAKAGAWA, T., HAYASHI, K., MITUSHASHI, H. (1983), Chem. Pharm. Bull. 31: 870
212. NELL, P.W., SCHULTZ, R., ANITRA, J.N., ANDERSON, L.A.P., KELLERMAN, T:S., REID, C. (1987), Onderstepoort J. Vet. Res. 54: 641
213. NEOGI, P., SAHAI, M., RAY, A.B. (1986), Phytochemistry 26: 243
214. NEUWINGER, H.D. (1974), Naturwiss. Rdsch. 27: 1
215. ORREGO, F. (1984), Gen. Pharmcol. 15: 273
216. OSHIMA, Y., HIKINO, H., SAHAI, M., RAY, A.B. (1989), J. Chem. Soc. Chem. Commun 628
217. OSTERLOH, J., HEROLD, S., PONA, S. (1982), J. Am. Med. Assoc. 247: 1596
218. PAIST, W.D., BLOUT, E.R., UHLE, F.C., ELDERFIELD, R.C. (1941), J. Org. Chem. 6: 273
219. PARK, G.D., GOLDBERG, M.J., SPECTOR, R., JOHNSON, G.F., FELDMANN, R.D., QUEE, C.K., ROBERTS, P. (1985), Drug Intell. Clin. Pharm. 19: 931
220. PASTEELS, J.M., ROWELL-RAHIER, M., BRAEKMAN, J.C., Daloze, D., DUFFEY, S. (1989), Experientia 45: 295
221. PASTEELS, J.M., DALOZE, D. (1977), Science 197: 70
222. PASTEELS, J.M., DALOZE, D., VAN DORSSER, W., ROBA, J. (1979), Comp. Biochem. Physiol. C63: 117
223. PATHARE, A.V., PATIL, R., CHIKHALIHAR, A.A., DALVI, S.G. (1987), J. Postgrad. Med. 33: 216
224. PAWLOWSKI, E.N. (1927), Gifttiere und ihre Giftigkeit, Gustav Fischer Verlag, Jena
225. PETERS, U. (1982), Eur. Heart J. 3 (Suppl. D): 65
226. PETRIČIĆ, J., TARLE, D., KNEZEVIC, E. (1977), Acta Pharm. Jugosl. 27: 127
227. PETRIČIĆ, J. (1974), Acta Pharm. Jugosl. 24: 179
228. PFEIFER, E. (1954), Sci. Pharm. 22: 1
229. PONOMARENKO, A. A., KOMISSARENKO, N. F., STUKKEL, K. L. (1971), Khim. Prir. Soedin. (7): 848
230. PEREIRA, A. (1949), Portugaliae Acta Biol. 2: Ser A263
231. PUCHE, R.C., MASONI, A.M., ALLORTTI, D.M., ROVERI, E. (1980), Planta Med. 40: 378
232. PUSZ, A., BÜCHNER, S. (1962), Arzneim. Forsch. 12: 932 und 13: 409
233. RADFORD, D.J., GILLIES, A.D., HINDS, J.A., DUFFY, P. (1986), Med. J. Aust. 144: 540
234. RAMBECK, W.A., ZUCKER, H. (1982), Zentralbl. Veterinärmed. Reihe A29: 289
235. RAO, E.V. (1973), Indian J. Pharm. 35: 107
236. REBER, H. (1969), Dissertation München
237. REICHSTEIN, T. (1967), Naturwiss. Rdsch. 20: 499
238. REICHSTEIN, T. (1962), Angew. Chem. 74: 887
239. REICHSTEIN, T. (1967), Naturwissenschaften 54: 53
240. REICHSTEIN, T., VON EUW, J., PARSON, J.A., ROTHSCHILD, M. (1968), Science 168: 861
241. REPKE, K.R.H. (1972), Pharmazie 27: 693
242. REPKE, K.R.H., SCHÖNFELD, N. (1984), Trends Pharm. Sci. 5: 393
243. REUTER, G., REICHEL, R. (1970), Zentralbl. Pharm. 109: 1241
244. RIETBROCK, H., WOJAHN, H., WEINMANN, J., HASFORD, J., KUHLMANN, J. (1978), Dtsch. Med. Wochenschr. 103: 1841
245. ROBERG, M. (1952), Pharmazie 7: 182
246. RÖNA, G. (1982), Ther. Hungarica 30: 179
247. ROTHSCHILD, M., VON EUW, J., REICHSTEIN, T. (1972), Proc. Roy. Soc. 183: 227
248. ROTHSCHILD, M., VON EUW, J., REICHSTEIN, T. (1970), J. Insect. Physiol. 16: 1141
249. ROTSCHILD, M., REICHSTEIN, T. (1976), Nova Acta Leopoldina Suppl. 7: 507
250. ROTHSCHILD, M., VON EUW, J., REICHSTEIN, T., SMITH, D.A.S., PIERRE, J. (1975), Proc. Roy. Soc. Ser. B190: 1
251. SCUDDER, G.G.E., MOORE, L.V., ISMAN, M.B. (1986), J. Chem. Ecol. 12: 1171
252. SCHAUB, C. (1933), Dissertation TH Braunschweig
253. SCHILDKNECHT, H., SIEWERT, R., MASCHWITZ, U. (1966), Angew. Chem. 78: 392
254. SCHILDKNECHT, H., NEUMAIER, H., TAUSCHER, B. (1972), Liebigs Ann. Chem. 756: 155
255. SCHILDKNECHT, H. (1970), Angew. Chem. 82: 17
256. SCHMITZ, J., REICHSTEIN, T. (1947), Pharm. Acta Helv. 22: 359
257. SCHOLTYSIK, G., WAGNER, H., FISCHER, M.,

Ruegg, U. (1986), Card. Glycosides (1785–1985) (Ed.: Erdmann, E., Greif, K., Skou, J. C., Steinkopff: Darmstadt): 171
258. Schroepfer, G. J. (1982), Ann. Rev. Biochem. 51: 555
259. Schrutka-Rechtenstamm, R., Kopp, B., Löffelhardt, W. (1985), Planta Med. 51: 387
260. Schwartz, W. L., Bay, W. W., Dollahite, J. W., Storts, R. W., Russel, L. H. (1974), Veterin. Pathol. 11: 259
261. Schwarz, H., Katz, A., Reichstein, T. (1946), Pharm. Acta Helv. 21: 250
262. Scudder, G. G. E., Duffey, S. S. (1972), Canad. J. Zool. 50: 35
263. Sharma, N. K., Kulshreshtha, D. K., Tandon, J. S., Bhakuni, D. S., Dhar, M. M. (1974), Phytochemistry 13: 2239
264. Shaw, D., Pearn, J. (1979), Med. J. Australia 2: 267
265. Shimada, K., Nambara, T. (1979), Tetrahedron Lett. 163
266. Shimada, K., Ohishi, K., Nambara, T. (1984), Tetrahedron Lett. 25: 551
267. Shimada, K., Ohishi, K., Nambara, T. (1984), Chem. Pharm. Bull. 32: 4396
268. Shimada, K., Ishii, N., Nambara, T. (1986), Chem. Pharm. Bull. 34: 3454
269. Shimada, K., Ro, J. S., Kanno, C., Nambara, T. (1987), Chem. Pharm. Bull. 35: 4996
270. Shimada, K., Ro, J. S., Ohishi, K., Nambara, T. (1985), Chem. Pharm. Bull. 33: 2767
271. Shimada, K., Sato, Y., Nambara, T. (1987), Chem. Pharm. Bull. 35: 2300
272. Shohat, B., Kirson, I., Lavie, D. (1978), Biomedicine 28: 18
273. Shohat, B., Gitter, S., Lavie, D. (1970), In J. Cancer 5: 244
274. Shubina, L. K., Makariewa, T. N., Kalinsovskii, A. I., Stonik, V. A. (1985), Khim. Prir. Soedin. (2): 232
275. Siddiqui, S., Siddiqui, B. S., Hafeez, F., Begum, S. (1987), Planta Med. 53: 424
276. Siddiqui, S., Begum, S., Hafeez, F., Siddiqui, B. S. (1987), Planta Med. 53: 47
277. Siddiqui, S., Hafeez, F., Begum, S., Siddiqui, B. S. (1986), Phytochemistry 26: 237
278. Sing, B., Rastogi, R. P. (1970), Phytochemistry 9: 315
279. Smith, T. W., Antman, E. M., Friedman, P. L., Blatt, C. M., Marsh, J. D. (1984), Prog. Cardiovasc. Dis. 26: 495
280. Smith, T. W., Antman, E. M., Friedman, P. L., Blatt, C. M., Marsh, J. D. (1984), Prog. Cardiovasc. Dis. 26: 413
281. Smith, W. (1984), J. Pharmacol. 15, Suppl. 1: 35
282. Smith, T. W., Willerson, J. T. (1971), Circulation 44: 29
283. Smolarz, A., Abshagen, U. (1985), Monatsschr. Kinderheilkd. 133: 682
284. Smolarz, A., Roesch, E., Lenz, E., Neubert, H., Abshagen, P. (1985), J. Toxicol. Clin. Toxicol. 23: 327
285. Sonne, H., Haan, D. (1967), Arch. Toxicol. 22: 223
286. Speta, F. (1986), Linzer Biol. Beiträge 12: 193
287. Stöckel, K., Reichstein, T. (1969), Sci. Pharm. 37: 47
288. Stöckel, K., Stöcklin, W., Reichstein, T. (1969), Helv. Chim. Acta 52: 1175, 1403, 1429
289. Stoll, A., Percira, A., Renz, J. (1949), Helv. Chim. Acta 32: 293
290. Stoll, A., Kreis, W. (1973), Helv. Chim. Acta 16: 1049
291. Syrov, V. N., Khushbaktova, Z. A., Vasina, O. E. (1989), Khim. Farm. Zhur. 23: 610
292. Tamm, C. (1956), Fortschr. Chem. Org. Naturstoffe 14: 72
293. Tamm, C., Rosselet, J. P. (1953), Helv. Chim. Acta 36: 1309
294. Tamm, C. (1956), Fortschr. Chem. Org. Naturstoffe 13: 137
295. Tanz, R. D. (1986), Am. Heart J. 11: 812
296. Terblanche, M., Adelaar, T. F. (1965), J. S. Afr. Vet. Med. Ass. 36: 555
297. Tittel, G., Habermeier, H., Wagner, H. (1982), Planta Med. 45: 207
298. Tittel, G., Wagner, H. (1981), Planta Med. 43: 252
299. Tschesche, R., Brasset, B. (1965), Z. Naturforsch. 20B: 707
300. Tschesche, R. (1971), Planta Med. Suppl. 4: 34
301. Tschesche, R. (1934), Z. Physiol. Chem. 229: 219
302. Tschesche, R., Wirtz, S., Snatzke, G. (1955), Chem. Ber. 88: 1619
303. Tschesche, R., Buschauer, G: (1957), Liebigs Ann. Chem. 603: 59
304. Tursunova, R. N., Maslennikova, V. A., Abubakirov, N. K. (1977), Khim. Prir. Soedin. 147
305. Urban, G: (1943/44), Samml. von Vergiftungsfällen 13: A935, 27
306. Vaiciuniene, J. (1969), zit. C. A. 70: 93950
307. van Heerden, F. R., Vleggaar, R., Anderson, A. P. (1988), S. Afr. J. Chem. 41: 145
308. van Oycke, S., Braekman, J. C., Daloze, D., Pastells, J. M. (1987), Experientia 43: 460
309. Vasina, O. E., Maslennikova, V. A., Abubakirov, N. K. (1986), Khim. Prir. Soedin. (3): 263
310. Völksen, W. (1977), Dtsch. Apoth. Ztg. 117: 1199
311. Voloshina, D. A., Melnikova, T. M. (1978), Chimiko Farmatzewtitschesskii Shurnal 12: 103
312. von Euw, J., Reichstein, T., Rothschild, M. (1971), Insect. Biochem. 1: 373
313. Wada, K., Hayashi, K., Mitsuhashi, H., Bando, H. (1982), Chem. Pharm. Bull. 30: 3500
314. Wagner, H., Fischer, M., Lotter, H. (1985), Z. Naturforsch. B: Anorg. Chem., Org. Chem. 40B: 1226
315. Wagner, H., Hörhammer, L., Reber, H. (1970), Arzneim. Forsch. 20: 215
316. Wagner, H., Lotter, H., Fischer, M. (1986), Helv. Chim. Acta 69: 359
317. Wagner, H., Fischer, M., Lotter, H. (1985), Planta Med. 51: 169

318. WALLICK, E.T., KIRLEY, T. L., SCHWARTZ, A. (1986), Cardiac Glycosides 1785–1985 (D. Steinkopff, Darmstadt): 27
319. WATSON, T. R., CHEUNG, H.T. A., THOMAS, R. E. (1984), in: Natural Products and Drug Development (Eds. KROGSGAARD-LARSEN, P., BROGGER-CHRISTENSEN, S., KOFOD, H., Alfred Benzon Symp. 20, Munksgaard, Kopenhagen)
320. WEINHOUSE, E., KAPLANSKY, J., DANON, A., NUDEL, D. B. (1989), Life Science 44: 441
321. WICHTL, M. (1978), Pharm. Unsere Zeit 7: 33
322. WIEGREBE, W., FABER, L., BROCKMANN, H., BUDZIKEIWICZ, H., KRÜGER, U. (1969), Liebigs Ann. Chem. 721: 154
323. WIEGREBE, W., BUDZIKIEWICZ, H., FABER, L. (1970), Arch. Pharm. 303: 1009
324. WILLIAMS, M., CASSADY, J. M. (1976), J. Pharm. Sci. 65: 912
325. WINDAUS, A., FREESE, C. (1925), Ber. Dtsch. Chem. Ges. 58: 2503
326. WINDAUS, A., STEIN, G. (1928), Ber. Dtsch. Chem. Ges. 61: 2436
327. WINKLER, C. (1986), Dissertation Philips-Universität Marburg/Lahn
328. WINKLER, C., WICHTL, M. (1985), Pharm. Acta Helv. 60: 243
329. WINKLER, C., WICHTL, M. (1986), Planta Med. 52: 68
330. WISSNER, W., KATING, H. (1974), Planta Med. 26: 364
331. WISSNER, W., KATING, H. (1974), Planta Med. 26: 228
332. YAMAGISHI, T., HARUNA, M., YAN, X. Z., CHANG, J. J., LEE, K. H. (1989), J. Nat. Prod. 52: 1071
333. YAMAGISHI, T., YAN, X. Z., WU, R. Y., MCPHAIL, D. R., MCPHAIL, A.T., LEE, K. H. (1988), Chem. Pharm. Bull. 36: 1615
334. YAMAGUCHI, H., NUMATA, A., HOKIMOTO, K. (1974), zit.: C. A. 82: 73255 q
335. YAMAUCHI, T., TACHIBANA, Y., ATAL, C. K., SHARMA, B. M., IMRE, Z. (1983), Phytochemistry 22: 2211
336. YAMAUCHI, T., ABE, F., WAN, A. S. C. (1987), Chem. Pharm. Bull. 35: 4993
337. YAMAUCHI, T., ABE, F., TAKAHASHI, M. (1976), Tetrahedron Lett. 14: 1115
338. YAMAUCHI, T., TAKATA, N., MIMURA, T. (1975), Phytochemistry 1379
339. YAMAUCHI, T., ABE, F. (1978), Tetrahedron Lett. 1825
340. YATSYUK, V. Y., DOLYA, V. S., GELLA, E.V. (1983), Khim. Prir. Soedin. (5): 641
341. ZOZ, I. G., CHERNYKH, N. A. (1969) Farmatzewtitschni Shurnal 24: 77

Mit Ü gekennzeichnete Zitate siehe Kap. 43.

Die Methylgruppen C-23, C-24, C-28, C-29 und C-30 können zu CH_2OH- oder COOH-Gruppen, seltener zu CHO-Gruppen, oxidiert sein. Epoxygruppierungen, Ketofunktionen und Doppelbindungen, letztere bei Pflanzen besonders zwischen C-12 und C-13, bei Tieren zwischen C-7 und C-8, C-9 und C-11, kommen vor. Die Hydroxygruppen sind häufig acyliert. Als Säurekomponenten werden u. a. gefunden: Ameisensäure, Essigsäure, n-Buttersäure, iso-Buttersäure, Isovaleriansäure, α-Methylbuttersäure, Tiglinsäure, Angelicasäure, 3,3-Dimethylacrylsäure, Benzoesäure, Zimtsäure und Ferulasäure, bei Tieren auch Schwefelsäure (21, 72, 73, 75, 129, 178, 207, 222, 223).

Monosaccharidkomponenten von Saponinen sind u. a. D-Glucose, D-Galaktose, D-Fructose, 3-Methyl-D-glucose, D-Xylose, L-Arabinose (auch in furanoider Form vorliegend), L-Rhamnose, L-Fucose, D-Glucomethylose (6-Desoxy-D-glucose), D-Apiose und D-Chinovose. Auch D-Glucuronsäure kommt glykosidisch gebunden in Saponinen vor.

Um die typischen Saponinmerkmale aufzuweisen, müssen saure Saponine mindestens drei, neutrale Saponine mindestens zwei Monosaccharidreste tragen. Saponine mit mehr als vier Zuckerresten sind häufig. Bisher wurden maximal 11 Monosaccharidreste pro Saponinmolekül gefunden.

Im Gegensatz zu den herzwirksamen Steroidglykosiden tragen Saponine meistens verzweigte Oligosaccharidketten, die häufig von Pentosen terminiert werden (Abb. 13-3).

Nach der Anzahl der unmittelbar am Sapogenin gebundenen Zuckerketten unterscheidet man Monodesmoside (Einketter), Bisdesmoside (Zweiketter) und Trisdesmoside (Dreiketter).

Bei den Saponinen der Pflanzen ist eine Kette fast stets am C-3 angeheftet. Bei den Steroidsaponinen vom Furostantyp trägt die Hydroxylgruppe am C-26 einen Glucoserest (nur in wenigen Fällen wurde dort ein anderer Zucker oder eine Methylgruppe gefunden), nach dessen Abspaltung das Furostanderivat (Halbketal) spontan in ein Spirostanderivat (Ketal) übergeht (in einigen Fällen unterbleibt der Ringschluß wegen Fehlens oder Substitution der zum Ringschluß erforderlichen Hydroxylgruppe in Position 22 oder deren Methylierung). Bei den Triterpenen ist an einer am C-17 befindlichen Carboxylgruppe häufig acylglykosidisch eine zweite Zuckerkette gebunden (Abb. 13-10). Andere Anheftungsstellen für die Zuckerkette finden wir bei tierischen Saponinen.

Der saure Charakter einiger Saponine wird entweder durch eine freie Carboxylgruppe am Sapogenin, eine gebundene Uronsäure oder durch Acylierung mit Dicarbonsäuren am Aglykon oder an den Zuckerresten, bei Saponinen der Meerestiere auch durch einen Schwefelsäurerest am Aglykon oder einen oder zwei Schwefelsäurereste an den Zuckern bedingt.

Die Biogenese der Steroidsapogenine erfolgt ausgehend von Cholesterol, vermutlich beginnend mit einer Hydroxylierung des C-Atoms 26 (oder 27) und der Verknüpfung der entstandenen Hydroxylgruppe mit Glucose. Anschließend finden Hydroxylierungen am C-16 und C-22 mit nachfolgender Bildung des ankondensierten Furanringes unter Dehydrierung statt (211, 223). Ausgangspunkt kann auch Cycloartenol sein. In diesem Falle erfolgt vermutlich zunächst eine Umwandlung in Cholesterol (49). Auf welcher Stufe die Zuckerkette am C-3 angeknüpft wird, ist noch unklar. Zwischenprodukt der Umwandlung der 3β-Verbindungen in 3α-Verbindungen ist vermutlich das 3-Ketoderivat, Zwischenprodukt der Umwandlung von 5β- in 5α-Verbindungen ein Δ^5-Sapogenin.

Die Biogenese der Triterpensapogenine erfolgt durch Cyclisierung des Squalens, zunächst zu Dammaranderivaten, die durch Ringöffnungen und Ringschlüsse über Lupanderivate und Oleananderivate schließlich in Ursanderivate umgewandelt werden können.

Das erste isolierte Steroidsaponin dürfte das Digitonin (Abb. 13-3) gewesen sein, das Schmiedeberg 1875 (175) aus dem Handelsdigitalin erhielt, das aus Samen des Roten Fingerhutes, *Digitalis purpurea* L.,

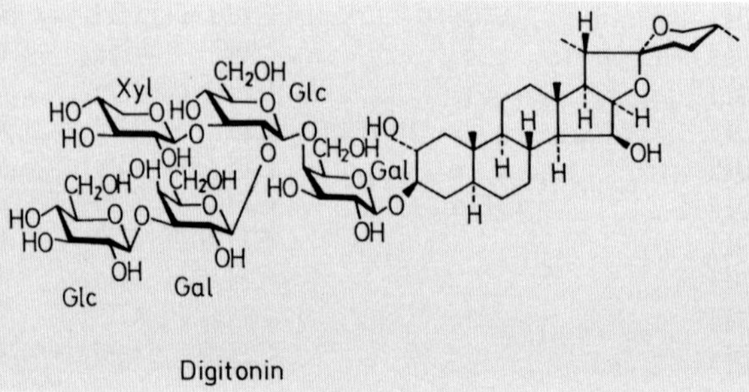

Abb. 13-3: Steroidsaponin des Roten Fingerhuts *(Digitalis purpurea)*

gewonnen worden war. Das Saponin des Digitonins, das Digitogenin, wurde 1890 von KILIANI (103) dargestellt. Seine Konstitution wurde 1939 durch MARKER und ROHRMANN (134) ermittelt. Die endgültige Strukturformel für das Glykosid wurde erst 1963 durch TSCHESCHE und WULFF (209) aufgestellt.

Das erste isolierte Triterpensaponin war die Glycyrrhizinsäure (Abb. 13-4), die bereits 1809 von ROBIQUET (96) aus der Wurzel des Süßholzes, *Glycyrrhiza glabra* L., erhalten wurde. Das Sapogenin dieser Verbindung, die Glycyrrhetinsäure, gewann VON GORUP-BESANEZ 1861 (218). Seine Struktur wurde 1942 von RUŽIČKA und JEGER (168) ermittelt, nachdem bereits 1937 (66) die Strukturformel des Triterpensapogenins Oleanolsäure von HAWORTH aufgestellt worden war. Die Strukturaufklärung der Glycyrrhizinsäure wurde 1956 (124, 135) abgeschlossen.

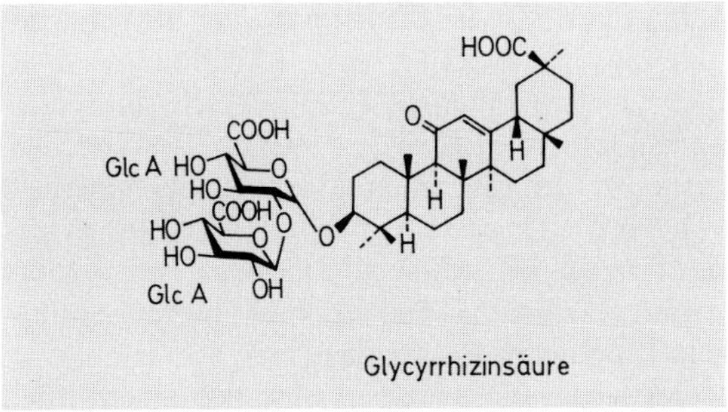

Abb. 13-4: Triterpensaponin des Süßholzes *(Glycyrrhiza glabra)*

Der Verbreitungsschwerpunkt der Steroidsaponine liegt bei den Monocotyledoneae (Liliatae, einkeimblättrige Bedecktsamer) und zwar bei den Familien Dioscoreaceae, Trilliaceae, Liliaceae, Agavaceae, Asparagaceae, Convallariaceae, Alliaceae und Smilacaceae. Bei den Dicotyledoneae (Magnoliatae, zweikeimblättrige Bedecktsamer) sind sie selten anzutreffen. Dort wurden sie u. a. bei den Fabaceae, Solanaceae und Scrophulariaceae gefunden (217).

Der Verbreitungsschwerpunkt der Triterpensaponine liegt bei den Dicotyledoneae. Etwa 60 Familien dieser Klasse enthalten Verbindungen dieses Typs. Besonders häufig kommen sie in folgenden Familien vor: Caryophyllaceae, Ranunculaceae, Chenopodiaceae, Theaceae, Fabaceae, Apiaceae, Araliaceae, Primulaceae und Sapotaceae.

Völlig frei von Saponinen scheinen Vertreter der Gymnospermae (Nacktsamer, Coniferophytina und Cycadophytina) zu sein. Bei den Pteridophyta (Farnpflanzen), z. B. bei *Lycopodium*-Arten, wurden vereinzelt Saponine nachgewiesen. Die Hebevinoside der zu den Basidiomyceten gehörenden *Hebeloma*-Arten (Kap. 10.5.3) werden von einigen Autoren den Saponinen zugeordnet (129, 178).

Bei Tieren kommen Saponine beim Stamm der Echinodermata (Stachelhäuter) vor, besonders in den Klassen Asteroidea (Seesterne) und Holothuroidea (Seegurken). In letzter Zeit wurden auch bei den Porifera (Schwämmen) und Knochenfischen (Osteichthyes) Saponine gefunden.

Saponine treten durch apolare Wechselwirkung mit Steroiden, Phospholipiden und Proteinen zu Komplexen zusammen (143, 229). Die Membranaktivität der Saponine beruht auf ihrer Wechselwirkung mit Sterolen und anderen Bestandteilen von Zellmembranen. Durch Veränderung der Membranstruktur wird deren Permeabilität sowie die Aktivität membranständiger Enzyme und Rezeptoren beeinflußt (53, 54). Die Membranaktivität der Saponine kommt u. a. in ihrer hämolytischen Wirkung (Zerstörung der Zellmembran der Erythrocyten) und in ihrer Ichthyotoxizität (Erhöhung der Permeabilität des Kiemenepithels und dadurch bedingte Auswaschung kleinmolekularer Bestandteile aus dem Blut) zum Ausdruck. Auch die fungiciden (71, 74, 148, 224, 225), insecticiden (206), molluscіciden (79) und spermiciden (161) Effekte der Saponine und ihre Reizwirkung auf die Schleimhäute des Menschen (73, 216) dürften Resultat dieser Wechselwirkung sein. Die Erhöhung der Permeabilität der Intestinalmucosa durch die Saponine kann die Aufnahme sonst nicht resorbierbarer Stoffe begünstigen und andererseits die ausreichende Akkumulation und Verfügbarkeit von Nährstoffen und Spurenelementen, z. B. Eisen, verhindern (93, 160, 188). Darauf ist möglicherweise die bei Tieren beobachtete Wachstumsretardation bei hohem Saponinanteil im Futter (*Medicago*) zurückzuführen. Das Risiko von Sensibilisierungen gegen Nahrungsproteine steigt (128).

Die Reaktion der Saponine mit Cholesterol verringert dessen Resorption und reduziert damit den Cholesterolspiegel im Plasma. Außerdem wird die Bildung von Gallensäuren aus Cholesterol stimuliert, und es werden vermehrt Gallensäuren ausgeschieden (137, 162). In-vitro-Untersuchungen zeigen, daß Saponine mit Gallensalzen viscöse Komplexe bilden. Unter In-vivo-Bedingungen könnte daraus eine protektive Wirkung von Gallensäuren gegenüber den schleimhautschädigenden Saponineffekten resultieren. Die unter Saponineinfluß erhöhte Proliferation von Mucosazellen stellt vermutlich eine Antwort auf die schleimhautschädigende Wirkung der Saponine dar (44).

Bei den Triterpensaponinen sind die Zusammenhänge zwischen hämolytischer Aktivität und der Struktur besonders gut untersucht (173, 208, 229). Voraussetzungen für die Auslösung der Hämolyse sind eine polare Gruppe im Ring A des Aglykons und eine mäßig polare Gruppe im Ring D oder E. Eine 16α-OH- oder 16-Oxogruppe verstärkt den Effekt. Stark polare Gruppen am Ring D und/oder E, wie z. B. eine Zuckerkette oder mehrere OH-Gruppen, führen zu einer merklichen Aktivitätsminderung. Die stärkste Wirkung haben Monodesmoside. Bei sauren Bisdesmosiden ist der hämolytische Effekt gering, und er fehlt nahezu völlig bei neutralen Bisdesmosiden. Verzweigung der Zuckerkette verstärkt die Wirkung. Diese Beobachtungen gelten nicht nur für die Hämolyse, sondern auch für die anderen biologischen Effekte der Saponine (79).

Bei den Steroidsaponinen sind nur die Spirostanolglykoside wirksam, da offenbar dem Ethersauerstoffatom, das sich in gleichem Abstand von der Hydroxylgruppe am C-3 befindet wie die wirkungsverstärkende 16α-OH- oder Oxogruppe der Triterpensaponine, eine wesentliche Bedeutung bei der Hämolyse zukommt (229).

Einige Saponine rufen nach Resorption sehr spezifische pharmakologische Effekte hervor. Dazu gehören die Depolarisation von Nervenzellmembranen (5, 25), die Anregung von Stoffwechselprozessen (5), die Stimulation der Interferonfreisetzung (1), die Hemmung der Blutplättchenaggregation (10, 113), die immunmodulierende Wirkung (22, 123), die Antitumorwirksamkeit (10, 123) und die Beeinflussung des Prostaglandinstoffwechsels (antiphlogistische Effekte, 14). Die antivirale Wirkung, beispielsweise von Glycyrrhizinsäure (76), beruht möglicherweise auf der Förderung der Interferonproduktion (14). Die antiexsudative Wirksamkeit von Aescin kommt u. a. durch die Inaktivierung lysosomaler Enzyme, die die Proteoglykane der Gefäßwände abbauen, zustande (14). Da antiexsudative und antiphlogistische Effekte an die Intaktheit der Nebennierenrinde gebunden sind, können sie auch Folge einer durch die Saponine bedingten Steigerung der Gewebskonzentration der Nebennierenrindenhormone sein. Vermutlich hemmen die Saponine den Abbau der Steroidhormone, für einige wurde eine Hemmung der Δ^4-5β-Reductase-Aktivität der Leber nachgewiesen. Einige Verbindungen, z. B. die Ginsenoside, induzieren bei Ratten nach intraperitonealer Applikation die Ausschüttung von Corticosteron (10, 69). Längerdauernde Aufnahme von Glycyrrhizinsäure, z. B. in Form von Lakritze, führt zum Erscheinungsbild des Hyperaldosteronismus mit Hypertonie, Hypokaliämie, verminderter Ausscheidung von Natriumionen und Ödembildung (14, 60, 92). Noch ungeklärt ist der Mechanismus der antimutagenen Wirkung mehrerer Saponine (37; neuere Angaben zu den Wirkungen von Saponinen: 129, 178).

Hinsichtlich ihrer pharmakokinetischen Eigenschaften dürften bei den einzelnen Saponinen wesentliche Unterschiede bestehen. Viele, z. B. die in Nahrungs- und Futtermitteln vorkommenden Saponine, werden aus dem intakten Magen-Darm-Trakt kaum resorbiert und rufen bei peroraler Zufuhr nur in Einzelfällen gastrointestinale Reizerscheinungen hervor. Erhöht ist die Resorptionsquote bei Schädigung der Darmschleimhaut. Saponine, von denen auch nach peroraler Aufnahme spezifische systemische Wirkungen bekannt sind, werden entweder als intakte Verbindung oder in Form ihrer im Darm abgespaltenen, durch die Darmflora mehr oder weniger veränderten Aglyka offenbar gut resorbiert. Exakte Untersuchungen über den Zusammenhang zwischen Struktur der Saponine und ihrer Pharmakokinetik sind uns nicht bekannt.

Bei Eintritt in die Blutbahn dürften als Folge der Hämolyse alle Saponine schwere Vergiftungserscheinungen hervorrufen (216, 230). Auch sinusoidale und endotheliale Zellen der Leber und des Knochenmarks werden geschädigt. Mäuse starben innerhalb von 6 h nach intravenöser Zufuhr von 0,1 mg eines nicht näher bezeichneten Saponins. Pathologisch wurden Hämorrhagien, Verklumpungen des Blutes und Lebernekrose gefunden (142).

Bei der Therapie von Saponinvergiftungen stehen primäre Giftentfernung und symptomatische Maßnahmen im Vordergrund.

Außer der schon lange üblichen Anwendung von Saponindrogen als Expectorantia, Diuretica und Antiexsudativa könnte die fungicide, molluscicide, antivirale und cytostatische Wirkung der Saponine in Zukunft stärker therapeutisch genutzt werden.

13.2 Steroidsaponine

13.2.1 Steroidsaponine bei Pflanzen

13.2.1.1 Steroidsaponine der Vierblättrigen Einbeere (*Paris quadrifolia*)

Zur Gattung *Paris*, Einbeere (Liliaceae, Liliengewächse, auch als Trilliaceae, Einbeerengewächse, abgetrennt), gehören sechs Arten. In Mitteleuropa kommt nur *Paris quadrifolia* L., Vierblättrige Einbeere, vor. Die übrigen Arten sind im östlichen Sibirien und auf Kamtschatka beheimatet. *P. polyphylla* SM. gedeiht im Himalayagebiet.

P. quadrifolia (siehe S. 232, Bild 13-1) ist eine ausdauernde, 10–40 cm hoch werdende Pflanze mit unterirdisch kriechender Grundachse. Der Blütenstengel ist kahl und trägt oben meistens quirlig angeordnete, elliptisch-lanzettliche, netzadrige, bis 10 cm lange Blätter und eine endständige Blüte mit 8–10 hellgrünen Blütenblättern, 8 Staubblättern und einem oberständigen, 3- bis 10fächrigen Fruchtknoten mit 3–5 Griffeln. Die Frucht ist eine bis 1 cm dicke, schwarzblaue Beere mit braunen Samen. Die Pflanze kommt zerstreut in humusreichen Laub- und Mischwäldern, im Gebüsch und an feuchten schattigen Felsen bis an die obere Baumgrenze in fast ganz Europa, Kleinasien und Sibirien vor.

Aus frischem Kraut von *P. quadrifolia* wurden etwa 0,1% Steroidsaponine isoliert. Das dürfte bezogen auf das Trockengewicht einem Gehalt von über 1% entsprechen.

Hauptsaponin ist das Pennogenintetraglykosid (Pennogenin-3-O-α-L-rhamnopyranosyl-(1 →4)-α-L-rhamnopyranosyl-(1 → 4)-[α-L-rhamnopyranosyl-(1 → 2]-β-D-glucopyranosid, Abb. 13-5), das vom entsprechenden 22-Hydroxy-furostanol-3,26-O-bisdesmosid begleitet wird. Ebenfalls in relativ hoher Konzentration kommt Pennogenintriglykosid vor, das im Gegensatz zum Pennogenintetraglykosid am Glucoserest nur die beiden Rhamnosereste trägt. Von Interesse ist auch das Auftreten von 1-Dehydrotrillenogenin, einem 18-Norspirostanolderivat, in *P. quadrifolia* (147).

Die in der chinesischen Medizin verwendete *P. polyphylla* ist wesentlich besser untersucht. In ihr wurden u. a. ein hämostatisch wirksames Saponin der Struktur Smilagenin-3(2←1α-L-rhamnopyranosyl und 4←1α-L-arabinofuranosyl)-β-D-glucopyranosid gefunden (125).

Die Saponine aus *P. quadrifolia* wirken reizend auf die Schleimhaut des Verdauungstraktes und werden, wenn auch in geringem Maße, resorbiert. Neben gastrointestinalen Symptomen können Schwindel, Kopfschmerzen und Miosis (Unterschied zu Vergiftungen mit *Atropa belladonna*, Kap. 31.2.2) auftreten. Pennogenintetraglykosid wirkt in Dosen von 1–10 mg/kg, i. v., bei Maus, Ochsenfrosch und Kaninchen blutdrucksenkend. Amplitude und Tonus der Herztätigkeit werden gesteigert (48, 147).

Todesfälle beim Menschen nach Genuß von Einbeeren sind in den letzten Jahren nicht beschrieben worden. Vergiftungen können durch Verwechslung der Früchte mit Heidelbeeren zustande kommen. Unter den Tieren ist Geflügel besonders gefährdet.

In der Volksmedizin wird das frische zerquetschte Kraut zur Behandlung von Wunden verwendet («Pestbeere»).

13.2.1.2 Steroidsaponine des Spargels (*Asparagus*-Arten)

Der Gattung *Asparagus*, Spargel (Liliaceae, Liliengewächse, auch als Asparagaceae ausgegliedert), gehören etwa 300 Arten an, die in regenarmen Gebieten Europas, Asiens und Afrikas heimisch sind. In Mitteleuropa kommen vor: *A. officinalis* L., Gemüse-Spargel, und *A. tenuifolius* LAM., Zartblättriger Spargel. Als Zimmerpflanzen und Schnittpflanzen zur Ergänzung von Sträußen werden genutzt: *A. setaceus* (KUNTH) JESSOP (*A. plumosus* BAKER) und *A. densiflorus* (KUNTH) JESSOP (*A. sprengeri* REGEL), seltener auch andere Arten.

A. officinalis (siehe S. 232, Bild 13-2) ist eine ausdauernde, bis 1,5 m hohe, zweihäusige Pflanze mit dicker, holziger Grundachse. Der Stengel ist krautig. Er trägt nur kleine, schuppenförmige Blättchen, in deren Achseln verlängerte Zweige oder 3–6 nadelartige Phyllokladien (grüne Flachsprosse) büschelartig angeordnet sind. Die trichterförmige, grünlich-gelbe Hülle der dreizähligen Blüten ist bei den männlichen Blüten ca. 5 mm lang, bei den weiblichen

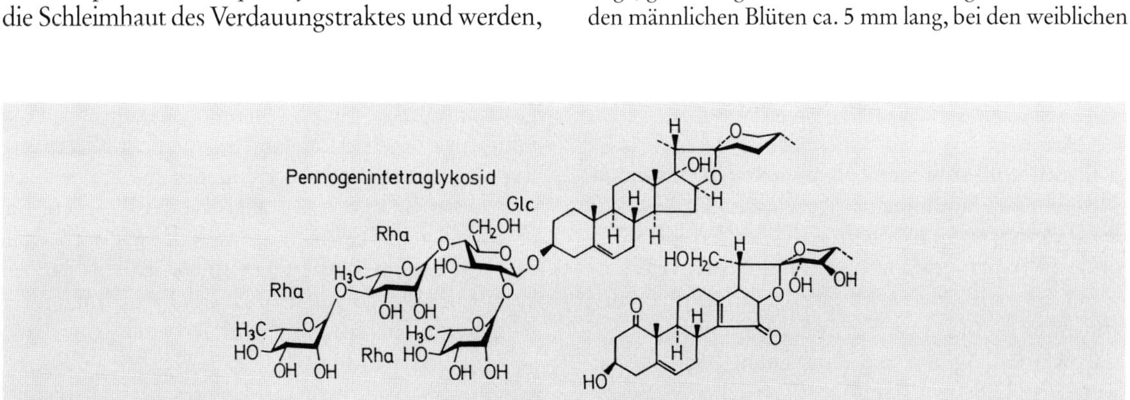

Abb. 13-5: Steroidsaponin und -sapogenin der Einbeere *(Paris quadrifolia)*

Blüten ist sie kürzer. Die Früchte sind etwa erbsengroße, ziegelrote Beeren. Die Pflanze kommt im Gebiet zerstreut auf sandigen Äckern, an grasigen Abhängen, auf Dünen, Schuttplätzen und in Hecken vor. Sie wird zur Gewinnung der aus den Wurzelstöcken austreibenden jungen Stengelsprosse als Gemüse angebaut. Diese werden entweder geerntet, bevor sie die Erddecke durchbrechen (Weißspargel), oder wenn sie eine Höhe von 20–30 cm über dem Erdboden erreicht haben (Grünspargel).

A. tenuifolius hat haardünne Phyllokladien, die zu 10–30 in Büscheln zusammenstehen. Die Beeren sind leuchtendrot und werden bis kirschgroß. Die Pflanze wird im Gebiet nur in Österreich und der Schweiz gefunden.

A. officinalis wurde von den genannten Arten am besten hinsichtlich der vorkommenden Saponine untersucht, die in allen Teilen der Pflanze enthalten sind. Bisher wurde bei 12 Saponinen die Struktur charakterisiert. Aglyka sind das Spirostanderivat Sarsapogenin und die Furostanderivate (25 S)-5β-Furostan-3β,22,26-triol sowie (25 S)-Furost-5-en-3β,22,26-triol. Als Monosaccharidkomponenten wurden nachgewiesen D-Glucose, D-Xylose und L-Rhamnose. Aus der Wurzel konnten die Asparagoside A, B, D, E (Abb. 13-6), F, G, H und I, sowie Officinalisnin I und II, aus den Sprossen die Asparasaponine I und II isoliert werden. Die bitteren Saponine Asparasaponin I sowie Officinalisnin I und II kommen besonders in den Sproßköpfen des als Gemüse gegessenen Weißspargels vor (55, 56, 99, 100, 115, 152, Tab. 13-1).

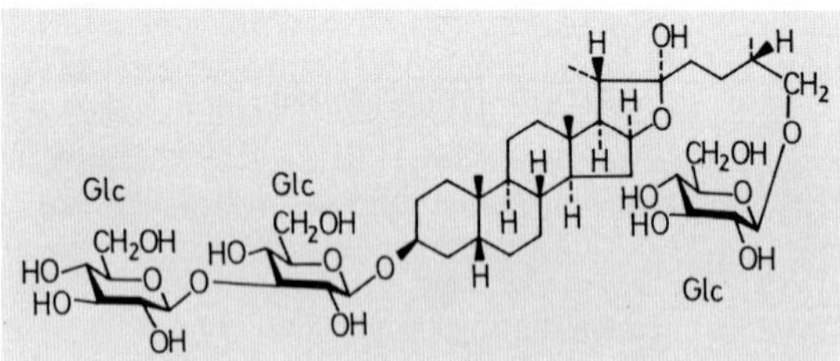

Abb. 13-6: Steroidsaponin des Spargels *(Asparagus officinalis)*

In den unterirdischen Organen von *A. tenuifolius* wurden neun Saponine nachgewiesen. Als Aglykon wurde Sarsapogenin isoliert. Zwei der Verbindungen sind mit Asparagosid C bzw. D identisch (150).

Bei *Asparagus setaceus* konnte die Struktur von drei Spirostanol- und zwei Furostanolsaponinen aufgeklärt werden. Aglyka sind Yamogenin, (25 S)-Furost-5-en-3β-22,26-triol und (25 S)-22α-Methoxy-furost-5-en-3β,26-diol. Die Spirostanolsaponine tragen in Position 3 einen β-D-Glucopyranosylrest, an den in Position 3' ein α-L-Rhamnopyranosylrest, in den Positionen 2'und 3'zwei α-L-Rhamnopyranosylreste oder in den Positionen 3'und 4' ein β-D-Glucopyranosyl- und ein α-L-Rhamnopyranosylrest gebunden sein können. Die Furostanolaglyka tragen einen Dirhamnopyranosyl-glucopyranosylrest und in Position 26 den üblichen β-D-Glucopyranosylrest (170).

In den Wurzeln von *A. densiflorus* wurden acht Saponine nachgewiesen, von denen vier ihrer Struktur nach bekannt sind. Es sind die Sprengerine A, B, C und D. Ihr Aglykon ist das Diosgenin, das in Stellung 3 einen β-Xylopyranosylrest, in 4' einen α-L-Rhamnopyranosylrest, in 1' einen α-L-Rhamnopyranosylrest sowie zusätzlich in 3' einen α-L-Xylopyranosylrest oder in 1' und in 3' je einen α-L-Rhamnopyranosylrest aufweist (184).

Andere *Asparagus*-Arten enthalten außer Sarsapogenin, Diosgenin und Yamogenin weiterhin Pennogenin und Ruscogenin, sowie die entsprechenden Furostanolvorläufer. Bemerkenswert ist das Auftreten des oben genannten 22α-Methoxyfurostanols und das des (25 R)-Furosta-5,20-dien-3β,26-diols (121, 183), die beide nach Abspaltung des in Position 26 gebundenen Glucoserestes keine Spiroketalbildung zulassen. Auch in den Früchten sind Saponine enthalten (31, 81, 121, 181, 182, 217).

Als Begleitstoffe bemerkenswert sind eine Reihe schwefelhaltiger Inhaltsstoffe des Spargels, die nematicid wirksame Asparagussäure (1,2-Dithiolan-4-carbonsäure, 197) sowie ihre Methyl- und Ethylester, 3-Mercapto-isobuttersäure, 3-Methylthio-isobuttersäure, Diisobuttersäuredisulfid, 3-S-Acetylthiomethacrylsäure und α-Aminodimethyl-γ-butyrothetin, S-(2-Carboxypropyl)-L-cystein sowie S-(1,2-Dicarboxymethyl)-L-cystein. Ein Teil der Verbindungen ist maßgeblich am Geruch und Geschmack des Spargels beteiligt.

Die roten Früchte des Gemüsespargels gelten als giftig. Während nach Verzehr von zwei bis sieben Beeren noch keine Vergiftungssymptome beobachtet wurden, sollen nach Aufnahme größerer Mengen gastrointestinale Reizerscheinungen auftreten können. In geröstetem Zustand wurden die Beeren früher als Kaffee-Ersatz verwendet.

Frischer Spargel kann allergisierend wirken. Bei empfindlichen Personen entwickelt sich nach Kontakt mit jungen Trieben besonders an den Händen eine Kontaktdermatitis. Auch das Gesicht kann betroffen sein. Bei Tausenden von Arbeitern einer Konservenfabrik wurde nach dem 1. Weltkrieg die sogenannte «Spargelkrätze» beobachtet. Das Allergen ist noch unbekannt (Ü 42, Ü 84).

Außer zu Nahrungszwecken werden Spargel-

Tab. 13-1: Steroidsaponine des Spargels (*Asparagus officinalis*)

Name	Struktur	
Asparagosid	A	S–Sar–3←1βGlc
	B	S–Sar–26←1βGlc
	C	S–Sar–3←1βGlc3←1βGlc
	D	S–Sar–3←βGlc(3←1βGlc)4←1βGlc
	E	F–Sar { –3←1βGlc3←1βGlc –26←1βGlc
	F	S–Sar–3←1βGlc(3←1βGlc)4←1βGlc←1βXyl
	G	F–Sar { –3←1βGlc(3←1βGlc)4←1βGlc –26←1βGlc
unbenannt		S–Sar–3←Glc(2←1βGlc und 4←1αRha)
Asparasaponin	I	F–Yam { –3←1βGlc(2←1αRha und 4←1αRha) –26←1βGlc
	II	F–Yam { –3←1βGlc4←1αRha –26←1βGlc
Officinalisnin	I	F–Sar { –3←1βGlc2–←1βGlc –26←1βGlc
	II	F–Sar { –3←1βGlc(4←1βXyl)2←1βGlc –26←1βGlc

S–Sar = Sarsapogenin, F–Sar = (25S)-5β-Furostan–3β,22α,26–triol,
F–Yam = (25S)–Furost–5–en–3β,22α,26–triol, Glc = D–Glucose, Xyl = D–Xylose, Rha = L–Rhamnose

sprosse in der Volksmedizin wegen ihrer wahrscheinlich durch die Saponine bedingten diuretischen Wirksamkeit angewendet.

13.2.1.3 Steroidsaponine der Weißwurz (*Polygonatum*-Arten)

Die Gattung *Polygonatum*, Weißwurz (Liliaceae, Liliengewächse, auch als Convallariaceae, Maiglöckchengewächse, ausgegliedert), umfaßt etwa 30 Arten, die in der gemäßigten Zone der nördlichen Erdhalbkugel vorkommen. In Mitteleuropa werden gefunden *P. odoratum* (Mill.) Druce (*P. officinale* All.), Duftende Weißwurz, Salomonssiegel, *P. multiflorum* (L.) All., Vielblütige Weißwurz, *P. verticillatum* (L.) All., Quirl-Weißwurz, und *P. latifolium* (Jacq.) Desf., Breitblättrige Weißwurz.

Polygonatum-Arten sind ausdauernde Kräuter mit dicker, fleischiger, unterirdischer Grundachse. Der Stengel trägt zahlreiche wechsel- oder quirlständige, breit-elliptische bis lanzettliche Laubblätter. Die Blütenhülle ist verwachsen, zylindrisch, weiß mit kurzem grünlichem Saum und besitzt sechs Staubblätter. *P. verticillatum* hat Blattquirle mit sechs bis sieben Blättern und kommt an schattigen Stellen, besonders in Wäldern, im ganzen Gebiet zerstreut vor. Die anderen Arten haben wechselständige Blätter. *P. multiflorum* hat einen runden Stengel, die Blüten stehen zu zweit bis zu fünft in den Blattachseln. Die Pflanze wird ziemlich häufig in schattigen Laubwäldern im gesamten Gebiet gefunden. Bei *P. latifolium* und bei *P. odoratum* sind die Stengel kantig. Während die Breitblättrige Weißwurz unterseits kurz behaarte Laubblätter besitzt, ist die Duftende Weißwurz kahl. Erstere erreicht von ihrem Hauptverbreitungszentrum Südosteuropa aus Niederösterreich und die Steiermark. Letztere bevorzugt im Gegensatz zu den übrigen Arten trockene, sonnige Standorte in allen Teilen des Gebiets, ist aber relativ selten anzutreffen.

P. multiflorum und *P. odoratum* (siehe S. 249, Bild 13-3 u. 13-4) werden neben der nordamerikanischen Art *P. commutatum* (Schult. f.) A. Dietr. auch als Zierpflanzen in Gärten gehalten.

Alle bisher untersuchten Teile der einheimischen Weißwurz-Arten enthalten Saponine.

Besonders hohe Saponinkonzentrationen wurden in den Samen von *P. odoratum* gefunden (Ü 44: II, 339). Im Rhizom wurden 4 Saponine nachgewiesen, von denen 2 starke hämolytische Aktivität besitzen (Odospirosid, Abb. 13-7, 90).

Aus *P. multiflorum* wurden bisher nur zwei Saponine erhalten. Der Saponingehalt des Wurzelstocks wird mit 2,5% angegeben, der der Wurzeln ist höher, der der Blätter geringer (87, 88, 180).

In *P. verticillatum* wurden die Saponoside A, B, C und D nachgewiesen. Das Saponosid D wurde als Dioscin identifiziert (89).

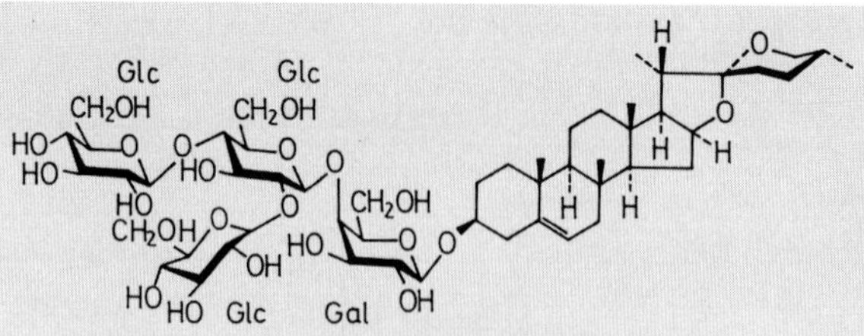

Odospirosid

Abb. 13-7: Steroidsaponin der Duftenden Weißwurz *(Polygonatum odoratum)*

Aus *P. latifolium* konnten acht Saponine erhalten werden (104).

Tabelle 13-2 gibt eine Übersicht über bisher bekannte Steroidglykoside der in Mitteleuropa beheimateten Arten.

In weiteren, im Gebiet nicht heimischen Arten wurden als Aglyka Smilagenin (*P. polyanthum*, 101), Pennogenin (*P. stenophyllum*, 87, 193), Neoprazerigenin A ((25 S)-Spirost-5-en-3β,14α-diol), (25 S)-22α-Methoxy-furost-5-en-3β14α,26-triol, deren (25 R)-Analoga sowie Yamogenin (*P. odoratum* var. *pluriflorum*, 194) gefunden.

Auch in den roten Beeren der Zweiblättrigen Schattenblume, *Maianthemum bifolium* (L.) F.W. SCHMIDT, die ebenfalls zu Vergiftungen führen sollen, dürften Saponine enthalten sein, zumal aus anderen Arten (*M. canadense* DESF. und *M. dilatatum* NELS. et MACBR.) Saponine isoliert werden konnten (Ü 44: II, 339).

M. bifolium (siehe S. 249 Bild 13-5) ist eine ausdauernde Pflanze mit dünnem, kriechendem Wurzelstock, einem Stengel mit zwei herz-eiförmigen, spitzen Blättern und einem endständigen, ährigen, aus kleinen, 2- bis 3blütigen Dolden zusammengesetzten Blütenstand mit 4zähligen,

Tab. 13-2: Steroidglykoside aus in Mitteleuropa vorkommenden Weißwurz-Arten (*Polygonatum*-Arten)

Art/Name	Bausteine bzw. Struktur
P. odoratum	
Polyfurosid	F-Dios { −26←1βGlc; −3←1βGal4←1βGlc { 4←1βGlc; 2←1βGlc } }
Odospirosid	S-Dios −3←1βGal4←1βGlc { 4←1βGlc; 2←1βGlc }
P. multiflorum	
unbenannt	S-Dios + Glc + Gal + Ara + Xyl
unbenannt	F-Dios + Glc + Gal + Ara + Xyl
P. verticillatum	
Dioscin	S-Dios −3←1βGlc(2←1α Rha und 4−1α Rha)
P. latifolium	
Polygonatosid B	F-Dios −3←1βGlc
Protopolygonatosid E	F-Dios + Glc + Gal + Xyl
Protopolygonatosid G	F-Dios + Glc + Gal + Ara
Polygonatosid A (Trillin)	S-Dios −3←1βGlc
Polygonatosid C	S-Dios + Glc + Gal
Polygonatosid E	S-Dios + Glc + Gal + Xyl
Polygonatosid G	S-Dios + Glc + Gal + Xyl + Ara

F-Dios = (25R)-Furost-5-en-3β,22α,26-triol, S-Dios = Diosgenin, Glc = D-Glucose, Gal = D-Galaktose, Xyl = D-Xylose, Ara = L-Arabinose

2–3 mm langen weißen Blüten. Es kommt verbreitet in kalkarmen Laub- und Nadelwäldern des gesamten Gebietes vor.

Extrakte aus *Polygonatum*-Arten wirken am isolierten Frosch-, Ratten- und Meerschweinchenherzen schwach kardiotonisch (23). Vergiftungen können nach Verzehr unreifer Beeren bei Kindern auftreten. Vergiftungssymptome sind Erbrechen, Durchfall, Kopfschmerzen und Schwindel. Ein Hund zeigte nach dem Fressen der Blätter von *P. multiflorum* drei Tage anhaltendes Erbrechen (12).

Durch Früchte der Zweiblättrigen Schattenblume verursachte Vergiftungsfälle sind uns nicht bekannt. Nach Genuß der Beeren ist allenfalls mit Reizerscheinungen im Magen-Darm-Trakt zu rechnen.

In der Volksmedizin werden *Polygonatum*-Arten und *Maianthemum bifolium* als harntreibende Mittel verwendet.

13.2.1.4 Steroidsaponine des Bogenhanf (*Sansevieria*-Arten)

Einige der etwa 60 Arten der Gattung *Sansevieria*, Bogenhanf (Agavaceae, Agavengewächse), werden als Topfpflanzen kultiviert. Das gilt besonders für *S. trifasciata* PRAIN, die in mehreren Sorten, z. B. Laurentii (mit goldgelben Blatträndern), Craigii (mit weißen Längsstreifen), Hahnii (von rosettenförmigem Wuchs, silbergrau gebändert) im Handel ist. Auch andere Arten, z. B. *S. grandis* HOOK. oder *S. caniculata* BOJ., werden im Zimmer gehalten. Die meisten Arten sind in Südafrika und im tropischen Afrika heimisch.

Phytochemisch ist *S. trifasciata* gut untersucht. Die Saponine dieser Pflanze enthalten als Aglyka (25 S)-Ruscogenin, Sansevierigenin und das strukturell ungewöhnliche Abamagenin, ein (23 S oder 24 S)-Dichlorospirost-5-en-1β,3β-diol (50, 51). Als weiterer interessanter Inhaltsstoff wurden 0,2–0,7% 4-Hydroxy-n-butyl-n-propyl-phthalat isoliert, über dessen Pharmakologie nichts bekannt ist (153).

Vergiftungen des Menschen durch *Sansevieria*-Arten sind uns nicht bekannt. Ein Hund zeigte nach dem Fressen einer ganzen *Sansevieria*-Pflanze Ataxie und Schaum vor dem Mund (91).

13.2.2 Steroidsaponine bei Tieren

13.2.2.1 Steroidsaponine der Schwämme (Porifera)

Das Kapitel der Saponine in Schwämmen ist noch recht jung. Es beginnt mit der Auffindung von Sarasinosid A_1 (Abb. 13-8) im Schwamm *Asteropus sarasinosus* 1987/88 durch SCHMITZ und Mitarbeiter und KITAGAWA und Mitarbeiter (176). Sarasinosid A_1 enthält als Aglykon 3β-Hydroxy-4,4-dimethylcholest-8,24-dien-23-on und als Monosaccharidkomponenten neben D-Glucose und D-Xylose die beiden Aminozucker N-Acetyl-2-amino-2-desoxy-galaktose und N-Acetyl-2-amino-2-desoxy-glucose. 1989 wurde im Schwamm *Erylus lendenfeldi* das Erylosid A, ein 4-Methylsteroiddigalaktosid und im Schwamm *Siphonella siphonella* das Triterpenglykosid Sipholenosid A nachgewiesen (192). Die Entdekkung weiterer Verbindungen ist gewiß zu erwarten.

Die Salze der Steroidsulfate der Halichondriidae, zu denen der Brotkrumenschwamm, *Halichondria panicea* gehört, z. B. das Sokotrasterolsulfat, sind ebenfalls stark lyobipolar, vergleichbar mit den modernen Waschmitteln, z. B. mit den Alkylsulfaten. Daher haben sie, wie die Saponine, hohes Schaumvermögen, starke Membranaktivität und Hemmwirkungen für einige Enzyme (111, 133, 192, 237).

Die Kenntnisse über die pharmakologische Aktivität der Saponine der Schwämme sind bis jetzt noch gering. Von Erylosid A ist bekannt, daß es fungicide und antineoplastische Wirksamkeit besitzt (20).

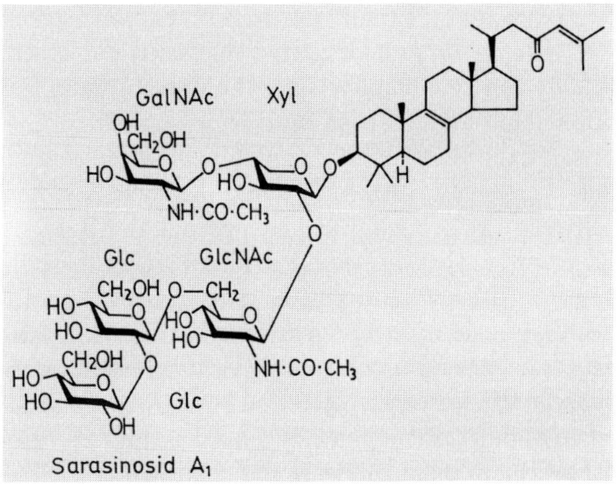

Abb. 13-8: Steroidsaponin des Meeresschwammes *Asteropus sarasinosus*

13.2.2.2 Steroidsaponine der Stachelhäuter (Echinodermata)

Stachelhäuter (Echinodermata) sind Meerestiere, die aus bilateral-symmetrischen Larven hervorgehend, meistens fünfstrahlig radiärsymmetrisch gestaltet sind. Die Zahl der Radien kann bei einigen Vertretern bis auf 50 erhöht sein. Verzweigungen können auftreten. Man kann meistens eine Mundseite (Oralseite) und die der Mundseite gegenüberliegende Seite (Aboralseite) unterscheiden. Sie besitzen ein Endoskelett, das vorwiegend aus $CaCO_3$ aufgebaut ist. Zu diesem Stamm gehören die Klassen Seelilien-, Haar- oder Federsterne (Crinoidea), Seegurken (Holothuroidea), Seeigel (Echinoidea), Seesterne (Asteroidea) und Schlangensterne (Ophiuroidea).

Da die Echinodermata teilweise festsitzend leben (ein Teil der Crinoidea) oder über eine nur sehr eingeschränkte Fortbewegungsmöglichkeit verfügen, sind sie auf eine chemische Verteidigungsstrategie angewiesen. Mechanische Mittel kombiniert mit chemischen sind die mit Toxinen gefüllten Stacheln der Seeigel, die darüber hinaus teilweise «Giftzangen» besitzen (Kap. 42.1). Die Crinoidea bilden als Wehrgifte Polyketide mit Naphthalen- oder Anthracengrundkörper, darunter Alkylanthrachinone und Schwefelsäurester von Anthrachinon- sowie Dianthronderivaten, außerdem Sterolsulfate (24, 119, 167). Gut untersucht sind die Steroidsaponine der Seesterne und die Triterpensaponine der Seegurken (Kap. 13.3.2). In geringen Konzentrationen werden Saponine auch bei den Schlangensternen, Seeigeln und Haarsternen gefunden (126).

Von den Seesternen (Asteroidea) sind etwa 1100 Arten bekannt. Nur fünf davon kommen im Gebiet vor. *Asterias rubens*, Gemeiner Seestern, der einen Radius von 26 cm aufweisen kann und rotbraun bis dunkelviolett gefärbt ist, wird in küstennahen Gewässern (bis maximal 200 m Tiefe) der Nordsee und der westlichen Ostsee (östlich bis zur Darßer Schwelle) in großen Mengen gefunden. Ab 10 m Tiefe wird er von *Astropecten irregularis*, Kammstern, begleitet, dessen Radius bis 10 cm betragen kann. In der Ostsee kommt er nicht vor. *Solaster papposus*, Seesonne, besitzt im Gegensatz zu den beiden oben genannten 5armigen Arten 11–14 Arme, weist einen Radius von maximal 34 cm auf, ist im Zentrum rot gefärbt und hat auf den weißlichen Armen ein rotes Band. Er tritt in Tiefen von 10–40 m in der westlichen Ostsee und in der Nordsee auf. Seltener anzutreffen sind *Luidia sarsi* (5armig, rotbraun, gefleckt, Radius bis 17 cm, Nordsee) und *Henricia sanguinolenta* (5armig, rotviolett bis gelb, Radius 10 cm, westl. Ostsee, Nordsee).

Acanthaster planci, Dornenkrone, Dornenkronenseestern (siehe S. 589, Bild 42-5), ein im Indopazifik beheimateter Seestern, hat in den letzten Jahren großes Aufsehen erregt. Er erreicht einen Durchmesser von 32 cm und hat 11–21 kurze, stark bestachelte Arme. Die Stacheln sind mit einem Epithelüberzug versehen, der Drüsenzellen enthält, die beim Eindringen der Stacheln in das Gewebe eines Tieres oder Menschen zerrissen werden und u.a. Phospholipase A und ein toxisches Glykoprotein (Kap. 42.9) freisetzen. Bevorzugte Nahrung der Dornenkrone sind Steinkorallen. Durch Massenvermehrung, die vermutlich durch Ausrottung ihrer natürlichen Feinde (Triton- und Helmschnecken) bedingt ist, hat sie wesentlich zur Zerstörung der Korallenriffe im Westpazifik, im Indik und in der Karibik beigetragen.

Auch acht Vertreter der Ophiuroidea (etwa 1500 Arten), z.B. *Ophiura albida*, Gemeiner Schlangenstern (Durchmesser der Scheibe bis 15 mm, Nordsee, westliche Ostsee), und fünf Vertreter der Echinoidea (850 Arten), z.B. *Psammechinus miliaris*, Strandigel (Durchmesser 35 mm, grünlich mit violetten Stacheln, Nordsee, westliche Ostsee) kommen im Gebiet vor.

Die Seesterne scheiden im schleimigen Sekret der Hautdrüsen in hohen Konzentrationen Saponine (Asterosaponine, bisweilen auch nur die 6-Glykosylsteroide so bezeichnet) aus, die jedoch auch in inneren Organen der Tiere enthalten sind. Besonders hohe Konzentrationen befinden sich im Magen (ca. 5 mg/g Frischgewicht, 43). Aufgabe der ausgeschiedenen Saponine ist es vermutlich, Angreifer abzuschrecken und die Schließmuskeln der als Beutetiere dienenden Muscheln zu lähmen und so das Schließen der Schalen zu verhindern. Die letztgenannte Behauptung wird allerdings nicht von allen Autoren akzeptiert (18). Auch die Rolle von «Gallensäure» im Dienste der Steroidexkretion und Vermittlung der Fettverdauung wird ihnen zugeschrieben (192). Die im Körper enthaltenen Saponine verleihen den Tieren sekundäre Toxizität.

Saponine bei Tieren wurden erstmalig 1960 von Hashimoto und Mitarbeitern (63, zit. bei 18) in *Asterias pectinifera* nachgewiesen. Später wurden die Komponenten des Saponingemischs dieses Seesterns als Asterosaponine A und B identifiziert (Thornasterol-A-glykoside, Asterosaponin B identisch mit Thornasterosid A).

Die Asterosaponine (Abb. 13-9) haben Aglyka mit Cholestan-, 24-Norcholestan-, Stigmastan-, Pregnan- oder Cholangrundkörpern. Eine Auswahl der vorkommenden Aglyka zeigt Tabelle 13-3. Es ist jedoch nicht auszuschließen, daß einige der bei der Hydrolyse der Saponine erhaltenen Aglyka Arte-

Bild 12-19: *Kalanchoe daigremontinia*, Brutblatt

Bild 12-20: *Danaus plexippus*, Monarch

Bild 12-21: *Bufo bufo*, Erdkröte

Bild 12-18: *Urginea maritima*, Meerzwiebel

Bild 12-22: *Withania somnifera*

Bild 12-23: *Physalis alkekengi* var. *alkekengi*, Wilde Blasenkirsche

Bild 12-24: *Petunia × hybrida*, Garten-Petunie

Bild 12-25: *Cynanchum vincetoxicum*, Weiße Schwalbenwurz

Bild 12-26: *Dytiscus marginalis*, Gelbrandkäfer

Bild 13-1: *Paris quadrifolia*, Vierblättrige Einbeere

Bild 13-2: *Asparagus officinalis*, Gemüse-Spargel

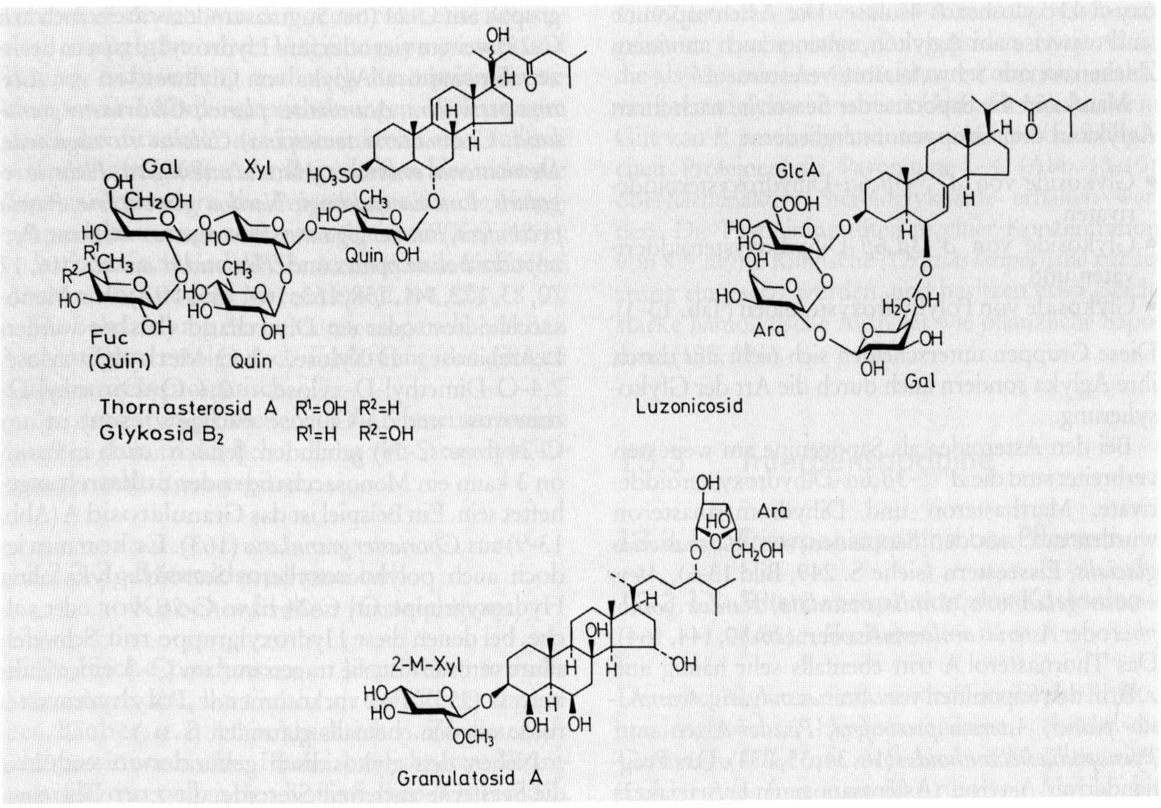

Abb. 13-9: Steroidsaponine von Seesternen (Asteroidea)

Tab. 13-3: Sapogenine von Saponinen der Seesterne (*Asteroidea*) (7, 18, 26, 70, 140, 141, 165)

Name	Struktur
Marthasteron	Cholesta-9(11),22-dien-3β,6α-diol-23-on
Dihydromarthasteron	Cholest-9(11)-en-3β,6α-diol-23-on
Thornasterol A	Cholest-9(11)-en-3β,6α,20-triol-23-on
unbenannt	Ergost-9(11)-en-3β,6α,20-triol-22,23-epoxid
unbenannt	Stigmast-9(11)-en-3β,6α,20-triol-23-on
Asteron	Pregn-9(11)-en-3β,6α-diol-20-on
unbenannt	Pregnan-3β,6α-diol-20-on
Asterogenol	Pregnan-3β,6α,20-triol
unbenannt	Cholest-7-en-3β,6β-diol-23-on
unbenannt	Cholestan-3β,6α,8,15β,24-pentol
unbenannt	Cholestan-3β,6α,8,15β,16β,26-hexol
unbenannt	Stigmast-3β,6α,8,15α,16β,28-hexol
unbenannt	Cholestan-3β,4β,6α,8,15β,16β,26-heptol
unbenannt	Cholestan-3β,4β,6α,7α,8,15α,16β,26-octol

fakte sind, die z.B. durch Verkürzung der Seitenkette durch Retroaldolreaktion (z.B. Asteron aus Thornasterol A) oder durch Eliminierung des Sauerstoffs aus Epoxiden unter Ausbildung von Doppelbindungen entstanden sind (63).

Als Monosaccharidkomponenten sind bekannt D-Glucose, D-Xylose, D-Galaktose, D-Fucose, D-Chinovose (D-Glucomethylose), D-Glucuronsäure, L-Arabinose, L-Rhamnose(?), 2-O-Methyl-D-Xylose, 2,4-O-Dimethyl-D-xylose und 6-Des-

Garten-Petersilie (Apiaceae, Doldengewächse), kommt in Mitteleuropa nur im Anbau oder verwildert vor. Kultiviert werden verschiedene Varietäten der Unterart *P. crispum* ssp. *crispum*, Blatt-Petersilie, und *P. crispum* ssp. *tuberosum* (BERNH. ex RCHB.) SOÓ, Wurzel-Petersilie. Während die Blätter nur 0,05 bis 0,2% und die Wurzeln 0,1–0,3% ätherisches Öl enthalten, können aus den Früchten 2–6% gewonnen werden. Nach den Hauptbestandteilen des ätherischen Öls der Früchte und Blätter kann man folgende drei Rassen unterscheiden (72, 179):

- Myristicin-Rasse, 55–75% Myristicin im ätherischen Öl der Früchte,
- Apiol-Rasse, 60–80% Apiol im ätherischen Öl der Früchte, und
- Allyltetramethoxybenzen-Rasse, 50–60% Allyltetramethoxybenzen im ätherischen Öl der Früchte.

10 g der Früchte enthalten somit etwa 0,2 g Myristicin, Apiol oder Allyltetramethoxybenzen. Auch in der Apiol- bzw. Allyltetramethoxybenzen-Rasse ist Myristicin (9–30% bzw. 26–27%) vorhanden. Zwischenformen liefern etwa je 30% der genannten Methoxyphenylpropene (178). In anderen Apiaceae ist Myristicin (z. B. in Mohrrübenwurzeln) und Apiol (in Samen vom Liebstöckel) in geringen Konzentrationen ebenfalls enthalten (93).

Als Begleitstoffe kommen in der Garten-Petersilie geringe Mengen der Polyine Falcarinon und Falcarinol sowie Furocumarine (Hauptkomponente Oxypeucedanin) vor (27, 46).

Die als Gewürz verwendeten Muskatnüsse sind die von der Samenschale befreiten Samenkerne der pfirsichartig aussehenden, einsamigen gelben Beerenfrucht von *Myristica fragrans* HOUTT., Muskatnußbaum (Myristicaceae, Muskatnußgewächse), der auf den Molukken beheimatet ist. Wesentliche Anbaugebiete sind Java, Malaysia, Sri Lanka, Grenada und Brasilien. Der Samenmantel (Arillus) wird in getrockneter Form unter der Bezeichnung Muskatblüte (Macis) ebenfalls als Gewürz genutzt. Beide Gewürze liefern etwa 5–15% ätherisches Öl, das neben Monoterpenkohlenwasserstoffen und -alkoholen (etwa 85%) Methoxyphenylpropene enthält. Hauptbestandteil der letztgenannten Fraktion ist Myristicin (etwa 12% des ätherischen Öls) neben Elemicin, Safrol (Abb. 14-1), Methyleugenol und Methylisoeugenol. 10 g Muskatnuß enthalten etwa 0,25 g Myristicin und 0,03 g Safrol. Daneben kommen die Dimeren dieser Verbindungen mit der Grundstruktur von Lignanen und Neolignanen im Samenkern und im Samenmantel vor (7, 70, 71, 88, 95, 96, 97, 117).

Begleitstoffe des ätherischen Öls in der Muskatnuß sind etwa 25–40% fettes Öl, das zu 75–80% aus Trimyristin (Glyceroltrimyristat) besteht (161).

Myristicin und Elemicin besitzen wie eine Reihe weiterer Methoxy- bzw. Methylendioxyphenylpropene (Apiol, Safrol, β-Asaron) eine über die fast allen Komponenten ätherischer Öle eigene Reizwirkung hinausgehende toxische Wirkung. Diese besteht bei Myristicin und Elemicin vorwiegend in psychotomimetischen Effekten, die etwa 2–5 h nach Einnahme von 5–30 g gepulverten Muskatnüssen auftreten. Sie reichen von leichten Bewußtseinsstörungen bis zu intensiven Halluzinationen, die vor allem durch Veränderung des Zeit- und Raumgefühls und ein Gefühl des Schwebens charakterisiert sind (71, 117). Hemmung der Monaminoxidase wurde nachgewiesen (191). Wahrscheinlich findet im Organismus eine Biotransformation in Amphetamin oder Mescalin ähnliche Amine statt (151, 170).

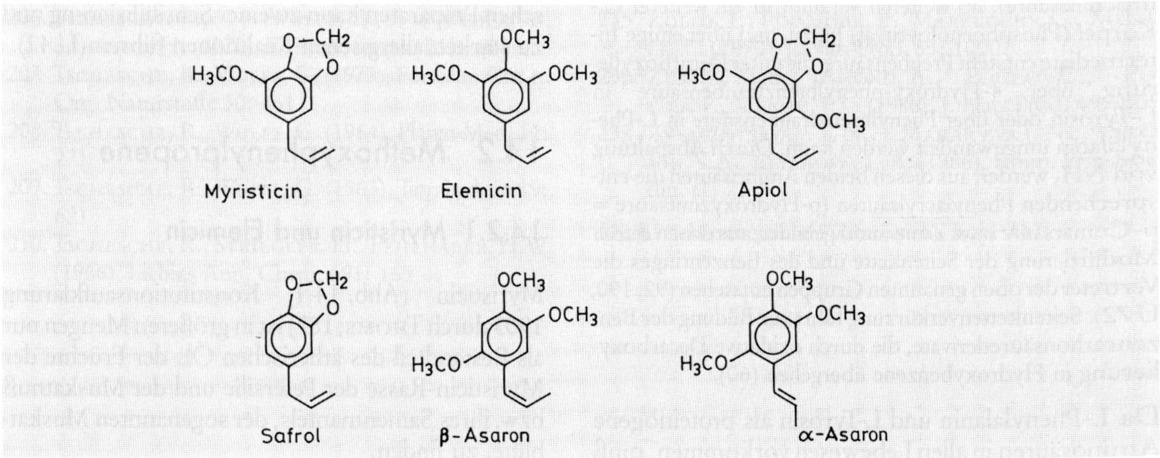

Abb. 14-1: Toxische Methoxyphenylpropene

Bild 13-3: *Polygonatum multiflorum*, Vielblütige Weißwurz

Bild 13-4: *Polygonatum odoratum*, Salomonssiegel

Bild 13-5: *Maianthemum bifolium*, Zweiblättrige Schattenblume

Bild 13-6: *Marthasterias glacialis*, Eisseestern

Bild 13-7: *Echinaster sepositus*, Purpurstern

Bild 13-8: *Hedera helix*, Gemeiner Efeu

Bild 13-9: *Agrostemma githago*, Kornrade

Bild 13-10: *Phytolacca americana*, Kermesbeere

Bild 13-11: *Holothuria mexicana*, Mexikanische Seegurke

Bild 14-1: *Acorus calamus*, Kalmus

Bild 14-2: *Asarum europaeum*, Europäische Haselwurz

Bild 14-3: *Dipteryx odorata*, Tonkabohne, Samen

Weitere Vergiftungssymptome, die ebenfalls durch die Methoxyphenylpropene hervorgerufen werden und 1–7 h nach Einnahme von Muskatnüssen (etwa ab 5 g) auftreten, sind Bauch- und Kopfschmerzen, Trockenheit des Mundes, Schwindel, Erbrechen, Tachykardie, Schlaflosigkeit, Todesangst, Kollaps und Delirium (71, 86, 117, 170, 200). Trimyristin verändert Dauer und/oder Intensität der Wirkung der aktiven Bestandteile (174). Rausch- und Vergiftungserscheinungen sind gewöhnlich nach 2–4 Tagen überwunden, zurück bleibt eine Aversion gegen Muskatgeschmack und -geruch (71, 117).

Muskatnußöl wirkt bei Mäusen fertilitätsmindernd und mutagen (159). Möglicherweise sind diese Effekte Safrol oder seinen Metaboliten zuzuschreiben (s. u.). Myristicin und Elemicin besitzen im Gegensatz zu Safrol keine carcinogene Aktivität (141).

Vergiftungen sind bei Anwendung von Muskatnüssen als Rauschmittel beobachtet worden (71, 117, 154, 200). Sie dienen in den USA, z. B. bei Jugendlichen und in Gefängnissen, als Ersatz für andere Rauschgifte. Da Muskat als Küchengewürz in vielen Haushalten vorhanden ist, stellt es auch in Europa eine mögliche Vergiftungsquelle besonders für Kinder dar (200). Wegen der raschen Freisetzung der Wirkstoffe sind vor allem zerkleinerte Muskatnüsse gefährlich. Bei Verwendung als Küchengewürz können allergische Hauterscheinungen auftreten (Ü 125). Besonders im arabischen Raum war auch die volksmedizinische Anwendung der Muskatnuß bei Magen-Darm-Erkrankungen sowie als Abortivum und Aphrodisiacum Anlaß für Vergiftungen (86, 200).

Heute wird den antiinflammatorischen und antibakteriellen Eigenschaften von Myristicin und anderen Bestandteilen der Muskatnuß verstärkt Aufmerksamkeit gewidmet. Die erstgenannten Wirkungen beruhen auf einer Beeinflussung der Prostaglandinbiosynthese (144, 162). Eine Hemmung der Thrombocytenaggregation durch die Inhaltsstoffe der Muskatnuß wurde nachgewiesen (152). Die antibakterielle Wirkung richtet sich u. a. gegen die die Kariesentstehung begünstigenden Keime von *Streptococcus mutans* (88).

14.2.2 Apiol

Als Quelle für Vergiftungen mit Apiol (Abb. 14-1, Konstitutionsaufklärung 1903 durch THOMS, 188) kommen die Früchte der Petersilie (s. o.) in Betracht. In anderen in Mitteleuropa beheimateten Pflanzen wurde es bisher nicht in nennenswerten Mengen nachgewiesen.

Apiol wirkt diuretisch und uteruserregend (115). Wegen der letztgenannten Eigenschaft wurde es mißbräuchlich als Abortivum benutzt und gab dabei Anlaß zu Vergiftungen (79). Sie waren gekennzeichnet durch Gastroenteritis, Kopfschmerzen, Erhöhung der Pulsfrequenz sowie Schädigung von Niere und Leber (79, 115, 170). Zufällige Vergiftungen durch Petersilienfrüchte sind uns nicht bekannt.

14.2.3 Safrol

Safrol (Abb. 14-1, Konstitution 1886 durch POLECK aufgeklärt, 160) ist Hauptbestandteil des ätherischen Öls der als Arzneidroge und Gewürz genutzten Wurzel von *Sassafras albidum* (NUTT.) NEES (Lauraceae, Lorbeergewächse), eines in Nordamerika beheimateten Baumes, und einiger Chemotypen des Kampferbaumes, *Cinnamomum camphora* (L.) J. S. PRESL (Lauraceae, Heimat Südchina und Taiwan). Obwohl Safrol wesentlich weiter verbreitet ist als Myristicin und Apiol, wird es in Pflanzen Mitteleuropas nicht in größerer Menge gefunden (102, 130).

Dem Safrol wurden in vitro mutagene und im Tierversuch leberschädigende sowie carcinogene Effekte nachgewiesen (6, 28, 65, 85, 90, 105, 131, 141, 142, 184, 205). Ratten, die zwei Jahre lang Futter mit 5 g Safrol/kg erhalten hatten, zeigten neben Verfärbung und Vergrößerung der Leber sowie anderen Veränderungen zum Teil benigne und maligne Lebertumoren. Weitere Intoxikationserscheinungen waren Wachstumsretardation, schwache Anämie und Leukocytose sowie eine geringfügige Atrophie des Knochenmarks (131). Auch Isosafrol und Dihydrosafrol wirken schwach hepatotoxisch und carcinogen (102, 130). Voraussetzung für die carcinogene Wirkung ist die zumindest bei Tieren stattfindende Biotransformation von Safrol zu 1-Acetoxysafrol, das zur Alkylierung der DNA in der Lage ist (6, 65). Inwieweit eine derartige Umwandlung auch beim Menschen erfolgt, ist noch ungeklärt.

Die LD_{50} von Safrol ist sehr hoch. Sie beträgt für Ratten bei peroraler Aufnahme 1,95 g/kg (184), für Mäuse 2,35 g/kg (90). Für Isosafrol liegt die LD_{50} für die Ratte bei 1,34 g/kg, für die Maus bei 2,47 g/kg (90). Symptome akuter Vergiftungen sind Ataxie und Diarrhoe (6).

Wegen der nicht auszuschließenden chronischen Toxizität ist die Verwendung von Safrol in Lebensmitteln nicht mehr gestattet. Für Kosmetika und

Riechstoffe ist ein Maximalgehalt an Safrol von 0,01% festgelegt.

Die arzneiliche Verwendung des Wurzelholzes (Sassafras lignum) oder seines ätherischen Öls (Sassafras aetheroleum) als Antisepticum und Carminativum spielt kaum noch eine Rolle und wird abgelehnt (172).

14.2.4 Asaron

Asaron kommt als β-Asaron (cis-Asaron, cis-Isoasaron, Abb. 14-1) im ätherischen Öl des Kalmus, α-Asaron (trans-Asaron, trans-Isoasaron, Abb. 14-1) in dem der Haselwurz vor. Die Aufklärung der Struktur erfolgte 1899 durch GATTERMANN und EGGERS (77).

Zur Gattung *Acorus*, Kalmus (Araceae, Aronstabgewächse), gehören nur zwei Arten. *A. calamus* L., Kalmus, ist in Asien beheimatet, wurde aber bereits Ende des 16. Jahrhunderts in Mitteleuropa eingeschleppt und ist heute an den Ufern von Gewässern und an sumpfigen Stellen weit verbreitet.

Acorus calamus (siehe S. 250, Bild 14-1) ist eine ausdauernde Pflanze mit kriechendem Rhizom, 2zeilig mit schwertförmigen, bis 15 mm breiten Blättern besetztem Stengel und kolbenförmigem Blütenstand mit zahlreichen unscheinbaren Blüten. Es existieren drei Varietäten des Kalmus, *A. calamus* L. var. *americanus* (RAF.) WULFF (diploid), *A. calamus* L. var. *calamus* (triploid) und *A. calamus* L. var. *angustatus* BESS. (tetraploid).

Das Rhizom der Pflanze wird als Arzneidroge genutzt (Calami rhizoma). STAHL und KELLER (120, 180) unterscheiden vier Drogentypen:

- Typ I, frei von β-Asaron, diploid, Herkunft USA und Kanada,
- Typ II, bis 10% β-Asaron im ätherischen Öl, triploid, Herkunft Mitteleuropa,
- Typ III, etwa 20% β-Asaron im ätherischen Öl, Herkunft GUS, gemäßigtes Asien,
- Typ IV, über 80% β-Asaron im ätherischen Öl, tetraploid, Herkunft tropisches und subtropisches Asien, besonders Indien, Pakistan, Philippinen.

Zur Gattung *Asarum*, Haselwurz (Aristolochiaceae, Osterluzeigewächse), gehören etwa 60 Arten, die besonders in Südostasien und Nordamerika vorkommen. In Europa ist nur *A. europaeum* L., Europäische Haselwurz, heimisch.

Asarum europaeum (siehe S. 250, Bild 14-2) ist eine bis 10 cm hoch werdende Pflanze mit kriechender Grundachse und aufsteigendem Stengel, der zwei immergrüne, nierenförmige Blätter und eine endständige, unscheinbare, radiäre Blüte mit krugförmiger, braunpurpurner Blütenhülle und 12 Staubblättern trägt. Die Pflanze ist in Mitteleuropa besonders auf kalkhaltigen Böden in Laubwäldern und Gebüschen verbreitet, fehlt jedoch im Nordwesten des Gebietes und wird im nördlichen Teil selten gefunden.

Die Haselwurz führt in allen Teilen ätherisches Öl, 0,1–0,3% in den Blättern, 1,2–4,1% in den Wurzeln (179, 204), das in Abhängigkeit von der chemischen Rasse als Hauptbestandteile α-Asaron (bis zu 80%), trans-Isoeugenolmethylester, Elemicin oder Eudesmol (α-, β- und γ-Eudesmol, begleitet von Selinan-5,11-diol, α-Agrofuran, Furopelargon A und anderen Eudesmanderivaten) enthält (179).

β-Asaron löst im AMES-Test (80) und nach metabolischer Aktivierung auch in kultivierten Lymphocyten (1) Mutationen aus. Aufgrund seines hohen Gehaltes an dieser genotoxischen Verbindung zeigt indisches Kalmusöl im Tierversuch cancerogene Wirksamkeit. Nach 2jähriger Verabreichung von 0,05–0,5% indischem Kalmusöl im Futter von Ratten waren maligne Tumoren im Duodenum sowie Leber- und Myokardschäden nachweisbar (185). Die LD_{50} für β-Asaron beträgt bei Ratten 777 mg/kg, p.o. (185).

Als Arzneimittel (Stomachicum, Carminativum) oder Nahrungsmittelzusatz sollten aufgrund des carcinogenen Risikos nur die an β-Asaron armen bzw. von ihm freien Kalmus-Varietäten verwendet werden (120). Die therapeutisch genutzte spasmolytische Wirkung ist bei der von β-Asaron freien Droge sogar besser ausgeprägt (121).

Beim α-Asaron und anderen Bestandteilen des ätherischen Öls von Haselwurz-Arten ist neben lokalanästhetischen, expectorierenden, spasmolytischen und antibakteriellen Eigenschaften (15, 78, 82) eine allgemeine Reizwirkung zu verzeichnen. Sie erstreckt sich vor allem auf Gastrointestinaltrakt, Lungen und Nieren. Vergiftungssymptome sind Brennen auf der Zunge, Niesreiz, Erbrechen, Durchfall, Diurese und nur im Extremfall Tod durch Atemlähmung. Äußerlich kann erysipelartiger Ausschlag auftreten (Ü 10).

In jüngster Zeit wurden auch genotoxische Effekte von α-Asaron gefunden. Bei Ratten, denen zwischen dem 6. und 15. Gestationstag täglich 75 mg/kg α-Asaron peroral verabreicht worden war, war die Zahl der Feten signifikant reduziert (112).

Die akute Toxizität des α-Asarons ist gering. Bei intraperitonealer Applikation liegt die LD_{50} für α-Asaron beim Meerschweinchen bei 275 mg/kg, i.p., und bei Mäusen bei 176 mg/kg (83), nach anderen Angaben bei Mäusen bei 310 mg/kg, i.p. (15). Die LD_{50} des ätherischen Öls beträgt bei subcutaner Injektion beim Meerschweinchen 8,3 ml/kg, s.c. (153). Bei Sektion der Tiere zeigten sich entzündliche

Reaktionen der Haut an der Injektionsstelle und Veränderungen an Lungen und Nieren (153).

Vergiftungen traten früher bei volksmedizinischer Anwendung der Haselwurz als Emeticum, Diureticum oder Abortivum auf (Ü 70, Ü 125). Für die auch heute noch genutzte expectorierende Wirkung genügen 2–4 mg α-Asaron pro dosi, so daß keine akut toxischen Nebenwirkungen zu erwarten sind (84). Ob chronische Toxizität auftritt, kann noch nicht beurteilt werden.

Die Behandlung von durch Methoxyphenylpropene ausgelösten akuten Vergiftungen erfolgt nach Giftentfernung symptomatisch.

14.3 Cumarine

14.3.1 Allgemeines

Cumarine (2H-1-Benzopyran-2-on-Derivate) sind Lactone der cis-o-Hydroxyzimtsäure (Cumarinsäure) und von deren Abkömmlingen. Zu den bisher bekannten etwa 500 Cumarinen gehören das Cumarin, die Hydroxycumarine, die Furocumarine (Furanocumarine) und die Pyranocumarine. Auch eine Reihe sehr komplex gebauter Verbindungen, z. B. die Aflatoxine, und das stickstoffhaltige Antibioticum Novobiocin, das von *Streptomyces*-Arten gebildet wird, besitzen einen Cumaringrundkörper (21, 34, 147).

Die Biogenese der Cumarine geht von der Zimtsäure aus, die entweder in Orthostellung (bei der Biogenese des Cumarins) oder zunächst in Parastellung und dann in Orthostellung hydroxyliert wird (bei der Biogenese der Hydroxy-, Furo- und Pyranocumarine) und spontan zu den entsprechenden Lactonen cyclisiert. Einige Cumarine sind auch Polyketide (34, 35).

Cumarine kommen bei Mikroorganismen und Pflanzen vor. Von toxikologischem Interesse sind das Cumarin, das Dicumarol und die phototoxisch wirksamen Furocumarine.

14.3.2 Cumarin

Cumarin (Abb. 14-2), das Lacton der cis-o-Hydroxyzimtsäure (Cumarinsäure), ist eine charakteristisch riechende, kristalline, farblose Substanz. In freier Form kommt es nur in einigen ätherischen Ölen vor. Hauptsächlich wird Cumarin jedoch in pflanzlichem Material erst postmortal durch Spaltung des geruchlosen Melilotosids, eines β-Glucopyranosids der o-Hydroxyzimtsäure, gebildet. Im Melilotosid liegt die o-Hydroxyzimtsäure zu etwa 99% in der stabileren trans-Form vor, die, katalysiert durch Licht, mit geringen Mengen der cis-Form im Gleichgewicht steht. Nach postmortaler Hydrolyse des Glykosids durch β-Glykosidasen kommt es spontan zur Lactonbildung der cis-o-Hydroxyzimtsäure, die bis zur völligen Umsetzung des Melilotosids aus der trans-Form entsteht (21, 29).

Cumarin wurde erstmals 1820 von VOGEL aus Tonkabohnen (in der Karibik als «coumarou» bezeichnet), den Samen von *Dipteryx odorata* (AUBL.) WILLD. (früher *Coumarouna odorata* AUBL. (siehe S. 250, Bild 14-3), Heimat Südamerika, und dem Kraut von *Melilotus officinalis* (s. u.), beides Fabaceae, isoliert. Die Struktur klärten FITTIG und BIEBER (67) 1870 auf.

Cumarinlieferanten sind im Pflanzenreich sporadisch verbreitet. Gehäuft treten sie bei Poaceae und Fabaceae auf.

Hohe Konzentrationen werden im getrockneten Kraut von *Anthoxanthum odoratum* L., Gemeines Ruchgras (Gehalt bis 1,5%, 8), und *Hierochloe odorata* (L.), P. B., Duft-Mariengras (Gehalt bis 0,2%, beide Poaceae, Süßgräser, 36), in von zu den Fabaceae gehörenden *Melilotus*-Arten, Steinklee (Gehalt 0,2–1,0%, 99) und von *Galium odoratum* (L.) SCOP. (*Asperula odorata* L.), Waldmeister (Gehalt 0,7–1,7%, 127, Rubiaceae, Rötegewächse), gefunden.

Anthoxanthum odoratum (siehe S. 267, Bild 14-4) ist in Mitteleuropa auf ärmeren Wiesen und an Wegrändern weit verbreitet. *Hierochloe odorata* kommt seltener, vorwiegend auf nassen Wiesen, vor. Von den *Melilotus*-Arten sind in Mitteleuropa relativ häufig zu finden *M. officinalis* (L.) PALLAS, Echter Steinklee, *M. alba* MED., Weißer Stein-

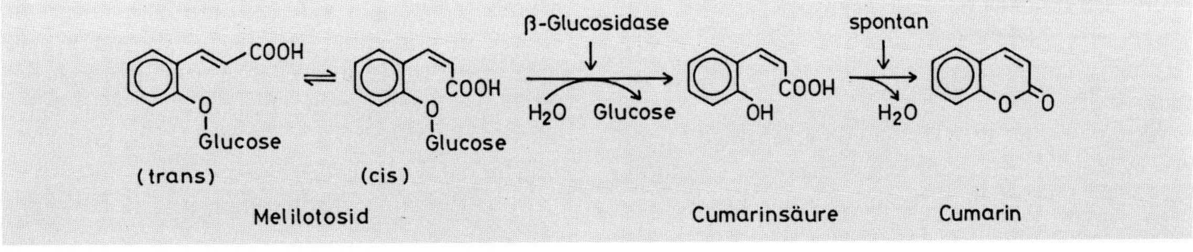

Abb. 14-2: Bildung des Cumarins aus Melilotosid

klee, Bokharaklee, beide an trockenen Ruderalstellen auftretend (siehe S. 267, Bild 14-5 u. 14-6), und *M. altissima* THUILL., Hoher Steinklee, an Ufern und Gräben gedeihend. Der bis zu 1,2 m hoch werdende Steinklee, auch Honigklee genannt, besitzt 3zählige, fein gezähnte Laubblätter und traubige Blütenstände mit kleinen, hängenden gelben *(M. officinalis, M. altissima)* oder weißen Blüten *(M. alba)*. Waldmeister (siehe S. 267, Bild 14-7) kommt in Laubwäldern, besonders in Buchenwäldern, vor. Er ist ein 15–30 cm hohes Kraut, das durch die lanzettlichen, in Quirlen zu 6 bis 8 angeordneten Blätter und Nebenblätter sowie kleine, trichterförmige, 4lappige, in Trugdolden stehende Blüten ausgezeichnet ist.

Cumarin ist durch zentralsedative, antiphlogistische, ödemhemmende und lymphokinetische Wirkungen charakterisiert (69, 143). Im Tierversuch wird die Bereitschaft zu zentralbedingten Krämpfen gegenüber krampfauslösenden Stoffen herabgesetzt (209).

Nach älteren Angaben erzeugen 4 g Cumarin beim Menschen Übelkeit, Erbrechen, Kopfschmerzen und Schwindel (136).

Die LD_{50} von Cumarin beträgt bei der Maus 196 mg/kg, p. o., und 310–342 mg/kg, s. c. (123), bei Ratten 290–680 mg/kg, p. o. (98).

Chronische Cumarinzufuhr verursacht bei Ratten und Hunden reduzierte Futterverwertung, Wachstumsstillstand und Leberschäden (48, 98). Verantwortlich dafür sind wahrscheinlich Metabolite des Cumarins, vor allem o-Hydroxyphenylessigsäure (48). In vitro hemmt diese Verbindung die Aktivität der Glucose-6-phosphatase von Rattenlebermikrosomen (64). Eine carcinogene Wirkung von Cumarin konnte nur in wenigen Tierversuchen gefunden werden (48).

Da im Unterschied zu Ratte und Hund beim Menschen nur 1–6% des aufgenommenen Cumarins in die lebertoxische o-Hydroxyphenylessigsäure umgewandelt werden (68–92% dagegen in das untoxische 7-Hydroxycumarin), ist das Risiko einer toxischen Langzeitwirkung beim Menschen gering (48, 49, 116). Klinische Pilotstudien über einen möglichen therapeutischen Einsatz von Cumarin gemeinsam mit Cimetidin zur Carcinombehandlung zeigen, daß tägliche perorale Gaben von 100 mg Cumarin keine toxischen Nebenwirkungen haben. Auch bei 400–3500 mg Cumarin täglich trat keine Beeinträchtigung der Tätigkeit des Knochenmarks auf. In vitro waren erst mehr als 200 μg/ml Cumarin oder 7-Hydroxycumarin toxisch für Knochenmarksstammzellen (74).

Akute Vergiftungen durch cumarinhaltige Pflanzen bzw. in Nahrungsmitteln enthaltenes Cumarin sind beim Menschen nicht zu erwarten. Reichlicher Genuß cumarinhaltiger Getränke (Maibowle) oder längerer Aufenthalt in der Nähe stark duftenden Heus kann Benommenheit und Kopfschmerzen auslösen (126). Es wird empfohlen, nicht mehr als 3 g frisches Kraut (entsprechend etwa 3 Pflanzen) zur Bereitung von 1 l Waldmeisterbowle zu verwenden (127).

In der Volksmedizin wurden *Galium odoratum* und *Melilotus alba* als Einschlafmittel verwendet. In der Schulmedizin werden Extrakte aus *Melilotus*-Arten oder Cumarin wegen ihrer lymphokinetischen, gefäßstabilisierenden, antiödematischen und antiphlogistischen Wirkung zur Behandlung von Venenerkrankungen, Ödemen und bei Wundheilungsstörungen eingesetzt.

14.3.3 Dicumarol

Dicumarol (Abb. 14-3) ist 3,3'-Methylen-bis(4-hydroxy-)cumarin. Es wird durch *Penicillium*- oder *Aspergillus*-Arten aus der das o-Hydroxyzimtsäure-glucosid begleitenden Melilotsäure (Dihydro-o-cumarsäure) in feucht gelagertem Heu gebildet, das *Melilotus*-Arten oder cumarinliefernde Gräser enthält. Als Zwischenprodukte treten β-Hydroxy-melilotsäure, β-Oxo-melilotsäure und 4-Hydroxy-cumarin auf (9, 14, 37). Es wurde 1940 erstmals von CAMPBELL und Mitarbeitern isoliert (38). Die Konstitution wurde 1941 von STAHMANN und Mitarbeitern aufgeklärt (181).

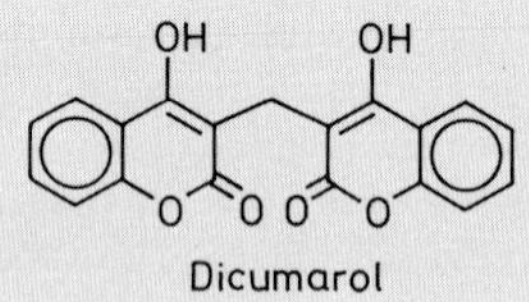

Abb. 14-3: Produkt der Biotransformation des Cumarins durch niedere Pilze

Dicumarol ist ein kompetitiver Antagonist von Vitamin K_1, das in Form seines Semichinons an der Carboxylierung proteingebundener Glutaminsäurereste einer Reihe von Blutgerinnungsfaktoren (Prothrombin, Faktoren VII, IX und X) beteiligt ist. Diese Carboxylierung befähigt die Gerinnungsfaktoren, mit den für ihre Aktivierung erforderlichen Ca^{2+}-Ionen zu reagieren. Dicumarol hemmt die Reduktion des Vitamin K_1 zur Wirkform. Voraussetzung für die Wirkung des Dicumarols ist die in freier Form vorliegende Hydroxylgruppe in Position 4 (147, 176).

Unabhängig von seinem Effekt auf die Blutgerinnung wirkt Dicumarol als Entkoppler der oxidativen Phosphorylierung und Hemmstoff verschiedener Enzyme, z. B. der Glutamatdehydrogenase der Rattenleber. Auch antibakterielle Wirkungen des Dicumarols wurden nachgewiesen (147).

Vergiftungen mit Dicumarol äußern sich in einer Verlangsamung der Blutgerinnung und einer erhöhten Blutungsbereitschaft im Bereich der Schleimhäute, aber auch der Haut, der Gelenke und des Gehirns (Ü 73). Sie wurden erstmals bei Tieren festgestellt, die angefaultes Heu von *Melilotus alba* gefressen hatten, und gaben den Anstoß zur Entdeckung der antikoagulierenden Dicumarolwirkung (181). Die als «sweet clover disease» (Steinkleekrankheit) bezeichnete Vergiftung führt dazu, daß bereits bei geringfügiger Schädigung der Blutgefäße tödliche innere Blutungen entstehen.

Vergiftungen des Menschen sind bei therapeutischer Anwendung von Dicumarol oder seinen Derivaten als indirekte Antikoagulantia möglich (182). Die Verbindungen werden nach parenteraler oder percutaner Resorption wegen der starken Plasmaeiweißbindung nur langsam ausgeschieden, so daß Kumulationsgefahr besteht (Ü 73). Auch längerer Gebrauch eines Tees aus cumarinhaltigen Pflanzen führte zu Störungen der Blutgerinnung (101).

Geeignetes Antidot ist Vitamin K_1. In schweren Fällen sind außerdem Frischblut-Transfusionen oder die intravenöse Gabe von Prothrombinkomplexkonzentrat bzw. Humanplasmafraktionen mit den notwendigen Gerinnungsfaktoren erforderlich.

14.3.4 Furocumarine

Furocumarine (Furanocumarine, Abb. 14-4) sind Cumarin- oder Hydroxycumarinderivate mit am Benzenring anelliertem Furanring. Je nach Art der Verknüpfung des Furanringes mit dem Cumarinringsystem unterscheidet man bei den natürlich vorkommenden Vertretern Verbindungen vom

- Psoralen-Typ (linear, 3,2-g anelliert),
- Angelicin-Typ (angulär, Isopsoralen-Typ, 2,3-h anelliert),
- Allopsoralen-Typ (angulär, 3,2-f anelliert, selten auftretend).

Die Doppelbindung im Furanring ist bisweilen hydriert (Dihydropsoralen- bzw. Dihydroangelicin-Typ). Als Substituenten treten vor allem Alkoxygruppen, besonders Methoxy- sowie Isopentenyloxygruppen, und Alkylgruppen auf, z. B. häufig in Position 5' ein Isopropylrest. Furocumarine liegen gewöhnlich frei, seltener in Form von Glucosiden vor (52, 108).

Furocumarine sind meistens kristalline Verbindungen mittlerer Polarität. Sie lösen sich kaum in Wasser oder apolaren Lösungsmitteln, gut jedoch in Ethanol, Aceton, Ethylacetat oder Dimethylsulfoxid. Sie können leicht percutan resorbiert werden. Beim Kochen werden sie nicht zerstört. In Lösung dimerisieren sie bei Belichtung (Absorptionsmaxima bei 250 und 300 bis 310 nm).

Als erstes Furocumarin wurde 1839 von Mulder (145) Bergapten aus dem gepreßten ätherischen Öl der Fruchtschalen der Bergamotte (Früchte von *Citrus aurantium* ssp. *bergamia* (Risso et Poit.) Engl.) isoliert. Seine Struktur wurde 1912 von Thoms und Baetcke (186) aufgeklärt.

Toxikologisch besonders bedeutende Vertreter sind Bergapten (5-Methoxy-psoralen, 5-MOP), Xanthotoxin (8-Methoxy-psoralen, 8-MOP), Psoralen, Imperatorin und Angelicin (Abb. 14-4).

Die Biogenese der Furocumarine erfolgt ausgehend vom 7-Hydroxycumarin (Umbelliferon) durch Anlagerung eines «aktivierten Isoprens» in Stellung 6 (Bildung von Furocumarinen vom Psoralen-Typ) oder in Stellung 8 (Bildung von Furocumarinen vom Angelicin-Typ), Epoxidation der Doppelbindung des ankondensierten Prenylrestes und Ausbildung des Furanringes. Der in Stellung 5'-befindliche Isopropylrest wird meistens in einem weiteren Schritt abgespalten. Die Einführung von Substituenten erfolgt am gebildeten Furocumarin (34, 39, 104).

Die über 150 bekannten Furocumarine treten bevorzugt bei Apiaceae auf (Tabelle 14-1, s. a. S. 267 u. 268, Bild 14-8 bis 14-10). Sie werden vor allem in schizogenen Sekretgängen, besonders der unterirdischen Organe und Früchte, akkumuliert.

Ihre Rolle als Phytoalexine der Apiaceae wurde nachgewiesen, bei anderen Familien stehen Untersuchungen noch aus. So kann beispielsweise in Blattstielen von *Apium graveolens* L., Sellerie, innerhalb von 72 h durch Infektionen oder durch andere Stressoren eine Erhöhung der Konzentration an Bergapten von 0,4 auf 1,2 mg/kg und an Xanthotoxin von 0,2 auf 5,1 mg/kg ausgelöst werden (17). Auch beim Lagern von Sellerieknollen und Pastinakwurzeln bei 4° C erfolgt eine Zunahme des Furocumaringehaltes, verursacht durch latente Pilzinfektionen, auf das 20- bis 200fache. Bei Pastinak wurde sogar ein Auskristallisieren von Furocumarinen an der Wurzeloberfläche beobachtet. Die Autoren empfehlen, bei Apiaceengemüse eine Lagerzeit von 2–3 Wochen nicht zu überschreiten (42, 47).

Furocumarine wurden aber auch bei Amaranthaceae, Asteraceae, Cyperaceae, Dipsacaceae, Fabaceae, Fagaceae, Goodeniaceae, Moraceae, Pittosporaceae, Rosaceae, Rutaceae, Sapindaceae und Solanaceae nachgewiesen (89). Hervorgehoben werden soll das Vorkommen bei

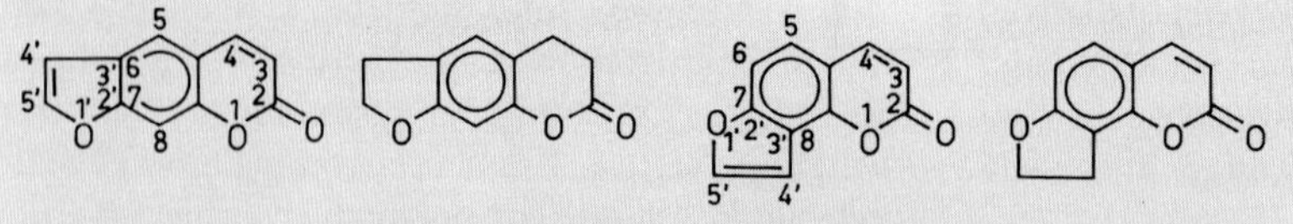

Psoralen-Typ (P) | Dihydropsoralen-Typ (PH_2) | Angelicin-Typ (A) | Dihydroangelicin-Typ (AH_2)

Name	Typ	Substituenten in Position 5	6	8	4'	5'
Psoralen	P	H		H	H	H
Bergapten (5-MOP)	P	OCH_3		H	H	H
Isoimperatorin	P	$OCH_2CH{=}C(CH_3)_2$		H	H	H
Oxypeucedanin	P	$OCH_2CH{-}C(CH_3)_2$ O (Brücke zwischen CH und C)		H	H	H
Ostruthol	P	$OCH_2CHC(CH_3)_2OH$ $OOC{-}C{=}CH_2$ CH_3CH_3		H	H	H
Archangelin	P	$O{-}CH_2{-}$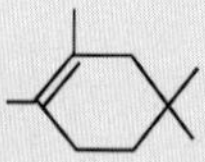		H	H	H
Xanthotoxin (8-MOP)	P	H		OCH_3	H	H
Imperatorin	P	H		$OCH_2CH{=}C(CH_3)_2$	H	H
Isopimpinellin	P	OCH_3		OCH_3	H	H
Phellopterin	P	OCH_3		$OCH_2CH{=}C(CH_3)_2$	H	H
Peucedanin	P	H		H	OCH_3	$CH(CH_3)_2$
Marmesin	PH_2	H		H	H	$C(CH_3)_2OH$
Angelicin	A	H	H		H	H
Isobergapten	A	OCH_3	H		H	H
Sphondin	A	H	OCH_3		H	H
Pimpinellin	A	OCH_3	OCH_3		H	H
Apterin	AH_2	H	H		OH	$C(CH_3)_2{-}O{-}$Glucosyl

Abb. 14-4: Furocumarine

- *Psoralea*-Arten, z. B. *P. corylifolia* L. sowie *P. drupacea* BGE und *Coronilla scorpioides* (L.) Koch, Skorpionskraut (Fabaceae, 2, 63, 113, 118),
- *Ficus carica* L., Echter Feigenbaum (Moraceae; s. a. S. 268, Bild 14-11), und bei
- *Citrus*-Arten, wie Bergamotten, Limetten, Pampelmusen, Apfelsinen, Zitronen, besonders in der Fruchtschale sowie in gepreßten ätherischen Ölen, und bei *Ruta graveolens* L., Gartenraute (Rutaceae, 148, 157).

Furocumarine lagern sich zunächst nichtkovalent in die DNA-Doppelhelix tierischer Zellen ein. Bei Einwirkung von UV-Strahlung (am effektivsten sind Wellenlängen von 320–360 nm) findet eine Cycloaddition des Pyran- (Doppelbindung zwischen C-3 und C-4) oder Furanrings (Doppelbindung zwischen C-4'und C-5') an die 5,6-Doppelbindung der Pyrimidinbasen (hauptsächlich des Thymins) der DNA statt. Bei bifunktionellen linearen Furocumarinen, z. B. Bergapten und Xanthotoxin, kann das Addukt zwischen Thymin und Furocumarin erneut ein Photon der UV-Strahlung absorbieren und bei geeigneter Lokalisation in ein Diaddukt überführt werden, das Quervernetzungen zwischen den DNA-Strängen herstellt (Abb. 14-5). Monofunktionelle Furocumarine sind dazu nicht in der Lage. Wechselwirkungen mit RNA, Proteinen und Membranbestandteilen finden ebenfalls statt. Die Hautphototoxizität der Furocumarine wird jedoch auf die Wechselwirkung mit der DNA zurückgeführt (30, 53, 107, 156, 197).

Eine weitere Wirkung der Furocumarine besteht in der unter Einwirkung von UV-Strahlung induzierten Bildung von Singulet-Sauerstoff und aktiven Sauerstoffradikalen. Diese dürften für die enzyminaktivierenden und membranzerstörenden Effekte der Furocumarine mitverantwortlich sein (52, 53, 107, 124).

Tab. 14-1: Furocumarine bei in Mitteleuropa vorkommenden Doldengewächsen (*Apiaceae*) (24 u. a. Quellen)

Pflanze	D	Gehalt in %	Furocumarine	Lit.
Ammi majus L. Große Knorpelmöhre	++	0,1–1,9 (W), 0,6 (B) 2,6 (Bl), 1,6 (F)	**1, 2, 4, 6, 8,** 10, 13	62
Angelica archangelica L. Echte Angelika, Brustwurz	+	0,5–1,6 (W), 0,4–0,7 (B), 1,0 (Bl), 1,3 (F)	**1, 4, 17,** 2, 3, 4, 5, 8, 9, 10, 14, 16 u. a.	40, 45, 94, 100, 128
Angelica silvestris L., Wald-Engelwurz	?	0,4–1,1 (W), 0,7 (Bl) 1,4 (F)	2, 4, 8, 10, 14, 16 u. a.	40, 128
Apium graveolens L. Sellerie	+	0,4 (W), 0,2 (B) 0,4 (Bl), 0,2 (F)	1, 2, 3, 6, 10 u. a.	13, 75, 76, 110
Heracleum mantegazzianum Somm. et Lev., Riesen-Bärenklau	++	0,6–1,2 (W), 0,3 (B), 0,3 (Bl), 3,3 (F)	**6, 11,** 1, 2, 4, 5, 12, 14, 15	66, 100, 208
Heracleum sphondylium L. Gemeiner Bärenklau	++	1,0–1,9 (W), 0,5–0,6 (B), 0,5 (Bl), 0,6 (F)	**1, 6, 11, 12, 15,** 2, 4, 5, 16	20, 208
Levisticum officinale Koch, Garten-Liebstöckel	+	0,4 (W), 0,3 (B) 0,6 (Bl)	1, 16	
Libanotis pyrenaica (L.) Borgeau, Bergheilwurz	?	1,5–1,9 (W), 0,7–1,2 (B), 2,8–4,1 (Bl), 5,1 (F)	6	
Pastinaca sativa L., Gemeiner Pastinak	+	0,1–0,2 (W), 0,4 (B), 0,9 (Bl), 1,1 (F)	**1, 2, 4,** 5, 6, 10, 15, 16	16, 19, 208
Petroselinum crispum (Mill.) A.W. Hill., Petersilie	+	0,1 (P), 0,2 (F)	**8,** 1, 3, 4, 6	46
Peucedanum officinale L. Echter Haarstrang	+?	0,2 (P)	**7, 8,** 2, 9, 10 u. a.	81, 89, 163 177
Peucedanum ostruthium (L.), Koch, Meisterwurz	+		**4, 8, 9,** 10 u. a.	89, 100, 122, 194, 195, 196
Pimpinella major (L.) Huds., Große Pimpinelle	+	1,2–2,3 (W)	**1, 6, 11, 12, 15**	68, 100, 208

Erläuterungen: D = Photodermatosen auslösend; W = Wurzel, B = Blatt, Bl = Blüte, F = Frucht, P = ganze Pflanze;

1 = Bergapten, 2 = Xanthotoxin, 3 = Psoralen, 4 = Imperatorin, 5 = Angelicin, 6 = Isopimpinellin, 7 = Peucedanin, 8 = Oxypeucedanin, 9 = Ostruthol, 10 = Isoimperatorin, 11 = Pimpinellin, 12 = Isobergapten, 13 = Marmesin, 14 = Phellopterin, 15 = Sphondin, 16 = Apterin, 17 = Archangelin, 18 = Isobergapten;

fettgedruckte Zahlen = Gehalt in einem oder mehreren Organen über 0,1% (falls Gehaltsangaben greifbar);

Angaben über die Furocumarine von *Peucedanum palustre* (L.) Moench, *P. oreoselinum* (L.)Moench, *P. austriacum* (Jaqu.) Koch, *P. verticillare* Vest. u. a. siehe 89, *P. palustre* siehe auch 198; bei *P. cervaria* (L.) Lapeyr. und *P. alsaticum* L. werden keine Furocumarine akkumuliert (89); nur Spuren von Psoralen und Bergapten werden bei *Daucus carota* L. gefunden, starke Zunahme jedoch bei Pilzinfektionen (43).

Abb. 14-5: Biaddukt eines Furocumarins mit Thyminresten der DNA ▶

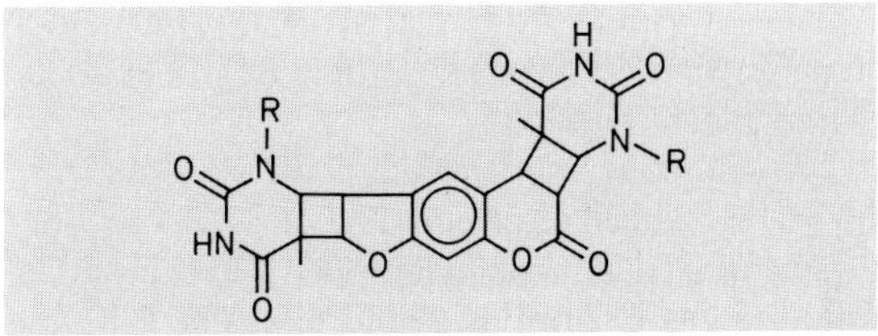

Außer den nur unter Lichteinwirkung stattfindenden wurden auch lichtunabhängige Furocumarinwirkungen beobachtet. So sind einige der Verbindungen auch in Abwesenheit von UV-Strahlung schwach mutagen, antiviral, insecticid und enzyminduzierend wirksam. Ein Calciumantagonismus und daraus ableitbare spasmolytische Effekte wurden ebenfalls gefunden (158). Der Mechanismus der lichtunabhängigen Wirkungen ist bis jetzt ungeklärt. Möglicherweise spielt hier die Bindung an spezifische Rezeptoren eine Rolle (107).

Die akute Toxizität der Furocumarine ist bei Abwesenheit von UV-Strahlung sehr gering. Die LD_{50} von Xanthotoxin und Imperatorin beträgt unter Lichtausschluß bei Ratten und Mäusen 300–600 mg/kg, p. o. oder i. p. (61, 171). Dagegen lösen 75–100 mg Xanthotoxin (ca. 1 mg/kg) bei peroraler Zufuhr und einstündiger Sonnenlichtbestrahlung beim Menschen bereits schwere Vergiftungserscheinungen aus. Dazu gehören Erythem- und Blasenbildung, Schwellung, brennender Schmerz, Juckreiz und verstärkte Pigmentierung, die mehrere Monate anhalten kann. Die Hautveränderungen treten nur an den bestrahlten Stellen auf, besonders empfindlich sind wenig pigmentierte Hautpartien (54, 106, 119, 125, 177). Die minimale erythemwirksame Dosis liegt für Xanthotoxin bei 240 μg/kg am Tag. 3 × 6 mg/kg pro Woche Xanthotoxin, p. o., wirken bei Affen *(Macaca fascicularis)* ohne Lichteinwirkung emetisch (165).

Außer den akut phototoxischen Wirkungen besitzen Furocumarine photomutagene und photocarcinogene Eigenschaften (11, 103). Da die nur einen DNA-Strang betreffenden Effekte monofunktioneller Furocumarine durch körpereigene Reparaturmechanismen leicht ausgeglichen werden, sind vorwiegend bifunktionelle Furocumarine von chronisch toxikologischer Bedeutung (107, 146, 167, 206). Das carcinogene Risiko kann durch die immunsuppressiven Effekte der Furocumarine (u. a. Hemmung der mitogen-induzierten Lymphocytenproliferation und der Expression von Interleukinrezeptoren, 10, 49, 50) noch erhöht werden.

Bei Untersuchungen von Struktur-Wirkungs-Beziehungen wurde bisher hauptsächlich die phototoxische Wirkung auf die Haut betrachtet. Sie nimmt mit steigender chemischer Komplexizität des Alkyl- oder Alkoxysubstituenten meistens ab. Die biologische Aktivität der linearen Vertreter ist größer als die der angulären (107).

Furocumarine werden nach peroraler Gabe vom Menschen schnell resorbiert. Hauptabbauwege sind Abspaltung der O-Alkylgruppen, hydrolytische Öffnung des Lactonringes und oxidative Öffnung des Furanrings. Die Metabolite werden innerhalb weniger Stunden, z. T. als Glucuronide, vorwiegend im Urin ausgeschieden (107, 168, 183).

Durch Furocumarine verursachte Photodermatitiden entwickeln sich vor allem nach Kontakt von feuchter Haut (z. B. nach dem Baden) mit furocumarinhaltigen Pflanzen (Wiesendermatitis) oder nach dem Auftropfen von Pflanzensaft, der beispielsweise beim Abbrechen der Stengel austritt, auf die Haut. Bedingung ist in jedem Fall die anschließende Einwirkung von Sonnenlicht (73, 125, 149, 177).

Die meisten Photodermatosen werden in Mitteleuropa vermutlich durch *Heracleum*-Arten ausgelöst (73). Von Bedeutung sind sowohl der weit verbreitete Gemeine oder Wiesen-Bärenklau, *Heracleum sphondylium*, als auch der Riesen-Bärenklau, *H. mantegazzianum*, der im Kaukasus heimisch ist und wegen seiner imponierenden Größe (bis 3,5 m hoch werdend) als Zierpflanze angebaut wird.

Ein 2jähriges Mädchen spielte in einem Planschbecken, in dessen Nähe Riesen-Bärenklau ausgeästet wurde. Der ältere Bruder füllte Wasser in den hohlen Stengel der Pflanze und übergoß damit seine Schwester. Etwa 24 h danach kam es zu ersten Hautrötungen. Das Kind wurde mit streifenförmigen, leicht erhabenen Erythemen und zum Teil mit straff gefüllten, den Erythemen aufsitzenden Blasen an Brust, Bauch, Rücken, Oberschenkeln und am linken Arm dem Arzt vorgestellt. Es kam zur spontanen Perforation der mit seröser Flüssigkeit gefüllten Blasen und nach einwöchiger lokaler Therapie zu Krustenbildung und dann zu narbenloser Abheilung (189).

Bekannt ist auch die sogenannte «Selleriedermatitis», die bei häufigem Umgang mit pilzinfizierten Selleriepflanzen zu beobachten ist (164).

Eine weitere Kontaktmöglichkeit ist die Anwendung furocumarinhaltiger Kosmetika und Bräunungsmittel. Das Einreiben mit xanthotoxinhaltigen Präparaten und anschließender Aufenthalt im Solarium führten zu schweren Verbrennungen (5, 129). Für Kosmetika ist ein Grenzwert von 0,1 mg Bergapten/kg festgelegt (13).

Wichtigste Furocumarinquelle in der Nahrung ist gelagerter Sellerie. Bei Verzehr größerer Mengen kann die Furocumarinaufnahme beinahe die bei der PUVA-Therapie angewendete Dosis erreichen (13, 44, 168). Bei starker UVA-Einstrahlung sind phototoxische Effekte daher nicht auszuschließen. In Nigeria wird die hohe Inzidenz von primärem Leberkrebs u. a. auf die in der Nahrung in relativ großen Mengen enthaltenen Furocumarine zurückgeführt (193). Die in Mitteleuropa mit Petersilie oder Pastinak aufgenommenen Dosen dürften zu gering sein, um Intoxikationserscheinungen auszulösen (13).

Auch die medizinische Anwendung von Furocumarinen ist wegen des Risikos einer Hautkrebsentstehung und der Kataraktbildung toxikologisch nicht unbedenklich. Eine Quantifizierung dieses Risikos ist bis jetzt nicht möglich.

Tiere sind durch Aufnahme furocumarinhaltigen Futters gefährdet. Phototoxische Effekte wurden bei Rindern, Schafen und Geflügel beobachtet (107). Verzehr der Früchte von *Ammi majus* ruft bei Geflügel Augenschädigungen hervor (12).

Die Behandlung der durch Furocumarine und UVA-Licht verursachten Hautschäden muß symptomatisch erfolgen.

Furocumarine werden therapeutisch schon seit langem zur Förderung der Hautpigmentierung, u. a. bei Vitiligo, eingesetzt. Perorale Gabe von Xanthotoxin und anschließende Bestrahlung mit UVA (PUVA-Therapie) bringt wesentliche Fortschritte bei der Behandlung der Psoriasis und anderer Hautkrankheiten. Wegen der Gefahr der Langzeitnebenwirkungen versucht man, Xanthotoxin durch monofunktionelle Furocumarine zu ersetzen.

Erwähnenswert ist auch die calcium-antagonistische Wirksamkeit von Furocumarinen aus *Peucedanum*-Arten (199).

14.4 Lignane

14.4.1 Toxinologie

Lignane sind Dimere von Phenylpropanderivaten, die durch Verknüpfung der zentralen C-Atome der Seitenketten entstanden sind (Abb. 14-6). Auf andere Weise verknüpfte Dimere von Phenylpropanderivaten werden als Neolignane bezeichnet. Hybridlignane sind Dimere aus einem Phenylpropankörper und einer anderen aromatischen Verbindung, z. B. einem Flavonoid (Flavonolignane), einem Cumarinderivat (Cumarolignane) oder einem Xanthonderivat (Xantholignane). Norlignane sind aus Lignanen durch Verlust eines C-Atoms einer Seitenkette entstandene Ar-C_3-C_2-Ar-Dimere.

Bei den Lignanen können neben der 8-8'-Verknüpfung weitere C-C- oder C-O-Bindungen auftreten. Man kann die Lignane einteilen in:

- Dibenzylbutane, z. B. *meso*-Nordihydroguajaretsäure (Abb. 14-6),
- Dibenzylbutyrolactone (Butanolide),
- substituierte Tetrahydrofurane (Monoepoxylignane),
- 2,6-Bisaryl-3,7-dioxabicyclo[3.3.0]oktane (Bisepoxylignane, Tetrahydrofurofuranlignane),
- 1-Aryltetraline, z. B. Podophyllotoxine (Abb. 14-6) und
- Dibenzocyclo-oktane.

Lignane sind farblose, kristalline, schwer flüchtige Stoffe. Teilweise liegen sie auch in glykosidischer Bindung vor. Die Zahl der zur Zeit bekannten Vertreter beträgt etwa 500. Lignane sind im Pflanzenreich weit verbreitet. Sie werden bei Farnen, Nacktsamern und Bedecktsamern gefunden. Auch im Harn von Tieren und Menschen wurden sie nachgewiesen (173). Von toxikologischem Interesse sind vor allem die *meso*-Nordihydroguajaretsäure und die Podophyllotoxine (135, 202, 203).

Als erstes Lignan wurde 1880 das Podophyllotoxin durch Podwyssotzki isoliert. Seine endgültige Strukturaufklärung gelang Hartwell und Schrecker 1951 (111).

14.4.2 *meso*-Nordihydroguajaretsäure

meso-Nordihydroguajaretsäure (NDGA, Abb. 14-6) ist Hauptbestandteil der aus der Epidermis hervorgehenden harzartigen Überzüge der Blätter des in heißen, trockenen Gegenden im Süden der USA und in Mexiko vorkommenden, bis 2 m hohen, immergrünen Kreosotstrauches, *Larrea divaricata* Cav. (Zygophyllaceae). Der Gehalt der getrockneten Blätter an Nordihydroguajaretsäure beträgt 9–15%. Die Verbindung, die auch synthetisch hergestellt wird, ist als Antioxidans zur Stabilisierung von Fetten und anderen lipophilen Stoffen geeignet. Die Blätter und Zweigspitzen der Pflanze werden unter der Bezeichnung Chaparral-Tee oder Herba Palo alto auch medizinisch verwendet (133, 150).

Nordihydroguajaretsäure ist ein Hemmstoff verschiedener Enzyme, beispielsweise von Lipoxygenasen, Phenolhydroxylasen, Serum- und Leberesterasen und Formyltetrahydrofolat-Synthetase (166). Außerdem besitzt Nordihydroguajaretsäure analgetische, antimikrobielle und bei gemeinsamer Gabe mit Ascorbinsäure antineoplastische Effekte. Akute Toxizität ist kaum vorhanden (LD_{50} 4,0 g/kg, p. o., Maus, 5,5 g/kg, p. o., Ratte).

Chronische Fütterung von Ratten mit einem Anteil bis zu 3% Nordihydroguajaretsäure in der Nahrung führte jedoch in einigen Versuchen zur Entwicklung von Nierencysten bei den Tieren. Aus diesem Grunde ist die Verwendung der Verbindung als Antioxidans in Lebensmitteln in den USA nicht mehr zugelassen (202).

14.4.3 Podophyllotoxine

Die Podophyllotoxine (Abb. 14-6) sind Bestandteile des Podophyllins, eines amorphen, hellbraunen bis grüngelben Pulvers, das durch Extraktion des getrockneten Rhizoms von *Podophyllum peltatum* L., Fußblatt, Maiapfel (Berberidaceae, Berberitzengewächse), mit Ethanol und anschließende Fällung mit stark verdünnter Säure erhalten wird. Aus *P. hexandrum* ROYLE (*P. emodi* WALL.) kann ein ähnliches Produkt gewonnen werden. Aus *P. peltatum* werden 2–8% und aus *P. hexandrum* 6–12% Podophyllin erhalten (140). Der Gehalt an Lignanen im Rhizom von *P. peltatum* beträgt 0,9–1,3%, in dem von *P. hexandrum* 4,3–5,2% und im Podophyllin aus diesen Drogen 15,9–17,1 bzw. 49,0–67,5% (57).

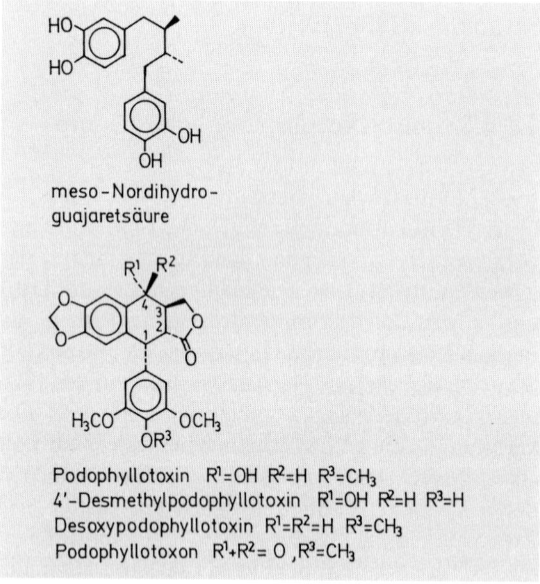

Abb. 14-6: Lignane

Podophyllum peltatum ist eine kleine, schattenliebende, in den Laubwäldern der USA und Kanadas heimische Staude. Sie besitzt einen bis 1 m langen, horizontal kriechenden Wurzelstock, zwei große, tief eingeschnittene, schildförmige Blätter und eine große weiße Blüte. *P. hexandrum* (siehe S. 268, Bild 14-12) ähnelt *P. peltatum* sehr. Sie ist im Himalayagebiet verbreitet.

Hauptbestandteil des Podophyllins ist das 1-Aryltetralin Podophyllotoxin (15–40%). Weiterhin sind u.a. enthalten β-Peltatin (etwa 10%), α-Peltatin (etwa 5%), 4'-Desmethylpodophyllotoxin, Desoxypodophyllotoxin und Podophyllotoxon ($1\alpha,2\alpha,3\beta$, in Picropodophyllon, $1\alpha,2\alpha,3\alpha$, und Isopicropodophyllon, $1\alpha,2\beta,3\beta$, übergehend, somit letztere vermutlich Artefakte). Wahrscheinlich werden die Lignane erst postmortal aus den entsprechenden Glukosiden freigesetzt, die in geringen Mengen ebenfalls aus dem Rhizom isoliert werden konnten (56, 111).

Auch in anderen Berberidaceae (z. B. in *Podophyllum pleianthum* HANCE, *P. versipelle* HANCE, *Diphylleia cymosa* MICHX., Schirmblatt, 32, 109) wurden Podophyllotoxine nachgewiesen.

Bei taxonomisch weit entfernten Arten anderer Familien treten sie ebenfalls auf:

- Podophyllotoxin in *Juniperus sabina* L., Sadebaum (Cupressaceae, Kap. 6.2.3),
- Desoxypodophyllotoxin in *Anthriscus silvestris* (L.) HOFF., Wiesenkerbel (Apiaceae, Kap. 3.4), und in den Cupressaceae *Callitris preisii* MIQU., *Calocedrus decurrens* (TORR.) FLORIN, Flußzeder, sowie in verschiedenen *Juniperus*-Arten und
- 5-Methoxypodophyllotoxin, dessen Glucosid, 3,5% in den Wurzeln von *Linum flavum* L. und *L. capitatum* KIT. ex SCHULT. (33).

Podophyllotoxin, Desoxypodophyllotoxin und die Peltatine gehen mit Tubulin nichtkovalente Bindungen ein, verhindern dessen Aggregation und damit die Ausbildung der Mikrotubuli während der Mitose. Die Zellteilung wird in der Metaphase gestoppt. Auch andere tubulinabhängige Prozesse werden beeinflußt. Darüber hinaus hemmt Podophyllotoxin in höheren Konzentrationen reversibel die Aufnahme von Nucleosiden wie Thymidin und Uridin in die Zelle (111). Die Wirkungen von Podophyllotoxin auf das Immunsystem sind sehr komplex. Während die mitogen-induzierte Lymphocytenproliferation gehemmt wird, wird die Interleukinproduktion gesteigert (207). Auch antivirale Effekte wurden gefunden (134, 137).

Die genannten Verbindungen sind etwa in gleichem Maße mitosehemmend wirksam. Dagegen besitzen die in schwach alkalischem Milieu und wahrscheinlich auch unter physiologischen Bedingungen durch Epimerisierung am Lactonring gebildeten Picropodophylline kaum cytostatische Aktivität (111).

Bei halbsynthetischen Derivaten findet keine Tubulinbindung statt. Sie wirken über eine Hemmung der DNA-Synthese cytostatisch. Etoposid hemmt die Topoisomerase II (132).

Die experimentelle Überdosierung von Podophyllotoxin führt bei Ratten und Katzen zu Haltungsabnormalitäten, Bewegungsinkoordination, Muskelschwäche und Koma. Beim Menschen ruft lokale Applikation von Podophyllotoxin Entzündungserscheinungen und Dermatitis hervor. Nach Resorption kommt es zu Übelkeit, Erbrechen, Fieber, peripheren Neuropathien, Verwirrtheit, Tachykardie, Oligurie, Anurie, Ileus und Koma. Die Beeinflussung der Knochenmarksstammzellen führt zu Leukopenie, Anämie und Thrombocytopenie. Die Leberenzymwerte sind verändert. Todesfälle sind möglich. Die embryotoxischen Effekte sind stark ausgeprägt (41, 140).

Vergiftungen sind vor allem medizinal bedingt (140, 175). Ein Suizid durch Einnahme einer 25-prozentigen Podophyllinlösung wurde beschrieben (41). Intoxikationen durch die Pflanzen sind nur aus Nordamerika bekannt. Tödliche Vergiftungen wurden beispielsweise nach Verzehr junger Pflanzen als Küchenkräuter oder nach Aufnahme unreifer Früchte beobachtet (139, Ü 30).

Extrakte aus *P. peltatum* werden in Amerika seit Jahrhunderten als abführende und brechreizerregende Präparate eingesetzt. Bei den Indianern dienten sie als Mittel gegen Schlangenbisse und Pilzerkrankungen, aber auch als Suizidgifte. Heute wird Podophyllotoxin äußerlich zur Entfernung von Kondylomen angewendet (140). Ein systemischer Einsatz in der Tumortherapie ist wegen der starken Nebenwirkungen nur bedingt möglich. Hier finden vor allem die halbsynthetischen Derivate Anwendung.

14.5 Abbauprodukte von Phenylpropanderivaten in Wehrgiften von Gliederfüßern (Arthropoda)

Bei den Gliederfüßern sind Abbauprodukte von Phenylpropanderivaten in den Wehrsekreten sehr weit verbreitet. Hier können nur wenige Beispiele angeführt werden (26).

Bei den Arachnida (Spinnentiere) treten 1,4-Benzochinone bei den Opiliones, Weberknechte, Kanker, auf (26). *Vonones sayi* und andere Kanker produzieren in speziellen Drüsen ein Sekret, das reich an 2,3-Dimethyl-1,4-benzochinon und 2,3,5-Trimethyl-1,4-benzochinon ist. Werden sie angegriffen, pressen sie zwei Tropfen aus den paarigen Drüsen aus, verdünnen das Sekret mit im Verdauungstrakt gespeichertem Wasser und schleudern die Tropfen mit den vorderen Füßen auf den Angreifer (59). Bei *Heteropachyloidellus robustus* wurden im Wehrsekret 2,3-Dimethylbenzochinon, 2,5-Dimethylbenzochinon und 2,3,5-Trimethylbenzochinon nachgewiesen (201).

Bei den Myriopada (Tausendfüßer) konnten in den Sekreten sehr vieler Gattungen (z. B. *Julus, Spirostreptus, Orthoporus, Pachybolus, Rhinocricus, Uroblaniulus*) 1,4-Benzochinon, 3-Methyl-1,4-benzochinon, 2,3-Dimethyl-benzochinon, Toluchinon oder/und 2,3-Dimethoxy-1,4-benzochinon identifiziert werden (55, 147).

Auch bei den Insekten (Hexapoda) spielt die Abwehr von Angreifern durch Abbauprodukte von Phenylpropanderivaten eine große Rolle. 1,4-Benzochinon, Phenol, deren Derivate, Hydroxyderivate des Benzaldehyds und von Phenolcarbonsäuren treten in den Wehrgiften einer Vielzahl von Vertretern der Unterklasse der Coleoptera, Käfer, auf (26).

Im Pygidialdrüsensekret von Laufkäfern (Carabidae) der einheimischen Gattungen *Bembidion*, Ahlenlaufkäfer, *Calosoma*, Puppenräuber, und *Asaphidion* wurden Salicylaldehyd und bei *Idiochroma dorsalis* Salicylsäuremethylester nachgewiesen (58, 166). Bei *Calosoma prominens* wurde eindrucksvoll gezeigt, daß das Tier durch gezieltes Verspritzen des Salicylaldehyds Ameisen abwehren kann und daß es auch von Wirbeltieren, z. B. Kröten, gemieden wird. Diese Räuber produzieren die Salicylaldehydabkömmlinge vermutlich selbst. Der von einigen Vertretern der Familie der Blattkäfer (Chrysomelidae, z. B. *Chrysomela populi*) als Wehrgift genutzte Salicylaldehyd wird dagegen sicherlich aus Salicylsäurederivaten der Futterpflanzen (Pappeln, Weiden) gebildet (155).

Schwimmkäfer (Dytiscidae) setzen als Körperantiseptica zur Vermeidung des Bewuchses mit Bakterien und Algen besonders Benzoesäure, 4-Hydroxybenzoesäure, 4-Hydroxy-benzoesäure-methylester, 4-Hydroxy-benzaldehyd, 3,4-Dihydroxybenzoesäure, 3,4-Dihydroxy-benzoesäure-methylester, 3,4-Dihydroxy-benzoesäure-ethylester, 1,4-Dihydroxyphenylessigsäure-methylester und Hydrochinon ein. Die ebenfalls in den Pygidialdrüsen produzierten Stoffe werden vom Tier mit den Gliedmaßen über den ganzen Körper verteilt (168).

Methyl-1,4-benzochinon (Toluchinon), Ethyl-1,4-benzochinon, n-Propyl-1,4-benzochinon und seltener 2-Methyl-3-methoxy-1,4-benzochinon oder 1,4-Benzochinon, fast stets begleitet von aliphatischen Kohlenwasserstoffen, kommen in den Wehrsekreten der Staphylinidae, Kurzflügler, Raubkäfer, und der Tenebrionidae, Schwarzkäfer, vor, z. B. bei der bei uns heimischen Art *Tribolium castaneum* (25, 31, 91, 192). Da im Extrakt der Wehrdrüsen die Glucoside der entsprechenden 1,4-Diphenole gefunden wurden, ist anzunehmen, daß diese Vorläufer und Speicherformen der Chinone darstellen (91).

Borkenkäfer, Scolytidae, z. B. *Ips pini*, bilden Toluol und 2-Phenylethanol (87).

Forficula auricularia, Gemeiner Ohrwurm (Forficulidae, Ordnung Dermaptera, Ohrwürmer; siehe S. 268, Bild 14-13), der in Mitteleuropa als Kulturfolger allgemein verbreitet ist, besitzt Stinkdrüsen, die am hinteren Rande des 3. und 4. Körpersegments des Rückenteiles des Abdomens münden. Das vom beunruhigten Tier abgegebene dampfförmige oder flüssige Sekret enthält ebenfalls Methyl- und Ethyl-1,4-benzochinon (Ü 36).

Einige Termiten nutzen ein rasch polymerisierendes Gemisch aus Benzochinon und Toluchinon, um angreifende Insekten bewegungsunfähig zu machen (138).

Einen bemerkenswerten Gebrauch machen *Brachinus*- und *Aptinus*-Arten, Bombardierkäfer (Carabidae), von gespeichertem Hydrochinon. Sie bringen es in einer Explosionskammer des Pygidialwehrdrüsensystems mit H_2O_2 (bis 28%ig), katalysiert durch Katalase und eine Peroxidase, zum explosionsartigen Zerfall. Auf diese Weise wird ein heißer, hörbarer «Schuß», ein bis 100° C heißer Spray, bestehend aus einer konzentrierten Lösung von 1,4-Benzochinon und Toluchinon, abgegeben (3, 166, 167). Die Bombardierkäfer kommen im Süden unseres Gebietes gesellig unter Steinen und Grasbüscheln vor. Auf diese Weise «schießen» auch Arten vom amerikanischen Kontinent, z. B. Vertreter der Gattungen *Goniotropis* und *Metrius* (3, 4).

14.6 Literatur

1. Abel, G. (1987), Planta Med. 53: 251
2. Abu-Mustafa, E. A., El-Tawil, B. A. H., Fayez, M. B. E. (1964), Phytochemistry 3: 701
3. Aneshansley, D. J., Jones, T. H., Alsop, D., Meinwald, I., Eisner, T. (1983), Experientia 39: 367
4. Aneshansley, D. J., Jones, T. H., Alsop, D. u. a. (1983), Experientia 39: 366
5. Anonym (1985), Dtsch. Apoth. Ztg. 125: 768
6. Anonym (1987), Bioactive Molecules 2 (Ed.: Hirono I, Elsevier Tokyo, Amsterdam, Oxford, New York): 141
7. Archer, A.W. (1988), J. Chromatogr. 438: 117
8. Ashton, W. H., Jones, E. (1959), J. Brit. Grassland Soc. 14: 47 B
9. Ashton, W. M., Davies, E. G. (1962), Biochem. J. 85: 22 P
10. Averbeck, D. (1988), Arch. Toxicol. Suppl. 12: 35
11. Avslan, P., Cantini, M., Cossarizza, A., Franceschi, C., Dall'Aqua, F. (1989), Life Sci. 44: 2097
12. Barishak, Y. R., Beemer, A. M., Egyed, M. N., Shlosberg, A., Eilat, A. (1975), Acta Ophthalmol. 53: 585
13. Baumann, U., Dick, R., Zimmerli, B. (1988), Mitt. Geb. Lebensmittelunters. Hyg. 79: 112
14. Bellis, D. M., Spring, M. S., Stoker, J. R. (1967), Biochem. J. 103: 202
15. Belova, L. F., Alibekov, S. D., Bakinskaya, A. I., Sokolov, S. Y., Prokovskaya, G.V., Stikhin, V. A., Trumpe, T., Gorodnyuk, T. I. (1985), Farmakol. Tokxsikkol. 48: 17
16. Berenbaum, M. R., Zangerl, A. R. (1984), Phytochemistry 23: 1809
17. Beier, R. C., Ivie, G.W., Oertli, E. H. (1983), ACS Symp. 297
18. Berenbaum, M. R., Zangerl, A. R. (1986), Phytochemistry 25: 659
19. Beyrich, T. (1968), Pharmazie 23: 336
20. Beyrich, T. (1965), Naturwissenschaften 52: 133
21. Beyrich, T. (1981), Wiss. Z. Ernst-Moritz-Arndt, Univ. Greifswald, Med. Reihe 30: 25
22. Biering, W. E., Jork, H. (1979), Planta Med. 37: 137
23. Biering, W. E., Bungert-Hansing, I., Jork, H. (1976), Planta Med. 29: 133
24. Blazek, Z. (1969), Pharm. Zentralhalle 108: 245
25. Blum, M. S., Crain, R. D. (1961), Ann. Etomol. Soc. Am. 54: 474
26. Blum, M. S. (1981), Chemical Defense of Arthropods, Academic Press, New York
27. Bohlmann, F., Chem. Ber. 100: 3454
28. Borchert, P., Miller, J. A., Elizabeth, E. C., Shires, T. K. (1973), Cancer Res. 33: 590
29. Bourquelot, E., Herissey, H. (1920), C. R. Hebd. Seances Acad. Sci. 170: 1545
30. Boyer, V., Moustacchi, E., Sage, E. (1988), Biochemistry 27: 3011
31. Brand, J. M., Blum, M. S., Fales, H. M., Pasteels, J. M. (1973), J. Insect Physiol. 19: 369
32. Broomhead, J. A., Dewick, P. M. (1990), Phytochemistry 29: 3831
33. Broomhead, J. A., Dewick, P. M. (1990), Phytochemistry 29: 3839
34. Brown, S. A. (1981), in: Biochemistry of Plants 7, Secondary Plant Products (Ed.: Cann, E. E., Academic Press, New York): 269
35. Brown, S. A. (1979), Planta Med. 36: 299
36. Brown, S. A. (1960), Canad. J. Biochem. Physiol. 38: 143
37. Bye, A., King, H. K. (1970), Biochem. J. 117: 237
38. Campbell, H. A., Roberts, W. L., Smith, W. K., Link, K. P. (1940), J. Biol. Chem. 136: 47
39. Caporale, G., Innocent, G., Guiotto, A., Rodighero, P., Dall'Acqua, F. (1981), Phytochemistry 20: 1283
40. Carbonnier, J., Molho, D. (1982), Planta Med. 44: 162
41. Cassidy, D. E., Dewry, J., Fanning, J. P. (1982), J. Toxicol. Clin. Toxicol. 19: 35
42. Ceska, O. et al. Chauhary, S. K., Warrington, P. J., Ashwood-Smith, M. J. (1986), Phytochemistry 26: 165
43. Ceska, O. et al. (1986), Phytochemistry 25: 81
44. Ceska, O., Chaudhary, S., Warrington, P., Poulton, G., Ashwood-Smith, M. J. (1986), Experientia 42: 1302

45. CHATTERJEE, A., GUPTA, S. S. (1964), Tetrahedron Lett. 1961
46. CHAUDHARY, S. K., CESKA, O., TETU, C., WARRINGTON, P. J., ASHWOOD-SMITH, M. J., POULTON, G. A. (1986), Planta Med. 52: 462
47. CHAUDHARY, S. K., CESKA, O., WARRINGTON, P. J., ASHWOOD-SMITH, M. J. (1985), J. Agric. Food Chem. 33: 1153
48. COHEN, A. J. (1979), Food Cosmet. Toxicol. 17: 277
49. COX, G. W., OROSZ, C. G., LEWIS, M. G., OLSEN, R. G., FERTEL, R. H. (1988), Int. J. Immunopharm. 10: 773
50. COX, G. W., OROSZ, C. G., FERTEL, R. H. (1987), Int. J. Immunopharm. 9: 475
51. DABINE, L. E., TOMPA-FARKAS, I., ZAMBO, I., TETENYI, D. B., HETHELYI, E., BELEZNAI, Z. (1986), Herba Hung. 25: 95
52. DALL'ACQUA, F. (1988), NATO ASI Ser., Ser. H15 (Photosensitisation): 269
53. DALL'ACQUA, F. (1986), Curr. Probl. Dermatol. 15: 137
54. DANIELS, F., HOPKINS, C. E., IMBRIE, D. J., BERGERSON, L., MILLER, O., CROWE, F., FITZPATRICK, P. B. (1959), J. Invest. Dermatol. 32: 321
55. DE BERNHARDI, M., MELLERIO, G., VIDARI, G., VITA-FINZI, P., DEMANGE, J. M., PAVAN, M. (1982), Naturwissenschaften 69: 601
56. DEWICK, O. M., JACKSON, D. E. (1981), Phytochemistry 20: 2277
57. DREWS, S. E., CONWAY, S. J., JENNINGS, P., HELLIWELL, K. (1987), J. Pharm. Pharmacol. 39: 738
58. EISNER, T., SWITHENBANK, C., MEINWALD, J. (1963), Ann. Entomol. Soc. Am. 56: 37
59. EISNER, T., KLUGE, A. F., CARREL, J. E., MEINWALD, J. (1971), Science 173: 650
60. ELLIS, B. E. (1974), J. Nat. Prod. 37: 168
61. EL MOFTY, A. M. (1948), J. Egypt. Med. Assoc. 31: 651
62. FAYEZ, M. B. E., EL-BEIH, F. K. A., EL-TAWIL, B. A. H., KHALIL, A. M. (1982), Pharmazie 37: 53
63. FEDORIN, G. F., GEORGIEVSKII, V. P., KOMMISSARENKO, N. F., BELETSKII, Y. N. (1975), Rastit. Resur 11: 372
64. FEUER, G., GOLBERG, L., LE PELLEY, L. R., PETERSEN, H. (1964), Abstr. 1st Meeting Fed. Eur. Biochem. Soc. 78
65. FIEDLER, H. P. (1980), Pharm. Ind. 42: 532
66. FISCHER, F. C., JASPERSE, P. H., KARLSEN, J., BAERHEIM SVENDSEN, A. (1974), Phytochemistry 13: 2334
67. FITTIG, R., BIEBER, R. (1870), Liebigs Ann. Chem. 153: 358
68. FLOSS, H. G., MOTHES, U. (1966), Phytochemistry 5: 161
69. FÖLDI-BÖRCSÖK, E., BEDALL, F. K., RAHLFS, V. W. (1971), Arzneim. Forsch. 21: 2025
70. FORREST, T. P., FORREST, J. E., HEACOCK, R. A. (1973), Naturwissenschaften 60: 257
71. FORREST, J. E., HEACOCK, R. A. (1972), J. Nat. Prod. 35: 440
72. FRANZ, C., GLASL, H. (1974), Qualitas Plantarum 24: 175
73. FROHNE, D., PFÄNDER, H. J. (1981), Dtsch. Apoth. Ztg. 121: 2269
74. GALLICCHIO, V. S., HULETTE, B. C., HARMON, C., MARSHALL, M. E. (1989), J. Biol. Resp. Modifiers 8: 116
75. GARG, S. K., GUPTA, S. R., SHARMA, N. D. (1979), Phytochemistry 18: 1580
76. GARG, S. K., SHARMA, N. D., GUPTA, S. R. (1981), Planta Med. 43: 306
77. GATTERMANN, L., EGGERS, F. (1899), Ber. Dtsch. Chem. Ges. 32: 289
78. GERSTER, G. (1983), Z. Phytother. 4: 713
79. GIUSTI, G. V., MONETA, E. (1973), Arch. Kriminol. 152: 161
80. GOEGGELMANN, W., SCHIMMER, O. (1983), Mutat. Res. 121: 191
81. GONZALEZ, A., CARDONA, R. J., MEDINA, J. M., RODRIGUEZ LUIS, F. (1976), An. Quim. 72: 60
82. GRACZA, L. (1983), Planta Med. 48: 153
83. GRACZA, L. (1980), Arzneim. Forsch. 30: 767
84. GRACZA, L. (1981), Planta Med. 42: 155
85. GRAY, T. J. B., PARKE, D. V., GRASSO, P., CRAMPTON, R. F. (1972), Biochem. J. 130: 91 P
86. GREEN, R. C. (1959), J. Am. Med. Assoc. 171: 1342
87. GRIES, G., SMIRLE, M. J., LEUFVEN, A., MILLER, D. R., BORDEN, J. H., WHITHEY, H. S. (1990), Experientia 46: 329
88. HADA, S., HATTORI, M., TEZUKA, Y., KIKUCHI, T., KIKUCHI, T., NAMBA, T. (1988), Phytochemistry 27: 563
89. HADAČEK, F. (1989), Stapfja 18, Publ. der Botanischen Arbeitsgemeinschaft am O. Ö. Landesmuseum Linz
90. HAGAN, E: C., JENNER, P. M., JONES, W. I., FITZHUGH, O. G., LONG, E. L., BROUWER, J. G., WEBB, W. K. (1965), Toxicol. Appl. Pharmacol. 7: 18
91. HAPP, G. M. (1968), J. Insect. Physiol. 14: 1821
92. HARBORNE, J. B. (1980), in: Encyclopedia of Plant Physiology, New Series 8 (Ed.: BELL, E., CHARLWOOD, D.V. Springer-Verlag, Berlin): 329
93. HARBORNE, J. B., HEYWOOD, V. H., WILLIAMS, C. A. (1969), Phytochemistry 8: 1729
94. HARKAR, S., RAZDAN, T. K., WAIGHT, F. S. (1983), Phytochemistry 23: 419
95. HATTORI, M., HADA, S., SHU, Y. Z., KAKIUCHI, N., NAMBA, T. (1987), Chem. Pharm. Bull. 35: 668
96. HATTORI, M., YANG, X. W., SHU, Y. Z., KAKIUCHI, N., TEZUKA, Y., KIKUCKI, T., NAMBA, T. (1988), Chem. Pharm. Bull. 36: 648
97. HATTORI, M., YANG, X. W., SHU, Y. Z., KAKIUCHI, N., TEZUKA, Y., KIKUCHI, T., NAMBA, T. (1988), Chem. Pharm. Bull. 36: 648
98. HAZELTON, L. W., TUSING, T. W., ZEITLIN, B. R., THIESEN, R., MURER, H.-K. (1956), J. Pharmacol. Exp. Ther. 118: 348
99. HEEGER, E. F. (1951), Pharmazie 6: 19
100. HEYDWEILLER, D. (1965), Dissertation, München
101. HOGAN, R. P. (1983), J. Am. Med. Assoc. 249: 2679
102. HOMBURGER, F., BOGER, E. (1968), Cancer Res. 28: 2372

103. IARC (1986), Monogr. on the Evolution of the Carcinog. Risk of Chem. to Human 40
104. Innocenti, G., Dall'Acqua, F., Rodighiero, P., Caporale, G. (1978), Planta Med. 34: 167
105. Ioannides, C., Delaforge, M., Parke, D.V. (1981), Food Cosmet. Toxicol. 19: 657
106. Ivie, G.W. (1978), Ü: 56
107. Ivie, G.W. (1987), ACS Symp. Ser. 339 (Light-Act. Pestic.): 217
108. Ivie, G.W. (1987), Rev. Latinoam. Quim. 18: 1
109. Jackson, D. E., Dewick, P. M. (1985), Phytochemistry 24: 2407
110. Jani, A.K., Sharma, N.D., Gupta, S.R., Boyd, D.R. (1986), Planta Med. 52: 246
111. Jardine I (1980), Anticancer Agents Based on Natural Product, Modells, Acad. Press, New York: 319
112. Jimenez, L., Chamorro, G., Salazar, M., Pages, N. (1988), Ann. Pharm. Fr. 46: 179
113. Jois, H.S., Manjunath, B.L. (1936), Ber. Dtsch. Chem. Ges. 69: 964
114. Jork, H., Biering, W. E. (1979), Arch. Pharm. 312: 681
115. Kagaya, Y. (1927), Arch. Exp. Pathol. Pharmakol. 124: 245
116. Kaighen, M., Williams, R.T. (1961), J. Med. Pharm. Chem. 3: 25
117. Kalbhen, D.A. (1971), Angew. Chem. 83: 392
118. Kastashkina, I.N., Shamsutdinov, R.I., Shakirov, T.T. (1966), Meditzinskaja Promyschlennost SSR 20: 38
119. Kavli, G., Volden, G. (1984), Photodermatology 1: 65
120. Keller, K., Stahl, E. (1982), Dtsch. Apoth. Ztg. 122: 2463
121. Keller, K., Odenthal, K.P., Leng-Peschlow, E. (1985), Planta Med. 51: 6
122. Khaled, S.A., Szendrei, K., Novak, I., Reisch, J. (1975), Phytochemistry 14: 1461
123. Kitagawa, H., Iwaki, R. (1963), zit.: Food Cosmet. Toxicol. 17: 277
124. Knox, C.N., Land, E.J., Truscott, T.G. (1986), Photochemistry and Photobiology 43: 359
125. Kosenov, W., Knieknecht, A., Schürmann, C. (1983/84) Pädiatr. Praxis 29: 115
126. Kreitmair, H. (1949), Pharmazie 4: 140
127. Laub, E., Olszowski, W., Woller, R. (1985), Dtsch Apoth. Ztg. 125: 848
128. Lemmich, J., Havelund, S., Thasttrup, O. (1983), Phytochemistry 22: 553
129. Lohmann, H., Buck-Gramcko, D., El-Makawi, M. (1985), Derm. Beruf Umwelt 33: 102
130. Long, E.L., Jenner, P.M. (1963), Fed. Proc. 26: 322
131. Long, E.L., Nelson, A.A., Fitzhugh, O.G., Hansen, W.H. (1963), Arch. Pathol. 75: 595
132. Long, B.H., Stringfellow, D.A. (1988), Adv. Enzyme Regul. 27: 223
133. Mabry, T.J., Hunziker, J.H., Di Flo, D.R. (1977), US/IBP Synthesis Series 1: Creosote Bush: Biology and Chemistry of Larrea in New World Deserts, Dowden, Hutchinson and Ross Inc., Strousburg, Pa., 284
134. MacRae, W.D., Towers, G.H.N. (1984), Phytochemistry 23: 1207
135. MacRae, W.D., Towers, G.H. N (1984), Phytochemistry 23: 1207
136. Malewski(1855), Dissertation
137. Markkanen, T., Mäkinen, M.L., Maunuksela, E., Himanen, P. (1981), Drugs Exp. Clin. Res. VII: 711
138. Maschwitz, U., Jander, R., Burkhardt, D. (1972), J. Insect Physiol. 18: 1715
139. McFarland, M.F. III., McFarland, J. (1981), Clin. Toxicol. 18: 973
140. Miller, R.A. (1985) Int. J. Dermatol. 24: 491
141. Miller, E.C., Swanson, A.B., Phillips, D.H., Fletcher, T.L., Liem, A., Miller, J.A. (1983), Cancer Res. 43: 1124
142. Miller, J.A., Miller, E.C. (1976), Fed. Proc. 35: 1316
143. Mislin, H. (1971), Arzneim. Forsch. 21: 852
144. Misra, V., Misra, R.N., Unger, W.G. (1978), Indian J. Med. Res. 67: 482
145. Mulder, G.J. (1839), Ann. Pharm. 31: 67
146. Mullen, M.P., Pathak, M.A., West, J.D., Harrist, T.J., Dall'Acqua, F. (1984), in: Photobiology, Toxicology, and Pharmacologic Aspects of Psoralens (Ed.: Pathak, M.A., Dunnick, J.K., US Dept. of Health and Human Services, Bethesda NIH Publ. Nr. 84–2692): 205
147. Murray, R.D.H., Mendez, J., Brown S.A. (1982), The Natural Coumarins, Wiley Chicester
148. Novak, I., Buzas, G., Minker, E., Koltai, M., Szendrei, K. (1965), Pharmazie 20: 738
149. Oakley, A.M., Ive, F.A., Harrison, M.A. (1986), J. Soc. Occup. Med. 36: 143
150. Oliveto, E.P. (1972), Chem. Ind. 677
151. Oswald, E.O., Fishbein, L., Corbett, B.J., Walker, M;. P. (1971), Biochim. Biophys. Acta 244: 322
152. Ozaki, Y., Soedigdo, S., Rosina, Y., Wattimena, Y.S., Suganda, A.G. (1989), Jap. J. Pharmacol. 49: 155
153. Ozarowski, A. (1956), Pharmazie 11:63
154. Painter, J.C., Shanov, S.P., Winek, C.L. (1971), Clin. Toxicol. 4: 1
155. Pasteels, J.M., Braekman, J.C., Caloze, D., Öttinger, R. (1982), Tetrahedron 38: 1891
156. Pathak, M.A., Dunnick, K. (1984), Photobiology, Toxicologic, and Pharmacologic Aspects of Psoralens, US Dept. of Health and Human Services (Bethesda) NIH Pub. Nr. 84-2692.
157. Pathak, M.A., Daniel, F., Fitzpatrick, T.B. (1962), J. Invest. Dermatol. 39: 225
158. Patnaik, G.K., Banaudha, K.K., Khan, K.A., Shoeb, A., Dahawan, B.N. (1987), Plant. Med. 53: 517
159. Pečevski, J., Savković, N., Radivojević, D., Vuksanović, L. (1981), Toxicol. Lett. 7: 239
160. Poleck, T. (1886), Ber. Dtsch. Chem. Ges. 19: 1094

161. Power, F.B., Salway, A.H. (1908), J. Chem. Soc. 93: 1653
162. Rasheed, A., Laekeman, G.M., Vlietinck, A.J., Janssens, J., Hatfield, G., Totte, J., Herman, A.G. (1984), Planta Med. 50: 222
163. Reisch, J., Khaled, S.A., Szendrei, K., Novak, I. (1975), Phytochemistry 14: 1889
164. Rodighiero, G., Musajo, L., Dall'Acqua, F., Marciani, S., Capoala, G., Ciavatta, L. (1970), Biochim. Biophys. Acta 217: 40
165. Rozman, T., Leuschner, F., Brickl, R., Rozman, K. (1989), Drug Chem. Toxicol. 12: 21
166. Schildknecht, H. (1979), Angew. Chem. 82: 17
167. Schildknecht, H. (1957), Angew. Chem. 69: 62
168. Schlatter, J. (1988), Mitt. Geb. Lebensmitteluntersuchung Hyg. 79: 130
169. Schegg, K.M., Welch, W. (1984), Biochem. Biophys. Acta 788: 167
170. Schulgin, A.T. (1966), Nature 210: 380
171. Scott, B.R., Pathak, M.A., Mohn, G.R. (1976), Mutat. Res. 39: 29
172. Segelman, A.B., Segelman, F.P., Karlinger, J., Sofia, R.D. (1976), J. Am. Med. Assoc. 236: 477
173. Setchell, K.D.R., Lawson, A.M., Mitschel, F.L., Adlercreutz, H., Kirk, D.N., Axekson, M. (1980), Nature 287: 740
174. Sherry, C.J., Ray, L.E., Herron, R.E. (1982), J. Ethnopharmacol. 6: 61
175. Slater, G.E., Rennack, B.H., Peterson, R.G. (1978), Obstet. Gynecol. 52: 94
176. Soine, T.O. (1964), J. Pharm. Sci. 53: 231
177. Sommer, R.G., Jillson, O.F. (1967), New England J. Med. 276: 1484
178. Stahl, E., Jork, H. (1964), Arch. Pharm. 297: 273
179. Stahl, E., Jork, H. (1966), Arch. Pharm. 299: 670
180. Stahl, E., Keller, K. (1981), Planta Med. 43: 128
181. Stahmann, M.A., Huebner, C.F., Link, K.P. (1941), J. Biol. Chem. 138: 513
182. Stark, U., Zalandek, G., Samec, H., Sterz, H. (1971), Wiener Med. Wochenschr. 121: 356
183. Stolk, L.M.L., Siddiqui, A.H., Cormane, R.H., van Zwieten, P.A. (1986), Pharm. Intern. 7: 259
184. Taylor, J.M., Jenner, P.M., Jones, W.I. (1964), Toxicol. Appl. Pharmacol. 6: 378
185. Taylor, J.M., Jones, W.I., Hagan, E.C., Gross, M.A., Davis, D.A., Cook, E.L. (1967), Toxicol. Appl. Pharmacol. 10: 405
186. Thoms, H., Baetcke, E. (1912), Ber. Dtsch. Chem. Ges. 45: 3705
187. Thoms, H. (1903), Ber. Dtsch. Chem. Ges. 36: 3446
188. Thoms, H. (1903), Ber. Dtsch. Chem. Ges. 36: 1714
189. Tiedemann, A., Schultze, A. (1987), Z. Ärztl. Fortb. 81: 235
190. Towers, G., Wat, C.K. (1979), Planta Med. 37: 97
191. Truitt, E.B., Duritz, G., Ebersberger, E.M. (1963), Proc. Soc. Exp. Biol. Med. 112: 647
192. Tschinkel, W.R. (1975), J. Insect Physiol. 21: 753
193. Uwaifo, A.O. (1984), J. Toxicol. Environ. Health 13: 521
194. Varga, E., Simokovics, J., Szendrei, K., Reisch, J. (1979), Fitoterapia 50: 259
195. Varga, E., Szendrei, K., Novak, I., Reisch, J. (1976), Herba Hung. 15: 17
196. Varga, E., Szendrei, K., Orcsik, I., Hanuder, M., Novak, I., Reisch, J. (1978), Herba Hung. 17: 91
197. Vedaldi, D., Miolo, G., Dall'Acqua, F., Rodighiero, G. (1987), Med. Biol. Environ. 15: 17
198. Vuorela, H. (1988), Dissertation Univ. Helsinki
199. Vuorela, H. (1988), Acta Pharm. Fenn. 97: 113
200. Weil, A.T. (1965), Econ. Bot. 19: 194
201. Wheatherston, J., Percy, J.E. (1970), in: Chemicals Controlling Insect Behaviour (Ed.: Beroza, M., Academic Press New York): 95
202. Whiting, D.A. (1985), Nat. Prod. Rep. 2: 191
203. Whiting, D.A. (1987), Nat. Prod. Rep. 4: 499
204. Wierzchowska-Renke, K., Tokarz, H. (1970), Acta Pharm. 27: 63
205. Wogan, G.N. (1974), Physiopathol. Cancer 3rd Ed. 1: 64
206. World Heath Organisation, Lyon, Frankreich (1986) IARC Monographs on the Evaluation of the Carcinogenic Risk of Chemicals to Humans: Some Naturally Occurring and Synthetic Food Components, Furocoumarins and Ultraviolett Radiation Vol. 40
207. Zheng, Q.Y., Wiranowska, M., Sadlick, J.R., Hadden, J.W. (1987), Int. J. Immunopharm. 9: 539
208. Zogg, G.C., Nyired, S., Sticher, O. (1989), Dtsch Apoth. Ztg. 129: 717
209. Zoltan, Ö., Földi, M. (1970), Arzneim. Forsch. 20: 1625

Mit Ü gekennzeichnete Zitate siehe Kap. 43.

15 Anthracen- und Naphthalenderivate

15.1 Toxinologie

Die meisten in der Natur auftretenden monomeren Anthracenderivate (Abb. 15-1) besitzen die Oxidationsstufen des Tautomerenpaares Anthron/Anthranol (10H-Anthracen-9-on/9-Hydroxy-anthracen) und des Anthrachinons (Anthra-9,10-chinon). Die Anthrachinone gehen leicht aus den Anthronen bzw. Anthranolen durch Oxidation hervor. Als instabile Zwischenprodukte treten dabei die Tautomeren Oxanthron/Anthrahydrochinon auf. Daneben kommen sehr häufig durch oxidative Kupplung gebildete dimere Anthracenderivate vor, z. B. Derivate des

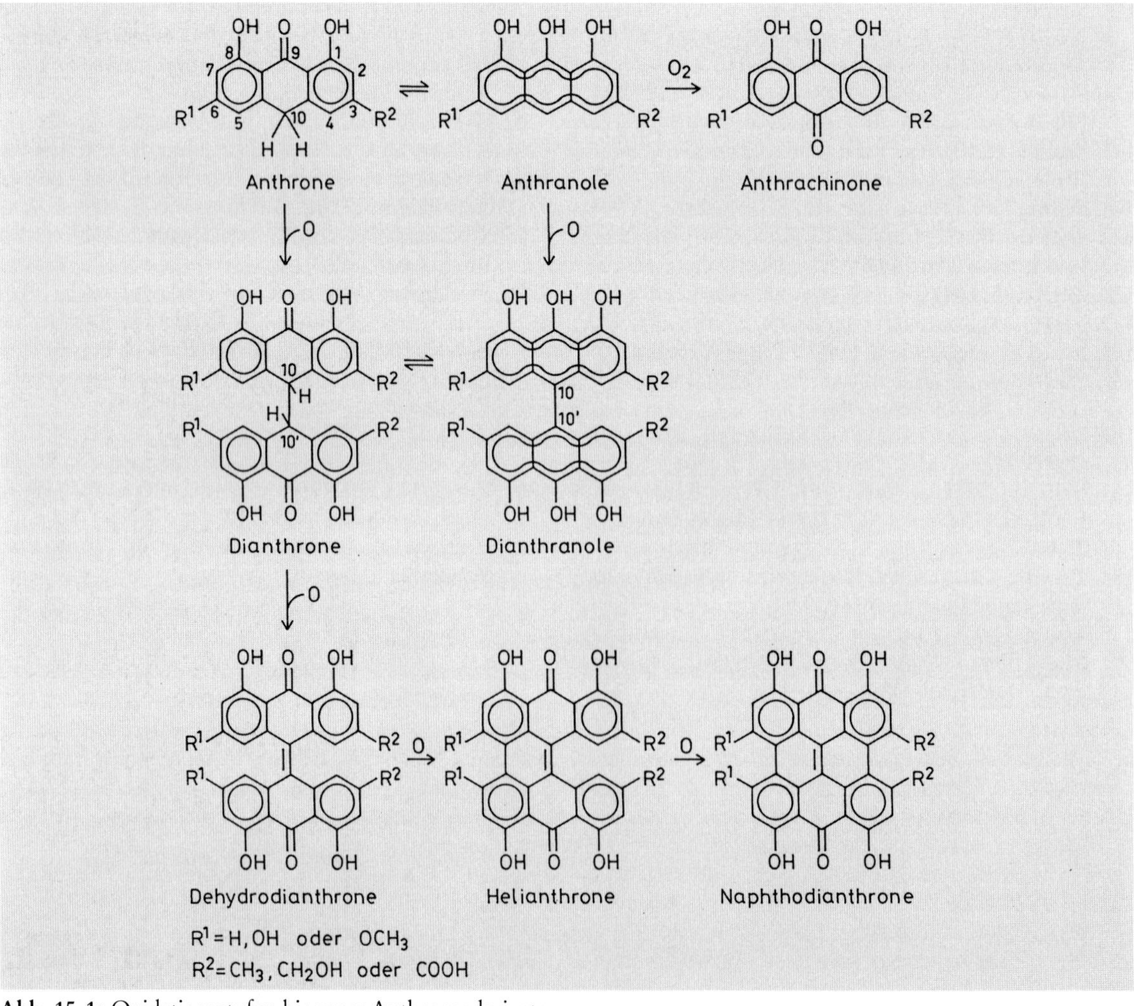

Abb. 15-1: Oxidationsstufen biogener Anthracenderivate

Bild 14-4: *Anthoxanthum odoratum*, Gemeines Ruchgras

Bild 14-5: *Melilotus officinalis*, Echter Steinklee

Bild 14-6: *Melilotus alba*, Weißer Steinklee

Bild 14-7: *Galium odoratum*, Waldmeister

Bild 14-8: *Angelica archangelica*, Echte Engelwurz

Bild 14-9: *Heracleum mantegazzianum*, Riesen-Bärenklau

Bild 14-10: *Pastinaca sativa*, Gemeiner Pastinak

Bild 14-11: *Ficus carica*, Feigenbaum

Bild 14-12: *Podophyllum hexandrum*, 6-Staubblättriges Fußblatt

Bild 14-13: *Forficula auricularia*, Gemeiner Ohrwurm

Bild 15-1: *Rubia tinctorum*, Färberröte

Bild 15-2: *Rhamnus frangula*, Faulbaum

Tautomerenpaares Dianthron/Dianthranol, der Dehydrodianthrone, der Helianthrone, der Naphthodianthrone, und andere Verbindungen, z. B. die Wirkstoffe von *Karwinskia humboldtiana*, 2:10'-verknüpfte Anthracendimere (Abb. 15-7).

Hinsichtlich des Substitutionsmusters der beiden äußeren Ringe der monomeren Anthrachinone kann man unterscheiden den

- Chrysophanol-Typ, Verbindungen, die in beiden äußeren Ringen hydroxyliert sind und zwar mindestens in den Positionen 1 und 8 des Anthracengrundkörpers (Chrysophanol-Typ), sowie den
- Rubiadin-Typ, Verbindungen, bei denen einer der beiden äußeren Ringe unsubstituiert bleibt.

Die Vertreter des Rubiadin-Typs treten bevorzugt bei Rubiaceae auf, die übrigen Verbindungen sind wesentlich weiter verbreitet (s. u.). Von toxikologischem Interesse sind, wenn man von der mutagenen Wirkung einiger Verbindungen vom Rubiadin-Typ absieht, nur die Anthracenderivate vom Chrysophanol-Typ (Abb. 15-2).

Die 10,10'-verknüpften Dianthrone werden, wenn sie aus monomeren Anthracenderivaten gleichen Substitutionsmusters hervorgegangen sind, als Isodianthrone, wenn sie aus Reaktionspartnern mit unterschiedlichem Substitutionsmuster gebildet wurden, als Heterodianthrone bezeichnet. Isodianthrone sind beispielsweise die Sennidine A, A_1 und B, die Aglyka der entsprechenden Sennoside (Abb. 15-3), entstanden aus zwei Molekülen Rheinanthron. Heterodianthrone sind z. B. die Sennidine C und D, die Aglyka der entsprechenden Sennoside, entstanden aus Aloeemodinanthron und Rheinanthron. Da die Dianthrone zwei asymmetrische C- Atome besitzen (C-10 und C-10'), sind R,R-, S,S- und R,S-Formen möglich, z. B. das rechtsdrehende Sennidin A, das linksdrehende Sennidin A_1 und das optisch inaktive Sennidin B. Bei den nicht glykosidisch gebundenen Dianthronen ist in Lösung ein Austausch der Monomerenradikale zwischen verschiedenen Dianthronen möglich, bei den Glykosiden tritt er nur in geringem Maße auf (118). Vermutlich sind die Dianthrone Produkte, die beim Absterben der Zellen aus den monomeren Vorstufen entstehen (141).

Die natürlich vorkommenden Anthrachinone und Dianthrone sind gelb bis rot gefärbte Substanzen, die sich schlecht in Wasser, aber gut in organischen Lösungsmitteln lösen. In alkalischem Milieu bilden sie intensiv rot gefärbte, gut wasserlösliche Phenolate.

Während bei Mikroorganismen, Pilzen und Meerestieren wohl ausschließlich freie Anthracenderivate vorkommen, liegen die Anthracenderivate in intakten Zellen höherer Pflanzen vorwiegend als Gly-

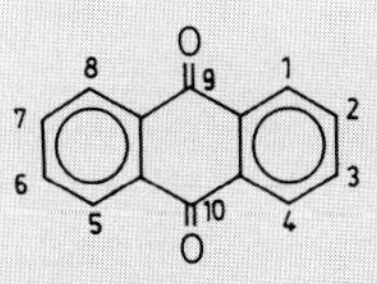

Name	Substituenten					
	1	2	3	4	6	8
Emodin	OH		CH_3		OH	OH
Physcion	OH		CH_3		OCH_3	OH
Chrysophanol	OH		CH_3			OH
Aloeemodin	OH		CH_2OH			OH
Rhein	OH		COOH			OH
Citreorosein	OH		CH_2OH		OH	OH
Alaternin	OH	OH	CH_3		OH	OH
Fallacinol	OH		CH_2OH		OCH_3	OH
Questin	OH		CH_3		OH	OCH_3
Questinol	OH		CH_2OH		OH	OH
Alizarin	OH	OH				
Lucidin	OH	CH_2OH	OH			
Purpurin	OH		OH	OH		
Pseudopurpurin	OH	COOH	OH	OH		

Abb. 15-2: Strukturen von monomeren Anthrachinonderivaten

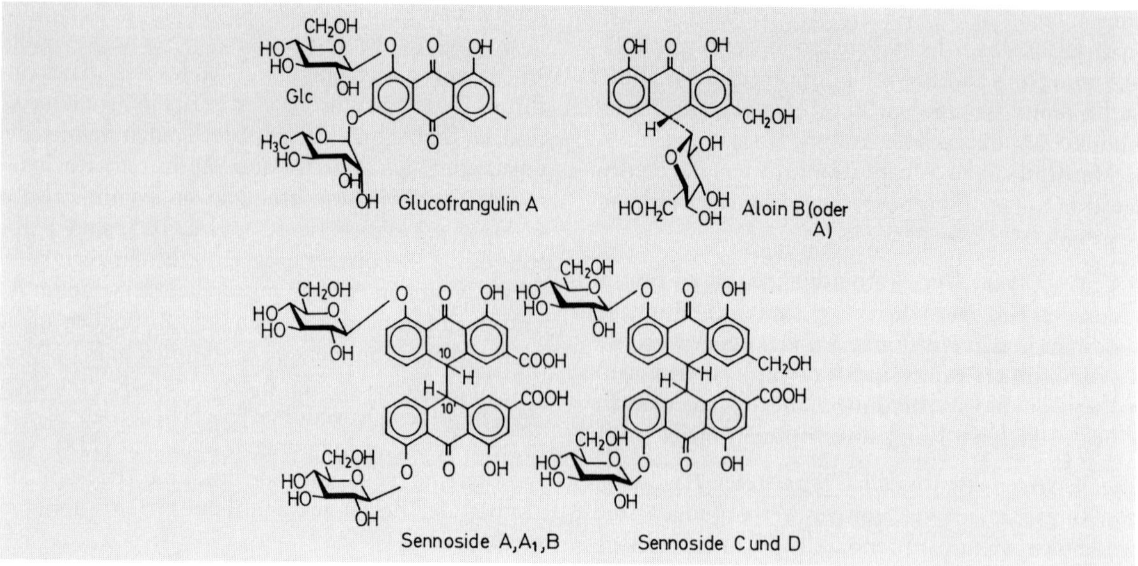

Abb. 15-3: Anthraglykoside

koside vor. Diese Glykoside sind relativ einfach gebaut. Als Monosaccharidkomponenten enthalten sie meistens D-Glucose, seltener auch D-Galaktose, L-Rhamnose, D-Xylose und D-Apiose, die zu Biosiden zusammengeschlossen sein können. Häufig treten Primverose (6-(β-D-Xylopyranosyl)-D-glucose) oder Gentiobiose (6-(β-D-Glucopyranosyl)-D-glucose) als Zuckerkomponenten auf. Neben O-Glykosiden kommen C-Glykoside (z. B. Aloine, Abb. 15-3, Rheinoside) oder Anthracenderivate mit O- und C-glykosidisch gebundenen Monosacchariden vor.

Das Verhältnis von Anthrachinon- zu Anthronderivaten ist sehr von der Stoffwechselaktivität der Zellen abhängig. Wir nehmen an, daß in stoffwechselaktiven Zellen fast ausschließlich Anthronderivate enthalten sind. Anthrachinonderivate überwiegen vermutlich in Exkreten (z. B. Aloe), in toten (Rinde, Holz) oder stoffwechselinaktiven Zellen (Früchte, Speicherorgane, z. B. Rhizome, während der Wachstumsphase der Pflanze).

Das erste genau untersuchte Anthracenderivat war das Alizarin, das als roter Beizenfarbstoff große Bedeutung besaß. Es wurde bereits 1826 von Colin und Robiquet (28) in relativ reiner Form aus der Wurzel von *Rubia tinctorum* L., Färberröte, Krapp (Rubiaceae, Rötegewächse; siehe S. 268, Bild 15-1), isoliert. Vorschläge zur Struktur machten 1868 Graebe und Liebermann (47). Die Strukturen der Aglyka der therapeutisch und toxikologisch bedeutenden 1,8-Dihydroxyanthrachinone wurden in den Jahren von 1910 bis 1912 durch Oesterle und Mitarbeiter sowie durch Leger ermittelt. Die Aufklärung der Konstitution der Sennoside A und B erfolgte 1950 durch Stoll und Mitarbeiter (142), die des Glucofrangulin A 1965–1969 durch Mühlemann und Wernli (100) sowie durch Wagner und Hörhammer (164).

Die Anthracenderivate können auf zwei Wegen entstehen. Entweder handelt es sich um Octaketide, d. h. aus 8 Essigsäuremolekülen aufgebaute Polyketide, oder ihre Biogenese erfolgt aus Shikimisäure und Succinsemialdehyd über o-Succinylbenzoesäure zunächst zum Naphthochinon. Letzteres wird prenyliert und geht durch Ringschluß in ein Anthracenderivat über. Polyketide sind die Anthracenderivate der Mikroorganismen, Pilze und vieler höherer Pflanzen (z. B. Polygonaceae, Rhamnaceae). Auf dem Weg über o-Succinylbenzoat entstehen z. B. die Anthracenderivate der Rubiaceae (Ü 72).

Anthracenderivate, oft von den biogenetisch verwandten Naphthalenderivaten begleitet, sind in der belebten Natur weit, aber sporadisch verbreitet (54). Sie treten bei Pilzen (Mycophyta), besonders bei Ascomyceten (z. B. *Penicillium, Aspergillus*), aber auch bei Basidiomyceten (z. B. Tetrahydroanthrachinone als gelbe Farbstoffe bei *Dermocybe*-Arten, darunter auch 4-Amino-anthrachinone, 23, 71) und Flechten auf. Bei Moospflanzen (Bryophyta), Farnpflanzen (Pteridophyta) und auch bei Gymnospermae wurden sie bisher nicht gefunden, bei Angiospermae kommen sie bei einkeimblättrigen Pflanzen (Monocotyledoneae) nur in der Familie der Liliaceae (*Aloe, Haworthia, Eremurus*, auch als Asphodelaceae ausgegliedert) vor. Viele Familien der zweikeimblättrigen Pflanzen (Dicotyledoneae) besitzen Anthracenderivate enthaltende Vertreter, z. B. Clusiaceae (*Hypericum, Harungana, Psorospermum*, in letzterem antileukämisch wirksame, prenylierte Vertreter), Polygonaceae *(Rheum, Rumex, Polygonum, Fagopyrum, Oxygonum)*, Rhamnaceae *(Rhamnus, Karwinskia, Ventilago)*, Rubiaceae *(Galium, Rubia, Cinchona, Morinda)*, Caesalpiniaceae *(Cassia, Gleditsia)*, Fabaceae *(Andira)*, Verbenaceae *(Tectona)* und Scrophulariaceae *(Digitalis)*.

Die bei einigen auf Pflanzen parasitisch lebenden Tieren vorkommenden Anthracenderivate (Karminsäure aus *Dactylopius coccus*, Kermessäure aus *Chermes ilicis* und Laccainsäure aus *Coccus lacca*) stammen möglicherweise aus den Nahrungspflanzen (54). Vermutlich selbst bilden Seesterne (Asteroidea) der Familie der Echinasteridae (*Echinaster*- und *Henricia*-Arten) ihre Anthrachinonfarbstoffe (158, 159). Auch bei Haar- und Federsternen (Crinoidea) werden Anthracenderivate gefunden (Kap. 13.2.3.2).

Die therapeutisch und toxikologisch interessanten 1,8-Dihydroxy-anthrachinone, 1,8-Dihydroxyanthrone und ihre Dimeren (Chrysophanol-Typ) wirken über eine verstärkte Akkumulation von Flüssigkeit im Darmlumen (Beeinflussung der Sekretion, Rückresorption und des Transports von Elektrolyten und Wasser) und sekundär durch eine Anregung der Darmperistaltik laxierend (35, 38). Als mögliche Wirkungsmechanismen werden die Hemmung der in der Darmwand lokalisierten Na^+/K^+-ATPase (17, 38, 168), die Stimulation der endogenen PGE_2-Bildung (9), die Anregung der intestinalen Produktion von Histamin und Serotonin (26), die Steigerung der Freisetzung gastrointestinaler Hormone, die Veränderung der Permeabilität der Zellen der Darmschleimhaut oder ein Calciumentzug aus den Epithelzellen diskutiert (9, 10, 84). Der Einfluß auf den Prostaglandinstoffwechsel wird von einigen Autoren bestritten (92).

Die stärkste Abführwirkung besitzen mehrfach glykosidierte Anthrone. Anthrone mit nur einem Monosaccharidrest sind weniger und freie Anthrachinonderivate nur bei Gabe sehr großer Dosen wirksam (160). In glykosidischer Form werden die Anthracenderivate weitgehend unverändert bis zum Dickdarm transportiert («prodrug») und dort durch die bakterielle Mikroflora in Aglyka und Monosaccharide zerlegt. Anschließend erfolgt die Reduktion der Anthrachinone zu den Anthronen, den eigentlichen Wirkformen. Die Abführwirkung tritt etwa 6–12 h nach Einnahme auf (83, 186).

Freie Aglyka werden beim Menschen teilweise resorbiert und in der Leber glucuroniert. Die über den enterohepatischen Kreislauf wieder in den Darm gelangenden glucuronierten Verbindungen können ebenfalls abführend wirksam sein. Ein Teil der Verbindungen erreicht über die Leber auch den Blutkreislauf. Während Schwangerschaft und Stillperiode erfolgt eine Verteilung in Plazenta und Muttermilch. Die Elimination geschieht relativ langsam über Urin und Faeces (89).

Außer der abführenden sind auch andere Wirkungen der Anthracenderivate von Interesse. Einige Verbindungen, z. B. Anthronderivate aus der Droge Chrysarobinum, gewonnen aus *Andira araroba* AGUIAR (Fabaceae), hemmen Stoffwechselvorgänge in Mitochondrien menschlicher Zellen und wurden zur Behandlung der Psoriasis verwendet (75, 161). Die Anthrachinone aus der Wurzel von *Rubia tinctorum* wurden aufgrund ihrer Fähigkeit, mit Calciumionen wasserlösliche Komplexsalze zu bilden, zur Rezidivprophylaxe von Harnsteinleiden eingesetzt. Erwähnenswert sind weiterhin antibakterielle, antivirale (147) und cytostatische (181) Eigenschaften von Anthracenderivaten. Einige Verbindungen hemmen die Bildung von Sauerstoffradikalen, die Aktivität von Proteasen, die Freisetzung lysosomaler Enzyme und beeinflussen die Chemotaxis neutrophiler Zellen (96, 97).

Toxikologisch ist nach peroraler Aufnahme die Reizwirkung von Anthron- und Anthranol-Derivaten auf Magen und Darm von Bedeutung. Toxische Dosen führen zu Durchfall, Erbrechen, Koliken und damit zum Flüssigkeits- und Elektrolytverlust. Durch Resorption können in schweren Fällen Störungen von Herz-, Kreislauf- und Nierenfunktion auftreten. Insgesamt gesehen ist die akute Toxizität jedoch gering. Die LD_{50} von Sennosiden ist bei Ratten und Mäusen nach peroraler Gabe größer als 5 g/kg. Nach intravenöser Applikation liegt die LD_{50} der Sennoside bei 4,1 g/kg, der Sennidine bei 46 mg/kg, von Rhein bei mehr als 25 mg/kg und von Rhein-8-glucosid bei ca. 400 mg/kg (58). Der Tod tritt durch massiven Wasser- und Elektrolytverlust ein (94). Tägliche perorale Gaben von 100 mg/kg Sennosiden an Ratten werden auch über einen längeren Zeitraum toleriert. Als Sekundäreffekt der chronischen Diarrhoe tritt eine Reduktion des Körpergewichts auf (94, 127).

Die chronische Toxizität von Anthracenderivaten läßt sich bis jetzt nicht endgültig bewerten. Zusätzlich zum Elektrolytverlust kommt es bei Langzeitgebrauch anthracenderivathaltiger Laxantien häufig zu morphologischen Veränderungen des Darms und zu einer reversiblen schwarzen Verfärbung der Darmschleimhaut (»pseudomelanosis coli«, 186).

Einige Hydroxyanthrachinone, z. B. Emodin, Aloeemodin, Lucidin und Rubiadin, zeigten in mehreren, nicht jedoch in allen, in-vitro-Testsystemen genotoxische Wirksamkeit. Rhein, Aloin und die Sennoside waren nicht mutagen. Tumorpromovierende Effekte wurden in-vitro z. B. für Rhein und Chrysophanol gezeigt (170, 171, 186). An der mutagenen Aktivität ist die Bildung aktiver Sauerstoffspezies beteiligt (74, 99, 186). Unter in-vivo-Bedingungen ließen sich die genotoxischen und carcinogenen Effekte der abführend wirksamen Anthracenderivate bisher nicht bestätigen (187). Bei einigen Anthracenderivaten (Hypericin) steht die photosensibilisierende Wirkung im Vordergrund.

Aufgrund der nicht völlig auszuschließenden Schäden bei chronischer Einnahme sollte auf einen Langzeitgebrauch anthracenderivathaltiger Laxantien verzichtet werden.

Die den Anthracenderivaten biogenetisch eng verwandten Naphthalenderivate haben eine relativ geringe toxikologische Bedeutung. Sie liegen in der Natur meistens als 1,4-Naphthochinon, 1,4-Naphthochinonderivate, Dimere dieser Verbindungen und bei Pflanzen auch als 1- oder 4-Glykoside von Naphthohydrochinonen vor.

1,4-Naphthochinon kommt im Wehrgift von *Phalangium opilio*, einem Weberknecht (Phalangiidae), vor. 6-Alkyl-1,4-naphthochinone wurden in den Sekreten von Käfern der Gattung *Agroporis* (Tenebrionidae, Schwarzkäfer) gefunden (148, 152, 153, 173).

Von toxikologischer Bedeutung für Tiere und möglicherweise auch für den Menschen ist das Hemerocallin (identisch mit Stypandrol, Abb. 15-4), das aus den unterirdischen Organen von *Hemerocallis*-Arten, Taglilien (Liliaceae, Liliengewächse), isoliert wurde. Es ist auch in den Blättern von *Stypandra imbricata*, Blindgras, und *Dianella revoluta* R. Br., Blaue Flachslilie (Liliaceae), enthalten. Hemerocallin führt zu Mydriasis, fortschreitender und irreversibler Erblindung und Lähmungen. Auch die in unseren Gärten kultivierte *Hemerocallis lilio-asphodelus* L. emend. Scop. und möglicherweise auch andere Arten enthalten Hemerocallin (174).

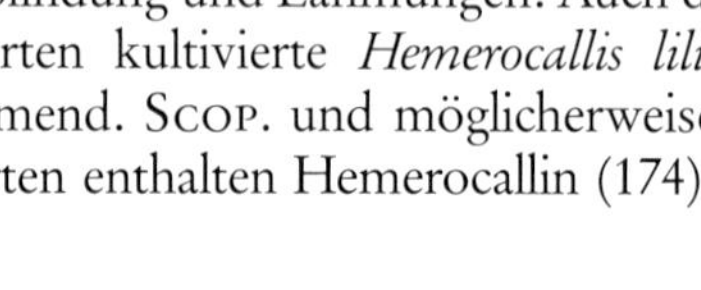

Hemerocallin

Abb. 15-4: Naphthalenderivat der Taglilien (*Hemerocallis*-Arten)

15.2 Anthracenderivate des Faulbaums (*Rhamnus*-Arten)

Die Gattung *Rhamnus*, Faulbaum, Kreuzdorn (Rhamnaceae, Kreuzdorngewächse), umfaßt etwa 100 Arten. Eine Reihe von Autoren trennt *Frangula*, Faulbaum (5zählige Blüten, einfacher Griffel), als eigene Gattung von der Gattung *Rhamnus* (4zählige Blüten, 2- bis 5spaltiger Griffel) ab. Im Gebiet heimisch sind die Arten *Rh. frangula* L. (*Frangula alnus* Mill.), Faulbaum, *Rh. catharticus* L., Purgier-Kreuzdorn, *Rh. saxatilis* Jacq., Felsen-Kreuzdorn, *Rh. pumilus* Turra, Zwerg-Kreuzdorn, und *Rh. alpinus* L., Alpenkreuzdorn. Darüber hinaus werden eine Reihe weitere Arten als Ziersträucher angebaut (z. B. *Rh. pallasii* Fisch. et Mey., *Rh. carolianus* Walt., *Rh. alnifolius* L'Hérit., *Rh. purshianus* DC., *Rh. imeretinus* Booth ex Kirchn., *Rh. japonicus* Maxim., *Rh. davuricus* Pall., *Rh. utilis* Decne.).

Rhamnus-Arten sind Sträucher oder kleine Bäume mit ungeteilten Blättern. Die Blüten sind unscheinbar, radiär, 4- bis 5zählig, besitzen einen Diskus (Stempelpolster) und eine becherförmige Blütenachse. Die Kronblätter sind grünlich. Die Frucht ist eine steinfruchtartige Beere mit 2–5 einsamigen Steinkernen.

Rh. frangula (siehe S. 268, Bild 15-2) hat 5zählige Blüten, wechselständige, ganzrandige Blätter und einen ungeteilten Griffel. Die erbsengroßen Früchte sind grün, später rot und zuletzt schwarz-violett. Er kommt in fast ganz Europa an sehr feuchten bis trockenen Stellen in lichten Wäldern, Gebüschen und an Wasserläufen vor.

Rh. catharticus (siehe S. 285, Bild 15-3) hat bedornte Zweige, gegenständige, fein gesägte 4–6 cm lange Blätter und 4zählige Blüten. Die Früchte sind ebenfalls erbsengroß, in der Reife schwarz oder gelb und zeigen auf der dem Stiel abgewandten Seite meistens eine kreuzförmige Vertiefung. Der Kreuzdorn besitzt ähnliche Verbreitung wie der Faulbaum, bevorzugt jedoch wie die folgende Art kalkhaltigen Boden.

Ebenfalls dornige Zweige hat *Rh. saxatilis*. Er wird nur bis etwa 1 m hoch und erreicht von seinem Hauptverbreitungsgebiet Südeuropa aus Österreich, die Schweiz und den Süden Deutschlands.

Dornenlos sind *Rh. pumilus*, der nur bis 20 cm hoch wird und in Felsenspalten der Alpen und der subalpinen Stufe vorkommt, und *Rh. alpinus*, der nur in der Schweiz im Hügel- und Bergland gefunden wird.

Die Hauptwirkstoffe der *Rhamnus*-Arten, die Anthracenderivate, sind in allen Teilen der Pflanzen enthalten (11, 13, 45, 63, 76, Tab. 15-1). Besonders gut sind die als Drogen dienenden Rinden von *Rhamnus frangula*, *Rh. purshianus*, *Rh. catharticus* und *Rh. alpinus* var. *fallax* (*Rh. fallax* Boiss.) untersucht. Aus ihnen konnten Emodin, Chrysophanol, Physcion, aus beiden letztgenannten Arten auch Alaternin, aus

Rh. alpinus var. *fallax* auch Xanthokermessäure (1,3-Dihydroxy-6-methoxy-8-methyl-anthrachinon-7-carbonsäure) und eine Vielzahl von Glykosiden dieser Anthrachinone isoliert werden. Die Rinde von *Rh. purshianus* enthält daneben Aloeemodinglykoside. In den Früchten von *Rh. alpinus* wurde freies Aloeemodin nachgewiesen (31, 33, 81, 98, 113, 126, 129, 130, 131, 163, 164, 166, Tab. 15-2).

In den lebenden Pflanzenteilen kommen mit sehr großer Wahrscheinlichkeit nur glykosidisch gebundene Anthronderivate vor. Nicht glykosidisch gebundene Anthron-, Dianthron- und Anthrachinonderivate sowie die Dianthron- und Anthrachinonglykoside entstehen erst postmortal durch Hydrolyse- und Oxidationsprozesse aus Anthronglykosiden (78, 82). Nur in reifen Früchten sowie in den toten Zellen des Holzes und der Borke dürften sie auch in der intakten Pflanze vorhanden sein.

Hauptinhaltsstoffe aller Pflanzenteile von *Rh. frangula* sind Glucofrangulin-A-anthron (Glucofrangularosid A) oder Emodinanthronglucosid B, Hauptinhaltsstoff abgelagerter Rinden ist Glucofrangulin A (Abb. 15-3) bzw. Emodinglucosid B. Bei *Rh. catharticus* sind es Emodinanthron-8-O-β-gentiobiosid, -glucosid und -primverosid bzw. die entsprechenden Glykoside des Emodins.

Als bemerkenswerte Begleitstoffe treten Naphthalenderivate und Peptidalkaloide auf. Aus *Rh. frangula* wurden Glykoside des 1,8-Dihydroxy-2-acetonaphthochinons (125), aus *Rh. alpinus* ssp. *fallax* 3-Methoxy-stypandron (6-Acetyl-5-hydroxy-2-methoxy-7-methyl-1,4-naphthochinon (124) und

Tab. 15-1: Gehalt einiger Faulbaum- bzw. Kreuzdorn-Arten (*Rhamnus*-Arten) an Anthracenderivaten (13, 45, 63, 76, 98, 140)

Art	Gehalt (%, berechnet als freies Anthrachinon)		
	Rinde	Frucht	Blatt
Rh. alpinus ssp. *fallax*	3,5 (1–4)		
Rh. catharticus	1–4	0,7–2,0	
Rh. carolianus		0,5	
Rh. davuricus		3,1	
Rh. frangula	6,2 (4–12)	0,8–1,1	0,3–1,2
Rh. imeretinus	5,7		
Rh. japonicus		1,4	
Rh. pallasii	3,7		
Rh. purshianus	4–6		
Rh. saxatilis		1,0	
Rh. utilis		3,0	

Tab. 15-2: Anthracenglykoside aus Faulbaum- bzw. Kreuzdorn-Arten (*Rhamnus*-Arten) (Anthrachinonform)

Name	Struktur	Vorkommen
Glucofrangulin	Emo { 6←1αRha; 8←1βGlc }	1, 3
Frangulin A	Emo-6←1αRha	1, 3
Glucofrangulin B	Emo { 6←1Api; 8←1βGlc }	1
Frangulin B	Emo-6←1Api	1
Emodin-8-βD-glucosid (Emodinglucosid B)	Emo-8←1βGlc	1, 2
Emodin-8-β-D-gentiobiosid	Emo-8←1βGlc6←1βGlc	1, 2
Emodin-8-β-D-primverosid	Emo-8←1βGlc6←1βXyl	2
Chrysophanol-1-β-D-glucosid	Chr-1←1βGlc	1
Chrysophanol-8-β-D-glucosid	Chr-8←1βGlc	1
Physcion-1-β-D-glucosid	Phy-1←1βGlc	1
Physcion-8-β-D-glucosid	Phy-8←1βGlc	1
Cascaroside A und B	Alo-8←1βGlc (10-β-C-glucosyl)	4
Cascarosid D	Chr-8←1βGlc (10-β-C-glucosyl)	4
Aloin (Abb. 15-3.)	Alo-10-β-C-glucosyl	4
Desoxyaloin	Chr-10-β-C-glucosyl	4

Emo = Emodin, Chr = Chrysophanol, Phy = Physcion, Alo = Aloeemodin, Rha = L-Rhamnose, Glc = D-Glucose, Api = D-Apiose, Xyl = D-Xylose, C-glucosyl = C-glykosidisch gebundener Glucoserest, 1 = *Rh. frangula*, 2 = *Rh. catharticus*, 3 = *Rh. alpinus* ssp. *fallax*, 4 = *Rh. purshianus* aus *Rh. catharticus* Sorinin (1-Hydroxy-3-hydroxymethyl-8-primverosyl-oxy-naphthoesäure-2-lacton), 6-Methoxysorinin und 6-Methoxysorigenin-8-O-D-glucopyranosid (122, 123) erhalten. Die Peptidalkaloide kommen nur in Spuren vor (aus 100 kg Rinde von *Rh. frangula* wurden 200 mg Frangulanin isoliert, 150). Nachgewiesen werden konnten die Cyclopeptide Frangulanin, Franganin und Frangufolin (151).

Toxikologisch bedeutsam sind die frische Rinde und die Beeren von *Rhamnus*-Arten. Durch den hohen Gehalt an stark magenreizenden Anthronderivaten verursacht frische, nicht abgelagerte Faulbaumrinde bei innerlicher Anwendung Übelkeit, Erbrechen, blutige Durchfälle und Koliken (Ü 31).

Die Früchte des Faulbaums und des Kreuzdorns verlocken besonders Kinder zum Verzehr. Schwere Vergiftungen sind jedoch selten. Es überwiegen gastrointestinale Reizerscheinungen. Im Widerspruch dazu steht der Tod zweier Kinder im Alter von 20 Monaten und drei Jahren, die größere Mengen Kreuzdornbeeren gegessen hatten (4). Tiere erkranken, wenn sich Faulbaum-Sträucher im Weidegebiet befinden und die Blätter gefressen werden (Ü 68).

Bei der Behandlung der Vergiftungen stehen Gabe von Aktivkohle und Schleimstoffen (Eiermilch, Haferschleim usw.) bei gleichzeitiger Kontrolle des Elektrolytgleichgewichts im Vordergrund (Ü 73).

Als Laxans darf nur abgelagerte Faulbaumrinde eingesetzt werden.

15.3 Anthracenderivate im Rhabarber (*Rheum*-Arten)

Zur Gattung *Rheum*, Rhabarber (Polygonaceae, Knöterichgewächse), gehören etwa 50 Arten, die in gemäßigten Gebieten Asiens, besonders in den zentralasiatischen Gebirgen und in China beheimatet sind. In Mitteleuropa werden *Rheum*-Arten als Gemüse-, Medizinal- und Zierpflanzen angebaut. Bedingt durch die Tatsache, daß es sich bei den kultivierten *Rheum*-Arten fast durchweg um Hybride handelt, ist eine Zuordnung zu einer bestimmten Art oft sehr schwierig, wenn nicht unmöglich (136).

Bisweilen werden alle zur Gewinnung der Rhabarberstengel oder der offizinellen Wurzel genutzten Arten in der Sammelart *Rh. rhabarbarum* L., Gemeiner Rhabarber, zusammengefaßt und die Kleinarten *Rh. rhabarbarum* L. s. str., *Rh. rhaponticum* L., Sibirischer Rhabarber, Rhapontik, *Rh. palmatum* L., Arznei-Rhabarber, und *Rh. officinale* BAILL., Kanton-Rhabarber, unterschieden (Ü 103). Andere Autoren (Ü 75) nennen als Kulturpflanzen aus der Gattung *Rheum*:

- *Rheum palmatum* L., Arznei-Rhabarber (siehe S. 285, Bild 15-4), Heimat im nördlichen Teil der Grenzgebirge von China und Tibet, Unterarten *Rh. palmatum* ssp. *palmatum*, *Rh. palmatum* ssp. *dissectum* STAPF und *Rh. palmatum* ssp. *tanguticum* (MAXIM.) STAPF, besonders letztgenannte Unterart in China und der GUS häufig, in Mitteleuropa gelegentlich als Arzneipflanze kultiviert,
- *Rheum officinale* BAILL., Kanton-Rhabarber, Heimat Westchina, Osttibet, in China sowie in West- und Mitteleuropa als Gemüse- und Arzneipflanze angebaut,
- *Rheum rhaponticum* L., Rhapontik (siehe S. 285, Bild 15-5), Heimat südliches Sibirien, in West- und Mitteleuropa, den USA und in Ostasien als Gemüsepflanze genutzt,
- *Rheum rhabarbarum* L. (*Rh. undulatum* L.), Gemeiner Rhabarber, Heimat Gebirge von Nordchina bis Ostsibirien, in Europa, den USA, der GUS und Japan als Gemüsepflanze kultiviert,
- *Rheum* × *hybridum* MURR., offenbar natürliche Hybride von *Rh. rhaponticum* × *Rh. palmatum* L., in Westeuropa als Gemüsepflanze verwendet,
- *Rheum compactum* L., Heimat nördliche Mongolei, besonders in der GUS als Arznei- und Gemüsepflanze kultiviert,
- *Rheum emodi* WALL., Heimat Himalaya, in Assam und Westeuropa als Gemüsepflanze kultiviert,
- *Rheum alexandrae* BATAL., Königs-Rhabarber, Heimat Westchina, in Mitteleuropa als Zierpflanze genutzt (Ü 75).

Die mitteleuropäischen Arzneibücher fordern als Stammpflanzen für Rhei radix *Rh. palmatum*, *Rh. officinale* und deren Hybriden (beide zur Sektion Palmata gehörend). Als Gemüserhabarber zur Gewinnung der Rhabarberstengel dienen bei uns vor allem *Rh. officinale*, *Rh. rhabarbarum* und *Rh. rhaponticum*, in Westeuropa auch *Rh.* × *hybridum* und *Rh. emodi*, in der GUS *Rh. compactum*.

Rheum-Arten sind ausdauernde Kräuter mit dicker holziger Wurzel und sehr großen, langgestielten Blättern, die am Grunde die für die Polygonaceae typische Tute (aus verwachsenen Nebenblättern hervorgegangene stengelumfassende Röhre) besitzen. Die Blütenstände tragen kleine Blüten mit 6teiliger, gelblich-weißer Blütenhülle in rispenartig angeordneten, büschelförmigen Wickeln. Die Blüten besitzen 9 Staubblätter und 2–4 Griffel. *Rh. palmatum* hat handförmig gelappte Blätter. Bei *Rh. officinale* sind die Blätter nierenförmig und tragen am Rande 5 kurze, ungleich eingeschnittene Lappen. Bei *Rh. rhaponticum* und *Rh. rhabarbarum* sind die Blätter ganzrandig, bei *Rh. rhaponticum* sind die Stengel unterseits gefurcht.

Rheum-Arten führen in allen Teilen der Pflanze Anthracenderivate. Am höchsten ist der Gehalt in den Wurzeln von *Rh. palmatum* und *Rh. officinale* mit 1,5–8,0%. Die Wurzeln von *Rh. rhaponticum* enthalten 0,8–2,5%, die von *Rh. rhabarbarum* 3,2–4,7% (73, 175). Der Gehalt der Blattstiele wird bei *Rh. palmatum* mit 1,1% bei den jungen Blättern, mit 0,35% bei älteren Blättern angegeben, der von *Rh. rhabarbarum* mit 1,0–1,5%. In den Blattspreiten liegen ähnliche Konzentrationen vor (1,0 bzw. 1,0–1,5%). Die Früchte enthalten 0,2–1,0% Anthracenderivate (133, 135).

Als monomere Anthrachinonderivate wurden Emodin, Chrysophanol und Physcion in den Wurzeln fast aller untersuchten Arten gefunden. Rhein und Aloeemodin kommen außer bei beiden arzneilich verwendeten Arten nur selten (134) oder nicht (175) vor. Citreorosidin wurde bisher nur in einem Falle isoliert (110).

Daneben konnte eine Vielzahl von Dianthronen nachgewiesen werden, die vermutlich alle in den drei, 10,10'-stereoisomeren Formen (R,R; R,S; S,S) vorkommen: die Isodianthrone von Emodin (Emodindianthrone), Physcion (Physciondianthrone), Aloeemodin (Aloeemodindianthrone) und Rhein (Sennidine A, A_1 und B), die Heterodianthrone aufgebaut aus Rhein und Aloeemodin (Sennidine C, C_1 und D), Rhein und Emodin (Rheidin A), Rhein und Chrysophanol (Rheidin B), Rhein und Physcion (Rheidin C), Aloeemodin und Emodin (Palmidin A), Chrysophanol und Aloeemodin (Palmidin B), Chrysophanol und Emodin (Palmidin C) sowie Chrysophanol und Physcion (Palmidin D, 49, 86, 185).

Der überwiegende Teil der Anthracenderivate ist glykosidisch gebunden (in der getrockneten Wurzel der arzneilich verwendeten *Rheum*-Arten 80–90%, in der frischen Wurzel sicherlich mehr, 49, 162). Vermutlich fehlen in oberirdischen Pflanzenteilen freie Anthracenderivate ganz.

Die Relation von Anthrachinon- zu Anthronderivaten ist von der Jahreszeit abhängig. Im Sommer werden in der Wurzel nur Anthrachinon-, im Winter nur Anthronderivate nachgewiesen (162). Die oberirdischen Pflanzenteile enthalten vermutlich nur Anthronglykoside, die auch nach dem Trocknen die Hauptmenge der Anthracenderivate ausmachen (160). Daher haben die Blätter nie Eingang in die Therapie gefunden (Reizwirkung!).

Die Glykoside der monomeren Anthracenderivate sind mit etwa 60–80% Anteil am Anthracengemisch die Hauptbestandteile. Komponenten sind die 1- oder 8-β-D-Glucopyranoside von Rhein (Gemisch als Rheinchrysin bezeichnet). Chrysophanol (Chrysophanein), Physcion, Aloeemodin und Emodin, 1,8-β-D-Diglucopyranoside von Chrysophanol, Aloeemodin und Rhein sowie Physciongentiobiosid. Auch C-Glykosylverbindungen wurden nachgewiesen und zwar die Stereoisomerenpaare 8-β-D-Glucopyranosyl-10-hydroxy-10-C-β-D-glucopyranosyl-rhein-9-anthrone (Rheinoside C und D, 180).

Die Glykoside der Dianthrone sind mit 10–25% am Anthracengehalt beteiligt. Gefunden wurden u.a. die 8,8'-Diglucopyranoside von Sennidin A bzw. B (Sennoside A, A_1 bzw. B), weitere Glykoside von Sennidinen (Sennoside), Palmidinen (Palmoside) und Rheidinen (49, 108, 109, 165, 183). Bei den Sennosiden E und F handelt es sich um ein Stereoisomerenpaar von am Glucoserest mit Oxalsäure veresterten Sennosiden (111).

Für die Abführwirkung wird den beim arzneilich genutzten Rhabarber je nach chemischer Rasse entweder mengenmäßig überwiegenden Chrysophanol- und Physcionmonoglucosiden oder dem Physcion-8-β-D-gentiobiosid sowie den darüber hinaus in allen chemischen Rassen vorkommenden Sennosiden A, A_1 und B besondere Bedeutung zugemessen (59, 108, 184).

Auch bei *Rheum*-Arten werden die Anthracenderivate von Naphthalenabkömmlingen begleitet. Gefunden wurden u. a. Torachryson-4-β-D-glucopyranosid (6-Acetyl-5-hydroxy-2-methoxy-7-methyl-4-glucopyranosyloxy-naphthalen) und Torachryson-(6-oxalyl)-4-β-D-glucopyranosid, 154).

Wie bei den meisten Polygonaceae enthält auch die Gattung *Rheum* Gerbstoffe vom Gallotannin- und Catechintyp mit relativ niedrigem Polymerisationsgrad (41, 65, 67, 69, 104, 105).

Weitere charakteristische Bestandteile sind Stilbenderivate und deren Glykoside, von denen bisher etwa 20 nachgewiesen wurden. Die Annahme, daß nur die wegen des geringen Anthracengehaltes weniger wertvollen Arten der Sektionen Rhapontica (mit *Rh. rhaponticum* und *Rh. rhabarbarum*) und Ribesiformia Stilbenderivate, z.B. Rhaponticosid (Rhaponticin, 3,3',5-Trihydroxy-4'-methoxystilben-3-β-D-glucopyranosid) und 3'-Desoxyrhaponticosid enthalten, ist vermutlich nicht mehr aufrechtzuerhalten. Japanische Autoren konnten auch aus hochwertiger Handelsware, die wahrscheinlich von *Rh. palmatum* stammt, strukturell sehr ähnliche Stilbenderivate isolieren (5, 46, 66, 68, 73, 102, 106).

Vergiftungen können durch Verzehr größerer Mengen roher Rhabarberstengel oder -blätter hervorgerufen werden. Vergiftungssymptome sind Brennen in Mund und Rachen, Magenschmerzen, Erbrechen und im Extremfall Krämpfe und Kollaps.

Als Spätfolgen sind, bedingt durch den hohen Oxalsäuregehalt (Kap. 2.1.2), Nierenschäden beschrieben (143).

Im Selbstversuch beobachtete SCHMID schon nach 10–20 g Rhabarberblättern heftiges Erbrechen (133). Ein sechs Jahre altes Mädchen, das ca. 100 g junge Rhabarberblätter und -stengel mit offenbar hohem Anthrongehalt gegessen hatte, erkrankte an Erbrechen, Durchfall, Niereninsuffizienz und Ikterus, konnte aber durch intensive Behandlung geheilt werden (143).

Da einige frische Stengel des in Mitteleuropa angebauten Gemüserhabarbers ohne Intoxikationserscheinungen verzehrt werden können, ist anzunehmen, daß der Gehalt an Anthronderivaten in den Stengeln geringer ist als in den Blättern. Bei der Bereitung von Rhabarberkompott werden die Glykoside der Anthracenderivate vermutlich in die wenig wirksamen freien Anthrachinonderivate umgewandelt (Hydrolyse beim Erhitzen bei stark saurer Reaktion!).

Die Behandlung der Vergiftungen erfolgt mit Aktivkohle und Mucilaginosa.

Die Wurzel der zur arzneilichen Verwendung angebauten *Rheum*-Arten wird je nach Dosierung als Antidiarrhoicum bzw. Zusatz zu Magenpulvern (Gerbstoffwirkung) oder als Laxans (Wirkung der Anthracenderivate) therapeutisch eingesetzt (37). Für die günstigen Effekte von Rhabarberzubereitungen bei Urämie werden die Proanthocyanidine verantwortlich gemacht (179).

15.4 Anthracenderivate des Knöterichs (*Polygonum*-Arten)

Die Gattung *Polygonum*, Knöterich (Polygonaceae, Knöterichgewächse), ist gegenüber verwandten Gattungen bisher nicht exakt abgegrenzt. Ebenso erschweren Schwankungen im Blütenbau eine Abgrenzung der Arten untereinander, ihre Zahl (150–300) ist deshalb nicht exakt einschätzbar. Für das Gebiet wird das Vorkommen von etwa 30 Arten angegeben. Darüber hinaus wurde eine Vielzahl von Hybriden beobachtet.

Häufig kommen vor: *Polygonum persicaria* L., Floh-Knöterich, *P. lapathifolium* L., Ampfer-Knöterich (drei Unterarten im Gebiet), *P. aviculare* L., Vogel-Knöterich (Sammelart, fünf Kleinarten im Gebiet), *P. bistorta* L., Wiesen-Knöterich, *P. amphibium* L., Wasser-Knöterich, *P. hydropiper* L., Wasserpfeffer, Pfeffer-Knöterich, und *P. convolvulus* L., (*Fallopia convolvulus* (L.) A. LÖVE), Winden-Knöterich.

Zahlreiche *Polygonum*-Arten werden als Zierpflanzen angebaut, z. B. *P. orientale* L., *P. affine* D. DON, *P. amplexicaule* D. DON, *P. polystachium* WALL. ex MEISSN., *P. weyrichii* FR. SCHMIDT, *P. cuspidatum* SIEB. et ZUCC. (*Reynoutria japonica* (FR. SCHMIDT) NAKAI), Japanischer Staudenknöterich, und *P. sachalinense* FR. SCHMIDT (*Reynoutria sachalinensis* (FR. SCHMIDT) NAKAI, Sachaliner Staudenknöterich, letzterer teilweise verwildert (Ü 75).

Polygonum-Arten sind ausdauernde oder einjährige Kräuter, seltener Sträucher. Die Blätter sind ganzrandig, seltener fiederspaltig. Sie besitzen eine Nebenblattscheide (Ochrea, Tute). Die Blüten sind meistens zwittrig. Die Blütenhülle ist einfach, blumenkronenartig und 5teilig. Staubblätter sind fast stets 8, Griffel 2–3 vorhanden. Einige Autoren trennen die aufrechten Rhizomstauden mit 3 Narben als Staudenknöterich, *Reynoutria*, und die Windenpflanzen mit kopfiger Narbe als Windenknöterich, *Fallopia*, von den übrigen *Polygonum*-Arten ab. Die *Polygonum*-Arten sind vermutlich ausgehend von Ostasien heute kosmopolitisch verbreitet.

Bei der Gattung *Polygonum* gibt es anthracenhaltige und anthracenfreie Arten. Anthracenderivate gefunden wurden u. a. in *P. convolvulus*, *P. cuspidatum*, *P. sachalinense*, *P. dumetorum* L. (*Fallopia dumetorum* (L.) HOLUB.), Hecken-Windenknöterich, und *P. aviculare* (nur Spuren an Anthracenderivaten, 14, 155, 157). Anthracenfrei oder sehr arm an Anthracenderivaten sind vermutlich *P. bistorta*, *P. amphibium*, *P. hydropiper* und *P. acre* (62, 91, 169). Für *P. persicaria*, *P. convolvulus*, *P. hydropiper* und einige andere Arten wird aufgrund der nachgewiesenen phototoxischen Wirkung das Vorkommen von Fagopyrin oder ähnlichen Stoffen postuliert (128).

Die gefundenen Aglyka sind Emodin, Chrysophanol, Physcion, Rhein, Fallacinol, Citreorosein, Questin und Questinol. Sie liegen vermutlich als 8-seltener als 1-β-D-Glucopyranoside vor (14, 72, 155, 156, 157, 181).

Obwohl in der Literatur kaum quantitative Angaben zu finden sind, kann eingeschätzt werden, daß der Gehalt an Anthracenderivaten relativ gering ist. In Blättern von *P. sachalinense* beispielsweise wurden 0,02–0,1% (157) und in den unterirdischen Organen von *P. cuspidatum* 0,1–0,5% Anthracenderivate gefunden (155).

Als Begleitstoffe treten Gerbstoffe auf (Gemische aus Gallotanninen und Catechingerbstoffen, 12, 50), Oxalate und Stilbenderivate (z. B. 2,3,4',5-Tetrahydroxystilben-2-β-D-glucopyranosid und dessen 2"- bzw. 3"-Gallussäureester bei *P. multiflorum*, Resveratrol sowie sein Glucosid Piceid, 3,4',5-Trihydroxystilben-3-β-D-glucopyranosid, bei *P. cuspidatum*, 53, 107). Bei *P. tinctorium* AIT., früher in Europa zur Gewinnung indigoartiger Farbstoffe angebaut, selten verwildert zu finden, wurde das antibiotisch wirksame Tryptanthrin, ein tetracyclisches Dimeres aus Anthranilsäure und N-Formylanthranilsäure nachgewiesen (1). Bei *P. aviculare* (siehe S. 285, Bild 15-6) sollen Stoffe mit prostaglandinähnlicher Wirkung vorkommen (112). Einige *Polygonum*-Arten enthalten scharf schmeckende, hautreizende Verbindungen. In ihrer Struktur aufgeklärt wurden die Scharfstoffe von *P. hydropiper* Tadeonal (Polygodial) und verwandte Sesquiterpenaldehyde (2, 6, 43, 44). Einige von ihnen, z. B. Warburganal, besitzen cytotoxische und antimikrobielle Wirksamkeit (42).

Ernsthafte Vergiftungen durch *Polygonum*-Arten sind sehr selten. Kinder können nach Kauen der Blätter gastrointestinale Störungen und Reizerscheinungen der Harnwege zeigen (Ü 68). Weiße Kaninchen sterben nach dem Fressen von *P. persicaria* (siehe S. 285, Bild 15-7) bei Einwirkung von Sonnenlicht innerhalb von 5–7 Tagen (128).

In der Volksmedizin werden *Polygonum*-Arten wegen ihrer hämostyptischen, antiphlogistischen und diuretischen Effekte bei Blutungen, schlecht heilenden Wunden und als Diuretica eingesetzt (62, 132). Eventuell tragen die immunstimulierenden Effekte von Polysacchariden aus *Polygonum*-Arten zur Wirkung bei (131).

15.5. Anthracenderivate im Ampfer (*Rumex*-Arten)

Die Gattung *Rumex*, Ampfer, Sauerampfer (Polygonaceae, Knöterichgewächse), umfaßt etwa 200 vorwiegend in der gemäßigten Zone der nördlichen Hemisphäre vorkommende Arten. In Mitteleuropa werden über 30 Arten neben zahlreichen Hybriden gefunden. Besonders häufig sind *R. crispus* L., Krauser Ampfer, *R. conglomeratus* MURR., Knäuel-Ampfer, *R. hydrolapathum* HUDS., Fluß-Ampfer, *R. maritimus* L., Strand-Ampfer (nur im Norden), *R. acetosa* L., Wiesen-Sauerampfer, *R. palustris* SM., Sumpf-Ampfer, *R. obtusifolius* L., Stumpfblättriger Ampfer, *R. alpinus* L., Alpen-Ampfer (nur in den Alpen und Alpenvorland), *R. thyrsiflorus* FINGERH., Bahndamm-Sauerampfer, und *R. acetosella* L., Kleiner Sauerampfer. Als Gemüsepflanze kultiviert werden *R. rugosus* CAMPD. (*R. ambiguus* GRENN., *R. acetosa* L. var. *hortensis* DIERB.), Garten-Sauerampfer, seltener auch *R. patientia* L., Garten-Ampfer, Ewiger Spinat.

Rumex-Arten sind meistens ausdauernde Kräuter oder Halbsträucher mit ungeteilten Blättern, die eine Nebenblattscheide (Ochrea, Tute) besitzen. Die Blüten sind zwittrig, seltener getrenntgeschlechtlich. Die in der Regel 6teilige Blütenhülle ist grün oder rötlich. Staubblätter sind 6 vorhanden. Der Griffel hat 3 Narben. Die Frucht ist 3kantig, ungeflügelt und von den aus den 3 inneren Blütenblättern hervorgegangenen flügelartigen Valven umschlossen (*Rumex acetosa* siehe S. 285, Bild 15-8).

Entgegen früheren Annahmen scheinen bei allen *Rumex*-Arten Anthracenderivate vorzukommen, bei einigen allerdings in sehr geringen Mengen. Nachgewiesen wurden sie u. a. in den Wurzeln von *R. alpinus* (1,6–4,1%), *R. maritimus* (0,9–3,1%), *R. patientia* (1,4–2,2%), *R. conglomeratus* (1,4–1,6%), *R. hydrolapathum* (1,4%), *R. obtusifolius* (0,8–4,3%), *R. crispus* (0,9–2,5%), *R. acetosella* (0,6–1,3%), *R. thyrsiflorus* (0,3–0,6%), *R. patientia* (2%), *R. acetosa, R. palustris* und *R. pulcher* (3, 16, 57, 117, 118, 119, 120, 121). Der Gehalt in den oberirdischen Teilen ist meistens geringer als der in Wurzeln und Rhizom, z. B. bei *R. alpinus* 0,1–0,4% (58), bei einigen anderen Arten 0,01–0,1% (48).

An Anthracenderivaten wurden gefunden die Aglyka Physcion, Chrysophanol, Emodin, Aloeemodin, Rhein (bei *R. acetosa* auch Aloeemodin-ω-acetat), die 8-β-D-Glucopyranoside dieser Verbindungen, die vermutlich neben den 1-β-D-Glucopyranosiden vorkommen (36, 79, 137), Emodin-1-(4'-β-D-galaktopyranosyl)-α-L-rhamnosid (bei *R. hastatus* D. DON, 149), Emodin-1-(oder 8-)β-D-glucopyranosidsulfat) sowie Emodindianthron-diglucosid-disulfate (bei *R. pulcher*, Sulfatreste an den Glucoseresten, 52).

Über die Verteilung der Aglyka bei den einzelnen Arten herrscht Unklarheit. Nach FAIRBAIRN und seinen Mitarbeitern (39) werden bei allen Arten Chrysophanol, Emodin und Physcion gefunden, daneben teilweise Aloeemodin, Rhein und rheinähnliche Anthracencarbonsäuren. Nach DEDIO (30) enthalten alle untersuchten Arten entweder Chrysophanol neben Physcion, Chrysophanol neben Rhein, Chrysophanol neben Aloeemodin und Emodin, Chrysophanol neben Aloeemodin bzw. Emodin oder Chrysophanol neben Emodin und Rhein. Die Anthracenderivate sind zum größten Teil glykosidisch gebunden (30).

Anthronderivate kommen in wechselnden Mengen vor (16, 141, 146). Es gibt Anhaltspunkte dafür, daß sie wie bei *Rheum*-Arten in den Wurzeln im Winter vorherrschen.

Begleitstoffe sind Gerbstoffe, in hoher Konzentration in den Wurzeln (z. B. *R. acetosa* 15–22%, bei *R. acetosella* 8–14%), aber auch im Kraut und den Früchten, sowie Oxalate. Die Anthracenderivate von *Rumex*-Arten werden ebenfalls von Naphthalenderivaten begleitet. Gefunden wurden Nepodin (Musicin, 6-Acetyl-7-methyl-3,5-dihydroxy-naphthalen, fungicid wirksam), Nepodin-5-glucosid, Neposid (Neposid-3-glucosid) und Orientalon (6-Acetyl-5-hydroxy-3-methoxy-7-methyl-1,4-naphthochinon) (138).

Verantwortlich für die allerdings geringe Toxizität von *Rumex*-Arten sind außer den Anthracenderivaten auch die freie Oxalsäure und die Oxalate. Als Vergiftungssymptome werden Erbrechen, Durchfall und, bedingt durch den Oxalsäuregehalt, Nierenreizung beobachtet. Toxische Erscheinungen treten jedoch nur nach dem Verzehr größerer Mengen der Blätter, besonders von *R. acetosa* und *R. acetosella*, auf. Unter den Tieren sind Schafe am empfindlichsten.

In der Volksmedizin wird Sauerampfer äußerlich gegen Hautkrankheiten, innerlich als «Blutreinigungsmittel» und Stomachicum angewendet. Extrakte aus verschiedenen *Rumex*-Arten sind antibiotisch aktiv (64, 77). Rhizom und Wurzel von *R. alpinus* werden als Ersatz für Rhei radix empfohlen (3). Polysacchariden aus *R. acetosa* wird eine Antitumorwirkung zugeschrieben (60).

15.6 Anthracenderivate in weiteren arzneilich verwendeten Pflanzen

Neben den in Mitteleuropa heimischen oder kultivierten Pflanzen mit Anthracenderivaten sollen Vertreter von zwei weiteren Gattungen kurz erläutert werden, die bei uns häufig verwendete Drogen liefern: *Aloe*- und *Cassia*-Arten.

Verschiedene *Aloe*-Arten (Liliaceae, Liliengewächse, auch als Asphodelaceae ausgegliedert), u. a. *Aloe ferox* MILL. (siehe S. 286, Bild 15-9), *A. africana* MILL., *A. spicata* BAKER und *A. vera* (L.) N. L. BURM., sukkulente strauch- oder baumartige Pflanzen, werden in tropischen Ländern kultiviert. *A. ferox*, *A. africana*, *A. spicata* und deren Hybriden baut man besonders in Südafrika (Kap-Aloe) und *A. vera* auf einigen Antilleninseln, z. B. auf Aruba und Bonaire, in den benachbarten Küstengebieten Venezuelas und in subtropischen Gebieten der USA (Curaçao-Aloe) an. Ihre fleischigen Blätter werden abgeschnitten und mit der Schnittfläche nach unten gestapelt. Der aus den parallel zu den Gefäßbündeln verlaufenden Sekretzellsträngen während einiger Stunden ausfließende Saft wird aufgefangen und auf unterschiedliche Weise getrocknet. Das harzartige oder pulverförmige Produkt wird als Aloe bezeichnet.

Aloe enthält 5–40% Aloin (Barbaloin), bei der Curaçao-Aloe auch 7-Hydroxyaloin, ein Gemisch der Diastereomeren des 10-C-Glucopyranosyl-aloeemodindianthrons (Aloin A = 10 R, 1' R; Aloin B = 10 S, 1' R, Abb. 15-3, bzw. der 7-Hydroxyderivate) und weitere Aloeemodinabkömmlinge (90).

Aloe gehört zu den ältesten therapeutisch verwendeten Drogen (90). Außer den Anthracenderivaten (laxierend, virostatisch gegen Herpes simplex-Viren, 145) tragen u. a. Polysaccharide (hypoglykämisch, phagozytosestimulierend, 56, 176), Glykoproteine (177) und Aloenin (die Histaminfreisetzung hemmend, 103) zum Wirkungsbild bei. Die toxikologische Bedeutung von Aloe ist gering.

Cassia senna L. (Caesalpiniaceae) ist ein bis 60 cm hoch werdender, in Zentralafrika und im mittleren Nilgebiet vorkommender und dort angebauter Strauch (siehe S. 286, Bild 15-10), *C. angustifolia* VAHL erreicht eine Höhe von 2 m, ist beiderseits des Roten Meeres heimisch und wird besonders in Vorderindien kultiviert. Die abgestreiften Fiederblättchen beider Arten werden als Sennesblätter (Sennae folium), die Hülsenfrüchte als Sennesfrüchte (Sennae fructus acutifoliae, Sennae fructus angustifoliae) arzneilich verwendet.

Sennesblätter enthalten 1,5–3,5%, die Früchte 2–5% Anthracenderivate. Hauptinhaltsstoffe sind die Sennoside A, A_1 und B. Daneben werden weitere Dianthrone, die aus Rhein und Aloeemodin hervorgehen, und deren Glucoside gefunden (85, 88).

Sennesblätter und -früchte wurden im 9. Jahrhundert durch Araber in die Therapie eingeführt und sind heute die mengenmäßig am meisten verwendeten anthrachinonhaltigen Drogen (85). Toxikologisch bedeutsam sind durch *Cassia*-Arten hervorgerufene Myopathien (Rhabdomyolyse), die auf die Beeinflussung des Energiestoffwechsels in den Mitochondrien der Muskelzellen durch die Anthracenderivate zurückgeführt werden (89).

15.7 Anthracenderivate im Johanniskraut (*Hypericum*-Arten)

Zur Gattung *Hypericum*, Johanniskraut, Hartheu (Clusiaceae = Guttiferae, auch als Hypericaceae, Hartheugewächse, ausgegliedert), gehören etwa 400 Arten, die weltweit verbreitet sind. In Mitteleuropa kommen 13 Arten vor, vier davon allerdings nur im äußersten Süden des Gebietes (*H. androsaemum* L., Mannsblut, *H. coris* L., Nadel-Johanniskraut, *H. richeri* VILL., Alpen-Johanniskraut, und *H. barbatum* JACQ., Bart-Johanniskraut). Im gesamten Gebiet häufig ist *H. perforatum* L., Tüpfel-Hartheu, Echtes Johanniskraut. Verbreitet sind anzutreffen *H. humifusum* L., Liegendes Hartheu, *H. hirsutum* L., Rauhhaariges Hartheu, *H. maculatum* CRANTZ, Kanten-Hartheu und *H. montanum* L., Berg-Hartheu. Selten kommen vor *H. elodes* L., Sumpf-Hartheu, *H. tetrapterum* FRIES, Flügel-Hartheu, *H. pulchrum* L., Schönes Hartheu, *H. elegans* STEPH. ex WILLD., Großblumiges Johanniskraut, *H. patulum* THUNB., Japanisches Johanniskraut, *H. olympicum* L., Olympisches Johanniskraut, *H. polyphyllum* BOISS. et BAL. und andere Arten.

Hypericum-Arten sind Stauden, Halbsträucher, Sträucher und Bäume, selten auch 1jährige Kräuter, mit gegenständigen, selten quirlständigen Blättern, die häufig durch Sekretbehälter durchscheinend punktiert sind. Die Blüten stehen in endständigen Trugdolden oder Rispen. Sie haben 5 (selten 4) Kelch- und Kronblätter. Die gelben Kronblätter lassen die an der ganzen Pflanze vorhandenen dunkelroten Sekretlücken (Hypericine!) besonders gut erkennen. Staubblätter sind viele vorhanden, die häufig zu 2–5 über den Kronblättern stehenden Büscheln verwachsen sind. Griffel besitzen sie 3–5. Die Frucht ist eine Kapsel (*Hypericum perforatum* siehe S. 286, Bild 15-11).

Anthracenderivate wurden in der Mehrzahl der untersuchten *Hypericum*-Arten nachgewiesen. Sie liegen bevorzugt in Form der photodynamisch aktiven, rot gefärbten Naphthodianthronderivate Hypericin und Pseudohypericin vor (Abb. 15-5, 18, 19, 21). In diesen Verbindungen sind zwei Anthronderivate (zwei Moleküle Emodin bzw. ein Molekül Emodin und ein Molekül Citreorosein) 4,4'-, 10,10'- und 5,5'-verknüpft. Daneben wurden auch die 10,10'-verknüpften (Hypericodehydrodianthron), 10,10'- und 5,5'-verknüpften (Protohypericin) und die monomeren Vorstufen (Emodinanthron) sowie die Isoverbindungen (4,5'-, 10,10'- und 5,4'-Verknüpfung) gefunden. Angaben zum Gehalt an Hypericinen in Blüten verschiedener *Hypericum*-Arten sind in Tabelle 15-3 dargestellt. In *H. androsaemum*, *H. calycinum*, *H. patulum*, *H. polyphyllum* und einigen anderen Arten konnten keine Hypericine nachgewiesen werden (21). Wesentlich höhere Werte für das Kraut geben COROVIC und Mitarbeiter (29) an: *H. barbatum* 10,4–16,5 mg Hypericin/g, *H. perforatum* 5,9–9,9 mg/g, *H. maculatum* 3,9–8,7 mg/g und *H. hirsutum* 3,9–72 mg/g.

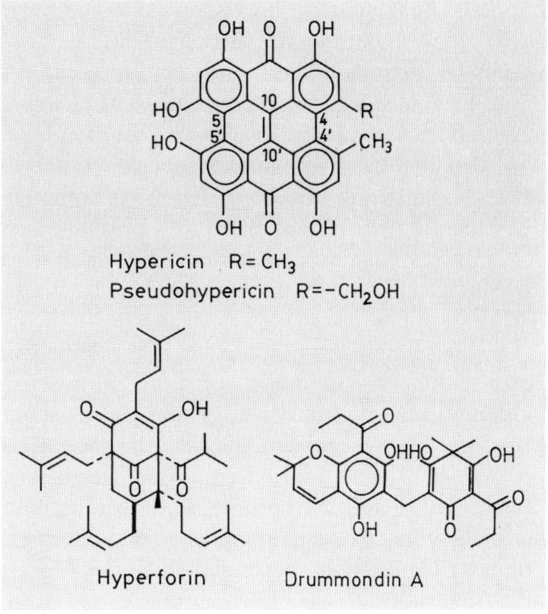

Abb. 15-5: Wirkstoffe der Hartheu-Arten (*Hypericum*-Arten)

Tab. 15-3: Gehalt an Hypericinen in Blüten des Hartheus (*Hypericum*-Arten)

Hypericum-Art	Gehalt mg/g TGW	Hypericin	Pseudohypericin
H. maculatum	2,4	+	+
H. tetrapterum	2,0	+	+
H. coris	2,0	+	+
H. elegans	1,9	+	+
H. hirsutum	1,7	+	–
H. perforatum	1,4	+	+
H. barbarum	1,4	–	+
H. montanum	1,3	–	+
H. pulchrum	0,9	+	+
H. humifusum	0,8	Sp.?	+
H. olympicum	0,3	Sp.?	+

TGW = Trockengewicht, Sp. = Spuren

Als Begleitstoffe wurden u. a. Catechingerbstoffe (2,6–11,2%) gefunden (29, 72). Bemerkenswert ist das Vorkommen von prenylierten, antibiotisch wirksamen Acylphloroglucinolen unterschiedlicher sekundärer Ausgestaltung bei vielen (allen?) *Hypericum*-Arten. Als Beispiele genannt seien das Hyperforin aus *H. perforatum* (24) und das Drummondin A (Abb. 15-5) aus dem nordamerikanischen *H. drummondii* (GREV. et HOOK.) T. et G. Drummondin A wird von ähnlichen Verbindungen begleitet, darunter auch von den in *Dryopteris*-Arten vorkommenden Albaspidinen AA und PP (61). Den Flavonoiden von *H. perforatum*, besonders dem Quercetin, wird die Mutagenität von Extrakten aus der Pflanze im AMES-Test angelastet (114).

Die Naphthodianthronderivate der *Hypericum*-Arten wirken nach peroraler Aufnahme photosensibilisierend und sind in der Lage, bei gleichzeitiger Einwirkung von Licht beim Menschen und vor allem bei weißen Tieren, Photodermatosen auszulösen (21, Ü 31, Ü 68). Symptome sind Rötung und Schwellung besonders empfindlicher, dem Licht exponierter Hautpartien, besonders auch der Lippen und Augenlider, sowie Blasenbildung. Dazu kommen bei empfindlichen Tieren Erregung, Speichelfluß, Schwanken, pendelähnliche Kopfbewegungen bis zum Kollaps und Tod. Die Entzündungen an der Schnauze können so weit führen, daß jede Nahrungsaufnahme verweigert wird. Das Krankheitsbild wird als Hypericismus bezeichnet. 1–2 mg peroral oder subcutan appliziertes Hypericin führen bei im Sonnenlicht gehaltenen Ratten innerhalb von 1–2 h zum Tod (21, 22).

Der antidepressive Effekt von Hypericin ist wahrscheinlich auf seine die Monoaminoxidase hemmende Aktivität zurückzuführen (144). Hypericin und Pseudohypericin besitzen darüber hinaus starke virostatische Eigenschaften, die besonders gegen Retroviren gerichtet sind (95, 147).

Vergiftungen durch *Hypericum*-Arten treten fast ausschließlich bei Tieren auf, besonders Schafen, die im Futter größere Mengen der Pflanzen zu sich nehmen. Todesfälle bei weißen Schafen wurden beobachtet (21, 80).

Bei Vergiftungen sind die Tiere vor intensivem Licht zu schützen. Die Behandlung der Hautschäden erfolgt symptomatisch (21).

Therapeutisch genutzt werden die leicht euphorisierenden, antimikrobiellen und wundheilungsfördernden Eigenschaften von *Hypericum*-Arten (144). An den letztgenannten Wirkungen dürften die Acylphloroglucinole (Hyperforin) und Biflavonoide (Amentoflavon, 7) wesentlich beteiligt sein. Bedenken gegen eine therapeutische Nutzung der Droge wegen möglicher mutagener Effekte sind unseres Erachtens nach unbegründet. In der Zukunft könnte die Wirkung von Hypericin und Pseudohypericin gegen Retro-Viren (AIDS) verstärkt Beachtung finden.

15.8 Anthracenderivate des Buchweizens (*Fagopyrum*-Arten)

Zur Gattung *Fagopyrum*, Buchweizen (Polygonaceae, Knöterichgewächse), gehören nur die Arten *F. esculentum* MOENCH, Echter Buchweizen, und *F. tataricum* (L.) GAERTN., Tatarischer Buchweizen. Beide Arten sind in Zentral- und Nordostasien beheimatet.

Fagopyrum esculentum (siehe S. 286, Bild 15-12) wird auf sandigen Böden zur Gewinnung der stärkereichen Körner (Achaenen), als Bienenfutterpflanze und in geringem Maße zur Gewinnung von Rutin (Gehalt im Kraut bis 6%) angebaut. Die Körner werden als Futter für das Vieh, Geflügel und zur Gewinnung von Mehl für die menschliche Ernährung eingesetzt. Die heutige Anbaufläche wird auf etwa 2 Millionen Hektar und die Welternte auf etwa 2 Millionen Tonnen geschätzt. Hauptanbauländer sind die GUS, China, Japan, Polen, Kanada, Brasilien, die USA, Südafrika und Australien. Selten kommt *F. esculentum* verwildert vor.

F. tataricum ist eine Unkrautpflanze in Buchweizenfeldern, wird aber wegen des Gehalts an Rutin, der um 45–80% höher liegt als der von *F. esculentum*, auch zur Rutingewinnung kultiviert (115).

In *Fagopyrum*-Arten sind ähnliche photodynamisch aktive rote Naphthodianthronderivate (Abb. 15-6) enthalten, wie in *Hypericum*-Arten, nur daß hier eine Verknüpfung der dimeren Anthracenderivate mit zwei Piperidinresten erfolgt ist. Hauptwirkstoff ist das Fagopyrin, das in getrockneten Buchweizenblüten in Konzentrationen von etwa 0,025% vorkommt. Es wird vom Protofagopyrin (10,10';5,5'-Dimeres) begleitet (20, 21).

Die bei Aufnahme von Fagopyrin und gleichzeitiger Lichteinwirkung resultierende Erkrankung wird als Fagopyrismus bezeichnet. Sie äußert sich in ent-

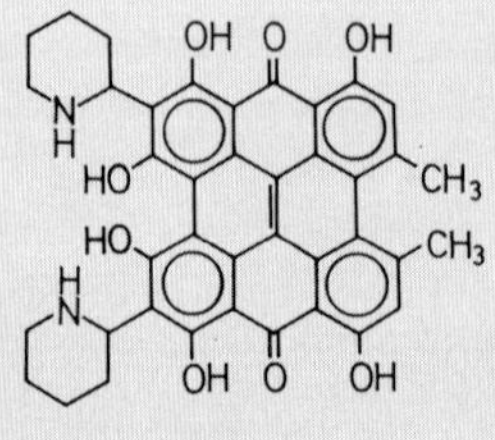

Fagopyrin

Abb. 15-6: Wirkstoff der Buchweizen-Arten (*Fagopyrum*-Arten) zündlichen Veränderungen an unpigmentierten Hautstellen und der Augenbindehaut (21). Tiervergiftungen treten auf, wenn Buchweizen in größeren Mengen zu Futterzwecken verwendet wird, kommen aber heute kaum noch vor.

15.9 Anthracenderivate in Tullidora (*Karwinskia humboldtiana*)

Karwinskia humboldtiana (H. B. et K.) ZUCC., Tullidora (Rhamnaceae, Kreuzdorngewächse), ist ein Strauch oder kleiner Baum, der in Wüstengebieten im Süden der USA und im angrenzenden Mexiko gedeiht. In seinen neurotoxisch wirksamen Samen sind neben monomeren Anthracenderivaten Dimere aus zwei Anthracenderivaten (T-496 = Humboldtion A, und T-514, T = Tullidora, Zahl = Molmasse) oder einem Anthracenderivat und einem Naphthalenderivat (T-544 = Karwinskion, Tullidinol, und T-516, Abb. 15-7) enthalten. Die Konzentrationen liegen in den Früchten je nach Reifegrad (hohe Werte in den unreifen Früchten) für T-544 zwischen 0,4 und 1,6%, für T-496 zwischen 0,2 und 1,1% und für T-514 zwischen 0 und 0,8%. Die Blätter enthalten nur T-496 (< 0,2%, 34, 51). Auch in anderen *Karwinskia*-Arten

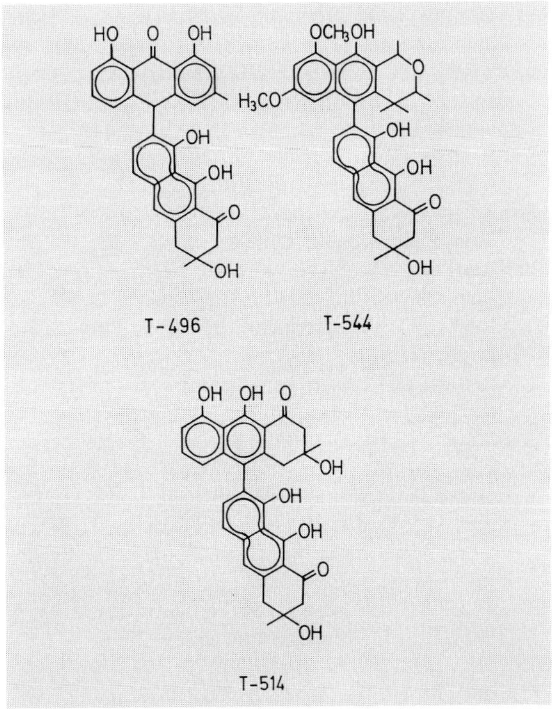

Abb. 15-7: Wirkstoffe des Tullidora *(Karwinskia humboldtiana)*

wurden die genannten Verbindungen nachgewiesen (167).

Die Toxine aus *K. humboldtiana* greifen an Neuronen und Gliazellen an und führen zu einer peripheren Neuropathie, die durch segmentale Demyelinierung und axonale Degeneration charakterisiert ist. Im Vordergrund stehen progressive motorische Vergiftungssymptome, die etwa 3–5 Wochen nach Toxingabe beginnen (schwankender Gang, zunehmende Paralyse, 25, 55, 101). An extraneuronalen Symptomen wurden im Tierversuch nach Gabe unreifer Früchte bzw. von T-544 oder T-514 Schwäche, Haarausfall, Ptosis, Gewichtsverlust und Dyspnoe beobachtet. 45 mg/kg T-514, das größere Toxizität als T-544 besitzt, bewirkten ebenso wie unreife Früchte den Tod aller eingesetzten Mäuse an Atemlähmung. Pathologisch wurden Veränderungen von Leber und Lunge festgestellt (8).

Vergiftungen des Menschen werden vor allem durch die unreifen Früchte ausgelöst und sind in Amerika auch in epidemischen Ausmaß bekannt geworden (25, 27, 40, 116).

15.10 Literatur

1. Anonym (1980), zit.: C. A. 93: 186400 d
2. ASAKAWA, Y., TAKEMOTO, T. (1979), Experientia 35: 1420
3. BABULKA, P. (1980), Acta Pharm. Hung. 50: 177
4. BANACH, K. (1980), Wiadomosci Lekarskie 33: 405
5. BANKS, H. J., CAMERON, D. W. (1971), Austral. J. Chem. 24: 11
6. BARNES, C., LODER, J. (1962), Austral. J. Chem. 15: 322
7. BERGHÖFER, R., HÖLZL, J. (1989), Planta Med. 55: 91
8. BERMUDEZ, M. V., GONZALEZSPENCER, D., GUERRERO, M., WAKSMAN, N., PINEYRO, A. (1986), Toxicon 24: 1091
9. BEUBLER, E., KOLLAR, G. (1988), Pharmacology 36 (Suppl.): 85
10. BEUBLER, E., KOLLAR, E. (1985), J. Pharm. Pharmacol. 37 (Suppl. 1): 248
11. BEZANGER-BEAUQUESNE, L. (1962), Ann. Pharm. Fr. 20: 443
12. BLAZEJ, A., BUCKOVA, A. (1970), Acta Fac. Pharm. Univ. Comeniana 18: 37
13. BODALSKI, T., MALCHER, E., LOKAY, M. (1964), Acta Pol. Pharm. 21: 131
14. BOHINC, P. (1958), Farm. Vestnik (Lubljana) 9: 81
15. BOMBARDELLI, E., PIFFERI, G., Naturally Occurring Anthraquinone Derivatives 3
16. BRAZDOVA, V., KRMELOVA, V., RADA, K., STARHOVA, H. (1967), Sci. Pharm. 35: 116
17. BREIMER, D. D. (1980), Pharmacology 20: 123

18. Brockmann, H., Spitzner, D. (1975), Tetrahedron Lett. 37
19. Brockmann, H., Franssen, U., Spitzner, D., Augustiniak, H. (1974), Tetrahedron Lett. 1991
20. Brockmann, H., Lackner, H. (1929), Tetrahedron Lett. 1575
21. Brockmann, H. (1957), Fortschr. Chem. Org. Naturstoffe 14: 141
22. Brockmann, H., Pohl, F., Maier, K., Haschad, M. D. (1942), Liebigs Ann. Chem. 553: 1
23. Burns, C. J., Gill, M., Gimenez, A. (1989), Tetrahedron Lett. 30: 7269
24. Bystrov, N. S., Chernov, B. K., Dobrynin, V. N., Kolosov, M. N. (1975), Tetrahedron Lett. 2791
25. Calderon-Gonzales, R., Rizzi-Hernandez, H. (1967), New Engl. J. Med. 277: 69
26. Capasso, F., Mascolo, N., Autore, G., Romano, V. (1986), J. Pharm. Pharmacol. 38: 627
27. Carrada, T., Lopez, H., Vazquez, Y., Ley, A. (1983), Med. Hosp. Infant. Mex. 40: 139
28. Colin, Robiquet(1826), Ann. Chem. Phys. 34: 225
29. Corovic, M., Stjepanovic, L., Nikolic, S., Zivanovic, P. (1965), Arh. Farm. 15: 439
30. Dedio, J. (1973), Herba Pol. 19: 309
31. Demuth, G., Heinz, H., Seligmann, O., Wagner, H. (1978), Planta Med. 33: 53
32. de Siqueira, N. C. S., Brasil, E., Silva, G. A., Bauer, L., Santiana, B. M. S. (1977), Rev. Cent. Cienc. Biomed. Univ. Fed. St. Maria 5: 69, ref. C. A. 90: 100 u. 123
33. Dietiker, H., Mühlemann, H. (1975), Pharm. Acta Helv. 50: 340
34. Dreyer, D. L., Arai, I., Bachmann, C. D., Anderson, W. R., Smith, R. G., Daves, G. D. (1975), J. Am. Chem. Soc. 97: 4985
35. Eickholt, T. H., Danna, L. J., Verzwyvelt, L. J., Waguespack, G. P., Bunch, J. L., Winslow, D. D. (1970), J. Pharm. Sci. 59: 1518
36. Elmazova, L. (1980), Farmatsiya (Sofia) 30: 38
37. Engelshowe, R. (1985), Pharm. Unserer Zeit 14: 40
38. Ewe, K. (1980), Pharmacology 20: 2
39. Fairbairn, J. W., El-Muhtadi, F. J. (1972), Phytochemistry 11: 263
40. Flores-Otero, G., Cueva, J., Munoz-Martinez, E. J., Rubio-Franchini, C. (1987), Toxicon 25: 419
41. Friedrich, H., Höhle, J. (1966), Planta Med. 14: 363
42. Fukuyama, Y., Sato, T., Asakawa, Y., Takemoto, T. (1982), Phytochemistry 21: 2895
43. Fukuyama, Y. (1983), Phytochemistry 22: 549
44. Fukuyama, Y., Sato, T., Miura, I., Asakawa, Y. (1985), Phytochemistry 24: 1521
45. Gotsividze, A. V., Kemertelidze, E. P. (1977), Rastit Resur 13: 64
46. Gracza, L. (1984), Arch. Pharm. 317: 374
47. Graebe, C., Liebermann, C. (1868), Ber. Dtsch. Chem. Ges. 1: 49
48. Grznar, K., Rada, K. (1978), Farmaceut. Obzor. 47: 195
49. Gstirner, F., Flach, G. (1969), Arch. Pharm. 302: 1
50. Gstirner, F., Korf, G. (1966), Arch. Pharm. 299: 640
51. Guerrero, M., Pineyro, A., Waksman, N. (1987), Toxicon 25: 565
52. Harborne, J. B., Mokhtari, N. (1977), Phytochemistry 16: 1314
53. Hata, K., Kozawa, M., Baba, K. (1975), zit.: C. A. 83: 15536 s
54. Hegnauer, R. (1959), Planta Med. 7: 344
55. Hernandez-Cruz, A., Munoz-Martinez, E. J. (1984), Neuropathol. Appl. Neurobiol. 10: 11
56. Hikino, H., Takahashi, M., Murakami, M., Konno, C., Mirin, Y., Karikura, M., Hayashi, T. (1986), Int. J. Crude Drug Res. 24: 183
57. Hietola, P., Marvola, M., Parvioinen, T., Lainonen, H. (1987), Pharmacol. Toxicol. (Copenhagen) 61: 153
58. Hints, L. A. M., Kisgyorgy, Z. (1965), Farmacia 13: 143
59. Holzschuh, L., Kopp, B., Kubelka, W. (1982), Planta Med. 46: 159
60. Ito, H. (1980), zit.: C. A. 94: 71478 p
61. Jayasuriya, H., McChesney, J. D., Swanson, S. M., Pezzuto, J. M. (1989), J. Nat. Prod. 52: 325
62. Jentsch, K., Spiegl, P., Chirikdjian, J. J. (1970), Naturwissenschaften 57: 92
63. Kaminski, B., Grzesiuk, W. (1977), Farm. Pol. 33: 157
64. Kasai, T., Okuda, M., Sano, H., Mochizuki, H., Sato, H., Sakamura, S. (1982), Agric. Biol. Chem. (Tokyo) 46: 2808
65. Kashiwada, Y., Nonaka, G., Nishioka, I. (1988), Phytochemistry 27: 1469
66. Kashiwada, Y., Nonaka, G., Nishioka, I., Nishizawa, M., Yamagishi, T. (1988), Chem. Pharm. Bull. 36: 1545
67. Kashiwada, Y., Nonaka, G., Nishioka, I., Yamagishi, T. (1988), Phytochemistry 27: 1473
68. Kashiwada, Y., Nonaka, G., Nishioka, I. (1984), Chem. Pharm. Bull. 32: 3501
69. Kashiwada, Y., Nonaka, G., Nishioka, I. (1984), Chem. Pharm. Bull. 32: 3461
70. Keller, B., Steglich, W. (1987), Phytochemistry 26: 2119
71. Kimura, Y., Kozawa, M., Baba, K., Hata, K. (1983), Planta Med. 48: 164
72. Kitanov, G. M., Bacheva, K. (1981), Farmatsiya 31: 21
73. Klimek, B. (1973), Ann. Acad. Med. Łódź. 14: 133
74. Kodama, M., Kamioka, Y., Nakayama, T., Nagata, C., Morooka, N., Ueno, Y. (1987), Toxicol. Lett. 37: 149
75. Krebs, A., Schaltegger, H., Schaltegger, A. (1981), Brit. J. Dermatol. 105: Suppl. 20: 6
76. Kubiak, M. (1977), Herba Pol. 23: 307
77. Kubo, M. (1978), zit.: C. A. 89: 177792 p
78. Labadie, R. P. (1970), Pharm. Weekbl. 105: 189
79. Labadie, R. P., Scheffer, J. J., Baerheim-Svendsen, A. (1972), Pharm. Weekbl. 107: 535

80. Langerfeldt, J. (1981), Hgk-Mitt. 24: 24
81. Lemli, J., Cuveele, J. (1974), Planta Med. 26: 193
82. Lemli, J., Cuveele, J. (1978), Planta Med. 34: 311
83. Lemli, J. (1988), Pharmacology 36 (Suppl.): 126
84/85. Lemli, J. (1986), Verh-K. Acad. Geneeskd. Belg. 48: 51
86. Lemli, J. (1988), Pharmacology 36 (Suppl. 1): 3
87. Lemli, J., Dequeker, R., Cuveele, J. (1964), Planta Med. 12: 107
87. Lemli, J., Cuveele, J. (1975), Phytochemistry 14: 1397
88. Lemli, J. (1986), Fitoterapia 57: 33
89. Lewis, D.C., Shibamoto, T. (1989), Toxicon 27: 519
90. Lutomski, J. (1984), Pharm. Unserer Zeit 13: 172
91. Makhkamova, K.F., Khalmatov, K.K. (1972), Farmatzija 21: 31
92. Mascolo, N., Meli, R., Autore, G., Capasso, F. (1988), Pharmacology 36 (Suppl. 1): 92
93. Mengs, U. (1986), Arzneimittelforsch. 36: 1355
94. Mengs, U. (1988), Pharmacology 36 (Suppl. 1): 180
95. Meruelo, D., Lavie, G., Lavie, G., Lavie, D. (1988), Proc. Natl. Acad. Sci. USA 85: 5230
96. Mian, M., Azzara, A., Benetti, D., Ruocco, L., Bertelli, A., Ambrogi, F. (1987), Int. J. Tissue Reactions 9: 459
97. Mian, M., Brunelleschi, S., Tarli, S., Rubino, A., Bennetti, D., Fontozzi, R., Zilletti, L. (1987), J. Pharm. Pharmcol. 39: 845
98. Miething, H. (1984), Dissertation FU Berlin
99. Morita, H., Umeda, M., Masuda, T., Ueno, Y. (1988), Mutat. Res. 204: 329
100. Mühlemann, H., Wernli, R. (1965), Pharm. Acta Helv. 40: 534
101. Munoz-Martinez, E.J., Massieu, D., Ochs, S. (1984), J. Neurobiol. 15: 375
102. Murakami, T., Tanaka, K. (1973), J. Pharm. Soc. Jap. 93: 733
103. Nakagomi, K., Yamamoto, M., Tanaka, H. Tomizuka, N., Masui, T., Nakazawa, H. (1987), Agric. Biol. Chem. 51: 1723
104. Nishioka, I. (1981), Chem. Pharm. Bull. 29: 2862
105. Nonaka, G., Nishioka, I. (1983), Chem. Pharm. Bull. 31: 1652
106. Nonaka, G., Minami, M., Nishioka, I. (1977), Chem. Pharm. Bull. 25: 2300
107. Nonaka, G., Miwa, N., Nishioka, I. (1982), Phytochemistry 21: 429
108. Okabe, H., Matsuo, K., Nishioka, I. (1973), Chem. Pharm. Bull. 21: 1254
109. Oshio, H., Imai, S., Fujioka, S.,. Sugawara, T., Miyamoto, M., Tsukui, M. (1972), Chem. Pharm. Bull. 20: 621
110. Oshio, H. (1978), Shoyakagaku Zasshi 32: 19, ref. C.A. 89: 651178
111. Oshio, H., Imai, S., Fujioka, S., Sugawara, T., Miyamoto, M., Tsukui, M. (1974), Chem. Pharm. Bull. 22: 823
112. Panosyan, A.G., Barikyan, M.L., Lebedeva, M.N., Amroyan, E.A., Gabrielyan, M.L. (1980), Khim. Prir. Soedin. 6: 82
113. Poethke, W., Behrendt, H. (1965), Pharm. Zentralhalle 104: 549
114. Poginsky, B., Westendorf, J., Prosenc, N., Kuppe, M., Marquardt, H. (1988), Dtsch. Apoth. Ztg. 128: 1364
115. Pomeranz, Y. (1983), CRC Crit. Rev. Food Sci. Nutr. 19: 213
116. Puertolos, M., Nava, D., Medina, H., Lopez, F., Oyervides, J. (1984), Rev. Med. Inst. Mexicano Seguro Social 22: 25
117. Rada, K., Hrochova, V., Starhova, H., Brazdova, V. (1974), Acta Fac. Pharm. Univ. Comenianae 25: 153
118. Rada, K., Starhova, H. (1967), Pharmazie 22: 521
119. Rada, K., Starhova, H., Brazdova, V., Krmelova, V. (1967), Českoslov. Farm. 16: 349
120. Rada, K., Hrochova, W. (1975), Herba Hung. 14: 7
121. Rada, K., Brazdova, V. (1972), Českoslov. Farm. 21: 302
122. Rauwald, H.W., Just, H.D. (1983), Arch. Pharm. 316: 399
123. Rauwald, H.W., Just, H.D. (1983), Arch. Pharm. 316: 409
124. Rauwald, H.W., Miething, H. (1983), Z. Naturforsch. C. Biosci. 38C: 17
125. Rosca, M., Cucu, V. (1975), Planta Med. 28: 178
126. Rosca, M., Cucu, V. (1975), Planta Med. 28: 343
127. Rudolph, R.L., Mengs, U. (1988), Pharmacology 36 (Suppl. 1): 188
128. Salques, R. (1961), Qualitas Plantarum Mater. Vegetabiles (Den Haag) 8: 367
129. Savonius, K. (1975), Farmaseuttinen Aikakauslehti-Farmaceutiskt Notisblad 84: 21
130. Savonius, K. (1975), Farmaseuttinen Aikakauslehti-Farmaceutiskt Notisblad 84: 37
131. Savonius, K. (1980), Acta Pharm. Fenn. 89: 231
132. Schinazi, R.F., Ciiu, C.K., Babu, J.R., Oswald, B.J., Saalmann, V. Cannon, D.L., Eriksson, B.F.H., Nasr, M. (1990), Antiviral Res. 13: 265
133. Schmid, W. (1951), Dtsch. Apoth. Ztg. 25: 452
134. Schnelle, F.J., Schratz, E. (1966), Planta Med. 14: 194
135. Schratz, E., Niewohner, C. (1959), Planta Med. 7: 137
136. Schratz, E. (1956), Pharmazie 11: 138
137. Sharma, M., Rangaswami, S. (1977), Indian J. Chem. Sec. B15B: 884
138. Sharma M., Sharma, P., Rangaswami, S. (1977), Indian J. Chem. Sect. B15B: 544
139. Simoes, C.M.O, Ribeirodovale, R.M., Poli, A., Nicolau, M., Zanin, M. (1989), J. de Pharmacie de Belgique 44: 275
140. Slepetys, J. (1984), Liet. TSR Mosku Akad. Darb., Ser. C44
141. Starhova, H., Rada, K. (1965), Farmaceut. Obzor. 34: 302
142. Stoll, A., Becker, B., Helfenstein, A. (1950), Helv. Chim. Acta 33: 313

143. Streicher, E. (1964), Dtsch. Med. Wochenschr. 89: 2379
144. Suzuki, D., Katsumata, Y., Oya, M., Bladt, S., Wagner, H. (1984), Planta Med. 50: 273
145. Sydiskis, R.J., Owen, D.G. (1987), U.S. US 4670,265 (CI. 424-195.1; A61 K35/78), ref. C.A. 107: 141 101y
146. Tamano, M., Koketsu, J. (1982), Agric. Biol. Chem. (Tokyo) 46: 1913
147. Tang, J., Colacino, J.M., Larsen, S.H., Spitzer, W. (1990), Antivir. Res. 13: 313
148. Thompson, R.H. (1987), Naturally Occurring Quinones III: Recent Adavances (Chapmann and Hall, London, New York)
149. Tiwari, R.D., Shinsha, K.S. (1980), Indian J. Chem. Sec. B 19B: 531
150. Tschesche, R., Last, H., Fehlhaber, H.W. (1967), Chem. Ber. 100: 3937
151. Tschesche, R., Last, H. (1968), Tetrahedron Lett. 2993
152. Tschinkel, W.R. (1972), J. Insect Physiol. 18: 711
153. Tschinkel, W.R. (1975), J. Insect Physiol. 21: 753
154. Tsuboi, N.S. (1977), J. Labelled Compd. Radiopharm. 13: 353
155. Tsukida, K., Yoneshige, M. (1955), zit.: C.A. 49: 5409
156. Tsukida, K. (1957), Planta Med. 5: 97
157. Umek, A., Bohinc, P. (1983), Acta Pharm. Jugosl. 33: 51
158. Utkina, N.K., Maximov, O.B. (1977), Khim. Prir. Soedin. 636
159. Utkina, N.K., Maximov, O.B. (1979), Khim. Prir. Soedin. 148
160. van Os, F.H.L. (1976), Pharmacology 14 (Suppl. 1): 18
161. Verhaeren, E. (1980), Pharmacology 20: 43
162. Verhaeren, E., Dreesen, M., Lemli, J. (1982), Planta Med. 45: 15
163. Wagner, H., Demuth, G. (1974), Z. Naturforsch. 29C: 204
164. Wagner, H., Hörhammer, H. (1969), Z. Naturforsch. 24B: 1408
165. Wagner, H., Hörhammer, L., Farkas, L. (1963), Z. Naturforsch. 18B: 89
166. Wagner, H., Demuth, G. (1974), Z. Naturforsch. 29C: 444
167. Waksman, N., Martinez, L., Fernandez, R. (1989), Rev. Latinoamer. Quim. 20/1: 27
168. Wanitschke, R. (1980), Pharmacology 20: 21
169. Welliere, Y., Stockmans, F. (1929), J. Pharm. Belgique 11: 649
170. Westendorf, J., Poginsky, B., Marquardt, H., Groth, G., Marquardt, H. (1988), Cell. Biol. Toxicol. 4: 225
171. Westendorf, J., Poginsky, B., Marquardt, H., Kraus, L., Marquardt, H. (1988), 36. Ann. Congr. Med. Plant Res., Freiburg: 5
172. Wichtl, M. (1987), Z. Phytother. 7: 87
173. Wiemer, D.F., Hicks, K., Meinwald, J., Eisner, T. (1978), Experientia 34: 969
174. Wang, J.H., Humphreys, D.J., Stodulski, G.B.J., Middleton, D.J., Barlow, R.M., Lee, J.B. (1989), Phytochemistry 28: 1825
175. Xiao, P.-G., Chen, B.-Z., Wang, L.-W., Ho, L.-Y., Luo, S.-R., Guo, H.Z. (1980), zit.: C.A. 93: 245330f
176. Yagi, A., Nishimura, H., Shida, T. (1986), Planta Med. 52: 213
177. Yagi, A., Harade, N., Shimomura, K., Nishioka, I. (1987), Planta Med. 53: 19
178. Yakovlev, A.I., Konoplya, A.I., Laskova, I.L., Kedrowskaya, N.N. (1988), Farmacol. Toksikol. 51: 68
179. Yakozawa, T., Suzuki, N., Oura, H., Nonaka, G., Nishioka, I. (1986), Chem. Pharm. Bull. 34: 4718
180. Yamagishi, T., Nishizawa, M., Ikura, M., Hikichi, K., Novaka, G., Nishioka I. (1987), Chem. Pharm. Bull. 35: 3132
181. Yeh, S.F., Chou, T.C., Liu T.S. (1988), Planta Med. 54: 413
182. Zwaenpoel, E., Lemli, J., Cuveele, J., Thyrion, F. (1971), Pharm. Acta Helv. 46: 179
183. Zwaving, J.H. (1965), Planta Med. 13: 474
184. Zwaving, J.H. (1974), Pharm. Weekbl. 109: 1169
185. Zwaving, J.H. (1974), Pharm. Weekbl. 109: 1117
186. Westendorf, J. (1993), Pharm. Ztg. 138: 3891
187. Heidemann, A., Miltenburger, H.G., Mengs, U. (1993), Pharmacology 47 (Suppl. 1): 178

Mit Ü gekennzeichnete Zitate siehe Kap. 43.

Bild 15-3: *Rhamnus catharticus*, Purgier-Kreuzdorn

Bild 15-4: *Rheum palmatum*, Arznei-Rhabarber

Bild 15-5: *Rheum rhaponticum*, Sibirischer Rhabarber

Bild 15-6: *Polygonum aviculare*, Vogel-Knöterich

Bild 15-7: *Polygonum persicaria*, Floh-Knöterich

Bild 15-8: *Rumex acetosa*, Wiesen-Sauerampfer

Bild 15-9: *Aloe ferox*, Bewehrte Aloe

Bild 15-10: *Cassia senna*, Senna-Kassie

Bild 15-11: *Hypericum perforatum*, Tüpfel-Hartheu, Echtes Johanniskraut

Bild 15-12: *Fagopyrum esculentum*, Echter Buchweizen

Bild 16-1: *Lathyrus pratensis*, Wiesen-Platterbse

Bild 16-2: *Lathyrus odoratus*, Duftende Platterbse

16 Aminosäuren

16.1 Allgemeines

Heute sind über 400 biogene Aminosäuren bekannt (129). 20 von ihnen, die proteinogenen Aminosäuren, werden von allen Organismen als Bausteine der Eiweißstoffe genutzt. Auch einige nichtproteinogene Aminosäuren, z. B. L-Ornithin, spielen im Intermediärstoffwechsel eine wichtige Rolle.

Die Mehrzahl der nichtproteinogenen Aminosäuren sind jedoch Sekundärstoffe, deren Vorkommen auf wenige Arten von Lebewesen beschränkt ist. Sie liegen entweder frei vor, sind in Peptiden gebunden oder bilden γ-Glutamylderivate (72). Häufig sind sie toxisch. Wenn sie in Samen oder Speicherorganen vorhanden sind, dienen sie nicht nur als Fraßschutz oder als Antibiotica, sondern gleichzeitig auch häufig als Stickstoffreserve. Sie werden daher oft in Konzentrationen über 10% gefunden und können mehr als 50% des in Samen vorhandenen Stickstoffs ausmachen. Besonders Pflanzen der Familien Fabaceae, Schmetterlingsblütengewächse, und Mimosaceae, Mimosengewächse, machen von toxischen Aminosäuren als Speicherstoffen häufig Gebrauch (13, 128, 129, 157, 166).

Aber nicht nur ungewöhnliche Aminosäuren, sondern auch proteinogene Aminosäuren, können sowohl in der L- als auch in der D- Form bei Aufnahme großer Mengen toxisch sein.

Mutagen und im Tierversuch carcinogen wirken einige beim Backen entstehende MAILLARD-Reaktionsprodukte von proteinogenen Aminosäuren und Zuckern (49) oder die Vielzahl beim Braten oder Kochen auftretender Zersetzungsprodukte von Aminosäuren, z. B. 2-Amino-9H-pyrido[2,3-b]indol, 3-Amino-1-methyl-5H-pyrido[4,3-b]indol sowie die comutagenen Verbindungen Harman und Norharman aus L-Tryptophan (46), 2-Amino-dipyrido[1,2-a:3',2'-d]imidazol aus L-Glutaminsäure und 3,4-Cyclopentenopyrido[2,3-b]carbazol aus L-Lysin. Diese heterocyclischen Amine werden im Organismus, katalysiert durch Cytochrom P-448 (z. B. durch 3-Methylcholanthren induzierbar), in die entsprechenden N-Hydroxyaminoverbindungen umgewandelt, die nach ihrer Veresterung mit Essig- oder Schwefelsäure mit den Basen der DNA über N-Brücken Addukte bilden (41, 54, 109, 143, 144, 145).

16.2 Toxikologie proteinogener Aminosäuren

16.2.1 L-Aminosäuren

Unter den proteinogenen L-Aminosäuren sind besonders L-Glutaminsäure, L-Tryptophan, L-Tyrosin, L-Phenylalanin, L-Histidin und L-Methionin toxikologisch von Bedeutung.

L-Glutaminsäure dient im Organismus u. a. als excitatorisch wirkender Neurotransmitter, für den spezifische Rezeptoren existieren. Es werden u. a. unterschieden: metabolotrope Glutaminsäurerezeptoren (GP_2-Rezeptoren), die die Hydrolyse von Inositolphospholipiden in Gang setzen, und ionotrope Rezeptoren (GC_2-Rezeptoren), die einen gesteigerten Effekt extrazellulärer Calciumionen vermitteln. Die erstgenannten werden am stärksten durch Glutamat und Quisqualsäure aktiviert, die letztgenannten durch Kain- und Domosäure (91, 107). Übersteigt die Glutaminsäurekonzentration die physiologischen Werte, so kommt es zu einer kontinuierlichen Depolarisation der Neuronen, zum Anstieg der Membranpermeabilität und zu einem übermäßigen Energieverbrauch, der den Untergang von Nervenzellen zur Folge haben kann (154).

Die beim Menschen zu beobachtende emetische Wirkung von L-Glutaminsäure wird durch die Aktivierung von Neuronen in den entsprechenden Triggerzonen des ZNS ausgelöst (154). Die HUNTINGTON-Chorea, eine degenerative Krankheit des ZNS, wird mit einer Hyperaktivität des glutaminergen Systems in Zusammenhang gebracht (91).

17 Amine

17.1 Allgemeines

Aminosäuren können leicht, katalysiert durch Aminosäuredecarboxylasen, unter Verlust der Carboxylgruppe in sog. biogene Amine übergehen. Amine besitzen Bedeutung als Vorstufen von Coenzymen (z. B. Cysteamin als Baustein von Coenzym A), von komplexen Lipiden (z. B. Ethanolamin als Baustein von Glycerophosphatiden), von Neurotransmittern (z. B. Ethanolamin als Baustein des Acetylcholins) und von Alkaloiden. Eine Reihe weiterer fungieren selbst als Neurotransmitter, z. B. Noradrenalin, Adrenalin, Dihydroxyphenylethylamin (DOPamin), Serotonin und Histamin.

Auch in unserer Nahrung treten oft recht erhebliche Mengen an Aminen auf. Trotz ihrer geringen Resorbierbarkeit, der raschen Inaktivierung durch Monoaminoxidasen (MAO) des Körpers und ihres geringen Vermögens, die Bluthirnschranke zu passieren, können besonders die aromatischen Amine der Nahrung, wenn sie in größerer Menge aufgenommen werden, unter bestimmten Umständen zu pathologischen Erscheinungen führen.

Tabelle 17-1 zeigt den Gehalt einiger ausgewählter Nahrungsmittel an aromatischen Aminen. Diese Werte sind als grobe Orientierung zu betrachten, da sie sowohl von methodischen Faktoren bei ihrer Ermittlung als auch von der Art und Dauer der Lagerung der Nahrungsmittel abhängen. Die genannten Amine werden auch beim Kochen nicht zerstört.

Ein Beispiel für die Wirkung der Amine der Nahrung ist das Auftreten von Migräneattacken bei empfindlichen Menschen nach aminreicher Ernährung.

Tab. 17-1: Aromatische und heterocyclische Amine in Nahrungsmitteln (17)

Nahrungsmittel	Amine (mg/kg)			
	PA	TA	HI	TR
Kabeljau			0,3	
Thunfisch, Konserve	1		2– 20	
Sardellen, Konserve	87	59	3– 176	
Heringsrogen, geräuchert			12– 350	
Käse, Cheddar	10–60	100–1400	110– 210	
–, Roquefort		20– 500	10– 500	
–, Emmentaler	0–60	190– 250	1–2500	
–, Camembert		20– 80	1– 70	
–, Tilsiter	40	2200	1	
Rindfleisch	0	24	2	
Schweinefleisch		11	11	19
Salami	28	226	104	
Schinken, Westf.	51	254	124	
Wein		0– 25	0– 30	
Sauerkraut			25– 130	
Kakao, Schokolade	0– 7	4– 12		0– 4
Orangen		0– 10		
Äpfel		23		

PA = Phenylethylamin, TA = Tyramin, HI = Histamin, TR = Tryptamin

Bild 16-3: *Canavalia ensiformis*, Jackbohne

Bild 16-4: *Colutea arborescens*, Gelber Blasenstrauch

Bild 16-5: *Coprinus atramentarius*, Grauer Tintling

Bild 16-6: *Coprinus micaceus*, Glimmer-Tintling

Bild 16-7: *Amanita muscaria*, Roter Fliegenpilz

Bild 16-8: *Amanita pantherina*, Pantherpilz

Bild 16-9: *Mimosa pudica*, Schamhafte Sinnpflanze

Bild 16-10: *Fagus silvatica*, Rotbuche

Bild 17-1: *Gyromitra esculenta*, Frühjahrs-Lorchel

Bild 17-2: *Agaricus bisporus*, Zweisporiger Champignon

Bild 17-3: *Agaricus xanthodermus*, Gift-Champignon

Bild 17-4: *Lyophyllum connatum*, Weißer Rasling

Das Risiko einer negativen Wirkung von Aminen ist erhöht, wenn durch genetische Enzymdefekte oder Gabe von MAO-Hemmstoffen die Aminkonzentration im Gehirn über die physiologischen Werte hinaus erhöht wird. Auch gleichzeitige Aufnahme von Alkohol und Streß fördern das Auftreten der Migräneanfälle. Als verantwortliche Amine wurden besonders Tyramin und Phenylethylamin ermittelt. Bereits 125 mg Tyramin können einen Anfall auslösen. Phenylethylamin, das bei Streß vermehrt ausgeschüttet wird, verursacht schon in Mengen von 5 mg bei gesunden Probanden Kopfschmerzen, Übelkeit und Erbrechen, 150). Die Anfälle beginnen meistens 0–6 h nach der Nahrungsaufnahme. Sie werden u. a. nach Verzehr von Schokolade, Käse und Citrusfrüchten oder dem Genuß von Wein beobachtet (17, 233).

Groß sind auch die toxischen Wirkungen von Histamin bei Vergiftungen durch bei zu hoher Temperatur gelagertem, bakteriell kontaminiertem Fisch, die bei einem Histamingehalt > 1 g/kg auftreten (bis 4,6 g/kg Histamin gefunden, 17). Die Histaminwirkung wird in diesen Fällen durch aliphatische Amine potenziert, die ebenfalls Produkte bakterieller Decarboxylierung von Aminosäuren sind, z. B. durch Cadaverin und Putrescin. Sie hemmen wahrscheinlich den Histaminabbau im Organismus.

Derartige Fischvergiftungen werden als Scombroid-Vergiftung («scombroid fish poisoning») bezeichnet. Sie werden aber nicht nur durch Fische der zur Familie der Scombridae, Makrelen, gehörende Gattungen, z. B. *Scomber*, Makrele, und *Thunnus*, Thunfisch, ausgelöst, sondern auch beispielsweise durch Heringe und Sardellen, und in Einzelfällen auch durch überlagerten Käse. Bedingt durch die Hitzeresistenz der Amine können sie auch durch Fischkonserven verursacht werden. Für die Decarboxylierung der Aminosäuren verantwortliche Bakterien bei Scombroid-Vergiftungen sind vor allem *Klebsiella pneumoniae, Morganella morganii und Proteus*-Arten, bei Intoxikationen durch überlagerten Käse *Lactobacillus*-Arten.

Symptome derartiger Vergiftungen sind bereits nach wenigen Minuten auftretende Übelkeit, Erbrechen, Durchfall, Reizungen im Mund-Rachen-Raum, Juckreiz, Kopfschmerzen und Blutdruckabfall. Sie verlaufen im allgemeinen mild und dauern kaum länger als 24 h. Falls erforderlich, ist mit Antihistaminica eine effektive Behandlung möglich. Scombroid-Vergiftungen treten besonders in Ländern mit hohem Fischkonsum auf, z. B. in Japan, den USA (Californien, Hawaii) und Großbritannien (17, 63, 150, 224, 225, 226).

Von toxikologischem Interesse ist weiterhin die Tatsache, daß Amine, beispielsweise Dimethylamin, Trimethylamin, Diethylamin, Piperidin oder die bereits genannten aromatischen Amine, die wir beim Essen, beispielsweise von Fischen, Käse oder Fleischwaren aufnehmen, Substrate für die Bildung cancerogener Nitrosamine im Magen darstellen können (13, 91). Aber auch bereits beim Herstellungsprozeß der Nahrung können Amine in Nitrosamine, z. B. Dimethylnitrosamin (DMN), Diethylnitrosamin (DEN) oder N-Nitrosopiperidin (PYR) umgewandelt werden. So werden beispielsweise gefunden:

- im Schinken 5–200 µg/kg DMN, hohe Werte in gebratenem Schinken und im Schinkenfett,
- in Fleischwaren 5–100 µg/kg DMN, PYR oder DEN, hohe Werte in geräucherten oder gepökelten Produkten,
- im Fisch 1–18 µg/kg DMN, roh nur 1–4 µg/kg, hohe Werte in gebratenem oder geräuchertem Fisch (46).

Von besonderem toxikologischem Interesse sind eine Reihe aliphatischer Amine und Azoverbindungen (Kap. 17.2) sowie Amine mit aromatischem oder heterocyclischem Grundkörper, die Sekundärstoffcharakter haben (Kap. 17.3–17.5).

Darüber hinaus verdient das Vorkommen von Tetramethylammoniumsalzen (Kap. 17.2.7) in *Courbonia virgata* A. Brongn. (Capparaceae, Heimat Sudan) Erwähnung. Sie sind zu 0,2% in den frischen, knolligen Wurzeln enthalten. Tödliche Vergiftungen von Menschen sind bekannt. Die Wurzeln werden in der Heimat der Pflanze zum Vergiften von Hyänen eingesetzt (109).

17.2 Aliphatische Amine und Azoverbindungen

17.2.1 Hydrazin-Derivate als Giftstoffe bei Lorcheln (*Gyromitra*- und *Discina*-Arten)

Die Gattungen *Gyromitra*, Lorchel, und *Discina*, Lorchel, Scheibenbecherling, gehören zur Familie der Helvellaceae, Lorchelartige (Ordnung Pezizales, Unterklasse Euascomycetidae). Bei den Helvellaceae besitzt der Fruchtkörper ein lappiges oder faltiges, seltener auch schüsselförmiges Oberteil.

Von besonderem toxikologischem Interesse ist *G. esculenta* (Pers. ex Fr.) Fr. (*Helvella esculenta* Pers. ex Fr.), Frühjahrs-Lorchel, Gift-Lorchel. In sehr geringen Mengen wurden Hydrazinderivate auch in *Discina gigas* (KROMBH.) ECKBL. (*Gyromitra gigas* (KROMBH.) COOKE), Riesen-Lorchel, und *D. fastigiata* (KROMBH.) SVR. et MORAV. (*Gyromitra fastigiata* (KROMBH.) REHM), Zipfel-Lorchel, gefunden (242).

Gyromitra esculenta (siehe S. 304, Bild 17-1) ist ein Frühjahrspilz mit hirnartig gefaltetem, selten lappigem, meistens rotbraunem Hut. Der Stiel ist weißlich oder bräunlich. Er wird in Kiefernwäldern besonders auf sandigen Böden gefunden. Verbreitungsschwerpunkt ist Polen. Die beiden genannten *Discina*-Arten haben einen ähnlich gestalteten Hut. Ihre Ascosporen sind durch Anhängsel an beiden Enden gekennzeichnet. Während *D. gigas* in Nadelwäldern vorkommt, ist *D. fastigiata* in Laubwäldern anzutreffen.

Als Giftstoff von *G. esculenta* konnte von LIST und LUFT 1967 das Hydrazinderivat Gyromitrin (Ethylidengyromitrin, N-Methyl-N-formyl-acetaldehydhydrazon, Abb. 17-1) identifiziert werden (148). Über den Gehalt werden unterschiedliche Angaben gemacht (0,006–0,12% Gyromitrin vom Frischgewicht, 149, 186, 242). Auch die Giftwirkung der Pilze wird in der Literatur sehr unterschiedlich beurteilt. Möglicherweise existieren verschiedene Chemotypen, oder der Giftgehalt ist stark von Umweltfaktoren abhängig.

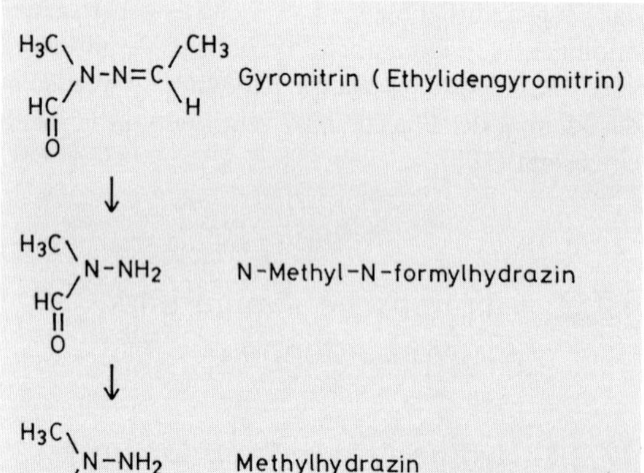

Abb. 17-1: Gyromitrin aus der Frühjahrs-Lorchel *(Gyromitra esculenta)* und seine Abbauprodukte

Ethylidengyromitrin ist eine farblose, flüchtige, schokoladenartig riechende Flüssigkeit (Smp. 19,5 °C). Beim Kochen der Pilze, beim Trocknen und in saurem Milieu, wie es im Magen herrscht, wird Ethylidengyromitrin über N-Methyl-N-formyl-hydrazin in N-Methyl-hydrazin umgewandelt (168, 185).

Alle drei Verbindungen sind mit den Dämpfen beim Kochen flüchtig (Vergiftungsgefahr durch Kochdämpfe!). Auch beim Trocknen verflüchtigt sich ein Teil der Giftstoffe. In frisch getrockneten Pilzen wurden 0,1–0,2%, in sechs Monate trocken gelagerten 0,03%-N-Methyl-hydrazin nachgewiesen (10). Das Vorkommen von geringen Mengen an Hydrazinderivaten, die zwar keine akute, aber eine chronische Vergiftung auslösen können, ist in gekochten Pilzen, besonders dann, wenn sie in bedecktem Gefäß erhitzt wurden, auch nach Abgießen des Kochwassers nicht auszuschließen (193, 213).

Neben Ethylidengyromitrin enthält *G. esculenta* in geringen Mengen als homologe Verbindungen die N-Methyl-N-formyl-hydrazone von Propanal, Butanal, 3-Methyl-butanal, Pentanal, Hexanal, Octanal, trans-Oct-2-enal und cis-Oct-2-enal (169, 186). Eine dem Ethylidengyromitrin verwandte Verbindung, das 1-(2-Hydroxyacetyl)-pyrazol (13 mg/kg Frischgewicht), wurde in *Discina fastigiata* nachgewiesen (125).

Neben den genannten Helvellaceae enthalten auch andere Ascomyceten, besonders aus der Familie der Geoglossaceae, sehr geringe Mengen an N-Methylhydrazin (und seinen Vorläufern?). Eine relativ hohe Konzentration (0,015% vom Frischgewicht), die etwa der in *G. esculenta* entspricht, wurde in *Cudonia circinans* (PERS.) FR., Helm-Kreisling, nachgewiesen (10). *C. circinans* ist ein bis 2 cm großer Pilz, der gelegentlich in Nadelwäldern an feuchten Standorten, besonders in Gebirgsgegenden, vorkommt.

Hydrazinderivate wirken in akut toxischen Mengen reizend auf die Haut, die Schleimhaut sowie auf die Augen. Nach Resorption hemmen sie pyridoxalabhängige Enzymsysteme. Dadurch wird u. a. die Synthese der γ-Aminobuttersäure beeinträchtigt (GABA-Antagonismus, 153) und der Abbau biogener Amine gehemmt. Nach einer Latenzzeit von 6–24 h auftretende Vergiftungssymptome sind Erbrechen, Durchfall, Schwindel, Kopfschmerzen, Schwäche, Krämpfe, Fieber, Tachykardie, Methämoglobinämie und schwere Acidose. Anämie, Icterus und Leberversagen wurden ebenfalls beobachtet (153).

Die LD_{50} von Gyromitrin beträgt bei der Ratte 320 mg/kg, p. o. (155), und bei der Maus 344 mg/kg, p. o. (254). Für den erwachsenen Menschen wird sie auf 30–50 mg/kg geschätzt (10). Die LD_{50} des Biotransformationsproduktes N-Methylhydrazin ist geringer. Sie liegt für Ratten bei 33–70 mg/kg, für Mäuse bei 57 mg/kg und für Affen bei 7 mg/kg, jeweils p. o. Für Kinder wird sie mit 1,6–4,8 mg/kg, für Erwachsene mit 4,8–8 mg/kg angegeben (10).

Toxikologisch bedeutsam ist darüber hinaus die Fähigkeit der Hydrazinderivate zur Alkylierung von Nucleinsäuren. Sie induzieren bei chronischer Applikation oder kurzfristiger Einnahme hoher Dosen im Tierversuch Tumoren von Lunge, Leber und Gefässen (10, 192, 229). Bei Ratten wurden teratogene Effekte gefunden (243).

Akute Vergiftungen des Menschen nach Verzehr von Frühjahrs-Lorcheln (in Deutschland nicht als Handelspilz zugelassen, jedoch beispielsweise in Finnland) treten meistens nur dann auf, wenn die Pilze nicht genügend abgekocht bzw. das Kochwasser nicht verworfen wurde (10). Zu berücksichtigen ist jedoch auch die von Person zu Person stark schwankende Empfindlichkeit für die Giftstoffe (unterschiedliche Metabolisierungskapazität?, 19, 254). FRANKE und Mitarbeiter beobachteten bei der Auswertung von über 500 durch *Gyromitra esculenta* verursachten Vergiftungsfällen eine Letalität von 14,5% (73). Akute Vergiftungen wurden auch von zahlreichen anderen Autoren beschrieben (80, 93, 155, 176). Über chronische Vergiftungen des Menschen (Tumorentstehung?) liegen noch keine Angaben vor.

Die Behandlung akuter Vergiftungen muß so schnell wie möglich eingeleitet werden. Außer Maßnahmen zur Giftentfernung (Magenspülung mit Aktivkohle, Gabe von Laxantia, solange keine bedrohliche Blutdrucksenkung oder Spontanerbrechen eingetreten ist) muß für einen Ersatz des Wasser- und Elektrolytverlustes und einen Leberschutz gesorgt werden. Empfohlen wird Gabe von Pyridoxinhydrochlorid und Methylenbau (bei starker Methämoglobinämie, 153).

Wegen nicht auszuschließender chronischer Wirkungen sollte auch auf den Verzehr abgekochter Giftlorcheln verzichtet werden. Die anderen gyromitrinhaltigen Pilze spielen für die menschliche Ernährung keine Rolle.

17.2.2 Hydrazinderivate als Giftstoffe des Champignons (*Agaricus*-Arten)

Auch in *Agaricus*-Arten, Champignon (Agaricaceae, Champignonartige, Ordnung Agaricales, Basidiomycetes), wurden Hydrazinderivate nachgewiesen. Als erstes natürlich vorkommendes Hydrazinderivat überhaupt wurde 1960 das Agaritin (β-N-(γ-L-Glutamyl)-4-hydroxymethyl-phenylhydrazin, Abb. 17-2) in einer Ausbeute von 0,04% durch LEVENBERG aus *Agaricus bisporus* (LGE.) IMBACH, Zweisporiger Champignon (siehe S. 304, Bild 17-2) isoliert (145). Von *A. bisporus* stammen die meisten Sorten des Zuchtchampignons ab, die je nach Substrat 0,04–0,7% (bis 1,3%, 209) Agaritin, bezogen auf das Trockengewicht, und 0,02–0,06%, bezogen auf das Frischgewicht, enthalten (69, 209). In konservierten Champignons in Büchsen waren 4–123 mg Agaritin/kg, abgetropft 24–52 mg/kg, nachzuweisen (69). In getrockneten Champignons wurden 100–250 mg/kg gefunden (215).

Auch in anderen *Agaricus*-Arten kommt Agaritin vor. Hohe Konzentrationen enthielten u. a. *A. campestris* L., Feld-Champignon (0,02–1,0% vom Trokkengewicht), *A. bitorquis* (QUEL.) SACC., Stadt-Champignon (0,05–2,0%), *A. arvenis* SCHAEFF, Weißer Anis-Champignon (0,02–1,85%), *A. perrarus* SCHULZ. (1,25%), *A. macrosporus* (MOELL. et J. SCHFF.) PIL., Großsporiger Champignon (0,07–2,5%) und *A. augustus* FR., Riesen-Champignon (0,1–2,2%, 215). In anderen Gattungen (43 wurden untersucht) wurde es nicht gefunden (215).

Agaritin kann durch eine γ-Glutamyltransferase des Pilzes oder Säuren in L-Glutaminsäure und 4-Hydroxymethyl-phenylhydrazin umgewandelt werden. Durch ein der Laccase ähnliches Enzym wird 4-Hydroxymethyl-phenylhydrazin zu 4-Hydroxymethyl-benzen-diazonium-Ionen oxidiert (Abb. 17-2). Auch das Auftreten von 4-Hydrazino-benzoesäure im Pilz ist wahrscheinlich (92, 169, 215, 230). β-N-(γ-L-Glutamyl)-4-formyl-phenylhydrazin und N-γ-L(+)-Glutamyl-4-hydroxy-anilin sind weitere Inhaltsstoffe von *Agaricus*-Arten (44, 120).

In *Agaricus xanthodermus* GENEVIER, Gift-Champignon, Karbol-Champignon (siehe S. 304, Bild 17-3), sind die dem Agaritin strukturell sehr ähnlichen Verbindungen Xanthodermin, Leukoagaricon, 4-Diaza-cyclohexa-2,5-dien-1-on und 4-Hydroxybenzen-diazonium-salze (Abb. 17-2) gefunden worden. Leukoagaricon geht bei Verletzung des Pilzes an der Luft in das gelbe Agaricon, Xanthodermin in das Anion einer intensiv gelb gefärbten Acylazoverbindung über. Der Pilz enthält also zwei Chromogene. Die nachweisbaren Phenole (Phenol, Hydrochinon, 92), die im intakten Pilz nicht vorkommen, sind vermutlich Spaltprodukte der Diazoniumverbindungen (51, 114, 147).

Die Spaltprodukte des im Kultur-Champignon vorhandenen Agaritins, 4-Hydroxymethyl-phenylhydrazin und sein Acetylierungsprodukt, induzieren bei chronischer Applikation im Tierversuch Tumoren von Leber, Lunge, Blutgefäßen und anderen Organen (169, 228, 232). Lebenslange Fütterung ungekochter Pilze an Mäuse (ab 6. Lebenswoche, an 3 Tagen der Woche) führt zu einer deutlichen Erhöhung der Tumorinzidenz gegenüber den Kontrolltie-

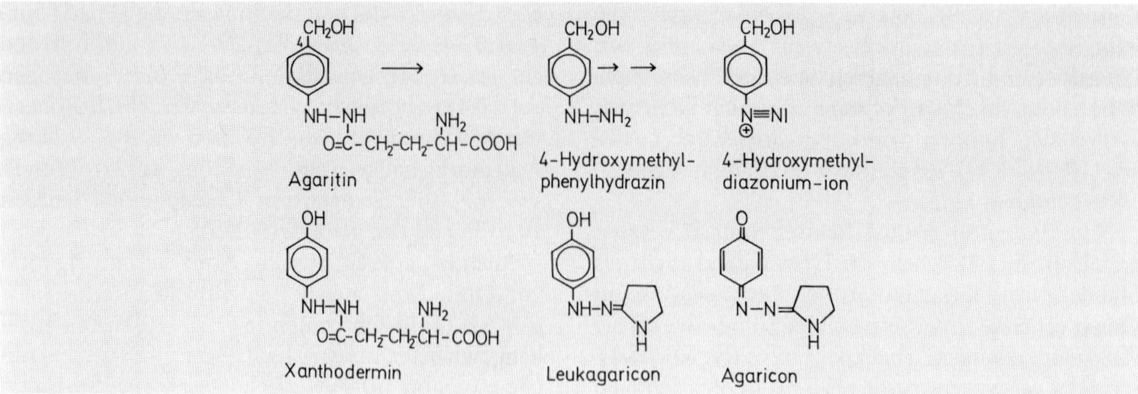

Abb. 17-2: Hydrazinderivate der Champignons (*Agaricus*-Arten)

ren. Agaritin selbst ist nicht carcinogen (231), jedoch bei *Salmonella typhimurium* direkt mutagen (74) wirksam. Die Mutagenität ist geringer als die seiner Biotransformationsprodukte (74). Wäßrige Gesamtextrakte von *A. bisporus* zeigen, wie in jüngsten Untersuchungen festgestellt wurde, in verschiedenen Testsystemen keine Genotoxizität.

Die Frage einer möglichen Gefährdung des Menschen durch Verzehr von *A. bisporus* bleibt damit offen.

Erwähnenswert sind außerdem allergische Reaktionen nach dem Genuß von *A. bisporus* und anderen eßbaren Pilzen, z.B. dem Steinpilz, *Boletus edulis* BULL. ex FR., und dem Echten Pfifferling, *Cantharellus cibarius* FR. Sie äußern sich bei sensibilisierten Personen in Juckreiz, Hautausschlägen und eventuell Asthma.

Zu Vergiftungen durch den Karbol-Champignon kommt es gelegentlich bei Verwechslung der Pilze mit anderen Champignon-Arten. Im Vordergrund stehen gastrointestinale Reizerscheinungen. Da der Pilz nicht für den Verzehr geeignet ist, spielen mögliche carcinogene Wirkungen seiner Inhaltsstoffe keine Rolle. Bemerkenswert sind die antibiotischen und antineoplastischen Eigenschaften der 4-Hydroxy-benzen-diazonium-salze (51, 114).

17.2.3 Dimethyl-methylazoxycarboxamid im Weißen Rasling (*Lyophyllum connatum*)

Lyophyllum connatum (SCHUM. ex FR.) SING., Weißer Rasling (Tricholomataceae, Ritterlingsartige, Ordnung Agaricales, Basidiomycetes) ist ein 3–7 cm hoher, reinweißer Pilz mit dünnfleischigem Hut, der meistens büschelförmig wachsend, in Laub- und Nadelwäldern, in Parkanlagen, an Bachrändern und auf Wiesen vorkommt (siehe S. 304, Bild 17-4). Er gilt als eßbar. In diesem Pilz wurden einige interessante Verbindungen (Abb. 17-3) nachgewiesen: Lyophyllin (N,N-Dimethyl-methylazoxycarboxamid, 0,04% im Frischgewicht), Connatin (N^5-Hydroxy-N^0,N^0-dimethyl-citrullin, 0,2%) und N^1-Hydroxy-N,N-dimethylharnstoff (0,01–0,02%, 75).

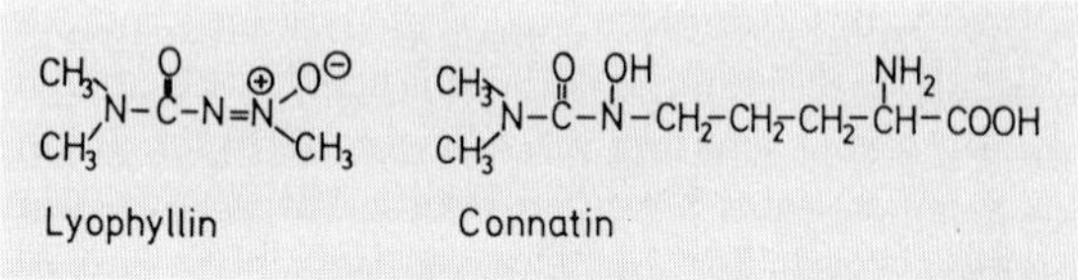

Abb. 17-3: Inhaltsstoffe des Weißen Rasling (*Lyophyllum connatum*), aus der Familie der Ritterlingsartigen (Tricholomataceae)

Da die genannten Stoffe als Azoxyverbindungen bzw. N-Hydroxyharnstoffe zur Wechselwirkung mit Nucleinsäuren befähigt sein dürften, ist eine mutagene Wirksamkeit anzunehmen. BRESINSKY und BESL (Ü 9) warnen vor dem Genuß von *Lyophyllum connatum*. Außerdem wurde über Unverträglichkeitsreaktionen bei gleichzeitigem Genuß von Alkohol berichtet (130).

17.2.4 Muscarin als Giftstoff von Rißpilzen (*Inocybe*-Arten) und Trichterlingen (*Clitocybe*-Arten)

Von der Gattung *Inocybe*, Rißpilz, Faserkopf, Wirrkopf (Cortinariaceae, Haarschleierlinge), kommen in Mitteleuropa über 100 Arten vor. Davon sind bis auf wenige Arten (*I. jurana* PAT., Weinroter Rißpilz,

I. godeyi GILL., Rötender Rißpilz) alle giftig oder giftverdächtig (Ü 82). Einige mitteleuropäische Arten mit bekanntem Gehalt an Muscarin zeigt Tabelle 17-2. Verschiedene *Inocybe*-Arten enthalten auch Psilocybin (Kap. 17.4.2), z. B. *Inocybe geophylla*, Seidiger Rißpilz, und *Inocybe patouillardi*, Ziegelroter Rißpilz (siehe S. 321, Bild 17-5 u. 17-6).

Von der Gattung *Clitocybe*, Trichterling (Tricholomataceae, Ritterlingsartige), werden in Europa etwa 100 Arten gefunden. Als giftig bekannt sind *C. dealbata* (SOW. ex FR.) KUMM., Feld-Trichterling, *C. diatreta* (FR. ex F.) KUMM., Fleischfalber Trichterling, *C. fragrans* (WITH. ex FR.) KUMM., Duft-Trichterling, *C. frittiliformis* (LASCH) GILL., Bitterer Trichterling, *C. phyllophila* (FR.). KUMM., Bleiweißer Trichterling, und *C. rivulosa* (PERS. ex FR.) KUMM., Rinnigbereifter Trichterling. Eine Reihe weiterer Arten gelten als giftverdächtig (z. B. *C. tornata* (FR.) KUMM. und *C. augeana* (MONT.) SACC. (Ü 82).

Inocybe-Arten sind meistens relativ kleine, dünnfleischige Pilze mit ockergelbem bis braunem, rissigem oder schuppigem, häufig kugeligem, seltener konvexem Hut. Die Lamellen sind graubraun, tief ausgebuchtet bis angeheftet, nur selten breit angewachsen. Der Sporenstaub ist graubraun bis tabakbraun. *Inocybe*-Arten sind Mykorrhizapilze.

Clitocybe-Arten sind Pilze mit dünnfleischigem bis fleischigem Hut und dünnen, weißen bis graubraunen Lamellen, die mehr oder weniger weit am Stiel herablaufen. Schleier und Ring fehlen. Der Hut ist im Alter oft trichterförmig niedergedrückt. Der Sporenstaub ist weiß. Sie sind saprophytische Bodenbewohner.

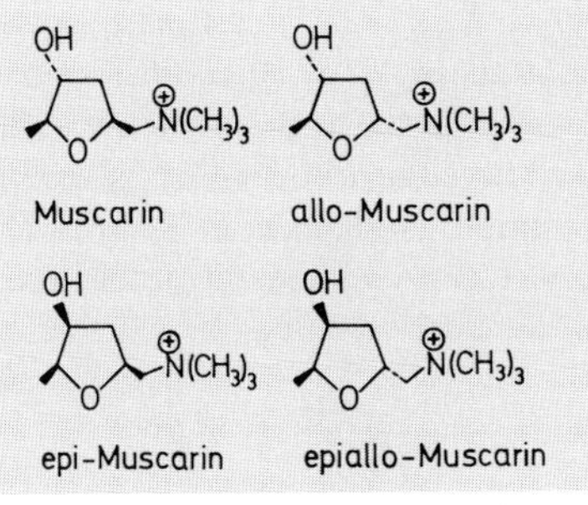

Abb. 17-4: Muscarinstereoisomere, Giftstoffe von Rißpilzen (*Inocybe*-Arten) und Trichterlingen (*Clitocybe*-Arten)

Für die Giftigkeit der *Inocybe*- und *Clitocybe*-Arten scheint ausschließlich Muscarin (Abb. 17-4, Tab. 17-2) verantwortlich zu sein. Die Struktur dieser zuerst aus *Amanita muscaria* (L.) PERS. isolierten Verbindung wurde 1957 von KÖGL und Mitarbeitern (131) aufgeklärt. Sie ist als 2,5-Epoxid eines aliphatischen Hexylaminderivates aufzufassen. Aufgrund des Vorhandenseins von drei asymmetrischen C-Atomen sind acht Stereoisomere des Muscarins denkbar. In der Natur kommen vor (+)-(2S,3R,5S)-Muscarin, (−)-(2S,3R,5R)-allo-Muscarin, (+)-(2S,3S,5S)-epi-Muscarin und (−)-(2S,3S,5R)-epiallo-Muscarin (34, 64, 249). Der Anteil der einzelnen Stereoisomere am Muscaringemisch ist sehr unterschiedlich, beispielsweise wurden gefunden bei *I. geophylla* (SOW. ex FR.) KUMM., Seidiger Rißpilz, ein Anteil an (+)-Muscarin von 54,2% (neben 45,6% epi-Muscarin und Spuren allo- und epiallo-Muscarin), bei *C. dealbata* (SOW. ex FR.) KUMM., Feld-Trichterling, 76% (+)-Muscarin und bei *I. lilacina* (BOUDIER) KAUFFMANN 99,1% (+)-Muscarin (41). Einige Arten enthalten kein (+)-Muscarin, sondern nur epi-Muscarin (*Mycena pelianthina* (FR.) QUEL., Schwarzgezähnelter Helmling) oder nur allo-Muscarin (einige Proben von *C. dealbata*, 210).

Muscarin (0,04%) wurde neben Cholin (0,14%) und Muscaridin ((−)-erythro-(4,5-Dihydroxyhexyl)-trimethylammonium, 0,05%) auch in *Rhodophyllus rhodopolius* (FR.) QUEL., Niedergedrückter Rötling (Rhodophyllaceae, Rötlingsartige), gefunden.

Tab. 17-2: Muscaringehalt einiger Rißpilze und Trichterlinge (*Inocybe*- und *Clitocybe*-Arten) (65, 87)

	Muscaringehalt (%)	
	im Trockengewicht	im Frischgewicht
I. fastigiata (SCHAEFF.) QUEL., Kegeliger Rißpilz		0,01
I. geophylla (SOW. ex FR.) KUMM. var. *geophylla* KARST., Seidiger Rißpilz	0,16–0,26	
I. griseolilacina LGE., Lilastieliger Rißpilz	0,17–0,84	
I. lacera (FR.) KUMM., Struppiger Rißpilz	0,80–1,00	
I. mixtilis (BRITZ.) SACC., Napfknollen-Rißpilz	0,10–1,33	
I. napipes LGE., Rübenstieliger Rißpilz	0,23–3,15	
I. obscuroides ORTON, Violettlicher Rißpilz	0,42–0,53	
I. patouillardi BRES., Ziegelroter Rißpilz		0,04
I. pudica KÜHNER, Rosafarbener Rißpilz	0,12–0,17	
C. dealbata (SOW. ex FR.) KUMM., Feld-Trichterling	0,15–0,18	

Die drei quartären Amine sollen für die emetische Wirkung des Pilzes verantwortlich sein (156). Der wäßriggraue, giftige Pilz mit bis 10 cm breitem Hut kommt im Herbst in feuchten Laubwäldern vor. Er ist aufgrund seiner leichten Verwechselbarkeit mit der eßbaren Art *Rh. crassipes* in Japan die zweithäufigste Ursache für Pilzvergiftungen. Sie äußern sich hauptsächlich in Übelkeit, Erbrechen und Durchfall (156). Über die giftigen Inhaltsstoffe des in Europa nicht selten schwere Vergiftungen auslösenden Riesen-Rötlings, *Entoloma sinuatum* (BULL. ex FR.) KUMM. (*Rhodophyllus sinuatus* (BULL. ex FR.) SING., ist bisher nichts bekannt (Ü 9).

In sehr niedriger Konzentration (weniger als 0,002%) wurde Muscarin auch in einigen anderen Pilzen gefunden, z. B. in *Boletus luridus* SCHAEFF. ex FR., Netzstieliger Hexenröhrling (siehe S. 321, Bild 17-7), *Collybia peronata* (BOLT. ex FR.) KUMM., Brennender Rübling, *Lactarius rufus* (SCOP. ex FR.) FR., Rotbrauner Milchling, und *Tricholoma sulphureum* (BULL. ex FR.) KUMM., Schwefel-Ritterling (210).

Angriffspunkt von Muscarin ist der muscarinerge Acetylcholinrezeptor. Toxizität und langanhaltende Wirkung ergeben sich aus seiner Nichtspaltbarkeit durch die Acetylcholinesterase. Muscarin bewirkt z. B. Erweiterung der Blutgefäße, Blutdruckabfall, Anregung der Drüsensekretion, am Auge Miosis und am Herzen Bradykardie.

Nach nur kurzer Latenzzeit (15 min–1 h) auftretende Vergiftungserscheinungen sind Hitzegefühl, Schweißausbrüche, vermehrte Speichelsekretion, Übelkeit, Erbrechen, Durchfall, leichte Miosis, Darmkoliken, Bradykardie, Blutdruckabfall und eventuell Kollaps. In den meisten Fällen sind die Symptome nach ca. 12 h abgeklungen, in schweren Fällen kann der Tod eintreten (42, 140, 211). Die letale Dosis an Muscarin beträgt für den Menschen 0,5 g.

Durch die leichte Verwechslungsmöglichkeit mit dem Maipilz, Mai-Schönkopf, *Calocybe gambosa* (FR.) SING., oder auch mit Champignons sind Vergiftungen durch *Inocybe patouillardi* und andere *Inocybe*-Arten relativ häufig (110, 211, 253). Giftige *Clitocybe*-Arten können auch mit dem Küchen-Schwindling, *Marasmius scorodonius* (FR. ex FR.) FR., und ähnlich aussehenden kleinen Mehlpilzen verwechselt werden.

HERRMAN (110) beschrieb eine Massenvergiftung von 35 Personen in einer Gaststätte, wo von einem Sammler als Maipilze angebotene Ziegelrote Rißpilze zubereitet worden waren. Alle Personen konnten gerettet werden.

Durch Entleerung des Magen-Darm-Kanals und Gabe von Atropin als Antidot (1–2 mg, i. m., oder sehr langsam i. v.) können Muscarin-Vergiftungen meistens leicht beherrscht werden. Bei Kollaps ist zusätzlich Stimulation erforderlich (211, Ü 73).

17.2.5 Guanidinderivate als Wirkstoffe der Geißraute (*Galega officinalis*)

Galega officinalis L., Geißraute (Fabaceae, Schmetterlingsblütengewächse), ist der einzige in Mitteleuropa heimische Vertreter dieser vier Arten umfassenden Gattung. Selten als Zierpflanze oder zu Futterzwecken kultiviert werden *G. orientalis* LAM., *G. bicolor* HAUSKN. und Hybriden von *G. officinalis* und *G. bicolor* (*G.* × *hartlandii* HARTLAND).

Galega-Arten sind durch kahle Langsprosse mit unpaarig gefiederten Blättern und blattachselständigen Blütentrauben mit weißen bis bläulichweißen Kronblättern ausgezeichnet. *G. officinalis* wird 0,6–1,2 m hoch, hat 9- bis 17-zählige Laubblätter und kommt besonders auf nährstoffreichen Lehm- oder Tonböden in Auen sporadisch im ganzen Gebiet wild oder verwildert vor (siehe S. 321, Bild 17-8).

Als Hauptwirkstoff enthält *Galega officinalis* das 1914 von TANRET (221) erstmalig isolierte und von BARGER und WHITE 1923 (20) und unabhängig davon von SPÄTH und PROKOPP (205) in seiner Struktur aufgeklärte Galegin (Isoamylenguanidin, 3-Methylbut-2-enylguanidin-1, Abb. 17-5).

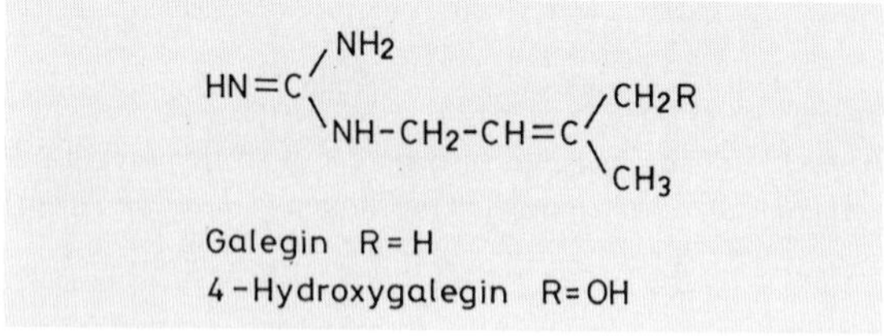

Abb. 17-5: Guanidinderivate, Wirkstoffe der Geißraute (*Galega officinalis*)

Galegin ist in allen Teilen der Pflanze enthalten. Der Gehalt ist in den Samen am höchsten (etwa 2%) und in den Sproßachsen (etwa 0,1%) am geringsten (191). Als Begleiter des Galegins tritt das 4-Hydroxygalegin (196) auf, sein Anteil an der Gesamtmenge an Guanidin-Derivaten liegt in Abhängigkeit vom Entwicklungsstand der Pflanze zwischen etwa 3% (Blütenstände) und 20% (Fruchtstände, 21).

Bei der Biosynthese wird die Amidingruppe von Arginin oder Guanidinoessigsäure geliefert. Bei Verfütterung der

Guanidinoessigsäure an die Pflanze werden auch die C-Atome in das Galegin eingebaut (212).

Nicht unwesentlich an der Wirkung von *G. officinalis* dürfte das Chinazolinalkaloid (+)-Peganin beteiligt sein, das in 0,05%iger Ausbeute aus dem Kraut isoliert wurde (197).
Ähnlich wie synthetische Guanidin-Derivate wirkt Galegin hypoglykämisch (135, 164, 183). Die toxischen Wirkungen sind zentral bedingt oder Folge der Hypoglykämie (135, 183). Subcutane Injektion bewirkt beim Hund Erbrechen, Gastroenteritis und rasche, langanhaltende Blutdrucksenkung (135).

Die LD_{50} beträgt für Galeginsulfat bei der Maus 122 mg/kg (183).

Vergiftungen durch *G. officinalis* treten bei Weidetieren auf. Schafe, denen nur Geißraute als Futter zur Verfügung stand, zeigten starken Speichelfluß, Husten und Atemstörungen. Die meisten Tiere starben (135). Auch Krämpfe wurden beobachtet (163).

Bei schweren Vergiftungen ist Gabe von Glucoselösungen erforderlich.

Angewendet wurde *G. officinalis* in der Volksmedizin bei Diabetes und als Galaktagogum (132). Für eine Anwendung des Galegins als Antidiabeticum ist die therapeutische Breite zu gering.

17.2.6 Glykoside des Methylazoxymethanols als carcinogene Wirkstoffe der Palmfarne (Cycadales)

Cycadales sind palmenartige Nacktsamer, die in tropischen und subtropischen Gebieten vorkommen. Sie sind die einzigen noch lebenden Vertreter der im Mesozoikum allgemein verbreiteten Klasse der Cycadatae. Die 10 Gattungen umfassenden Cycadales werden entweder alle der Familie der Cycadaceae zugeordnet oder in die Familien Cycadaceae (mit *Cycas*), Stangeriaceae (mit *Stangeria*) und Zamiaceae (mit *Macrozamia, Dioon* u. a. Gattungen) eingeteilt.

Einige Palmfarne, z. B. *Cycas revoluta* Thunb. und *Dioon edule* Lindl., werden in Japan, Indonesien, Mexiko und im tropischen Amerika als Stärkepflanzen kultiviert. Zur Stärkegewinnung werden die Stämme, Wurzeln, Blätter und Samen der Pflanzen nach dem Zerkleinern durch mehrmaliges Auswaschen mit Wasser entgiftet. Zur Gewinnung einer in Japan gebräuchlichen Bohnenpaste «sotetsu miso» wird der aus den Samen und weiteren Zutaten bereitete Brei durch Fermentation von Cycasin befreit. Auf der Insel Guam wird die rote Samenschale von *C. circinalis* L. (siehe S. 321, Bild 17-9) auch als Naschwerk verzehrt (115).

In allen untersuchten Vertretern dieser Ordnung sind Glykoside des Methylazoxy-methanols nachgewiesen worden (Abb. 17-6, 48). Als erstes Glykosid des Methylazoxy-methanols wurde 1952 das Macrozamin aus *Macrozamia riedlei* (Fisch. ex Gaudich) C. A. Gard. von Lythgoe und Mitarbeitern (141) in seiner Struktur aufgeklärt. Das Cycasin wurde 1955 von Nishida und Mitarbeitern (174) aus *Cycas revoluta* isoliert, die auch die Konstitution ermittelten. Weitere Vertreter sind die Neocycasine A, B und Bα (256).

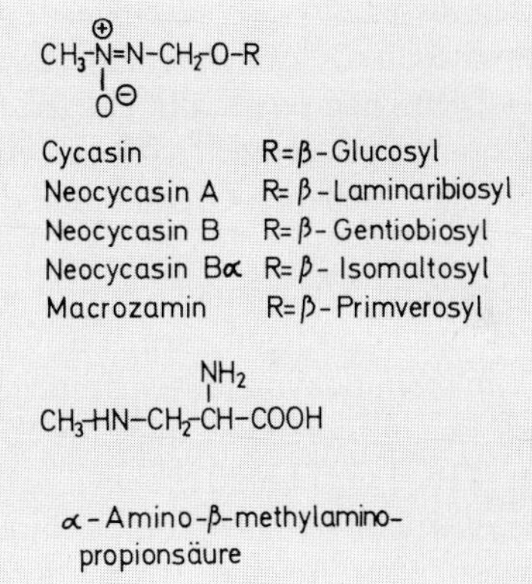

Abb. 17-6: Wirkstoffe der Palmfarne (Cycadales)

Methylazoxy-methanolglykoside sind in allen Teilen der Pflanzen enthalten. In den Samen wurden 0,08–1,3% (bis 3,6%, 115) Cycasin und 0–1,8% Macrozamin nachgewiesen. Die Blätter von *C. revoluta* enthielten 0,2–2,0% Cycasin und 0–0,4% Macrozamin. Im Mark der Stämme wurden 0,7–1,0 Cycasin bzw. 0,1% Macrozamin gefunden (48, 181, 257).

Die Glykoside sind hitzestabil (47), werden aber bei der Fermentation der Pflanzenteile oder durch Bakterieneinwirkung im Darm gespalten. Das freigesetzte Methylazoxy-methanol ist sehr reaktionsfreudig und geht vermutlich in Methyldiazoniumhydroxyd (oder durch Dehydrierung durch Alkoholdehydrogenase in Methylazoxy-formaldehyd?) über, das seine Methylgruppe leicht an nucleophile Verbindungen, z. B. die Basen von Nucleinsäuren, abgibt. Unter bestimmten Bedingungen zerfällt Methylazoxy-methanol in Blausäure und Ameisensäure. Seine Glykoside werden deshalb auch als pseudocyanogene Glykoside bezeichnet.

Ein weiterer Wirkstoff der Palmfarne ist die aus den Samen von *Cycas circinalis* isolierte α-Amino-β-methylamino-propionsäure (3-Methylamino-L-alanin). Sie wurde im stärkehaltigen Endosperm in Konzentrationen von 0,075–0,16% gefunden. Im daraus gewonnenen, mit den üblichen Methoden behandelten Stärkemehl, kommt sie nur in Spuren oder in Mengen von maximal 14,6 mg/100 g vor (53, 240).

Aus der Fähigkeit der Biotransformationsprodukte der Methylazoxy-methanolglykoside zur Alkylierung von Nucleinsäuren und Proteinen ergeben sich akut toxische und carcinogene Wirkungen. Bei peroraler Zufuhr treten nach einer Latenzzeit von 12–24 h (Spaltung durch die Darmflora) als akute Vergiftungssymptome Übelkeit, Erbrechen und Bewußtlosigkeit auf. Im Tierversuch erfolgt der Tod innerhalb von 20 h nach Beginn der ersten Symptome. Pathologisch lassen sich Leberschwellung und andere Leberschäden nachweisen (115). Akute Vergiftungen des Menschen werden in einigen Gebieten, z. B. auf Okinawa, gelegentlich nach Verzehr von ungenügend ausgewaschenen Cycas-Bestandteilen beobachtet (115).

Die carcinogene Wirksamkeit wurde in zahlreichen Tiermodellen nachgewiesen. Ein Gehalt von 0,4% Cycasin im Futter von Ratten führt schon nach kurzer Zeit zur Tumorentstehung in Leber, Niere und Darm (115, 116, 143, 202, Ü 74).

α-Amino-β-methylamino-propionsäure ruft in Konzentrationen von mehr als 100 mg/kg bei Affen neurologische Störungen hervor, deren Symptome denen der myatrophischen Lateralsklerose des Menschen sehr stark ähneln. Diese Nervenkrankheit tritt besonders häufig bei der einheimischen Bevölkerung von Guam und anderen Inseln Mikronesiens auf, die relativ viel Zubereitungen aus *Cycas*-Arten zu sich nehmen. Von einigen Autoren wird die genannte Aminosäure daher für die Entstehung der Krankheit verantwortlich gemacht (207, 208). Da mit dem Auswaschen des Cycasins bei der Zubereitung der Nahrungsmittel auch ein großer Teil der α-Amino-β-methylaminopropionsäure entfernt wird (mehr als 80%) und längere Gabe von Cycas-Mehl an Affen keine neuropathologischen Symptome hervorruft (202), wird die Bedeutung der Aminosäure für die Pathogenese der myatrophischen Lateralsklerose von anderen Autoren (52) bezweifelt.

17.2.7 Aliphatische Amine in Tiergiften

Das strukturell einfachste Amin, das von Tieren als Wehrgift eingesetzt wird, ist das Tetramin (Tetramethylammoniumhydroxid). Es ist bei den Tierstämmen Cnidaria (Nesseltiere) und Mollusca (Weichtiere) sowie bei den zum Tierstamm der Tentaculata (Kranzfühler) gehörenden Klasse der Bryozoa (Moostierchen) verbreitet.

Es wurde erstmals 1923 aus der Seeanemone *Actinia equina* L., Gemeine Pferdeaktinie, Erdbeerrose, Purpurrose (Familiengruppe Endomyaria, Klasse Anthozoa, Blumenpolypen), isoliert (2). Dieses Tier lebt u. a. in der Gezeitenzone der Nordsee auf festem Untergrund. Aus seinen gefriergetrockneten Tentakeln, in denen die Konzentration am höchsten ist, wurden 150–200 mg/100 g Tetramin erhalten. Auch andere Vertreter der Anthozoa, z. B. *Condylactis gigantea* und *Metridium dianthus*, sowie die Lederkoralle *Plexaura flexuosa* produzieren es. Bei einigen Vertretern der Hydrozoa und Scyphozoa wurde es ebenfalls angetroffen. Bei den Mollusca wurde es u. a. bei zwei *Argobuccinum*- und drei *Neptunea*-Arten gefunden, darunter bei der Gemeinen Spindelschnecke, *N. antiqua*, die an den europäischen Atlantikküsten von der Biskaya bis zur Deutschen Bucht und in der Ostsee, östlich bis Travemünde, vorkommt (16). Bei den Molluscen wird die höchste Konzentration in den Speicheldrüsen erreicht (bis 0,9% vom Frischgewicht). Bei den Bryozoa wurde es bisher nur in drei Arten entdeckt (15).

Tetramin greift direkt an nicotinergen und muscarinergen Rezeptoren des autonomen Nervensystems an und führt zu einer neuromuskulären Blokkade. Es bewirkt Seh- und Atemstörungen, starke Kopfschmerzen und Paralyse (15). Die letale Dosis beträgt bei der Ratte 45–50 mg/kg, p. o., und 15 mg/kg, i. p. (16). Für den Menschen werden als letale Dosis 250–1000 mg Tetramin angenommen. Vergiftungserscheinungen treten jedoch schon nach viel kleineren Mengen auf (15).

Vergiftungsmöglichkeiten bestehen vor allem beim Verzehr der kommerziell erhältlichen und nach Vorbehandlung als eßbar geltenden *Neptunea*-Arten. Auf Hokkaido wurden zahlreiche Vergiftungen nach dem Essen von *Neptunea arthritica* beobachtet (15, 16).

Das im tierischen Organismus als Neurotransmitter fungierende Acetylcholin, das in sehr geringer Konzentration auch in einigen Pflanzen gefunden wurde, kommt in den Giften einiger Hautflügler (Hymenoptera), z. B. in dem der Hornisse (Kap. 42.5.2), in relativ hohen Konzentrationen vor (33).

Wegen der sehr geringen Angreifbarkeit durch die Acetylcholinesterase und ihrer Lipophilität sind die Cholinester einiger Meerestiere toxikologisch von größerer Bedeutung als Acetylcholin. Zu dieser Gruppe gehören Pahutoxin (Ester des Cholins mit 3-Acetoxy-palmitinsäure, Abb. 17-7), Homopahutoxine (Ester des Cholins mit 3-Propyloxy-, 3-Buty-

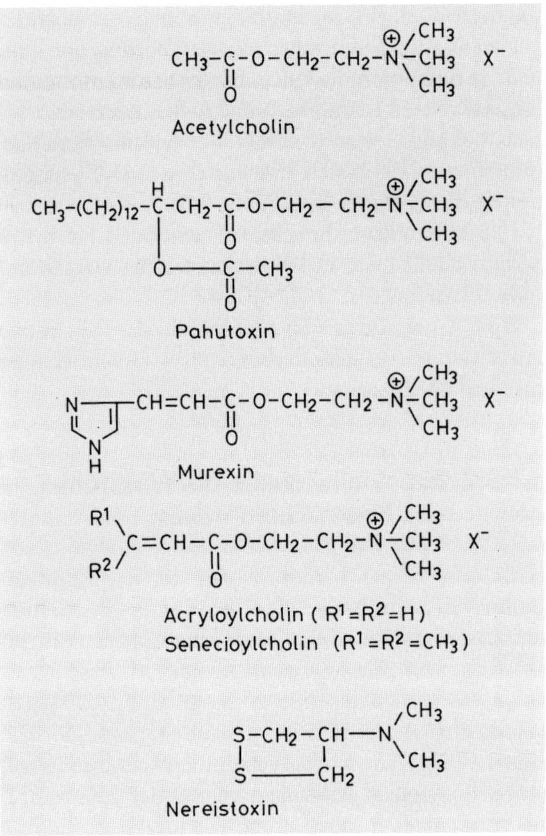

Abb. 17-7: Acetylcholin und Analoga aus Tiergiften

ryloxy-, 3-Valeroyloxy-, 3-Caproyloxy-palmitinsäure), Palmitoylcholin und Cholinester von C_{14}-, C_{17}- und C_{18}-Fettsäuren. Pahutoxin wurde erstmals aus dem schleimigen Sekret des Kofferfisches *Ostracion lentiginosus* (siehe S. 322, Bild 17-10) isoliert, der die tropischen Regionen des Pazifischen Ozeans bewohnt (37). Die Untersuchungen weiterer Vertreter aus der Familie der Ostraciidae führte zur Auffindung der übrigen genannten Verbindungen im Sekret der Gattungen *Anoplacopros, Aracana, Lactoria, Lactophrys, Ostracion, Rhinesomas* und *Strophiurichthys* (76, 96, 97).

Die Hautsekrete der Tiere besitzen, bedingt durch ihren Gehalt an Cholinestern, ichthyotoxische und hämolytische Wirksamkeit (76, 95).

Eine Reihe weiterer Cholinester sind im Sekret der Hypobranchialdrüsen von Meeresschnecken aus der Überfamilie der Muricoidea (Ordnung Neogastropoda, 250) enthalten. So wurde z. B. im Sekret der im Mittelmeer lebenden Stachelschnecken *Murex trunculus* L. und *M. brandaris* L. (siehe S. 322, Bild 17-11) neben 6,6'-Dibromindigo (früher zur Herstellung von Purpurfarbstoff genutzt) das giftige Murexin (Cholinester der Urocaninsäure, Abb. 17-7, 56) nachgewiesen. Ebenfalls zu den Muricoidae gehört *Thais floridiana*, die Senecioylcholin bildet (251). Die auch in der Nordsee und der westlichen Ostsee anzutreffende Wellhornschmecke, *Buccinum undatum* L. (Buccinidae; siehe S. 322 Bild 17-12), benutzt Acryloylcholin (250) als chemische Waffe.

Pharmakologisch gut untersucht ist das Murexin. Es zeigt starke nicotin- und curareartige Wirkungen (62). Die letale Dosis beträgt bei der Maus 8,5 g/kg (58).

Ein schwefelhaltiges Amin ist das Nereistoxin, das im Gift von *Lumbriconereis heteropoda* (Stamm Annelida, Ringelwürmer, Ordnung Polychaeta) vorkommt (106).

Nereistoxin wirkt neurotoxisch. Kleine Dosen stimulieren die Herztätigkeit, große Dosen hemmen sie. Vergiftungssymptome sind außerdem Miosis und Speichelfluß. Die letale Dosis liegt bei subcutaner Injektion beim Kaninchen bei 1,8 mg/kg, bei der Maus bei 38 mg/kg (106).

17.3 Phenylalkylamine

17.3.1 Phenylalkylamine als Wirkstoffe im Peyotl

Eine Anzahl von Cactaceae besonders der Gattungen *Lophophora* und *Trichocereus* dienen wegen ihres Gehaltes an psychotomimetisch wirksamen Phenylalkylaminderivaten als Rauschmittel.

Lophophora williamsii (Lem. ex Salm-Dyck) Coult., Peyotl, Pellote, Schnapskopf (siehe S. 322, Bild 17-13) ist von besonderem Interesse.

Er hat einen blaugrünen, bis 10 cm hohen, dornenlosen Sproß, der 8–10 undeutlich gehöckerte Rippen mit Aureolen aufweist, an denen pinselartige Haarbüschel sitzen. Die Blüten sind etwa 1,5 cm breit und weiß oder rosa. Er ist in Südtexas und Mexiko beheimatet und kommt besonders im Tal des Rio Grande vom Hochland von Mexico bis Deming im Staat New Mexiko vor. Er wird in Mexiko auch kultiviert. Bei uns finden wir ihn häufig in Kakteensammlungen.

Die Nutzung der getrockneten, in Scheiben geschnittenen Sprosse («mescal buttons») als Rauschmittel spielte schon bei Kulthandlungen der Azteken eine Rolle. Heute noch werden sie bei religiösen Zeremonien der etwa 250 000 Mitglieder umfassenden Eingeborenenkirche (Native American Church) und zur Herstellung berauschender Getränke verwendet (26, 198, 217).

Hauptwirkstoff ist das Mezcalin (Abb. 17-8), das 1896 erstmals von Hefter (107) isoliert und charak-

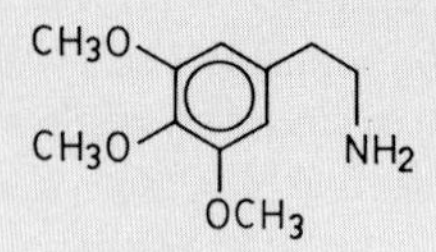

Mezcalin

Abb. 17-8: Wirkstoff des Peyotls *(Lophophora williamsii)*

terisiert wurde und dessen Konstitution Späth (206) ermittelte. Der Gehalt an Mezcalin im getrockneten Sproß kann bis 7% betragen. Als Begleitstoffe treten weitere Phenylalkylamine (z. B. N-Methylmezcalin, N-Acetylmezcalin) und Vertreter der biogenetisch verwandten Tetrahydroisochinolin-Alkaloide (z. B. Anhalinin, Anhalamin) auf.

Auch in einigen anderen Cactaceae, z. B. in *Trichocereus peruvianus* Britt. et Rose (0,8% Mezcalin, 217), *T. pachanoi* Britt. et Rose (0,3% Mezcalin, 109, 217), *T. terscheckii* (Parment.) Britt. et Rose (190) und *T. macrogonus* (Sd.) Ricc (4), ist Mezcalin enthalten. *Trichocereus*-Arten sind südamerikanische Säulenkakteen. Einige von ihnen, z. B. *T. pachanoi*, der bis 6 m hoch werden kann und in Nordperu unter der Bezeichnung «San Pedro» zur Herstellung des berauschenden Getränks Cimora genutzt wird, sowie *T. macrogonus* werden bei uns als Zimmerpflanzen kultiviert. Neuere Untersuchungen haben gezeigt, daß Mezcalin in sehr geringen Konzentrationen (unter 0,01%) auch in anderen Gattungen der Familie, z. B. in *Polaskia, Pterocereus, Opuntia* und *Stenocereus*, vorkommt (152).

Die psychotomimetisch wirksamen Phenylalkylamine reagieren direkt mit zentralen serotoninergen, adrenergen oder dopaminergen Rezeptoren (55, 172, 227), und sie beeinflussen Speicherung, Freisetzung und Metabolismus biogener Amine (144, 227). Da die Zeit bis zum Erreichen der Maximalwirkung 5–6 h beträgt, ist wahrscheinlich erst ein Metabolisierungsprodukt (Lebereiweiß-Mezcalin-Komplex?) wirksam (26).

Einer Hypothese von van Woerkum (239) zufolge, die von der strukturellen Ähnlichkeit zwischen Mezcalin und Colchicin (Kap. 24.1) ausgeht, beruht die halluzinogene Wirksamkeit von Mezcalin und verwandten Phenylalkylaminen teilweise auf dem Angriff am Cytoskelett von Zellen des Gehirns und der daraus resultierenden Störung der Informationsübertragung. Auch Serotonin selbst beeinflußt Mikrotubuli und Mikrofilamente (94).

Nach 100–200 mg Mezcalin, p. o., kommt es beim Menschen zur Veränderung von Sinneseindrücken und zu einem Gefühl der Beschwingtheit und Heiterkeit. Nach 400–600 mg Mezcalin erlebt die betroffene Person Halluzinationen vor allem visueller Natur. Eine objektive Betrachtung der Umwelt ist nicht mehr möglich. Die Erscheinungen dauern etwa 8–12 h an. Die Nebenwirkungen sind, soweit bekannt, relativ gering. Bei chronischem Gebrauch entwickelt sich eine zunehmende Gleichgültigkeit der Umwelt gegenüber (26).

Die Behandlung bei Rauschzuständen kann mit Sedativa und eventuell Kreislaufmitteln vorgenommen werden (26).

Eine Anwendung von Mezcalin in der Psychiatrie zur Erzeugung zeitlich begrenzter Psychosen ist möglich (26).

17.3.2 Phenylalkylamine als Wirkstoffe des Khat *(Catha edulis)*

Khat (auch Kat) wird in Form der Zweigspitzen (beim Strauchkhat) oder der neu getriebenen Stammausschläge (beim Baumkhat) mit den jungen Blättern von *Catha edulis* Forsk. (Celastraceae, Baumwürgergewächse) geerntet und in frischem Zustand, also ungetrocknet, gehandelt (siehe S. 322, Bild 17-14). Khat wurde vermutlich schon in prähistorischer Zeit in Äthiopien verwendet. Die Kenntnis von seiner stimulierenden Wirkung ist älter als die von der des Kaffees. Heute wird Khat vorwiegend in Äthiopien, Kenia, im Jemen und auf Madagaskar benutzt.

Catha edulis ist ein im östlichen Teil Afrikas von Äthiopien bis Südafrika in Höhen von 1500–1800 m verbreiteter immergrüner Strauch oder Baum. Er wird in großem Maße zur Gewinnung der Rauschdroge angebaut (Strauchkhat besonders im Jemen und in Äthiopien, Baumkhat in Kenia). In einigen Ländern ist der Anbau verboten (Saudiarabien, Somalia).

Die von den Zweigspitzen gezupften Blätter, etwa 100–200 g (beim Baumkhat selten auch die Rinde), werden gekaut und durch längeres Verbleiben des Bissens im Munde erschöpfend extrahiert.

Der Hauptwirkstoff ist das Cathinon ((S)-(–)-α-Aminopropiophenon, Abb. 17-9), das 1975 von Szendrei im Khat nachgewiesen werden konnte (236). Es ist eine relativ instabile Substanz, die besonders in alkalischem Milieu leicht in Dimere übergeht. Als weitere zentralstimulierende Wirkstoffe, die allerdings nur 10% der Wirksamkeit des Cathinons haben, enthält Khat (+)-Norpseudoephedrin (Cathin) und (–)-Norephedrin. Die Wirkstoffe des Khat werden als Khatamine bezeichnet. Kaum zur Wirkung tragen Merucathinon, Pseudomerucathin, Merucathin und (–)-N-Formyl-norephedrin bei (8, 39, 86).

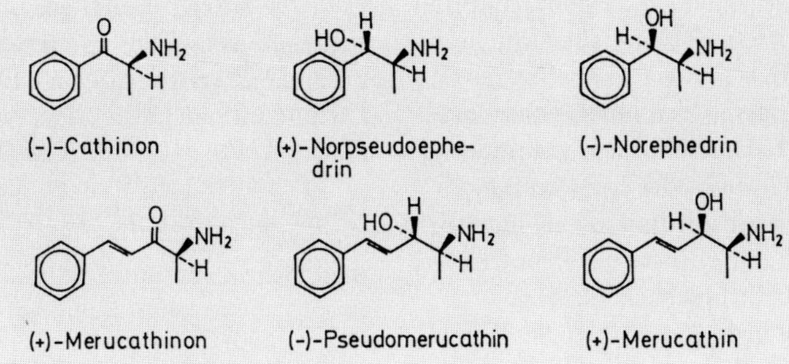

Abb. 17-9: Wirkstoffe des Khats *(Catha edulis)*

Die höchste Konzentration an Khataminen (durchschnittlich 0,3% vom Frischgewicht, etwa 0,6% vom Trockengewicht entsprechend) weisen junge Triebe auf. Der Anteil von Cathinon am Khatamingehalt beträgt hier bis zu 50%. Vollentwickelte Blätter enthalten etwa 0,2% Khatamine mit nur 2% Cathinonanteil. Im Verlaufe des Blattwachstums wird Cathinon zu den Norephedrinen reduziert. Beim Trocknen der Blätter läuft der gleiche Vorgang ab. Um das auf dem Wege zum Verbraucher zu verhindern, werden die am frühen Morgen geschnittenen Zweigspitzen mit Bananenblättern, feuchtem Papier oder Plastfolien umhüllt transportiert und noch am gleichen Tage verkauft (194). In der Handelsware wurden 0,01–0,3% Cathinon und 0,01–0,7% Norpseudoephedrin als Hauptbestandteile sowie ein Gesamtgehalt an Khataminen von 0,02–0,9%, berechnet auf das Trockengewicht, bestimmt (39, 86).

Nachgewiesen wurden in *Catha edulis* weiterhin: insecticid wirksame Sesquiterpenesteralkaloide (Cathaeduline, 138), Peptidalkaloide, Cinnamoylethylamin, antineoplastisch wirksame Triterpene (z.B. Celastrol, Pristimerin) und ätherisches Öl (22, 23, 24, 25, 45, 195, 237).

Cathinon wirkt als indirektes Sympathicomimeticum, indem es die Freisetzung von Serotonin, Noradrenalin und DOPamin aus den Speichern fördert und die Rückspeicherung blockiert (Ähnlichkeit in Struktur und Wirkung mit Amphetamin, 126). Auch eine Hemmwirkung auf Monoaminoxidasen wird angenommen (171). Aufgrund seiner relativ großen Lipidlöslichkeit kann Cathinon die Blut-Hirn-Schranke überwinden. Es führt damit zu zentraler Anregung, Hemmung des Appetits, gesteigerter Motorik, stereotypen Bewegungen und Hyperthermie. Peripher werden Mydriasis und Hypertension beobachtet. (–)-Cathinon besitzt etwa die Hälfte der Wirksamkeit von d-Amphetamin (S-Konfiguration) und die fünffache zentrale Wirksamkeit des Cathins.

Etwa die Hälfte des peroral aufgenommenen Cathinons wird im Organismus, ähnlich wie in der Pflanze, zu (+)-Norpseudoephedrin und (–)-Norephedrin reduziert (6, 38, 127, 195). Ein Übergang in die Muttermilch wurde für Norpseudoephedrin nachgewiesen (137).

Die große Beliebtheit des Khatkauens vor allem in den arabischen Ländern (weltweit werden täglich ca. 5 Millionen Khat-Portionen konsumiert) ist vor allem auf die leicht euphorisierende Wirkung des Cathinons und der begleitenden Amine zurückzuführen. Mäßige Dosen (100–300 g frische Blätter) führen zu einem Zustand des allgemeinen Wohlbefindens, der geistigen Angeregtheit und der Selbstüberschätzung, in dem Probleme scheinbar mühelos bewältigt werden. Auch die psychische Leistungsfähigkeit ist vorübergehend erhöht, Hunger und Schlafbedürfnis sind vermindert. Halluzinationen treten gewöhnlich nicht auf. Unangenehme Begleiterscheinungen sind Mundtrockenheit, Herzklopfen, Schweißausbrüche, Verdauungsstörungen und Störungen im sexuellen Bereich (119).

Schwere akute Vergiftungen sind sehr selten (Ratten und Mäuse überleben 2 g/kg Khatextrakt, p.o., 223), gefährlich sind jedoch die sich bei chronischem Mißbrauch entwickelnden Langzeitschäden. Auffällig sind die starke Abmagerung der Khatkonsumenten (Appetithemmung!) und die daraus resultierende erhöhte Anfälligkeit für Infektionen. Kinder, deren Mütter während der Schwangerschaft regelmäßig Khat kauten, besitzen geringeres Geburtsgewicht (122).

Für das Zustandekommen von Geschwüren und weiteren Schäden in Verdauungstrakt, Leber und Niere, sind Begleitstoffe mitverantwortlich. Toxikologisch bedeutsam ist auch die cytotoxische (Hemmung der RNA-Synthese), mutagene und teratogene Aktivität von Khatextrakten (5, 6, 7, 188, 222). Daneben kann es bei regelmäßigem Khatkonsum zur Entwicklung einer psychischen Abhängigkeit bis hin zum psychischen Zerfall der Persönlichkeit kommen, der mit einer Vernachlässigung aller Pflichten verbunden ist (187, 195).

Die Langzeitschäden lassen sich nur durch konsequentes Meiden des Khat-Genusses verhindern. Aufgrund der langen Tradition, der sozialen Akzeptanz und der weiten Verbreitung des Khat-Kauens in den entsprechenden Ländern dürfte das Problem jedoch noch für längere Zeit bestehen bleiben.

In der Volksmedizin wurde *Catha edulis* bei Fieber, Grippe, Asthma und zur Appetitsminderung angewendet (187). Extrakte der Pflanze besitzen antiinflammatorische Wirksamkeit bei Magengeschwüren. Therapeutisches Interesse könnten die antineoplastisch wirksamen Triterpene finden (195, 218).

17.3.3 Phenylalkylamine der Ephedra (*Ephedra*-Arten)

Ephedrin (Abb. 17-10), der Hauptwirkstoff von *Ephedra*-Arten, wird sehr häufig therapeutisch verwendet. Ephedrin wurde bereits 1887 von NAGAI aus *Ephedra distachya* (siehe S. 322, Bild 17-15), isoliert. Die Struktur wurde 1889 von LADENBURG und SCHMIDT aufgeklärt (139). Heute wird L-Ephedrin teilweise synthetisch gewonnen oder aus dem Kraut von *E. gerardiana* WALL., in geringerem Maße auch aus *E. equisetina* BUNGE und *E. distachya* L., isoliert.

Die Gattung *Ephedra* ist die einzige der Familie der Ephedraceae, die zu der entwicklungsgeschichtlich sehr alten Klasse der Gnetatae und damit zu den Gymnospermae gehört.

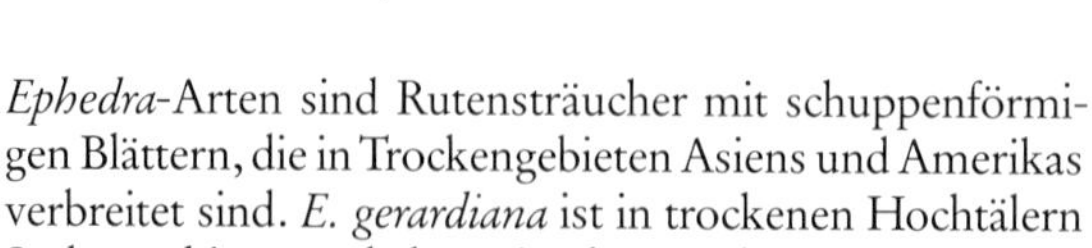

Abb. 17-10: Phenylalkylamine der *Ephedra*-Arten

Ephedra-Arten sind Rutensträucher mit schuppenförmigen Blättern, die in Trockengebieten Asiens und Amerikas verbreitet sind. *E. gerardiana* ist in trockenen Hochtälern Südwestchinas und des Himalaya-Gebietes beheimatet. Sie wächst in weiten Teilen Pakistans in großen Mengen und wird außerdem in Indien und in einigen anderen Ländern zur Ephedringewinnung kultiviert. *E. equisetina* wird in Sibirien und *E. distachya* auf Küstendünen in Japan angebaut (Ü 75).

Ephedra-Arten enthalten 0,1–3,0% L-Ephedrin, begleitet von den Nebenalkaloiden L-Norephedrin, D-Pseudoephedrin, D-Norpseudoephedrin, L-Ephedroxan, L-Pseudoephedroxan und ähnlichen Basen (Ü 76: III, 339; XXXV, 77).

Die Biogenese des Ephedrins erfolgt aus L-Phenylalanin, das zunächst über Zimtsäure zu Benzoesäure abgebaut wird. Benzoesäure (oder Benzaldehyd?) wird mit einem aus der Brenztraubensäure stammendem C_2-Rest verknüpft (100).

Weitere bemerkenswerte Begleitstoffe sind die macrocyclischen Sperminalkaloide Ephedradrin A, B, C, D (111) sowie die hypotensiv wirksamen Stoffe Feruloylhistamin (113), Mahuannin A, B, C, D (Biflavonoide, 128) und das aus Wurzeln erhaltene Maokonin (L-Tyrosinbetain, 220).

L-Ephedrin wirkt durch Freisetzung von Noradrenalin aus seinen Speichern und Hemmung der Rückspeicherung indirekt sympaticomimetisch. In geringem Maße greift es auch direkt an adrenergen Rezeptoren an (151). Die peripheren Effekte sind stärker ausgeprägt als die zentral stimulierenden. Toxikologisch bemerkenswert ist die im Tierversuch, u. a. bei Kückenembryonen, nachgewiesene teratogene Wirksamkeit von Ephedrin (175). Die Pseudoephedrine besitzen schwache zentral stimulatorische Aktivität, die Ephedroxane und Pseudoephedroxane wirken zentral dämpfend (112). Die antiphlogistischen Effekte von Pseudoephedrin und Ephedroxanen beruhen wahrscheinlich auf der Hemmung der PGE_2-Bildung (129).

Die letale Dosis von Ephedrin liegt für Erwachsene zwischen 1 und 2 g, p. o., parenteral appliziert ist die Toxizität größer (Ü 73).

Vergiftungen sind vorwiegend medizinal bedingt. Inwieweit die teratogene Wirksamkeit bei der therapeutischen Anwendung von Ephedrin in der Humanmedizin berücksichtigt werden müßte, kann gegenwärtig nicht entschieden werden.

17.3.4 Amide des Vanillylamins als Neurotoxine des Paprikas (*Capsicum*-Arten)

Von der Gattung *Capsicum*, Paprika (Solanaceae, Nachtschattengewächse), existieren etwa 30 Wildarten, von denen fünf domestiziert wurden. Alle Wildarten, bis auf *C. anomalum* FRANCHET et P. A. L. SAVAT., kommen nur auf dem amerikanischen Kontinent vor (160, 216).

Am häufigsten kultiviert wird *Capsicum annuum* L. var. *annuum*, Spanischer Pfeffer, Cayenne

Pfeffer (siehe S. 323, Bild 17-16). Diese Art wurde vermutlich erstmals in Mexiko in Kultur genommen. Hauptanbauländer sind Spanien, Ungarn, Jugoslawien, Italien, Pakistan, China und Südafrika. Besonders in tropischen Gegenden Amerikas und Südostasiens wird *C. frutescens* L. kultiviert. Weitere angebaute Arten sind *C. pubescens* RIUZ. et PAV. (Anbau in Zentralamerika), *C. baccatum* L. var. *pendulum* (WILLD.) ESHBAUGH (Anbau in Süd- und Zentralamerika, Indien, Japan, Europa) und *C. chinense* L. (Anbau Zentralamerika, Südasien, Ü 75). In tropischen Gegenden kann sich der Paprika zu Halbsträuchern entwickeln. Bei der einjährig durchgeführten Kultur bleibt er krautig.

Die Früchte, die sich bei den Kulturformen in Größe, Form, Farbe und Gehalt an scharf schmekkenden Substanzen wesentlich unterscheiden, sind aufgeblasene, vielsamige Beeren.

Die Scharfstoffe des Paprikas, die Capsaicinoide, werden in den Plazenten der unreifen Früchte gebildet, in die Subcuticularräume der Fruchtscheidewand (Placentarleisten) sezerniert und dort im öligen Sekret angereichert.

Die Capsaicinoide (Abb. 17-11) sind Amide des Vanillylamins (4-Hydroxy-3-methoxy-benzylamin) mit gesättigten oder einfach ungesättigten C_8- bis C_{13}-Fettsäuren bzw. Methylfettsäuren. Bisher wurden 12 Capsaicinoide nachgewiesen. Hauptkomponenten des Capsaicinoidgemisches sind Capsaicin (Säurekomponente 8-Methyl-non-6(E)-ensäure, Anteil am Gemisch 35–85%) und Dihydrocapsaicin (Säurekomponente 8-Methyl-nonansäure, Anteil am Gemisch 15–50%). Weitere Säurekomponenten sind u. a. n-Octansäure, 7-Methyl-octansäure, n-Decansäure, 9-Methyl-dec-6(E)-ensäure und 8-Methyl-dec-6(E)-ensäure. Der Gehalt an Capsaicinoiden kann in der Frucht beim Gewürzpaprika bis 1,5% betragen, liegt aber meistens zwischen 0,4–0,9% (199, 200). Beim Erhitzen im Verlaufe von Kochprozessen werden die Capsaicinoide nicht zerstört (104).

Capsaicin ist eine leicht sauer reagierende, schlecht in Wasser, gut in apolaren Lösungsmitteln lösliche Substanz. Die Isolierung des Capsaicins wurde bereits 1846 durch THRESH durchgeführt, die Aufklärung seiner Struktur 1923 durch NELSON (170).

Die Biogenese des Vanillylamins erfolgt aus L-Phenylalanin unter Verkürzung der Seitenkette. Die verzweigten Fettsäurereste stammen aus den Kohlenstoffgrundkörpern des L-Valins, L-Leucins bzw. L-Isoleucins und Acetatresten. Die Aminosäuren werden nach Umwandlung in die entsprechenden Ketosäuren oxidativ decarboxyliert und die gebildeten Fettsäuren bzw. Methylfettsäuren mit Hilfe von drei Acetatresten verlängert und z. T. dehydriert. Die unverzweigten Fettsäuren entstehen wie üblich auf dem Acetatweg. Anschließend erfolgt die Verknüpfung mit dem Vanillylamin (99, 133).

Weitere für den Wert des Paprikas sehr wichtige Inhaltsstoffe sind die Carotinoide, ätherisches Öl und Vitamin C. Der Carotinoidgehalt kann bei den roten Sorten bis 0,17% vom Frischgewicht und 0,8% vom Trockengewicht betragen, mit hohen Anteilen an den dunkelroten Xanthophyllen Capsanthin und Capsorubin. Hauptkomponenten des ätherischen Öls sind iso-Hexyl-isocaproat und 4-Methyl-1-pentyl-2-methyl-butyrat. Der Gehalt an Vitamin C, der besonders beim Gemüsepaprika sehr wichtig ist, liegt mit 0,2% sehr hoch (99). Bemerkenswert sind auch die auftretenden acyclischen (!) Diterpenglykoside, als Capsianoside bezeichnet. Sie sind Hemmstoffe des «angiotensin converting enzyme (ACE)».

Capsaicin ist ein sehr spezifisches Neurotoxin, das an nociceptiven, peptidergen sensorischen Neuronen angreift. Es kommt initial zur Ausschüttung von Substanz P und Somatostatin und zur Reizung der C-Fasern. Diese ist mit einem schmerzhaften und brennenden Gefühl und über eine Vagusreizung mit Störungen der Herz- und Atemtätigkeit verbunden. Chronische Applikation führt zur Depletion und Desensibilisierung der betroffenen Neuronen. Sie werden unempfindlich auch für physiologische Aktivatoren (z. B. thermische Reize oder chemische Stimuli wie Bradykinin). Durch Zerstörung von C-Fasern wird die axonale Funktionsfähigkeit deutlich eingeschränkt. Primärer Angriffspunkt von Capsaicin sind wahrscheinlich bestimmte Membranstrukturen (Permeabilitätserhöhung der Membran?). In den Neuronen wurde die Akkumulation

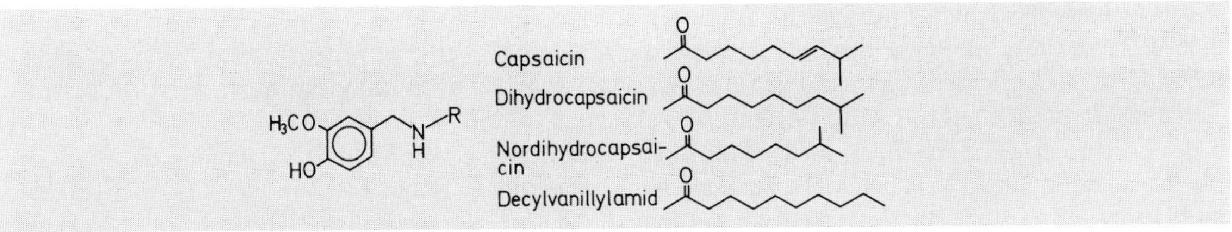

Abb. 17-11: Capsaicinoide des Paprikas (*Capsicum*-Arten)

großer Mengen an Calciumionen nachgewiesen (31, 161, 219).

Die neurotoxische Wirkung von Capsaicin zeigt sich vor allem in einer starken Reizung von Haut, Schleimhaut und Augen (Brennen, Rötung, Schmerzen), Störungen der Temperaturregulation (bei Tieren Hitzetod), der Herz- und Atemtätigkeit und der Motilität der Verdauungsorgane (Durchfall, Gallenspasmen). Die analgetische Wirkung langdauernder Capsaicingaben erklärt sich aus der Nichtansprechbarkeit der desensibilisierten Neuronen (31, 161, 216).

Die LD_{50} von Capsaicin beträgt bei der Maus 8,0 mg/kg, i.p. (165), bei der Ratte 122–294 mg/kg, p.o., und 0,36–0,87 mg/kg, i.v. (216). Die mutagene und carcinogene Wirksamkeit der Capsaicinoide ist umstritten. Während in verschiedenen In-vitro-Modellen nach metabolischer Aktivierung mutagene Effekte gefunden wurden (77), lassen sich diese nach intraperitonealer Applikation von Capsaicin an Mäuse nicht nachweisen (165). Curcumin reduziert die Mutagenität von Capsaicin (167). Capsaicin supprimiert bei Mäusen die Entwicklung von Benzpyren induzierten Lungentumoren durch Hemmung der Giftung der Kohlenwasserstoffe (121).

Für die menschliche Ernährung dürften die neuen Erkenntnisse über die Wirkungen der Capsaicinoide, wenn sie nur in geringen Mengen aufgenommen werden, keine wesentlichen Konsequenzen haben. Auch die therapeutische Anwendung bei Rheuma und Neuralgien behält ihre Berechtigung.

17.3.5 Phenylalkylamine der Banane (*Musa*-Arten)

Die etwa 200 Zuchtsorten der Banane, *Musa × paradisiaca* L. (Musaceae; siehe S. 323, Bild 17-17), sind vermutlich aus Kreuzungen von *M. acuminata* COLLA (Heimat Malaysia) und *M. balbisiana* COLLA (Heimat Indien, Burma, Sri Lanka) entstanden. Die Kulturformen sind triploid und parthenokarp, d.h. sie erzeugen ohne Bestäubung Früchte, die jedoch samenlos sind. Hinsichtlich der Verwendung unterscheidet man Obstbananen und Koch- oder Mehlbananen (Planten, Platain).

Der Gehalt der Bananenfrüchte an Adrenalin (0,05–0,1 mg/100 g in der Pulpa), Noradrenalin (0,05–1,0 mg/100 g in der Pulpa) und dem Indolylalkylamin Serotonin (Abb. 17-13, 4–10 mg/100 g in der Fruchtschale, 1,5 mg/100 g in der Pulpa bei Obstbananen, 3,0 mg/100 g bei Mehlbananen) ist gut bekannt (67, 71, 157, 248). In Westafrika werden in der Woche durchschnittlich 70–220 mg Serotonin pro Person durch Mehlbananen aufgenommen.

Das ebenfalls in Bananen vorkommende DOPamin (0,5–5,1 mg/100 g in der Pulpa, bis 100 mg/100 g in der Schale, 158) ist das Substrat der Phenoloxidasen, die für die Schwarzfärbung überlagerter Bananen verantwortlich sind.

Weitere bemerkenswerte Inhaltsstoffe der Bananenfrüchte sind die Sitoindoside (z. B. Sitosterol-3β-(6'-O-palmitoyl)-β-D-glucopyranosid und dessen Oleoylanalogon, 89).

Auch eine Reihe anderer Früchte bzw. Scheinfrüchte weisen einen hohen Serotoningehalt auf, z. B. Ananas (von *Ananas comosus* (L.) MERR., 1,7 mg/100 g), Kiwi-Früchte (von *Actinidia chinensis* PLANCH., 0,6 mg/100 g), Pflaumen (von *Prunus domestica* L., 0,4–0,6 mg/100 g) und Tomaten (von *Lycopersicon esculentum* MILL., 0,3 mg/100 g, 67). Sehr hohe Werte werden in Nüssen gefunden, z. B. bei der Butternuß (von *Juglans cinerea* L. 40 mg/100 g), bei der Walnuß (von *J. regia* L., 8,7 mg/100 g) und bei der Pekannuß (von *Carya illionensis* (WANGENH.) K. KOCH 2,9 mg/100 g, 67).

Die Phenylalkylamine der Banane und der anderen genannten Früchte werden bei gesunden Menschen nur langsam resorbiert und schnell metabolisiert, so daß die Wahrscheinlichkeit toxischer Effekte gering ist (68). Nur im Extremfall (Verzehr sehr großer Mengen oder Störungen des Abbaus z. B. durch MAO-Hemmer) können Migräne oder Blutdruckanstieg ausgelöst werden (54). Die Vermutung, daß das gehäufte Auftreten von Myokardfibrose in Uganda auf den hohen Bananenverzehr der dortigen Bevölkerung zurückzuführen ist (72), wurde bisher nicht bewiesen (67).

Für die anti-ulcerogene Wirkung von Bananen (Steigerung der Resistenz der Magenmucosa, Förderung der Heilung von Magengeschwüren, 163) sind möglicherweise die Sitoindoside verantwortlich.

Ein Extrakt aus der Bananenstaude wirkt in-vitro über eine Beeinflussung intrazellulärer Calciumspeicher neuromuskulär blockierend und führt zur Paralyse der quergestreiften Muskulatur. Er wird von einigen Pygmäenstämmen Zentral- und Südafrikas als Pfeilgift benutzt (203). Angaben über die verantwortlichen Wirkstoffe sind uns nicht bekannt.

17.3.6 Phenylalkylamine in Tiergiften

Eine Reihe von Phenylalkylaminen, die sog. Catecholamine (Abb. 17-12), wie L(–)-Noradrenalin ((R)-(–)-Noradrenalin, Levarterenol, Norepinephrin), L(–)-Adrenalin ((R)-(–)-Adrenalin, Epine-

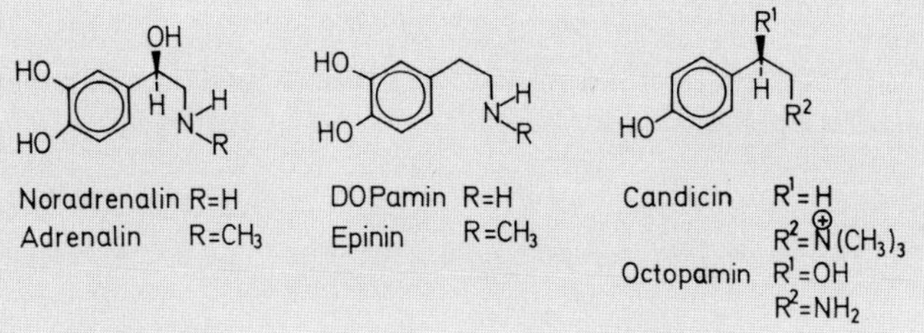

Abb. 17-12: Phenylalkylamine aus Pflanzen und Tiergiften

phrin) und DOPamin (3,4-Dihydroxy-phenylethylamin), die im tierischen und menschlichen Organismus als Neurotransmitter und Hormone dienen, kommen darüber hinaus als stark wirksame Bestandteile in Tiergiften vor.

In den Giften von Hautflüglern (Hymenoptera) werden beträchtliche Mengen dieser Verbindungen gefunden. So sind im Gift der Honigbiene (Kap. 42.5.1) bis 1,7 mg/g Noradrenalin und bis 1,4 mg/g DOPamin enthalten. Bei *Dolichovespula arenaria*, einer Faltenwespen-Art, wurden im Gift 8,4 - mg/g Noradrenalin und 2,5 mg/g DOPamin, bei *Vespula germanica*, Deutsche Wespe, dagegen kein Adrenalin und nur 0,18 mg/g DOPamin nachgewiesen (179).

Im Hautsekret einiger Kröten, z. B. bei *Bufo mauretanicus*, werden ebenfalls hohe Konzentrationen an Catecholaminen erreicht (bis 10% vom Trockengewicht, 88). Bei anderen Arten, z. B. *Bufo bufo*, Erdkröte, fehlen sie.

Neben diesen als Hormonen ubiquitär verbreiteten Verbindungen sind auch andere Phenylalkylamine Bestandteile von Tiergiften. So ist beispielsweise im Gift der Kraken (Octobrachia, 105, 124) und einiger Webespinnen (Araneae, 61) Octopamin (L-4-Hydroxy-phenylethanolamin) enthalten. Im Hautsekret von Vertretern der Froschlurche (Anura) wurden u. a. Epinin (N-Methyldopamin, bei Kröten, 156) und Candicin (bei *Leptodactylus*-Arten, Pfeiffröschen, Heimat tropisches Amerika, 156) nachgewiesen.

Beim Bienen- oder Wespenstich haben die Phenylalkylamine Anteil an der Wirkung der Gesamttoxine. Sie beeinflussen in erster Linie das Herz-Kreislauf-System und dürften u. a. für die Auslösung von Schockzuständen mitverantwortlich sein. Gemeinsam mit Serotonin und Histamin verursachen sie den sofort beim Stich auftretenden starken Schmerz.

17.4 Indolylalkylamine

17.4.1 Indolylalkylamine in Wulstlingen (*Amanita*-Arten)

Bei den *Amanita*-Arten (Amanitaceae, Wulstlingsartige) *A. citrina* (SCHAEFF.) PERS., Gelber Knollenblätterpilz (siehe S. 323, Bild 17-18), und *A. porphyria* ALB. et SCHW. ex FR., Porphyrbrauner Wulstling, die beide in Mitteleuropa weit verbreitet sind, kommt vor allem Bufotenin (Abb. 17-13, 0,1–7,5 mg/g Trockengewicht, 9, 30) neben geringen Mengen an Serotonin vor. In älteren Arbeiten wird das Auftreten weiterer Tryptaminderivate in den genannten Species beschrieben (234).

Diese Verbindungen sind möglicherweise für die leichte Toxizität der genannten *Amanita*-Arten verantwortlich. Intravenöse Zufuhr von Bufotenin (8 mg) löst beim Menschen kurzzeitige Halluzinationen und Sehstörungen aus. Bei peroraler Aufnahme dürften diese Wirkungen ausgeschlossen sein. Auch die periphere Wirksamkeit von Bufotenin ist gering (66). Trotzdem sollten Personen mit bestehender Hypertonie die Pilze meiden (241).

17.4.2 Indolylalkylamine als Wirkstoffe des Teonanacatl

Teonanacatl («Fleisch der Götter») wurde bereits vor 3500 Jahren von den Azteken bei Kulthandlungen als Rauschdroge verwendet und wird auch heute noch in Mexiko und Guatemala genutzt (Ü 109, Ü 111). Erst 1956 wurde erkannt, daß sich unter dieser Bezeichnung Blätterpilze der Gattung *Psilocybe*, Kahlkopf (Strophariaceae, Träuschlingsartige, 12 Arten werden genutzt), und eventuell *Conocybe* verbergen (108).

HOFMANN und Mitarbeitern (118) gelang es 1959, aus *Psilocybe mexicana* HEIM, *P. cubensis* (EARLE) SING. (*Stropharia cubensis* EARLE) und anderen *Psilo-*

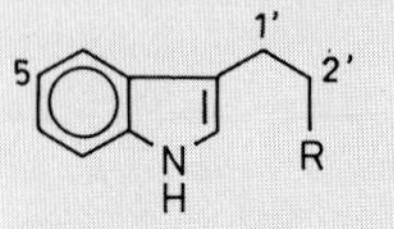

Name	Substituenten	
	5	R
Tryptamin	H	NH_2
N-Methyltryptamin	H	$NH(CH_3)$
N,N-Dimethyltryptamin	H	$N(CH_3)_2$
Serotonin	OH	NH_2
N-Methylserotonin	OH	$NH(CH_3)$
Bufotenin	OH	$N(CH_3)_2$
Bufotenidin	OH	$\overset{+}{N}(CH_3)_3$
Bufotenin-N-oxid	OH	$N(CH_3)_2O$
Bufoviridin	OSO_3^-	$\overset{+}{N}(CH_3)_3$

Abb. 17-13: Indolylalkylamine aus Pilzen, höheren Pflanzen und Tiergiften

cybe-Arten als Hauptinhaltsstoff Psilocybin (0,2–0,4%), begleitet von geringen Mengen Psilocin (Abb. 17-14), zu isolieren und die Strukturen dieser Verbindungen aufzuklären. Später wurde das strukturell ähnliche Baeocystin aus *P. baeocystis* SING. et SMITH und anderen *Psilocybe*-Arten erhalten (189). Bemerkenswert ist das Auftreten einer Hydroxylgruppe in Position 4 des Indolringsystems.

Psilocybin R = PO_3H_2
Psilocin R = H
Baeocystin

Abb. 17-14: Wirkstoffe des Teonanacatl aus *Psilocybe*-Arten

Auch in *Psilocybe*-Arten gemäßigter Klimate und in verwandten Gattungen wurden Psilocybin und Psilocin nachgewiesen (43, 50, 117, 162, 177, 182, 214). So enthielten von 20 untersuchten Pilzspecies des pazifischen nordwestlichen Amerikas sieben die genannten Verbindungen (29). Bei der Untersuchung von 61 finnischen Arten aus 30 Gattungen konnte in sieben Arten Psilocybin gefunden werden (177). Von 100 untersuchten mitteleuropäischen Arten aus 18 Gattungen waren nur drei Psilocybinbildner (214). Besonders hohe Konzentrationen wurden nachgewiesen in *P. semilanceata* (FR.) KUMM. (0,2–2,4%, 35, 82, 214, 255) und *P. cyanescens* WAKEFIELD (*P. bohemica* SEBEK, 0,2–1,3%, 83, 214). *P. semilanceata*, Spitzkegeliger Kahlkopf (siehe S. 323, Bild 17-19) und *P. cyanescens*, Blaufleckender Kahlkopf, sind auch in Mitteleuropa anzutreffen.

Neben der Gattung *Psilocybe* enthalten Vertreter der Gattungen *Gymnopilus* (Strophariaceae), *Panaeolina*, *Panaeolus* und *Psathyrella* (Coprinaceae), *Pluteus* (Pluteaceae), *Inocybe* (Cortinariaceae), *Agrocybe*, *Conocybe* und *Pholiotina* (Bolbitiaceae), *Gerronema* (Tricholomataceae) und *Hygrocybe* (Hygrophoraceae) Psilocybin (28, 29, 70, 79, 80, 81, 84, 132, 134, 177, 178, 189, 214). Davon kommen u. a. im Gebiet vor: *Gymnopilus liquiritiae* (PERS. ex FR.) KARST., Breitblättriger Flämmling, *Panaeolus subbalteatus* (BERK. et BR.) SACC., Dunkelrandiger Düngerling (bis 0,7% Psilocybin, 79), *P. cyanescens* (BERK. et BR.) SACC., Blauender Düngerling, *P. retirugis* (FR.) GILL., Runzeliger Düngerling, *Psathyrella candolleana* (FR. ex FR.) MRE., Violettblättriger Zärtling, *Inocybe aeruginascens* BABOS, Grünender Rißpilz (bis 0,4% Psilocybin), *I. calamistrata* (FR. ex FR.) GILL., Blaufüßiger Rißpilz, *I. corydalina* QUÉL., Grüngebuckelter Rißpilz, *Gerronema fibula* (BULL. ex FR.) SING., Heftel-Nabeling, und *G. swartzii* (FR ex FR.) KREISEL, Blaustieliger Nabeling (201, Ü 82).

Als «moderner» Rauschpilz wird heute *P. cubensis* in den USA illegal von den Süchtigen selbst im

Bild 17-5: *Inocybe geophylla*, Seidiger Rißpilz

Bild 17-6: *Inocybe patouillardi*, Ziegelroter Rißpilz

Bild 17-7: *Boletus luridus*, Netzstieliger Hexenröhrling

Bild 17-8: *Galega officinalis*, Echte Geißraute

Bild 17-9: *Cycas circinalis* (Palmfarn)

Bild 17-10: *Ostracion lentiginosus*, Kofferfisch

Bild 17-11: *Murex brandaris* (oben rechts), *Murex trunculus* (unten), Stachelschnecken

Bild 17-12: *Buccinum undatum*, Wellhornschnecke

Bild 17-13: *Lophophora williamsii*, Peyotl

Bild 17-14: Triebspitzen des Khatstrauches, wie sie gehandelt werden

Bild 17-15: *Ephedra distachya*

Bild 17-16: *Capsicum annuum* var. *annuum*, Spanischer Pfeffer

Bild 17-17: *Musa × paridisiaca*, Banane

Bild 17-18: *Amanita citrina*, Gelber Knollenblätterpilz

Bild 17-19: *Psilocybe semilanceata*, Spitzkegeliger Kahlkopf

Bild 17-20: *Phalaris arundinacea*, Rohr-Glanzgras

Bild 17-21: *Tamus communis*, Gemeine Schmerwurz

Bild 18-1: *Cotoneaster horizontalis*, Niedergestreckte Zwergmispel

Bild 18-2: *Pyracantha coccinea*, Feuerdorn

Bild 18-3: *Choenomeles speciosa*, Japanische Scheinquitte

Bild 18-4: *Cydonia oblonga*, Echte Quitte

Bild 18-5: *Amygdalus communis* var. *amara*, Bittere Mandel

Bild 18-6: *Laurocerasus officinalis*, Kirschlorbeer

Hause kultiviert. 1 g des frischen Pilzes enthält etwa 10 mg Psilocybin (Rauschdosis etwa 4–10 mg Psilocybin, 200, 1% Psilocybin vom Trockengewicht, 35). In Europa scheint *P. semilanceata* (FR.) KUMM. die gleiche Rolle zu spielen (214).

Psilocybin und Psilocin sind aufgrund ihrer strukturellen Ähnlichkeit mit Serotonin zum Angriff am Serotoninrezeptor befähigt. Außerdem verändern sie über die Beeinflussung von Freisetzung und Metabolismus die Serotoninkonzentration im Gehirn (11, 12, 172, 200).

4–10 mg Psilocybin führen beim Menschen nach 20–30 min zu einem tranceähnlichen Zustand, in dem ein Gefühl der Leichtigkeit und des Losgelöstseins vorherrschend ist. Es kommt zu Veränderungen des Zeit- und Raumgefühls und zu Halluzinationen. Die Desorientiertheit in Zeit und Raum kann Panikreaktionen auslösen. Die Intoxikationen dauern 5–6 h an, Depressionen können jedoch auch noch längere Zeit danach auftreten (1, 166, 200, Ü 104).

In Selbstversuchen mit *Psilocybe semilanceata, P. mairie* und reinem Psilocybin (jeweils 12–15 mg Psilocybin) beobachteten AUERT und Mitarbeiter (18) nach 30 min zunächst Kribbeln in den Händen, Schweregefühl in den Gliedern und ausgeprägte Müdigkeit. Dem folgte nach weiteren 30 min ein Gefühl des Berauschtseins, des Schwebens, der Unwirklichkeit, Leichtigkeit und Weite. Nach nochmals 30 min begann ein traumähnlicher Zustand. Die optische Wahrnehmung war in allen drei Phasen, besonders in der letzten, eindrucksvoll verändert. «Beim Schließen der Augen werden vielgestaltige, intensiv farbige Muster und Formen wahrgenommen, die sich beim Anhören von Musik potenzieren. Man hört farbig. Je nach dem Charakter der Musik erlebt man eindrucksvolle gegenstandslose Bilder von bezaubernder Farbgebung.»

Der Mißbrauch psilocybinhaltiger Pilze als Rauschmittel ist seit den 70er Jahren besonders unter Jugendlichen im Zunehmen begriffen (29, 43, 101, 136). Von 1500 amerikanischen Collegestudenten hatten 15% absichtlich von den Pilzen gegessen. Bei 13% davon wurden schwere Nebenwirkungen beobachtet (Kopfschmerzen, Bewußtlosigkeit, Panikreaktionen, 200). In Japan wurde über die akzidentelle Vergiftung von 10 Personen durch Verzehr von *P. argentipes* berichtet (166). In Mitteleuropa sind auch zufällige Vergiftungen durch psilocybinhaltige *Panaeolus*- (27, 245) und *Inocybe*-Arten (*Inocybe aeruginascens* verwechselt mit *Marasmius oreades*, 85) möglich.

Wichtigste Behandlungsmaßnahme ist die sorgfältige Überwachung der Patienten zur Vermeidung von Panikreaktionen. Erforderlichenfalls können Beruhigungsmittel gegeben werden (85, 200).

In der Psychiatrie kann Psilocybin beispielsweise zur Behandlung von Neurosen eingesetzt werden.

17.4.3 Indolylalkylamine als Bestandteile südamerikanischer Rauschdrogen

In Südamerika dienen eine Reihe von Pflanzen, die einen hohen Gehalt an N,N-Dimethyltryptamin, 5-Methoxy-N,N-dimethyltryptamin und anderen Indolylalkylaminen aufweisen, zur Herstellung berauschender Zubereitungen. Wegen der raschen Resorption der Indolylalkylamine durch die Nasenschleimhäute werden die meisten Drogen geschnupft. Zur Freisetzung der Basen setzt man den gepulverten Pflanzenteilen Pflanzenasche oder gebrannte Muschelschalen zu.

Besonders verwendet werden die gerösteten Bohnen von *Anadenanthera peregrina* (L.) SPEGAZZINI (*Piptadenia peregrina* (L.) BENTH., Mimosaceae) und das eingedampfte und gepulverte Exsudat der Kambiumschicht der Rinde einiger *Virola*-Arten, z. B. von *V. theiodora* (SPRUCE ex BENTH.) WARB., *V. calophylla* WARB. und *V. elongata* (SPRUCE ex BENTH.) WARB. (Myristicaceae). Zubereitungen aus *A. peregrina*, die als Hauptwirkstoff Bufotenin enthalten, werden im Orinokobecken unter der Bezeichnung «yopo», aus *Virola*-Arten im brasilianischen Rio-Negro-Becken, Teilen Columbiens und Venezuelas als «yakee», «yato», «epena» oder «nyakwana» benutzt. Das Exsudat der *Virola*-Arten, das 11% Tryptaminderivate, davon 8% 5-Methoxy-N,N-dimethyltryptamin, enthält, wird auch zu Kügelchen geformt und verschluckt (49, 199).

Die Blätter von *Diplopterys cabrerana* (CUATRECASAS) GATES (*Banisteriopsis rushbyana* (NDZ.) MORTON, Malpighiaceae) und die Wurzeln von *Mimosa hostilis* (MART.) BENTH. (Mimosaceae) enthalten N,N-Dimethyltryptamin (*D. cabrerana* bis 0,6%) und werden allein (*M. hostilis* als «yurema» in Ostbrasilien) oder mit *Banisteriopsis caapi* (Kap. 26.3) gemischt, zur Bereitung von berauschenden Getränken verwendet (Ü 111, 199).

Ursache für die psychotomimetische Wirkung der Tryptaminderivate ist ähnlich wie beim Psilocybin die Wechselwirkung mit serotoninergen Rezeptoren. Für verschiedene Phenyl- und Indolalkylamine konnte eine signifikante Korrelation zwischen der Affinität zu serotoninergen Rezeptoren und der Stärke der halluzinogenen Wirksamkeit festgestellt werden (94). Entsprechend der Hypothese von VAN WOERKHUM soll die halluzinogene Wirkung indi-

18. Auert, G., Doležal, V., Hauser, M., Semerdžieva, M. (1980), Z. Ärztl. Fortbild. 74: 833
19. Azema, R. C. (1979), Documents Mycologiques 10: 1
20. Barger, G., White, F. D. (1923), Biochem. J. 17: 827
21. Barthel, A., Reuter, G. (1968), Pharmazie 23: 26
22. Baxter, R. L., Crombie, L., Simmonds, D. J., Whiting, D. A. (1979), J. Chem. Soc. Perkin. Trans. I: 2972
23. Baxter, R. L., Crombie, L., Simmonds, D. J., Whiting, D. A., Szendrei, K. (1979), J. Chem. Soc. Perkin. Trans. I: 2982
24. Baxter, R. L., Crombie, L., Simmonds, D. J., Whiting, D. A., Braenden, D. J., Szendrei, K. (1979), J. Chem. Soc. Perkin. Trans. I: 2965
25. Baxter, R. L., Crombie, L., Simondson, D. J., Whiting, D. A. (1979), J. Chem. Soc. Perkin. Trans. I: 2976
26. Becker, H. (1985), Pharm. Unserer Zeit 14: 129
27. Bergner, H., Oettel, R. (1971), Mykol. Mitteilungsblatt 15: 61
28. Besl, H., Mack, P. (1984), Z. Mykol. 51: 183
29. Beug, M. W., Bigwood, J. (1982), J. Ethnopharmacol. 5: 271
30. Beutler, J. A., Der Marderosian, A. H. (1981), J. Nat. Prod. 44: 422
31. Bevan, S. J., James, I. F., Rang, H. P., Witter, J., Wood, J. N. (1987), Neurotoxins and Their Pharmacological Implications (Ed.: Jenner, P., Raven Press New York): 261
32. Bhattacharya, S. R., Sanyal, A. K., Ghosal, S. (1971), Indian J. Physiol. 25: 53
33. Bhoola, K. D., Calle, J. D., Schachter, M. (1961), J. Physiol. 159: 167
34. Bollinger, H., Eugster, C. H. (1971), Helv. Chim. Acta 54: 2704
35. Borner, S., Brenneisen, R. (1987), J. Chromatogr. 408: 402
36. Bourke, C. A., Carrignan, M. J., Dixon, R. J. (1988), Aust. Vet. J. 65: 218
37. Boylan, D. B., Scheuer, P. J. (1967), Science 155: 52
38. Brenneisen, R., Geisshüsler, S., Schorno, X. (1986), J. Pharm. Pharmacol. 38: 298
39. Brenneisen, R., Geisshüsler, S. (1985), Pharm. Acta Helv. 60: 290
40. Capasso, F., Mascolo, N., Autore, G., De Simone, F., Senatore, F. (1983), J. Ethnopharmacol. 8: 321
41. Catalfomo, P., Eugster, C. H. (1970), Helv. Chim. Acta 53: 848
42. Chilton, W. S. (1978), in: Mushroom Poisoning: Diagnosis and Treatment (Eds.: Rumack, B. H., Salzman, M. D.), CRC Press Inc., West Palm Beach, Florida: 87
43. Christiansen, A. L., Rasmussen, K. E., Hoiland, K. (1981), Planta Med. 42: 229
44. Chulia, A. J., Bernillon, J., Favre-Bonvin, J., Kaouadji, M., Arpin, N. (1988), Phytochemistry 27: 929
45. Crombie, L. (1986), Pure Appl. Chem. 58: 693
46. Crosby, M.T. (1983), in: CRC Handbook of Naturally Occurring Food Toxicants (CRC Press Boca Raton): 131
47. Dastur, D. K., Palekar, R. S. (1966), Nature 210: 841
48. De Luca, P., Moretti, A., Sabato, S., Gigliano, G. (1980), Phytochemistry 19: 2230
49. De Smet, P. A. G. M. (1985), J. Ethnopharmacol. 13: 3
50. Dolezal, V., Hauser, M., Semerdcieva, W. (1980), Z. Ärztl. Fortbild. 74: 833
51. Dornberger, K., Ihn, W., Schade, W., Tresselt, D., Zureck, A., Radios, L. (1988), Proc. 2nd Symp. New Bioactive Metabolites of Microorganisms (Gera): 128
52. Duncan, M.W., Kopin, I. J., Crowly, J. S., Jones, S. M., Markey, S. P. (1989), J. Anal. Toxicol. 13: 169
53. Duncan, M.W., Kopin, I. J., Garruto, R. M., Lavine, L., Markey, S. P. (1988), Lancet 2: 631
54. Dunne, J.W., Davidson, L., Vandongen, R., Beilin, L. J., Rogers, P. (1983), Life Sci. 33: 1511
55. Dyer, D. C., Nichols, D. E., Rusterholz, D. B., Barfknecht, C. F. (1973), Life Sci. 13: 885
56. Erspamer, V., Benati, O. (1953), Science 117: 161
57. Erspamer, V. (1961), Prog. Drug Res. 3: 151
58. Erspamer, V., Benati, O. (1953), Biochem. Z. 324: 66
59. Erspamer, V., Asero, B. (1953), J. Biol. Chem. 200: 311
60. Erspamer, V., Roseghini, M., Cei, J. M. (1964), Biochem. Pharmacol. 13: 1083
61. Erspamer, V. (1952), Nature 169: 375
62. Erspamer, V. (1952), Arzneim. Forsch. 2: 253
63. Etkind, P., Wilson, M. E., Gallagher, K., Cournoyer, J. (1987), J. Am. Med. Assn. 258: 3409
64. Eugster, C. H., Schleusener, E. (1969), Helv. Chim. Acta 52: 708
65. Eugster, C. H. (1968), Naturwissenschaften 55: 305
66. Fabing, H. D., Hawkins, J. R. (1956), Science 123: 886
67. Feldman, J. M., Lee, E. M. (1965), Am. J. Clin. Nutr. 52: 639
68. Feldman, J. M., Lee, E. M., Castleberry, C. A. (1987), J. Am. Diet. Assoc. 87: 1031
69. Fischer, B., Luethy, J., Schlatter, C. (1984), Z. Lebensm. Unters. Forsch. 179: 218
70. Fiusello, N., Ceruti Scurti, J. (1972), Allionia 18: 85
71. Foy, M., Parratt, J. R. (1960), J. Pharm. Pharmacol. 12: 360
72. Foy, F. M., Parratt, J. R. (1962), Lancet I: 942
73. Franke, S., Freimuth, U., List, P. H. (1967), Fr. Arch. Toxicol. 22: 293
74. Friedrich, U., Fischer, B., Lüthi, J., Hann, D., Schlatter, C., Würgler, E. E. (1986), Z. Lebensm. Unters. Forsch. 183: 85
75. Fugmann, B., Steglich, W. (1984), Angew. Chemie 96: 71

76. Fusetani, N., Hashimoto, K. (1987), Toxicon 25: 459
77. Gannett, P. M., Nagel, D. L., Reilly, P. J., Lawson, J., Sharpe, J. Toth, B. (1988), J. Org. Chem. 53: 1064
78. Garnier, R., Conso, F., Efthymiou, M. I., Riboulet, G., Gaultier, M. (1978), Toxicol. Eur. Res. 1: 359
79. Gartz, J. (1989), Biochem. Physiol. Pflanz. 184: 171
80. Gartz, J. (1986), Biochem. Physiol. Pflanz. 181: 275
81. Gartz, J. (1987), Planta Med. 53: 539
82. Gartz, J. (1986), Biochem. Physiol. Pflanz. 181: 117
83. Gartz, J., Müller, G. K. (1989), Biochem. Physiol. Pflanz. 184: 337
84. Gartz, J., Drewitz, G. (1985), Z. Mykol. 51: 199
85. Gartz, J., Drewitz, G. (1986), Z. Ärztl. Fortb. 80: 551
86. Geisshüsler, S., Brenneisen, R. (1987), J. Ethnopharmacol. 19: 269
87. Genest, K., Hughes, D.W., Rice, W. B. (1968), J. Pharm. Sci. 57: 331
88. Gessner, O. (1938), Handbuch der Experimentellen Pathologie, Ergänzungs-Werk Band 6, Berlin
89. Ghosal, S., Saini, K. S. (1984), J. Chem. Res. Synop. 110
90. Gigliotti, H. J., Levenberg, B. (1964), J. Biol. - Chem. 239: 2274
91. Gileva, O. S., Petrovich, Y. A. (1988), Vopr. Pitan. 9
92. Gill, M., Strauch, R. J. (1984), Z. Naturforsch. C39: 1027
93. Giusti, G.V., Carnevale, A. (1974), Arch. Toxicol. 33: 49
94. Glennon, R. A., Titeler, M., McKenney, J. D. (1984), Life Sci. 35: 2505
95. Goldberg, A. S., Duffield, A. M., Barrow, K. D. (1988), Toxicon 26: 651
96. Goldberg, A. S., Duffield, A. M., Barrow, K. D. (1988), Toxicon 26: 663
97. Goldberg, A. S., Wasylyk, J., Renna, S. (1982), Toxicon 20: 1069
98. Gomes, A., Datta, A., Sarangi, B., Kar, P. K., Lahiri, S. C. (1982), Indian. J. Med. Res. 76: 888
99. Govindarajan, V. S. (1986), CRC Crit. Rev. Food Sci. Nutr. 24: 245
100. Grue-Soerensen, G., Spenser, I. D. (1989), Can. J. Chem. 67: 998
101. Gundersen, I. (1979), T. Norge Laegeforen 99: 424
102. Haavaldsen, R., Fonnum, F. (1963), Nature 199: 286
103. Habermehl, G. (1969), Naturwissenschaften 56: 615
104. Harrison, M. K., Harris, N. D. (1985), J. Food Sci. 50: 1764
105. Hartman, W. J., Clark, W. G., Cry, S. D., Jordan, A. L., Leibhold, R. A. (1960), Ann. New York Sci. 90: 637
106. Hashimoto, J., Okaichi, T. (1960), Ann. New York Acad. Sci. 90: 667
107. Hefter, A. (1896), Ber. Dtsch. Chem. Ges. 29: 216
108. Heim, R., Wasson, R. G. (1958), Edition du Museum National d'Histor. Naturelle Paris: 129
109. Henry, A. J. (1948), Brit. J. Pharm. 3: 187
110. Herrmann, M. (1964), Mykol. Mitteilungsblatt 8: 42
111. Hikino, H., Ogata, K., Konno, C., Sato, S. (1983), Planta Med. 48: 290
112. Hikino, H., Ogata, K., Kasahara, Y., Konno, C. (1985), J. Ethnopharmacol. 13: 175
113. Hikino, H., Ogata, M., Konno, C. (1983), Planta Med. 48: 108
114. Hilbig, S., Andries, T., Steglich, W., Anke, T. (1985), Angew. Chemie 97: 1063
115. Hirono, I. (1987), in: Bioact. Mol. 2 (Ed. Hirono, I, Kodansha, Elsevier, Tokyo): 3
116. Hoffmann, G. R., Morgan, R.W. (1984), Environ. Mutagens 6: 103
117. Hofmann, A., Heim, R., Tscherter, H. (1963), C. R. hebd. Seances Acad. Sci. 257: 10
118. Hofmann, A., Heim, R., Brack, A., Kobel, H., Frey, A., Ott, H., Petrzilka, T., Troxler, F. (1959), Helv. Chim. Acta 42: 1557
119. Islam, M.W., Tariq, M., Ageel, A. M., El-Feraly, F. S. al-Meshal, I. A., Ashraf, I. (1990), Toxicology 60: 223
120. Jadot, I., Casimir, J., Renard, M. (1960), Biochem. Biophys. Acta 43: 322
121. Jang, J. J., Kim, S. H., Yun, T. K. (1989), In Vivo 3: 49
122. Jansson, T., Kristansson, B., Qirbi, A. (1988), J. Ethnopharmacol. 23: 11
123. Jaques, R., Schachter, M. (1954), Brit. J. Pharmacol. 9: 53
124. Juorio, A.V., Molinoff, P. B. (1974), J. Neurochem. 22: 271
125. Jurenitsch, J. et al. (1988), Z. Mykol. 54: 155
126. Kalix, P., Braenden, O. (1985), Pharmacol. Rev. 37: 149
127. Kalix, P. (1988), Dtsch. Apoth. Ztg. 128: 2150
128. Kasahara, V., Hikino, H. (1983), Heterocycles 20: 1953
129. Kasahara, Y., Hikino, H., Tsurufuji, S., Watanabe, M. (1985), Planta Med. 51: 325
130. Kell, V. (1989), Mykol. Mitt. Bl. 32: 5
131. Kögl, F., Cox, H. C., Salemik, C. A. (1957), Experientia 13: 137
132. Koike, Y., Wada, K., Kusano, G., Nozoe, S. (1981), J. Nat. Prot. 44: 362
133. Kopp, B., Jurenitsch, J., Wöginger, R., Haunold, E. (1983), Sci. Pharm. 51: 274
134. Kreisel, H., Lindequist, U. (1988), Z. Mykol. 54: 73
135. Kreitmair, H. (1947), Pharmazie 2: 376
136. Kristensen, L. H., Sørensen, B. H. (1988), Ugeskr. Laeger 150: 1224
137. Kristiansson, B., Ghani, N. A., Eriksson, M, Garle, M., Qirbi, A. (1987), J. Ethnopharmacol. 21: 85
138. Kubo, I., Kim, M., DeBoer, G. (1987), J. Chromatogr. 402: 354

Die Toxizität der genannten Araceae dürfte nicht auf ihrer Fähigkeit zur HCN-Abspaltung, sondern vielmehr auf ihrem Gehalt an Oxalatrhaphiden und löslichem Oxalat (Kap. 2.1.2) beruhen (33).

Die cyanogenen Glykoside von *Triglochin maritimum* L., Strand-Dreizack (Juncaginaceae, Dreizackgewächse; siehe S. 342, Bild 18-15), der auf Salzwiesen der Küstengebiete gedeiht, sind Triglochinin und Taxiphyllin (69). Die freisetzbaren HCN-Mengen sind besonders im Frühjahr relativ hoch. Sie betragen 70–140 mg/100 g, bezogen auf das Frischgewicht (64). *Triglochin*-Arten können bei Tieren, besonders bei Schafen, Vergiftungen hervorrufen (92, Ü 6).

Auch bei den Ranunculaceae, Hahnenfußgewächsen, kommen viele cyanophore Arten vor, z. B. in den Gattungen *Aquilegia*, Akelei, *Thalictrum*, Wiesenraute, und *Ranunculus*, Hahnenfuß.

Das Kraut von *Thalictrum aquilegifolium* L., Akelei-Wiesenraute (siehe S. 342, Bild 18-16), in feuchten, nährstoffreichen Hochstaudenfluren im Gebiet vorkommend, liefert 100 mg HCN/100 g, bezogen auf das Frischgewicht (124). Auch die als giftig geltenden Akelei-Arten sind cyanogen. In ihnen wurden Triglochinin und Dhurrin nachgewiesen (27). Beide Gattungen enthalten auch Isochinolinalkaloide.

Nach größeren Gaben von *Aquilegia vulgaris* L. (mehr als 20 g frische Blätter) wurden beim Menschen Krämpfe, Atemnot und Herzschwäche beobachtet (Ü 114).

18.1.8 Cyanogenese bei Gliederfüßern (Arthropoda)

Auch eine Reihe von Gliederfüßern (Arthropoda) verwendet HCN als Allomon (19, 24).

Viele Vertreter der Klasse der Myriopoda, Tausendfüßer, besitzen Wehrdrüsen, in deren Sekreten HCN neben Benzaldehyd, Mandelonitril, Mandelonitrilbenzoat und Benzoylcyanid enthalten ist (8, 20, 21, 42, 66). *Pachymerium ferrugineum*, aus der Familie der Erdläufer (Geophilidae), in Mitteleuropa an trockenen, sonnigen Stellen vorkommend, enthält bis 2,5 μg HCN pro Tier (105).

Auch in der Klasse der Hexapoda, Insekten, wird Blausäure als Wehrgift eingesetzt. Einige Käfer aus der Familie der Chrysomelidae, Blattkäfer, z. B. *Paropsis atomaria*, ein australischer Eucalyptusschädling, nutzen ebenfalls Mandelonitril als Wehrgift, das von geringen Mengen Prunasin begleitet wird (79, 80).

Die bei uns als Blutströpfchen oder Grünwidderchen bekannten Schmetterlinge (Lepidoptera) der Familie der Zygaenidae, Widderchen, z. B. *Zygaena filipendula*, Gemeines Blutströpfchen (siehe S. 342, Bild 18-17), sowie *Procris geryon*, und in Amerika beheimatete Vertreter der Gattung *Heliconius* (Nymphalidae, Edelfalter) enthalten in allen Lebensstadien die cyanogenen Glykoside Linamarin und Lotaustralin (17, 18, 24, 48, 78). Diese Verbindungen können von den Tieren aus L-Valin und L-Isoleucin gebildet werden (136). Darüber hinaus werden die Stoffe, wenn sie in der Nahrungspflanze vorkommen, aus dieser aufgenommen und im Tier akkumuliert (75).

Auch bei den Lycaenidae, Bläulingen (z. B. bei *Polyommatus icarus*, Wiesenbläuling), und Heterogynidae wurden cyanogene Arten gefunden (42, 134).

Alle cyanogenen Schmetterlinge enthalten neben Linamarin und Lotaustralin auch das neurotoxische β-Cyanoalanin, das allerdings in sehr vielen nichtcyanogenen Arten ebenfalls vorkommt (134).

Die cyanogenen Glykoside der Schmetterlinge sind in der Hämolymphe und in der Cuticula lokalisiert. Die Hämolymphe enthält auch Linamarase. Unklar ist jedoch, wie diese β-Glykosidase im intakten Insekt am Angriff auf die sie begleitenden cyanogenen Glykoside gehindert wird. Aus dem Tier entnommene Hämolymphe ist cyanogen (24, 31). Die Raupen besitzen darüber hinaus «Wehrdrüsen», aus denen bei einer Attacke durch Räuber ein an cyanogenen Glykosiden reiches Sekret abgegeben wird (80, 81).

18.2 Cyanogene Lipide

Cyanogene Cyanolipide sind unter bestimmten Bedingungen Blausäure freisetzende Monofettsäureester des 2-Hydroxy-3-methylen-butyronitrils oder Difettsäureester des 2,4-Dihydroxy-3-methylenbutyronitrils (α-Hydroxynitrile, Abb. 18-3). Neben ihnen kommen auch nichtcyanogene Cyanolipide vor (γ-Hydroxynitrile). Die Cyanolipide besitzen durchweg einen isoprenoiden Grundkörper und leiten sich vermutlich vom Leucin ab. Fettsäurekomponenten sind Arachinsäure, bei Difettsäureestern daneben noch Palmitin-, Stearin- oder Behensäure.

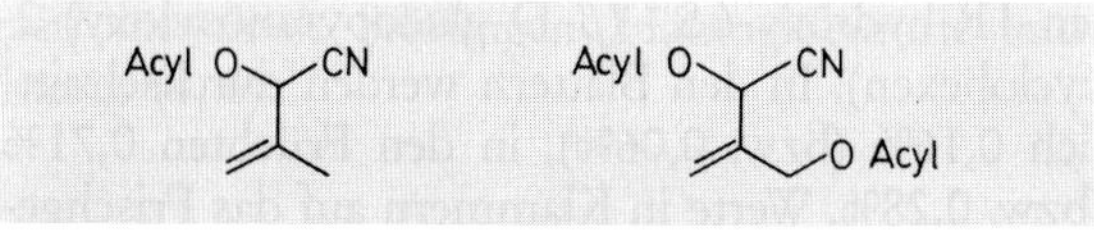

Abb. 18-3: Cyanogene Cyanolipide

Bild 18-7: *Lotus corniculatus*, Gemeiner Hornklee

Bild 18-8: *Sorghum bicolor*, Mohrenhirse

Bild 18-9: *Manihot esculenta*, Maniok

Bild 18-10: *Linum usitatissimum*, Saat-Lein

Bild 18-11: *Ilex aquifolium*, Stechpalme

Bild 18-12: *Sambucus ebulus*, Zwerg-Holunder

Bild 18-13: *Sambucus racemosa*, Roter Holunder

Bild 18-14: *Arum maculatum*, Gefleckter Aronstab

Bild 18-15: *Triglochin maritimum*, Strand-Dreizack

Bild 18-16: *Thalictrum aquilegifolium*, Akelei-Wiesenraute

Bild 18-17: *Zygaena filipendula*, Gemeines Blutströpfchen

Bild 19-1: *Alliaria petiolata*, Knoblauchsrauke

Nach enzymatischer Abspaltung des Fettsäurerestes zerfallen die Nitrile unter Freisetzung von HCN.

Cyanogene Lipide sind aus den Samenölen von Pflanzen aus der Familie der Sapindaceae bekannt, sie wurden dort z.T. in Konzentrationen über 50% gefunden. Die Sapindaceae sind in Europa nicht vertreten (109, Ü68). Nach neueren Untersuchungen wurden cyanogene Lipide auch im Samenöl von *Heliotropium*-Arten (Boraginaceae) nachgewiesen (112).

Untersuchungen über die Toxizität der cyanogenen Lipide liegen nicht vor (92).

18.3 Literatur

1. Alikaridis, F. (1987), J. Ethnopharmacol. 20: 121
2. Anonym (1983), Dtsch. Apoth. Ztg. 123: 18
3. Ardelt, B.K., Borowitz, J.L., Isom, G.E. (1989), Toxicology 56: 147
4. Baker, J.R., Faull, W.B. (1968), Vet. Rec. 82: 485
5. Ballantyne, B. (1983), in: Developments in the Sciences and Practice of Toxicology (Ed.: Hayes, A.W., Schnell, R.C., Miya, T.S.), John Wiley, Chichester: 583
6. Bismarck, R., Floehr, W. (1974), Dtsch. Tierärztl. Wschr. 81: 433
7. Blaim, H., Nowacki, E. (1979), Acta Agrobot. 32: 19
8. Blum M.S., Woodring, J.P. (1962), Science 138: 512
9. Butler, G.W. (1965), Phytochemistry 4: 127
10. Borowitz, J.L., Born, G.S., Isom, G.E. (1988), Toxicology 50: 37
11. Chen, D., Shi, D. (1982), zit.: C.A. 96: 91720f
12. Conn, E.E. (1980), Ann. Rev. Plant Physiol. 31: 433
13. Conn, E.E. (1981), in: The Biochemistry of Plants (Academic Press, New York) 7: 479
14. Conn, E.E. (1979), Int. Rev. Biochem. Biochemistry of Nutrition IA 27: 21
15. Cooke, R.D., De la Cruz, E.M. (1982), J. Sci. Food Agric. 33: 269
16. Davis, R.H., Elzubier, E.A., Craston, J.S. (1988), in: Cyanide Compounds in Biology, Ciba Foundation Symposium 140 (Eds.: Evered, D., Harnett, S.), John Wiley, Chichester: 219
17. Davis, R.H., Nahrstedt, A. (1979), Comp. Biochem. Physiol. B64: 395
18. Davis, R.H., Nahrstedt, A. (1982), Comp. Biochem. Physiol. B71: 329
19. Duffey, S.S. (1981), in: Cyanide Biology (Ed.: Vennesland, B., Conn, E.E.E., Knowles, C.J., Westley, J., Wissing, F.), Academic Press, New York: 385
20. Duffey, S.S., Blum, M.S., Fales, H.M., Evans, S.L., Roncardi, R.W., Tiemann, D.L., Nakagawa, Y. (1988), J. Chem. Ecol. 3: 101
21. Eisner, T., Eisner, H.E., Hurst, J.J., Kafatos, F.C., Meinwald, J. (1963), Science 139: 1218
22. Erb, N., Zinsmeister, H.D., Nahrstedt, A. (1981), Planta Med. 41: 84
23. Erb, N., Zinsmeister, H.D. (1979), Phytochemistry 18: 151
24. Evered, D., Harnett, S. (1988), CIBA Foundation Symp. 140 (John Wiley, Chichester)
25. Eyjolfsson, R. (1970), Fortschr. Chem. Org. Naturstoffe 28: 74
26. Fat, L.T.S. (1977), Proc. Kon. Nederl. Akad. Wetensch. Ser. C80: 227
27. Fat, L.T.S. (1979), Proc. Kon. Nederl. Akad. Wetensch. Ser. C82: 197
28. Fikenscher, L.H., Hegnauer, R., Ruijgrok, H.W.L. (1981), Planta Med. 41: 313
29. Frakes, R.A., Sharma, R:P., Willhite, C.C. (1985), Teratology 31: 241
30. Franke, G. (1975), Nutzpflanzen der Tropen und Subtropen (Hirzel Verlag, Leipzig) 2: 332
31. Franzl, S., Ackermann, I., Nahrstedt, A. (1989), Experientia 45: 712
32. Frohne, D., Pfänder, H.J. (1982), Dtsch. Apoth. Ztg. 122: 2070
33. Gerlach, K.A. (1988), Dissertation Christian Albrechts Universität Kiel
34. Gibb, M.C., Carbery, J.T., Carter, R.G., Catalinac, S. (1974), New Zealand Veterin. J. 22: 127
35. Härtling, C. (1969), Dtsch. Apoth. Ztg. 109: 1025
36. Halkier, B.A., Scheller, H.V., Moller, B.L. (1988), in: Cyanide Compounds in Biology, Ciba Foundation Symposium 140 (Eds.: Evered, D., Harnett, S.) John Wiley, Chicester: 49
37. Hegnauer, R., Fikenscher, L.H., Ruijgrok, H.W.L. (1980), Planta Med. 40: 202
38. Hegnauer, R. (1971), Pharm. Acta Helv. 46: 585
39. Holzbecher, M.D., Moss, M.A., Ellenberger, H.A. (1984), J. Toxicol. Clin. Toxicol. 22: 341
40. Hohnholz, J.H., Schmid, R. (1982), Naturw. Rdsch. 35: 95
41. Huber, P. (1911), Landw. Versuchst. 75: 462
42. Hughes, M.A., Sharif, A.L., Dunn, M.A., Oxtoby E. (1988), in: Cyanide Compounds in Biology, Ciba Foundation Symposium 140 (Ed.: Evered, D., Harnett, S.) John Wiley, Chicester: 111
43. Humbert, J.R., Tress, J.H., Meyer, E.J., Braico, K. (1977), J. Am. Med. Assoc. 238: 482
44. Jaroszewski, J.W., Fog, E. (1989), Phytochemistry 28: 1527
45. Jaspersen-Schib, R. (1984), Schweiz. Apoth. Ztg. 12: 619
46. Jefferey, J.G., Wiebe, L.I. (1971), Canad. J. Pharm. Sci. 6: 53
47. Jensen, S.R., Nielsen, B.J. (1973), Acta Chem. Scand. 27: 2661
48. Jones, D.A., Parsons, J., Rothschild, M. (1962), Nature 193: 52
49. Jones, D.A. (1988), in: Cyanide Compounds in Biology, Ciba Foundation Symposium 140 (Ed.: Evered, D., Harnett, S.) John Wiley, Chicester: 151

50. KASSNER, G., ECKELMANN, K. (1914), Arch. Pharm. 252: 402
51. KELLY, R.W., HAY, R.J.M., SHACKELL, G.H. (1979), New Zealand J. Exp. Agric. 7: 131
52. KLÖVER, E., WENDEROTH, H. (1965), Med. Klin. 60: 213
53. KNOWLES, C.J. (1976), Bacteriol. Rev. 40: 652
54. KREBS, E.T. (1970), J. Appl. Nutrit 22: 73
55. KUHN, R. (1923), Ber. Dtsch. Chem. Ges. 56: 857
56. KUROKI, G.W., POULTON, J.E. (1986), Arch. Biochem. Biophys. 247: 433
57. KUROKI, G.W., POULTON, J.E. (1987), Arch. Biochem. Biophys. 255: 19
58. KURZHALS, C., GRÜTZMACHER, H., SELMAR, D., BIEHL, B. (1989), 37. Annual Congress on Medical Plant Res., Braunschweig, Thieme-Verlag, Stuttgart: 98
59. LANCASTER, P.A., INGRAM, J.S., LUN, M.Y., COURSEY, D.G. (1982), Econ. Bot. 36: 12
60. LEHMANN, E. (1874), Pharm Ztg. für Rußland XIII: 33 u. 65
61. LUCAS, B., SOTELO, A. (1984), Nutr. Rep. Int. 29: 711
62. MACHEL, A.R., DORSETT, C.I. (1970), Econ Bot. 24: 51
63. MAJAK, W., MCDIARMID, R.E., HALL, J.W., CHENG, K.J. (1990), J. Anim. Sci. 68: 1648
64. MAJAK, W., MCDIARMID, R.E., HALL, J.W., VON RYSWYK, A.L. (1980), Canad. J. Plant Sci. 60: 1235
65. MANNING, K. (1988), in: Cyanide Compounds in Biology, Ciba Foundation Symposium 140 (Eds.: EVERED, D., HARNETT, S.) John Wiley, Chicester: 92
66. MASCHWITZ, U., LAUSCHKE, U., WÜRMLI, M. (1979), J. Chem. Ecol. 5: 901
67. MONTGOMERY, R.D. (1965), Am. J. Clin. Nutr. 17: 103
68. NAHRSTEDT, A. (1972), Phytochemistry 11: 3121
69. NAHRSTEDT, A. (1979), J. Chromatogr 177: 157
70. NAHRSTEDT, A. (1978), Dtsch. Apoth. Ztg. 118: 1105
71. NAHRSTEDT, A. (1975), Phytochemistry 14: 1870
72. NAHRSTEDT, A. (1975), Phytochemistry 14: 2627
73. NAHRSTEDT, A. (1985), Plant. Syst. Evol. 150: 35
74. NAHRSTEDT, A., WRAY, V. (1990), Phytochemistry 29: 3934
75. NAHRSTEDT, A., DAVIS, R.H. (1986), Phytochemistry 25: 2299
76. NAHRSTEDT, A. (1981), Phytochemistry 20: 1309
77. NAHRSTEDT, A. (1973), Phytochemistry 12: 1539
78. NAHRSTEDT, A., DAVIS, R.H. (1981), Comp. Biochem. Physiol. B 68: 575
79. NAHRSTEDT, A. (1987), Ann. Proc. Phytochem. Soc. Europe 213
80. NAHRSTEDT, A. (1988), in: Cyanide Compounds in Biology, Ciba Foundation Symposium 140 (Eds.: EVERED, D., HARNETT, S.) John Wiley, Chicester: 131
81. NAHRSTEDT, A. (1988), Biol. Unserer Zeit 18: 105
82. NOSINEC, I., MIKA, V. (1978), Rostl. Vyroba 24: 67
83. OGNYANOV, I., POPOV, A., IVANOVA, B., DINKOV, D., PETKOV, V., MANOLOV, P. (1979), zit.: C.A. 91: 117180d
84. OKAFOR, N. (1977), J. Appl. Bacteriol. 42: 279
85. OLAFSDOTTER, E.S., ANDERSON, J.V., JAROSZEWSKI, J.W. (1989), Phytochemistry 28: 127
86. OLOGHOBO, A.D., FETUGA, B.L., TEWE, O.O. (1984), Food Chem. 13: 117
87. ORTEGA, J.A., CREEK, J.E. (1978), J. Pediat. 93: 1059
88. PACK, W.K., RANDONAT, H.W., SCHMIDT, K. (1972), Z. Rechtsmed. 70: 53
89. PETKOV, V., MANOLOV, P., PAPARKOVA, K. (1979), Plant Med. Phytother 13: 134
90. PETKOV, V., MARKOVSKA, V. (1981), Plant Med. Phytother. 15: 172
91. PHILBRICK, D.J., HILL, D.C., ALEXANDER, J.C. (1977), Toxikol. Appl. Pharmacol. 42: 539
92. POULTON, J.E. (1983), in: Ü 57
93. POULTON, J.E. (1988), in: Cyanide Compounds in Biology, Ciba Foundation Symposium 140 (Eds.: EVERED, D., HARNETT, S.)John Wiley Chicester: 67
94. QUEISSER, J. (1966), Dtsch. Gesundh. Wesen 21: 726
95. RENNER, G. (1974), Dtsch. Med. Wochenschr. 99: 1693
96. RIEDERS, F: (1965), in: Drill's Pharmacology in Medicine (Ed.: DIPALMA, J.R., McGraw Hill, New York) 3rd Ed.: 939
97. ROBIQUET, P., BOUTRON-CHARLAND, F. (1830), Ann. Chim. Phys. 44: 352
98. ROSENTHALER, L. (1920), Ber. Pharm. Ges. 30: 13
99. ROSENTHALER, L. (1922), Ber. Pharm. Ges. 32: 240
100. RUBINS, M.J., DAVIDOFF, F. (1979), J. Am. Med. Assoc. 241: 359
101. SAYRE, J.W., KAYMAKGALAN, S. (1964), New England J. Med. 270: 1113
102. SCHEERER, G. (1947), Pharmazie 2: 519
103. SCHILCHER, H., WILKENS-SAUTER, M. (1986), Fette Seifen Anstrichmittel 88: 287
104. SCHILCHER, H. (1979), Dtsch. Apoth. Ztg. 76: 955
105. SCHILDKNECHT, H., MASCHWITZ, U., KRAUSS, D. (1968), Naturwissenschaften 55: 230
106. SCHMID, R. (1978), Naturwiss. Rdsch. 31: 380
107. SCHWIND, P., NAHRSTEDT, A., WRAY, V. (1989), 37. Annual Congress on Medicinal Plant Res., Braunschweig, Thieme-Verlag, Stuttgart: 19
108. SEIGLER, D.S. (1976), Econ. Bot. 30: 395
109. SEIGLER, D.S., KAWAHARA, W. (1976), Biochem. Syst. Ecol. 4: 263
110. SELBY, L.A., MENGES, R.W., HOUSER, E.C., FLATT, R.E., CASE, A.A. (1971), Arch. Environm. Health 22: 496
111. SHAPIRO, D.K., BICHEWAYA, S.N., RABINOVICH, I.L. (1966), Konserwnaja i Owoschtschessuschilnaja Promyschlennost 21: 32
112. SHERWANI, M.R.K., KHAN, A.U., AHMAD, I., OSMAN, S.M. (1985), J. Oil Technol. Assoc. India 17: 10
113. SINGH, J.D. (1981), Teratology 24: 289
114. SMITH, C.R., WEISLEDER, D., MILLER, R.W., PALMER I.S., OLSON, O.E. (1980), J. Org. Chem. 45: 507
115. SOMMER, W. (1984), Dissertation Albrechts-Universität Kiel
116. STOESAND, G.S., ANDERSON, J.L., LAMB, R.C. (1975), J. Food Sci. 40: 1107

117. STOSIC, D., GORUNOVIC, M., POPOVIC, B. (1987), Plant Med. Phytother 21: 8
118. SWAN, G. A. (1985), J. Chem. Soc. Perkin Trans. 1: 1757
119. SWAN, G. A. (1984), Experientia 40: 687
120. TIDWELL, R. H., BEAL, J. L., PATEL, G. D., TYE, A., PATIL, P. N. (1970), Encon. Bot. 24: 47
121. VANDERBORGHT, T. (1979), Ann. Gembloux 85: 29
122. VAN HEIJST, A. N. P., DOUZE J. M. C., VAN KESTEREN, R. G., VAN BERGEN, J. E. A. M., VAN DIJK, A. (1987), J. Toxicol. Clin. Toxicol. 25: 383
123. VAN ITALLIE, L. (1910), Arch. Pharm. 248: 251
124. VAN VALEN, F. (1978), Planta Med. 34: 408
125. VAN VALEN, F. (1979), Planta Med. 35: 141
126. VENNESLAND, B., CONN, E. E. E., KNOWLES, C. J., WESTLEY, J., WISSING, F. (1981), Cyanide in Biology (Academic Press, New York)
127. VOGEL, S. N., SULTAN, T. R., TEN EYCK, R. P. (1981), Clin. Toxicol. 18: 367
128. WESTER, D. H. (1914), Ber. Dtsch. Pharm. Ges. 24: 129
129. WILLEMS, M. (1989), Planta Med. 55: 197
130. WILLEMS, M. (1988), Phytochemistry 27: 1852
131. WILLHITE, C. C. (1982), Science 215: 1513
132. WAY, J. L., LEUNG, P., CANNON, E., MORGAN, R., TAMULINAS, C., LEONGWAY, J., BAXTER, L., NAGI, A., CHUI, C. (1988), in: Cyanide Compounds in Biology, Ciba Foundation Symposium 140 (Eds.: EVERED, D., HARNETTY, S.), John Wiley, Chichester: 232
133. WILSON, J. (1983), Fund. Appl. Toxicol. 3: 397
134. WITTHOHN, K., NAUMANN, C. M. (1987), J. Chem. Ecol. 13: 1789
135. WÖHLER, F., LIEBIG, J. (1937), Ann. Chem. 22: 1
136. WRAY, V., DAVIS, R. H., NAHRSTEDT, A. (1983), Z. Naturforsch. 38: 583
137. YEMM, R. S., POULTON, J. E. (1986), Arch. Biochem. Biophys. 247: 440
138. ZANDEE, M. (1983), Proc. K. Ned. Akad. Wet. Ser. C 86: 255

Mit Ü gekennzeichnete Zitate siehe Kap. 43.

19 Glucosinolate

19.1 Toxinologie

Glucosinolate sind C-substituierte S-(β-D-Glucopyranosyl)-methanthiohydroximsäure-O-sulfate (Abb. 19-1). Über 100 Vertreter dieser Naturstoffgruppe sind bekannt (zur Chemie: 15, 17, 21, 28).

Glucosinolate, in der älteren Literatur auch als Senfölglucoside bezeichnet, tragen entweder Trivialnamen oder semisystematische Namen. Die Trivialnamen werden, von einigen Ausnahmen abgesehen (z. B. Sinigrin, Progoitrin), aus dem Präfix Gluco-, dem Wortstamm des lateinischen Gattungsnamens (z. B. Glucotropaeolin), des Artnamens (z. B. Gluconapin) oder des Gattungs- und Artnamens (z. B. Glucobrassicanapin) der Pflanze, in dem sie zuerst nachgewiesen wurden, sowie dem Suffix -in gebildet. Die semisystematischen Namen sind aus der Bezeichnung für den Substituenten am Methanthiohydroximsäure-O-sulfatglucosid und dem Suffix -glucosinolat zusammengesetzt (z. B. p-Hydroxybenzyl-glucosinolat).

Als Substituenten (R in Abb. 19-1) kommen Alkyl-, Alkenyl-, Ketoalkyl-, Alkaryl- und ω-Methylthioalkylreste sowie deren Sulfinyl- oder Sulfonylderivate und heterocyclische Reste vor (Tabelle 19-1).

Glucosinolate sind optisch aktive, fast immer linksdrehende, wasserlösliche, nichtflüchtige Substanzen. Unter dem Einfluß starker Säuren spalten sie Hydroxylamin ab. Hydrolyse mit verdünnten Säuren oder Alkalien führt über die Nitrile zu den entsprechenden Säuren (15).

In den Pflanzen sind die Glucosinolate in der Vakuole lokalisiert. Beim Zerstören der Zellen kommen sie mit dem Enzym Myrosinase, einer Thioglucosid-glucohydrolase (E. C. 3.2.3.1., Isoenzymgemisch), in Kontakt. Die Aktivität dieses Enzyms ist vom Vorhandensein von Sulfatresten im Substrat abhängig. Einige der Isoenzyme benötigen darüber hinaus für ihre Aktivierung Ascorbat. Myrosinase ist in den glucosinolathaltigen Pflanzen in Idioblasten, den Myrosinzellen, lokalisiert (2), auch eine intrazelluläre Kompartimentierung wird angenommen (16, 26).

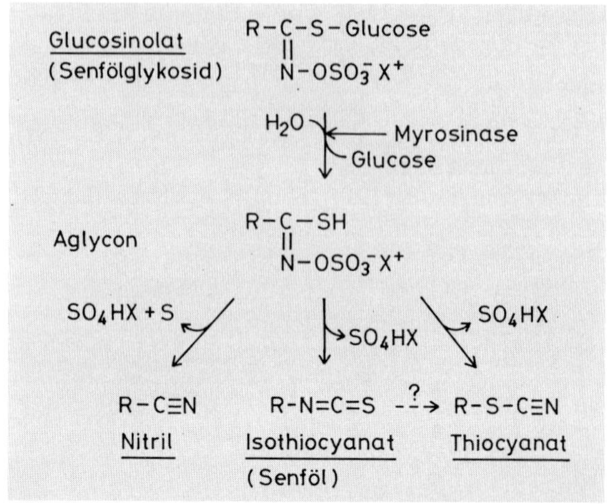

Abb. 19-1: Glucosinolate und ihre enzymatische Spaltung

Die enzymatische Hydrolyse der Glucosinolate (Abb. 19-1) führt zunächst zur Abspaltung des Glucoserestes. Das gebildete C-substituierte Methanthiohydroximsäure-O-sulfat lagert sich bei pH-Werten in der Nähe des Neutralpunktes spontan unter Abstoßung des Sulfatrestes in der Art einer LOSSEN-Umlagerung in ein N-substituiertes Isothiocyanat (sog. Senföl) um.

Unter bestimmten Bedingungen werden neben Alkylisothiocyanaten Nitrile gebildet. Die Nitrilbildung wird durch saures Milieu, niedrige Reaktionstemperatur, geringen Feuchtigkeitsgehalt, Fe^{2+}-Ionen und Thiolverbindungen, z. B. L-Cystein, begünstigt. Sie tritt bevorzugt bei frischem, nicht gelagertem oder nicht getrocknetem Pflanzenmaterial auf. Vermutlich erfolgt unter den genannten Bedingungen die Abspaltung des Schwefelatoms vom S-haltigen Hydrolyseprodukt schneller als die LOSSEN-Umlagerung. Unter natürlichen Bedingungen entstehen fast stets Gemische von Isothiocyanaten und Nitrilen (3, 8, 42, 44). Die nichtenzymatische

Spaltung beim Kochen Glucosinolate enthaltender Gemüse führt hauptsächlich zu Nitrilen (23, 38).

Die Hauptspaltprodukte der Glucosinolate, die N-substituierten Isothiocyanate (Senföle), werden entweder in Analogie zu den Glucosinolaten mit semisystematischen Namen (z. B. Allylsenföl = Allylisothiocyanat) oder mit Trivialnamen (z. B. Sulforaphen = 4-Methylsulfinyl-but-3-enyl-isothiocyanat) bezeichnet (Tab. 19-1).

Die Alkyl-, Alkenyl-, ω-Methylthioalkylisothiocyanate und Benzylisothiocyanate sind lipophile, flüssige, flüchtige, stechend riechende, haut- und schleimhautreizende Verbindungen. p-Hydroxybenzylsenföl und die ω-Methylsulfinyl- bzw. -sulfonylalkyl-isothiocyanate sind nicht flüchtig und somit geruchlos. Auch sie schmecken scharf und besitzen haut- und schleimhautreizende Wirkung.

Bei Glucosinolaten mit terminaler CH_2=CH-Gruppe erfolgt in Anwesenheit eines bestimmten Katalysatorproteins (ESP, epithiospecifier protein), das beispielsweise im Wirsingkohl vorkommt, die Umlagerung der Aglyka zu 1-Cyanoepithioalkanen (Abb. 19-2, 34).

Einige der gebildeten Isothiocyanate, z. B. das aus Glucobrassicin entstandene 3-Indolylmethyl-isothiocyanat, gehen sofort in Rhodanwasserstoffsäure und den entsprechenden Alkohol über, im vorliegenden Fall in 3-Hydroxymethyl-indol, das weitere Umsetzungsreaktionen erfahren kann (Dimerisierung unter Freisetzung von Formaldehyd oder Reaktion

Tab. 19-1: Glucosinolate (Auswahl)

Nr.	Trivialname	Semisystemat. Name	Substituent
1	Glucocapparin	Methyl-GS	CH_3-
2	Sinigrin	2-Propenyl-GS	$CH_2=CHCH_2-$
3	Gluconapin	3-Butenyl-GS	$CH_2=CH(CH_2)_2-$
4	Glucobrassicanapin	4-Pentenyl-GS	$CH_2=CH(CH_2)_3-$
5	Progoitrin	2(R)-Hydroxy-3-butenyl-GS	$CH_2=CHCHOHCH_2-$
6	Gluconapoleiferin	2-Hydroxy-4-pentenyl-GS	$CH_2=CHCH_2CHOHCH_2-$
7	Glucoiberverin	3-Methylthiopropyl-GS	$CH_3S(CH_2)_3-$
8	Glucoiberin	3-Methylsulfinylpropyl-GS	$CH_3SO(CH_2)_3-$
9	Glucocheirolin	3-Methylsulfonylpropyl-GS	$CH_3SO_2(CH_2)_3-$
10	Glucoerucin	4-Methylthiobutyl-GS	$CH_3S(CH_2)_4-$
11	Glucoraphanin	4-Methylsulfinylbutyl-GS	$CH_3SO(CH_2)_4-$
12	Glucoerysolin	4-Methylsulfonylbutyl-GS	$CH_3SO_2(CH_2)_4-$
13	–	4-Methylthio-3-butenyl-GS	$CH_3SCH=CH(CH_2)_2-$
14	Glucoberteroin	5-Methylthiopentyl-GS	$CH_3S(CH_2)_5-$
15	Glucoalyssin	5-Methylsulfinylpentyl-GS	$CH_3SO(CH_2)_5-$
16	Glucotropaeolin	Benzyl-GS	$C_6H_5CH_2-$
17	Sinalbin	p-Hydroxybenzyl-GS	$p-OHC_6H_5CH_2-$
18	Gluconasturtin	2-Phenylethyl-GS	$C_6H_5CH_2CH_2-$
19	Glucobrassicin	3-Indolylmethyl-GS	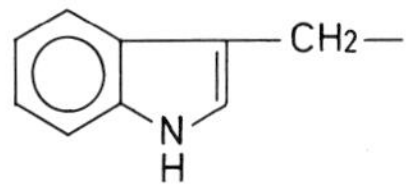
20	Neoglucobrassicin	N-Methoxy-3-indolylmethyl-GS	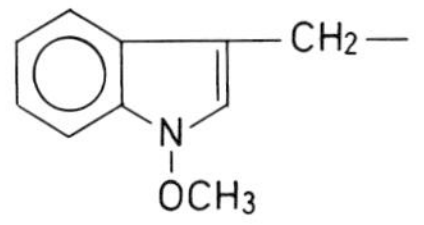
21	4-Hydroxyglucobrassicin	4-Hydroxy-3-indolylmethyl-GS	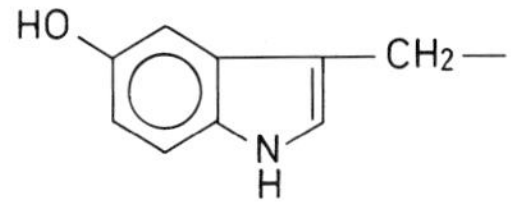
22	4-Methoxyglucobrassicin	4-Methoxy-3-indolylmethyl-GS	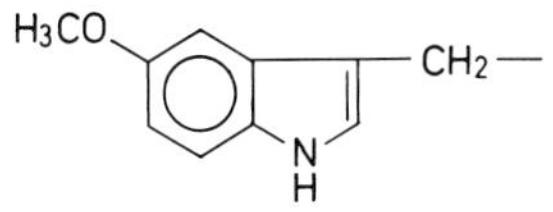

GS = Glucosinolat

mit Ascorbinsäure zu Ascorbigen, Abb. 19-3). Glucobrassicin und andere ebenfalls Rhodanwasserstoffsäure abspaltende Indolylglucosinolate, wie z. B. Neoglucobrassicin, Glucobrassicin-1-sulfonat, 1-Acetyl-glucobrassicin, 4-Hydroxy-glucobrassicin und 4-Methoxy-glucobrassicin, sind bei den Brassicaceae weit verbreitet. Glucobrassicin ist das Hauptglucosinolat der vegetativen Organe von Kohl-Arten (4—129 mg/100 g in den Blättern, bezogen auf das Frischgewicht, höchste Werte im Rosenkohl, 28). Sehr langsam wird auch p-Hydroxy-benzyl-isothiocyanat (gebildet aus Sinalbin) in p-Hydroxybenzylalkohol und Rhodanwasserstoffsäure zerlegt (16). Anders liegen die Verhältnisse beim Kochen der als Nahrungsmittel genutzten *Brassica*-Arten. Rhodanidionen treten völlig zugunsten der stark erhöhten Konzentrationen an Indolylacetonitrilen zurück (38).

Isothiocyanate mit β-Hydroxygruppe, die Thioxglucosinolate, cyclisieren spontan zu Oxazolidin-2-thionderivaten. So entsteht aus Progoitrin (Glucorapiferin) Goitrin (5-Vinyl-oxazolidin-2-thion, Abb. 19-4). Weitere Thioxglucosinolate sind bekannt (23), aber für den Menschen ohne toxikologische Bedeutung.

Die Indolylglucosinolate bzw. ihre Spaltprodukte, besonders die Indolylacetonitrile, werden neben dem Goitrin als bevorzugte Präkursoren nichtflüchtiger mutagener und carcinogener N-Nitroso-Verbindungen betrachtet, die aus in der Mundhöhle und im Magen durch bakterielle Reduktion von Nitraten gebildeten Nitriten und sekundären Aminen bzw. Amiden im Magen entstehen (24, 41).

Bei einigen Pflanzen entstehen aus den Glucosinolaten S-substituierte Thiocyanate. So bilden beispielsweise *Thlaspi*-Arten, Hellerkraut, Benzylrhodanid, und *Alliaria petiolata* (M. BIEB.) CAVARA et GRANDE, Knoblauchsrauke (siehe S. 342, Bild 19-1) Allylrhodanid (14).

Als erstes Glucosinolat wurde 1831 Sinalbin von ROBIQUET und BOUTRON (35) aus den Samen des Weißen Senfs, *Sinapis alba* L. (siehe S. 359, Bild 192) isoliert. Die Struktur konnte erst 1956

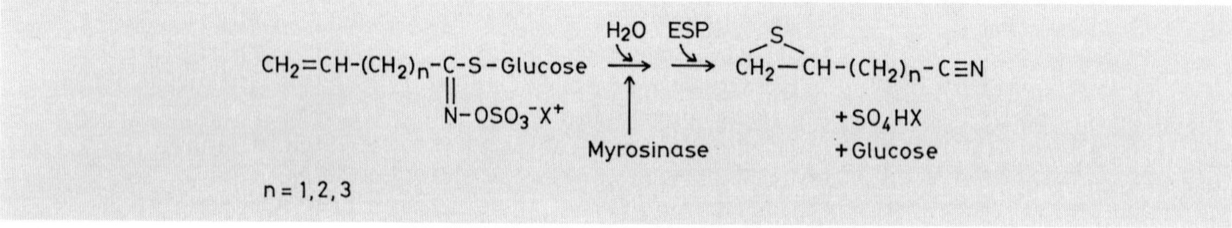

Abb. 19-2: Bildung von 1-Cyanoepithioalkanen

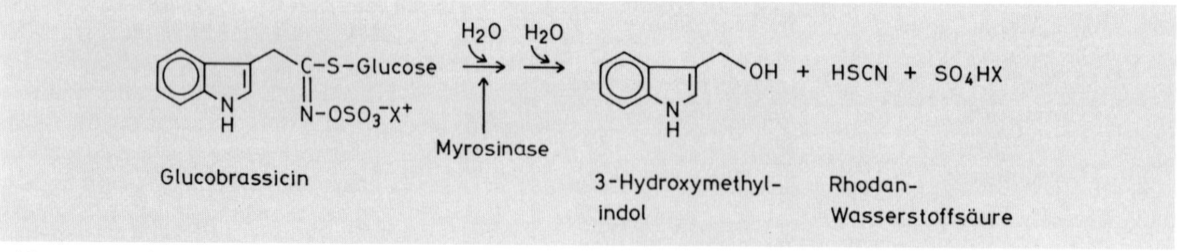

Abb. 19-3: Spaltung des Glucobrassicins

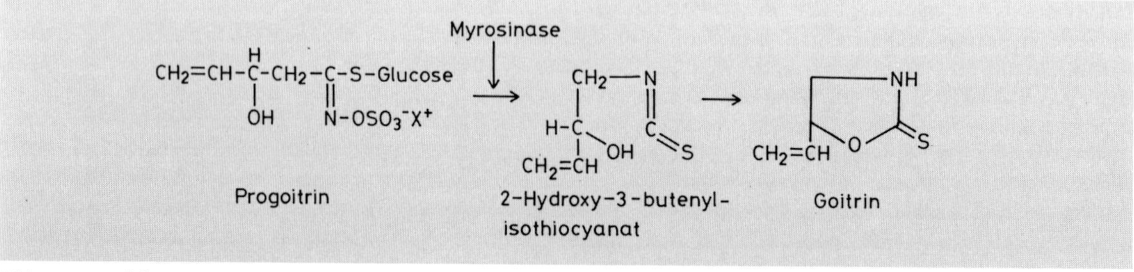

Abb. 19-4: Bildung von Oxazolidin-2-thionen

von ETTLINGER und LUNDEEN (11) endgültig aufgeklärt werden. Die Myrosinase wurde bereits 1840 durch BUSSY als ein «albuminartiger» Stoff charakterisiert und wegen ihrer Eigenschaft, Sinigrin («acide myronique») zu spalten, als «myrosyn» bezeichnet (3).

Die Biogenese der Glucosinolate erfolgt aus proteinogenen Aminosäuren oder deren Homologen. Letztere werden in Analogie zur Biosynthese des Leucins aus einer um 2 C-Atome ärmeren Aminosäure und Acetat aufgebaut (7). Zunächst entstehen durch N-Hydroxylierung und nachfolgende Decarboxylierung Aldoxime, die in Nitroverbindungen übergehen. Mit Hilfe von L-Cystein wird ein Schwefelatom eingeführt. Auf die gebildete Thiohydroximsäure werden zunächst ein Glucose- und dann ein Sulfatrest übertragen. Die Einführung der Doppelbindung der Alkenylglucosinolate geschieht durch Abspaltung von Methylmercaptan aus den als Präkursoren dienenden ω-Methylthioglucosinolaten (13, 16, 21, 23, 27, 28).

Glucosinolate wurden bisher nur bei zweikeimblättrigen Pflanzen gefunden. Bei den Brassicaceae, Kreuzblütengewächsen, Capparaceae, Kapernstrauchgewächsen, Resedaceae, Resedengewächsen, Moringaceae und Tovariaceae, die alle zu der Ordnung der Capparales, Kapernstrauchartige, gehören, kommen sie in fast allen untersuchten Arten vor. Das gleiche gilt für die Tropaeolaceae, Kapuzinerkressengewächse, die von einigen Autoren ebenfalls dieser Ordnung zugerechnet werden. Sporadisch wurden sie unter anderem auch bei Limnanthaceae, Caricaceae, Gyrostemonaceae, Salvadoraceae und Euphorbiaceae, Wolfsmilchgewächsen, gefunden (21, 22). Darüber hinaus ist das Vorkommen von Benzylglucosinolat auch in Pilzen wahrscheinlich (*Agaricus bisporus*, 25).

Sie sind in allen Teilen der Pflanzen enthalten. Besonders hohe Konzentrationen liegen in den Embryonen der Samen vor. Das Glucosinolatspektrum ist jedoch keineswegs in allen Teilen einer Pflanze gleich (18, 21).

Wegen ihres Gehaltes an scharf schmeckendem Methylisothiocyanat, das aus Glucocapparin hervorgeht, werden die Kapern als Gewürze verwendet. Kapern sind in Kochsalzlösung, Essig oder Öl konservierte Blütenknospen des im Mittelmeer heimischen Echten Kapernstrauches, *Capparis spinosa* L. (Capparaceae; siehe S. 359, Bild 19-3). Seltener werden in gleicher Weise die Blütenknospen oder unreifen Früchte der Großen Kapuzinerkresse, *Tropaeolum majus* L. (Tropaeolaceae), benutzt. Sie ist in Südamerika heimisch und wird bei uns als Zierpflanze angebaut. Ihr Hauptinhaltsstoff ist das Glucotropaeolin, das nach enzymatischer Hydrolyse Benzylisothiocyanat liefert.

Das Pulver teilweise entölter Samen verschiedener *Brassica*-Arten, z. B. von *Sinapis alba* L., Weißer Senf, *Brassica nigra* (L.) W. D. J. KOCH, Schwarzer Senf, oder *B. juncea* (L.) CZERN. ssp. *juncea*, Sarepta-Senf, wird zur Herstellung von Speisesenf, Mostrich, verwendet. Dazu wird das Pulver nach dem Mischen mit Wasser etwa 4 h zur Freisetzung der Alkylisothiocyanate eingemaischt (Dijon-Verfahren) und dann mit Essig, Speisesalz, Rohrzucker und verschiedenen Gewürzen gemischt.

Die Glucosinolate sind im Gegensatz zu ihren Spaltprodukten nach bisherigen Untersuchungen pharmakologisch weitgehend inaktiv. Ein Anteil von 200 mg Glucosinolaten/kg in der Rattennahrung über fünf Tage blieb ohne Effekt (Ü 74).

Bei den Alkylisothiocyanaten ist vor allem die haut- und schleimhautreizende Wirkung von toxikologischer Bedeutung. Sie führt bei lokaler Applikation zu einer mit Schmerzen verbundenen Hyperämie, in hohen Konzentrationen zu Entzündungen, Blasenbildung und Nekrosen. Nach Inhalation können sich Bronchitis, Pneumonie und Lungenödem entwickeln. An den Augen bewirken die Senföle Schäden der Hornhaut. Nach peroraler Aufnahme reiner Senföle oder konzentrierter Lösungen kommt es zu Schmerzen in Mund und Rachen, starker Gastroenteritis und resorptiv zu Störungen der Herz- und Atemtätigkeit. Es besteht Kollapsgefahr. Aufgrund der Ausscheidung über die Nieren können als Folgeerscheinungen Albuminurie und Hämaturie auftreten. Die LD_{50} der Alkylisothiocyanate beträgt bei Ratten ca. 100 mg/kg (Ü 74).

Widersprüchlich (durch unterschiedlichen Metabolismus?) sind die Angaben über mutagene Effekte der Alkylisothiocyanate. Während Allylisothiocyanat in einigen Stämmen von *Salmonella typhimurium* mutagen wirksam ist (32), läßt sich dieser Effekt in anderen Testsystemen nicht bestätigen (16). Auch über im Tierversuch nachweisbare embryotoxische und carcinogene Effekte von Allylisothiocyanat wird berichtet. Verantwortlicher Metabolit soll N-Acetyl-S-(N-(2-propenyl)thiocarbamoyl)-L-cystein sein (16, 31).

Darüber hinaus besitzen Isothiocyanate antimikrobielle und insecticide Eigenschaften. Benzylisothiocyanat wird therapeutisch bei Infektionen der Atem- und Harnwege eingesetzt (31).

Nitrile sind die am stärksten toxischen Spaltprodukte. Sie wirken hepato- und nephrotoxisch und führen im Tierversuch zu Lebervergrößerung, Gallengangshyperplasie, Fibrose der Hepatocyten, tubulärer epithelialer Karyomegalie und akutem Nierenversagen. Die LD_{50} der Nitrile liegt für Mäuse zwischen 170 und 240 mg/kg (42).

Cyanoepithioalkane zeigen bei Ratten embryotoxische Wirksamkeit. Die LD_{50} von 1-Cyano-2-hydroxy-3,4-epithiobutan beträgt bei Mäusen 178 mg/kg (16).

Große Aufmerksamkeit erregten in letzter Zeit die Indolylglucosinolate, besonders Glucobrassicin, und ihre Spaltprodukte. Sie induzieren mischfunktionelle Oxygenasen, z. B. eine Arylkohlenwasserstoff-Hydroxylase, beschleunigen damit den Abbau bestimmter Carcinogene und hemmen die chemische Carcinogenese. Im AMES-Test zeigen die Indolyl- und Hydroxymethylindolylglucosinolate antimutagene Effekte. Sie werden für die anticarcinogene Wirkung von Kohl verantwortlich gemacht (1, 28, 29, 38). Der territorial unterschiedliche Einfluß einer Ernährung mit Kohl auf die Tumor-Inzidenz in der Bevölkerung hängt somit eventuell von den Verzehrgewohnheiten ab (39).

Oxazolidinthionderivate hemmen die Oxidation des Iodids zum Iod, stören damit die Biosynthese der Schilddrüsenhormone und sind strumigen wirksam. Tägliche Zufuhr von 5 mg Goitrin/kg (21 d) an Ratten führt zur Kropfentstehung. Die Verbindungen können die Plazenta passieren (fetale Goitrogene) und in der Milch akkumulieren. Iodzufuhr kann die strumigene Wirkung nicht verhindern (16, 42, 46). Über die Thioamidgruppe ist Goitrin zur Wechselwirkung mit Kupferionen befähigt. Es hemmt Cu-benötigende Enzyme, z. B. die DOPamin-β-hydroxylase, und beeinflußt somit den Catecholaminspiegel (1). Die akute Toxizität der Oxazolidinthionderivate ist, abgesehen von einer durch sie ausgelösten Lebervergrößerung bei Ratten, gering. Die LD_{50} von Goitrin beträgt 1260–1400 mg/kg, Maus (42). Oxazolidinthionderivate führen bei Vögeln zu Störungen des Trimethylamin-Stoffwechsels. Daraus resultieren u. a. reduzierte Eigröße und Legeeffizienz sowie Gewichtsabnahme bei Kücken (16).

Die Thiocyanate, die Salze der Rhodanwasserstoffsäure, üben vielfältige Effekte aus. Sie wirken u. a. immunstimulierend, antihypertensiv und antimikrobiell. Aus toxikologischer Sicht ist ihre thyreostatische und strumigene Aktivität von Bedeutung. Sie beruht in erster Linie auf einer kompetitiven Hemmung der Iodanreicherung in der Schilddrüse, sie tritt nur bei Ioddefizit auf und kann durch Iodzufuhr behoben werden (23). Zur Hemmung der Radioiodaufnahme beim Menschen ist eine Einzeldosis von 200–1000 mg erforderlich (16). Bei Ratten wurde eine fördernde Wirkung von Kaliumthiocyanat auf die Entwicklung von Schilddrüsentumoren festgestellt (19).

19.2 Spaltprodukte der Glucosinolate als mögliche Giftstoffe der Kreuzblütengewächse (Brassicaceae)

Die Brassicaceae, Kreuzblütengewächse, denen etwa 3000 Arten angehören, sind einjährige, zweijährige oder ausdauernde Kräuter, nur sehr selten auch Halbsträucher oder Sträucher. Etwa 70 Gattungen dieser Familie, vertreten durch 150 Arten, kommen in Mitteleuropa vor. Weitere Arten werden als Nutz- oder Zierpflanzen kultiviert.

Die Kreuzblütengewächse besitzen zwittrige, radiäre Blüten mit 4 Kelch- und 4 Kronblättern sowie mit meistens 2 kurzen äußeren und 4 längeren inneren Staubblättern. Der Fruchtknoten ist gewöhnlich oberständig. Die Blüten stehen in Trauben. Die Früchte sind Schoten, Schötchen oder einsamige Nüsse.

Stark toxische Sekundärstoffe treten bei den Kreuzblütengewächsen selten auf. Bereits erwähnt wurden die Cardenolidglykoside (Kap. 12.2.2.8 und 12.2.2.9) und Cucurbitacine (Kap. 10.3.1), die sporadisch bei einzelnen Gattungen zu finden sind. Obwohl die Glucosinolate wahrscheinlich bei allen Arten vorkommen (12), sind Vergiftungen des Menschen durch ihre Spaltprodukte nicht häufig. Nur bei Aufnahme größerer Mengen an Pflanzenmaterial bzw. bei sich ständig wiederholendem Genuß, sind Schädigungen zu befürchten. Die wildwachsenden Brassicaceae bieten für den Menschen keinen Anreiz zum Verzehr, weil ihnen ansehnliche Früchte, wohlschmeckende Samen und große unterirdische Speicherorgane fehlen. Deshalb kommen nur die als Nahrungs- und Genußmittel kultivierten Arten als potentielle Vergiftungsquellen in Betracht. Eine Übersicht über die in diesen Kulturpflanzen vorkommenden Glucosinolate gibt Tabelle 19-2. Die Menge der bei *Brassica oleracea*-Varietäten, Kohl, gefundenen Spaltprodukte zeigt Tabelle 19-3 (*Brassica oleracea* var. *gemmifera* siehe S. 359, Bild 19-4).

Die in den Tabellen 19-2 und 19-3 angegebenen Zahlen sind als Orientierungswerte zu betrachten. Die Gesamtmenge an Glucosinolaten und die Relationen der einzelnen Glucosinolate zueinander sind stark von der Sorte, dem Entwicklungszustand der Pflanze und den Umweltbedingungen abhängig.

Aus Tabelle 19-2 geht hervor, daß akute Vergiftungen nur durch Samen von Senf (siehe S. 359, Bild 19-5), Raps und Rübsen und durch Wurzeln des Meerrettichs möglich sind, die in großen Mengen stark reizende Alkylisothiocyanate bilden. Chronische Intoxikationen sind durch Kohl-Arten denkbar, die viel Glucobrassicin als Rhodanidbildner enthalten (Ta-

Tab. 19-2: Glucosinolate in kultivierten Kreuzblütengewächsen (Brassicaceae) (4, 5, 16, 18, 21, 38, 39, 40, 42, 43, 44)

Pflanze lateinische Bezeichnung	deutsche Bezeichnung	Organ	Glucosinolatgehalt (mg/100 g Frischgewicht)	Glucosinolate
Brassica oleracea L.				
convar. *fruticosa* (METZG.) ALEF.				
var. *gemmifera* DC.	Rosenkohl	Blatt	145– 390	**2, 3, 5, 8,** 10, 11, **19, 20,** 21
convar. *acephala* (DC.) ALEF.				
var. *sabellica* L.	Grün- oder Braunkohl	Blatt	40	2, **8, 19,** 20
convar. *caulocarpa* (DC.) ALEF.				
var. *gongylodes* L.	Kohlrabi	Stamm	20	2, 7, 8, **10,** 11, 18, **19,** 20
convar. *capitata* (L.) ALEF.				
var. *sabauda* L.	Wirsing, Welschkohl	Blatt	120– 295	**2,** 3, 6, **8,** 11, 12, 16, 17, 18, **19,** 20
var. *capitata* L. f. *alba*	Weißkohl	Blatt	36– 275	**2,** 3, 5, 6, 8, 11, 12, 16, 17, 18, **19,** 20
var. *capitata* L. f. *rubra*	Rotkohl	Blatt	70	2, 3, 6, 8, **11,** 12, 16, 17,, 18, **19,** 20
convar. *botrytis* (L.) ALEF.				
var. *italica* PLENCK	Spargelkohl, Brokkoli	Blatt	30– 60	3, **4, 5,** 8, 10, **11,** 18, **19,** 21
var. *botrytis* L.	Blumenkohl	Haupt	15– 210	**2,** 7, **8,** 10, **19,** 20
Brassica rapa L.				
ssp. *oleifera* (DC.) METZG.	Rübsen	Samen	6000–8000	3, 4, 5, 7, 15, 18
ssp. *rapa*	Weiße Rübe	Wurzel		12, 13, 14
Brassica napus L.				
ssp. *napus*	Raps	Samen	500–6500	**3,** 4, **5,** 6, 7, 15, 17, 18, 19, **21**
ssp. *rapifera* METZG.	Kohlrübe	Wurzel	40– 165	**3, 5, 4,** 10, 14, **18,** 19, **20, 21**
Brassica nigra (L.) KOCH	Schwarzer Senf	Samen	1000–5000	**2,** 21
Sinapis alba L. ssp. *alba*	Weißer Senf	Samen	2500	**17**
Rhaphanus sativus L.				
var. *niger* (MILL.) KERNER	Rettich	Wurzel	50– 100	2, 11, **13,** 19
var. *sativus*	Radieschen	Wurzel	35– 100	2, 11, **13,** 19
Armoracia rusticana GAERTN.	Meerrettich	Wurzel	600– 800	**2,** 18

Erläuterung der Nummern der Glucosinolate siehe Tab. 19-1.
Fettgedruckte Nummern kennzeichnen in hohen Konzentrationen vorkommende Glucosinolate.

Tab. 19-3: Gehalt der Hauptkomponenten der Glucosinolate einiger *Brassica*-Arten (Mittelwerte aus 4, 16, 39, 40)

Pflanze	Pflanzenteil	Gehalt (mg/100 g Frischgewicht)
Weißkohl	Blatt	Glucobrassicin 34, Sinigrin 27, Glucoiberin 38, Progoitrin 4
Rotkohl	Blatt	Glucoraphanin 27, Glucobrassicin 24, Glucoiberin 8
Wirsingkohl	Blatt	Glucoiberin 53, Glucobrassicin 53, Sinigrin 31, Progoitrin 8
Brokkoli	Blatt	Glucoraphanin 15, Glucobrassicin 13, Progoitrin 5, 4-Hydroxy-3-indolylmethyl-glucosinolat 5
Blumenkohl	Haupt	Glucoiberin 17, Glucobrassicin 15, Sinigrin 9, Neoglucobrassicin 5, 4-Hydroxy-3-indolylmethyl-glucosinolat 1
Rosenkohl	Blatt	Glucobrassicin 65, Sinigrin 62, Glucoiberin 35, Progoitrin 32, Gluconapin 17, Neoglucobrassicin 11, 4-Hydroxy-3-indolyl-methyl-glucosinolat 4
Kohlrübe	Wurzel	Progoitrin 37, Gluconasturtin 10, Neoglucobrassicin 10; Glucoberteroin 7, Glucoerucin 5, Glucobrassicin 5
Kohlrabi	Stamm	Glucoerucin 15, Glucobrassicin 8, Glucorhaphanin 4

belle 19-3). Dabei ist jedoch zu berücksichtigen, daß beim Kochen die Bildung von Rhodaniden zugunsten der von Nitrilen zurücktritt. Progoitrin ist nur im Rosenkohl in bedenklichen Mengen enthalten. Wahrscheinlich wird jedoch auch hier beim Kochen die Goitrinbildung durch die Zerstörung der Myrosinase weitgehend unterbunden. Anders liegen die Verhältnisse bei der Ernährung der Wiederkäuer mit dem Kraut von Brassicaceae und den proteinreichen Preßrückständen der Ölgewinnung aus den Samen von Raps, Rübsen oder Senf. Von toxikologischer Bedeutung für den Menschen ist das Auftreten von Goitrin in der Milch von mit Kohl gefütterten Rindern.

Ob das S-Methylcysteinsulfoxid, das in *Brassica*-Arten, z. B. in Kohlrüben, vorkommt, den Menschen schädigen kann, ist noch unklar. Bei Tieren führt es zu Anämie (45).

Akute Intoxikationen des Menschen wurden bisher nur nach übermäßigem Verzehr von Senf oder mißbräuchlicher Anwendung von Senfölzubereitungen als Abortivum beobachtet. Bei empfindlichen Personen und Kindern können nach Genuß von Meerrettich oder Rettich Reizerscheinungen der Verdauungswege auftreten. Intensive äußerliche Anwendung von Senfpflastern, Senfwickeln o. ä. kann auf der Haut Blasenbildung auslösen.

Bei Tieren führt Aufnahme größerer Mengen glucosinolathaltiger Pflanzen zu reduzierter Futteraufnahme, Gewichtsverlust, Entzündungen von Verdauungsorganen und Nieren, Durchfall und Koliken (33, Ü 40). Die Milch der Tiere nimmt einen scharfen und kratzenden Geschmack an.

Von 220 tragenden Kühen, deren Futter zu fast 100% aus *Thlaspi arvense* bestand (250 mg Allylisothiocyanat wurden aus 100 g Pflanzenmaterial freigesetzt), erkrankten 100 innerhalb von 4 h an Schmerzen und Koliken, vier erlitten Aborte. Acht Kühe starben innerhalb von fünf Tagen. Bei ihnen wurden massive Ödeme in der Magenwandung nachgewiesen. Zur Behandlung der Vergiftungen mit Allylisothiocyanat wird Piperazin, das eine Bindung mit dem Senföl eingeht, empfohlen (34). In Westkanada wurde in jüngster Zeit über Vergiftungen von Weidetieren mit den Samen von *Brassica juncea* berichtet (20).

Chronische Vergiftungen sind bei Menschen und Tieren durch Kropfbildung gekennzeichnet. Sie erfolgt bei der üblichen täglichen Iodaufnahme von etwa 100 μg erst bei regelmäßiger Zufuhr von 300 mg Rhodanidionen/d (in etwa 1,5 kg frischem Wirsingkohl enthalten) über einen längeren Zeitraum (37). Diese Mengen werden auch bei Genuß der Milch von Tieren, die *Brassica*-Arten gefressen hatten, nicht erreicht (37, 44). 28tägige Aufnahme des progoitrinreichen Rosenkohls hatte beim Menschen keinen Effekt auf die Schilddrüse (60). Bei normalem Konsum von Gemüse-Kohl und ausreichendem Iodangebot in der Nahrung sind daher beim Menschen keine chronischen Vergiftungen zu erwarten. Sie wurden nur in Notzeiten, wo Kohl den Hauptbestandteil der Nahrung ausmachte, z. B. in Belgien während des 2. Weltkrieges, beobachtet (1). In Finnland wird die hohe Kropfinzidenz in einigen Regionen zumindest teilweise mit dem hohen Gehalt der Kuhmilch an Goitrin (50–100 μg/l) erklärt (40, 42). Bei Tieren macht sich die strumigene Wirkung nur bemerkbar, wenn Kohl den Hauptbestandteil des Futters darstellt (6). Das carcinogene Risiko durch möglicherweise entstehende N-Nitroverbindungen ist nicht abschätzbar.

Die Behandlung der durch Alkylisothiocyanate verursachten akuten Intoxikationserscheinungen muß symptomatisch erfolgen. Zur Vermeidung chronischer Effekte auch bei Tieren wird zunehmend versucht, glucosinolatfreie Sorten von Raps, Rübsen usw. zu züchten.

Therapeutisch werden die antibiotischen, verdauungsfördernden und hautreizenden Eigenschaften der Senföle aus *Brassica nigra, Sinapis alba* und *Tropaeolum majus* genutzt (Ü 70). Wäßrige Extrakte aus *Capparis spinosa* zeigen antihepatotoxische Effekte (10).

19.3 Literatur

1. Albert-Puleo, M. (1983), J. Ethnopharmacol. 9: 261
2. Bones, A., Iversen, T. H. (1985), Isr. J. Bot. 34: 3521
3. Bussy, A. (1840), J. Pharm. 27: 464
4. Carlson, D. G., Daxenbichler, M. E., van Etten, C. H., Kwolek, W. F., Williams, P. H. (1987), J. Am. Soc. Hortic. Sci. 112: 173
5. Carlson, D. G., Daxenbichler, M. E., van Etten, C. H., Hill, C. B., Williams, P. H. (1985), J. Am. Soc. Hortic. Sci. 110: 634
6. Chesney, A. M., Clawson, T. A., Webster, B. (1928), Bull. John Hopkins Hosp. 43: 261
7. Chisholm, M. D., Wetter, L. R. (1964), Can. J. Biochem. 42: 1033
8. Cole, R. A. (1975), Phytochemistry 14: 2293
9. Delange, F. (1988), Ann. Endocrinol. 49: 302
10. El Tanbouly, N., Joyeuse, M., Hanna, S., Fleurentin, J., El Alfy, T., Anton, R. (1988), 36. Ann. Congr. Med. Plant Res., Freiburg, Thieme Verlag Stuttgart: 28

11. Ettlinger, M.G., Lundeen, A.J. (1956), J. Am. Chem. Soc. 78: 4172
12. Fursa, N.S., Belyaeva, L.E., Avetisyan, V.E. (1986), Rastit Resur 22: 449
13. Glover, J.R., Chapple, C.C., Rothwell, S., Tober, I., Ellis, B.E. (1988), Phytochemistry 27: 1345
14. Gmelin, R., Virtanen, A.I. (1959), Acta Chem. Scand. 13: 1474
15. Gmelin, R. (1969), Präparat Pharm. 2: 17
16. Heaney, R.K., Fenwick, G.R. (1987), in: Natural Toxicants in Food Progress and Prospects (Ed.: Watson, D.H.), Ellis Horward, Chicester, Engl.: 76
17. Hiller, K., Friedrich, E. (1974), Pharmazie 29: 787
18. Josefsson, E. (1967), Phytochemistry 6: 1617
19. Kanno, J., Matsuoka, C., Furuta, K., Onodera, H., Miyajima, H., Maekawa, A., Hayashi, Y. (1990), Toxicol. Pathology 18: 239
20. Kernaleguen, A., Smith, R.A. (1989), Can. Vet. J. 30: 524
21. Kjaer, A. (1960), Fortschr. Chem. Org. Naturstoffe 18: 122
22. Kjaer, A. (1974), in: Chemistry in Botanical Classification (Eds.: Bendz, G., Santesson, J.), Academic Press, London: 229
23. Langer, P. (1983), CRC Handb. Nat. Occurring Food Toxicants (Ed.: Rechnagl, M.Jr.), CRC, Boca Raton Fla.: 101
24. Lüthy, J., Carden, B., Friedrich, U., Bachmann, M. (1984), Experientia 40: 452
25. MacLeod, A.J., Panachasara, S.D. (1983), Phytochemistry 22: 705
26. Matile, P. (1980), Biochem. Physiol. Pflanzen 175: 722
27. Matsou, M., Yamazaki, M. (1968), Chem. Pharm. Bull. 16: 1034
28. McDanell, R., McLean, A.E.M., Hanley, A.B., Heaney, R.K., Fenwick, G.R. (1988), Food Chem. Toxicol. 26: 59
29. McDanell, R., McLean, A.E.M., Hanley, A.B., Heaney, R.K., Fenwick, G.R. (1989), Food Chem. Toxicol. 27: 289
30. McMillan, M., Spinks, E.A., Fenwick, G.R. (1986), Hum. Toxicol. 5: 15
31. Mennicke, W.H., Goerler, K., Krumbiegel, G., Lorenz, D., Rittmann, N. (1988), Xenobiotica 18: 441
32. Neudecker, T., Henschler, D. (1985), Mutat. Res. 156: 33
33. Nugon-Baudon, L., Rabot, S., Szylit, O., Raibaud, P. (1990), Xenobiotica 20: 223
34. Petrosky, R.J., Tookey, H.L. (1983), Phytochemistry 21: 1903
35. Robiquet, P.J., Boutron, F. (1831), J. Pharm. Chim. 17: 279
36. Saarivirta, N., Kreula, M. (1982), in: Medizinische und biologische Bedeutung der Thiocyanate (Ed.: Weuffen, W.), Verlag Volk und Gesundheit, Berlin: 221
37. Sang, J.P., Minchinton, I.R., Johnstone, P.K., Truscott, R.J.W. (1984), Can. J. Plant Sci. 64: 77
38. Slominski, B.A., Campbell, L.D. (1989), J. Agric. Food Chem. 37: 1297
39. Smith, R.A., Crowe, S.P. (1987), Vet. Hum. Toxicol. 29: 155
40. Sones, K., Heaney, R.K., Fenwick, G.R. (1984), J. Sci. Food Agric. 35: 712
41. Tiedink, H.G.M., Davies, J.A.R., van Broekhoven, L.W., van der Kamp, H.J., Jongen, W.M.F. (1988), Food Chem. Toxicol. 26: 947
42. van Etten, C.H., Tookey, H.L. (1948), in: Effects of Poisonous Plants on Livestock (Eds.: Keeler, R.F., van Kampen, K.R., James, L.F.), Academic Press, New York: 507
43. van Etten, C.H., Daxenbichler, M.E., Tookey, H.L., Kwolek, W.F., Williams, P.H., Yoder, O.C. (1980), J. Am. Soc. Hortic. Sci. 105: 710
44. van Etten, C.H., Daxenbichler, M.E., Wolff, I.A. (1969), J. Agric. Food Chem. 17: 483
45. Whittle, P.J., Smith, R.H., McIntosh, A. (1976), J. Sci. Food Agric. 27: 633
46. Zwergal, A. (1952), Pharmazie 7: 93

Mit Ü gekennzeichnete Zitate siehe Kap. 43.

20 Aliphatische Nitroverbindungen

20.1 Toxinologie

Aliphatische Nitroverbindungen sind bei den höheren Pflanzen u. a. durch 3-Nitropropionsäure, 3-Nitropropanol und deren Derivate vertreten. 3-Nitropropionsäure (Hiptagensäure, Bovinocidin) kommt nur in geringen Mengen frei vor. Sie ist meistens esterartig an D-Glucose gebunden. 3-Nitropropanol wird entweder frei oder als Glucosid, Gentiobiosid, Allolactosid oder Laminaribiosid gefunden.

Als erstes Nitropropionsäurederivat wurde von SKEY 1873 das Karakin aus den Kernen der Karakabeeren isoliert (18). Karakabeeren sind die Steinfrüchte von *Corynocarpus laevigatus* J. R. et G. FORST. (Corynocarpaceae), einem in Neuseeland beheimateten Strauch. Sie wurden früher von den Maori als wichtiges Nahrungsmittel genutzt.

Das erste strukturell charakterisierte Nitropropionsäurederivat war das Hiptagin. Es wurde aus der Wurzelrinde von *Hiptage madablota* GAERTN. (Malpighiaceae) von GOSTER 1920 in einer Ausbeute von 8% erhalten (7). Bei Hydrolyse ging es in Glucose und Hiptagensäure über. Letztere wurde 1949 von CARTER und MC CHESNEY (5) als 3-Nitropropionsäure erkannt. Hiptagin wurde als 1,2,4,6-Tetra-O-(3-nitropropanoyl)-β-D-glucopyranosid identifiziert.

Nitroderivate kommen weiterhin im März-Veilchen, *Viola odorata* L. (Violaceae, Veilchengewächse, 0,01–0,02% Nitropropionsäure in der Wurzel, 16), und in einigen Fabaceae vor, darunter *Coronilla varia*, *Indigofera endecaphylla* und *Astragalus*-Arten.

Coronilla varia L., Bunte Kronwicke (siehe S. 359, Bild 201), gedeiht besonders im Süden des Gebiets auf Trockenrasen (Kap. 12.2.2.7), wird aber auch als Futterpflanze und z. B. in den USA zur Befestigung von Kippen und Autobahnrändern angebaut. Sie enthält neben herzwirksamen Steroiden die Nitroverbindungen 6-(3-Nitropropanoyl)-D-glucose (bis 2% im Kraut), Cibarian (bis 2,6%), Coronarian, Coronillin, Karakin und Corollin. Der Gehalt an Nitroverbindungen entspricht 20 mg NO_2/g in den Blüten und 12 mg/g in den Blättern, die Samen sind frei von Nitroverbindungen (Abb. 20-1, 8, 14, 15, 19).

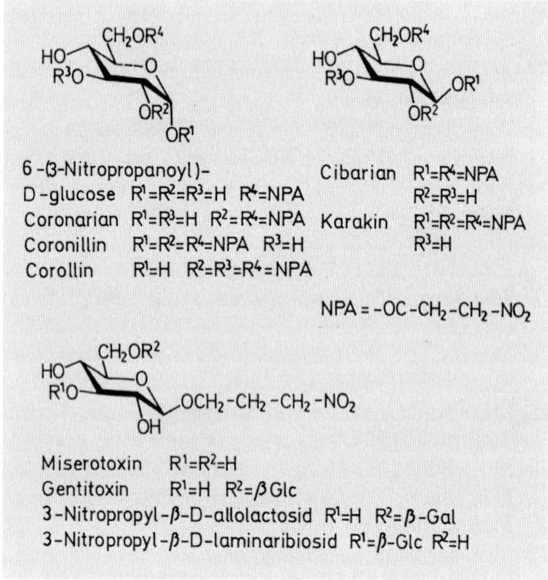

Abb. 20-1: Nitropropanoyl- und Nitropropylderivate

Ebenfalls gut untersucht sind die Nitroverbindungen von *Indigofera spicata* FORSK. (*I. endecaphylla* JACQ.), die als Endecaphylline bezeichnet werden. *I. spicata* kommt im tropischen Afrika beiderseits des Regenwaldgürtels vor. In tropischen Teilen Asiens und Amerikas ist sie eingebürgert. Ihr Anbau dient der Gründüngung und der Bodenbedeckung in Tee- und Kaffeeplantagen. Die Endecaphylline sind ebenfalls Nitropropionsäureester der Glucose. Endecaphyllin A, A_1, A_2, B, B_1 und C sind Triester, C_1, D und E Diester, X ist ein Tetraester. Sie sind sicherlich teilweise mit den Nitroverbindungen aus *C. varia* identisch (6). Aus *I. suffructicosa* MILL., im tropischen Amerika beheimatet, früher zur Gewinnung von Indigo, heute zu gleichen Zwecken wie *I. spicata* kultiviert, wurde 2,3,4,6-Tetra(3-nitropropanoyl)-α-D-glucose isoliert.

In 150 von 1624 untersuchten *Astragalus*-Arten der alten Welt wurden Nitroverbindungen nachgewiesen. In etwa 50 nordamerikanischen *Astragalus*-Arten kommen sie vor. Als Wirkstoffe wurden identifiziert:

- Nitropropylglykoside, z. B. Miserotoxin, Gentitoxin, 3-Nitropropyl-β-D-allolactosid und 3-Nitropropanol oder
- Nitropropionsäureester der Glucose, z. B. Cibarian, Karakin, Cordonarian, 6-(3-Nitropropanoyl)-D-glucose und Hiptagin.

Beide Gruppen kommen, mit einer Ausnahme, nicht in der gleichen Pflanze vor (4, 11, 20, 21, 22).

Von toxikologischer Bedeutung für die USA und Kanada ist *A. miser* Dougl. var. *serotinus* (Gray) Barneby, der auf Farmland weit verbreitet ist (siehe S. 359, Bild 20-2). Er kann neben geringen Mengen Gentitoxin, 3-Nitropropyl-β-D-allolactosid und 3-Nitropropyl-β-D-laminaribiosid bis zu 5% Miserotoxin enthalten (4, 11).

Auch durch einige Schlauchpilze (Ascomycetes), z. B. *Aspergillus*- und *Penicillium*-Arten, wird Nitropropionsäure gebildet.

Bei Mikroorganismen erfolgt die Biogenese der Nitropropionsäure aus Asparaginsäure, bei höheren Pflanzen vermutlich aus Homoserin (8, 21).

Das aus *Thalictrum aquilegifolium* L., Akelei-Wiesenraute (Ranunculaceae, Hahnenfußgewächse), isolierte Thalictosid (4-Hydroxy-1-(2-nitroethyl) benzen-4-O-β-D-glucopyranosid) erwies sich bei Mäusen nach intravenöser Injektion als untoxisch (9).

Im tierischen Organismus werden vermutlich alle aliphatischen Nitroverbindungen zum gemeinsamen toxischen Metaboliten 3-Nitropropionsäure umgewandelt. Bei den Nitropropylglykosiden erfolgt zunächst die hydrolytische Abspaltung des Aglykons 3-Nitropropanol und anschließend dessen Oxidation durch Alkohol- und Aldehyddehydrogenase zur 3-Nitropropionsäure. Diese hemmt verschiedene mitochondriale Enzymsysteme, z. B. Succinatdehydrogenase und Fumarase. Die Toxizität der 3-Nitropropionsäure dürfte daher in erster Linie durch irreversible Blockade des Citronensäurecyclus bedingt sein (2, 3, 13). Die in vitro beobachtete Oxidation von 3-Nitropropanol zu Nitropropionaldehyd mit anschließender Spaltung dieser Verbindung zu Nitrit und dem cytotoxischen Acrolein (1) konnte in vivo nicht bewiesen werden (3).

Miserotoxin ist nach peroraler Applikation an Ratten kaum giftig (LD_{50} > 2,5 g/kg), das Aglykon 3-Nitropropanol ist wesentlich toxischer (LD_{50} 77 mg/kg, p. o.). Nach intraperitonealer Gabe beträgt die LD_{50} von 3-Nitropropanol bei Ratten 61 mg/kg, die von 3-Nitropropionsäure 67 mg/kg (3, 13).

Vergiftungssymptome bei Tieren sind erniedrigte Futteraufnahme und Gewichtsverlust, Paralyse der unteren Extremitäten, Koordinationsstörungen und Atemnot. Der Tod erfolgt durch Atemlähmung (8, 12, 17, 23). Mikroskopisch sind Veränderungen in Lunge und ZNS sichtbar (10).

Von veterinärmedizinischem Interesse sind in Mitteleuropa Vergiftungen durch *Coronilla varia*, in Nordamerika außerdem durch *Astragalus*-Arten (17, 23). Betroffen sind beispielsweise Rinder, Pferde, Schafe, Gänse und Enten. Wiederkäuer sind weniger durch freie 3-Nitropropionsäure (wird durch ihre Mikroflora schnell abgebaut), als vielmehr durch Miserotoxin und andere Glykoside gefährdet (13).

Im Futter für Schweine und Geflügel sollte der Gehalt an 3-Nitropropionsäure nicht mehr als 200 mg NO_2/kg Futter (entsprechend 5% *Coronilla varia*) betragen (8, 17).

20.2 Literatur

1. Alston, T. A., Seitz, S. P., Bright, H. J. (1981), Biochem. Pharmacol. 30: 2719
2. Alston, T. A., Mela, L., Bright, H. J. (1977), Proc. Natl. Acad. Sci. USA 74: 3767
3. Benn, M. H., McDiarmid, R. E., Majak, W. (1989), Toxicol. Lett. 47: 165
4. Benn, M. H., Majak, W. (1989), Phytochemistry 28: 2369
5. Carter, L. C., McChesney, W. J. (1949), Nature 164: 575
6. Finnegan, R. A., Mueller, W. H. (1965), J. Pharm. Sci. 54: 1136
7. Goster, K. (1920), Bull. Jard. Bot. Buitenzorg 2: 187
8. Gustine, D. L. (1979), Crop. Sci. 19: 197
9. Ina, H., Iida, H. (1986), Chem. Pharm. Bull. 34: 726
10. James, L. F., Hartley, W. J., Williams, M. C., van Kampen, K. R. (1980), Am. J. Vet. Res. 41: 377
11. Majak, W., Benn, M. H., Huang, Y. Y. (1988), J. Nat. Prod. 51: 985
12. Majak, W., Udenberg, T., McDiarmid, R. E., Douwes, H. (1981), Can. J. Animal Sci. 61: 639
13. Majak, W., McDiarmid, R. E. (1990), Toxicol. Lett. 50: 213
14. Majak, W., Bose, R. J. (1976), Phytochemistry 15: 415
15. Moyer, B. G., Pfeffer, P. E., Moniot, J. L., Shamma, M., Gustine, D. L. (1977), Phytochemistry 16: 375

16. PAILER, M., NOWOTNY, K. (1958), Naturwissenschaften 45: 419
17. SHENK, J. S., WANGNESS, P. J., LEACH, R. M., GUSTINE, D. L., GOBBLE, J. L., BARNES, R. F. (1976), J. Anim. Sci. 42: 616
18. SKEY, W. (1873), Ber. Dtsch. Chem. Ges. 6: 627
19. SOVOVA, M., KARLICEK, R., OPLETAL, L., KRALOVA, S., ZACKOVA, P. (1985), Cesk. Farm. 34: 212
20. STERMITZ, F. R., LOWRY, W. T., NORRIS, F. A., BUCKERIDGE, F. A., WILLIAMS, M. C. (1972), Phytochemistry 11: 1117
21. STERMITZ, F. R., YOST, G. S. (1978), in: Effects of Poisonous Plants on Livestock (Eds.: KEELER, R. F., VAN KAMPEN, K. R., JAMES, L. F.), Academic Press, New York: 371
22. WILLIAMS, M. C., STERMITZ, F. R., THOMAS, R. D. (1975), Phytochemistry 14: 2306
23. WILLIAMS, M. C., JAMES, L. F., BOND, B. O. (1979), Am. J. Veterin. Res. 40: 403

21 Alkaloide

21.1 Begriffsbestimmung

Als Alkaloide bezeichnet man basisch reagierende, N-heterocyclische Naturstoffe.

Die Abgrenzung dieser Stoffgruppe von anderen stickstoffhaltigen Naturstoffen wird jedoch nicht immer konsequent gehandhabt. Aus historischen Gründen und/oder aufgrund der Wirkung auf Mensch und Tier werden basisch oder neutral reagierende Stickstoffverbindungen mit einem nicht in einen Heterocyclus integrierten N-Atom, die Sekundärstoffcharakter besitzen, z. B. Ephedrin, Capsaicin oder Mezcalin, häufig den Alkaloiden zugeordnet. Sie werden von einigen Autoren auch als Protoalkaloide zusammengefaßt.

Einige N-heterocyclische Verbindungen, die nicht basisch reagieren, z. B. Theobromin, oder Colchicin, dessen N-Atom darüber hinaus nicht in einen Ring integriert ist, werden aus den oben genannten Gründen ebenfalls als Alkaloide bezeichnet. Verschiedene Antibiotika, z.B. Mitomycin C oder Cycloserin, werden, obwohl sie alle Merkmale von Alkaloiden besitzen, aus der Gruppe der Alkaloide ausgeschlossen. Das erscheint jedoch nicht gerechtfertigt, da sehr viele «echte» Alkaloide, z. B. Emetin oder Strychnin, ebenfalls antibiotisch wirksam sind.

Alkaloide, deren Kohlenstoffskelett nicht wie bei den «echten» Alkaloiden aus einer oder mehreren Aminosäuren hervorgegangen ist, sondern aus anderen Quellen stammt, kann man als Pseudoalkaloide zusammenfassen. Zu dieser Gruppe gehören die Terpenalkaloide, die Steroidalkaloide und die Polyketidalkaloide (16, Ü 89).

Der Begriff Alkaloide wurde 1818 durch W. Meissner, einen halleschen Apotheker, eingeführt (15).

21.2 Chemie, Klassifizierung

Alkaloide sind fast stets lipophile Substanzen. Mit Säuren bilden sie meistens gut wasserlösliche Salze. Die Mehrzahl der Vertreter sind farblos und fest. Nur wenige sind gefärbt, z. B. Berberin und Chelidonin, oder flüssig, z. B. Nicotin, Spartein und Coniin.

Die Zahl der bekannten Alkaloide schätzte Mothes 1981 auf 7000 (15, Ü 90). Es darf angenommen werden, daß heute über 10 000 Alkaloide mehr oder weniger gut charakterisiert sind.

Die Benennung der Alkaloide erfolgt in der Regel, wegen der Kompliziertheit der möglichen rationellen Namen, mit Trivialnamen, die meistens die Endung -in tragen.

Die Protoalkaloide, bei uns größtenteils zu den Aminen gezählt (Kap. 17), klassifiziert man oft als substituierte Amine, z. B. Phenylalkylamine, Indolylalkylamine oder Imidazolylalkylamine.

Die Pseudoalkaloide können nach der Herkunft ihres Kohlenwasserstoffskeletts zu Steroidalkaloiden, Terpenalkaloiden oder Polyketidalkaloiden zusammengefaßt werden.

Die «echten» Alkaloide teilt man hauptsächlich nach den in ihnen enthaltenen Ringen bzw. Ringsystemen ein. Grundkörper wichtiger Alkaloidgruppen sind beispielsweise Pyridin- sowie Imidazolringe und Tropan-, Pyrrolizidin-, Chinolizidin-, Chinazolin-, Chinolin-, Isochinolin-, Tropolon-, Indol- sowie Purinringsysteme und deren Dehydrierungs- bzw. Hydrierungsprodukte. Die Alkaloidgruppen gliedert man weiter in Typen, z. B. nach an den genannten Ringsystemen ankondensierten zusätzlichen Ringen. So kennen wir z. B. Indolalkaloide vom Physostigmin-, β-Carbolin-, Ergolin-, Strychnin- und Yohimbin-Typ.

Sind strukturell ähnliche Alkaloide auf eine oder mehrere eng verwandte Gattungen beschränkt, faßt man sie auch nach dem Vorkommen zusammen, z. B. Solanum-Alkaloide, Buxus-Alkaloide, Veratrum-Alkaloide, Erythrina-Alkaloide, Cephalotaxus-Alkaloide, Amaryllidaceen- oder Salamander-Alkaloide.

Eine allgemeingültige Einteilung der Peptidalkaloide, Verbindungen, bei denen die N-Atome, von denen in heterocyclischen und basischen Aminosäuren abgesehen, Bestandteile der Peptidbindungen eines cyclischen Peptids sind, existieren noch nicht. Ebenso ist ihre Abgrenzung zu anderen Peptiden mit Sekundärstoffcharakter unklar. Da zur Toxikologie dieser Gruppe nur sehr unzureichende Informationen vorliegen, haben wir sie aus unseren Betrachtungen ausgeklammert.

Alkaloide mit gleichen Grundkörpern können oft auf sehr verschiedenen Wegen aus unterschiedlichen Bausteinen gebildet werden. Daher ist es, wenn man Verwandtschaften von Organismen anhand ihrer Alkaloidstrukturen feststellen will, zweckmäßiger, die Alkaloide nach den sie aufbauenden Aminosäuren und ihren Bildungswegen zu ordnen. Dann wird beispielsweise die enge Nachbarschaft der vom Tryptophan abgeleiteten Chinolinalkaloide mit den Monoterpen-Indolalkaloiden und der aus Tyrosin hervorgehenden Isochinolinalkaloide mit den Tropolonalkaloiden sichtbar (10).

Obwohl es auch im 18. Jahrhundert bereits Versuche zur Isolierung von Alkaloiden gegeben hat, z. B. von Ludovici, Boyle und Baume (18), beginnt die Geschichte der Alkaloidchemie mit der Reindarstellung des Morphins im Jahre 1806 durch den Paderborner Apotheker Friedrich Wilhelm Sertürner (Kap. 22.2). Eine Übersicht über einige weitere Daten aus der Frühgeschichte der Alkaloidchemie enthält Tabelle 21-1. Die erste Sicherung der für ein Alkaloid postulierten Strukturformel durch Synthese erfolgte 1884 durch den Chemiker Albert Ladenburg für das Coniin. Erst viel später konnten weitere Alkaloide synthetisch gewonnen werden, z. B. 1904 Nicotin, 1944 Chinin und 1952 Morphin. Wirtschaftlich ist die Synthese nur bei sehr wenigen der therapeutisch genutzten Vertreter (zur Geschichte: 15, 18, Ü 90).

Tab. 21-1: Zur Frühgeschichte der Isolierung von Alkaloiden (nach 1, 18)

Jahr	Isolierte Alkaloide	Autoren
1806	Morphin	Sertürner
1817	Emetin	Pelletier u. Magendie
1817	Narcotin	Robiquet
1818	Strychnin	Pelletier u. Caventou
1818	Veratrin (Alkaloidgemisch)	Meissner
1820	Solanin	Desfosses
1820	Coffein	Runge
1820	Colchicin (für Veratrin gehalten)	Pelletier u. Caventou
1820	Chinin, Cinchonin	Pelletier u. Caventou
1826	Coniin	Giesecke
1828	Nicotin	Posselt u. Reimann
1831	Atropin (bereits 1819 in unreiner Form von Runge)	Mein
1833	Aconitin, Hyoscyamin	Geiger u. Hesse
1848	Papaverin	Merck
1851	Spartein	Stenhouse
1860	Cocain	Niemann
1864	Physostigmin	Jobst u. Hesse
1865	Cytisin	Husemann u. Marmé
1875	Pilocarpin	Hardy
1888	Arecolin	Jahns
1888	Scopolamin	Schmitt
1890	Chelerythrin	König u. Tietz
1893	Bulbocapnin	Freund u. Josephi
1893	Mezcalin	Hefter
1985	Senecionin	Grandval u. Lajoux
1918	Ergotamin	Stoll
1921	Lobelin	Wieland

21.3 Biogenese, Metabolismus, Speicherung

Präkursoren der «echten» Alkaloide und der Protoalkaloide sind die Aminosäuren. Ihr Kohlenstoffskelett und ihre N-Atome gehen in den Alkaloidgrundkörper ein. Die Carboxylgruppen werden meistens im Verlaufe der Biogenese eliminiert. Weitere Bausteine werden zum Aufbau genutzt, z. B. C_1-Körper, Acetatreste, Pyruvatreste, Hemi-, Mono-, Sesqui- und Diterpene. Nur bei den Pseudoalkaloiden sind Aminosäuren nicht am Aufbau des Kohlenstoffskeletts beteiligt.

Die Ausbildung der N-heterocyclischen Ringsysteme erfolgt meistens durch Mannich-Kondensation, Azomethinbildung oder seltener durch Lactambildung. C-C-Bindungen werden auch durch oxidative Kupplung geknüpft. Die entstandenen Ringsysteme können sekundär stark variiert werden, z. B. durch Ringspaltungen, gefolgt von neuen Ringschlüssen an anderen Stellen. Substitutionen, z. B. durch Hydroxylierung, O- oder N-Alkylierung bzw. Acylierung oder die Bildung von N-Oxiden, sind häufig. Bedingt durch diese sekundären Veränderungen treten Schwärme ähnlicher Verbindungen auf. Je nach Mengenverhältnissen wird zwischen Haupt- und Nebenalkaloiden unterschieden (Ü 90).

Bild 19-2: *Sinapis alba*, Weißer Senf

Bild 19-3: *Capparis spinosa*, Echter Kapernstrauch

Bild 19-4: *Brassica oleracea* var. *gemmifera*, Rosenkohl

Bild 19-5: *Brassica nigra*, Schwarzer Senf

Bild 20-1: *Coronilla varia*, Kronwicke

Bild 20-2: *Astragalus miser*, Kümmerlicher Traganth

Bild 22-1: *Bufo marinus*

Bild 22-2: *Papaver rhoeas*, Klatsch-Mohn

Bild 22-3: *Papaver somniferum*, Schlaf-Mohn

Bild 22-4: *Chelidonium majus*, Großes Schöllkraut

Bild 22-5: *Argemone mexicana*, Gemeiner Stachelmohn

Bild 22-6: *Eschscholzia californica*, Kalifornischer Kappenmohn

Die Alkaloide unterliegen größtenteils einem ständigen Turnover. Die Intensität von Biosynthese und Abbau bzw. der Verlust durch Auswaschung oder Verdunstung bestimmen den Alkaloidgehalt. Einige Alkaloide können von ihren Produzenten als Stickstoffquelle genutzt werden. So bauen Samen von Lupinen gespeichertes Spartein während der Keimung ab. Gewebekulturen von *Lupinus polyphyllus* können mit Spartein als einziger N-Quelle wachsen (19).

Da die Alkaloide meistens auch für ihren Produzenten toxisch sind, müssen sie aus dem cytoplasmatischen Kompartiment entfernt werden. In der Pflanze werden sie in der Regel von bestimmten Zellen spezifisch aktiv aufgenommen und in Endomembransystemen gespeichert, z. B. in der Vakuole oder in endoplasmatischen Zisternen (2, 3, 4, Ü 90). Bei einigen Alkaloiden dienen die N-Oxide als Speicher- und Transportformen (3). Häufig werden sie auch in Milchsäfte sezerniert. Bei den Tieren werden sie fast stets aus den sie produzierenden Zellen ausgeschieden und sind in Sekreten zu finden.

Nicht jede Zelle eines Alkaloidbildners ist zur Alkaloidbiosynthese fähig. Nur Zellen eines ganz bestimmten Differenzierungsmusters können ganz bestimmte Alkaloide bilden. So werden bei *Nigella damascena* die Alkaloide ausschließlich in den äußeren Zellen des Samens erzeugt. Gewebe, in denen die Alkaloide vorkommen, müssen jedoch nicht unbedingt auch die Produktionsorte sein. Beispielsweise werden Nicotin in *Nicotiana*-Arten und die Tropanalkaloide anderer Solanaceae in der Wurzel gebildet und zum Teil in die oberirdischen Organe transportiert. Umgekehrt erfolgt die Bildung der in den Wurzeln gefundenen Lupinenalkaloide im Sproß. Teilweise werden in den unterirdischen Organen gebildete Alkaloide im Sproß sekundär verändert und umgekehrt im Sproß gebildete in den Wurzeln. Die unterschiedlichen Potenzen der verschiedenen Zellen zur Bildung bestimmter Alkaloide sowie unterschiedliche Transport- und Speicherkapazitäten führen dazu, daß Alkaloidgehalt und Alkaloidspektrum nicht nur von der Sippe bzw. dem Chemotyp oder exogenen Faktoren abhängen, sondern auch organotypisch sind.

Die ökologische Funktion der fast durchweg toxischen Alkaloide besteht bei Pflanzen und Tieren vorwiegend im Schutz vor Fraßfeinden, Bakterien und Pilzen. Dabei hat ihr bitterer Geschmack Signalfunktion für den Räuber.

21.4 Verbreitung

Alkaloide kommen bei Mikroorganismen, Pilzen, Pflanzen und Tieren vor.

Aus frei lebenden Bakterien und Cyanobakterien wurden bisher wenige Alkaloide isoliert. Die Anzahl der bekanntgewordenen Bakterien, die für den Alkaloidgehalt von tierischen Lebewesen verantwortlich sind, ist im Steigen begriffen. So wissen wir heute, daß beispielsweise die Tetrodotoxine der Tiere und die Saxitoxine der Dinoflagellaten bakterielle Stoffwechselprodukte sind.

Von niederen Pilzen waren, wenn man vom Mutterkorn absieht, kaum Alkaloide bekannt. In letzter Zeit hat jedoch die Zahl der Pilze zugenommen, von denen man weiß, daß sie der Wirtspflanze, in der sie endophytisch leben, Toxizität verleihen. Im Rahmen der Mycotoxinforschung wurden ebenfalls viele neue Alkaloidbildner aus der Gruppe der niederen Pilze entdeckt.

Besonders häufig sind Alkaloide bei höheren Pflanzen anzutreffen. Man nimmt an, daß etwa 10–20% aller Arten Alkaloide bilden können. Reich an Alkaloiden (über 50% aller Gattungen enthalten sie) sind Ranunculaceae, Berberidaceae, Papaveraceae, Buxaceae, Cactaceae und Amaryllidaceae. Peptidalkaloide wurden u. a. bei Rhamnaceae, Sterculiaceae, Pandanaceae, Rubiaceae, Urticaceae und Celastraceae nachgewiesen.

Bei Tieren finden wir toxikologisch interessante Alkaloide u. a. bei den Stämmen

- Porifera (Schwämme),
- Nemertini (Schnurwürmer),
- Mollusca (Weichtiere), z. B. bei den Euthyneura (Lungenschnecken) oder Prosobranchia (Vorderkiemern),
- Arthropoda (Gliederfüßer), besonders in der Klasse der Hexapoda (Insekten) sowie Myriapoda (Tausendfüßer),
- Tentaculata (Kranz- oder Armfühler) in der Klasse Bryozoa (Moostierchen),
- Hemichordata, Klasse Pterobranchia,
- Chordata (Chordatiere), hier beim Unterstamm der Tunicata, Manteltiere, sowie den Klassen der Osteichthyes (Knochenfische), Amphibia (Lurche) und sogar bei den Mammalia (Säugetiere).

Allerdings ist bei vielen Meerestieren oder Tieren feuchter Biotope ungewiß, ob sie die Alkaloide selbst bilden oder ob sie von epizoisch oder endozoisch lebenden Mikroorganismen oder aus der Nahrung der Tiere stammen (16).

Die Alkaloide der Säugetiere und die des Men-

Typ (Clavizepin, 63) und Dibenzazonin-Typ (Crassifolazonin, 24).

Bei *C. solida* wurden etwa 20 Alkaloide, darunter u. a. Protopin, Corydalin, Bulbocapnin, (+)-Tetrahydropalmatin und Allocryptopin, gefunden (57, 58, 109). Bei *C. ochroleuca* wurden 13 Alkaloide nachgewiesen, z. B. Bicucullin, (-)-Corypalmin, (+)-Glaucin, Isocorydin, Sinactin und (-)-Tetrahydropalmatin (154).

C. nobilis lieferte u. a. Bicucullin, Corydalin, Cryptopin, Protopin, Stylopin, (+)-Tetrahydropalmatin und Corysolidin (107, 154, 157).

Vergiftungen durch *Corydalis*-Arten dürften hauptsächlich durch die Wirkungen des Bulbocapnins bestimmt sein, wobei die Begleitalkaloide zur Wirkung beitragen (129). In der Praxis sind Vergiftungen durch die tief in der Erde sitzenden Knollen des Lerchensporns jedoch nicht zu erwarten. Die anderen Pflanzenteile sind wesentlich alkaloidärmer.

Die Knollen von *C. cava* wurden früher als Anthelminthicum verwendet. Heute sind der Einsatz von Extrakten aus *Corydalis*-Arten als Spasmolytica (129) und die Verwendung von Bulbocapnin in der Psychiatrie denkbar.

22.8 Isochinolinalkaloide der Herzblume (*Dicentra*-Arten)

Die Gattung *Dicentra*, Herzblume (Fumariaceae, Erdrauchgewächse), umfaßt 17 Arten, die in Ostasien und Nordamerika vorkommen. In Mitteleuropa werden bevorzugt *D. spectabilis* (L.) LEM., Tränendes Herz, Heimat Nordchina und Korea, *D. eximia* (KER-GAWL.) TORR., Heimat Nordamerika (siehe S. 377, Bild 22-9 u. 22-10), und *D. cucullaria* (L.) BERNH., Flammendes Herz, Heimat Nordamerika, als Zierpflanzen in Gärten kultiviert.

Dicentra-Arten enthalten bevorzugt Isochinolinalkaloide vom Cularin- (z. B. Cularin), Phthalidisochinolin- (z. B. Bicucullin, Corlumin), Aporphin- (z. B. Corydin, Dicentrin), Benzophenanthridin- (Chelerythrin, Sanguinarin, Chelilutin), Protopin- (Allocryptopin, Protopin) und Protoberberin-Typ (z. B. Coptisin, Ü 154, Ü 188).

Bei *D. spectabilis* sind in den Wurzeln etwa 0,8% und im Kraut etwa 0,3% Alkaloide enthalten. Hauptalkaloid mit 90% Anteil am Alkaloidgemisch ist das Protopin, begleitet u. a. von Chelerythrin, Sanguinarin, Dihydrosanguinarin, Chelilutin, Cheilanthifolin, Scoulerin und Coptisin. In *D. eximia* wurden u. a. Corydin, Cularin und Dicentrin, in *D. cucullaria* u. a. Corlumin und Cularin gefunden (77, 154).

Obwohl gerade Bicucullin eine pharmakologisch hoch wirksame Verbindung ist (Kap. 22.1), ist der Gehalt der oberirdischen Pflanzenteile an Alkaloiden so gering, daß Vergiftungen nicht zu erwarten und nicht bekannt sind.

22.9 Isochinolinalkaloide in der Berberitze (*Berberis*-Arten) und der Mahonie (*Mahonia*-Arten)

In allen bisher untersuchten *Berberis*-Arten wurden Isochinolinalkaloide nachgewiesen. Die Alkaloidkonzentration in der Wurzel und den Achsenorganen ist hoch: 12–15% in der Wurzelrinde, 3% im Wurzelholz, 5–7% in der Rinde des Stammes und der Zweige und 3% im Holz. Auch die Samen einiger *Berberis*-Arten enthalten bis 4% Alkaloide, die von *B. vulgaris* (siehe S. 377, Bild 22-11) scheinen allerdings alkaloidfrei zu sein. Blätter und Blüten sind alkaloidarm oder alkaloidfrei. Stets frei von Alkaloiden ist das Fruchtfleisch (121, 144). Es weist bei *B. vulgaris* einen Ascorbinsäuregehalt von 12–54 mg/100 g auf (183). Die Früchte dieser Art und auch die von Kulturformen von *B. empetrifolia* LAM., einem in Chile vorkommenden Strauch (als Zarcilla bezeichnet), und *B. integerrima* BUNGE, im Iran angebaut, werden wegen ihres hohen Säuregehaltes bei der Marmeladenzubereitung aus süßen Früchten als Zusatz verwendet.

Hauptalkaloid der *Berberis*-Arten ist Berberin. Bei *B. vulgaris* wurden in den Wurzeln 0,7% Berberin, begleitet von 0,6% Berbamin und 0,15% Oxyacanthin, nachgewiesen (121). Weitere Nebenalkaloide von *Berberis*-Arten sind u. a. Jatrorrhizin, Palmatin, Columbamin, Isotetrandin, Calfatimin und Magnoflorin (45, 50, 75, 215).

Bei *Mahonia aquifolium* (siehe S. 377, Bild 22-12), ist das Hauptalkaloid der Wurzel Berberin (0,5–1,5%), begleitet u. a. von Berbamin (0,5–1,0%), Jatrorrhizin (0,1–0,5%), Oxyacanthin (bis 0,2%), Palmatin (0,5%), Isotetrandin (0,05%), Isoboldin, Magnoflorin, Oxyberberin, Aromolin und Obamegin (90, 121). In der Stammrinde dominiert Magnoflorin (1,0%) neben Berberin (0,12%) und Jatrorrhizin (0,06%, 194). Die Blätter enthalten als Hauptalkaloid Corytuberin (0,43–0,86%), weitere Alkaloide sind Magnoflorin, Berberin, Corydin, Isocorydin, Isoboldin, Berbamin und Palmatin (159, 194, 206). In den Samen wurden nach älteren Angaben 0,06% Alkaloide nachgewiesen. Sie enthalten die gleichen Alkaloide wie die Wurzel, zusätzlich aber Isotetrandin (90).

Bild 22-7: *Fumaria officinalis*, Gemeiner Erdrauch

Bild 22-8: *Corydalis cava*, Hohler Lerchensporn

Bild 22-9: *Dicentra spectabilis*, Tränendes Herz

Bild 22-10: *Dicentra eximia*, Flammendes Herz

Bild 22-11: *Berberis vulgaris*, Gemeine Berberitze

Bild 22-12: *Mahonia aquifolium*, Mahonie

Bild 22-13: *Symphoricarpos albus*, Schneebeere

Bild 22-14: *Aristolochia clematitis*, Gemeine Osterluzei

Bild 22-15: *Cephaelis ipecacuanha*, Brechwurzel, Droge

Bild 23-1: *Erythrina crista-galli*, Korallenstrauch

Bild 23-2: *Cephalotaxus harringtonia* var. *drupacea*, Steinfrüchtige Kopfeibe

Bild 24-1: *Gloriosa superba*, Ruhmeskrone

Die medizinische Anwendung von Berberitzenrinde als Cholagogum läßt nur bei Überdosierung unangenehme Nebenwirkungen in Form von Benommenheit und Reizerscheinungen im Verdauungstrakt und in den Nieren erwarten. Intoxikationserscheinungen durch frische Pflanzen sind erst nach Aufnahme einer größeren Menge der Blätter (Ü 63), Rinde oder Samen von *Berberis*-Arten möglich. Die Früchte von *B. vulgaris* können unbedenklich als Kompott verzehrt oder zur Zubereitung von Säften verwendet werden.

M. aquifolium ist aufgrund des geringen Alkaloidgehalts als ungefährlich einzuschätzen. Die Früchte werden als Kompott, zur Herstellung von Marmeladen und zum Säuern von Getränken empfohlen.

22.10 Isochinolinalkaloide als Wirkstoffe des Tubencurare

Von den Eingeborenen Südamerikas im Bereich des peruanischen Teils des Amazonasbeckens wurden und werden auch heute noch eingedickte Extrakte aus den Zweigen und der Rinde von *Chond(r)odendron*-Arten als Gifte für die zur Jagd benutzten Blasrohrpfeile eingesetzt. Verwendet werden *Ch. tomentosum* Ruiz et Pav., *Ch. platyphyllum* (St. Hil.) Miers und *Ch. microphyllum* (Eichl.) Moldenke (Menispermaceae). Die Zweige enthalten bis 5% Alkaloide (213, 233). Wegen der früher häufig praktizierten Verwendung von Bambusröhren zur Aufbewahrung des Pfeilgiftes wird es im Gegensatz zu dem in Calebassenkürbissen aufbewahrten Calebassencurare (Kap. 26.11) als Tubencurare oder Tubocurare bezeichnet.

Im Tubencurare sind 5—20% Alkaloide enthalten. Hauptsächlich handelt es sich um Bisbenzylisochinolinalkaloide. Je nach Methylierungsgrad der N-Atome können Verbindungen vorliegen mit einem sekundären und einem tertiären (z. B. N^b-nor-Chondrocurin), mit zwei tertiären (z. B. (–)-Curin, Chondrocurin, O-Dimethylchondrocurin), einem tertiären und einem quartären (z. B. (–)-Tubocurarin, (+)-Tubocurarin) und zwei quartären N-Atomen (z. B. Chondrocurarin, 62, 84, 99, 111, 233).

Bei neueren Untersuchungen von Pfeilgiften aus der gleichen Region wurden weitere stark wirksame Bis-Isochinolin-Alkaloide nachgewiesen. Dazu gehören u. a. die Peinamine (bistertiär) und Macoline (monoquartär-monotertiär, 111) aus dem Holz von *Abuta grisebachii* Triana et Planch. Auch Vertreter anderer Gattungen der Menispermaceae, z. B. *Cissampelos ovalifolia* DC., *Sciadotenia toxifera* Krukoff et A. C. Smith, *Curarea*-Arten und *Telitoxicum*-Arten sowie aus der Familie der Annonaceae, z. B. *Guatteria megalophylla* Diels, und Lauraceae, *Ocotea venenosa* Kosterm. et Pinkley, liefern Pfeilgifte mit ähnlichen Alkaloiden (174).

(+)-Tubocurarin besitzt große therapeutische Bedeutung als Muskelrelaxans vor allem in der Anästhesiologie (Einsparung von Narcotica und damit Erniedrigung des Narkoserisikos) und zur Unterdrückung von Krämpfen, z. B. bei Tetanus.

Vergiftungen sind in Mitteleuropa ausschließlich medizinal bedingt. Wichtigste Behandlungsmaßnahme ist künstliche Beatmung.

22.11 Isochinolinalkaloide der Schneebeere (*Symphoricarpos albus*)

Geringe Konzentrationen an Isochinolinalkaloiden (etwa 0,04%) mit Chelidonin als Hauptkomponente sind in den Blättern und Wurzeln von *Symphoricarpos albus* (L.) Blake, Gemeine Schneebeere, Knallerbse (Caprifoliaceae, Geißblattgewächse), nachgewiesen worden (209). In den Beeren sollen sie nicht enthalten sein (119).

Die in Nordamerika beheimatete Pflanze, ausgezeichnet durch ihre weißen, weichen Beeren, die, wenn sie auf den Boden geworfen werden, mit einem Knall zerplatzen (Name), wird bei uns als Zierstrauch sehr häufig in Parkanlagen angebaut (siehe S. 378, Bild 22-13).

Für die, allerdings äußerst geringe, Toxizität der Pflanzen, können die geringen Mengen dieser wenig toxischen Alkaloide kaum verantwortlich sein. Die LD_{50} von wäßrigen Extrakten aus frischen Früchten ist mit 435 g/kg, p. o., Maus, außerordentlich hoch. Kinder zeigen höchstens nach Verzehr größerer Mengen von Schneebeeren leichte gastrointestinale Reizerscheinungen (101, Ü 30).

22.12 Aristolochiasäuren als Giftstoffe der Osterluzei (*Aristolochia*-Arten)

Die Gattung *Aristolochia*, Osterluzei (Aristolochiaceae, Osterluzeigewächse), umfaßt über 200 Arten, die bevorzugt in subtropischen und tropischen Gebieten, mit Schwerpunkten im Mittelmeergebiet, in

Ostasien und Zentral- sowie Südamerika, beheimatet sind. In Mitteleuropa kommen *A. clematitis* L., Gemeine Osterluzei, und *A. rotunda* L., Rundknollige Osterluzei, vor, letztere nur in der Schweiz. Die aus Nordamerika stammende Pfeifenwinde, *A. macrophylla* LAMK. (*A. durior* auct., *A. sipho* L'HÉRIT.), wird bisweilen zur Berankung von Lauben und Mauern angebaut.

Bei den *Aristolochia*-Arten handelt es sich um Stauden oder windende Holzpflanzen. Die Blätter sind ungeteilt und am Grunde meistens herzförmig. Die Blüten stehen einzeln oder in Büscheln in den Blattachseln. Die zygomorphe Blütenhülle ist einfach und verwachsenblättrig. Der Fruchtknoten ist unterständig, die Frucht eine birnenförmige Kapsel. *A. clematitis* und *A. rotunda* sind Kräuter mit aufrechtem Stengel, bis 70 bzw. bis 40 cm hoch, und gebüschelten gelben bzw. einzeln sitzenden rotbraunen Blüten. *A. clematitis* (siehe S. 378, Bild 22-14) kommt im Bereich von Weinbergen, Gebüschen und feuchten Wäldern, offenbar aber nicht ursprünglich, sondern als Relikt früherer Kultivierung als Arzneipflanze vor. *A. rotunda* wird auf warmen, nährstoffreichen Lehmböden im Süden der Alpen, vor allem in Auwäldern gefunden. *A. macrophylla* ist ein windendes oder kletterndes Holzgewächs mit grünlich-braunen, am Saum schmutzig purpurnen Blütenkronen.

Wirkstoffe der *Aristolochia*-Arten sind vor allem Aristolochiasäuren, Aristolactame und Isochinolinalkaloide (35).

Aristolochiasäuren sind 10-Nitro-phenanthren-1-säuren, die aus Isochinolinalkaloiden vom Aporphin-Typ (Abb. 22-4) durch oxidative Ringöffnung hervorgehen. Diese gelb gefärbten, bitteren Verbindungen sind besonders reichlich im Rhizom und den Wurzeln enthalten. Bei *A. clematitis* wurden in den unterirdischen Organen 0,5–0,9%, in den Samen 0,43% und in den Blättern 0,02% Aristolochiasäuren nachgewiesen (55). Hauptkomponenten des Gemisches sind die Aristolochiasäuren I (auch als Aristolochiasäure A bezeichnet) und II (B), begleitet von geringen Mengen der Aristolochiasäuren III, IIIa (C) und IVa (D, 133, 134, 135, 164).

Die Aristolactame sind Lactame von 10-Aminophenanthren-1-säuren. Sie wurden bisher in mitteleuropäischen Arten nicht gefunden.

Die Isochinolinalkaloide gehören u. a. dem Aporphin-, Protoberberin- und Bisbenzylisochinolin-Typ an. In *A. clematitis* kommen beispielsweise Magnoflorin und Corytuberin vor (35, 64).

Aristolochiasäuren werden auch von den Raupen einer Reihe von Schmetterlingen, z. B. *Pachlioptera aristolochiae, Zerynthia polyxena* (162, 227) aus den Futterpflanzen aufgenommen und gespeichert. Sie verschaffen auf diese Weise sich und ihren Imagines, wie auch andere Giftstoffe akkumulierende Arten, einen Schutz vor Angreifern.

In toxikologischer Hinsicht wurde vor allem das Gemisch der Aristolochiasäuren untersucht. Nach Gabe akut toxischer Konzentrationen (LD_{50} 184–203 mg/kg, p. o., Ratte; 38–110 mg/kg, i. v., Ratte; 10–120 mg/kg, p. o., Maus; 17–125 mg/kg, i. v., Maus, 118) sterben die Tiere innerhalb von 15 Tagen an akutem Nierenversagen. Histologisch ist u. a. eine schwere Nekrose der renalen Tubuli nachweisbar (118). Bei schwangeren Tieren kommt es zum Abort (230).

Die Aristolochiasäuren besitzen außerdem beträchtliche Genotoxizität. Sie sind S-Phasen-unabhängige Clastogene, die u. a. in *Salmonella typhimurium* und *Drosophila melanogaster* mutagen wirken (1, 52, 160). Die Anwesenheit der Nitrogruppe ist entgegen früheren Annahmen (beruhend auf dem Fehlen mutagener Effekte in nitroreduktase-defizienten *Salmonella*-Stämmen) nicht essentiell (137). Dreimonatige perorale Gabe an Ratten (0,1, 1,0 und 10,0 mg/kg) erhöht die Tumorinzidenz bei den Tieren (besonders Magenkrebs, 117). In vitro lassen sich cytostatische Wirkungen auf KB- und P388-Zellen feststellen (137).

Während über akute Vergiftungen des Menschen durch *Aristolochia*-Arten nichts bekannt ist, lassen sich genotoxische Effekte bei medizinischer Anwendung von Aristolochiazubereitungen (phagozytosesteigernde und immunstimulierende Effekte!) nicht ausschließen. Vereinzelt wurden akute Vergiftungen bei Pferden beobachtet.

In der Volksmedizin spielten *Aristolochia*-Arten bereits im Altertum eine Rolle. Sie wurden u. a. als Mittel gegen Schlangenbisse, zur Wundbehandlung und in der Geburtshilfe benutzt.

22.13 Isochinolinalkaloide als Giftstoffe der Brechwurzel (*Cephaelis*-Arten)

Von der Gattung *Cephaelis*, Brechwurzel (Rubiaceae, Rötegewächse), ist *C. ipecacuanha* (BROT.) TUSSAC von toxikologischem Interesse. Auch die panamnesische Brechwurz stammt nicht, wie früher angenommen, von *C. acuminata* KARST., sondern ebenfalls von *C. ipecacuanha* (67). *C. ipecacuanha*, ein immergrüner Zwergstrauch, ist in feuchten Wäldern und an Flußufern des tropischen Brasiliens, besonders der Provinzen Mato Grosso und Minas Gerais, Kolumbiens, Panamas, Costa Ricas und Nicaraguas verbreitet. Sie wird in ihrer Heimat und in einigen tropischen Gebieten der Welt, z. B. in Indien, auch als Arzneipflanze kultiviert (siehe S. 378, Bild 22-15).

C. ipecacuanha wurde von den Eingeborenen Südamerikas wegen der antibiotischen Wirkung ihrer Inhaltsstoffe als Mittel bei ruhrartigen Erkrankungen benutzt. Seit 1672 diente sie in Europa zunächst zum gleichen Zweck, heute wird sie vor allem als Expectorans und als Industriedroge zur Gewinnung von Emetin genutzt, das man als Mittel zur Bekämpfung der durch *Entamoeba histolytica* ausgelösten Amöbenruhr einsetzt. Die in den USA übliche Praxis, Brechwurzelsirup als Emeticum bei Vergiftungen im Kindesalter zu verwenden, wird seit etwa 1960 auch in Mitteleuropa praktiziert.

Die Wurzeln von *C. ipecacuanha* enthalten etwa 1,8–3,5% Alkaloide. Hauptalkaloide sind Emetin, etwa 40–80% Anteil an den Gesamtalkaloiden, und Cephaelin, etwa 25–55%. Beide sind Isochinolinalkaloide vom Emetin-Typ. Die höheren Emetinwerte gelten für die brasilianische Droge. In den Wurzeln der mittelamerikanischen Droge sind beide Alkaloide etwa im gleichen Verhältnis enthalten. In geringen Mengen vorkommende Nebenalkaloide sind u. a. Psychotrin, O-Methyl-psychotrin, Emetamin, Ipecosid und Protoemetin. Auch die Blätter und Stempel enthalten Emetin (0,04–0,55% bzw. 0,07–1,1%) und Cephaelin (0,4–1,4% bzw. 0,7–2,5%, 53, 104, 205, Ü 8).

Die Isolierung von Emetin, das allerdings noch recht unrein war, erfolgte bereits 1817 durch PELLETIER und MAGANDIE (Ü 8, 207). Die Struktur wurde 1959 endgültig von BATTERSBY und GARRAT aufgeklärt (8).

Vergiftungen durch die Alkaloide der Brechwurzel sind in Mitteleuropa ausschließlich medizinal bedingt. Sie äußern sich in starkem Erbrechen (kann ausbleiben), Durchfall, Tachykardie, Herzrhythmusstörungen, Blutdruckabfall, Leukocytose sowie Störungen der Atemtätigkeit. Die Symptome können mehrere Wochen andauern. Bei häufigem Umgang mit der Droge, z. B. beim Pulvern («Apothekerasthma»), können allergische Erscheinungen auftreten (85, 115, 158, 177). Bei Kleinkindern wurden schwere Vergiftungen nach Aufnahme von ca. 100 mg Alkaloiden beobachtet, ein Todesfall bei einem 4jährigen Kind nach 200 mg (158).

Die Behandlung der Vergiftungen erfolgt durch Gabe von Aktivkohle und symptomatisch (Ausgleich des Flüssigkeitsverlustes! 85, 158).

22.14 Literatur

1. ABEL, G., SCHIMMER, O. (1983), Hum. Genet. 64: 131
2. ALIEV, K. U., ZAKIROV, O. B. (1970), Doklady Akad. Nauk. Uzb. SSR 27: 28
3. ALIMOVA, M., ISRAILOV, I. A. (1981), Khim. Prir. Soedin 602
4. ALLAIS, D. P., GUINAUDEAU, H. (1983), Heterocycles 20: 2055
5. ALLAIS, D. P., GUINAUDEAU, H. (1983), J. Nat. Prod. 46: 881
6. Anonym (1980), Pharm. Ztg. 125: 1307
7. ARAI, T., KUBO, A. (1983), in Ü 76: XXI, 55
8. BATTERSBY, A. R., GARRAT, S. (1959), Proc. Chem. Soc. 1959: 86
9. BENTLEY, K.W. (1970), in: Ü 76: XIII, 1
10. BERNATH, J., TETENYI, P. (1980), Acta Horticulturae 1: 91
11. BHAKUNI, D. S., GUPTA, S. (1983), Planta Med. 48: 52
12. BHAKUNI, D. S., JAIN, S. (1986), in Ü 76: XXXVIII, 95
13. BHAKUNI, D. S., CHATURVEDI, R. (1986), J. Nat. Prod. 46: 320
14. BIENERT, M., OEHME, P., MORGENSTERN, E. (1979), Pharmazie 34: 634
15. BISSET, N. G. (1985), in: The Chemistry and Biology of Isoquinoline Alkaloids (Ed.: PHILLIPSON, J. D., ROBERTS, M. F., ZENK, M. H., Springer Verlag, Berlin, Heidelberg, New York, Tokyo): 1
16. BLASCHKE, G., SCRIBA, G. (1985), Phytochemistry 24: 585
17. BLASKO, G., GULA, D. J., SHAMMA, M. (1982), J. Nat. Prod. 45: 105
18. BOEHM, H. (1981), Pharmazie 36: 660
19. BOENTE, J. M., CASTEDO, L., DOMINGUEZ, D., FARINA, A., RODRIGUEZ DE LERA, A., VILLAVERDE, M. C. (1984), Tetrahedron Lett. 25: 889
20. BOENTE, J. M., CASTEDO, L., DOMINGUEZ, D., FERRO, M. C. (1986), Tetrahedron Lett. 27: 4077
21. BOENTE, J. M., CASTEDO, L., CUADROS, R., SAA, J. M., SUAU, R., PERALES, A., MARTINEZ-RIPOLL, M., FAYOS, J. (1983), Tetrahedron Lett. 24: 2029
22. BOENTE, J. M., DOMINGUEZ, D., CASTEDO, L. (1986), Heterocycles 24: 3359
23. BOENTE, J. M., DOMINGUEZ, D., CASTEDO, L. (1985), Heterocycles 23: 1069
24. BOENTE, J. M., CASTEDO, L. RODRIGUEZ DE LERA, A., SAA, J. M., SUAU, R., VIDAL, M. C. (1984), Tetrahedron Lett. 25: 1829
25. BOENTE, J. M., CASTEDO, L., DOMINGUEZ, D., RODRIGUEZ DE LERA, A. (1986), Tetrahedron Lett. 27: 5535
26. BRENNEISEN, R., BORNER, S. (1985), Pharm. Acta Helv. 60: 302
27. BROSSI, A. (1985), in: The Chemistry and Biology of Isoquinoline Alkaloids (Ed.: PHILLIPSON, J. D., RO-

BERTS, M. F., ZENK, M. H.), Springer Verlag, Berlin, Heidelberg, New York, Tokyo: 171
28. BUCK, K.T. (1987), in: Ü 76: XXX, 1
29. CASTEDO, L. (1985), in: The Chemistry and Biology of Isoquinoline Alkaloids (Eds.: PHILLIPSON, J. D., ROBERTS, M. F., ZENK, M. H.), Springer Verlag, Berlin, Heidelberg, New York, Tokyo: 102
30. CASTEDO, L., SUAU, R. (1986), Alkaloids 29: 287
31. CAVA, M. P., BUCK, K.T. (1977), in: Ü 76: 16, 250
32. CHAUDHURI, P. K., THAKUR, R. S. (1989), Phytochemistry 28: 2002
33. CHAVANT, L., COMBIER, H., CROS, J., BECCHI, M., DE NADAL, J. (1975), Plant Med. Phytother. 9: 267
34. CHELOMBIT'KO, V. A., MIKHEEV, A. D. (1988), Rastit. Resur. 24: 400
35. CHENG, Z. L., ZHU, D. Y. (1987), in: Ü 76: XXXI, 29
36. COHEN, H., SEIFEN, E. E., STRAUB, K. D., TIEFENBACK, C., STERMITZ, F. R. (1978), Biochem. Pharmacol. 27: 2555
37. CORREIA, M. A., WONG, J. S., SOLIVEN, E. (1984), Chem. Biol. Interact. 3: 255
38. CORRIGAN, D., MARTYN, E. M. (1981), Planta Med. 42: 45
39. CZAPSKA, A. (1988), Herba Pol 34: 143
40. DALVI, R. R. (1985), Experientia 41: 77
41. DANERT, S. (1958), Kulturpflanzen 6: 61
42. DELOFEN, V., COMIN, J., VERNENGO, M. J. (1968), in: Ü 76: X, 401
43. DÖPKE, W. (1963), Naturwissenschaften 50: 595
44. DUKE, J. A. (1974), CRC Crit. Rev. Toxicol. 3: 1
45. ECKARDT, F. (1952), Kinderärztl. Praxis 20: 488
46. EL-MASRY, S., GHAZOOLY, M. G., OMAR, A. A., KHAFAGY, S. M., PHILLIPSON, J. D. (1981), Planta Med. 41: 61
47. FAIRBAIRN, J.W., HAKIM, F., DICKENSON, P. B. (1973), J. Pharm. Pharmacol. 25: 113
48. FAIRBAIRN, J.W. (1976), Planta Med. 30: 26
49. FAIRBAIRN, J.W., STEELE, M.J. (1981), Planta Med. 41: 55
50. FAJARDO, V., GARRIDO, M., CASSELS, B. K. (1981), Heterocycles 15: 1137
51. FORGACS, P., JEHANNO, A., PROVOST, J., TIBERGHIEN, R., TOUCHE, A. (1986), Plant Med. Phytother. 20: 64
52. FREI, H., WÜRGLER, F. E., JUAN, H., HALL, C. B., GRAF, U. (1985), Arch. Toxicol. 56: 158
53. FUJII, T., OHBA, M. (1983), in: Ü 76: XXI, 1
54. FUJINAGA, M., MAZZE, R. I. (1988), Teratology 38: 401
55. GÄNSHIRT, H. (1953), Pharmazie 8: 584
56. GEMBA, M., NAKANISHI, J., MIKURIYA, N., NAKAJIMA, M. (1986), J. Pharmacobio-Dynamics 9: 125
57. GHEORGHIU, A., IONESCU-MARTIN, E. (1962), Ann. Pharm. Franc. 20: 468
58. GHEORGHIU, A., IONESCU-MARTIN, E. (1964), Ann. Pharm. Franc. 22: 594
59. GORBUNOV, N. P., MOLOKHOVA, L. G., SKHANOV, A. A. (1977), Khim. Prir. Soedin. 11: 56
60. GRECO, R. J., LEFTER, A. M., MAROKO, P. R. (1983), IRCS Med. Sci.: Biochemistry 11: 570
61. GROVE, M. D., SPENCER, G. F., WAKEMAN, M.V., TOOKEY, H. L. (1976), J. Agric. Food Chem. 24: 896
62. GUHA, K. P., MUKHERJEE, B., MUKHERJEE, R. (1979), J. Nat. Prod. 42: 1
63. GUINAUDEAU, H., ALLAIS, D. P. (1984), Heterocycles 22: 107
64. GUINAUDEAU, H., LEBŒUF, M., CAVE A. (1988), J. Nat. Prod. 51: 389
65. GUINAUDEAU, H., SHAMMA, M. (1982), J. Nat. Prod. 45: 237
66. GUOZHANG, J., XIAOLI, W., WEIXING, S. (1986), Sci. Sinica 24: 527
67. HATFIELD, G. M., ARTEAGA, L., DWYER, J. D., ARIAS, T. D., GUPTA, M. P. (1981), J. Nat. Prod. 44: 452
68. HERZ, A., WÜSTER, M. (1978), Dtsch. Apoth. Ztg., Beilage Pharmazie Heute 2: 131
69. HILL, R. G., HUGHES, J. (1989), Adv. Biosci. (Oxford) 75 (Prog. Opioid Res.): 411
70. HLADON, B., KOWALEWSKI, Z., BOBKIEWICZ, T., GRONOSTAJ, K. (1978), Ann. Pharm. (Poznan) 13: 61
71. HACKENTHAL, E. (1988), Med. Mo. Pharm. 11: 383
72. HOLLAND, H. L., JEFFS, P.W., CAPPS, T. M., MACLEAN, D. B. (1979), Can. J. Chem. 57: 1588
73. HOMEYER, B. C., ROBERTS, M. F. (1984), Z. Naturforsch. C: Biosci 39 C: 876
74. HUSSAIN, S. F., NAKKADY, S., KHAN, L., SHAMMA, M. (1983), Phytochemistry 22: 319
75. IKRAM, M. (1975), Planta Med. 28: 353
76. ILAN, Y., GEMER, O. (1988), Eur. J. Clin. Pharmacol. 33: 651
77. ISRAILOV, I. A., MELIKOV, F. M., MURAV'EVA, D. A. (1984), Khim. Prir. Soedin. (1) 79 und 81
78. ISRAILOV, I. A., YUNUSOV, M. S. (1986), Khim. Prir. Soedin. 204
79. KALAV, Y. N., SARIYAR, G. (1989), Planta Med. 55: 488
80. KAMETANI, T., HONDA, T. (1985), in: Ü 76: XXIV, 153
81. KAMETANI, T. (1969), in: The Chemistry of the Isoquinoline Alkaloide, Hirokawa, Tokyo, Elsevier, New York
82. KARTNING, T., GRUBER, A., HIERMANN, A. (1988), Sci. Pharm. 56: 111
83. KIM, H. K., FARNSWORTH, N. R., BLOMSTER, R. N., FONG, M. H. S. (1969), J. Pharm. Sci. 58: 372
84. KING, H. (1935), J. Chem. Soc. 1381
85. KING, W. D. (1980), Clin. Toxicol. 17: 353
86. KINTZ, P., MANGIN, P., LUGNIER, A. A., CHAUMONT, A. J. (1989), Human Toxicol. 8: 487
87. KIRYAKOV, K., MARDIROSSYAN, Z., PANOV, P. (1981), Dokl. Bolg. Acad. Nauk. 34: 43
88. KOOPMAN, H. (1973), Samml. von Vergiftungsfällen 8: 93
89. KOSA, F., VIRAGOS-KIS, E. (1969), Zacchia 5: 604
90. KOSTALOVA, D., HROCHOVA, V., TOMKO, J. (1986), Chem. Pap. 40: 389
91. KOWAL, T., PIC, S. (1978), Ann. Pharm. 13: 73
92. KRAHULCOVA, A. (1979), Biol. Plant 21: 15
93. KREITMAIR, H. (1950), Pharmazie 5: 85
94. KREITMAIR, H. (1949), Pharmazie 4: 471

95. Kritikos, P. G., Papadaki, S. P. (1967), Bull. Narcot. 19: 17
96. Kühn, L., Pfeifer, S. (1963), Pharmazie 18: 819
97. Kühn, L., Thomas, D., Pfeifer, S. (1970), Wiss. Z. Humboldt Univ. (Math. Naturwiss. R) 19: 81
98. Lavenir, R., Paris, R. R. (1965), Ann. Pharm. Franc. 23: 307
99. Lemli, J., Galeffi, C., Messana, I., Nicoletti, M., Marini-Bettolo, G. B. (1985), Planta Med. 45: 68
100. Lenfeld, J., Kroutil, M., Marsalek, E., Slavik, J., Preininger, V., Simanek, V. (1981), Planta Med. 43: 161
101. Lewis, W. H. (1979), J. Amer. Med. Assoc. 242: 2663
102. Lindner, E. (1985), in: The Chemistry and Biology of Isoquinoline Alkaloids (Ed.: Phillipson, J. D., Roberts, M. F., Zenk, M. H.), Springer Verlag, Berlin, Heidelberg, New York, Tokyo: 38
103. Lopez-Belmonte, F., Saco, D. (1987), Plant Physiol. Biochem. 25: 445
104. Luckner, M., Bessler, O., Luckner, R. (1966), Pharm. Zentralbl. 105: 711
105. Ma, G. E., Lu, C., El Sohly, H. N., El Sohly, M. A., Turner, C. E. (1983), Phytochemistry 22: 251
106. Malorny, G. (1955), Arzneim. Forsch. 5: 252
107. Manske, R. H. F. (1940), Can. J. Res. 18B: 288
108. Manske, R. H. F., Shin, K. H. (1965/66), Cand. J. Chem. 43: 2180 und 44: 1259
109. Manske, R. H. F. (1956), Cand. J. Chem. 34: 1
110. Mardirossyan, Z., Kiryakov, H. G., Ruder, J. P., MacLean, D. B. (1983), Phytochemistry 22: 759
111. Marini-Bettolo, G. B. (1981), Verh. Kon. Acad. Geneeskd. Belg. 43: 185
112. Mary, N. Y., Brochmann-Hanssen, E. (1963), J. Nat. Prod. 26: 223
113. Matile, P. (1976), Nova Acta Leopoldina Suppl. 7: 139
114. Matsuda, H., Shimoto, H., Naruta, S., Namba, K., Kubo, M. (1988), Planta Med. 52: 27
115. McClung, H. J., Murray, R., Braden, N. J., Fyda, J., Myers, R. P. (1988), Amer. J. Dis. Child 142: 637
116. Menachery, M. D., Lavanier, G. L., Wetherly, M. L., Guinaudeau, H. (1986), J. Nat. Prod. 49: 745
117. Mengs, U., Lang, W., Poch, J. A. (1982), Arch. Toxicol. 51: 107
118. Mengs, U. (1987), Arch. Toxicol. 59: 328
119. Merfort, I., Willuhn, S. (1985), Pharm. Ztg. 130: 2467
120. Montgomery, C. T., Cassels, B. K., Shamma, M. (1983), J. Nat. Prod. 46: 441
121. Naidovich, L. P., Trutneva, E. A., Tolkachev, D. N., Vasileva, V. D. (1976), Farmatzija 25: 33
122. Nakkady, S., Shamma, M. (1988), Egypt J. Pharm. Sci. 29: 53
123. Nemeckova, A., Santavy, F., Wallerova, D. (1970), Coll. Czech. Chem. Comm. 35: 1733
124. Nessler, C. L., Mahlberg, P. G. (1977), Amer. J. Bot. 64: 541
125. Nielsen, B., Röe, J., Brochmann-Hanssen, E. (1983), Planta Med. 48: 205
126. Nikolskaja, B. S. (1966), Pharmacol. Toxicol. 29: 76
127. Noetzel, O. (1924), Pharm. Zentralhalle 65: 262
128. Nyman, U., Bruhn, J. G. (1979), Planta Med. 35: 97
129. Odenthal, K. P., Molls, W., Vogel, G. (1981), Planta Med. 42: 115
130. Oka, K., Kantrowitz, J. D., Spector, S. (1985), Poc. Natl. Acad. Sci. USA 82: 1852
131. Osborn, R. J., Joel, S. P., Slevin, M. (1986), British Med. J. 292: 1548
132. Osborn, R., Joel, S., Trew, D., Slevin, M. (1990), Clin. Pharmacol. Ther. 47: 12
133. Pailer, M., Bergthaler, P., Schaden, G. (1966), Monatshefte für Chemie 97: 484
134. Pailer, M., Bergthaler, P., Schaden, G. (1965), Monatshefte für Chemie 96: 863
135. Pailer, M. (1960), Fortsch. Chem. Org. Naturstoffe 18: 65
136. Pathak, N. K. R., Biswas, M., Seth, K. K., Dwidedi, S. P. D., Pandey, V. B. (1985), Pharmazie 40: 202
137. Pezzuto, J. M., Swanson, S. M., Mar, W., Che, C. T., Cordell, G. A., Fong, H. H. S. (1988), Mutat. Res. 206: 447
138. Pfeifer, S. (1962), Pharmazie 17: 436 und 467
139. Pfeifer, S. (1966), J. Chromatogr. 24: 364
140. Pfeifer, S. (1971), Pharmazie 26: 328
141. Phillipson, J. D. (1983), Planta Med. 48: 187
142. Phillipson, J. D., Scutt, A., Baytop, A., Özhatay, N., Sariyar, G. (1981), Planta Med. 43: 261
143. Phillipson, J. D., Roberts, M. F., Zenk, M. H. (1985), The Chemistry and Biology of Isoquinoline Alkaloids (Springer Verlag, Berlin, Heidelberg, New York, Tokyo)
144. Pitea, M., Petcu, P., Goina, T., Preda, N. (1972), Planta Med. 21: 177
145. Pöck, G., Kukovetz, W. R. (1971), Life Sci. 10: 133
146. Poethke, W., Arnold, E. (1951), Pharmazie 6: 406
147. Popova, M., Simanek, V., Novak, J., Dolejs, L., Sedmera, P., Preininger, V. (1983), Planta Med. 48: 272
148. Popova, M., Boeva, A., Dolejs, L., Preininger, V., Simanek, V., Santavy, F. (1980), Planta Med. 40: 156
149. Preininger, V., Thakur, R. S., Santavy, F. (1962), Planta Med. 10: 124
150. Preininger, V., Thakur, R. S., Santavy, F. (1976), J. Pharm. Sci. 65: 294
151. Preininger, V., Vrublovsky, P., Stastny, V. (1965), Pharmazie 20: 439
152. Preininger, V. et al. (1978), Planta Med. 33: 396
153. Preininger, V. (1975), in: Ü 76: XV, 207
154. Preininger, V. (1986), in: Ü 76: XXIX, 1
155. Preissner, R. M., Shamma, M. (1980), J. Nat. Prod. 43: 305

23 Erythrina- und Cephalotaxus-Alkaloide

23.1 Toxinologie

Erythrina-Alkaloide besitzen einen Erythrinan-Grundkörper (Abb. 23-1). Sie gehen biogenetisch aus Isochinolinalkaloiden vom Benzylisochinolin-Typ hervor. Sie wurden bisher bei der Gattung *Erythrina* (Fabaceae) und bei *Cocculus laurifolius* DC. sowie *Pachygone ovata* (Menispermaceae) nachgewiesen.

Der Grundkörper der Cephalotaxus-Alkaloide ist das Tetrahydrobenzazepin (Abb. 23-1). Sie leiten sich von Isochinolinalkaloiden vom 1-Phenylethyl-tetrahydroisochinolin-Typ ab. Die Cephalotaxus-Alkaloide werden von ihren biogenetischen Vorläufern, den Homoerythrina-Alkaloiden, z. B. Cephalofortunein, begleitet. Cephalotaxus-Alkaloide kommen nur bei *Cephalotaxus*-Arten (Cephalotaxaceae) vor.

Die über 100 Arten umfassende Gattung *Erythrina*, Korallenstrauch (Fabaceae, Schmetterlingsblütengewächse), ist im tropischen und subtropischen Amerika beheimatet. Ihre Vertreter sind Sträucher oder Bäume. Besonders die aus dem tropischen Südamerika stammende *E. crista-galli* L., Korallenstrauch, Hahnenkamm, wird wegen ihrer schönen, leuchtendroten Blüten als Kübelpflanze, südlich der Alpen auch im Freiland, kultiviert (siehe S. 378, Bild 23-1). Da die Befruchtung dieser Art durch Kolibris erfolgt, werden die roten Samen nur in der Heimat der Pflanze gebildet. Diese und andere Arten werden häufig als Schattenbäume in Kaffee-, Tee- und Kakaoplantagen angepflanzt.

Die Gattung *Cephalotaxus*, Kopfeibe (Cephalotaxaceae), umfaßt nur acht Arten. Ihre Vertreter sind Bäume oder Sträucher mit nadelförmigen, zweizeilig angeordneten Blättern. Die bis 3 cm langen Samen haben, wie die der Eibe, einen fleischigen Samenmantel. Die Heimat der Gattung ist Ostasien (China, Korea, Japan). In Mitteleuropa werden vor allem *C. fortunei* Hook., Fortunes Kopfeibe, und *C. harringtonia* (Knight ex Forb.) K. Koch var. *drupacea* (Sieb. et Zucc.) Kodidz., Steinfrüchtige Kopfeibe (siehe S. 378, Bild 23-2), als Zierpflanzen kultiviert.

Bei *Erythrina*-Arten wurden u. a. Erysothiovin, Erysodin, Erysovin, Erysopin, Erythralin, Glucoerysodin, α-Erythroidin und β-Erythroidin nachgewiesen (Abb. 23-1). Bei *E. crista-galli* wurden u. a. Erysodin, Erysovin, Erysopin und Erythralinin gefunden. Die Alkaloide kommen in allen Teilen der Pflanze vor, in hoher Konzentration in den Samen (Ü 8, Ü 15, Ü 76: II, 499; VII, 201; IX, 483; XII, 155; XVIII, 1; 1, 2).

Hauptalkaloid der *Cephalotaxus*-Arten ist das Cephalotaxin. Weitere Cephalotaxus-Alkaloide sind u. a. Cephalotaxinon, Desmethylcephalotaxinon, 4-Hydroxycephalotaxin, 11-Hydroxycephalotaxin, Acetylcephalotaxin, Harringtonin, Isoharringtonin, Homoharringtonin, Desoxyharringtonin und Drupacin. Der Alkaloidnachweis in dieser Gattung erfolgte erst 1954 durch Wall und Mitarbeiter (3, 6, 7, 8, 10, 11, Ü 76: XVIII, 1; XXIII, 157, XXV,1). Weiterhin wurden in *Cephalotaxus*-Arten diterpenoide Verbindungen, z. B. Hainanolid, gefunden.

Die *Erythrina*-Alkaloide zeichnen sich durch curareähnliche, neuromuskulär lähmende Wirkungen aus. Im Unterschied zu den Curarealkaloiden sollen die Alkaloide aus *Erythrina*-Arten auch nach peroraler Applikation zur Wirkung kommen. Nach anderen Angaben sind die Alkaloide peroral gegeben und bei unverletzter Mund- und Magenschleimhaut ungefährlich.

Vergiftungen werden in der Heimat der Pflanzen durch Verzehr der auffälligen Samen («Colorines», «Zompantlibohnen») hervorgerufen. Als Vergiftungssymptome werden zunächst unmäßige Heiterkeit, schwankender Gang, Fieber und Hautrötung genannt, später tiefer Schlaf, während dessen der Tod eintreten kann (Ü 102).

In Südamerika und in Indien werden Zubereitungen aus *Erythrina*-Arten bei einer Vielzahl von Erkrankungen angewendet, u. a. bei Rheumatismus, Tumoren und Wurmerkrankungen, darüber hinaus

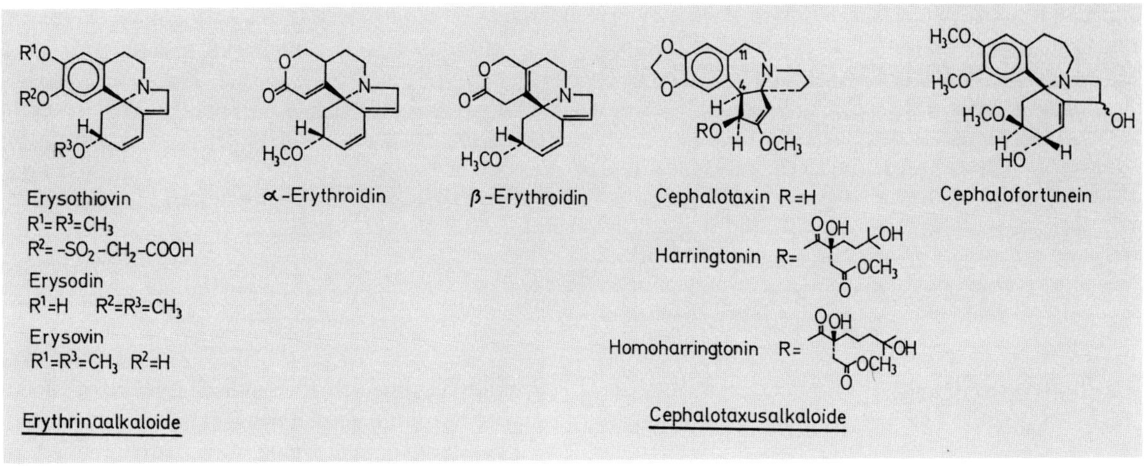

Abb. 23-1: Erythrina- und Cephalotaxus-Alkaloide

dienen sie auch als Fischgifte. Die Blätter einiger Arten werden auch als Gemüse verzehrt (Ü 70).

Harringtonin, Isoharringtonin, Homoharringtonin und Desoxyharringtonin, nicht aber Cephalotaxin, wirken über eine Hemmung der Proteinsynthese cytostatisch und cytotoxisch auf leukämische und andere Tumorzellen (4, 5, 9). In vivo werden die Alkaloide schnell im Organismus verteilt und rasch eliminiert. 24 Stunden nach ihrer Injektion ist die Fähigkeit zur Proteinsynthese wieder hergestellt.

Haupttargetorgane für die toxischen Nebenwirkungen der Cephalotaxus-Alkaloide sind das Knochenmark, der Gastrointestinaltrakt und das Herz. Es kommt zu Erbrechen, Durchfall, Knochenmarksinsuffiziens und in schweren Fällen zum Herzversagen. Die LD_{50} beträgt nach intravenöser Applikation an Mäuse für Harringtonin 4,5 mg/kg, für Homoharringtonin 2,4 mg/kg, für Isoharringtonin 13,3 mg/kg und für Desoxyharringtonin 8,8 mg/kg (5). Auch Hainanolid wirkt cytostatisch (13).

Während uns Vergiftungen durch Kopfeiben nicht bekannt sind, ist die besonders in China und den USA erfolgende therapeutische Anwendung der Alkaloide bei akuter nichtlymphatischer Leukämie oft von toxischen Nebenwirkungen begleitet (4).

23.2 Literatur

1. Chawla, A. S., Jackson, A. H. (1983), Alkaloids 13: 196
2. Chawla, A. S., Jackson, A. H. (1982), Alkaloids 12: 155
3. Findlay, J. A. (1976), Internat. Rev. Sci.: Org. Chemistry Ser. 2, 9: 23
4. Grem, J. L., Cheson, B. D., King, S. A., Leyland-Jones, B., Suffnes, M. (1988), J. Nat. Cancer Inst. 80: 1095
5. Huang, L., Xue, Z. (1984), in: Ü 76: XXIII, 157
6. Ma, G. E., Lin, L. T., Chao, T. Y., Fan, H. C. (1979), zit.: C. A.: 90, 19013m
7. Ma, G. E., Lin, L. T., Chao, T. Y., Fan, H. C. (1978), zit.: C. A.: 89, 193837x
8. Ma, G., Sun, G. Q., ElSohly, M. A., Turner, C: E. (1982), J. Nat. Prod. 45: 585
9. Powell, R. G., Weisleder, D., Smith, C. R. (1972), J. Pharm. Sci. 61: 1227
10. Ren, L., Xue, Z. (1982), zit.: C. A.: 96, 3672p
11. Spenzer, G. F., Plattner, R. D., Powell, R. G. (1976), J. Chromatogr. 120: 335
12. Suffnes, M., Cordell, G. A. (1985), in: Ü 76: XXV, 1
13. Sun, N. J., Zhao, Z. F., Chen, R: T., Lin, W., Zhou, Y. Z. (1981), zit.: C. A.: 95, 156431 (12)

Mit Ü gekennzeichnete Zitate siehe Kap. 43

24 Tropolonalkaloide

24.1 Toxinologie

Der Grundkörper der Tropolonalkaloide ist ein Ringsystem aus drei Ringen: einem Cycloheptanring, an den ein Tropolon- und ein Benzenring ankondensiert sind. Das Stickstoffatom ist nicht in einen Ring integriert, sondern befindet sich in Form einer Aminogruppe am Grundkörper.

Die Aminogruppe kann einen aliphatischen Acylrest, einen aliphatischen Acylrest und eine Methylgruppe, einen substituierten Benzylrest und eine Methylgruppe oder nur eine bzw. zwei Methylgruppen tragen. Acylierte Tropolonalkaloide reagieren nicht basisch, sind also nicht zur Salzbildung fähig. N-Methylderivate oder N,N-Dimethylderivate sind Basen. Die Hydroxylgruppen am Benzen- und die am Tropolonring haben phenolischen Charakter. Bei den nativen Alkaloiden sind sie methyliert, die in Position 3 kann auch glykosidisch mit einem Glucoserest verknüpft sein (Abb. 24-1).

Die Alkaloide sind wenig stabil. Durch milde Säurehydrolyse entsteht aus dem Colchicin unter Abspaltung der Methylgruppe in Position 10 das Colchicein. 3-Demethylcolchicin wird durch Hydrolyse aus Colchicosid gebildet. Unter Lichteinfluß kommt es zur Verknüpfung der C-Atome 8 und 12 durch eine zusätzliche Brücke, die gebildeten Verbindungen nennt man Lumialkaloide. Auch eine Integration eines O-Atoms in den Tropolonring, Verengung des Tropolonringes zum Benzenring (Allocolchicine), Desacylierung, Hydroxylierung in Position 4 oder im Cycloheptanring und Demethylierung der phenolischen Hydroxylgruppen können erfolgen. N-freie Tropolonderivate, z. B. Colchicon, 3-Desmethylcolchicon und Cornigeron, werden neben Allocolchicinen, z. B. (–)-Colchibiphenylin und (–)-Androbiphenylin (1), vermutlich Abbaupro-

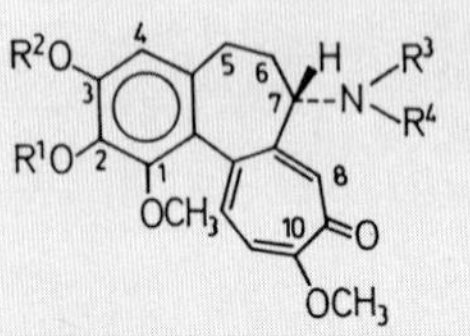

Alkaloid	Substituenten			
	R^1	R^2	R^3	R^4
Colchicin	CH_3	CH_3	CH_3CO	H
N-Desacetyl-N-formyl-colchicin	CH_3	CH_3	HCO	H
N-Desacetyl-N-(3-oxobutyryl)-colchicin	CH_3	CH_3	CH_3COCH_2CO	H
Colchicosid	CH_3	Glucose	CH_3CO	H
Demecolcin	CH_3	CH_3	CH_3	H
N-Methyldemecolcin	CH_3	CH_3	CH_3	CH_3
Cornigerin	– CH_2	–	CH_3CO	H
Speciosin	CH_3	CH_3	2-OH-Benzyl	CH_3
Speciosamin	CH_3	CH_3	Benzyl	CH_3
Colchifolin	CH_3	CH_3	$HOCH_2CO$	H

Abb. 24-1: Tropolonalkaloide

dukte der Tropolonalkaloide, ebenfalls in *Colchicum*-Arten gefunden.

Es ist nicht eindeutig festzustellen, welche der etwa 40 aus den Pflanzen isolierten Tropolonalkaloide native Verbindungen, in der lebenden Pflanze gebildete Umsetzungsprodukte nichtenzymatischer Reaktionen, postmortale Autolyseprodukte oder Artefakte sind. ŠANTAVY (38) nimmt an, daß Colchicin, N-Desacetyl-N-formylcolchicin, Cornigerin, Colchicosid, Demecolcin, N-Methyldemecolcin und Speciosin native Alkaloide darstellen (zur Chemie 35, 37, 38, 53, Ü 8, Ü 15, Ü 76: VI, 247; XI, 497; XXIII, 1).

Die Tropolonalkaloide werden häufig von Alkaloiden vom 1-Phenylethyltetrahydroisochinolin-Typ, z. B. Autumnalin, und Homopromorphinan-Typ, z. B. Androcymbin und Colchiritchin, begleitet (9). Diese Alkaloide sind biogenetische Vorstufen der Tropolonalkaloide. Auch Alkaloide vom Homoproaporphin- und Homoaporphin-Typ kommen als Nebenalkaloide vor.

Die Biogenese erfolgt aus je einem Molekül L-Tyrosin und L-Phenylalanin. Das letztere verliert sein N-Atom und geht als Zimtsäure in die Biogenese ein. Zunächst entsteht ein 1-Phenylethyltetrahydroisochinolin-Derivat. Durch einen weiteren Ringschluß wird ein Homopromorphinan-Derivat gebildet. Durch Öffnung des heterocyclischen Ringes und Einbeziehung eines seiner C-Atome in einen 6-Ring wird der Tropolongrundkörper formiert. Das zunächst heterocyclische N-Atom ist nun Bestandteil einer Aminogruppe (Ü 90).

Tropolonalkaloide wurden bisher nur bei Liliaceae, fast ausschließlich in der Unterfamilie Wurmbaeoideae gefunden (28, 39, 40). Von toxikologischem Interesse sind vor allem die *Colchicum*-Arten (Kap. 24.2).

Auch die als Warmhauspflanzen, im Sommer auch im Freien kultivierten und als Schnittblumen verwendeten Vertreter der Gattung *Gloriosa*, Ruhmeskrone, enthalten Tropolonalkaloide. Genutzt werden besonders *G. superba* L., *G. simplex* L. und *G. rothschildiana* O'BRIEN. Die Vertreter der Gattung *Gloriosa*, zu der fünf Arten gehören, sind im tropischen Afrika und Asien beheimatete Kletterpflanzen mit auffälligen Blüten. Bei *G. superba* (siehe S. 378, Bild 24-1) wurden in den Knollen bis 0,2% und in den Samen bis 0,9% Colchicin sowie bis 0,8% Colchicosid gefunden. Darüber hinaus wurden, neben zahlreichen Lumi- und Desmethyltropolonalkaloiden, N-Desacetyl-N-formylcolchicin, Colchifolin, Colchicamid (10-Desmethoxy-10-aminocolchicin) und Conigerin nachgewiesen (2, 6, 25, 47). Bei *G. simplex* sind in den Blättern 0,9–2,4% (hohe Werte in jungen Blättern), in den Stengeln 0,3–0,4%, in den Knollen 0,5–0,9%, in den Blüten 1,0–1,2% und in den Samen 0,4–0,5% Colchicin enthalten (29).

Gloriosa-Arten sind aufgrund ihres Colchicingehalts stark giftig. Über schwere Vergiftungen mit teilweise tödlichem Ausgang bei Menschen (18, 19, 28) und Tieren (33) wird berichtet.

Weitere Colchicin führende Gattungen sind *Merendera, Androcymbium, Iphigenia, Kreysigia, Littonia, Wurmbaea, Baeometra, Dipidax, Ornithoglossum, Bulbocodium, Camptorrhiza, Anguillaria* und *Sandersonia* (40).

Colchicin greift in einem reversiblen Prozeß an den aus je einer Untereinheit α- und β-Tubulin aufgebauten Tubulindimeren an, die als Bausteine der Mikrotubuli der Zellen dienen. Durch Bindung des Tropolonalkaloids an die Dimeren wird deren Fähigkeit zur Aggregation und zur Ausbildung der Mikrotubuli gehemmt. Infolgedessen kommt es zu einer Beeinträchtigung aller zellulären Prozesse und Funktionen, an denen die Mikrotubuli beteiligt sind. Dazu gehören intrazelluläre Transportvorgänge, die Ausschleusung von Zellbestandteilen durch Exocytose und die Wanderungsfähigkeit ortsbeweglicher Zellen (30). Daraus resultieren u. a. eine Verhinderung des Chromosomentransports während Mitose und Meiose und somit eine Blockade der Zellteilung (Antitumorwirkung! 45), unter bestimmten Bedingungen auch das Auftreten von Chromosomenmutationen (Polyploidisierung), die Zerstörung bestimmter Neuronen (44), die Einschränkung der Motilität von zur Phagozytose befähigten Leukocyten (5) und die Hemmung von Lymphocytenblastogenese und Antikörperbildung (48, 50).

Strukturelle Voraussetzungen für die Tubulinbindung sind hauptsächlich eine entsprechende räumliche Anordnung des Alkaloid-Grundgerüstes und die Konfiguration der Substituenten am C-7. Demecolcin, Colchicein und Cornigerin greifen ebenfalls am Tubulin an (3, 12). Colchicein besitzt jedoch wahrscheinlich einen anderen Rezeptor als Colchicin (13). Die Affinität von Isocolchicin zu den Bindungsstellen ist 500× geringer als die von Colchicin.

Colchicin wird aus dem Magen-Darm-Kanal rasch resorbiert. Die Plasmaproteinbindung beträgt etwa 30%. Ein Teil des Colchicins geht in den enterohepatischen Kreislauf ein. Die Biotransformation erfolgt durch Desmethylierung und Desacetylierung in der Leber, die Elimination über Gallenflüssigkeit, Faeces und in geringem Maße (5–25%) über den Harn (10).

In geringen Dosen wirkt Colchicin entzündungswidrig. Aber bereits hohe therapeutische Dosen reizen die Schleimhäute des Magen-Darm-Kanals und verursachen starke Durchfälle («vegetabilisches Arsenik»). Toxische Dosen wirken zunächst erregend, später lähmend auf medulläre Zentren, glatte Muskulatur, quergestreifte Muskulatur und sensible Nervenendigungen (Ü 73). Außerdem können Neuritis, Myopathie (22) und hämatologische Störungen (42) sowie teratogene Effekte (7, 16) auftreten.

Colchicin ist für Warmblüter wesentlich toxischer als für Kaltblüter. Die letale Dosis beträgt bei Ratten 4 mg/kg, s. c. (36), bei Kaninchen 6 mg/kg, i. v. (42). Für Mäuse liegt die letale Dosis von Colchicin bei 1,6 mg/kg, die von Cornigerin bei 9,7 mg/kg und die von 2,3-Didemethylcolchicin bei mehr als 450 mg/kg, jeweils nach intraperitonealer Applikation (3). Die LD_{50} von Colchicin beträgt bei Ratten 6,1 mg/kg, i. p., die von Demecolcin 1,7 mg/kg, i. v. Für den Menschen können bei peroraler Aufnahme Dosen über 6 mg Colchicin tödlich sein.

24.2 Tropolonalkaloide als Giftstoffe der Zeitlose (*Colchicum*-Arten)

Die Gattung *Colchicum*, Zeitlose (Liliaceae, Liliengewächse, auch als Colchicaceae ausgegliedert), umfaßt etwa 120 Arten, die in Mittel-, Süd- und Westeuropa, ostwärts bis Mittelasien und südwärts bis Nordafrika, verbreitet sind. In Mitteleuropa heimisch sind *C. autumnale* L., Herbst-Zeitlose, und *C. alpinum* LAM., Alpen-Zeitlose. Die Nordgrenze des Verbreitungsgebietes von *C. autumnale* verläuft von Irland über England, Norddeutschland und Südpolen zur Ukraine, die Südgrenze von Nordspanien über Mittelitalien und Albanien zur Türkei. *C. alpinum* wird nur in der westlichen und südlichen Schweiz gefunden. Als Zierpflanzen werden häufig in Griechenland, Klein- oder Vorderasien beheimatete Arten in Gärten angebaut, z. B. *C. bornmuelleri* FREYN, *C. speciosum* STEV., *C. byzantinum* KER-GAWL., *C. agrippinum* BAK., *C. haussknechtii* BOISS. und *C. variegatum* L.

C. autumnale (siehe S. 395, Bild 24-2) ist eine ausdauernde, 5–40 cm hohe Knollenpflanze mit grundständigen, länglich-lanzettlichen Laubblättern. Die 1–3, bis zu 25 cm langen, blaßvioletten, im Oktober bis November erscheinenden Blüten besitzen 6 Blütenhüllblätter (unterschiedlich lang), die unten zu einer Röhre verwachsen sind. Staubblätter sind 6 und Griffel 3 vorhanden. Der Fruchtknoten befindet sich zur Blütezeit unter der Erde. Er tritt erst zur Reifezeit im nächsten Frühjahr mit den Blättern hervor. Die länglich-eiförmige Kapsel enthält zahlreiche, 1–2 mm lange, schwarzbraune Samen mit rauher Oberfläche und wulstigem, anfangs klebrigem Nabel. Die Pflanze kommt zerstreut auf Felsenfluren, Wiesen und an Straßenböschungen, im Süden häufiger als im Norden, vor.

Bisher wurden etwa 40 Tropolonalkaloide aus *Colchicum*-Arten isoliert. Alle Teile der Pflanzen führen Alkaloide. Besonders gut untersucht ist *C. autumnale* (8, 24, 32, 34, 38). Es enthalten:

- reife Samen 0,5–1,2% Alkaloide, davon etwa 65% Colchicin, 30% Colchicosid und geringe Mengen N-Desacetyl-N-formylcolchicin, N-Desacetyl-N-oxobutyrylcolchicin sowie Demecolcin,
- Blüten 1,2–2,0% Alkaloide, davon 60–70% Colchicin und etwa 20% N-Desacetyl-N-formylcolchicin sowie geringe Mengen Demecolcin,
- Blätter 0,15–0,4% Alkaloide, davon etwa 50% Colchicin, weiterhin Demecolcin,
- Knollen 0,1–0,6% Alkaloide, davon etwa 60% Colchicin, weiterhin Demecolcin und N-Desacetyl-N-formylcolchicin.

Daneben kommen, besonders in getrockneten Pflanzenteilen und in den Samen, die in Kap. 24.1 genannten Metaboliten oder Artefakte vor.

Die Toxizität der *Colchicum*-Arten beruht hauptsächlich auf ihrem Gehalt an Colchicin.

Akute Vergiftungen beginnen bei peroraler Aufnahme nach einer Latenzzeit von durchschnittlich 3–6 h mit Brennen und Kratzen in Mund und Rachen, Durst und Schluckbeschwerden. Etwa 12–14 h nach der Giftaufnahme folgen Übelkeit, heftige Bauchschmerzen, Erbrechen, Diarrhoe, Darmkolik, Blasenkrämpfe, Hämaturie, Blutdruckabfall und Krämpfe mit späterer aufsteigender Paralyse. Der Tod kann nach 1–3 Tagen durch Erschöpfung, Herz- oder Atemlähmung eintreten. Bei Überstehen der Vergiftung sind als Folgeerscheinungen Agranulocytose, Haarausfall und Myopathien möglich (15, Ü 73).

Die tödliche Dosis von Herbstzeitlosen-Samen beträgt für einen Erwachsenen ca. 5 g, für Kinder 1,5 bis 2 g (Ü 30).

Als chronische Vergiftungserscheinungen bei langdauernder therapeutischer Anwendung von Colchicin oder Colchicumpräparaten können Knochenmarksschäden (Leukopenie, Thrombocytopenie, Megaloblastenanämie), hämorrhagische Kolitis, Myopathien (proximale Schwäche, Anstieg der Serumkreatinkinase, 22), Neuropathien (22, 30) sowie Gefäß-, Nieren- und Leberschäden auftreten. Sie sind teilweise durch die Malabsorption, z. B. von Vitamin B_{12}, bedingt (30).

Vergiftungen durch die Pflanzen kommen vor allem bei Kindern vor, die im Frühjahr oder Sommer mit den Fruchtkapseln, in denen die Samen klappern, spielen und diese verschlucken (7). Im Herbst sind die Blüten eine potentielle Vergiftungsquelle. Auch ein Mordversuch mit den Samen der Herbstzeitlose wurde beschrieben (26). Ein Mann starb nach dem Verzehr eines Salates, für den er versehentlich an Stelle von Bärlauchblättern die Blätter der Herbstzeitlose gesammelt hatte (Ü 30).

Tiervergiftungen wurden bei Pferden, Rindern, kleinen Wiederkäuern, Schweinen und Kaninchen nach dem Fressen von Herbstzeitlosenblätter oder -blüten enthaltendem Heu beobachtet. Auf der Weide werden die Pflanzen von den Tieren meistens gemieden. Da Colchicin über die Milch ausgeschieden wird, besteht die Möglichkeit einer Zweitvergiftung (20, Ü 6).

Aufgrund der geringen therapeutischen Breite von Colchicin sind medizinale Vergiftungen nicht selten (17, 33, 41, 43, 51). Besonders empfindlich sind Patienten mit eingeschränkter Nierenfunktion. Bei ihnen werden häufig schwere Nebenwirkungen (Myopathien) beobachtet (22). Ein nieren- und gichtkranker Patient starb nach der Einnahme von 3 mg Colchicin statt der verordneten 2 mg (15).

Auch zu Selbstmorden (4, 7) und Mordversuchen (26) wurde medizinisch verordnetes Colchicin benutzt. Vor dem «Strecken» «harter» Drogen mit Colchicin wird gewarnt (Ü 30).

Bereits bei begründetem Verdacht auf eine Colchicin-Vergiftung sollte der Vergiftete stationär eingewiesen und sofort Magenspülung durchgeführt werden. Anschließend sind Natriumsulfat und Aktivkohle zu verabreichen. Wichtigste symptomatische Maßnahme ist schneller Ersatz des Wasser- und Elektrolytverlustes zur Aufrechterhaltung der Kreislauffunktion (41). Weiterhin können Gabe von Spasmolytica (keine Opiumpräparate), peripheren Kreislaufmitteln und künstliche Beatmung erforderlich sein. Gefährdete Organfunktionen müssen noch für längere Zeit beobachtet werden (Ü 73).

In Zukunft könnte eine Verbesserung der Behandlungsmöglichkeiten von Vergiftungen durch Gabe colchicinspezifischer Antikörper möglich werden. Im Tierversuch wurden damit erste Erfolge erzielt (42, 46).

Colchicin, Demecolcin oder Extrakte der Droge Colchici semen werden therapeutisch bei Gicht, akutem Gelenkrheumatismus, Familiärem Mittelmeerfieber (31), Psoriasis (52), Lebercirrhose (21, nicht unumstritten), Morbus Behçet (27), proliferativen Vitreoretinopathien (23) und nekrotisierender Vasculitis (14) eingesetzt. Die Anwendung bei Leukämie (11) und Hauttumoren ist heute nur noch von geringer Bedeutung. In der Cytodiagnostik wird Colchicin zur Chromosomenanalyse und in der Pflanzenzüchtung zur Erzeugung von Polyploidien genutzt. Aufgrund seiner gezielt angreifenden neurotoxischen Wirkung findet es in der neurologischen Forschung Verwendung (49).

24.3 Literatur

1. Altel, T. H., Abuzarga, M. H., Sabri, S. S., Freyer, A. J., Shamma, M. (1990), J. Nat. Prod. 53: 623
2. Bellet, P., Gaignault, J. C. (1986), Ann. Pharm. Fr. 43: 345
3. Brossi, A., Yeh, H. J. C., Chrzanowska, M., Wolff, J., Hamel, E., Lin, C. M., Quin, F., Suffness, M., Silverton, J. (1988), Med. Res. Rev. 8: 77
4. Caplan, Y. H., Orloff, K. G., Thompson, B. C. (1980), J. Anal. Toxicol. 4: 153
5. Cauer, J. E. Z. (1965), Arthritis Rheum. 8: 757
6. Dvorackova, S., Sedmera, P., Potesilova, H., Santavy, F., Simanek, V. (1984), Collect. Czech. Chem. Commun. 49: 1536
7. Eigsti, O. J., Dustin, P. (1955), Colchicine – In Agriculture, Medicine, Biology and Chemistry, Iowa State College Press, Iowa
8. Forni, G., Massarani, G. (1977), J. Chromtogr. 131: 444
9. Freyer, A. J., Zarga, H. A., Firdous, S., Guinaudeau, H., Shamma, M. (1987), J. Nat. Prod. 50: 684
10. Girre, C., Thomas, G., Scherrmann, J. M., Crouzette, J., Fournier, P. E. (1989), Fund Clin. Pharmacol. 3: 537
11. Gomez, G. A., Sokal, J. E., Aungst, G. W. (1978), Leuk. Res. 2: 141
12. Hamel, E., Ho, H. H., Kang, G. J., Lin, C. M. (1988), Biochem. Pharmacol. 37: 2445
13. Hastie, S. B., McDonald, T. L. (1990), Biochem. Pharmacol. 39: 1271
14. Hazen, P. G., Michel, B. (1979), Arch. Dermatol. 115: 1303
15. Heeger, E. F., Poethke, W. (1950), Pharmazie 5: 437
16. Herkin, R. (1985), Teratology 31: 345
17. Hoang, C., Lavergne, A., Bismuth, C., Fournier, P. E., Leclerc, J. P., le Charpentier, Y. (1982), Ann. Pathol. 2: 229
18. Jaspersen-Schib, R. (1987), Schweiz. Apoth. Ztg. 125: 129
19. Jose, J. u. a. (1988), J. Assoc. Physicians India 36: 451
20. Kasim, M., Lange, H. (1973), Arch. Exp. Veterinärmed. 27: 601
21. Kershenobich, D., Vargas, F., Garcia-Tsao, G., Tamayo, R. P., Gent, M., Rojkind, M. (1988), New Engl. J. Med. 318: 1709
22. Kund, R. W., Duncan, G., Watson, D., Alderson, K., Rogawski, M. A., Peper, M. (1987), New Engl. J. Med. 316: 1562
23. Lennor, M., de Bustros, S., Glaser, B. M. (1986), Arch. Ophthalmol. 104: 1223

24. Malichova, V., Potesilova, H., Preininger, V., Santavy, F. (1979), Planta Med. 36: 119
25. Maturova, M., Lang, B., Reichstein, T., Santavy, F. (1959), Planta Med. 7: 298
26. Mezger, O., Heess, W. (1932), Samml. von Vergiftungsfällen 3: 47
27. Miyachi, Y. Taniguchi, S., Ozaki, M., Horio, T. (1981), Brit. J. Dermatol. 104: 67
28. Nagaratuam, N., De Silva, D. P. K. M., De Silva, N. (1973), Trop. Geopgraph. Med. 25: 15
29. Ntahomvukiye, D., Hakizimana, A., Nkiliza, J., van Puyvelde, L. (1984), Plant Med. Phytother 18: 24
30. Palopoli, J. J., Waxman, J. (1987), New Engl. J. Med. 317: 1290
31. Peters, R. J. (1983), Western J. Med. 138: 43
32. Petitjean, P., van Kerckhoven, L., Pesez, M., Bellet, P. (1978), Ann. Pharm. Franc. 36: 555
33. Sander, P., Kopferschmidt, J., Jaeger, A., Mautz, J. M. (1983), Hum. Toxicol. 2: 169
34. Santavy, F., Simanek, V., Preininger, V., Potesilova, H. (1982), Pharm. Acta Helv. 57: 243
35. Santavy, F. (1968), Planta Med. Suppl. 46
36. Santavy, F., Reichstein, T. (1950), Helv. Chim. Acta 33: 1606
37. Santavy, F. (1981), Heterocycles 15: 1505
38. Santavy, F., Preininger, V., Simanek, V., Potesilova, H. (1981), Planta Med. 43: 153
39. Santavy, F. (1980), Acta Horticulturae 1: 111
40. Santavy, F. (1982), Pharmazie 37: 56
41. Sauder, P., Kopferschmitt, J., Jaeger, A., Mantz, J. M. (1983), Human Toxicol. 2: 169
42. Scherrmann, J. M., Urtizberea, M., Pierson, P., Terrien, N. (1989), Toxicology 56: 213
43. Stahl, N., Weinberger, A., Benjamin, D., Pinkhas, J. (1979), Amer. J. Med. Sci. 278: 77
44. Steward, O., Goldschmidt, R. B., Sutula, T. (1984), Life Sci. 35: 43
45. Suffness, M., Cordell, G. A. (1985), in: Ü 76: XXV, 1
46. Terrien, N., Urtizberea, M., Scherrmann, J. M. (1990), Toxic. Appl. Pharmacol. 104: 504
47. Thakur, R. S., Potesilova, H., Santavy, F. (1975), Planta Med. 28: 201
48. Thyberg, J., Moskalewski, S., Friberg, U. (1977), J. Cell. Sci. 27: 183
49. Tilson, H. A., Peterson, N. J. (1987), Toxicology 46: 159
50. Trottier, R. W., Fitzgerald, T. J. (1981), Drug Dev. Res. 1: 241
51. Vehier-Mounier, C., Saulnier, F., Durocher, A., Houdret, M., Lhermitte, M., Lefebvre, M. C., Wattel, F. (1989), La Presse Med. 18: 1755
52. Wahba, A., Cohen, H. (1980), Acta Dermatovener. 60: 515
53. Yusupov, M. K., Sadykov, A. S. (1978), Khim. Prir. Soedin. 1: 3

Mit Ü gekennzeichnete Zitate siehe Kap. 43.

25 Amaryllidaceenalkaloide

25.1 Toxinologie

Von den Amaryllidaceenalkaloiden sind etwa 150 Vertreter bekannt. Ihr Grundkörper leitet sich vom N-Benzyl-N-β-phenylethylamin ab. Durch Bildung weiterer Ringe, Hydroxylierung, Epoxidierung, Hydrierung und andere Umwandlungen kommt die Vielfalt der Verbindungen dieses Alkaloid-Typs zustande (22, 24, 35, 52, 63, Ü 8, Ü 15, Ü 76: IV, 289; XI, 307; XV, 83; XXX, 251).

Nach der Art der gebildeten Ringsysteme kann man u. a. folgende Typen der Amaryllidaceenalkaloide unterscheiden:

- Belladin-Typ, z. B. Belladin,
- Lycorin-Typ, z. B. Acetylcaranin, Anhydrolycoriniumchlorid, Criasbetain, Galanthin, Lycorin, Lycorisid, Narcissidin, Pluviin, Pseudolycorin, Ungeremin,
- Lycorenin-Typ, z. B. Clivimin, Clivonidin, Clivonin, Hippeastrin, Homolycorin, Lycorenin, Nerinin,
- Narciclasin-Typ, z. B. Kalbreclasin, Narciclasin, Pancratistatin,
- Galanthamin-Typ, z. B. Galanthamin, Narwedin,
- Tazettin-Typ, z. B. Pretazettin, Tazettin (letzteres möglicherweise aus Pretazettin gebildetes Artefakt, 62),
- Crinidin-Typ, z. B. Ambellin, Crinafolidin, Crinafolin, Crinidin, Fiancin, Haemanthamin, Haemanthidin, Undulatin (Abb. 25-1).

Daneben gibt es eine Reihe weiterer Typen (u. a. mit 11 H-Dibenz[b,e]azepin-Grundkörper, z. B. Montanin, mit 4-Aryltetrahydroisochinolin-Grundkörper, z. B. Latilin), die aber nur in geringen Konzentrationen vorkommen. Auch dimere und trimere Amaryllidaceenalkaloide (z. B. Clivimin, dimer) sowie Glucosyloxyalkaloide (z. B. Kalbreclasin) und Acylglucosyloxyalkaloide (z. B. Lycorisid) wurden isoliert.

Die Biogenese der Amaryllidaceenalkaloide erfolgt ausgehend vom L-Tyrosin und L-Phenylalanin. L-Tyrosin geht in Tyramin über und L-Phenylalanin wird über Zimtsäure, p-Cumarsäure und Kaffeesäure in Protocatechualdehyd bzw. Isovanillin umgewandelt. Aus diesen Reaktionspartnern wird eine SCHIFFsche Base gebildet, die zu den N-Benzyl-N-β-phenylethylaminderivaten Norbelladin bzw. O-Methylnorbelladin hydriert wird. Die Ausbildung weiterer Ringe erfolgt vorwiegend durch oxidative Kupplung (54, Ü 72, Ü 90).

Amaryllidaceenalkaloide kommen bei allen Amaryllidaceen (im engeren Sinne) vor. Besonders weit verbreitet sind Lycorin, Pretazettin, Galanthamin und Haemanthamin (Ü 44). Alkaloide mit Grundkörper vom Memsembrin-Typ wurden sowohl bei den Amaryllidaceae als auch bei den Aizoaceae gefunden (4). Untersuchungen über das Alkaloidspektrum der bei uns als Zierpflanzen kultivierten Aizoaceae (z. B. Vertreter der Gattungen *Aptenia* und *Dorotheanthus*) sind nicht bekannt geworden.

Die Familie der Amaryllidaceae, Amaryllisgewächse (Ordnung Liliales, Lilienartige, von einigen Autoren auch den Asparagales, Spargelartige, zugerechnet) umfaßt etwa 70 Gattungen mit etwa 860 Arten. Verbreitungsschwerpunkte sind subtropische Gebiete beider Hemisphären. Im südlichen Teil Mitteleuropas sind sieben Arten heimisch bzw. eingebürgert: *Galanthus nivalis* L., Kleines Schneeglöckchen, *Leucojum vernum* L., Frühlings-Knotenblume, Märzbecher, *L. aestivum* L., Sommer-Knotenblume, *Narcissus pseudonarcissus* L., Gelbe Narzisse, *N. poeticus* L., Weiße Narzisse, *N. biflorus* CURT., Zweiblütige Narzisse, und *N. exsertus* HAW., Westalpen-Narzisse. Viele weitere Amaryllidaceen werden im Freiland oder im Zimmer als Zierpflanzen kultiviert (Tab. 25-1); s. a. S. 395 u. 396, Bild 25-1 bis 25-10).

Amaryllidaceae sind ausdauernde Kräuter, die eine Zwiebel, selten eine Knolle, besitzen. Die Blätter sind in der Regel grundständig. Die Blüten sind groß, radiär, 6zählig, mit kronblattartigem Perigon und 3fächrigem, unterständigem Fruchtknoten. Sie stehen meistens einzeln oder in doldenartigen Trauben. Die Frucht ist eine Kapsel oder Beere.

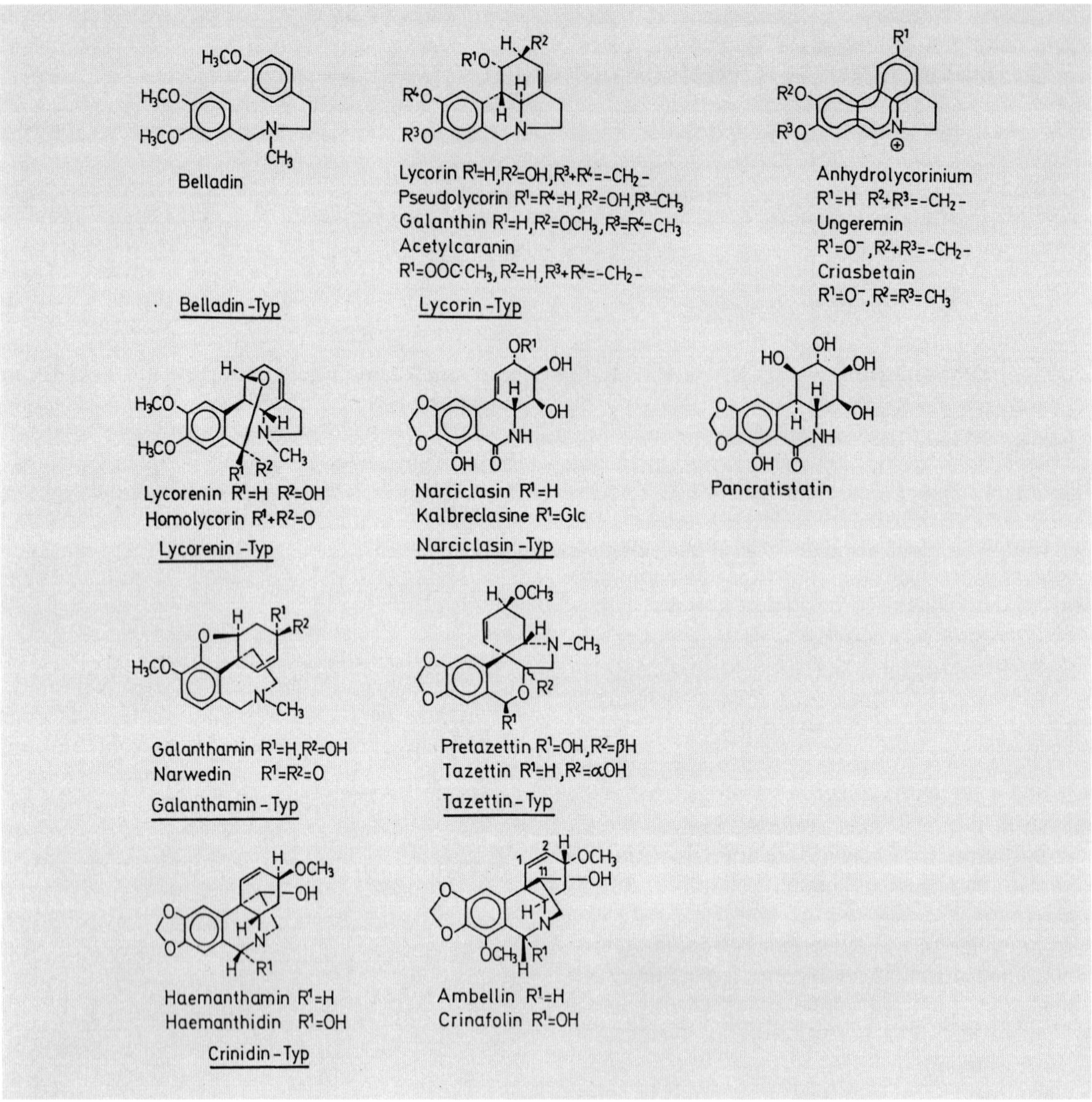

Abb. 25-1: Amaryllidaceenalkaloide

Tab. 25-1: Amaryllidaceenalkaloide in Zierpflanzen (in Anlehnung an 24, 60, 63)

Pflanze	Alkaloid-gehalt in %[1])	wesentliche Alkaloide	Zusatzliteratur
Amaryllis belladonna L., Belladonnalilie	0,4 Z	Lycorin, Ambellin, Acetylcaranin, Anhydrolycoriniumchlorid	16
Clivia miniata REGEL, Riemenblatt, Klivie	0,3 R 0,05–0,2 B	Lycorin, Clivonin, Clivatin, Clivimin, Clivonidin	1, 2, 7, 37, 42
Crinum amabile DONN, Hakenlilie, Liliendolde	1,6 Z 0,8 B	Lycorin, Hippeastrin, Crinidin, Galanthin, Galanthamin, Tazettin	47
Crinum asiaticum L.	0,05 Z	Lycorin, Palmitoyllycorin, Lycorisid	15, 28

Bild 24-2: *Colchicum autumnale*, Herbst-Zeitlose

Bild 25-1: *Clivia miniata*, Riemenblatt, Clivie

Bild 25-2: *Crinum* × *powellii*

Bild 25-3: *Hippeastrum hybridum*, Ritterstern

Bild 25-4: *Leucojum vernum*, Märzbecher

Bild 25-5: *Narcissus poeticus*, Dichternarzisse

Bild 25-6: *Narcissus tazetta*, Tazette

Bild 25-7: *Sprekelia formosissima*, Jakobslilie

Bild 25-8: *Nerine bowdenii*, Nerine

Bild 25-9: *Vallota speciosa*, Vallote

Bild 25-10: *Zephyranthes candida*, Weiße Zephirblume

Bild 26-1: *Physostigma venenosum*, Calabarbohne, Samen

Tab. 25-1: Fortsetzung

Pflanze	Alkaloid-gehalt in %[1])	wesentliche Alkaloide	Zusatzliteratur
Crinum × powellii hort.	0,2 Z	Lycorin, Crinidin	23
Galanthus nivalis L., Schneeglöckchen	0,05–0,8 Z	Tazettin, Lycorin, Haemanthamin, Galanthamin	17, 24
Galanthus elwesii HOOK.	0,1 Z	Galanthamin, Lycorin, Tazettin	12
Haemanthus albiflos JACQ., Elefantenohr	0,2 Z 0,05 P	Tazettin, Lycorenin	8, 61
Haemanthus katharinae BAK., Katharines Blutblume	0,02 Z	Lycorin, Haemanthamin	12
Haemanthus hybridus «König Albert»	0,07 P	Haemanthidin, Haemanthamin	10, 12
Hippeastrum vittatum (L'HÉRIT.) HERB., Ritterstern	0,03 P 0,04 Z	Lycorin, Haemanthamin, Vittatin, Tazettin	6, 8, 18
Hippeastrum hybridum	0,04 Z	Lycorin, Haemanthamin	21
Leucojum vernum L., Märzbecher	0,1–0,5 Z 0,3 B	Homolycorin, Galanthamin, Lycorin	53, 58
Leucojum aestivum L., Sommer-Knotenblume	0,08 Z	Galanthamin, Pretazettin, Lycorin, Tazettin	15
Narcissus pseudonarcissus L., Osterglocke, Trompetennarzisse	0,08–015 Z	Haemanthamin, Galanthin, Galanthamin, Pluviin	13
Narcissus poeticus L., Dichternarzisse, Weiße Narzisse	0,02–0,13 Z	Lycorin, Narcissidin, Homolycorin, Galanthin, Galanthamin	11
Narcissus jonquilla L., Jonquille	0,08–0,12 Z	Galanthamin, Tazettin, Lycorin, Lycorenin, Haemanthamin	9
Narcissus tazetta L., Tazette	0,02–0,70 Z	Lycorin, Homolycorin, Haemanthamin, Fiancin	11, 24
Narcissus triandrus L.	0,02–0,05 Z	Galanthin, Lycorin, Lycorenin, Pluviin	9
Narcissus incomparabilis MILL. (*N. poeticus* × *N. pseudonarcissus*)	0,12 Z	Haemanthamin, Galanthin, Lycorin, Galanthamin, Narcissidin	13
Nerine bowdenii W. WATS., Nerine	0,2 Z	Ambellin, Crinidin, Undulatin, Belladin	16
Nerine sarniensis (L.) HERB., Guernseylilie	0,02 P	Lycorin, Nerinin	7
Sprekelia formosissima (L.) HERB., Jakobslilie	0,06 Z	Tazettin	14
Vallota speciosa (L.f.) VOSS., Vallote	0,08 P	Galanthamin	6, 34
Zephyranthes candida (LINDL.) HERB., Weiße Zephirblume	0,03 Z	Lycorin	12, 14
Zephyranthes rosea (SPRENG.) LINDL., Rosa Zephirblume	0,05 Z	Lycorin	12, 15

Z = Zwiebel, B = Blatt, R = Wurzel, P = ganze Pflanze
[1]) Gehaltsangabe auf Frischgewicht bezogen

Angaben über den Gesamtalkaloidgehalt und die Konzentrationen der Hauptalkaloide in verschiedenen Organen von in Mitteleuropa vorkommenden oder kultivierten Amaryllidaceae sind in Tabelle 25-1 zusammengefaßt. Wie bekannt, gibt es auch bei den Vertretern dieser Familie chemische Rassen, die sich im Alkaloidspektrum stark unterscheiden, so daß die Angaben in der Tabelle nur orientierenden Charakter haben können. Es wurde darüber hinaus auch eine Tagesrhythmik des Gesamtalkaloidgehaltes und der Relationen der einzelnen Alkaloide zueinander beobachtet (19).

In pharmakologischer Hinsicht wurden bisher Galanthamin und Lycorin am besten untersucht (zur Wirkung der einzelnen Amaryllidaceenalkaloide: 45).

Galanthamin ist peripher und zentral als reversibler und spezifischer Blocker der Acetylcholinesterase wirksam. Es ist in der Lage, die Wirkung nichtdepolarisierender neuromuskulärer Blocker aufzuheben und die synaptische Transmission wieder herzustellen (5, 46, 57). Darüber hinaus wirkt es analeptisch und analgetisch. Die LD_{50} beträgt bei der Maus 11,1 mg/kg, s. c. (60).

Lycorin blockiert durch Bindung an die 60 S-Untereinheiten der Ribosomen und Hemmung der Verknüpfung der Aminosäuren die Proteinsynthese in eukaryontischen Zellen. Die Hemmwirkung erstreckt sich in vitro und in vivo auch auf Tumorzellen (36, 41, 55). In akut toxischen Konzentrationen verursacht es Speichelfluß, Erbrechen, Durchfall, zentrale Lähmungserscheinungen und Kollaps (36, 39). Intravenöse Applikation von 0,01—30 mg Lycorinhydrochlorid/kg führt bei Katzen innerhalb von 5—20 min zum Anstieg des systolischen arteriellen Blutdrucks und der Herzfrequenz. Die Wirkung kommt teilweise über einen Anstieg der Freisetzung adrenerger Transmitter zustande (49). Lycorin besitzt außerdem bemerkenswerte antivirale Wirksamkeit. Sie erstreckt sich u. a. auf Herpes-simplex-Viren, Poliomyelitis-Viren und auf an der Leukämie-Entstehung beteiligte Viren. Die antivirale Wirkung beruht vermutlich auf der Hemmung der reversen Transkriptase (48) bzw. der viralen DNA-Polymerase (51).

Pretazettin und Hippeastrin zeigen die gleichen oder ähnliche antivirale Effekte wie Lycorin (25, 38, 48, 51, 56). Pretazettin, Pseudolycorin, Dihydrolycorin, Hippeastrin und Haemanthamin hemmen ebenso wie Lycorin die Proteinsynthese (41, 55). Pretazettin ist beispielsweise beim EHRLICH-Ascites-Carcinom der Maus und bei RAUSCHER-Leukämie wirksam (26). Gute virostatische Wirksamkeit gegen Herpes-simplex-Viren zeigen besonders die Verbindungen mit einem Hexahydroindolringsystem mit zwei funktionellen Gruppen (51).

Tazettin beeinflußt die neuromuskuläre Erregungsübertragung. Mäuse zeigen nach intravenöser Zufuhr schlagartig einsetzende Streckkrämpfe aller entsprechenden Muskelgruppen. Die Atmung wird anfangs stark beschleunigt, später gelähmt. Die LD_{50} beträgt bei Mäusen 100 mg/kg, i. v., bzw. 420 mg/kg, i. p. (42, 59).

Weitere bemerkenswerte Amaryllidaceenalkaloide sind:

- Ungeremin und Criasbetain aus *Crinum asiaticum* L. (30), Crinafolin und Crinafolidin aus *Crinum latifolium* L. (27) sowie Narciclasin aus *Haemanthus multiflorus* MARTYN (*H. kalbreyeri* BAK.) und *Lycoris longituba* (Ü 76: XXX, 251), die antineoplastische Wirksamkeit aufweisen (55),
- Pancratistatin aus *Pancratium littorale* JACQ. (*Hymenocallis littoralis* (JACQ.) SALISB.) und *Zephyranthes grandiflora* LINDL. sowie Anhydrolycoriniumchlorid und Acetylcaranin aus *Amaryllis belladonna* mit antileukämischer Wirkung (50),
- 11-O-Acetylambellin und 11-O-Acetyl-1,2-β-epoxy-ambellin aus *Crinum latifolium* L., die immunregulatorischen Effekt besitzen (33),
- 1,2-β-Epoxyambellin (Cavinin) aus *Crinum latifolium* L. (29) und Kalbreclasin aus *Haemanthus multiflorus* (32), immunstimulierende Alkaloide,
- Lycorisid (Lycorin-1-O-(6'-O-palmitoyl)-β-glucopyranosid) aus *Crinum asiaticum* L., das in niedrigen Konzentrationen die Degranulation der Mastzellen hemmt, sie in höheren jedoch auslöst (31) und
- Narwedin, u. a. aus *Galanthus nivalis*, das die Atmungs- und Herztätigkeit anregt (3).

Alle Amaryllidaceenalkaloide werden rasch resorbiert und eliminiert. Zur Wirkung der einzelnen Pflanzen tragen alle Alkaloide bei.

Berichte über durch Amaryllidaceen verursachte schwere Intoxikationen sind selten (43, 44, Ü 10, Ü 31). Meistens war Verwechslung der Zwiebeln mit Küchenzwiebeln Ursache der Vergiftungen. An Vergiftungssymptomen sind Übelkeit, Erbrechen, Durchfall, Schweißausbruch, Benommenheit sowie Kollaps- und Lähmungserscheinungen bis hin zum Tod beschrieben. Ein vierjähriges Kind starb durch Saugen des Saftes weißer Narzissen (39, Ü 10). Zwei Kinder erlitten eine Vergiftung durch Osterglockenblätter (Ü 47). Todesfälle bei Rindern gab es, nachdem in Notzeiten Narzissenzwiebeln verfüttert wurden (39). In neueren Übersichten werden als Vergiftungssymptome vorwiegend gastrointestinale Reizerscheinungen angegeben (39, 40, Ü 62, Ü 63).

Die Behandlung der Vergiftungen erfolgt nach primärer Giftentfernung symptomatisch. Als Antidot bei Galanthaminvergiftungen ist Atropinsulfat geeignet.

Die Zwiebeln von *Narcissus pseudonarcissus* wurden früher als Emeticum verwendet. Heute besitzt Galanthamin therapeutische Bedeutung als Acetylcholinesterasehemmstoff, z. B. bei postoperativer Darm-, Magen- und Blasenatonie, Myasthenie, Myopathien und zur Decurarisierung. Von großem medizinischen Interesse sind die antiviralen und die antineoplastischen Wirkungen vieler Amaryllidaceenalkaloide sowie die günstigen Effekte von Galanthamin bei der ALZHEIMER-Erkrankung (20).

25.2 Literatur

1. ABDUSAMATOV, A., KHAMIDKHODZAEV, S. A., YUNUSOV, S.Y. (1975), Khim. Prir. Soedin. 11: 273
2. ALI, A. A., ELMOGHAZY, S. A. (1983), J. Nat. Prod. 46: 350
3. BAZHENOVA, E. D., ALIEV, K. U., ZAKIROV (1974), Farmakol. Alkaloidov Ikh. Proizvod. 74
4. BASTIDA, J., VILADOMAT, F., LLABRES, J. M., RAMIREZ, G., CODINA, C., RUBIRALTA, M. (1989), J. Nat. Prod. 52: 478
5. BOISSIER, J. R., LESBROS, M.J. (1961), Ann. Pharm. Franc. 19: 150
6. BOIT, H. G. (1956), Chem. Ber. 89: 1129
7. BOIT, H. G. (1954), Chem. Ber. 87: 1704
8. BOIT, H. G. (1954), Chem. Ber. 87: 1448
9. BOIT, H. G., STENDER, W., BUTNER, A. (1957), Chem. Ber. 90: 725
10. BOIT, H. G. (1954), Chem. Ber. 87: 1339
11. BOIT, H. G., DÖPKE, W. (1956), Chem. Ber. 89: 2462
12. BOIT, H. G., DÖPKE, W. (1961), Naturwissenschaften 48: 406
13. BOIT, H. G., EHMKE, H. (1956), Chem. Ber. 89: 163
14. BOIT, H. G., EHMKE, H. (1955), Chem. Ber. 88: 1590
15. BOIT, H. G., DÖPKE, W., STENDER, W. (1957), Chem. Ber. 90: 2203
16. BOIT, H. G., EHMKE, H. (1956), Chem. Ber. 89: 2093
17. BOIT, H. G., DÖPKE, W. (1960), Naturwissenschaften 47: 109
18. BOIT, H. G., DÖPKE, W. (1959), Chem. Ber. 92: 2582
19. CAO, R. Q., CHU, J. H., FEI, H. M. (1981), zit.: C. A.: 95, 93806 s
20. DAVIS, B. (1987), US Patent 4663318 (Cl. 514-215; A-61K 31/55)
21. DÖPKE, W. (1962), Arch. Pharm. Ber. Dtsch. Pharm. Ges. 295: 920
22. DÖPKE, W. (1977), Heterocycles 6: 551
23. DÖPKE, W., FRITSCH, G. (1965), Pharmazie 20: 586
24. FUGUATI, C. (1975), in: Ü 76, XV: 83
25. FURUSAWA, E. et al. (1972), Proc. Soc. Exp. Biol. Med. 140: 1034
26. FURUSAWA, E., SUZUKI, N., FURUSAWA, S., LEE, J. Y. B. (1975), Proc. Soc. Expl. Biol. Med. 149: 771
27. GHOSAL, S., SINGH, S. K. (1986), J. Chem. Res. Synop. 312
28. GHOSAL, S., SHANTHY, A., KUMAR, A., KUMAR, Y. (1985), Phytochemistry 24: 2703
29. GHOSAL, S., SAINI, K. S., ARORA, V. K. (1984), J. Chem. Res. Synop. 232
30. GHOSAL, S., KUMAR, Y., SINGH, S., KUMAR, A: (1986), J. Chem. Res. Synop. 112
31. GHOSAL, S., SHANTHY, A., SARKAR, M. K., DAS, P. K. (1986), Pharm. Res. 3: 240
32. GHOSAL, S., LOCHNAN, R., ASHUTOSH, KUMAR, Y., SRIVASTAVA R. S. (1985), Phytochemistry 24: 1825
33. GHOSAL, S., RAO, P. H., SAINI, K. S. (1985), Pharm. Res. (5) 251
34. GORBUNOVA, G. M., PATUDIN, A.V., GORBUDOV, V. D. (1978), Khim. Prir. Soedin. 420
35. GRUNDON, M. F. (1989), Nat. Prod. Rep. 6: 79
36. IEVEN, M., VLIETINCK, A. J. (1981), Pharm. Weekbl. 116: 169
37. IEVEN, M., VLIETINCK, A. J., VAN DEN BERGHE, D. A., TOTTE, J. (1982), J. Nat. Prod. 45: 564
38. IEVEN, M., VAN BERGHE, D. A., VLIETINCK, A. J. (1983), Planta Med. 49: 109
39. JASPERSEN-SCHIB, R. (1970), Pharm. Acta Helv. 45: 424
40. JASPERSEN-SCHIB, R. (1987), Schweiz. Apoth. Ztg. 125: 129
41. JIMINEZ, A., SANTOS, A., ALONSO, G., VAZQUEZ, D. (1976), Biochem. Biophys. Acta 425: 342
42. KOBAYASHI, S., ISHIKAWA, H., SASAKAWA, E., KIHARA, M., SHINGU, T., KATO, A. (1980), Chem. Pharm. Bull. 28: 1827
43. LITOVITZ, T. L., FAHEY, B. A. (1982), New Engl. J. Med. 306: 547
44. MACHT, D. J. S. (1933), Samml. von Vergiftungsfällen 4: 103
45. MARTIN, S. F. (1987), in: Ü 76: XXX, 251
46. MASHKOVSKII, M. D. (1955), Farmakol. Toksikol. 18: 21
47. MURAVJEVA, D. A., POPOVA, D. Y. (1982), Khim. Prir. Soedin. (2) 263
48. PAPAS, T. S., SANDHAUS, L., CHIRIGOS, M. A., FURUSAWA, E. (1973), Biochem. Biophys. Res. Commun. 52: 88
49. PEREZ, R., QUINTANA, B., HEBEL, P., BITTNER, M., SILVA, M. (1986), IRCS Med. Sci. 14: 443
50. PETTIT, G. R., GADDAMIDI, V., GOSWAMI, A., CRAGG, G. M. (1984), J. Nat. Prod. 47: 796
51. RENARD-NOZAKI, J., KIM, T., IMAKURA, Y., KIHARA, M., KOBAYASHI, S. (1989), Res. Virol. 140: 115
52. SAINSBURY, M. (1977), in: RODDs Chemistry of Carbon Compounds 4 B (Ed.: COFFEY, S.), Amsterdam: 165
53. SAVICHEV, M.V. (1990), Farmatzija 19: 26
54. SCHÜTTE, H. R. (1969), in: Biosynthese der Alkaloide (Eds.: MOTHES, K., SCHÜTTE, H. R.), Deutscher Verlag der Wissenschaften, Berlin: 420
55. SUFFNES, M., CORDELL, G. A. (1985), in: Ü 76: XXV, 1

des Ringes D in Agroclavin übergeht, aus dem über Elymoclavin und $\Delta^{8(9)}$-Lysergsäurealdehyd die aktivierte Lysergsäure entsteht. Der Aufbau des Cycloltripeptids der Ergopeptine erfolgt wahrscheinlich an einem Multienzymkomplex (75).

Die Biogenese der Monoterpen-Indolalkaloide (monoterpenoide Indolalkaloide, iridoide Indolalkaloide, Abbn. 26-7–26-9) geht unter Beteiligung eines Iridoids, vermutlich des Secologanins, vor sich. Es werden zunächst Vertreter vom Corynanthein-Typ gebildet, aus denen durch weitere Ringschlüsse, bisweilen auch Ringöffnungen, die Verbindungen der übrigen genannten Typen entstehen (Ajmalicin-, Eburnamin-, Yohimbin-, Ajmalin-, Aspidospermin-, Quebrachamin-, Picralin-, Oxindol- und Strychnin-Typ).

Verbindungen vom Cyclopiazonsäure-Typ (Abb. 26-5) gehen aus L-Tryptophan, einem Hemiterpen (in Stellung 4 angeknüpft), und einem aktivierten Acetoacetatrest hervor. Der Acetoacetatrest wird zunächst amidartig mit der Aminogruppe verknüpft, dann erfolgt der Ringschluß über die Carboxylgruppe des Tryptophans (171).

Die Cycloldipeptide (Diketopiperazine, Abbn. 26-5 und 26-6) werden vermutlich aus L-Tryptophan und einer weiteren Aminosäure gebildet, L-Histidin bei den Roquefortinen, L-Prolin bei den Fumitremorginen, Anthranilsäure und L-Alanin beim Tryptoquivalin (171).

Die Alkaloide vom Paspalin-Typ (Abb. 26-6) sind Diterpen-Indolalkaloide. Bei ihrer Bildung reagiert wahrscheinlich Tryptamin mit Geranylgeraniol. Bei der nachfolgenden Cyclisierung geht die Aminoethylseitenkette verloren (232).

Bei der Biogenese der Indolactamalkaloide (Abb. 26-10) der Prokaryota entsteht zunächst aus L-Tryptophan, L-Valin und einem Methylgruppendonator das N-Methyl-L-valyl-L-tryptophol, das zum (-)-Indolactam cyclisiert wird. Anschließend wird ein Monoterpenrest in Position 7 des Indol-Grundkörpers angeknüpft (109).

Indolalkaloide sind weit verbreitet. Sie kommen bei Mikroorganismen, Pilzen, Pflanzen und Tieren vor (Ü 76: XI, 1).

Von den durch Mikroorganismen gebildeten Indolalkaloiden ist wegen seiner ungewöhnlichen Struktur und seiner pharmakologischen Wirkung das Staurosporin erwähnenswert (Abb. 26-1). Es wird von nicht identifizierten *Streptomyces-*, *Nocardiopsis-* und *Actinomadura-*Arten produziert. Es wirkt in sehr niedrigen Konzentrationen (10^{-12}–10^{-9}M) cytotoxisch und hemmt eine Reihe von Proteinkinasen, darunter besonders effektiv die Proteinkinase C (IC_{50} $3 \cdot 10^{-9}$M, 184).

Bei niederen Pilzen sind Indolalkaloide als Giftstoffe des Mutterkorns (Kap. 26.5) und als Mycotoxine (Kap. 26.6 und 26.8) von Bedeutung. Auch bei einem höheren Pilz, bei *Cortinarius infractus* (Pers. ex Fr.) Fr., Bitterer Schleimkopf (Cortinariaceae, Haarschleierlinge), der in Europa in Mittelgebirgen häufig ist, wurden Indolalkaloide, Infractin,

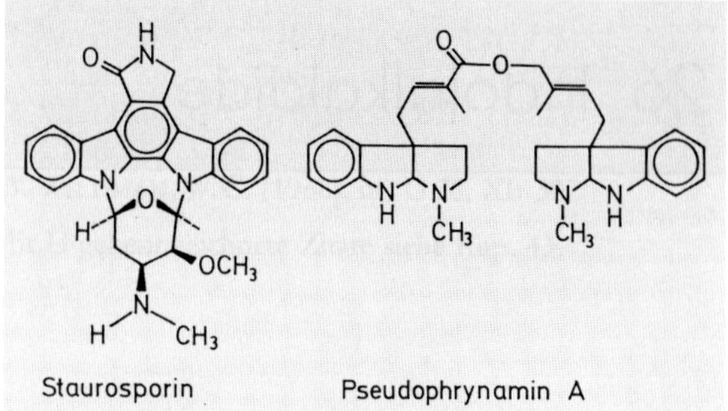

Abb. 26-1: Staurosporin, Indolalkaloid von Strahlenpilzen (Actinomycetes), Pseudophrynamin A, Indolalkaloid des Grab-Frosches *(Pseudophryne coriacea)*

6-Hydroxyinfractin und Infractopicrin, nachgewiesen. Diese β-Carbolinalkaloide sind für den bitteren Geschmack und die blaue Fluoreszenz des Pilzes verantwortlich (209).

Die bei Rotalgen gefundenen Indolalkaloide, z. B. die Itomanidole A und B, die den aus Meeresschnecken isolierten Vorstufen des Tyrrhenischen Purpurs sehr ähneln (Kap. 26.13), sind wie diese toxikologisch noch nicht untersucht (215).

Bei höheren Pflanzen sind die Indolalkaloide der Apocynaceae (Gattungen *Rauvolfia*, *Corynanthe*, *Vinca*, Kap. 26.9, *Catharanthus*, Kap. 26.10), Loganiaceae *(Strychnos*, Kap. 26.11, *Gardneria*, *Gelsemium)* und der Fabaceae (*Physostigma*, Kap. 26.2) von toxikologischem Interesse. Darüber hinaus sollen erwähnt werden die psychotomimetisch wirksamen Alkaloide der Malpighiaceae (*Banisteriopsis*, *Diploteris*, *Psychotria*, Kap. 26.3), Convolvulaceae (*Ipomoea*, *Rivea*, *Argyreia*, *Stictocardia*, *Calonyction*, *Jaquemontia*, *Quamoclit*, Kap. 26.7) und Zygophyllaceae (*Peganum*, Kap. 26.4).

Bei Tieren werden außer Indolylalkylaminen (Kap. 17.4.5) echte Indolalkaloide gefunden (Kap. 26.13). Strukturell bemerkenswert sind die in den Hautextrakten von *Pseudophryne coriacea*, einem australischen Grab-Frosch (Myobatrachidae), nachgewiesenen Indolalkaloide vom Physostigmin-Typ, z. B. das Pseudophrynamin A (Abb, 26-1, 203).

26.2 Indolalkaloide der Calabarbohne (*Physostigma venenosum*)

Physostigma venenosum BALF., Calabarbohne (Fabaceae, Schmetterlingsblütengewächse), ist eine im Küstengebiet des Golfs von Guinea von Angola bis zu den Kanarischen Inseln beheimatete Pflanze, die im Habitus unserer Feuerbohne ähnelt (siehe S. 396, Bild 26-1). Die zu zweit oder dritt in den Hülsen enthaltenen, bohnenförmigen, 2,5–3,5 cm langen, schwarzen Samen werden meistens aus Wildbeständen gesammelt und in der pharmazeutischen Industrie zur Gewinnung ihres Hauptalkaloids, des Physostigmins (Abb. 26-2), genutzt. Der Alkaloidgehalt beträgt etwa 0,5% (0,1% Physostigmin). Nebenalkaloide sind u. a. Geneserin, Physovenin und Eseramin (Ü 76: X, 383; XIII, 213).

Toxikologische Bedeutung erlangte *Ph. venenosum* vor allem dadurch, daß seine Samen von einigen Völkerstämmen Westafrikas als Ordalgift zur Herbeiführung sogenannter Gottesurteile benutzt wurden (193). In Mitteleuropa sind Vergiftungen bei Anwendung von Physostigminsalzen in der Ophthalmologie möglich. Auch für Suizidversuche wurde Physostigmin verwendet (58).

Physostigmin wirkt über eine Hemmung der Acetylcholinesterase parasympathicomimetisch. Es kann als Mioticum und Antiglaucomatosum eingesetzt werden. Die letale Dosis seiner Salze ist mit nur 6–10 mg für den Menschen bei peroraler Applikation sehr gering. Parenteral verabreicht ist die Toxizität noch höher. Gelangt Physostigmin durch unsachgemäße Anwendung von Augentropfen in den Nasen-Rachen-Raum, kommt es zu Speichelfluß, Übelkeit, Erbrechen und Durchfällen. Bei schweren Vergiftungen erfolgt der Tod nach Muskelzuckungen, Krämpfen und Cyanose durch Atemlähmung (180, Ü 73, Ü 125).

Bei Vergiftungen nach peroraler Applikation ist schnell Erbrechen auszulösen und Magenspülung durchzuführen. Auch forcierte Diurese kann erfolgreich sein. Als Antidot können kleine Dosen Atropinsulfat oder Scopolamin gegeben werden. Die Krämpfe werden mit kurz wirkenden Barbituraten behandelt (58, 110, 219).

26.3 Indolalkaloide als psychotomimetisch wirksame Stoffe des Ayahuasca

Ayahuasca (Quechua-Sprache: Liane der Seelen), auch als Caapi, Natema, Pindé oder Yajé bekannt, ist ein durch Auskochen oder Mazerieren der Rinde von *Banisteriopsis caapi* (SPRUCE ex GRISEB.) MORTON oder *B. inebrians* MORTON gewonnenes kaffeebraunes, psychotomimetisch wirksames Getränk. Fast stets werden auch die Blätter von *Diplopterys cabrerana* (CUTREASCASAS) GATES (*Banisteriopsis rushbyana* (NDZ.) MORTON, Malpighiaceae), *Psychotria viridis* RUIZ et PAV. und *P. carthagenensis* JACQ. (Rubiaceae) mitextrahiert, seltener auch die anderer Pflanzen (z.B. von *Datura suaveolens* HUMB. et BONPL.). Ayahuasca wird von den südamerikanischen Eingeborenen und den Mestizen bereitet, besonders im westlichen Amazonasgebiet und im Orinokobecken bis in die Küstenregionen Kolumbiens, und als Halluzinogen verwendet. Von den Witoto-Indianern, die im kolumbianischen Teil des Amazonasgebietes beheimatet sind, werden die getrockneten, zerkrümelten Blätter und die junge Rinde von *B. caapi* auch geraucht (191, 192).

Die Gattung *Banisteriopsis* gehört zur Familie der Malpighiaceae, die etwa 60 Gattungen mit 600 Arten, Lianen, Sträucher oder Bäume, umfaßt und ihren Verbreitungsschwerpunkt in Südamerika hat.

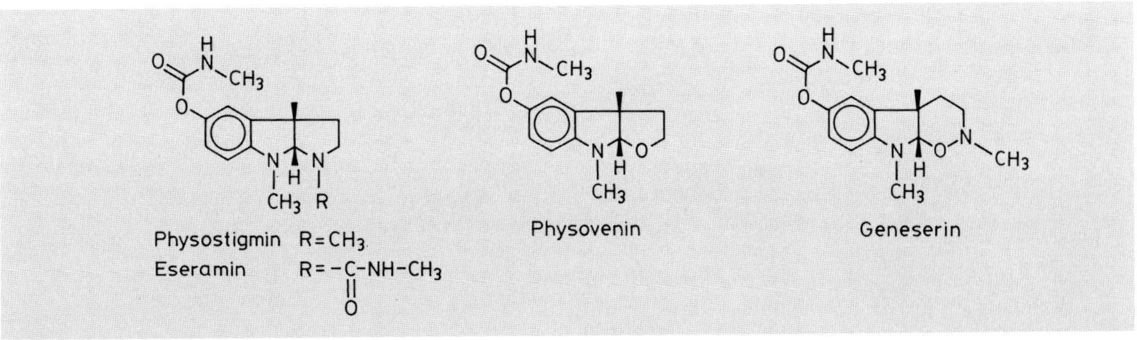

Abb. 26-2: Physostigma-Alkaloide

Wirkstoffe der Rinde der genannten *Banisteriopsis*-Arten sind Indolalkaloide vom β-Carbolin-Typ (Abb. 26-3), vor allem Harmin (0,5–5,9%), Harmalin (0,5–3,8%), Tetrahydroharmin (1,2,3,4-Tetrahydroharmin, 0,3–3,3%), Harmol (0,05–1,2%) und Harmalol (bis 0,4%). Der wirksame Inhaltsstoff der *Psychotria*-Arten ist das Indolylalkylamin Dimethyltryptamin (1,0–1,6%), das auch Hauptwirkstoff von *Diplopterys cabrerana* ist (1,7%). Analysen von Ayahuasca verschiedener Herkunft ergaben folgende Werte: 3,4–5,5 mg/ml Harmin, 1,1–1,9 mg/ml Tetrahydroharmin, 0,3–0,5 mg/ml Harmalin und 0,5–0,6 mg/ml Dimethyltryptamin. Die üblicherweise getrunkene Menge an Ayahuasca sind 100–200 ml (140).

Harman und verwandte β-Carboline wirken als kompetitive und selektive Hemmstoffe der Monoaminoxidase (MAO, Typ A) und erhöhen damit die Konzentration biogener Amine im Gehirn (39, 43, 161, 167). Außerdem wurden eine reversible Bindung an Benzodiazepinrezeptoren und ein Benzodiazepin-Antagonismus nachgewiesen (181). Durch Angriff an der DNA (Interkalation?) hemmt Harman die Replikation und wirkt cytotoxisch (174). Darüber hinaus steigern Harman und Norharman die Mutagenität, z. B. von aromatischen Aminen, wirken aber selbst nicht mutagen (95). Dimethyltryptamin ist ebenfalls ein MAO-Hemmstoff. Er kommt peroral aufgenommen möglicherweise nur bei Anwesenheit von seinen Abbau hemmenden β-Carbolinen zur Wirkung (140).

In geringen Dosen wirken die Indolalkaloide des Ayahuasca zunächst anregend auf das ZNS, halluzinogen und euphorisierend, später sedierend. In hohen Dosen (300–400 mg Harmin, p. o.) kommt es zu Übelkeit, Erbrechen, Ohrensausen, Kollapsneigung und anderen unangenehmen Erscheinungen. Harmalin ist stärker wirksam als Harmin (39).

Der Genuß des Ayahuasca erfolgt bei einigen Indianerstämmen sehr häufig. Nach einem von Schwindelgefühl, Nervosität, Schweißausbrüchen und Übelkeit gekennzeichneten Stadium beginnt ein Rauschzustand, der durch ein leuchtendes Farbenspiel charakterisiert ist. Dem folgt ein von Traumphantasien begleiteter Schaf, in dem die «Seele sich vom Körper lösen und ihren Besitzer fort vom Alltag in ein wunderbares Reich führen soll» (Ü 111). Neben euphorischen können jedoch auch aggressive Zustände erzeugt werden. An Begleitwirkungen sind Durchfälle, Zuckungen, Pupillenerweiterung und Steigerung der Pulsfrequenz zu erwähnen.

26.4 Indolalkaloide der Steppenraute *(Peganum harmala)*

Peganum harmala L., Steppenraute, Harmelraute (Zygophyllaceae), ist eine in Halbwüsten Vorderasiens, Südasiens, Südrußlands, Nordafrikas und des Mittelmeergebietes heimische Staude (siehe S. 413, Bild 26-2). Sie tritt auch als Kulturbegleiter an Wegrändern und auf Dorfplätzen auf. Sie enthält in allen Teilen Alkaloide (0,3–0,4% in den Blättern, 0,3–0,6% in den Stengeln, 2,5% in der Wurzel und 4,6–6,3% in den Samen) und zwar Indolalkaloide vom β-Carbolin-Typ (Abb. 26-3), hauptsächlich Harmin (in den Samen bis zu 75% der Gesamtalkaloide, 61) neben z. B. Harmalin, Harmalicin, Harmalanin und Norharmin (1-nor-Harmin), und Chinazolinalkaloiden, z. B. Peganin und Desoxyvasicin (16, 61, 148, 199, 200, 201, 217).

In *Passiflora caerulea* L., Passionsblume (Passifloraceae; siehe S. 413, Bild 26-3), und anderen Arten

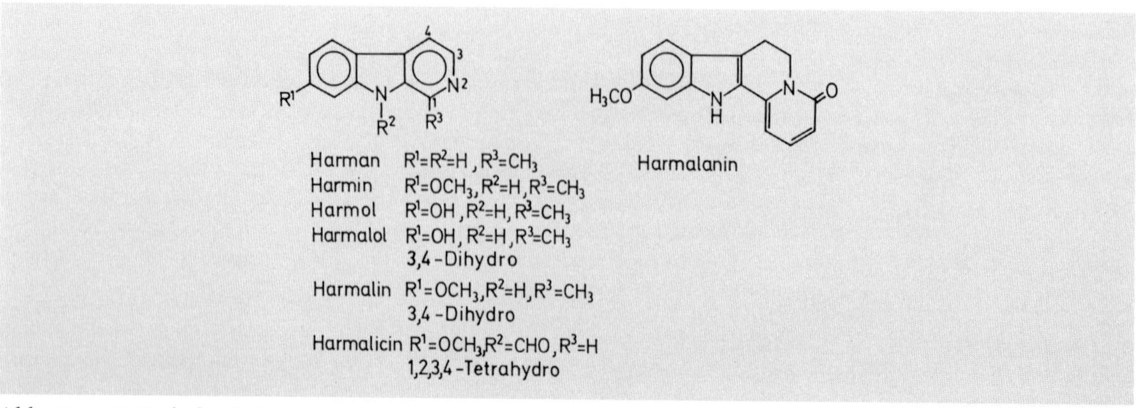

Abb. 26-3: β-Carbolinalkaloide

der Gattung sind Harman, Harmol und Harmin enthalten (129, Ü 44: IX, 210). Der Gesamtalkaloidgehalt ist relativ niedrig (etwa 0,03%, 37). *P. incarnata* ist im südlichen Nordamerika heimisch und findet sich auch auf den Bermudas, Antillen und in Mittelamerika. Sie wird wegen ihrer bizarren Blüten als Zimmerpflanze kultiviert.

Die Wirkungen von *Peganum harmala* und *Passiflora*-Arten werden durch den Gehalt an β-Carbolinen bestimmt, Vergiftungen durch die Pflanzen sind jedoch relativ selten.

Die Samen von *P. harmala* werden in einigen Ländern beispielsweise als Emenagogum, Sedativum und Anthelminticum eingesetzt. Eine durch Überdosierung der Droge hervorgerufene Vergiftung wurde auch in jüngerer Zeit beschrieben. Als Vergiftungssymptome wurden Übelkeit, Erbrechen, Bradykardie und neurosensorische Störungen beobachtet (16). Das Kraut von *Passiflora incarnata* wird in Mitteleuropa als sedativ wirkende Droge verwendet (129). Im Tierversuch (Ratte, i. p.) bewirken ethanolische Extrakte der Pflanze u. a. eine Anhebung der Schmerzschwelle und eine Verlängerung der Schlafzeit (204).

26.5 Indolalkaloide als Giftstoffe des Mutterkorns (*Claviceps*-Arten)

Die Vertreter der Gattung *Claviceps*, Mutterkorn (Familie Clavicipitaceae, Ordnung Clavicipitales), sind parasitisch lebende Schlauchpilze (Ascomycetes). Die Arten werden aufgrund der Wirtspflanzen, der Gestalt der Dauerformen (Sklerotien), der Fruchtkörper, der Perithecien und der Konidien unterschieden. Da diese Merkmale keine eindeutige Abgrenzung ermöglichen, sind die Angaben über die Anzahl der Arten sehr unterschiedlich (bis 50 Arten). Wichtig sind *C. purpurea* (FR.) TUL., *C. microcephala* TUL., *C. paspali* STEVENS et HALL und *C. fusiformis* LOVELESS. Als Wirtspflanzen sind etwa 400 der 600 Gattungen der Poaceae bekannt. Darüber hinaus werden auch einige Juncaceae und Cyperaceae befallen (35).

Claviceps purpurea (siehe S. 413, Bild 26-4) parasitiert besonders häufig auf Poaceae der Triben Festuceae, Hordeeae (wichtige Getreide- und Futtergräser liefernde Sippen), Aveneae (darunter der Hafer) und Agrosteae. Von besonderem toxikologischem Interesse ist das häufige Vorkommen auf Roggen, Triticale, Weizen und Gerste. Hafer wird seltener befallen (230). Die zunächst infizierten Gräser der Wegränder und Feldraine sind vermutlich Ausgangspunkte des Befalls der Getreidepflanzen. *C. purpurea* begleitet den Roggen in allen seinen Anbaugebieten und kommt darüber hinaus kosmopolitisch auf Wildgräsern vor. *C. microcephala* wurde bisher auf etwa 50 Arten der Familie der Poaceae nachgewiesen. *C. paspali* lebt fast nur auf der tropischen Poaceengattung *Paspalum*. *C. fusiformis* parasitiert auf tropischen *Pennisetum*-Arten (35).

Die Vertreter der Gattung *Claviceps* besitzen ein verzweigtes Mycel, dessen Hyphen (Pilzfäden) durch Querwände gekammert sind. Die generative Vermehrung erfolgt durch fädige Ascosporen, die zu acht in einem länglichkeuligem Schlauch (Ascus) entstehen. Die Asci sind mit zahlreichen sterilen Hyphen (Paraphysen) in einer pallisadenartigen Schicht (Hymenium) zu einem flaschenförmigen Perithecium zusammengeschlossen. Die Perithecien sind in sterile Hyphen eingebettet, die einen kleinen, gestielten, kugeligen, beim Roggenmutterkorn 1–3 cm langen, rosafarbenen Fruchtkörper bilden. Daneben ist auch ungeschlechtliche Vermehrung durch Abschnürung von Exosporen (Konidien) möglich. Die *Claviceps*-Arten bilden harte, aus fest verflochtenen Hyphen bestehende Überwinterungsformen (Sklerotien).

Die Ascosporen gelangen, durch den Wind verbreitet, auf die Fruchtknoten der Wirtspflanzen. Sie keimen dort zu Hyphen aus und dringen in den Fruchtknoten ein, den sie innerhalb von 6–8 Tagen völlig durchwachsen. Etwa vom 10. Tag nach der Infektion an beginnt am oberen Ende des Mycels der stark zuckerhaltige Siebröhrensaft der Wirtspflanze auszutreten, in den sehr viele Konidien abgegeben werden (Honigtau). Durch Herablaufen an den Ähren, Verspritzen durch den Wind und Verbreitung des Honigtaus durch Insekten werden weitere Wirtspflanzen infiziert. Nach Abschluß der Honigtaubildung entwickelt sich aus dem zunächst wattigen Mycel ein spindelförmiges, braun- bis schwarzviolettes Sklerotium, das je nach Wirtspflanze unterschiedliche Längen erreicht, bei Gräsern wenige Millimeter, beim Roggen etwa bis 3 cm, beim Mais bis 8 cm. Das Sklerotium fällt zu Boden und überwintert dort. Im nächsten Frühjahr wachsen aus ihm 6–15, seltener bis zu 60 Fruchtkörper heraus, in denen die Ascosporen gebildet werden.

Durch die intensive Saatgutreinigung und durch Verringerung der Flächen der Feldraine und Wegränder, die durch dort lagernde Sklerotien und infizierte Gräser ein Reservoir für den Befall des Getreides bilden, ist das Auftreten des Mutterkorns im Getreide zurückgegangen. Dennoch wiesen von 400 aus einem Getreideanbaugebiet in Deutschland entnommenen Proben 55% einen Mutterkornbesatz auf. Der Mutterkorngehalt lag zwischen 0,001–10%, bei 36% der Proben über 0,05%. Getreide mit einem Gehalt von über 0,05% Mutterkorn ist für die menschliche Ernährung nicht zugelassen (230). Der größte

Teil des Mutterkorns wird durch die Getreidereinigung und den Mahlprozeß, besonders bei niedrigem Ausmahlungsgrad, entfernt. Eine weitere Reduktion des Alkaloidgehaltes tritt beim Backprozeß auf. Etwa 50% der D-Lysergsäurederivate werden zerstört (229). Daher ist heute die Wahrscheinlichkeit einer akuten oder chronischen Mutterkornvergiftung gering.

Der Alkaloidgehalt der Sklerotien liegt zwischen 0 und 1,0%. Bei der Kultivierung durch künstliche Infektion des Roggens zur Gewinnung von Mutterkornsklerotien als Industriedroge können bei Einsatz von Hochleistungsstämmen mit günstigem Alkaloidspektrum Ausbeuten von etwa 400 kg Sklerotien/ha bei einem durchschnittlichen Alkaloidgehalt von etwa 1% erzielt werden. Der Mutterkornanbau ist jedoch heute zugunsten der saprophytischen Kultur des Mycels auf künstlichen Nährlösungen fast völlig aufgegeben worden. In saprophytischer Submerskultur werden bis 4 g Alkaloide/l Kulturflüssigkeit gebildet (38, 93, 114, 189).

Bemerkenswert ist, daß auch gesunde Getreidekörner geringe, allerdings toxikologisch unbedenkliche Mengen an Mutterkornalkaloiden enthalten können. Offenbar werden die Alkaloide vom Pilz auf die Pflanze übertragen (230).

Die meisten *Claviceps*-Arten bilden ausschließlich Indolalkaloide vom Ergolin-Typ, von denen etwa 65 Vertreter bekannt sind (56, 74, 75, 114, 205, 206, Ü 76: VIII, 726; XIII, 725; XV, 1, Ü 39 a: IV, 911). Einige Arten, z. B. *C. paspali*, produzieren darüber hinaus Diterpen-Indolalkaloide (Paspalicin, Paspalin, Paspalinin, Abb. 26-6, Paspalitrem A, Paspalitrem B), von denen einige tremorgen wirken (86).

Der Ergolingrundkörper (Indolo[4,3-f,g]chinolin, Abb. 26-4) trägt bei den Mutterkornalkaloiden in Position 8 ein C-Atom und meistens in den Positionen 8,9 (8-Ergolene) oder 9,10 (9-Ergolene) eine Doppelbindung. Das H-Atom in Position 5 ist β-ständig, das N-Atom in Position 6 ist fast immer methyliert. Nach dem Substituenten am C-8 kann man die wichtigsten Vertreter in zwei Serien einteilen: Alkaloide der Clavin-Serie (Clavinalkaloide) und Alkaloide der Ergolen-Serie.

Die etwa 40 Vertreter der Clavinalkaloide besitzen am C-8 eine Methyl-, Hydroxymethyl- oder seltener eine Aldehydgruppe. Bei einigen dieser Alkaloide ist der Ring D zwischen den Atomen 6 und 7 geöffnet (6,7-Seco-Clavinalkaloide). Clavinalkaloide kommen in den Sklerotien nur in geringen Mengen vor, sie dominieren häufig in saprophytischen Mutterkornkulturen. Zu dieser Serie gehören u. a. Agroclavin, Elymoclavin, Festuclavin, Pyroclavin und Chanoclavin I (Secoclavinalkaloid, Abb. 26-4).

Die Mutterkornalkaloide der Ergolen-Serie besitzen am C-8 eine Carboxylgruppe. Natürlich vorkommende Ergolensäuren sind D-Lysergsäure ((+)-Lysergsäure, (5 R,8 R)-6-Methyl-ergol-9-en-8-carbonsäure) und Paspalsäure (6-Methyl-ergol-8-en-carbonsäure). Paspalsäure und ihre Amide wurden nur aus Kulturen von *C. paspali* erhalten. Sie sind ohne toxikologisches Interesse. Die D-Lysergsäure und ihre Derivate stehen in saurem oder neutralem Milieu mit der D-Isolysergsäure (5 R,8 S)-6-Methyl-ergol-9-en-8-carbonsäure) im Gleichgewicht. Ihre Derivate werden durch das Suffix -inin (z. B. Ergotaminin) gekennzeichnet.

Bei den bisher bekannten 25 Lysergsäurederivaten ist die Carboxylgruppe entweder amidartig mit Ammoniak bzw. einem aliphatischen Amin (einfache Lysergsäureamide) oder einem Tripeptid-, sehr selten auch mit einem Dipeptidrest, verknüpft (Peptidalkaloide des Mutterkorns). Der Tripeptidrest ist sekundär unter Ausbildung eines Diketopiperazin-Ringes (Ergopeptame, gekennzeichnet durch das Suffix -am) oder eines Diketopiperazin-Ringes mit anelliertem Oxazol-4-on-Ring (Ergopeptine, Suffix -in) zu einem Cycloltripeptid verändert.

Einfache Lysergsäureamide sind z. B. Ergin (Lysergsäureamid) und Ergometrin (Ergonovin, Ergobasin, Abb. 26-4).

Die Einteilung der Ergopeptine und Ergopeptame erfolgt nach der unmittelbar an der Lysergsäure gebundenen Aminosäure (Abb. 26-4):

- Ergotamin-Gruppe, die 1. Aminosäure ist L-Alanin, die 2. kann sein L-Phenylalanin (Ergotamin), L-Valin (Ergovalin) oder L-Leucin (Ergosin), L-Homoleucin (Ergohexin),
- Ergotoxin-Gruppe, die 1. Aminosäure ist L-Valin, die 2. kann sein L-Phenylalanin (Ergocristin bzw. Ergocristam), L-Valin (Ergocornin bzw. Ergocornam und O-12'-Methylergocornin), L-Leucin (α-Ergocryptin bzw. α-Ergocryptam und O-12'-Methyl-α-ergocryptin), L-Isoleucin (β-Ergocryptin bzw. β-Ergocryptam), L-Homoleucin (Ergoheptin) oder L-α-Aminobuttersäure (Ergobutyrin bzw. Ergobutyram),
- Ergoxin-Gruppe, die 1. Aminosäure ist L-α-Aminobuttersäure, die 2. kann sein L-Phenylalanin (Ergostin), L-Valin (Ergonin), L-Leucin (α-Ergoptin) oder L-α-Aminobuttersäure (Ergobutin),
- Ergoannam-Gruppe, die erste Aminosäure ist L-Isoleucin, die 2. kann L-Isoleucin sein (β,β,-Ergoannam).

Die 3. Aminosäure ist hier immer D-Prolin.

Welches Alkaloid beim Mutterkorn vorherrscht, ist hauptsächlich von der Art und Rasse sowie von

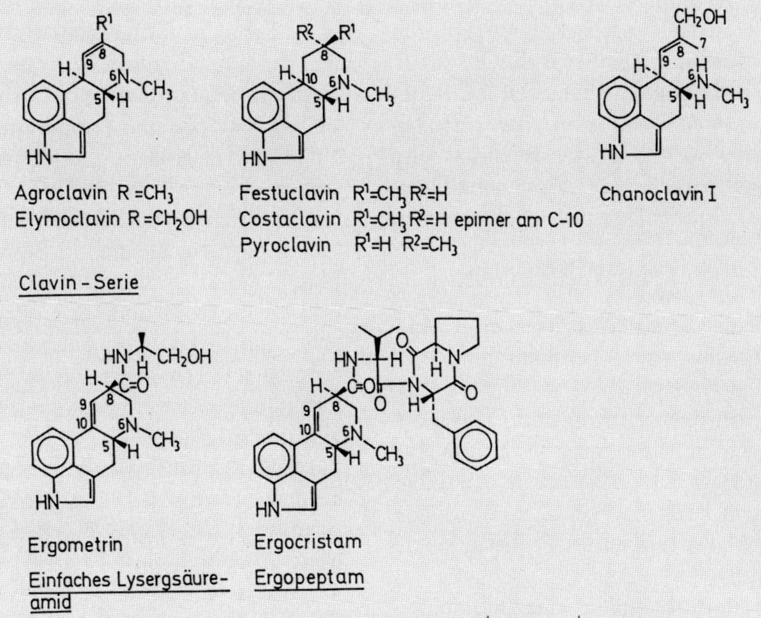

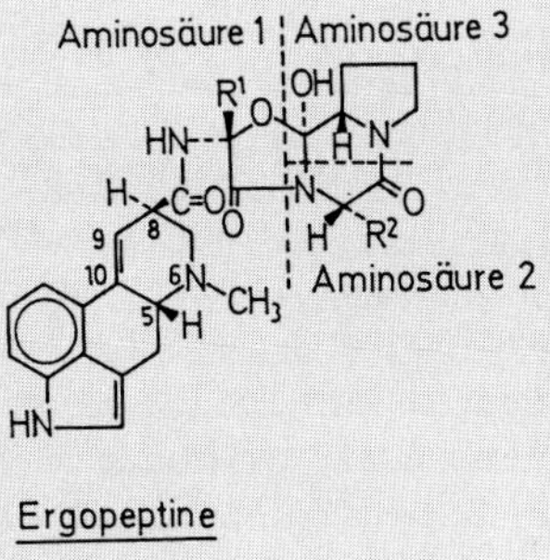

	R^1	R^2
Ergotamin	CH_3	$CH_2 \cdot C_6H_5$
Ergovalin	CH_3	$CH(CH_3)_2$
Ergosin	CH_3	$CH_2CH(CH_3)_2$
Ergocristin	$CH(CH_3)_2$	$CH_2C_6H_5$
Ergocornin	$CH(CH_3)_2$	$CH(CH_3)_2$
α-Ergocryptin	$CH(CH_3)_2$	$CH_2CH(CH_3)_2$
β-Ergocryptin	$CH(CH_3)_2$	$CH(CH_3)CH_2CH_3$
Ergobutyrin	$CH(CH_3)_2$	CH_2CH_3
Ergostin	CH_2CH_3	$CH_2C_6H_5$
Ergonin	CH_2CH_3	$CH(CH_3)_2$
α-Ergoptin	CH_2CH_3	$CH_2CH(CH_3)_2$
Ergobutin	CH_2CH_3	CH_2CH_3

Abb. 26-4: Ergolinalkaloide

der Wirtspflanze abhängig. Bei *C. purpurea* dominieren die Ergopeptine, besonders Ergotamin. *C. paspali* bildet bevorzugt einfache Lysergsäureamide. *C. fusiformis* produziert hauptsächlich Clavinalkaloide (135).

Begleitstoffe der Alkaloide in den Sklerotien sind neben zahlreichen Aminen die ebenfalls stark toxischen, gelb gefärbten Ergochrome, C-C-verknüpfte Dimere von Xanthonderivaten, z. B. Secalonsäure A (79, 230).

Einige Clavinalkaloide, z. B. Agroclavin, Festucaclavin und Elymoclavin, besitzen antibiotische und cytostatische Wirksamkeit (71, 72), andere, z. B. Chanoclavin und Analoga, stimulieren dopaminerge Rezeptoren (223). Im Vergleich zu den Abkömmlingen der Lysergsäure (die der Isolysergsäure sind kaum wirksam) ist ihre toxikologische und pharmakologische Bedeutung jedoch gering.

Die Lysergsäurederivate besitzen gemeinsame Strukturmerkmale mit den Neurotransmittern Noradrenalin, Serotonin und DOPamin. Aufgrund dessen werden sie mit unterschiedlicher Affinität an α_1-adrenerge, α_2-adrenerge, 5-HT_1-serotoninerge, 5-HT_2-serotoninerge, D_1-dopaminerge und D_2-dopaminerge Rezeptoren gebunden. Je nach ihrer Struktur, dem beeinflußten Zelltyp und dessen Funktionszustand üben sie agonistische oder antagonistische Reaktionen aus (17, 35, 49, 76, 77, 112, 124, 141, 149, 182, 202 Ü 39a: IV, 911).

Die einfachen Lysergsäureamide greifen bevorzugt an serotoninergen und dopaminergen Rezeptoren an, die Peptidalkaloide besitzen ebenso wie die halbsynthetischen 9,10-dihydrierten Verbindungen die größte Affinität zu den α-adrenergen Rezeptoren (141). Die Rezeptorwirkung läßt sich durch spezifische Strukturveränderungen verstärken oder abschwächen. Ein weiterer Wirkungsmechanismus besteht in der direkten oder indirekten Beeinflussung der Guanylatcyclaseaktivität (221). Auch eine Hemmung der Acetylcholinesterase wurde nachgewiesen (177).

Hauptwirkungen der Mutterkornalkaloide sind

- die Auslösung einer Kontraktur der glatten Muskulatur der Blutgefäße, vorwiegend durch die Peptidalkaloide,
- die Auslösung von oxytocischen und Dauerkontraktionen der glatten Muskulatur des Uterus, besonders während der Schwangerschaft, vor allem durch Ergometrin (wehenartige Kontraktionen), in geringerem Maße durch die Peptidalkaloide (Dauerkontraktur),
- zentrale Sedierung durch die Peptidalkaloide,
- Eingriffe in hormonelle Regulationsmechanismen, z. B. von Nidation und Lactation,
- eine durch α-sympathicolytische Effekte bedingte Vasodilatation, vor allem durch die halbsynthetischen dihydrierten Vertreter.

Von toxikologischer Bedeutung sind in erster Linie die infolge der Konstriktion der peripheren Blutgefäße auftretende Hypoxie, die Blutdrucksenkung durch die α-sympathicolytische Wirkung und bei Schwangerschaft die Gefahr von vorzeitiger Wehenauslösung, Fruchttod und Uterusruptur. Zu beachten sind außerdem die genotoxischen Eigenschaften einiger Mutterkornalkaloide. Ergometrin und Ergotamin bewirken in Eizellen von Hamstern Chromosomenbrüche (65) und lassen teratogene Effekte vermuten. Zur Toxizität tragen möglicherweise auch die Ergochrome (231) und durch den Einfluß anderer niederer Pilze entstehende Abbauprodukte der nativen Mutterkornalkaloide bei (159).

Ergometrin wird nach peroraler Applikation rasch und vollständig resorbiert und kommt schnell zur Wirkung. Die Resorption der Peptidalkaloide erfolgt dagegen nur langsam und bleibt unvollständig. Die Mutterkornalkaloide passieren die Blut-Hirn-Schranke, die Peptidalkaloide werden im Gewebe angereichert. Ergometrin wird zum größten Teil über die Nieren eliminiert, die Peptidalkaloide und ihre Metabolite werden hauptsächlich über die Galle ausgeschieden. Es besteht Kumulationsgefahr (Ü 26).

Die Symptome akuter und chronischer Vergiftungen sind in Abhängigkeit vom auslösenden Alkaloid bzw. von der Alkaloidzusammensetzung des Mutterkorns sehr variabel. In den meisten Fällen kommt es zu Erbrechen, Durchfall und starken Schmerzen im Abdominalbereich. Zentrale Erscheinungen sind Kopfschmerzen, Schwindel, Angstgefühl, Delirien, Halluzinationen und Temperaturanstieg. Blutdruckabfall kann zu Kollaps und Herzstillstand führen. Besonders bei intravasaler Zufuhr oder bei Überempfindlichkeit verursachen die Alkaloide sehr schnell Gefäßspasmen, die sich in Blutdruckanstieg, kalter Haut, Paraesthesien und starken Schmerzen äußern und zu Nekrose und Gangrän führen können. Es steigt die Gefahr von Schlaganfällen und Herzinfarkt. Bei Tieren kommt es zu vorübergehender Infertilität, bei Schwangeren kann eine Fehlgeburt ausgelöst werden.

Die LD_{50} von Ergometrin beträgt 3,2 mg/kg, Kaninchen, i. v., und 0,15 mg/kg, Maus, i. v., die von Ergotamin 3,0 mg/kg, Kaninchen, i. v., und 60 mg/kg, Maus, i. v., die von α-Ergocryptin 0,78 mg/kg, Kaninchen, i. v., und die von Elymoclavin 1,2 mg/kg, Kaninchen, i. v. Für den Menschen werden als letale Dosis 10 mg Ergotamin, p. o., und ab 0,5 mg, i. v., angegeben (18, 183). Die letale Dosis des gesamten Mutterkorns wird auf 5–10 g, p. o., geschätzt. Bereits bei Aufnahme von 10 Sklerotien täglich kann es zu chronischen Vergiftungen kommen (Ü 30, Ü 73).

Mutterkorn war besonders im Mittelalter in allen europäischen Ländern Anlaß zu Vergiftungen großen Ausmaßes. Von ihnen waren oft Tausende vor allem der ärmeren Bevölkerungsschichten betroffen. Ursache war fast immer Mehl aus mit Mutterkornsklerotien verunreinigtem Getreide, das zum Brotbacken verwendet wurde. Massenvergiftungen traten besonders in den Jahren auf, wo beispielsweise durch Trockenheit während der Honigtauperiode der Mutterkornbefall des Getreides begünstigt wurde. In Nordamerika wurden im Jahre 1692 mutterkornvergiftete Frauen als Hexen hingerichtet (Hexen von Salem, 41, 138). Im alten Griechenland wurde Mutterkorn bereits bewußt als Halluzinogen benutzt (Eleusinische Mysterien, Ü 111). Als Heilmittel wird Mutterkorn zum ersten Mal im Kräuterbuch des Adam Lonitzer aus dem Jahr 1582 erwähnt.

Die als Ergotismus bezeichneten Massenvergiftungen hatten zwei Haupterscheinungsformen, den Ergotismus gangraenosus und den Ergotismus convulsivus. Beide Vergiftungsformen begannen mit allgemeinem Unwohlsein und Paraesthesien (Taubheit und Gefühl des Ameisenlaufens, «Kriebelkrankheit») zuerst an den Händen und Füßen, später am ganzen Körper. Bei der erstgenannten gangränösen Form kam es unter äußerst heftigen Schmerzen («Sankt Antoniusfeuer», «Ignis sacer») zu Durchblutungsstörungen und schließlich zur Gangrän der betroffenen Körperteile, zunächst der Finger und Zehen und im weiteren Verlauf auch ganzer Extremitäten. Häufig waren Sekundärinfektionen und Erblindung. Beim Ergotismus convulsivus standen sehr schmerzhafte Krämpfe im Vordergrund, die in Dauerkontraktur übergehen konnten und damit oft zur Verkrüppelung führten. Daneben kam es zu psychischen Störungen bis hin zur Verblödung. Bei Schwangeren lösten Mutterkornvergiftungen fast immer Abort aus. Beide Ergotismusformen endeten meistens tödlich (35, 48, 57, 122, 124, 139).

Mit dem Erkennen der Vergiftungsursache und den verbesserten Methoden der Reinigung des Getreides sind Mutterkornvergiftungen wesentlich seltener geworden. Trotzdem hat es auch im 20. Jahrhundert Epidemien gegeben, z. B. 1951 in Pont Saint Esprit in Frankreich (mehr als 200 Erkrankte) und 1977/78 im Bezirk Wollo in Äthiopien (93 Erkrankte, dabei 47 Todesfälle). Mit der zunehmenden Beliebtheit «alternativer» Ernährungsmethoden und dem Verzehr von Getreide aus «biologischem» Anbau, das oft nicht ausreichend gereinigt ist und keinen Backprozeß durchläuft, steigt die Gefahr von Mutterkornvergiftungen (67, 122, 159, 229, 230).

Eine junge Frau, die jeden Morgen ein selbst bereitetes «Müsli» aus offenbar mutterkornhaltigem Getreide zu sich genommen hatte, zeigte chronische Intoxikationserscheinungen (160).

Wesentlich häufiger sind jedoch Vergiftungen durch Überdosierung, Überempfindlichkeit oder gestörte Elimination (z. B. bei Leberschäden, Niereninsuffizienz oder schweren Infektionskrankheiten) nach therapeutischer Anwendung von Mutterkornalkaloiden. Bei ihnen stehen die Durchblutungsstörungen mit den sich daraus eventuell ergebenden Dauerschäden im Vordergrund. Besonders gefährdet sind Patienten, die zur Migränetherapie über längere Zeit und oft unkontrolliert Mutterkornalkaloide einnehmen. Bereits bei wöchentlicher Zufuhr von 7–10 mg Ergotamin werden oft Nebenwirkungen beobachtet (19, 78, 90). Nach Applikation von Dihydroergotamin und Heparin zur Thromboseprophylaxe vor Operationen kam es in mehreren Fällen zu Koronarspasmus und Herzinfarkt (172).

Bei akuten Vergiftungen sollte möglichst schnell Erbrechen ausgelöst bzw. Magenspülung durchgeführt werden. Als Laxans bzw. Adsorbens sind Natriumsulfat und Aktivkohle geeignet. In schweren Fällen kann die Kombination von Hämodialyse oder Peritonealdialyse mit forcierter Diurese erfolgreich sein. Bei Gefäßspasmen müssen unter Blutdruckkontrolle Gefäßspasmolytica gegeben und hämostaseologische Maßnahmen durchgeführt werden. Krämpfe können unter Intubationsbereitschaft mit Valium[R] oder Evipan[R] behandelt werden, bei Blutdruckabfall ist kein Adrenalin zu verabreichen (Adrenalinumkehr!), eventuell Hypertensin[R] · Bei drohender Atemlähmung sind Intubation und Beatmung erforderlich. Zur Vermeidung chronischer Vergiftungen muß die Medikation mit Mutterkornalkaloiden beim ersten Auftreten von Vergiftungssymptomen unterbrochen werden (124, Ü 73, Ü 85, Ü 125).

Therapeutisch werden Mutterkornalkaloide bzw. ihre halbsynthetischen Derivate in der Geburtshilfe und zur Behandlung von Migräne, Durchblutungsstörungen, Parkinsonismus und endokrinologischen Störungen eingesetzt (119, 207).

26.6 Indolalkaloide endophytischer Pilze von Gräsern

Sehr viele Gräser können aufgrund der in ihnen parasitierenden niederen Pilzen toxisch sein. Dazu gehören u. a. *Lolium perenne* L., Englisches Raygras (siehe S. 413, Bild 26-5), *L. temulentum* L., Taumel-Lolch (Kap. 35.3) *Festuca arundinacea* SCHREB., Rohr-Schwingel, *Cynodon dactylon* (L.) PERS., Bermudagras, und *Paspalum dilatatum* POIR., Dallisgras. *L. rigidum* GAUD., Steifer Lolch, wird von einer Nematode befallen, die ihrerseits durch toxinbildende Bakterien besiedelt wird (Kap. 35.3).

Während die Endophyten von *Lolium perenne* tremorgene Indolalkaloide (Kap. 26.8) und die von *L. rigidum* toxische Pyrimidinderivate (Kap. 35.3) bilden, produzieren die vieler anderer Gräser Ergolinalkaloide. Über die Endophyten von *L. temulentum* ist noch nichts bekannt.

In *Festuca arundinacea* konnte *Epichloe typhina* (PERS. ex FR.) TUL. (imperfekte Form: *Sphacelia typhina* (PERS.) SACC., syn. *Acremonium coenophialum* MORGAN-JONES et GAMS, Clavicipitaceae), als Endophyt nachgewiesen werden. Aber auch *Balansia*-Arten (17 bekannt, ebenfalls zu den Clavicipitaceae gehörend), z. B. *Balansia epichloe* (WEESE) DICHL., parasitieren in Weidegräsern. Sie wurden in über 100 Poaceen-Arten gefunden, von denen viele Futtergräser oder Weideunkräuter sind (z. B. Arten der Gattungen *Lolium, Danthonia, Poa, Calamagrostis, Cynodon, Panicum, Festuca, Eragrostis, Agrostis*). Häufig sind bis 60% der Gräser auf Weiden infiziert (9).

Die endophytischen Pilze durchwachsen das gesamte Gewebe der Wirtspflanze, im Gegensatz zu *Claviceps*-Arten, die auf die Blüte des Wirtes beschränkt bleiben und die Hauptmenge ihres Mycels außerhalb der Pflanze bilden. Beobachtungen haben gezeigt, daß die Pilze das Wachstum der Gräser nicht beeinträchtigen. Im Gegenteil wurde bei einigen infizierten Gräsern besseres Durchsetzungsvermögen gegenüber nichtinfizierten Konkurrenten und Schutz vor Insektenfraß beobachtet. Allerdings wird bei anderen Gräsern die Samenbildung unterdrückt.

Die Verbreitung der endophytischen Pilze erfolgt durch die Früchte der infizierten Gräser. Bei *Balansia*-Arten treten außerdem artspezifisch an verschiedenen Stellen der Pflanze auch Fruchtkörper auf. Die Hauptverbreitung der Pilze erfolgt jedoch auch dann durch die infizierten Grasfrüchte.

Viele *Balansia*-Arten erzeugen unter In-vitro-Bedingungen und auch in der Pflanze Ergolinalkaloide, z. B. Agroclavin, Elymoclavin, Chanoclavin I und Ergometrin. *Epichloe thyphina* bildet auch die Ergopeptine Ergovalin, Ergosin und Ergonin, seltener auch α-Ergoptin und Ergocornin (0,4–22 mg Gesamtalkaloide, 0,1–4,0 mg Ergopeptine pro kg Grünmasse des Rohr-Schwingels, Abb. 26-4, 8, 9, 235).

In *Festuca arundinacea* und *Lolium*-Arten wurden außerdem Pyrrolizidinalkaloide (z. B. N-Formyl-lolin, N-Acetyl-lolin) nachgewiesen, deren Auftreten mit der Anwesenheit der parasitischen Pilze verknüpft ist (111). Dabei bleibt unklar, ob diese Alkaloide als Phytoalexine von der befallenen Pflanze gebildet werden oder, was wahrscheinlicher ist, ob sie Stoffwechselprodukte der endophytischen Pilze sind. Ebenso ungeklärt ist die toxikologische Bedeutung dieser Pyrrolizidinalkaloide.

Vergiftungen durch pilzbefallenen Rohr-Schwingel sind bei Weidetieren als «summer syndrome» bekannt. Sie sind durch Gewichtsverlust, Temperaturanstieg und Atemstörungen gekennzeichnet (8).

26.7 Indolalkaloide als psychotomimetisch wirksame Stoffe von Windengewächsen (Convolvulaceae)

Convolvulaceae, Windengewächse (1600 Arten), sind Kräuter, Stauden oder Sträucher, häufig mit windenden Stengeln, sehr selten auch Bäume. Die Blätter sind wechselständig, die Blüten meistens radiär und 5zählig. Die Pflanzen besitzen ein kräftiges Rhizom oder knollige Wurzeln. In Mitteleuropa ist die Familie durch die Gattungen *Calystegia*, Zaunwinde, und *Convolvulus*, Winde, vertreten. Als Zierpflanzen werden angebaut: aus dem tropischen Amerika stammende Arten der Gattungen *Pharbitis*, Trichterwinde (z. B. *Ph. purpurea* (L.) BOJER), und *Ipomoea*, Prunkwinde (z. B. *I. tricolor* CAV.; siehe S. 413, Bild 26-6), sowie in Mexico beheimatete Arten der Gattung *Quamoclit*, Sternwinde (z. B. *Qu. coccinea* (L.) MOENCH, *Qu. lobata* (CERV.) HOUSE; siehe S. 413, Bild 26-7), und *Convolvulus tricolor* L. (siehe S. 414, Bild 26-8), die in Südeuropa und Nordafrika heimisch ist.

Bemerkenswert sind das Auftreten von *Ipomoea*-Arten in subtropischen Gebieten Amerikas als Akkerunkraut, besonders in Sojabohnenfeldern, und die Verunreinigung des Erntegutes mit den Samen dieser Pflanzen (81, 225).

Von toxikologischem Interesse ist das Vorkommen von Ergolinalkaloiden in den Vertretern der Gattungen *Ipomoea, Argyreia, Rivea, Stictocardia, Calonyction, Jaquemontia* und *Quamoclit* (2, 44, 62, 64, 96, 101, 127, 197, 208, 214, 218, 225). Auch in der verwandten Gattung *Cuscuta*, Seide, Teufelszwirn (Cuscutaceae), sollen sie auftreten (170, aber 134).

In den genannten Pflanzen wurden nachgewiesen: Clavinalkaloide (z. B. Elymoclavin, Agroclavin, Lysergol, Chanoclavin I und Penniclavin), einfache Lysergsäureamide (Ergin, Isoergin, Ergometrin, Lysergsäure-α-hydroxyethylamid) und Ergopeptine (z. B. Ergosin, Ergocornin, Ergocristin, Abb. 26-4). Die Alkaloide kommen in fast allen Pflanzenteilen vor, fehlen jedoch in der Wurzel (214). Relativ hohe Konzentrationen sind in den Samen enthalten (z. B. 0,005–0,079% bei *Ipomoea violacea* L., 0,021–0,120% bei *Rivea corymbosa* (L.) HALLIER f., 0,031% bei *Argyreia nervosa* (BURM. f.) BOJ., 63, 214, 152). Bei den als Feldunkräuter vorkommenden Arten übersteigt der Gehalt jedoch 0,005% nicht (226).

Bei in Mitteleuropa heimischen Convolvulaceae wurden bisher keine Ergolinalkaloide gefunden. Auch die meisten der bei uns als Zierpflanzen angebauten Kultivare von *I. tricolor* (*I. violacea* LUNAN non L.) und *Pharbitis purpurea* sind arm an oder frei von diesen Verbindungen. Bei *I. tricolor* var. *praecox* hort. cv., «Blauer Himmel» (Heavenly blue), wurden in den Samen allerdings bis 0,052% Ergolinalkaloide nachgewiesen (Hauptalkaloide Elymoclavin, Chanoclavin I, Penniclavin, Setoclavin und Ergosin, 81, 225). Bei *Convolvulus tricolor* scheinen sie ebenfalls in einigen Kultivaren vorzukommen (bis 0,021% in den Samen, 214, negativer Nachweis, 62). Die in den Samen von *Quamoclit lobata* und *Qu. coccinea* gefundenen Konzentrationen (0,0028% bzw. 0,0036%) sind sehr niedrig.

In den Samen von *Calonyction album* (L.) HOUSE (*Ipomoea alba* L.), Mondwinde, einer tropischen Liane, die in Westafrika in der Volksmedizin verwendet wird, wurden Indolizidinalkaloide nachgewiesen (104). Einige in der GUS vorkommende *Convolvulus*-Arten sind durch ihren Gehalt an Tropanalkaloiden toxisch (Convolvin = Veratroyl-nortropin, Convolvamin = Veratroyl-tropin u. a., bis 4% in den Wurzeln, bis 2% im Kraut, 5, 6, 7, 198).

Die Samen von *Ipomoea violacea* werden in Mexiko von einigen Stämmen der einheimischen Bevölkerung (z. B. Zapoteken und Chinanteken) unter der Bezeichnung Badoh negro oder Tlitliltzin und die von *Rivea corymbosa* unter dem Namen Ololiuqui («rundes Ding») oder Piule als Halluzinogene genutzt (100, 191, Ü 111). Sie werden in Form des wäßrigen Extrakts oder als mit Wasser oder einem alkoholischen Getränk verriebenes Pulver aufgenommen und führen rasch zu einem etwa 3 h andauerndem Rauschzustand mit Halluzinationen (Ü 111). Von Jugendlichen in Nordamerika werden in neuerer Zeit die Samen von *I. violacea* (morning glory seeds) und Teile von als Zierpflanzen kultivierten *Argyreia*-Arten, Silberkraut, als Rauschmittel mißbraucht (62). Der in einigen europäischen Zierpflanzen ermittelte Alkaloidgehalt dürfte zum Auslösen von Rausch- und anderen Vergiftungserscheinungen zu gering sein, Vergiftungen sind uns nicht bekannt.

In diesem Zusammenhang soll auch die halluzinogene Wirkung des semisynthetischen Ergolin-Alkaloids D-Lysergsäure-diethylamid (LSD) erwähnt werden (40, 99). Sie beruht ebenso wie die der psychotomimetisch wirksamen Ergolin-Alkaloide aus den genannten Pflanzen auf der Beeinflussung serotoninerger Mechanismen im Gehirn. Die vorwiegend den Gesichtssinn betreffenden Halluzinationen können von Schwindelanfällen unterbrochen sein. Dem Rauschzustand folgt ein Zustand der Mattigkeit und Schläfrigkeit (Ü 111).

100–150 gepulverte Samen von *I. violacea* haben eine halluzinogene Wirksamkeit, die etwa der von 75–150 μg LSD entspricht. Die LD_{50} der Samen liegt bei i. p. Applikation wäßriger Extrakte zwischen 164 und 214 mg/kg, Maus, (175).

Einige andere *Ipomoea*-Arten sind in nichteuropäischen Ländern für Tiervergiftungen verantwortlich, z. B. *I. carnea* für Vergiftungen von Schafen und Ziegen im Sudan (59) und *I. muelleri* für Intoxikationen von Schafen in Australien (1). Extrakte von *I. fistulosa* und *I. pes-caprae* zeigen neuromuskulär-blokkierende Wirkung (1, 162). Über die verantwortlichen Inhaltsstoffe ist noch nichts bekannt. Die cytostatischen und antimikrobiellen Effekte von *I. bahiensis* werden glykosidischen Verbindungen zugeschrieben (24).

26.8 Indolalkaloide des Pinselschimmels (*Penicillium*-Arten) und Gießkannenschimmels (*Aspergillus*-Arten)

Eine Reihe von Arten der Gattungen *Penicillium*, Pinselschimmel, und *Aspergillus*, Gießkannenschimmel, bilden Indolalkaloide vom Ergolin-Typ (Abbn. 26-4 und 26-5). Diese Alkaloide gehören der Clavin-Serie an. So bildet *A. fumigatus* u. a. Agroclavin, Festucaclavin, Elymoclavin und die Fumigaclavine A, B und C. Costaclavin wurde aus *P. chermesinum* isoliert. Chanoclavin I ist bei *P. concavo-rugulovasum* gefunden worden (75, 171).

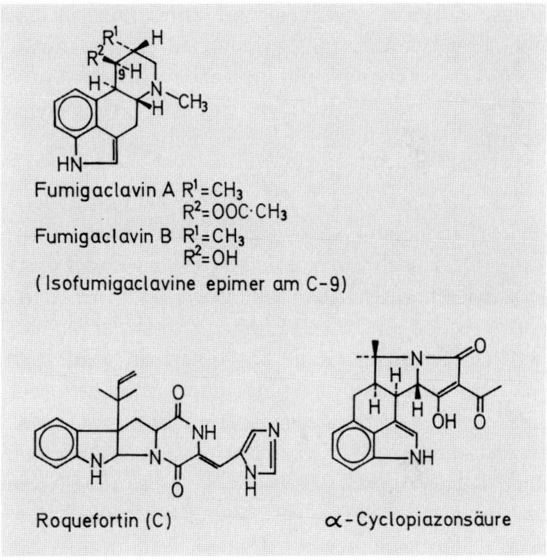

Abb. 26-5: Indolalkaloide von *Aspergillus*- und *Penicillium*-Arten

Bemerkenswert ist das Auftreten von Indolalkaloiden bei *P. roqueforti*. Dieser Schimmelpilz wird zur Herstellung von Edelpilzkäse eingesetzt (Käse nach Roquefort-Art). Er produziert Roquefortin A (Isofumigaclavin A, bis 5 mg/kg im Roquefortkäse), Roquefortin B (Isofumigaclavin B) und Roquefortin C (Roquefortin, bis 7 mg/kg im Roquefortkäse, 51, 118, 157, 171, 188, 194). Roquefortin A und Roquefortin B sind Ergolinalkaloide der Clavin-Serie, Roquefortin C hat einen Pyrazino[1',2': 1,5]pyrrolo[2,3-b]indol-Grundkörper.

Außer den Roquefortinen bilden einige Stämme von *P. roqueforti* in Kultur weitere Ergolinalkaloide, z. B. Festuclavin, und die Marcfortine A, B und C (163, 2-Oxo-indolalkaloide sehr ungewöhnlicher

Struktur). Auch eine Reihe stickstofffreier Toxine, z. B. PR-Toxin (147, 224, Kap. 7.6), Mycophenolsäure (123, Kap. 4.9.2), Eremefortine A, B und C (146), Botryodiplodin (173) sowie Patulin (Kap. 4.9.2), werden in Kultur gebildet. Diese Substanzen wurden im Käse bisher nicht nachgewiesen (188).

Roquefortin A ist im Tierexperiment schwach muskelrelaxierend, antidepressiv und lokalanaesthetisch wirksam. Roquefortin C verursacht in Dosen von 50–100 mg/kg bei intraperitonealer Applikation Krämpfe. Die akute Toxizität der Roquefortine ist äußerst gering (LD_{50}, Maus, i. p., Roquefortin A: 340 mg/kg, Roquefortin B: 1000 mg/kg, Roquefortin C: 169–184 mg/kg, 51, 222). Botryodiplodin besitzt genotoxische Aktivität. Es induziert Quervernetzungen der DNA, hemmt die Nucleinsäurebiosynthese, wirkt mutagen und antibakteriell. Die LD_{50} liegt bei Mäusen zwischen 40 und 50 mg/kg (173). Da Botryodiplodin im Käse nicht vorhanden und die Toxizität der Roquefortine sehr gering ist, besteht für den Menschen beim Verzehr von Edelpilzkäse keine Vergiftungsgefahr.

Alle Stämme von *P. camemberti (P. caseicolum)*, der zur Herstellung von Weichkäse mit Schimmelbildung (Käse nach Camembert-Art) verwendet wird, produzieren unter Laborbedingungen Cyclopiazonsäure (Abb. 26-5, 125, 211). Dieses Indolderivat, das sich wie eine einbasische Säure verhält, wird auch von sehr vielen anderen *Penicillium*-Arten gebildet. 226 von 1481 *Penicillium*-Isolaten bildeten Cyclopiazonsäure (z. B. *P. cyclopium* = *P. griseofulvum* und *P. puberulum*). Auch von *Aspergillus*-Arten (*A. versicolor, A. flavus, A. oryzae*, 51, 54) wird sie erzeugt. Hauptsächlich wird sie in kontaminiertem Mais und in Erdnüssen (bis 6,5 mg/kg, 220) gefunden. Aber auch in schimmelgereifter Salami, in rohem Schinken und Camembertkäse (0,8–5,7 mg/kg) konnte sie nachgewiesen werden (54, 188).

Cyclopiazonsäure bewirkt degenerative Veränderungen in einer Vielzahl von Organen. Bei Küken und Schweinen sind besonders Gastrointestinaltrakt und Nieren betroffen, bei Ratten in erster Linie die Leber. Auch neurotoxische Vergiftungssymptome können auftreten. Aufgrund der Unlöslichkeit von Cyclopiazonsäure in wäßrigen Lösungsmitteln unterhalb pH 7 wird sie jedoch kaum resorbiert und zeigt bei peroraler Zufuhr nur geringe Toxizität (LD_{50} 36 mg/kg, männliche Ratten, 63 mg/kg, weibliche Ratten). Bei parenteraler Applikation ist die akute Toxizität höher (LD_{50} 2,3 mg/kg, i. p., Ratte, 51, 54, 66, 166, 220). Eine Gefährdung des Menschen durch eventuell im Käse vorhandene Cyclopiazonsäure dürfte ausgeschlossen sein.

Eine Reihe von durch Fadenpilze produzierten Giftstoffen werden wegen ihrer Eigenschaft, in subletalen Dosen bei Versuchstieren tremorauslösend wirksam zu sein, als Tremorgene bezeichnet. Diese Verbindungen, von denen über 50 bekannt sind (51, 52, 171, 195, 210), sind in den meisten Fällen Indolalkaloide. Sie werden von *Aspergillus-*, *Penicillium-*, *Acremonium-*, *Emericella-* und *Claviceps*-Arten (Kap. 26.6) gebildet.

Zu den tremorgenen Indolderivaten gehören (Abb. 26-6):

- Fumitremorgine A und B (auch Fumitremorgene genannt), von *A. fumigatus*, sowie Verruculogen, von *A. verruculosum* u. a. *Aspergillus*- bzw. *Penicillium*-Arten, diprenylierte Diketopiperazinderivate aus Tryptophan und Prolin (51, 53, 232),
- Tryptoquivalin, von *A. fumigatus* und *A. clavatus*, aus einem Tetrapeptid aus Tryptophan, Anthranilsäure, Valin und Alanin hervorgehend (232, 234),
- Paxillin, von *P. paxilli*, *Acremonium lorii* und *Emericella striata*, Aflatrem, von *A. flavus*, sowie die Penitreme A–F, von *P. janczewskii*, *P. canescens*, *P. crustosum*, *P. duclauxii* und *P. puberulum*, aufgebaut aus Tryptophan und Geranylgeraniol (50, 85, 176, 232),
- Lolitreme A–D, gebildet von *Acremonium loliae*, endophytisch in *Lolium perenne* L., Englisches Raygras, lebend, biogenetisch eng verwandt mit den Penitremen (87, 232).

Die Substrate der Tremorgene produzierenden Fadenpilze sind, mit Ausnahme der von *Acremonium loliae* (s. o.) und *Claviceps paspali* (Kap. 26.8), sehr vielfältig. Häufig wird Silofutter befallen. Aber auch in Nahrungsmitteln wurden sie nachgewiesen, z. B. in Erdnüssen, Mais, Nüssen, Fleischprodukten und Käse. Viele dieser Fadenpilze kommen auch im Erdboden vor. Die im Boden gebildeten Tremorgene werden vermutlich teilweise durch die Pflanzenwurzeln aufgenommen. Beim Verruculogen konnte die Aufnahme nachgewiesen werden (176).

Die tremorauslösende Wirkung gehört zum neurotoxischen Wirkungsbild der Verbindungen und kommt durch spezifische Effekte auf das ZNS zustande. Die Vergiftungen sind außerdem gekennzeichnet durch Übererregbarkeit, stolpernde Bewegungen, die Unfähigkeit, sich nach Stürzen zu erheben, sowie bei höheren Dosen durch Krämpfe und Tod. Als Wirkungsmechanismen werden die Reduktion des Glycinspiegels im Gehirn durch die Penitreme (176), der agonistische Angriff an Rezeptoren für γ-Aminobuttersäure durch Tremorgene mit einem Stickstoffatom (Paspalitreme, Penitreme, Lolitreme, 195) und die Hemmung hemmender Interneuronen des Rückenmarks diskutiert.

Bild 26-2: *Peganum harmala*, Steppenraute

Bild 26-3: *Passiflora caerulea*, Blaue Passionsblume

Bild 26-4: *Claviceps purpurea*, Roggen-Mutterkorn

Bild 26-5: *Lolium perenne*, Englisches Raygras

Bild 26-6: *Ipomoea tricolor*, Dreifarbige Prunkwinde

Bild 26-7: *Quamoclit lobata*, Gelappte Sternwinde

Bild 26-8: *Convolvulus tricolor*, Dreifarbige Winde

Bild 26-9: *Vinca minor*, Gemeines Immergrün

Bild 26-10: *Catharanthus roseus*, Madagaskar-Immergrün

Bild 26-11: *Strychnos nux-vomica*, Brechnuß, Samen

Bild 27-1: *Cinchona officinalis*, Chinarindenbaum

Bild 27-2: *Ruta graveolens*, Weinraute

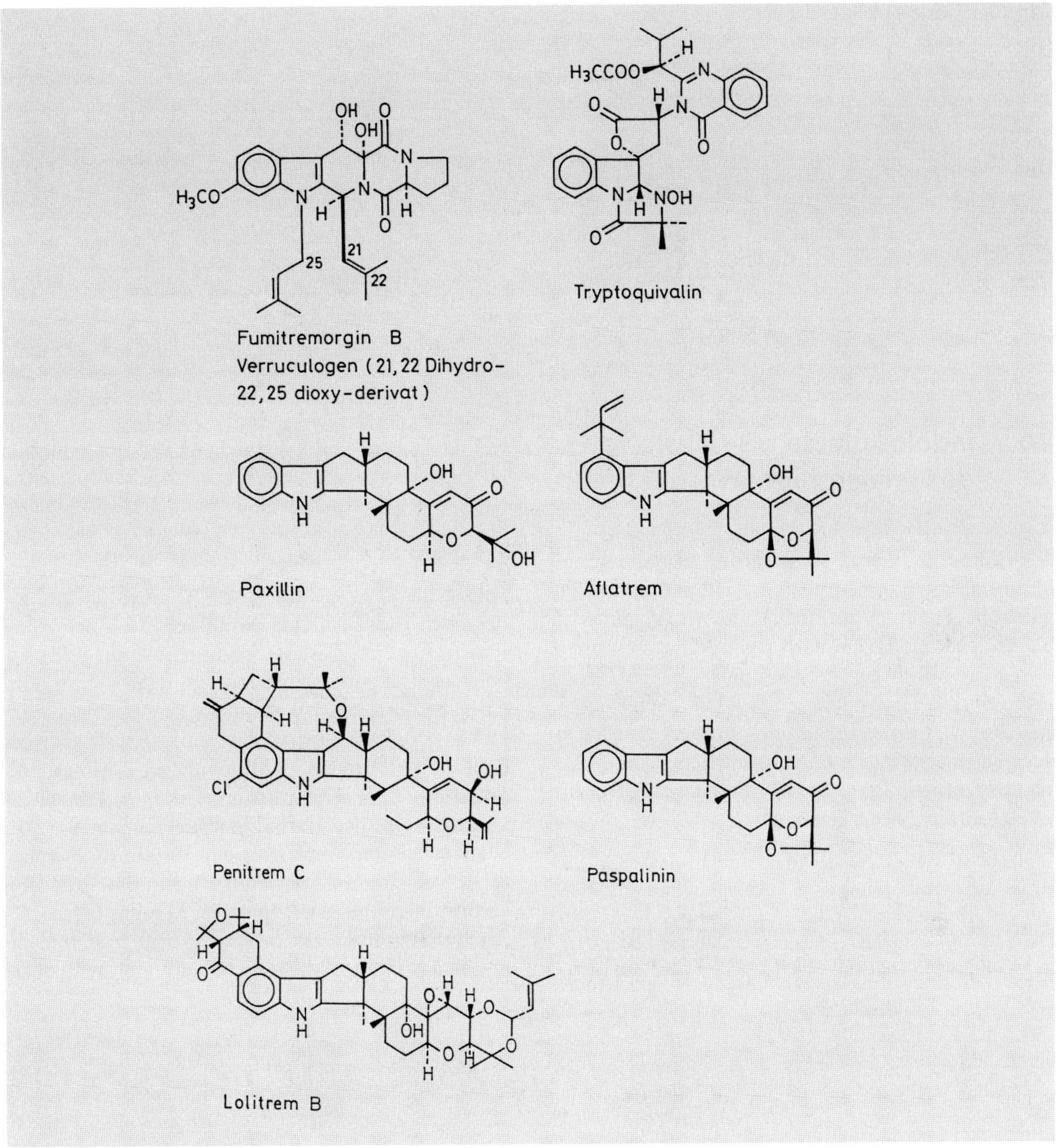

Abb. 26-6: Tremorgene Indolalkaloide

Tabelle 26-1 enthält Angaben zur tremorauslösenden Dosis und zur LD_{50} einiger wichtiger Tremorgene.

Vergiftungen durch Tremorgene treten besonders bei Weidetieren auf und verursachen in einigen Ländern, z. B. in Australien, Neuseeland und Südafrika, beträchtliche Verluste. Aber auch in europäischen Ländern, z. B. Großbritannien und Italien, wird über Vergiftungen berichtet. Sie werden allgemein als «staggers» bezeichnet. Bekannte Krankheitsbilder sind «ryegrass staggers» («marsh staggers»), verursacht durch von Pilzen befallenes *Lolium perenne*, und «paspalum staggers», ausgelöst durch Aufnahme mit *Claviceps* infizierter *Paspalum*-Arten (52, 72, 86, 87, 150, 195).

Akute Tremorgen-Mycotoxikosen des Menschen wurden bis jetzt nicht beobachtet. Eine Beteiligung der Tremorgene an verschiedenen Krankheitsbildern des Menschen, z. B. an der extrinsischen allergischen Alveolitis, wird jedoch vermutet (195).

Tab. 26-1: Wirksamkeit und Toxizität von Tremorgenen

Tremorgen	ED_{50}, tremorauslösende Wirkung (mg/kg)		LD_{50} (mg/kg)		Lit.
Fumitremorgen A	0,18	Maus, i. p.	0,19	Maus, i. v.	232
Fumitremorgen B	3,5	Maus, i. p.			232
Verruculogen	0,39	Maus, i. p.	2,4	Maus, i. p.	232
Paxillin	25	Maus, p. o.			232
Aflatrem	< 14	Kücken, p. o.			232
Penitrem A	0,19	Maus, i. p.	1,1	Maus, i. p.	176
			10	Maus, p. o.	
Penitrem B			5,8	Maus, i. p.	176

26.9 Indolalkaloide als Giftstoffe des Immergrüns (*Vinca*-Arten)

Die Gattung *Vinca*, Immergrün (Apocynaceae, Hundsgiftgewächse), umfaßt etwa 25 Arten. In Mitteleuropa kommen nur drei Arten vor. *V. minor* L., Gemeines Immergrün, wird zerstreut im gesamten Gebiet, im nördlichen Teil allerdings selten, in Gebüschen und in Laubwäldern gefunden (siehe S. 414, Bild 26-9), *V. major* L., Großes Immergrün, ist in der Süd- und Westschweiz anzutreffen. *V. herbacea* Waldst. et Kit., Krautiges Immergrün, gedeiht im Gebiet nur in Niederösterreich.

V. minor ist wie alle *Vinca*-Arten eine ausdauernde, am Grunde meistens verholzende Pflanze mit immergrünen, ledrigen, kreuzgegenständigen, ganzrandigen Blättern. Die blattachselständigen, blauen, selten weißen oder rosaroten Blüten besitzen eine tellerförmige Krone mit 5 Zipfeln, Staubblätter sind 5 vorhanden. Der Fruchtknoten ist oberständig und 2fächrig. *V. major* hat eiförmig zugespitzte, 8 cm lange, am Rande bewimperte Blätter. Im Gegensatz zu den beiden anderen genannten Arten besitzt *V. herbacea* völlig krautige, niederliegende Sprosse.

Alle bisher untersuchten *Vinca*-Arten enthalten Monoterpen-Indolalkaloide. Von über 150 Vinca-Alkaloiden (Abb. 26-7) ist die Struktur bekannt (132). Sie gehören u. a. zum Eburnamin- (z. B. Vincamin, Vincin, (–)-Eburnamin), Ajmalin- (z. B. Vincamajin, Majoridin, Vincamajorein, Vincarin), Aspidosperma- (z. B. Vincadifformin, Minovincin, Lochnerinin), Strychnin- (z. B. Akuammicin, Vincanin), Ajmalicin- (z. B. Reserpinin, Herbain), Quebrachamin- (z. B. Quebrachamin, Vincaminorein, Vincadin), Picralin- (z. B. Strictamin, Akuammin), Yohimbin- (z. B. Reserpin) und Oxindol-Typ (z. B. Majdin, Herbalin). Auch ein Bis-Indolalkaloid wurde bei *V. minor* nachgewiesen (Vincarubin, 164). Selten treten auch quar-

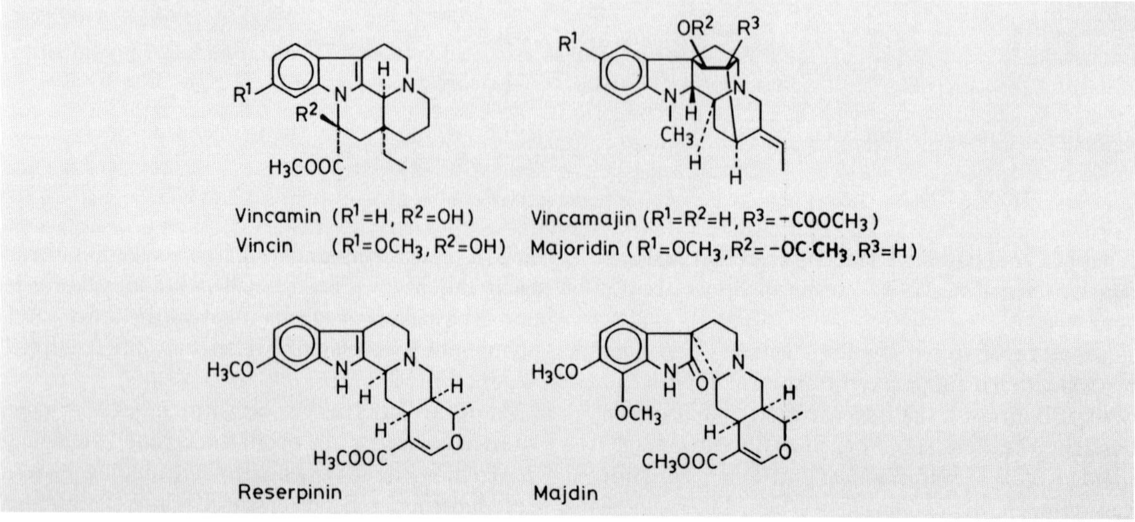

Abb. 26-7: Vinca-Alkaloide

ternäre Alkaloide auf (z. B. 4-Methyl-strictaminiumchlorid bei *V. minor*, 165). Bei *V. minor* und *V. herbacea* wurden jeweils über 20, bei *V. minor* über 40 Alkaloide gefunden (11, 44, 132, 165, 237, 238, 239).

Besonders weit verbreitet sind Vincamin, Vincamajin, Reserpinin und Majdin (73, 132, 142, 216).

Neben Indolalkaloiden sind auch ein Monoterpenalkaloid und ein Chinolinalkaloid (Skimmianin) nachgewiesen worden (132).

Der Alkaloidgehalt des Krautes der mitteleuropäischen Arten liegt zwischen 0,1–1,1% (44, 136, 154, 155, 196). Hauptalkaloid ist mit einem Anteil von etwa 15–40% am Gesamtalkaloidgehalt das Vincamin (154). Nebenalkaloide sind u. a. Vincin, Apovincamin und Vincadifformin (179).

Vincamin wirkt über eine Herabsetzung des peripheren Gefäßwiderstandes blutdrucksenkend und fördert die Durchblutung des Gehirns. Es wird daher ebenso wie die Droge Vincae minoris herba als Antihypertonicum sowie zur Behandlung von Kopfschmerzen und Migräne angewendet. Vincadifformin, Vincaminorin und Vincaminorein hemmen die Nucleinsäure- sowie Proteinbiosynthese und damit die Proliferation beispielsweise von P 388-Leukämie-Zellen (212).

Im Tierversuch verursacht Immergrünkraut u. a. Blutbildveränderungen wie Leukocytopenie und Lymphocytopenie (immunsuppressive Wirkung?). Die LD_{50} der Gesamtalkaloide beträgt bei intravenöser Injektion bei Mäusen 24 mg/kg (Ü 70).

Vergiftungen des Menschen sind nur bei therapeutischer Anwendung bekannt. Bei Überdosierung der Alkaloide kommt es zu raschem Blutdruckabfall und Kreislaufstörungen. Wegen der möglichen Blutbildveränderungen sollte auf die Anwendung verzichtet werden (4).

Maulesel und Schafe, die das Große Immergrün gefressen hatten, zeigten Mattigkeit und Verdauungsstörungen (Ü 114).

26.10 Indolalkaloide des Madagaskar-Immergrüns (*Catharanthus roseus*)

Catharanthus roseus (L.) G. Don (*Vinca rosea* L., Apocynaceae, Hundsgiftgewächse), Madagaskar-Immergrün, ein 40–80 cm hoher Halbstrauch mit violetten, roten oder weißen Blüten, war wohl ursprünglich auf Madagaskar oder den Westindischen Inseln beheimatet und ist heute pantropisch verbreitet (siehe S. 414, Bild 26-10). In zahlreichen subtropischen und tropischen Ländern wird *C. roseus* als Arznei- oder Zierpflanze kultiviert. Die Pflanze enthält durchschnittlich 0,6% Alkaloide. Über 60 Vertreter wurden identifiziert. Hauptalkaloid ist das Vindolin (bis 0,5%). Aus der Pflanze werden die therapeutisch eingesetzten dimeren Monoterpen-Indolalkaloide Vincaleukoblastin (Vinblastin, Gehalt 0,005%) und Leurocristin (Vincristin, Gehalt 0,001%) gewonnen (Abb. 26-8, 36, 55, 88, 213, 227).

Während Vindolin nicht cytostatisch wirksam ist (212), besitzen Vinblastin und Vincristin stark proliferationshemmende Wirksamkeit besonders auf Tumorzellen und große therapeutische Bedeutung bei der Tumorbehandlung. Die Alkaloide greifen wie Colchicin (Kap. 24.1) am Tubulin an, verhindern u. a. die Ausbildung des Spindelapparates und arretieren somit die Mitose in der Metaphase. Die Selektivität für Tumorzellen, besonders für leukämische Lymphocyten, wird durch biochemische Unterschiede der entarteten Lymphocyten gegenüber normalen Zellen (190) bzw. durch eine stärkere Retention von Vincristin im Tumorgewebe als im Normalgewebe (größere Stabilität des Tubulin-Alkaloid-Komplexes unter Beteiligung von GTP, 102) zu erklären versucht.

Die Toxizität ergibt sich wie bei anderen Cytostatica aus der allgemein zellschädigenden Wirkung. Besonders betroffen sind Knochenmark, lymphatisches Gewebe, Gonaden, Schleimhäute und die Haut mit Anhangsgebilden.

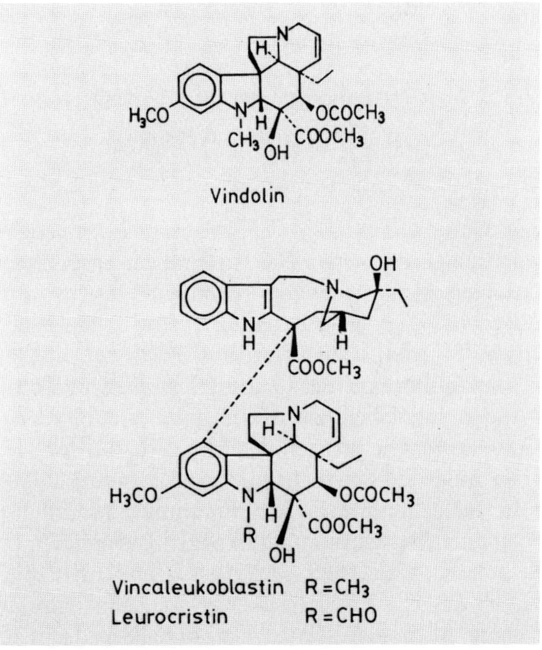

Abb. 26-8: Catharanthus-Alkaloide

Im Tierversuch wurden bei Ratten neurotoxische und teratogene Wirkungen (13) und bei Mäusen hauttoxische Effekte (68) von Vincristin nachgewiesen.

Die LD_{50} von Leurocristin beträgt bei Mäusen 2,1 mg/kg, i. v., die von Vinblastin 10,8 mg/kg, i. v., bei Ratten die von Vincristin 1,0 mg/kg und die von Vincaleukoblastin 2,9 mg/kg (88).

Beim Menschen treten toxische Nebenwirkungen schon bei therapeutischer Anwendung auf. Allgemeinerscheinungen sind Übelkeit, Erbrechen, Alopezie und Stomatocytose (158). Beim Vincaleukoblastin steht als Nebenwirkung die periphere Cytopenie, besonders die Leukocytopenie, im Vordergrund, beim Leurocristin dagegen die neurotoxische Wirkung (97). Es ruft heftige Schmerzen im Bereich der Kaumuskulatur und des Abdomens hervor, der Achillessehnenreflex ist gestört. Durch die mit der cytostatischen Wirkung verbundene Immunsuppression erhöht sich die Gefahr von Sekundärinfektionen. Bei paravenöser Injektion können die Alkaloide Nekrosen hervorrufen.

Trotz der relativ hohen Toxizität bleiben die Vinca-Alkaloide Hauptbestandteile der Therapie der Leukämie (besonders Leurocristin) und anderer Tumoren (Vincaleukoblastin z. B. bei Morbus HODGKIN und Mamma-Carcinom, 12, 80).

Bei der Behandlung der durch die Vinca-Alkaloide hervorgerufenen Hauterscheinungen wurden im Tierversuch gute Ergebnisse mit Hyaluronidase erzielt. Glucocorticoide und Kühlung der betroffenen Stellen sind kontraindiziert (68).

26.11 Indolalkaloide als Giftstoffe von *Strychnos*-Arten

Zur Gattung *Strychnos* (Loganiaceae, Loganiengewächse), gehören etwa 200 Arten, die in tropischen Gebieten Afrikas (etwa 75 Arten, 31), Asiens und Australiens (etwa 45 Arten, 29) sowie Amerikas (etwa 75 Arten) beheimatet sind.

Die Zahl der bei der Gattung *Strychnos* vorkommenden Indolalkaloide dürfte etwa 300 betragen (Abb. 26-9). Die meisten der Alkaloide werden aus Tryptamin und einem Iridoid (Secologanin) aufgebaut. Sie gehören u. a. dem Strychnin-, Yohimbin-, Alstonin-, Mavacurin- und Sarpagin-Typ an (103, Ü 8, Ü 76: I, 375; II, 513; VI, 179; VIII, 592; XI, 189; XXXIV, 211; XXXVI, 1, Ü 39 a; VI). Aber auch einfachere Alkaloide, z. B. β-Carbolinalkaloide (u. a. Harman) und Monoterpenalkaloide, kommen bei ihnen vor. Während in den Samen und Blättern meistens monomere Alkaloide mit tertiärem N-Atom gefunden werden, sind, besonders bei südamerikanischen Arten, in der Wurzel- und Stammrinde auch monomere quartäre oder dimere bisquartäre Alkaloide enthalten. Alkaloidfreie *Strychnos*-Arten und Rassen treten ebenfalls auf. So werden beispielsweise Kulturformen von *Strychnos spinosa* LAM., Natalorange, im tropischen Afrika als Obstbäume kultiviert (Ü 75).

Aus toxikologischer Sicht sind das *Strychnos*-Alkaloid Strychnin und die in den Pfeilgiften enthaltenen Gemische bisquartärer Bis-Indolalkaloide von besonderem Interesse.

In den Samen der asiatischen und australischen *Strychnos*-Arten dominieren Strychnin und verwandte tertiäre Alkaloide vom Strychnin-Typ. In ihrer Wurzel- und Stammrinde kommen daneben aber auch quartäre Alkaloide vor. Dimere Alkaloide scheinen bei ihnen fast völlig zu fehlen (15, 30, 60).

Zur Strychningewinnung werden die Samen von *Strychnos nux-vomica* L. (siehe S. 414, Bild 26-11) und *S. ignatii* BERG. benutzt. *S. nux-vomica* ist ein bis 10 m hoher Baum, der von Vorderindien bis Südvietnam am Rande dichter Wälder und an Flußufern in der Ebene, aber auch im Hügelland bis zu Höhen von 1300 m vorkommt. Die Kultur erfolgt in Südasien und im tropischen Afrika. *S. ignatii* ist ein auf der Halbinsel Malakka, den Großen Sundainseln und den Südost-Philippinen beheimateter Kletterstrauch. Sie wird in Vietnam und auf den Philippinen vereinzelt angepflanzt.

Der Alkaloidgehalt der Samen beträgt 2–3% (selten 0,25–5%), der an Strychnin liegt bei *S. nux-vomica* zwischen 1,2 und 1,5%, bei *S. ignatii* bei 2%. Wesentliches Begleitalkaloid des Strychnins ist Brucin, die übrigen Nebenalkaloide, z. B. Vomicin, α-Colubrin, β-Colubrin, Pseudostrychnin (3-Hydroxystrychnin) und Novacin, kommen höchstens in einer Gesamtkonzentration von 1% vor (27, 84, 131).

Pflanzen dieser und verwandter Arten wurden früher von den Eingeborenen Südostasiens zur Herstellung von Pfeilgiften (26, 28) oder als Arzneipflanzen (29) verwendet.

Strychnin wirkt als spezifischer, kompetitiver Antagonist des inhibierenden Transmitters Glycin (23, 89). Die Bindung von Strychnin und Glycin an den Rezeptor erfolgt an separaten, jedoch in enger Wechselbeziehung stehenden Arealen (14). Strychnin lähmt die hemmenden Neuronen besonders im Rückenmark und führt durch die Ausschaltung von Kontroll- und Hemmechanismen bei gleichzeitigem

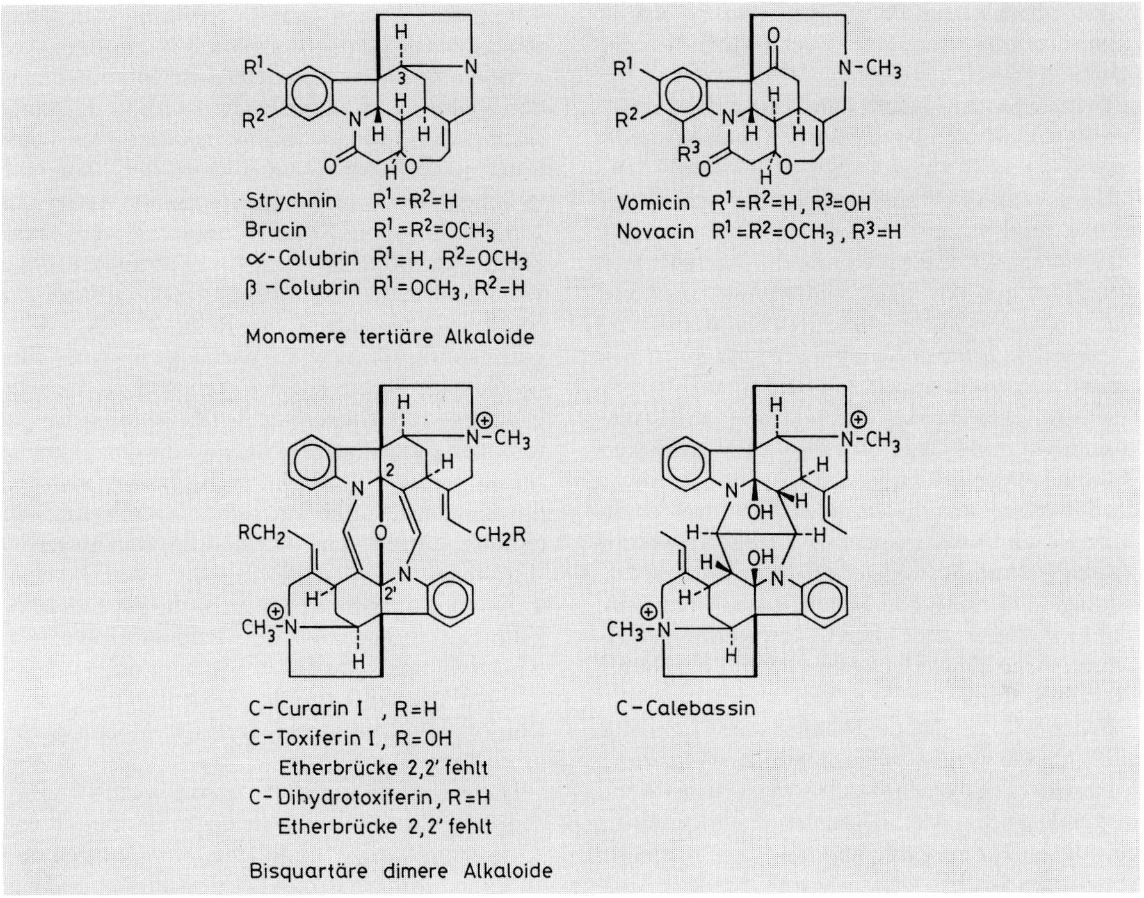

Abb. 26-9: Strychnos-Alkaloide

Reizeinstrom zum Auftreten äußerst heftiger tonischer Krampfanfälle bei vollem Bewußtsein. Auch höhere Zentren, wie Kreislauf- und Atemzentrum, werden unter Strychnineinfluß leichter erregbar (Ü 27).

Strychnin wird aus dem Gastrointestinaltrakt schnell resorbiert, zum größten Teil in der Leber metabolisiert und bis auf einen kleinen Teil rasch eliminiert (70).

Erste Vergiftungssymptome sind Unruhe, Angst, Erbrechen und schmerzhafte Steifigkeit vor allem der Kau- und Nackenmuskulatur. Danach setzen heftige Krampfanfälle der gesamten Muskulatur ein, wobei die Streckmuskulatur besonders betroffen ist. Wirbel-, Muskel- und Sehnenrisse können auftreten. Durch den Krampf der Atemmuskulatur wird die Atmung stark behindert, und es kommt zu Cyanose und Dyspnoe bzw. zum Aussetzen der Atmung. Die Krampfanfälle haben eine Dauer von einer bis zu mehreren Minuten und werden durch kleinste Reize erneut ausgelöst. Der Tod tritt durch Erstickung oder Erschöpfung ein (70, 167, Ü 73).

Brucin besitzt nur etwa $^1/_{50}$ der Wirksamkeit von Strychnin und hat vor allem wegen seines bitteren Geschmacks Bedeutung als Roborans und als Standardsubstanz zur Bestimmung des Bitterwertes von Drogen (167).

Die LD_{50} von Strychnin beträgt 1,2–3,9 mg/kg, Hund, p. o., bzw. 16,2 mg/kg, Ratte, p. o. (12). Die letale Dosis beginnt für einen Erwachsenen bei etwa 1 mg/kg. Kinder sowie Herz-, Leber- und Nierenkranke sind empfindlicher. Von den Samen sind 0,75–3 g tödlich (Ü 73).

In Mitteleuropa sind Strychninvergiftungen möglich bei therapeutischer Anwendung des Alkaloids bzw. von Strychnos-Zubereitungen (228), durch versehentliche Aufnahme von zur Nagetiervergiftung eingesetztem Strychnin (Giftweizen) oder durch Verzehr der in Schmuckketten enthaltenen Samen durch Kinder. Auch versuchte oder gelungene Morde und Selbstmorde mit Strychnin sind bekannt (69). Außerdem wird über das «Strecken» von Cocain oder Heroin mit Strychnin berichtet (70, 134, 228). Zwei Todesfälle von Kindern, die in China volksmedizinisch mit Pulver von *S. nux-vomica* behandelt worden waren, sind beschrieben worden (236).

Tiere, besonders Hunde, sind durch das Fressen von als Rodenticid ausgelegtem Strychnin gefährdet (33).

Bei akuten Vergiftungen müssen so schnell wie möglich und mit großer Vorsicht (Krampfgefahr!) Maßnahmen zur Giftentfernung durchgeführt werden. Dazu gehören Magenspülung und Gabe von Aktivkohle. Der Wert der forcierten Diurese wird bezweifelt (70). Schwere Vergiftungen sind durch Barbituratnarkose (eventuell 2–3 Tage mit absteigenden Dosen aufrechterhalten) und Gabe von Muskelrelaxanzien in den meisten Fällen zu überbrücken. Während dieser Zeit findet ein weitgehender Abbau des Strychnins statt. In leichteren Fällen werden die Krämpfe mit Diazepam oder kurz wirkenden Barbituraten behandelt. Weitere symptomatische Maßnahmen sind Ruhe und Fernhalten äußerer Reize (dunkles Zimmer), ständige Überwachung des Patienten sowie künstliche Beatmung und Ernährung (70, 134, Ü 85).

In den Wurzeln und der Stammrinde südamerikanischer Arten werden neben monomeren und dimeren tertiären Alkaloiden vor allem muskelrelaxierend wirkende bisquartäre Bis-Indolalkaloide gefunden. Von diesen Arten wurde und wird u. a. *S. toxifera* SCHOMBURGK ex BENTH., eine im Orinoko-, Amazonas- und Rio-Negro-Gebiet, Guayana, Venezuela, Kolumbien, Ecuador und Peru vorkommende Liane, durch Indianer zur Herstellung von Pfeilgiften benutzt. Die bereiteten wäßrigen, eingedickten Extrakte aus Stamm- und Wurzelrinde werden in Flaschenkürbissen (Kalebassen) aufbewahrt und zum Vergiften der für die Jagd genutzten Blasrohrpfeile verwendet. Das Produkt wird daher als Calebassencurare bezeichnet. Auch andere *Strychnos*-Arten dienten zu seiner Herstellung (*S. castelnaei* WEDDELL., *S. crevauxiana* BAILL., *S. guianensis* (AUBLET) C. MARTIUS u. a.). Grundlegende Untersuchungen zur Problematik der indianischen Pfeilgifte aus *Strychnos*-Arten verdanken wir BOEHM (34) sowie KRUKOFF und seinen Mitarbeitern (120, 121). Darüber hinaus werden viele der mittel- und südamerikanischen *Strychnos*-Arten von den Eingeborenen als Arzneipflanzen genutzt (167).

Im Curare sind über 50 Alkaloide enthalten (zur Chemie: 20, 21, 22, 113, Ü 76: XI, 189, neuere Arbeiten: 168, 169, Ü 39 a: VI). Hauptalkaloide und von ihrer Wirkung her am bedeutendsten scheinen die bisquartären Bis-Indolalkaloide C-Curarin I (Toxiferin), C-Calebassin (C-Toxiferin II), C-Dihydrotoxiferin und C-Toxiferin I zu sein. Als Begleitalkaloide kommen monomere quartäre sowie monomere und dimere Alkaloide mit tertiärem(n) N-Atom(en) vor.

Einige afrikanische *Strychnos*-Arten enthalten in der Wurzel- und Stammrinde ebenfalls, allerdings seltener als die südamerikanischen Arten, muskelrelaxierende bisquartäre Alkaloide (z. B. C-Curarin I, C-Dihydrotoxiferin in *S. usambarensis* GILG, 32, 156, 187, Ü 76: XXXIV, 211). Auch sie werden zur Herstellung von Pfeilgiften (3, 25) genutzt. In der Volksmedizin und als Ordalgifte spielen afrikanische *Strychnos*-Arten ebenso eine Rolle (25, 31).

Die muskelrelaxierende Wirkung bisquartärer Indolalkaloide beruht auf der kompetitiven Verdrängung des Acetylcholins von den Rezeptoren der motorischen Endplatten. Damit wird die quergestreifte Muskulatur völlig gelähmt, und es kommt zum Tod durch Ersticken. Die muskelrelaxierende Aktivität nimmt mit steigender Polarität der Verbindungen zu (156).

Peroral aufgenommen werden die Bis-Indolalkaloide nur wenig resorbiert und außerdem sehr schnell eliminiert, so daß der Verzehr der durch die Pfeilgifte erlegten Tiere ohne Bedenken möglich ist. Parenteral appliziert ist ihre Toxizität jedoch außerordentlich hoch.

Die minimalen letalen Dosen der wichtigsten bisquartären Bis-Indolalkaloide liegen im Bereich von 10 bis 60 μg/kg, i. v., Maus (156). Vergiftungen sind in Mitteleuropa ausschließlich medizinal bedingt. Bei Überdosierung der Alkaloide kommt es zur rasch fortschreitenden Lähmung der quergestreiften Muskulatur, die im Gesicht beginnt und sich über Hals, Nacken, Kehlkopf, Extremitäten und Bauch bis zum Zwerchfell erstreckt. Symptome sind Sehstörungen, Sprech- und Schluckbeschwerden, die Unfähigkeit, den Kopf zu heben sowie Kreislauf- und Atemstörungen bis hin zum Tod durch Atemlähnung.

Wichtigste Therapiemaßnahme ist Beatmung bis zum Wiedereinsetzen der Spontanatmung. Als Antidota können vorsichtig Cholinesterasehemmstoffe eingesetzt werden (Ü 73).

Curare-Alkaloide bzw. ihre halbsynthetischen Abwandlungsprodukte werden als Muskelrelaxanzien therapeutisch verwendet, Strychninnitrat heute nur noch selten als Analepticum und Tinctura Strychni als Roborans. Einige *Strychnos*-Alkaloide besitzen antimikrobielle oder cytostatische Wirksamkeit (126, 156). In der neurologischen Forschung dient Strychnin zur Aufklärung der durch Glycin vermittelten Neurotransmission (14).

26.12 Indolalkaloide von Bakterien (Prokaryota)

Unter dem Begriff Prokaryota werden die Archebacteriaceae, Eubacteriaceae und Cyanophyceae (Cyanobakterien, Blaualgen) zusammengefaßt.

Die bekanntesten und am besten untersuchten Indolalkaloide, die von Prokaryota gebildet werden, sind die Indolactame Lyngbyatoxin A und die Teleocidine (Abb. 26-10). Lyngbyatoxin A wird von *Lyngbya majuscula* (Oscillatoriaceae) erzeugt, einem wasserblütenbildenden Cyanobakterium, das in Flachwassergebieten um Japan und Hawaii vorkommt (151, 186). Der gleiche Stoff (Lyngbyatoxin A = Teleocidin A-1) und sehr ähnliche Verbindungen werden auch von Actinomyceten (Eubacteriaceae) produziert und zwar:

- Teleocidine A-1, A-2 (Stereoisomere), B-1, B-2, B-3 und B-4 (Stereoisomere) von *Streptomyces mediocidicus* (186),
- Olivoretine A–E von *Streptoverticillium olivoreticuli* (186),
- Teleocidin B-4 und ähnliche Verbindungen, z. B. die Blastmycetine A–E und (-)-Indolactam, von *Streptoverticillium blastmyceticum* (94, 108),
- Pendolmycin von einem *Nocardiopsis*-Stamm (233).

Das Auftreten der gleichen bzw. strukturell sehr ähnlicher Verbindungen bei verschiedenen Taxa wird durch einen Plasmidaustausch erklärt.

Lyngbyatoxin A wird gemeinsam mit den Aplysiatoxinen (Kap. 4.7) für die als «swimmers itch» bekannte und durch *Lyngbya*-Arten verursachte Kontaktdermatitis verantwortlich gemacht, die bei Badenden in den Gewässern um Hawaii nicht selten beobachtet wird.

Im Tierversuch werden nach Gabe von Lyngbyatoxin A bei Ratten Veränderungen im EEG und EKG sichtbar. Der Tod tritt durch Atemlähmung ein. Die letale Dosis beträgt bei Mäusen 0,3 mg/kg, i. p. Darüber hinaus stimuliert Lyngbyatoxin A die Prostaglandinproduktion und steigert den Cholinturnover in HeLa-Zellen.

Von besonderem Interesse ist die tumorpromovierende Wirkung von Lyngbyatoxin A. Sie tritt bereits

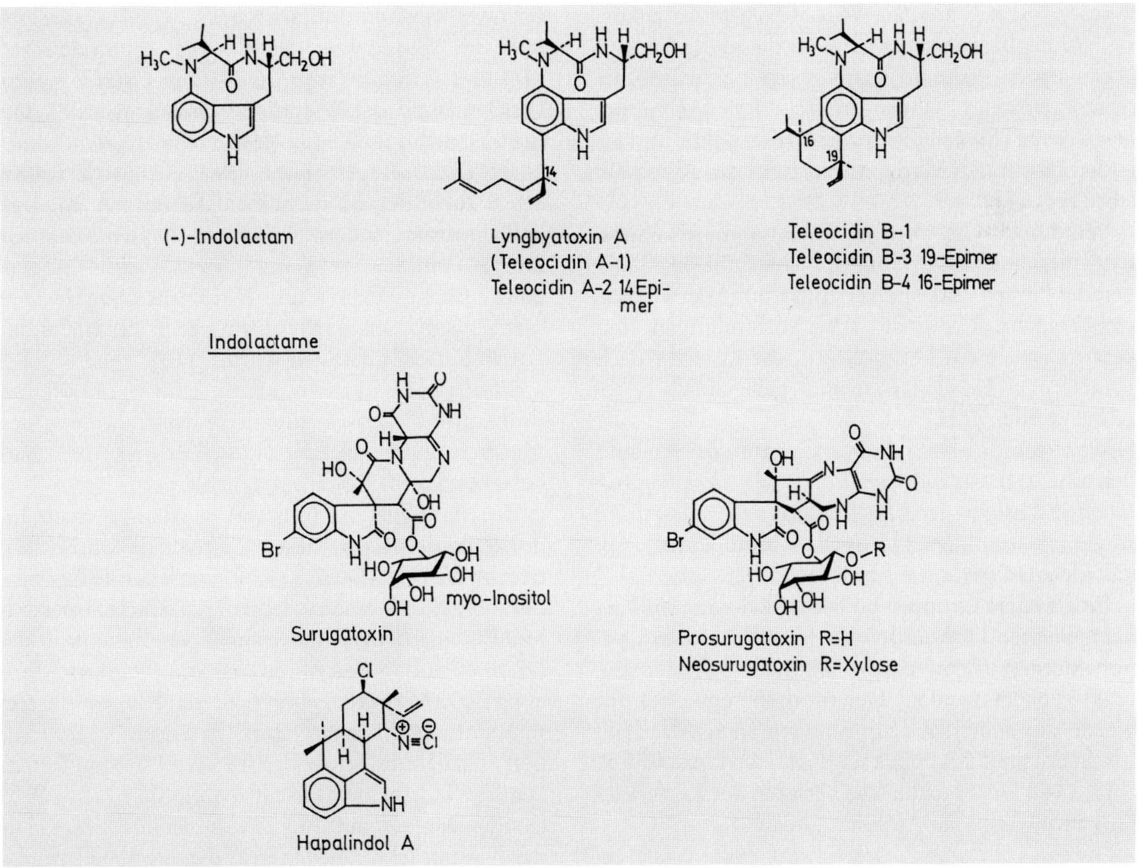

Abb. 26-10: Indolalkaloide aus Prokaryota

in nanomolaren Konzentrationen auf und wird auch von Teleocidinen, Desmethylteleocidinen, Blastmycetinen und Indolactam ausgeübt (94, 105, 106, 107). Besonders gut wurde die cocarcinogene Wirkung der Teleocidine untersucht. Sie beruht ebenso wie die von Tetradecanoylphorbolacetat (TPA, Kap. 8.3.1) und Aplysiatoxinen (Kap. 4.7) in erster Linie auf dem Angriff an der Proteinkinase C. Für die Wirkung entscheidende Strukturmerkmale sind u. a. die Alkylsubstituenten am C-7, die Doppelbindung in Position 2 des Indolrings und die Methylgruppe am N-13 (82, 83, 94, 106). Für die Aufnahme der Verbindungen in die Zelle ist vor allem ihre Hydrophobizität wichtig (107). In Lebermikrosomen der Ratten werden die Teleocidine über das Cytochrom P450-System entgiftet (94).

Die toxikologische Bedeutung der Teleocidine für den Menschen ist bis jetzt nur schwer einschätzbar. An der Haut verursachen sie schwere Entzündungserscheinungen (71). Da sie stabiler sind als die anderen genannten Tumorpromotoren, könnten sie verstärkt Einsatz bei der Untersuchung der Mechanismen der Tumorpromotion finden (106).

Ebenfalls Indolalkaloide sind Surugatoxin, Prosurugatoxin und Neosurugatoxin (Abb. 26-10). Sie wurden erstmals aus *Babylonia japonica*, der Japanischen Elfenbeinmuschel, isoliert, die in der Suruga-Bucht an der Ostküste Japans gesammelt wurde. Sie dient in Japan als Nahrungsmittel. Diese Verbindungen werden von einem coryneformen Bakterium gebildet, das in den Verdauungsdrüsen der Muscheln lebt (116, 117).

Vergiftungssymptome nach Aufnahme von Surugatoxinen sind Mydriasis, Sprachstörungen, Taubheit der Lippen und eine Verlangsamung der Verdauungstätigkeit (117, Ü 36). Die Verbindungen sind verantwortlich für Vergiftungen, die in Japan nach Verzehr von *Babylonia japonica* gelegentlich beobachtet werden (116).

Weitere Indolalkaloide aus Cyanobakterien sind bekannt, z. B. ein Indolactam aus *Hapalosiphon melanodocia*, halogenierte Bisindole aus *Rivularia firma* sowie Hyellazol, 6-Chlorhyellazol und Carbazolalkaloide aus *Hyella caespitosa* (46, 47).

Eine weitere Gruppe von Indolalkaloiden sind die halogenierten Hapalindole A–V, die von dem Cyanobakterium *Hapalosiphon fontinalis* (Stigonemataceae) gebildet werden. Der produzierende Stamm wurde aus einer Bodenprobe von den Marshall-Inseln erhalten. Hauptalkaloid ist das Hapalindol A (143, 144). Die Hapalindole besitzen antibakterielle und antimycotische Aktivität (144).

26.13 Indolalkaloide aus Meerestieren

Die Klasse der sowohl im Süß- als auch im Salzwasser als Benthonten in moosartig aussehenden Kolonien lebenden Moostierchen, Bryozoa, gehört dem Stamm der Tentaculata, Kranz- oder Armfühler, an. Diese relativ primitiven Lebewesen mit etwa 4000 Arten, von denen aber nur sehr wenige chemisch untersucht sind, scheinen eine bemerkenswerte chemische Verteidigungsstrategie entwickelt zu haben. Sie bilden interessante physiologisch aktive Sekundärstoffe, darunter auch Indolalkaloide. Von der Struktur her am bemerkenswertesten scheinen Alkaloide mit Physostigmin-Grundkörper zu sein, darunter das Flustramin A (Abb. 26-11), das neben anderen Indolderivaten von *Flustra foliacea* gebildet wird (42, 47).

Pharmakologische Untersuchungen mit von Bryozoa gebildeten Alkaloiden sind uns nicht bekannt.

Zahlreiche Indolalkaloide wurden aus Schwämmen gewonnen. Dazu gehören Clionamid (Abb. 26-11) und die Celamide A und B aus dem kosmopolitisch verbreiteten Bohrschwamm, *Cliona celata*, der auch im Wattenmeer der Nordsee gefunden wird (47), das Barettin (Abb. 26-11) aus *Geodia baretti*, gesammelt an der Westküste Schwedens (128) und die Manzamine A–C, β-Carbolin-Derivate aus einer *Haliclona*-Art (Abb. 26-11, 185). Erwähnt seien auch der Monaminoxidasehemmer Methylaplysinopsin aus dem Schwamm *Aplysinopsis reticulata* (10) und das cytostatisch wirksame Bis-Indolalkaloid Dragmacidin (Abb. 26-11) aus *Dragmacidon spec.*, einem Tiefseeschwamm, der in der Nähe der Bahamainseln gefunden wurde (115).

Clionamid wirkt schwach antibiotisch (47), Barettin hemmt elektrisch induzierte Kontraktionen des Meerschweinchenileums (128). Für den Menschen bestehen kaum Kontaktmöglichkeiten.

Bei Manteltieren (Tunicata) wurden ebenfalls Indolalkaloide nachgewiesen. Manteltiere sind primitive, im Meer, meistens in Kolonien lebende Chordatiere, die durch eine oft lebhaft gefärbte Körperumhüllung aus dem zelluloseähnlichen Tunicin ausgezeichnet sind. Sie ernähren sich vom Plankton. Ihre etwa 2000 Vertreter gehören zu den Klassen der frei schwimmenden Feuerwalzen (Pyrosomida) und Salpen (Thaliaceae) sowie der am Meeresboden festsitzenden Seescheiden (Ascidiaceae). Sie treten oft in riesigen Massen auf. Aus *Eudistoma olivacea*, die in der Karibik lebt, wurden u. a. β-Carbolinalkaloide, die Eudistomine A–Q, isoliert (Abb. 26-11, 198).

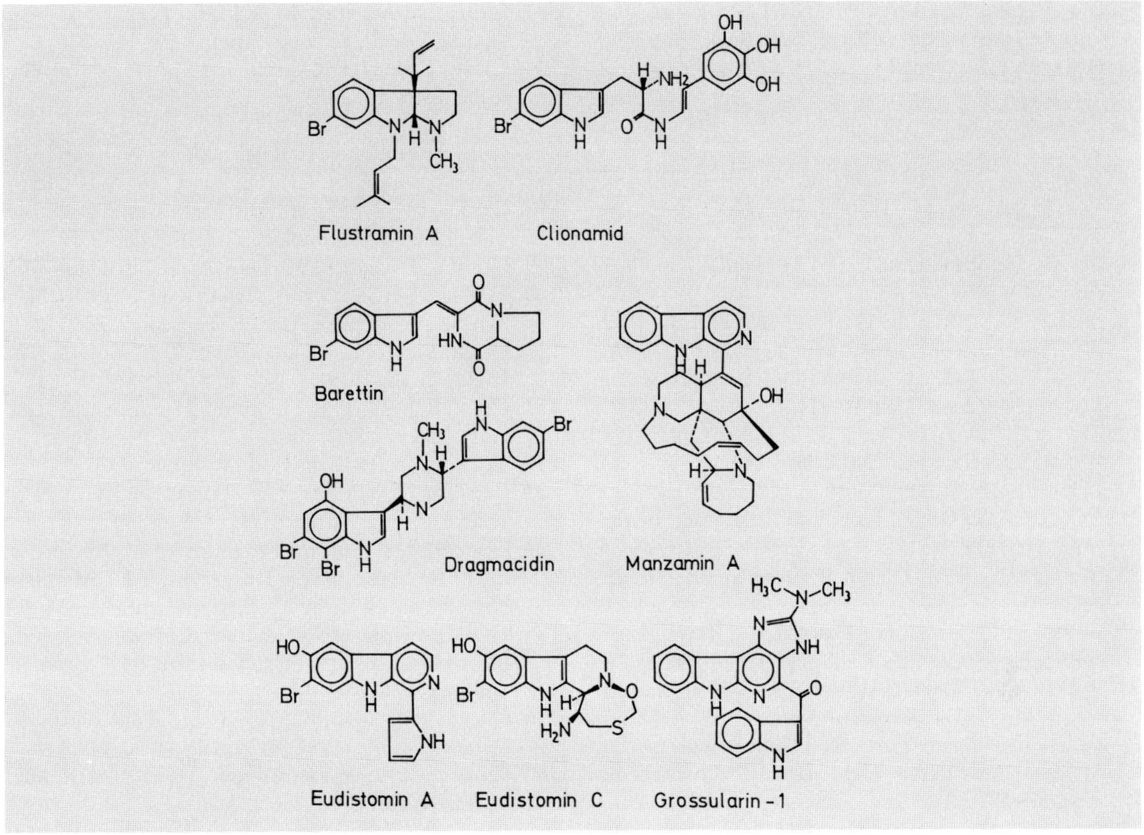

Abb. 26-11: Indolalkaloide aus Meerestieren

Aus *Dendrodoa grossularia*, die an den Küsten der Bretagne gesammelt wurde, konnten die Grossularine 1 und 2 sowie Dendroin erhalten werden (Abb. 26-11, 145). Ob diese Tiere die Alkaloide selbst produzieren oder aus ihrer Nahrung aufnehmen, ist noch ungewiß.

Die Eudistomine zeigen bemerkenswerte antivirale Aktivität, u. a. gegen Herpes simplex- und gegen HIV-Viren. Sie wirken außerdem antibakteriell und induzieren die Freisetzung von Calciumionen aus dem sarcoplasmatischen Reticulum (198).

Auch bei Mollusken wurden Indolalkaloide nachgewiesen. Am bekanntesten ist wohl das 6-Brom-2-methylthio-indoxyl-3-sulfat, das die Vorstufen des Tyrrhenischen Purpurs (6,6'-Dibromindigotin) darstellt. Es wird aus den Hypobranchialdrüsen von im Mittelmeer lebenden Schnecken der Familie der Muricidae und Thaisidae gewonnen (42). Darüber hinaus wurde aus *Nerita albicilla* (Neritidae) das Alkaloid Isopteropodin erhalten (137), das bereits durch sein Vorkommen in *Uncaria pteropoda* (Rubiaceae) bekannt war.

Die Alkaloide der Mollusken wurden unseres Wissens nach bisher nicht pharmakologisch untersucht.

26.14 Literatur

1. Abdelhadi, A. A. et al. (1986), Clin. Exp. Pharmacol. Physiol. 13: 169
2. Agarwal, S. K., Rastogi, R. P. (1974), Indian J. Pharmac. 36: 118
3. Angenot, L. (1971), Ann. Pharmac. Franc. 29: 353
4. Anonym (1990), Z. Phytother. 11: 98
5. Aripova, S. F., Yunusov, S. Y. (1970), Khim. Prir. Soedin. 527
6. Aripova, S. F., Sharova, E. G., Yunusov, S. Y. (1982), Khim. Prir. Soedin. 640
7. Aripova, S. F., Malikov, V. M., Yunusov, S. Y. (1977), Khim. Prir. Soedin. 290
8. Bacon, C.W. (1985), Mycologia 77: 418
9. Bacon, C.W., Lyons, P. C., Porter, J. K., Robbins, J. D. (1986), Agron. J. 78: 106
10. Baker, J.T. (1984), in: Natural Products and Drug Development A. Benzon Symp. 20 (Eds.: Kroogsgaard-Larsen, P., Brogger Christersen, S., Kofod, H.), Munksgaard, Copenhagen: 145
11. Balsevich, J., Constabel, F., Kurz, W. G.W. (1982), Planta Med. 44: 91
12. Ban, Y., Murakami, Y., Iwasawa, Y., Tsuchiya, M., Takano, N. (1988), Med. Res. Rev. 8: 231

13. Barberi, I., Rotiroti, D., Naccari, F., Salpietro, C. (1988), Boll. Soc. Ital. Biol. Sper. 64: 577
14. Barron, S.E., Guth, P.S. (1987), Trend Pharmacol. Sci. 8: 204
15. Baser, K.H.C., Bisset, N.G. (1982), Phytochemistry 21: 1423
16. BenSalah, N., Amamou, M., Jerbi, Z., BenSalah, F., Jacoub, M. (1986), J. Toxicol. Clin. Exp. 6: 319
17. Berde, H., Stuermer, E. (1978), Handb. Exp. Pharmacol. 49: 1
18. Berde, B., Schild, H.O. (Hrsg., 1978), Handbuch der Experimentelle Pharmakologie, Bd. 49, Ergot Alkaloids and Related Compounds (Springer Verlag, Berlin, Heidelberg, New York)
19. Berlit, P., Gerhardt, H., Huck, K., Diezler, P. (1986), Schweiz. Med. Wschr. 116: 440
20. Bernauer, K. (1961), Planta Med. 9: 340
21. Bernauer, K. (1959), Fortschr. Chem. Org. Naturstoffe 17: 183
22. Bettolo, G.B.M. (1970), Il Farmaco Ed. Sci. 25: 150
23. Betz, H., Graham, D., Pfeiffr, R., Rehm, H.A. (1983), Hoppe-Seyler's Z. Physiol. Chem. 364: 624
24. Bieber, L.W., Da Silva Filho, A.A., Correa Lima, R.M.O., De Andrade Chiapetta, A., Carneiro do Nascimento, S., De Souza, I.A., De Mello, J.F., Veith, H.J. (1986), Phytochemistry 25: 1077
25. Bisset, N.G., Leeuwenberg, A.J.M. (1968), J. Nat. Prod. 31: 208
26. Bisset, N.G. (1966), J. Nat. Prod. 29: 1
27. Bisset, N.G., Phillipson, J.D. (1976), J. Nat. Prod. 39: 263
28. Bisset, N.G., Baser, K.H.C., Phillipson, J.D. (1977), J. Pharm. Pharmacol. 29 (Suppl., Br. Pharm. Conf. 1977): 17P
29. Bisset, N.G. (1974), J. Nat. Prod. 37: 62
30. Bisset, N.G., Phillipson, J.D. (1971), J. Pharm. Pharmacol. 23: 244
31. Bisset, N.G. (1970), J. Nat. Prod. 33: 201
32. Bisset, N.G. Phillipson, J.D. (1971), J. Nat. Prod. 34: 1
33. Blakey, B.R. (1984), J. Am. Vet. Med. Assoc. 184: 46
34. Boehm, R. (1897), Arch. Pharm. 235: 660
35. Bove, F.J. (1970), The Story of Ergot (S. Karger, Basel)
36. Brade, W., Nagel, G.A., Seeber, S. (1981), Contribution to Oncology 6 (S. Karger, Basel)
37. Brasseur, T., Angenot, L. (1984), J. Pharm. Belg. 39: 15
38. Breuel, K., Volzke, K.D., Dauth, C. (1979), Pharmazie 34: 355
39. Buckholtz, N.S. (1980), Life Sci. 27: 893
40. Burger, A. (1970), in: Medicinal Chemistry 2 (Ed.: Burger, A.) Wiley Interscience, New York, London: 1521
41. Caporael, L.R. (1976), Science 192: 21
42. Carle, J.S., Christophersen, C. (1979), J. Am. Chem. Soc. 101: 4012
43. Cerletti, A., Schlager, E., Spitzer, F., Taeschler, M. (1963), Schweiz. Apoth. Ztg. 101: 210
44. Chao, J.M., Der Marderosian, A.H. (1973), Phytochemistry 12: 2435
45. Chkhikvadze, G.V. (1985), Khim. Prir. Soedin. 719
46. Christophersen, C. (1983), Marine Nat. Prod. 259
47. Christophersen, C. (1985), in Ü 76: XXIV, 25
48. Clark, B.J. (1984), in: Discoveries in Pharmacology 2 (Elsevier Sci. Publ. B.V., Amsterdam): 3
49. Closse, A., Frick, W., Dravid, A., Bolliger, G., Hauser, D., Sauter, A., Tobler, H.J. (1984), Naunyn-Schmiedeberg's Arch. Pharmacol. 327: 95
50. Cockrum, P.A., Culvenor, C.C.J., Edgar, J.A., Payne, A.L. (1979), J. Nat. Prod. 42: 534
51. Cole, R.J., Cox, R.H. (1981), Handbook of Toxic. Fungal Metabolites, Academic Press, New York
52. Cole, R.J. (1981), J. Food Protect 44: 715
53. Cole, R.J., Kirksey, J.W., Morgan, J.G. (1975), Toxicol. Appl. Pharmacol. 31: 465
54. Cole, R.J. (1986), in: Diagnosis of Mycotoxicoses (Eds.: Richard, R.L., Thurston, J.R.), Martinius Nijhoff Publ., Dordrecht, Boston, Lancaster: 91
55. Creasey, W.A. (1978), Cancer Chemother. 3 (Ed.: Brodsky, I., Kahn, S.B., Conroy, J.F.), Grune & Stratton: 49
56. Crespi-Prellino, N., Ballabio, M., Gioia, B., Minghetti, A. (1987), J. Nat. Prod. 50: 1065
57. Creutzig, A., Alexander, K. (1985), Dtsch. Med. Wschr. 110: 1420
58. Cunning, G., Harding, L.K., Prowse, K. (1968), Lancet II: 147
59. Damir, H.A., Adam, S., Tartour, G. (1987), Vet. Hum. Toxicol. 29: 316
60. Datta, B., Bisset, N.G. (1990), Planta Med. 56: 133
61. Degtyarev, V.A., Sadykov, Y.D., Aksenov, V.S. (1984), Khim. Prir. Soedin. 255
62. Der Marderosian, A. (1967), Am. J. Pharmac. 139: 19
63. Der Marderosian, A., Youngken, H.W. (1966), J. Nat. Prod. 29: 35
64. Der Marderosian, A. (1967), J. Nat. Prod. 30: 33
65. Dighe, R., Vaidya, V.G. (1988), Teratogenesis, Carcinogenesis and Mutagenesis 8: 169
66. Dorner, J.W., Cole, R.J., Lomax, L.G. (1985), in: Trichothecens Other Mycotoxins, Proc. Int. Mycotoxin Symp. 1984 (Ed.: Lacey, J.), Wiley, Chichester UK: 529
67. Dorner, W.G. (1985), Chem. Rdsch. 34: 38
68. Dorr, R.T., Alberts, D.S. (1985), J. Natl. Cancer Inst. 74: 113
69. Drost, M.L. (1979), Can. Soc. Forensic Sci. J. 12: 125
70. Edmunds, M., Sheehan, T.M.T., van't Hoff, W. (1986), J. Toxicol. Clin. Toxicol. 24: 245
71. Eich, E., Becker, C., Mayer, K., Maidhof, A., Müller, W.E.G. (1986), Planta Med. 290
72. Eich, E., Eichberg, D., Müller, W.E.G. (1984), Biochem. Pharmacol. 33: 523
73. Farnsworth, N.R. (1973), in: Vinca Alkaloids (Ed.: Taylor, W.I.), Marcel Dekker, New York: 95

74. Flieger, M., Sedmera, P., Vokoun, J., Rehacek, Z., Struchlik, J., Malinka, Z., Cvak, L., Harazim(1984), J. Nat. Prod. 47: 970
75. Floss, H. G., Anderson, J. A. (1980), in: Biosynthesis of Mycotoxins: Study on Secondary Metabolism (Ed.: Steyn, P. S.), Academic Press, New York: 17
76. Flueckiger, E., Markstein, R. (1983), Prolactin Prolactinomas (Proc. Int. Congr. Human Prolactin 3rd 1981, Ed.: Tolis, G.) Raven: New York: 105
77. Flueckiger, E. (1983), J. Neural. Transm. Suppl. 18 (Basic Aspects Recept Biochem.): 189
78. Fournie, B., Moentastruc, L. C., Rostin, M., Baro, J. P., Bastide, G., Fournie, A. (1987), La Presse Medicale 16: 1865
79. Frank, B. (1969), Angew. Chemie 81: 269
80. Freireich, E. J. (1989), Bone Marrow Transplantation 4 Suppl. 1: 56
81. Friedman, M., Dao, L., Gumbmann, M. R. (1989), J. Agric. Food Chem. 37: 708
82. Fujiki, H., Suganuma, M., Ninomiya, M., Yoshizawa, S., Yamashita, K., Takayama, S., Hitotsuyanagi, Y., Sakai, S. I., Shudo, K., Sugimura, T. (1988), Cancer Res. 48: 42
83. Fujiki, H., Suganuma, M., Tahira, T., Esumi, M., Nagao, M., Wakabayashi, K., Sugimura, T., Takayama, S. (1984), in: Prog. Tryptophan and Serotonin Res. (Walter de Gruyter u. Co., Berlin, New York): 793
84. Galeffi, C., Nicoletti, M., Messana, I., Marini, G. B. (1979), Tetrahedron 35: 2545
85. Gallagher, R.T., Clardy, J. (1980), Tetrahedron Lett. 21: 239
86. Gallagher, R.T., Finer, J., Clardy, J., Leutwiler, A., Weibel, F., Acklin, W., Arigoni, D. (1980), Tetrahedron Lett. 21: 235
87. Gallagher, R.T., White, E.P., Mortimer, P.H. (1981), New Zealand Veterinary J. 29: 189
88. Gerzon, K. (1980), in: Anticancer Agents Based on Natural Product Models (Eds.: Cassady, J. M., Douros, J. D.), Academic Press, New York, London, Toronto, Sydney, San Francisco: 271
89. Graham, D., Pfeiffer, F., Betz, H. (1981), Biochem. Biophys. Res. Commun. 102: 1330
90. Graham, A. N., Johnson, E. S., Persaud, N. P., Turner, P., Wilkinson, M. (1984), Hum. Toxicol. 3: 193
91. Gröger, D. (1980), in: Encyclopedia of Plant Physiology, New Series, Vol. 8, Secondary Plant Products, (Eds.: Bell, E. A., Charlwood B.V.), Springer Verlag, Berlin: 128
92. Gröger, D. (1969), in: Ü 89, 459
93. Gröger, D. (1979), Pharmazie 34: 278
94. Hagiwara, N., Irie, K., Funaki, A., Hayashi, H., Arai, M., Koshimizu, K. (1988), Agric. Biol. Chem. 52: 641
95. Hardiman, J., Carrell, H. L., Zacharias, D. E., Glusker, J. P. (1987), Biorg. Chem. 15: 213
96. Heacock, R. A. (1975), Prog. Med. Chem. 11: 91
97. Hermet, R., Vernay, D., Lopitaux, R., Fialip, J., Deteix, P. (1990), Therapie 45: 48
98. Hesse, M. (1964/68) Indol-Alkaloide, Springer Verlag, Berlin
99. Hofmann, A. (1968), in: Drugs Affecting the Central Nervous System (Ed.: Burger, A.), Dekker, New York
100. Hofmann, A. (1982), Pharm. Int. 3: 216
101. Hofmann, A., Tschester, H. (1960), Experientia 16: 414
102. Houghton, P. J., Houghton, J. A., Bowman, L. C., Hazelton, B. J. (1987), Anti-Cancer Drug: Des. 2: 165
103. Husson, H. P. (1983), Chem. Heterocycl. Comp. 25: 293
104. Ikhiri, K., Koubodo, D. D. D., Garba, M., Mamane, S., Ahond, A., Poupat, C., Potier, P. (1987), J. Nat. Prod. 50: 152
105. Irie, K., Hagiwara, N., Funaki, A., Hayashi, H., Arai, M., Tokuda, H., Kashimizum, K. (1988), Agric. Biol. Chem. 52: 3193
106. Irie, K., Koshimizu, K. (1988), Mem. Coll. Agric. Kyoto Univ. 132: 1
107. Irie, K., Okuno, S., Koshimizu, K., Tokuda, H., Nishino, H., Iwashima, A. (1989), Int. J. Cancer 43: 513
108. Irie, K., Funaki, A., Kashimizu, K., Hayashi, H., Arai, M. (1989), Tetrahedron Lett. 30: 2113
109. Irie, K., Kajiyama, S. I., Funaki, A., Koshimizu, K., Hayashi, H., Arai, M. (1990), Tetrahedron 46: 2773
110. Janowski, D. S., Berkowitz, A., Turken, A., Risch, S. C. (1985), Acta Pharmacol. Toxicol. 56: 154
111. Jones, T. A., Buckner, R. C., Burrus, P.B. II, Bush, L. P. (1983), Crop. Sci. 23: 1135
112. Kalkman, H. D., van Gelderen, E. M., Timmermans, P. B. M.W., van Zwieten, P. A. (1982), Pharm. Weekbl. Sci. 4: 164b
113. Karrer, P., Schmid, H. (1955), Angew. Chemie 67: 361
114. Kobel, H., Sanglier, J. J. (1986), Biotechnology 4: 569
115. Kohmoto, S., Kashman, Y., McConnell, O. J., Rinehart, K. L., Wroght, A., Koehn, F. (1988), J. Org. Chem. 53: 3116
116. Kosuge, T., Zenda, H., Tsuji, K. (1987), Yakugaku Zasshi 107: 665
117. Kosuge, T., Zenda, H., Ochiae, A., Masaki, N., Noguchi, S., Kimura, S., Narita, H. (1972), Tetrahedron Lett. 2545
118. Kozlovskii, A. G. Reshetilova, T. A., Medvedeva T. N., Arinbasarov, M. U., Sakharovskii, V. G., Adanin, V. M. (1979), Biochimija 44: 1691
119. Kraupp, O., Lembeck, F. (1982), Ergot Alkaloids Today: Therapeutical Consequences of Chemical-Pharmacological Differentiations in the Light of Recent Research Results. Wien Symposium 1980, Georg Thieme Verlag, Stuttgart
120. Krukoff, B. A. (1982), Phytologia 51: 433
121. Krukoff, B. A., Monarchino, J. (1942), Brittonia 4: 248

122. KRUSE, H., NAUE, D., BERG, C. (1989), Pharm. Ztg. 134: 321
123. LAFONT, P., DEBEAUPUIS, J. P., GAILLARDIN, M., PAYEN, J. (1979), Appl. Environm. Microbiol. 37: 365
124. LANGGUTH, W. (1980), Dtsch. Apoth. Ztg. 120: 319
125. LE BARS, J. (1979), Appl. Environm. Microbiol. 38: 1052
126. LECLERCQ, L., DE PAUW-GILLET, M. C., BASSLER, R., ANGENOT, L. (1986), J. Ethnopharmacol. 15: 305
127. LEE, T. M., CHAO, J. M., DER MARDEROSIAN, A. (1979), Planta Med. 35: 247
128. LIDGREN, G., BOHLIN, L., BERGMAN, J. (1986), Tetrahedron Lett. 27: 3283
129. LUTOMSKI, J., SEGIET, E., SZPUNAR, K., GRISSE, K. (1981), Pharm. Unserer Zeit 10: 45
130. LYONS, P. C., PLATTNER, R. D., BACON, C. W. (1986), Science 232: 487
131. MAIER, W., GRÖGER, D. (1968), Pharm. Zentralhalle 107: 883
132. MALIKOV, V. M., YUNUSOV, S. Y. (1977), Khim. Prir. Soedin 5: 597
133. MANNAIONI, P. F. (1961), Arch. Toxicol. 19: 5
134. MANTLE, P. G. (1972), Planta Med. 21: 218
135. MANTLE, P. G. (1975), in: Filamentous Fungi 1 (Ed.: SMITH, J. E., BARRY, D. R.), E. Arnold, New York: 281
136. MARK, G., BARSONY, A. (1971), Abh. Dtsch. Akad. Wiss. Berlin: 392
137. MARTIN, G. E., SANDUJA, R., ALAM, M. (1986), J. Nat. Prod. 49: 406
138. MATOSSIAN, M. K. (1982), Am. Scientist 70: 355
139. MATTOSSIAN, M. K. (1981), Med. History 25: 73
140. MCKENNA, D. J., TOWERS, G. H. N., ABBOTT, F. (1984), J. Ethnopharmacol. 10: 195
141. MERCIER, C. (1982), J. Pharm. Belgique 37: 219
142. MOKRY, J., KOMPIS, J. (1964), J. Nat. Prod. 27: 428
143. MOORE, R. E., YANG, X. Q. G., PATTERSON, G. M. L. (1987), J. Org. Chem. 52: 3772
144. MOORE, R. E., CHEUK, C., YANG, X. Q. G., PATTERSON, G. M. L. (1987), J. Org. Chem. 52: 1036
145. MOQUIN-PATTEY, C., GUYOT, M. (1989), Tetrahedron 45: 3445
146. MOREAU, S., LABLACHE-COMBIER, A., BIGUET, J. (1980), Appl. Environ. Microbiol. 39: 730
147. MOREAU, S., GAUDEMER, A., LABLACHE-COMBIER, A., BIGUET, J. (1976), Tetrahedron Lett. 833
148. MOTHES, K. (1961), Wiss. Z. Univ. Halle Math.-Nat. 10/5: 1149
149. MUELLER-SCHWEINITZER, E., WEIDMANN, H., SALZMANN, R., HAUSER, D., WEHER, H. P., PETCHER, T. J., BUCHER, T. (1978), Handb. Exp. Pharmacol. 49: 87
150. MUNDAY, B. L., MAIKHOUSE, I. M., GALLAGHER, R. T. (1985), Aust. Vet. J. 62: 207
151. MUNDT, S., TEUSCHER, E. (1988), Pharmazie 43: 809
152. NAIR, G. G., DANIEL, M., SABNIS, S. D. (1987), Indian J. Pharm. Sci. 49: 100
153. NAKATA, H., HARADA, H., HIRATA, Y. (1966), Tetrahedron Lett. 2515
154. NECZYPOR, W. (1969), Pharmazie 24: 273
155. NECZYPOR, W. (1965), Pharmazie 20: 735
156. OHIRI, F. C., VERPOORTE, R., SVENDSEN, A. B. (1983), J. Ethnopharmacol. 9: 167
157. OHMOMO, S., SATO, T., UTAGAWA, T., ABE, M. (1976), zit.: C. A.: 84, 86597u
158. OHSAKA, A., KANO, Y., SAKAMOTO, S., KANZAKI, A., HASHIMOTO, M., YAWATA, Y., MIURA, Y. (1989), Nippon Ketsuki Gakkai Zasshi 52: 7, ref. C. A. 111: 33205 j
159. OPITZ, K. (1985), Veröff. Arbeitsgem. Getreideforsch. 198 (Ber. 35. Tag. Getreidechem. 1984): 81
160. PFÄNDER, H. J., SEILER, K. U., ZIEGLER, A. (1986), Dtsch. Ärztebl. 8: 2013
161. PLETSCHER, A., BESENDORF, H., BÄCHTOLD, H. P., GEIGY, K. F. (1950), Helv. Physiol. Acta 17: 202
162. PONGPRAYOON, U., BOHLIN, L., SANDBERG, F., WASUWAT, S. (1989), Acta Pharm. Nordica 1: 41
163. PRANGE, T., BILLION, M. A., VUIHORGNE, M., PASCARD, C., POLONSKY, J. (1982), Tetrahedron Lett. 22: 1977
164. PROKSA, B., UHRIN, D., GROSSMAN, E., VOTICKY, Z. (1986), Tetrahdron Lett. 27: 5413
165. PROKSA, B., UHRIN, D., GROSSMAN, E., VOTICKY, Z. (1989), Planta Med. 55: 188
166. PURCHASE, J. F. H. (1971), Toxicol. Appl. Pharmacol. 18: 114
167. QUETIN-LECLERCQ, J., ANGENOT, L., BISSET, N. G. (1990), J. Ethnopharmacol. 28: 1
168. QUETIN-LECLERCQ, J., ANGENOT, L., DUPONT, L., BISSET, N. G. (1988), Phytochemistry 27: 4002
169. QUETIN-LECLERCQ, J., WARIN, R., BISSET, N. G., ANGENOT, L. (1989), Phytochemistry 28: 2221
170. RAPOPORT, E., IKAN, R., BERGMANN, E. D. (1968), Israel J. Chem. 6: 65
171. REISS, J. (1981), Mykotoxine in Lebensmittel, Fischer-Verlag, Stuttgart
172. REM, J. A., GRATZL, O., FOLLATH, F., PULT, I. (1986), Schweiz. Med. Wschr. 116: 1814
173. RENAULD, F., MOREAU, S., LABLACHE-COMBIER, A., TIFFON, B. (1985), Tetrahedrom 41: 955
174. REMSEN, J. F., CERUTTI, P. A. (1979), Biochem. Biophys. Res. Commun. 86: 124
175. RICE, W. B., GENEST, K. (1965), Nature 207: 302
176. RICHARDS, J. L., PEDEN, W. M., THURSTON, J. R. (1986), in: Diagnosis of Mycotoxicoses (Ed.: RICHARD, J. L., THURSTEN, J. R., MARTINUS), Nijhoff Publ., Dordrecht, Boston, Lancaster: 51
177. RIEDEL, E., KYRIAKOPOULOS, I., NÜNDEL, M. (1981), Arzneim. Forsch. 31: 1387
178. RINEHART, K. L., KOBAYASHI, J. I., HARBOUR, G. C., GILMORE, J., MASCAL, M., HOLT, T. G., SHIELD, L. S., LAFARGUE, F. (1987), J. Am. Chem. Soc. 109: 3378
179. ROBAKIDZE, Z. V., MUDZHIRI, M. M., VACHNADZE, V. Y., MUDZHIRI, K. Z. (1980), Khim. Prir. Soedin. 735
180. ROBINSON, B., ROBINSON, J. B. (1968), J. Pharm. Pharmacol. 20 Suppl.: 2139

181. Rommelspacher, H., Bruning, G., Susilo, R., Nick, M., Hill, R. (1985), Eur. J. Pharmacol. 109: 363
182. Roquebert, J., Grenie, B. (1986), Arch. Int. Pharmacodynamie et Therapie 284: 30
183. Rothlin(1946/47), Bull. Schweiz. Akad. Med. Wiss. 2: 4
184. Rüegg, U.T., Burgess, G.M. (1989), Trends Pharm. Sci. 10: 218
185. Sakai, R. et al. (1987), Tetrahedron Lett. 28: 5493
186. Sakai, S., Hitotsuyanagi, Y., Aimi, N., Fujiki, H., Suganuma, M., Suganuma, T., Endo, Y., Shido, K. (1986), Tetrahedron Lett. 27: 5219
187. Sandberg, F., Lunell, E., Ryrberg, K.J. (1969), Acta Pharm. Suec. 6: 79
188. Schiefer, H.B. (1990), Can. J. Physiol. Pharmacol. 68: 987
189. Schmauder, H.P. (1982), in: Cultivation and Utilization of Medicinal Plants (Eds.: Atal, C.K., Kapur, B.M.), Regional Res. Laboratory Council of Scientific & Industrial Res., Jammu-Tawi): 188
190. Schrek, R. (1988), Med. Hypotheses 25: 187
191. Schultes, R.E. (1976), Planta Med. 29: 330
192. Schultes, R.E: (1985), Bot. Mus. Leafl. Harvard University 30: 61
193. Schwarz, H.D. (1989), Z. Phytotherapie 11: 7
194. Scott, P.M., Kennedy, B.P.C. (1976), J. Agric. Food Chem. 24: 865
195. Selala, M.I., Daelemans, F., Schepens, P.J.C. (1989), Drug Chem. Toxicol. 12: 237
196. Skakun, N.N., Kazarinov, N.A., Georgyeski, V.P. (1984), Khim. Prir. Soedin. 255
197. Sharda, S., Kokate, C.K. (1979), Indian Drugs 17: 70
198. Sharova, E.G., Aripova, S.F., Yunusov, S.Y. (1980), Khim. Prir. Soedin 672
199. Siddiqui, S., Khan, O.Y., Faizi, S., Siddiqui, B.S. (1989), Heterocycles 29: 521
200. Siddiqui, S., Khan, O.Y., Faizi, S., Siddiqui, B.S. (1987), Heterocycles 26: 1563
201. Siddiqui, S., Khan, O.Y., Faizi, S., Siddiqui, B.S. (1988), Heterocycles 27: 1401
202. Soskic, V., Petrovic, J., Trajkovic, D., Kidric, M. (1986), Pharmacology 32: 157
203. Spande, T.F., Edwards, M.W., Pannell, L.K., Daly, J.W., Erspamer, V., Melchiorri, P. (1988), J. Org. Chem. 53: 1222
204. Speroni, E., Minghetti, S.A. (1988), Planta Med. 54: 488
205. Stadler, P.A. (1980), Kem. Ind. 29: 207
206. Stadler, P.A. (1982), Planta Med. 46: 131
207. Stadler, P.A., Giger, R.K.A. (1984), in: Natural Products and Drug Development A. Benzon Symp. 20 (Eds. Kroogsgaard-Larsen, P., Brogger Christersen, S., Kofod, H.J.) Munksgaard, Kopenhagen: 463
208. Stauffacher, D., Tscherter, H., Hofmann, A. (1965), Helv. Chim. Acta 48: 1379
209. Steglich, W., Kopanski, L., Wolf, M., Tegtmeyer, G. (1984), Tetrahedron Lett. 25: 2341
210. Steyn, P.S., Vleggaar, R. (1985), Prog. Chem. Org. Nat. Prod. 48: 1
211. Still, P., Eckhardt, C., Leistner, L. (1977), Fleischwirtschaft 58: 876
212. Sturdikova, M., Fuska, J., Grossmann, E., Voticky, Z. (1986), Pharmazie 41: 270
213. Svoboda, G.H., Blake, D.A. (1975), in: Catharanthus Alkaloids 45 (Ed.: Taylor, W.I., Farnsworth, N.R., Dekker), New York: 45
214. Taber, W.A., Vining, L.C., Heacock, R.A. (1963), Phytochemistry 2: 65
215. Tanaka, J., Higa, T., Bernardinelli, G., Jefford, C.W. (1988), Tetrahedron Lett. 29: 6091
216. Taylor, W.I. (1968), in: Ü 76: XI, 102
217. Telezhenatskaya, M.V., Yunusov, S.Y. (1977), Khim. Prir. Soedin. 731
218. Umar, S., et al. (1980), Planta Med. 40: 329
219. Valero, A. (1968), Lancet 11: 429
220. van Rensburg, S.J. (1984), Food Chem. Toxicol. 22: 993
221. Vesely, D.L. (1983), Res. Commun. Chem. Pathol. Pharmacol. 40: 245
222. von Milczewski, K.E., Engel, G., Teuber, M. (1981), in: Mykotoxine in Lebensmittel (Ed.: Reiss, J.), Fischer Verlag, Stuttgart: 13
223. Watanabe, H. et al. (1987), Jpn. J. Pharmacol. 45: 501
224. Wei, R.D., Schnoes, H.K., Hart, P.A., Strong, F.M. (1975), Tetrahedron 31: 109
225. Wilkinson, R.E., Hardcastle, W.S., McCormick, C.S. (1986), Can. J. Plant Sci. 66: 339
226. Wilkinson, R.E., Hardcastle, W.S., McCormick, C.S. (1987), J. Sci. Food Agric. 39: 335
227. Wilms, K. (1972), Planta Med. 22: 324
228. Winek, L.C., Wahba, W.W., Esposito, F.M., Collom, W.D. (1986), J. Anal. Toxicol. 10: 120
229. Wolff, J., Neudecker, C., Klug, C., Weber, R. (1988), Z. Ernährungswiss. 27: 1
230. Wolff, J., Richter, W. (1989), Bundesforschungsanstalt für Getreide- und Kartoffelverarbeitung, Detmolt 4: 103
231. Yamazaki, M., Maebayashi, Y., Miyaki, K. (1971), Chem. Pharm. Bull. 19: 199
232. Yamamoto, Y., Arai, K. (1986), Alkaloids 29: 185
233. Yamashita, T., Imoto, M., Isshiki, K., Sawa, T., Kurasawa, S., Zhu, B.Q., Umezawa, K. (1988), J. Nat. Prod. 51: 1184
234. Yamazaki, M., Fujimoto, H., Maebayashi, Y., Okuyama, E. (1978), zit.: CA: 90, 117578a
235. Yates, S.G., Plattner, R.D., Garner G.B. (1985), J. Agric. Food Chem. 33: 719
236. Zhuang, Y., Huang, G. (1988), Am. J. For. Med. Path. 9: 313
237. Zhukovich, E.N. (1987), Khim. Prir. Soedin. (9): 611
238. Zhukovich, E.N., Vachnadze, V.Y. (1985), Khim. Prir. Soedin. (5): 720
239. Zhukovich, E.N. et al. (1989), Khim. Prir. Soedin. (3): 434

Mit Ü gekennzeichnete Zitate siehe Kap. 43.

27 Chinolinalkaloide

27.1 Chemie, Biogenese, Verbreitung

Chinolinalkaloide besitzen einen Chinolingrundkörper, der teilweise hydriert und durch Anellierung weiterer Ringe erweitert sein kann, z. B. eines Benzenringes zum Acridinringsystem oder eines Furanringes zu einem Furochinolinringsystem. Etwa 200 Vertreter dieser Gruppe sind bekannt.

Chinolinalkaloide kommen bei Mikroorganismen, Pflanzen und Tieren vor.

Bei Pflanzen werden sie bevorzugt bei Rutaceae (einfache Chinolinalkaloide, Alkaloide vom Furochinolin- und Acridin-Typ) und bei einzelnen Vertretern einer Gruppe von Rubiaceae gefunden, die man der Unterfamilie der Cinchonoideae zuordnen kann (Cinchonamin-Typ).

Der Chinolingrundkörper kann bei den Pflanzen auf sehr unterschiedlichen Wegen entstehen. Praekursoren können u. a. L-Tryptophan (z. B. bei Alkaloiden vom Cinchonamin- und Calycanthin-Typ) oder Anthranilsäure (z. B. bei einfachen Chinolinalkaloiden und Alkaloiden vom Furochinolin-, Acridin-, Pseudan- und Viridicatin-Typ) sein. Häufig sind Hemiterpene oder iridoide Monoterpene am Aufbau beteiligt, ein Hemiterpenrest beispielsweise bei der Bildung der Furochinolinalkaloide, ein iridoides Monoterpen bei der der Alkaloide vom Cinchonin-Typ. Bei der Biogenese der letztgenannten Verbindungen entsteht zunächst ein Monoterpen-Indolalkaloid vom Ajmalicin-Typ, das durch Ringspaltungen und erneute Ringschlüsse verändert wird, u. a. durch Erweiterung des Pyrrolinringes des Indolgrundkörpers zum Pyridinring. Damit wird aus dem Indolringsystem ein Chinolinringsystem gebildet (6, Ü 90).

Von toxikologischem Interesse sind die Chinolinalkaloide vom Cinchonin-Typ, die bei Rubiaceen der Gattung *Cinchona* (Kap. 27.2) und bei verwandten Gattungen (z. B. *Isertia*, *Ladenbergia*, *Anthocephalus*, *Remija*) vorkommen (Ü 44). Darüber hinaus verdienen die phototoxisch wirksamen Furochinolinalkaloide einiger Rutaceae, besonders von *Ruta graveolens* und *Dictamnus albus*, Beachtung (Kap. 27.3).

Erwähnung finden sollen auch die Chinolinalkaloide von *Ilybius fenestratus* aus der Familie der Dytiscidae, Schwimmkäfer, und von *Metriorrhynchus rhipidius* aus der Familie der Lycidae, Rotdeckenkäfer. Ersterer bildet 8-Hydroxy-2-chinolincarbonsäuremethylester, das Alkaloid ist stark antiseptisch wirksam und löst bei Mäusen klonische Krämpfe aus. Letzterer bildet das stark bittere 1-Methyl-2-chinolon (11).

Bemerkenswert ist auch das Vorkommen von Alkaloiden mit Chinolingrundkörper bei Schwämmen, z. B. von Pyrrolochinolinalkaloiden, der Batzelline A, B und C bei *Batzella spec.* (23) und von Pyridino-thiazolo-acridinalkaloiden (Dercitin, Abb. 27-1) bei *Dercitus spec.* (8). Das violett gefärbte Dercitin besitzt in vitro antivirale, immunmodulatorische und antineoplastische Wirkung. In vivo hat es ebenfalls einen antineoplastischen Effekt.

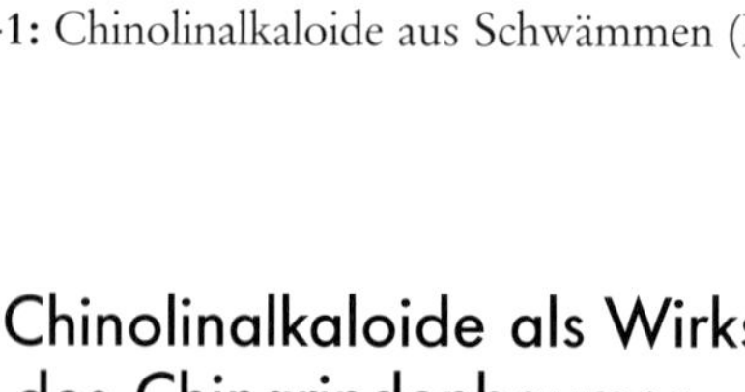

Abb. 27-1: Chinolinalkaloide aus Schwämmen (Porifera)

27.2 Chinolinalkaloide als Wirkstoffe des Chinarindenbaumes (*Cinchona*-Arten)

Zur Gewinnung von Alkaloiden angebaute *Cinchona*-Arten (Rubiaceae, Rötegewächse) sind *C. pubescens* VAHL (*C. succirubra* PAV. ex KLOTZSCH), *C. officinalis* L. (*C. ledgeriana* MOENS ex TRIM., *C. calisaya* WEDDELL) und seltener *C. micrantha* RUIZ et

Pav. (Ü 75). Früher wurden die hier als synonym genannten Vertreter der Gattung *Cinchona* auch als eigene Arten geführt.

C. pubescens ist im tropischen Amerika von Costa Rica bis Bolivien verbreitet. *C. officinalis* (siehe S. 414, Bild 27-1) gedeiht in den Anden Kolumbiens, Ecuadors, Perus und Boliviens. *C. micrantha* kommt in Ecuador, Peru, Bolivien und Brasilien vor. Heute werden meistens *C. pubescens* in Indien und auf Java sowie vegetativ vermehrte, züchterisch bearbeitete Hybriden der beiden erstgenannten Arten in Südamerika (Ecuador, Peru, Bolivien), Indien, Indonesien, Sri Lanka und in Afrika (Zaire, Tansania, Uganda) kultiviert (Ü 75).

Chinarindenbäume können bis 30 m hoch werden. Alle Arten blühen fast während des gesamten Jahres. Die endständigen Blütenrispen besitzen weiße, rosa, violette oder rotviolette, zwittrige, radiär gebaute Blüten. Die eiförmige Frucht ist eine zylinderförmige, zweifächrige Kapsel. Die Samen weisen am Rande zerschlitzte Flügel auf.

Der Alkaloidgehalt der Rinde des Stammes, der Zweige und der Wurzeln beträgt bei Wildformen etwa 0,2—1,5%, bei den für den Anbau ausgewählten Formen von *C. officinalis* 5—17% und von *C. pubescens* 3—12%.

Etwa 35 Alkaloide wurden in *Cinchona*-Arten nachgewiesen: Indol-, Bis-Indol- und Chinolinalkaloide (zur Chemie: Ü 76: III, 1; XIV, 181; XXXIV, 331). Hauptalkaloide sind bei den angebauten Chemotypen die Alkaloide vom Cinchonin-Typ Chinin und Cinchonidin ((8 S, 9 R), beide linksdrehend) und ihre Diastereomeren Chinidin und Cinchonin ((8 R, 9 S), beide rechtsdrehend, Abb. 27-2). Der Chiningehalt wurde bei *C. officinalis* mit 5—15% und bei *C. pubescens* mit 1—3% bestimmt (Werte für Chinidin 0—0,5% bzw. 0—0,2%, für Cinchonin 0,1—1,0% bzw. 1,0—4,0% und für Cinchonidin 0,1—1,0% bzw. 2,0—4,0%). Diese Werte erlauben jedoch nur eine grobe Orientierung, da sehr viele chemische Rassen existieren, die Arten wegen der Hybridbildung nur schwer voneinander abzugrenzen sind und das Alter der Rinde sowie das Organ, von dem die Rinde stammt, Alkaloidgehalt und Alkaloidrelationen stark beeinflussen. Bei anderen Chemotypen von *C. pubescens* wurde Aricin, ein Indolalkaloid vom Ajmalicin-Typ, als Hauptalkaloid gefunden. Der Alkaloidgehalt der Blätter ist niedriger. In ihnen sind neben Chinin und Cinchonin auch Indolalkaloide und Bis-Indolalkaloide, z. B. vom Cinchophyllin-Typ, enthalten (13).

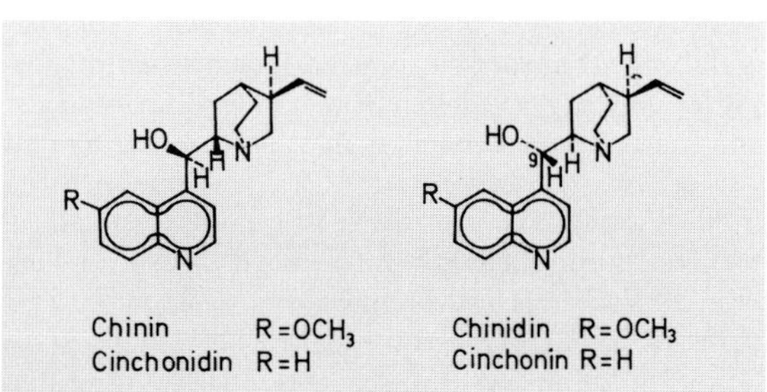

Abb. 27-2: Cinchona-Alkaloide

Chinin und Chinidin sind die Alkaloide mit der größten kommerziellen Bedeutung. Etwa 300—500 t dieser Alkaloide werden jährlich aus etwa 5000—10 000 t Chinarinde gewonnen. Davon werden etwa 60% für therapeutische Zwecke eingesetzt. Fast der gesamte Rest wird als Bittermittel in der Getränkeindustrie verwendet.

Von den Alkaloiden des Chinarindenbaumes besitzt Chinin die größte toxikologische und therapeutische Bedeutung. Es weist eine Vielzahl von Angriffspunkten auf. Chinin hemmt verschiedene Enzymsysteme, u. a. die Monoaminoxidase (18), und wirkt durch eine Komplexbildung mit der DNA cytotoxisch. Es dilatiert die Gefäßmuskulatur, lähmt curareartig die quergestreifte Muskulatur und erhöht die Empfindlichkeit des Uterus gegenüber Oxytocin und Histamin. Über einen zentralen Angriff wirkt es analgetisch.

In breitem Maße genutzt wird die Fähigkeit des Chinins, die ungeschlechtlichen erythrocytären Formen der Malaria-Erreger, *Plasmodium falciparum* und andere *Plasmodium*-Arten, abzutöten. Auf den Einsatz von Chinin kann trotz der Entwicklung synthetischer Antimalariamittel, besonders bei gegen Chloroquin resistenten Erregern, nicht verzichtet werden. Es ist bemerkenswert, daß der Malariaerreger trotz der seit über hundert Jahren praktizierten weltweiten Anwendung von Chinin bisher keine chininresistenten Formen entwickeln konnte.

Chinidin, das qualitativ die gleichen Wirkungen wie Chinin besitzt, wird vorwiegend wegen seiner antiarrhythmischen Eigenschaften eingesetzt. Sie beruhen auf der Hemmung des Na^+-Einstromes und des K^+-Ausstromes und auf antimuscarinergen Effekten (1, 16, 29).

Chinin wird aus dem Gastrointestinaltrakt rasch und vollständig resorbiert, in der Leber metabolisiert und über die Nieren eliminiert (7, 28).

Symptome akuter Chininvergiftungen sind Übelkeit, Erbrechen, Diarrhoe, Ohrensausen, Temperatursenkung, Sehstörungen (fixierte und vergrößerte Pupillen, Einschränkung des Gesichtsfeldes), Hörstörungen und Haarausfall. Bei schweren Vergiftungen kommt es zu Somnolenz, Erblindung, Arrhythmien und zum Tod durch Herzversagen. Als gefährlich gelten Serumkonzentrationen von mehr als

10 mg Chinin/l. Diese Grenze liegt bei Chininüberempfindlichkeit wesentlich niedriger. Bei Chininallergien (Cinchonismus) stehen Hauterscheinungen (Rötung, Juckreiz usw.) im Vordergrund der Symptomatik (1, 7, Ü 125).

Die letale Dosis beträgt für Meerschweinchen 300 mg/kg, für Ratten 500 mg/kg und für Kaninchen 800 mg/kg (4). Für den Menschen wird sie mit 10–15 g angegeben. Herzkranke sind empfindlicher (Ü 125).

In Langzeitfütterungsversuchen an Ratten mit Konzentrationen bis zu 200 mg/kg Chininhydrochlorid wurden keine teratogenen Wirkungen gefunden (4).

Chininvergiftungen treten akzidentell bei Aufnahme chininhaltiger Tabletten durch Kinder (7) und bei Überdosierung auf (5, 17, 20). Vergiftungen bei Einnahme von Chinin zur Erreichung eines Aborts und Suizidversuche mit Chinin, besonders in malariagefährdeten Ländern, wo Chininpräparate vielen Personen zugänglich sind, wurden nicht selten beschrieben (Ü 85, Ü 125).

Chininhaltige Getränke (Tonic water) können etwa 40 mg Chinin/l enthalten. Sie sind nur in Extremmengen getrunken eine potentielle Vergiftungsgefahr. 14tägige tägliche Aufnahme von 100 oder 120 mg Chininhydrochlorid in Getränken hatte beim Menschen keine schädlichen Nebenwirkungen zur Folge (30). COLLEY und Mitarbeiter sehen eine tägliche Dosis von 40 mg Chininhydrochlorid (in 1 l Tonic water) für einen Erwachsenen als vertretbar an (4).

Zur Behandlung akuter Vergiftungen werden Gabe von Sirupus Ipecacuanhae bzw. Magenspülung und Aktivkohle sowie symptomatische Maßnahmen empfohlen. Forcierte Diurese, Peritonealdialyse, Hämodialyse und Hämoperfusion sind ineffektiv (7, 20).

27.3 Chinolinalkaloide der Weinraute *(Ruta graveolens)* und des Diptam *(Dictamnus albus)*

Die Weinraute, *Ruta graveolens* L. (Rutaceae, Rautengewächse), ist die einzige *Ruta*-Art im Gebiet.

Ruta graveolens (siehe S. 414, Bild 27-2) ist eine kräftige, durchschnittlich 50 cm hohe Staude mit bleichgrünen, unpaarig fiederspaltigen, durch lysigene Exkretbehälter punktiert erscheinenden Laubblättern. Der Blütenstand ist eine Trugdolde. Die radiären Blüten sind gelb, die Seitenblüten 4zählig, die Endblüten 5zählig. Ihr Geruch ist aufdringlich herbaromatisch. Die Weinraute ist im Mittelmeergebiet heimisch und tritt nördlich der Alpen nur als Kulturflüchter auf, z. B. auf Burghügeln und in Weingärten.

Das Inhaltsstoffspektrum der Pflanze ist sehr reichhaltig. Über 100 Inhaltsstoffe wurden identifiziert (19). Neben ätherischem Öl (0,2–0,4%, mit 2-Nonanon, 2-Nonylacetat und 2-Undecylacetat als Hauptbestandteilen, 3) sind die Furocumarine, Hydroxycumarine und die Furochinolin- sowie Acridinalkaloide (insgesamt 0,4–1,4%) bemerkenswert.

Zu den aufgefundenen Furocumarinen gehören u. a. Bergapten, Psoralen, Xanthotoxin, Isoimperatorin, Rutarin, Rutaretin, Rutamarin und Isopimpinellin, zu den Hydroxycumarinen Carbochromen, Umbelliferon, Gravelliferon, Herniarin und Rutacultin (19, Abb. 14-4).

Von den Alkaloiden sind die Furochinolinalkaloide Skimmianin, γ-Fagarin, Dictamnin, Kokusaginin, Ptelein sowie das Acridinalkaloid Arborinin zu nennen. Weiter kommen 2-Arylchinolinalkaloide (z. B. Graveolin), dimere Chinolinalkaloide und Chinazolinalkaloide (z. B. Arborin) vor (Abb. 27-3, 2, 15, 19, 24, 27).

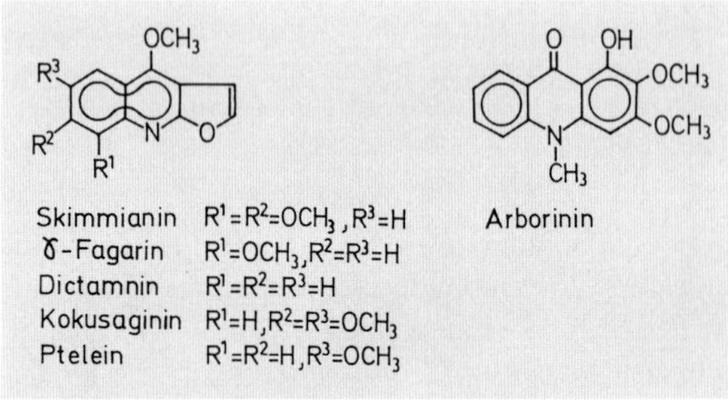

Abb. 27-3: Chinolinalkaloide aus der Weinraute *(Ruta graveolens)* und dem Diptam *(Dictamnus albus)*

Die Gattung *Dictamnus*, Diptam, umfaßt nur eine Art, *Dictamnus albus* L. (Rutaceae, Rautengewächse), die von Europa bis nach Japan verbreitet ist.

Dictamnus albus L. (siehe S. 431, Bild 27–3) ist eine kalkliebende, ausdauernde, bis 1,2 m hohe, intensiv zitronenartig duftende Pflanze mit im unteren Teil einfachen, im oberen Teil unpaarig gefiederten Blättern. Der Blütenstand ist eine Traube. Die Blüten sind 5zählig. Die Kronblätter sind rosa gefärbt und weisen rote Adern und eine meistens grünliche Spitze auf. Die Pflanze ist im südlichen und gemäßigten Europa heimisch. Im Gebiet dringt sie nördlich bis in das Vorharzgebiet vor, fehlt aber in Sachsen. Sie wird häufig in Gärten kultiviert.

Das in äußeren Drüsen, sog. Spritzdrüsen, gespeicherte ätherische Öl enthält u. a. α-Pinen, Menthen,

Bild 27-3: *Dictamnus albus*, Diptam

Bild 28-1: *Glomeris marginata* (Saftkugler)

Bild 28-2: *Arothron spec.*, ein Pufferfisch

Bild 29-1: *Agelas spec.*, (Meeresschwamm)

Bild 30-1: *Arctia caja*, Brauner Bär

Bild 30-2: *Adenostyles alliariae*, Grauer Alpendost

Bild 30-3: *Echinacea purpurea*, Purpur-Sonnenhut

Bild 30-4: *Petasites hybridus*, Gemeine Pestwurz

Bild 30-5: *Senecio alpinus*, Alpen-Greiskraut

Bild 30-6: *Senecio fuchsii*, Fuchssches Greiskraut

Bild 30-7: *Tussilago farfara*, Huflattich

Bild 30-8: *Anchusa officinalis*, Gebräuchliche Ochsenzunge

Linalylpropionat und Thymol. An Furocumarinen wurden Psoralen, Xanthotoxin und Aurapten nachgewiesen (22, 25). Bei den Furochinolinalkaloiden dominieren γ-Fagarin, Dictamnin und Skimmianin (12, 21).

Von toxikologischer Bedeutung sind nach äußerlichem Kontakt mit *R. graveolens* oder *D. albus* auftretende Photodermatitiden, über die gelegentlich berichtet wird (9, 10, 14). Bei peroraler Zufuhr von *R. graveolens* kann es zum Anschwellen der Zunge, verstärktem Speichelfluß und zu Gastroenteritis kommen (Ü 70). Über die möglichen Konsequenzen in vitro nachgewiesener mutagener Effekte können noch keine Aussagen getroffen werden.

R. graveolens wird als leicht sedativ und spasmolytisch wirksame, verdauungsfördernde Droge verwendet. *D. albus* findet in der Volksmedizin u. a. bei Hautkrankheiten und Rheuma Anwendung.

27.4 Literatur

1. Ban, Y., Murakami, Y., Iwasawa, Y., Tsuchiya, M., Takano, N. (1988), Med. Res. Rev. 8: 231
2. Bessonova, I. A., Yunusov, S. Y. (1989), Khim. Prir. Soedin. (4): 4
3. Classen, B., Knobloch, K. (1985), Z. Lebensm. Unters. Forsch. 181: 28
4. Colley, J. C., Edwards, J. A., Heywood, R., Purser, D. (1989), Toxicology 54: 219
5. Dyson, E. H., Proudfoot, A.T., Prescott, L. F., Heyworth, R. (1985), Brit. Med. J. 291: 31
6. Fernandes da Silva, Maria Faitima das Gracas, Gottlieb, D. R., Ehrendorfer, F. (1988), Plant Syst. Evol. 161: 97
7. Grattan-Smith, T. M., Gillis, J., Kilham (1987), Med. J. Australia 147: 93
8. Gunawardana, G. P., Kohmoto, S., Gunasekera, S. P., McConnell, O. J., Koehn, F. E. (1988), J. Amer. Chem.Soc. 110: 4856
9. Henderson, J. A. M., Des Groseilliers, J. P. (1984), Can. Med. Assoc. J. 130: 889
10. Heskel, N. S., Amon, R. B., Storrs, F. J., White, C. R. (1983), Contact Dermatitis 9: 278
11. Jones, T. H., Blum, M. S. (1983), Alkaloids 1: 33
12. Kanamori, H., Sakamoto, I., Mizuta, M. (1986), Chem. Pharm. Bull. 34: 1826
13. Keene, A.T. (1984), J. Pharm. Pharmacol. 36: 36P
14. Knüchel, M., Luderschmidt, C. (1986), Dtsch. Med. Wchschr. 111: 1445
15. Kuzovkina, I. H., Senbrei, K., Posa, S:, Pajs, I. (1980), Rastit. Resur. 16: 112
16. Mason, J.W. (1980), in: Drug Induced Heart Disease (Elsevier North-Holland Biomedical Press Amsterdam): 260
17. Mezger, O., Jesser, H. (1936), Samml. von Vergiftungsfällen 7: 9
18. Mitsui, N., Noro, T., Kuroyanagi, M., Miyase, T., Umehara, K., Ueno, A. (1989), Chem. Pharm. Bull. 37: 363
19. Petit-Paly, G:, Rideau, M., Chenieux, J. C. (1982), Plants Med. Phytother. 16: 55
20. Prescott, L. F., Hamilton, A. R., Heyworth, R. (1989), Brit. J. Clin. Pharmacol. 27: 95
21. Renner, W. (1962), Pharmazie 17: 763
22. Reisch, J. (1967), Planta Med. 15: 320
23. Sakemi, S., Sun, H. H., Jefford, C.W., Bernardinelli, G. (1989), Tetrahedron Lett. 30: 2517
24. Schneider, G. (1965), Planta Med. 13: 425
25. Szendrei, K., Novak, I., Varga, E., Buzas, G. (1968), Pharmazie 23: 76
26. Towers, G. H. N., Graham, E. A., Spenser, I. D., Abramowski, Z. (1981), Planta Med. 41: 136
27. Vasudevan, T. N., Luckner, M. (1968), Pharmazie 23: 520
28. Verpoorte, R., Schripsema, J., van der Leer, T. (1988), in: Ü 76: XXXIV, 331
29. Watanabe, A. M., Bailey, J. C.; Ann. New York Acad. Science 432: 90
30. Worden, A. N., Frape, D. L., Shepard, N.W. (1987), Lancet 271

Mit Ü gekennzeichnete Zitate siehe Kap. 43.

28 Chinazolinalkaloide

28.1 Chemie, Biogenese, Verbreitung

Chinazolinalkaloide, von denen über 90 bekannt sind, besitzen einen Chinazolingrundkörper, der partiell oder völlig hydriert und durch Anellierung mit anderen Ringsystemen erweitert sein kann, z. B. mit einem Pyrrolidinring zum Pyrrolidinochinazolin-, einem β-Carbolinring zum β-Carbolinochinazolin-, einem Indolring zum Indolochinazolin- oder mit einem Piperidinring zum Tetrahydropyrido-[2,1 b]chinazolinringsystem (9, 10, Ü 8, Ü 15, Ü 76: II, 369; III, 101; VIII, 55; XXI, 29).

Chinazolinalkaloide wurden vorwiegend aus Pflanzen isoliert. Sie kommen meistens nur bei wenigen Gattungen systematisch weit auseinanderliegender Familien vor, z. B. bei Acanthaceae, Araliaceae, Arecaceae, Fabaceae, Malvaceae, Rutaceae, Saxifragaceae, Scrophulariaceae und Zygophyllaceae. Von Mikroorganismen (z. B. Tryptoquivaline von *Aspergillus clavatus*, Kap. 26.8, sowie Tetrodotoxine verschiedener Bakterien, Kap. 28.2.1) und Tieren, z. B. von Tausendfüßern (Glomerin, s. u.) und Manteltieren (7-Bromo-2,4(1 H,3 H)-chinazolidion durch *Pyrura sacciformis*, 23) werden sie ebenfalls produziert.

Die Biogenese der einfachen Vertreter erfolgt aus Anthranilsäure und einer zweiten Aminosäure, bei den Pyrrolidinochinazolinen beispielsweise L-Ornithin, bei den Indolochinazolinen L-Tryptophan. Über die Biogenese des Tetrodotoxins ist noch nichts bekannt (9, 10, Ü 72, Ü 90). Man nimmt L-Arginin und ein Hemiterpen als Praekursoren an (36).

Von besonderem Interesse sind das Tetrodotoxin und seine Derivate. Diese Stoffe werden von Bakterien gebildet und bei sehr vielen Tieren gefunden (Kap. 28.2).

Erwähnenswert sind auch Glomerin und Homoglomerin (Abb. 28-1), die im Wehrsekret von *Glomeris marginata* (Glomeridae, Saftkugler, Myriapoda, Tausendfüßer; siehe S. 431, Bild 28-1) vorkommen. Das Tier scheidet das Sekret bei Berührung durch einen Angreifer aus den in der Rückenmitte mündenden Wehrdrüsen aus. Das einer Kugelassel ähnliche Tier ist im gesamten Gebiet verbreitet. Es lebt bevorzugt an feuchten Stellen in Buchenwäldern (10).

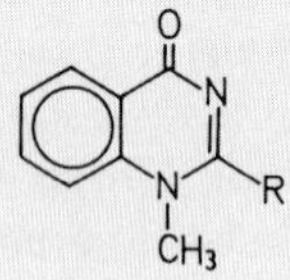

Abb. 28-1: Alkaloide aus *Glomeris marginata*, einem Saftkugler

Glomerin und Homoglomerin verursachen bei Mäusen zentrale Erregungszustände, vor allem klonische Krämpfe. Die LD_{50} beträgt 17–34 mg/kg, p. o. Eine Maus von 15 g Körpergewicht kann sterben, wenn sie kurz hintereinander sechs oder mehr Glomeriden frißt (11, 30). Für den Menschen ist *Glomeris marginata* toxikologisch ohne Bedeutung.

28.2. Tetrodotoxin und Analoga

28.2.1 Toxinologie

Tetrodotoxin (TTX) ist ein Polyhydroxy-perhydro-2-imino-chinazolinderivat mit Hemilactalstruktur, das mit dem entsprechenden Lacton im Gleichgewicht steht (Abb. 28-2). Von Yasumoto und Mitarbeitern (5, 36) wurden acht Analoga in verschiedenen Tieren nachgewiesen, besonders 11-Desoxytetrodotoxin, 4,9-Anhydrotetrodotoxin, 11-Desoxy-4,9-anhydro-tetrodotoxin, 11-nor-Tetrodotoxin-6(R)-ol, Tetrodonsäure und deren 4- bzw. 6-Epimere. Weitere Analoga sind Chiriquitoxin (39) und Zetekitoxin C (Struktur noch unbekannt).

Tetrodotoxin wurde erstmals 1950 von Yokoo aus Pufferfischen isoliert. Seine Struktur wurde von

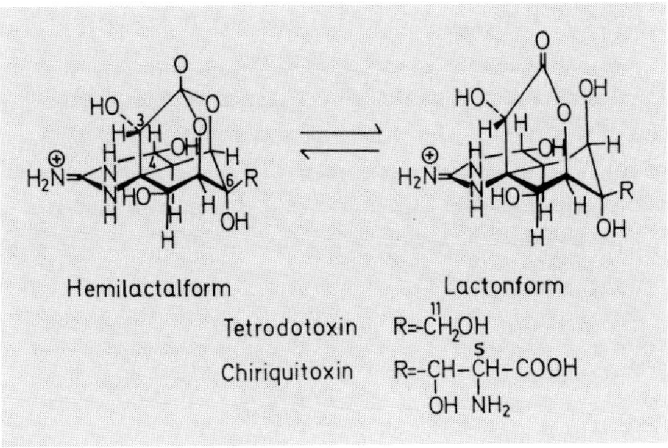

Abb. 28-2: Tetrodotoxine

den japanischen Arbeitsgruppen von HIRATA und GOTO sowie von TSUDA und der amerikanischen Arbeitsgruppe von WOODWARD 1964/65 aufgeklärt (9).

Als Produzent konnte 1985 von einer Rotalgen-Art, *Jania spec.*, ein epiphytisch lebendes Bakterium, *Alteromonas spec.* (zunächst als *Pseudomonas* beschrieben), isoliert werden, das Tetrodotoxin auch in künstlichen Nährmedien erzeugt (35, 36). Darüber hinaus wurden aus zahlreichen Meerestieren weitere Tetrodotoxin produzierende Bakterien erhalten (Tab. 28-1). Da die Fähigkeit, Tetrodotoxin zu bilden, bei Bakterien offenbar weit verbreitet ist, darf man annehmen, daß dem Stoff eine physiologische Funktion für die Bakterien zukommt und/oder, daß seine Biogenese plasmidcodiert ist.

Die Tetrodotoxine werden durch die Bakterien entweder direkt im Körper oder auf der Haut der Tiere erzeugt, durch herbivore Tiere mit den von den bakteriellen Produzenten besiedelten Pflanzen aufgenommen, oder sie gelangen über Nahrungsketten in den tierischen Organismus.

Tetrodotoxin blockiert selektiv die Na^+-Kanäle in den Membranen reizbarer Zellen, verhindert damit die Ausbildung von Aktionspotentialen und die Reizübertragung. Die Rezeptoren für Tetrodotoxin sind wahrscheinlich an der äußeren Oberfläche der Membran in unmittelbarer Nähe zur Mündung der Na^+-Kanäle lokalisiert (15, 16, 27, 37).

Das verwandte Chiriquitoxin greift an den selben Rezeptoren an, beeinflußt aber zusätzlich auch die K^+-Kanäle der Zellmembran (16, 37). Zetekitoxin besitzt wahrscheinlich einen anderen Wirkungsmechanismus. Es führt bei Säugetieren zu Hypotension und Arrhythmien (37).

Für die biologische Aktivität von Tetrodotoxin und verwandten Stoffen ist das Vorhandensein der positiv geladenen Guanidiniumgruppe und mehrerer Hydroxylgruppen essentiell (15, 16, 37). Anhydrotetrodotoxin und Epitetrodotoxin sind weniger wirksam als Tetrodotoxin (17).

5—30 min nach peroraler Aufnahme von Tetrodotoxin beginnt ein allgemeiner Schwächezustand mit

Tab. 28-1: Tetrodotoxin und dessen Analoga produzierende Bakterien (7, 24, 25, 38)

Art der Bakterien	Isoliert aus	
	Tier	Organ
Vibrio fischeri	*Atergatis floridus* (Krabbe)	Darm
Vibrio alginolyticus	*Fugu vermicularis vermicularis* (Pufferfisch)	Darm
Vibrio alginolyticus *Vibrio damsela* *Vibrio spec.* *Staphylococcus spec.*	*Astropecten polyacanthus* (Seestern)	Eingeweide
Vibro alginolyticus *Vibrio spec.* *Alteromonas spec.*	*Carcinoscorpius rotundicauda* (Krabbe)	Eingeweide
Pseudomonas spec.	*Fugu poecilonotus* (Pufferfisch)	Haut
Alteromonas spec. *Pseudomonas spec.* *Vibrio spec.* *Bacillus spec.*	*Octopus maculosus* (Kopffüßer)	Gewebe

Benommenheit, Blässe, Schwindel und Paraesthesien. Es kommt zu Blutdruckabfall, Cyanose, Koordinationsstörungen und zunehmender Muskelschwäche. Die Lähmungserscheinungen erreichen schließlich auch die Atemmuskulatur, so daß nach 6–24 h der Tod durch Atemlähmung erfolgt (12, 28, 37).

Die LD_{50} von Tetrodotoxin beträgt bei Mäusen 332 μg/kg, p.o. (29), 10 μg/kg, i.p., und 8 μg/kg, s.c. (14), die von Zetekitoxin C 80 μg/kg, i.p. (3).

Zur Behandlung von Tetrodotoxin-Vergiftungen werden Hemmstoffe der Acetylcholinesterase empfohlen (4, 12).

Tetrodotoxin wird in der neurobiologischen Forschung zur Untersuchung von Vorgängen der neuromuskulären Reizübertragung verwendet (13).

28.2.2 Tetrodotoxin als Giftstoff passiv giftiger Fische

Tetrodotoxin wurde in etwa 80 Arten von Meeresfischen nachgewiesen, die bevorzugt in tropischen, z.T. aber auch in gemäßigten Breiten leben, und zwar in Vertretern der Familien Tetraodontidae (Pufferfische, z.B. in den Gattungen *Arothron* (siehe S. 431, Bild 28-2), *Fugu, Lagocephalus, Sphaeroides, Tetraodon*), Diodontidae (Igelfische, z.B. in der Gattung *Diodon*), Triodontidae, Molidae, Canthigasteridae (in der Gattung *Canthigaster*) und Gobiidae (in den Gattungen *Acanthogobius, Gillichthys*). Es wurde in der Leber, der Haut, den Ovarien bzw. Testes, der Galle und den Eingeweiden dieser Fische gefunden. Die Organverteilung ist sehr speziesspezifisch. An *Fugu rubripes rubripes* intraperitoneal appliziertes, radioaktiv markiertes Tetrodotoxin wird zunächst über alle Organe verteilt, ist aber nach sechs Tagen nur noch in der Haut und der Gallenblase nachweisbar (2, 6, 12, 32, 33).

Das tetrodotoxinfreie Fleisch der Pufferfische gilt in asiatischen Ländern, besonders in Japan, als Delikatesse. Durch ungenügende Entfernung der toxinhaltigen Organe bei Zubereitung der Fischgerichte wird in Japan jährlich eine größere Zahl von Todesfällen verursacht (28). In Restaurants darf die Zubereitung der Fische nur nach Erteilung einer besonderen Konzession erfolgen (32). Bereits Kapitän JAMES COOK wurde während seiner 2. Weltumseglung auf die Gefährlichkeit der Fische hingewiesen (27).

28.2.3 Tetrodotoxin in anderen Tieren

In einer Reihe weiterer Meerestiere wurden Tetrodotoxin und seine Derivate ebenfalls gefunden, so z.B. in dem Schnurwurm (Nemertini) *Cephalothrix linearis*, in den Cephalopoden *Hapalochlaena maculosa* und *Octopus maculosus*, den Seesternen *Astropecten polyacanthus* und *A. latespinosus*, den Krabben *Atergatis floridus, Zosimus aeneus* sowie *Z. integerrimus* und den Meeresschnecken *Babylonia japonica, Charonia sauliae, Zeuxis siquijorensis, Tutufa lissostoma* und *Natica lineata*. Andere Meeresschnecken zeigten ebenfalls tetrodotoxische Effekte (*Pugulina ternatane* und *Monoplex echo*, 1, 2, 8, 19, 22, 26, 31, 37).

Auch einige Amphibien enthalten Tetrodotoxin oder tetrodotoxinähnliche Stoffe. Der Nachweis erfolgte im Laich und in der Haut von Molchen und Salamandern Nord- und Südamerikas sowie Südeuropas, z.B. in *Taricha tarosa, T. rivularis, T. granulosa, Cynops pyrrhogaster, C. ensicauda* und *Notophthalmus viridescens*. Bei Fröschen der Familie Atelopodidae, Stummelfußfrösche, die in Südamerika beheimatet sind, z.B. bei *Atelopus ambulatorius, A. chiriquensis* (neben Chiriquitoxin), *A. varius, A. senex* und *A. oxyrhynchus* (20, 21, 34), wurden sie ebenfalls gefunden. Tetrodotoxinähnliche Stoffe wurden auch aus *A. zeteki* (Zetekitoxin C = Atelopidtoxin, 3) und *Triturus viridescens* (18) isoliert. In den europäischen Vertretern der Gattung *Triturus, T. vulgaris*, Teichmolch, *T. cristatus*, Kammolch, *T. alpestris*, Bergmolch, und *T. marmoratus*, Marmormolch, wurde Tetrodotoxin nur in sehr geringen Konzentrationen nachgewiesen. Bei *Salamandra salamandra* fehlt es ganz (37). Da die Tiere die Tetrodotoxine jedoch nicht selbst bilden, dürften die Art ihrer Ernährung, ihre Haut- und Darmflora und die Fähigkeit, die Gifte zu tolerieren, Vorkommen und Gehalt bestimmen. Absolute Aussagen sind also kaum möglich.

Vergiftungen des Menschen durch tetrodotoxinhaltige Meeresschnecken (*Charonia sauliae*, 26) und Krabben (*Atergatis floridus, Zosimus aeneus*, 37) mit teilweise tödlichem Ausgang wurden beobachtet. Wahrscheinlich enthielten die Tiere weitere Toxine, vor allem Saxitoxin (Kap. 34.3, 37).

28.3 Literatur

1. ALI, A.E., ARAKAWA, O., NOGUCHI, T., MIYAZAWA K., SHIDA, Y., HASHIMOTO, K. (1990), Toxicon 28: 1083
2. Anonym (1983), Naturw. Rdsch. 30: 535
3. BROWN, G.B., KIM, Y.H., KUENTZEL, H., MOSHER,

H. S., FUHRMAN, G. J., FUHRMAN, F. A. (1977), Toxicon 15: 115
4. CHEW, S. K., CHEW, L. S., WANG, K.W., MAH, P. K., TAN, B.Y. (1984), Lancet II: 108
5. ENDO, A., KHORA, S. S., MURATA, M., NAOKI, H., YASUMOTO, T. (1988), Tetrahedron Lett. 29: 4127
6. FUHRMANN, F. A., CRC Handbook Nat. Occuring Food Toxicants (Ed.: RECHAGL, M. Jr.), CRC: Boca Raton, Florida: 301
7. HWANG, D. F., ARAKAWA, O., SAITO, T., NOGUCHI, T., SHIMIDU, U., TSUKAMOTO, K., SHIDA, Y., HASHIMOTO, K. (1989), Mar. Biol. (Berlin) 100: 327
8. HWANG, D. F., CHUEH, C. H., JENG, S. S. (1990), Toxicon. 28: 21
9. JOHNE, S. (1984), Fortschr. Chem. Org. Naturst. 46: 159
10. JOHNE, S., GRÖGER, D: (1970), Pharmazie 25: 22
11. JOHNES, T. H., BLUM, M. S. (1983), Alkaloids 1: 33
12. KANTHA, S. S. (1987), Asian Med. J. 30: 458
13. KAO, S.Y. (1966), Pharmacol. Rev. 18: 997
14. KAO, C.Y., FUHRMAN, F. A. (1963), J. Pharmacol. Exp. Ther. 140: 31
15. KAO, C.Y. (1972), Federat. Proc. 31: 1117
16. KAO, C.Y. (1981), Federat. Proc. 40: 30
17. KAO, C: Y., YASUMOTO, T. (1985), Toxicon 23: 725
18. LEVENSON, C. H., WOODHULL, A. M. (1979), Toxicon 17: 184
19. MARUYAMA, J., NOGUCHI, T., JEON, K. J. HARADA, T:, HASHIMOTO, K. (1984), Experientia 40: 1395
20. MEBS, D., SCHMIDT, K. (1989), Toxicon. 27: 819
21. MOSHER, H. S., FUHRMAN, F. A., BUCHWALD, H. D., FISCHER, H. G. (1964), Science 144: 1100
22. NARITA, H., NOGUCHI, T., MARUYAMA, J., NARA, M., HASHIMOTO, K. (1984), Nippon Siusan Gakkaishi 50: 85
23. NIWA, H., YOSHIDA, Y., YAMADA, K. (1988), J. Nat. Prod. 51: 343
24. NOGUCHI, T., HWANG, D. F., ARAKAWA, O., SUGITA, H. DEGUCHI, Y., SHIDA, Y., HASHIMOTO, K. (1987), Mar. Biol. (Berlin) 94: 625
25. NOGUCHI, T., JEAN, J. K., ARAKAWA, O., SUGITA, H., DEGUCHI, Y., SHIDA, Y., HASHIMOTO, K. (1986), J. Biochem. (Tokyo) 99:311
26. NOGUCHI, T., MARUYAMA, J., NARITA, H., HASHIMOTO, K. (1984), Toxicon 22: 219
27. PRINCE, R. C. (1988), Trends Biochem. Science 13: 76
28. RUSSEL, F. E. (1967), Federat. Proc. 26: 1206
29. SAKAI, F., SATO, A., URAGUCHI, K. (1961), Arch. Exp. Pathol. Pharmacol. 240: 313
30. SCHILDKNECHT, H., MASCHWITZ, U., WENNEIS, W. F. (1967), Naturwissenschaften 54: 196
31. SHIONI, K., INAOKA, H., YAMANAKA, H., KIKUCHI, T. (1985), Toxicon 23: 331
32. TSUDA, K. (1966), Naturwissenschaften 53: 171
33. WATABE, S., SATO, Y., NAKAYA, M., NOGAWA, N., OCHASHI, K., NOGUCHI, T., MORIKAWA, N., HASHIMOTO, K. (1987), Toxicon 25: 1283
34. WITKOP, B., GÖSSINGER, E. (1983), in: Ü 76 XXI, 138
35. YASUMOTO, T., YASUMURA, M., YOTSE, M., MICHISHITA, T., ENDO, A., KOTAKI, Y. (1986), Agric. Biol. Chem. (Tokyo) 50: 793
36. YASUMOTO, T., YOTSU, M., ENDO, A., MURATA, M., NAOKI, H. (1989), Pure Appl. Chem. 61: 505
37. YASUMURA, D., OSHIMA, Y., YASUMOTO, T., ALCALA, A. C., ALCALA, L. C. (1986), Agric. Biol. Chem. (Tokyo) 50: 593
38. YOTSU, M., YAMAZAKI, T., MEGURO, Y., ENDO, A., MURATA, M., NAOKI, H., YASUMOTO, T. (1987), Toxicon 25: 225
39. YOTSU, M., YASUMOTO, T., KIM, Y: H., NAOKI, H., KAO, C.Y. (1990), Tetrahedron Lett. 32: 3187

Mit Ü gekennzeichnete Zitate siehe Kap. 43.

30 Pyrrolizidinalkaloide

30.1 Toxinologie

Pyrrolizidinalkaloide besitzen einen Pyrrolizidingrundkörper (Hexa-1H-pyrrolizin). Die Mehrzahl der über 250 bekannten Vertreter sind Ester von Hydroxypyrrolizidinen, den Necinen, mit sog. Necinsäuren (53, 60, 67, 94, Ü 76: I, 107; VI, 35; XII, 246; XXVI, 326).

Die meisten Necine sind Pyrrolizidindiole und zwar 1-Hydroxymethyl-7-hydroxy-pyrrolizidine. Die Hydroxygruppe in Position 7 ist, bezogen auf das H-Atom am C-8 (als α-ständig angenommen), α-ständig (z. B. beim Heliotridin) oder β-ständig (beim Retronecin). Beim Otonecin ist die Bindung zwischen dem N-Atom und C-8 zugunsten einer Carbonylgruppe am C-8 und einer Methylgruppe am N-Atom gelöst. Das Pyrrolizidinringsystem ist meistens in Position 1,2 ungesättigt (z. B. beim Retronecin und Heliotridin), seltener voll hydriert (z. B. beim Platynecin, Abb. 30-1). Auch in Position 2 (bei gesättigten Vertretern) oder Position 6 kann eine Hydroxylgruppe vorhanden sein. Bisweilen ist das Ringsystem jedoch auch nicht hydroxyliert.

Necinsäuren sind aliphatische Mono- oder Dicarbonsäuren. Sie besitzen, wenn man die ebenfalls als Esterkomponente vorkommende Essigsäure ausnimmt, 5–10 C-Atome und verzweigte Kohlenstoffketten.

In der Regel ist ein Necindiol mit einer Necindicarbonsäure über zwei Estergruppierungen verknüpft, so daß ein 11- bis 14gliedriges Ringsystem entsteht. Die Necine können aber auch mit einer oder zwei Monocarbonsäuren verestert sein. Fehlt die Hydroxylgruppe am C-7, sind als Esterkomponenten nur Monocarbonsäuren gebunden.

In den Pflanzen liegen die Pyrrolizidinalkaloide zum Teil als N-Oxide vor. Diese sind wahrscheinlich Primärprodukte der Biogenese und Transportformen (36, 37).

Daneben gibt es eine Reihe von Pyrrolizidinalkaloiden, die von diesem Muster abweichen. So kann in Stellung 1 auch eine Aminogruppe auftreten. Derartige Alkaloide kommen u. a. bei Poaceae vor. Eine ungewöhnliche Struktur besitzt auch das Tussilagin aus *Tussilago farfara* L., dem Huflattich. Es ist ein 1α-Methoxycarbonyl-2α-hydroxy-2β-methyl-pyrrolizidin (72).

Die Biosynthese der Necine erfolgt aus zwei Molekülen Putrescin, die vermutlich aus L-Arginin auf dem Wege über Agmatin entstehen. Das Putrescin wird zum 4-Aminobutanal desaminiert. Zwei Moleküle des Aldehyds werden zu einer SCHIFFschen Base vom Typ C_4–N=C_4NH_2 verknüpft, die durch MANNICH-Reaktion einen Pyrrolizidinring bildet. Die Necinsäuren gehen aus verzweigten Aminosäuren hervor (35, Ü 90). Vermutlich ist, wie bei *Senecio vulgaris* nachgewiesen, nur die Wurzel zur Biogenese der Alkaloide fähig, die dann, in Form der hydrophilen N-Oxide, im Phloem aufwärts transportiert werden (37).

Pyrrolizidinalkaloide werden durch eine Vielzahl höherer Pflanzen gebildet. Bisher wurden sie aus etwa 300 Arten isoliert. Ausgehend von chemotaxonomischen Überlegungen kann eingeschätzt werden, daß etwa 6000 Arten Pyrrolizidinalkaloide enthalten, das sind 3% der auf der Welt vorkommenden Blütenpflanzen. Verbreitungsschwerpunkt sind die Asteraceae (Korbblütengewächse) und die Boraginaceae (Borretschgewächse). Sehr häufig sind sie auch in der Fabaceengattung *Crotalaria* und einigen Orchidaceen zu finden. Sporadisch kommen sie vor bei Apocynaceae, Celastraceae, Crassulaceae, Euphorbiaceae, Fabaceae, Poaceae, Ranunculaceae, Rhizophoraceae, Santalaceae, Sapotaceae und Scrophulariaceae (Übersichten: 53, 60, 83).

Bei den Asteraceae werden bevorzugt cyclische Diester des Necindiols Retronecin mit 12 oder mehr Ringgliedern gefunden. Darüber hinaus kommen bei der Asteraceengattung *Senecio* Platynecinester vor. Bei den Boraginaceae fungiert fast ausschließlich das dem Retronecin isomere Necindiol Heliotridin als Aminoalkoholkomponente. Es bildet mit Monocarbonsäuren nichtcyclische Mono- oder Diester. Bei der Fabaceengattung *Crotalaria* werden cyclische Diester des Retronecins mit 11 Ringgliedern gefun-

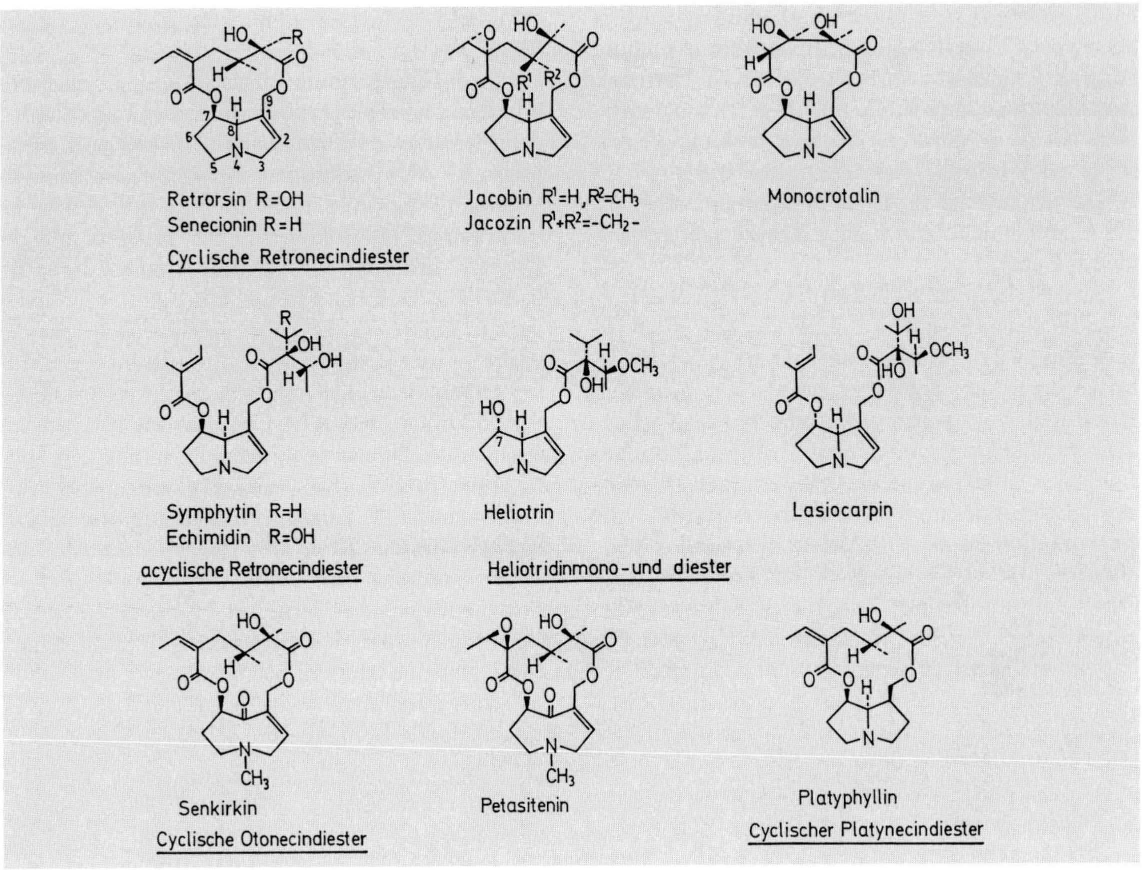

Abb. 30-1: Pyrrolizidinalkaloide

den. Ester des monocyclischen Necins Otonecin sind sporadisch in verschiedenen Pflanzenfamilien anzutreffen (94).

Von einer Reihe von Schmetterlingsraupen werden aus Nahrungspflanzen Pyrrolizidinalkaloide aufgenommen (z. B. *Arctia caja*, Brauner Bär, siehe S. 431, Bild 30-1; *Tyria jacobaeae*, Zinnobermotte, *Danaus plexippus*, Monarch). Die im Körper gespeicherten, stark bitter schmeckenden Alkaloide schützen, unterstützt durch eine aposematische Färbung (Warntracht), die Raupen und Imagines der Art vor Verfolgern. Bei *Tyria jacobaeae* werden Konzentrationen von 3 mg Pyrrolizidinalkaloide/g Frischgewicht in den Larven erreicht (9, 10, 27, 47, 77). Einige Schmetterlinge produzieren ein Wehrsekret, das N-Oxide der Pyrrolizidinalkaloide enthält (z. B. *Rhodogastria*-Arten, 16). Vertreter anderer Gattungen aus den Familien Nymphalidae (Edelfalter), Arctiidae (Bärenspinner) und wahrscheinlich auch Ctenochidae spalten die Esterbindungen der Alkaloide und transformieren die Necine zu spezifischen Sexualpheromonen (Sexuallockstoffe, 16, 30). Bei Heuschrecken wurde ebenfalls eine Speicherung der Pyrrolizidinalkaloide beobachtet (14). Marienkäfer (*Coccinella septempunctata* siehe S. 72, Bild 4-14) reichern in ihrem Körper Pyrrolizidinalkaloide an, die aus ihren Beutetieren, auf *Senecio jacobaea* lebenden Blattläusen der Art *Aphis jacobaeae*, stammen (96).

Von toxikologischem Interesse für Mensch und Tier sind besonders Vertreter der Asteraceae (Kap. 30.2) und Boraginaceae (Kap. 30.3). Darüber hinaus verdienen die *Crotalaria*-Arten Beachtung.

Die Gattung *Crotalaria* (Fabaceae, Schmetterlingsblütengewächse) ist mit etwa 350 Arten in den Tropen verbreitet. *C. juncea* L., Bengalischer Hanf, wird in Indien, Pakistan, Brasilien und im südlichen Afrika als Faserpflanze angebaut. Auch als Futterpflanze wird sie trotz ihrer toxischen Inhaltsstoffe genutzt. Viele andere *Crotalaria*-Arten dienen als Bodenbedecker und zur Gründüngung in Kaffee- und Teeplantagen. *C. glauca* WILLD. und *C. brevidens* BENTH. werden im tropischen Afrika als Gemüsepflanzen kultiviert (Ü 75). *C. spectabilis* ROTH, im südlichen Teil der USA als Pflanze zur Gründüngung eingeführt, ist durch ihre toxischen Samen heute häufig Anlaß zu Vergiftungen des Geflügels. Auch in Sojabohnen kommen die Samen als Verunreinigung vor. Die Pflanze enthält etwa 0,01–1,5% Pyrrolizidinalkaloide in den Blättern und 2,4–5,4% in den Samen, vor allem Monocrotalin, Spectabilin und Retusin (45, 67). In Indien starben in den 70er Jahren 23 von 67 Erkrankten, die *Crotalaria*-Samen enthaltendes Getreidemehl über längere Zeit zu sich genommen hatten (12).

Etwa 90 der über 250 bekannten Vertreter der Pyrrolizidinalkaloide sind akut und/oder chronisch toxisch, mutagen, carcinogen und teratogen wirksam. Im Vordergrund steht die hepatotoxische Wirkung. Strukturelle Voraussetzungen dafür sind das Vorhandensein einer Doppelbindung in Position 1,2 im Necinteil des Moleküls und die Veresterung der Hydroxymethylgruppe am C-1 (Allylesterstruktur) mit einer mindestens fünf C-Atome besitzenden Carbonsäure, die verzweigt sein muß. Eine veresterte OH-Gruppe in Position 7 des Necins führt zur Wirkungsverstärkung. Die größte Toxizität besitzen die cyclischen Diester, es folgen die nichtcyclischen Diester, und am wenigsten toxisch sind die Monoester. Freie Necine und Necinsäuren sind unwirksam (zu Struktur-Wirkungs-Beziehungen: 20, 53, 60, 62, 73, 94).

Pyrrolizidinalkaloide werden nach peroraler Zufuhr leicht resorbiert und in der Leber, besonders in den Hepatocyten der zentrilobulären Region, metabolisiert. Als Reaktionen der Biotransformation kommen Hydrolyse, Dehydrierung und N-Oxidation, weniger Hydroxylierung und Epoxidierung, in Betracht. Während die Hydrolyse eine Entgiftung darstellt und nur von geringerer Bedeutung ist, spielt die Dehydrierung die entscheidende Rolle für die «Giftung» der Verbindungen. Auf diesem Wege entstehen sehr reaktionsfähige, alkylierende Pyrrolderivate, die mit nucleophilen Gruppen von Nucleinsäuren oder Proteinen eine zweifache bimolekulare Substitutionsreaktion (S_N2-Reaktion) einzugehen vermögen und u.a. zur Quervernetzung von DNA-Strängen führen (20, 33, 46, 53, 65, 73, 93, Abb. 30-2). Als zusätzliche wirksame Metabolite wurden reaktive Aldehyde, z.B. trans-4-Hydroxy-2-hexenal, gefunden. Sie bewirken peroxidative Veränderungen an Lipiden und damit die Zerstörung von Membranstrukturen und tragen zur Genotoxizität der Pyrrolizidinalkaloide bei (31). Einige Verbindungen, z.B.

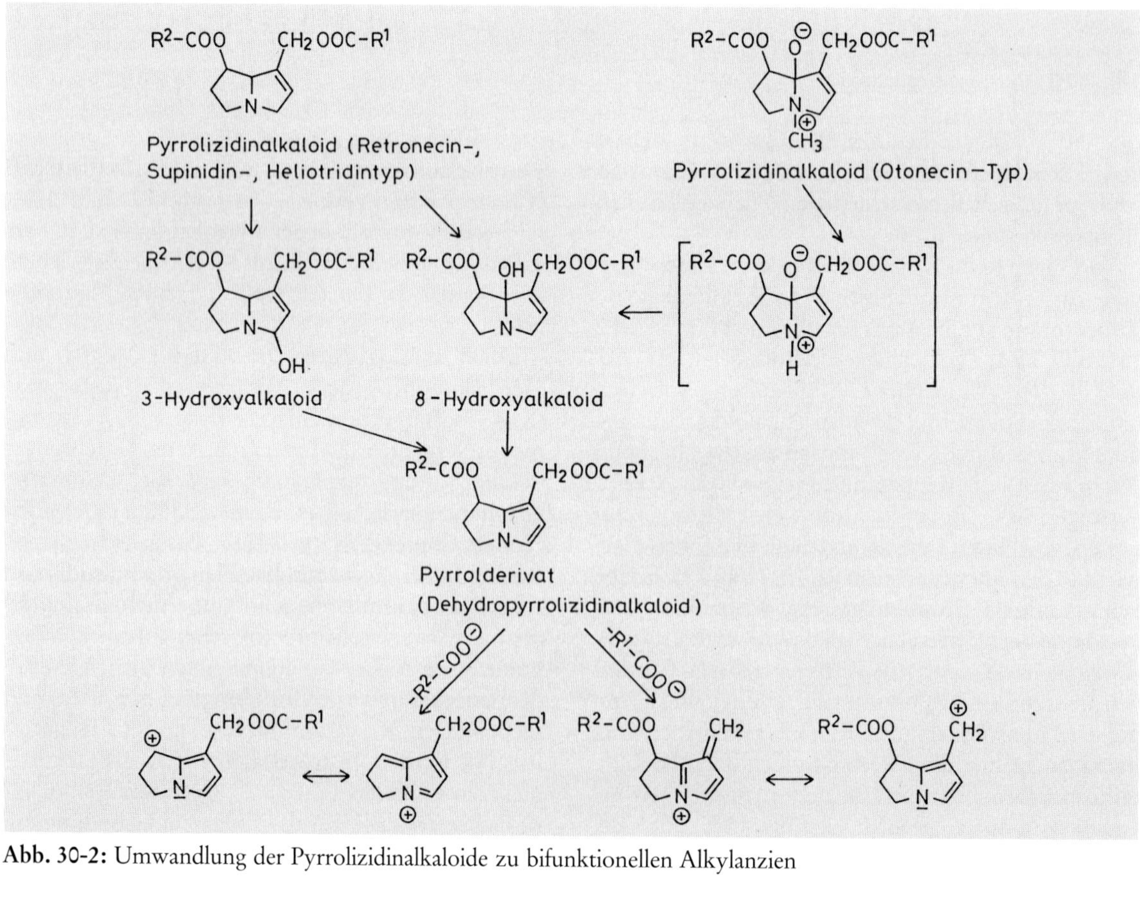

Abb. 30-2: Umwandlung der Pyrrolizidinalkaloide zu bifunktionellen Alkylanzien

Senaetnin, sind auch ohne Metabolisierung toxisch (55).

Unterschiede in der Empfindlichkeit einzelner Tierspecies gegenüber Pyrrolizidinalkaloiden sind in der unterschiedlichen Metabolisierungsart und -geschwindigkeit begründet. Die Fähigkeit zur Pyrrolbildung korreliert bei den meisten Tieren mit der Empfindlichkeit gegenüber der Giftwirkung. Eine Ausnahme bilden z. B. Kaninchen, wo zwar viele Pyrrolmetabolite gebildet, diese aber sehr schnell durch Glutathion-S-tranferase und Epoxidhydrolase entgiftet werden. Zu den hoch empfindlichen Tieren gehören Rinder, Pferde, Küken und Tauben, relativ resistent sind Kaninchen, Meerschweinchen und Hamster, mittlere Empfindlichkeit zeigen Schafe und Ziegen. Bei Wiederkäuern ist zusätzlich zum Lebermetabolismus der Metabolismus im Pansen relevant, wo vorwiegend Entgiftungsreaktionen stattfinden (20).

Nahrungsbestandteile können den Metabolismus und damit die Toxizität der Pyrrolizidinalkaloide beeinflussen. Im Tierversuch fördert z. B. L-Cystein als Glutathionpraekursor die Entgiftung der Alkaloide. Antioxidanzien hemmen die peroxidierende Aktivität der reaktiven Aldehyde und bieten somit einen gewissen Schutz (20, 21).

Akute Vergiftungen (Tab. 30-1 enthält die LD_{50}-Werte einiger Pyrrolizidinalkaloide) werden in erster Linie an der Leber sichtbar. Neben allgemeinen Vergiftungssymptomen (Schwäche, beschleunigte Puls- und Atemfrequenz, Koliken) kommt es zu Leberschwellung, Vergrößerung der Hepatocyten und ihrer Kerne (Megalocytose und Karyomegalie), progressiver Fibrose, Gallengangsproliferation, Veno-Okklusion und zum Verlust der normalen Funktionsfähigkeit der Leber. Das daraus resultierende Absinken der Serumproteinkonzentration führt zu Ascites und Ödembildung. Photosensibilisierung ist möglich. Der Tod erfolgt durch Leberversagen. Zusätzlich werden weitere Organe, vor allem Lunge (pulmonäre Hypertension, Pneumonie, Emphyseme), Gefäßsystem, Niere, Pankreas und Gastrointestinaltrakt, von den toxischen Wirkungen der Pyrrolizidinalkaloidmetabolite erfaßt (13, 20, 53, 62, 80, 82, 94).

Tab. 30-1: Akute Toxizität ausgewählter Pyrrolizidinalkaloide (nach 18, 43)

Alkaloid	LD_{50} mg/kg, i. p., Ratte, Tod innerhalb von 3 Tagen
O^7-Angelylheliotridin	260
Echinatin	350
Heliotrin	300
Heliotrin-N-oxid	5 000 (männliche Tiere)
	2 500 (weibliche Tiere)
Lasiocarpin	72
Echimidin	200
Jacobin	138
Monocrotalin	175
Senecionin	85
Seneciphyllin	77
Supinin	450

Bei chronischen Vergiftungen machen sich die mutagenen, carcinogenen und teratogenen Wirkungen der Pyrrolizidinalkaloide bemerkbar. Stark mutagen wirksame Verbindungen sind Monocrotalin, Lasiocarpin und Heliotrin. Carcinogene Wirksamkeit wurde z. B. bei Isatidin, Retrorsin, Petasitenin, Senkirkin, Clivorin, Monocrotalin, Lasiocarpin und Symphytin gefunden. Teratogene Effekte besitzt u. a. Heliotrin (60). Auch von Jacobin ist beträchtliche Genotoxizität bekannt (63). Tussilagin, dem die strukturellen Voraussetzungen für die alkylierende Wirkung fehlen, ist untoxisch (48, 93).

Die Symptome chronischer Vergiftungen machen sich erst nach einer Latenzzeit von mehreren Wochen oder Monaten bemerkbar. Zu ihnen gehören Appetitlosigkeit, Abmagerung, Schwäche, Leibschmerzen, Verstopfung und Ödembildung. Bei Tieren sind Gleichgewichtsstörungen, mattes Haarkleid und, besonders bei Pferden, langandauerndes Gähnen zu beobachten. Charakteristisch sind Vergrößerung und Verhärtung der Leber sowie Cirrhose und Ascites. Wöchentliche intraperitoneale Injektion von 22 mg Senkirkin/kg führt nach 290 Tagen bei 9 von 20 Ratten zu Leberadenomen (41). Chronische Leberschäden können bereits durch 1–4 mg Pyrrolizidinalkaloide pro kg Futter hervorgerufen werden (17, 18, 39, 53, 60, 62).

Von toxikologischer Bedeutung ist außerdem die Wechselwirkung von Pyrrolizidinalkaloiden mit dem Metabolismus von Vitamin A, Kupfer und Eisen. Die Abnahme der Vitamin A-Konzentration in Plasma und Leber wird durch die reduzierte Synthese des retinolbindenden Proteins in der Leber und durch eine verschlechterte Vitamin A-Resorption erklärt. Als Konsequenz der durch die Pyrrolizidinalkaloide gestörten Leberfunktion steigt die Cu^{2+}-Konzentration in Plasma und Leber, Vergiftungssymptome bei Tieren entsprechen oft denen einer chronischen Cu^{2+}-Toxikose (Hämolyse!). Die Beeinflussung des Eisenstoffwechsels durch die Alkaloide zeigt sich in einer Abnahme der Erythropoiese und in Anämie (20, 58, 88).

Die Behandlung von Vergiftungen durch Pyrrolizidinalkaloide kann nur symptomatisch erfolgen.

30.2 Pyrrolizidinalkaloide als Giftstoffe der Korbblütengewächse (Asteraceae)

Asteraceae, Korbblütengewächse, sind mit etwa 15 000 Arten die artenreichste Familie der Blütenpflanzen.

Sie sind meistens ein- oder zweijährige Kräuter, nur selten Holzgewächse. Die kleinen Blüten sind fast stets zu mehreren zu köpfchenförmigen, von Hüllblättern umgebenen Blütenständen zusammengefaßt. Die Einzelblüten besitzen entweder eine radiäre 5zipflige Krone (Röhrenblüten) oder eine stark zygomorphe Krone mit kurzer Röhre, deren Saum einseitig zu einer 5zähnigen Zunge vorgezogen ist (Zungenblüten). Sie sind meistens zwittrig und besitzen 5 an den Staubbeuteln verklebte Staubblätter und einen unterständigen, 2blättrigen Fruchtknoten, der einen Griffel trägt. Die Früchte entwickeln sich zu Achänen oder Nüssen, die häufig einen aus den Kelchblättern hervorgehenden Haarkranz (Pappus) tragen.

Asteraceae werden gewöhnlich in zwei Unterfamilien eingeteilt, die Cichorioideae (Liguliflorae, Zungenblütige) und Asteroideae (Tubiflorae, Röhrenblütige). Die Cichorioideae besitzen nur Zungenblüten, die Asteroideae entweder Zungen- und Röhrenblüten (Scheibenblüten) oder nur Röhrenblüten. Pyrrolizidinalkaloide wurden bisher nur bei den zu den Asteroideae gehörenden Triben Eupatoriae, die nur Röhrenblüten besitzen, und den Senecioneae nachgewiesen, die Scheibenblüten ausbilden.

Tabelle 30-2 gibt eine Übersicht über einige einheimische, als Zierpflanzen kultivierte oder als Arzneipflanzen genutzte Korbblütengewächse mit toxischen Pyrrolizidinalkaloiden (s. S. 431 u. 432, Bild 30-2 bis 30-7). Die als Gartenpflanzen angebauten Arten der Gattung *Ligularia*, Goldkolben, führen ebenfalls toxische Pyrrolizidinalkaloide. So enthält z. B. *Ligularia dentata* (A. Gray) Hara (*L. clivorum* Maxim.) u. a. Clivorin, Ligularizin und Ligularinin (60).

Die größte und toxikologisch bedeutendste Sippe der Pyrrolizidinalkaloide bildenden Asteraceen ist die Gattung *Senecio*. Von den weltweit existierenden 1450 Arten werden im Gebiet etwa 30 Arten und zahlreiche Hybriden gefunden. Häufig kommen *S. vulgaris* L., Gemeines Kreuzkraut, *S. jacobaea* L., Jakobs-Greiskraut, in den Mittelgebirgen *S. fuchsii* C. C. Gmelin, Fuchssches Greiskraut (siehe S. 432, Bild 30-6) sowie *S. nemorensis* L., Hain-Greiskraut, im Osten des Gebiets *S. vernalis* W. et K., Frühlings-Greiskraut, und auf kalkhaltigen Böden im Alpengebiet *S. alpinus* (L.). Scop., Alpen-Greiskraut (siehe S. 432, Bild 30-5), sowie *S. doronicum* L., Gemswurz-Greiskraut, vor. Weitere Arten, z. B. *S. elegans* L., *S. adonidifolius* Loisel., *S. incanus* L. und *S. bicolor* (Willd.) Tod. werden als Zierpflanzen angebaut. *Senecio-Cruentus*-Hybriden, Aschenblumen, Cinerarien, Läuseblumen, sind als Zimmerpflanzen in Kultur.

In der Literatur sind nur wenig Angaben über den Alkaloidgehalt der alkaloidführenden Asteraceae zu finden. Die meisten Arbeiten enthalten nur Aussagen über die identifizierten Alkaloide. Aus den wenigen veröffentlichten Daten ist jedoch zu entnehmen, daß der Gehalt in den mitteleuropäischen Arten 0,5% nicht übersteigt. So wurden beispielsweise gefunden 0,18% Gesamtalkaloide bei *Senecio erraticus* (29), 0,30–0,45% Gesamtalkaloide bei *S. alpinus* (51), 0,1% bei *S. nemorensis*, 0,0001–0,01% in der Wurzel von *Petasites hybridus* (56), 0,37% Fuchsisenecionin und 0,007% Senecionin bei *S. fuchsii*, 0,033% Senecionin, 0,028% Senecivernin und 0,034% Senkirkin bei *S. vernalis*, 0,018% 7-Angeloylheliotridin bei *S. gaudinii* (95) sowie 30 μg–15 mg/kg Senkirkin in *Tussilago farfara*. Den ungewöhnlich hohen Gehalt von 10–17% an Pyrrolizidinalkaloiden wies das Kraut von *S. riddellii* Torr. et Gray auf (59). Es ist auf sandigem Ödland der Great Plains in den USA verbreitet.

Eine Untersuchung zur Alkaloidverteilung in der Pflanze wurde von Hartmann und Zimmer (34) durchgeführt. Sie fanden bei *Senecio vernalis* und *S. vulgaris* 70 bzw. 90% der Alkaloide (1,0–1,4 mg/g Frischgewicht) in den Blütenständen, davon wiederum 90% in den Röhrenblüten. Der Gehalt in den Blütenständen war 5- bis 10mal höher als in den Blättern. 90% der Alkaloide lagen als N-Oxide vor. Bei *S. vernalis* dominierte Senkirkin in den Blättern und das N-Oxid des Senecionins in den Blüten. Bei Pflanzen verschiedener Provenienzen waren die Relationen der einzelnen Alkaloide zueinander sehr unterschiedlich (92). Es zeigte sich, daß verschiedene Chemotypen auftreten, z. B. bei *S. jacobaea* ein Jacobin-Typ, bei dem Jacobin und Seneciphyllin die Hauptalkaloide sind, und ein Erucifolin-Typ, bei dem Erucifolin, Senecionin und Seneciphyllin dominieren (96).

Die Verunreinigung von Getreide mit Samen pyrrolizidinalkaloidhaltiger Pflanzen dürfte in Mitteleuropa bei Vergiftungen des Menschen keine Rolle spielen. Einige Arten können dagegen bei ihrer volksmedizinischen Verwendung eine Gefahr für den Menschen darstellen. *Senecio*-Arten, z. B. *Senecio fuchsii* («Heidnisch Wundkraut»), wurden als Wundheilmittel sowie bei Asthma und Diabetes eingesetzt. *Petasites hybridus* wird zur Krampflösung und Beruhigung verwendet, *Eupatorium*- und *Echi-*

Tab. 30-2: Korbblütengewächse (Asteraceae) mit toxischen Pyrrolizidinalkaloiden (11, 19, 34, 50, 51, 64, 69, 70, 72, 74, 76, 79, 81, 83, 84, 89, 90, 92, 96)

Name der Pflanze	Alkaloide
Adenostyles alliariae (GOUAN) KERNER, Grauer Alpendost	**1, 2, 5**
Echinacea purpurea (L.) MOENCH, Purpurroter Sonnenhut A	20
E. angustifolia DC., Schmalblättriger Sonnenhut A	20
Eupatorium cannabinum L., Gemeiner Wasserdost (A)	**3, 4, 29**
Homogyne alpina (L.) CASS., Gewöhnl. Alpenlattich	**25, 26**
Petasites hybridus (L.) G. M. SCH., Gemeine Pestwurz (A)	**3, 4, 5, 17, 21, 25, 26**
P. albus (L.) GAERTN., Weiße Pestwurz	**17**
Senecio abrotanifolius L., Eberrauten-Greiskraut (A), auch Z	11, **12, 22**
S. adonidifolius LOISEL. Z	**15**
S. alpinus (L.) SCOP., Alpen-Greiskraut	**1, 2, 5, 7, 21, 30**
S. aquaticus HILL, Wasser-Greiskraut	**2**
S. bicolor (WILLD.)TOD. Silberblatt-Greiskraut Z	**2, 5, 7, 8, 9**
S. congestus (R. BR.) DC., Moor-Greiskraut	**1, 5,** 6
S. cruentus (L'HÉRIT) DC., Hybriden als Gartenzinerarie Z	**2, 5, 8, 10**
S. doronicum L., Gemswurz-Greiskraut (A)	11, **12,** 27
S. erraticus BERTOL., Spreizblättriges Greiskraut	**5, 8, 13**
S. erucifolius L., Raukenblättriges Greiskraut	**2, 5, 9, 14**
S. fluviatilis WALLR., Fluß-Greiskraut	**2, 8, 15**
S. fuchsii C. C. GMELIN, Fuchssches Greiskraut (A)	**5,** 16
S. gaudinii GREMLI, Schweizer Greiskraut	18
S. jacobaea L., Jakobs-Greiskraut	**2, 5, 7, 8, 9, 14, 17, 30** u. a.
S. nemorensis L., Hain-Greiskraut	28
S. paludosus L., Sumpf-Greiskraut	**2, 7**
S. rivularis (W. et K.) DC., Krauses Greiskraut	18
S. subalpinus KOCH, Berg-Greiskraut	**2, 5**
S. vernalis W. et K., Frühlings-Greiskraut	**1, 2, 5, 9, 10, 17, 19, 21, 23**
S. sylvaticus L., Wald-Greiskraut	**31, 32**
S. vulgaris L., Gemeines Greiskraut (A)	**2, 5, 9, 10, 21, 23, 24**
Tussilago farfara L., Huflattich A	**5, 17,** 20

A = Arzneipflanze, (A) = obsolete Arzneipflanze, Z = Zierpflanze

1 = Platyphyllin	9 = Retrorsin	17 = Senkirkin	25 = Petasitenin
2 = Seneciphyllin	10 = Ridelliin	18 = 7-Angeloylheliotridin	26 = Neopetasitenin
3 = Echinatin	11 = Bulgarsenin	19 = Senecivernin	27 = Macrophyllin
4 = Supinin	12 = Dororenin	20 = Tussilagin	28 = Nemorensin
5 = Senecionin	13 = Floridanin	21 = Integerrimin	29 = Eucanecin
6 = Neoplatyphyllin	14 = Erucifolin	22 = Doronin	30 = Jacozin
7 = Jacobin	15 = Florosenin	23 = Spartioidin	31 = Sarracin
8 = Otosenin	16 = Fuchsisenecionin	24 = Usaramin	32 = Triangularin

Fettgedruckte Zahlen = Alkaloide mit ungesättigten oder 2-hydroxylierten, an C-9 veresterten Necinen

nacea-Arten zur Steigerung der körpereigenen Abwehrkräfte und Huflattich vor allem bei Erkrankungen der Atemwege.

In Mexiko und den USA hat ein als «Gordolobo»-Tee bekannter Aufguß von *S. longilobus* Todesfälle von Kleinkindern verursacht (28). In Europa hat der Tod eines neugeborenen Kindes an den Symptomen einer Veno-Okklusion Aufsehen erregt, dessen Mutter während der Dauer der Schwangerschaft regelmäßig Huflattich-Tee getrunken hatte (78). Die Vergiftung ist jedoch wahrscheinlich nicht auf *Tussilago farfara*, sondern auf Beimengungen der Blätter und Wurzeln von *Petasites hybridus* zurückzuführen (85). Die alkylierend wirksamen Pyrrolizidinalkaloide Senkirkin und Senecionin kommen im Huflattich nur in sehr geringen Konzentrationen vor (s. o.). Aus Tierversuchen, in denen Senkirkin Lebertumore verursacht hat, wird geschlossen, daß ein 70 kg schwerer Mensch im Verlaufe seines Lebens nicht mehr als 3 mg Senkirkin aufnehmen sollte. Bei einem Gehalt von 1 mg/kg entspricht das 3 kg getrockneten Huflattichblättern (1). Das außerdem in *Tussilago* vorhandene Tussilagin ist (s. o.) ungefährlich.

Tiere meiden im allgemeinen *Senecio*-Arten. Vergiftungen wurden trotzdem bei fast allen landwirtschaftlichen Nutztieren beobachtet und sind u. a. als «Schweinsberger Krankheit» bekannt. In diesem Zusammenhang ist es bemerkenswert, daß die Pyrrolizidinalkaloide bei der Heugewinnung und -lagerung völlig und bei der Silage teilweise erhalten bleiben (19). Heu und Silofutter wird von Tieren ungeachtet des Gehaltes an toxischen Pflanzen meistens «vorbehaltlos» aufgenommen. Die Pyrrolizidinalkaloide gehen zum Teil auch in die Milch über. Auch Angaben über durch Pyrrolizidinalkaloide toxischen Honig werden gemacht.

In Südamerika werden durch *Senecio*-Arten hervorgerufene Tiervergiftungen z. B. als «Winton disease» bezeichnet (32) und in Nebraska solche durch *S. riddellii* als «walking horse disease» (59). Am häufigsten sind Tiervergiftungen durch *Senecio*-Arten in Afrika und Südamerika (besonders durch *S. brasiliensis*) (20).

Senecio-Arten sollten weder als Futter- noch als Arzneipflanze genutzt werden. Bei den anderen Pflanzen kann das toxikologische Risiko nur sehr schwer eingeschätzt werden. In der Bundesrepublik Deutschland wird lt. Aufbereitungsmonographien der Kommission E wegen nicht ausreichend belegter Wirksamkeit und wegen der toxikologischen Bedenken die therapeutische Anwendung von Huflattichblüten, -kraut und -wurzeln, Pestwurz und Pestwurzblättern und Fuchskreuzkraut für nicht vertretbar gehalten (5, 7, 8). Huflattichblätter und Pestwurzrhizom sollten nicht länger als vier bis sechs Wochen pro Jahr und nicht während Schwangerschaft und Stillzeit angewendet werden (4, 6). Gegen die Anwendung von *Echinacea*- und *Eupatorium*-Arten bestehen u.W. keine Bedenken.

30.3 Pyrrolizidinalkaloide als Giftstoffe der Borretschgewächse (Boraginaceae)

Die Familie der kosmopolitisch verbreiteten Boraginaceae, Borretschgewächse, umfaßt etwa 100 Gattungen mit über 1800 Arten.

Boraginaceae sind krautige oder seltener holzige Pflanzen mit ungeteilten, meistens rauhhaarigen Blättern. Die radiären Blüten besitzen einen 5blättrigen, mehr oder weniger stark verwachsenen Kelch, eine 5zipflige verwachsene Krone, meistens mit 5 hohlen Ausstülpungen (Schlundschuppen), 5 Staubblätter und einen 2blättrigen, 4fächrigen Fruchtknoten. Die Früchte zerfallen bei der Reife in 4 einsamige Nüßchen. In Mitteleuropa kommen nur krautige Arten vor.

Tabelle 30-3 gibt einen Überblick über eine Reihe einheimischer Boraginaceae mit toxischen Alkaloiden (s. S. 432 u. 449, Bild 30-8 bis 30-12). Auch andere Gattungen, z. B. *Asperugo*, Schlangenäuglein, und *Lithospermum*, Steinsame, enthalten Pyrrolizidinalkaloide (83). In *Pulmonaria officinalis* L., Echtes Lungenkraut (siehe S. 449, Bild 30-13), konnten keine Pyrrolizidinalkaloide nachgewiesen werden (49).

Die größte Gefahr stellen die als Arznei-, Salat- und Futterpflanzen genutzten *Symphytum*-Arten dar. In Mitteleuropa weit verbreitet ist *S. officinale* L., Gemeiner Beinwell (Common comfrey), der blaue, gelbliche oder weiße Blüten besitzen kann. Besonders im Alpenvorland wird *S. tuberosum* L., Knoten-Beinwell, gefunden. Als Futterpflanzen und Gemüsepflanzen werden *S. officinale*, *S. asperum* LEPECH., Komfrey, Rauher Beinwell (Rough comfrey) und *S.* × *uplandicum* NYM. (*S. officinale* × *S. asperum*, Russian comfrey), kultiviert.

Von der Gesamtalkaloidfraktion des Beinwell führen 284 mg/kg nach einmaliger intraperitonealer Gabe an zwei Wochen alte Ratten zum Tod der Tiere (22). Ein Anteil von 0,5 bzw. 0,8% an Wurzeln und Blättern von *S. officinale* im Futter von Ratten ist für diese carcinogen (40).

Vergiftungen des Menschen durch *Symphytum officinale* sind nur in wenigen Fällen bekannt. In Neuseeland starb ein junger Mann an Leberkollaps, der regelmäßig Beinwellblätter verzehrt hatte. Bei einer Frau, die in ihrer täglichen Nahrung Beinwellwurzelzubereitungen zu sich genommen hatte, wurde eine schwere Leberschädigung beobachtet (91).

Die Aufnahme von Beinwellblättern oder anderen Pflanzenbestandteilen, z. B. in Form von Salat oder Teeaufgüssen, sollte auf jeden Fall vermieden werden. Die äußerliche Anwendung von Zubereitungen aus Beinwellkraut, -blättern oder -wurzeln als entzündungshemmende Mittel darf nur auf intakter Haut, nicht länger als vier bis sechs Wochen im Jahr und während der Schwangerschaft nur nach Rücksprache mit dem Arzt erfolgen. Die pro Tag applizierte Dosis darf nicht mehr als 100 μg Pyrrolizidinalkaloide mit 1,2 ungesättigtem Necingerüst einschließlich ihrer N-Oxide enthalten (3).

In Nordamerika ist als Gefahrenquelle für Weidetiere neben *Cynoglossum officinale* (siehe S. 449, Bild 30-9) als weitere Boraginacee *Amsinckia inter-*

Tab. 30-3: Borretschgewächse (Boraginaceae) mit toxischen Pyrrolizidinalkaloiden (15, 22, 24, 26, 38, 42, 49, 52, 54, 61, 67, 71, 75, 83, 86)

Name der Pflanze	Alkaloide	Gehalt in %
Anchusa arvensis (L.) Bieb. (*Lycopsis arvensis* L.), Ackerkrummhals	**1**	0,01–0,05 G
A. officinalis L., Gebräuchliche Ochsenzunge (A)	**4, 5,** 20, **22**	0,03–0,12%
Borago officinalis L., Borretsch, Gurkenkraut S, A	**2, 4, 5,** 20, 21, **26**	0,0002–0,001 G
Cynoglossum officinale L., Echte Hundszunge (A)	**1,** 3, **6, 7**	0,71–1,5 G
Echium lycopsis Grufb., Wegerichblättriger Natterkopf	**8, 9**	
E. vulgare L., Gemeiner Natterkopf (A)	**1, 4, 6, 7, 10**	0,14–0,25 G
Heliotropium arborescens L., Heliotrop, Sonnenwende Z	**11**	
H. europaeum L., Europäische Sonnenwende	**2, 4, 11, 12, 24, 25** u. a.	
Myosotis sylvatica Ehrh. ex Hoffm., Wald-Vergißmeinnicht Z	**6, 7, 13, 14**	
M. palustris (L.) L., Sumpf-Vergißmeinnicht Z	**15, 16, 17, 18**	0,05–0,12 G
Symphytum asperum Lepech., Rauher Beinwell, Komfrey	**4, 5, 9, 17**	
S. officinale L., Gemeiner Beinwell A	**1, 4, 5, 6, 9, 11,** 13, **17, 20, 23** u. a.	0,01–0,07 W, 0,003 B
S. tuberosum L., Knoten-Beinwell	**9** u. **28** (N-Oxide)	0,0036 B
S. × *uplandicum* Nym., Futter-Beinwell A, N	**4, 5, 9, 17, 20** u. a.	0,01–0,15 B

A = Arzneipflanze, (A) = obsolete Arzneipflanze, S = als Gewürz verwendet, N = als Nahrungsmittel verwendet, Z = Zierpflanze

1 = Echinatin	11 = Lasiocarpin	21 = Thesinin
2 = Supinin	12 = Heliotrin	22 = Curassivin
3 = 7-Angeloylheliotridin	13 = Viridiflorin	23 = Acetyllycopsamin
4 = Lycopsamin	14 = 9-Angeloylretronecin	24 = Europin
5 = 7-Acetyllycopsamin	15 = Scorpoidin	25 = Heleurin
6 = Heliosupin	16 = 7-Acetylscorpoidin	26 = Amabilin
7 = Acetylheliosupin	17 = Symphytin	27 = Symlandin
8 = Echiumin	18 = Myoscorpin	
9 = Echimidin	19 = Anadolin	
10 = Asperumin	20 = Intermedin	

G = Gehalt in der ganzen Pflanze, B = Gehalt in den Blättern, W = Gehalt in der Wurzel

Fettgedruckte Zahlen = Alkaloide mit ungesättigten oder 2-hydroxylierten, an C-9 veresterten Necinen

media Fisch. et C. Mey. von Bedeutung. In ihrem Kraut sind durchschnittlich 0,3% Pyrrolizidinalkaloide nachzuweisen (Intermedin, Lycopsamin, Echiumin, Sincamidin, 45, 67). In Australien spielen *Echium lycopsis* L. (*E. plantagineum* L.) und *Heliotropium europaeum* L. neben den Fabaceen *Crotalaria retusa* L. und *C. crispata* F. Muell. ex Benth. eine ähnliche Rolle. Sie gefährden nicht nur Weidetiere, sondern als Nektarlieferanten der Honigbienen auch den Menschen (23). Die Verunreinigung des Getreides mit den Samen von *Heliotropium europaeum* kann zu Vergiftungen führen (20).

1974 waren in Afghanistan mehr als 1600 Personen von einer Vergiftung durch *Heliotropium*-Samen in Weizen betroffen. Es gab zahlreiche Todesfälle (20). *Heliotropium lasiocarpum* enthaltender Tee, der zur Psoriasisbehandlung verwendet wurde, führte bei vier jungen Frauen zum Erscheinungsbild der Veno-Okklusion (25).

Erwähnenswert ist weiterhin *Heliotropium indi-*

cum L. Das aus dieser Pflanze gewonnene relativ untoxische Indicin-N-oxid wurde wegen der cytostatischen Wirkung als Tumortherapeuticum klinisch erprobt. Bei soliden Tumoren ist es erst in einer Konzentration wirksam, bei der erhebliche Nebenwirkungen (Knochenmarks- und Leberschäden) auftreten. Erfolg verspricht seine Anwendung bei Leukämien, die gegen andere Therapeutica resistent sind (57, 87).

Auch Heliotrin, Lasiocarpin, Europin und Lasiocarpin-N-oxid besitzen cytostatische Aktivität gegenüber bestimmten Tumorzellinien (44).

Im Borretsch ist die Alkaloidkonzentration so gering, daß gegen seine Verwendung als Gewürz keine gesundheitlichen Bedenken bestehen.

30.4 Literatur

1. Ammon, H. P.T. (1989), Pharm. Ztg. 134: 464
2. Anand, K. K., Atal, C. K. (1986), Indian Drugs 23: 658
3. Anonym (1990), Dtsch. Apoth. Ztg. 33: 1850
4. Anonym (1990), Dtsch. Apoth. Ztg. 33: 1850
5. Anonym (1990), Dtsch. Apoth. Ztg. 33: 1850
6. Anonym (1990), Dtsch. Apoth. Ztg. 33: 1850
7. Anonym (1990), Dtsch. Apoth. Ztg. 33: 1850
8. Anonym (1990), Dtsch. Apoth. Ztg. 33: 1850
9. Aplin, R.T., Rothschild, M. (1972), Toxins Anim. Plant Origin, Proc. Int. Symp. Plant Toxins 2: 579
10. Aplin, R.T., Beun, M.H., Rothschild, M. (1968), Nature 219: 747
11. Asada, Y., Furuya, T., Takeuchi, T., Osawa, Y. (1982), Planta Med. 46: 125
12. Atal, C.K. (1978), J. Nat. Prod. 41: 312
13. Barxi, M.E.S., Adam, S.E.I., Omer, O.H. (1988), Vet. Hum. Toxicol. 30: 429
14. Bernays, E.A., Edgar, J.A., Rothschild, M. (1977), J. Zool. 182: 85
15. Bhandari u.a. (1985), J. Pharm. Pharmacol. 37 Suppl.: 50
16. Boppre, M. (1986), Naturwissenschaften 73: 17
17. Brauchli, J., Lüthy, J., Zweifel, U., Schlatter, C. (1982), Experientia 38: 1085
18. Bull, L.B., Culvenor, C.C.J., Dick, A.T. (1968), The Pyrrolizidin Alkaloids, North Holland Publ. Company, Amsterdam
19. Candrian, U., Lüthy, J., Schmid, P., Schlatter, C., Schlatter, C., Gallasz, E. (1984), J. Agric. Food Chem. 32: 935
20. Cheeke, P.R. (1988), J. Anim. Sci. 66: 2343
21. Cheeke, P.R., Schmitz, J.A., Lassen, E.D., Pearson, E.G. (1985), Am. J. Vet. Res. 46: 2179
22. Culvenor, C.C.J., Clarke, M., Edgar, J.A., Frahn, J.L., Jago, M.V., Peterson, J.E., Smith, L.W. (1980), Experientia 36: 377
23. Culvenor, C.C.J. (1985), Trends Pharmacol. Sci. 6: 18
24. Culvenor, C.C.J., Edgar, J.A. (1980), Aust. J. Chem. 33: 1105
25. Culvenor, C.C., Edgar, J.A., Smith, L.W., Kumana, C.R., Lin, H.J. (1986), Lancet 978
26. Dodson, C.D., Stermitz, F.R. (1986), J. Nat. Prod. 49: 727
27. Ehmke, A., Witte, L., Isman, M., Proksch, P., Hartmann, T. (1988), 36. Ann. Congr. Med. Plant Res., Freiburg, Thieme-Verlag, Stuttgart: 57
28. Fox, D.W., Hart, M.C., Bergeson, P.S., Jarrett, P.B., Stillman, A.E., Huxtable, R.J. (1978), J. Pediatr. 93: 980
29. Gaiduk, R.J., Telezhenetskaya, M.V., Yunusov, S.Y. (1974), Khim. Prir. Soedin. 414
30. Goss, G.J. (1979), Environm. Entomol. 8: 487
31. Griffin, D.S., Segall, H.J. (1986), Toxicol. Appl. Pharmacol. 86: 227
32. Habermehl, G.G., Martz, W., Tokarnica, C.H., Dobreiner, J., Mendez, M.C. (1988), Toxicon 26: 275
33. Habs, H. (1982), Dtsch. Apoth. Ztg. 122: 799
34. Hartmann, T., Zimmer, M. (1986), J. Plant Physiol. 122: 67
35. Hartmann, T. et al. (1988), Planta 175: 82
36. Hartmann, T., Toppel, G. (1987), Phytochemistry 26: 1639
37. Hartmann, T., Ehmke, A., Eilert, U., von Borstel, K., Theuring, C. (1989), Planta 177: 98
38. Hendriks, H., Bruins, A.P., Huizing, H.J. (1988), Biomed. Env. Mass. Spectrometry 17: 129
39. Hirono, I. (1981), CRC Crit. Rev. Toxicol. 8: 235
40. Hirono, I., Mori, H., Haga, M. (1978), J. Natl. Cancer Inst. 61: 865
41. Hirono, I., Haga, M., Fujii, M., Matsura, S., Matsubara, N., Nakayama, M., Furuya, T., Hikichi, M., Takanashi, H., Uchida, E., Hosaka, S., Ueno, I. (1979), J. Natl. Cancer Inst. 63: 469
42. Huizing, H.J. (1987), Pharm. Weekbl. 9: 185
43. Jadhav, S.J., Salunkhe, D.K., Kadam, S.S., Chavan, J.K., Ingle, U.M. (1982), J. Food Sci. Technol. 19: 87
44. Jain, S.C., Purohit, M. (1986), Chem. Pharm. Bull. 34: 5154
45. Johnson, A.E., Molyneux, R.J., Merill, G.B. (1985), J. Agric. Food Chem. 33: 50
46. Kedzierski, B., Buhler, D.R. (1985), Toxicol. Lett. 25: 115
47. Kelley, R.B., Sieber, J.N., Jones, A.D., Segall, H.J., Brower, L.P. (1987), Experientia 43: 943
48. Kraus, C., Abel, G., Schimmer, O. (1985), Planta Med. 51: 81
49. Lüthy, J., Brauchli, J., Zweifel, U., Schmid, P., Schlatter, C. (1984), Pharm. Acta Helv. 59: 242
50. Lüthy, J., Zweifel, U., Schmid, P., Schlatter, C. (1983), Pharm. Acta Helv. 58: 98
51. Lüthy, J., Zweifel, U., Karlhuber, B., Schlatter, C. (1981), J. Agric. Food Chem. (29): 302

Bild 30-9: *Cynoglossum officinale*, Echte Hundszunge

Bild 30-10: *Echium vulgare*, Gemeiner Natterkopf

Bild 30-11: *Heliotropium arborescens*, Heliotrop, Sonnenwende

Bild 30-12: *Symphytum officinale*, Gemeiner Beinwell

Bild 30-13: *Pulmonaria officinalis*, Echtes Lungenkraut

Bild 31-1: *Mandragora officinarum*, Alraunwurzel

Bild 31-2: *Nicandra physaloides*, Giftbeere

Bild 31-3: *Atropa belladonna*, Tollkirsche

Bild 31-4: *Datura stramonium*, Weißer Stechapfel

Bild 31-5: *Hyoscyamus niger*, Schwarzes Bilsenkraut

Bild 31-6: *Schizanthus pinnatus*, Spaltblume

Bild 31-7: *Erythroxylum coca*, Cocastrauch

52. LÜTHY, J., BRAUCHLI, J., ZWEIFEL, U., SCHMID, P., SCHLATTER, C. (1984), Pharm. Acta Helv. 59: 9
53. MATTOCKS, A. R. (1986), Chemistry and Toxicology of Pyrrolizidine Alkaloids (Academic Press, London)
54. MATTOCKS, A. R. (1980), Lancet II: 1136
55. MATTOCKS, A. R., DRIVER, E. (1987), Toxicol. Lett. 38: 315
56. MAUZ, C., CANDRIAN, U., LÜTHY, J., SCHLATTER, C., SERY, V., KUHN, G., KADE, F. (1985), Pharm. Acta Helv. 60: 256
57. MISER, J. S., MISER, A.W., SMITHSON, W. A. (1982), Proc. Amer. Soc. Clin. Oncol. 1: 137
58. MOGHADDAM, M. F., CHEEKE, P. R. (1989), Toxicol. Lett. 45: 149
59. MOLYNEUX, R. J., JOHNSON, A. R. (1984), J. Nat. Prod. 47: 1030
60. NATORI, S., UENO, I. (1987), in: Naturally Occurring Carcinogens of Plant Origin – Toxicology, Pathology and Biochemistry, Bioactive Molecules 2 (Kodanska Elsevier Tokyo, Amsterdam, Oxford, New York): 25
61. PEDERSEN, E. (1975), Arch. Pharm. Chem. Sci. Ed. 3: 55
62. PETERSON, J. E., CULVENOR, C. C. J. (1983), in: Handbook of Natural Toxins, Plant and Fungal Toxins 1 (Eds.: KEELER, R. F., TU, A. T.), Marcel Dekker, New York: 637
63. PETRY, T.W., BOWDEN, G.T., BUHLER, D. R., SIPES, K. G. (1986), Toxicol. Lett. 32: 275
64. PIETERS, L. A., VLIETINCK, A. J. (1988), Planta Med. 54: 178
65. RAMSDELL, H. S., KEDZIERSKI, B., BUHLER, D. R. (1987), Drug Metab. Dispos. 15: 32
66. ROBINS, D. J. (1982), Fortschr. Chem. Org. Naturstoffe 41: 115
67. ROBINS, D. J. (1984), Nat. Prod. Rep. 1: 235
68. RÖDER, E., WIEDENFELD, H., JOST, E. J. (1982), Planta Med. 44: 182
69. RÖDER, E., WIEDENFELD, H., STENGL, P. (1980), Planta Med. Suppl. 182
70. RÖDER, E., WIEDENFELD, H., HILLE, T., BRITZ-KIRSTGEN, R. (1984), Dtsch. Apoth. Ztg. 124: 2316
71. RÖDER, E., STENGL, P., WIEDENFELD, H. (1982), Dtsch. Apoth. Ztg. 122: 851
72. RÖDER, E., WIEDENFELD, H., JOST, E. J. (1981), Planta Med. 43: 99
73. RÖDER, E. (1984), Pharm. Unserer Zeit 13: 33
74. RÖDER, E., WIEDENFELD, H., KNÖZINGER-FISCHER, P. (1984), Planta Med. 50: 203
75. ROITMAN, J. N. (1981), Lancet I: 944
76. ROSBERGER, D. F., RESCH, J. F., MEINWALD, J. (1981), Mitt. Gebiete Lebensm. Hyg. 72: 432
77. ROTHSCHILD, M., APLIN, R.T., COCKRUM, P. A., EDGAR, J. A., FAIRWEATHER, P., LEES, R. (1979), Biol. J. Linn. Soc. 12: 305
78. ROULET, M., LAURINI, R., RIVIER, L., CALAME, A. (1988), J. Pediatr. 112: 433
79. SCHMID, P., LÜTHY, J., ZWEIFEL, U., BETTSCHART, A., SCHLATTER, C. (1987), Mitt. Geb. Lebensmittelunters. Hyg. 78: 208
80. SCHRAUFNAGEL, D. E. (1990), Am. J. Pathol. 137: 1083
81. SENER, B., TEMIZER, H., KARAKAYA, A:E. (1986), J. Pharm. Belg. 41: 115
82. SHUBAT, P. J., BANNER, W. Jr., HUXTABLE, R. J. (1987), Toxicon 25: 995
83. SMITH, L.W., CULVENOR, C. C. J. (1981), J. Nat. Prod. 44: 129
84. SÖNTGERATH, M. (1988), Dissertation Rheinische Friedrich-Wilhelms-Univ. Bonn
85. SPANG, R. (1989), J. Pediat. 115: 1025
86. STENGEL, P., WIEDENFELD, H., RÖDER, E. (1982), Dtsch. Apoth. Ztg. 122: 851
87. SUFFNESS, M. (1985), in: Advances in Medicinal Plant Res. (Eds.: VLIETINCK, A. J., DOMISSE, R. A.), Wissenschaftliche Verlagsgesellschaft mbH, Stuttgart: 101
88. SWICK, R. A., CHEEKE, P. R., MIRANDA, C. L., BUHLER, D. R. (1984), J. Environ. Pathol. Toxicol. Oncol. 5: 59
89. TOPURIYA, L. I., CHUMBURIDZE, B. I., MSHVIDOBADZE, A. E. (1982), Khim. Prir. Soedin. 399
90. URONES, J. B., BARCALA, P. B., MARCOS, I. S., MORO, R. F., ESTEBAN, M. L., RODIGUEZ, A. F. (1988), Phytochemistry 27: 1507
91. VOLLMER, J. J., STEINER, N. C., LARSEN, G.Y., MUIRHEAD, K. M., MOLYNEUX, R. J. (1987), J. Chem. Educ. 64: 1027
92. VON BORSTEL, K., WITTE, L., HARTMANN, T. (1989), Phytochemistry 28: 1635
93. WICHTL, M. (1989), Pharm. Ztg. 134: 9 und 16
94. WIEDENFELD, H., RÖDER, E. (1984), Dtsch. Apoth. Ztg. 124: 2116
95. WIEDENFELD, H., PASTEWKA, U., STENGL, P., RÖDER, E. (1981), Planta Med. 41: 124
96. WITTE, L., EHMKE, A., HARTMANN, T. (1990), Naturwissenschaften 77: 540

Mit Ü gekennzeichnete Zitate siehe Kap. 43.

31 Tropanalkaloide

31.1 Toxinologie

Tropanalkaloide besitzen einen Tropangrundkörper (8-Methyl-8-azabicyclo[3,2,1]octan), der in Stellung 3 eine, bezogen auf die Stickstoffbrücke (1(R):5(S)), α-ständige (Tropin = Tropan-3-α-ol) oder β-ständige Hydroxylgruppe (φ-Tropin = Pseudotropin = Tropan-3β-ol) trägt (Abb. 31-1). Die Hydroxylgruppe dieser Aminoalkohole ist bei den meisten Tropanalkaloiden mit einer Alkyl-, Aryl- oder Alkarylcarbonsäure, seltener auch mit einer heterocyclischen Säure verestert. Diese Ester werden auch als Tropeine bezeichnet. Natürliche dimere Tropeine, bei denen die Aminoalkohole z. B. durch eine Diesterbrücke, gebildet durch eine in Position 3,3' gebundene Dicarbonsäure, oder über eine N,N'-Carbonyl- bzw. Ethylbrücke verknüpft sind, kommen vor. Auch N-Nor-Tropane treten auf.

Einige toxikologisch interessante Tropanalkaloide besitzen außerdem in Stellung 2 des Grundkörpers eine Carboxylgruppe (Ecgonin = 2β-Carboxytropan-3β-ol), die in der Regel mit Methanol verestert ist (Methylecgonin). Ester des Methylecgonins werden als Ecgonine zusammengefaßt.

Durch Hydroxylierung des Tropins in Stellung 6 oder 7 (6β- bzw. 7β-Hydroxytropin) oder in 6 und 7 (6β,7β-Dihydroxytropin = Teloidin) oder Epoxidierung in 6 und 7 (6β,7β-Epoxytropin = Scopin) wird die Vielfalt der Aminoalkoholkomponenten erhöht. Die Hydroxylgruppen können ebenfalls verestert sein. Triacylderivate wurden jedoch bisher nicht gefunden.

Aus den Proteaceae wurden Verbindungen mit abweichenden Strukturen isoliert, z. B. Tropanderivate mit 2,3-β-ankondensiertem γ-Pyronring (Pyranotropane) oder 2α-Benzoyltropinabkömmlinge (22). Bei den Convolvulaceae kommen auch N-Hydroxy- oder N-Isopropyl-N-nor-tropinderivate vor.

Häufig werden die Tropanalkaloide von ihren biogenetischen Vorstufen, den als Hygrine bezeichneten Pyrrolidinalkaloiden, begleitet. Bei ihnen ist nur der Pyrrolidinring, nicht der Piperidinring geschlossen (Abb. 31-2).

Die Anzahl der bekannten Tropanalkaloide beträgt über 150 (Ü 76: XXXIII, 1). Auch ihre N-Oxide kommen vor (126).

Tropeine von besonderer therapeutischer und toxikologischer Bedeutung sind (–)-Hyoscyamin ((S)-(–)-Hyoscyamin, L-Hyoscyamin) sowie dessen Racemat Atropin, beides Tropasäureester des Tropins, und (–)-Scopolamin ((–)-Hyoscin), ein Tropasäureester des Scopins. Das Atropin entsteht leicht aus (–)-Hyoscyamin, bereits bei der Extraktion des Pflanzenmaterials, durch Racemisierung des am Tropin gebundenen (S)-Tropasäurerestes. Es ist vermutlich auch in geringen Mengen neben dem (–)-Hyoscyamin in ruhenden Pflanzenteilen, wie reifen Früchten und Wurzeln im Winterhalbjahr, vorhanden. Das Atroscin, das Racemat des (–)-Scopolamins, tritt nur in Spuren auf. Apoatropin (Atropamin) entsteht nichtenzymatisch durch Wasserabspaltung aus Hyoscyamin bzw. Atropin. Es kann zum Belladonnin dimerisieren.

Besonders bei *Datura-*, *Schizanthus-* und *Erythroxylum-*Arten kommen Ester der Hydroxytropine vor, z. B. Meteloidin (Teloidin-3-tiglinsäureester), Tigloylmeteloidin (Meteloidin-6-tiglinsäureester) und die Schizanthine sowie Ester des Pseudotropins, z. B. Tigloidin (Pseudotropin-3-tiglinsäureester).

Von den Ecgoninen ist (–)-Cocain (Benzoesäureester des Methylecgonins) der bedeutendste Vertreter. Das Cinnamoylcocain enthält als Säurekomponente anstelle der Benzoesäure die cis- oder trans-Zimtsäure. Aus ihm entstehen durch Dimerisierung die Truxilline; Tropacocain ist 3-Benzoyl-pseudotropin.

Von den Hygrinen sind Cuskhygrin (Cuscohygrin) und Hygrin die bedeutendsten (zur Chemie der Tropanalkaloide 9, Ü 8, Ü 15, Ü 16, Ü 89, Ü 76: I, 271; VI, 145; IX, 269; XIII, 351; XVI, 83; XXXIII, 1).

Die Biogenese der Aminoalkohole der Tropanalkaloide erfolgt aus L-Ornithin und 2 Molekülen Acetat. Ornithin

Name	Aminoalkohol	R^1	R^2	R^3
Hyoscyamin/Atropin	Tropin	Trop	H	H
Apoatropin (Atropamin)	Tropin	Atrop	H	H
α-Belladonnin	Tropin (2x)	α-Isatrop	H	H
α-Phenylacetoxytropan	Tropin	Phes	H	H
Datumetin	Tropin	OCH_3Benz	H	H
Butropin	Tropin	iBu	H	H
Valtropin	Tropin	MBu	H	H
6β-Hydroxyhyoscyamin	Tropin	Trop	OH	H
7β-Hydroxyhyoscyamin	Tropin	Trop	H	OH
Teloidin	Tropin	H	OH	OH
Meteloidin	Tropin	Tig	OH	OH
Tigloylmeteloidin	Tropin	Tig	OH	OTig
Scopolamin (Hyoscin)	Tropin	Trop	—— O ——	
Aposcopolamin	Tropin	Atrop	—— O ——	
Tigloidin	Pseudotropin	Tig	H	H
Tropacocain	Pseudotropin	Benz	H	H
Cocain	Methylecgonin	Benz	H	H
cis-Cinnamoylcocain	Methylecgonin	Benz	H	H
α-Truxillin	Methylecgonin (2x)	α-Trux	H	H

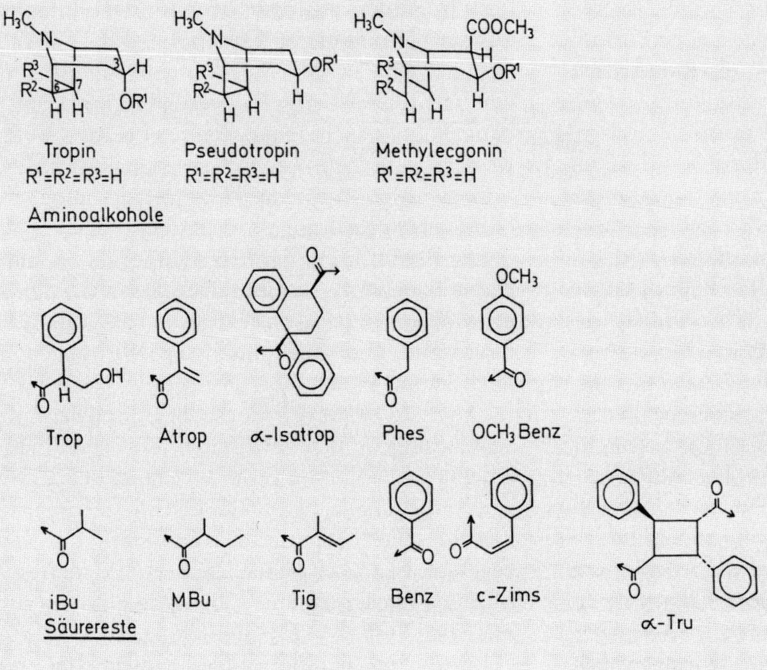

Abb. 31-1: Tropanalkaloide

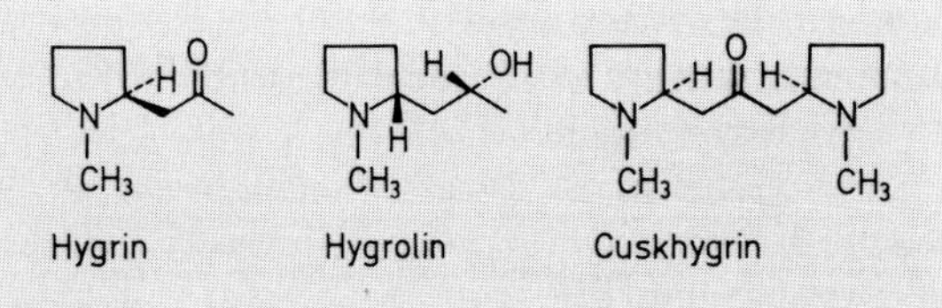

Abb. 31-2: Hygrine

wird über ω-N-Methylornithin zu N-Methylputrescin umgewandelt, das zu 4-Methylbutanal desaminiert wird. Nach Ringschluß zum N-Methyl-Δ^1-pyrroliniumkation werden nacheinander 2 Acetatreste (in Form von Malonyl-CoA) unter Bildung von Hygrincarbonsäure angelagert, die entweder in die Hygrine oder über 3-Dehydroecgonin zu Ecgonin hydriert bzw. über Tropinon zu Tropin transformiert werden kann. Anschließend kommt es zur

Veresterung der gebildeten Aminoalkohole mit den entsprechenden Säuren. Hauptort der Biogenese ist die Wurzel. Die Hydroxylierung bzw. Epoxidierung erfolgt in der Wurzel oder in den grünen Teilen der Pflanzen (90, 91, 92, Ü 90).

Tropanalkaloide wurden bisher nur bei höheren Pflanzen gefunden. Schwerpunkte ihres Auftretens sind die Solanaceae (Nachtschattengewächse, Kap. 31.2) und die Erythroxylaceae (Kap. 31.3). Sporadisch kommen sie vor bei Proteaceae, Rhizophoraceae, Brassicaceae (Kreuzblütengewächse), Euphorbiaceae (Wolfsmilchgewächse), Convolvulaceae (Windengewächse) und Dioscoreaceae (Yamswurzgewächse, 40, Ü 90).

Tropanalkaloide sind pharmakologisch hochaktive Verbindungen. (–)-Hyoscyamin greift als Antagonist am muscarinergen Acetylcholinrezeptor an, verhindert den Angriff des natürlichen Transmitters Acetylcholin und wirkt somit parasympathicolytisch. Folgen sind Spasmolyse der glatten Muskulatur, Erhöhung der Pulsfrequenz, Einschränkung der Speichel-, Magensaft- und Schweißsekretion sowie Akkomodationslähmung. In höheren Dosen (etwa ab 3 mg beim Menschen) werden auch die Wirkungen von Acetylcholin an Ganglien und motorischen Endplatten und seine Transmitterfunktion im Gehirn antagonisiert. Dann überwiegt die zentralerregende Wirkung. Noch höhere Dosen (ab 10 mg Atropin beim Menschen) wirken zentral lähmend (31).

(–)-Hyoscyamin ist 10–20mal stärker wirksam als (+)-Hyoscyamin. Damit ergibt sich für das Racemat Atropin etwa die halbe Wirksamkeit des (–)-Hyoscyamins (78, 123, 149). Die LD_{50} von Atropin liegt bei 400 mg/kg, p. o., Maus, bzw. 622 mg/kg, p. o., Ratte. Für Erwachsene können bei peroraler Zufuhr etwa ab 100 mg Atropin tödlich sein, für Kinder bereits wenige Milligramm. Die individuelle Empfindlichkeit weist jedoch sehr starke Schwankungen auf (149, Ü 31, Ü 73). Drei Kinder überlebten beispielsweise eine ca. 1000fache Überdosierung von Atropinsulfat (verabreichte Dosis 580 mg für ein 28 kg schweres Kind, 5).

Scopolamin besitzt das gleiche Wirkungsspektrum wie Atropin. Die zentral lähmende Wirkung ist stark ausgeprägt, die zentral stimulierende tritt dagegen zurück. Von den peripheren Wirkungen sind die mydriatische und die sekretionshemmende verstärkt, die spasmolytische verringert (149). Die letale Dosis für den Menschen ist etwa so groß wie die von Atropin. Für Mäuse liegt die LD_{50} von Scopolamin bei 163 mg/kg, i. v., und 1700 mg/kg, s. c. (149).

Apoatropin wirkt vorwiegend zentral stimulierend.

Belladonnin und die Ester der Hydroxytropine haben nur schwache parasympathicolytische Wirkung. Einige Hydroxytropinester, z. B. Tigloidin, besitzen günstigen Einfluß auf Rigor und Tremor beim Parkinsonismus (43).

Cocain wirkt über eine Hemmung der neuronalen Rückspeicherung von Catecholaminen, z. B. Noradrenalin und DOPamin, sowie Serotonin, zentral stimulierend und euphorisierend (127). Als Angriffspunkt wird der DOPamin-Transporter im Gehirn diskutiert (48). Über dopaminerge Mechanismen wird die Dynorphinsynthese im ZNS gesteigert (127, 154). Aus der Erhöhung der Transmitterkonzentration an postsynaptischen Rezeptoren der Peripherie resultiert eine Konstriktion der Blutgefäße, gefolgt von Blutdruckanstieg, Tachykardie, Mydriasis, Hyperglykämie, Hyperthermie und Krampfneigung.

Die lokalanästhetische Wirkung von Cocain beruht auf einer Hemmung des Na^+-Einstroms und damit der Erregungsleitung in sensiblen Nervenendigungen (24, 28).

Bei Langzeitgebrauch kommt es zur Depletion des DOPamins aus den Nervenenden und bei Entzug des Wirkstoffs zu Dysphorie (11, 24, 28). Bei chronischer Cocainzufuhr können sich Abhängigkeit und Toleranz entwickeln (62, 112, 158). Die Abhängigkeit ist nicht rein psychisch bedingt, sondern Resultat einer neurophysiologischen «down regulation» solcher zentralen Prozesse, die angenehme («pleasure») Reaktionen vermitteln (50).

Die Konstriktion der Plazentargefäße hat ein geringes Sauerstoff- und Energieangebot für den sich entwickelnden Fetus zur Folge, so daß Cocain auch teratogene und embryotoxische Wirkungen ausüben kann (44, 45, 99).

Die letale Dosis von Cocain beginnt für den nicht an Cocaingebrauch gewöhnten Menschen bei parenteraler Applikation bei etwa 30 mg, bei peroraler Zufuhr bei 0,5–1,0 g (Ü 73). Die im Tierversuch ermittelten Werte schwanken relativ stark. Für Ratten liegt die LD_{100} zwischen 25 und 100 mg/kg, für Mäuse zwischen 75 und 100 mg/kg und für Hunde zwischen 16,5 und 24,4 mg/kg, parenteral (156).

Ecgonin relaxiert die glatte Muskulatur des Intestinums und wirkt im Tierversuch leistungssteigernd. Die LD_{50} ist größer als 1 g/kg, i. v., Maus (115).

Methylecgonin hemmt in vitro die DOPaminaufnahme in die Synaptosomenfraktion des Rattenstriatums, hat aber am Ganztier keine deutlichen pharmakologischen Effekte.

Benzoylecgonin ist etwa 20× weniger toxisch als Cocain. Bei Applikation in das ZNS wirkt es wie dieses stimulierend (116).

Cinnamoylcocain und Cuskhygrin haben immunsuppressive Effekte (174).

Tropacocain ist wie Cocain lokalanästhetisch wirksam, aber weniger toxisch.

α- und β-Truxillin sind Herzgifte (116).

Tropanalkaloide werden über die Schleimhäute rasch (Atropin, Scopolamin) bzw. verzögert (Cocain) und vollständig resorbiert. Atropin, Scopolamin und Cocain passieren die Blut-Hirn-Schranke sowie die Plazentarschranke und werden auch in der Muttermilch gefunden. In der humanen Plazenta wurden cocainbindende Proteine nachgewiesen (2). Die Biotransformation durch hydrolytische Spaltung der Esteralkaloide erfolgt vorzugsweise in der Leber. Cocain wird bei Alkalizusatz bereits im Mund teilweise in Ecgonin überführt. Die Aktivität der für den Abbau des Cocains zu Benzoylecgonin und Methylecgonin verantwortlichen Cholinesterasen ist u. a. bei Feten, Schwangeren, Kleinkindern und älteren Personen verringert. Diese sind dadurch für die Cocainwirkungen wesentlich empfindlicher als Normalpersonen.

Die Tropanalkaloide werden in metabolisierter oder unveränderter (bei Atropin etwa 50%) Form über die Niere eliminiert. Cocain ist 24–36 Stunden, bei chronischem Gebrauch 5–10 Tage im Urin nachweisbar (zu Pharmakokinetik und zum Metabolismus von Atropin und Scopolamin: 149, Ü 27, Ü 73; von Cocain: 12, 25, 28, 73, 74, 75, 115, 178).

Scopolia carniolica JACQ., Krainer Tollkraut, das im Gebiet der Steiermark vorkommt, hat einen Alkaloidgehalt von 0,2–0,4% in den Blättern und 0,2–0,5% in den Wurzeln. Die Pflanze wird, wie auch einige andere *Scopolia*-Arten (z. B. *S. stramonifolia* (WALL.) SEMENOVA), zur Gewinnung ihrer Alkaloide angebaut. Hauptalkaloide sind (–)-Hyoscyamin und Scopolamin (114, 155).

Mandragora officinarum L., Alraunwurzel (siehe S. 449, Bild 31-1), die im Mittelmeergebiet heimisch ist, enthält etwa 0,4% Tropanalkaloide in den unterirdischen Organen (158). Hauptalkaloide sind bei ihr, wie auch bei den anderen *Mandragora*-Arten, ebenfalls (–)-Hyoscyamin und Scopolamin (68).

In der Tribus Nicandrae führt nur *Nicandra physaloides* (L.) GAERTN., Giftbeere, Tropanalkaloide. Diese aus Peru stammende Pflanze mit fünflappigem hellblauem Blütensaum ähnelt wegen ihres zur Fruchtzeit stark aufgeblasenen, die braune Beerenfrucht ganz umschließenden Kelches sehr der Blasenkirsche (siehe S. 450, Bild 31-2). Sie wurde als Zierpflanze angebaut und kommt vereinzelt verwildert im Gebiet vor. Ihre Wurzel enthält Tropinon und Hygrin (134, 136). Außerdem wurden in ihr eine Reihe von Withanoliden (Kap. 12.3.1) mit aromatischem Ring D und ähnliche Steroide nachgewiesen, von denen sich das Nicandendron als cytotoxisch erwiesen hat (8, 56, 81).

31.2 Tropanalkaloide als Giftstoffe der Nachtschattengewächse (Solanaceae)

31.2.1 Verbreitung

Bei den Nachtschattengewächsen, Solanaceae, sind Tropanalkaloide weit verbreitet. Von 68 Gattungen dieser Familie enthalten 21 Tropanalkaloide. Etwa 70 verschiedene Tropanalkaloide wurden aus ihnen isoliert (Ü 76: XXXIII, 1).

In der Tribus Datureae kommen sie in den Gattungen *Datura*, Stechapfel (Kap. 31.2.3), und *Solandra* (Heimat Mexiko, Antillen, 42) vor; in der Tribus Salpiglossidae wurden sie u. a. bei den Gattungen *Duboisia* (Kap. 31.2.5) und *Schizanthus*, Spaltblume (Kap. 31.2.6), nachgewiesen und in der Tribus Solaneae u. a. in den Gattungen *Atropa, Latua, Hyoscyamus, Cyphomandra* und *Mandragora*. Davon sind die Gattungen *Atropa*, Tollkirsche (Kap. 31.2.2), *Hyoscyamus*, Bilsenkraut (Kap. 31.2.4), *Scopolia*, Tollkraut, und *Mandragora*, Alraune, besonders erwähnenswert.

31.2.2 Tropanalkaloide der Tollkirsche *(Atropa belladonna)*

Die Gattung *Atropa*, Tollkirsche (Solanaceae, Nachtschattengewächse), umfaßt etwa sechs Arten. In Mitteleuropa gedeiht nur *A. belladonna* L., Tollkirsche.

Atropa belladonna (siehe S. 450, Bild 31-3) ist eine krautige, bis zu 1,5 m hohe Pflanze mit dickem, walzenförmigem, ausdauerndem Wurzelstock. Die Laubblätter sind eiförmig-zugespitzt, ganzrandig, flaumig behaart und bis zu 15 cm lang. Sie sind im Bereich des Blütenstandes paarweise genähert, jeweils ein größeres und ein kleineres zusammenstehend. Die Blüten stehen einzeln. Der Kelch ist 5spaltig und zur Zeit der Fruchtreife sternförmig ausgebreitet. Die Blumenkrone ist glockig-röhrig, 5lappig, 2,5–3,5 cm lang, violett, innen schmutzig gelb, purpurrot geadert. Eine Unterart mit gelber Blüte (var. *lutea* DÖLL) ist bekannt. Staubblätter sind 5 vorhanden, der Griffel besitzt eine 2lappige Narbe. Die Früchte sind kugelige, bis kirschgroße, zunächst grüne, dann glänzend schwarze (bei var. *lutea* gelbe) Beeren mit vielen eiförmigen schwarzen Samen. Die kalkholde Pflanze wird im gesamten Gebiet zerstreut in Wäldern, auf Waldschlägen und an Säumen gefunden.

Alle Teile enthalten Tropanalkaloide. Die Konzentration beträgt in den unreifen Beeren 0,2–0,8%, den reifen Beeren 0,1–0,4%, den Samen 0,8%, den Blüten 0,4%, den Blättern 0,2–0,9%, den Stengeln 0,1–0,9% und in den Wurzeln 0,3–1,2% (29, 63, 138). Hauptalkaloid ist das (–)-Hyoscyamin. In den Wurzeln konnten 20 Begleitalkaloide nachgewiesen und 14 davon identifiziert werden, u. a. Apoatropin (18% der Gesamtalkaloide), 3α-Phenylacetoxytropan (3%), Tropin (3%), Scopolamin (1%), Cuskhygrin (2,5%) und in sehr geringen Mengen Aposcopolamin, Norhyoscyamin, 6-Hydroxyhyoscyamin, Hygrolin sowie Hygrin. In den Blättern wurden nur sechs Nebenalkaloide gefunden, u. a. Hyoscyamin-N-oxid (4–18%), Apoatropin (7%), Tropin (3%) und Scopolamin (2%). Die Hygrine fehlen in den oberirdischen Organen (60). Spuren der flüchtigen Basen N-Methylpyrrolidin, Pyridin sowie Nicotin kommen ebenfalls in der Pflanze vor (63, Ü 39a: IV, 423).

Atropa-Arten wurden schon im Altertum und Mittelalter auf vielfältige Weise als Rausch-, Liebes- und Zaubermittel genutzt (84). Namensgebend für die Art war die Ausnutzung der pupillenerweiternden Wirkung von Extrakten aus den Pflanzen, die Frauen der Mittelmeerländer zur Steigerung ihrer Attraktivität benutzten (belladonna = schöne Frau). Auch als Mord- und Selbstmordgifte wurden die Pflanzen herangezogen (157, Ü 86).

Für die Wirkung von *Atropa*-Arten ist in erster Linie (–)-Hyoscyamin verantwortlich. Nach Aufnahme von Pflanzenteilen setzt in den meisten Fällen zunächst Erbrechen ein. An folgenden vier Hauptsymptomen, die bereits bei therapeutischer Dosierung von Atropin (0,5–1,0 mg beim Erwachsenen) auftreten können, sind Vergiftungen relativ leicht zu erkennen: Rötung des Gesichts, Trockenheit der Schleimhäute, Pulsbeschleunigung und Mydriasis. Bei größeren Dosen kommt zu diesen peripheren Effekten die zentral erregende Wirkung hinzu. Sie äußert sich in starker motorischer Unruhe, Rededrang, Halluzinationen, Delirien und Tobsuchtsanfällen und endet meistens in Erschöpfung und Schlaf. Noch höhere Dosen wirken zentral lähmend. Bei nicht behandelten Fällen besteht die Gefahr des Atemstillstandes.

Bei Aufnahme von Pflanzenteilen sind Vergiftungen ab 0,3 g Blättern möglich. Für Kinder gelten ohne Behandlung 3–5 Beeren, für Erwachsene 10–20 Beeren als tödlich (149, Ü 31, Ü 73). Hohe Außentemperaturen erhöhen die Empfindlichkeit (eingeschränkte Wärmeregulation aufgrund der reduzierten Schweißsekretion, 69).

Vergiftungen durch Tollkirschenbeeren sind auch heute nicht selten. Besonders Kinder lassen sich durch die kirschenähnlichen und süßlich schmeckenden Beeren zum Verzehr verlocken (26, 85, 88, 112, Ü 62), aber auch bei Erwachsenen sind Vergiftungen beschrieben worden (144, 161, 163). Blätter waren als Teebestandteile (146), bei absichtlichem Mißbrauch zur Erzeugung von Halluzinationen (neun Jugendliche wollten mit einem Extrakt aus ca. 30 Blättern in 2,5 l Wasser eine «neue Drogenerfahrung» machen und erlitten neben den typischen peripheren Vergiftungssymptomen vorwiegend optische Halluzinationen, 124) und bei Verzehr als Wildgemüse (71) Anlaß zu Intoxikationen.

«Eine 57jährige Frau . . . klagte gegen 10 Uhr vormittags über Schwindelgefühl, Übelkeit, Erbrechen, Mundtrockenheit. Der Tochter fielen weite Pupillen und Händezittern auf. In den folgenden Stunden entwickelte sich das Bild einer zunehmenden deliranten Verwirrtheit. Die Patientin wurde motorisch unruhig, sprach unzusammenhängend mit nicht anwesenden Verwandten, hörte deren Stimmen, berichtete über optische Halluzinationen im Sinne von grün und lila gefärbten Flecken, die sich «wie Bälle» hüpfend auf dem Boden bewegten und sie beängstigten. Sie wirkte ängstlich erregt, führte während der ganzen Zeit ihre Hausarbeit hektisch, aber ohne wesentliche Fehler weiter. Gegen Abend desselben Tages klangen alle Symptome vollständig ab.» Auf Befragung stellte sich heraus, daß die Patientin am Morgen drei Sorten von «Gesundheitstee» zu sich genommen hatte. Einer davon enthielt als Fremdbestandteil Blattstücke von *A. belladonna* (146).

Aufgrund der häufigen Verwendung atropinhaltiger Arzneimittel sind auch medizinal bedingte Vergiftungen durch Überdosierung, Verwechslung, falsche Applikation oder Überempfindlichkeit aufgetreten (5, 64, 105, 109, 139).

Die Empfindlichkeit verschiedener Tierarten ist sehr unterschiedlich. Während Kaninchen, Meerschweinchen und Vögel wirkungsvolle Entgiftungsmechanismen besitzen und unbeschadet über längere Zeit tropanalkaloidhaltige Pflanzenteile zu sich nehmen können, sind z. B. Rind, Pferd und Schaf ähnlich wie der Mensch stark gefährdet. Vergiftungen durch die Pflanzen sind bei Tieren allerdings trotzdem sehr selten.

Nach peroraler Aufnahme von Atropin bzw. von Hyoscyamin enthaltenden Pflanzenteilen sollte mit Salzwasser möglichst schnell Erbrechen ausgelöst werden. Die Magenspülung ist wegen der Trockenheit der Schleimhäute mit gut eingeöltem Schlauch mit reichlich Wasser oder 0,05–0,1%iger Kaliumpermanganatlösung durchzuführen. Anschließend sind Natriumsulfat und Aktivkohle zu verabreichen. Gegen die Hyperthermie dürfen keinesfalls Antipyretica gegeben werden. Besser sind Umschläge mit nassen Tüchern. Bei schweren Vergiftungen kann forcierte Diurese nützlich sein. Als Antidota empfehlen sich Parasympathicomimetica wie Physostigmin oder Pilocarpin. Zur Behandlung der Erregungszustände werden Diazepam oder kurz wirkende Barbiturate eingesetzt. Bei Koma und drohender Atemlähmung muß Sauerstoffbeatmung durchgeführt werden. Bei rechtzeitiger Behandlung ist die Prognose gut (149, Ü 73, Ü 85).

Therapeutisch verwendet werden sowohl Zubereitungen aus Belladonnae folium oder Belladonnae radix als auch reines Atropin und Scopolamin. Indikationen sind u. a. Spasmen von Magen, Gallen- und Harnwegen sowie der Bronchien, übermäßige Drüsensekretion (z. B. Hyperacidität des Magens), Hyperemesis, Reisekrankheiten und Parkinsonismus («Bulgarische Kur»). Atropin wird weiterhin zur Vorbereitung von Operationen (Vagusschutz, Sekretionshemmung) und als Mydriaticum genutzt.

31.2.3 Tropanalkaloide als Giftstoffe des Stechapfels (*Datura*-Arten)

Die Gattung *Datura*, Stechapfel (Solanaceae, Nachtschattengewächse), umfaßt etwa 20 Arten, die besonders in Zentralamerika beheimatet sind. Bereits in der Mitte des 16. Jahrhunderts wurde *Datura stramonium* L., Weißer Stechapfel, als Gartenpflanze zunächst in Spanien, später auch in anderen europäischen Ländern kultiviert und verbreitete sich am Ende des 17. Jahrhunderts über das gesamte Gebiet.

Datura stramonium (siehe S. 450, Bild 31-4) ist eine einjährige, unter günstigen Bedingungen bis 1,2 m hoch werdende Pflanze mit einfachem oder gabelästig verzweigtem, kahlem Stengel und langgestielten, eiförmigen, buchtig gezähnten, bis zu 20 cm langen Blättern. Die einzeln blattachselständig stehenden Blüten besitzen einen 5kantigen, röhrigen Kelch mit 5 Zähnen und eine weiße, verwachsene, trompetenförmige Blumenkrone. Die Zahl der Staubblätter beträgt 5. Der Griffel hat eine 2lappige Narbe. Die Frucht ist eine bis zu 5 cm lange Kapsel, die mit weichen Stacheln besetzt ist. Sie enthält zahlreiche, bis zu 3,5 mm lange, platte, nierenförmige, braunschwarze Samen. Die Pflanze kommt zerstreut, besonders an stickstoffreichen Ruderalstellen, an Wegrändern, in Weinbergen und Gärten vor. Die moderne Literatur unterscheidet 4 Varietäten (var. *stramonium*, Blüten weiß, Früchte bestachelt, var. *tatula* (L.) TORR., Blüte hellviolett, Frucht bestachelt, var. *inermis*, (JUSS. ex JACQ.) TIMM, Blüten weiß, Frucht glatt, var. *godronii* DANERT, Blüten hellviolett, Frucht glatt, 30).

Außerdem werden eine Reihe von *Datura*-Arten, besonders aus der Sektion Brugmansia (PERS.) BERNH. (oft als eigene Gattung aufgefaßt), deren Vertreter Bäume oder Sträucher sind, als Zierpflanzen, meistens in Kübeln, kultiviert. Dazu gehören *D.* × *candida* (PERS.) SAFF. und *D. suaveolens* HUMB. et BONPL. ex WILLD. (beide häufig unter dem Namen *D. arborea* gezogen). Sie haben bis 30 cm lange, hängende, meistens weiße Blüten und beerenartige Früchte. Am Schlunde rote Blüten weist *D. sanguinea* RUIZ et PAV. auf. Eine Reihe weiterer *Datura*-Arten aus den Sektionen Stramonium und Dutra BERNH. können in Ländern gemäßigter und heißer Klimate als Industriedrogen zur Gewinnung von Atropin und Scopolamin angebaut werden (z. B. *D. ferox* L., *D. innoxia* MILL., auch *D. inoxia* MILL. syn. mit *D. meteloides* DC.).

Einige Arten, z. B. *D. ceratocaula* ORT. («Schwester des Ololiuqui») und *D. innoxia* MILL. («Toloache», Bestandteil des Getränkes «Tesquino», das aus fermentierten Maiskeimlingen bereitet wird), spielen in Mexiko und Südamerika und *D. metel* sowie *D. ferox* in Südostasien als Halluzinogene eine Rolle (148, Ü 111).

Alle Teile der untersuchten *Datura*-Arten enthalten Tropanalkaloide. Der Alkaloidgehalt der Blätter, der sehr vom Entwicklungszustand der Pflanze abhängig ist und meistens ein Minimum zur Zeit der Blüte aufweist, liegt bei den vier Varietäten von *D. stramonium* (1, 36, 61, 110, 151, 168), bei *D. ferox* (121, 135), *D. metel*, *D. innoxia* (16, 41, 82, 104, 169) und *D. candida* (150) zwischen 0,10 und 0,65%. Die Samen der genannten Arten enthalten 0,2–0,6% Tropanalkaloide. Untersuchungen über die Alkaloidverteilung im Sproß zeigten besonders hohe Alkaloidkonzentrationen im Bereich der Sproßspitze, im Gefäßgewebe und in den Haaren. Auch in den Chloroplasten konnten Alkaloide nachgewiesen werden. In der Epidermis fehlten sie (34).

Aus *Datura*-Arten wurden über 30 verschiedene Alkaloide isoliert. Hauptalkaloide sind (–)-Hyoscyamin und Scopolamin. Der Anteil des Scopolamins an den Gesamtalkaloiden beträgt in den Blättern bei *D. stramonium* var. *stramonium* 15–20% (110, 151) und bei *D. candida* 58–72% (54, 150). Der Scopolaminanteil bei den übrigen Arten liegt zwischen diesen Extremen. Er nimmt bei Arten, bei denen die Epoxidierung in der Wurzel erfolgt *(D. stramonium, D. innoxia)* in den Blättern im Laufe der Vegetationsperiode ab. Bei *D. ferox*, die Hyoscyamin in den Blättern in Scopolamin umwandeln kann, steigt er an (135).

Als Nebenalkaloide kommen u. a. vor Apoatropin, Belladonnin, 3,6-Dihydroxytropin, Meteloidin, Tigloylmeteloidin, Tigloidin, Norhyoscyamin, Datumetin und Cuskhygrin (40, 153). Als stark fluorescierende Begleitalkaloide wurden in den Samen von *D. stramonium* die β-Carbolinalkaloide Fluorodaturatin (2,3,5,6-Tetrahydro-9-hydroxy-1 H-pyrido[-1,2,3-1,m]β-carbolin), Homofluorodaturatin und Dehydrofluorodaturatin gefunden (76).

Weitere erwähnenswerte Inhaltsstoffe der *Datura*-Arten sind Withanolide (39). Einige von ihnen besitzen antiphlogistische Wirksamkeit (159).

Vergiftungen durch *Datura*-Arten führen im allgemeinen zu den gleichen Symptomen wie die durch *Atropa*-Arten. Pulsbeschleunigung und Rötung des Gesichts können fehlen. Die zentralerregenden Wirkungen des Atropins sind häufig zugunsten der zentrallähmenden Scopolaminwirkung zurückgedrängt. Bereits ab 0,1 g/kg Scopolamin treten Halluzinationen vor allem visueller Natur auf, die sich über mehrere Tage erstrecken können (53, 100, 108, 149). Noch unklar ist, ob *Datura stramonium* teratogene Effekte auslösen kann (79). Leipold und Mitarb. führten das Auftreten von Arthrogrypose bei neugeborenen Schweinen auf den Verzehr von *D. stramonium* durch die Muttertiere zurück (94). Andere Untersuchungen widersprechen dem (80).

Von *Datura*-Samen gelten 0,3 g als giftig. 15 Stück können für Kinder tödlich sein (149, Ü 73).

Akzidentelle Vergiftungen durch *D. stramonium* sind relativ selten. Über Vergiftungen durch mit Stechapfelsamen verunreinigtes Mehl (102, 128) oder durch irrtümliche Abgabe von Stechapfelblättern anstelle von Brennesseltee (171) wurde berichtet. Ein auf einem türkischen Basar als «Husten- und Bronchitistee» gekaufter Tee enthielt Teile von *Datura*-Arten und verursachte bei einem 10jährigen Mädchen Schwindel, Erbrechen und Bewußtlosigkeit mit intermittierenden Tobsuchtsanfällen (103). In jüngerer Zeit spielen Vergiftungen durch beabsichtigten Mißbrauch der Pflanzen bzw. scopolaminhaltiger Zubereitungen als Rauschmittel eine zunehmende Rolle (10, 38, 51, 59, 106, 129, 152). Außer *D. stramonium* werden auch die als Zimmerpflanzen gehaltenen *D. suaveolens* und *D. sanguinea* zu diesem Zweck genutzt (58, 72). Besonders in Indien waren Stechapfelsamen ein häufig verwendetes Mord- und Selbstmordgift (162).

Gelegentlich werden Vergiftungen bei therapeutischer Anwendung beobachtet (119, 133, Ü 73). Sie sind auch bei transdermaler Applikation möglich. Ursache kann außerdem eine falsche Anwendungsform sein (Räuchermittel als Tee u. ä.).

Akute Tiervergiftungen sind selten. Da die Samen von *D. stramonium* gelegentlich als Futterverunreinigung vorkommen, wurde in Fütterungsversuchen deren mögliche Wirkung untersucht. Ein Gehalt von mehr als 0,5% im Futter von Ratten führt zu verringerter Gewichtszunahme und veränderten Blut- und Enzymwerten (36). Bei Schweinen wurde reduzierte Futteraufnahme gefunden (180). Bei Küken hat erst ein Gehalt von mehr als 1% negative Auswirkungen (32, 46). Die Futtermittelverordnung der BRD gestattet einen Gehalt von 0,1% der Samen in Futtermitteln (Ü 40).

Für die Behandlung der Vergiftungen gelten die gleichen Richtlinien wie bei *Atropa*-Vergiftungen. Wegen der Halluzinationen und Delirien ist auf ständige Beobachtung des Patienten zu achten.

Scopolamin wird hauptsächlich zur Narkosevorbereitung und als Antemeticum bei Kinetosen verwendet. Stechapfelblätter, Stramonii folium, werden bei Asthma in Form von Asthmazigaretten oder Räucherkräutern und außerdem wie Tollkirschenkraut eingesetzt.

31.2.4 Tropanalkaloide als Giftstoffe im Bilsenkraut (*Hyoscyamus*-Arten)

Zur Gattung *Hyoscyamus*, Bilsenkraut (Solanaceae, Nachtschattengewächse), gehören etwa 20 Arten, die in Europa, Nordafrika und im gemäßigten Asien vorkommen. In Mitteleuropa wird nur *H. niger* L., Schwarzes Bilsenkraut, gefunden.

H. niger (siehe S. 450, Bild 31-5) ist ein 2jähriges, seltener 1jähriges, aufrechtes Kraut mit ungeteilten Blättern. Es wird bis zu 80 cm hoch, besitzt einen klebrig-zottigen Stengel mit länglich-eiförmigen Blättern, die buchtig gezähnt sind. Die Blüten sind fast sitzend einseitswendig in den Blattachseln angeordnet. Der Kelch ist röhrig-glockig, die Blütenkrone trichterförmig, 5lappig, schwach zygomorph und schmutzig-gelb mit violetten Adern. Die reife Frucht ist eine Deckelkapsel mit bis zu 200 Samen. Die Pflanze kommt im gesamten Gebiet zerstreut auf stickstoffreichen Ruderalstellen, an Wegrändern und in Hackkulturen vor.

Alle Teile der Pflanze enthalten Tropanalkaloide. Die Gesamtalkaloidkonzentration beträgt in den Blättern 0,03–0,28%, in den Wurzeln 0,08% und in den Samen 0,05–0,3% (118, 145). Hauptalkaloide sind (-)-Hyoscyamin und Scopolamin. Etwa 40–60% des Gesamtalkaloidgehaltes entfallen auf Scopolamin (120, 151). Nebenalkaloide sind u. a. Tropin, Apoatropin und Aposcopolamin (151, Ü 39a: V, 460).

H. muticus L., Ägyptisches Bilsenkraut, das von Ägypten bis zum Sudan, von Syrien bis Afghanistan und in Pakistan sowie in Nordindien vorkommt, enthält in den Blättern 0,7–2,2%, in den Stengeln 0,3–0,5% und in den Wurzeln 0,4–0,7% Alkaloide (37). Es wird in einigen Ländern, z. B. in Griechenland und im Gebiet des früheren Jugoslawien, zur Alkaloidgewinnung angebaut.

Bilsenkraut wurde schon im Altertum von den Kulturvölkern um den Persischen Golf, aber auch von indogermanischen Völkerstämmen als Gift- und Heilpflanze genutzt. Bekannt war die Verwendung als Schlaf- und Betäubungsmittel, z. B. bei Zahnschmerzen. Im Mittelalter war Bilsenkraut neben der Tollkirsche und anderen Pflanzen Bestandteil der sogenannten Hexensalben. In einigen Ländern wurde die Pflanze manchmal dem Bier zugesetzt, um es berauschender zu machen (Name der Stadt Pilsen/Tschechien). Auch als Mord- und Selbstmordgift wurde Bilsenkraut verwendet (83, 172).

Die Vergiftungserscheinungen nach Aufnahme von *Hyoscyamus*-Arten sind denen nach *Datura*-Arten ähnlich. Im Vordergrund steht die zentral dämpfende Wirkung des Scopolamins.

Vergiftungen durch die Pflanzen, die in ihrem äußeren Erscheinungsbild keinen Anreiz zum Verzehr bieten, sind heute sehr selten. Die Wurzel des einheimischen Bilsenkrauts könnte eventuell mit der Gartenschwarzwurzel oder der Pastinakwurzel verwechselt werden, die Samen mit Mohnsamen. In der älteren Literatur ist eine Massenvergiftung von 66 Personen durch mit fast 2% Bilsenkrautsamen verunreinigte Hirse beschrieben (141). In der Türkei erlitten Kinder tödliche Vergiftungen, die aus Mangel an frischem Gemüse Bilsenkraut als Salat verzehrten (87). Eine zunehmende Vergiftungsgefahr stellt die Verwendung von Bilsenkraut als Rauschmittel dar (140, 166). So verursachte ein in Hamburg vertriebener «Traumtee» aus dem Kraut des Ägyptischen Bilsenkrauts einen schweren Vergiftungsfall (125). Tiervergiftungen treten kaum auf.

Bei der Behandlung von Hyoscyamus-Vergiftungen sind die gleichen Maßnahmen wie nach Atropa-Vergiftungen erforderlich.

Bilsenkrautblätter, Hyoscyami folium, werden heute nur noch selten bei Spasmen im Bereich des Magen-Darm-Trakts verwendet.

31.2.5 Tropanalkaloide und Pyridinalkaloide als Giftstoffe von *Duboisia*-Arten

Die Gattung *Duboisia* (Solanaceae, Nachtschattengewächse) umfaßt nur wenige Arten. Die Vertreter der Gattung sind Bäume, die in Australien beheimatet sind. *D. myoporoides* R. Brown und *D. leichhardtii* F. v. Muell., besonders aber eine sehr alkaloidreiche Hybride von *D. myoporoides* × *D. leichhardtii*, werden in Australien, Japan, auf Neuguinea und Neukaledonien zur Alkaloidgewinnung kultiviert. Die Vermehrung der Hybride erfolgt vegetativ (Ü 75).

Hauptalkaloide der Blätter der gut untersuchten Hybriden sind Scopolamin (0,8–2,3%), Hyoscyamin (0,2–1,1%) und 6β-Hydroxyhyoscyamin (0,2–0,4%), begleitet von geringen Mengen 7β-Hydroxyhyoscyamin, Norhyoscyamin, Valtropin und Butropin (66, 97, 98).

Die Blätter und Sprosse von *D. hopwoodii* F. v. Muell. haben bei den Eingeborenen Australiens unter der Bezeichnung Pituri eine große Rolle als Stimulans und in höheren Dosen auch als Analgeticum gespielt. Die getrockneten Pflanzenteile wurden gepulvert, mit alkalischer Asche gemischt und gekaut. Hauptbestandteil des Pituri ist Nicotin (etwa 0,5%) begleitet von Metanicotin (4-Methylamino-1[pyridyl-(3')]but-1-en, 0,2%), Anatabin, Bipyridyl, Cotinin, Nornicotin und N-Formylnicotin (Abb. 32-1, 175).

31.2.6 Tropanalkaloide der Spaltblume (*Schizanthus*-Arten)

Die Gattung *Schizanthus*, Spaltblume (Solanaceae, Nachtschattengewächse), umfaßt etwa 10 Arten, die in Chile beheimatet sind.

Spaltblumen sind einjährige, reichlich verzweigte Kräuter mit fiederschnittigen Blättern und in sehr vielen Farben auftretenden zygomorphen Blüten mit eingeschnittenen Zipfeln der Blütenkrone. Als Zierpflanzen werden besonders *Sch. grahamii* Gill., *Sch. pinnatus* Ruiz et Pav. (siehe S. 450, Bild 31-6) und züchterisch bearbeitete Hybriden aus beiden Arten, die *Schizanthus-Wisetonensis*-Hybriden, angebaut (Ü 75).

Die Schizanthusalkaloide (Abb. 31-3) sind Ester des Tropins oder 6β-Hydroxytropins mit Angelicasäure, Seneciosäure, Tiglinsäure, Itaconsäure, Mesaconsäure oder Mesaconsäureethylester (33, 49, 131, 141, 142).

Aus *Sch. pinnatus* wurden die Schizanthine A und B sowie F–M isoliert. Schizanthin A (3α-Senecioyloxy-7β-ethylmesaconoyloxytropan) und Schizanthin B (Diester der Mesaconsäure mit zwei 7β-Hydroxy-3α-senecioyloxy-tropanmolekülen) sind vermutlich die Hauptalkaloide (33, 131, 142). In *Sch. grahamii* wurden die Schizanthine C–E nachgewiesen. Schizanthin D, das in dieser Art dominiert, ist ein 3,7'-Diester der Mesaconsäure mit einem Molekül 7β-Hydroxytropin und einem Molekül 7β-Senecioyloxy-tropan (140).

In pharmakologischer Sicht wurden die Schizanthine bisher nicht untersucht. Vergiftungen durch die Pflanzen sind uns nicht bekannt.

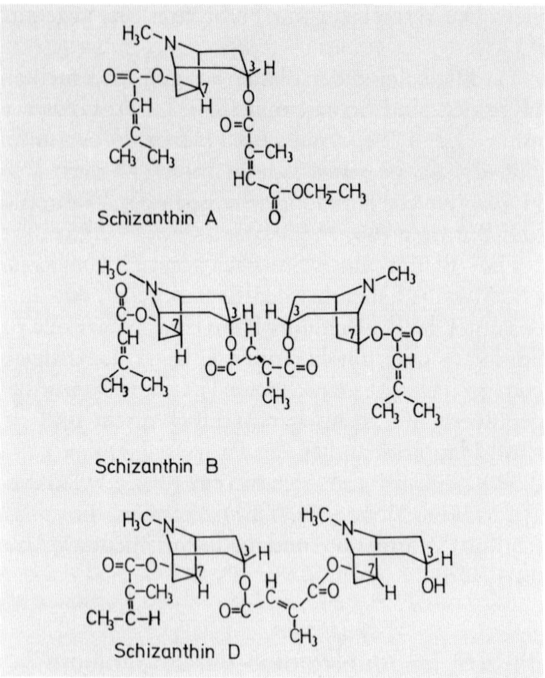

Abb. 31-3: Tropanalkaloide der Spaltblumen (*Schizanthus*-Arten)

31.3 Tropanalkaloide als psychotomimetisch wirksame Stoffe des Cocastrauches (*Erythroxylum*-Arten)

Zur Gattung *Erythroxylum* (Erythroxylaceae) gehören etwa 200 Arten. Davon kommen etwa 150 Arten im tropischen Zentral- und Mittelamerika, 40 in Afrika, besonders auf Madagaskar sowie den Maskarenen, und 15–20 Arten in Südostasien, Melanesien und Australien vor (62). Es handelt sich um Sträucher oder Bäume mit ungeteilten Blättern, 5zähligen Blüten mit freien Kronblättern und steinfruchtartigen Früchten. Zur Gewinnung der Cocablätter oder des Cocains werden angebaut:

- *Erythroxylum coca* LAM. var. *coca*, Bolivianische oder Huánaco-Coca, legal oder illegal in der Andenregion kultiviert (siehe S. 450, Bild 31-7),
- *E. coca* LAM. var. *ipadu* PLOWMAN, Amazonas-Coca, Anbau durch die Indianer des Amazonas-Beckens,
- *E. novogranatense* (MORRIS) HIERON. var. *novogranatense*, Kolumbianische Coca, Anbau durch die Indianer Kolumbiens, und
- *E. novogranatense* (MORRIS) HIERON. var. *truxillense* (RUSBY) PLOWMAN, Trujillo-Coca, legaler Anbau an der Nordwestküste Perus in den Trokentälern des Maranon River, illegaler Anbau in den Bergen Kolumbiens und entlang der Karibikküste Südamerikas (116).

Für pharmazeutische Zwecke werden Cocasträucher in geringem Umfang auch in Indonesien, Indien und Sri Lanka kultiviert.

Fast alle *Coca*-Arten enthalten Tropanalkaloide, besonders Ester von Tropin, Hydroxytropinen, Pseudotropin, Ecgonin und deren N-Nor-Derivaten (43, 62). Nennenswerte Mengen des psychotomimetisch wirksamen Methylecgoninbenzoylesters (–)-Cocain kommen nur in den Blättern der kultivierten Cocasträucher *E. coca* LAM. und *E. novogranatense* (MORRIS) HIERON. und in denen von *E. recurrens* HUBER und *E. steyermarkii* PLOWMAN vor (116).

Die Blätter von *E. coca* und *E. novogranatense* enthalten 0,1–0,7% Cocain. Nebenalkaloide sind u. a. cis- und trans-Cinnamoylcocain, Benzoylecgonin (Artefakt?), α-Truxillin, β-Truxillin (Artefakte?), Tropacocain, Hygrin und Cuskhygrin (43, 116, 167, Ü 39a: V, 88). Bei der industriellen Gewinnung des Cocains werden die isolierten Gesamtalkaloide verseift, und das gewonnene Ecgonin wird über Methylecgonin mit Benzoylchlorid zum Cocain acyliert.

Als Rauschmittel werden von den Einwohnern Südamerikas die frischen oder getrockneten Blätter nach Entfernung der Mittelrippe und des Blattstiels, seltener auch das Blattpulver, zusammen mit geringen Mengen alkalischer Substanzen, z. B. mit gebrannten Schalen von Muscheln bzw. Schnecken, gebranntem Kalk oder Pflanzenasche, zur Freisetzung der Alkaloidbasen gekaut (132). In Kolumbien werden getrocknete, gepulverte Cocablätter auch als Schnupftabak verwendet. Der Cocakauer nimmt am Tag durchschnittlich 28 g der Blätter zu sich. Die Zahl der südamerikanischen Cocakauer wird auf etwa 15 Millionen geschätzt.

Die Sitte des Cocakauens ist im Nordosten Südamerikas schon sehr alt. In etwa 5000 Jahre alten Siedlungsresten an den Andenabhängen fand man Behälter mit gepulvertem Kalk, wie sie bei Cocakauern üblich sind. In peruanischen Gräbern der vorkeramischen Zeit (bis etwa 1500 v. Chr.) wurden als Grabbeigaben Cocablätter gefunden. Während der Zeit der Inkakultur galt die Pflanze als heilig. Ihre Blätter durften nur von Königen und Priestern verwendet werden. Die illegale Nutzung und der illegale Anbau wurden schwer bestraft. Nach dem Zerfall des Inkareiches breitete sich der Brauch des Cocakauens schnell aus (Ü 109). Die Bedeutung für die in Armut lebende Bevölkerung Südamerikas bestand und besteht vor allem darin, daß durch Genuß der Cocablätter Ermüdung, Hunger und Schlaf unterdrückt werden und sich ein Zustand des Wohlbefindens und der Euphorie einstellt. Der Verbrauch an Cocablättern ist in diesen Ländern um so größer, je niedriger der Lebensstandard ist.

Cocainhydrochlorid wird in vielen Ländern unter der Bezeichnung Coke, Koks, Schnee oder Charley als Rauschgift oder Dopingmittel geschnupft oder in gelöster Form injiziert. In Form einer Paste, eines Gesamtextraktes aus den Blättern, der etwa 40–70% Alkaloide enthält, oder als Crack, ein Extrakt der beim Erhitzen flüchtigen Alkaloidbasen aus dem mit Alkalien versetzten Cocainsalzen, wird Cocain im Gemisch mit Tabak oder Marihuana geraucht. Auch mit Heroin zusammen wird Cocain unter der Bezeichnung Speedball injiziert. Die täglich aufgenommenen Cocainmengen betragen bis zu 15 g, in Extremfällen bis 30 g. Nur 2% des gewonnenen Cocains werden medizinisch verwendet. Die übrige Menge gelangt auf den internationalen Drogenmarkt. Allein in den USA sollen 4–5 Millionen Menschen mindestens einmal monatlich Cocain konsumieren, 0,2–1,0 Millionen davon sind cocainabhängig (130).

Begleiterscheinungen des Cocainmißbrauchs sind z. B. Appetitlosigkeit, Abmagerung, Blässe, Entzündungen an den Applikationsstellen, Schlafstörungen, Tremor, migräneähnliche Kopfschmerzen, erhöhte Suizidgefahr, psychische Störungen und zunehmender geistiger und körperlicher Verfall (13, 28, 101, 113, 143, 160). Typisch sind die sogenannten «Cocaintierchen», Halluzinationen, bei denen die Betroffenen das Gefühl haben, unter ihrer Haut würden viele kleine Tierchen wimmeln. Da während des angeregten Zustands alle Hemmungen und Minderwertigkeitsgefühle außer Kraft gesetzt werden, gilt der Cocainist als sozial viel gefährlicher als der Morphinist (Ü 85). Bei intravenöser Anwendung von Cocain steigt das Risiko der Übertragung von HIV-Infektionen durch die gemeinschaftlich verwendeten Injektionsnadeln (15, 95).

Kinder, deren Mütter während der Schwangerschaft Cocain zu sich genommen haben, weisen oftmals ein geringeres Geburtsgewicht, Verhaltensstörungen und Atemstörungen auf. Die Rate an Mißbildungen, Spontanaborten und Totgeburten ist erhöht (4, 6, 7, 17, 18, 20, 23, 47, 57, 165). Auch über die Muttermilch sind Vergiftungen möglich. Ein zwei Wochen altes Mädchen, dessen stillende Mutter sich intranasal 0,5 g Cocain appliziert hatte, zeigte Erbrechen, Durchfall, dilatierte Pupillen und war extrem reizbar (19).

Akute Cocainvergiftungen sind vorwiegend Folge einer Überdosierung bei Anwendung von Cocain als Rauschdroge. Vergiftungssymptome sind Übelkeit, Erbrechen, gesteigerter Bewegungsdrang («Tanzwut»), Hyperthermie, Sprachschwierigkeiten, Tremor, Mydriasis, Blutdrucksteigerung, Krämpfe, akute Psychosen und Lähmungserscheinungen bis hin zur Atemlähmung. Als weitere Komplikationen wird über das Auftreten von Rhabdomyolyse und akutem Nierenversagen (27, 70, 107, 122, 137) sowie von Herzinfarkt (55, 65, 173) und einer Vielzahl von Herz- und Gefäßschäden berichtet (21, 52, 67, 77, 86, 89, 96, 164, 177).

Überempfindliche Personen können schon nach Schleimhautpinselung mit Cocain mit einem «Cocainschock» bzw. «Cocainkollaps» reagieren. Kennzeichen sind Angstgefühl, langsamer Puls, auffallende Blässe, kalter Schweiß und Atemnot. Nach Tachykardie und Blutdruckabfall kann es zum Kollaps und schließlich zum Tod kommen (Ü 73, Ü 85).

Gegenüber den Vergiftungen durch mißbräuchliche Anwendung von Cocain sind akzidentelle oder medizinal bedingte Intoxikationen sehr selten. In jüngerer Zeit wird über die Vergiftung eines 14 Monate alten Jungen, dem zur Bronchoskopie (Fremdkörper in den Bronchien) 30 mg Cocain topisch appliziert worden waren (147) und über weitere akzidentelle Vergiftungen bei Kindern (35) berichtet. Erwähnt sei auch das «body packer syndrom» bei Personen, die illegal Cocain in ihrem Körper transportieren und bei denen es durch Austritt des Alkaloids aus seiner Verpackung zu schweren Vergiftungen und Todesfällen kommen kann (24, 179).

Die Therapie akuter Cocainvergiftungen muß sich nach dem Applikationsort richten. Bei Überdosierung auf Schleimhäuten sollen diese sofort mit physiologischer Kochsalzlösung gespült werden. Nach peroraler Aufnahme möglicherweise letaler Mengen muß das Gift durch Erbrechen, Abführmittel und eventuelle Magenspülung entfernt werden. Wichtigste symptomatische Maßnahme ist die Aufrechterhaltung ausreichender Atmung. In schweren Fällen sind Intubation und Sauerstoffbeatmung erforderlich. Die Krämpfe sind mit Sedativa zu behandeln, Arrhythmien mit β-Blockern. Bei Schockzuständen werden die Gabe von Adrenalin, Sauerstoff und Calciumgluconat empfohlen (14, Ü 73, Ü 85).

Chronisch Vergiftete und von Cocain abhängige Personen können nur durch längere Behandlungsmaßnahmen, die möglichst früh einsetzen sollten, geheilt werden. Gewisse Erfolge werden durch Gabe von Wirkstoffen, die dopaminerge Mechanismen im Gehirn beeinflussen, z. B. von Neuroleptica oder Pyridoxin, oder durch Lithium, erwartet. Der psychischen Behandlung muß mindestens ebenso viel Aufmerksamkeit gewidmet werden (50, 78, 87, 123).

Die therapeutische Anwendung von Cocain als

Oberflächenanästheticum wird wegen der psychotomimetischen Wirkungskomponenten und seiner Ersetzbarkeit durch andere Mittel heute nur noch wenig praktiziert. Möglicherweise gewinnen aber die Tropanalkaloide anderer *Erythroxylum*-Arten, die kein Cocain enthalten, therapeutisches Interesse, z. B. zur Behandlung des Parkinsonismus (43). Weil (176) empfiehlt die Anwendung von «Coca» u. a. bei gastrointestinalen Störungen und zur Normalisierung von Stoffwechselprozessen.

31.4 Literatur

1. Adzet, T., De Diego, J., Iglesios, J. (1979), Planta Med. Phytother. 13: 292
2. Ahmed, M. S., Zhou, D. H., Maulik, D., Eldefrawi, M. E. (1990), Life Sci. 46: 553
3. Ambre, J. J., Belknap, S. M., Nelson, J., Ih ruo, T., Shin, S., Alkinson, A. J. (1988), Clin. Pharmacol. Therapeut. 44: 1
4. Apple, F. S., Roe, S. J. (1990), Anal. Toxicol. 14: 259
5. Arthurs, G. J., Davies, R. (1980), Anaesthesia 35: 1077
6. Bauchner, H., Zuckerman, B. (1990), J. Pediatrics 117: 904
7. Bauchner, H., Zuckerman, B., McClain, M., Frank, D., Fried, L. E., Kayne, H. (1988), J. Pediatrics 113: 831
8. Begley, M. J., Crombie, L., Mann, P. J., Whiting, D. A. (1976), J. Chem. Soc. Perkin Trans. 1: 296
9. Bereznogooskaya, L. N. (1974), Physiology and Biochemistry of Tropan Alkaloids, Izd. Tomsk, Gos Univ. Tomsk
10. Bethely, R. G. H. (1978), Brit. Med. J. 2: 959
11. Brown, R. M. (1989), Cocaine, Marijuana, Designer Drugs: 39
12. Busto, U., Bendayan, R., Sellers, E. M. (1989), Clin. Pharmacokinetics 16: 1
13. Campbell, B. G. (1988), Med. J. Australia 149: 387
14. Carlton, F. D. Jr. (1987), J. Miss. Acad. Sci. 32: 20
15. Chaisson, R. E., Bacchetti, D., Osmond, D., Brodie, M. A., Sande, M. A., Moss, A. R. (1989), J. Am. Med. Assoc. 261: 561
16. Chandrasekharan, I., Amalraj, V. A., Khan, H. A., Ghamin, A. (1984), Trans. Indian Soc. Desert., Technol. Univ. Cent. Desert., Stud. 9: 23
17. Chasnoff, I. J., Griffith, D. R., MacGregor, S., Dirkes, K., Burns, K. A. (1989), J. Am. Med. Assoc. 261: 1741
18. Chasnoff, I. J., Lewis, D. E., Griffith, D. R., Willey, S. (1989), Clin. Chem. 35: 1276
19. Chasnoff, I. J., Lewis, D. E., Squires, L. (1987), Pediatrics 80: 836
20. Chavez, G. F., Mulinare, J., Cordero, J. F. (1989), J. Am. Med. Assoc. 262: 795
21. Chokshi, S. K., Moore, R., Pandian, N. G., Isner, J. M. (1989), Ann. Int. Med. 111: 1039
22. Clarke, R. L. (1977), in: Ü 76: XVI, 83
23. Collins, E. et al. (1989), Med. J. Aust. 150: 331
24. Commissaris, R. L. (1989), Cocaine, Marijuana, Designer Drugs: 71
25. Cone, E. J., Weddington, W. Jr. (1989), J. Anal. Toxicol. 13: 65
26. Craft, A. W., Sibert, J. R. (1977), Brit. J. Hosp. Med. 460, 472, 477
27. Cregler, L. L. (1989), Am. J. Med. 86: 632
28. Cregler, L. L., Mark, H. (1986), New Engl. J. Med. 315: 1495
29. Daleff, D., Stojanoff, N., Awramowa, B., Deltscheff, B., Orenowska, L. (1956), Pharm. Zentralhalle 95: 437
30. Danert, S. (1954), Pharmazie 9: 349
31. Das, G. (1989), Int. J. Clin. Pharmacol. Ther. Toxicol. 27: 473
32. Day, E. J., Dilworth, B. C. (1984), Poult. Sci. 63: 466
33. De la Fuente, G., Reina, M., Munoz, O., San Martin, A., Giraut, J. P. (1988), Heterocycles 27: 1887
34. Desailly, I., Fliniaux, M. A., Jacquin-Dubreuil, A. (1988), CR Acad. Sci. Ser. 3, 306: 591
35. Dinnies, J. D., Darr, C. D., Saulys, A. J. (1990), Am. J. Dis. Child 144: 743
36. Dugan, G. M., Gumbmann, M. R., Friedman, M. (1989), Food Chem. Toxicol. 27: 501
37. El Sheikh, M. O. A., El Hassan, G. M., El Tayeb Abdel Hafeez, A. R., Abdalla, A. A., Antonu, M. D. (1982), Planta Med. 45: 116
38. Engelmeier, M. P., Finke, J. (1970), Pharmakopsychiatr. Neuro Psychopharmakol. 3: 248
39. Evans, W. C., Grout, R. J., Mensah, M. L. K. (1984), Phytochemistry 23: 1717
40. Evans, W. C. (1979), in: The Biology and Taxonomy of Solanaceae, Linnean Society Symp. Ser. 7 (Eds.: Hawkes, J. G., Lester, R. N., Skelding, A. D.), Academic Press, London: 241
41. Evans, W. C., Stevenson, N. A., Timoney, R. F. (1969), Planta Med. 17: 120
42. Evans, W. C., Ghani, A., Wooley, V. A. (1972), Phytochemistry 11: 470
43. Evans, W. C. (1981), J. Ethnopharmacol. 3: 265
44. Fantel, A. G., Person, R. E., Burroughs-Gleim, C. J., Mackler, B. (1990), Teratology 42: 35
45. Finnell, R. H., Toloyan, S., van Waes, M., Kalivas, P. W. (1990), Toxicol. Appl. Pharmacol. 103: 228
46. Flunker, L. K., Damron, B. L., Sundlof, S. F. (1987), Nutr. Rep. Int. 36: 551
47. Frank, D. A., Zuckerman, B. S., Amaro, H., Aboagye, K., Bauchner, H., Cabral, H., Fried, L., Hingson, R., Kayner, H., Levenson, S. M., Parker, S., Reece, H., Vinai, R. (1988), Pediatrics 82: 888
48. Galloway, M. P. (1988), Trends Pharmacol. Sci. 9: 451

49. GAMBARO, V., LABBE, C., CASTILLO, M. (1983), Phytochemistry 22: 1838
50. GAWIN, F. H., ELLINWOOD, E. H. (1989), Ann. Rev. Med. 40: 149
51. GOWDY, J. M. (1972), J. Am. Med. Assoc. 221: 585
52. GRADMAN, A. H. (1988), Yale J. Biol. Med. 61: 137
53. GREGER(1989), Clin. Toxicol. 203
54. GRIFFIN, W. J. (1966), Planta Med. 14: 468
55. GUBSER, R., GOY, J. J., DETORRENTE, A., WACKER, J., HUMAIR, L. (1988), Schweiz. Med. Wochenschr. 118: 1657
56. GUNASEKERE, S. P., CORDELL, G. A., FARNSWORTH, N. R. (1981), Planta Med. 43: 389
57. HADEED, A. J., SIEGEL, S. R. (1989), Pediatrics 84: 205
58. HALL, R. C. W., POPKIN, M. K., MICHERY, L. E. (1977), Am. J. Psychiatry 134: 312
59. HARRISON, E. A., MORGAN, D. H. (1976), Brit. Med. J. 2: 1195
60. HARTMANN, T., WITTE, L., OPRACH, F., TOPPEL, G. (1986), Planta Med. 52: 390
61. HEEGER, E. F., POETHKE, W. (1948), Pharmazie 3: 226
62. HEGNAUER, R. (1981), J. Ethnopharmacol. 3: 279
63. HELTMANN, H. (1980), Acta Horticult. 96: 101
64. HOTUJAC, L., TRBOVIC, BOHACEK, N. (1989), Acta Pharm. Jugosl. 39: 245
65. HOWARD, R. E., HUETER, D. C., DAVIS, G. J. (1985), J. Am. Med. Assoc. 254: 95
66. ISHIMARU, K., SHIMOMURA, K. (1989), Phytochemistry 28: 3507
67. ISNER, J. M., CHOKSHI, S. K. (1989), New Engl. J. Med. 321: 1604
68. JACKSON, B. P., BERRY, M. I. (1973), Phytochemistry 12: 1165
69. JAHNKE, W. (1957), Arch. Toxicol. 16: 243
70. JANDRESKI, M. A., BERMES, E. W., LEISCHNER, R., KAHN, S. E. (1989), Clin. Chem. 35: 1547
71. JASPERSEN-SCHIB, R. (1976), Schweiz. Apoth. Ztg. 114: 265
72. JASPERSEN-SCHIB, R. (1987), Dtsch. Apoth. Ztg. 127: 1417
73. JATLOW, P. I. (1987), Clin. Chem. 33: 66 B
74. JEFFCOAT, A. R., SADLER, B. M., COOK, E. C. (1989), Drug. Metab. Dispos. 17: 153
75. JOHANSON, C. E., FISCHMAN, M. W. (1989), Pharmacol. Rev. 41: 3
76. JURENITSCH, J., PICCARDI, K., PÖHM, M. (1984), Sci. Pharm. 52: 301
77. KARCH, S. B., BILLINGHAM, M. E. (1988), Arch. Pathol. Lab. Med. 112: 225
78. KAY, C. D., MORRISON, J. D. (1987), Hum. Toxicol. 6: 165
79. KEELER, R. F. (1984), J. Anim. Sci. 58: 1029
80. KEELER, R. F. (1981), Vet. Human. Toxicol. 23: 413
81. KIRSON, I., GOTTLIEB, H. E., GREENBERG, M., GLOTTER, E. (1980), J. Chem. Res. Synop. 3: 69
82. KOSOVA, V., CHLADEH, M. (1957), Pharmazie 12: 620
83. KREITMAIR, H. (1947), Pharmazie 2: 422
84. KREITMAIR, H. (1947), Pharmazie 2: 420
85. KRIENKE, E., VON MÜHLENDAHL, K. (1978), Notfallmedizin 4: 619
86. KÜRKCÜOGLU, M. (1970), Turk. J. Pediat. 12: 48
87. KUMOR, K. M., SHERER, M. A., CASCELLA, N. G. (1989), Cocaine, Marijuana, Designer Drugs: 83
88. LAMPE, K. (1974), Pediatrics 54: 347
89. LANGE, R. A. u.a. (1989), New Engl. J. Med. 321: 1557
90. LEETE, E. (1983), Phytochemistry 22: 699
91. LEETE, E. (1979), Planta Med. 36: 97
92. LEETE, E., KIM, S. H. (1988), J. Am. Chem. Soc. 110: 2976
93. LEHMANN, H. (1952), Schweiz. Apoth. Ztg. 90: 236
94. LEIPOLD, H. W., OEHME, F. W., COOK, J. E. (1973), J. Am. Vet. Med. Assoc. 162: 1059
95. LERNER, W. D. (1989), Am. J. Med. 87: 661
96. LISSE, J. R., DAVIS, C. P., THURMOND-ANDERLE, M. (1989), Ann. Int. Med. 110: 571
97. LUANRATANA, O., GRIFFIN, W. J. (1980), J. Nat. Prod. 43: 552
98. LUANRATANA, O., GRIFFIN, W. J. (1980), J. Nat. Prod. 43: 546
99. MAHALIK, M. P., GAUTIERI, R. F., MANN, D.E. (1984), Res. Commun. Subst. Abuse 5: 279
100. MAHLER, D. A.(1976), J. Am. Coll. Emergency Phycus 5: 440
101. MANSCHRECK, T. C., LAUGHERY, J. A., WEISSTEIN, C. C., ALLEN, D., HUMBLESTONE, B., PODLOWSKI, H., MITRA, N., NEVILLE, M. (1988), Yale J. Biol. Med. 61: 115
102. MARLORNY, G. (1952/54) Samml. von Vergiftungsfällen 14: 181
103. MEBS, D., SCHMIDT, K., RAUDONAT, H. W., SCHENK, F. (1988), Dtsch. Med. Wchschr. 113: 1457
104. MECHLER, E., KOHLENBACH, H. W. (1978), Planta Med. 33: 350
105. MEERSTADT, P. W. D. (1982), Brit. Med. J. 285: 196
106. MENDELSON, G. (1976), Ann. Int. Med. 85: 126
107. MERIGIAN, K. S., ROBERTS, J. R. (1987), J. Toxicol. Clin. Toxicol. 25: 135
108. MIKOLICH, J. R., PAULSON, G. W., CROSS, C. J. (1975), Ann. Int. Med. 83: 321
109. MINORS, E. H. (1948), Brit. Med. J. 2: 518
110. MIRAZAMATOV, R. T., LUTFULLIN, K. L. (1986), Khim. Prir. Soedin (3) 381
111. MONTESINOS, F. (1965), Bull on Narcotics 17: 11
112. MOSSOP, R. T., GILBERT, J. (1973), Cent. Afr. J. Med. 21: 14
113. NESTELE, M. (1988), Med. Mo. Pharm. 11: 318
114. NICOLIC, R., GORUNOVIC, M., LUKIG, P. (1976), Acta Pharm. Jugosl. 26: 257
115. NIESCHULZ, O., SCHMERSAHL, P. (1969), Planta Med. 17: 178
116. NOVAK, M., SALEMINK, C. A., KHAN, I. (1984), J. Ethnopharmacol. 10: 261
117. OPRACH, F., HARTMANN, T., WITTE, L., TOPPEL, G. (1986), Planta Med. 52: 513
118. OSETZKY, W. (1931), Samml. von Vergiftungsfällen 2: 125

Sieht man von den einfachen unsubstituierten Verbindungen und den Pyridincarbonsäuren ab, sind bei den Pflanzen als Familien (bzw. Gattungen) mit besonders bedeutenden Pyridinalkaloiden zu nennen Apiaceae *(Conium)*, Chenopodiaceae *(Anabasis)*, Crassulaceae *(Sedum)*, Lobeliaceae *(Lobelia)*, Piperaceae *(Piper)*, Punicaceae *(Punica)* und Solanaceae *(Nicotiana)*. Bei den Tieren sind wichtige Produzenten von Pyridinalkaloiden u. a. die Schnurwürmer (Nemertini), Ameisen der Unterfamilie Myrmicinae *(Solenopsis, Monomorium)* und Anura *(Dendrobates, Phyllobates)*.

32.2 Pyridinalkaloide als Giftstoffe des Tabaks (*Nicotiana*-Arten)

Die Gattung *Nicotiana*, Tabak (Solanaceae, Nachtschattengewächse), umfaßt etwa 60, meistens einjährige, seltener ausdauernde oder strauchförmige Arten, die in gemäßigten und subtropischen Gebieten des amerikanischen Kontinents (45 Arten, davon 30 in Südamerika, 9 in Nordamerika, 6 in beiden Teilen des Kontinents) und auf einigen Inseln im Pazifik und in Australien (15 Arten) beheimatet sind. Nach Europa gelangte der Tabak nur als Kulturpflanze. Zur Gewinnung des Rauchtabaks werden *N. tabacum* L., Virginischer Tabak, und in geringem Umfang *N. rustica* L., Bauern-Tabak, Veilchentabak, kultiviert. Einige andere Arten werden lokal auf dem amerikanischen Kontinent, besonders von den Eingeborenen, angebaut (*N. trigonophylla* Dunal, *N. repanda* Willd. ex Lehmann, *N. attenuata* Torrey ex Watson und *N. quadrivalvis* Pursh., Ü 75). Weitere Arten sind als Zierpflanzen in unseren Gärten zu finden, z. B. *N. alata* Link et Otto, Heimat Südostbrasilien, und *N.* × *sanderae* hort. ex W. Wats., entstanden durch Kreuzung von *N. alata* × *N. forgetiana* hort. ex Hemsley.

Nicotiana tabacum (siehe S. 483, Bild 32-1) ist nicht als Wildpflanze bekannt. Es handelt sich vermutlich um eine Kreuzung von *N. tomentosiformis* Goodspeed und *N. silvestris* Speg. et Comes (71). Heimatgebiete sind wahrscheinlich Nordwestargentinien und Bolivien.

N. tabacum ist ein einjähriges Kraut, das je nach Sorte 0,75 bis 3,00 m hoch werden kann. Die am meistens unverzweigten Stengel wechselständig stehenden Blätter sind ganzrandig, länglich elliptisch bis lanzettartig geformt und drüsig behaart. Die in Rispen angeordneten Blüten besitzen eine langröhrig-trichterförmige, 5zipflige rosa bis rote Blütenkrone, 5 Staubblätter und einen 2fächrigen Fruchtknoten. Die Frucht ist eine Kapsel mit zahlreichen kleinen, nierenförmigen Samen.

N. rustica (siehe S. 483, Bild 32-2) ist ebenfalls nicht als Wildpflanze bekannt. Wahrscheinlich liegt ein aus Südamerika stammender Bastard aus *N. paniculata* L. und *N. undulata* Ruiz et Pav. vor. *N. rustica* ist stärker verzweigt als *N. tabacum* und besitzt grünlich-gelbe Blüten.

Beide Arten umfassen eine Vielzahl von Typen, die u. a. nach folgenden Merkmalen klassifiziert werden:

- nach der Sorte, z. B. Virginia-, Burley- und Orienttabak für Zigaretten, Havanna-Tabak für Zigarren,
- nach der Verarbeitungseignung zu Zigaretten, Zigarren, Pfeifentabak, Kautabak bzw. Schnupftabak,
- nach der geeignetsten Art der Aufbereitung, z. B. durch Lufttrocknung, Heißlufttrocknung etc. (65, 183).

Tabak wurde bereits in der Zeit vor Kolumbus in Amerika als Genußmittel, Halluzinogen, Narkoticum und aus rituellen Gründen geraucht, gekaut, geschnupft, in Form von Auszügen getrunken oder rektal appliziert (55, 178). Zunächst gelangte er nach Portugal und von dort 1560 durch den französischen Gesandten Jean Nicot de Villemain nach Frankreich. Er wurde zuerst als Arzneipflanze, bald darauf als Rauchtabak verwendet (zur Geschichte: 13, 53).

Die Weltproduktion an Tabakblättern beträgt zur Zeit etwa 6 Millionen t. 1977 wurden in der Welt, ohne China, jährlich 4,2 Billionen Zigaretten produziert, 1983 allein in den USA 640 Milliarden (84). Die Zahl der Raucher wird auf 2 Milliarden geschätzt.

Der Alkaloidgehalt der Blätter der beiden kultivierten Tabak-Arten liegt zwischen 0,5 und 8,0% (22, 56, 184). Damit weisen diese Arten den höchsten Alkaloid- und Nicotingehalt in der Gattung *Nicotiana* auf (173). Zur Herstellung von Tabakwaren werden Sorten mit einem Gehalt unter 3,0%, durchschnittlich mit 1,5%, bevorzugt. Die Züchtung von Tabaksorten mit einem Nicotingehalt von 0,1–0,7% und ihr Einsatz als Rauchtabake sind möglich. Bei zu starker Absenkung des Nicotingehaltes verliert der Tabak jedoch an Rauchqualität (65). Alle Teile der Tabakpflanze, einschließlich der Samen, enthalten Alkaloide.

Hauptalkaloid ist das Nicotin ((-)-Nicotin, (S)-Nicotin, Abb. 32-1). Seine Konzentration und sein Anteil am Gesamtalkaloidgemisch des Rauchtabaks werden entscheidend von der Tabaksorte, den Anbau- und Erntebedingungen und von der Art der Trocknung und Fermentation bestimmt. Verände-

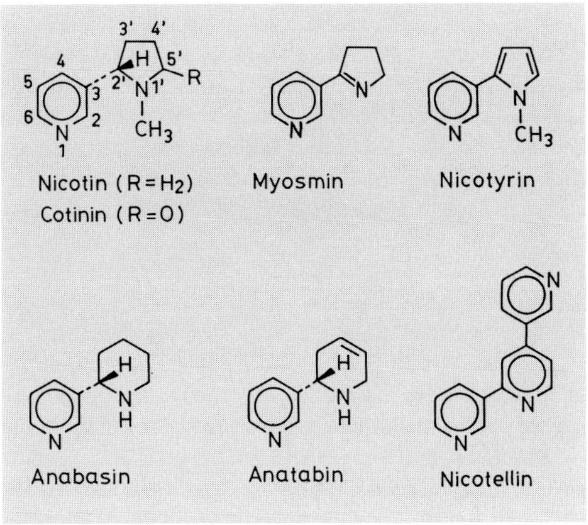

Abb. 32-1: Tabak-Alkaloide

rungen im Gehalt von 30–60% sind durch autolytische Prozesse (Demethylierung, Dehydrierung, Abbau bis zur Nicotinsäure) oder Autoxidation (Abbau ebenfalls zur Nicotinsäure) möglich.

Die als Zierpflanzen angebauten *Nicotiana*-Arten sind sehr alkaloidarm. Bei *N. alata* wurden nur 0,007% Alkaloide (0,005% Nicotin) und bei *N.* × *sanderae* 0,013% Alkaloide (0,012% Nicotin) nachgewiesen (173).

Als Nebenalkaloide treten bei *N. tabacum* und *N. rustica* u. a. Verbindungen folgender Typen auf:

- Pyridyl-pyrrolidyl-Typ bzw. Dehydrierungsprodukte, z. B. Cotinin, Myosmin, N-Methylmyosmin, Nicotyrin, N-Formylnornicotin, Nornicotin,
- Pyridyl-piperidyl-Typ bzw. Dehydrierungsprodukte, z. B. Anabasin ((-)-Anabasin, (S)-Anabasin), N-Methylanabasin, Anatabin, N-Methylanatabin, 2,3'-Dipyridyl und dessen Isomere, 5-Methyl-2,3'-dipyridyl, und
- Tripyridyl-Typ bzw. Hydrierungsprodukte, z. B. Nicotellin (Abb. 32-1).

Bei einer Reihe untersuchter Tabaksorten dominierten als Nebenalkaloide N-Formylnornicotin, Nicotyrin, Anabasin und Cotinin (131).

Daneben kommen eine Vielzahl von Alkaloiden im Tabak vor, bei denen entweder nur der Pyridinring oder der Pyrrol- bzw. Pyrrolidinring vorhanden ist. Auch Verbindungen mit anderen Ringsystemen, z. B. mit Chinolin-, β-Carbolin- oder Benzthiazolring, wurden nachgewiesen. Einige davon dürften verarbeitungsbedingte Artefakte sein (zur Chemie: 56, Ü 8, Ü 15).

Außer den Alkaloiden spielen Vertreter weiterer Verbindungsklassen eine wesentliche Rolle für die Aromaentwicklung bei der Fermentation und beim Rauchen, darunter besonders die Diterpene der Wachsschicht der Blätter vom Cembranolid- und Labdantyp sowie die Carotinoide (183).

Beim Trocknen und Fermentieren erhöht sich die Menge der Abbauprodukte der Alkaloide und ihrer Nitrosamine stark. Während in den grünen Blättern von *N. tabacum* u. a. 35 μg/kg N'-Nitrosnornicotin und 12 μg/kg 4(Methylnitrosamino)-1-(3-pyridyl)-1-butanon enthalten waren, betrug die Konzentration in den fermentierten Blättern 1490 bzw. 522 μg/kg. Bei *N. rustica* liegen die Ausgangs- und Endwerte wesentlich höher (in fermentierten Blättern bis 15 000 bzw. bis 25 800 μg/kg, 22).

Beim Rauchen kommt es in den Bereichen vor der Glutzone der Zigarette, Zigarre oder der Tabakpfeife zur Verdampfung der flüchtigen Tabakinhaltsstoffe. Die mit dem Hauptrauchstrom zum Mundstück geführten Destillate kondensieren in den kälteren Bereichen teilweise und bilden ein Aerosol. Die nichtflüchtigen Stoffe, z. T. auch die Alkaloidsalze, erleiden in den heißeren Teilen vor der Glutzone eine Pyrolyse, die zur Ausbildung des charakteristischen Aromas des Tabakrauches führt. Ein Teil verbrennt.

Die mit dem Tabakrauch inhalierte Menge an Nicotin hängt sehr stark von der Azidität des Rauchstromes ab. Zigaretten, aus zuckerreichen, fermentierten Tabaken hergestellt, liefern einen sauren Rauch, der das Nicotin zum Teil in Form von Salzen bindet. Zigarren, aus zuckerarmen, fermentierten Tabaken produziert, liefern alkalischen, nicotinreichen Rauch. Im Durchschnitt dürften etwa 10–20% des Nicotins in den Tabakrauch gelangen, das sind bei einer Zigarette mit einem durchschnittlichen Nicotingehalt von 10 mg etwa 1–2 mg. Eine Absenkung um 40–60% soll durch Filter möglich sein (7, 135, 168).

Weitere Bestandteile der Partikelfraktion des Rauches sind aliphatische Kohlenwasserstoffe, aromatische Verbindungen, darunter die cancerogenen Verbindungen Benz[a]pyren (8–40 ng/Zigarette), Benz[a]anthracen (10–70 ng), 2-Naphthylamin (1–22 ng), 4-Aminobiphenyl (2–5 ng), cancerogene Nitrosamine wie N'-Nitrosonornicotin (0,2–3,7 μg, Abb. 32-2), 4(Methylnitrosamino)-1-(3-pyridyl)-1-butanon (0,1–9,4 μg), N'-Nitrosoanatabin (0,2–5 μg) und N-Nitrosodiethylamin (0–40 μg), weiterhin Ester, Alkohole, Phenole und Sterole (7, 36). Auch Schwermetallsalze, z. B. Cadmium-, Blei- und Poloniumsalze (9), kommen in der Partikelfraktion vor. Es wurde errechnet, daß die Raucher zur Luftverschmutzung mit jährlich 10,5 t Cadmium beitragen (die Vulkane setzen jährlich

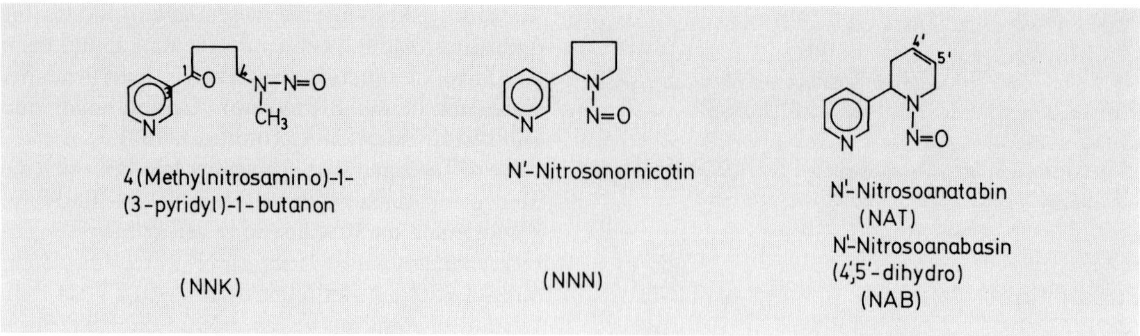

Abb. 32-2: Nitrosamine der Tabak-Alkaloide

37,3–299 t frei) und selbst eine Cadmiumdosis inhalieren, die 100–200mal größer ist als die eines Nichtrauchers (9). Durch den Anteil an radioaktiven Isotopen an den inhalierten Metallen wird das Bronchialepithel eines Rauchers im Jahr einer Strahlendosis von 80 mSv (8 rem) ausgesetzt. Sie ist ungefähr 80-mal so hoch wie bei einem Nichtraucher (0,1 rem, 137). Etwa 5–10% der Partikelfraktion werden im Tracheobronchialsystem und 30–40% in den Alveolen des Rauchers zurückgehalten (36).

Die gasförmigen Hauptbestandteile des Tabakrauches sind Stickstoff (73%), Sauerstoff (10%), Kohlendioxid (10%) und Kohlenmonoxid (4%). Darüber hinaus sind pro Zigarette im Rauch enthalten 280–550 µg HCN, 32 µg Hydrazin, 20–90 µg Formaldehyd, 10–40 µg Acrolein, 60–160 µg Acetonitril, 4–180 ng N-Nitrosodimethylamin, 1–40 ng N-Nitrosoethylmethylamin und bis 110 ng N-Nitrosopyrrolin (36). Bisher sind über 3500 chemische Verbindungen im Tabakrauch nachgewiesen worden, ihre Gesamtzahl wird auf 10000 geschätzt (183, Übersichten 36, 141, 142).

Der Nebenrauchstrom, der seinen Weg direkt von der brennenden Spitze der Zigarette in die Umgebung nimmt und der auch vom Passivraucher eingeatmet wird, enthält wesentlich mehr toxische und cancerogene Stoffe als der Hauptrauchstrom, der nur vom Raucher inhaliert wird. So ist beispielsweise der Gehalt an Nicotin im Nebenrauchstrom auf das 2,6- bis 3,3fache, an Kohlenmonoxid auf das 2,5fache, an Acrolein auf das 12fache, an N-Nitrosodimethylamin auf das 10- bis 830fache und an cancerogenen aromatischen Kohlenwasserstoffen auf etwa das 3fache erhöht. Man muß dabei allerdings berücksichtigen, daß der Nebenrauchstrom mit steigender Entfernung vom Raucher zunehmend verdünnt wird. Man hat festgestellt, daß von Nichtrauchern dennoch täglich, je nach Exposition, 0,1–2,2 mg (durchschnittlich 1,4 mg) der Partikelphase vom Tabakrauch eingeatmet werden (eine Zigarette produziert 0,1–40 mg Partikelphase, 36). Andere Untersuchungen haben gezeigt, daß die tägliche Aufnahme an Nicotin bei einem in der Stadt lebenden Nichtraucher pro Stunde durchschnittlich 0,014 mg, in einem öffentlichen Gebäude, in dem das Rauchen zulässig ist, 0,23 mg und in einem schlecht gelüfteten Zimmer, in dem geraucht wird, 0,36 mg beträgt (170).

Aber nicht nur beim Rauchen werden carcinogene Verbindungen aufgenommen, sondern in erhöhtem Maße auch beim Konsumieren von Kautabak, Schnupftabak und besonders beim «snuff dipping». Letztere Art des Tabakgebrauchs hat sich im Südosten der USA bei jungen Frauen und Männern ausgebreitet. Beim «snuff dipping» wird eine Prise feuchten Kautabaks zwischen Wange und Zahnfleisch eingeklemmt und über längere Zeit mit dem Speichel extrahiert. Die Zahl der «snuff dippers» in den USA wird auf 7 Millionen geschätzt. 1983 wurden in den USA 21000 t Schnupftabak und 39000 t Kautabak verbraucht (84).

Die Gefahr der Schädigung durch sog. rauchlose Tabakprodukte ist durch ihren hohen Gehalt an carcinogenen Nitrosaminen (Abb. 32-2) bedingt. So wurden die carcinogenen N-Nitrosamine N'-Nitrosonornicotin (0,8–89 µg/g) und 4(Methylnitrosamino)-1-(3-pyridyl)-1-butanon (0,2–14 µg/g) neben N'-Nitrosoanatabin und N'-Nitrosoanabasin auch im Schnupftabak gefunden. Die Konzentrationen an Nitrosaminen betragen damit fast das 100fache von denen in Nahrungs- und Genußmitteln. Bei «snuff dippers» werden pro Tag durchschnittlich 165 µg Nitrosamine aufgenommen, bei Rauchern etwa 16 µg. Besonders hoch ist ihr Gehalt in «feuchten» Schnupftabaken (2, 48, 84) und im Kautabak (4, 84). Im Masheri, einem durch Rösten gewonnenen braunen oder kohleartigem Tabakprodukt, das in Indien besonders von der weiblichen Landbevölkerung zur Pflege der Zähne wie Kaugummi verwendet wird, wurden ebenfalls cancerogene polycyclische aromatische Kohlenwasserstoffe und Nitrosamine nachgewiesen (117).

Nicotin hat vielfältige periphere und zentrale Wirkungen. Es besitzt starke Affinität zu nicotinergen Acetylcholinrezeptoren der autonomen Ganglien, des Nebennierenmarks, der neuromuskulären Synapsen und des Gehirns. Für die Wirkung relevant ist vor allem die Bindung an die durch Hexamethonium blockierbaren C6-Rezeptoren. Die Bindung an die Rezeptoren erfolgt stereospezifisch. (S)-Nicotin ist wesentlich wirksamer als das bis zu 10% ebenfalls im Tabakrauch enthaltene (R)-Isomere. In kleinen Dosen wirkt Nicotin vorwiegend stimulierend auf Ganglien, motorische Endplatten und ZNS, in größeren Dosen lähmend.

Die von den Rauchern erwünschte zentrale Wirkung von Nicotin beruht u. a. auf der rezeptorvermittelten Freisetzung von Adrenalin, Noradrenalin, Serotonin, DOPamin und Acetylcholin. Auch Vasopressin, Wachstumshormon und ACTH werden nach kurzzeitiger Einwirkung von Nicotin verstärkt freigesetzt. Folgen der gesteigerten Transmitter- und Hormonabgabe sind außer einer zentralen Anregung und Stimmungsverbesserung Erhöhung der Herzfrequenz, Vasokonstriktion, dadurch bedingter Blutdruckanstieg sowie Veränderungen im Kohlenhydrat- und Lipidstoffwechsel (Hyperglykämie und damit Dämpfung des Hungergefühls nach Tabakgenuß, erhöhter Gehalt an freien Fettsäuren im Blut). Weitere Nicotinwirkungen erstrecken sich auf den Prostaglandinstoffwechsel und das Gerinnungssystem (erhöhtes Thrombophlebitisrisiko). Gegenüber den Wirkungen des Nicotins können sich Abhängigkeit und Toleranz entwickeln (zu den Wirkungen von Nicotin: 19, 20, 95, 156, 157).

Pränatale Einwirkung von Nicotin führt im Tierversuch zu einer erhöhten Mißbildungsrate und zu Entwicklungsverzögerungen, die besonders das Gehirn betreffen (3, 122, 127, 175, 198). Auch Anabasin wirkt teratogen (105).

Nicotin ist gut lipidlöslich und wird über Schleimhäute, Lunge und intakte Haut sehr schnell resorbiert. Die maximale Plasmakonzentration wird, wie nach intravenöser Applikation, sofort erreicht. Das Rauchen einer Zigarette führt zu einer Plasmanicotinkonzentration von 5 bis 30 ng/ml. Ähnliche Konzentrationen treten, jedoch erst nach längerer Zeit, auch bei Genuß rauchlosen Tabaks auf (19, 169). Nicotin passiert die Blut-Hirn-Schranke (nach dem Rauchen wird es schneller ins Gehirn aufgenommen als nach intravenöser Injektion) sowie die Plazentarschranke und tritt auch in die Milch über. Bei regelmäßigem Tabakgenuß ist kontinuierlich, auch über Nacht, Nicotin im Körper vorhanden. Es wird vorwiegend in der Leber, daneben auch in Lunge und Niere, metabolisiert und zu einem großen Teil renal eliminiert. Die Biotransformationsrate zeigt von Person zu Person sehr starke Schwankungen. Primäre Metabolite sind Cotinin und Nicotin-N-oxid. Sie sind pharmakologisch nicht aktiv. Cotinin und 3'-Hydroxycotinin sind als Marker einer Nicotinaufnahme mehrere Stunden im Urin nachweisbar (18, 19, 20, 156, 174).

Symptome akuter Nicotinvergiftungen sind Übelkeit, Schwindel, Speichelfluß, Erbrechen, Diarrhoe, Zittern der Hände und Schwächegefühl in den Beinen. Große Dosen verursachen Ausbruch von kaltem Schweiß, Kollaps mit Bewußtlosigkeit, Krämpfe, Herzstillstand und Atemlähmung.

Die letale Dosis von Nicotin liegt für einen gesunden Erwachsenen zwischen 40 und 100 mg (Ü 73). Sie kann bei Gewöhnung erheblich angehoben sein. Schafe und Rinder sind gegenüber peroraler Aufnahme von Nicotin ca. 50mal weniger empfindlich. Bei Schweinen ist die tödliche Dosis bei intramuskulärer Zufuhr größer als 14 mg/kg (Ü 6).

Bei chronischen Vergiftungen spielen gemeinsam mit den carcinogenen Wirkungen der Nitrosamine (s. u.) und der aromatischen Kohlenwasserstoffe sowie der Atmungsgifte CO und HCN die Effekte von Nicotin auf das Gefäßsystem, die Lunge, die Leber und die innersekretorischen Drüsen sowie die geno- und fetotoxischen Wirkungen des Alkaloids die entscheidende Rolle.

Die tabakspezifischen Nitrosamine werden im Organismus enzymatisch durch Hydroxylierung in instabile elektrophile Zwischenprodukte, wahrscheinlich Alkyldiazoniumhydroxide, umgewandelt, die zum Angriff an nucleophilen Zentren biologischer Makromoleküle, z. B. der DNA, in der Lage sind. Das aus Nicotin bei der Verarbeitung des Tabaks gebildete Nitrosamin 4-(Methylnitrosamino)-1-(3-pyridyl)-1-butanon (NNK, Abb. 32-2) wird beispielsweise metabolisch zum entsprechenden Methyldiazoniumhydroxid gewandelt, das Guanin- und Thyminreste der DNA methylieren kann. Nachgewiesen wurden 7-Methylguanosin, 6-O-Methylguanosin- und 4-O-Methylthymidinderivate. Die daraus resultierenden Störungen bei der Replikation und die gleichzeitig durch Tabakbestandteile ausgelöste Hemmung von Repairenzymen können letztendlich zur Tumorentstehung führen. Die carcinogene Wirksamkeit von NNK, von N'-Nitrosonornicotin (NNN), dem aus Nornicotin entstehenden Nitrosamin, und von 4-(Methylnitrosamino)-1-(3-pyridyl)-1-butanol (NNAL), dem Hauptmetaboliten von NNK, wurde u. a. bei Mäusen, Ratten und Hamstern demonstriert. Die Nitrosamine passieren auch die Plazenta und zeigen bei Ratten eine gewisse Organspezifität für die Tumorinitiation. Während NNN neben Tumoren der Nasenhöhle besonders solche der Speiseröhre auslöst, führt NNK bevorzugt zu Tumoren von Lunge, Leber und Nasenhöhle. Bereits 5 μM NNK haben beim Hamster die Entstehung von Lungenadenomen und Adenocarcinomen zur Folge. Die aus Anabasin und Anatabin gebildeten Nitrosamine N'-Nitrosoanabasin (NAB) und N'-Nitrosoanatabin (NAT) sind nur schwach oder gar nicht carcinogen wirksam. Gleichzeitige Einwirkung von Alkohol oder von Asbest erhöht die Carcinogenität. Da auch kultivierte humane Wangenschleimhautzellen zur Hydroxylierung von Nitrosaminen in der Lage sind, ist anzunehmen, daß die tabakspezifischen Nitrosamine auch für den Menschen eine beträchtliche Gefahr darstellen. Epidemiologische Untersuchungen bestätigen diese Zusammenhänge (1, 28, 78, 83, 84, 85, 162).

In-vitro-Untersuchungen und Tierexperimente zeigen, daß Extrakte rauchlosen Tabaks, bedingt durch ihren Gehalt an Nitrosaminen und Nicotin, die Replikation von Herpes-simplex-Viren hemmen und damit gleichzeitig das oncogene Potential der Viren verstärken (190).

Akute Nicotinvergiftungen sind bei Kindern, die von herumliegenden Zigaretten oder anderen Tabakprodukten bzw. deren Resten «naschen» oder die mit Tabakpfeifen spielen (Seifenblasen mit Hilfe von Tabakpfeifen) nicht selten (67, 129, 202). Die tödliche Dosis ist bereits in einer halben Zigarre oder wenigen Zigaretten enthalten (Gehalt einer Zigarre etwa 90 mg Nicotin, einer Zigarette 10–25 mg, 202).

Vier von zehn Kindern, die Zigaretten zu sich genommen hatten, zeigten innerhalb von 30 min nach Ingestion schwere Vergiftungserscheinungen mit Salivation, Erbrechen, Durchfällen, Tachypnoe, Tachykardie und Hypertension, innerhalb von 40 min verminderte Atmungsfrequenz und Herzarrhythmien sowie innerhalb von 60 min Krämpfe. Durch intensive Behandlung konnten in dem genannten Beispiel alle Kinder gerettet werden (129). Bei den 3000 von v. Mühlendahl und Krienke registrierten Fällen traten keine schweren Vergiftungen auf, wahrscheinlich weil regelmäßig sehr schnell Erbrechen herbeigeführt wurde (202).

Eine weitere Vergiftungsmöglichkeit sind nicotinhaltige Pflanzenschutzmittel. Tödliche Vergiftungen sind durch versehentliche oder absichtliche Einnahme dieser Lösungen (1 ml kann bereits tödlich sein) und durch Inhalation bei längerem Bespritzen von Pflanzen zustandegekommen (Ü 85). Auch percutan sind Vergiftungen möglich (75, 194).

Ein Patient, der sich reines Nicotin auf die Kleidung gegossen hatte, zeigte schwere Atemstörungen und erlitt einen cardiovasculären Kollaps (124).

Gelegentlich diente Nicotin auch als Mordgift. In steigendem Maße wird es als Selbstmordgift verwendet (60, 75, 176, 194). Es war das erste Alkaloid, das zum Zwecke der Aufklärung eines Giftmordes, der im Jahr 1851 verübt wurde, von dem in Brüssel tätigen Chemiker Jean Servais Stas (Stas-Otto-Gang) aus dem menschlichen Körper isoliert wurde (134).

Akute Intoxikationen durch Tabakpflanzen sind bei Beschäftigten in der Tabakernte («green tobacco sickness», auch bei äußerlichem Kontakt kann es zu Übelkeit und Erbrechen kommen, 69), bei volksmedizinischer Verwendung als Wurmmittel (145) und bei Verwendung von Blättern wildwachsender Pflanzen in Salaten bekannt geworden (Ü 87). In jüngerer Zeit wurde über zwei schwere Vergiftungen, eine davon mit tödlichem Ausgang, durch *Nicotiana glauca* Grah. (als Unkrautpflanze in Nordamerika vorkommend) berichtet. In einem Fall wurde ein junger Mann tot in einem Feld liegend gefunden, bei dem eine Blutkonzentration von 1,15 mg/l Anabasin nachgewiesen wurde (31). In dem anderen Fall handelte es sich um eine Verwechslung mit *Phytolacca americana* (130).

Bei Tabakarbeitern kann Einwirkung von Tabakstaub auf die Haut Überempfindlichkeitsreaktionen auslösen.

Ursache chronischer Nicotinvergiftungen ist in erster Linie das Rauchen, daneben auch der Gebrauch rauchlosen Tabaks. Das einmalige Einatmen von Zigarettenrauch entspricht in etwa einer intravenösen Zufuhr von 0,1 mg Nicotin (11). Jede gerauchte Zigarette soll das Leben um 5 Minuten verkürzen (118).

Starke Raucher zeigen oft gesteigerte vegetative Labilität, Schlaflosigkeit und feinschlägigen Tremor. Charakteristisch sind Veränderungen der Koronargefäße, Durchblutungsstörungen in den Extremitäten (Raucherbein), erhöhtes Risiko, an Arteriosklerose zu erkranken sowie einen Schlaganfall zu erleiden (19, 35, 156). Dazu kommen Optikusschädigung, Störungen des Leberstoffwechsels (Beeinträchtigung des Stoffwechsels von Xenobiotica, 82, 133) und Beeinflussung der innersekretorischen Drüsen (Hemmung der Spermienmotilität, Potenzstörungen, 111).

Zigarettenrauchen ist eine Hauptursache für die Tumorentstehung. In den USA ist es an 30% aller Krebsfälle ursächlich beteiligt, zu 85% an Lungenkrebs, 50–70% an Mund- und Kehlkopfkrebs, mehr als 50% an Speiseröhrenkrebs, 30–40% an Blasenkrebs und zu etwa 30% an der Entstehung von Krebs der Bauchspeicheldrüse (84). Mit dem zunehmenden Gebrauch des «snuff dipping» schon bei Kindern steigt die Gefahr von Mundhöhlentumoren (97). Epidemiologisch gesicherte Beweise für einen Zusammenhang zwischen Krebs der Nasenhöhle und dem Schnupfen von Tabak stehen noch aus (153). Die Hemmung von immunologischen Abwehrreaktionen durch Bestandteile des Tabakrauchs dürfte die Tumorentstehung begünstigen (94, 96).

Besonders gefährdet sind die noch ungeborenen Kinder rauchender Mütter. Sowohl das Nicotin als auch Nitrosamine, Kohlenmonoxid und HCN erreichen die Plazenta und verschlechtern durch Vasokonstriktion und Methämoglobinbildung die Sauerstoffversorgung des Fetus. Durch Hemmung der Cytochromoxidase wird auch der Energiestoffwechsel direkt beeinträchtigt. Daraus resultieren in vielen Fällen ein komplikationsreicher Schwangerschaftsverlauf, vermindertes Geburtsgewicht, erhöhte perinatale Morbidität und weitere Einflüsse, z. B. auf das Lern- und Konzentrationsvermögen der Kinder. Auch spontane Aborte sind bei Raucherinnen häufiger als bei Nichtraucherinnen (38, 66, 150, 180, 198).

Die Gefährlichkeit des Passivrauchens zeigt sich u. a. im reduzierten Geburtsgewicht von Kindern rauchender Väter (!, 180), in der größeren Häufigkeit von Atemwegserkrankungen bei Kindern rauchender Eltern (32) und im erhöhten Krebsrisiko (12, 23, 91, 151, 159, 160, 172). In Großbritannien wird die Zahl jährlicher Todesfälle durch Passivrauchen auf 1000 geschätzt (170), andere Angaben sprechen sogar von 46000 Fällen, 32000 davon durch Herz-Kreislauf-Krankheiten und 3000 durch Lungenkrebs (205).

Nach peroraler Aufnahme akut giftiger Nicotinmengen muß sofort Magenspülung mit Kaliumpermanganatlösung durchgeführt werden. Anschließend sind reichlich Natriumsulfat und Aktivkohle zu geben. Wichtig sind Wärmezufuhr und Gabe von Analeptica, in leichteren Fällen von heißem Kaffee. Von der Haut ist Nicotin durch sofortiges gründliches Waschen mit Seife und reichlich Wasser oder besser durch Spülen mit verdünnter Kaliumpermanganatlösung oder Speiseessig zu entfernen. In bedrohlichen Fällen müssen Intubation und Sauerstoffbeatmung durchgeführt werden (Ü 73, Ü 85). Auf Probleme der Raucherentwöhnung (167) kann hier nicht eingegangen werden.

Nicotin und die anderen Tabakalkaloide besitzen kaum therapeutische Bedeutung. In Kombination mit Neuroleptica wurde Nicotinkaugummi erfolgreich zur Behandlung extrapyramidaler Bewegungsstörungen bei Kindern (Tourette's Syndrom) eingesetzt (171). Er kann auch zur Raucherentwöhnung dienen (76).

32.3 Piperideinalkaloide der Betelnußpalme *(Areca catechu)*

Areca catechu L., Betelnußpalme (Arecaceae, Palmengewächse), ist eine stattliche, bis 30 m hoch werdende Pflanze, die wahrscheinlich auf den Philippinen oder den Inseln des Malaiischen Archipel beheimatet war. Wildbestände existieren heute nicht mehr. Sie wird in zahlreichen Ländern Süd- und Südostasiens, z. B. in Indien, Sri Lanka, Südchina, Burma, Thailand, auf dem Malaiischen Archipel und den Philippinen, auf den Santa-Cruz-Inseln sowie in einigen afrikanischen Ländern, z. B. in Tansania und auf Madagaskar, angebaut (Ü 75). Die gelblichen Beerenfrüchte des verzweigten Fruchtstandes werden bis zu 6 cm lang. Sie besitzen eine fasrige Fruchtwand und enthalten je einen Samen, die Arecanuß, Betelnuß oder Pinangnuß. Der braune Samen ist 2,5–3 cm lang und 1,5–2 cm dick. Er zeigt eine netzadrige Oberflächenstruktur.

Im Samen der Arecapalme (siehe S. 483, Bild 32-3) werden 0,3–2,0% Alkaloide gefunden. Hauptalkaloide (Abb. 32-3) sind Arecolin (0,3–0,6%), Arecaidin (0,3–0,7%) und Guvacin (0,2–0,7%). In geringeren Konzentrationen kommt Guvacolin (0,03–0,06%) vor. Wesentliche Begleitstoffe sind 10–25% Catechingerbstoffe (14, 81, 90).

Die Arecanuß spielt heute als Arzneimittel keine Rolle mehr, wird aber als Hauptbestandteil des Betelbissens von über 100 Millionen Menschen Indiens, Südchinas, der malaiischen Inselwelt und der ostafrikanischen Küstengebiete als Genußmittel genutzt.

Der Betelbissen besteht aus geraspeltem oder in Scheiben geschnittenem Arecasamen, seltener aus ganzen unreifen Arecanüssen, etwas flüssigem Gambir (eingedickter, gerbstoffreicher Preßsaft aus den Blättern und Zweigen von *Uncaria gambir* (Hunter) Roxb., Rubiaceae), aromatischen Pflanzenteilen, z. B. Kardamomen, Gewürznelken, Muskatblüte, Zimt, Fenchelfrüchten oder Pfefferminze, Campher, und gebranntem Kalk, eingewickelt in 2–3 frische Blätter von *Piper betle* L., Betelpfeffer. In einigen Gegenden, besonders in Indien, wird ihm auch aromatisierter Tabak zugesetzt. Die Zusammensetzung des Betelbissen ist regional sehr unterschiedlich, und nicht alle genannten Ingredienzien werden immer zugefügt. Stets enthalten sind Areca-

Orellanin (166). Die Wirksamkeit der Cortinarine bzw. ihrer in der Leber entstehenden Metabolite (aus Cortinarin A und B entsteht das Sulfoxid des Cortinarins B) dürfte auf die strukturelle Ähnlichkeit mit Vasopressin zurückzuführen sein (29, 94, 107, 132).

Die LD_{50} von Orellanin beträgt bei Mäusen 12,5 mg/kg, i. p., und 90 mg/kg, p. o., (161) bzw. nach anderen Angaben 15 mg/kg, i. p., und 33 mg/kg, p. o. (152). Für den Menschen wird die letale Dosis auf 100–200 g frischer Pilz/kg geschätzt (132).

Vergiftungen durch *C. orellanus* wurden erstmals in den 50er Jahren in Polen aufgeklärt. Bis dahin galten die Pilze als unschädlich. Die extrem lange Latenzzeit machte es sehr schwierig, einen Zusammenhang zwischen Vergiftung und ihrer Ursache herzustellen. 1952 kam es beispielsweise im Gebiet zwischen Bydgoszcz und Poznan zu einer Massenvergiftung von 102 Personen, von denen 11 starben (57). Inzwischen wurden aus fast ganz Europa (Großbritannien, Finnland, Schweden, Norwegen, Frankreich, Italien, Schweiz, Deutschland) Vergiftungsfälle durch *C. orellanus* und *C. speciosissimus* bekannt (74, 102, 132, 143, Ü 9). Über Vergiftungen durch *C. splendens* wurde aus der Schweiz (62) und aus Frankreich (54) berichtet. Die Toxizität scheint etwas geringer als die der beiden anderen genannten Arten zu sein (132).

Die Latenzzeit bei Vergiftungen durch die toxischen *Cortinarius*-Arten liegt zwischen 2 und 20 (!) Tagen. Orellanin bzw. seine Metabolite, vorwiegend Orellin, sind mindestens 10 Tage im Blut nachweisbar und werden aus den Nierenzellen nur sehr langsam freigesetzt (5). Erste Symptome sind Übelkeit, Erbrechen, Durchfall und etwas später Trockenheit und Brennen in der Mundhöhle, sehr starker Durst, Kältegefühl, Anorexie sowie Kopf- und Muskelschmerzen. Die sich progressiv entwickelnde Nierenschädigung zeigt sich in Oligurie, Albuminurie und schließlich Urämie. Auch Leber, Milz und das Nervensystem können beeinflußt werden (Schläfrigkeit, Bewußtlosigkeit, Tremor der Gesichtsmuskulatur, Krämpfe, eventuell Hepatitis). Der Tod tritt infolge des Nierenversagens erst zwei bis drei Monate nach Verzehr der Pilze ein. Histopathologisch ist meistens eine tubulär-interstitielle Nephritis mit Nekrose der renalen Tubuli und Leucocyteninfiltration des Parenchyms nachweisbar. Bei Überstehen der Vergiftung bleiben oft Dauernierenschäden zurück (63, 132).

Zur Elimination der Giftstoffe können Hämodialyse und Hämoperfusion eingesetzt werden. Forcierte Diurese ist kontraindiziert. Die Behandlung muß nach den allgemein bei Nierenerkrankungen geltenden Richtlinien erfolgen. In schweren Fällen können wiederholte Dialysen und Nierentransplantation erforderlich werden (102, 132, 143, 179).

32.5 Piperidinalkaloide des Gefleckten Schierlings (*Conium maculatum*)

Conium maculatum L., Gefleckter Schierling (Apiaceae, Doldengewächse), ist die einzige Art dieser Gattung auf der nördlichen Erdhalbkugel. Eine Reihe gelbblühender südafrikanischer Vertreter der Gattung sind taxonomisch noch nicht bearbeitet (164). Die Pflanze kommt in Europa, Vorder- und Mittelasien sowie in Nordafrika vor und wurde in Nord- und Südamerika, Australien und Neuseeland eingeschleppt.

Conium maculatum (siehe S. 483, Bild 32-6) ist ein überwinterndes einjähriges oder zweijähriges, bis 2,5 m hoch werdendes Kraut, das mäuseartig riecht (Coniin!). Der Stengel ist fein gerillt und teilweise rötlich gefleckt. Die dunkel- bis graugrünen Blätter sind 2- bis 4fach gefiedert. Die weißlichen Blüten sind in zusammengesetzten Dolden angeordnet, die Hüll- und Hüllchenblätter besitzen. Die Pflanze kommt an stickstoffreichen Ruderalstellen, in Gärten, auf Äckern, an Wegrändern, besonders häufig im Süden des Gebietes vor.

Piperidinalkaloide sind in allen Teilen der Pflanze enthalten, in den Blättern 0,1–0,5%, höchster Gehalt während der Blüte, in den Blüten 0,25%, in den Stengeln 0,06%, in den Wurzeln 0,05% und in den unreifen Früchten 0,2–2,0%. Hauptalkaloide sind (+)-Coniin ((S)-Coniin), N-Methylconiin und γ-Conicein. Nebenalkaloide sind Conhydrin, Conhydrinon und Pseudoconhydrin, bei afrikanischen Arten auch N-Methylpseudoconhydrin (Abb. 32-5, 104, 164). Bei der Entwicklung von Blüten und Früchten steigt der Gehalt an Coniin und N-Methylconiin auf Kosten des Gehaltes an γ-Conicein. Aufgrund der Flüchtigkeit der Alkaloide nimmt der Alkaloidgehalt beim Trocknen der Pflanze rasch ab. In den frisch getrockneten Früchten sind nur noch 0,75%, im frisch getrockneten Kraut nur noch 0,01% Alkaloide enthalten. Eine weitere Reduktion erfolgt bei der Lagerung (37, 104, 110, 128).

Auch in einigen anderen Pflanzenarten kommen γ-Conicein und/oder Coniin neben Spuren von Conhydrinon und Pseudoconhydrin vor, z. B. bei *Aloe*-Arten (Liliaceae) und *Sarracenia*-Arten, Schlauchpflanzen (Sarraceniaceae, 50). Die γ-Conicein-Konzentrationen in den Blattexsudaten der *Aloe*-Arten sind sehr hoch, bei *A. ibitiensis* PERRIER

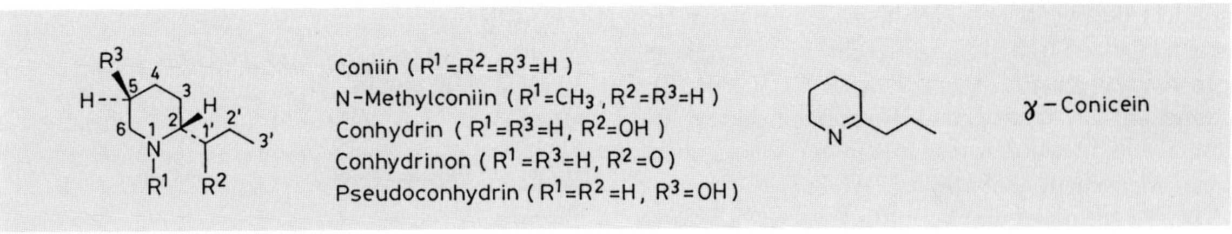

Abb. 32-5: Conium-Alkaloide

bis 19%, bei *A. gillilandi* REYNOLDS bis 10% (50). Bei der insektenfangenden Schlauchpflanze ist Coniin in der Flüssigkeit in den aus den Blättern geformten schlauchförmigen, oben offenen Behältern enthalten und soll für die Lähmung der gefangenen Insekten verantwortlich sein.

Die Alkaloide des Gefleckten Schierlings, besonders das Coniin, beeinflussen in einer sehr komplexen Art und Weise das zentrale, periphere und autonome Nervensystem. Nach einer kurzen Erregungsphase führen sie zur Lähmung der motorischen Zentren des Rückenmarks bis hin zur Medulla oblongata. Die Wirkung auf autonome Ganglien und sensible Nervenendigungen ähnelt der von Nicotin (Kap. 32.2) und Aconitin (Kap. 36.4.2). Kleine Dosen wirken ganglienstimulierend, größere hemmend. Durch Blockade der neuromuskulären Erregungsübertragung wird die quergestreifte Muskulatur gelähmt. Einige Wirkungen (Krämpfe) erinnern an die von Strychnin (Kap. 26.11). Coniin und γ-Conicein besitzen außerdem teratogene Wirksamkeit. Nach Aufnahme der Alkaloide bzw. größerer Mengen von *C. maculatum* durch die Muttertiere zeigen neugeborene Kälber, Ferkel oder Lämmer vor allem Skelettmißbildungen (51, 102, 104, 106, 148, 149, 182).

Die Alkaloide werden sowohl über die Schleimhäute des Magen-Darm-Trakts als auch über die intakte Haut sehr rasch resorbiert. Sie passieren die Blut-Hirn-Schranke. Die Elimination erfolgt nach Biotransformation über die Nieren. Ein Übergang in die Milch ist möglich.

Die LD_{50} von Coniin beträgt bei Mäusen 19 mg/kg, i.v., 80 mg/kg, s.c., und 100 mg/kg, p.o., die von γ-Conicein 2,6 mg/kg, i.v., 12 mg/kg, s.c., und 12 mg/kg, p.o., und die von N-Methylconiin 27,5 mg/kg, i.v., 150,5 mg/kg, s.c., und 204,5 mg/kg, p.o. Der Tod erfolgt innerhalb von Sekunden (i.v.) bzw. von wenigen Minuten (26, 149, 182). Beim Meerschweinchen beträgt die LD_{50} von Coniin 40 mg/kg, s.c., und 150 mg/kg, p.o. (193). Für den Menschen werden 10 mg/kg Coniin, p.o. (bei einem durchschnittlichen Gehalt der unreifen Früchte von 1,0% und einem Körpergewicht von 50 kg entspricht das etwa 50 g der Früchte), und 3 mg/kg, i.v., als tödliche Dosis angesehen. Die Empfindlichkeit von Tieren ist von Art zu Art sehr unterschiedlich. Während Kühe nach 16 mg/kg Coniin, i.m., starben, lag die tödliche Dosis für Schafe erst bei 240 mg/kg, i.m. Pferde weisen ähnliche Empfindlichkeit auf wie Rinder (106). Zwei Kilogramm frische Blätter können für Pferde und Rinder tödlich sein (Ü 6).

Vergiftungen durch *C. maculatum* beginnen kurze Zeit nach Aufnahme der Giftstoffe mit Brennen in Mund und Rachen, Salivation, Sehstörungen und Schwäche in den Beinen. Nach größeren Dosen treten im Anfangsstadium Übelkeit, Erbrechen und Durchfälle auf. Zittern, Krämpfe und Sensibilitätsstörungen sind möglich. Bald kommt es zur typischen («aufsteigenden») Lähmung, die an den Beinen beginnt und über Rumpf, Arme und Gesichtsmuskulatur fortschreitet. Sie äußert sich u.a. in der Unfähigkeit zu stehen, in Sprech- und Schluckbeschwerden, Doppeltsehen und zunehmender Schwäche der Arme und Beine. Bis zum Tod durch Atemlähmung bleibt das Bewußtsein erhalten. Bei Überstehen der Vergiftung können Muskelschwäche oder Lähmungserscheinungen zurückbleiben (182, Ü 73, Ü 85, Ü 125).

Im Altertum wurde *C. maculatum*, oft vermischt mit Opium, als Mord-, Hinrichtungs- und Selbstmordmittel verwendet. Als klassisches Beispiel sei die Hinrichtung des SOKRATES und deren Beschreibung durch PLATO genannt (144).

In der Gegenwart sind Vergiftungen des Menschen durch den Gefleckten Schierling sehr selten. Der unangenehme Geruch der Pflanzen nach Mäuseurin hält Menschen vom Verzehr der Pflanze ab. Vergiftungen traten bei Kindern dennoch auf (Ü 30). Indirekte Intoxikationen sollen durch Verzehr von Singvögeln, die Schierlingsfrüchte gefressen hatten, möglich sein und wurden in Italien beobachtet (163). Da die beschriebenen Symptome kaum denen einer Coniinvergiftung entsprachen (Hauptsymptome waren Rhabdomyolyse und Nierenversagen), erscheint zweifelhaft, daß es sich um eine Vergiftung durch *C. maculatum* handelte.

Etwas häufiger sind Vergiftungen bei Tieren, besonders bei Weidevieh, das bisweilen von den frischen Pflanzen frißt (182, Ü 6). Aber auch Vergiftungen von Schweinen (78) und Tauben (64) wurden beschrieben. Die teratogenen Wirkungen der Schierlingsalkaloide wurden bisher nur bei Tieren, nicht beim Menschen, beobachtet (149, 182).

Bei Vergiftungen und Vergiftungsverdacht ist umgehend für Klinikeinweisung sowie für schnelle Giftentfernung durch Magenspülung und Gabe von Aktivkohle zu sorgen. Durch Lähmung der Schlundmuskulatur besteht Aspirationsgefahr. Wichtigste Maßnahme ist die Sicherung einer ausreichenden Beatmung. Sie muß rechtzeitig einsetzen und bis zur Wiederherstellung einer ausreichenden Spontanatmung durchgeführt werden (182, Ü 73, Ü 85).

Coniin wurde früher u. a. als Analgeticum und vorübergehend als Antitumormittel angewendet. Heute besitzt es keine therapeutische Bedeutung mehr.

32.6 Piperidinalkaloide als mögliche Giftstoffe des Mauerpfeffers (*Sedum*-Arten)

Zur Gattung *Sedum*, Fetthenne, Mauerpfeffer (Crassulaceae, Dickblattgewächse), gehören etwa 500 Arten, die fast ausschließlich in der kalten, gemäßigten und subtropischen Zone der Nordhalbkugel der Erde vorkommen. Etwa 20 Arten sind in Mitteleuropa heimisch. Besonders verbreitet sind *S. acre* L., Scharfer Mauerpfeffer, und *S. maximum* (L.) Hoffm., Große Fetthenne. Neben den beiden genannten Arten werden u. a. *S. spectabile* Bor. (Heimat China) und *S. sieboldii* Sweet (Heimat Japan) als Zierpflanzen kultiviert.

Die Vertreter der Gattung *Sedum* sind ein- oder mehrjährige Kräuter, seltener Halbsträucher, mit dickfleischigen, flachen bis stielrunden, gegen-, wechsel- oder quirlständigen Laubblättern und meistens in Trugdolden erscheinenden, radiären 5zähligen Blüten (siehe S. 484, Bild 32-7).

Bei einigen *Sedum*-Arten wurden Piperidinalkaloide nachgewiesen (46). Der höchste Gehalt wurde bei *S. acre* ermittelt (300 mg/kg Frischgewicht, etwa 0,3% bezogen auf das Trockengewicht). Alle anderen Arten enthalten wesentlich weniger Alkaloide (63). Aus *S. maximum* wurden beispielsweise 0,008–0,01% Alkaloide isoliert (125).

Die Sedum-Alkaloide (Abb. 32-6) sind in ihrer Mehrzahl 2- oder 2,6-substituierte Piperidinalkaloide. Hauptalkaloid von *S. acre* (88, 115, 200), *S. maximum* (125) und einer Reihe anderer Arten

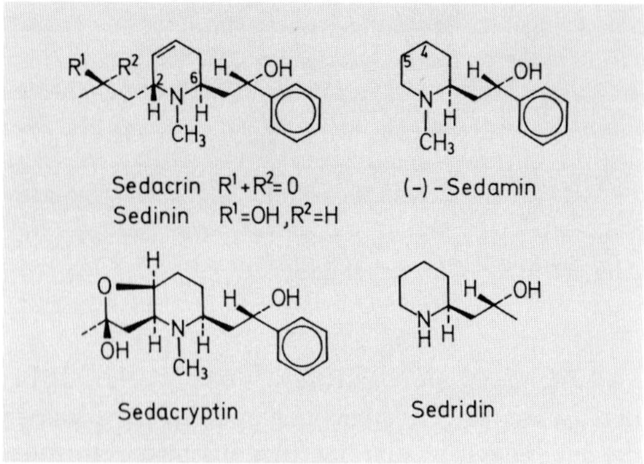

Abb. 32-6: Sedum-Alkaloide

(116) ist Sedacrin. Weiterhin kommen u. a. vor Sedinin, (–)-Sedamin, Sedacryptin, Sedridin, 4-Hydroxysedamin, 5-Hydroxysedamin, Sederin, Sedinon, N-Methylisopelletierin und N-Methylanabasin sowie auch einige aus *Lobelia inflata* L. (Lobeliaceae) bekannte Alkaloide wie Lobelanidin, Lelobanidin und 8-Propyl-10-phenyl-lobeliolon (34). Der Nicotingehalt der *Sedum*-Arten ist umstritten (z. B. kein Nicotin: 63, 0,03–0,06% Nicotin bei vielen Arten: 70).

Pharmakologische Untersuchungen sind uns nur von einigen Sedum-Alkaloiden bekannt. Sedamin wirkt bei intravenöser Injektion im Tierversuch peripher lähmend, besonders durch Wirkung auf die neuromuskulären Synapsen und in hohen Dosen auch direkt auf die glatte Muskulatur. Daneben führt es zu geringer zentraler Stimulation. Auch Sedinin ist zentral erregend wirksam, außerdem schwach peripher lähmend. Sedridin sensibilisiert in hohen Konzentrationen den Organismus für Kaliumionen, wirkt schwach hypotonisch und kann Atemstörungen verursachen (57).

Vergiftungen durch *Sedum*-Arten sind bei Mensch und Tier sehr selten. Die starke Reizwirkung von *S. acre* (Name!) ist wahrscheinlich auf andere, noch unbekannte Inhaltsstoffe zurückzuführen.

Auch für die in der Volksmedizin genutzte blutdrucksenkende, emetische und darmanregende Wirkung von *S. acre* können die Alkaloide nicht allein verantwortlich gemacht werden (57, 125).

32.7 Piperideinalkaloide als mögliche Giftstoffe des Schachtelhalms (*Equisetum*-Arten)

Die Gattung *Equisetum*, Schachtelhalm (Equisetaceae, Schachtelhalmgewächse), umfaßt 32 Arten. Im Gebiet kommen davon 10 Arten vor. Als giftig gelten *E. palustre* L., Sumpf-Schachtelhalm, Duwock (auf nährstoffreichen, feuchten Wiesen, gemein), *E. fluviatile* L., Teich-Schachtelhalm (in Teichen und Röhrichten, verbreitet), *E. hyemale* L., Winter-Schachtelhalm (in Laubwäldern, Gebüschen, zerstreut), und *E. sylvaticum* L., Wald-Schachtelhalm (in feuchten Wäldern, kalkmeidend, verbreitet).

Die Vertreter der Gattung *Equisetum* sind ausdauernde Kräuter mit tief im Boden liegender, kriechender Grundachse. Die oberirdischen Sprosse sind gegliedert, hohl, quirlig verzweigt. Die Blätter sind zu einer kurzen stengelumfassenden Scheide verwachsen. Die fruchtbaren und unfruchtbaren Sprosse sind entweder gleichgestaltet und grün (z. B. *E. palustre*), oder die fruchtbaren sind weißlich und astlos *(E. arvense, E. sylvaticum)*. Der besonders giftige Sumpf-Schachtelhalm hat schwarze Asthüllen, die Stengelscheide ist länger als das unterste Astglied (siehe S. 484, Bild 32-8).

Als möglicher Giftstoff kommt bei *E. palustre* Palustrin (0,01–0,3% im Kraut, Abb. 32-7) in Betracht. Es wird von Palustridin und 18-Desoxypalustrin begleitet (59, 87, 119, 203). Auch bei *E. arvense* L., Akker-Schachtelhalm, *E. fluviatile* L., Teich-Schachtelhalm, *E. sylvaticum* L., Wald-Schachtelhalm (47), und *E. ramosissimum* DESF., Ästiger Schachtelhalm (16), konnte Palustrin nachgewiesen werden.

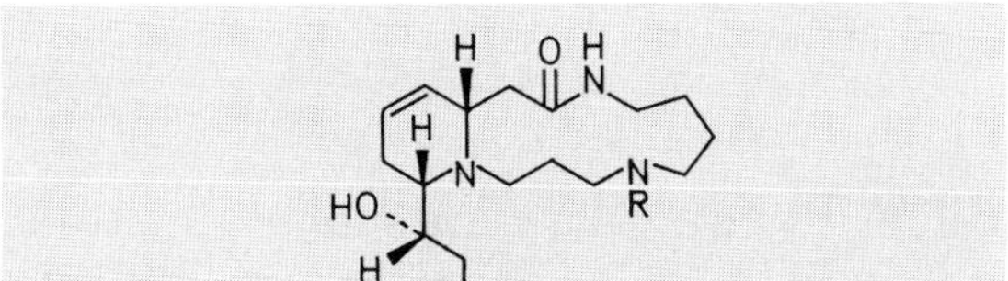

Abb. 32-7: Equisetum-Alkaloide

Bemerkenswerte Begleitstoffe sind das in allen *Equisetum*-Arten in sehr geringen Mengen vorkommende Nicotin (1–2 mg/kg, Ü 44), Indanonderivate (191), Saponine und das Ferment Thiaminase (79).

Toxikologische Bedeutung besitzen *Equisetum*-Arten nur für die Veterinärmedizin (92, Ü 6, Ü 40). Sie verursachen die vor allem bei Pferden auftretende «Taumelkrankheit», die durch gesteigerte Erregbarkeit, taumelnden Gang und Zuckungen der Kopfmuskulatur bis zum Tod durch Erschöpfung gekennzeichnet ist. Rinder zeigen nach Verzehr von giftigen *Equisetum*-Arten Gewichtsverlust, Abnahme der Milchleistung, Durchfall und Lähmungserscheinungen (Ü 6).

Ob und in welchem Maße die Piperideinalkaloide an der Giftwirkung beteiligt sind, bleibt unklar. Für eine Maus von 20 g Körpergewicht soll 1 mg Palustrin tödlich sein (201). Möglicherweise spielt auch die in den Schachtelhalm-Arten enthaltene Thiaminase eine Rolle (Vitamin-B_1-Mangel-Erkrankung, s. Kap. 7.3, 79).

Die Vergiftungen können durch Futterwechsel überwunden werden, ansonsten erfolgt die Therapie symptomatisch, bei Pferden durch Hefezufuhr (Ü 6).

32.8 Indolizidin- und Piperidinalkaloide als Cholinomimetica und Glykosidasehemmer

Von toxikologischem Interesse sind die Polyhydroxy-Indolizidinalkaloide Swainsonin, Slaframin und Castanospermin, die wegen ihres hydrophilen Charakters und ihrer Instabilität erst relativ spät entdeckt wurden und schwer nachzuweisen sind (Abb. 32-8).

Swainsonin wurde zuerst aus *Swainsona canescens*, «Darlingpea» (Fabaceae, Schmetterlingsblütengewächse) isoliert (0,001% in der Pflanze). Die Gattung *Swainsona*, der etwa 50 Arten angehören, ist in Australien beheimatet. In 13 nordamerikanischen *Astragalus*-Arten, z. B. *A. lentiginosus* DOUGL. und *A. bisulcatus*, und in *Oxytropis halleri* BUNGE (*O. sericea* (LAM.) SIMONK., Fabaceae) wurde es ebenfalls nachgewiesen. *O. halleri*, Seidenzottiger Spitzkiel, kommt auch im Gebiet in Österreich (Steiermark, Kärnten) und in der Schweiz vor (27, 136).

Später konnte Swainsonin neben Slaframin in Kulturen von *Rhizoctonia leguminicola*, einem niederen Pilz, der aus verdorbenem Rotkleeheu isoliert worden war, identifiziert werden (27).

Castanospermin kommt in den Samen von *Castanospermum australe* A. CUNNINGH. et FRAS. ex HOOK., Moretonbay-Kastanie (Fabaceae), vor, einem Baum, der in Ostaustralien gedeiht (27). Seine gerösteten kastanienähnlichen Samen werden von

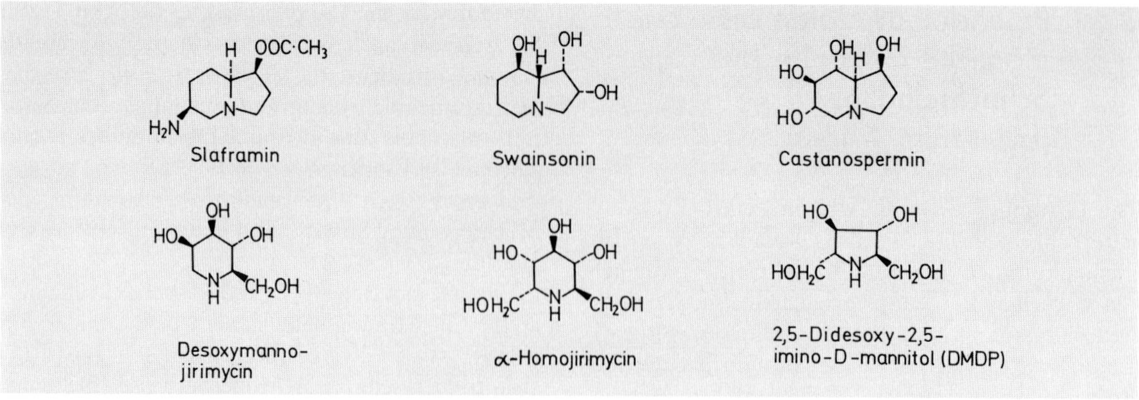

Abb. 32-8: Ein Cholinomimeticum und Glykosidasehemmer mit Piperidingrundkörper

den australischen Ureinwohnern gegessen. In Indien wird er als Schattenbaum angebaut.

Swainsonin wirkt als Hemmstoff von α-D-Mannosidasen (lysosomale α-D-Mannosidase, Golgi-Mannosidase II u. a.) und führt zur Störung der Glykoproteinbiosynthese und zur Produktion anomaler Glykoproteine, z. B. im Gehirn. Die Vergiftungssymptome ähneln den Symptomen der Erbkrankheit Mannosidose (Mannosidase-Mangel-Syndrom), die durch neurologische Störungen und Verzögerungen der Gehirnentwicklung charakterisiert ist (49, 89, 199).

Castanospermin hemmt besonders Glucosidasen (im menschlichen Verdauungstrakt sind α- und β-Glucosidasen betroffen) und greift ebenfalls in den Glykoproteinstoffwechsel ein. Es bewirkt bei Ratten eine anomale Glykogenakkumulation (199).

Slaframin besitzt parasymphaticomimetische Wirksamkeit und fördert vor allem die Drüsensekretion («salivation factor», 27, 136, 199).

Von toxikologischer Bedeutung sind in den USA Tiervergiftungen durch swainsoninhaltige *Astragalus*- und *Oxytropis*-Arten (locoweed-Vergiftungen) und in Australien durch *Swainsona*-Arten. Unabhängig von den ebenfalls in *Astragalus*-Arten vorhandenen Nitroverbindungen (Kap. 20.1) und ihrer Selenspeicherkapazität (Kap. 16.8) bewirkt der Swainsoningehalt der Pflanzen neurologische Störungen, spontane Aborte, Mißbildungen, Abmagerung und Herzversagen. Besonders betroffen sind Weidetiere.

Mit *Rhizoctonia leguminocola* infizierter Klee löst bei Pferden das «slobber hay»-Syndrom aus, eine Slaframin-Swainsonin-Mycotoxikose, die durch übermäßigen Speichelfluß, Gewichtsverlust und Aborte charakterisiert ist und zum Tod der Tiere führen kann (27, 136).

Aufgrund ihrer enzymhemmenden Eigenschaften werden Swainsonin und Castanospermin als Mittel zur Diabetesbehandlung interessant. Castanospermin hemmt in kultivierten Zellen die Replikation von HIV- und Cytomegalie-Viren. Wahrscheinlich findet eine Beeinflussung der Biosynthese der Oberflächenglykoproteine der Viren statt. In Zukunft könnte eine Anwendung bei AIDS-Patienten möglich sein. Auch bei der Aufklärung und Beeinflussung anderer Prozesse, bei denen Glykoproteine eine Rolle spielen, z. B. bei der Metastasierung von Tumoren und bei Immunreaktionen, können die glykosidasehemmenden Alkaloide Anwendung finden (15, 61).

Ebenfalls als Glykosidasehemmer wirksam sind einige aus Fabaceae, Euphorbiaceae, Moraceae und Polygonaceae erhaltene polyhydroxylierte Piperidin-, Pyrrolidin- und Pyrrolizidinderivate (61). Als Beispiel seien die drei aus der in Südamerika vorkommenden Liane *Omphalea diandra* L. (Euphorbiaceae) isolierten Verbindungen 2,5-Didesoxy-2,5-imino-D-mannitol (DMDP), Homojirimycin und Desoxymannojirimycin genannt (Abb. 32-8, 112).

32.9 Pyridinalkaloide bei Schnurwürmern (Nemertini)

Anabasein und seine Abkömmlinge (Abb. 32-9) sind im Gift von Schnurwürmern (Stamm Nemertini) enthalten. Die Länge dieser räuberisch lebenden Tiere, die bevorzugt in der Uferzone der Meere vorkommen, kann wenige Millimeter bis einige Meter betragen. Sie besitzen einen in einer Körperhöhle liegenden, ausstreckbaren Rüssel (Proboscis), der oft die Körperlänge übertreffen kann und der bei den Vertretern der Unterklasse Enopla, Ordnung Hoplo-

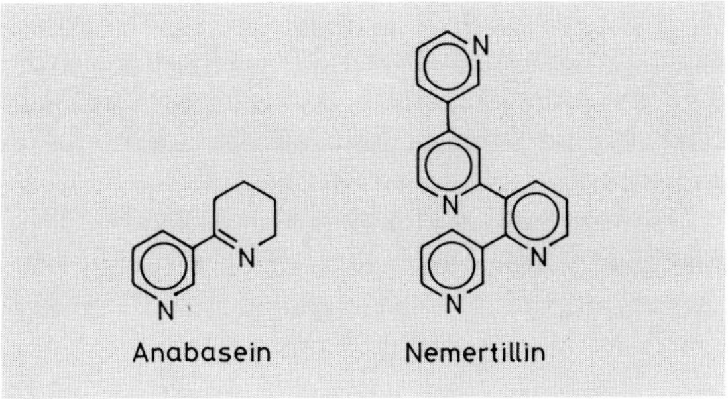

Abb. 32-9: Giftstoffe der Schnurwürmer (Nemertini)

nemertini, mit einem oder mehreren Kalkstiletten besetzt ist, die mit Giftdrüsen verbunden sind. Der ausgestreckte Rüssel wird spiralig um die Beutetiere gewickelt. Beutetiere sind je nach Größe des Wurms Ringelwürmer, Weichtiere, kleine Krebse oder Fische. Hohe Konzentrationen an Anabasein im Rüssel und im Körpersekret wurden u. a. gefunden bei Vertretern der Gattung *Paranemertes, Tetrastemma* und *Amphiporus* (107, 109). *Amphiporus lactifloreus*, ein 4–12 cm langer und 2–3 mm breiter, gelbroter Schnurwurm kommt im Gebiet westlich der Darßer Schwelle in der Ostsee und in der Nordsee vor. In *Amphiporus angulatus* wurde neben Anabasein Nemertillin, ein Pyridintetrameres, nachgewiesen (108).

Anabasein und Nemertillin wirken nicotinähnlich neurotoxisch und verursachen besonders bei Crustacea Paralyse. Die LD_{50} von Anabasein beträgt für Krebse *(Procambarus clarkii)* 70 μg, i. v., für Mäuse 84 μg, i. v. Nemertillin ist für Säugetiere und den Menschen weniger toxisch als Anabasein (108).

32.10 Pyridin- und Pyrrolalkaloide sowie deren Hydroderivate und Indolizidinalkaloide in Wehrgiften der Ameisen (Formicoidae)

Eine Vielzahl von Ameisenarten (Überfamilie Formicoidae, Ordnung Hymenoptera) der Unterfamilie der Myrmicinae nutzen Piperidinalkaloide als Bestandteile ihrer Wehrsekrete.

Die in Nordamerika vorkommenden *Aphaenogaster*-Arten *(A. fulva, A. tennesseensis)* verspritzen Anabasein (Abb. 32-9) enthaltende Sekrete (206).

Die subtropischen Feuerameisen der Gattung *Solenopsis* (z. B. *S. invicta, S. saevissima, S. xyloni*) vermögen sehr schmerzhafte Stiche auszuteilen. Hauptbestandteile ihrer Gifte sind 2,6-dialkylierte Piperidin- bzw. Piperideinderivate, die sog. Solenopsine (Abb. 32-10). Diese Verbindungen werden von 2,5-dialkylierten Pyrrolin- und Pyrrolidinalkaloiden sowie 3,5-dialkylierten Pyrrolizidin- und 5,9-dialkylierten Indolizidinalkaloiden begleitet (25, 98, 101, 126). Auch die *Monomorium*-Arten verfügen über einen Stechapparat. Im Gift der europäischen Vertreter wurden drei 2,5-trans-Dialkylpyrrolidine und zwei 2,5-trans-Dialkylpyrroline nachgewiesen, die zusammen etwa 95% des Giftes ausmachen. Hauptbestandteil des Giftes (3,5 μg/Ameise) ist 2(1-Hex-5'-enyl)-5-nonyl-pyrrolidin (Abb. 23-10, 121). Bei der fast auf der ganzen Welt verbreiteten Pharaoameise, *M. pharaonis*, kommen ähnliche Verbindungen vor. Hauptkomponenten ihres Giftes sind das 3,5-Dialkylindolizidinalkaloid Monomorin I und das 2,5-Dialkylpyrrolidinalkaloid Monomorin III (Abb. 32-10, 99, 101). In außereuropäischen Arten wurden auch 2,6-Dialkylpiperidin- und 2,5- oder 2,9-Dialkylindolizidinalkaloide gefunden (25, 100).

Die Alkaloide der Feuerameisen zeigen sehr vielfältige biologische Wirkungen. Sie verursachen Hämolyse (6) und Nekrosen, setzen Histamin aus Mastzellen frei (158), hemmen Na^+/K^+-ATPasen (113) und entkoppeln in niedrigen Konzentrationen die oxidative Phosphorylierung (33). Die 2,6-disubstituierten Verbindungen hemmen die Kopplung zwischen nicotinergen Rezeptoren und Ionenkanälen und blockieren somit die neuromuskuläre Erregungsübertragung (208). Außerdem sind antimikro-

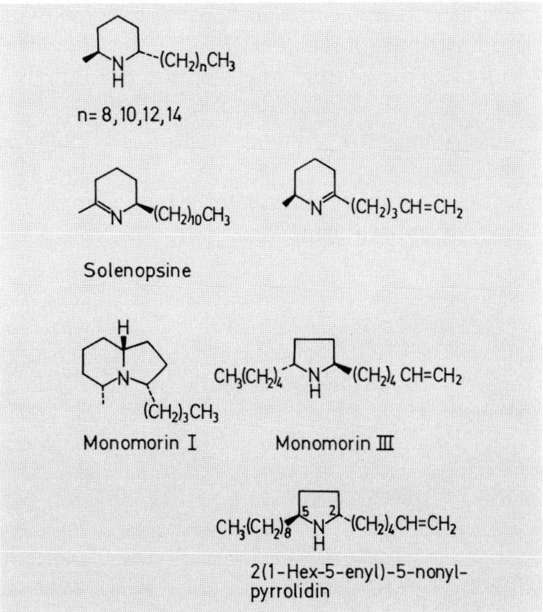

Abb. 32-10: Giftstoffe von Ameisen (Formicoidae)

bielle, insekticide und phytotoxische Eigenschaften nachweisbar (24, Übersicht: 25).

Feuerameisen stellen auch für den Menschen eine Gefahr dar. Im Südosten der USA verursachen sie jährlich etwa 10 000 Vergiftungen (Ü 36). Nach dem Stich einer Feuerameise kommt es sehr schnell zu Rötung, Ödembildung und Nekrosen. Auch Bewußtlosigkeit und anaphylaktische Reaktionen können auftreten (30, 206).

32.11 Spiropiperidin-, Indolizidin- und Decahydrochinolinalkaloide von Baumsteigerfröschen (Dendrobatidae)

Im Hautsekret von über 40 Arten aus der Familie der in Zentral- und Südamerika lebenden Dendrobatidae, Baumsteigerfrösche (etwa 80 Arten umfassend), vor allem bei den Vertretern der Gattungen *Dendrobates* (siehe S. 484, Bild 32-9 u. 32-10) und *Phyllobates*, kommen eine Vielzahl, zum Teil hochtoxischer Alkaloide vor. Bisher sind über 200 derartige Alkaloide bekannt (Übersicht: 40, 44, Ü 76: XXI, 139, neuere Arbeiten 41, 68, 196, 197).

Neben den Batrachotoxinen, Alkaloiden mit Pregnangrundkörper (Kap. 37.8), wurden vor allem Verbindungen mit einem Piperidinring (Abb. 32-11) isoliert, der erweitert ist zum:

- Spiropiperidinringsystem (Azaspiro[5.5]undecanol, die Histrionicotoxine, z. B. Histrionicotoxin, Isodihydrohistrionicotoxin),
- Indolizidinringsystem (die Vertreter der Pumiliotoxin A-Serie, 6-Alkyliden-8-hydroxy-8-methylindolizidine, z. B. Pumiliotoxin A; Pumiliotoxin B) und
- Decahydrochinolinringsystem (z. B. Pumiliotoxin C, Gephyrotoxin).

Daneben kommen u. a. auch vor Pyridyl-piperideine, z. B. Noranabasamin, 2,6-dialkylierte Pyrrolidine und Indolalkaloide, z. B. das bereits aus Pflanzen bekannte Chimonanthin, ein dimeres Indolalkaloid vom Physostigmin-Typ.

Den Vertretern der Pumiliotoxin A-Serie ähnliche Alkaloide wurden auch in anderen Froschlurchen (Anura) tropischer Gebiete gefunden, z. B. bei einigen Bufonidae (Kröten), Ranidae (Fröschen) und Myobatrachidae (bei *Pseudophryne*-Arten neben Verbindungen vom Physostigmin-Typ, den Pseudophrynaminen Abb. 26-1, 44, 45, 52). In diesem Zusammenhang ist die an die Genese des Tetrodotoxins (Kap. 28.2) erinnernde Tatsache erwähnenswert, daß bei Tieren der Art *Phyllobates terribilis*, Batrachotoxinbildnern, die in zweiter Generation unter Laborbedingungen lebten, keine Alkaloidbildung erfolgte. Es drängt sich die Vermutung auf, daß möglicherweise symbiontische Bakterien, vielleicht unter Nutzung einfacher, vom Frosch gebildeter Vorstufen, an der Alkaloidbildung mitwirken (44).

Die Hautsekrete der Dendrobatidae werden von den Indianern Kolumbiens und Panamas als Pfeilgifte verwendet (Ü 36).

Die Alkaloidkonzentrationen sind sehr gering. Ein Frosch verfügt etwa über 200–500 µg Toxine. Aus den Häuten von 1100 Fröschen der Art *Dendrobates histrionicus* wurden 226 mg Histrionicotoxin und 320 mg Isodihydrohistrionicotoxin erhalten (42).

Histrionicotoxine, Pumiliotoxine und Gephyrotoxin blockieren durch Wechselwirkung mit cholinergen Rezeptoren und mit Ionenkanälen (spannungsabhängige Na^+- und K^+-Kanäle) die neuromuskuläre Reizübertragung (39, 40, 43, 204, 207). Pumiliotoxin A und Pumiliotoxin B sind außerdem Hemmstoffe der ATPase und wirken positiv inotrop (207).

Die akute Toxizität von Histrionicotoxinen, Gephyrotoxin und Pumiliotoxin C für Säugetiere ist gering. 20 mg/kg Gephyrotoxin sind bei Mäusen ohne

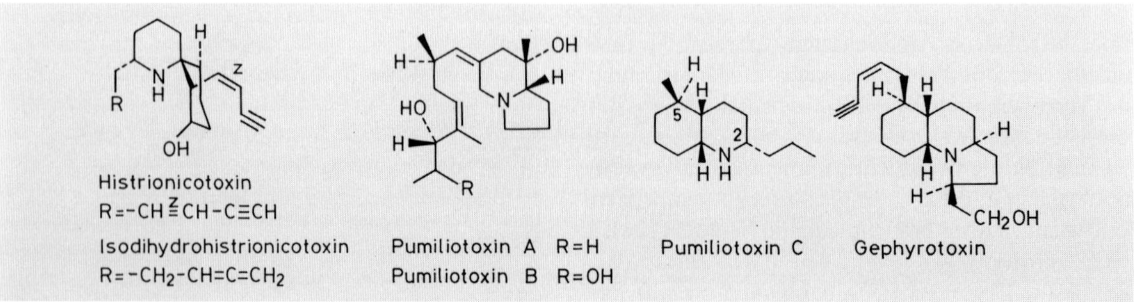

Abb. 32-11: Giftstoffe der Baumsteigerfrösche (Dendrobatidae)

Effekt. 5 mg/kg Histrionicotoxin oder Pumiliotoxin C, s. c., rufen geringe motorische Störungen hervor. Die minimale letale Dosis von Pumiliotoxin C beträgt 20 mg/kg, Maus. Die Toxizität der Pumiliotoxine A und B ist größer. Die minimale letale Dosis liegt für Mäuse bei 2,5 mg/kg Pumiliotoxin A bzw. 1,5 mg/kg Pumiliotoxin B (40). Für den Menschen haben die Alkaloide der Baumsteigerfrösche keine toxikologische Bedeutung. Sie können jedoch in der neurobiologischen Forschung Einsatz finden.

32.12 Literatur

1. Adams, J. D., La Voie, E. J., Hoffmann, D. (1985), Carcinogenesis 6: 509
2. Adams, D., Owens-Tucciarone, P., Hoffmann, D. (1987), Food Chem. Toxicol. 25: 245
3. Al-Hachim, G. M., Mahmoud, F. A. (1985), Epilepsia 26: 661
4. Amonkar, A. J., Padma, P. R., Bhide, S.V. (1989), Mutat. Res. 210: 249
5. Andary, C., Rapior, S., Delpech, N., Huchard, G. (1989), Lancet I: 213
6. Andronny, G. A., Derbes, V. J., Jung, R. C. (1959), Science 130: 449
7. Angenot, L. (1983), J. Pharm. Belg. 38: 172
8. Anonym (1987), in: Bioactive Molecules 2 (Ed.: Hirono, I., Kodansha Elsevier, Tokyo, Amsterdam, Oxford, New York): 167
9. Anonym, Naturwiss. Rdsch. 38: 152
10. Antkowiak, W. Z., Gessner, W. P. (1985), Experientia 41: 769
11. Armitage, A. K. (1965), Brit. J. Pharmacol. 25: 515
12. Arundel, A., Sterling, T., Weinkam, J. (1987), Environ. Int. 13: 409
13. Amberger-Lahrmann, M., Schmähl, D. (1988) Gifte, Geschichte der Toxikologie, Springer-Verlag, Berlin
14. Aue, W. (1967), Pharm. Zentralhalle 136: 728
15. Bauer, S. (1990), Naturwiss. Rdsch. 43: 310
16. Baytop, T., Gurkan, E. (1973), zit.: C. A. 79: 15817b
17. Beil, M. E., Goodman, F. R., Shlevin, H. H., Smith, E. F. (1986), Drug Dev. Res. 9: 203
18. Benowitz, N. L., Jacob, P. III (1987), Adv. Behav. Biol. 31 (Tob. Smok Nicotine): 357
19. Benowitz, N. L. (1988), New Engl. J. Med. 312: 1318
20. Benowitz, N. L., Porchet, H., Jacob, P. (1989), Nicotinic Receptors in CNS/Their Role in Synaptic Transmission 79 (Eds.: Nordberg, A., Fuxe, K., Holmstedt, B., Sundwall, A.): 279
21. Bhide, S.V., Shivapurkar, N. M., Gothoskar, S.V., Ranadive, K. J. (1979), Brit. J. Cancer 40: 922
22. Bhide, S.V., Nair, J., Maru, G. B., Nair, U. J., Rao, B.V. K. Chakraborty, M. K., Brunnemann, K. D. (1987), Beitrag Tabakforsch. Int. 14: 29
23. Blot, W. J., Fraumeni, J. F. (1986), J. Nat. Cancer Inst. 77: 993
24. Blum, M. S., Walker, J. R., Callahan, P. S., Novak, A. F. (1958), Science 128: 306
25. Blum, M. S. (1985), ACS Symp. Ser. 276 (Bioregul. Pest. Control): 393

25a. Bock, G., Marsh, J. (1989), Biology of Nicotine Dependence, CIBA Foundation Symposium 152 (John Wiley & Sons Ltd., Chichester Sussex)

26. Bowman, W. C., Sanghvi, I. S. (1963), J. Pharm. Pharmacol. 15: 1
27. Broquist, H. P. (1986), Nutr. Rev. 44: 317
28. Brunnemann, K. D., Prokopczyk, B., Hoffmann, D., Nair, J., Ohshima, H., Bartsch, H. (1986), Banbury Res. 23 (Mech. Tob. Carcinog.): 197
29. Caddy, B. (1984), Anal. Proc. 21: 380
30. Caro, M. R., Derbes, V. J., Jung, R. (1957), Arch. Dermatol. 75: 475
31. Castorena, J. L., Garriott, J. C., Barnhardt, F. E., Shaw, R. F. (1987), J. Toxicol. Clin. Toxicol. 25: 429
32. Charlton, A. (1984), Brit. Med. J. 88: 1647
33. Cheng, E. Y., Cutkomp, L. K., Koch, R. B. (1977), Biochem. Pharmacol. 26: 1179
34. Colau, B., Hootele, C. (1983), Canad. J. Chem. 61: 470
35. Colditz, G. A., Bonita, R., Stampfer, M. J., Willett, W. C., Rosner, B., Speizer, F. E., Hennekens, C. H. (1988), New Engl. J. Med. 318
36. Colloishow, N. E., Kirkbride, J., Wigle, D.T. (1984), Canad. Med. Assoc. J. 31: 1199
37. Cromwell, B.T. (1956), Biochem. J. 64: 259
38. Cuattingius, S., Haglund, B., Mierck, O. (1988), Brit. Med. J. 297: 258
39. Daly, J.W., Brown, G. B., Mensah-Dwumak, M., Myers, C.W. (1976), Toxicon 16: 163
40. Daly, J.W., Spande, T. F. (1986), Alkaloids 4: 1
41. Daly, J.W., Spande, T. F., Whittaker, N., Highet, R. J., Feigl, D., Nishimori, N., Tokuyama, T., Myers, C.W. (1986), J. Nat. Prod. 49: 265
42. Daly, J.W. (1982), Fortschr. Chem. Org. Naturstoffe 41: 205
43. Daly, J.W., Gusovsky, F., McNeal, E.T., Secunda, S., Bell, M. u. a. (1990), Biochem. Pharmacol. 40: 315
44. Daly, J.W., Myers, C.W., Whittaker, N. (1987), Toxicon 25: 1022
45. Daly, J.W., Garaffo, H. M., Pannell, L. K., Spande, T. F., Severini, C., Erspamer, V. (1990), J. Nat. Prod. 53: 407
46. Diak, J., Kohlmünzer, S. (1981), Herba Hung. 20: 7
47. Dietrich, W., Eugster, H. (1960), Chimia 14: 353
48. Djordjevic, M.V., Brunnemann, K. D., Hoffmann, D. (1989), Carcinogenesis 10: 1725
49. Dorling, P. R., Huxtable, C. R., Colegate, S. M., Winchester, B. G. (1985), Plant Toxicol. Proc. Aust.-USA Poisonous Plants Symp. 1984 (Ed.:

Seawright, A. A.), Queensl. Poisonous Plant Comm. Yeerongpilly, Australia: 255
50. Dring, J.V., Nash, R.J., Roberts, M.F., Reynolds, T. (1984), Planta Med. 50: 442
51. Dyson, D. A., Wrathall, A. E. (1977), Veterin Rec. 100: 241
52. Edwards, M.W., Daly, J.W. (1988), J. Nat. Prod. 51: 1188
53. Eiden, F. (1976), Pharm. Unserer Zeit 5: 1
54. Ekstroem, G., Gustavsson, H. (1980), Var Foeda 32: 447
55. Elferink, J. G. R. (1983), J. Ethnopharmacol. 7: 111
56. Enzell, C. R., Wahlberg, I., Aasen, A. I. (1977), Fortschr. Chem. Org. Naturstoffe 34: 1
57. Erdmann, W. D., Ruff, H. J., Schmidt, G. (1961), Arzneim. Forsch. 11: 835
58. Ernst, H., Ohshima, H., Bartsch, H., Mohr, U., Reichart, P. (1987), Carcinogenesis 8: 1843
59. Eugster, C. H. (1976), Heterocycles 4: 51
60. Fazekas, I. G., Kosa, F. (1964), Dtsch. Z. Ges. Gerichtl. Med. 55: 40
61. Fellows, L. E. (1987), Chem. in Britain: 842
62. Flammer, R., Schweiz. Zeitschr. Pilzkunde 91: 2
63. Franck, B. (1958), Chem. Ber. 91: 2803
64. Frank, A. A., Reed, W. M. (1987), Avian Dis. 31: 386
65. Franke, G. (1975), Naturpflanzen der Tropen und Subtropen 1: 114, Hirzel-Verlag, Leipzig
66. Fried, P. A. (1990), Neurotoxicol. 10: 577
67. Garcia-Estrada, H., Fischman, C. M. (1977), Clin. Toxicol. 10: 391
68. Garraffo, H. M., Edwards, M.W., Spande, T. F., Daly, J.W., Overman, L. E., Severini C., Erspamer, V. (1988), Tetrahedron 44: 6795
69. Gehlbach, S. H., Perry, L. D. (1975), Lancet 1: 478
70. Gill, S., Raszeja, W., Synkiewicz, G. (1979), Farm. Pol. 35: 151
71. Gray, J. G., Kung, S. D., Wildman, S. G., Sheen, S. J. (1974), Nature 252: 226
72. Gross, D. (1971), Fortschr. Chem. Org. Naturstoffe 29: 1
73. Gross, D. (1969), in: Biosynthese der Alkaloide (Eds.: Mothes, K., Schütte, H. R.), Verlag der Wissenschaften, Berlin: 215
74. Gross, D. (1970), Fortschr. Chem. Org. Naturstoffe 28: 109
75. Grusz-Harday, E. (1967), Arch. Toxicol. 23: 35
76. Hajek, P., Jackson, P., Becher, M. (1988), J. Am. Med. Assoc. 260: 1593
77. Hannam, D. A. R. (1985), Vet. Rec. 116: 322
78. Hecht, S. S., Abbaspour, A., Hoffmann, D. (1988), Cancer Lett. 48: 141
79. Henderson, J. A., Evans, E.V., McIntosh, R. A. (1952), J. Am. Vet. Med. Assoc. 120: 375
80. Heufler, C., Felmayer, G., Prast, H. (1987), Agent Action 21: 203
81. Hirono, I. (1985), J. Environ. Sci. Health C 3 (2): 145
82. Hjelm, E.W., Näslund, P. H., Wallen, M. (1988), J. Toxicol. Envir. Health 25: 155
83. Hoffmann, D., Hecht, S. S. (1988), ISI Atlas Sci. Pharmacol. 2: 46
84. Hoffmann, D., Hecht, S. S. (1985), Cancer Res. 45: 935
85. Hoffmann, D., Haris, C. C. (1986), Mechanisms in Tobacco Carcinogenesis, Cold Spring Harbor
86. Holmdahl, J., Ahlman, J., Bergek, S., Lundberg, S., Persson, S. A. (1987), Toxicon 25: 195
87. Holz, W., Richter, W. (1960), Angew. Bot. 34: 28
88. Hootele, C., Etienne, J. P., Colau, B. (1979), Bull. Soc. Chim. Belg. 88: 111
89. Howard, A. S., Michael, J. P. (1986), Alkaloids 28: 183
90. Huang, J. L., McLeish, M. J. (1989), J. Chromatogr. 475: 447
91. Hulka, B. S. (1988), Environ. Techn. Lett. 9: 531
92. Husemann, C., Bracker, H. H. (1960), Z. f. Kulturtechn. 1: 29
93. Inokuchi, J. I., Okabe, H., Yamauchi, T., Nagamatsu, A., Nonaka, G. I., Nishioka, I. (1986), Life 38: 1375
94. Jacob, C.V., Stelzer, G.T., Wallace, J. H. (1980), Immunology 40: 621
95. Jarvick, M. E. (1988), Neurol. Neurobiol. 40 (Perspect. Psychopharmacol.): 315
96. Johnson, J. D., Houchens, D. P., Kluge, W. M., Craig, D. K., Fisher, G. L. (1990), Crit. Rev. Toxicol. 20: 369
97. Jones, R. B. (1987), New Engl. J. Med. 952
98. Jones, T. H., Blum, M. S., Fales, H. M. (1982), Tetrahedron 38: 1949
99. Jones, T. H., Laddago, A., Don, A.W., Blum, M. S. (1990), J. Nat. Prod. 53: 375
100. Jones, T. H., Blum, M. S., Robertson, H. G. (1990), J. Nat. Prod. 53: 429
101. Jones, T. H., Highet, R. J., Blum, M. S., Fales, H. M. (1984), J. Chem. Ecol. 10: 1233
102. Keeler, R. F., Dell Balls, L. (1978), Clin. Toxicol. 12: 49
103. Keeler, R. F., Crowe, M.W., Lambert, E. A. (1984), Teratology 30: 61
104. Keeler, R. F. (1974), Clin. Toxicol. 7: 195
105. Keeler, R. F., Crowe, M.W. (1985), Plant Toxicol. Proc. Aust.-USA Poisonous Plants Symp. 1984 (Ed.: Seawright, A. A.), Queensland Poisonous Plant Comm. Yeerongpilly, Australia: 324
106. Keeler, R. F., Dell Balls, L., Shupe, J. L., Ward Crove, M. (1980), Cornell Vet. 70: 19
107. Kem, W. R. (1971), Toxicon 9: 23
108. Kem, W. R., Scott, K. N., Duncan, J. H. (1976), Experientia 32: 684
109. Kem, W. R., Abbott, B. C., Coates, R. M. (1971), Toxicon 9: 15
110. Khodzhimatov, M., Bobokhodzhaeva, S. (1976), Iswesstija Akademii Nauk. Tadzh. SSR Otd. Biol. Nauk. 2: 81
111. Kilikauskas, B. S., Blaustein, A. B., Ablin, J. R. (1985), Fertil. Steril. 44: 526
112. Kite, G. C., Fellows, L. E., Fleet, G.W. J., Liu, P. S., Scofield, A. M., Smith, N. G. (1988), Tetrahedron Lett. 29: 6483
113. Koch, R. B., Desaiah, D., Forster, D., Ahmed, K. (1977), Biochem. Pharmacol. 26: 983

Bild 32-1: *Nicotiana tabacum*, Virginischer Tabak

Bild 32-2: *Nicotiana rustica*, Bauerntabak

Bild 32-3: *Areca catechu*, Arecafrucht und Arecasamen

Bild 32-4: *Cortinarius orellanus*, Orangefuchsiger Rauhkopf

Bild 32-5: *Cortinarius splendens*, Schöngelber Klumpfuß

Bild 32-6: *Conium maculatum*, Gefleckter Schierling

Bild 32-7: *Sedum acre*, Scharfer Mauerpfeffer

Bild 32-8: *Equisetum palustre*, Sumpf-Schachtelhalm

Bild 32-9: *Dendrobates lehmanni* (Pfeilgiftfrosch)

Bild 32-10: *Dendrobates histrionicus* (Pfeilgiftfrosch)

Bild 33-1: *Laburnum anagyroides*, Gemeiner Goldregen, Blüten

Bild 33-2: *Laburnum anagyroides*, Gemeiner Goldregen, Früchte

114. Konno, K., Hayano, K., Shirahama, H., Saito, H., Matsumoto, T. (1982), Tetrahedron 38: 3281
115. Kooy, J. H. (1977), Pharm. Weekbl. 112: 59
116. Krasnov, E. A., Petrova, L.V., Bekker, E. F. (1977), Khim. Prir. Soedin. (4): 585
117. Kulkarni, J. R., Lalitha, V. S., Bhide, S.V. (1988), Carcinogenesis 9: 2137
118. Kumar, R., Lader, M. (1981), Curr. Dev. Psychopharmacol. 6: 127
119. Langhammer, L., Blaszkiewitz, K., Kotzorek, I. (1972), Dtsch. Apoth. Ztg. 112: 1749
120. Leete, E., McDonell, J. A. (1981), J. Am. Chem. Soc. 103: 658
121. Lemaire, M., Lange, C., Bazire, M., Cassier, P., Clement, J. L., Escoubas, P., Rasselier, J. J. (1988), Exp. Biol. 48: 27
122. Lichtensteiger, W., Ribary, U., Schlumpf, M., Odermatt, B., Widmer, R. H. (1988), Prog. Brain Res. 73 (Biochem. Basis Funct. Neuroteratol.): 137
123. Liebisch, H.W. (1969), in: Biosynthese der Alkaloide (Eds.: Mothes, K., Schütte, H. R.), Verlag der Wissenschaften, Berlin: 275
124. Lockhart, L. P. (1933), Brit. Med. J. 1: 246
125. Logar, S., Mesicek, N., Perpar, M., Seles, E. (1974), Farm. Vestn. (Lubljana) 25: 21
126. MacConnell, J. G., Blum, M. S. (1970), Sciences 168: 840
127. Mactutus, C. F. (1989), Ann. NY Acad. Sci. 562 (Prenatal Abuse Licit Illicit Drugs): 105
128. Madaus, G., Schindler, H. (1938), Arch. Pharm. 276: 280
129. Malizia, E., Andreucci, G., Alfani, F., Smeriglio, M., Nicholai, P. (1983), Human Toxicol. 2: 315
130. Manoguerra, A. S., Freemann, D. (1983), J. Toxicol. 19: 861
131. Matsushima, S., Ohsumi, T., Sugawara, S. (1983), Agric. Biol. Chem. (Tokyo) 47: 507
132. Michelot, D., Tebbett, I. (1990), Mycol. Res. 94: 289
133. Miller, L. G. (1990), Clin. Pharm. 9: 125
134. Moffat, A. C. (1981), Dtsch. Apoth. Ztg. 121: 7
135. Mokhnachev, I. G., Sichinava, R. B., Sirotenko, A. A. (1979), zit.: C. A. 91: 2690c
136. Molyneux, R. J. (1988), Rev. Latinoam. Quim. 19: 135
137. Mielcarck, J. (1989), Urania 65: 49
138. Nagabhushan, M., Amonkar, A. J., Nair, U. J., Dsouza, A.V., Bhide, S.V. (1989), Mutagenesis 4: 200
139. Nair, J., Ohshima, H., Friesen, M., Croisy, A., Bhide, S.V., Bartsch, H. (1985), Carcinogenesis 6: 295
140. Nair, U. J., Floyd, R. A., Nair, J., Bussachini, V., Friesen, M., Bartsch, H. (1987), Chem. Biol. Interact. 63: 157
141. Neurath, G. B. (1972), Planta Med. 22: 267
142. Neurath, G. B. (1969), Arzneim. Forsch. 19: 1093
143. Nolte, S., Hufschmidt, C., Steinhauer, R., Rohrbach, R., Künzer, W. (1987), Monatsschr. Kinderh. 135: 280
144. Ober, W. B. (1977), NY State J. Med. 77: 254
145. Oberst, B. B., McIntyre, R. A. (1953), Pediatrics 11: 338
146. Panigraphi, G. B., Rao, A. R. (1982), Mutat. Res. 103: 197
147. Panigraphi, G. B., Rao, A. R. (1986), Carcinogenesis 7: 37
148. Panter, K. E., Bunch, T. D., Keeler, R. F. (1988), Am. J. Vet. Res. 49: 281
149. Panter, K. E., Bauch, T. D., Keeler, R. F., Sisson, D.V. (1988), J. Toxicol. Clin. Toxicol. 26: 175
150. Pirani, B. B. (1978), Obstet. Gynecol. Survey 33: 1
151. Poetzsch, J., Schramm, T. (1986), Z. Gesamte Hyg. Ihre Grenzgebiete 32: 405
152. Prast, H., Werner, E. R., Pfaller, W., Moser, M. (1988), Arch. Toxicol. 62: 81
153. Preussmann, R. (1987), Dtsch. Med. Wschr. 112: 860
154. Prokopczyk, B., Bertinato, P., Hoffmann, D. (1988), Cancer Res. 48: 6780
155. Prokopczyk, B., Rivenson, A., Bertinato, P., Brunnemann, K. D., Hoffmann, D. (1987), Cancer Res. 47: 467
156. Rand, M. J., Thurau, K. (1988), The Pharmacology of Nicotine (Proceedings of Satellite Symposium of the 10th International Congress of Pharmacology, Gold Coast, Queensland, Australia September 4–6, 1987; IRL Press, Oxford)
157. Rand, M. J. (1989), Nicotinic Receptors in CNS/Their Role in Synaptic Transmission 79 (Eds.: Nordberg, A. et al.): 3
158. Read, G.W., Lind, N. K., Oda, C. S. (1978), Toxicon 16: 361
159. Remmer, H. (1987), Dtsch. Med. Wchschr. 112: 1054
160. Riboli, E. (1987), Toxicol. Lett. 35: 19
161. Richard, J. M., Louis, J., Cantin, D. (1988), Arch. Toxicol. 62: 242
162. Rivenson, A., Hoffmann, D., Prokopczyk, B., Amin, S., Hecht, S. S. (1988), Cancer Res. 48: 6912
163. Rizzi, D., Basile, C., Di Maggio, A., Sebastio, A., Introna, F. Jr., Rizzi, R., Bruno, S., Scatizzi, A., De Moreo, S. (1989), Lancet 2: 1461
164. Roberts, M. F., Brown, R.T. (1981), Phytochemistry 20: 447
165. Roberts, M. F. (1977), Phytochemistry 16: 1381
166. Ruedl, C., Moser, M., Gstraunthaler, G. (1990), Mycol. Helv. 4: 99
167. Russell, M. A. H. (1983), Eur. J. Respiratory Diseases 64, Suppl. 126: 85
168. Russell, M. A. H., Jarvis, M., Iyer, R., Feyerabend, C. (1980), Brit. Med. J. 280: 972
169. Russell, M. A. H., Feyerabend, C., Cole, P.V. (1976), Brit. Med. J. 280: 972
170. Russell, M. A. H. (1987), Toxicol. Lett. 35: 9
171. Sandberg, P. R., Fogelson, H. M., Manderscheid, P. Z., Parker, K.W., Norman, A. B., McConville, B. J. (1988), Lancet 1: 8585

172. Sandler, D. P., Comstock, G.W., Helsing, K.J., Shore, D. L. (1989), Am. J. Publ. Health 79: 163
173. Sarychev, V. F., Sherstyanykh, N. A. (1985), Tabak (Moskau) (2): 6
174. Scherer, G., Jarczyk, L., Heller, W. D., Biber, A., Neurath, G. B., Adlkofer, F. (1988), Klin. Wochenschr. 66: 5
175. Schievelbein, H. (1972), Planta Med. 22: 293
176. Schmidt, M. (1930), Dtsch. Z. Ges. Gerichtl. Med. 14: 559
177. Schneider, E. (1986), Pharm. Unserer Zeit 15: 161
178. Schultes, R. E. (1979), in: The Biology and Taxonomy of the Solanaceae 7 (Eds.: Hawkwas, J. G., Lester, R. N., Shelding, A. D.), Linnean Soc. Symp. Ser. 7: 137
179. Schumacher, T., Hoeiland, K. (1983), Arch. Toxicol. 53: 87
180. Schwartz-Bickenbach, D., Schulte-Hobein, B., Abt, S., Plum, C., Nau, H. (1987), Toxicol. Lett. 35: 73
181. Scutt, A., Meghji, S., Canniff, J. P., Harvey, W. (1987), Experientia 43: 391
182. Seeger, R., Neumann, H. P. (1991), Deutsch. Apoth. Ztg. 131: 720
183. Seehofer, E. (1983), Lebensmittelchem. Gerichtl. Chem. 37: 84
184. Seigel, R., Collings, P. R., Diaz, J. L. (1977), Econ. Botany 32: 16
185. Shivapurkar, N. M., Ranadive, S. N., Gothoskar, S.V., Bhide, S.V., Ranadive, K.J. (1980), Indian J. Exper. Biol. 18: 1159
186. Sinha, A., Rao, A. R. (1985), Toxicology 37: 315
187. Stich, H. F. (1986), Basic Life Sci. 39: 381
188. Stich, H. F., Anders, F. (1989), Mutat. Res. 214: 47
189. Stich, H. F., Tsang, S. S. (1989), Cancer Lett. 45: 71
190. Stich, J. E., Li, K. K., Chun, Y. S., Weiss, R., Park, N. H. (1987), Arch. Oral. Biol. 32: 291
191. Syrchana, A.J., Sorenysheva, D. N., Semenov, A. A., Biyushkin, V. N., Malinovskii, T. I. (1978), Khim. Prir. Soedin. 4: 508
192. Tebbett, I. R., Kidd, C. B. M., Caddy, B., Robertson, J., Tilstone, W. J. (1983), Transact. of British Mycological Soc. 81: 636
193. Thaddea, S. (1931), Naunyn-Schmiedebergs Arch. Exp. Pathol. Pharmakol. 162: 385
194. Thiess, D., Nagel, K. H. (1966), Arch. Toxicol. 22: 68
195. Tiecco, M., Tingoli, M., Testferri, L., Chianelli, D., Wenkert, E. (1987), Experienta 43: 462
196. Tokuyama, T., Nishimori, N., Shimada, A., Edwards, M.W., Daly, J.W. (1987), Tetrahedron 42: 643
197. Tokuyama, T., Nishimori, N., Karle, I. L., Edwards, M.W., Daly, J.W. (1986), Tetrahedron 42: 3453
198. Tuchmann-Duplessis, H. (1983), Am. J. Ind. Med. 4: 245
199. Tulsiani, D. R., Broquist, H. P., James, L. F., Touster, O. (1988), Arch. Biochem. Biophys. 264: 607
200. Vandrewal, R., Kooy, J. H., Vaneijk, J. L. (1981), Planta Med. 43: 97
201. Veit, M. (1987), Dtsch. Apoth. Ztg. 127: 2049
202. von Mühlendahl, K. E., Krienke, E. G. (1979), Pädiat. Praxis 21: 291
203. Waelchli, P. C., Murkherjee-Mueller, G., Eugster, C. H. (1978), Helv. Chim. Acta 61: 921
204. Warnick, J. E., Jessup, P. J., Overman, L. E., Eldefrawi, M. E., Nimit, Y., Dali, J.W., Albuquerque, E. X. (1982), Molec. Pharmacol. 22: 565
205. Wells, A. J. (1988), Environ. Int. 14: 249
206. Wheeler, J.W., Olubajo, O., Storm, C. B., Duffield, R. M. (1981), Science 211: 1051
207. Witkop, B., Gössinger, E. (1983), in: Ü 76: XXI, 139
208. Yeh, J. Z., Narahashi, T., Almon, R. R. (1975), J. Pharmacol. Exp. Ther. 194: 373

Mit Ü gekennzeichnete Zitate siehe Kap. 43.

33 Chinolizidinalkaloide

33.1 Toxinologie

Grundkörper der Chinolizidinalkaloide, von denen über 160 Vetreter bekannt sind, ist das Chinolizidin (Octahydrochinolizin, Norlupinan, zur Chemie: 9, 23, 43, Ü 76: III, 119; VII, 253; IX, 175; XXVIII, 183; XXXI, 117).

Die toxikologisch interessanten Chinolizidinalkaloide der Fabaceae lassen sich nach den am Grundkörper ankondensierten Ringen in folgende Typen einteilen (Abb. 33-1, weitere Typen: 43, 67):

- Norlupinan-Typ, bicyclisch, z. B. Lupinin,
- Cytisan-Typ, tricyclisch, Piperidinring in Stellung 1,3 ankondensiert, z. B. Cytisin, N-Methylcytisin, Angustifolin, Tetrahydrorhombifolin,
- Spartein-Typ, tetracyclisch, ein weiteres Chinolizidinringsystem in Stellung 1,3 ankondensiert, z. B. Spartein, α-Isospartein, β-Isospartein, 17-Oxospartein, Lupanin, 4-Hydroxylupanin, 13-Hydroxylupanin, 3,13-Dihydroxylupanin, Retamin, Anagyrin, Aphyllin, Thermopsin und
- Matrin-Typ, tetracyclisch, ein weiteres Chinolizidinringsystem in Stellung 1,9 ankondensiert, z. B. Matrin, Sophocarpin.

Im Kraut von Lupinen, in geringer Konzentration auch in den Samen, wurden Ester von Hydroxychinolizidinalkaloiden nachgewiesen, besonders Ester des 4 α- oder 13 α-Hydroxylupanins. Ihr Anteil kann bis zu 40% der Gesamtalkaloidmenge ausma-

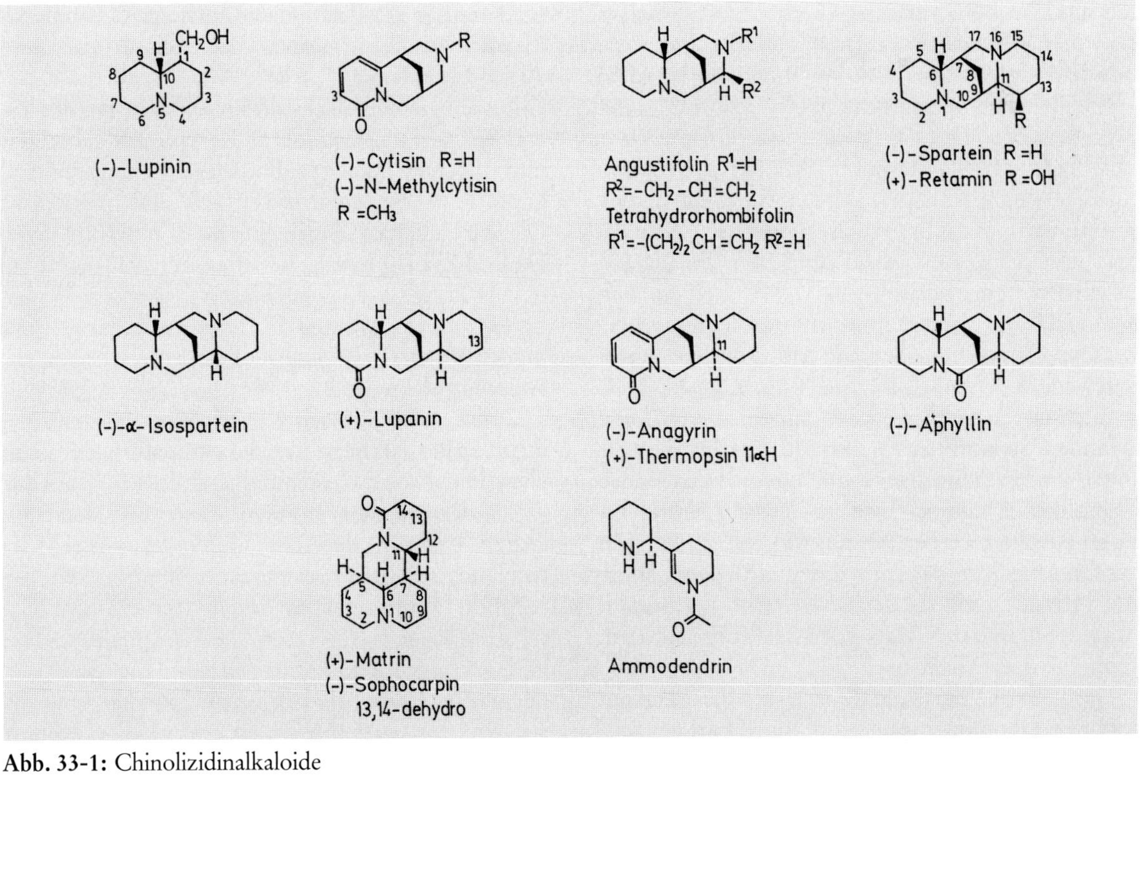

Abb. 33-1: Chinolizidinalkaloide

chen (56). Auch glykosidisch gebundene Alkaloide kommen vor (43), z. B. in den Samen von *Lupinus micranthus* GUSS. (*L. hirsutus* L.) (–)-(4'-α-Rhamnosyloxycinnamoyl)-epilupinin (73). Als Begleiter der Chinolizidinalkaloide werden Piperidinpiperideinoder Piperidinpyrrolidinalkaloide gefunden, z. B. Ammodendrin oder Smipin. Aus *Lembotropis nigricans* wurde ein Tetrahydroisochinolinalkaloid, das Calycotomin, isoliert.

Die Biogenese der oben genannten Chinolizidinalkaloide erfolgt in den grünen Teilen der Pflanzen aus L-Lysin über Cadaverin. Die intermediär entstehenden Desaminierungsprodukte des Cadaverins bleiben enzymgebunden. Die Vorgänge am Enzymkomplex werden entweder auf der Stufe des Lupinins, aufgebaut aus 2 L-Lysinmolekülen, oder des 17-Oxosparteins, aufgebaut aus 3 L-Lysinmolekülen, beendet. Sekundäre Veränderungen schließen sich an. Die Verbindungen vom Cytisan-Typ sind als Abbauprodukte von Sparteinderivaten zu betrachten. Die Chinolizidinalkaloide werden bevorzugt in der Epidermis oder subepidermalen Geweben abgelagert (25, 79, Ü 90).

Aus Lysinresten aufgebaute Chinolizidinalkaloide kommen in den Vertretern der Triben Sophoreae, Euchresteae, Dalbergieae, Thermopsideae, Genisteae, Podalyrieae, Liparieae, Crotalarieae, Bossiaeeae und Brongniartieae der Familie der Fabaceae (Schmetterlingsblütengewächse) vor (Tab. 33-1). Sporadisch treten sie auf bei Chenopodiaceae (Gänsefußgewächse, z. B. *Anabasis aphylla* L., südöstliche GUS), Berberidaceae (Berberitzengewächse, z. B. bei *Caulophyllum*-Arten, GUS), Ericaceae (Heidekrautgewächse, z. B. bei *Vaccinium myrtillus* L., Heidelbeere, vermutlich nur ein Lysinrest an der Biogenese beteiligt), Papaveraceae (Mohngewächse, z. B. bei *Chelidonium majus* L., Schöllkraut), Ranunculaceae (Hahnenfußgewächse, *Cimicifuga*-Arten), Scrophulariaceae (Braunwurzgewächse), Santalaceae (Sandelholzgewächse) und bei Solanaceae (Nachtschattengewächse, 79, Ü 44). Bei *Nuphar*-Arten (Ranunculaceae) und bei Lythraceae nachgewiesene Chinolizidinalkaloide haben andere Biogenesewege.

Auch im Tierreich wurden Chinolizidinalkaloide gefunden. So konnten aus dem Meeresschwamm *Petrosia seriata* (Adociidae) die ichthyotoxischen Bis-Chinolizidinalkaloide Petrosin, Petrosin A und Petrosia B isoliert werden (8). Aus Meeresschwämmen der Gattung *Xestospongia* wurden strukturell ähnliche Verbindungen, die gefäßerweiternd wirksamen Xestospongine, das Aragupetrosin A und die Aruspongine A–J erhalten.

Die Chinolizidinalkaloide sind für die Pflanzen wichtige Allomone. Aufgrund ihres bitteren Geschmacks und ihrer Toxizität weisen sie tierische Angreifer zurück. Besonders Cytisin und N-Methylcytisin verhindern Schneckenbefall. Ihre virostatischen, antibakteriellen und fungistatischen Wirkungen schützen vor mikrobiellen Attacken. Bei Verletzung der Pflanze kann ihre Konzentration in wenigen Stunden auf das Drei- bis Vierfache ansteigen. Die züchterisch erhaltenen alkaloidarmen Sorten zeigen erhöhte Anfälligkeit gegenüber allen Angreifern. Darüber hinaus sind die Chinolizidinalkaloide, wenn auch mit geringem Anteil, an der Stickstoffspeicherung in den Samen beteiligt (79).

Von toxikologischer Bedeutung sind die bei Fabaceae vorkommenden Alkaloide, besonders Lupinin, Lupanin, Cytisin, Spartein, Anagyrin und Ammodendrin. Als Quellen dieser Alkaloide für Mensch und Tier kommen *Laburnum*-Arten, Goldregen (Kap. 33.2), *Sarothamnus scoparius*, Besenginster (Kap. 33.3), Lupinen, *Lupinus*-Arten (Kap. 33.4), und auch andere Fabaceae (Kap. 33.5) in Betracht.

Wahrscheinlich ist das in den Samen von *Cimicifuga europaea* SCHIPCZ., Stinkendes Wanzenkraut (in Niederösterreich in Laubwäldern gedeihend), reichlich enthaltene Cytisin (11) an der Toxizität der Pflanze beteiligt.

Als potentielle Giftpflanzen spielen in den USA *Thermopsis*-Arten, Fuchsbohnen (Fabaceae), eine Rolle. Diese Pflanzen enthalten u. a. Anagyrin, Thermopsin, Cytisin und Lupanin (71).

Lupinin wirkt ganglienblockierend, anästhesierend und in großen Dosen aufsteigend lähmend. Meerschweinchen sterben nach Gabe von 28–30 mg Lupinin/kg (52).

Lupanin wird selektiv und mit ähnlicher Affinität wie Spartein an nicotinerge Rezeptoren gebunden und blockiert die ganglionäre Erregungsübertragung. Es wirkt antiarrhythmisch und hypotensiv. Die Wirkung tritt schnell ein und ist nur von kurzer Dauer. Die LD_{50} beträgt bei Mäusen 175 mg/kg, i. p., und 410 mg/kg, p. o., bei Meerschweinchen 78 mg/kg (82) und bei Ratten 177 mg/kg, i. p., und 1664 mg/kg, p. o. (62). Lupanin soll außerdem hypoglykämische Effekte besitzen (43).

Cytisin wirkt ähnlich wie Nicotin zunächst erregend, später lähmend auf die sympathischen Ganglien. Dazu kommt ein stimulierender Effekt auf das ZNS, der ebenfalls in einen lähmenden übergeht. Durch Förderung der Adrenalinfreisetzung zeigt Cytisin auch sympathicomimetische Wirksamkeit. Resorption und Elimination von Cytisin erfolgen relativ schnell, die starke emetische Wirkung des Alkaloids verringert jedoch die resorbierte Menge. Die letale Dosis von Cytisin beträgt bei Hunden 4 mg/kg, s. c., bei Katzen 3 mg/kg, s. c. (Ü 31). Bei einigen Tierarten wurden teratogene Effekte gefunden (43).

Tab. 33-1: Chinolizidinalkaloide in Schmetterlingsblütengewächsen (Fabaceae) (*Laburnum* siehe Kap. 33.2., *Sarothamnus* siehe Kap. 33.3., *Lupinus* siehe auch Kap. 33.4.)

Pflanze	Alkaloide Gehalt in %	Hauptalkaloide (in Klammern Anteil in %)
Lupinus luteus L., Gelbe Lupine	S 0,4–3,3 B 0,6–1,6	Lupinin (57), Spartein (42) (Wildformen und einige Kulturformen bis zu 94% Gramin)
L. luteus, Süßlupine (F)	S 0,09 K 0,01–0,8	
L. angustifolius L., Blaue Lupine	S 1,4–2,1 B 0,5–1,7	Lupanin (57), 13-Hydroxylupanin (27), Lupinin (16)
L. angustifolius, Süßlupine (F)	K 0,04–0,05	
L. albus L., Weiße Lupine	S 0,3–3,0	Lupanin (47), 13-Hydroxylupanin (42), Spartein (10)
L. albus, Süßlupine (F)	K 0,004–0,01	
L. polyphyllus LINDL., Vielblättrige Lupine (F, Z)	S 0,5–4,2	
L. hartwegii LINDL. (Z)	S	Lupanin (61), 13-Hydroxylupanin (39)
Ulex europaeus L., Stechginster	S 1,0 K	Cytisin Methylcytisin, Anagyrin
Genista pilosa L., Haar-Ginster	K 0,05	Spartein (25), Retamin (25), Anagyrin (24), Cytisin (17)
G. tinctoria L., Färber-Ginster	K 0,08–0,14 Bl 0,25	Methylcytisin (32), Spartein (23), Anagyrin (18), Cytisin (11) Cytisin (63)
G. germanica L., Deutscher Ginster	K 0,04 Bl 0,25	Spartein (81) Cytisin (62)
G. radiata SCOP., Kugel-Ginster	K 0,3–0,6 S 0,7	Spartein (58), Retamin (30) Cytisin (75)
Lembotropis nigricans (L.) GRISEB., Schwarzer Geißklee	K 0,04	Spartein (59), Calycotomin (41)
Chamaecytisus purpureus (SCOP.) LINK, Purpur-Zwergginster	K 0,02	Lupanin (60), Methylcytisin (40)
Ch. supinus (L.) LINK, Kopf-Zwergginster	K 0,3–0,5	Lupanin (57–63), Spartein (0–25), Anagyrin (0–16)
Ch. austriacus (L.) LINK, Österreichischer Zwergginster	K 0,7	Spartein (91)
Sophora japonica L., Japanischer Schnurbaum	S 0,04	Cytisin, N-Methylcytisin, Matrin, Sophocarpin

S = Samen, B = Blätter, K = Kraut, Bl = Blüten, Z = Zierpflanze, F = Futterpflanze

Literatur: *Lupinus* (2, 3, 36, 52, 73, 82), *Ulex* (20, 63), *Genista* (5, 6, 27, 31, 60), *Lembotropis, Chamaecytisus* (15, 16, 24), *Sophora* (1, 32)

Spartein greift ebenfalls an nicotinergen Rezeptoren an und wirkt erst erregend, dann lähmend auf die Ganglien des vegetativen Nervensystems. Außerdem besitzt es antiarrhythmische und uterotonische Wirksamkeit. Auch über diuretische und hypoglykämische Wirkungen wird berichtet (43). In größeren Dosen führt Spartein zu Bradykardie und asystolischem Herzstillstand (75). Die LD_{50} liegt für Mäuse bei 36 mg/kg, i. p., und 220 mg/kg, p. o., für Meerschweinchen bei 27 mg/kg (82).

Anagyrin besitzt teratogene Wirksamkeit (37, 41, 43).

Ammodendrin ist wie Anagyrin teratogen wirksam. Strukturvoraussetzung für die Teratogenität ist, wie bei Coniin und Anabasin, wahrscheinlich ein α-substituierter Piperidinring. Es ist denkbar, daß Anagyrin metabolisch in ein entsprechendes Derivat umgewandelt wird (37).

33.2 Chinolizidinalkaloide als Giftstoffe des Goldregens (*Laburnum*-Arten)

Die beiden einzigen Arten der Gattung *Laburnum* (Fabaceae, Schmetterlingsblütengewächse), *L. anagyroides* MEDIK., Gemeiner Goldregen, und *L. alpinum* (MILL.) BERCHT. et J. S. PRESL, Alpen-Goldregen, sind im südlichen Mitteleuropa und im Mittelmeergebiet heimisch, werden aber im gesamten Gebiet als beliebte Ziersträucher angebaut. Sie bilden einen Bastard, *L.* × *watereri* (KIRCHNER) DIPP.

Beide Arten sind Sträucher oder kleine Bäume mit dornenlosen Zweigen, dreizähligen, langgestielten Laubblättern und stattlichen, hängenden gelben Blütentrauben, die aus 10–30 *(L. anagyroides)* bzw. 20–40 *(L. alpinum)* Blüten bestehen. Die Unterseite der Blätter und die Hülsen von *L. anagyroides* sind behaart, die von *L. alpinum* kahl. Die reifen Hülsen enthalten mehrere dunkelbraune, flache Samen.

In allen Teilen der Pflanzen werden Alkaloide gefunden. Die Blätter von *L. anagyroides* (siehe S. 484, Bilder 33-1 und 33-2) enthalten etwa 0,4%, die Blüten 0,9%, das Pericarp 0,1%, die unreifen Samen 1,3% und die reifen Samen bis 2,0%. Hauptalkaloid der reifen Samen ist Cytisin. Es wird begleitet von N-Methylcytisin, N(3-Oxobutyl)-cytisin, Hydroxynorcytisin sowie den Pyrrolizidinalkaloiden Laburnin, Laburnamin und 1-Hydroxymethyl-7-hydroxy-pyrrolizidin (26, 35, 59). In den wachstumsaktiven Teilen der Pflanze kann N-Methylcytisin mengenmäßig überwiegen. So beträgt beispielsweise das Mengenverhältnis von Cytisin zu N-Methylcytisin in den Samen 30:1 bis 150:1, in den jungen Sprossen 1:14 (35, 64).

In *L. alpinum* wurden im Kraut als Hauptalkaloide N-Methylcytisin und Ammodendrin nachgewiesen (78).

Der Goldregen steht in Mitteleuropa mit an der Spitze der Pflanzen, die zu toxikologischen Beratungsfällen oder Vergiftungen Anlaß geben. Verantwortlich für die toxische Wirkung ist in erster Linie das Cytisin. Schon kurze Zeit nach peroraler Aufnahme einsetzende Vergiftungssymptome sind Übelkeit, Schwindel, Salivation, Schmerzen im Mund, im Rachen und in der Magengegend, Schweißausbrüche, Kopfschmerzen sowie starkes und langanhaltendes, eventuell blutiges Erbrechen. Bei schweren Vergiftungen (Ausbleiben des Erbrechens, große Dosen) kommt es durch die zentralstimulierende Wirkung zu Erregungszuständen und tonisch-klonischen Krämpfen, die später in Lähmungen übergehen. Infolge der sympathicomimetischen Wirkung können Tachykardie und Blutdrucksteigerung auftreten. Auch Anurie und Urämie wurden beobachtet. Der Tod tritt durch Atemlähmung ein.

Als letal gelten für den Menschen 3–4 unreife Früchte bzw. 15–20 Samen (Ü 70) oder ca. 10 Blüten (Ü 73). Wegen der Resorptionsverhinderung durch das meist schnell einsetzende Erbrechen ist die Letalität jedoch relativ gering (2%, Ü 85).

Vergiftungen sind vor allem bei Kindern häufig, kommen aber auch bei Erwachsenen vor (22). Die Kinder kauen und verschlucken die Früchte und die erbsenähnlichen Samen, oder sie lutschen an den auffälligen Blüten oder an den süßlich schmeckenden Wurzeln (11, 18, 21, 53, 54, 72). Über Intoxikationen ganzer Kindergruppen wurde berichtet (55).

Auch Tiere sind gefährdet (47). Am empfindlichsten reagieren Pferde (LD 0,5 g der Samen/kg, Ü 6), charakteristisch sind starke Schweißausbrüche (Ü 40). Ziegen sind gegenüber Cytisin relativ unempfindlich.

Falls nach peroraler Aufnahme noch kein Erbrechen eingesetzt hat, muß dieses sofort ausgelöst werden, bzw. es ist Magenspülung mit Aktivkohlesuspension durchzuführen. Bei starken Erregungszuständen und Krämpfen werden Chlorpromazin oder ähnliche Verbindungen bzw. Diazepam oder Hexobarbital empfohlen. Bei drohender Atemlähmung macht sich künstliche Beatmung erforderlich (Ü 73, Ü 85).

33.3 Chinolizidinalkaloide des Besenginsters (*Sarothamnus scoparius*)

Sarothamnus scoparius (L.) KOCH (*Cytisus scoparius* L., *Spartium scoparium* L.), Besenginster (Fabaceae, Schmetterlingsblütengewächse), ist die einzige der etwa 12 Arten der Gattung, die vom Verbreitungszentrum auf der Iberischen Halbinsel aus das Gebiet erreicht (siehe S. 501, Bild 33-3). Sie ist eine kalkmeidende Pflanze, die bevorzugt an trockenen Standorten auf Heiden und im Unterwuchs lichter Wälder in fast ganz Europa verbreitet ist. In Japan wird der Besenginster häufig als Zierpflanze angebaut.

Der bis 2 m hohe Rutenstrauch (sehr selten bis 5 m hoch, dann baumförmig) hat nur sehr hinfällige 3teilige Blättchen. Die bis zu 2,5 cm langen goldgelben Blüten stehen allein (selten zu zweit) in den Blattachseln. Die Früchte sind behaarte Hülsen mit zahlreichen schwarzbraunen Samen. Beim Trocknen wird die Pflanze schwarz.

Die Pflanze enthält in allen Teilen Chinolizidinalkaloide. Hauptalkaloid der grünen Teile ist (−)-Spartein. Es wird u. a. begleitet von (−)-α-Isospartein, (−)-17-Oxospartein, (+)-Lupanin, (+)-13α-Hydroxylupanin und (−)-3β,13α-Dihydroxylupanin (58, 77, 78). Der Alkaloidgehalt im Kraut ist starken Schwankungen unterworfen. Er beträgt 1,2–3,0%. Die höchsten Werte werden kurz vor der Blüte erreicht (33). Nach älteren Angaben enthält die Frucht 1,1% Spartein. In den Samen wurden 0,5–0,6% Alkaloide nachgewiesen (76). Mit fortschreitender Samenreife wird Spartein in (+)-Lupanin und dessen Hydroxylierungsprodukte umgewandelt. In den reifen Samen fehlt Spartein fast völlig (19, 77). Untersuchungen an frischem Pflanzenmaterial ergaben folgende Alkaloidverteilung (bezogen auf das Frischgewicht): 0,2% Alkaloide in den Blättern, davon 0,15% Spartein, 0,1% in den Stengeln, davon 0,075% Spartein, und 0,59% in den Samen, davon 0,2% (+)-Lupanin, 0,18% (−)-3β,13α-Dihydroxylupanin und 0,11% (+)-13α-Hydroxylupanin. Die Blüten enthalten Tyramin als basische Hauptkomponente.

Vergiftungen durch *S. scoparius* sind sehr selten. Vor längerer Zeit wurde ein schwerer Kreislaufkollaps mit Tachykardie, paralytischem Ileus und tödlichem Ausgang durch täglich mehrmaliges Trinken eines Dekokts der Pflanze bei einem 45jährigen, asthmakranken Mann beobachtet (57). Trotz relativ großer therapeutischer Breite von Spartein (therapeutische Dosis etwa 4 mg, toxische Dosis ca. 40 mg, Herzstillstand etwa ab 90 mg, 75) sind Vergiftungen durch sparteinhaltige Arzneimittel möglich. Die Intoxikationsgefahr ist besonders bei solchen Patienten gegeben, die Spartein nicht zu metabolisieren vermögen (75). Ein Kleinkind starb drei Stunden nach akzidenteller Einnahme von 10 Dragees mit insgesamt 413 mg Spartein (68).

Vergiftungen traten bei Schafen auf, die größere Mengen Besenginster gefressen hatten.

Die Behandlung muß durch primäre Giftentfernung, Kontrolle und Korrektur der Herztätigkeit und bei drohender Atemlähmung durch künstliche Beatmung vorgenommen werden. Außerdem werden Calciumpräparate, i. v., und Alupent[R], i. v., empfohlen (75).

Spartein wird therapeutisch in Form seiner Salze als Antiarrhythmicum (17, 65) und zur Wehenanregung (45) eingesetzt. Angeblich hat es günstige Effekte nach Schlangenbissen (75).

33.4 Chinolizidinalkaloide als Giftstoffe von Lupinen (*Lupinus*-Arten)

Eine Reihe weiterer Gattungen der Familie der Fabaceae müssen aufgrund ihres Gehaltes an Chinolizidinalkaloiden als toxisch betrachtet werden. Dazu gehören auch die Vertreter der Gattung *Lupinus*, Lupinen.

Die Gattung umfaßt etwa 100 Arten, die mit wenigen Ausnahmen in Nordamerika beheimatet sind. Lupinen werden vor allem als Futterpflanzen angebaut. Ihre Samen werden jedoch auch für die menschliche Ernährung genutzt. In Europa kultiviert man bevorzugt *L. luteus* L., Gelbe Lupine, *L. angustifolius* L., Blaue Lupine, *L. albus* L. ssp. *albus*, Weiße Lupine, und sehr selten auch *L. polyphyllus* LINDL., Vielblättrige Lupine (siehe S. 501, Bild 33-4). *L. mutabilis* SWEET, Veränderliche Lupine, ist eine südamerikanische Kulturpflanze. *L. luteus* und *L. angustifolius* kommen im Mittelmeergebiet wild vor. *L. albus* ssp. *albus* ist nur in Kultur bekannt, ihre Wildform stammt wahrscheinlich ebenfalls aus dem Mittelmeergebiet. *L. polyphyllus* hat ihre Heimat im westlichen Nordamerika, wurde aber in Europa eingebürgert.

Eine Reihe von Lupinen spielen auch als Gartenpflanzen eine Rolle, z. B. *L. hartwegii* LINDL. (Heimat Mexiko), *L. mutabilis* SWEET, *L. cruckshanksii* HOOK. (Heimat Anden Perus), *L. nanus* DOUGL. (Heimat Kalifornien), *L. subcarnosus* HOOK. (Heimat Arizona), *L. perennis* L. (Heimat Nordamerika) und *L. polyphyllus*.

Lupinen enthalten in den Samen bis zu 3,3% und in den Blättern bis zu 1,7% Alkaloide. Durch Auslese alkaloidarmer Formen aus einem großen Kollektiv von Pflanzen gelangte man zu den Süßlupinen, Chemotypen von *L. luteus*, *L. angustifolius*, *L. albus* und *L. polyphyllus*, deren Alkaloidgehalt nur 0,01–0,1% beträgt. Sie werden seit 1932 kultiviert, sind aber ertragsärmer als die Alkaloidrassen (28, 69, Ü 75).

Hauptsächlich bilden Lupinen Chinolizidin-, daneben aber auch Piperidinalkaloide und das Indolalkaloid Gramin. Hauptalkaloide der Samen der meisten Arten sind Lupanin, vorwiegend (+)-Lupanin, (–)-Lupinin, (+)-13-Hydroxylupanin und (–)-Spartein. Viele Wildformen und Kulturformen enthalten Gramin in relativ hohen Konzentrationen, z. B. macht bei den Rassen Afus und Tsit von *L. luteus* Gramin 64–94% vom Gesamtalkaloidgehalt aus (3, 73).

Im Kraut kommen vor allem vor:

- bei *L. polyphyllus* Lupanin, 13-Hydroxylupanin, 13-Tigloyloxylupanin, Angustifolin und Tetrahydrorhombifolin,
- bei *L. luteus* Spartein, 13-Hydroxylupanin, Lupinin und p-Cumaroyllupinin,
- bei *L. albus* Lupanin und Multiflorin,
- bei *L. hartwegii* Epiaphyllin, Aphyllin und Lupanin,
- bei *L. angustifolius* Lupanin, 13-Hydroxylupanin, Angustifolin und 13-cis- bzw. trans-Cinnamoyloxylupanin (2, 56, 78, 80).

In verschiedenen *Lupinus*-Arten Nordamerikas, z. B. in *L. sericeus* Pursh., *L. caudatus* Kell., *L. argenteus* Pursh., *L. burkei* S. Wat., *L. leucophyllus* Dougl., *L. littoralis* Dougl., *L. latifolius* Agardh und *L. polyphyllus*, wurde das teratogen wirksame (–)-Anagyrin nachgewiesen (17, 38, 39). In den in Europa vorkommenden und als Tierfutter genutzten Arten *L. albus*, *L. luteus* und *L. angustifolius* konnte es nicht gefunden werden (36, 78). Bei der bisweilen angebauten *L. polyphyllus* scheint es offenbar von Anagyrin freie Kultivare (36) und solche mit sehr hohem Anagyringehalt zu geben (17). Die ebenfalls in den USA gedeihende Lupine *L. formosus* enthält anteilmäßig über 40% Dipiperidin- und Piperidinpyrrolidinalkaloide, besonders das teratogen wirksame Ammodendrin neben N-Methylammodendrin, Hystrin, N-Acetylhystrin und Smipin (37).

Die Samen von Lupinen werden vielfältig für die menschliche Ernährung eingesetzt. Wegen ihres bitteren Geschmacks dienen sie als Hopfenersatz bei der Bierbereitung. Gekocht und ausgelaugt, damit entbittert, werden sie besonders in Italien, Ägypten und Algerien als Nahrungsmittel verwendet. Geröstete, gemahlene Samen benutzt man als Kaffee-Ersatz. Zu Mehl verarbeitete Samen von Süßlupinen dienen als Zusatz zum Brotmehl.

Beim Meerschweinchen kommt es 5–10 min nach Verabreichung größerer Mengen von Lupinenalkaloiden zu Erregungszuständen, Paralyse und zum Tod. Oft tritt Erbrechen auf. Nach kleinen Dosen gehen die Vergiftungssymptome innerhalb von fünf bis sechs Stunden vorüber (52). Für Ratten beträgt die LD_{50} der Alkaloidmischung aus *L. angustifolius* 2279 mg/kg, p. o. Bei täglicher Aufnahme von 100 g Lupinensamen mit einem Alkaloidgehalt von 0,03% ergibt sich für einen 70 kg schweren Menschen eine Alkaloidzufuhr von 0,43 mg/kg. Das liegt weit unter den im Tierversuch ermittelten akut toxischen Dosen. Berücksichtigt man außerdem die schnelle Elimination der Alkaloide, sind akute Vergiftungen des Menschen durch Lupinen unwahrscheinlich (62). Daß sie dennoch vorkommen, zeigen Berichte aus Kanada, wo es nach Verzehr nicht ausreichend gekochter Lupinensamen zu Intoxikationen mit Schwindel und leichten neurologischen Störungen kam. Allerdings könnten diese Vergiftungen auch auf die wenig untersuchten Lectine (Kap 41.1) der *Lupinus*-Arten zurückzuführen sein (70).

Etwas anders sind die Verhältnisse bei Weidetieren, die nach dem Fressen größerer Mengen von Lupinen Appetitverlust, Temperaturerhöhung, Atemstörungen, nervöse Erscheinungen und Ikterus als Zeichen einer Leberstörung entwickeln können (34, Ü 6). Die Sektion zeigt Leberdegeneration sowie Entzündungen von Gallenblase, Magen-Darm-Trakt und Milzvergrößerung. Chronische Vergiftungen sollen schon durch Verfütterung kleinerer Mengen hervorgerufen werden. Sie führen bei Schweinen zu verminderter Futterverwertung und Wachstumsstillstand (30, 66), bei tragenden Mutterschafen zu Abort. Außerdem bilden sich subcutane Ödeme, die in Gangrän übergehen können, Gelbsucht und fortschreitende Anämie (Ü 6).

In Ländern mit an Anagyrin und Ammodendrin reichen Lupinen-Arten ist die als «calve crooked disease» bezeichnete Erkrankung bekannt. Sie tritt auf, wenn tragende Kühe zwischen dem 40. und 70. Tag der Gestation Lupinen mit den teratogen wirksamen Alkaloiden (von einem Anagyringehalt von 1,44 g/kg Trockenmasse ab) fressen. Sie äußert sich in Deformationen des Rückenmarks und der Gliedmaßen bei den neugeborenen Tieren (17, 37, 41).

Die teratogene Anagyrinwirkung wurde in einem in der Literatur beschriebenen Fall auch beim Menschen beobachtet. Ein Junge, dessen Mutter während der Schwangerschaft anagyrinhaltige Ziegenmilch (die Tiere ernährten sich zum großen Teil von

L. latifolius) getrunken hatte, wurde mit Mißbildungen des distalen Thorax geboren und zeigte Stammzelldefekte mit Störungen der Blutbildung (42, 46, 51).

Bei Auftreten von akuten Lupinenvergiftungen müssen den Tieren ölige Laxantia und Mittel, die eine Pansengärung verhindern, verabreicht werden. Ansonsten erfolgt die Behandlung symptomatisch (Ü 6). Bei chronischen Vergiftungen ist lupinenhaltiges Futter zu meiden.

Eine als Lupinose bezeichnete Erkrankung, die nach Verfütterung von Lupinen bei Schafen, Pferden und Rindern auftritt, wird nicht durch die Chinolizidinalkaloide, sondern durch Peptidtoxine des endophytisch in den Pflanzen vorkommenden imperfekten Pilzes *Phomopsis leptostromiformis* verursacht (Kap. 39.3).

33.5 Chinolizidinalkaloide des Stechginsters *(Ulex europaeus)*, Ginsters (*Genista*-Arten), Geißklees (*Lembotropis*-Arten), Zwergginsters (*Chamaecytisus*-Arten) und des Japanischen Schnurbaums *(Sophora japonica)*

Chinolizidinalkaloide wurden auch in einer Reihe weiterer einheimischer Fabaceen gefunden. Während im Kraut von *Ulex europaeus* L., Stechginster (siehe S. 501, Bild 33-5), in *Genista*-Arten, Ginster-Arten (siehe S. 501, Bild 33-6), in den früher zur Gattung *Cytisus* gerechneten *Lembotropis*-Arten, Geißklee, und *Chamaecytisus*-Arten, Zwergginster, (+)- oder (−)-Spartein, Lupanin und N-Methylcystein zu dominieren scheinen, ist in den Blüten, Früchten und Samen, die höhere Alkaloidkonzentrationen aufweisen, vorwiegend Cytisin enthalten.

Der Japanische Schnurbaum, *Sophora japonica* L. (siehe S. 501, Bild 33-7), ein in Anlagen angepflanzter Zierbaum mit gelblich-weißen Blütenrispen, ist in China beheimatet. Über seinen Alkaloidgehalt existieren unterschiedliche Angaben. Während in den Samen in China oder Japan angebauter Pflanzen keine Alkaloide gefunden wurden, enthielten solche aus der GUS Cytisin, N-Methylcytisin und die für die *Sophora*-Arten üblichen Alkaloide vom Matrin-Typ: Matrin und Sophocarpin (1, 32).

Vergiftungen durch die oben genannten Pflanzen sind uns nicht bekannt. Einige von ihnen spielen jedoch in der Volksmedizin verschiedener Länder eine Rolle, und viele ihrer Inhaltsstoffe besitzen interessante pharmakologische Wirkungen. So zeigt Matrin antipyretische Effekte (12) und Antitumorwirksamkeit (44). N-Methylcytisin ist nematicid wirksam (50). Zubereitungen aus *Sophora japonica* werden in asiatischen Ländern u. a. bei Fieber, Entzündungen und Tumoren angewendet (12). Wäßrig-alkoholische Extrakte aus *Genista tinctoria* besitzen antimikrobielle Aktivität (60).

Bei *Ulex europaeus* sind auch die Lectine (Kap. 41.1) von Interesse.

33.6 Literatur

1. Abdusalamov, B. A. et al. (1972), Khim. Prir. Soedin (5): 658
2. Anderson, J. N., Martin, R. O. (1976), J. Org. Chem. 41: 3441
3. Anokhina, V. S., Kozlova, L. S. (1981), Doklady Vsesojusnych Akademija Nauk. Imena V. I. Lenina 4: 20
4. Benndorf, S., Rempe, A., Scharfenberg, G., Wendekamm, R., Winkelrose, E. (1969), Pharm. Zentralhalle 108: 641
5. Bernasconi, R., Gill, St., Steinegger, E. (1965), Pharm. Acta Helv. 40: 246
6. Bernasconi, R. (1964), Dissertation, Bern
7. Binning, F. (1974), Arzneim. Forsch. 24: 752
8. Braekman, J. C., Daloze, D., Macedo de Abreu, P., Piccinni-Leopardi, C., Germain, G., van Meersche, M. (1982), Tetrahedron Lett. 23: 4277
9. Bohlmann, F., Schumann, G. (1968), in Ü 76, IX: 175
10. Bukowiecki, H. Michalska, Z. (1981), Acta Polon. Pharm. 23: 315
11. Chin, K. C., Beatti, T. J. (1979), Lancet 1299
12. Cho, C. H., Chuang, C. Y., Chen, C. F. (1986), Planta Med. 343
13. Culvenor, C. C. J., Beck, A. B., Clarke, M., Cockrum, P. A., Edgar, J. A., Frahn, J. L., Jago, M. W., Lanigan, G. W., Payne, A. L. (1977), Austral. J. Biol. Sci. 30: 269
14. Culvenor, C. C. J., Smith, L. W., Frahn, J. L., Cockrum, P. A. (1978), in: Effects of Poisonous Plants on Livestock (Eds.: Keeler, R. F., van Kampen, K. R., James, L. F.), Academic Press, New York: 565
15. Daily, A., Kotsev, N., Ilieva, L., Duchevska, K., Mollov, N. (1978), Arch. Pharm. 311: 889
16. Daily, A. et al. (1978), Tetrahedron Lett. 1453
17. Davis, A. M., Stout, D. M. (1986), J. Range Manage 39: 29
18. Drawert, I., Klöcking, H. P. (1976), in: Akute Intoxikations (Ed.: Müller, R. K.), 2. Symp. «Akute Intoxik.», Reinhardtsbrunn: 135

19. Faugeras, G., Paris, R. (1966), Abh. Dtsch. Akad. Wiss. Berlin Kl. Chem. Geol. Biol. 3: 235
20. Faugeras, G. (1958), J. Agric. Trop. Et. Bot. Appl. V: 182
21. Forrester, R. M. (1979), Lancet 1073
22. Furet, Y., Ernouf, D., Brechot, J. F., Antret, E., Breteaut, M. (1986), Presse Med. 15: 1103
23. Galinowsky, F. (1951), Fortschr. Chem. Org. Naturstoffe 8: 245
24. Gill, S.T., Steinegger, E. (1964), Pharm. Acta Helv. 39: 508
25. Golebiewski, W. M., Spenser, I. D. (1988), Canad. J. Chem. 66: 1734
26. Gray, A. I., Hennan, M. C., Meegan, C. J. (1981), J. Pharm. Pharmacol. 33 Suppl.: 95
27. Guntern, R. (1967), Dissertation Bern
28. Hackbarth, J. (1956), Abh. Dtsch. Akad. Wiss. Berlin Kl. Chem. Geol. Biol. 7: 58
29. Hatzold, T., Elmadfa, I., Gross, R., Wink, M., Hartmann, T., Witte, L. (1983), J. Agric. Food Chem. 31: 934
30. Hove, E. L., King, S., Hill, G. D. (1978), N. Z. J. Agric. Res. 21: 457
31. Hrochova, V., Sitaniova, H. (1982), Farmaceut. Obzor 15: 131
32. Izaddoost, M. (1975), Phytochemistry 14: 203
33. Jaretzky, R., Aler, B. (1934), Arch. Pharm. Ber. Dtsch. Pharm. Ges. 272: 152
34. Jecsai, J., Sezelenyi-Galantai, M., Juhasz, B. (1986), Acta Vet. Hung. 34: 19
35. Jurenitsch, J., Pöhm, M., Weilguny, G. (1981), Pharmazie 36: 370
36. Keeler, R. F., Gross, R. (1980), J. Environ. Pathol. Toxicol. 3: 333
37. Keeler, R. F., Panter, K. E. (1989), Teratology 40: 423
38. Keeler, R. F., Cronin, E. A., Shupe, J. L. (1976), J. Toxicol. Environ. Health 1: 899
39. Keeler, R. F. (1976), J. Toxicol. Environ. Health 1: 887
40. Keeler, R. F., Gross, R. (1980), J. Environ. Pathol. Toxicol. 3: 333
41. Keeler, R. F. (1978), in: Effects of Poisonous Plants on Livestock (Eds.: Keeler, R. F., van Kampen, K. R., James, R. F.), Academic Press, New York: 397
42. Kilgare, W.W., Crosby, D. G., Craigmüll, A. L., Poppen, N. K. (1981), Calif. Agric. 35: 6
43. Kinghorn, A. D., Baladrin, M. F. (1984), Alkaloids: Chemical and Biolocal Perspectives (Ed.: Pelletier, W. S.), Wiley, New York: 105
44. Kojima, R. (1970), Chem. Pharm. Bull 18: 2555
45. Kwiatkowski, A., Muszynska-Orzelska, M., Wilhelm, J. (1975), Ginekol. Pol. 46: 269
46. Lazerson, J., Ortega, J. (1984), Blood 64: 106a
47. Leyland, A. (1981), Vet. Rec. 109: 287
48. Luputio, G. (1971), Dissertation Tübingen
49. Maskovski, M. (1941), Farmakol. Toksikol. 1: 234
50. Matsuda, K., Kimura, M., Komai, K., Hamada, M. (1989), Agric. Biol. Chem. 53: 2287
51. Meeker, J. E., Kilgare, W.W. (1987), J. Agric. Food Chem. 35: 431
52. Mironenko, A.V. (1975), in: Biochemistry of Lupine, Verlag Nauka i Teknika, Minsk
53. Mitchell, R. G. (1951), Lancet: 57
54. Morfitt, J. M. (1979), Lancet: 1195
55. Morkovsky, O., Kuceva, J. (1980), Ceskoslov. Pediat. 35: 284
56. Mühlbauer, P., Witte, L., Wink, M. (1988), Planta Med. 54: 237
57. Müller, A. H. (1951), Dtsch. Med. Wochenschr. 76: 1027
58. Murakoshi, I. et al. (1986), Phytochemistry 25: 521
59. Neuner-Jehle, M., Nesvadba, H., Spiteller, G. (1965), Monatsh. Chem. 96: 321
60. Palamarchuk, A. S., Bondarenko, V. E. (1976), Rastit. Resur. 12: 229
61. Papadimitriou, J. M., Petterson, D. S. (1976), J. Pathol. 118: 35
62. Petterson, D. S., Ellis, Z. L., Harris, D. J., Spadek, Z. E. (1987), J. Appl. Toxicol. 7: 51
63. Plugge, P. C. (1894), Arch. Pharm. 230: 448
64. Pöhm, M. (1956), Abh. Dtsch. Akad. Wiss. Berlin, Klin. Chem., Geol., Biol. 7: 88
65. Raschak, M. (1974), Arzneim. Forsch. 24: 753
66. Ruiz, L. P., White, S. F., Hove, E. L. (1977), Animal Feed Sci. Technol. 2: 59
67. Salatino, A., Gottlieb, O. R. (1981), Biochem. Syst. Ecol. 9: 267
68. Schmidt, G. (1961), Arch. Toxicol. 19: 244
69. Sengbusch, R.V. (1934), Naturwissenschaften 22: 278, 1117
70. Smith, R. A. (1987), Vet. Hum. Toxicol. 29: 444
71. Spoerke, D. G. et al. (1988), J. Toxicol. Clin. Toxicol. 26: 397
72. Stahl, E., Glatz, A. (1982), Dtsch. Apoth. Ztg. 122: 1475
73. Swiecicki, W., Jach, K. (1980), Acta Agrobot. 33: 117
74. Takamatsu, S., Saito, K., Sekine, T., Ohmiya, S., Kubo, H., Otomasu, H., Murakoshi, I. (1990), Phytochemistry 29: 3923
75. Thies, P.W. (1986), Pharm. Unserer Zeit 15: 172
76. Wehner, C. (1929), Die Pflanzenstoffe (Fischer-Verlag, Jena), 1: 529
77. White, E. P. (1957), New Zealand J. Sci. Technol. 38 B: 707
78. Wink, M., Witte, L., Hartmann, T., Theuring, C., Volz, V. (1983), Planta Med. 48: 253
79. Wink, M. (1987), ACS Symp. Ser. 330 (Allelochem: Role Agric. For.): 524
80. Wink, M., Roemer, P. (1986), Naturwissenschaften 73: 210
81. Wittenburg, H., Nehring, K. (1967), Arch. Tierernähr. 17: 227
82. Yovo, K., Huguet, F., Pothier, J. u. a. (1984), Planta Med. 50: 365
83. Yovo, K., Huguet, F., Pothier, J. (1984), Planta Med. 50: 420

Mit Ü gekennzeichnete Zitate siehe Kap. 43.

34 Purinalkaloide

34.1 Chemie, Verbreitung

Die Alkaloide mit Puringrundkörper bilden nur eine kleine Gruppe. Sie schließen sich strukturell und biogenetisch eng an die in Nucleinsäuren vorkommenden Purinbasen wie Adenin und Guanin an (zur Chemie: 153, Ü 8, Ü 15, zur Geschichte: 36).

Die bedeutendste Gruppe sind die Methylxanthine. Sie wurden bisher nur bei höheren Pflanzen gefunden (Kap. 34.2). Großes toxikologisches Interesse besitzen jedoch auch die von Panzergeißlern und einer Blaualge gelieferten Gonyautoxine (Kap. 34.3). Eine Reihe von ungewöhnlichen Nucleosiden mit Purinbasen als Aglyka sollen ebenfalls näher betrachtet werden (Kap. 34.4).

34.2 Methylxanthine

34.2.1 Toxinologie

Die Methylxanthine Coffein, Theobromin und Theophyllin (Abb. 34-1) wurden bisher nur bei höheren Pflanzen gefunden. Sie sind u. a. enthalten in Kaffee (Kap. 34.2.2), Tee (Kap. 34.2.3), Colasamen (Kap. 34.2.4), Maté und Kakao (Kap. 34.2.5).

Die Biogenese der Methylxanthine erfolgt aus Adenosinmonophosphat bzw. Guanosinmonophosphat über deren 1- bzw. 7-Methylderivate und 1- bzw. 7-Methylxanthin zu Theophyllin bzw. Theobromin, die zu Coffein methyliert werden können (88, 153, Ü 90).

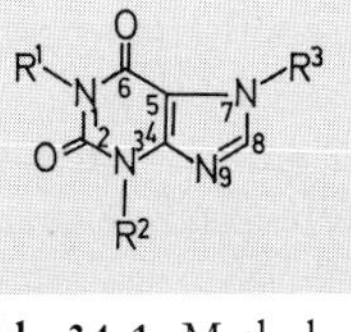

	R_1	R_2	R_3
Coffein	CH_3	CH_3	CH_3
Theophyllin	CH_3	CH_3	H
Theobromin	H	CH_3	CH_3

Abb. 34-1: Methylxanthine

Von der Menschheit werden jährlich etwa 120 000 t Coffein aufgenommen. Das Coffein des Kaffees trägt mit 64 500 t zu dieser Gesamtmenge bei. An zweiter Stelle steht das des Tees mit 51 500 t. Alle übrigen coffeinhaltigen Produkte, darunter Colasamen, Maté und Kakao, liefern nur 4000 t. Die durchschnittlich aufgenommene Coffeinmenge pro Tag und pro Person wurde für die Gesamtweltbevölkerung mit 70 mg berechnet. Sie liegt aber in vielen Ländern wesentlich höher: USA 211 mg (bei 10% der Bevölkerung mehr als 1000 mg/Tag, 74), Schweden 425 mg und Großbritannien 444 mg (das sind 162 g/Jahr, 47).

Die Methylxanthine besitzen zahlreiche Angriffspunkte. In therapeutischen Konzentrationen spielt der durch Angriff an A_1- und A_2-Rezeptoren zustandekommende Adenosinantagonismus die entscheidende Rolle (32, 68, 145, 146, 163). Weitere Wirkungsmechanismen, die jedoch erst bei höheren Konzentrationen zum Tragen kommen, sind die Hemmung der Phosphodiesterase (klinisch verwendete Dosen Theophyllin hemmen nur $^1/_{10}$ der Aktivität der Phosphodiesterase, 24), die Freisetzung von Catecholaminen, die Bindung an Benzodiazepinrezeptoren, die Beeinflussung des intrazellulären Calciumfluxes und der Prostaglandinantagonismus durch Hemmung der Cyclooxygenase. Zentralstimulatorische (25, 61), bronchodilatorische (24, 135) und cardiovasculäre Effekte (38, 136) werden vorwiegend auf den Adenosinantagonismus zurückgeführt. Er ist bei den 1-Methylxanthinen (Coffein, Theophyllin) besonders ausgeprägt. In Position 9 methylierte Derivate sind wirkungslos (zu den Wirkungsmechanismen der Methylxanthine: 15, 68, 137, 148, 163).

Trotz gleichen Wirkungsspektrums sind die Wirkungen der einzelnen Methylxanthine unterschiedlich stark ausgeprägt. Beim Coffein steht die zentral stimulierende Wirkung im Vordergrund. Sie erstreckt sich besonders auf die sensorischen, in höheren Dosen auch auf die motorischen Bezirke der Hirnrinde und in geringerem Maße auf die Medulla oblongata. Es fördert die geistige Leistungs- und Reaktionsfähigkeit (81), beseitigt Ermüdungserscheinungen und wirkt analeptisch auf das Atemzentrum. In den ersten drei Stunden des Schlafs wird die Schlafqualität beeinträchtigt (100). Am Herzen ist Coffein positiv inotrop, positiv chronotrop, positiv dromotrop und positiv bathmotrop wirksam. Die Herzwirkung ist jedoch nur schwach und von kurzer Dauer und unterliegt einer Toleranzentwicklung. Auf die Koronargefäße wirkt Coffein erweiternd, auf die Hirngefäße jedoch wahrscheinlich verengend. Der Blutdruck kann geringfügig erhöht werden, auch hier entwickelt sich schnell Toleranz. Die glatte Muskulatur der Bronchien wird erweitert. Außerdem steigert Coffein die Magensaftsekretion, die renale Flüssigkeitsausscheidung und die Lipolyse (148).

Toxikologisch bedeutend sind für den gesunden Erwachsenen Dosen von mehr als 500 mg Coffein pro Tag. Sie können zu Unruhe, Tremor und erhöhter Reflexerregbarkeit führen. Noch größere Mengen (etwa ab 1 g) können Erbrechen, Kopfschmerzen, Angstgefühl, Dyspnoe, Tachykardie, Arrhythmien, pektanginöse Beschwerden, starke Erregungszustände und Krämpfe auslösen. Die letale Dosis für den Menschen liegt bei peroraler Zufuhr bei etwa 10 g Coffein (1, 147, Ü 73). Die LD_{50} von Coffein für Ratten beträgt 200 mg/kg, p. o. (152).

Zahlreiche Arbeiten beschäftigen sich mit der möglichen chronischen Toxizität von Coffein. Die bisher vorliegenden Ergebnisse lassen erkennen, daß Coffein nur in sehr hohen Dosen und nur in vitro mutagene Effekte besitzt. Durch Zugabe metabolisierender Mikrosomenpräparate können die mutagenen Wirkungen aufgehoben werden (3, 5, 147). Über die Beeinflussung von DNA-Reparaturmechanismen, z. B. die Wechselwirkung mit Repairenzymen, vermag Coffein die Wirkung anderer mutagener Faktoren zu modifizieren (2, 106, 115, 127).

Im Tierversuch kann Coffein in hohen Konzentrationen teratogene oder embryotoxische Wirkungen auslösen. Möglicherweise kommen diese sekundär über die Freisetzung von Catecholaminen und die dadurch bedingte Konstriktion der Plazentargefäße zustande (102). Beobachtet wurden z. B. Herzmißbildungen bei Kükenembryonen, Störungen der Knochenbildung und Wachstumsretardation bei Ratten und verschiedene Mißbildungen bei Mäusen (22, 30, 113, 126). Die minimale teratogene Dosis wird für Mäuse mit 100 mg/kg angegeben (126). Gleichzeitige Gabe von Ethanol oder Nicotin kann die Effekte potenzieren (46, 103). Beim Menschen wird nur nach extrem hohen Coffeindosen (mehr als 1000 mg/Tag während der Schwangerschaft) über Anomalien bei den Kindern (vor allem Ektrodactylie) berichtet (66).

Für carcinogene Wirkungen von Coffein gibt es keine Anhaltspunkte. Ratten, die im Trinkwasser 2 Jahre lang bis zu 2000 mg/l Coffein erhalten hatten (ca. 170 mg/kg am Tag), entwickelten nicht mehr Neoplasien als die Kontrolltiere. Auch epidemiologische Untersuchungen beim Menschen lassen keinen Zusammenhang erkennen (51, 52, 97, 112, 123, 147). Bei Mäusen hemmt Coffein die tumorpromovierende Wirkung von TPA (Kap. 8.3.1, 168).

Theophyllin ist vorwiegend bronchodilatorisch, spasmolytisch und gefäßerweiternd wirksam. Die zentrale Wirkung ist geringer als die von Coffein. Lipolytische und diuretische Wirkungen und Effekte auf den Magen-Darm-Trakt sind wie beim Coffein vorhanden. Bemerkenswert ist die antiinflammatorische und immunsuppressive Wirkung von Theophyllin (94, 111, 125). Die therapeutische Breite ist relativ gering. Bei Plasmaspiegeln von $> 15\ \mu g/ml$ kommt es zu Anorexie, Nausea, Erbrechen und Kopfschmerzen, in schweren Fällen zu Arrhythmien und Krämpfen (13, 24, 105, 135). Im Tierversuch sind 400 mg/kg, p. o., akut toxisch für Ratten und Mäuse, wobei Ratten empfindlicher sind als Mäuse (82). Sehr hohe Dosen führen bei den Tieren zu Mißbildungen und Fertilitätsstörungen (99). Als ungefährlich («no observable adverse effect level») gelten in bezug auf mögliche embryotoxische Effekte 124 mg/kg bei Ratten und 282 mg/kg bei Mäusen (83).

Theobromin besitzt im Gegensatz zu Coffein und Theophyllin kaum zentrale oder diuretische Wirksamkeit, kann jedoch bei Koronarspasmen angewendet werden. Die akute Toxizität ist geringer als die der anderen Methylxanthine (LD_{50} ca. 950 mg/kg, p. o., Ratte, 152). In einigen, jedoch nicht in allen eingesetzten Systemen, wirken hohe Dosen von Theobromin genotoxisch (21). Andere Autoren sprechen Theobromin jegliches genotoxische Potential ab (116).

Die Methylxanthine werden nach peroraler Applikation schnell resorbiert und im gesamten Organismus verteilt. Sie passieren die Plazenta und werden in die Muttermilch aufgenommen. Im kindlichen Serum können in Abhängigkeit vom Konsum der Mutter beträchtliche Konzentrationen nachgewiesen werden (16, 71, 118). Die Plasmahalbwertszeit von Coffein beträgt durchschnittlich 3,5 Stunden, ist jedoch in Abhängigkeit von Alter, genetischen Faktoren, Krankheiten, der Tageszeit, gleichzeitigem Nicotingenuß u. a. sehr variabel. Im 2. und 3. Trimester der Schwangerschaft steigt die Halbwertszeit auf ca. 18 Stunden an und sinkt erst eine Woche vor der Geburt wieder ab. Im fetalen Plasma liegt sie durchschnittlich bei 150 Stunden. Der Metabolismus der Methylxanthine erfolgt in der Leber, die Elimination im Urin. Hauptmetabolite von Coffein sind 1-Methylxanthin und 1-Methylharnsäure. Nur etwa 1% wird unverändert ausgeschieden (6, 16, 80, 102, 152, 170).

Akute Vergiftungen durch die Methylxanthine können durch Überdosierung bei therapeutischer Anwendung oder durch akzidentelle Aufnahme der Präparate hervorgerufen werden. Auch über Mißbrauch (79) und suicidale Fälle wird berichtet (77). Aufgrund seiner breiten Anwendung gibt Theophyllin am häufigsten Anlaß zu Intoxikationen (13, 76, 105, 135, 159, 166). Zu akuten Coffeinvergiftungen kommt es besonders bei Kindern (40), aber auch bei der Anwendung von Coffein als Appetithemmer, Stimulans und zu anderen Zwecken (45, 56, 65, 157, 164).

Wichtigste Behandlungsmaßnahme ist eine möglichst schnelle Giftentfernung. Dazu eignen sich Auslösen von Erbrechen, Magenspülung mit Aktivkohle, Gabe von Sorbitol zur Resorptionsverringerung und in schweren Fällen Peritoneal- oder Hämodialyse sowie Hämoperfusion. Die Krämpfe werden mit Barbituraten oder Diazepam behandelt. Eventuell ist Allgemeinnarkose erforderlich (33, 48, 76, 77, 135, 159, 166).

Coffein wird zur Beseitigung von Ermüdungserscheinungen, als Migränemittel, zur Potenzierung der Analgeticawirkung und selten als Analepticum therapeutisch angewendet. Theophyllin wird vorwiegend als Bronchospasmolyticum bei Asthma und Apnoe bei Frühgeborenen eingesetzt.

Neben den Methylxanthinen der genannten Genußmittel, die der menschliche Organismus nicht zu Harnsäure metabolisiert, nehmen wir mit unserer Nahrung täglich große Purinmengen in Form von Nucleinsäurebausteinen, Nucleosiden, Nucleotiden und freien Purinbasen auf, die im Körper in Harnsäure umgewandelt werden und bei erblich prädisponierten Menschen zu Gicht oder Harnsäuresteinen der Nieren führen können. So liefern beispielsweise 100 g Fleisch wegen des hohen Gehaltes an Zellkernen und an AMP 100–200 mg Harnsäure (29). Besonders reich an Purinen sind Milz (bis 410 mg/100 g) und Bries (bis 980 mg/100 g). Aber auch die durch alternative Ernährungsrichtungen häufig empfohlenen Produkte aus Samen mit hohem Keimlingsanteil, z. B. Sojamehl (bis 300 mg/100 g), Weizenkeimflocken (bis 850 mg/100 g) oder Haferflocken (bis 240 mg/100 g), liefern hohe Harnsäuremengen (165).

34.2.2 Coffein als Wirkstoff des Kaffees

Das Gen-Zentrum der am häufigsten angebauten Art des Kaffeestrauches, *Coffea arabica* L., Berg-Kaffee, liegt in den Gebirgswäldern Südwestäthiopiens. Dort soll auch der Kaffeegenuß entdeckt worden sein. Im 14. bis 15. Jahrhundert gelangten der Kaffeestrauch und der Gebrauch des Kaffees in das arabische Jemen und von dort mit Pilgern nach Mekka. 1624 wurde in Venedig das erste Kaffeehaus eröffnet. Armenische Kaufleute brachten den Kaffee nach Wien. Zu Beginn des 18. Jahrhunderts führten die Niederländer den Kaffeeanbau auf Jawa und in Surinam ein. 1723 gelangten Kaffeesamen nach Brasilien (12).

Die Weltproduktion an Kaffee beträgt heute etwa 6 Millionen Tonnen. Haupterzeugerland ist mit etwa 25% Anteil an der Weltproduktion Brasilien, gefolgt von Kolumbien mit etwa 14%, Indonesien mit etwa 6,5% und Mexiko mit etwa 5%. Hauptverbraucherländer sind die USA, Deutschland, Frankreich und Italien. Im Prokopfverbrauch liegen die skandinavischen Länder an der Spitze: Finnland mit 12,4, Schweden 11,9, Dänemark 11,6, Norwegen 10,1, gefolgt von Belgien 8,9, den Niederlanden 8,3, Deutschland 7,0, Österreich 6,5, Schweiz 6,5, Frankreich 6,4, Kanada 4,9 und den USA 4,7 kg/Jahr (47).

Zur Gattung *Coffea*, Kaffee (Rubiaceae, Rötegewächse), gehören etwa 70 Arten. Die kultivierten Arten werden in der Sektion Eucoffea zusammengefaßt. Von größter Bedeutung ist der Berg-Kaffee, *C. arabica* L. (siehe S. 501, Bild 34-1). Er liefert etwa 75% der Weltproduktion. Weitere 25% der Weltproduktion stammen vom in den Wäldern Äquatorialafrikas von der Westküste durch das Kongogebiet bis Uganda heimischen Robusta-Kaffee, *C. canephora* PIERRE ex FROEHNER var. *robusta*. Nur von lokaler Bedeutung sind Liberia-Kaffee, *C. liberica* BULL ex HIERN, im tropischen Westafrika beheimatet, Excelsa-Kaffee, *C. dewevrei* DE WILDEM. et TH. DURAND, Heimat Zentralfrika, Abeokuta-Kaffee, *C. abeokutae* CRAMER, Heimat tropisches Westafrika, und Arabusta-Kaffee, *C. × arabusta* CAPOT et AKÉ ASSI (*C. arabica* × *C. canephora*, 28, Ü 75).

Coffea-Arten sind strauchartige Bäume, die 10 m *(C. arabica)* bis 20 m *(C. dewevrei)* hoch werden können. Die kurzgestielten weißlichen Blüten stehen in gedrungenen Trugdolden. *C. arabica* (tetraploid) ist selbstfertil, die anderen Arten (diploid) sind selbststeril. Die Früchte (Kaffeekirschen) sind rote, saftige Steinfrüchte mit einem Durchmesser von etwa 1,5 cm, die in einem häutigen Endocarp (Pergament- oder Hornschale) eingeschlossen 2, seltener nur 1 Samen besitzen (41).

Der Anbau von *C. arabica* ist zwischen 24° nördlicher und südlicher Breite möglich. Der Jahresniederschlag von mindestens 1300 mm muß über das ganze Jahr verteilt sein. Lange Trocken- oder Feuchteperioden werden nicht vertragen. Die übrigen *Coffea*-Arten sind auf den Äquatorgürtel begrenzt. *C. canephora* toleriert auch humides Klima (Ü 28).

Die Gewinnung der Kaffeesamen, der sog. Kaffeebohnen, erfolgt entweder nach dem nassen oder dem trockenen Verfahren. Beim nassen Verfahren wird zunächst das Fruchtfleisch durch Quetschen größtenteils entfernt und die darunter befindliche Schleimschicht freigelegt. Es folgt eine 24- bis 36stündige Fermentation. Die auf diese Weise aufgelockerte Schleimschicht wird anschließend abgewaschen. Der so erhaltene Hornschalenkaffee wird getrocknet und maschinell vom Endocarp und der Samenschale (Silberhäutchen) befreit. Beim trockenen Verfahren, das besonders in Brasilien bevorzugt wird, trocknet man die Früchte zuerst in dünner Schicht in der Sonne und schält den erhaltenen Pergamino anschließend maschinell. Zuletzt werden die Samen poliert. Dieses Verfahren führt zu Kaffee mit sehr kräftigem Geschmack. Das dem Mitteleuropäer angenehmste Aroma garantiert im Hochland kultivierte *C. arabica*, deren Samen nach dem feuchten Verfahren gewonnen wurden (90, 140, 141).

Methylxanthine sind in allen Teilen der *Coffea*-Arten nachzuweisen. Am alkaloidreichsten sind die Samen. Sie enthalten bei *C. arabica* 0,6–1,7% (durchschnittlich 1,2%), bei *C. canephora* 1,2–3,3% (2,2%), bei *C. liberica* 1,35% und bei *C.* × *arabusta* 1,7% Coffein (26, 140), geringe Mengen Theobromin (ca. 0,002%) und Theophyllin (0,001%, 43). Weitere Inhaltsstoffe sind Coffeoyl- und Feruloylchinasäuren, 3–7%, besonders Chlorogensäure, Trigonellin (1,0%) und Atractyloside (0,4–0,7 g/kg, 108, 114, über Coffea-Inhaltsstoffe: 26, 91, 138, 139).

Zur Erzeugung coffeinfreien Kaffees werden die Samen durch Dämpfen gequollen, mit einem organischen Lösungsmittel, meistens Methylenchlorid, oder nach modernen Methoden auch mit überkritischem CO_2 oder Wasser extrahiert, zur Vertreibung von Lösungsmittelresten erneut gedämpft und anschließend getrocknet. Um Aromaverluste möglichst gering zu halten, wird das Lösungsmittel nach Entfernung des Coffeins durch Adsorbenzien erneut eingesetzt (140).

Der Röstprozeß des Kaffees nach dem in den USA praktizierten Verfahren erfolgt in Siebtrommeln mit einem etwa 270 °C heißem Gasstrom, der durch Verbrennung von Gasen erzeugt wird. Durch Rezirkulation des Gasstromes wird zwar Energie gespart, aber eine Anreicherung des Kaffees mit Teerprodukten bewirkt. Anschließend wird durch Besprühen mit Wasser abgekühlt. Beim deutschen Verfahren erfolgt der Röstprozeß in doppelwandigen Trommeln, durch deren Mantel heiße Gase strömen. Hier ist ein direkter Kontakt mit den zum Erhitzen verwendeten Gasen weitgehend ausgeschlossen. Eine sehr moderne, in Deutschland angewendete Methode ist die Röstung im Wirbelstrom (Schnellröstverfahren, 91, 140).

Beim Röstprozeß kommt es zu einer grundlegenden Veränderung des Inhaltsstoffspektrums. Eine Reihe von Verbindungen werden zerstört, z. B. nimmt der Gehalt an Coffein um etwa 10%, an Chlorogensäure um etwa 30% und der an Trigonellin um etwa 90% ab. Durch Pyrolyse der Kohlenhydrate, Eiweiße, Fette und aromatischen Sekundärstoffe entstehen eine Vielzahl von Duft- und Aromastoffen, von denen über 700 identifiziert wurden (91). Von toxikologischer Bedeutung sind die polycyclischen Kohlenwasserstoffe, z. B. Benzo[a]pyren, 0,1–4 μg/kg, bei Gasrecycling beim Rösten bis 350 μg/kg, und 2,3-Benzofluoren, 12–22 μg/kg. Von den polycyclischen Kohlenwasserstoffen wird beim haushaltsüblichen Aufguß nur etwa 1% extrahiert (< 10 ng/l, 26, 91, 138, 167).

Kaffee ist die bedeutendste Quelle für das vom Menschen aufgenommene Coffein. Eine Tasse gebrühten Kaffees enthält 29–176 mg, Instant-Kaffee 60–100 mg und sog. coffeinfreier Kaffee 1–3 mg (138).

Bei einem durchschnittlichen Coffeingehalt von 100 mg kann der Genuß von bis zu etwa fünf Tassen Kaffee pro Tag durch einen Erwachsenen als toxikologisch unbedenklich angesehen werden. Eine gewisse Vorsicht ist geboten bei Personen mit labilem Herz-Kreislauf-System, Nierenkrankheiten, Überfunktion der Schilddrüse, erhöhter Krampfbereitschaft oder bestimmten psychischen Störungen (panische Angstzustände, 18). Schwangere sollten täglich nicht mehr als 300 mg Coffein zu sich nehmen. Bei größeren Mengen besteht die Gefahr eines gegenüber dem Durchschnitt reduzierten Körpergewichts der Neugeborenen (16). Säuglinge, deren stillende Mütter viel Kaffee trinken, können Schlafstörungen zeigen (27), andere Untersuchungen widersprechen dem (117).

Widersprüchlich sind auch die Angaben über eine Anhebung des Cholesterinspiegels nach Kaffeegenuß. Umfangreiche epidemiologische Untersuchungen (an 130 000 Personen aus acht Ländern) zeigen bei 36% der untersuchten Personen eine positive Korrelation, bei 23% keine Beziehung und bei den übrigen entweder nur bei Männern oder nur bei Frauen einen Zusammenhang. Eine eventuelle Gefahr dürfte nur für hypercholesterämische Patienten bestehen, bei denen im Einzelfall festgestellt werden sollte, ob Kaffee-Entzug den Cholesterinspiegel verändert (59, 62, 67, 147, 155). Der Einfluß des Kaffees auf die Thrombocytenaggregation ist abhängig von der Fettsäurezusammensetzung der Nahrung; ist diese reich an gesättigten Fettsäuren, wird sie durch Kaffee reduziert, ist sie arm an gesättigten Fettsäuren, wird sie begünstigt (160). Nach gegenwärtigen Erkenntnissen kann die Förderung von koronaren Herzkrankheiten und Herzinfarkt durch in normalem Maße erfolgenden Kaffeegenuß ausgeschlossen werden (37, 147, 159, 160, Ü 74).

Während Coffein wahrscheinlich kein genotoxisches Potential besitzt, werden einigen anderen Inhaltsstoffen des Kaffees mögliche mutagene und carcinogene Effekte zugeschrieben. Dazu gehören Methylglyoxal, Glyoxal, Wasserstoffperoxid und Aromastoffe (4, 10, 129). Sie entstehen teilweise erst beim Rösten (5). Ein Autor macht das im Kaffee vorkommende Atractylosid (Kap. 8.1) für das Auftreten von Pankreastumoren nach langjährigem Kaffeekonsum verantwortlich. Unter Berücksichtigung der bisher vorliegenden Tierversuche und epidemiologischen Untersuchungen ist ein kausaler Zusammenhang zwischen Kaffeekonsum und der Entstehung von Tumoren beim Menschen jedoch unwahrscheinlich (37, 123, 147, Ü 74).

Unangenehme Nebenwirkungen des Kaffees auf den Magen-Darm-Trakt (Magenreizung, Durchfall) sind vorwiegend der Chlorogensäure und den Röstprodukten anzulasten.

Chronischer Mißbrauch großer Kaffeemengen kann eine echte psychische Erkrankung, den Coffeinismus, hervorrufen. Charakteristisch dafür sind Stimmungsschwankungen, Depressionen und Schlafstörungen. Kopfschmerzen sind ein typisches Entzugssyndrom (50, 53).

34.2.3 Coffein als Wirkstoff des Tees

Heimatgebiete des Teestrauchs sind wahrscheinlich die Hochländer Südwestchinas, Nordburmas und Nordostindiens. In China dient der Tee seit mindestens 1500 Jahren als Getränk. Die erste schriftliche Erwähnung stammt aus dem Jahre 350 n. Chr. Die Ausbreitung des Anbaus erfolgte relativ langsam. Erst seit dem 7. Jahrhundert wird der Teestrauch in Japan, seit dem 18. Jahrhundert in Indonesien, seit Beginn des 19. Jahrhunderts in Indien und seit der 2. Hälfte des 19. Jahrhunderts in Sri Lanka (Ceylon) angebaut. 1610 wurde der erste Tee durch die Niederländer aus China oder Japan nach Europa importiert. Um 1650 gelangte er erstmals in die USA, 1657 nach England (12).

Die Weltproduktion an Tee beträgt jährlich etwa 2,5 Millionen Tonnen. Hauptproduzenten sind mit etwa 28% der Weltproduktion Indien, etwa 22% China, etwa 10% Sri Lanka, etwa 8% Kenia und etwa 6% Indonesien. Hauptimportländer sind Großbritannien, die USA, die GUS und Pakistan. Der Prokopfverbrauch beträgt in Katar 6,5, Kuweit 5,3, Irland 3,4 und in Großbritannien 3,1 kg/Jahr (47).

Der Tee wird von *Camellia sinensis* (L.) O. KUNTZE, Teestrauch (Theaceae, Teegewächse), geliefert (siehe S. 502, Bild 34-2). Es existieren zahlreiche Formen, die in den Varietäten *C. sinensis* var. *sinensis*, China-Tee, und *C. sinensis* var. *assamica*, Assam-Tee, zusammengefaßt werden können. Durch Hybridbildung, an der auch *C. irrawadiensis* (W.W. SM.) MELCH. beteiligt ist, werden die Grenzen zwischen beiden Varietäten verwaschen. Der Teestrauch ist eine Kulturpflanze, die vermutlich durch ständige Auslese coffeinreicher Formen erhalten wurde. Nur die Vertreter der Sektion Thea *(C. sinensis, C. taliensis)* und ein Chemotyp der Art *C. kissi*, Sektion Paracamellia, enthalten Coffein. Die anderen etwa 80 Arten der Gattung führen keine Purinalkaloide (11, Ü 44, Ü 75).

Der Anbau des Teestrauches ist zwischen 45° nördlicher und 30 °südlicher Breite möglich. Als günstigste Jahresmitteltemperatur gilt 20 °C, als Mindestniederschlagsmenge 1300 mm. Hauptanbauländer sind Indien, China, Sri Lanka, Japan, GUS, Indonesien, Kenia, Türkei, Pakistan, Malawi und Argentinien (Ü 28).

C. sinensis ist ein reich verzweigter Strauch, der unbeeinflußt durch den Menschen baumartig werden und Höhen bis zu 6 m bei *C. sinensis* var. *sinensis* und bis zu 15 m bei *C. sinensis* var. *assamica* erreichen kann. Die wechselständigen, lanzett- oder lang-eiförmigen, grob gesägten Blätter haben lederartige Konsistenz. Die Blüten erscheinen einzeln oder in wenigblütigen Büscheln in den Blattachseln. Sie sind weiß oder rosa und haben 5–7 Kronblätter, die gleiche Zahl Kelchblätter und zahlreiche Staubblätter. Die aus 3 Fruchtblättern hervorgehende Frucht ist eine holzige Kapsel von 1–1,5 cm Durchmesser.

Die Ernte der Teeblätter erfolgt durch Abknipsen der Triebe mit der Hand oder maschinell. Die jüngsten Blätter besitzen die besten Qualitätsmerkmale.

Grüner Tee wird erhalten, indem durch Erhitzen der frischen Blätter in rotierenden Zylindern mit gespanntem Wasserdampf oder in flachen beheizten Pfannen die Fermente inaktiviert werden. Anschließend wird gerollt und getrocknet (49).

Schwarzer Tee wird erzeugt, indem zunächst der Wassergehalt der Blätter nach dem Ausbreiten in dünner Schicht von etwa 75% auf 55% reduziert wird. Während dieser Phase laufen eine Reihe von Stoffwechselprozessen ab, die u. a. zu einer Erhöhung des Coffeingehaltes um 20–50% führen können (156). Anschließend werden durch maschinelles Rollen die Zellstrukturen zerstört und autolytische Prozesse eingeleitet. Nach dem Rollen wird der Fermentationsvorgang bei 100% relativer Luftfeuchte und 15–30 °C in 45–180 min zu Ende geführt. Dann wird rasch bei 80–100 °C getrocknet. Ein Teil des Coffeins wird bei der Fermentation gebunden oder geht beim Trocknen verloren (etwa 10%, 35, 49, Ü 28, Ü 39a IV, 628).

Die Qualität des Tees wird vom Alter der Blätter, aus dem er bereitet wird, und vom Verlauf des Fermentationsvorganges bestimmt. Blattees werden aus gerollten Blättern und Broken-Tees aus vor oder nach der Fermentation zerkleinerten Blättern gewonnen. Die höchste Qualität hat der Flowery Orange Pekoe, der aus der Pekoespitze (das noch nicht entrollte oberste Blatt) und aus dem folgenden dünnen Blatt erhalten wird. Beim Absieben anfallende kleine Teepartikel (Fannings) werden häufig zur Herstellung von Teeaufgußbeuteln verwendet.

Hauptalkaloid des Tees ist das Coffein (früher als Thein bezeichnet). Sein Gehalt wird entscheidend vom Entwicklungszustand der verwendeten Blätter bestimmt. Er beträgt in der Spitzenknospe 4,7%, im ersten Blatt 4,2%, im 2. Blatt 3,5%, im 3. Blatt 2,9%, im oberen Stengelteil 2,5% und im unteren Stengelteil 1,4%. Auch Klima und Jahreszeit beeinflussen den Coffeingehalt. Der Gehalt an Theobromin liegt zwischen 0,16 und 0,2%, der an Theophyllin zwischen 0,02 und 0,04% (36, 49).

Weitere wichtige Inhaltsstoffe des unfermentierten Tees sind durchschnittlich 25% Catechine. Auch ihr Gehalt nimmt mit dem Alter der Blätter ab. Bei der Fermentation erfolgt eine durch o-Phenoloxidasen katalysierte Dehydrierung der Catechine zu o-Chinonen, die spontan zu einer Vielzahl oligomerer und polymerer Verbindungen reagieren (Theaflavine, Theaflavinsäuren, Thearubigene, wasserunlösliche Polymere), die Gerbstoffcharakter besitzen (49, 55, 60, 107, 171). Daneben sind die Flavonolglykoside (171), Chlorogensäuren, Triterpensaponine (58) und einige Mineralstoffe erwähnenswert (130–260 mg/kg Fluoridionen, 119, und 2–3% Aluminiumionen, 39). Bei der Fermentation und beim Trocknen entstehen auch eine Vielzahl von flüchtigen und nichtflüchtigen Aromastoffen (49, 63, 128).

Eine Tasse Tee enthält etwa 60–75 mg Coffein (50).

Obwohl Tee ähnliche Coffeinmengen wie Kaffee enthält und ebenso in breitem Maße getrunken wird, existieren über eventuelle negative Auswirkungen des Teegenusses wesentlich weniger Arbeiten. Sie dürften bei Aufnahme normaler Mengen ebenso wie beim Kaffee weitgehend ausgeschlossen sein, zumal die im Grünen Tee enthaltenen Polyphenole antimutagene Wirksamkeit besitzen und im Tierversuch das Tumorwachstum hemmen. Säuglinge, denen in den Babyflaschen coffeinhaltiger Tee verabreicht wird (beobachtet wurden bis zu 15 mg/kg am Tag), zeigen Schlafstörungen (150).

Diskutiert wird ein Zusammenhang zwischen dem hohen Gehalt an extrahierbaren Aluminium-Ionen im Tee (2 bis 6, bis 100? mg pro Liter Teeaufguß) und der Entstehung der ALZHEIMER-Krankheit (39).

34.2.4 Coffein als Wirkstoff der Colasamen

Von den Arten der Gattung *Cola* (Sterculiaceae) spielen vor allem *C. nitida* (VENT.) SCHOTT et ENDL. (*C. vera* K. SCHUM.) und *C. acuminata* (P. BEAUV.) SCHOTT et ENDL. eine Rolle als Coffeinlieferanten.

Diese im tropischen Westafrika heimischen Pflanzen sind bis 15 m hoch werdende Bäume. Aus ihren gelblichweißen Blüten entwickeln sich meistens mehrere, sternförmig angeordnete, 15–20 cm lange, gelbe, etwas fleischige Balgfrüchte, die ca. 5–10 kastaniengroße Samen enthalten (siehe S. 502, Bild 34-3). Nach der Ernte werden die Samen, meistens nach mehrtägigem Wässern, von der Samenschale befreit. Die durch autolytische Prozesse braun gefärbten Keimblätter, bei *C. nitida* drei, bei *C. acuminata* drei bis fünf, fallen dabei meistens auseinander (124). Sie werden oft schon im Erzeugerland zu Extrakten verarbeitet, deren Einsatz zur Herstellung von Erfrischungsgetränken erst seit der Mitte des 20. Jahrhunderts in Europa üblich ist. Hauptproduzent von Colasamen ist mit etwa 100 000 t jährlich Nigeria.

Der Coffeingehalt der Keimblätter beträgt 1,5–2,2% (92, 93, 161). Begleitstoffe sind geringe Mengen anderer Methylxanthine und 2–4% Gerbstoffe.

Der Coffeingehalt coffeinhaltiger Erfrischungsgetränke liegt zwischen 0,01 und 0,03%, in einem Glas sind also etwa 20–60 mg Coffein enthalten (34, 50). Es wird jedoch angenommen, daß weit weniger als 50%, ja eventuell nur 5% des Coffeins, in Erfrischungsgetränken aus Colasamen stammt. Die Hauptmenge des eingesetzten Coffeins fällt bei der Herstellung coffeinfreien Kaffees an (47).

Kleinkinder sollten den Genuß größerer Mengen coffeinhaltiger Colagetränke meiden.

Bild 33-3: *Sarothamnus scoparius*, Besenginster

Bild 33-4: *Lupinus polyphyllus*, Vielblättrige Lupine

Bild 33-5: *Ulex europaeus*, Stechginster

Bild 33-6: *Genista tinctoria*, Färber-Ginster

Bild 33-7: *Sophora japonica*, Japanischer Schnurbaum

Bild 34-1: *Coffea arabica*, Berg-Kaffee

Bild 34-2: *Camellia sinensis*, Teestrauch

Bild 34-3: *Cola nitida*, Keimblätter der Colasamen

Bild 34-4: *Theobroma cacao*, Kakaobaum, Früchte

Bild 35-1: *Vicia faba*, Ackerbohne

Bild 35-2: *Lolium temulentum*, Taumel-Lolch

Bild 36-1: *Lonicera tatarica*, Tatarische Heckenkirsche

34.2.5 Coffein als Wirkstoff von Maté und Kakao

Im Vergleich zu den oben genannten coffeinhaltigen Genußmitteln spielen Maté und Kakao eine untergeordnete Rolle.

Maté, Paraguay Tee, Yerba, besteht aus den mittels Rauch getrockneten, zerriebenen Blättern von *Ilex paraguariensis* St.-Hil. (Aquifoliaceae, Stechpalmengewächse), einem in Paraguay, Argentinien und Brasilien beheimateten Baum. Jährlich werden in Südamerika etwa 250 000 t Maté produziert und auch fast vollständig dort verbraucht. Der Prokopfverbrauch liegt in Paraguay bei 6,2, in Uruguay bei 6,2, in Argentinien bei 5,4, Brasilien bei 0,6 und Chile bei 0,3 kg/Jahr. Der Coffeingehalt beträgt durchschnittlich 0,5%.

Kakao, vor allem gewonnen aus den Samen von *Theobroma cacao* L. (Sterculiaceae; siehe S. 502, Bild 34-4) hat kaum Bedeutung als Coffeinquelle. Wenn auch der Coffeingehalt der Kakaobohnen bis 1,7% betragen kann, liegen die Durchschnittswerte jedoch zwischen 0,1% und 0,4%. Begleitet wird das Coffein von etwa 1,0–2,0% Theobromin (47). Im Kakaopulver wurden 0,3% Coffein bzw. 2,0% Theobromin nachgewiesen, in Bitterschokolade 0,05 bzw. 0,4%, in Milchschokolade 0,02 bzw. 0,18% (31). Bemerkenswert sind Gerbstoff- (etwa 5%) und Oxalatgehalt (etwa 0,7%) des Kakaopulvers (zur Geschichte, Botanik und Chemie: 134).

Gegen den Genuß von Kakao und kakaohaltigen Zubereitungen sowie von Maté gibt es aus toxikologischer Sicht keine Bedenken. Auf die möglicherweise Migräne auslösende Wirkung der Schokolade wurde bereits hingewiesen (Kap. 17.1). Es besteht kein genotoxisches Risiko (20, 151).

34.3 Gonyautoxine als Giftstoffe der Panzergeißler (Dinophyceae), Blaualgen (Cyanophyceae) und Rotalgen (Rhodophyceae)

Die als Gonyautoxine zusammenzufassenden toxischen Purinderivate wurden in Panzergeißlern (Kap. 4.8) und der Blaualge (Kap. 4.7) *Aphanizomenon flos-aquae* nachgewiesen. Auch in der Rotalge *Jania* wurden sie gefunden (169).

Die bekanntesten Lieferanten der Gonyautoxine sind die *Protogonyaulax*-Arten *P. catenella (Gonyaulax catenella)*, *P. tamarensis*, *P. acatenella* und *P. cohorticula (Alexandrium cohorticula)*. *P. catenella* kommt im Pazifischen Ozean an den Küsten Nordamerikas zwischen Kalifornien und Alaska und an denen des Japanischen Archipels vor. *P. tamarensis* wird an nordamerikanischen und nordeuropäischen Atlantikküsten und an der Nordseeküste, *P. acatenella* an den Küsten Britisch-Kolumbiens und *P. cohorticula* in der Taiwanstraße gefunden.

Pyrodinium bahamense (im Bereich von Papua-Neu Guinea, Palau-Inseln vorkommend), *Cochlodinium spec.* (an den Küsten Japans auftretend), *Gymnodinium catenatum* (gefunden an den Küsten Nordwestspaniens, aber auch im Pazifik), *Alexandrium fundyense* (an der nordamerikanischen Atlantikküste gesammelt) und *Protogonyaulax polyedra* (Isolate von der italienischen Adriaküste) liefern ebenfalls Gonyautoxine (7, 8, 19, 57, 69, 104, 143).

Alle Gonyautoxine bildenden Panzergeißler sind mit wenigen Ausnahmen (z. B. *P. catenella*) Wasserblütenbildner.

Die Gonyautoxine (Abb. 34-2) besitzen einen Tetrahydropurin-Grundkörper mit einem in Position 3,4 angeschlossenen Pyrrolidonring mit hydratisierter Carbonylgruppe, zwei Iminogruppen in Positionen 2 und 8 und meistens einem Carbamoylrest an der Hydroxymethylgruppe in Position 6. Nach ihrem Substitutionsmuster kann man sie einteilen in:

- Carbamattoxine, mit freiem Carbamoylrest, dazu gehören Saxitoxin (STX) und Neosaxitoxin (neoSTX), beide am C-11 unsubstituiert, und die Gonyautoxine 1–4, mit α- oder β-ständiger, mit Schwefelsäure veresterter OH-Gruppe am C-11,
- N-Sulfocarbamoyltoxine, bei denen die Carbamoylgruppe mit Schwefelsäure verknüpft ist, dazu gehören die Toxine B1 (GTX 5), B2 (GTX 6), beide ohne OH-Gruppe in Position 11, und C1 (Protogonyautoxin 1 = PX 1, epi-GTX 8), C2 (GTX 8), C3 (PX 3) und C4 (PX 4) sowie die
- Descarbamoyltoxine, ohne Carbamoylrest, z. B. Descarbamoyl-Saxitoxin (dc-STX, 149).

Das Gonyautoxinspektrum der Dinophyceen ist nicht nur art-, sondern auch stammspezifisch.

Saxitoxin wurde 1935 erstmals im Plankton nachgewiesen und 1957 durch Schantz und Mitarbeiter aus der Alaska-Buttermuschel, *Saxidomonas giganteus*, isoliert (121). Von der gleichen Gruppe (122) und von Bordner und Mitarbeitern (17) wurde die Struktur aufgeklärt.

Die Biogenese der Gonyautoxine erfolgt aus L-Arginin, dessen α-Carboxylgruppe mit einer Acetateinheit verknüpft wird. Nach Verlust der α-Carboxylgruppe werden die Ringe geschlossen. Der an der OH-Gruppe am C-13 befindliche Rest geht aus L-Glycin hervor (133).

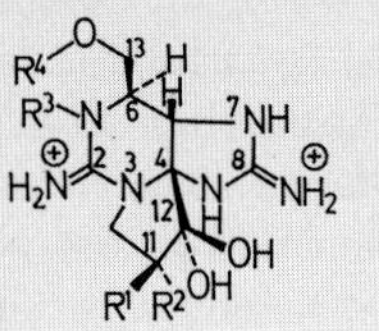

	R^1	R^2	R^3	R^4
Saxitoxin	H	H	H	$CONH_2$
Neosaxitoxin	H	H	OH	$CONH_2$
Gonyautoxin 1	H	OSO_3^-	OH	$CONH_2$
Gonyautoxin 4	OSO_3^-	H	OH	$CONH_2$
Toxin B1	H	H	H	$CONHSO_3^-$
Toxin C1	H	OSO_3^-	H	$CONHSO_3$
Descarbamoylsaxitoxin	H	H	H	H

Abb. 34-2: Gonyautoxine

Von KODAMA und OGATA (74) konnte gezeigt werden, daß die toxischen *Protogonyaulax*-Stämme im Inneren der Zellen Bakterien der Gattung *Moraxella* beherbergen, die zur Produktion von Gonyautoxinen befähigt sind. Die untoxischen Stämme sind bakterienfrei. Die isolierten Bakterienstämme bilden, besonders unter Mangelbedingungen, hauptsächlich GTX 4, in geringeren Mengen GTX 3, GTX 1, GTX 2 und neo-STX (102).

Bei einigen Stämmen von *Aphanizomenon flos-aquae* (L.) RALFS et FLAH. kommen Saxitoxin (Aphantoxin II), Neosaxitoxin (Aphantoxin) und Gonyautoxine (GTX 1, GTX 2, GTX 3) vor (64). Diese Blaualge ist in unseren Binnengewässern und im Brackwasser der Ostsee neben den ebenfalls toxischen Blaualgen *Microcystis aeruginosa* (KÜTZ.) KÜTZ. (Kap. 39.2.2) und *Anabaena lemmermannii* P. RICHTER für die im Sommer auftretende Wasserblüte verantwortlich. *A. flos-aquae* bildet auch das nichttoxische Alkaloid Aphanorphin mit Benzazepin-Grundkörper (54).

Ob die aus der Rotalge *Jania* isolierten Gonyautoxine von ihr selbst oder von auf ihr epiphytisch lebenden Dinophyceae gebildet werden, ist noch ungewiß.

Gonyautoxine werden von Meerestieren mit der Nahrung aufgenommen und gespeichert. Teilweise werden sie durch in den Eingeweiden der Tiere lebende Bakterien unter Elimination der Hydroxylgruppe in Position 11 zu Saxitoxin bzw. Neosaxitoxin reduziert (75). Einige Autoren nehmen darüber hinaus jedoch auch eine Produktion der Gonyautoxine im Tierkörper nach bakterieller Infektion durch Saxitoxin bildende Bakterien an. Dafür spricht, daß Gonyautoxine auch in Süß- und Seewassermuscheln gefunden wurden, die nicht mit Dinophyceae in Kontakt gekommen waren (109).

Gonyautoxine können in sehr vielen Muscheln und Schnecken (Vertreter der Gattungen *Chlamys, Crassostrea, Holocynthia, Meretrix, Mya, Mytilus, Patinopecten, Placopecten, Protothaca, Saxidomonas, Septifer, Spondylus, Tapes, Tectus, Tridacna, Turbo*) und in Krabben (Vertreter der Gattungen *Atergatis, Eriphia, Lophozozymus, Pilumnus, Platipodia, Thalamita, Zosimus*) gefunden werden (9, 69, 84, 85, 86, 96, 131, 162, 169). In Makrelen *(Scomber scombrosus)* trat Saxitoxin in so hoher Konzentration auf, daß ein Wal-Sterben auf die Toxizität der Fische aufmerksam machte (130).

Durch Kochen kann der Toxingehalt der Meerestiere um etwa 70% reduziert werden.

Saxitoxin wird an reizbaren Membranen in unmittelbarer Nähe der Na^+-Kanäle gebunden und blokkiert wie Tetrodotoxin selektiv und reversibel den Einstrom von Na^+-Ionen. Es verhindert damit die Ausbildung von Aktionspotentialen und die Impulsübertragung (42, 101, 132, 142, 143). Neosaxitoxin sowie die Gonyautoxine 1–4 besitzen die gleiche Wirkungsstärke wie Saxitoxin. Die Verbindungen, bei denen die Carbamoylgruppe mit Schwefelsäure verknüpft ist, haben nur etwa $^1/_{10}$ der Wirksamkeit. Offenbar wird durch Veränderung der Seitenkette die Affinität zum Rezeptor verändert (132).

Die Wirkungen der Gonyautoxine machen sich vorwiegend im peripheren Nervensystem bemerkbar. Sie führen zur Paralyse. Die LD_{50} von Saxitoxin beträgt beim Meerschweinchen 135 μg/kg, p. o., bei Mäusen 382 μg/kg (95). Nach parenteraler Verabreichung ist die Toxizität der Gonyautoxine wesentlich höher (5–10 μg/kg, i. p., 3,4 μg/kg, i. v., Maus, 142). Ihre Toxizität ist etwa 3× größer als die von Tetrodotoxin (57). Für den Menschen soll etwa 1 mg Saxitoxin tödlich sein (154).

Vergiftungen durch gonyautoxinhaltige Muscheln oder Krabben sind als «paralytic shellfish poisoning» (PSP) bekannt. Sie beginnen mit Kribbeln und Taubheitsgefühl in Fingerspitzen, Zehen und im Mundbereich und führen über Gefühllosigkeit in Armen, Beinen sowie Nacken, Schwindel und Koordinationsstörungen bis hin zur tödlichen Atemlähmung (96). Die Letalität beträgt beim Menschen etwa 15% (142). Über das Auftreten von PSP wird aus allen Teilen der Welt, auch aus Europa, berichtet (57, 69, 72, 73, 96, 110). 1976 kam es beispielsweise in mehreren europäischen Ländern zu einer durch Muscheln ausgelösten epidemieartigen Vergiftung, für die *Gymnodinium catenatum* verantwortlich gemacht werden konnte (7).

34.4 Purinbasen, Purinnucleoside und ihre Analoga

Eine Reihe von Bakterien, Cyanobakterien, Pilzen, Algen und Meerestieren bilden ungewöhnliche Purinbasen und Purinnucleoside mit bemerkenswerten Wirkungen.

Aus Cyanobakterien der Familie der Scytonemataceae wurden neben macrocyclischen cytotoxischen Verbindungen, z. B. den Scytophycinen (Kap. 4.7), cytotoxische und fungistatische 7-Desaza-purinnucleoside isoliert. In *Tolypothrix byssoidea* und *Scytonema saleyeriense* var. *indica* wurde Tubercidin als Hauptwirkstoff nachgewiesen (Abb. 34-3). In *Plectonema radiosum* und *Tolypothrix distorta* tritt an seine Stelle das Tubercidin-5'-α-D-glucopyranosid. Hauptwirktstoff von *Tolypothrix tenuis* ist Toyocamycin-5'-α-D-glucopyranosid (98, 144). Tubercidin bzw. Toyocamycin waren bereits vorher aus *Streptomyces tubercidus* bzw. *S. toyocaensis* isoliert worden.

5'-Desoxy-5-iodotubercidin wurde in der Rotalge *Hypnea valentinae* nachgewiesen (Abb. 34-3, 14).

Der Basidiomycet *Collybia maculata* (ALB. & SCHW. ex FR.) KUMM., Gefleckter Rübling, Bitterer Rübling (Tricholomataceae, Ritterlingsartige), enthält eine Gruppe von cytotoxisch, antiviral und fungistatisch wirksamen 6-Methylpurinen. Der Gefleckte Rübling hat einen zunächst weißen Fruchtkörper, auf dessen Hut später rostrote Flecken erscheinen. Er kommt in Nadelwäldern auf sauren Böden vor und gilt wegen seines bitteren Geschmacks als ungenießbar. Aus ihm wurden 6-Methylpurin, 6-Methyl-9-β-D-ribofuranosylpurin und 6-Hydroxymethyl-9-β-D-ribofuranosylpurin isoliert (Abb. 34-3, 78).

Purinnucleotide mit biologischen Wirkungen sind auch aus einigen anderen Pilzen bekannt, z. B. Nebularin (9-(β-D-Ribofuranosyl)purin) aus *Lepista nebularis* (BATSCH ex FR.) HARMAJA, Graukappe, Nebelgrauer Trichterling, der roh als giftig gilt (Abb. 34-3, 87).

Aus Schwämmen wurden ebenfalls pharmakologisch aktive Purinderivate erhalten (Abb. 34-3), z. B. 1-Methylisoguanosin (Doridosin) aus *Tedania digitata* (auch aus dem Manteltier *Anisodoris nobilis*, 44), 4-Amino-5-brompyrrolo[2,3-d]pyrimidin aus *Echinodictyum spec.* und Spongosin (2-Methyladenosin) aus *Cryptotethia crypta*. 4-Amino-5-brompyrrolo [2,3-γ]pyrimidin ist ein effektiver Bronchodilatator

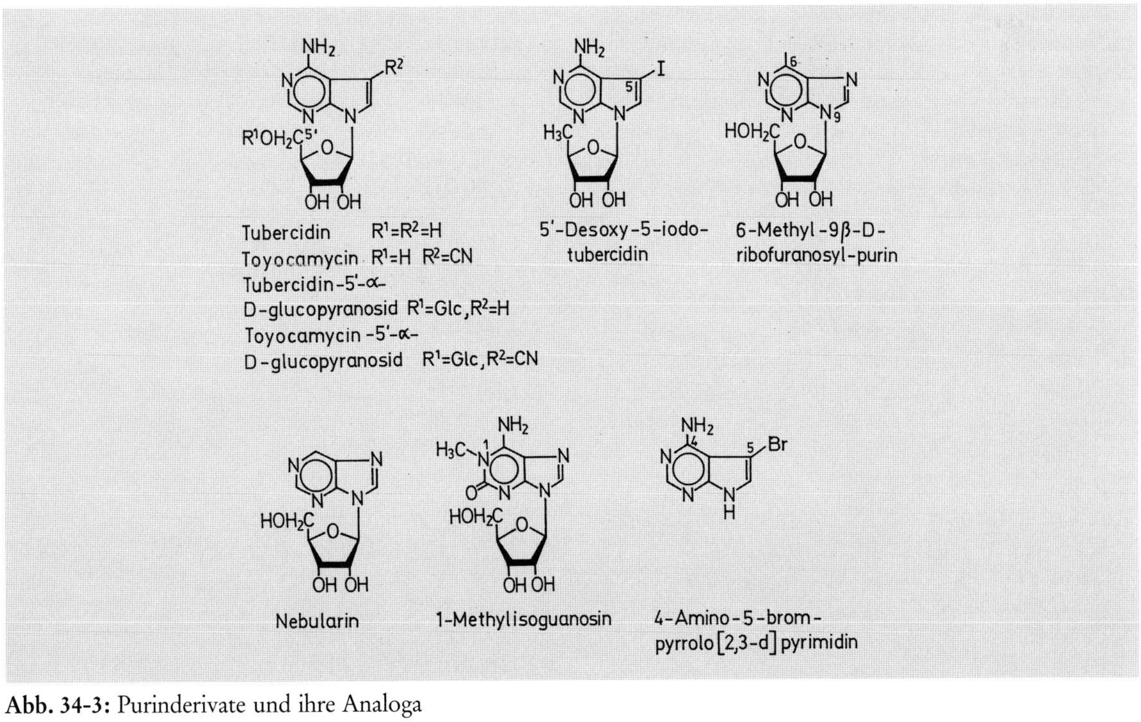

Abb. 34-3: Purinderivate und ihre Analoga

und besitzt auch Herz- und ZNS-Wirksamkeit. 1-Methylisoguanosin hat stark muskelrelaxierenden Effekt und wirkt antiinflammatorisch und antiallergisch. Spongiosin hat am Herzen negativ inotrope und negativ chronotrope Wirkung (70, Ü 23).

Eine bemerkenswerte Struktur besitzt das Dinogunellin (Lipostichaerin). Es ist ein Lysoglycerophosphatid, das gebunden am Phosphorsäurerest einen Adenosin- und einen Amidoasparaginylrest trägt. Es wurde aus dem Rogen von Fischen aus der Ordnung der Barschartigen (Perciformes), *Stichaeus grigorjewi* (Heimat Küsten Japans) und *Scorpaenichthys marmoratus* (Pazifikküsten Kanadas bis Mexikos), isoliert. Es besitzt Toxizität für Langusten (LD_{50} 12–67 mg Rogenprotein/kg, p. e.). Für höhere Tiere ist es wenig toxisch (LD_{50} 7 g/kg Rogen, Maus, p. o., Ü 119).

34.5 Literatur

1. Abboot, P. J. (1986), Med. J. Australia 145: 518
2. Abraham, S. K. (1989), Food Chem. Toxicol. 27: 787
3. Aeschbacher, H. U., Ruch, E., Meier, H., Würzner, H. P., Munoz-Box, R. (1985), Food Chem. Toxicol. 23: 747
4. Aeschbacher, H. U., Wolleb, U., Loliger, J., Spadone, J. C., Liardon, R. (1989), Food Chem. Toxicol. 27: 227
5. Albertini, S., Friedrich, U., Schlatter, C., Wuergler, F. E. (1985), Food Chem. Toxicol. 23: 593
6. Al-Hachim, G. M. (1989), Eur. J. Obstet. Gynecol. Reprod. Biol. 31: 237
7. Amberger-Lahrmann, M. Schmähl, D. (1988), Gifte. Geschichte der Toxikologie (Springer-Verlag, Berlin, Heidelberg, New York, Paris, Tokyo)
8. Anderson, D. M., Sullivan, J. J., Reguera, B. (1989), Toxicon 27: 665
9. Anderson, D. M., Kulis, D. M., Sullivan, J. J., Hall, S. (1990), Toxicon 28: 885
10. Anonym (1984), Naturwiss. Rdsch. 37: 104
11. Ariza, R. R., Dorado, G., Barbancho, M., Pueyo, C. (1988), Mutat. Res. 201: 89
12. Ashihara, H., Kubota, H. (1987), Plant Cell. Physiol. 28: 535
13. Baker, M. D. (1986), J. Pediat. 109: 538
14. Baker, J. T. (1984), Natural Products and Drug Development 29 (Eds.: Kroogsgaard-Larsen, P., Brogger Christensen, S. Kofod, H.), Munksgaard, Copenhagen: 145
15. Barone, J. J., Grice, H. C. (1990), Food Chem. Toxicol. 28: 279
16. Berger, A. (1988), J. Reprod. Med. 3: 945
17. Bordner, J., Thiessen, W. E., Bates, H., Rapoport, H. (1975), J. Am. Chem. Soc. 97: 6008
18. Boulenger, J. P., Uhde, T. W., Wolff, E. A., Post, R. M. (1984), Arch. Gen. Psychiatry 41: 1067
19. Bruno, M., Gucci, P. M. B., Pierdominici, E., Ioppolo, A., Volterra, L. (1990), Toxicon 28: 1113
20. Brusick, D., Myhr, B., Galloway, S., Rundell, J., Jagannath, D. R., Tarka, S. (1986), Mut. Res. 169: 115
21. Brusick, D., Myhr, B., Galloway, S., Rundell, H., Jaganath, D. R., Tarka, S. (1986), Mut. Res. 169: 105
22. Bruyere, H. J., Michaud, B. J., Gilbert, E. F., Folts, J. D. (1987), J. Appl. Toxicol. 7: 197
23. Busto, U., Bendayan, R., Sellers, E. M. (1989), Clin. Pharmacokinetics 16: 1
24. Cheong, B., Campbell, I. A. (1987), Med. Sci. Res. Biochemistry 15: 869
25. Choi, O. H., Shamim, M. T., Padgett, W. L., Daly, J. W. (1988), Life Sci. 43: 387
26. Clarke, R. J., Macrae, R. (1985), Coffee Vol. 1: Chemistry (Elsevier Applied Sc. Publishers, New York)
27. Clement, M. I. (1989), Brit. Med. J. 298: 1461
28. Clifford, M. N., Willson, K. C. (1985), Coffee Botany, Biochemistry and Production of Beans and Beverage (Chapman and Hall, London)
29. Colling, M., Wolfram, G. (1989), Ernährungs-Umschau 36: 98
30. Collins, T. F. X., Welsh, J. J., Black, T. N., Ruggles, D. I. (1983), Food Chem. Toxicol. 21: 763
31. Craig, W. J., Nguyen, T. T. (1984), J. Food Sci. 49: 302 und 305
32. Daly, J. W. (1982), J. Med. Chem. 25: 197
33. Dawson, A. H., Whyte, I. M. (1989), Med. J. Australia 151: 689
34. Dews, P. B. (1982), Ann. Rev. Nutrit 2: 323
35. Eden, T. (1976), Tea (3. Aufl. Longman, London)
36. Eiden, F. (1977), Pharm. Unserer Zeit 6: 67
37. Ernster, V. L. (1984), The Methylxanthine Beverages and Foods: Chemistry, Consumption and Health Effects (Ed.: Spiller, G. A., Alan, R.), Liss. Inc. New York: 377
38. Evoniuk, G., von Borstel, R. W., Wurtman, R. J. (1987), J. Pharm. Exp. Ther. 240: 428
39. Flaten, T. P., Odegard(1988), Food Chem. Toxicol. 26: 959
40. Fligner, C. L., Opheim, K. E. (1988), J. Anal. Toxicol. 12: 339
41. Franke, G. (1975), Nutzpflanzen der Tropen und Subtropen 1 (Hirzel-Verlag, Leipzig): 39
42. Franz, D. R., Le Claire, R. D. (1989), Toxicon 27: 647
43. Franzke, C., Grunert, K. S., Hildebrandt, U., Griehl, H. (1968), Pharmazie 23: 502
44. Fuhrman, F. A., Fuhrman, G. J., Kim, Y. H., Pavelka, L. A., Mosher, H. S. (1980), Science 207: 193
45. Garriott, J. C., Simmons, L. M., Poklis, A., Mackell, M. A. (1985), J. Anal. Toxicol. 9: 141
46. Gilani, S. H., Persaud, T. V. N. (1985), Anat. Anz. 158: 231
47. Belitz, H. D., Grosch, W. (1992), Lehrbuch der Lebensmittelchemie, 4. Aufl. (Springer, Berlin)

48. GOLDBERG, M.J., PARK, G.D., BERLINGER, W.G. (1986), J. Allerg. Clin. Immunol. 78: 811
49. GRAHAM, H.N. (1984), in: Methylxanthine Beverages and Foods: Chemistry, Consumption, and Health Effects (Ed.: SPILLER, G.A.), Alan R. Liss. Inc., New York: 29
50. GREDEN, J.F. (1979), Science 19: 6
51. GRICE, H.C. (1984), Coffeine: Perspect Recent Res. (Ed.: DREWS, P.B.), Springer-Verlag, Berlin: 201
52. GRICE, H.C. (1987), in: Food Chem. Toxicol. 25: 795
53. GRIFFITHS, R.R., BIGELOW, G.E., LIEBSON, I.A. (1986), J. Pharm. Exp. Ther. 239: 416
54. GULAVITA, N., HORI, A., SHIMIZU, Y., LASZLO, P., CLARDY, J. (1988), Tetrahedron Lett. 29: 4381
55. GULBANI, D.I., SOPROMADZE, L.N., TOIDZE, I.S. (1980), Khim. Prir. Soedin. 409
56. HANZLICK, R., GOWITT, G.T., WALL, W. (1986), J. Anal. Toxicol. 10: 126
57. HASHIMOTO, K., NOGUCHI, T. (1989), Pure Appl. Chem. 61: 7
58. HASHIZUME, A. (1973), Agric. Chem. Soc. Japan 47: 237
59. HEJDA, S., OSANCOVA, K., CERVENKOVA, D. (1988), Ernährung 12: 796
60. HERRMANN, K. (1983), Lebensmittelchem. Gerichtl. Chem. 37: 30
61. HIRSH; (1984), in: The Methylxanthines and Foods: Chemistry, Consumption and Health (Ed. SPILLER, G.A.) Alan R. Liss Inc., New York: 235
62. HOESTMARK, A.T., LYSTAD, E., HAUG, A., BJERKEDAL, T., EILERTSEN, E. (1988), Nutr. Rep. Int. 38: 859
63. HORITA, H., HARA, T. (1985), Chagyo Gijutsu Kenkya 43
64. IKAWA, M., AUGER, K., MOSLEY, S.P., SASNER, J.J.Jr., NOGUCHI, T., HASHIMOTO, K. (1985), Toxic Dinoflagellates Proc. Int. Conf. 3rd: 299
65. IPPEN, H., KÖHNEL, K. (1977), Dtsch. Med. Wschr. 102: 1851
66. JACOBSEN, M.F., GOLDMAN, A.S., SYME, R.H. (1981), Lancet 1: 1415
67. JACOBSEN, B., THELLE, D. (1987), Brit. Med. J. 294: 4
68. JACOBSON, K.A., DALY, J.W., MANGANIELLO, V. (1990), Purines in Cellular Signaling Targets for New Drugs (Springer-Verlag, Berlin, Heidelberg, New York)
69. KARUNASAGAR, I., KARANASAGAR, I., OSHIMA, Y., YASUMOTO, I. (1990), Toxicon 28: 868
70. KAUL, P.N. (1982), Pure Appl. Chem. 54: 1963
71. KHANNA, N.N., SOMANI, S.M. (1984), J. Toxicol. Clin. Toxicol. 22: 473
72. KODAMA, M., OGATA, T., FUKUYA, Y., ISHIMARU, T., WISESSANG, S., SAITANU, K., PANICHYAKARN, V., PIYAKARNCHANA, T. (1988), Toxicon 26: 707
73. KODAMA, M., OGATA, T. (1988), Asian Pac. J. Pharmacol. 3: 99
74. KODOMA, M., OGATA, T. (1988), Marine Pollution Bull 19: 559
75. KOTAKI, Y., OSHIMA, Y., YASUMOTO, T. (1985), Nippon Suisan Gakkaishi 51: 1009
76. LAGGNER, A., KAIK, G., LENZ, K., DRUML, W., KLEINBERGER, G. (1984), Brit. Med. J. 288: 1497
77. LAGGNER, A., KAIK, G., LENZ, K., BRÜLLER, W., BASE, W., DRUML, W., KLEINBERGER, G. (1983), Atemw.-Lungenkrankh. 9: 93
78. LEONHARDT, K., ANKE, T., HILLEN-MASKE, E., STEGLICH, W. (1987), Z. Naturforsch. C42: 420
79. LESON, C.L., MCGUIGAN, M.A., BRYSON, S.M. (1989), J. Toxicol. Clin. Toxicol. 26: 407
80. LEVY, M., GRANIT, L., ZYLBER-KATZ, E. (1984), Annu. Rev. Chronopharmacol. 1: 97
81. LIEBERMAN, H.R., WURTMAN, R.J., EMDE, G.G., ROBERTS, C., COVIELLA, I.L.G. (1987), Psychopharmacology 92: 308
82. LINDAMOOD, C., LAMB, J.C., BRISTOL, D.W., COLLINS, J.J.. HEATH, J.E., PREJEAN, J.D. (1988), Fund. Appl. Toxicol. 10: 477
83. LINDSTRÖM, P., MORRISSEY, R.E., GEORGE, J.D., PRICE, C.J., MARR, M.C., KIMMEL, C.A., SCHWETZ, B.A. (1990), Fund. Appl. Toxicol. 14: 167
84. LLEWELLYN, L.E., ENDEAN, R. (1989), Toxicon 27: 596
85. LLEWELLYN, L.E., ENDEAN, R. (1988), Toxicon 26: 1085
86. LLEWELLYN, L.E., ENDEAN, R. (1989), Toxicon 27: 579
87. LÖFGREN, N., LÜNGING, B., HEDSTRÖM, H. (1954), Acta Chem. Scandinavica 8: 670
88. LUCKNER, M. (1969), in: Biosynthese der Alkaloide (Eds.: MOTHES, K., SCHÜTTE, H.R.), VEB Deutscher Verlag der Wissenschaften, Berlin: 568
89. MAHMOOD, N.A., CARMICHAEL, W.W. (1986), Toxicon 24: 175
90. MAIER, H.G. (1983), Lebensmittelchem. Gerichtl. Chem. 37: 25
91. MAIER, H.G. (1989), Lebensmittelchem. Gerichtl. Chem. 43: 25
92. MAILLARD, C., BABADJAMIAN, A., BALANSARD, G., OLLIVIER, B., BAMBA, D. (1985), Planta Medica 51: 515
93. MALINGRE, T.M., BATTERMANN, S. (1977), Pharm. Weekbl. 112: 1305
94. MARSHALL, M.E., PHILLIPS, B., RILEY, L.K., RHOADES, R., BROWN, R., JENNING, C.D. (1989), Immunopharmacol. Immunotoxicol. 11: 1
95. MCFARREN, E.F., SCHAFER, M.L., CAMPBELL, J.E., LEWIS, K.H., JENSEN, E.T., SCHANTZ, E.J. (1960), Adv. Food Res. 10: 135
96. MEBS, D. (1977), Naturwiss. Rdsch. 30: 367
97. MØLLER JENSEN, O. (1986), in: Progress in Clinical and Biol. Research 206 (Ed.: KNUDSEN, I.), Alan R. Liss, New York: 287
98. MOORE, R.E., BANARJEE, S., BORNEMANN, V., CAPLAN, F.R., CHEN, J.L., CORLEY, D.G., LARSEN, L.K., MOORE, B.S., PATTERSON, G.M.L., PAUL, V.J., STEWART, J.B., WILLIAMS, D.E. (1989), Pure Appl. Chem. 61: 521
99. MORISSEY, R.E., COLLINS, J.J., LAMB, J.C., MANUS, A.G., GULATI, D.K. (1988), Fund. Appl. Toxicol. 10: 525

35 Pyrimidinderivate

35.1 Allgemeines

Von den Pyrimidinderivaten spielen besonders Uracil, Cytosin und Thymin eine Rolle als Bausteine der Nucleinsäuren. Auch im Thiamin, Vitamin B_1, ist ein Pyrimidinring enthalten. Pyrimidinderivate mit Sekundärstoffcharakter von toxikologischem Interesse sind u. a. die nichtproteinogenen Aminosäuren L-Willardiin, L-Isowillardiin (Kap. 16.7), L-Lathyrin (Kap. 16.3.1), Vicin und Convicin aus *Vicia*-Arten (Kap. 35.2) und die Corynetoxine aus *Lolium rigidum* (Kap. 35.3).

Von Interesse sind auch die frei im Schwamm *Cryptotethia crypta* vorkommenden Pyrimidinnucleoside Spongouridin (1-β-D-Arabinofuranosyluracil) und das Spongothymidin (1-β-D-Arabinofuranosylthymin), die als Modell für die Synthese des virostatischen D-Arabinosylcytosins gedient haben (16). Aus *Geodia baretti*, einem Schwamm, der an der schwedischen Nordwestküste vorkommt, wurden 3-Methylcytidin, 3-Methyl-2'-desoxycytidin und 3-Methyl-2'-desoxyuridin isoliert. Die beiden erstgenannten Pyrimidinnucleoside lösen am Meerschweinchen-Ileum starke Kontraktionen aus (10).

Die Biogenese der Pyrimidinbasen der Nucleinsäuren erfolgt aus Asparaginsäure und Carbamylphosphat. Orotsäure tritt als Intermediat auf. Der Pyrimidinring des Thiamins geht aus 5-Amino-imidazolribonucleotid, einem Zwischenprodukt der Purinbiosynthese, durch Ringerweiterung hervor. Die Pyrimidinderivate mit Sekundärstoffcharakter leiten sich vermutlich vom Uracil ab (Ü 72).

35.2 Pyrimidinderivate als Giftstoffe von Wicken (*Vicia*-Arten)

Zur Gattung *Vicia*, Wicke (Fabaceae, Schmetterlingsblütengewächse), gehören ungefähr 150 Arten, von denen etwa 20 in Mitteleuropa beheimatet sind oder angebaut werden. Von toxikologischem Interesse sind nur die wegen ihrer Samen kultivierten Vertreter, besonders *Vicia faba* L. (mehrere Unterarten), Acker-, Sau-, Pferde-, Puffbohne, aber auch *V. sativa* L., Saat-Wicke, Sommerwicke, *V. ervilia* (L.) WILLD., Linsen-Wicke, Steinlinse, *V. narbonensis* L., Maus-Wicke, und *V. articulata* HORNEM., Einblütige Wicke, Wicklinse.

Vicia-Arten sind einjährige oder ausdauernde Kräuter mit meistens zweizeilig stehenden, paarig gefiederten Blättern, deren Spindeln entweder mit einer verzweigten Wickelranke oder einer kurzen Granne enden. Die meistens achselständigen Blütenstände sind entweder einseitswendige Trauben oder ein- bis wenigblütige kurzgestielte Büschel. Die Früchte sind zwei- bis vielsamige Hülsen. Die am häufigsten angebaute, sehr kräftige, bis 1 m hohe *V. faba* (siehe S. 502, Bild 35-1) besitzt kurzgestielte 1- bis 6blütige Blütenstände und 1- bis 3paarig gefiederte Blätter ohne Ranke. Die Krone der Blüten ist weiß, die Fahne violett oder bräunlich geadert, die Flügel besitzen einen schwarzen Fleck. Die bohnenförmigen Samen sind 1–3,5 cm groß, ihre Farbe ist graugelb, bräunlich, rötlich oder grünlich.

Die Samen der genannten *Vicia*-Arten enthalten als toxikologisch bedeutsame Bestandteile 0,4–0,8% Vicin (Viciosid, Glucosid des Divicins) und 0,1–0,6% Convicin (Glucosid des Isouramils, Abb. 35-1, 1, 14, Ü 74). Bemerkenswerte Begleitstoffe sind die Samenlectine der *Vicia*-Arten, bei *V. faba* als Favin bezeichnet (6), und bei *V. faba* relativ hohe Konzentrationen an L-3,4-Dihydroxyphenylalanin (L-DOPA, 20).

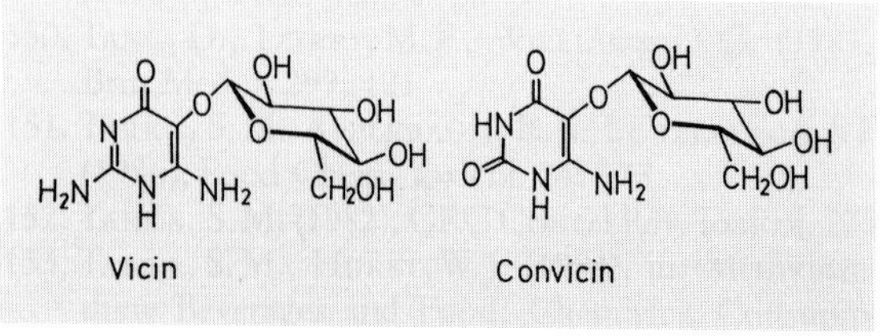

Abb. 35-1: Pyrimidinderivate von Wicken (*Vicia*-Arten)

Die unreifen, geschälten Samen der Puffbohne werden gekocht oder in Fett gedünstet als Gemüse verwendet. Aus den reifen Samen wird ein Breigericht bereitet. Das Samenmehl dient als Zusatz zum Brotmehl. Die Nutzung als Gemüse wird besonders häufig in Westeuropa, z. B. in England, praktiziert. Puffbohnenbrei ist in vielen südeuropäischen, nordafrikanischen und orientalischen Ländern ein beliebtes Gericht. Während die Lectine durch den Kochprozeß zerstört werden, bleiben Vicin und Convicin größtenteils unbeeinflußt. Aus ihnen werden durch bakterielle β-Glykosidasen im Verdauungstrakt die Aglykone Divicin und Isouramil freigesetzt.

Divicin und Isouramil führen zur Oxidation der SH-Gruppen von Enzymen, Membranbestandteilen und anderen Stoffen, vor allem des Glutathions. Ein ausreichendes Angebot an reduziertem Glutathion ist jedoch Voraussetzung für den Schutz von Erythrocyten, besonders von deren Membran, vor Sauerstoffradikalen. Bei erblich bedingtem Mangel an Glucose-6-phosphatdehydrogenase, die das zur Reduktion von Glutathion erforderliche $NADPH_2$ bereitstellt, und gleichzeitiger Aufnahme von Puffbohnen kommt es zur Verminderung des Gehalts an reduziertem Glutathion in den Erythrocyten und zur Hämolyse. Der Mangel an Glucose-6-phosphatdehydrogenase ist Ausdruck einer Punktmutation, die X-chromosomal vererbt wird und besonders häufig in den Ländern des östlichen Mittelmeerraums auftritt.

Das durch *Vicia*-Arten in diesen Ländern hervorgerufene Krankheitsbild wird als Favismus bezeichnet und sowohl durch Genuß der frischen Bohnen als auch durch Einatmen von Blütenstaub ausgelöst. Es ist in schweren Fällen durch die Symptome einer akuten hämolytischen Anämie (Fieber, Anämie, Milz- und Leberschwellung, Ikterus, Hämoglobinurie, Oligurie, Anurie) charakterisiert. In leichten Fällen kommt es zu Übelkeit, Erbrechen, Durchfall und Schwindelgefühl (11, 21, Ü 30, Ü 69, Ü 125).

Als Therapiemaßnahmen empfiehlt MOESCHLIN (Ü 85) Bluttransfusionen mit gewaschenen Erythrocyten und Gabe von Prednison.

35.3 Pyrimidinderivate des Steifen Lolchs (*Lolium rigidum*)

Lolium rigidum GAUD., Steifer Lolch, Einjähriges Raygras (Poaceae, Süßgräser), ist im Mittelmeergebiet heimisch. Im Gebiet kommt es nur in der Schweiz vor. Es wird in Winterregengebieten Süd- und Westaustraliens und in Südafrika als bedeutendes Weidegras kultiviert. Es kann von dem Nematoden *Anguina agrostis* befallen werden, der, in den Blütenanlagen schmarotzend, kleine, flaschenförmige, samenähnliche Gallen bildet. Die Nematoden ihrerseits werden von *Corynebacterium rathayi* besiedelt, das die toxischen Corynetoxine bildet. Die Bakterien töten und zerstören die Nematoden in einem Teil der Gallen und erfüllen die Gallen mit einer gelben Masse. Corynetoxine werden von *C. rathayi* auch in vitro produziert (7, 13, 18).

Die Infektion von *L. rigidum* hat von Black Springs in Südaustralien ausgehend und sich ständig ausbreitend in etwa 20 Jahren ein Gebiet von einigen Millionen Hektar in zwei australischen Staaten erfaßt. 1981 wurde über erste Infektionen in Südafrika berichtet. Auch andere Gräser werden, wenn sie in Nachbarschaft von infiziertem *L. rigidum* wachsen, vorübergehend befallen. Ein Übergreifen der Infektion auf *L. perenne* wird befürchtet (2).

Ähnliche Verhältnisse nimmt man auch für die in Nordamerika gedeihende *Festuca nigrescens* LAM., eine Kleinart von *F. rubra* L., Rot-Schwingel, an. Dieses Gras kommt im Gebiet auf alpinen Wiesen und Weiden vor und wird auch als Futtergras kultiviert (2, 17).

Corynetoxine (Abb. 35-2) sind Nucleoside mit Uracil als Base und Tunicamin und N-Acetylglucosamin als Zuckerkomponenten. Tunicamin ist ein C_{11}-Aminozucker, der wahrscheinlich aus D-Ribose und D-Galaktosamin hervorgegangen ist. Am Tunicamylrest sind in Position 10' amidartig β-hydroxylierte, α,β-ungesättigte oder gesättigte C_{15}—C_{19} n-, iso- oder anteiso-Fettsäuren gebunden. Die Kennzeichnung der Corynetoxine erfolgt anhand der

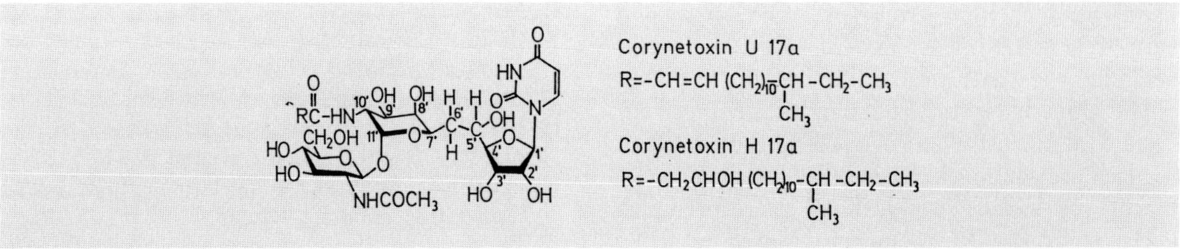

Abb. 35-2: Corynetoxine

Struktur der gebundenen Fettsäuren: H (hydroxylated), U (unsaturated) oder S (saturated), die Anzahl der C-Atome sowie durch n (normal), i (iso) oder a (anteiso). Hauptkomponenten sind Corynetoxin U 17a und Corynetoxin H 17a (4).

Die Corynetoxine sind Glykolipide, die den antibiotisch wirksamen Tunicamycinen und Streptovirudinen aus *Streptomyces lysosuperficus* sehr ähneln (4).

Ebenso wie die Tunicamycine hemmen die Corynetoxine die Synthese lipidgebundener Oligosaccharide und somit die Glykosylierung von Proteinen. Hauptangriffspunkt in eukaryotischen Zellen ist die UDP-GlcNAc:Dolichol-P GlcNAc-1-P-Tranferase, die den ersten Schritt der Bindung des Oligosaccharids an den Lipid-Carrier katalysiert. Aus der großen Bedeutung N-glykosylierter Proteine im Organismus (Rezeptorsubstanzen, Bausteine von Enzymen, Hormonen und Immunglobulinen, Fibronectin als Blut- und Zelloberflächenbestandteil) ergeben sich zahlreiche Wirkungen, u. a. eine Beeinträchtigung der Funktion des reticuloendothelialen Systems, eine Schädigung der kleinen Blutgefäße, besonders im Cerebellum, und daraus folgend vor allem neurologische Störungen (2, 5).

Die LD_{50} von Corynetoxin beträgt bei Ratten 0,43 mg/kg, i. p. (19). Für Schafe liegt die letale Dosis bei 30–40 µg/kg, s. c., und bei 3–5 mg/kg, p. o., Corynetoxin, verabreicht in Form der Gallen (7). Für ein 40 kg schweres Schaf entspricht das 17000 bis 28000 Gallen. Bei einem Befall des Grases von 20% und einer täglichen Aufname von 1,6 kg könnte die letale Dosis in fünf bis acht Tagen erreicht sein, zumal eine Kumulation stattfindet. Als ungefährlich kann eine tägliche Zufuhr von 7 µg oder 1 Galle/kg, p. o., gelten (7).

Die durch Corynetoxin bei Tieren verursachte Krankheit wird als «annual rye grass toxicity, ARGT» bezeichnet. Sie tritt entsprechend dem Verbreitungsgebiet der Infektion vor allem in Südaustralien und Südafrika auf und verursacht bei Schafen und Rindern große Verluste (4, 9). Vergiftungssymptome sind Ataxie, taumelnder Gang, die Versteifung der Gliedmaßen und Kollaps mit Krämpfen. Der Tod tritt ein bis zwei Tage nach Erscheinen der ersten Symptome ein. Die Letalität liegt bei 40–50%, kann aber auch 100% erreichen. Pathologisch sind Hämorrhagien, Kongestion der Lungen und Leberveränderungen nachweisbar (2).

Die Möglichkeit von Schutzimmunisierungen der Tiere wird in Australien gegenwärtig geprüft (2).

Nach wie vor ungeklärt sind die Ursachen der Toxizität von *Lolium temulentum* L., Taumel-Lolch (siehe S. 502, Bild 35-2), einem im Mittelmeergebiet beheimatetem Gras, das im Gebiet früher weit verbreitet war, heute aber nur noch selten auf Getreidefeldern gefunden wird. Auch bei dieser Pflanze wurde das Vorkommen von Endophyten (*Endoconidium temulentum* und *Chaetomium kurzeanum*, 15) und das vermutlich davon abhängige Auftreten von Pyrrolizidinalkaloiden, dem Lolin und zwei unbenannten Begleitalkaloiden, in den Früchten und einem 2,9-Diazaphenanthrenalkaloid, dem Perlolin, im Kraut beobachtet. Es konnte jedoch gezeigt werden, daß die Alkaloide und auch Extrakte aus den Karyopsen der verwendeten Pflanzen nicht toxisch sind (3). Vermutlich besitzen auch hier, wie bei *L. rigidum*, nur mit einem bestimmten Endophyten kontaminierte Gräser Toxizität.

Vergiftungen traten auch beim Menschen nach Verzehr von mit *Lolium temulentum* verunreinigtem Getreide auf und waren durch neurologische Symptome (Schwindel, Verwirrtheit, Seh- und Sprachstörungen u. a.) gekennzeichnet (8, 12).

35.4 Literatur

1. Chevion, M., Navok, T. (1983), Anal Biochem. 128: 152
2. Culvenor, C. C. J., Jago, M.V. (1985), Trichothecenes Other Mycotoxins, Proc. Int. Mycotoxins Symp. 1984 (Ed.: Lacey, J.), Wiley, Chichester: 159
3. Dannhardt, G., Steindl, L. (1985), Planta Med. 51: 212
4. Edgar, J. A., Frahm, J. L., Cockrum, P. A., Anderton, N., Jago, M.V., Culvenor, C. C. J., Jones, A. J., Murray, K., Shaw, K. J. (1982), J. Chem. Soc. Chem. Commun. 4: 222
5. Finnie, J.W., O'Shea, J. D. (1988), Acta Neuropathol. 75: 411
6. Hopp, T. P., Hemperly, J. J., Cunningham, B. A. (1982), J. Biol. Chem. 257: 4473
7. Jago, M. C., Culvenor, C. C. J. (1987), Aust. Vet. J. 64: 232
8. Lamprecht, F. (1959), Brot und Gebäck 13: 168
9. Leaver, D. (1987), Trends Pharmacol. Sci. 8: 262
10. Lidgren, G., Bohlin, L., Christophersen, C. (1988), J. Nat. Prod. 51: 1277
11. Mager, J., Glaser, G., Razin, A., Izak, G., Bien, S., Noam, M. (1965), Biochem. Biphys. Res. Comm. 20: 235
12. Orient, J. (1935), Pharm. Monatshefte 16: 191
13. Payne, A. L., Crockrum, P. A., Edgar, J. A., Jago, M.V. (1983), Toxicon 21, Suppl. 3: 345
14. Pitz, W. J., Sosulski, F.W., Hogge, L. R. (1980), Canad. Inst. Food Sci. Technol. J. 13: 35
15. Pulewka, P. (1949), Naunyn-Schmiedeberg's Arch. exp. Pathol. Pharmacol. 208: 176

16. RUSSEL, F. E. (1984), Adv. Mar. Biol. 21: 59
17. STYNES, B. A., VOGEL, P. (1983), Aust. J. Agric. Res. 34: 483
18. STYNES, B. A., RETTERSON, D. S., LLOYD, J., PAYNE, A. L., LANIGAN, G.W. (1979), Aust. J. Agric. Res. 30: 201
19. VOGEL, P., ELLIS, Z. L., CARLIN, J. J. (1986), Vet. Hum. Toxicol. 28: 530
20. VON SCHANTZ, M., HUHTIKANGAS, A., HILTUNEN, R., HOVINEN, S. (1978), Sci. Pharm. 46: 101
21. VURAL, N., SARDAS, S. (1984), Toxicology 31: 175

Mit Ü gekennzeichnete Zitate siehe Kap. 43.

36 Terpenalkaloide

36.1 Allgemeines

Terpenalkaloide sind Pseudoalkaloide. Ihre Grundkörper werden aus Mono-, Sesqui- oder Diterpenen aufgebaut. C-Atome von Aminosäuren sind am Aufbau nicht beteiligt. Die N-Atome stammen entweder aus Ammonium-Ionen oder Aminogruppen von Aminosäuren (zur Chemie und Biogenese: 89, Ü 8, Ü 15, Ü 90).

Alkaloide, deren Kohlenstoffskelett aus Aminosäuren und Terpenen hervorgeht, z. B. Ergolinalkaloide, Mono- bzw. Diterpen-Indolalkaloide, Isochinolinalkaloide vom Emetin-Typ, werden zu den echten Alkaloiden gerechnet.

36.2 Monoterpenalkaloide

Monoterpenalkaloide treten sporadisch auf, häufig vergesellschaftet mit Iridoiden, die ihre biogenetischen Vorläufer sind. Sie wurden u. a. gefunden bei den Gattungen *Actinidia* (Actinidiaceae), *Alstonia, Rauvolfia, Skytanthus* (Apocynaceae), *Tecoma* (Bignoniaceae), *Lonicera* (Caprifoliaceae), *Dipsacus* (Dipsacaceae), *Gentiana, Menyanthes* (Gentianaceae), *Fontanesia, Jasmium* (Oleaceae), *Plantago* (Plantaginaceae), *Strychnos* (Loganiaceae), *Pedicularis* (Scrophulariaceae) und *Valeriana* (Valerianaceae).

Stark toxische Monoterpenalkaloide sind bisher nicht bekannt. Nur bei Gabe relativ hoher Dosen werden pharmakologische Effekte beobachtet, z. B. Tremor bei Applikation von Skytanthin und Hemmung der Acetylcholinesterase durch das Hauptalkaloid von *Valeriana officinalis* L. (zu Chemie, Vorkommen und Pharmakologie: Ü 76: XVI, 432).

Von toxikologischem Interesse könnten die schwefelhaltigen Monoterpenalkaloidglucoside Xylostosidin und Loxylostosidin A (Abb. 36-1) sein, die aus *Lonicera xylosteum* L., Rote Heckenkirsche (Caprifoliaceae, Geißblattgewächse), isoliert wurden. Über die Mengen dieser Alkaloide in der Pflanze und ihre pharmakologischen Wirkungen gibt es allerdings keine Angaben. Sie kommen neben Secoiridoiden, z. B. Swerosid, Secologanin und Bakankosid, sowie Triterpensaponinen in der Pflanze vor (12, 13). In den Früchten anderer einheimischer *Lonicera*-Arten, z. B. von *L. periclymenum* L., Deutsches Geißblatt, *L. alpigena* L., Alpen-Doppelbeere, *L. nigra* L., Schwarze Heckenkirsche, und *L. caerulea* L., Blaue Doppelbeere, wurden ebenfalls geringe Alkaloidmengen und Saponine gefunden (22, 57).

Die Beeren der häufig als Zierpflanzen zu findenden *Lonicera*-Arten, z. B. von *L. tatarica* L., Tataren-Heckenkirsche (siehe S. 502, Bild 36-1), werden nicht selten von Kindern verschluckt und geben somit Anlaß zu toxikologischen Beratungsfällen. Vergiftungssymptome (Übelkeit, Erbrechen, Tachykardie, Temperaturerhöhung, Exanthem, Cyanose) werden jedoch erst nach Aufnahme einer größeren Anzahl von Beeren (mehr als 10 Stück) beobachtet (Ü 62, Ü 73). Auch im Tierexperiment ist die Toxizität nach peroraler Zufuhr sehr gering (57). Möglicherweise spielen die Saponine, die auch molluscicide Eigenschaften besitzen (22), eine größere Rolle beim Zustandekommen der schwachen Giftwirkung als die Alkaloide.

Krienke und Mitarbeiter (Ü 62) empfehlen, wenn Kinder 3–10 Beeren gegessen haben, die Gabe

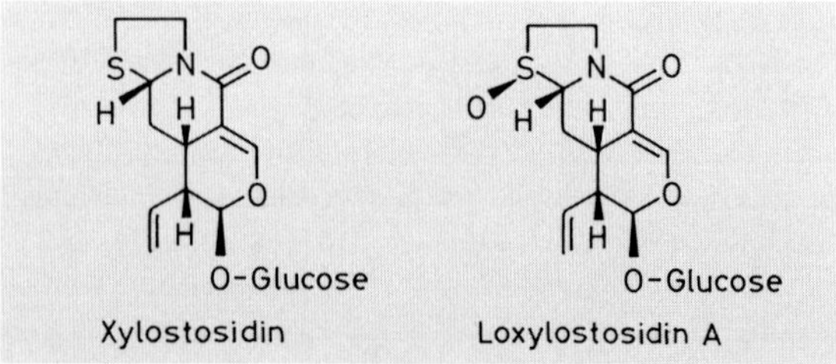

Abb. 36-1: Monoterpenalkaloide der Roten Heckenkirsche *(Lonicera xylosteum)*

von Kohle und reichlich Flüssigkeit, bei mehr als 10 Beeren Sirupus Ipecacuanhae und Kohle.

Untersuchungen von WILLEMS (97, 98, 99) haben gezeigt, daß Iridoide in saurem Milieu in Gegenwart von Ammoniumionen leicht in Monoterpenalkaloide übergehen. So konnte er mit den für Alkaloide üblichen Isolierungsmethoden, bestehend im Umverteilen zwischen Wasser und Methylenchlorid, durch Ansäuern mit Schwefelsäure und Alkalisieren mit Ammoniak, begünstigt durch Erhitzen, 12 Monoterpenalkaloide in Extrakten aus den Früchten von *Ligustrum vulgare* L., Gemeiner Liguster (Oleaceae, Ölbaumgewächse; siehe S. 535, Bild 36-2), erzeugen (!) und isolieren. Bei Einsatz von Secoiridoidgemischen betrug die Ausbeute 10%. Gebildet wurden Pyridinalkaloide und Dipyridinalkaloide (Abb. 36-2). Darunter auch das aus *Jasmium*-Arten bekannte Jasminin. Ob diese Alkaloide möglicherweise auch im menschlichen Organismus beim Übergang vom sauren Milieu des Magens in das leicht alkalische Milieu des Darmes aus den in den Früchten reichlich vorhandenen Secoiridoiden (z. B. Ligustrosid, Oleuropein, Nuezhenid, 20) und den sicherlich im Speisebrei vorhandenen Ammoniumionen gebildet werden können und für die geringe Toxizität der Früchte dieser Pflanze verantwortlich sind, bleibt offen. Diese Untersuchungen zeigen jedoch, daß möglicherweise auch andere Terpenalkaloide, wie bereits früher für die Hauptmenge des in *Gentiana*-Arten vorkommenden Gentianins postuliert, Artefakte sein könnten.

Obwohl Liguster in der toxikologischen Literatur bisweilen als stark giftige Pflanze aufgeführt wird (Ü 68), zeigt die Auswertung toxikologischer Beratungsfälle, daß die Beeren meistens symptomlos vertragen werden. Nur in wenigen Fällen, bei denen wahrscheinlich größere Mengen aufgenommen wurden, kam es zu gastrointestinalen Vergiftungserscheinungen wie Übelkeit, Erbrechen und Durchfall (Ü 30, Ü 62). Äußerlicher Kontakt mit Ligusterblättern, z. B. beim Heckenschneiden, kann Hautreizungen (Ligusterdermatitis) auslösen.

Die Behandlung muß, falls überhaupt erforderlich, symptomatisch vorgenommen werden. Maßnahmen zur Giftentfernung sind nur dann angebracht, wenn mehr als 10 Beeren gegessen wurden, bei Kindern eventuell schon ab 5 Beeren (Ü 62).

36.3 Sesquiterpenalkaloide

36.3.1 Allgemeines

Sesquiterpenalkaloide sind bei *Nuphar*-Arten (Nymphaceae) und *Dendrobium*-Arten (Orchidaceae) nachgewiesen worden. Die im Sekret der Duftdrüsen des Bibers, *Castor fiber*, neben Phenolen, aromatischen Säuren und Ketonen enthaltenen Monoterpenalkaloide, darunter als Hauptkomponente Castoramin, stammen aus den von diesem Tier als Nahrung genutzten *Nuphar*-Rhizomen (Ü 76: XXVIII, 183).

Von toxikologischem Interesse sind die Nuphar-Alkaloide (Abb. 36-3). Bei ihnen wird durch Einfügung eines N-Atoms in einen Sesquiterpengrundkörper ein Piperidinring, z. B. beim 3-epi-Nuphamin, oder ein Chinolizidinringsystem, z. B. beim Nupharidin, geschlossen. Bei vielen Nuphar-Alkaloiden ist eine Dimerisierung durch C-C-Verknüpfung und Einbau eines Schwefelatoms erfolgt. So entstehen Verbindungen vom Thiospiran-Typ, z. B. Thiobinupharidin, 6,6'-Dihydroxythiobinupharidin, Ethoxythiobinupharidin und Diethoxythiobinupharidin. Selten erfolgt der Zusammenschluß auch über O-Brücken, so beim 6,7β-Dihydroxydesoxynupharidin-Dimeren. Die Nuphar-Alkaloide kommen teilweise in Form von N-Oxiden, z. B. Nupharidin, oder Sulfoxiden, z. B. 6,6'-Dihydroxythiobinupharidinsulfoxid, vor.

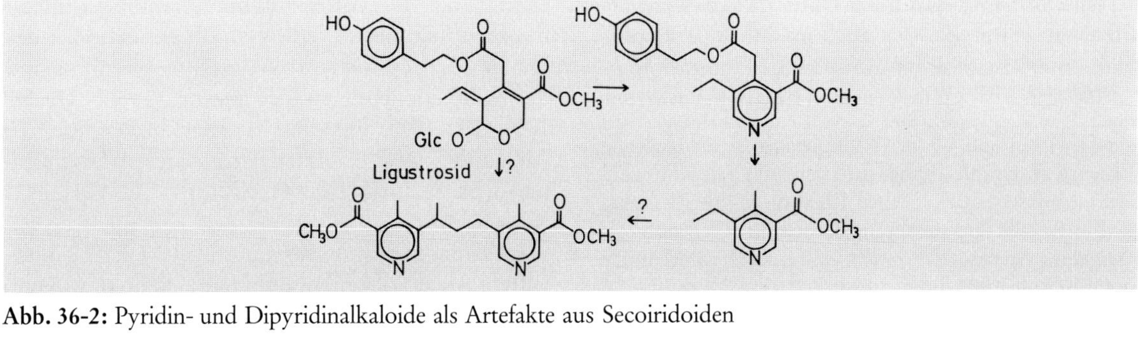

Abb. 36-2: Pyridin- und Dipyridinalkaloide als Artefakte aus Secoiridoiden

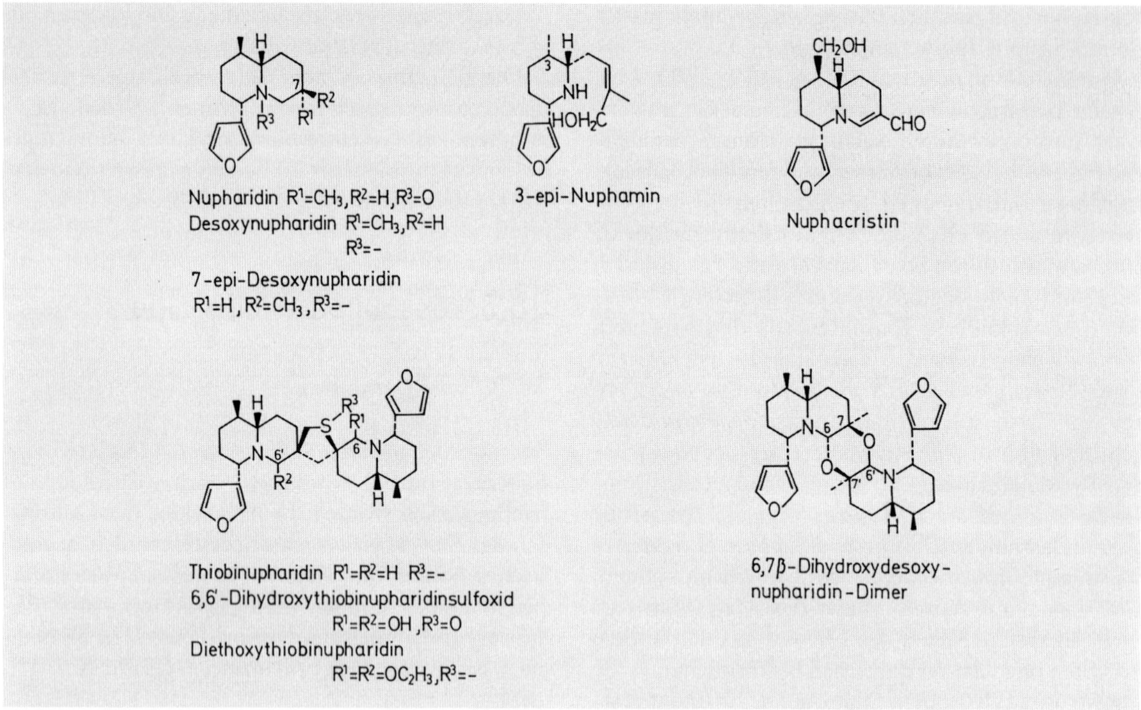

Abb. 36-3: Sesquiterpenalkaloide der Teichrosen (*Nuphar*-Arten)

Das Rhizom von *Nymphaea alba* L., Weiße Seerose (Nymphaeaceae, Seerosengewächse; siehe S. 535, Bild 36-3), soll ähnliche Verbindungen wie die *Nuphar*-Arten enthalten (Nymphaein $C_{14}H_{32}O_2N$, 10), über deren Struktur uns keine Literaturangaben bekannt sind.

36.3.2 Sesquiterpenalkaloide als Giftstoffe der Teichrosen (*Nuphar*-Arten)

Die Gattung *Nuphar*, Mummel, Teichrose (Nymphaeaceae, Seerosengewächse), umfaßt etwa 25 Arten und Unterarten. In Mitteleuropa werden *N. lutea* (L.) Sm., Große Mummel, Teichrose, Seekandel (siehe S. 535, Bild 36-4) und *N. pumila* (Timm) DC., Zwerg-Mummel, Kleine Teichrose, gefunden. *N. lutea* wird als Sammelart mit 9 Unterarten bzw. Kleinarten betrachtet, die sich auch im Inhaltsstoffspektrum unterscheiden. Die europäische Unterart *N. lutea* ssp. *lutea* ist am intensivsten bearbeitet worden.

Nuphar-Arten sind, wie alle Nymphaeaceae, ausdauernde Wasserpflanzen mit großen ganzrandigen Schwimmblättern und dicken stärkereichen Rhizomen. Die Elemente der Blütenhülle sind spiralig angeordnet. Im Gegensatz zu *Nymphaea*, Seerose, hat *Nuphar* eine einfache Blütenhülle (ohne Kelchblätter) mit 5 gelben Perigonblättern und 13 kleinen Honigblättern. Die Blüten von *N. lutea* sind 4–5 cm breit und besitzen eine ganzrandige, in der Mitte vertiefte Narbenscheibe. Die von *N. pumila* haben einen Durchmesser von 2–3 cm, ihre Narbenscheibe ist sternförmig und flach. *N. lutea* kommt verbreitet in stehenden oder langsam fließenden Gewässern oder Teichen vor. *N. pumila* wird im Gebiet in kühlen, sauren, nährstoffarmen Seen, bevorzugt im Norden (bis Nordschweden), gefunden. In den südlichen Teilen tritt sie nur sporadisch im Gebirgsvorland auf.

Das Rhizom von *N. lutea*, das etwa 80% der Biomasse der ganzen Pflanze ausmacht, enthält 0,3–0,8% schwefelhaltige Sesquiterpenalkaloide. Hauptalkaloid ist das Thiobinupharidin, in C-1- und C-1'-epimeren Formen vorkommend (1, 41). Nebenalkaloide sind u. a. 3-epi-Nuphamin, Desoxynupharidin sowie dessen N-Oxid Nupharidin, 7-epi-Desoxynupharidin, Nupharolidin, Nupharolutin, Nuphacristin, 6,6'-Dihydroxythiobinupharidin, Ethoxythiobinupharidin, Diethoxythiobinupharidin, das Dimer des 6,7 *β*-Dihydroxydesoxynupharidins und die Sulfoxide einiger Thiospirane (1, 17, 41, 56, 100, 101, 102). Ingesamt wurden bisher über 40 Alkaloide in *Nuphar*-Arten nachgewiesen (Übersichten: 5, 55, 81, Ü 76: IX, 441; XVI, 181; XXVIII, 183; XXXV, 214).

Im Rhizom von *N. pumila* sind etwa 0,5% schwefelfreie Alkaloide enthalten. Hauptalkaloid ist 7-epi-Desoxynupharidin, daneben kommen Nupharidin,

Desoxynupharidin und Nupharopumilin vor (80, 82).

Pharmakologisch sind die Nuphar-Alkaloide nur wenig untersucht. Während Nupharidin den Blutdruck steigert, wirken andere (als Nupharin bezeichnet) im Tierversuch spasmolytisch und blutdrucksenkend. Die LD_{50} von Nupharidin beträgt bei Mäusen 29 mg/kg, i. v. (21). 6,6'-Dihydroxythiobinupharidin zeigt in vitro fungistatische Wirksamkeit (18).

Verfütterung der getrockneten Wurzelstöcke von *N. lutea* an Mäuse (25 oder 50% des Futters) ruft starke Vergiftungserscheinungen hervor (gastrointestinale Symptome, Hypothermie, Piloerektion, Tremor). Die Tiere sterben nach wenigen Tagen. Pathologisch lassen sich Nieren-, Leber- und ZNS-Schäden nachweisen. Längeres Erhitzen des Pflanzenmaterials auf 180–200° C reduziert die Toxizität. Das getrocknete Rhizom von *Nymphaea*-Arten hat im Tierversuch ähnliche Effekte (2).

Vergiftungen des Menschen durch *Nuphar*- oder *Nymphaea*-Arten sind uns nicht bekannt. In der Volksmedizin wurden *Nuphar*-Arten als Adstringens, Antaphrodisiacum und bei Hautkrankheiten angewendet (82). In Finnland dienten die Pflanzen in Notzeiten als Nahrungsmittel. Es ist anzunehmen, daß es bei unsachgemäßer Zubereitung (ungenügendes Erhitzen) zu Vergiftungen gekommen ist (2).

36.4 Diterpenalkaloide

36.4.1 Allgemeines

Diterpenalkaloide wurden bei *Aconitum-*, *Delphinium-* und *Thalictrum*-Arten (Ranunculaceae, Hahnenfußgewächse), bei *Garrya*-Arten (Garryaceae), *Inula royleana* DC. (Asteraceae), *Spiraea*-Arten (Rosaceae) und *Anopterus*-Arten (Escalloniaceae) gefunden (77).

Von toxikologischem Interesse sind die Diterpenalkaloide der Gattungen *Aconitum*, *Delphinium* und *Consolida* (Übersichten: 69, 73, Ü 76, IV, 275; XII, 2, 136; XVII, 1; XVIII, 99). Man kann sie in 2 Gruppen einteilen:

- echte Diterpenalkaloide, mit 20 C-Atomen im Grundkörper, und
- Nor-Diterpenalkaloide, mit 19 C-Atomen im Grundkörper.

Die echten Diterpenalkaloide besitzen meistens nur 2–3 Sauerstoffatome im Molekül und sind in der Regel unverestert. Essigsäure- und Benzoesäureester, seltener auch Di- oder Triester, wurden bei ihnen gefunden.

Die Nor-Diterpenalkaloide weisen mehr als 5 Sauerstoffatome im Molekül auf und liegen in der Regel als Mono- oder Diester vor. Esterkomponenten der Aminoalkohole sind aromatische Säuren und Essigsäure. Da die Ester sehr leicht, bereits bei der Extraktion der Pflanze, hydrolysiert werden, ist schwer zu entscheiden, wie hoch der Esteranteil in den intakten Pflanzen ist. Die N-Atome der Diterpenalkaloide können nicht nur methyliert, sondern auch ethyliert sein.

Nach der Art des Kohlenstoffgrundgerüsts kann man die echten Diterpenalkaloide u. a. in folgende Typen weiter unterteilen (Abb. 36-4):

- Atisin-Typ, z. B. Atisin, Paniculatin und
- Veatchin-Typ, z. B. Napellin (Abb. 36-5).

Die Nor-Diterpenalkaloide lassen sich 2 Typen zuordnen (Abb. 36-4), dem:

- Aconitin-Typ (Abb. 36-6), ohne Sauerstoffunktion in Position 7, dazu gehören u. a. die Aminoalkohole Aconin, Aconosin, Delphonin, Hypaconin, Mesaconin, Neolin, Senbusin C und Talatisamin sowie die Ester des Aconins (Aconitin, Benzoylaconin, N-Desethylaconitin), Delphonins (Delphinin), Hypaconins (Hypaconitin, Benzoylhypaconin), Mesaconins (Mesaconitin, Benzoyl-

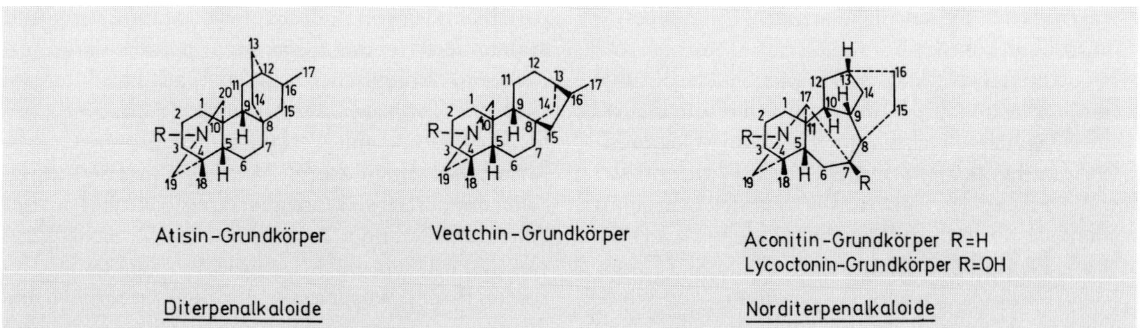

Abb. 36-4: Grundkörper von Diterpenalkaloiden

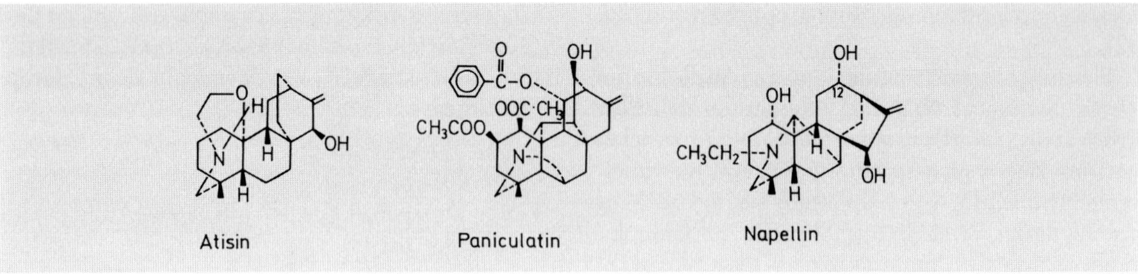

Abb. 36-5: Diterpenalkaloide des Eisenhuts (*Aconitum*-Arten)

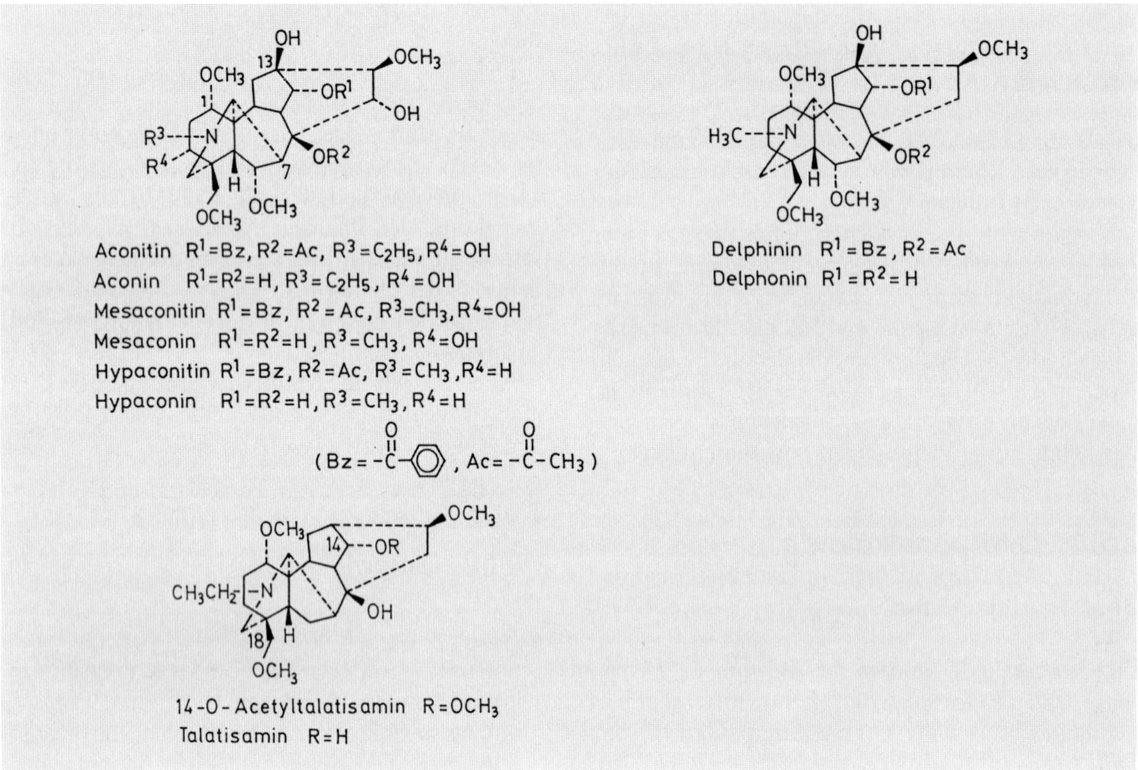

Abb. 36-6: Nor-Diterpenalkaloide vom Aconitin-Typ

mesaconin, Hokbusin A), Neolins (Neopellin, 14-Acetylneolin) und Talatisamins (14-O-Acetyltalatisamin), und

- Lycoctonin-Typ (Abb. 36-7), mit Sauerstofffunktion in Position 7, z. B. die Aminoalkohole Delcosin, Delphelin, Delphonin, Delsonin, Deltamin, Elatidin, Lycoctonin und 18-Methoxygadesin sowie die Ester des Delcosins (Acetyldelcosin, Delsolin), des Deltamins (Deltalin = Eldelin = Delphelatin), Delphonins (Delphinin), Elatidins (Elatin, Elasin) und Lycoctonins (Lycaconitin, Methyllycaconitin, Delsemin, Anthranoyllycoctonin, Ajacin).

Es kommen auch Bis-Diterpenalkaloide (Tetraterpenalkaloide) vor, z. B. Staphisin, Staphisagrin und andere Vertreter aus *Delphinium staphisagria* (62).

Aus toxikologischer Sicht ebenfalls von Interesse sind die *Erythrophleum*-Alkaloide (Abb. 36-8), Diterpenalkaloide mit Perhydrophenanthren-Grundkörper, bei denen das N-Atom sich in einem ester- oder amidartig gebundenen Aminoalkohol in der Seitenkette befindet. Sie besitzen eine ähnliche Wirksamkeit am Herzmuskel wie die herzwirksamen Steroide. Bisher wurden sie nur bei *Erythrophleum*-Arten (Fabaceae, Schmetterlingsblütengewächse) gefunden. Die Samen oder Rinde von *E. guineense*

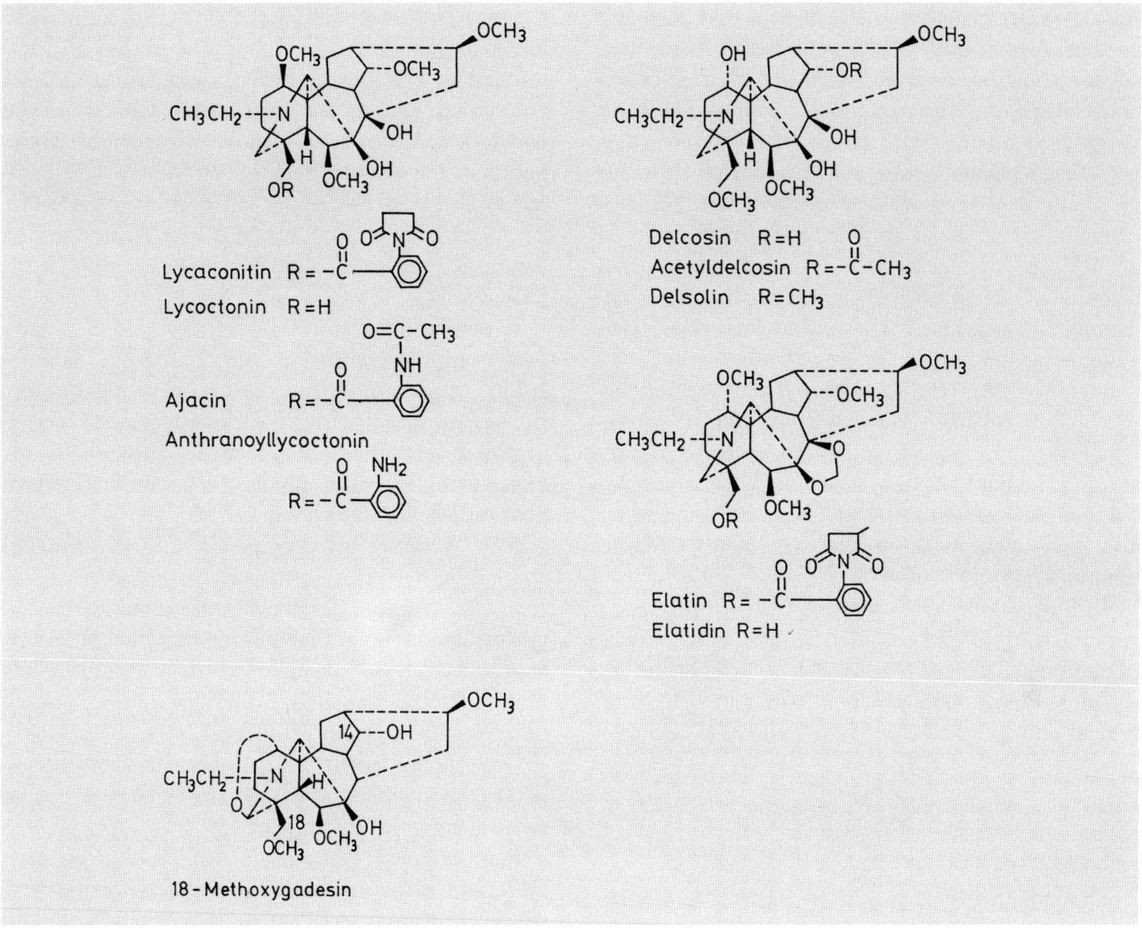

Abb. 36-7: Nor-Diterpenalkaloide vom Lycoctonin-Typ

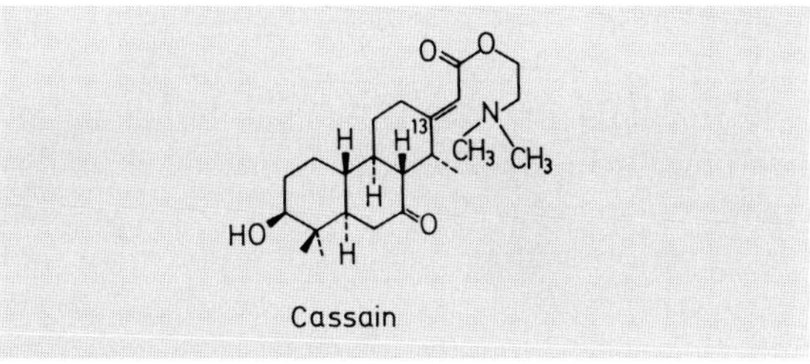

Abb. 36-8: Diterpenalkaloid des Rotwasserbaumes *(Erythrophleum guineense)*

G. DON, Rotwasserbaum, in Westafrika beheimatet, werden zur Herstellung von Pfeilgiften benutzt. Wirkstoff ist u. a. das Cassain, ein Ester der Cassainsäure mit N,N-Dimethylaminoethanol. Die Seitenkette am C-13 mit den beiden konjugierten Doppelbindungen ist für die Wirkung essentiell (64).

36.4.2 Diterpenalkaloide als Giftstoffe von Eisenhut oder Sturmhut (*Aconitum*-Arten)

Die Gattung *Aconitum*, Eisenhut, Sturmhut (Ranunculaceae, Hahnenfußgewächse), umfaßt etwa 300 Arten. Der Verbreitungsschwerpunkt liegt im ostasiatischen Florenbereich. Wesentlichster Vertreter der Gattung in Mitteleuropa ist *A. napellus* L., Blauer Eisenhut (siehe S. 535, Bild 36-5). Diese Art wird in 9 Unterarten gegliedert, von denen im Gebiet 5 vertreten sind: *A. napellus* ssp. *neomontanum* (WULFEN) GAYER (in mehreren Teilen Mitteleuropas, besonders in der unteren Hochebene der Bayrischen Alpen und im Juragebirge), *A. napellus* ssp. *vulgare* ROY et FOUCOD (in den Westalpen), *A. napellus* ssp. *hians* (RCHB.) GAYER (in den Sudeten, im Erzgebirge, im Bayrischen Wald), *A. napellus* ssp. *tauricum* (WULFEN) GAYER (nur in den Salzburger Alpen) und *A. napellus* ssp. *skerisorae* (GAYER) SEITZ (in der Tatra, 90). *A. vulparia* RCHB. (*A. lycoctonum* auct.), Gelber Eisenhut (siehe S. 535, Bild 36-6), ist in den Alpen und im Alpenvorland verbreitet, kommt sonst nur verstreut vor und fehlt im Norden und Osten ganz. *A. variegatum* L., Bunter Eisenhut, kommt selten vor, er wird im Alpengebiet und in den europäischen Mittelgebirgen gefunden, fehlt aber im Norden und Westen. *A. paniculatum* LAM., Rispen-Eisenhut, ist zerstreut im Allgäu anzutreffen, selten im übrigen Alpengebiet. *A. anthora* L., Gegengift-Eisenhut, Giftheil, und *A. lamarckii* RCHB., Hahnenfußblättriger Eisenhut, werden fast nur in den Südalpen gefunden.

Eine Vielzahl von *Aconitum*-Arten werden als Zierpflanze angebaut, neben *A. napellus, A. paniculatum* und *A. vulparia* auch *A. carmichaelii* DEBEAUX (Heimat Ostasien) sowie die kletternden Arten *A. hemsleyanum* PRITZEL (Heimat Mittelchina) und *A. volubile* PALL. ex KOELLE (Heimat Mandschurei, Ü 75).

Viele *Aconitum*-Arten wurden früher in Ostasien zur Herstellung von Pfeilgiften genutzt, z. B. *A. chasmanthicum* STAPF, *A. ferox* WALL. ex SERINGE, *A. carmichaelii, A. japonicum* THUNB., *A. yezoense* NAKAI und *A. maximum* PALL. ex DC. (7, 8, 9, 74).

Die Vertreter der Gattung *Aconitum* sind Stauden, häufig mit knolliger Wurzel. Ihre Laubblätter sind wechselständig angeordnet und meistens handförmig 5- bis 7teilig. Die Blüten sind dorsiventral gebaut. Die 5 Kelchblätter sind kronblattartig gestaltet, das oberste kapuzenförmige bildet einen hohen Helm, die mittleren sind annähernd eiförmig, die unteren elliptisch. Zwei der Kronblätter wurden zu taschenförmigen Spornen (Honigblätter) umgewandelt, die im Helm eingeschlossen sind. Die übrigen sind zu Schuppen reduziert oder fehlen. Staubblätter sind zahlreich vorhanden. Die 3–5 Fruchtblätter sind frei. Die Früchte bilden mehrsamige Bälge mit dreikantigen, teilweise geflügelten Samen. Blaßgelbe Blüten haben *A. vulparia* und *A. anthora*. Die Perigonblätter von *A. napellus* und *A. paniculatum* sind blauviolett gefärbt. *A. variegatum* besitzt blau-weiß gescheckte Blütenblätter.

In den gut untersuchten Knollen kommt bei *A. napellus* ssp. *neomontanum*, ssp. *vulgare* und ssp. *hians* Aconitin als Hauptalkaloid vor, ebenso bei den nicht im Gebiet anzutreffenden Unterarten ssp. *napellus* und ssp. *corsicum* (16, 45). Bei *A. napellus* ssp. *tauricum* wurde eine Rasse gefunden, bei der Aconitin und eine weitere, bei der Mesaconitin dominiert (94). Mesaconitin und Aconitin in etwa ausgewogenem Verhältnis werden bei den Unterarten *A. napellus* ssp. *fissurae* und ssp. *superbum* gebildet, die im Gebiet ebenfalls fehlen. Als Nebenalkaloide treten u. a. N-Desethylaconitin, Hypaconitin, Oxoaconitin, 14-Acetylneolin, Aconosin, Hokbusin A und Senbusin C auf (19, 37, 38, 92).

Der Alkaloidgehalt der Knolle ist vom Entwicklungszustand abhängig. Er nimmt in den Tochterknollen im Verlaufe der Entwicklung von etwa 0,4% auf etwa 1,1% zu, um im nächsten Jahr, wenn die Tochterknolle zur Mutterknolle wird, wieder abzunehmen. Zur Zeit der Blüte haben Mutter- und Tochterknolle einen Alkaloidgehalt von etwa 0,4% (15, 25, 58, 95). Im Kraut wurden 0,1–2,0% und in den Samen 1,0–2,0% Alkaloide nachgewiesen (9, 25, 33, 58).

In den Knollen von *A. variegatum* und *A. paniculatum* sind die Hauptalkaloide Talatisamin (Talatissamin, Talatizamin) und 14-O-Acetyl-talatisamin. Bei einem in der Schweiz vorkommenden Chemotyp von *A. paniculatum* wurde Paniculatin als Hauptalkaloid, u. a. neben Panicutin (Heterophylloidin), nachgewiesen (47, 48). Bei *A. vulparia* scheint Aconitin zu dominieren (25, 91, 95). Bei *A. anthora* herrscht Atisin vor.

In den Wurzeln des als Zierpflanzen angebauten und früher auch zur Gewinnung von Pfeilgiften verwendeten *A. carmichaelii* wurden Aconitin als Hauptalkaloid, daneben u. a. Hypaconitin, Mesaconitin und Talatisamin gefunden (74).

Das Alkaloidspektrum der oberirdischen Organe der mitteleuropäischen Arten bzw. Unterarten ist nur ungenügend untersucht.

Bemerkenswert ist, daß in *Aconitum*-Arten auch biologisch aktive Verbindungen anderer Strukturtypen vorkommen, z. B. Isochinolinalkaloide wie Higenamin bei *A. japonicum* THUNB. (53) und Magnoflorin u. a. bei *A. napellus* und *A. vulparia* (65) sowie Catecholamine, z. B. Coryneinchlorid (Dopaminmethochlorid) bei *A. carmichaelii* (52) und N-Methyladrenalin bei *A. nasutum* FISCHER (86).

Pharmakologisch wurde Aconitin bisher am besten untersucht. Es erhöht die Permeabilität reizbarer Membranen für Natriumionen, verlängert den Na^+-Einstrom während des Aktionspotentials und verzögert die Repolarisation (40, 88). Bei Nerven- und Herzzellen konnten an den Na^+-Kanälen gemeinsame Rezeptoren für Aconitin, Veratridin, Batrachotoxin und Grayanotoxin I nachgewiesen werden (11). Aconitin wirkt somit zuerst erregend, später lähmend auf sensible und motorische Nervenendigungen sowie auf das ZNS. Die durch Aconitin ausgelöste neuromuskuläre Blockade kann durch Tetrodotoxin aufgehoben werden.

Die anderen Diesteralkaloide, z. B. Mesaconitin, Hypaconitin und Neopellin, haben qualitativ ähnliche Wirkungen wie Aconitin (50). Die Toxizität (Tab. 36-1) ist am größten bei den Verbindungen mit zwei Estergruppierungen, einer Acetylgruppe am C-8 und einer Benzoylgruppe am C-14. Die

Tab. 36-1: Akute Toxizität von Alkaloiden des Eisenhuts (*Aconitum*-Arten) bei Mäusen (nach 3, 6)

Substanz	Applikationsart	LD_{50} mg/kg
Aconitin	i.v.	0,12
	i.p.	0,380
	s.c.	0,270
	p.o.	1,8
Mesaconitin	i.v.	0,10
	i.p.	0,213
	s.c.	0,204
	p.o.	1,9
Hypaconitin	i.v.	0,47
	i.p.	1,10
	s.c.	1,19
	p.o.	5,8
Benzoylaconin	i.v.	23
	i.p.	70
Aconin	i.v.	1160

Desacetylverbindungen besitzen nur etwa $^1/_{100}$ der Wirksamkeit. Die Aminoalkohole Aconin, Mesaconin und Hypaconin sind kaum noch aktiv (40). Ebenso sind die Lipoalkaloide und das Isochinolinalkaloid Higenamin weniger oder gar nicht neurotoxisch wirksam (50). Für die Bindung an den Na^+-Kanälen und damit die Toxizität soll besonders der Abstand zwischen Stickstoff und den Sauerstoffatomen am C-8, C-14 und C-16 entscheidend sein (3, 14).

Von toxikologischer Bedeutung ist darüber hinaus die Arrhythmien erzeugende Wirkung von Aconitin und einigen anderen Alkaloiden, für die vor allem der Substituent am C-4 wichtig ist (3). Mesaconitin und 3-Acetyl-aconitin, in geringerem Maße auch Aconitin und Benzoylaconin, sind über die Beeinflussung zentraler catecholaminerger Systeme außerdem analgetisch wirksam (14, 36). Auch antiphlogistische und antipyretische Effekte wurden nachgewiesen (14, 39).

An der Herzwirksamkeit einiger *Aconitum*-Arten sind auch Higenamin (53) und Coryneinchlorid (52) beteiligt.

Aconitin und die verwandten Alkaloide werden über Schleimhäute und über die intakte Haut rasch resorbiert. Sie passieren die Blut-Hirn-Schranke. Die Elimination erfolgt, wahrscheinlich nach Abbau der Diester zu wenig wirksamen Alkaminen, über Darm und Niere.

Die ersten Anzeichen einer Vergiftung treten schon wenige Minuten nach Aufnahme der Alkaloide ein. Charakteristische Symptome sind Paraesthesien, z. B. Brennen und Prickeln im Mund sowie an Fingern und Zehen. Sie breiten sich über die gesamte Körperoberfläche aus und gehen in ein Gefühl des Pelzigseins und der Taubheit (Anaesthesia dolorosa) über. Die Körpertemperatur ist erniedrigt, so daß der Betroffene das Gefühl von «Eiswasser in den Adern» hat. Dazu kommen Übelkeit, schweres Erbrechen und Diarrhoe. Die Atmung wird langsamer, schwach und unregelmäßig, der Blutdruck erniedrigt. Am Herzen treten Arrhythmien auf. Auch Sehstörungen (Gelb-Grün-Sehen) und Ohrensausen werden beobachtet. Auffallend sind die äußerst starken Schmerzen, die bei vollem Bewußtsein bis zum Tod, der innerhalb von 6 h durch Herzversagen oder Atemlähmung eintreten kann, anhalten. Bei Überstehen der Vergiftung bleiben keine Dauerschäden zurück (3, 4, Ü 73, Ü 85, Ü 125).

Mit einer geschätzten letalen Dosis von 1,5–5 mg, p. o., für einen Erwachsenen gehört Aconitin zu den am stärksten wirksamen biogenen Giften. Von der Droge Aconiti tuber können schon 1–2 g für einen Erwachsenen tödlich sein (Ü 73). Eine 39jährige Frau starb bereits nach Aufnahme von 0,3 g Aconiti tuber (96). Durch geeignete Vorbehandlung, z. B. Einweichen in Salzlösung, Erhitzen und Behandeln mit Kalk, wie in der ostasiatischen Medizin praktiziert, kann die Toxizität deutlich herabgesetzt werden (3, 34). Die im Tierversuch ermittelten letalen Dosen sind in Tab. 36-1 zusammengestellt.

Die starke Giftigkeit von *Aconitum*-Arten war schon im Altertum bekannt. Die Pflanzen wurden nicht nur als Pfeilgift (s. o.), sondern z. B. auch zu Giftmorden und in Hexensalben benutzt (28). Wolfs-Eisenhut *(A. vulparia)* diente als Giftköder für Raubtiere, z. B. Wölfe (Name!).

Vergiftungen durch die Pflanzen selbst sind selten. Beschrieben wurden eine tödliche Vergiftung durch Verwechseln der Wurzeln mit Meerrettichwurzeln (44), Vergiftungen durch Honig, der von *Aconitum*-Blüten stammt (85) und Todesfälle nach Verzehr von Eisenhutknollen, um sich «high» zu machen (Ü 30). Kinder sollten wegen der Resorption der Alkaloide durch die intakte Haut längeren Kontakt mit den Pflanzen meiden.

Tiervergiftungen wurden bei Pferden, Rindern, kleinen Wiederkäuern, Schweinen, Hunden und Geflügel beobachtet, sind aber nicht häufig (Ü 6).

Bis vor einigen Jahrzehnten spielten medizinale Vergiftungen durch Überdosierung von Aconitum-Zubereitungen oder Verwechslungen eine Rolle (23, 24, 27, 96).

So wird über den Tod eines 35jährigen Mannes

nach Einnahme eines Pulvers gegen Ischiasschmerzen berichtet, das statt 0,1 mg 10 mg Aconitin enthielt. In der Apotheke waren zwei Standgefäße, von denen eines reines Aconitin, das andere eine Verreibung 1:100 enthielt, verwechselt worden (23).

In den 70er Jahren untersuchtes Aconitin aus dem pharmazeutischen Großhandel enthielt neben geringen Mengen Aconitin vorwiegend Mesaconitin und Hypaconitin (46). Pharmakologisch und toxikologisch dürfte dieses Gemisch ähnlich wie reines Aconitin einzuschätzen sein.

Bei der Behandlung von Vergiftungen ist sofortige Entfernung der Alkaloide erforderlich. Falls nicht bereits spontan Erbrechen eingesetzt hat, muß dieses durch Trinkenlassen von Kochsalz- oder Kaliumpermanganatlösung (keine Emetica!) ausgelöst werden. Nach der Magenspülung sind Natriumsulfat und Aktivkohle zu verabreichen. Dazu kommen intensive symptomatische Behandlungsmaßnahmen, in erster Linie Stützung der Herz- und Atemfunktion, Schmerzbekämpfung (keine Opiate!) und Wärmezufuhr. Die Prognose ist ernst (Ü 73).

Therapeutisch wird die analgetische Wirkung von Aconitum-Zubereitungen bzw. Aconitin zur Schmerzstillung bei Neuralgien, Rheumatismus usw. genutzt. Homöopathische Verdünnungen werden bei fieberhaften Erkrankungen angewendet, reines Aconitin in der experimentellen Arzneimittelforschung zur Erzeugung von Arrhythmien. Glykane aus der Wurzel von *A. carmichaelii* besitzen hypoglykämische Wirksamkeit (35, 51).

36.4.3 Diterpenalkaloide im Rittersporn (*Delphinium*-Arten)

Zur Gattung *Delphinium*, Rittersporn (Ranunculaceae, Hahnenfußgewächse), gehören etwa 420 Arten. Sie ist mit der Gattung *Aconitum*, mit der sie in der Subtribus Delphiniinae zusammengefaßt ist, eng verwandt. Hauptverbreitungsgebiete der *Delphinium*-Arten sind die nördlichen gemäßigten Zonen Europas und Asiens. Auch in Nordamerika treten sie vereinzelt auf. In Afrika werden sie nur in hoher Berglage gefunden. Viele Arten sind endemisch und besiedeln nur sehr kleine Areale.

In Mitteleuropa kommen vor *D. consolida* L. (*Consolida regalis* S. F. Gray), Feld-Rittersporn (siehe S. 535, Bild 36-7), *D. ajacis* L. emend. J. Gay (*D. ambigua* (L.) P.W. Ball et Heywood, *Consolida ajacis* (L.) Schur), Garten-Rittersporn, *D. elatum* L., Hoher Rittersporn (siehe S. 536, Bild 36-8) und *D. orientale* Gay (*C. orientalis* (Gay) Schrödinger, *D. ajacis* L. emend. Wilmott), Orientalischer Rittersporn. *D. consolida* ist in ganz Europa auf Äckern mit nährstoffreichen, kalkhaltigen Böden bis in die Voralpen verbreitet. *D. ajacis* ist im Orient und in Südeuropa beheimatet, kommt im Gebiet aber auch aus der Kultur verwildert auf Schuttplätzen, an Wegrändern und auf Brachfeldern vor. *D. elatum* besiedelt ein sehr großes Areal, das von den Pyrenäen über die Alpen, Sudeten, Karpaten, Rußland bis Zentralasien reicht. Im Gebiet tritt er nur vereinzelt auf, z. B. in den Alpen und im Riesengebirge. *D. orientale* stammt aus dem Mittelmeergebiet und dringt nördlich bis Österreich vor.

Neben *D. ajacis* und *D. consolida* werden zahlreiche weitere Arten und Hybriden als Zierpflanzen angebaut, z. B. *D. verdunense* Blab. (*C. cardiopetalum* DC., Heimat Pyrenäen), *D. cashmerianum* Royle (Heimat Kaschmir), *D. grandiflorum* L. (Heimat Ostsibirien) und eine Vielzahl von *Delphinium*-Hybriden der Belladonna-, Elatum- und Pacific-Gruppe (Ü 75). Bei den Zierformen treten außer blauvioletten auch hellblaue, weiße, rosa oder rote Blüten auf.

Die Gattung umfaßt einjährige oder ausdauernde Kräuter mit finger- oder handförmig zerschlitzten Blättern und dorsiventralen Blüten, die zu lockeren Trauben vereint sind. Von der Gattung *Aconitum* unterscheiden sie sich durch den langen Sporn des Perigons, der ein oder vier Honigblätter umhüllt und das Fehlen der helmartigen Gestalt des oberen Perigonblattes.

Delphinium-Arten enthalten in allen Teilen der Pflanze Diterpenalkaloide. Eingehend untersucht wurde *D. elatum*. Im Kraut wurden bis 1% Alkaloide und im Wurzelstock bis 2,4% Alkaloide nachgewiesen (66). Hauptalkaloid ist Elatin, von dem bis 0,7% im Kraut vorkommen (25). Begleitalkaloide sind u. a. Methyllycaconitin, Delphelin, Isodelphelin, Deltalin, Delelatin, Eldelidin, Lycoctonin (Delsin), Elatidin, Elasin, Eladin und Delsemin (66, 78, 93).

Bei *D. consolida* wurden in den Samen bis 1,4% Alkaloide (49), in den Blüten 0,4%, den Blättern 0,3% und in den Wurzeln nur 0,04% Alkaloide gefunden (29). Als Hauptalkaloid der Blüten wurde Delphinin ermittelt (29), in den Samen dominieren Lycoctonin, Anthranoyllycoctonin und Delcosin (61). Nebenalkaloide sind u. a. Delsonin, Delsolin und Consolidin (61, 87).

Bei *D. ajacis* wurde als Hauptkomponente des isolierten Alkaloidgemischs der Aminoalkohol Delcosin nachgewiesen (26). Weitere Alkaloide sind u. a. Ajacin, Acetyldelcosin, Lycoctonin und Ajacinin (Ü 8, Ü 15).

Aus *D. orientale* wurden u. a. 18-Methoxygadesin, 18-Hydroxy-14-O-methylgadesin, Delorin und Bishatisin isoliert (30, 31, Ü 8, Ü 15).

Eine Reihe in Nordamerika vorkommender *Delphinium*-Arten stellen eine große Gefahr für Weidetiere dar, z.B. *D. occidentale* WATS., *D. barbeyi* (HUTH) HUTH., *D. nuttallianum* PRITZ. und *D. andersonii* GRAY (Chemie der Delphiniumalkaloide: 43, 54, 59, 60, 68, 75, 76, 79).

Aus den Samen von *Delphinium staphisagria* L., Stephanskraut, Läusekraut, hergestellte Salben wurden früher als extern anzuwendende Insekticide eingesetzt. Auszüge aus den Samen werden heute noch in der Homöopathie verwendet. *D. staphisagria* ist eine sehr alkaloidreiche, gut untersuchte, im Mittelmeergebiet, besonders in Portugal und auf den Kanarischen Inseln verbreitete Pflanze, die auch zahlreiche Bis-Diterpenalkaloide enthält (Übersicht: 62, neuere Literatur 70, 71, 72, 83, 84).

Die Alkaloide von *D. elatum* zeichnen sich durch eine curareähnliche Wirkung aus. Elatin und Methyllycaconitin hemmen die Reizübertragung vom Nerv auf den Muskel, wirken ganglienblockierend und dämpfend auf die Hirnrinde. Delsemin und Elatin senken den arteriellen Blutdruck (32, 63). Methyllycaconitin wirkt durch Angriff an nicotinergen Acetylcholinrezeptoren von Insekten stark insekticid (42). Die LD_{50} von Elatin beträgt bei Mäusen 5,0–5,5 mg/kg, i.v., die von Methyllycaconitin 3,0–3,5 mg/kg, i.v., und 18 mg/kg, i.p. (6).

Delphinin und die anderen Alkaloide aus *D. consolida* und *D. ajacis* wirken qualitativ ähnlich wie Aconitin. Delphinin lähmt periphere bzw. zentrale sensible und motorische Nervenendigungen. Toxische Dosen verursachen klonische Krämpfe und Paralyse, letale Dosen den Tod durch Atemlähmung oder diastolischen Herzstillstand. Delphinin besitzt beim Kaninchen eine LD_{50} von 1,5–3,0 mg/kg, Delcosin bei Mäusen von 108,7 mg/kg, i.v. (6). Für getrocknetes Kraut von *D. orientale* wurde bei Ratten eine LD_{50} von 40,4 mg/kg ermittelt (67).

Vergiftungen durch *Delphinium*-Arten beim Menschen sind uns nicht bekannt. Gefährdet sind möglicherweise Kinder, die beim Spielen mit dem Garten-Rittersporn in Kontakt kommen. Dagegen stellen Tiervergiftungen durch *Delphinium*-Arten (tall and low larkspur toxicosis) in den westlichen Gebirgsgegenden der USA ein großes Problem dar. Die Verluste an Weidetieren, besonders Rindern, können bis zu 12% betragen. Die Tiere zeigen Erbrechen, Bewegungsstörungen, Krämpfe, Kollaps, Arrhythmien und sterben an Atemlähmung (59, 60, 67, 68).

Für die Behandlung von Rittersporn-Vergiftungen gelten die gleichen Richtlinien wie bei denen durch Eisenhut-Arten.

36.5 Literatur

1. ACHMATOWICZ, O., BELLEN, Z. (1962), Tetrahedron Lett. 1121
2. AIRAKSINEN, M.M., PEURA, P., ALA-FOSSI-SALOKANGAS, L., ANTERE, S., LUKKARINEN, J. SAIKONEN, M., STENBÄCK, F. (1986), J. Ethnopharmacol. 18: 273
3. AMIYA, T., BANDO, H. (1988), in: Ü 76: XXXIV, 95
4. Anonym (1990), Z. f. Phytother. 1: 26
5. ARIPOVA, S.F., JUNUSOV, S.J. (1978), Khim. Prir. Soedin. 26
6. BENN, M.H., JACYNO, J.M. (1983), Alkaloids 1: 153
7. BISSET, N.G. (1979), J. Ethnopharmacol. 1: 325
8. BISSET, N.G. (1984), J. Ethnopharmacol. 12: 1
9. BISSET, N.G. (1976), J. Nat. Prod. 39: 87
10. BURES, E., HOFFMANN, M. (1934), Časopis Českoslov. Lekarnictva 14: 129 u. 15: 223
11. CATTERALL, W.A., COPPERSMITH, J. (1981), Mol. Pharmacol. 20: 533
12. CHAUDHURI, R.K., STICHER, O., WINKLER, T. (1981), Tetrahedron Lett. 22: 559
13. CHAUDHURI, R.K., STICHER, D., WINKLER, I. (1980), Helv. Chim. Acta 63: 1045
14. CHEN, Z.G., LAO, A.N., WANG, H.C., HONG S.H. (1987), Heterocycles 26: 1455
15. COLOMBO, M.L., BRAVIN, M., TOME, F. (1988), 36. Ann. Congr. Med. Plant Res., Freiburg, Thieme Verlag, Stuttgart: 56
16. COLOMBO, M.L., BRAVIN, M., TOME, F. (1988), Pharmacol. Res. Commun. 20 Suppl. 5: 123
17. CYBULSKI, J., BABEL, K., WOJTASIEWICZ, K., WROBEL, J.T., MACLEAN, D.B. (1988), Phytochemistry 27: 3339
18. CYBULSKI, J., WROBEL, J.T. (1989), in: Ü 76: 35, 215
19. DE LA FUENTE, G., REINA, M., VALENCIA, E. (1989), Heterocycles 29: 1577
20. DIAK, J. (1988), Herba Pol. 34: 103
21. DIMITROV, S. (1965), Vet. Med. Nauk. (Sofia) 2: 753
22. DOMON, B., HOSTETMANN, K. (1983), Helv. Chim. Acta 66: 422
23. DRUCKREY, H. (1943/44), Sammlung von Vergiftungsfällen 13: 21
24. DYBING, F., DYBING, O., BRISEID JENSEN, K. (1951), Acta Pharm. Toxicol. 7: 337
25. FAUGERAS, G., PARIS, R. (1960), Ann. Pharm. Franc. 18: 474
26. FROST, G., HALL, R., WALLER, G.R., ZALKOW, L.H., GEROTA, N.N. (1967), Chem. Ind. 320
27. FUCHS, L., NEUMAYER, K. (1931), Sammlung von Vergiftungsfällen 2: 123
28. FÜHNER, H. (1931), Samml. von Vergiftungsfällen 2: 123
29. GHEORGIU, A., IONESCU-MATIU, E., MANUCHIAN, M. (1964), Ann. Pharm. Franc. 22: 49
30. GONZALEZ, A.G., DE LA FUENTE, G., MUNGUIA, O. (1983), Heterocycles 20: 409
31. GONZALEZ, A.G., DE LA FUENTE, G., MUNGUIA, O., HENRICK, K. (1981), Tetrahedron Lett. 22: 4834

37 Steroidalkaloide

37.1 Chemie, Biogenese, Verbreitung

Steroidalkaloide können als Grundkörper folgende Ringsysteme besitzen:

- Sterangrundkörper,
- C-nor-D-homo-Sterangrundkörper, sich vom Steranringsystem durch Erweiterung des Ringes D auf Kosten des Ringes C ableitend,
- B-homo-Sterangrundkörper, durch Integration der Methylgruppe am C-10 in den Ring B entstanden,
- 3-aza-A-homo-Sterangrundkörper, durch Einfügung eines N-Atomes in den Ring A gebildet,
- Pyrazinodisteran-Grundkörper, aus 2 Molekülen eines 3-Amino-sterans hervorgehend.

Eine am C-17 des Sterangrundkörpers angefügte Seitenkette kann aus 8 C-Atomen (C_{27}-Grundkörper, Cholestanderivate; $C_{54}N_2$-Grundkörper, Pyrazinodisteranderivate) oder aus 2 C-Atomen (C_{21}-Grundkörper, Pregnanderivate) bestehen bzw. fehlen (C_{19}-Grundkörper, Androstanderivate). Das Stickstoffatom befindet sich am C-3 bzw. C-18 des Grundkörpers, in der Seitenkette am C-20 bzw. C-27 oder ist in den Ring A eingefügt. Bisweilen enthalten die Steroidalkaloide auch 2 N-Atome.

Steroidalkaloide liegen in Pflanzen entweder frei vor, sog. Alkamine, sind esterartig, z. B. bei Veratrum-Alkaloiden, bzw. amidartig und/oder esterartig mit Säuren verknüpft, z. B. bei Buxus-Alkaloiden, oder glykosidisch mit Zuckern verbunden, letzteres besonders häufig bei Solanum-Alkaloiden.

Die Biogenese der Steroidalkaloide erfolgt aus Cholesterol oder Cycloartenol, die den Grundkörper liefern. Die Herkunft des N-Atoms ist noch unklar (Übersichten zur Chemie und Biogenese: 67, 159, Ü 76: III, 247; VII, 319, 343, 363; IX, 305, 427; X, 1, 193; XIV, 1; XIX, 81; Ü 8, Ü 15, Ü 16; Ü 72, Ü 90).

Die Steroidalkaloide werden, im Gegensatz zu den übrigen Alkaloiden, gewöhnlich nach ihrem Vorkommen in große Gruppen eingeteilt. Toxikologisch bedeutende Gruppen sind:

- Solanum-Alkaloide, mit C_{27}-Grundkörper, Cholestanderivate, bei Solanaceae, Nachtschattengewächsen, z. B. bei den Gattungen *Solanum* und *Lycopersicon*,
- Veratrum-Alkaloide, C_{27}-Grundkörper, Cholestan- oder C-nor-D-homo-Cholestanderivate, bei Liliaceae (Liliengewächse), z. B. bei den Gattungen *Veratrum, Fritillaria, Schoenocaulon* und *Zigadenus*,
- Buxus-Alkaloide, C_{21}-Grundkörper, Pregnanderivate, bei Buxaceae (Buchsbaumgewächse), z. B. bei den Gattungen *Buxus* und *Pachysandra*,
- Batrachotoxine, C_{21}-Grundkörper, Pregnanderivate, bei Dendrobatidae (Baumsteigerfrösche, *Phyllobates*-Arten),
- Salamander-Alkaloide, C_{19}-Grundkörper, 3-aza-A-homo-Androstanderivate, bei Salamandridae (Salamandern),
- Cephalostatine, $C_{54}N_2$-Grundkörper, Pyrazinodisteranderivate, bei Cephalodiscidae, zur Klasse der Pterobranchia gehörende wurmartige Tiere.

37.2 Steroidalkaloide als Giftstoffe der Nachtschattengewächse (Solanaceae)

Die den Steroidsaponinen eng verwandten Steroidalkaloide der Solanaceae (Nachtschattengewächse) treten in den Gattungen *Solanum*, *Lycopersicon* und *Cestrum* auf.

Die Gattung *Solanum*, Nachtschatten, umfaßt etwa 2000 kosmopolitisch verbreitete Arten und gehört zu den artenreichsten Gattungen der Blütenpflanzen. In Mitteleuropa heimisch oder eingebürgert sind *S. dulcamara* L., Bittersüßer Nachtschatten, *S. nigrum* L., Schwarzer Nachtschatten, *S. alatum* MOENCH, Rotbeeriger Nachtschatten, und *S. luteum* MILL. (*S. villosum* (L.) MILL.), Gelbbeeriger Nachtschatten.

Einige *Solanum*-Arten kommen bei uns adventiv vor. Sie sind aus der Kultur verwildert oder wurden mit Sämereien eingeschleppt. *S. nitidibaccatum* BITTER, Argentinischer Nachtschatten, der 1888 nach Europa gelangte, dürfte bereits als eingebürgert gelten.

In großem Umfang als Kulturpflanze angebaut wird *S. tuberosum* L., Kartoffel. Sie ist wahrscheinlich ein amphidiploider Artbastard aus *S. stenotomum* JUZ. et BUK. × *S. sparsipilum* (BITTER) JUZ. et BUK. Die Wildformen sind in den Anden Perus, Boliviens und Kolumbiens beheimatet. Durch Einkreuzung weiterer Wildarten wurde der ursprüngliche Bastard weiter verändert (39, 163, 186, Ü 75).

Eine bei uns selten kultivierte Gemüsepflanze ist *S. melongena* L., Eierfrucht, Aubergine.

Lycopersicon esculentum MILL., Tomate, ist eine Kulturpflanze, deren Wildform, wahrscheinlich *L. esculentum* var. *cerasiforme* (DUNAL) ALEF., in Peru und Ecuador beheimatet ist und sich von hier nach Norden ausgebreitet hat. Als Domestikationszentrum gilt Mexiko (Ü 75).

Als Topfpflanzen werden wegen ihres Fruchtschmuckes u. a. gezogen *S. capsicastrum* LINK ex SCHAU., Beißbeer-Nachtschatten, in Südbrasilien beheimatet, und *S. pseudocapsicum* L., Korallenbäumchen, auf Madeira vorkommend.

Die einheimischen *Solanum*-Arten sind einjährige Kräuter (*S. nigrum, S. alatum, S. luteum*) oder Halbsträucher (*S. dulcamara*). *S. nigrum* ist eine verbreitete Ruderalpflanze stickstoffreicher Böden. *S. dulcamara* kommt ebenfalls im gesamten Gebiet verbreitet an feuchten Stellen in Gebüschen, Auwäldern, an Ufern, aber auch auf Geröllhalden und Dünen vor. *S. alatum* und *S. luteum* sind seltene Bewohner von Äckern, Gärten und Schuttplätzen.

Die Blätter dieser *Solanum*-Arten sind ungeteilt. Die radiären, sternförmigen, verwachsenblättrigen Blüten besitzen 5 Zipfel, 5 sich nach oben kegelförmig zusammenneigende Staubblätter und einen 2fächrigen Fruchtknoten, der sich zur Beere entwickelt. Bei *S. dulcamara* ist die Blütenkrone violett, bei den 3 übrigen einheimischen Arten weiß. Die etwa erbsengroßen Früchte sind bei *S. dulcamara* eiförmig und scharlachrot, bei *S. nigrum* rund und schwarz oder grünlichgelb, bei *S. alatum* mennigerot und bei *S. luteum* gelb, später bräunlich.

Die Steroidalkaloide der Solanaceae (Abb. 37-1) besitzen einen Cholestangrundkörper, dessen Seitenkette mit einem N-Atom einen Heterocyclus bildet. Je nach Art des gebildeten Heterocyclus unterscheiden wir folgende Hauptgruppen:

- Solanidan-Typ, mit am Sterangrundkörper ankondensiertem Indolizidin-Ringsystem, z. B. Solanidin und dessen Glykoside,
- Spirosolan-Typ, mit am Sterangrundkörper ankondensiertem 1-Oxa-6-aza-spiro[4,5]decan-Ringsystem, z. B. Soladulcidin, Solasodin, Tomatidin und Tomatidenol sowie deren Glykoside,
- α-Epiminocyclohemiketal-Typ, z. B. Solanocapsin,
- 22,26-Epimino-cholestan-Typ, mit am C-20 gebundenem Piperideylrest, z. B. Solacapin, und
- 3-Aminospirostanderivate, die nur in Stellung 3 ein Stickstoffatom besitzen.

Die Steroidalkaloide liegen mit wenigen Ausnahmen (z. B. Solanocapsin) in den Pflanzen als Glykoside vor (Übersichten zur Chemie: 18, 146, 164, Ü 76: III, 247; VII, 343; X, 1; XIX, 81).

Viele pharmakologische Wirkungen der Steroidalkaloidglykoside erklären sich aus ihren saponinähnlichen Eigenschaften (Kap. 13.1). Sie destabilisieren durch Reaktion mit Sterolen tierische Zellmembranen (145) und wirken dadurch z. B. hämolysierend und stark reizend auf die Haut und die Schleimhäute. Sie haben bakteriostatische, antivirale, fungicide und insekticide Wirkung (7, 100, 146, 181, 182, 202, 203). Eine Kombination von Solasonin und Solamargin reduziert das Wachstum bestimmter humaner Hauttumoren (6), β-Solanin das von Sarcom-180-Tumoren in Mäusen (97). Als weiterer Wirkungsmechanismus wird die Hemmung von Cholinesterasen durch die Alkaloide angesehen (123, 129, 144). Das ZNS wird zunächst erregt, später gelähmt. Am Herzen wird eine positiv inotrope Wirkung ausgeübt (126, 146). In einigen, jedoch nicht in allen Tierversuchen wurden teratogene und embryotoxische Effekte hoher Alkaloiddosen gefunden (32, 68, 80, 118, 140, 177). Solanocapsin soll direkt am Herzmuskel angreifen und in toxischen Dosen Arrhythmien hervorrufen (Ü 70).

Die Alkamine sind im Unterschied zu den Alkaloidglykosiden nur wenig aktiv (127).

Die Solanum-Alkaloide werden nach peroraler Aufnahme im Gastrointestinaltrakt teilweise hydrolysiert und bei gesunder Darmschleimhaut nur schlecht resorbiert. Die begleitenden Steroidsaponine fördern wahrscheinlich die Resorption der Alkaloide. Die maximale Gewebekonzentration ist nach etwa 12 h erreicht. Die Elimination erfolgt schnell über Darm und Niere, in einigen Organen (z. B. Niere, Lungen, Leber, Milz) ist eine Akkumulation möglich. Als Hauptmetabolite lassen sich die Alkamine nachweisen. Bei geschädigter Darmschleimhaut (z. B. durch langzeitige Aufnahme von Steroidalkaloidglykosiden oder die Aufnahme sehr

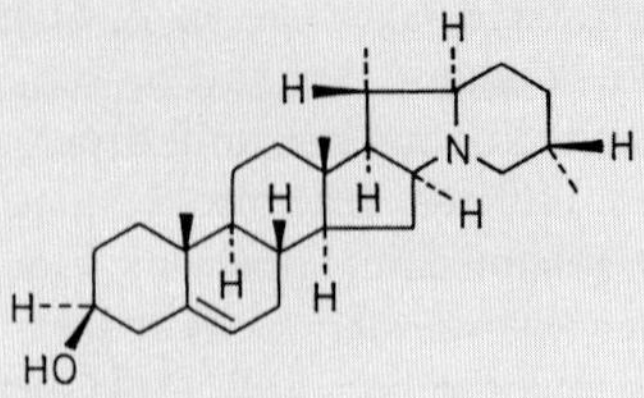

Solanidin
Solanidan-Typ

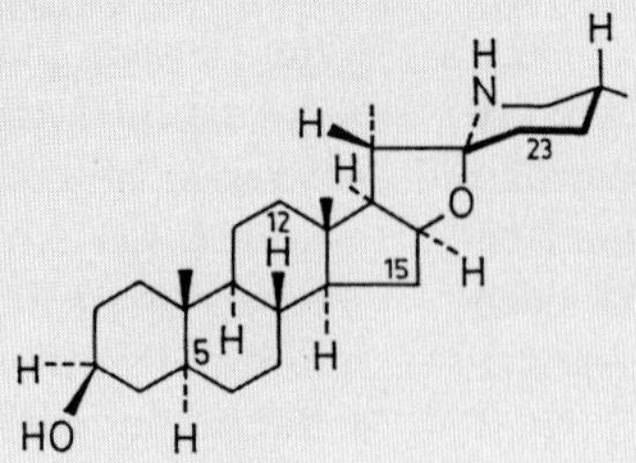

Soladulcidin
Solasodin (Δ^5)
Spirosolan-Typ

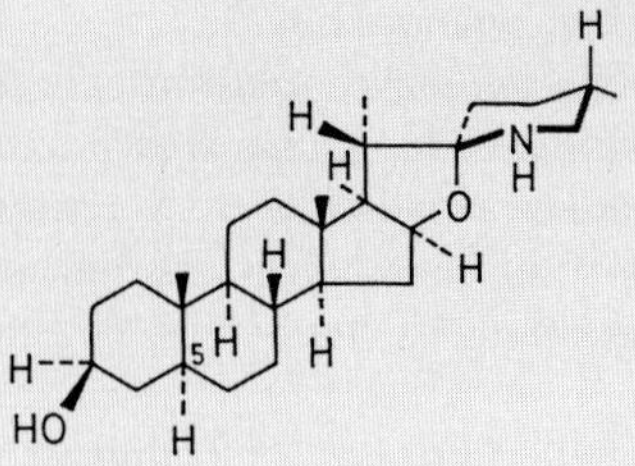

Tomatidin
Tomatidenol (Δ^5)

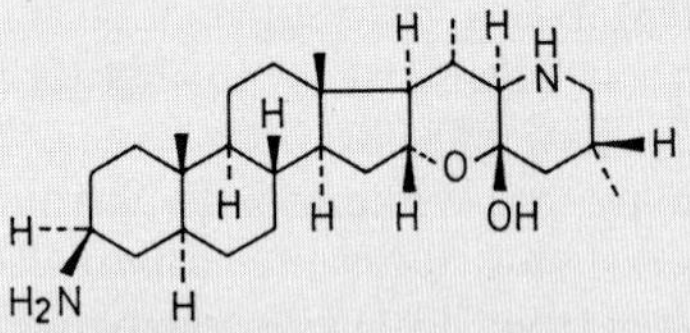

Solanocapsin
α-Epiminocyclohemiketal-Typ

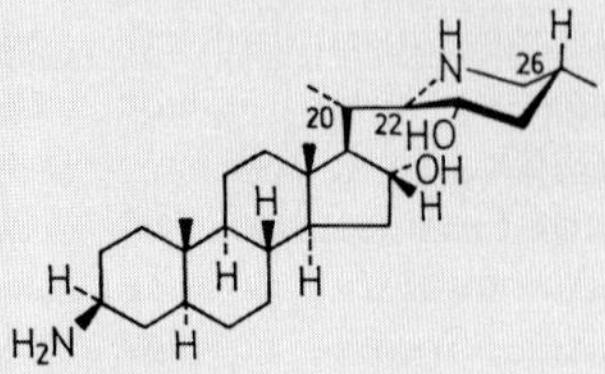

Solacapin
22,26-Epiminocholestan-Typ

Alkaloid	Aglykon	Zuckeranteil
α-Solanin	Solanidin	← 1βGal(2←1αRha)3←1βGlc
α-Chaconin	Solanidin	← 1βGlc(2←1αRha)4←1αRha
β_1-Chaconin	Solanidin	← 1βGlc2←1αRha
β_2-Chaconin	Solanidin	← 1βGlc4←1αRha
γ-Chaconin	Solanidin	← 1βGlc4
Soladulcidintetraosid	Soladulcidin	← 1βGal4←1βGlc(2←1βGlc)3←1βXyl
Solasonin	Solasodin	← 1βGal(2←1αRha)3←1βGlc
Solamargin	Solasodin	← 1βGlc(2←1αRha)4←1αRha
β-Solamargin	Solasodin	← 1βGlc4←1αRha
α-Solamarin	Δ^5-Tomatidenol	← 1βGal(2←1αRha)3←1βGlc
β-Solamarin	Δ^5-Tomatidenol	← 1βGlc(2←1αRha)4←1aRha
α-Tomatin	Tomatidin	← 1βGal4←1βGlc(2←1βGlc)3←1βXyl

Abb. 37-1: Steroidalkaloidglykoside der Gattung Nachtschatten (Solanum)

hoher Dosen) wird die Resorption drastisch erhöht (123, 127).

Bei peroraler Zufuhr toxischer Dosen sind starke gastrointestinale Reizerscheinungen die vorherrschenden Vergiftungssymptome. Nach Resorption (erst nach mehreren Stunden) bzw. bei parenteraler Applikation kommt es zu Schwindel, Benommenheit, Kopfschmerzen, Temperaturanstieg, Bradykardie, Atemstörungen, eventuell leichten Krämpfen und in schweren Fällen zum Tod durch Atemlähmung. Pathologisch sind ausgedehnte Schleimhaut- und Blutgefäßschädigungen sichtbar (14, 103, 123, 146, 152). Bei Tieren lassen sich 3 Vergiftungsformen unterscheiden. Die nervöse Form ist gekennzeichnet durch Benommenheit und Lähmung, die gastrische durch Erbrechen, Durchfall und Ikterus und die chronische exanthemische Form durch Ekzeme, Stomatitis und Konjunktivitis (Ü 6).

Die toxischen Dosen sind sehr stark von der Applikationsart und der Tierspecies abhängig. Nach intraperitonealer Applikation beträgt die LD_{50} von α-Solanin bei Mäusen 27 mg/kg, von α-Chaconin 30 mg/kg und von Tomatin 34 mg/kg (128), bei Ratten die von α-Solanin 67 mg/kg und die von α-Chaconin 84 mg/kg (32). Peroral gegeben ist die Toxizität wesentlich geringer (LD_{50} von α-Solanin 1000 mg/kg, Maus, 127). Vom Aglykon Solanidin sind noch 500 mg/kg, i. p., Maus, unschädlich (127). Die

LD_{50} von Solasodin ist beim Hamster größer als 1500 mg/kg, p. o. (81).

Der Mensch scheint gegenüber den Steroidalkaloiden empfindlicher zu sein als die meisten Tiere. Die toxischen Dosen werden auf 2–5 mg/kg, p. o., geschätzt, die letalen auf 3–6 mg/kg (118).

Die Behandlung von Vergiftungen durch Solanum-Alkaloide kann nur symptomatisch durchgeführt werden. Falls noch kein Erbrechen eingesetzt hat, ist Magenspülung mit Aktivkohle sinnvoll. Weitere Behandlungsmaßnahmen sind Elektrolyt- und Flüssigkeitsersatz, Kreislaufunterstützung und eventuell künstliche Beatmung (103, Ü 85).

37.2.1 Steroidalkaloide des Bittersüßen Nachtschattens *(Solanum dulcamara)*

Der Gehalt an Steroidalkaloiden im Kraut von *Solanum dulcamara* L., Bittersüßer Nachtschatten (siehe S. 536, Bild 37-1), beträgt 0,3–3,0% (156, 157), in den Wurzeln etwa 1,4%, in den unreifen Früchten 0,3–0,6% (115, 147, 165, 190). Mit Einsetzen der Reife werden die Steroidalkaloide der Früchte abgebaut, während sich der Gehalt an den gleichzeitig vorkommenden Steroidsaponinen kaum verändert (155, 199). Die reifen, roten Früchte sind fast frei von Alkaloiden.

S. dulcamara enthält Spirosolanglykoside. Hinsichtlich des Alkaloidspektrums der oberirdischen Organe kann man 3 chemische Rassen unterscheiden (116, 148, 168).

Die Tomatidenol-Rasse führt im Kraut Glykoside des Tomatid-5-en-3β-ols, besonders α-Solamarin und β-Solamarin (149), in den unreifen Früchten werden daneben Solasodinglykoside gefunden. Diese Rasse kommt im Westen des Gebiets vor und erreicht den Harz (157).

Die Soladulcidin-Rasse enthält im Kraut Soladulcidinglykoside, vor allem Soladulcidintetraosid, in den unreifen Früchten daneben Solasodinglykoside, in den Samen außerdem die Tomatidenolglykoside α- und β-Solamarin (157, 197). Sie gedeiht im Osten des Gebiets.

Die Solasodinrasse mit den Solasodinglykosiden Solasonin und Solamargin (200) kommt isoliert in Ungarn, Bulgarien und Frankreich vor. Mischrassen treten auf.

Das Alkaloidspektrum der Wurzeln ist breiter. Hier wurden u. a. auch 15α-Hydroxyderivate der Spirosolane gefunden (147, 198).

Die Steroidalkaloidglykoside der Tomatidenol-Rasse werden von den bitter schmeckenden bisdesmosidischen Glykosiden des Yamogenins, die der Soladulcidin-Rasse von denen des Tigogenins und die der Solasodinrasse von denen des Diosgenins begleitet (148, 157, 165, 196).

Der Bittersüße Nachtschatten spielt mit seinen für Kinder verlockenden Beeren in der toxikologischen Beratungspraxis keine unbedeutende Rolle (103). Jedoch waren nur in wenigen Fällen Vergiftungssymptome zu beobachten (94, Ü 62). Das ist nicht verwunderlich, da die reifen Beeren fast alkaloidfrei sind und bei nicht vollreifen Früchten bei einem Frischgewicht von 0,4 g der einzelnen Beere und unter Annahme eines maximalen Alkaloidgehaltes erst nach mindestens 10 Beeren Vergiftungserscheinungen zu erwarten sind. Die tödliche Dosis wäre in etwa 200 Beeren enthalten (Ü 30). Angaben aus der älteren Literatur (137, Ü 10), nach denen z. B. der Verzehr von nur 9 Beeren ein 9jähriges Kind getötet haben soll, ist daher mit Skepsis zu begegnen. Eine tödliche Vergiftung ist vermutlich auf mehrmalige Aufnahme der Beeren zurückzuführen (6). In jüngerer Zeit wird über ein 7jähriges Mädchen berichtet, das sich einen Brei aus roten Beeren und Blättern von *S. dulcamara* hergestellt und diesen als «Make up» verwendet hat. Das Kind zeigte Mydriasis und gastrointestinale Störungen (151).

Hamster, die über eine Magensonde eine aus grünen Früchten hergestellte Suspension zugeführt bekommen hatten, starben innerhalb von 24 h. Pathologisch waren Nekrosen im Gastrointestinaltrakt feststellbar (14).

Als Dulcamarae stipes wurden die Stengel von *S. dulcamara* besonders bei Hautleiden angewendet. In der Volksmedizin gilt der Bittersüße Nachtschatten als sogenanntes Blutreinigungsmittel.

37.2.2 Steroidalkaloide des Schwarzen Nachtschattens *(Solanum nigrum)*

In den Blättern des Schwarzen Nachtschattens, *Solanum nigrum* L. (siehe S. 536, Bild 37-2), kommen 0–1,1%, in den unreifen Früchten 0,05–1,6% und in den reifen Früchten keine Alkaloide vor (9, 161, 162). Einen ungewöhnlich hohen Gehalt an Solasodin (Aglykon) von 4–6% in unreifen und reifen Früchten geben indische Autoren an (22).

Die Hauptalkaloide der oberirdischen Pflanzenteile sind Glykoside des Solasodins, besonders Solasonin, Solamargin und β-Solamargin (9, 142, 161, 162), des N-Methyl-solasodins, 12β-Hydroxy-solasodins, 23-O-Acetyl-12β-hydroxy-solasodins und Tomatidenols (43). Als begleitende Saponine kommen Tigogeninglykoside vor (174, 175). In chemischen Rassen von *S. nigrum* aus Moçambique wurden auch N-Methylsolasodin, 12β-Hydroxy-solasodin, Tomatidenol und Solanocapsin als Aglyka gefunden (42).

Im 16. und 17. Jahrhundert wurde *S. nigrum* in Europa als Gemüsepflanze angebaut. In den Tropen, z. B. in Mittelamerika, Südostasien, auf Réunion und Trinidad, werden die Pflanzen, vermutlich alkaloidarme oder alkaloidfreie Kultursippen, auch heute noch in gleicher Weise verwendet. Auch die Beeren werden gegessen (43, Ü 75).

Die mit *S. nigrum* verwandten Arten *S. alatum* MOENCH, Rotbeeriger Nachtschatten, und *S. luteum* MILL., Gelbbeeriger Nachtschatten, enthalten ebenfalls Solasonin als Hauptalkaloid. Die bei *S. alatum* bestimmten Alkaloidkonzentrationen betrugen für die Blätter 0–0,5%, für die unreifen und reifen Früchte 0%, für *S. luteum* 0–0,9% in den Blättern, 1,5% in den unreifen und 0% in den reifen Früchten (161).

In der toxikologischen Beratungspraxis hat *S. nigrum* ähnliche Bedeutung wie *S. dulcamara* (Ü 62). Aufgrund des Fehlens von giftigen Alkaloiden in den reifen Früchten (Solasodin ist kaum toxisch) sind nach Verzehr reifer Beeren von *S. nigrum, S. alatum* oder *S. luteum* keine Vergiftungserscheinungen zu erwarten. Diese sind jedoch bei Genuß unreifer Früchte (94), bei Verunreinigung von für die menschliche Ernährung vorgesehenem Gemüse mit dem Kraut von *S. nigrum* (Ü 30) oder bei Tieren nach dem Fressen der als Unkraut häufig vorkommenden Pflanze möglich (27).

S. nigrum wird in der Volksmedizin vieler Länder verwendet, z. B. zur lokalen Behandlung von Wunden, Gelenkrheuma oder Hautkrankheiten.

37.2.3 Steroidalkaloide in der Kartoffel (*Solanum tuberosum*)

Von besonderem toxikologischem Interesse ist der Gehalt der verschiedenen Organe der Kartoffel, *Solanum tuberosum* L., an Glykoalkaloiden, der von zahlreichen Faktoren bestimmt wird.

Hauptalkaloide aller Pflanzenteile sind die Solanidinglykoside α-Chaconin und α-Solanin, wobei α-Chaconin meistens mengenmäßig überwiegt. In geringeren Konzentrationen werden bei den verschiedenen Kartoffelkultivaren weitere, durch endogene Hydrolyse entstehende Solanidinglykoside wie β_1-Chaconin, β_2-Chaconin (Bitterfaktor, 207) und γ-Chaconin, die Tomatid-5-en-3β-olglykoside α-Solamarin und β-Solamarin sowie die N-freien Glykoside des Yamogenins, Neotigogenins und des Barogenins gefunden (47, 78, 102, 130, 160, 163).

Die in den Pflanzenteilen vorkommenden Alkaloidmengen sind von der Sorte, von den klimatischen Bedingungen des Anbauortes sowie des Anbaujahres, der Bodenbeschaffenheit und dem Entwicklungszustand zur Zeit der Untersuchung abhängig. Die Alkaloidkonzentration wurde in den Blättern im Juni während der Blüte, bezogen auf das Trockengewicht, mit 0,6 bis 1,3%, im Juli mit 0,09–0,17% und im September mit 0,18% bestimmt. Das Verhältnis von α-Chaconin zu α-Solanin betrug 1,5:1, 2,0:1 bzw. 3,7:1. In den Blüten wurden 1,5 bis 3,8% und in den Beeren 0,3–1,0% (17–135 mg/100 g Frischgewicht) an Alkaloiden gefunden. Die Konzentration der vorschriftsmäßig gelagerten Knollen (kühl, dunkel, keimgestoppt) liegt unmittelbar nach dem Schälen unter 0,04%, d. h. unter 10 mg/100 g Frischgewicht, bei sehr dick geschälten Kartoffeln unmittelbar nach der Ernte unter 5 mg, nach 3monatiger Lagerung unter 0,5 mg/100 g. In der Schale der normal gelagerten Kartoffeln sind 40–100 mg/100 g Alkaloide enthalten. Sehr hohe Werte werden im Bereich der "Augen" gemessen. Im Licht aufbewahrte, auch noch nicht sichtbar ergrünte Knollen erreichen einen Alkaloidgehalt bis 1,2% in der Schale. Beim Ergrünen steigt der Gehalt in der ganzen Knolle bis auf das 5fache an. Ein Lichtschutz beim Verkauf erscheint angezeigt (118). Besonders hoch ist die Alkaloidkonzentration in den Kartoffelkeimen. Sie liegt bei Dunkelkeimen zwischen 3,8 und 5,7%, in Lichtkeimen bei etwa 4,9%, d. h. bis zu 1 g Alkaloide/100 g Frischgewicht (2, 3, 33, 58, 75, 105, 150, 163, 205).

Auch genetische Faktoren bestimmen den Alkaloidgehalt entscheidend. Die Untersuchung von 55 Kultivaren zeigte eine Streubreite von 1,6–31,7 mg/100 g Alkaloide in den Knollen (119), bei einer anderen Studie lagen die Höchstwerte durchweg unter 20 mg/100 g (133). Bei hohem Alkaloidgehalt ist auch ein höherer Anteil an α-Solanin am Alkaloidgemisch und mehr des bitteren β_2-Chaconins nachzuweisen (119). In knollentragenden Wildarten, die in der Kartoffelzüchtung als Kreuzungspartner verwendet werden, sind bis zu 735 mg Alkaloide/100 g Frischgewicht gefunden worden, bei einer Art (*S. vernei*) auch hohe Konzentrationen von Glykosiden des potentiell teratogenen Solasodins (188).

Bedingt durch den Streß beim Schälen und Zerschneiden kann der Alkaloidgehalt der Knollen durch intensive Neusynthese, die durch Licht und Zutritt von Sauerstoff wesentlich gefördert wird, innerhalb von 7 h auf das 2,4–2,8fache ansteigen (47, 106, 116, 153). Es werden Alkaloidgehalte bis zu

30 mg (106) bzw. 76 mg/100 g Frischgewicht (176) erreicht. Lagert man geschälte Kartoffeln unter Wasser im Dunkeln, erhöht sich der Alkaloidgehalt nur auf etwa das 1,5fache in 7 h. Dieser Prozeß wird in der Kälte weiter verlangsamt. Die Aufbewahrung von rohen Kartoffelstücken sollte daher nur sehr kurzfristig, im Dunkeln, kühl und unter Wasser erfolgen. Gefahren stellen auch beschädigte Kartoffeln dar. In beim Transport verletzten Kartoffeln wurden Alkaloidmengen von 200 mg/100 g Frischgewicht gefunden (204). Frosteinwirkung führt ebenfalls zu einer Erhöhung der Alkaloidkonzentration.

Durch Infektionen der Kartoffelpflanzen und -knollen, die vor allem durch den Erreger der Kartoffelfäule *Phytophthora infestans*, aber auch durch Bakterien ausgelöst werden können, wird die Sekundärstoffbiosynthese ebenfalls stark gesteigert. Der Gehalt an Alkaloiden erhöht sich auf das 3- bis 4fache. Außerdem kommt es zur Bildung von fungiciden und nematiciden Phytoalexinen im Bereich der infizierten Stelle der Knolle. Phytoalexine sind die Sesquiterpene Rishitin, Lubimin (Abb. 37-2), Rishitinol, Acetyldehydrorhishitinol, Solavetivenon, Phytotuberin und Katahdion (über 1% im Preßsaft, 8, 57, 70).

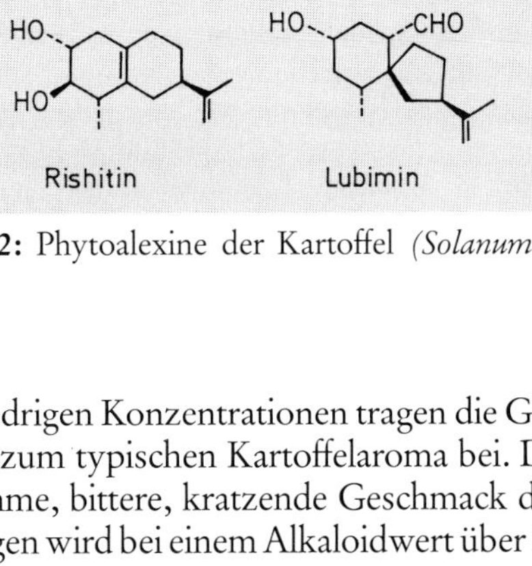

Abb. 37-2: Phytoalexine der Kartoffel *(Solanum tuberosum)*

In niedrigen Konzentrationen tragen die Glykoalkaloide zum typischen Kartoffelaroma bei. Der unangenehme, bittere, kratzende Geschmack der Verbindungen wird bei einem Alkaloidwert über 10 mg/100 g Frischgewicht wahrnehmbar (150). Wegen der möglichen Gesundheitsgefährdung sind Knollen mit Alkaloidgehalten über 10 mg/100 g Frischgewicht für den menschlichen Genuß nicht geeignet. Einige Autoren lassen auch noch 20 mg/100 g zu, andere fordern einen Gehalt unter 6 mg/100 mg (3, 118, 133, 163).

Bei der Beurteilung der Toxizität von Kartoffeln ist zu berücksichtigen, daß die Alkaloide nur bei Pellkartoffeln, wegen des hohen Gehaltes in der Schale und der geringen Extraktion beim Kochen, vollständig erhalten bleiben. Bei der Zubereitung von Kartoffelchips, Pommes frites, Kartoffelpuffern, gedämpften Kartoffeln oder ähnlichen Zubereitungen verbleibt je nach Art der Vorbehandlung, z. B. dem Grad der Zerkleinerung und der Intensität des Waschens, ein mehr oder weniger großer Anteil der Alkaloide in den Gerichten. Beim Kochen von Salzkartoffeln gelangen sie zu einem großen Teil ins Kochwasser. Eine Zerstörung der Alkaloide beim Kochen findet nur in sehr geringem Maße statt (118, 170). Bedingungen, die zu ihrer Entfernung führen, haben jedoch auch erhebliche Verluste an Vitamin C und anderen wertvollen wasserlöslichen Stoffen der Kartoffeln zur Folge (111).

Gerichte aus einwandfreien, frisch geschälten Kartoffelknollen sind unabhängig von der Zubereitungsart gesundheitlich unbedenklich. Trotzdem werden in der Literatur zahlreiche akute Vergiftungen nach dem Verzehr von Kartoffeln dokumentiert. Sie äußern sich in Magenschmerzen, Erbrechen, Diarrhoe, Schläfrigkeit, Brennen im Mund-Rachen-Raum, Kreislaufstörungen, Atemstörungen und Krämpfen. Todesfälle wurden beobachtet (118, 133, 152, 170, Ü 62). Vor dem Verzehr von Kartoffeln, die einen erhöhten Alkaloidgehalt erwarten lassen (ergrünte, infizierte oder im geschälten Zustand lange gelagerte Kartoffeln, auf dem Grill gebackene und mit Schale zum Essen bestimmte Kartoffeln), muß daher gewarnt werden.

Für chronische Auswirkungen der mit den Kartoffeln aufgenommenen geringen Alkaloidmengen beim Menschen gibt es keine Anhaltspunkte. Die Ansicht, daß Kartoffeln Mißbildungen menschlicher Feten hervorrufen (92), gilt heute als widerlegt (44, 45, 68, 105, Ü 74, Ü 69). Die eventuell vorhandenen Phytoalexine tragen nicht zur Toxizität bei.

Wegen ihres höheren Alkaloidgehalts sind Kartoffelbeeren, -keime und -kraut von größerer toxikologischer Relevanz als die Knollen. Kartoffelbeeren sollen in der ersten Zeit nach Einführung der Pflanzen in Europa, als über ihre Verwendbarkeit noch wenig bekannt war, gelegentlich Vergiftungen hervorgerufen haben. Bei Kindern wurden nach älteren Angaben Todesfälle nach Verzehr mehrerer Beeren beobachtet (152, 179). Andererseits berichten Krienke und Mitarb. (Ü 62), daß ein 6jähriger Junge nach dem Verzehr von 15 Beeren keine Vergiftungssymptome aufwies. Ein 9monatiges Kind zeigte nach dem Essen mehrerer Keime Erbrechen. Tägliche Verabreichung homogenisierter Früchte an Mäuse (67 g/kg am Tag) hatte nach 2 Wochen noch keine Vergiftungserscheinungen zur Folge (25, größere Empfindlichkeit des Menschen?). Trotzdem sollte auf die Verfütterung von Kartoffelkeimen, -früchten und -kraut an Tiere verzichtet werden.

Berichte über Nutztiervergiftungen weisen gekeimte Kartoffeln, Kartoffelkraut oder faulige bzw. verschimmelte Kartoffeln als Ursache aus (Ü 6). Die Milch besitzt nach Aufnahme alkaloidhaltigen Futters durch die Tiere einen kratzenden, bitteren Geschmack.

37.2.4 Steroidalkaloide im Beißbeer-Nachtschatten (*Solanum capsicastrum*) und im Korallenbäumchen (*Solanum pseudocapsicum*)

In den als Topfpflanzen kultivierten Arten *Solanum capsicastrum* LINK ex SCHAU. (*S. diflorum* VELL.), Beißbeer-Nachtschatten, und *S. pseudocapsicum* L., Korallenbäumchen, kommt als Hauptalkaloid freies Solanocapsin vor (17, 167). In *S. capsicastrum* konnten daneben in sehr geringen Mengen Solanocastrin und 7β-Hydroxy-O-methyl-solanocapsin nachgewiesen werden (30, 31). In den oberirdischen Teilen von *S. pseudocapsicum* wurden neben Solanocapsin auch Solacapin, Solacasin, Episolacapin, Isosolacapin und O-Methylsolanocapsin gefunden (29).

Im Kraut von *S. capsicastrum* wurden 0,2–0,3%, in den unreifen Früchten 0,2% und in den reifen Früchten 0,01% Alkaloide bestimmt. Bei *S. pseudocapsicum* sind im Kraut 1,4% Alkaloide enthalten (169). Aus den reifen Früchten konnte kein Alkaloid isoliert werden (24). Im Widerspruch dazu steht eine Arbeit indischer Autoren, die aus reifen, roten Beeren von *S. pseudocapsicum* 0,058% Solasodin (Alkamin!) erhielten (110).

Wegen der für Kinder sehr attraktiven Früchte dieser Zimmerpflanzen sind toxikologische Beratungsfälle relativ häufig. Ernsthafte Vergiftungsfälle sind jedoch, bis auf einen, angeblich durch die Früchte von *S. pseudocapsicum* verursachten Todesfall in Mexiko (117), sehr selten. Für das Ausbleiben schwerer Vergiftungen spricht auch, daß im Tierversuch peroral verabreichte Extrakte viel geringere Toxizität als parenteral applizierte besitzen (41).

37.2.5 Steroidalkaloide der Tomate (*Lycopersicon esculentum*)

Bei der Tomate, *Lycopersicon esculentum* MILL. (*Solanum lycopersicon* L.), ist das Hauptglykosid der oberirdischen Organe α-Tomatin, ein Tetraosid des Tomatidins, begleitet von geringen Mengen β-Tomatin. Der Alkaloidgehalt im Kraut erreicht zur Hauptblütezeit 0,2–1,2%, nimmt aber gegen Ende der Vegetationsperiode stark ab. In den grünen Früchten wurden nur 0,03% nachgewiesen (26, 143, 166). In den reifen Tomatenfrüchten fehlen Alkaloide ganz (154, 158).

Vom Verzehr größerer Mengen unreifer Tomaten wird abgeraten (Ü 74).

Die Früchte der Aubergine, Eierfrucht, *S. melongena* L., und des Paprika, *Capsicum annuum* L., enthalten nur geringe Mengen an Glykoalkaloiden (7–8 mg bzw. 6–11 mg/100 g Frischgewicht, 77).

37.3 Steroidalkaloide als Giftstoffe des Germer (*Veratrum*-Arten)

Zur Gattung *Veratrum*, Germer (Liliaceae, Liliengewächse, auch als Melianthaceae abgetrennt), gehören etwa 45 Arten, die in der nördlichen gemäßigten Zone, besonders Nordostasiens und Nordamerikas, vorkommen. In Mitteleuropa sind nur *V. album* L., Weißer Germer, mit den Unterarten *V. album* ssp. *album* und *V. album* ssp. *lobelianum* (BERNH.) RCHB., und *V. nigrum* L., Schwarzer Germer, heimisch.

Bisweilen wird in den Gärten *V. californicum* DURAND angebaut, das aus dem Westen der USA stammt.

Die einheimischen *Veratrum*-Arten sind 0,5–1,5 bzw. 0,6–1,0 m hohe ausdauernde Stauden mit spiralig angeordneten, faltigen, parallelnervigen, großen Blättern und einer vielblütigen Rispe mit weißen, außen grünlichen (*V. album* ssp. *album*; siehe S. 536, Bild 37-3), beiderseits grünlichen *V. album* ssp. *lobelianum*) oder schwarz-purpurnen Blüten (*V. nigrum*). Die 6 Perigonblätter sind nur am Grunde miteinander verbunden. Staubblätter sind 6 vorhanden. Der aus 3 Fruchtblättern hervorgegangene Fruchtknoten trägt 3 Griffel. *V. album* kommt verbreitet auf Bergwiesen der Alpen, sporadisch auch im Bayrischen Wald, Oberschwaben und im Bodenseegebiet vor. *V. nigrum* ist sehr selten anzutreffen und fast nur im südlichen und östlichen Alpengebiet zu finden. *V. californicum* wird bis 2 m hoch und hat reinweiße, stark duftende Blüten.

Alle Teile von *Veratrum*-Arten enthalten Steroidalkaloide. Die höchste Konzentration wird mit 0,8–2,5% in der Ruheperiode der Pflanze in Rhizom und Wurzeln gefunden. Der Alkaloidgehalt dieser Organe nimmt im Verlaufe der Vegetationsperiode sehr stark ab. Er beträgt durchschnittlich 0,8% bei Entfaltung der Blütenknospen und nur noch 0,15% bei voll entwickelter Pflanze. Am Ende der Vegetationsperiode werden nur noch Spuren gefunden (74, 102, 178, 185).

Bisher wurden aus den untersuchten *Veratrum*-Arten etwa 100 Alkaloide isoliert (Übersichten: 98, 172, 195). Sie leiten sich vom Cholesterol durch Anlagerung einer Aminogruppe an die Seitenkette am C-26 ab. Anschließend wird durch Ringschluß ein Piperideinring (Verazin-Gruppe) oder ein Pyrrolidinring (Veracintin-Gruppe) gebildet, der auf verschiedene Weise mit dem Sterangrundkörper verbunden werden kann. Das Steranringsystem bleibt entweder erhalten (Solanidin-Gruppe, Verazin-Gruppe, Veracintin-Gruppe), oder es wird durch Erweiterung des Ringes D auf Kosten des Ringes C verändert, und ein C-nor-D-homo-Sterangrundkörper entsteht (Jervin-Gruppe, Cevin-Gruppe, Abb. 37-3).

Nach der Art des Grundkörpers unterscheidet man:

- Steroidalkaloide der Solanidin-Gruppe, Solanidan-Abkömmlinge, z. B. Isorubijervin, Rubijervin und Solanidin,
- Steroidalkaloide der Verazin-Gruppe, 22,26-Epiminocholestan-Derivate, z. B. Verazin,
- Steroidalkaloide der Veracintin-Gruppe, 22,25-

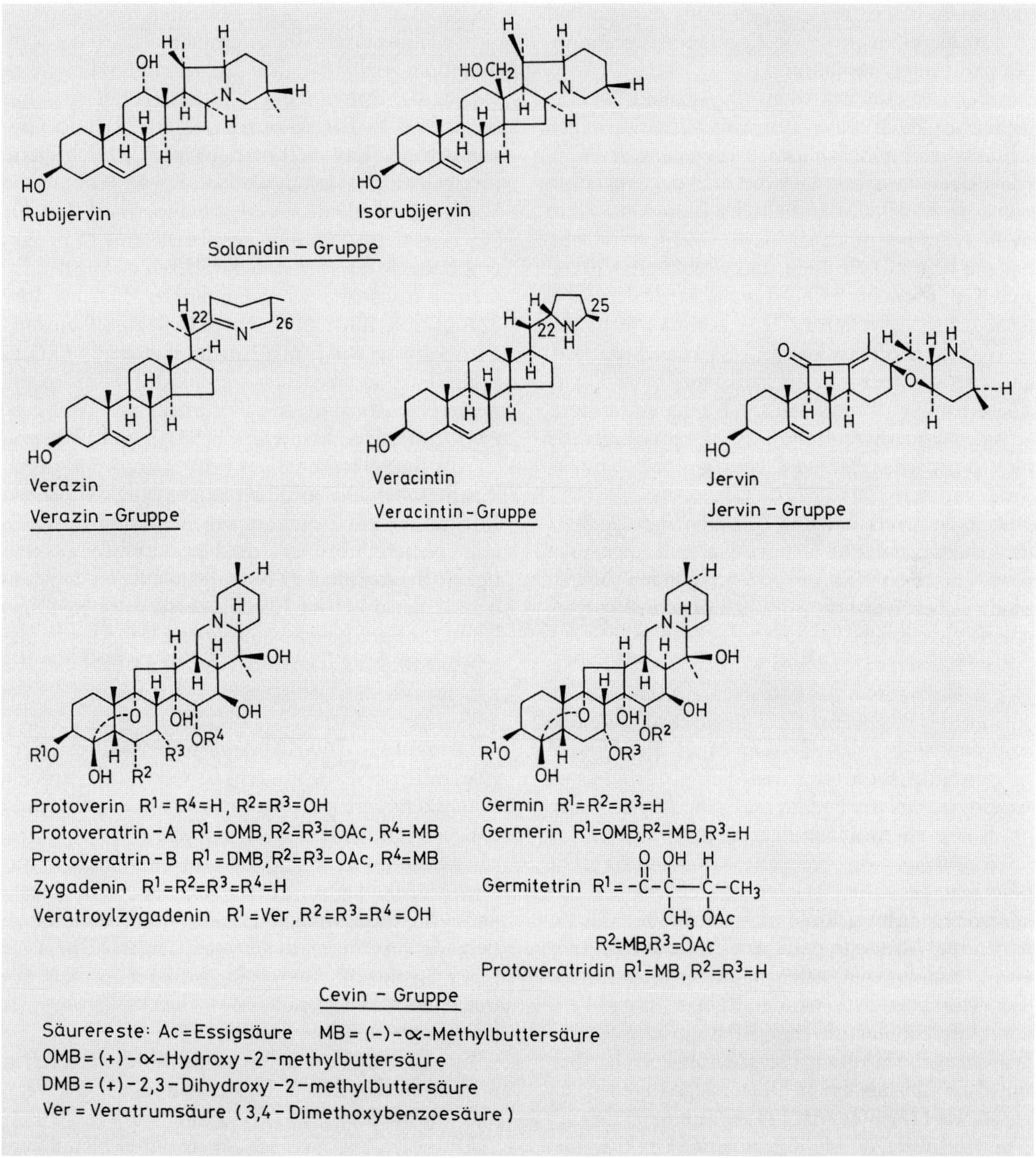

Abb. 37-3: Veratrum-Alkaloide

Epiminocholestan-Derivate, z. B. Veracintin, Glucoveracintin und Rhamnoveracintin,
- C-nor-D-homo-Steroidalkaloide der Jervin- und Veratramin-Gruppe, z. B. Jervin, dessen Glucosid Pseudojervin, Cyclopamin, Cyclopsin und Veratramin,
- C-nor-D-homo-Steroidalkaloide der Cevin-Gruppe, z. B. Ester des Protoverins Protoveratrin-A, Desacetylprotoveratrin-A, Didesacetylprotoveratrin-A, Protoveratrin-B, Desacetylprotoveratrin-B und Protoverin C, die Ester des Germins Germitetrin, Germerin, Neogermitrin und Protoveratridin, die Ester des Zygadenins Zygacin und Veratroylzygadenin sowie die freien Alkamine Veramarin sowie Veralodin.

Daneben gibt es einige Veratrum-Alkaloide, bei denen die Seitenkette einen Perhydroazepinring bildet.

Eine weitere Möglichkeit der Einteilung der Veratrum-Alkaloide ist, sie nach der Zahl der Sauerstoffatome im Molekül, die meistens Bestandteil einer Hydroxylgruppe sind, in solche vom Jerveratrum-Typ, mit 1 bis 3 O-Atomen, und solche vom Ceveratrum-Typ, mit 7 bis 9 O-Atomen, zu gliedern. Die Vertreter des Jerveratrum-Typs kommen meistens frei vor, seltener glykosidisch an einen Zucker gebunden. Die des Ceveratrum-Typs sind mit aliphatischen Säuren (Essigsäure, α-Methylbuttersäure, 2-Hydroxy-methylbuttersäure, Angelicasäure) oder mit aromatischen Säuren (Veratrumsäure, Vanillinsäure) verestert.

Da in der Literatur kaum Angaben über die Mengenverhältnisse der Veratrum-Alkaloide zueinander in den einzelnen *Veratrum*-Arten zu finden sind, ist es sehr schwer möglich, Aussagen über die Hauptalkaloide zu machen.

Bei *V. album* ssp. *album* wurden über 30 Alkaloide nachgewiesen. Als bedeutende Vertreter seien genannt die Protoverin-Ester Protoveratrin-A und Protoveratrin-B, die Germin-Ester Germitetrin, Neogermitrin, Protoveratridin, die Zygadenin-Ester Veratroylzygadenin und Zygacin, die Alkamine Jervin, Rubijervin und Isorubijervin (69, 99, 172).

Bei *V. album* ssp. *lobelianum* wurden 35 Alkaloide gefunden. Die Protoverin-Ester scheinen hier eine untergeordnete Rolle zu spielen (136). Als bedeutendste Alkaloide seien erwähnt die Alkamine Jervin, Pseudojervin, offenbar die Hauptalkaloide (183), Isorubijervin, Veralodin, Rubijervin und Veracintin, dessen Glucosid bzw. Rhamnosid sowie der Zygadenin-Ester Veratroylzygadenin und der Germin-Ester Germinalin (7-Desacetylgermitetrin, 23, 54, 56, 76, 125, 172, 173, 184).

Für die weniger gut untersuchte Art *V. nigrum* werden 12 Alkaloide genannt. Von besonderer Bedeutung scheinen Veratroylzygadenin, Veracintin und Jervin zu sein (19, 20, 21, 55, 172, 206).

Aus *V. californicum* wurden u. a. in hohen Konzentrationen die teratogenen Alkaloide Cyclopamin (11-Desoxy-jervin), Cyclopsin (3-β-D-Glucopyranosido-11-desoxy-jervin) und Jervin gefunden (50, 80).

Auch bei *Veratrum*-Arten scheint es zahlreiche chemische Rassen und erhebliche Unterschiede im Alkaloidspektrum in den einzelnen Organen und zu verschiedenen Zeiten zu geben.

Besonders die sauerstoffreichen Esteralkaloide vom Ceveratrum-Typ sind pharmakologisch hoch aktive Substanzen. Ihr Angriffspunkt ist die Zellmembran reizbarer Zellen. In Nerven- und Herzzellen wurden gemeinsame Rezeptoren mit Aconitin (Kap. 36.4.2), Batrachotoxin (Kap. 37.8) und Grayanotoxin I (Kap. 8.2) nachgewiesen. Durch Hemmung der Inaktivierung der Na^+-Kanäle erhöhen die Veratrum-Alkaloide die Membranpermeabilität für Na^+-Ionen und wirken depolarisierend (35). Am empfindlichsten reagieren die afferenten vagalen Fasern im Koronarsinus und im linken Ventrikel. Ihre Stimulation führt über einen Reflexmechanismus zum Anstieg des parasympathischen und zur Senkung des sympathischen Herztonus. Daraus resultieren eine Abnahme des Blutdrucks und die Reduzierung der Herzfrequenz (28, 93). Durch Wirkung auf die Barorezeptoren des Carotissinus und durch ihre in hohen Dosen auftretenden digitalisähnlichen Effekte auf das Herz können die Veratrum-Alkaloide weitere Störungen der Herz- und Kreislauftätigkeit hervorrufen. Die sensiblen Nervenendigungen werden durch die Alkaloide erst erregt, später gelähmt. Die starke gastrointestinale Reizwirkung ist sowohl lokal als auch durch Reizung peripherer Rezeptoren in der Nähe der Ganglien bedingt (5, 16, 139).

Die akute Toxizität der sauerstoffarmen Veratrum-Alkaloide (Jerveratrum-Typ) ist wesentlich geringer. Bemerkenswert ist jedoch die teratogene Wirkung einiger Vertreter der Jervin-Gruppe (79, 80, 82, 83, 131). Sie kommt möglicherweise durch die Konkurrenz der Alkaloide mit Steroidhormonen um cytosolische Steroidhormonrezeptoren und daraus resultierende Störungen der Proteinsynthese zustande (131). Strukturvoraussetzung ist die α-Stellung des freien Elektronenpaares des Stickstoffatoms im Ring F zur Steroidebene (80).

Erwähnt werden sollen auch die cytotoxischen und antimikrobiellen Eigenschaften einiger Veratrum-Alkaloide (49, 63).

Die Alkaloide werden über die Schleimhäute rasch resorbiert, eine Aufnahme erfolgt auch über

Bild 36-2: *Ligustrum vulgare*, Gemeiner Liguster

Bild 36-3: *Nymphaea alba*, Seerose

Bild 36-4: *Nuphar lutea*, Teichrose

Bild 36-5: *Aconitum napellus*, Blauer Eisenhut

Bild 36-6: *Aconitum vulparia*, Gelber Eisenhut

Bild 36-7: *Delphinium consolida*, Feld-Rittersporn

Bild 36-8: *Delphinium elatum*, Hoher Rittersporn

Bild 37-1: *Solanum dulcamara*, Bittersüßer Nachtschatten

Bild 37-2: *Solanum nigrum*, Schwarzer Nachtschatten

Bild 37-3: *Veratrum album* ssp. *album*, Weißer Germer

Bild 37-4: *Fritillaria meleagris*, Schachblume

Bild 37-5: *Fritillaria imperialis*, Kaiserkrone

die intakte Haut. Die Elimination über Nieren und Darm vollzieht sich ebenfalls schnell.

Die ersten Vergiftungssymptome machen sich bereits nach kurzer Zeit bemerkbar. Zu ihnen gehören starkes Niesen, Tränen- und Speichelfluß, Brennen und Kribbeln im Mund-Rachen-Raum, Übelkeit, Erbrechen, Durchfall und Leibschmerzen. Die anfängliche Schleimhautreizung geht in Paraesthesien über, die sich über die gesamte Körperoberfläche ausbreiten (s. Aconitin-Vergiftungen, Kap. 36.4.2). Weitere Vergiftungserscheinungen betreffen vor allem das Herz-Kreislauf-System. Es kommt zu Abfall von Blutdruck und Herzfrequenz sowie zu Arrhythmien. Der Tod tritt im systolischen Herzstillstand oder durch Atemlähmung ein. Bei Überstehen der Vergiftung bleiben keine Dauerschäden zurück.

Die letale Dosis des Alkaloidgemisches beträgt für den Menschen etwa 10–20 mg, die der Droge Veratri rhizoma 1–2 g (Ü 73). Die LD_{50} des unveresterten Germins liegt bei Ratten bei 2,0 g/kg, s.c., die des Esters Germerin ist mit 3,7 mg/kg wesentlich niedriger (60). Für Kaninchen wurde eine letale Dosis von 0,1 mg/kg Protoveratrin-A ermittelt (46).

Veratrum-Arten waren bereits im Altertum als Heilpflanzen bekannt und dienten beispielsweise als Brech- und Abführmittel (46, 84). Auch zu Giftmorden und als Pfeilgifte wurden sie benutzt (Ü 67). Vergiftungen waren lange Zeit vorwiegend medizinal bedingt. Sie traten auf durch Überdosierung bei Anwendung als Antihypertonicum, durch Verwechslungen, z.B. von Valerianae radix mit Veratri rhizoma (171), durch Beimengungen von Veratri rhizoma zu Valerianae radix und daraus bereitete Tct. Valerianae (59) oder bei Anwendung von Tct. Veratri als Läusemittel auf geschädigter Haut.

In jüngerer Zeit wird über Vergiftungen von Kindern und Jugendlichen, die veratrumhaltiges Niespulver verschluckt bzw. eingeatmet hatten, berichtet (28, 48, 120, 180). Kinder, die das Pulver aus Spraydosen zu sich genommen hatten, zeigten nach 30–60 min starkes Niesen, Erbrechen und in den meisten Fällen Blutdruckabfall und Bradykardie. Bei 3 der 9 betroffenen Kinder wurden Magenspülungen durchgeführt, 5 erhielten zur Bekämpfung der Bradykardie Atropin. Innerhalb von 24 h waren alle Kinder beschwerdefrei (28).

Gelegentlich kommt es auch zu Vergiftungen durch Verwechslung von *Veratrum album* mit *Gentiana lutea*, dem Großen Enzian (seine Blätter sind im Unterschied zu denen des Germers gegenständig angeordnet), dessen Wurzeln zur Bereitung von Enzianschnaps oder -wein gesammelt werden (51). Aus den USA wird über Verwechslungen von *Veratrum viride*, dem Grünen Germer, der ein ähnliches Alkaloidspektrum wie *V. album* besitzt, mit *Allium tricoccum* («ramp»), das als Delikatesse gilt, berichtet (34).

V. album wird von Tieren meistens gemieden. Tödliche Vergiftungen von Pferden, Rindern und Schafen kamen jedoch nach Verfütterung von veratrumhaltigem Heu vor. In einigen Gegenden Nordamerikas stellen die durch *V. californicum* hervorgerufenen Mißbildungen von Jungtieren, besonders Lämmern, ein beträchtliches Problem dar. Vorherrschend sind Schädigungen im Kopfbereich («monkey face lamb disease»), aber auch Trachealstenose und frühes Absterben der Embryonen wurden beobachtet (80, 83).

Außer der Giftentfernung durch Magenspülung sind als Behandlungsmaßnahmen nach Vergiftungen mit Veratrum-Alkaloiden Gabe von Atropin gegen die Bradykardie und von peripheren Kreislaufmitteln gegen den Blutdruckabfall erforderlich. Wichtig sind weiterhin Wärmezufuhr, Ruhe und eventuell künstliche Beatmung (28, Ü 73).

Die therapeutische Nutzung von Veratrum-Alkaloiden als Antihypertonica wurde wegen der geringen therapeutischen Breite verlassen. In der Veterinärmedizin dient Tinctura Veratri als Emeticum und in Kombination mit Bitterstoffdrogen als Stomachicum.

37.4 Steroidalkaloide als Giftstoffe von Schachblume und Kaiserkrone (*Fritillaria*-Arten)

Die Gattung *Fritillaria*, Schachblume, Kaiserkrone (Liliaceae, Liliengewächse), umfaßt etwa 100 Arten, die in gemäßigten Bereichen der nördlichen Halbkugel verbreitet sind. In Mitteleuropa beheimatet ist *F. meleagris* L., Schachblume, Kiebitzei (siehe S. 536, Bild 37-4). Sie kommt auf feuchten Au- und Flachmoorwiesen sporadisch vor. In den Alpen fehlt sie. Sie wird ebenso wie die im Westhimalaja-Gebiet heimische *F. imperialis* L., Kaiserkrone, in unseren Gärten kultiviert (siehe S. 536, Bild 37-5). Seltener angebaut werden die aus Kleinasien stammende *F. acmopetala* Boiss., die aus Nordwestamerika und Nordostasien kommende *F. camtschatcensis* (L.) Ker-Gawl. und die im Altaigebiet gedeihende *F. pallidiflora* Schrenk (Ü 32a).

Fritillaria-Arten sind Zwiebelgewächse mit aufrechtem, beblättertem Stengel. Die Blüten, die 6 Perigonblätter, 6 Staubblätter und einen aus 3 Fruchtblättern hervorgegangenen Fruchtknoten besitzen, sind glockenförmig und nickend. Sie stehen bei *F. meleagris* einzeln und sind pur-

purbraun-weiß schachbrettartig gemustert. Die gelbbraunen Blüten von *F. imperialis* sind quirlartig zu einer Dolde vereinigt und werden von einem Schopf von Hochblättern überragt.

Von den in Mitteleuropa gedeihenden *Fritillaria*-Arten ist nur *F. imperialis* gut untersucht. Aus den Zwiebeln wurden etwa 0,2% Alkaloide erhalten. Hauptalkaloid scheint das auch bei *F. meleagris* vorkommende Imperialin (Abb. 37-4), ein Alkaloid der Cevin-Gruppe, zu sein. Es macht bei *F. imperialis* 95% des Gesamtalkaloidgemisches aus. Weitere Alkaloide der Pflanze sind Verticin, Verticin-N-oxid, Verticinon und Isobaimonidin (73, 85, 112, 113, 114).

Imperialin schädigt ähnlich wie die Veratrum-Alkaloide vor allem das Herz-Kreislauf-System. Beim Hund kann es tödliche Intoxikationen hervorrufen. Bei Kindern, die von den Zwiebeln gegessen hatten, traten Störungen der Herztätigkeit auf.

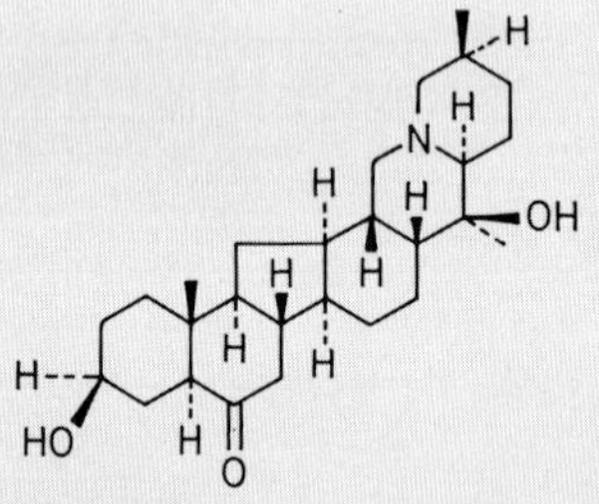

Imperialin

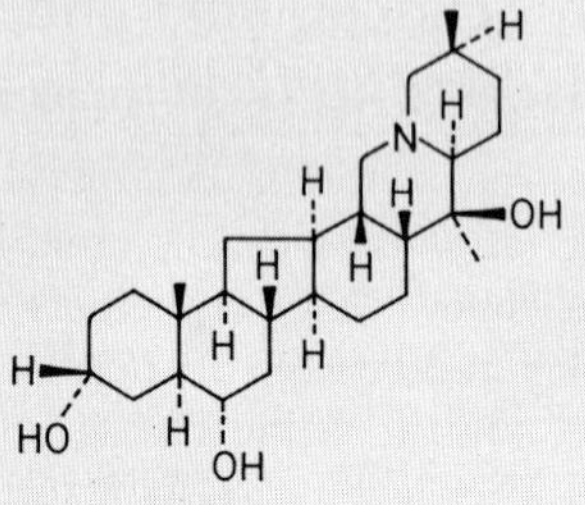

Isobaimonidin

Abb. 37-4: Fritillaria-Alkaloide

37.5 Steroidalkaloide als Giftstoffe vom Buchsbaum (*Buxus*-Arten)

Die Gattung *Buxus*, Buchsbaum (Buxaceae, Buchsbaumgewächse), umfaßt etwa 20 Arten, von denen die Mehrzahl auf den Antillen und in Ostasien heimisch ist. In Mitteleuropa kommt nur *B. sempervirens* L., Gemeiner Buchsbaum, vor. Er ist besonders im Westen und Süden des Gebietes verbreitet und wird in den Varietäten *B. sempervirens* L. var. *sempervirens* und *B. sempervirens* var. *suffruticosa* L. kultiviert. Während die erstgenannte Varietät baumförmig wächst und zuweilen weiß- oder gelbbunte Blätter besitzt, bildet die zweitgenannte Zwergsträucher und wird meistens zu Einfassungen genutzt.

B. sempervirens (siehe S. 536, Bild 37-6) ist ein Strauch oder niedriger, immergrüner Baum mit kleinen (bis zu 2 cm langen), gegenständigen, eiförmigen, am Rande etwas eingebogenen, ledrigen Blättern. Die unscheinbaren gelblichweißen Blüten stehen in blattachselständigen Knäueln. Sie sind eingeschlechtlich. Jeder Blütenstand besteht aus einer weiblichen und mehreren männlichen Blüten. Früchte sind blaugrüne, 3spaltige, durch die bleibenden, sich spaltenden 3 Griffel 6hörnige Kapseln mit 6 schwarzen, bis 6 mm langen Samen. *B. sempervirens* kommt in warmen, trockenen Laubwäldern und im Gebüsch, im Norden, bevorzugt auf kalkhaltigen Böden, vor.

Insgesamt sind etwa 150 Buxus-Alkaloide bekannt (Übersichten: Ü 76: VII, 319; IX, 305; XIV, 1; XXXII, 79). Sie haben einen 4,4,14 α-Trimethyl- oder 4,14 α-Dimethyl-5 α-pregnan-Grundkörper, der am C-3 und/oder am C-20 Aminogruppen trägt (Abb. 37-5). Man kann sie einteilen in Buxus-Alkaloide vom

- 9 β-19-cyclo-5 α-Pregnan-Typ, bei denen die Methylgruppe am C-10 mit dem C-Atom in Position 9 zu einem Cyclopropanring verknüpft ist, z. B. Cyclobuxin-D, und vom
- 9(10) → 19)-abeo-5 α-Pregnan-Typ, bei denen nach Lösung der Bindungen zwischen C-9 und C-10 die Methylgruppe C-19 zur Erweiterung des Ringes B zum 7-Ring beiträgt, z. B. Buxamin E.

Eine weitere Untergliederung der Typen ist nach der Anzahl der Aminogruppen in Monamino- und Diaminoalkaloide möglich.

Die N-Atome können methyliert, dimethyliert oder acyliert sein. Auch O-Acylderivate sind bekannt. Als Säurekomponenten kommen Ameisensäure, Essigsäure, Isobuttersäure, 3,3-Dimethylacrylsäure, Tiglinsäure, Benzoesäure und Vanillinsäure vor. Beim Buxozin C ist das N-Atom am C-20 über eine Methylenbrücke mit dem O-Atom am C-16 verbunden, beim Semperviron erfolgt der gleiche Ringschluß zwischen der Aminogruppe am C-3 und einer Hydroxymethylgruppe am C-4.

B. sempervirens enthält in allen Teilen Alkaloide. In 1jährigen Trieben wurden 1,1–2,4%, in den Blättern und dünnen Zweigen 1,0–2,2%, in den Blüten 1,9%, in den Früchten 1,8%, in der jungen Rinde 2,1–2,9%, in mehrjährigen Zweigen 0,7–1,0% und in den Wurzeln 1,5–2,0% Gesamtalkaloide nachgewiesen (87, 90, 112). Etwa 70 Alkaloide sind bekannt (1, 10, 11,

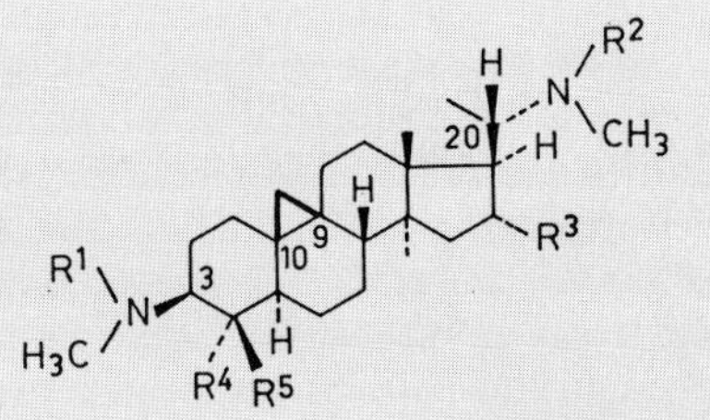

	R^1	R^2	R^3	R^4	R^5
Cyclobuxin-D	H	H	OH	$=CH_2$	
Cyclobuxin-B	CH_3	H	OH	$=CH_2$	
Cycloprotobuxin-A	CH_3	CH_3	H	CH_3	CH_3
Cycloprotobuxin-C	H	CH_3	H	CH_3	CH_3
Cyclovirobuxin-C	H	CH_3	OH	CH_3	CH_3
Cyclovirobuxin-D	H	H	OH	CH_3	CH_3

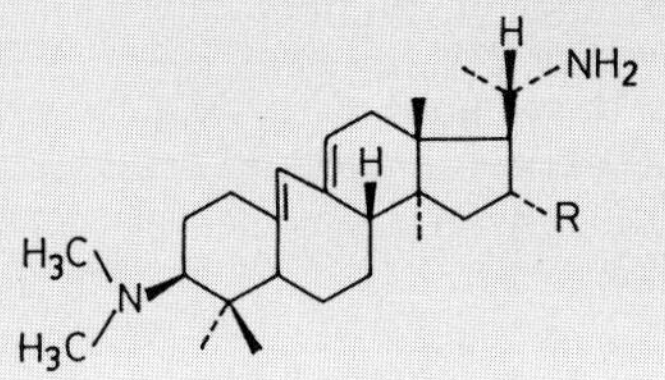

Buxamin E R=H
Buxaminol E R=OH

Abb. 37-5: Buxus-Alkaloide

12, 13, 71, 88, 89, 91, 92, 96, 191, 192). Solche, die in höheren Konzentrationen gefunden wurden, sind Cyclobuxin-D, Cyclobuxin-B, Cycloprotobuxin-A, Cycloprotobuxin-C, Cyclovirobuxin-C, Cyclovirobuxin-D (Bebuxin), Buxtauin-M, Buxthienin-M, Cyclobuxamin-H, Buxaminol-E und Buxamin-E.

Die Buxus-Alkaloide wirken zuerst erregend, später lähmend auf das ZNS. Auch antimikrobielle (72, 193), cytotoxische (107, 109) und enzymhemmende (Cholinesterase, 189) Eigenschaften wurden nachgewiesen. Die cytotoxische Wirkung beruht wahrscheinlich auf einer Desintegration der DNA-Helix durch die Alkaloide (108). Cyclobuxin D wirkt darüber hinaus bei Ratten antiinflammatorisch und hypotensiv (101). Cyclobuxin E (aus *Buxus microphylla* var. *koreana* NAKAI) hemmt über die Blockade von Ca^{2+}-Kanälen durch Acetylcholin induzierte Kontraktionen des isolierten Rattenduodenums (101). Buxuletin wirkt diuretisch (132).

Vergiftungssymptome nach Aufnahme von *Buxus*-Arten sind zunächst Erbrechen, Durchfall und heftige klonische Krämpfe. Dem folgen Lähmungserscheinungen bis hin zur tödlichen Atemlähmung. Für Mäuse ist 1 g/kg eines Alkaloidgemisches aus *Buxus sempervirens* letal (193). Beim Hund beträgt die letale Dosis etwa 0,1 g/kg (Ü 41). Beim Pferd sollen 750 g Blätter zum Tod führen (Ü 6).

Während Vergiftungen durch *Buxus*-Arten beim Menschen sehr selten sind, kommen gelegentlich Tiervergiftungen durch frisch geschnittene Pflanzenteile (z. B. als Streu) vor (40, 95, 187, Ü 6, Ü 30, Ü 68).

Die Behandlung der Vergiftungen kann nach primärer Giftentfernung (oft erst nach Ausschaltung der Krämpfe möglich) nur symptomatisch erfolgen.

Folia und Lignum Buxi waren früher als Heilmittel, z. B. bei chronischen Hautleiden, Gicht und Rheuma, in Gebrauch. Heute erscheint eine Nutzung der cytotoxischen und antimikrobiellen Eigenschaften dieser Alkaloide nicht ausgeschlossen.

37.6 Steroidalkaloide als Giftstoffe in Pachysandra (*Pachysandra terminalis*)

Die Gattung *Pachysandra* (Buxaceae, Buchsbaumgewächse) umfaßt nur 5 Arten, die in Nordamerika und Ostasien auftreten. Es sind Kriechsträucher mit fleischigem Rhizom. *Pachysandra terminalis* SIEB. et ZUCC. ist in Japan und China beheimatet und wird wegen seiner immergrünen Blätter und seiner großen Anspruchslosigkeit in Gärten als äußerst beständige Schattenstaude und als Bodenbedecker angepflanzt (Ü 32 a).

P. terminalis (siehe S. 553, Bild 37-7) enthält in allen Teilen Steroidalkaloide, die denen der Buxus-Arten sehr stark ähneln, u. a. Pachystermin A, Pachysandrin A, Pachysamin A, Epipachysamin A und Spiropachysin (Abb. 37-6, 194).

Pachystermin A, Pachysamin A und Epipachysamin A verursachen bei Mäusen zunächst Sedierung, später Tremor und klonische Krämpfe. Pachysandrin A und Spiropachysin sind nur gering sedierend wirksam. Außerdem hemmen die Alkaloide aus *Pachysandra*-Arten über zentrale Mechanismen u. a. die Magensäuresekretion und fördern die Heilung von Magengeschwüren (104, 194). Die akute Toxizität der Verbindungen ist gering. Es wurden folgende LD_{50}-Werte (i. p., Maus) ermittelt: Pachystermin A 365 mg/kg, Pachysandrin A 200 mg/kg, Pa-

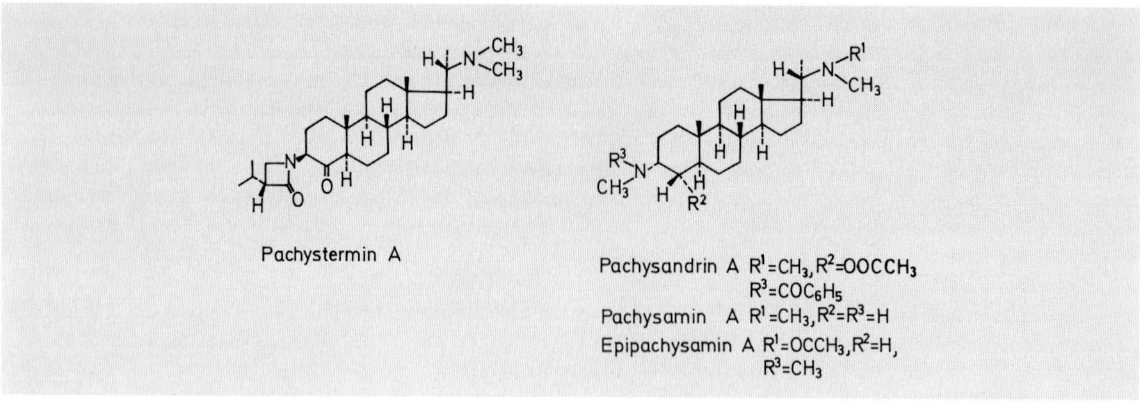

Abb. 37-6: Pachysandra-Alkaloide

chysamin A 89 mg/kg, Epipachysamin A 47 mg/kg und Spiropachysin 200 mg/kg (194).

Vergiftungen durch *Pachysandra*-Arten sind uns nicht bekannt. In der japanischen Volksmedizin werden Zubereitungen aus den Pflanzen bei gastrointestinalen Störungen verwendet.

37.8 Steroidalkaloide als Giftstoffe von Pfeilgiftfröschen (*Phyllobates*-Arten)

Zur Gattung *Phyllobates* (Dendrobatidae, Baumsteigerfrösche) gehören 5 Arten, die in Süd- und Zentralamerika beheimatet sind. Es sind Tiere mit einer auffallenden rot-schwarzen oder gelb-schwarzen aposematischen Färbung (Warntracht). Ihr Hautsekret ist extrem toxisch und wurde und wird von den Indianern Westkolumbiens als Gift für Pfeile und Blasrohrpfeile verwendet. Als besonders gefährlich gelten *Ph. terribilis, Ph. aurotaenia* und *Ph. bicolor.* Das Gift eines Exemplars von *Ph. terribilis* (siehe S. 553, Bild 37-8) reicht aus, um 20 Pfeile zu vergiften. Die Pfeilspitzen werden dazu lediglich über die Haut des lebenden Tieres gezogen. Bei anderen Arten (z.B. *Phyllobates vittatus*, siehe S. 553, Bild 37-9) werden die Tiere verletzt, um einen verstärkten Sekretfluß zu provozieren (126).

Neben den bereits erwähnten Piperidinalkaloiden (Kap. 32.11) werden bei den genannten Arten als Hauptwirkstoffe Batrachotoxine, besonders Batrachotoxin, Homobatrachotoxin und deren 4β-Hydroxyderivate zusammen mit dem weniger toxischen Batrachotoxinin A gefunden (Abb. 37-7). Aus einem Exemplar von *Ph. terribilis* konnte 1 mg Batrachotoxin isoliert werden (4, 36, 38, 201).

Batrachotoxin ist eines der stärksten biogenen Gifte (letale Dosis für den Menschen weniger als 200 μg, für die Maus 100 ng, 121). Es hemmt durch Wechselwirkung mit den im aktiven Zustand befindlichen Na^+-Kanälen der Membranen reizbarer Zellen die physiologische Inaktivierung der Kanäle, führt damit zu einem massiven Na^+-Einstrom und zur irreversiblen Depolarisation von Nerven- und Muskelzellen. Batrachotoxin besitzt am Na^+-Kanal dieselben Bindungsstellen wie Aconitin (Kap. 36.4.2),

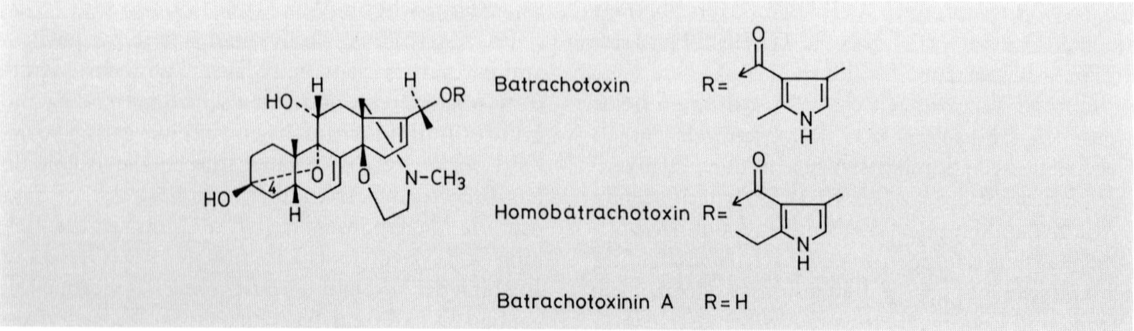

Abb. 37-7: Batrachotoxine, Giftstoffe der Pfeilgiftfrösche (*Phyllobates*-Arten)

Veratridin (Kap. 37.3) und die Grayanotoxine (Kap. 8.2), jedoch stärkere Wirksamkeit. Tetrodotoxin und Saxitoxin antagonisieren die Wirkung von Batrachotoxin, einige Polypeptidtoxine (z. B. aus Skorpionen und Seeanemonen) fördern sie durch allosterische Wechselwirkung.

Die Batrachotoxine sind vorwiegend Cardio- und Neurotoxine. Wenige Sekunden nach Aufnahme der Gifte kommt es bei allen bisher untersuchten Tierarten zu Arrhythmien und bald darauf zum Tod durch Herzstillstand und Atemlähmung (36, 37, 38, 86, 122, 138). Bei subcutaner Injektion wurden bei Mäusen für die einzelnen Batrachotoxine folgende LD_{50}-Werte ermittelt: Batrachotoxin 2 μg/kg, Homobatrachotoxin 3 μg/kg, 4β-Hydroxybatrachotoxin 200 μg/kg und Batrachotoxinin A 1000 μg/kg. Wahrscheinlich ist die Esterfunktion in 20α-Stellung von entscheidendem Einfluß auf die Toxizität (38).

37.9 Steroidalkaloide als Giftstoffe der Salamander (*Salamandra*-Arten)

Im Gebiet kommen aus der Gattung *Salamandra*, Salamander (Salamandridae, Salamander, Wassermolche), *S. salamandra*, Feuer-Salamander, und *S. atra*, Alpen-Salamander, vor.

Der Feuersalamander ist ein Charaktertier der europäischen Mittelgebirge in bewaldeten Tälern mit Wasserläufen. In den Alpen tritt er bis zu einer Höhe von 800 m auf. Im Süden Europas erreicht sein Vorkommen Höhen von 2000 m. Die Art *S. salamandra* kann in 13 Unterarten gegliedert werden. Die meisten Unterarten sind in Spanien angesiedelt. Im Gebiet werden *S. salamandra salamandra*, Gefleckter Feuersalamander (östlich des Harzes und Thüringer Waldes; siehe S. 553, Bild 37-10), und *S. salamandra terrestris*, Gebänderter Feuersalamander (vom Pyrenäenrand bis zum Harz und Thüringer Wald), gefunden. Da der Feuersalamander nachtaktiv ist, wird er nur nach starken Regenfällen am Tage beobachtet. Der stets völlig schwarze oder braunschwarze Alpen-Salamander kommt in den Alpen oberhalb von 800 m vor. Sein Areal erstreckt sich bis in die nordwestliche Balkanhalbinsel (15).

Beide mitteleuropäische *Salamandra*-Arten enthalten im giftigen Hautsekret Steroidalkaloide. Aus *S. salamandra* wurden 17–24 mg Alkaloide pro Tier und aus *S. atra* 4–5 mg erhalten. Diese Alkaloide (Abb. 37-8) sind 5β-Androstanderivate, seltener 5β-Pregnanderivate, deren Ring A durch Einbau eines N-Atoms zu einem 7gliedrigen Heterocyclus erweitert ist. Bei vielen Vertretern ist dieser Ring durch ein O-Atom überbrückt, so daß ein Oxazolidin- und ein Pyranring gebildet werden (z. B. beim Samandarin). Bei anderen Vertretern entsteht diese Brücke durch Reaktion des C-Atoms 19 mit dem N-Atom unter Bildung eines Carbinolamins (z. B. beim Cycloneosamandion). Beim Samanin fehlt sie ganz. Am C-16 befindet sich stets ein Sauerstoffatom (15, 38, Ü 36).

Hauptalkaloid von *S. salamandra salamandra* ist Samandarin, begleitet u. a. von O-Acetylsamandarin, Samandaridin, Samandaron, Samanin und Cycloneosamandion. Bei *S. salamandra terrestris* stellt

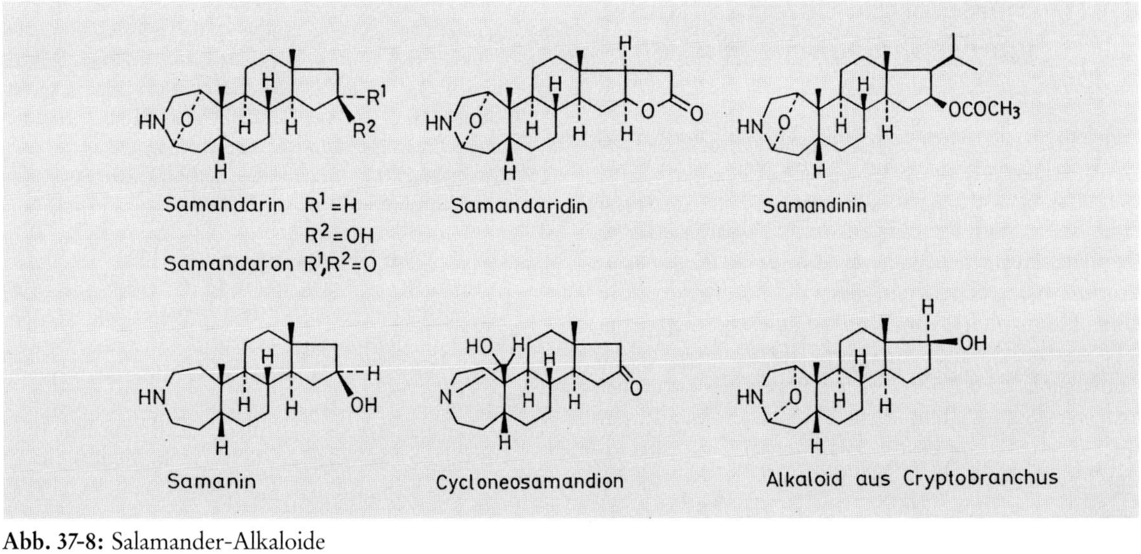

Abb. 37-8: Salamander-Alkaloide

Samandaron, begleitet u.a. von Samandinin, das Hauptalkaloid dar. Samandarin fehlt bei dieser Unterart (61, 62, 64). Der Alpensalamander wurde bisher noch nicht näher untersucht.

Ein Isomeres des Samandarins wurde aus dem in Nordamerika beheimateten Schlammteufel, *Cryptobranchus maximus* (Cryptobranchidae, Riesensalamander), isoliert (66). In der Haut der australischen Kröte *Pseudophryne corroboree* scheint ebenfalls Samandarin enthalten zu sein.

Samandarin ist ein zentral wirkendes Krampfgift mit Hauptangriffspunkt im verlängerten Rückenmark. Außerdem wirkt es lokalanästhetisch, durch Erregung des Vasomotorenzentrums blutdrucksteigernd (62) und antibiotisch (Funktion des giftigen Hautsekrets zur Abwehr von Mikroorganismen, 63).

Vergiftungssymptome bei Tieren sind zunächst Unruhe, Mydriasis, epilepsieartige Krämpfe sowie Störungen der Herz- und Atemtätigkeit. Danach kommt es zu minutenlangen Krampfanfällen und zu Lähmungen bis zum Tod durch Atemlähmung (15, 52, 53). Die letale Dosis von Samandarin beträgt bei Mäusen 3,4 mg/kg, s.c., bei Fröschen 19 mg/kg, s.c. und bei Kaninchen 1 mg/kg, i.v. (53). Samandarin und Samandaron besitzen vergleichbare Toxizität.

Obwohl *Salamander*-Arten für den Menschen keine Vergiftungsquelle darstellen, war die Toxizität dieser Tiere bereits im Altertum bekannt. Der Salamander galt als das Tier, das Feuer zum Erlöschen bringt (Ü 36). Zur Gefahr werden kann das giftige Hautsekret vor allem für andere kleine Tiere, wenn es in die Blutbahn gelangt, auch für den Salamander selbst (Ü 51).

37.10 Steroidalkaloide als Giftstoffe von *Cephalodiscus gilchristi*

Aus einem im Meer lebenden Tier, *Cephalodiscus gilchristi* (Cephalodiscidae), das zur Klasse der Pterobranchia (Stamm Hemichordata) gehört, wurden eine Reihe von Pyrazino-disteran-Alkaloiden, die Cephalostatine 1–6, isoliert (Abb. 37-9). *C. gilchristi* kommt in beträchtlichen Tiefen der Meere der südlichen Hemisphäre vor. Wie fast alle Pterobranchia lebt das maximal 1 cm lange Tier in einer festen, selbst gebildeten Röhre. Viele Röhren sind, kolonieartig vereinigt, am Untergrund bzw. an Schwämmen oder Bryozoa angeheftet. Als Fangapparate dienen mit Tentakeln besetzte Arme. *C. gilchristi* kann, im Gegensatz zu anderen Vertretern der Klasse, zur Nahrungssuche seine Wohnröhre verlassen. Möglicherweise ist er dazu durch seine chemische Verteidigung befähigt (134, 135).

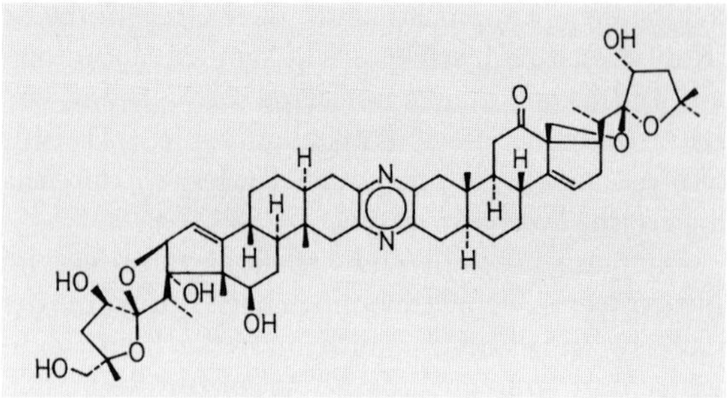

Abb. 37-9: Cephalostatin 1, ein Steroidalkaloid des im Meer lebenden Wurms *Cephalodiscus gilchristi*

Die Cephalostatine besitzen starke proliferationshemmende Wirksamkeit auf P388-Leukämie-Zellen (ED_{50} beträgt für die Cephalostatine 2–10 μg/ml, 134, 135). Sie könnten als Ausgangspunkt für die Entwicklung neuer Cytostatica interessant werden.

37.11 Literatur

1. Abramson, D., Knapp, F. F., Goad, L.J., Goodwin, T.W. (1977), Phytochemistry 16: 1935
2. Ahmed, S. S., Mueller, K. (1981), Potato Res. 24: 93
3. Ahmed, S. S., Mueller, K. (1979), Z. Pflanzenernähr. Düng. Bodenkunde 142: 275
4. Albuquerque, E. X., Daly, J.W., Witkopy, B. (1971), Science 172: 995
5. Alegheand, J. (1975), Lyon Pharm. 26: 5
6. Alexander, R. F., Forbes, G. B., Hawkins, S. (1948), Brit. Med. J. 2: 518
7. Allen, E. A., Kuc, J. (1968), Phytopathology 58: 776
8. Alves, L. M., Kirchner, R. M., Lodato, D.T., Nee, P. B., Lappia, J. M., Zappia, J. M., Chicestre, M. L., Stuart, J. D., Kalan, E. B., Kissinger, J. C. (1984), Phytochemistry 23: 537
9. Aslanov, S. M., Novruzov, E. N. (1978), Iswesstija Akademii Nauk. ASSR, Ser. Biol. Nauk. (3): 15
10. Atta-ur-Rahman, Ahmed, D., Sener, B., Turkoz, S. (1989), Phytochemistry 28: 1293
11. Atta-ur-Rahman, Ahmed, D., Choudhary, M. I., Sener, B., Turkoz, S. (1988), J. Nat. Prod. 51: 783
12. Attar-ur-Rahman, Ahmed, D., Choudhary, M. I., Sener, B., Turkoz, S. (1988), Phytochemistry 27: 2367
13. Atta-ur-Rahman, Ahmed, D., Choudhary, M. I., Turkoz, S., Sener, B. (1988), Planta Med. 54: 173
14. Baker, D. C., Keeler, R. F., Gaffield, W. (1989), Toxicon 27: 1331
15. Becker, H. (1986), Pharm. Unserer Zeit 15: 97

16. BENFORADO, J. M. (1968), in: The Veratrum Alkaloids in Physiological Pharmacology IV Part D (Eds.: ROOT, W. S., HOFFMANN, F. G., Academic Press, New York): 331
17. BOLL, P. M. (1961), Chemie and Biochemie der Solanum-Alkaloide, in: Tagungsberichte der Dtsch Akad. Landwirtschaftswiss. Berlin 27: 29
18. BOLL, P. M. (1966), Solanum-Steroidalkaloide, Kemi og botanisk ud bredelse, en oversigt, Akademic Forlag Kobenhaven
19. BONDARENKO, N.V. (1979), Khim. Prir. Soedin. (3): 415
20. BONDARENKO, N.V. (1979), Khim. Prir. Soedin. (1): 105
21. BONDARENKO, N.V. (1981), Khim. Prir. Soedin. (4): 527
22. BOSE, B., GOSH, C. (1980), J. Inst. Chemists 52: 83
23. BRAZDOVA, V., TOMKO, J. (1975), Acta Fac. Pharm. Univ. Comenianae 27: 53
24. BRIGGS, L. H. (1961), Tagungsbericht Nr. 27 der Dtsch. Akad. der Landwirtschaftswissenschaften Berlin 37
25. BUTTERWORTH, K. R., PELLING, D. (1980), J. Pharm. Pharmacol. 32: 79P
26. CAMERINO, B. (1961), Tagungsbericht Nr. 27 der Dtsch. Akad. der Landwirtschaftswissenschaften Berlin 183
27. CAREY, J. C. (1955), N. Am. Vet. 36: 446
28. CARLIER, P., EFTHYMIOU, M. L., GARNIER, R., HOFFELT, J., FOURNIER, E. (1983), Human Toxicol. 2: 321
29. CHAKRAVARTY, A. K., DAS, B., ALI, E., PAKRASHI, S. C. (1984), J. Chem. Soc. Perkin Trans. I: 467
30. CHAKRAVARTY, A. K., PAKRASHI, S. C. (1987), Tetrahedron Lett. 28: 4753
31. CHAKRAVARTY, A. K., PAKRASHI, S. C. (1988), Phytochemistry 27: 956
32. CHAUBE, S., SWINYARD, C. A. (1976), Toxicol. Appl. Pharmacol. 36: 227
33. COXON, D.T. (1981), J. Sci. Food Agric. 32: 412
34. CRUMMETT, D., BRONSTEIN, D., WEAVER, Z. (1985), NC Med. J. 46: 469
35. CUNNINGHAM, J., NEAL, M.J. (1981), Brit. J. Pharmacol. 36: 227
36. DALY, J.W. (1982), Fortschr. Chem. Org. Naturstoffe 41: 205
37. DALY, J.W. (1982), J. Toxicol. Toxin. Rev. 1: 33
38. DALY, J.W., SPANDE, T. F. (1986), Alkaloids: Chem. Biol. Perspect. (Ed. PELLETIER, S.W., John Wiley, Chicester) 4: 1
39. DANERT, S. (1956), Kulturpflanze 4: 83
40. DAVIS, W. R. (1913), Vet. Rec. 25: 590
41. DER MARDEROSIAN, A., GILLER, F. B., ROIA, F. C. (1976), J. Toxicol. Environ. Health 1: 939
42. DÖPKE, W., DUDAY, S., MATOS, N. (1987), Z. Chem. 27: 64
43. DÖPKE, W., DUDAY, S., MATOS, N. (1988), Z. Chem. 28: 185
44. DRAKE, J. J. P. (1974), Food Cosmet. Toxicol. 12: 772
45. EMANUEL, J. (1972), Lancet II: 879
46. FAHRIG, W. (1953), Pharmazie 8: 83
47. FITZPATRICK, T. J., HERB, S. F., McDERMOTT, J. A. (1977), Amer. Potato J. 54: 539
48. FOGH, A., KULLING, P., WICKSTROM, E. (1983), J. Toxicol. Clin. Toxicol. 20: 175
49. FUSRA, J., FUSKOVA, A., VASSOVA, A., VOTICKY, Z. (1981), Neoplasma 28: 709
50. GAFFIELD, W., WONG, R. Y., LUNDIN, R. E., KEELER, R. F. (1982), Phytochemistry 21: 2397
51. GARNIER, R., CARLIER, P., HOFFELT, J., SAVIDAN, A. (1985), Ann. Med. Interne (Paris) 136: 125
52. GESSNER, O., URBAN, G. (1937), Arch. Exp. Pathol. Pharmacol. 187: 378
53. GESSNER, O., MÖLLENHOFF, F. (1932), Arch. Exp. Pathol. Pharmacol. 167: 638
54. GRANCAI, D., SUCHY, Y., TOMKO, J., DOLEJS, L. (1978), Chem. Zvesti. 32: 120
55. GRANCAI, D., MLCKOVA, J., SUCHY, V., TOMKO, J. (1979), Chem. Zvesti. 33: 547
56. GRANCAI, D., SUCHY, V., TOMKO, J., DOLEJS, L. (1986), Chem. Pap. 40: 835
57. GROSS, D. (1979), Biochem. Physiol. Pflanz. 174: 327
58. HAARD, N. F. (1977), J. Food Biochem. 1: 57
59. HAAS, H. T. H., POETHKE, W. (1943/44), Samml. von Vergiftungsfällen 13:3
60. HAAS, H. T. H. (1938), Naunyn-Schmiedebergs Arch. exp. Pathol. Pharmakol. 189: 397
61. HABERMEHL, G. (1968), in: Ü 76: IX, 427
62. HABERMEHL, G. (1966), Naturwissenschaften 53: 123
63. HABERMEHL, G. (1976), Nova Acta Leopoldina Suppl. 7: 499
64. HABERMEHL, G. (1968), Prog. Org. Chem. 1968: 35
65. HAN, Y. B., WOO, W. S. (1973), zit.: C. A. 82, 645 g
66. HARA, S., OKA, M. (1970), zit.: C. A. 73: 56316 g
67. HARRISON, D. M. (1979), Alkaloids 9: 238
68. HARVEY, M. H. et al. (1986), Hum. Toxicol. 5: 249
69. HEGI, H. R., FLÜCK, H. (1957), Pharm. Acta Helv. 32: 57
70. HEISLER, E. G., SICILIANA, J., KALAN, E. B., OSMAN, S. F. (1981), J. Chromatogr. 210: 365
71. HUONG, L.T.T., VOTICKY, Z., PAULIK, V. (1981), Coll. Czech. Chem. Commun. 46: 1425
72. ISAMUKHAMEDOV, I. M. (1976), zit.: C. A. 86, 65653 k
73. ITO, S., FUKAZAWA, Y. MIYASHITA, M. (1976), Tetrahedron Lett. 36: 3161
74. JASPERSEN-SCHIB, R., FLÜCK, H. (1960), Pharm. Acta Helv. 35: 1
75. JELLEMA, R., ELLEEMA, E.T., MALINGRE, T. M. (1981), J. Chromatogr. 210: 121
76. JIA, Z., LI, W., LI, Y., YANG, L., ZHU, Z. (1983), Lanzhou Daxue Xuebao Ziran Kexueban 19 (Huaxue Jikan): 203, ref. C. A. 100: 99912 s
77. JONES, P. G., FENWICK, G. R. (1981), J. Sci. Food Agric. 32: 419
78. KANEKO, K., TERADA, S. (1977), Phytochemistry 16: 791
79. KEELER, R. F. (1978), in: Ü 56: 397
80. KEELER, R. F. (1986), in: Alkaloids: Chem. Biol. Perspect. (Ed. PELLETIER, S.W., John Wiley, Chicester) 4: 389

81. KEELER, R. F., YOUNG, S., BROWN, D. (1976), Res. Commun. Chem. Pathol. Pharmacol. 13: 723
82. KEELER, R. F. (1983), in: Ü 57: 1, 161
83. KEELER, R. F., STUART, L. D. (1987), Clin. Toxicol. 25: 273
84. KERSTAN, W. (1957), Pharm. Zentralhalle 96: 251
85. KETTMANN, V., PAVELCIK, F., MASTEROVA, I., TOMKO, J. (1985), Acta Crystallogr. Sect. C: Cryst. Struct. Commun. C41: 392
86. KHODOROV, B. I. (1983), Hoppe-Seylers Z. Physiol. Chem. 364: 624
87. KHODZHAEV, B. U., YUNUSOV, S. Y. (1982), Khim. Prir. Soedin. (1): 125
88. KHODZHAEV, B. U., SHAKIROV, R., YUNUSOV, S. Y. (1980), Khim. Prir. Soedin. (4): 130
89. KHODZHAEV, B. U., PRIMUKHAMEDOV, I. M., DZHABBAROV, A., YUNUSOV, S. Y. (1987), Khim. Prir. Soedin. (6): 919
90. KHODZHAEV, B. U., SHAKIROV, R., YUNUSOV, S. Y. (1971), Khim. Prir. Soedin. (4): 542
91. KHODZHAEV, B. U., PRIMUKHAMEDOV, I. M., YUNUSOV, S. Y. (1985), Khim. Prir. Soedin. (5): 718
92. KHODZHAEV, B. U., PRIMUKHAMEDOV, I. M., YUNUSOV, S. Y. (1986), Khim. Prir. Soedin. (5): 799
93. KRAYER, O. (1958), in: Veratrum Alkaloids in Pharmacology in Medicine (Ed.: DRILL, V. A., McGraw Hill, New York): 515
94. KRIENKE, E. G., VON MÜHLENDAHL, K. E., Notfallmedizin 4: 619
95. KRÜGER, Y., MATSCHULLAT, G. (1970), Prakt. Tierarzt 51: 235
96. KUCHKOVA, K. I., VOTICKY, Z., PAULIK, V. (1976), Chem. Zvesti. 30: 174
97. KUPCHAN, S, M. (1965), Science 150: 1827
98. KUPCHAN, S. M., ARNOLD, W. (1968), in: Ü 76, X: 193
99. KUPCHAN, S. M., ZIMMERMANN, J. H., AFONSO, A. (1961), J. Nat. Prod. 24: 1
100. KUSANO, G., TAKAHASHI, A., SUGIYAMA, K., NOZOE, S. (1987), Chem. Pharm. Bull. 35: 4862
101. LEE, J. H., KWON, J. T., CHO, B. H., CHOI, K. H., KIM, Y. J., KIM, J. B., KIM, C. S., CHA, Y. D., KIM, Y. S. (1989), Korean J. Pharmacol. 25: 53
102. MACHAIDZE, N. L., SIKHARULIDZE, I. S. (1982), Khim. Prir. Soedin. (5): 659
103. MACK, R. B. (1987), NC Med. J. 48: 258
104. MAEDA-HAGIWARA, M., WATANABE, K., WATANABE, H., SHIMIZU, M., KIKUCHI, T. (1984), J. Pharmacobio-Dyn. 7: 263
105. MAGA, J. A. (1980), CRC Crit. Rev. Food Sci. Nutr. 12: 371
106. MAGA, J. A. (1981), J. Food Process. Preserv. 5: 23
107. MAHLER, H. R., BAYLOR, M. B. (1967), Proc. Natl. Acad. Sci. USA 58: 256
108. MAHLER, H. R. (1970), Ann. New York Akad. Sci. 171: 783
109. MAHLER, H. R. (1964), J. Molec. Biol. 10: 157
110. MANGLA, M., KAMAL, R. (1989), Indian J. Exp. Biol. 27: 370
111. MARESCHI, J. P., BELLIOT, J. P., FOURLON, C., GEY, K. F. (1983), Int. J. Vitam. Nutr. Res. 53: 402
112. MASTEROVA, I., KETTMANN, V., TOMKO, J. (1986), Chem. Pap. 40: 385
113. MASTEROVA, I., TOMKO, J. (1978), Chem. Zvesti. 32: 116
114. MASTEROVA, I., KETTMANN, V., MAJER, J., TOMKO, J. (1978), Arch. Pharm. 315: 157
115. MATHE, I. Jr., MATHE, I. Sr. (1976), in: Biology and Taxonomy of Solanaceae, Linnean Society Symp. Series 7 (Ed.: HAWKES, J. G., LESTER, R. V., SHELDING, A. D., Linnean Society of London, Academic Press, London): 211
116. MONDY, N. J., CHANDRA, S. (1979), Hort. Sci. 14: 173
117. MONTOYA, C. M. A., MARTIN, G. L., RODRIGUEZ, S. R. (1983), Rev. Med. JMSS (Mexico) 21: 224
118. MORRIS, S. C., LEE, T. H. (1984), Food Technol. Australia 36: 118
119. MORRIS, S. C., PETERMANN, J. B. (1985), Food Chem. 18: 271
120. MOSTIN, M., VAN TITTELBOOM, T. (1984), J. Pharm. Belg. 39: 380
121. MYERS, C. W., DALY, J. W., MALKIN, B. (1978), Bull. Amer. Museum Natural History 161: 307
122. MYERS, C. W., DALY, J. W. (1983), Sci. Amer. 248: 120
123. NAIR, P. M., BEHERE, A. G., RAMASWAMY, N. K. (1981), J. Sci. Ind. Res. 40: 529
124. NAKANO, K., NISHIZAWA, K., MURAKAMI, K., TAKASHI, Y., TOMIMATSU, T. (1986), Phytochemistry 26: 301
125. NAKHATOV, I., SHAKIROV, R., YUNUSOV, S. Y. (1984), Khim. Prir. Soedin. (3): 395
126. NISHIE, K., FITZPATRICK, T. J., SWAIN, A. P., KEYL, A. C. (1976), Res. Commun. Chem. Pathol. Pharmacol. 15: 601
127. NISHIE, K., GUMBMANN, M. R., KEYL, A. C. (1971), Toxicol. Appl. Pharmacol. 19: 81
128. NISHIE, K., NORRED, W. P., SWAIN, A. P. (1975), Res. Commun. Chem. Pathol. Pharmacol. 12: 657
129. ORGELL, W. H., VAIDYA, K. A., DAHM, P. A. (1958), Science 128: 1136
130. OSMAN, S. F., HERB, S. F., FITZPATRICK, T. J., SCHMIEDICHE, P. (1978), J. Agric. Food Chem. 26: 1246
131. OWNELL, M. L., SIM, F. R. P., KEELER, R. F., HARNE, L. C., BROWN, K. S. (1990), Teratology 42: 105
132. PARK, Y. H., KIM, Y. S., CHO, B. H. (1983), Taehan Yakrihak Chapchi 19: 17, ref. C. A. 100: 167920 v
133. PARNELL, A., BHUVA, V. S., BINTCLIFFE, E. J. B. (1984), J. Natl. Inst. Agric. Bot. UK 16: 535
134. PETTIT, G. R., KAMANO, Y., DUFRESNE, C., INOUE, M. CHRISTIE, N., SCHMIDT, J. M., DOUBEK, D. L. (1989), Canad. J. Chem. 67: 1509
135. PETTIT, G. R., INOUE, M., KAMANO, Y., DUFRESNE, C., CHRISTIE, N., NIVEN, M. L., HERALD, D. L. (1988), J. Chem. Soc. Chem. Commun. 865
136. POETHKE, W., KERSTAN, W. (1958), Planta Med. 6: 430
137. POLSTER, H. (1953), Kinderärztl. Praxis 21: 208
138. RANDO, T. A., WANG, G. K., STRICHARTZ, G. R. (1986), Mol. Pharmacol. 29: 467

139. Reiter, M., Honerjäger, P. (1974), Arzneimittel-Forsch. 24: 290
140. Renwick, J. H., Charingbold, W. D. B., Earthy, M. E., Few, J. D., McLean, A. C. S. (1984), Teratology 30: 371
141. Renwick, J. H. (1972), Brit. J. Prev. Soc. Med. 26: 67
142. Ridout, C. L., Price, K. R., Coxon, D.T., Fenwick, G. R. (1989), Pharmazie 44: 732
143. Roddick, J. G. (1976), in: The Biology and Taxonomy of the Solanaceae, Linnean Society Symp. Series 7 (Ed.: Hawkes, J. G., Lester, R.V., Sheldin-g, A. D., Linnean Society of London, Academic Press, London): 223
144. Roddick, J. G. (1989), Phytochemistry 28: 2631
145. Roddick, A. B., Rijnenberg, A. L., Weissenberg, M. (1990), Phytochemistry 29: 1513
146. Roddick, J. G. (1986), in: Solanaceae, Biology and Systematics (Ed.: D'Arcy, W. G., Columbia University Press New York): 201
147. Rönsch, H. Schreiber, K. (1966), Liebigs Ann. Chem. 694: 169
148. Rönsch, H., Schreiber, K., Stubbe, . (1968), Naturwissenschaften 55: 182
149. Rönsch, H., Schreiber, K. (1966), Phytochemistry 5: 1227
150. Ross, A., Pasemann, P., Nitzsche, W. (1978), Z. Pflanzenzücht. 80: 64
151. Rubinfeld, R. S., Currie, J. N. (1987), J. Clin. Neuro-Ophthalmol. 7: 34
152. Rühl, R. (1951), Arch. Pharm. 284: 67
153. Salunkhe, D. K., Wu, M.T. (1979), J. Food Prot. 42: 519
154. Sander, H. (1956), Planta 47: 374
155. Sander, H. (1963), Planta Med. 11: 23
156. Sander, H., Alkemeyer, M., Hänsel, R. (1962), Arch. Pharm. 295: 6
157. Sander, H. (1963), Planta Med. 11: 303
158. Sander, H., Angermann, B. (1961), Tagungsbericht Nr. 27 Dtsch. Akad. der Landwirtschaftswissenschaften Berlin 163
159. Schreiber, K. (1966), Abh. Dtsch. Akad. Wiss. Berlin, Klasse Chemie, Geologie und Biologie 1966: 65 und 1971: 435
160. Schreiber, K. (1963), Kulturpflanzen 11: 422
161. Schreiber, K. (1963), Kulturpflanzen 11: 451
162. Schreiber, K. (1958), Planta Med. 6: 435
163. Schreiber, K. (1961), in: Die Kartoffel – Ein Handbuch I (Hrsg.: Schick, R., Klinkowsky, M., Berlin): 191
164. Schreiber, K. (1976), in: The Biology and Taxonomy of the Solanaceae, Linnean Society Symp. Ser. 7 (Eds.: Hawkes, J. G., Lester, R.V., Shelding, A. D., Academic Press, London): 193
165. Schreiber, K., Rönsch, H. (1965), Arch. Pharm. 298: 285
166. Schreiber, K. et al. (1961), Tagungsbericht Nr. 27 der Dtsch. Akad. der Landwirtschaftswissenschaften Berlin
167. Schreiber, K., Ripperger, H. (1962), Z. Naturforsch. 17B: 217
168. Schreiber, K., Rönsch, H. (1965), Arch. Pharm. 298: 285
169. Schreiber, K., Hammer, U., Ithal, E., Ripperger, H., Rudolph, W., Weisenborn, A. (1961), Tagungsbericht Nr. 27 der Dtsch. Akad. der Landwirtschaftswissenschaften Berlin: 47
170. Schwardt, E. (1982), Veröff. Arbeitsgemein. Kartoffelforsch. 4: 48
171. Seeliger, J. (1956/57), Arch. Toxicol. 16: 16
172. Shakirov, R., Yunusov, S.Y. (1980), Khim. Prir. Soedin. (1): 3
173. Shakirov, R., Yunusov, S.Y. (1983), Khim. Prir. Soedin. (1): 116
174. Sharma, S. C., Chand, R., Sati, O. P. (1982), Pharmazie 37: 870
175. Sharma, S. C., Chand, R., Sati, O. P., Sharma, A. K. (1983), Phytochemistry 22: 1241
176. Sizer, C. E., Maga, J. A., Craven, C.J. (1980), J. Agric. Food Chem. 28: 578
177. Swinyard, C. A., Chaube, S. (1973), Teratology 8: 349
178. Taskhanova, E. M., Shakirov, R. (1981), Khim. Prir. Soedin. (3): 404
179. Terbrüggen, A. (1936), Samml. von Vergiftungsfällen 609
180. Tetzner, M., Oberdisse, U. (1983), Pädiatr. Praxis 28: 267
181. Thorne, H.V., Clarke, G. F., Skuce, R. (1985), Antiviral Res. 5: 335
182. Tingey, W. M. (1984), Am. Potato J. 61: 157
183. Tomko, J. (1960), Vortragstagung Biochemie und Physiologie der Alkaloide, Halle, Abstracts
184. Tomko, J., Vassova, A. (1981), Farmaceut. Obzor 50: 115
185. Tomko, J., Voticky, Z. (1978), Symp. Pap. IUPAC Int. Symp. Chem. Nat. Prod. 11th 2 Part 1: 260
186. Ugent, D. (1970), Science 170: 1161
187. van Soest, H., Gotink, W. M., van de Vooren, L. J. (1965), Tijschr. Dier-Geneeskunde 90: 387
188. van Gelder, W. M. J., Vinke, J. H., Scheffer, J. J. C. (1988), Euphytica Suppl. 147
189. Vincent, D., Mathon, T. (1945), C. R. Hebd. Seances Acad. Sci. 220: 474
190. Vo Hong, N., Bernath, J., Tetenyi, P., Zambo, I. (1977), Herba Hung. 16: 55
191. Voticky, Z., Bauerova, O., Paulik, U. (1975), Coll. Czech. Chem. Comm. 40: 3055
192. Voticky, Z., Bauerova, O., Paulik, V. (1976), Chem. Zvesti. 30: 351
193. Weller, L. E., Redemann, C.T., Gottshall, R.Y., Roberts, J. M., Lucas, E. H., Sell, H. M. (1953), Antibiot. Chemother. 3: 603
194. Watanabe, H., Watanabe, K., Shimadzu, M., Kikuchi, T., Liu, Z. (1986), Planta Med. 52: 56
195. Wiegrebe, W. (1974), Arzneimittel-Forsch. 24: 288
196. Willuhn, G., Köthe, U. (1983), Arch. Pharm. 678
197. Willuhn, G., May, S., Merfost, I. (1982), Planta Med. 46: 99
198. Willuhn, G., Kun-Anake, A. (1970), Planta Med. 18: 354

199. WILLUHN, G. (1967), Planta Med. 15: 58
200. WILLUHN, G. (1968), Planta Med. 16: 462
201. WITKOP, B. (1971), Experientia 27: 1121
202. WOLTERS, B. (1965), Planta Med. 13: 2
203. WOLTERS, B. (1964), Naturwissenschaften 51: 111
204. WU, M.T., SALUNKHE, D.K. (1976), J. Amer. Soc. Hortic. Sci. 101: 329
205. WÜNSCH, A. (1989), Chem. Mikrobiol. Technol. Lebensm. 12: 69
206. ZHAO, W., CHEN, J., GUO, X., XU, L., SUN, N. (1987), Zhongyao Tongbao 12: 34, ref. C.A. 106: 195343 s
207. ZITNACK, A., FILADELFI-KESZI, M.A. (1988), J. Food Biochem. 12: 183

Mit Ü gekennzeichnete Zitate siehe Kap. 43.

38 Peptide und Proteine

Peptide sind ketten- oder ringförmige Oligomere oder Polymere amidartig verknüpfter Aminosäuren. Kommen neben Amidbindungen, bei Peptiden als Peptidbindungen bezeichnet, noch andere Arten der Verknüpfung im Molekül vor, spricht man von heterodeten Peptiden. Zu ihnen gehören die Depsipeptide, die neben Peptidbindungen auch Esterbindungen aufweisen.

Nach der Anzahl der am Aufbau beteiligten Aminosäuren bezeichnet man sie als Di-, Tri-, Tetra-, Penta-, Hexa-, Hepta-, Octa-, Nona-, Deca-, Undecapeptide usw. Diese Art der Kennzeichnung wird bei einer großen Anzahl von Aminosäuren durch Zahlenangaben abgelöst. Hochmolekulare Peptide, gewöhnlich ab 100 Aminosäuren oder von einer relativen Molmasse von 10000 an, nennt man Proteine.

Peptide bezeichnet man meistens, Proteine immer mit Trivialnamen. Semitrivialnamen werden ebenfalls gebildet. So bedeutet beispielsweise [Thr^6]Bradykinin, daß es sich um einen Abkömmling des Bradykinins handelt, das in Position 6 einen Threoninrest enthält.

Die Primärstruktur, d. h. die Sequenz der Aminosäuren in Peptiden und Proteinen, gibt man unter Gebrauch des Drei- oder Einbuchstabencodes an. Als Dreibuchstabensymbole werden für die proteinogenen Aminosäuren die ersten 3 Buchstaben des Trivialnamens der Aminosäure benutzt, z. B. für L-Alanin Ala. Ausnahmen bilden Tryptophan (Trp), Isoleucin (Ile), Asparagin (Asn) und Glutamin (Gln). Bei den Einbuchstabensymbolen steht, da mehrere proteinogene Aminosäuren mit dem gleichen Anfangsbuchstaben beginnen, nur für die aliphatischen Monoaminomonocarbonsäuren, Prolin und Histidin der Anfangsbuchstabe (Tabelle 38-1). Dabei wird vorausgesetzt, daß es sich um L-Aminosäuren handelt. Nur D-Aminosäuren werden besonders gekennzeichnet (z. B. D-Ala).

Das N-terminale Ende (freie-α-Aminogruppe) wird stets links geschrieben. Dort beginnt man auch mit der Numerierung. Das C-terminale Ende (freie Carboxylgruppe) steht rechts. Bei vielen Peptidtoxinen befindet sich dort eine Amidogruppe, sie wird, wie auch andere Substituenten, gesondert angegeben (z. B. . . . Ala-Gly-NH_2).

Bei Oligopeptiden und Proteinen ist für die physiologische Wirkung neben der Primärstruktur auch die räumliche Anordnung der Kette verantwortlich. Unter Sekundärstruktur versteht man die Anordnung der Molekülkette, die durch Bindungswinkel und die Drehbarkeit um die Bindungsachsen zugelassen und durch nebenvalente Bindungen, besonders Wasserstoffbrücken, zwischen benachbarten Aminoacylresten stabilisiert wird. Wichtige Kettenkonformationen sind die α-Helix, eine Peptidwendel mit etwa 3,6 Aminosäureresten pro Windung, und die β-Faltblattstruktur, die bei Wechselwirkung von zwei parallel oder antiparallel aneinander gela-

Tab. 38-1: Einbuchstabensymbole für die proteinogenen Aminosäuren

Einbuchstabencode	Dreibuchstabencode	Dreibuchstabencode	Einbuchstabencode
A	Ala	Ala	A
C	Cys	Asn	N
D	Asp	Asp	D
E	Glu	Arg	R
F	Phe	Cys	C
G	Gly	Gln	Q
H	His	Glu	E
I	Ile	Gly	G
K	Lys	His	H
L	Leu	Ile	I
M	Met	Leu	L
N	Asn	Lys	K
P	Pro	Met	M
Q	Gln	Phe	F
R	Arg	Pro	P
S	Ser	Ser	S
T	Thr	Thr	T
V	Val	Trp	W
W	Trp	Tyr	Y
Y	Tyr	Val	V

gerten Molekülkettenabschnitten entsteht. Durch Wechselwirkung weiterer, bei der Ausbildung der Sekundärstruktur nicht beanspruchter nebenvalenter Bindungskräfte kommt es zu einer Verknäuelung der Kette (Tertiärstruktur), die durch die Ausbildung von S-S-Brücken unterstützt werden kann. Unter Quartärstruktur versteht man die Anzahl und Anordnung verschiedener Proteinmoleküle in einem Proteinaggregat, aufgebaut aus mehreren Polypeptiden.

Physiologisch wirksame Peptide und Proteine tragen Adressen, d. h. sie binden an bestimmten Rezeptoren von bestimmten Zellen oder direkt an der Zellmembran. Darüber hinaus verfügen sie über verschlüsselte Botschaften, die ihre Wirkung auf die Zelle bestimmen. Beide Informationen sind entweder in aus mehreren benachbarten Aminoacylresten bestehenden Teilsequenzen enthalten (sychnologische Organisationsform) oder häufiger in Aminoacylresten, die, erst bei einer bestimmten Sekundär- und Tertiärstruktur nebeneinander gelagert, das die Informationen tragende Muster bilden (rhenylogische Organisationsform). Die informationstragenden und die zur Gewährleistung einer für die Wirkung erforderlichen Raumstruktur notwendigen Aminoacylreste sind in allen Toxinen mit derselben Wirkung gleich. Andere Reste sind variabel, so daß zahlreiche Isotoxine gleicher Wirkung, aber mit abweichender Primärstruktur, auftreten können (z. B. Abb. 42-9).

Die Biogenese kleinmolekularer Peptide, z. B. des Melittins oder der Peptide in den Sekreten der Froschhaut, erfolgt durch limitierte Hydrolyse von Protoxinen bzw. Praeprotoxinen (2). Bei einigen kurzkettigen Vertretern scheint auch eine direkte Biosynthese möglich zu sein.

Aufgrund der riesigen Mannigfaltigkeit möglicher Peptid- und Proteinstrukturen sind die pharmakologischen Wirkungen exogener Peptide und Proteine auf den menschlichen und tierischen Organismus sehr verschieden. Einige von ihnen sind durch ihre Lyobipolarität (Cluster hydrophiler und lipophiler Aminosäuren enthaltend) zur Wechselwirkung mit den lyobipolaren Membranbausteinen, z. B. den Glycerophosphatiden, fähig. Sie lagern sich in die Membran ein, bilden Membranporen oder treten hemmend oder fördernd mit Ionenkanälen in Wechselwirkung. Andere reagieren mit Rezeptorstrukturen der Zelle und üben blockierende oder aktivierende Effekte auf die Rezeptoren aus. Einige Peptide oder Proteine nutzen die Fähigkeit von Zellen zur Endocytose aus. Sie lagern sich an Oligosaccharid- oder Lipidstrukturen der Zellmembran an und werden von den Zellen aufgenommen. Häufig sind derartige Proteotoxine ähnlich wie die toxischen Lectine aus einem Haptomer und dem enzymatisch wirksamen Toxomer aufgebaut. Besonders die Peptidtoxine aktiv giftiger Tiere sind auch Enzyme und zerstören extrazelluläre Moleküle oder greifen, unterstützt durch nichtenzymatische Toxine, die Zellmembran an.

Peptide und Proteine werden in der Regel nur in Spuren resorbiert und im Verdauungstrakt rasch durch körpereigene Endo- oder Exopeptidasen abgebaut. Sie sind peroral appliziert meistens wirkungslos. Aktiv giftige Tiere bringen sie durch Giftapparate in den Körper ein. Einige Peptide und Proteine scheinen jedoch dem Abbau zu entgehen und gelangen durch einen Endocytosemechanismus zur Resorption, z. B. einige cyclische Peptide, wie die Amatoxine, oder lectinartige Verbindungen, z. B. Lectine und Bakterientoxine (3).

Der Körper bildet gegen Polypeptide oder Proteine, die in das Gewebe oder die Blutbahn gelangen, Antikörper. Folgen bei häufigem Kontakt können Immunität oder aber das Auftreten allergischer Reaktionen sein. Die Antikörperbildung kann zur Produktion spezifischer Antiseren ausgenutzt werden.

Peptid- und Proteotoxine kommen bei Mikroorganismen (Kap. 39), Pilzen (Kap. 40), und Tieren (Kap. 42) vor. Bei höheren Pflanzen waren bisher nur toxische Lectine als Vertreter dieser Gruppe bekannt (Kap. 41). 1986 wurde von LEUNG und Mitarbeitern (1) aus den Brennhaaren von *Laportea moroides* WEDD. (Urticaceae), einem im australischen Queensland vorkommenden Strauch, das Moroidin, ein tricyclisches Octapeptid, isoliert. Es ist eines der Toxine, das die äußerst schmerzhaften, bisweilen zum Tode führenden Erscheinungen nach Kontakt mit dieser Pflanze auslöst (1).

38.1 Literatur

1. LEUNG, T. W. C., WILLIAMS, D. H., BARNA, J. C. J., FOTI, S., OELRICH, P. B. (1986), Tetrahedron 42: 3333
2. MOR, A., DELFOUR, A., SAGAN, S., AMICKE, M., PRADELLES, P., ROSSIER, J., NICOLAS, P. (1989), FEBS Lett. 255: 269
3. PUSZTAI, A. (1989), Adv. Drug Delivery Rev. 3: 215

39 Peptid- und Proteotoxine als Gifte der Mikroorganismen

39.1 Peptid- und Proteotoxine der Bakterien

39.1.1 Allgemeines

Obwohl Bakterientoxine teilweise bereits vor etwa 100 Jahren entdeckt wurden, so das Diphtherietoxin 1888 durch ROUX und YERSIN, das Tetanustoxin 1890 durch FABER und das Botulinumtoxin 1895 durch VAN ERMEGEN (6), begann die intensive Erforschung ihrer Struktur und ihrer Wirkungsmechanismen erst vor ungefähr 25 Jahren (zur Geschichte: 6).

Heute sind etwa 220 Bakterientoxine bekannt. 105 von ihnen stammen aus grampositiven, 115 aus gramnegativen Bakterien. Von ihnen sind über 100 gut charakterisiert, von über 50 ist die Primärstruktur aufgeklärt. Einige sind Bestandteile der Zellwand der Mikroorganismen, wesentlich mehr werden an das Medium abgegeben. Die zellwandgebundenen Bakterientoxine, die Lipopolysaccharide sind, werden als Endotoxine bezeichnet. Exotoxine sind sezernierte oder bei Lyse der Bakterienzelle freigesetzte intrazelluläre Peptide oder Proteine. Nach Wirkung und Wirkungsort kann man die Bakterientoxine u. a. einteilen in Enterotoxine, Neurotoxine und Cytotoxine.

Darüber hinaus werden von Bakterien auch andere Giftstoffe produziert, z. B. Tetrodotoxine (Kap. 28.2) und Gonyautoxine (Kap. 34.2).

39.1.2 Bakterielle Endotoxine

Endotoxine sind Bestandteile der äußeren Regionen der Zellwand gramnegativer Bakterien. Sie sind als amphiphile Moleküle wesentlich an der Barrierefunktion der bakteriellen Zellwand beteiligt. Gegen sie sind die bei bakteriellen Infektionen gebildeten Antikörper gerichtet. Deshalb bezeichnet man sie auch als O-Antigene (Oberflächen-Antigene). In geringem Maße werden sie von der intakten Zelle an das Medium abgegeben, größtenteils jedoch erst bei Lyse freigesetzt.

Sie sind Lipopolysaccharide (LPS). Ihre Molmasse liegt zwischen 10 000 und 90 000. Sie sind hitzestabil und können mehrere Stunden auf 120° C erhitzt werden, ohne ihre Toxizität zu verlieren. Sie sind aus einem hydrophilen und einem lipophilen Teil aufgebaut. Der hydrophile Teil ist ein Polysaccharid, das aus der O-spezifischen Kette und dem Kernoligosaccharid besteht. Daran schließt sich eine Lipidkomponente, das Lipoid A, an, so daß sich folgendes Bild ergibt: O-spezifische Kette → Kernoligosaccharid → Lipoid A.

Die O-spezifische Kette (O-specific chain) besteht aus mehreren sich wiederholenden Oligosaccharideinheiten, die aus bis zu 5 Monosacchariden aufgebaut sind. Als Zuckerbausteine wurden Pentosen, Hexosen und Heptosen, Desoxy- und Aminozucker sowie Uronsäuren und Aminouronsäuren gefunden, die an den Hydroxylgruppen methyliert, acetyliert oder phosphoryliert sein können. Ihre Struktur ist für einen bestimmten Serotyp eines Bakteriums spezifisch. Heute sind die Strukturen der O-Ketten von über 100 Serotypen bekannt.

Die Strukturen der Kernoligosaccharide (core oligosaccharids) zeigen eine wesentlich geringere Variabilität. Sie sind z. B. für alle *Salmonella*-Wildspezies identisch oder nahe verwandt. Sie sind aus Glucose, Galaktose und N-Acetyl-glucosamin aufgebaut. Ihre Lipoid-A-proximale Region ist durch die ungewöhnliche Ketose 3-Desoxy-D-manno-2-octulosonsäure (KDO) gekennzeichnet, die ebenfalls als Antigendeterminante dienen kann. Meistens werden jedoch nur Antikörper gegen die O-Kette gebildet, da die übrigen Molekülteile im intakten Lipopolysaccharid maskiert sind.

Das Lipoid A, das endotoxische Prinzip der Lipopolysaccharide, enthält ein biphosphoryliertes Disaccharid, das aus 2 $\beta(1\rightarrow 6)$-verknüpften D-Glucosaminresten aufgebaut ist. Dieses Disaccharid ist mit 5 bis 6 Molekülen ester- oder amidartig gebundenen 3-Hydroxy-fettsäureresten verknüpft, die ihrerseits an ihren Hydroxylgruppen mit Fettsäuren verestert sein können (15, 55, 56, 98, 99, 100).

Die Lipopolysaccharide wirken vorwiegend indirekt, indem sie Makrophagen und mononukleäre Zellen des Wirtsorganismus zur Freisetzung endogener Mediatoren anregen, z. B. von Interleukinen, Leukotrienen und Tumornekrosefaktoren (15, 99). Die toxischen Effekte der Lipopolysaccharide resultieren aus den Wirkungen der freigesetzten Faktoren. Schon die Injektion sehr kleiner Mengen von Lipopolysacchariden (1–2 ng/kg, i. v.) führt beim Menschen zu Fieber (Pyrogene!), Schüttelfrost, Nausea, Erbrechen, Veränderungen im weißen Blutbild, Verbrauchskoagulopathie, Schockzuständen und eventuell zum Tod. An der Injektionsstelle kommt es zu hämorrhagischen Reaktionen, bei wiederholter Injektion zur Nekrosebildung (SANARELLI-SHWARTZMAN-Phänomen). Peroral aufgenommene Lipopolysaccharide lösen auch in hohen Konzentrationen keine Vergiftungssymptome aus (63).

Die LD_{50}-Werte für das Lipopolysaccharid von *Pseudomonas aeruginosa* variieren sehr stark (20–450 μg/kg bei empfindlichen Tieren, 92).

Erwähnt seien auch die für den Wirtsorganismus günstigen Wirkungen der Lipopolysaccharide. Dazu gehören ihre immunstimulatorischen Aktivitäten und die durch sie ausgelöste Steigerung der Resistenz gegenüber bakteriellen Infektionen (99).

Struktur-Wirkungs-Untersuchungen machen deutlich, daß eine maximale endotoxische Wirksamkeit von einem Molekül ausgeübt wird, das ein β-1,6-verknüpftes D-Glucosamin-Disaccharid enthält, an das zwei Phosphatreste sowie mindestens fünf und höchstens sechs Fettsäuregruppen in definierter Anordnung gebunden sind. Die Anwesenheit einer 3-Acyloxyacyl-Struktur ist essentiell. Schon kleine Modifikationen reduzieren die Wirksamkeit (99).

Für den Menschen werden die Lipopolysaccharide vor allem bei Infektionen mit gramnegativen Bakterien als Antigene positiv wirksam. Bei nicht ausreichender Abwehr werden sie jedoch bei bakteriolytischen Prozessen freigesetzt und tragen wesentlich zum Krankheitsgeschehen (Sepsis mit Fieber und Kreislaufversagen) bei (98).

Injektions- und Infusionslösungen müssen vor Applikation an den Patienten auf Freiheit von LPS geprüft worden sein. Aufgrund fehlender oder geringer Resorption aus dem Gastrointestinaltrakt ist das Vorkommen der Endotoxine in Lebensmitteln nicht von toxikologischer Bedeutung (63).

Bei grampositiven Bakterien besteht die Zellwand zu 50–80% aus Peptidoglykanen. Lipopolysaccharide fehlen. Die Peptidoglykane sind ebenfalls immunogen und können, wenn auch erst in wesentlich höheren Konzentrationen als die Lipopolysaccharide, Vergiftungserscheinungen auslösen (100).

Zu ihnen gehören wie bei den Lipopolysacchariden Fieber (erst nach 100–10 000 × höheren Dosen), Entzündungserscheinungen, Thrombocytopenie und Leukocytopenie, Hämorrhagien und Nekrosen an den Injektionsstellen. In Abhängigkeit von der Struktur des Polysaccharidanteils können die Toxine im Gewebe persistieren und chronische Entzündungen, z. B. Carditis und Synovitis, hervorrufen. Gut untersucht sind die Effekte auf das Immunsystem. Die Peptidoglykane aktivieren das Complementsystem und die Makrophagen, lysieren Thrombocyten, wirken mitogen auf Lymphocyten, erhöhen die unspezifische Resistenz gegenüber bakteriellen Infektionen und beeinflussen die Blutzellbildung. Sie können als Adjuvanzien eingesetzt werden (24).

Für den Menschen können die Endotoxine der grampositiven Bakterien bei nicht ausreichender Abwehr und Behandlung von Infektionen mit den entsprechenden Erregern ebenfalls eine erhebliche Gefährdung darstellen.

Eine therapeutische Nutzung der immunmodulatorischen und resistenzsteigernden Eigenschaften der Endotoxine ist wegen der toxischen Nebenwirkungen bis jetzt nicht möglich. In Diagnostik und experimenteller Medizin finden sie jedoch Anwendung.

39.1.3 Bakterielle Exotoxine

39.1.3.1 Allgemeines

Exotoxine sind Polypeptide oder Proteine. Ihre Molmassen liegen zwischen 3000 (Staphylococcen-δ-Lysin) und 216 000 (Bordetella-Adenylatcyclasetoxin). Sie werden in der Bakterienzelle gebildet und entweder sezerniert oder bei Lyse des Bakteriums frei.

Viele Exotoxine treten zunächst in Form von einkettigen Pro-Toxinen auf, die durch limitierte Proteolyse in 2kettige Toxine übergehen, deren Ketten durch S-S-Brücken miteinander verbunden sind (A/B-Modell für Proteotoxine, z. B. beim Choleratoxin, Botulinumtoxin, Tetanustoxin, Pertussistoxin, Bordetella-Adenylatcyclasetoxin, bei Shigatoxinen). Ihr Wirkungsort liegt in der eukaryontischen Zelle. Daher müssen sie durch Endocytose aufgenommen werden und danach aus den dabei gebildeten Endocytosevesikeln (Endosomen) ins Cytoplasma «entkommen». Zur Ermöglichung der Aufnahme wird eine der Ketten des Holotoxins, das Haptomer (B-Kette), an einen Zellrezeptor gebunden und das Toxin anschließend phagocytiert. Durch säureabhängige kanalbildende Prozesse, vermittelt durch die B-Kette, befreit sich das Toxin aus dem Endosom. Auch eine durch die B-Ketten vermittelte Bildung von Poren in der Zellmembran diskutiert man. Nach der Aufnahme wird die meistens enzymatisch aktive A-Kette durch reduktive Lösung der S-S-Brücke abgespalten und kann ihr zerstörerisches Werk in der Zelle beginnen. Bei einigen Toxinen wird die A-Kette in einen enzymatisch aktiven Teil (A_1) und einen inaktiven Teil (A_2) zerlegt (43).

Für die Toxine von *Bacillus anthracis*, den Erreger des Milzbrandes, postuliert man einen etwas anderen Aufnahmemechanismus. Der Erreger produziert 3 Faktoren, den Ödemfaktor (edema factor, EF, eine Calmodulin abhängige Adenylatcyclase), den Letalfaktor (LF) und das protektive Antigen (PA). PA bildet aufgrund seiner Lyobipolarität Poren in der Targetzelle und ermöglicht den anderen Faktoren den Eintritt (12).

Die enzymatische Aktivität der eingewanderten toxischen Proteine kann, z. B. bei Diphtherietoxin, Pseudomonas-aeruginosa-Exotoxin A, Choleratoxin, hitzelabilen Enterotoxinen von *Escherichia coli*, Pertussistoxin und den Botulinum-Toxinen C_1 sowie C_2, den Transfer von Adenosindiphosphatribosyl-Resten von NAD auf Targetproteine katalysieren. Beim Diphtherie- bzw. Pseudomonastoxin erfolgt diese Übertragung auf den für die Proteinbiosynthese notwendigen Elongationsfaktor 2 (EF 2), beim Choleratoxin auf ein von Guanylat abhängiges Regulatorprotein (G-Protein) der Adenylatcyclase. Dadurch werden diese Proteine inaktiviert. Das Bordetella-Adenylatcyclasetoxin und das Bacillus-anthracis-EF-Toxin sind Adenylatcyclasen. Sie lösen intrazellulär eine Überschwemmung mit dem «second messenger» cAMP und damit einen völligen Regulationsverlust der betroffenen Zellen aus. Die A_1-Kette der Shigatoxine (Veratoxine, von *Shigella dysenteriae*) und der Shigella-ähnlichen-Toxine (shigella toxin like, STL) von Stämmen von *E. coli, Salmonella typhimurium* und *Campylobacter jejuni* inaktiviert enzymatisch die 60 S-Unterheit der Ribosomen (60, 87, 97).

Andere Toxine dringen nicht in die Targetzelle ein. Sie wirken aufgrund ihres lyobipolaren Charakters an der Zellmembran und heben deren Barrierefunktion auf (Streptolysin O, Streptolysin S, Alveolysin, δ-Toxin von *Clostridium perfringens*, Bacillus-cereus-α-Hämolysin, Staphylococcen-α-Toxin). Weitere binden an membranständige Proteine. So stimulieren die hitzestabilen Enterotoxine von *E. coli* die Guanylatcyclase, und die Enterotoxine der Staphylococcen führen durch Wechselwirkungen mit einem T-Zellrezeptor zu überschießenden Reaktionen der T-Zellen. Das α-Toxin von *Clostridium perfringens*, des Gasbranderregers, ist eine letal wirkende Phospholipase C.

Häufig, aber keineswegs immer, sind die genetischen Informationen für die Exotoxinbildung auf Plasmiden oder auf einer Phagen-DNA, die als Prophage an die Bakterien-DNA angeheftet ist, enthalten. In derartigen Fällen sind nur Stämme toxogen, die ein solches Plasmid oder einen derartigen Prophagen (lysigene Stämme) enthalten (125).

Einige gut untersuchte Bakterien-Exotoxine sollen hier näher beschrieben werden.

39.1.3.2 Enterotoxine von *Staphylococcus aureus*

Enterotoxine sind in der Regel Exotoxine. Sie werden von ihren Produzenten in das menschliche Darmlumen abgegeben oder auf Lebensmitteln außerhalb des menschlichen Körpers gebildet und mit den Nahrungsmitteln aufgenommen. Ihr Wirkungsort ist der Darm. Sie sind Hauptursache vieler sog. Lebensmittelvergiftungen. Produzenten von Enterotoxinen sind u. a. verschiedene Stämme von *Staphylococcus aureus, Streptococcus faecalis, Clostridium perfringens, Escherichia coli* und *Vibrio cholerae* (82).

S. aureus ist ein kugelförmiges, grampositives, fakultativ anaerobes und fakultativ pathogenes Bakterium. Verschiedene seiner Stämme sind durch die Bildung von Enterotoxinen, von α-Toxin (α-Hämolysin) und einer hitzestabilen Nuclease (DNA und RNA spaltende Phosphodiesterase) ausgezeichnet. Die Vermehrung der Bakterien und die Toxinbildung sind bei Temperaturen zwischen 7–45° C möglich.

Die Enterotoxinbildung erfolgt, hohe Besiedlungsdichte (10^5–10^6 Keime/g) vorausgesetzt, auf Lebensmitteln außerhalb des menschlichen Organismus. Die Vergiftungen sind also Folgen einer Aufnahme der Toxine mit der Nahrung, nicht die einer Infektion. Die Kontaminationsquellen sind Arbeitskräfte in der Lebensmittelindustrie, die das Bakterium auf der Haut (z. B. bis zu 10^5 Keime an einer Hand, auch nach dem üblichen Waschen), in kleinen Eiterpusteln, im Nasen-Rachen-Raum oder im Darm beherbergen. Auch Fliegen, Schaben und Ameisen können Überträger sein. Hauptsubstrate sind Milch und Milchprodukte, Speiseeis, Fleisch, Wurstwaren, Fischpräserven, Kartoffelsalat, Krems in Konditorwaren und Gemüseprodukte (48, 115, Ü 92).

Die Enterotoxine sind wasserlöslich, resistent gegen Trypsin und relativ hitzestabil. 30 min bei 95° C und 20 min bei 121° C führen nicht zur vollständigen Inaktivierung. Es sind 7 Toxin-Typen bekannt: A, B, C_1, C_2, C_3, D und E (SEA, SEB, SEC1, SEC2, SEC3, SED, SEE). Haupttoxine in kontaminierten Lebensmitteln sind die Typen A und B, bei nosokomialen Infektionen herrscht der Typ B vor. Die Molekülmassen liegen zwischen 27000 und 35000. Die bei allen diesen Toxinen mehr oder weniger ähnliche Sequenz der etwa 230 Aminosäurereste ist bekannt. In den Molekülen dominieren β-Faltblattstrukturen (42, 48, 58, 74, 110, 111, Ü 92).

Zur Auslösung von Vergiftungserscheinungen sind alle 7 Toxin-Typen in der Lage. Sie bilden zunächst Komplexe mit Proteinen des MHC (major histocompatibility complex)-II-Systems. Diese stimulieren über spezifische Wechselwirkungen mit den Vβ-Rezeptoren einen großen Teil der T-Zellen zur Teilung und zur Produktion von Lymphokinen, z. B. von Interleukin-2 oder Tumornekrosefaktor. Außerdem werden durch die Reaktion der Toxine mit auf Makrophagen oder Mastzellen befindlichen MHC-Proteinen auch diese Zellen zur Mediatorfreisetzung veranlaßt. Einige Vergiftungssymptome, z. B. die Schockzustände, lassen sich somit, ähnlich wie bei den Endotoxinen (Kap. 39.1.2), durch das Wirksamwerden endogener Faktoren erklären. Schwieriger zu deuten ist das Zustandekommen der gastrointestinalen Erscheinungen. Vielleicht spielt hier die lokal konzentrierte Mediatorfreisetzung aus Mastzellen und T-Zellen im Darm eine Rolle (74).

Beim Menschen genügt bereits die Aufnahme von 20–25 μg reinem Enterotoxin B, um Vergiftungssymptome hervorzubringen (Ü 92). Kurze Zeit (1–6 h) nach Verzehr der enterotoxinhaltigen Speisen kommt es zu Übelkeit, Erbrechen, Durchfall, Leibschmerzen und Kreislaufbeschwerden. Fieber tritt nicht auf. In der Regel gehen die Symptome innerhalb einiger Stunden zurück und sind nach spätestens einem Tag verschwunden. Schwere Intoxikationen und Todesfälle sind sehr selten und treten nur bei geschwächten Personen auf (48, 115, Ü 92).

Vergiftungen durch die Enterotoxine von Staphylococcen stehen in bezug auf die Häufigkeit ihres Auftretens nach den durch *Salmonella*-Arten ausgelösten mit an der Spitze der mikrobiell bedingten Lebensmittelintoxikationen (7). Oftmals sind Familien betroffen, die Anzahl der Erkrankten, z. B. in Eßgemeinschaften, kann aber auch mehrere Hundert betragen (42, 65, 115, Ü 92).

Die Vergiftungen lassen sich am ehesten dadurch vermeiden, daß die Übertragung von Staphylococcen vom Menschen auf die Lebensmittel verhindert wird (u. a. Lebensmittel möglichst wenig mit den Händen berühren, 115).

Das α-Toxin von *S. aureus* ist wegen seiner membranzerstörenden Wirkung ein wesentlicher Virulenzfaktor bei Infektionen des Menschen durch *S. aureus*, die z. B. zu Furunkeln, Tonsillitis, Konjunktivitis, Mastitis und Kolpitis führen. Es ist ein basisches Protein mit einer Molmasse von 33000. Seine Aminosäuresequenz weist 3 kurze hochhydrophobe Cluster auf, die seine Oberflächenaktivität bedingen. Es läßt sich aufgrund seiner hämolytischen Aktivität leicht nachweisen (10, 117).

Bei Staphylococcen-Infektionen kann auch das «toxic shock syndrome toxin» (TSST 1, SEF) gebildet werden (M_r etwa 23000, 42, 74). Es ist verantwortlich für das «toxic shock syndrom», das erstmals 1978 nach Infektionen mit *S. aureus* beschrieben wurde und durch Erbrechen, Durchfall, hohes Fieber, Blutdruckabfall, Nieren- und Kreislaufversagen charakterisiert ist (42).

39.1.3.3 Enterotoxine von *Clostridium perfringens*

Clostridium perfringens (siehe S. 553, Bild 39-1) ist ein grampositives, stäbchenförmiges, sporenbildendes, anaerobes Bakterium, das im Gegensatz zu anderen Clostridien unbegeißelt ist. Es vermag sich in vielen Lebensmitteln bei Temperaturen zwischen 20 und 50° C und bei niedrigen Sauerstoffpartialdrükken rasch zu vermehren. Aufgrund der gebildeten Toxine unterscheidet man über 10 Typen, gekennzeichnet durch Großbuchstaben. Enterotoxine werden vorwiegend von den A-Typen erzeugt, die im Gegensatz zu jenen Typen, die den Gasbrand verursachen, nur Spuren von α-Toxin bilden. Kontaminationsquellen sind Staub, Wasser, Erdpartikel und Faeces von Mensch und Tier. Das häufige Vorkommen in der Wurst wird auf die Verwendung von Naturdärmen zurückgeführt. Substrate sind besonders Fleischprodukte, darunter Geflügel, seltener Fisch, Milchprodukte und Gemüse. Die Toxine werden im Dünndarm des Menschen gebildet. Sie werden nach Lyse der Bakterienzellen freigesetzt.

Die Toxine sind Proteine. Die Molmasse beträgt 36000 ± 4000. Sie werden bei 60° C zerstört. Gegen Trypsin sind sie resistent (Ü 92).

Die durch *Clostridium perfringens* Typ A verursachten Gastroenteritiden treten sehr häufig auf. Sie beginnen nach einer Inkubationszeit von 8–24 Stunden, sind leichter Natur und werden meistens schnell überwunden. Zu den Vergiftungssymptomen gehören Diarrhoe, Abdominalschmerzen, eventuell

Bild 37-6: *Buxus sempervirens*, Gemeiner Buchsbaum

Bild 37-7: *Pachysandra terminalis*, Pachysandra

Bild 37-8: *Phyllobates terribilis* (Pfeilgiftfrosch)

Bild 37-9: *Phyllobates vittatus* (Pfeilgiftfrosch)

Bild 37-10: *Salamandra salamandra salamandra*, Gefleckter Feuersalamander

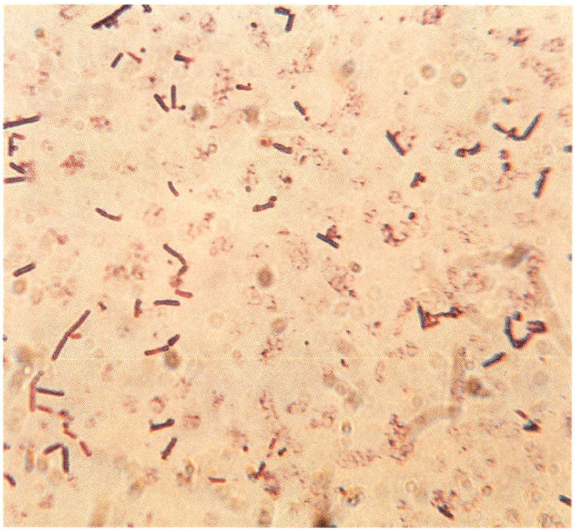

Bild 39-1: *Clostridium perfringens*

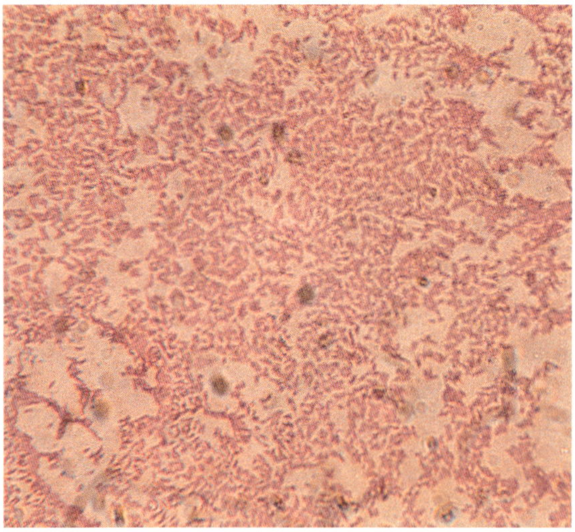

Bild 39-2: *Vibrio cholerae*, Choleraerreger

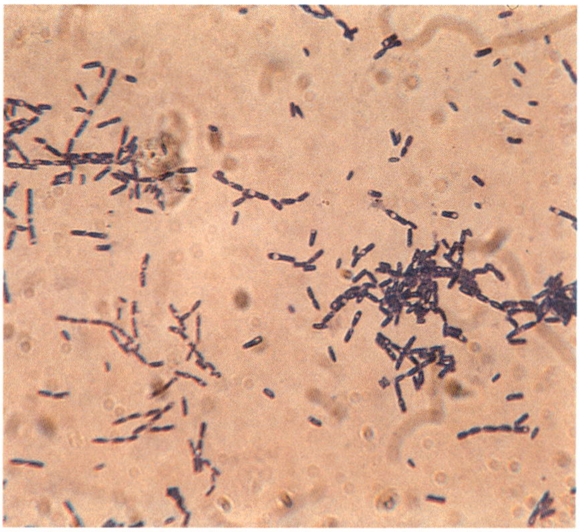

Bild 39-3: *Corynebacterium diphtheriae*, Diphtherieerreger

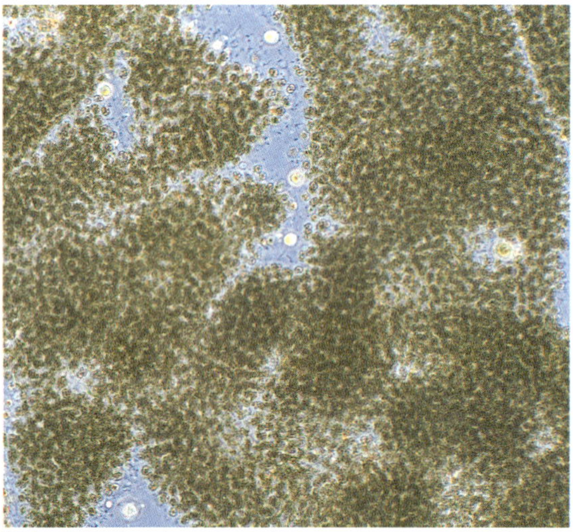

Bild 39-4: *Microcystis aquatilis*, ein toxisches Cyanobakterium

Bild 40-1: *Amanita phalloides*, Grüner Knollenblätterpilz

Bild 40-2: *Galerina autumnalis*, Herbst-Häubling

Bild 41-1: *Arachis hypogaea*, Erdnuß

Übelkeit und Erbrechen, selten Fieber und Kopfschmerzen (65, Ü 74, Ü 92).

Weitere Erreger, die bakterielle Lebensmittelvergiftungen auslösen können, sind u. a. *Bacillus cereus, Salmonella enteritidis, S. typhimurium, S. choleraesuis, Shigella dysenteriae, Shigella sonnei, Streptococcus faecalis, Yersinia enterocolitica* und *Vibrio parahaemolyticus* (Ü 74, Ü 92).

Die Behandlung der mikrobiell bedingten Lebensmittelintoxikationen erfolgt symptomatisch und mit Antibiotika.

39.1.3.4 Enterotoxine von *Vibrio cholerae*

Vibrio cholerae, der Erreger der Cholera (siehe S. 554, Bild 39-2), ist ein gramnegatives, gekrümmtes Stäbchen, das eine endständige Geißel besitzt. Der Choleraerreger vermehrt sich in Nahrungsmitteln, besonders in Milch, aber auch im Wasser. Wenn er die Passage des sauren Milieus des Magens überstanden haben sollte, besiedelt er die Epithelschicht des Dünndarmes, ohne in das Gewebe einzudringen. Für die Wechselwirkung des Erregers mit den Epithelzellen der Darmschleimhaut sind seine Lipopolysaccharide und teilweise lectinartig reagierende Hämagglutinine von entscheidender Bedeutung.

Das von ihm sezernierte Choleraenterotoxin (CT) ist aus 5 oder 6 B-Untereinheiten (M_r 11 600; 103 Aminosäurereste) und einer A-Untereinheit (M_r 27 000–28 000; 240 Aminosäurereste) aufgebaut. Mindestens 3 weitere CT-verwandte Enterotoxine sind bekannt. Sehr ähnlich gebaut sind auch die hitzelabilen Enterotoxine (LT) von *E. coli* und *Salmonella*-Arten. Die hitzestabilen Toxine (ST) von *E. coli* haben wesentlich kleinere Molekülmassen.

Die B-Untereinheiten des Choleratoxins fungieren durch Bindung an das Gangliosid GM 1 als Haptomer und vermitteln die Aufnahme der A-Kette in die Zellen der Darmschleimhaut. Beim Eintritt in die Zellen wird das Toxin proteolytisch und durch Reduktion der S-S-Brücken gespalten. Dadurch wird das enzymatisch aktive Spaltstück der A-Kette, A_1, freigesetzt. Es überträgt den ADP-Riboserest des NAD auf das GTP-bindende Protein, das die Aktivität der Adenylatcyclase reguliert (40, 82, 121).

Dadurch kommt es zu einer «Entbremsung» der Adenylatcyclase und als Folge davon zu einem sehr starken Anstieg des cAMP-Spiegels der Zellen der Darmwand. Dieser führt, vermittelt über Proteinkinasen, zur übermäßigen Sekretion von Wasser und Elektrolyten in das Darmlumen bei gleichzeitiger Hemmung der villösen Reabsorption und letztendlich zum Tod durch Dehydratation. Über die Wirkung auf das enterale Nervensystem regen die Choleratoxine außerdem die Darmperistaltik an (40, 82, 121).

Während nach Applikation von 2,5 μg gereinigtem Choleratoxin noch keine Effekte nachweisbar waren, hatten 5 μg bei 4 von 5 untersuchten Personen starke Diarrhoe (ausgeschiedene Menge 1–6 l) zur Folge (70). Die LD_{50} beträgt bei Mäusen 250 μg/kg (6).

Beim Menschen zeigt sich die Krankheit als fieberhafte Enteritis mit «Reiswasserstühlen», Exsikkose, Kreislaufversagen und einer hohen Letalitätsrate (65).

Unter schlechten hygienischen Bedingungen (Wasser!) ist auch heute noch der Ausbruch von Cholera-Epidemien möglich. Eine 1991 in Südamerika ausgebrochene Epidemie forderte mehrere tausend Todesopfer. 1988 erkrankten 32 500 Personen bei einer Epidemie in Angola (7).

Wichtige Behandlungsmaßnahmen sind der Ersatz der verlorenen Flüssigkeit und die Verhinderung des Kreislaufversagens. Aktive Immunisierung ist möglich.

39.1.3.5 Neurotoxine aus *Clostridium tetani*

Der Erreger des Wundstarrkrampfes, *Clostridium tetani*, ist ein grampositives, begeißeltes, sporenbildendes, streng anaerobes Stäbchen. Seine Sporen treten in den oberen Schichten des Erdbodens, im Straßen- und Kleiderstaub sowie im Darm und Kot verschiedener Haustiere auf.

C. tetani bildet intrazellulär ein einkettiges Protoxin, das Toxin S (M_r 150 000; 1315 Aminosäurereste). Es ähnelt in seiner Primärstruktur sehr den Botulinum-Toxinen. Bei Lyse der Zelle wird es freigesetzt und in ein leichtes (M_r 50 000) und ein schweres Fragment (M_r 95 000) gespalten, die beide durch eine S-S-Brücke verbunden bleiben (Toxin BE, nicht homogen, Isotoxingemisch). Wahrscheinlich fungiert das leichte Fragment als Toxomer, das schwere als Haptomer. Die genetischen Informationen für das Tetanustoxin befinden sich auf einem großen Plasmid (86, 126).

Das Tetanustoxin ist ein zentral wirksames starkes Neurotoxin. Nach axonalem Transport und transsynaptischer Migration aus den Motoneuronen in die Interneuronen blockiert es die Freisetzung vor allem inhibitorischer Transmitter, z. B. von Glycin und γ-Aminobuttersäure. Es führt damit zum Tod durch spastische Krämpfe, in hohen Dosen auch durch Paralyse (77, 86, 126).

Das zweikettige Toxin BE ist mit einer LD_{50} von 2 ng/kg, s. c., Maus, etwa doppelt so toxisch wie das einkettige Toxin S (LD_{50} 4 ng/kg, s. c., Maus) (126).

Vergiftungen des Menschen (Tetanus) gehen oft von einer Lokalinfektion aus und sind durch schwere Krampfanfälle bei ungetrübtem Bewußtsein gekennzeichnet. Die Letalität ist relativ hoch (ca. 50%).

Die Behandlung erfolgt mit hohen Dosen Tetanus-Antiserum und durch medikamentöse Ruhigstellung. Durch aktive Immunisierung kann eine Infektion verhindert werden.

39.1.3.6 Neurotoxine aus *Clostridium botulinum*

Der Erreger des Botulismus, *Clostridium botulinum*, ist ein grampositives, streng anaerobes, begeißeltes, sporenbildendes Stäbchen. Aufgrund der serologischen Spezifität ihrer Toxine unterscheidet man die Typen A–G. In Europa tritt besonders der Typ B, in den USA der Typ A auf. Typ E wird vorwiegend auf Meeresprodukten gefunden. Die Typen C und D sind vor allem für Botulismus bei Haus- und Zootieren verantwortlich.

Lebensraum des Bakteriums ist der Erdboden, für Typ E das Meerwasser. Der Erreger vermehrt sich bei Temperaturen oberhalb 10° C und pH-Werten zwischen 4,8 und 8,0 unter anaeroben Bedingungen (Vakuumverpackung, eingeweckte Produkte, bombierte Konservenbüchsen!) besonders auf Lebensmitteln tierischer Herkunft wie auf geräucherten Wurstwaren, rohem Schinken, geräuchertem und gepökeltem Fleisch, konserviertem Fisch (Salzfisch, Räucherfisch, Marinaden) und im Haushalt konservierten Gemüsearten, z. B. auf grünen Bohnen, Spinat, Spargel und Tomaten (die Sporen werden bei 100° C nicht abgetötet).

Die Botulismus-Toxine werden entsprechend der Typen von *C. botulinum* in die Typen A–G untergliedert. Die Toxine des Typs C bestehen aus den Subtypen C_1 (neurotoxisch) und C_2 sowie C_3 (ADP-Ribosylreste übertragende Enzyme). Die Toxine werden von den Erregern außerhalb des menschlichen Organismus gebildet und an das Substrat abgegeben. Durch die Magenpassage beim Menschen werden sie nicht, wohl aber bei 10minütigem Erhitzen auf 80° C, zerstört.

Im bakteriellen Exkret liegen die Toxine im Komplex mit z. T. hämagglutinierend wirkenden, untoxischen Proteinen vor. Bei peroraler Aufnahme sind die Komplexe wesentlich stärker wirksam (bis zu 700fach) als die reinen Toxine. Die assoziierten Proteine besitzen vermutlich Schutzfunktion. Die reinen Toxine haben Molmassen von 150 000. Ebenso wie das Tetanustoxin werden auch die Botulismus-Toxine durch Fragmentierung in 2 Bruchstücke (M_r etwa 100 000 bzw. 50 000), die durch eine S-S-Brücke verbunden sind, aktiviert. Auch hier hat wahrscheinlich das eine Fragment die Aufgabe, als Haptomer zu fungieren und das Toxomer in die Zelle einzuschleusen. Beide Bruchstücke sind allein untoxisch. Wie bereits oben erwähnt, ähneln die Toxine auch in der Primärstruktur dem Tetanustoxin. Die Informationen für die Toxine C_1 und D befinden sich auf einer ins Genom integrierten Bakteriophagen-DNA (29, 47, 105, 109).

Das Toxin C_1 ist wie das Tetanustoxin stark neurotoxisch wirksam. Im Unterschied dazu greift es jedoch vorwiegend peripher an und blockiert die Transmitterfreisetzung, besonders die von Acetylcholin, an peripheren Synapsen (47, 86, 109). Das Botulismus-Toxin Typ D besitzt wie die Toxine C 2 und C 3 enzymatische Wirksamkeit und überträgt Adenosindiphosphatribosylreste auf Proteine in der cytosolischen Fraktion von Synaptosomen. Der Zusammenhang zwischen dieser, bei den Toxinen A und B nicht nachweisbaren Aktivität und den neurotoxischen Effekten ist noch ungeklärt (8).

Die Botulismus-Toxine gehören zu den stärksten bekannten Giften. Die letale Dosis für den Menschen liegt bei etwa 35 ng (Ü 74, Ü 92).

Nach einer Latenzzeit von 12–72 h führt das Toxin zu Seh- (Akkomodationslähmung, Doppeltsehen, Mydriasis), Schluck- und Atemstörungen und unter zunehmender Muskelschwäche zum Tod durch Atemlähmung. Die Letalitätsrate ist in unbehandelten Fällen größer als 50% (29, 65, 108, Ü 74, Ü 92).

Botulismus wird beim Menschen durch Verzehr toxinhaltiger Lebensmittel ausgelöst. In den USA findet seit 1976 der infantile Botulismus zunehmende Beachtung. Er tritt nach Ingestion der Sporen bei Kindern unter 8 Monaten auf und führt sehr schnell zum Tod (109).

Die Behandlung muß schon bei Verdacht auf Botulismus so schnell wie möglich eingeleitet werden. Sie besteht in intensiver Darmentleerung und Gabe von polyvalentem Botulismus-Antitoxin. Zur Prophylaxe sollte der Inhalt bombierter Konserven immer verworfen werden, im Zweifelsfall sollen Lebensmittel vor dem Verzehr 15 min lang auf 100° C erhitzt werden (Ü 92).

Sehr geringe Dosen der Toxine werden parenteral appliziert z. B. zur Behandlung von Strabismus empfohlen (30).

39.1.3.7 Cytotoxine von *Corynebacterium diphtheriae*

Corynebacterium diphtheriae (siehe S. 554, Bild 39-3), der Erreger der Diphtherie, ist ein grampositives, kurzes, plumpes Stäbchen, das bei Infektionen bevorzugt die Schleimhäute, besonders der Rachenorgane des Menschen, besiedelt und von dort aus sein Toxin in die betroffenen Zellen und die Blutbahn aussendet.

Der Erreger bildet ein einkettiges Protoxin, das Diphtherietoxin (DT, M_r 58 342; 535 Aminosäurereste), das durch limitierte Proteolyse in ein durch eine S-S-Brücke verknüpftes 2-Kettentoxin (Fragment A, M_r 21 167, und Fragment B, M_r 37 199) gespalten wird. Auch hier ist ein Fragment das Haptomer (B), das andere das Toxomer (A). Nach Endocytose wird das Toxomer durch reduktive Spaltung der S-S-Bindung in der Targetzelle freigesetzt. Die Primärstruktur des Diphtherietoxins ähnelt partiell der des Exotoxins A von *Pseudomonas aeruginosa*. Die genetische Information für das Toxin befindet sich auf ins Genom des Bakteriums integrierter Bakteriophagen-DNA (13, 43, 128, 129).

Das Toxomer, das die Übertragung eines Adenosindiphosphatribosylrestes von NAD auf einen posttranslational modifizierten Histidinrest (Diphthamid-Rest) des Elongationsfaktors 2 (EF 2) katalysiert, inaktiviert dadurch den Elongationsfaktor und führt zum Stopp der Proteinbiosynthese und damit zum Tod der Zelle. Schon ein Toxinmolekül kann eine Zelle abtöten. Es kommt zur Nekrose der betroffenen Gewebe, besonders in der Leber und im Herzen.

Die letale Dosis beträgt für empfindliche Säugetiere, z. B. Affen, Kaninchen sowie Meerschweinchen, und den Menschen etwa 70 μg/kg (13, 90, 128).

Nach einer Inkubationszeit von 1–7 Tagen ist die Diphtherie meistens durch einen akut fieberhaften Verlauf mit Veränderungen am Infektionsort, wie Rachenbeläge und Schwellungen im Rachenraum, verbunden mit Erstickungsgefahr, Kreislaufversagen, Myocarditis und Lähmungen, gekennzeichnet.

Zur Behandlung müssen frühzeitig Diphtherieantiserum und Antibiotika verabreicht werden. Die aktive Immunisierung im Kindesalter bietet einen wirksamen Schutz.

Das stark cytotoxische Diphtherietoxin bzw. Teile davon bieten sich zum gezielten Einbau in therapeutisch einsetzbare Hybridtoxine an (Immuntoxine, 43, 128).

39.1.3.8 Invasive Adenylatcyclase aus *Bordetella pertussis*

Erreger des Keuchhustens ist *Bordetella pertussis*, ein kleines ovoides, gramnegatives Stäbchen, das sich auf der Schleimhaut der oberen Luftwege des Menschen ansiedelt und das Flimmerepithel zerstört. Das Bakterium sezerniert eine Reihe von Toxinen, von denen das Bordetella-Adenylatcyclasetoxin (BACT), das Pertussistoxin (PT) und das Tracheale Cytotoxin (TCT) die bedeutendsten sind.

Das Bordetella-Adenylatcyclasetoxin ist ein Einkettentoxin mit einer Molmasse von 216 000. Seine nach limitierter Proteolyse gebildete A-Kette hat wahrscheinlich eine Molmasse von 43 000. Sie ist eine Calmodulin abhängige Adenylatcyclase. Über den Invasionsmodus besteht noch keine völlige Klarheit, jedoch wird auch hier eine Aufnahme entsprechend dem A/B-Modell angenommen.

Das Pertussistoxin (M_r 93 830) ist ein hexameres Protein, das aus 5 Molekülen, die das Haptomer bilden, und einer A-Kette (M_r 26 220) besteht. Seine A-Kette modifiziert das G-Protein durch Beladung mit einem ADP-Ribosyl-Rest (46, 54, 94).

Nach Einschleusung von BACT in die Zellen von Mensch und Tier kommt es hier zur überschießenden Produktion von cAMP (weit über 100× mehr als normal) und damit zu multiplen Veränderungen der zellulären Funktionen. Unter anderem wurden eine Abnahme der Phagocytoseaktivität von dazu befähigten Zellen, eine Reduzierung der cytotoxischen Aktivität von NK-Zellen, eine gesenkte Proliferationsrate leukämischer Zellen und eine gesteigerte Hormonsekretion von Hypophysenzellen gefunden (53, 116).

Über die ADP-Ribosylierung von G-Proteinen führt das Pertussistoxin ebenfalls zu gesteigerter intrazellulärer cAMP-Produktion, so daß diese beiden Pertussistoxine über verschiedene Mechanismen die Regulation durch cAMP vermittelter zellulärer Signalübertragungsprozesse verhindern (17, 116).

Das Tracheale Cytotoxin (TCT) ist ein kleinmolekulares Glykopeptid, aufgebaut aus D-Glucosamin, Muraminsäure, Alanin, Glutaminsäure und Diaminopimelinsäure (1:1:2:1:1), das in einer Konzentration von 1 μM spezifisch die DNA-Synthese der Zellen des Flimmerepithels unterdrückt und damit deren natürliche Regeneration unterbindet (27).

Der Anteil dieser und weiterer Toxine, z. B. eines dermonekrotischen Toxins (57), am klinischen Erscheinungsbild des Keuchhustens ist bis jetzt noch nicht völlig geklärt.

Die Krankheit ist vor allem durch sich wiederholende Hustenanfälle, Cyanose, Apnoe und Hervorbringen großer Mengen zähen Schleims charakterisiert.

Aktive Immunisierung ist möglich.

BACT findet zur Klärung cAMP-vermittelter Mechanismen Verwendung (116).

39.2 Peptidtoxine der Blaualgen (Cyanophyceae)

39.2.1 Allgemeines

Eine Vielzahl von Blaualgen sind zur Bildung toxischer Peptide fähig. Dazu gehören u. a. Vertreter der Gattungen *Microcystis, Oscillatoria, Anabaena, Nostoc* (Kap. 29.2.2), *Nodularia* (Kap. 29.2.3), *Hormothamnion* und *Lyngbya* (Ü 116: 121).

Die Peptide sind im Cytoplasma der Mikroorganismen lokalisiert und werden erst durch Lyse der Zellen frei, z. B. im Verdauungstrakt eines Tieres oder bei Zersetzung der Blaualgen während der Wasserblüte. Dabei können die Toxine auch ins Trinkwasser gelangen (71).

Die bisher bekannten toxischen Peptidtoxine der Blaualgen sind cyclische Peptide aus 5—14 Aminosäuren. Bei den Gattungen *Microcystis, Oscillatoria, Anabaena, Nostoc* und *Nodularia* enthalten sie fast durchweg die ungewöhnliche Aminosäure 3-Amino-9-methoxy-10-phenyl-2,3,8-trimethyl-deca-4,6-diensäure oder ihr 9-O-Acetyl-9-desmethyl-Derivat.

Das ichthyotoxische Hormothamnin A aus *Hormothamnion enteromorphoides* ist ein cyclisches Undecapeptid, aufgebaut aus 5 proteinogenen Aminosäuren, Hydroxyprolin, 2 Molekülen Homoserin und 3 ungewöhnlichen Aminosäuren. Damit weicht es strukturell wie auch die übrigen Hormothamnine von den oben erwähnten Peptidtoxinen ab (45).

Sog. Lipopeptide sind die Majusculamide. Sie enthalten neben Aminosäureresten einen Fettsäurerest. Majusculamid C, der cytotoxische und fungitoxische Hauptbestandteil von *Lyngbya majuscula*, ist ein Depsipeptid, das neben 8 Aminosäureresten auch einen 3,5-Dimethyl-2-hydroxy-heptansäurerest aufweist (23, 81, 83). 2-Methyl-decan-3-onsäure als Fettsäurekomponente enthalten die Lipodipeptide Majusculamid A und Majusculamid B (73), 7-Hydroxymethyl-9-methyl-hexadec-4-ensäure die Malyngamide A—E aus der gleichen Blaualge (3, 18). Über die Wirkung dieser Stoffe ist nichts bekannt.

Es existieren experimentelle Hinweise dafür, daß die Bildung der Cyanobakterienpeptide, zumindestens bei einer Reihe von Stämmen, von der Anwesenheit von Plasmiden abhängig ist (50). Andere Autoren fanden diese Abhängigkeit nicht (119). Bei einigen toxogenen Stämmen wurden jedoch plasmidanaloge Sequenzen im Bakterienchromosom nachgewiesen, was für eine Integration von Plasmid-DNA (mit Information für die Toxinstruktur?) in das Chromosom spricht (50, 107).

Blaualgen verfügen auch über Endotoxine im strengen Sinne (Kap. 39.1.2). Bei der Gram-Färbung verhalten sie sich wie gramnegative Bakterien, ihre Lipopolysaccharide zeigen ähnliche Struktur und Wirkungen wie die der Bakterien (75, 95).

39.2.2 Peptidtoxine von *Microcystis*-, *Oscillatoria*-, *Anabaena*- und *Nostoc*-Arten

Microcystis aeruginosa (Kütz.) Kütz. (Chroococcaceae) ist ein 3—9 µm großer Einzeller, der in unregelmäßigen, undeutlich begrenzten, durch Schleimstoffe zusammengehaltenen Kolonien planktisch oder benthisch in nährstoffreichem Süß- oder Brackwasser vorkommt. Es ist neben anderen Blaualgen wesentlicher Bestandteil der Wasserblüte (Kap. 4.7). *M. viridis* (A. Br. in Rbg.) Lemm. ist ähnlich gestaltet, besitzt aber gut abgrenzbare Kolonien mit glattem Gallertrand.

Die Gattung *Oscillatoria* gehört zur Familie der einreihige Trichome bildenden Oscillatoriaceae. Von den toxischen Arten ist bisher nur *O. agardhii* Gomont näher untersucht, eine Blaualge, die im Süß- und Brackwasser vorkommt und oft an der Wasserblüte beteiligt ist.

Von den *Anabaena*-Arten (Nostocaceae), die ebenfalls Trichome bilden, ist *A. flos-aquae* (Lyngb.) Bréb. in Bréb. et Godey sehr intensiv untersucht worden. Sie ist ebenfalls eine toxische, wasserblütenbildende Art. Die Fähigkeit einiger Stämme dieses Cyanobakteriums zur Biosynthese von nichtpeptidischen Toxinen, z. B. der toxischen Alkaloide Anatoxin A (Kap. 4.7) und Anatoxin A(s) (Kap. 29.1) wurde bereits erwähnt.

Eine Vielzahl von Stämmen von *M. aeruginosa* und *M. viridis* bilden als Microcystine (Cyanoginosine, Cyanoviridine, früher auch als FDF=fast death factor) bezeichnete hepatotoxische Peptide. Bisher wurden über 10 Vertreter isoliert. Microcystine sind monocyclische Heptapeptide. Sie besitzen die allgemeine Struktur:

Cyclo (D-Alanin-X-β-verknüpfte D-erythro-β-Methyl-asparaginsäure-Y-3-Amino-9-methoxy-10-phenyl-2,6,8-trimethyl-deca-4,6-diensäure (AD-

DA)-γ-verknüpfte D-Glutaminsäure – N-Methyldehydroalanin (Mdha)). X und Y sind zwei variable L-Aminosäuren. In einigen Fällen ist die Methylasparaginsäure durch D-Asparaginsäure, Mdha durch L-Alanin oder Dehydroalanin ersetzt.

Von einem aus 14 Autoren bestehenden Kollektiv (21) wird vorgeschlagen, die Peptide einheitlich als Microcystine XY oder Desmethyl-3- oder Didesmethyl-3,7-microcystine XY zu bezeichnen, wobei X die dem D-Alanin nächste variable L-Aminosäure und Y die 2. variable L-Aminosäure entsprechend der oben gegebenen allgemeinen Grundstruktur angibt. Dabei sollte der Einbuchstabencode (Kap. 38) für die Aminosäuren verwendet werden, z. B. Microcystin-LR (MCLR, Microcystin-α, Cyanoginosin-LR, Abb. 39-1) für das Microcystin, das die L-Aminosäuren Leucin (L) und Arginin (R) enthält.

Bekannt sind die Microcystine LR, LA, YA, YM, YR und RR. Welches Peptid dominiert, ist abhängig vom Stamm, von den Milieubedingungen und vom Alter der Zellen (14, 21, 67, 68, 71, 89, 120, 123, Ü 92).

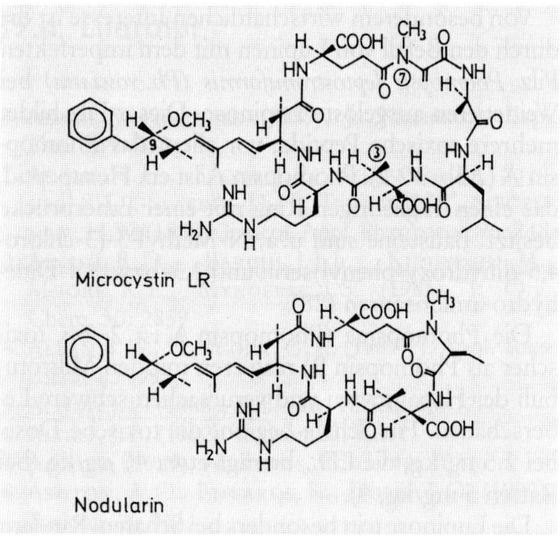

Abb. 39-1: Toxische Peptide der Cyanobakterien (Cyanophyceae)

Aus *M. viridis* wurde neben Microcystin RR (Cyanoviridin RR, 69) das Microviridin, ein tricyclisches, aus 14 proteinogenen Aminosäuren aufgebautes Depsipeptid erhalten (59, 124).

Die Microcystine wirken spezifisch auf Hepatocyten, besonders auf deren Cytoskelett. Durch Störungen der Mikrofilamentanordnung führen sie zu Veränderungen der Zellform («blebbing») und zur Lyse von Leberzellen. Außerdem beeinflussen sie mikrosomale Enzymsysteme und erhöhen beispielsweise die nichtenzymatische Peroxidation von Membranlipiden (16, 36, 37, 52, 79, 103, 116, Ü 92). Auch tumorpromovierende Effekte werden erwähnt (112). Microviridin ist ein Hemmstoff der Tyrosinase (59).

Die Toxine werden nach intraperitonealer Applikation nur langsam aus dem Peritoneum resorbiert und in der Leber akkumuliert. Die Eliminationshalbwertszeit aus dem Plasma beträgt ca. 30 min (102).

Im Tierversuch kommt es nach Gabe der Peptide zum Anstieg verschiedener Enzymwerte im Serum, der Prothrombinzeit und durch sinusoidale Endothelschädigung zu intrahepatischen Hämorrhagien. Der Tod erfolgt 1–2 h nach intravenöser oder intraperitonealer Zufuhr durch hämorrhagischen Schock.

Die LD_{50} von Microcystin LR und LA liegt bei Mäusen und Ratten zwischen 50 und 90 μg/kg, i. p. (1, 2, 11, 20, 52, 76, 102, 112, 123). Microcystin RR und die demethylierten Verbindungen sind weniger toxisch (LD_{50} 200–1000 μg/kg, 49, 112, 123).

Vergiftungen durch *Microcystis aeruginosa* wurden bei Menschen (38, 51) und Tieren (39, 44, 61, 62, 64, 88) in fast allen Teilen der Welt beobachtet. Beim Menschen kommt es nach Kontakt mit den Wasserblüten zu allergischen Erscheinungen und gastrointestinalen Störungen (31, 52). Tiere erkranken vor allem dann, wenn sie mit *Microcystis aeruginosa* kontaminiertes Wasser erhalten.

20 Kühe, die bei heißem, trockenem Wetter Wasser aus einem stehenden Tümpel zu sich nahmen, zeigten Anorexie, Verhaltensstörungen, Dehydratation, Rumenatonie und veränderte Enzymwerte. 9 Tiere starben (44).

Forellen können ohne Schaden in von *Microcystis aeruginosa* besiedeltem Wasser leben, nach intraperitonealer Applikation sind Algenextrakte für die Fische jedoch stark toxisch (91).

Neuentwickelte Immunoassays gestatten eine schnelle Bestimmung der Microcystine (16). Im Tierversuch boten einige Triazo- und Diazofarbstoffe, z. B. Trypanrot, einen Schutz vor den durch Microcystine ausgelösten Leberschäden (1).

Ebenso oder ähnlich wie die Microcystine gebaute Peptide werden auch von *Anabaena*- (66), *Oscillatoria*- (78) und *Nostoc*-Arten (84, 112) gebildet. Aus *Oscillatoria agardhii* wurde Desmethyl-3-microcystin RR isoliert (78). Eine Anreicherung der Oscillatoria-Toxine in der Süßwassermuschel *Anadonta cygnea* wurde beobachtet (35). Aus einer nicht bestimmten *Nostoc*-Art wurden neben den üblichen Microcystinen solche erhalten, bei denen die ADDA durch 9-Acetoxy-3-amino-2,5,8-trimethyl-10-phenyl-deca-4,6-diensäure (O-Acetyl-O-demethyl-ADDA, ADMADDA) ersetzt ist (84, 112).

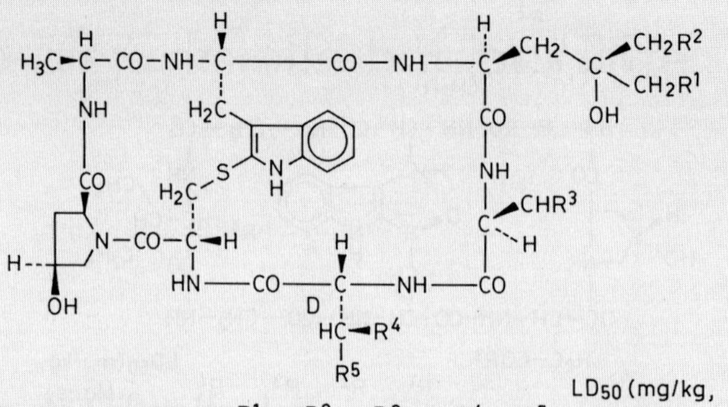

	R^1	R^2	R^3	R^4	R^5	LD_{50} (mg/kg, Maus)
Phalloidin	OH	H	H_2	CH_3	OH	2
Phalloin	H	H	H_2	CH_3	OH	1,5
Phallisin	OH	OH	H_2	CH_3	OH	2
Phallisacin	OH	OH	$(CH_3)_2$	OH	COOH	4,5
Phallacidin	OH	H	$(CH_3)_2$	OH	COOH	1,5

Phallotoxine

Abb. 40-2: Phallotoxine, Giftstoffe der Knollenblätterpilze (*Amanita*-Arten)

Phallotoxine Phalloidin, Phalloin, Phallisin sowie Prophalloin und die sauren Phallotoxine Phallacin, Phallacidin sowie Phallisacin. Die ersteren enthalten D-Threonin, die letzteren an dessen Stelle D-β-Hydroxyasparaginsäure.

Die nachgewiesenen Phallotoxinkonzentrationen betragen bei *A. phalloides* 0,10–0,52%, bei *A. virosa* 0–0,36% und bei *A. verna* 0–0,24% (55, 62). Bei den europäischen Herkünften überwiegen Phallacin und Phallisacin (15), für die Pilze nordamerikanischer Herkunft werden als Hauptkomponenten Phalloidin, Phallacidin, Phallisin und Phalloin angegeben (4).

Phallotoxine, besonders gut untersucht ist das Phalloidin, binden sich spezifisch an die polymere Form des Actins. Das führt zu einer Stabilisierung der Actinfilamente und zu einer Abnahme der Konzentration an monomerem Actin. Daraus ergeben sich u. a. Strukturveränderungen der actinhaltigen Plasmamembranen, übermäßiger K^+-Verlust der Zelle, die Freisetzung abbauender Enzyme aus den Lysosomen und Zerstörung der Zellen (55, 61, 62, 67). Nach einer neueren Theorie besteht der primäre Wirkungsmechanismus von Phalloidin in der Freisetzung mitochondrialer Ca^{2+}-Ionen (10).

Strukturelle Voraussetzungen für die biologische Aktivität der Phallotoxine sind das bicyclische Ringsystem, die Methylgruppe am 15gliedrigen Ring, die allo-Hydroxygruppe von Prolin und die lipophile Indolylthioethergruppe (17, 55, 67).

Phallotoxine werden im Gegensatz zu den Amatoxinen nach peroraler Zufuhr kaum resorbiert. Abgesehen von ihrer geringeren Toxizität spielen sie auch aus diesem Grunde bei Pilzvergiftungen keine Rolle. Bei Vorhandensein von Phallotoxinen im Blut werden die Toxine schnell und spezifisch nur in Hepatocyten aufgenommen. Verantwortlich dafür ist ein in der sinusoiden Membran reifer Leberzellen vorhandenes System, dessen Hauptfunktion im Transport von Gallensäuren besteht (22, 61).

Virotoxine (Abb. 40-3) wurden bisher nur bei *A. virosa* gefunden (16, 17). Bei ihnen handelt es sich im Gegensatz zu den Amatoxinen und Phallotoxinen um monocyclische Peptide. Sie sind aus 7 Aminosäuren aufgebaut und enthalten einen chromophoren 2-Alkylsulfonyl-tryptophan- und einen 3,4-Dihydroxyprolinrest. Sie gehen vermutlich aus Phallotoxinen durch Aufspaltung der Thioetherbrücke hervor. Das im Gemisch dominierende Virotoxin ist Viroisin (etwa 50% des Gemischs). Ob Virotoxine bei allen Provenienzen von *A. virosa* vorkommen und ob sie stets von Amatoxinen und Phallotoxinen begleitet werden, ist noch ungewiß. Bisher wurden nur nordamerikanische Arten auf Virotoxine untersucht.

Obwohl die für die Phallotoxinwirkung erforderlichen Strukturvoraussetzungen bei den Virotoxinen nicht erfüllt sind, zeigen sie ähnliche biologische Aktivität. Sie bilden ebenfalls Komplexe mit polymerem Actin und verursachen bei Tieren innerhalb von 2–5 Stunden den Tod durch Hämorrhagien der Leber. Die LD_{50} von Viroisin beträgt bei Mäusen 1,68,

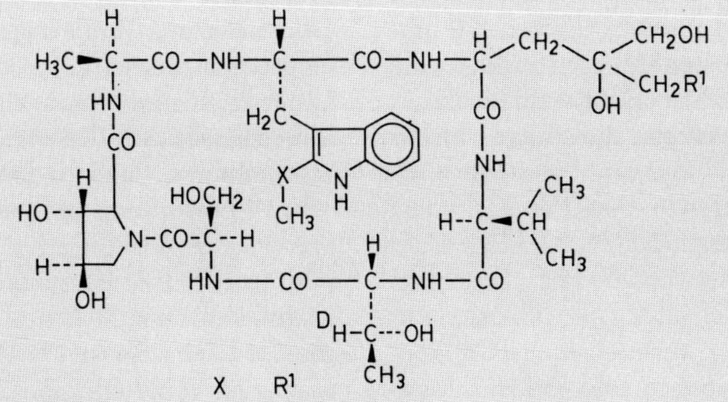

	X	R^1
Viroisin	SO_2	OH
Desoxyviroisin	SO	OH
Viroidin	SO_2	H

Virotoxine

Abb. 40-3: Virotoxine, Giftstoffe des Spitzhütigen Knollenblätterpilzes *(Amanita virosa)*

die von Desoxyviroisin 3,35 und die von Viroidin 1,0 mg/kg, i. p. (33).

Vergiftungen des Menschen durch *A. phalloides, A. verna* und *A. virosa* sind durch Latenzzeiten von 6–24 h vor Auftreten der ersten Symptome charakterisiert (diagnostisches Merkmal!). In der danach einsetzenden ersten Vergiftungsphase kommt es zu Erbrechen, blutig-wäßrigen, choleraähnlichen Durchfällen und Koliken. Diese Phase kann bereits zum Tod führen, ist aber durch Flüssigkeits- und Elektrolytzufuhr meist noch gut beherrschbar. In leichten Fällen ist die Vergiftung damit in wenigen Tagen überstanden. In den anderen kommt es zu einer vorübergehenden Remission mit relativem Wohlbefinden des Patienten, der nach 2–5 Tagen die dritte Vergiftungsphase mit den Symptomen einer schweren Leber- und meistens auch Nierenschädigung folgt. Dazu gehören extreme Erhöhung der Transaminase- und anderer Enzymwerte im Serum, starke Abnahme des Prothrombin-Wertes (Quickwert kleiner 10% ist prognostisch sehr ungünstig), Leberschwellung und Ikterus. Anzeichen der Nierenschädigung sind das Auftreten von Protein und Erythrocyten im Urin und schließlich Nierenversagen. Sekundäreffekte betreffen Herz, ZNS und weitere Organe. Der Tod tritt 2–5 Tage nach Verzehr der Pilze im Coma hepaticum bzw. durch Kreislaufversagen ein (32, 52, 60). Die Sektion zeigt fettige Degeneration und Nekrose von Leber, Nieren, Nebennieren, Herz- und Skelettmuskeln (66).

Die letale Dosis der Amatoxine beträgt für den Menschen etwa 0,1 mg/kg, die der Phallotoxine ist 10–20mal größer. Das bedeutet, daß ein Exemplar von *A. phalloides* von 50 g die für einen Erwachsenen tödliche Menge an Amatoxinen enthält (28). Aufgrund von Resorptionsunterschieden und unterschiedlicher Aufnahme in den enterohepatischen Kreislauf ist die LD_{50} für die einzelnen Säugetierarten bei peroraler Applikation verschieden. Sie reicht von 0,1 mg/kg α-Amanitin beim Meerschweinchen bis zu 2,0 mg/kg bei der Ratte. Schweine und Kaninchen sollen Grüne Knollenblätterpilze ohne Schädigung fressen können (66).

Vergiftungen durch *A. phalloides* sind in Mitteleuropa, aber auch in außereuropäischen Ländern, z. B. den USA, nicht selten (6, 8, 26, 27, 30, 32, 35, 40, 44, 45, 46, 54). Der Pilz wird für über 90% aller tödlichen Pilzvergiftungen verantwortlich gemacht (14). In 205 ausgewerteten Fällen der Jahre 1971–1980 fand Floersheim bei Kindern unter 10 Jahren eine Letalitätsrate von 51,3%, bei Kindern über 10 Jahren und Erwachsenen von 16,5% (19). Andere Statistiken zeigen ähnliche Ergebnisse. *A. verna* spielt nur in wärmeren Gebieten, *A. virosa* in solchen mit montanen Nadelwäldern, eine Rolle (Ü 9).

Ursachen für die Pilzvergiftungen sind die Verwechslung mit Champignons, Grünlingen oder Grünen Täublingen (zur Unterscheidung s. Ü 9, Ü 82), Unkenntnis der Pilze oder absichtlicher Verzehr in suicidaler Absicht. Oftmals sind ganze Gruppen oder Familien betroffen.

Der Vater einer Familie fand im August in einem Eichenbestand ansehnliche grüne Pilze mit weißen Blättern, Manschette und Stielknolle. Er hielt sie für Grüne Täublinge und schnitt die Fruchtkörper dicht über dem Erdboden ab. Vater, Mutter, Tochter, Sohn und ein Gast der Familie aßen von dem Gericht, das fast nur aus Grünen Knollenblätterpilzen bestand, zu Mittag. In der Nacht (etwa 10 h später) setzten bei allen Personen andauerndes Erbrechen und Durchfall ein. Am nächsten Morgen erfolgte die Krankenhauseinweisung. Der erste Essenteilnehmer starb 2 Tage nach dem Verzehr, die anderen bis zu 7 Tagen nach dem Essen (49).

Über Vergiftungen durch *A. virosa* und *A. verna* gibt es nur wenige Angaben (29, 71, 72, Ü 9). *Galerina marginata* enthält in etwa 100–150 g Frischpilz die tödliche Amatoxinmenge, *Lepiota brunneoincarnata* ebenfalls in ca. 100 g. Verwechslungsgefahr besteht bei *G. marginata* (s. S. 554, Bild 40-2) mit *Kuehneromyces mutabilis* (SCHAEFF. ex FR.) SING & A. A. SMITH, dem Gemeinen Stockschwämmchen, und bei kleinen *Lepiota*-Arten mit dem Nelken-Schwindling, *Marasmius oreades* (BOLT. ex FR.) FR. (Ü 9). Über schwere Vergiftungen durch *Galerina*-Arten (2, 39) und durch *Lepiota*-Arten (25), teilweise mit tödlichem Ausgang, wird berichtet (Ü 9).

Vergiftete Personen und auch solche, bei denen Verdacht auf Vergiftung besteht, sind so schnell wie möglich einer intensiven ärztlichen Behandlung zuzuführen. Da die Schwere der Vergiftung entscheidend von der Menge und Einwirkungszeit der Toxine in der Leber abhängig ist, müssen intensive Maßnahmen zur Verhinderung einer weiteren Giftaufnahme in die Leber getroffen werden. Außer Magen- und Darmspülungen mit Aktivkohle können Hämoperfusion (11), Peritonealdialyse (38), Hämodialyse oder forcierte Diurese (52) durchgeführt werden.

Pharmaka, die die Aufnahme der Toxine in die Leber hemmen, sind Colestyramin, das den enterohepatischen Kreislauf unterbricht (42), sowie Silymarin und Penicilline bzw. Cephalosporine (37, 48, 52). Widersprüchlich sind die Angaben zu Thioctsäure (Liponsäure) und Prednisolon. Tierversuche zeigen protektive Effekte einer Iridoidglykosidmischung aus *Picrorhiza kurroa* ROYLE ex BENTH. (29), von Aucubin, einem erstmals aus *Aucuba japonica* THUNB. isoliertem Iridoid (7), und von Cimetidin (Tagamet^R, 50). Die Erzeugung von Antikörpern gegen Amanitine ist zwar möglich, jedoch führt die Verabreichung der Immunglobuline bzw. ihrer Fab-Fragmente bei Mäusen zu einer Steigerung der Amanitintoxizität (9).

Wichtige symptomatische Behandlungsmaßnahmen sind Flüssigkeits- und Elektrolytersatz, Korrektur des Säure-Basen-Haushalts und parenterale Zufuhr von Glucose, Vitaminen und Aminosäuren. Notwendig sind weiterhin eine Darmentkeimung mit Antibiotika, die Behandlung der Gerinnungsstörungen, z. B. mit Vitamin K_1 oder bei Verbrauchskoagulopathie mit Heparin, und eine Behandlung eventueller Schock- oder Erregungszustände. Bei Überstehen der Vergiftung muß noch lange Zeit Diät eingehalten werden (21, 43, 47, 48, 52). Bei schwerer Leberschädigung kann eine Lebertransplantation hilfreich sein (32, 70).

Amanitine, Phallotoxine und ihre halbsynthetischen Abwandlungsprodukte leisten aufgrund ihrer spezifischen Wirkungen nützliche Dienste in der experimentellen Zellforschung. So dient α-Amanitin als Indikator für alle Prozesse, an denen RNA-Polymerase II beteiligt ist. Die Phallotoxine können zum Nachweis von Actin und actinabhängigen Reaktionen (z. B. alle Arten von Zellmotilität) herangezogen werden (12, 55, 65).

40.2 Literatur

1. ANDARY, C., PRIVAT, G., ENJALBERT, F., MANDRON, B. (1979), Doc. Mykol. 10: 61
2. BAUCHET, J. B. (1983), Bull. Mycol. Soc. 17: 51
3. BEUTLER, J. A., VERGEER, P. P. (1980), Mycologia 72: 1142
4. BEUTLER, J. A., DER MARDEROSIAN, A. H. (1981), J. Nat. Prod. 44: 422
5. BRODNER, O. G., WIELAND, T. (1976), Biochemistry 15: 3480
6. BUFFONI, L., CHIOSSI, M., DE SANTIS, L., GALLETTI, A., LATTERE, M., PESCE, F., REBOA, E., RENNA, S., ROSATI, U., TARATETO, A., TASSO L. (1986), Minerva Pediatr. 38: 1155
7. CHANG, I. M., YUN, H. S., AHN, J. W. (1984), J. Toxicol. Clin. Toxicol. 22: 77
8. FANTOZZI, R., LEDDA, F., CARAMELLI, L., MORONI, F., BLANDINA, P., MASINI, E., BOTTI, P., PERUZZI, S., ZORN, M., MANNAIONI, P. F. (1986), Klin. Wochenschr. 64: 38
9. FAULSTICH, H., KIRCHNER, K., DERENINI, M. (1988), Toxicon 26: 491
10. FAULSTICH, H., MÜNTER, K. (1986), Klin. Wochenschr. 64 Suppl. 7: 66
11. FAULSTICH, H., TALAS, A., WELLHONER, H. H. (1985), Arch. Toxicol. 56: 190
12. FAULSTICH, H., ZOBELEY, S., JOCKUSCH, B., BENTRUP, U. (1989), J. Histochem. Cytochem. 37: 1035
13. FAULSTICH, H. (1979), Naturwissenschaften 66: 410
14. FAULSTICH, H. (1979), Klin. Wochenschr. 57: 1143
15. FAULSTICH, H., COCHET-MEILHAC, M. (1976), FEBS Lett. 64: 73
16. FAULSTICH, H., BUKU, A., BODENMÜLLER, H., WIELAND, T. (1980), Biochemistry 19: 3334
17. FAULSTICH, H., BUKU, A., BODENMÜLLER, H., DABROWSKI, J., WIELAND, T. (1981), in: Structure and Activity of Natural Peptides, Selected Topics (Eds.: VOELTER, W., WEITZEL, G., Walter de Gruyter, Berlin): 189

18. FAULSTICH, H., BRODNER, O., WALCH, S., WIELAND, T. (1975), Liebigs Ann. Chem. 2324
19. FLOERSHEIM, G. L., WEBER, O., TSCHUMI, P., ULBRICH, U. (1982), Schweiz. Med. Wschr. 112: 1164
20. FLOERSHEIM, G. L., BIERI, A., KOENIG, R., PLETSCHER, A. (1990), Agents and Actions 29: 386
21. FLOERSHEIM, G. L. (1983), Dtsch. Med. Wschr. 108: 866
22. FRIMMER, M. (1987) Toxicol. Lett. 35: 169
23 GAUHE, A., WIELAND, T. (1977), Liebigs Ann. Chem. 859
24. GERAULT, A., GIRRE, L. (1975), C. R. Acad. Sci. D 280: 2841
25. HAINES, J. H. u. a. (1986), Mycopathologia 93: 15
26. HALLAS, J., JENSEN, K. (1988), Ugeskr. Laeger. 150: 975
27. HALLEBACH, M., KURZE, G., SPRINGER, S., HALLEBACH, V. STEIN, M. (1985), Z. Klin. Med. 40: 943
28. HATFIELD, G. M., BRADY, L. R. (1975), J. Nat. Prod. 38: 36
29. HAZANI, E., TAITEHMAN, U., SHASHA, S. M. (1983), Arch. Toxicol. Suppl. 6: 186
30. HOMANN, J., RAWER, P., BLEYL, H., MATTHES, K. J., HEINRICH, D. (1986), Arch. Toxicol. 59: 190
31. JOHNSON, B. E. C., PRESTON, J. F., KIMBROUGH, J. W. (1976), Mycologia 68: 1248
32. KLEIN, A. S., HART, J., BREMS, J. J., GOLDSTEIN, L., LEWIN, K., BUSUTTIL, R. W. (1989), Am. J. Med. 86: 187
33. LORANGER, A., TUCHWEBER, B., GICQUAUD, C., ST. PIERRE, S., COTE, M. G. (1985), Fund. Appl. Toxicol. 5: 1144
34. LYNEN, F., WIELAND, U. (1938), Liebigs Ann. Chem. 533: 93
35. MCCLAIN, J. L., HAUSE, D. W., CLARK, M. A. (1989), J. Forensic Sci. 34: 83
36. MEIXNER, A. (1979), Z. Mykol. 45: 137
37. NEFTEL, K., KEUSCH, G., COTTAGNOUD, P., WIDMER, U., HANY, M., GAUTSCHI, K., JOOS, B., WALT, H. (1988), Schweiz. Med. Wschr. 118: 49
38. NIEZBREZYCKA-ANDROZEJEWSKA, K., MORAWSKA, Z., KOBYLINSKI, K., BEDNORZ, R., BERNY, U., DOBRACKA, A. (1987), Wiad Lek. 40: 505
39. OKABE, H. (1975), Trans. Mycol. Soc. Jpn. 16: 204
40. PONCIO, A. u. a. (1986), Rev. Clin. Exp. 179: 332
41. PUDILL, R. (1989), Labor-Med. 12: 320 und 324
42. RICEVUTI, G., DELLA FRANCA, P., GRASSO, M., ROVEDA, E., SAVINO, E., CARETTA, G. (1988), Med. Biol. Environ. 16: 431
43. ROY, C., DOERING, P. L. (1986), Vet. Hum. Toxicol. 28: 318
44. RYZKO, J., JANKOWSKA, I., SOCHA, J. (1987), Wiad Lek. 40: 1453
45. SANZ, P., REIG, R., BORRAS, L., MARTINEZ, J., MANEZ, R., CORBELLA, J. (1988), Human. Toxicol. 7: 199
46. SANZ, P., REIG, R., PIQUERAS, J., MARTI, G., CORBELLA, J. (1989), Mycopathologia 108: 207
47. SCHLATTER, I. (1986), Schweiz. Apoth. Ztg. 124: 1095
48. SCHILCHER, B., SUMMA, J. D., PLATT, D. (1989), Giftpflanzen (Govi-Verlag, Frankfurt/M.)
49. SCHMIDT, I. (1977), Mykol. Mittbl. 21: 74
50. SCHNEIDER, S. M., BOROCHVITZ, D., KRENZELOK, E. P. (1987), Ann. Emerg. Med. 16: 1136
51. SEEGER, R., HAUPT, M. (1975), Naunyn-Schmiedeberg's Arch. Pharmacol. 287: 277
52. SIMMA, J. D., PLATT, D. C. (1988), Pharm. Ztg. 133: 9
53. VAISIUS, A. C., WIELAND, T. (1982), Biochemistry 21: 3097
54. WAGNER-THIESSEN, E. (1983), Med. Welt 34: 895
55. WIELAND, T. (1986), Peptides of Poisonous Amanita Mushrooms (Springer Verlag New York, Berlin, Heidelberg, London, Paris, Tokyo)
56. WIELAND, T., HALLERMAYER, R. (1941), Liebigs Ann. Chem. 548: 1
57. WIELAND, T., SCHÖN, W. (1955), Liebigs Ann. Chem. 593: 157
58. WIELAND, T., GEBERT, U. (1966), Liebigs Ann. Chem. 700: 157
59. WIELAND, T., SCHNABEL, H. W. (1962), Liebigs Ann. Chem. 657: 225
60. WIELAND, T. (1987), Int. Congr. Ser. Excerpta Med. 734 (Interact Drugs Chem. Ind. Soc.): 255
61. WIELAND, T. (1986), Ber. Bundesforschungsanst. Ernähr. BFE-R-86-01 Festkoll. Bundesf. Ernähr 48
62. WIELAND, T., FAULSTICH, H. (1983), in: Ü 57
63. WIELAND, T., FAULSTICH, H. (1978), CRC Crit. Rev. Biochem. 5: 185
64. WIELAND, T. (1968), Science 159: 946
65. WIELAND, T. (1980), Naturwiss. Rdsch. 33: 370
66. WIELAND, T. (1972), Naturwissenschaften 59: 225
67. WIELAND, T. (1981), in: Structure and Activity of Natural Peptides, Selected Topics (Eds.: VOELTER, W., WEITZEL, G., Walter de Gruyter, Berlin): 23
68. WIELAND, T. (1983), Int. J. Pept. Protein Res. 22: 257
69. WILMSEN, H. U., FAULSTICH, H., BOHELM, G. (1985), Eur. Biophysics J. 12: 199
70. WOODEL, E. S., MORDEY, R. R., COX, K. L., KAMAN, R. A., WARD, R. E. (1985), J. Am. Med. Assoc. 253: 69
71. ZHANG, Y. G., HUANG, G. Z. (1988), Am. J. Forens Med. Pathol. 9: 313
72. ZU, Y. (1987), Chung Hua Fang I Hsueh Tsa Chih 21: 335

Mit Ü gekennzeichnete Zitate siehe Kap. 43.

41 Lectine

41.1 Toxinologie

Lectine sind Glykoproteine, seltener Proteine, die hohe Affinität zu Monosaccharid-, Aminozucker- oder Oligosaccharidresten von Glykoproteinen bzw. Glykolipiden aufweisen. Kohlenhydratspezifische Immunglobuline und Enzyme, die ähnliche Affinitäten besitzen, werden nicht als Lectine verstanden.

Der Name Lectin wurde von legere (lat.: auswählen) wegen der Fähigkeit einiger ihrer Vertreter, spezifisch Erythrocyten einer bestimmten Blutgruppe zu agglutinieren, abgeleitet.

Die Wechselwirkung der einzelnen Lectine erfolgt nur mit bestimmten Monosaccharid-, Aminozukker- oder Oligosaccharidresten eines Makromoleküls. Sie läßt sich häufig durch freie Monosaccharide unterdrücken. So wird z. B. gebunden an den Rest:

- Manα(1 → 3)[Manα(1 → 6)]Man-: Concanavalin A aus *Canavalia ensiformis* (L.) DC., Jackbohne, die Bindung wird durch D-Mannose unterdrückt,
- Galβ(1 → 4)GlcNAc-: Ricinus-Agglutinin (Kap. 41.3), die Bindung wird durch D-Galactose unterdrückt,
- Galβ(1 → 3)GalNAc-: Lectin I aus *Arachis hypogaea* L., Erdnuß (siehe S. 554, Bild 41-1), die Bindung wird durch D-Galaktose unterdrückt,
- GalNAcα(1 → 3)GalNAc-: Lectin aus *Dolichos biflorus* L., Helmbohne, spezifisch für Blutgruppe A, die Bindung wird durch N-Acetyl-D-galaktosamin unterdrückt,
- Fucα(1 → 2)Gal-: Lectin I aus *Ulex europaeus* L., Stechginster, spezifisch für Blutgruppe 0, die Bindung wird durch L-Fucose unterdrückt (91).

Es gibt aber auch einige Lectine, die nur an komplexe Oligosaccharide binden, ohne daß sich diese Wechselwirkung durch freie Monosaccharide unterdrükken läßt. So wird gebunden an den Rest

Galβ(1 → 4)GlcNAcβ6 \
Man-
Galβ(1 → 4)GlcNAcβ2 /

die L-Untereinheit des Bohnenlectins (Kap. 41.2). Durch freie Monosaccharide ist diese Bindung nicht beeinflußbar.

Bi- oder polyvalente Lectine, auch als Agglutinine oder bei der Herkunft aus Pflanzen als Phythämagglutinine bezeichnet, vermögen suspendierte Zellen, die die entsprechenden Zuckerreste als Marker tragen, z. B. Erythrocyten bestimmter Blutgruppen, durch Angriff an Rezeptoren verschiedener Zellen zu vernetzen und damit zu agglutinieren. Häufig kommen Lectine unterschiedlicher Spezifität in einer Pflanze gemeinsam vor. Seltener enthalten oligomere Lectine auch Monomere verschiedener Spezifität.

Lectine sind fast stets Oligomere, aufgebaut aus mehreren Proteinmolekülen. Bei den gut untersuchten Lectinen der Fabaceae kommen Tetramere aus fast gleichen oder gleichen Monomeren (sog. Einketten-Lectine) und Tetramere aus 2 Proteinpaaren ($a_2\beta_2$-Typ, sog. Zweiketten-Lectine) vor. Die relativen Molekülmassen der bisher bekannten Vertreter liegen zwischen 30 000 und 400 000. Der Kohlenhydratanteil der Lectine schwankt zwischen 2% und 50%. Auch Metallionen können essentielle Bestandteile sein. Einige Lectine sind zuckerfreie Proteine oder Metalloproteine. So ist beispielsweise Concanavalin A (Con A) ein tetrameres Metalloprotein mit 4 identischen Untereinheiten, die aus je 237 Aminosäuren und einem Mn^{2+}- sowie einem Ca^{2+}-Ion aufgebaut sind (Übersichten: 14, 30, 36, 86, 90, 91, 99, 100).

Eine Gruppe von Verbindungen trägt, am Lectinmolekül durch S-S-Brücken gebunden, ein enzymatisch aktives Protein. In diesem Falle kann das Lectin als Haptomer (sog. B-Kette) durch Bindung an Kohlenhydratmarker der Targetzelle die Aufnahme des enzymatisch aktiven Proteins (als Toxomer oder B-Kette bezeichnet) in die Zelle vermitteln. In vielen Fällen inaktiviert die A-Kette enzymatisch die 60 S-

Bild 41-2: *Phaseolus coccineus*, Feuer-Bohne

Bild 41-3: *Caragana arborescens*, Gemeiner Erbsenstrauch

Bild 41-4: *Robinia pseudoacacia*, Robinie

Bild 41-5: *Wisteria sinensis*, Chinesischer Blauregen

Bild 41-6: *Ricinus communis*, Rizinus

Bild 41-7: *Abrus praecatorius*, Paternostererbse, Samen

Bild 41-8: *Viscum album*, Laubholz-Mistel

Bild 41-9: *Saponaria officinalis*, Echtes Seifenkraut

Bild 42-1: *Aplysia punctata* (Seehase)

Bild 42-2: *Euproctis chrysorrhoea*, Goldafterraupe

Bild 42-3: *Thaumetopoea processionea*, Eichenprozessionsspinner, Raupen

Bild 42-4: *Leptinotarsa decemlineata*, Kartoffelkäfer

Untereinheiten der Ribosomen. Zu diesen Verbindungen gehören viele Exotoxine von Bakterien (Kap. 39.1.3) und z. B. Ricin und Abrin (Kap. 41.3). Diese Lectine werden nach einem Vorschlag von STIRPE auch als RIP (Ribosomen inaktivierende Proteine) vom Typ 2 (2-RIP) bezeichnet (22). Wahrscheinlich erfolgt auch die Aufnahme der 2kettigen Proteohormone des Menschen in die Targetzellen, z. B. des Thyreotropins oder Lutropins, auf ähnliche Weise.

In vielen Pflanzenzellen wurden auch Ribosomen inaktivierende Proteine gefunden, die nicht an ein Haptomer gebunden sind, deshalb nicht in Zellen eindringen können und ihre Wirksamkeit nur in der Zelle, in der sie gebildet wurden, und in zellfreien Extrakten entwickeln (RIP vom Typ 1, 1-RIP). Da sie den A-Ketten der Lectine stark ähneln, sollen sie Aufnahme in Kapitel 41.3 finden.

Erste Beobachtungen über Lectine wurden durch STILLMARK 1887 gemacht (94). Er stellte fest, daß Extrakte aus Ricinus-Samen in der Lage sind, Erythrocyten zu agglutinieren und sprach die Vermutung aus, daß die wirksamen Agenzien Proteine sein könnten. Die Spezifität der Lectine für Zucker wurde 1919 von SUMNER entdeckt. Er isolierte 1935 mit seinen Mitarbeitern auch als erstes Lectin das Concanavalin A aus *Canavalia ensiformis* (L.) DC., Jackbohne, Schwertbohne. Concanavalin A war auch das erste Lectin, dessen Primärstruktur aufgeklärt wurde (4, 14).

Lectine kommen bei Viren, Bakterien, niederen Pilzen, Pflanzen, Tieren und Menschen vor. Sie sind entweder in die Zellmembranen des Produzenten integriert oder werden an das Milieu abgegeben.

Ihre biologische Funktion ist noch weitgehend unklar. Sie könnten möglicherweise bei der Zell—Zell-Wechselwirkung, bei der Wechselwirkung mit der interzellulären Matrix, bei der Bindung und Aufnahme von Glykoproteinen, Glykolipiden oder Polysacchariden, bei Clearing Prozessen, z. B. durch die Leber, oder ähnlichen Vorgängen eine Rolle spielen (z. B. 6, 9). So kann man beispielsweise nach eigenen Beobachtungen die Anheftung und Ausbreitung von Endothelzellen der Blutgefäße auf natürlichen Substraten und damit auch ihre Teilung spezifisch durch L-Fucose hemmen. Daneben haben Lectine bei Pflanzen auch den Charakter von Allomonen und für Räuber schwer nutzbaren Speicherstoffen.

Von toxikologischem Interesse sind nur die Lectine der als Nahrungsmittel genutzten Samen von Fabaceae (Kap. 41.2) und einige hochtoxische Lectine, wie z. B. Ricin und Abrin (Kap. 41.3).

41.2 Lectine als Giftstoffe der Schmetterlingsblütengewächse (Fabaceae)

In Keimblättern der Samen von Fabaceae sind Lectine in hohen Konzentrationen nachgewiesen worden. Bei einigen von ihnen machen sie bis zu 15% der Gesamteiweißmenge aus. Sie haben hier sicherlich neben ihrer Aufgabe als Allomone auch die von Speicherstoffen. Lectine kommen, wenn auch in geringeren Konzentrationen, in allen anderen Teilen der Pflanzen vor (10).

Besonders intensiv wurden die Lectine der Garten-Bohne, *Phaseolus vulgaris* L., untersucht, die bei Aufnahme durch Tiere zu Gewichtsverlusten mit negativer Stickstoffbilanz und in schweren Fällen zum Tod führen können. Sie wurden neben Trypsininhibitoren (52) und Saponinen (bis 3,5%, 77), die möglicherweise am Symptombild beteiligt sind, aus den Bohnensamen isoliert. Das Lectingemisch wird als Phythämagglutinin (PHA) bezeichnet, früher auch Phasin genannt. Der Gehalt in den Samen beträgt durchschnittlich etwa 1,2%. Diese tetrameren Glykoproteine sind aus den Untereinheiten E (Erythrocyten agglutinierend) und L (Lymphocyten zur Teilung anregend) nach dem Schema E_xL_y aufgebaut, so daß fünf Isolectine auftreten können: L_4, L_3E_1, L_2E_2, L_1E_3 und E_4 (65, 75). Die relative Molekülmasse wird mit 136 000 angegeben, also mit ca. 34 000 für die etwa gleich großen Untereinheiten. Der Kohlenhydratanteil beträgt je nach Kultivar 6—19%. Die Aminosäurezusammensetzung und die Struktur des Oligosaccharidanteils der Isolectine sind bekannt. Als Metallionen sind Mn^{2+} und Ca^{2+} gebunden (14, 37, 69). Die Bohnenlectine reagieren nicht mit einzelnen Monosaccharidresten, sondern nur mit komplexen Polysaccharidstrukturen, wobei die Untereinheiten E und L unterschiedliche Spezifitäten besitzen (14).

In den Samen der einzelnen Kultivare der Garten-Bohne sind sehr unterschiedliche Lectinmengen enthalten (47). Etwa 10% der untersuchten Bohnenvarietäten waren völlig frei von agglutinierenden Lectinen. Diese Lectinfreiheit wird durch ein rezessives Allel vererbt. Der fehlende Schutz durch Lectine wird durch einen höheren Gehalt am Phytoalexin Phaseollin (Isoflavonoid) kompensiert (74). Es ist wahrscheinlich, daß bei den verschiedenen Kultivaren unterschiedliche Isolectine dominieren.

Die Lectine von *Ph. coccineus* L., Feuer-Bohne (siehe S. 571, Bild 41-2), ähneln denen von *Ph. vulgaris* (3).

Die Phaseolus-Lectine sind weitgehend resistent gegen Verdauungsenzyme (34), werden in Lösung beim Erhitzen auf 100° C in 20 min zerstört, sind aber nach 6 h bei 80° C nur zu 90% inaktiviert (59).

Da sich die toxische Wirkung von Bohnen durch Verfütterung gereinigter Lectine, z. B. bei 0,5% Anteil in der Diät von Ratten, hervorrufen läßt (52), ist anzunehmen, daß sie, und nicht der Trypsininhibitor oder die Saponine, Haupttoxine sind.

Die peroral aufgenommenen Bohnenlectine entfalten ihre Toxizität vor allem im Dünndarm. Sie werden an die Enterocyten gebunden. Ein Teil von ihnen gelangt durch Endocytose in die Epithelzellen und durch Transcytose auch in den Blutkreislauf, wo sie systemische Wirkungen ausüben können (12, 78). Kleine Mengen (0,34 mg Lectine/Ratte am Tag) führen bei Ratten zum «blebbing» der Microvilli der Darmwandung, größere zum Verlust ihrer Hydrolaseaktivität und zur Zerstörung der Epithelzellen. Die Resorption von Nahrungsbestandteilen, z. B. von Glucose (13), ist stark vermindert. Die Darmschleimhaut kompensiert diese Veränderungen durch eine gesteigerte Proliferation (Hypertrophie und Hyperplasie, 50, 84). Außerdem zeigen Fütterungsversuche bei Ratten Pankreasvergrößerung, Zunahme des Lebergewichts, Thymusatrophie und einen wahrscheinlich hormonell vermittelten Verlust an Muskelmasse (12, 31). Zu den systemischen Lectineffekten gehören auch die Degranulation von Mastzellen, die Depletion von Lipiden und Glykogen, die Abnahme der Insulinkonzentration im Blutplasma und die erhöhte Protein- bzw. Harnstoffausscheidung (76, 79).

Die akute Toxizität der Bohnenlectine äußert sich in schweren gastrointestinalen Störungen. Sie wurden bei Tieren (12, 13, 45, 81) und beim Menschen (7, 32, 33, 52, 68, 80) beobachtet, treten jedoch nur nach Verzehr roher oder ungenügend gekochter Bohnen auf (erniedrigter Siedepunkt des Wassers im Hochgebirge! 52). Wenige Samen oder Fruchtschalen können bereits eine hämorrhagische Gastroenteritis mit Erbrechen, Durchfall, kolikartigen Bauchschmerzen und in schweren Fällen Kollaps auslösen. Die individuelle Empfindlichkeit ist wahrscheinlich sehr unterschiedlich (32). Bei langfristiger Aufnahme von akut nicht toxischen Dosen von Bohnenlectinen kommt es zu Gewichtsverlusten bei Versuchstieren.

Bei anderen zur Ernährung verwendeten Fabaceensamen wird ebenfalls ein negativer nutritiver Effekt vermutet, z. B. bei Erdnüssen, Sojabohnen, Jackbohnen, Linsen, Saubohnen und Saatwicke, nicht bei Erbsen (52).

Auch die Lectine der Samen der übrigen Fabaceae sind aus 2–4 (selten bis 6) identischen oder strukturell verschiedenen Untereinheiten aufgebaute Oligomere. Die Untereinheiten der Samen verschiedener Fabaceae zeigen häufig Sequenzhomologien und immunologische Kreuzreaktionen (14).

Von toxikologischem Interesse sind die Lectine von *Caragana arborescens* LAM., Gemeiner Erbsenstrauch (siehe S. 571, Bild 41-3), *Colutea arborescens* L., Gemeiner Blasenstrauch, *Robinia pseudoacacia* L., Robinie (siehe S. 571, Bild 41-4), *Wisteria sinensis* (SIMS) DC., Chinesischer Blauregen (siehe S. 571, Bild 41-5), und von einigen anderen in Mitteleuropa angebauten Ziersträuchern, deren Samen als giftig gelten.

Es wurden isoliert aus den Samen von:

- *Caragana arborescens:* Lectin I, M_r 120 000, 4 Untereinheiten, Glykoprotein, an N-Acetylgalaktosaminreste bindend, Lectin II, M_r 60 000, 2 Untereinheiten, Glykoprotein, Spezifität unbekannt (14);
- *Robinia pseudoacacia:* u. a. RPA-I, M_r 59 000, 2 Untereinheiten, 11,6% Zuckeranteil, RPA-II, M_r 105 000, 4 Untereinheiten, 4,3% Zuckeranteil, an komplexe Oligosaccharide bindend (14, 85);
- *Wisteria sinensis:* u. a. ein Lectin, M_r etwa 66 000, 2 Untereinheiten, 4,8% Kohlenhydratanteil, an 2-Acetamido-2-desoxy-D-galactosereste bindend (1).

Die Samen von *Colutea arborescens* wurden noch nicht untersucht.

Für Intoxikationen durch diese Pflanzen gibt es nur wenige Hinweise. Sie betreffen vor allem *Robinia pseudoacacia* und *Wisteria sinensis.* Die beobachteten Symptome waren überwiegend leichter Natur (Ü 30, Ü 62). Zu schweren Vergiftungserscheinungen kam es nach dem Fressen von Robinien-Teilen bei Pferden (Koliken, blutiger Kot, Lähmungen, Tod, Ü 62).

Die Behandlung von Vergiftungen, die durch die Lectine aus Fabaceen hervorgerufen werden, muß symptomatisch erfolgen.

41.3 Toxische Lectine und andere Ribosomen inaktivierende Proteine von Pflanzen

Einige Pflanzen enthalten tödlich giftige Lectine. Besondere Gefahren stellen die Samen von *Ricinus communis* L., Wunderbaum, Kreuzbaum, Rizinus (Euphorbiaceae, Wolfsmilchgewächse), und *Abrus precatorius* L., Paternostererbse (Fabaceae, Schmetterlingsblütengewächse), dar. Ebenfalls hochtoxische Lectine enthalten die Wurzeln und Samen von *Adenia digitata* ENGL. (Modeccin) und *A. volkensii*

HARMS (Volkensin), Passifloraceae, Passiflorengewächse, 39.

Ricinus communis (siehe S. 571, Bild 41-6), wahrscheinlich im tropischen Afrika oder in Indien beheimatet, wird in vielen tropischen und subtropischen Ländern, besonders in Brasilien und Indien, zur Ölgewinnung angebaut. In Mitteleuropa dient Rizinus als Zierpflanze. Das von Lectinen freie Samenöl wird für technische, kosmetische und für arzneiliche Zwecke eingesetzt. Wegen seines Gehaltes an Triacylglycerolen der Ricinolsäure (D-12-Hydroxyölsäure) wirkt es abführend und ist durch seine Löslichkeit in Ethanol als Zusatz zu Dermatika und Kosmetika geeignet.

R. communis wird häufig in Anlagen einjährig (mit Vorkultur) als Halbstrauch kultiviert. Die handförmig geteilten Blätter können grün, rot oder blaugrau sein. Die 3samigen Früchte erinnern wegen ihrer weichen Bestachelung an kleine Kastanienfrüchte. Es gibt allerdings auch Sorten mit unbestachelten Früchten. Die 1–2 cm langen Samen besitzen einen weißen, warzigen Anhang (Caruncula) und eine rotbräunlich-weißgelb marmorierte Schale.

Abrus precatorius, von dem die Unterarten *A. precatorius* L. ssp. *precatorius* und *A. prectorius* L. ssp. *africanus* VERDC. bekannt sind, ist eine mit Blattranken klimmende, in den altweltlichen Tropen beheimatete, heute pantropisch vorkommende Pflanze (siehe S. 571, Bild 41-7). Ihre blutroten Samen, die einen schwarzen Nabelfleck besitzen (Paternostererbsen), werden zur Herstellung von Schmuckketten benutzt, die auch nach Europa gelangen.

Mit *Adenia digitata* und *A. volkensii* dürfte in unserem Gebiet kaum Kontaktmöglichkeit bestehen.

Hauptwirkstoff der Samen von *R. communis* ist das Ricin (Ricin D, RCA_{II}). Der Gehalt beträgt etwa 120 mg/100 g. Es hat eine relative Molekülmasse von 62 057 und besteht aus 2 Untereinheiten, die durch eine S-S-Brücke und hydrophobe Wechselwirkungen miteinander verbunden sind. Die Struktur wurde 1975–1979 durch FUNATSU und Mitarbeiter (28) aufgeklärt. Die A-Kette ist aus 265 Aminosäureresten, die B-Kette aus 260 Aminosäureresten aufgebaut. Die B-Kette besitzt 4 intrachenare S-S-Brücken. Die Ketten tragen N-glykosidisch an L-Asparaginresten gebundene Oligosaccharidreste bekannter Struktur (43), die aus N-Acetyl-D-glucosamin-, D-Mannose-, D-Xylose- und L-Fucoseresten aufgebaut sind, bei der A-Kette in Position 10, bei der B-Kette in den Positionen 95 und 135. Auch die Konformation beider Ketten ist gut untersucht (83).

Die B-Kette, die Bindungsspezifität für 2β-D-Galaktopyranosylreste besitzt (87), vermittelt die Bindung des Ricins an lebende Zellen, die dann das gebundene Toxin durch Endocytose aufnehmen. Im Cytoplasma werden, ebenso wie bei vielen Exotoxinen der Bakterien, A- und B-Kette durch reduktive Spaltung der S-S-Brücke getrennt.

Die A-Kette ist eine Ribosomen inaktivierende N-Glykosidase, die den Adeninrest in Position 4324 der 28 S-rRNA eukaryotischer Ribosomen entfernt ($k_m = 0{,}1\ \mu M$, $k_{cat} = 1500\ min^{-1}$). Dadurch wird vermutlich die von den Elongationsfaktoren 1 und 2 (EF 1, EF 2) abhängige Wechselwirkung von GTP oder GDP mit dem Ribosom und damit die Bindung der Aminoacyl-t-RNA-Moleküle und die Translokation unmöglich (15, 16, 83).

Auch die isolierten Ketten wirken, allerdings in wesentlich geringerem Maße, cytotoxisch. Die B-Kette soll durch Angriff an Membranrezeptoren mit der Bindung physiologisch wichtiger Proteine interferieren oder Membranschäden auslösen. Die A-Kette wird möglicherweise in Spuren auch ohne Verknüpfung mit der B-Kette aufgenommen (26).

Ähnlich gebaut sind auch

- Abrin (M_r 62 057, A-Kette 27 977, 250 Aminosäuren, B-Kette 31 432, Zuckeranteil 3,7%) aus *Abrus precatorius* (Gehalt in den Samen etwa 75 mg/100 g),
- Modeccin (M_r 63 000, A-Kette 28 000, B-Kette 38 000, Zuckeranteil 2,7%) aus *Adenia digitata* (Gehalt in der Wurzel 20–180 mg/100 g),
- Volkensin (M_r 62 000, A-Kette 29 000, B-Kette 36 000, Zuckeranteil 5,7%) aus *A. volkensii* (Gehalt in der Wurzel 37 mg/100 g) und
- Mistellectine (zur Struktur siehe unten, Gehalt in den Blättern etwa 7 mg/100 g).

Hervorzuheben ist, daß die A-Ketten von Ricin und Abrin in 42% der Aminosäurereste identisch sind, obwohl beide Pflanzen taxonomisch weit auseinanderstehen (27). Auch zu Modeccin und den Ribosomen inaktivierenden Proteinen, z. B. zu dem aus *Phytolacca dodecandra* isolierten Dodecandrin (82), bestehen große strukturelle Ähnlichkeiten. Vermutlich stammen die A-Ketten der toxischen Lectine und die Ribosomen inaktivierenden Proteine vom gleichen «Urprotein» ab (63, 66, 82, 104).

Die Toxine werden von in der Struktur nur geringfügig abweichenden Isotoxinen und Agglutininen begleitet. Allein in *A. precatorius* wurden 4 Isotoxine (Abrin A–C) und ein Agglutinin gefunden (54). Aus *R. communis* wurden 4 Lectine isoliert, 3 dimere Isotoxine (M_r 62 000, darunter das bereits erwähnte Ricin) und das tetramere Ricinus-Agglutinin (RCA_I, Toxizität $^1/_{30}$ der des Ricins) mit einer relativen Molekülmasse von 120 000. RCA_I besteht aus 2 A-Ketten und 2 B-Ketten, A- und B-Ketten der 4 Ricinuslectine sind in ihrer Primärstruktur einander sehr ähnlich (55).

Ähnliche Verhältnisse scheinen auch bei der Mistel, *Viscum album* L. (Loranthaceae, auch als Viscaceae abgetrennt), einem Halbschmarotzer, der auf Laub- oder Nadelbäumen lebt, vorzuliegen. Von *V. album* kommen in Mitteleuropa die Unterarten *V. album* L. ssp. *platyspermum* Kell., Laubholz-Mistel (siehe S. 572, Bild 41-8), *V. album* L. ssp. *abietis* Beck, Tannen-Mistel, und *V. album* L. ssp. *laxum* Fiek, Kiefern-Mistel, vor.

Die Mistel enthält in allen Teilen Lectine, darunter das

- Mistellectin I (ML I, konzentrationsabhängiges Gemisch von Monomeren und Dimeren, M_r 60000 bzw. 115000, bei den Monomeren eine A-Kette, M_r 29000, eine B-Kette, M_r 34500, durch 2 Disulfidbrücken verbunden),
- Mistellectin II (ML II, M_r 60000, A-Kette 32000, B-Kette 27000),
- Mistellectin III (ML III, M_r 50000, A-Kette 30000, B-Kette 25000, 23, 24).

Die A-Ketten der Mistellectine haben die gleiche enzymatische Aktivität wie die A-Kette des Ricins (18).

Die fehlende Toxizität der Mistel bei peroraler Aufnahme wird wahrscheinlich durch die geringe Resorption der Lectine oder ihre leichte Angreifbarkeit durch Proteinasen des Magen-Darm-Traktes verursacht. Die parenteral toxischen Lectine kommen bei vielen (allen?) Arten der Viscaceae vor, z. B. bei den Gattungen *Viscum*, *Dendrophthora* und *Phoradendron* (tropische Gattung) (88).

Es ist bemerkenswert, daß *V. album* auch cardiotoxische Polypeptide, die Viscotoxine B, A-2, A-3 und PS 1 enthält, die aus 46 Aminosäureresten aufgebaut sind. Sie sind ebenso wie die Mistellectine nur bei parenteraler Anwendung wirksam. Ihre Struktur wurde durch Samuelsson und Mitarbeiter aufgeklärt (72, 89, 103).

Ribosomen inaktivierende Proteine (1-RIP), die nicht an ein Lectin gebunden und daher nur in zellfreien Extrakten wirksam sind, wurden in sehr vielen höheren Pflanzen, aber auch in niederen Pilzen (z. B. Sarcin in *Aspergillus giganteus*, 71) gefunden.

In Samenextrakten fast aller untersuchten Pflanzen konnten derartige Proteine nachgewiesen werden. 100 μg Protein der ungereinigten Extrakte pro ml oder weniger hemmten die Proteinsynthese in Kaninchen-Reticulocytenlysaten zu 50%. Hohe Aktivitäten (in Klammern die ID_{50}) wurden u. a. gefunden bei Caryophyllaceae, z. B. bei *Saponaria officinalis* L., Seifenkraut (siehe S. 572, Bild 41-9) (ID_{50} 0,0011 μg/ml nach Anreicherung), bei *Croton tiglium* L., Krotonölbaum (Euphorbiaceae, 0,03 μg/ml), *Robinia pseudoacacia* L., Robinie (Fabaceae, 0,08 μg/ml), *Asparagus officinalis* L., Spargel (Liliaceae, 0,005 μg/ml), *Momordica charantia* L., Balsamapfel (Cucurbitaceae, 0,06 nM, 29, 97) und *Phytolacca americana* L. (s. Kap. 13.3.1.4, 104). In den Samenextrakten lagen stets Gemische von Isoformen der 1-RIPs vor. In anderen Pflanzenteilen waren die 1-RIP-Konzentrationen, mit wenigen Ausnahmen, geringer, so daß man vermuten kann, daß sie als Dormanzfaktoren dienen. Darüber hinaus wirkt 1-RIP antiviral. Sie sind wie Ricin N-Glykosidasen und entfernen den Adeninrest der 28 S rRNA in Position 4324 (17, 19).

Die 1-RIP anderer Pflanzenorgane, z. B. das Bryodin aus den Wurzeln von *Bryonia dioica* Jacq., Rotbeerige Zaunrübe (Cucurbitaceae, ID_{50} 0,12 nM = 3,6 ng/ml Retikulocytenlysat, Mr 27000–30000, 95), besitzen ebenfalls hohe Aktivität.

Ricin und Abrin gehören zu den stärksten biogenen Giften. Im Unterschied zu den Wirkstoffen der Mistel werden sie durch die proteolytischen Enzyme des Magen-Darm-Trakts nicht zerstört und trotz ihrer Molekülgröße relativ schnell resorbiert (Persorption?). Die Blut-Hirn-Schranke wird überwunden (94). Die Elimination erfolgt vermutlich über die Bildung von Antikörpern gegen die Lectine und Phagocytose der Immunkomplexe (20, 48).

Nach einer Latenzzeit von mehreren Stunden bis Tagen einsetzende Vergiftungssymptome sind Übelkeit, Erbrechen, Diarrhoe, Schwäche und Abdominalschmerzen. Durch den Flüssigkeitsverlust kann es zum Kreislaufversagen kommen. In schweren Fällen treten außerdem Mydriasis, Krämpfe, Fieber sowie die Symptome einer Lebernekrose und eines akuten Nierenversagens auf. Der Tod erfolgt durch Lähmung medullärer Zentren, besonders des Atemzentrums (5, 48). Die Sektion zeigt Zeichen einer schweren Gastroenteritis sowie Nekrosen von Leber, Niere, Milz und lymphatischem Gewebe (62). Intraperitoneal appliziertes Mistellectin verursacht im Tierversuch ähnliche Vergiftungserscheinungen wie Ricin oder Abrin (96). Äußerlicher Kontakt mit lectinhaltigen Samen oder ihren Preßrückständen kann Allergien auslösen (48). Die Vergiftungssymptome kommen wahrscheinlich nicht allein durch den allgemein cytotoxischen Effekt der Lectine zustande, sondern am komplexen Geschehen dürften u. a. auch aus geschädigten Zellen freigesetzte Mediatoren beteiligt sein (22).

Die LD_{50} von Ricin beträgt bei intraperitonealer Zufuhr für die Maus 0,10 μg, die von Abrin 0,04 μg. Dagegen ist die der isolierten A- oder B-Kette beider Toxine größer als 10 μg (70). Bei intravenöser Applikation liegt die LD_{50} für Abrin bei der Maus bei 0,7 μg/kg, beim Kaninchen sogar nur bei 50 ng/kg. Für den Menschen wird die letale Dosis Ricin bei peroraler Aufnahme mit ca. 1 mg/kg angegeben. Das bedeutet, daß der Verzehr von ca. 8 Samen tödlich sein kann (5). Die Menge des aufgenommenen Giftes hängt jedoch stark davon ab, wie intensiv die Samen zerkaut werden (44). Bei Kindern wurden Todesfälle schon nach dem Kauen von einer Paternostererbse bekannt (67).

Für die Wirkstoffe der Mistel wurden folgende LD_{50}-Werte ermittelt: 28,6 μg/kg Mistellectin I und 46,7 μg/kg Mistellectin II, i. v., Maus; 500 μg/kg Viscotoxine, i. p., und 100 μg/kg Viscotoxine, i. v., Maus (61). Schweine sterben nach intravenöser Applikation von 10 μg Mistellectin I/kg (22).

Anlaß für Ricinvergiftungen ist vor allem der Verzehr von Ricinussamen, die von haselnußartigem Geschmack sein sollen, durch Kinder und Erwachsene in Unkenntnis der Toxizität (41, 44, 92, 93, 102). Da *R. communis* in zunehmendem Maße bei uns als Zierpflanze zu finden ist, besteht leicht Kontaktmöglichkeit. Tiere sind ebenfalls gefährdet (38). Auch zu Morden (42, 46) und Selbstmorden (48) wurden Ricin und Ricinus-Samen verwendet.

Ein 21jähriger Botanikassistent nahm in suizidaler Absicht 30 Samen zu sich und zerkaute einige davon. Etwa 3 h nach Aufnahme der Samen begannen Erbrechen, Durchfall und Schüttelfrost. Der Patient wurde in ein Krankenhaus eingewiesen und klagte über starke Abdominalschmerzen, Übelkeit, Krämpfe in den Extremitäten und Sehstörungen. Durch Dehydratation war ein Gewichtsverlust von 5 kg eingetreten, und es kam zum Kreislaufkollaps. Nach Flüssigkeitsinfusion über vier Tage hinweg konnte der Patient am 5. Tag entlassen werden (48).

A. precatorius wurde ebenfalls für kriminelle Zwecke mißbraucht (40, 98). Eine weitere Vergiftungsmöglichkeit sind Schmuckketten aus durchbohrten Samen von *R. communis* oder *A. precatorius*. Beim Kauen auf den Ketten oder durch Wunden in der Haut können die Giftstoffe resorbiert werden. Anaphylaktische Reaktionen wurden beobachtet (56). Auch die Verwendung der dekorativen Paternostererbsen in Trockengestecken u. ä. bietet Kontaktmöglichkeiten (25). In einigen tropischen Ländern werden Zubereitungen aus *A. precatorius* auch heute noch volksmedizinisch verwendet. FROHNE und Mitarb. (25) beschreiben einen schweren Vergiftungsfall nach Einnahme eines aus Indien nach Europa mitgebrachten «Gesundheitspulvers» aus Samen von *A. precatorius*. Besonders auffällig war die neurologische Symptomatik.

Wegen ihrer immunstimulierenden, hypotensiven und anderer Wirkungen angewandte Mistelextrakte (2) wirken nach peroraler Aufnahme höchstens in größeren Mengen örtlich reizend. Bei einer 49jährigen Frau wurde jedoch nach Langzeiteinnahme von mistelhaltigen Tabletten eine eventuell der Mistel zuzuschreibende Hepatitis gefunden (35). In toxikologischen Beratungsfällen nach Verzehr der weißen Scheinbeeren wurden so gut wie keine Vergiftungssymptome verzeichnet (49). Schwere Vergiftungen können nur nach Überdosierung parenteral applizierter Mistelpräparate auftreten. Intracutan verabreichte Mistelextrakte verursachen Quaddel-, Blasen- und Nekrosenbildung, intravenös applizierte cardiotoxische Effekte. Auch allergische Reaktionen sind möglich.

Bei der Behandlung von Vergiftungen durch toxische Lectine stehen schnelle Giftentfernung (Magenspülung, Abführmittel, Gabe schleimhaltiger Suspensionen von Aktivkohle) und die Verhinderung des möglichen Kreislauf- sowie Nierenversagens im Vordergrund. Elimination durch Hämodialyse ist wegen der großen Molmasse der Lectine nicht möglich (48). Symptomatische Behandlungsmaßnahmen sind Flüssigkeitszufuhr, Infusion von Blut oder Plasmaexpandern und Alkalisierung des Urins mit Natriumhydrogencarbonat zur Vermeidung der Hämoglobinpräzipitation in den Nierentubuli (62, Ü 85). Im Tierversuch konnte gezeigt werden, daß Antikörper gegen Ricin bei rechtzeitiger Gabe Mäuse vor den toxischen Ricinwirkungen zu schützen vermögen (21, 101). Antikörper gegen die isolierte A- oder B-Kette waren ebenso effektiv wie die gegen das ganze Molekül gerichteten (21).

Die Hemmwirkung der toxischen Lectine auf die Proteinsynthese macht diese Stoffe als potentielle Cytostatica interessant. Entsprechend ihrer unterschiedlichen Bindungsaffinität zu den Lectinen sind die einzelnen Zellarten unterschiedlich stark betroffen (11). Einige Autoren fanden stärkere Effekte auf Tumorzellen als auf nicht transformierte Zellen (55). Ricin und Abrin verlängern beispielsweise die Überlebenszeit von Mäusen mit Sarcom 180 (53, 55). Bei der Behandlung von Tumoren des Menschen konnten bis jetzt keine Erfolge erzielt werden. Auch die hohe Toxizität und die Antigennatur der Stoffe stehen einer therapeutischen Anwendung im Wege.

Größere Erfolgsaussichten verspricht die Anwendung von Immuntoxinen, hergestellt aus den hochtoxischen A-Ketten der Lectinmoleküle und haptophoren Proteinen, die hohe Affinität zu Markern der Zielzellen besitzen wie z. B. monoklonale Antikörper. Großes Interesse verdienen auch Konjugate mit antiviralen 1-RIPs (8, 57, 58, 60, 73, 106).

Während die Nutzung der Lectine in der moder-

92. Spyker, D. A., Sauer, K., Kell, S. O., Guerrant, R. L. (1982), Vet. Hum. Toxicol. 24: 293
93. Stahl, E. (1977), Dtsch. Apoth. Ztg. 117: 465
94. Stillmark, H. (1889), Arb. Pharmak. Inst. Dorpat 3: 59
95. Stirpe, F., Barbieri, L., Batelli, M. G., Falsca, A. I., Abbondanza, A., Lorenzoni, E., Stevens, W. A. (1986), Biochem. J. 240: 659
96. Stirpe, F., Legg, R. F., Onyon, L. J., Ziska, P., Franz, H. (1980), Biochem. J. 190: 843
97. Stirpe, F. (1987), in: Selective and Molecular Mechanism of Toxicity (Eds. De Matteis, F., Lock, E. A., Macmillan, Basingstoke): 105
98. Subramania, E. H., Viswanathan, E. H., Krishnamurthy, G. (1973), Current Sci. 43: 499
99. Tobiska, J. (1964), Die Phytgohämagglutinine, Akademie Verlag, Berlin
100. Uhlenbruck, G. (1981), Naturwissenschaften 68: 606
101. Wiley, R. G., Oeltmann, T. N. (1989), J. Neurosci. Methods 27: 202
102. Winther, S., Matzen, P. (1983), Ugeskr Laeger 145: 1546
103. Woynarowski, J. M., Konopa, J. (1980), Hoppe Seylers Z. Physiol. Chemie 361: 1535
104. Yeung, H.W., Li, W.W., Feng, Z., Barbieri, L., Stirpe, F. (1988), Int. J. Pept. Protein Res. 31: 265
105. Zaremba, S., Gwozdz, H., Banach, M. (1987), Folia Biol. (Krakow) 35: 3
106. Zarling, J. M., Moran, P. A., Haffar, O., Sias, J., Richmann, D. D., Spina, C. A. Myers, D. E., Kuebelbeck, V., Ledbetter, J. A., Uckun, F. M. (1990), Nature 347: 92

Mit Ü gekennzeichnete Zitate siehe Kap. 43.

42 Peptide und Proteine als Giftstoffe von Tieren

42.1 Allgemeines

Obwohl wir heute sicherlich nur einen Bruchteil der bei Tieren vorkommenden toxischen Peptide kennen, darf dennoch behauptet werden, daß die Peptidtoxine die umfangreichste und wirksamste Gruppe tierischer Gifte darstellen.

Der Einsatz von Peptid- oder Proteotoxinen durch das aktiv giftige Tier zur Verteidigung und zum Beuteerwerb setzt die Coevolution eines Applikators, nämlich eines Giftapparates, voraus, der diese hochmolekularen Verbindungen durch die Außenhülle des Angreifers oder Beutetieres, mag es ein Außenskelett oder die Haut sein, in das Gewebe bringt. Zur Ausbreitung im Gewebe sind weiterhin Enzyme als Hilfsfaktoren erforderlich. Um lange Lagerzeiten in der Giftdrüse ohne Denaturierung überstehen zu können, müssen die Gifte relativ stabil sein. Entweder sind es kurzkettige Peptide mit sich selbst organisierenden Raumstrukturen, oder ihre Raumstruktur ist durch viele Disulfidbrücken zementiert. Schlangengifttoxine überstehen in wäßriger Lösung selbst Erhitzen auf Temperaturen in der Nähe des Siedepunktes ohne Aktivitätsverluste.

Von im Wasser lebenden Tieren können gegenüber ihren Feinden, die durch das Vorhandensein von der Umwelt exponierten nackten Zellen, z. B. des Kiemenepithels, weniger gut abgeschirmt sind, Peptidtoxine möglicherweise auch ohne Giftapparat eingesetzt werden. Darüber ist aber noch sehr wenig bekannt.

Da Peptid- und Proteotoxine wegen ihrer Molekülgröße nur schwer in die intakte Zelle eindringen können, sind sie meistens auf die Zellmembran oder deren Rezeptoren bzw. Ionenkanäle wirksam. Um eine Wechselwirkung mit der Membran möglich zu machen, haben viele Peptidtoxine lyobipolaren Charakter oder besitzen wenigstens Cluster hydrophober Aminosäuren im Molekül.

Peptid- und Proteotoxine wurden bei Vertretern fast aller Tierstämme gefunden. Gut untersucht sind sie bei Nesseltieren (Kap. 42.2), einigen Mollusken (Kap. 42.3), den Gliederfüßern, besonders bei Spinnentieren (Kap. 42.4) sowie Insekten (Kap. 42.5), und bei einigen Klassen der Chordatiere, wie Amphibien (Kap. 42.7) und Reptilien (Kap. 42.8). Obwohl wir über die Struktur der Peptidtoxine der Fische noch sehr wenig wissen, sei ihnen wegen ihrer großen Verbreitung ein Abschnitt gewidmet (Kap. 42.6).

Kaum etwas bekannt ist über die Toxine der parasitisch im tierischen und menschlichen Organismus lebenden Vertreter aus der Klasse der Nematoda (Fadenwürmer). Neben Proteinen, die zu immunologischen Überempfindlichkeitsreaktionen (177, 291) und zur Immunsuppression (317) führen, scheiden sie auch toxische Peptide aus. So wurde beispielsweise ein mastzelldegranulierendes Peptid (M_r 2000–3000) aus *Ascaris lumbricoides*, dem Spulwurm, isoliert (329).

Von den Vertretern der Unterklasse Anopla des Tierstammes Nemertini, Schnurwürmer, z. B. von *Cerebratulus lacteus*, wird bei Beunruhigung ein Schleim ausgeschieden, der Polypeptide bekannter Struktur enthält, die für Krebse stark und für Krabben mäßig toxisch sind (Ü 119).

Seehasen, *Aplysia*-Arten (Klasse Gastropoda, Schnecken), enthalten in ihren Verdauungsdrüsen toxische Substanzen, die sie aus ihrer Nahrung aufnehmen (z. B. *Aplysia punctata*, siehe S. 572, Bild 42-1). Daneben bilden jedoch auch einige von ihnen toxische Proteine, die u. a. in der purpurfarbenen Flüssigkeit enthalten sind, die sie ausstoßen, wenn sie sich angegriffen fühlen. Diese Toxine sind Glykoproteine mit cytostatischer, cytolytischer und antibiotischer Aktivität. Aplysianin P, ein einkettiges Glykoprotein aus der Purpurflüssigkeit von *Aplysia kurodai*, hat eine relative Molmasse von 60 000 und wirkt selektiv cytolytisch auf humane Tumorzellen. Aplysianin E aus den Eiern der Tiere und Aplysianin A aus einer Eiweißdrüse des Genitalapparates haben trotz größerer Molmassen ähnliche Effekte (364).

In den Speicheldrüsen der Kopffüßer (Klasse Cephalopoda) wurden ebenfalls Peptidtoxine nachgewiesen, die besonders für Krabben, die Beute der Kopffüßer, stark giftig sind. Das toxische Protein aus dem Sekret von *Octopus dofleini* hat eine relative Molekülmasse von 21 000, ist hitzelabil, aber resistent gegen proteolytische Enzyme (321). Das Gift von *Eledone cirrhosa*, auch in der Nordsee vorkommend, M_r 70 000, blockiert die elektromechanische Kopplung zwischen Nerv und Muskel bei Crustaceae (211). Ein sehr bekanntes, kleinmolekulares Peptidtoxin ist das Undecapeptid Eledoisin aus dem Moschuskraken, *Eledone moschata*. Es entfaltet bei Säugetieren eine Wirkung, die der der Substanz P ähnlich ist (98, 290).

Auch Tiere aus der Klasse der Myriapoda, Tausendfüßer, bilden Peptidtoxine. Aus dem in Indien verbreiteten Hundertfüßer *Scolopendra subspinipes dehaani*, dessen Bisse mit den mit Giftdrüsen versehenen Kieferfüßen zu starken Schmerzen, Nekrosen und zum Tode führen können, wurde ein Proteotoxin, das Toxin-S, isoliert. Diese saure Verbindung mit einer Molekülmasse von etwa 60 000 hat cardiotoxische Wirkung. Die LD_{50} beträgt 41,7 μg/kg, Maus, i. v. (116).

Bei den Insekten kommen außer bei Bienen und Wespen (Kap. 42.5) bei vielen anderen Vertretern toxische Peptide vor.

Noch völlig unbekannt ist der Charakter der Proteine, die durch blutsaugende Insekten ins menschliche Gewebe gelangen. Vermutlich handelt es sich um Fermente und Effektoren, die die Durchblutung der betroffenen Stelle fördern und den Saugvorgang durch Beeinflussung der Blutgerinnung und der Viskosität des Blutes erleichtern.

Zahlreiche Peptidtoxine wurden in den Giften stechender Ameisen nachgewiesen (35, 57).

Noch keine völlige Klarheit herrscht über die in Brennhaaren einer Vielzahl von Schmetterlingsraupen enthaltenen Peptide. Besonders die Raupen aus der Familie der Lymantriidae, Schadspinner, und Thaumetopoeidae, Prozessionsspinner, sind Ursache recht dramatischer Dermatitiden, Konjunktivitiden und Bronchitiden.

Von ihnen sind in Mitteleuropa u. a. der Goldafter, *Euproctis chrysorrhoea* (siehe S. 572, Bild 42-2), der Schwan, *Porthesia similis*, der Eichen-Prozessionsspinner, *Thaumetopoea processionea* (siehe S. 572, Bild 42-3) und der Kiefern-Prozessionsspinner, *T. pinivora*, vertreten. Sie besitzen neben den üblichen, bei vielen Raupen vorhandenen langen Haaren noch eine Vielzahl kurzer, mit Spitzchen besetzter, hohler Brennhaare, deren Kanal mit einer Drüsenzelle in Verbindung steht. Diese bei Berührung der Tiere leicht abbrechenden Haare bohren sich in die menschliche Haut ein und geben dort nach dem Zerbrechen ihren Inhalt ab.

Aus den Haaren von *Euproctis chrysorrhoea* konnten Phospholipase A_2, Proteinasen und Esterasen isoliert werden. Man nimmt an, daß der hautreizende Effekt durch die durch die Phospholipase A_2 initiierte starke Prostaglandinbildung aus der abgespaltenen Arachidonsäure und die Mastzelldegranulation durch die Lysophospholipide sowie durch die Kininogenasewirkung, die Plasminogenaktivatorwirkung und die Complementaktivierung durch die Proteinasen zustande kommt (74).

Aus 100 g Haaren von *Thaumetopoea wilkinsoni* wurden 22 mg toxische Proteine erhalten (375). Aus den Haaren von *Th. pityocampa* wurde ein Protein, das Thaumetopoein, isoliert, das eine relative Molmasse von 28 000 besitzt (aus 2 Untereinheiten, M_r 13 000 und 15 000, aufgebaut) und im Tierversuch Urticaria auslöst (193). Der Wirkungsmechanismus des Thaumetopoeins ist noch unbekannt.

Unklar ist die Bedeutung des Peptidtoxins Cajin (M_r 1000) aus dem Körper der weiblichen Imagines von *Arctia caja*, Brauner Bär (Arctiidae), das peroral unwirksam ist (279).

Auch bei Käfern kommen Proteotoxine vor. Bekannt ist die hohe Toxizität der Körperflüssigkeit der Larven und Puppen von Vertretern der Gattung *Diamphidia* und *Polyclada* (Chrysomelidae), die von den Buschmännern in Nordwest-Namibia als Pfeilgift verwendet wird. Isoliert wurde ein basisches Protein, das Diamphotoxin, mit einer relativen Molmasse von 54 000–60 000, das einen von Ca^{2+}-Ionen abhängigen, stark hämolytischen, jedoch keinen neurotoxischen Effekt besitzt. Ratten wurden bei einer Dosis von 100 bzw. 500 μg/kg getötet (81, 173, 137).

Relativ gut charakterisiert ist auch das ebenfalls nur bei parenteraler Anwendung wirksame Peptidtoxin des Kartoffelkäfers, *Leptinotarsa decemlineata* (Chrysomelidae; siehe S. 572, Bild 42-4), Leptinotarsin (162). Daneben bildet der Kartoffelkäfer in seinen Wehrdrüsen am Halsschild und an den Deckflügeln ein Dipeptid, die γ-L-Glutamyl-L-2-amino-hexa-3(Z),5-diensäure. Diese Verbindung ist für Ameisen toxisch (73).

Ein Beispiel für das Vorkommen von Peptidtoxinen bei Vertretern des Stammes Echinodermata ist das mit den zu «Giftzangen» umgeformten Pedicellarien (Greiforgane der Echinodermata) applizierte Toxin von *Tripneustes gratilla* (Toxopneustidae), eines im Indopazifischen Ozean lebenden Seeigels. Das Toxin hat eine relative Molekülmasse von 25 000 und eine LD_{50} von 0,05 mg/kg, Maus, i. p. (213).

Aus den Stacheln der Dornenkrone, *Acanthaster*

planci (siehe S. 589, Bild 42-5), eines Seesternes (Kap. 13.2.3.2), wurde ein Gift gewonnen, aus dem neben Phospholipase A ein letal wirksames Glykoprotein (M_r 20000–25000, LD_{50} 0,43 mg/kg, Maus, i.p., 0,12 mg/kg, i.v.) mit schwach hämolytischer, Ödeme auslösender und die Kapillarpermeabilität erhöhender Wirkung isoliert werden konnte (309). Bei intraperitonealer Applikation führt es bei Mäusen zu Muskelschwäche, Empfindungslosigkeit und seltener auch zu Krämpfen. Der Tod der Tiere tritt nach 72–96 h ein. Pathologisch sind schwere Leberdegenerationen feststellbar. Verletzungen mit den Stacheln der Dornenkrone sind äußerst schmerzhaft. Ein Kind, das aus einem Boot auf eine Dornenkrone gesprungen war, zeigte an den Füßen 14 Einstichstellen. Es traten sofort sehr starke Schmerzen auf, nach etwa 1 Stunde begann das Kind zu erbrechen. Durch symptomatische Behandlung war es nach ca. 6 Tagen geheilt (12).

42.2 Peptidtoxine der Nesseltiere (Cnidaria)

42.2.1 Nesseltiere als Gifttiere

Vom Stamm der Cnidaria, Nesseltiere, häufig mit dem Stamm der Ctenophora (Acnidaria), Rippenquallen, unter dem Begriff Coelenterata, Hohltiere, zusammengefaßt, sind heute etwa 9000 Arten bekannt. Im Gebiet kommen davon etwa 130 Arten vor.

Diese einfach gebauten Wassertiere bestehen aus 2 Zellschichten, die durch eine mehr oder weniger starke Gallertschicht getrennt sind, die meistens zellfrei ist. Eine so aufgebaute Wandung umgibt einen einzigen Hohlraum (Gastralraum) mit nur einer Öffnung, der Mundöffnung. Diese Öffnung ist von einer unterschiedlichen Anzahl an Tentakeln (Tast- und Greiforgane) umgeben. Die Tiere können in 2 Lebensformen existieren, in Form des meistens am Untergrund angehefteten Polyps und in Form der meistens frei schwimmenden Meduse, die man als einen abgeflachten Polypen betrachten kann, dessen Mundöffnung nach unten gerichtet ist. Durch Koloniebildung und Spezialisierung der Kolonisten wird der Bau kompliziert.

Zum Stamm der Cnidaria gehören die Klassen der Hydrozoa (2700 Arten), der Scyphozoa, Schirm- oder Scheibenquallen (200 Arten), und der Anthozoa, Blumen- oder Korallentiere (6500 Arten).

Bei den Hydrozoa bewegt sich die Größe der Polypen zwischen mikroskopischen und bis 2 m langen Formen. Die Hydromedusen erreichen Durchmesser von 40 cm.

Bei den Scyphozoa tritt im Gegensatz zu den Hydrozoa die Habitusform der Polypen, die sehr klein bleiben und keine Kolonien bilden, zugunsten der Scyphomedusen sehr stark zurück. Die Scyphomedusen können Durchmesser bis 2 m erreichen.

Die Anthozoa sind ausnahmslos polypenförmig gebaut. Sie sind nicht mehr zur Medusenbildung fähig. Ihre Hauptformen sind die skelettlosen Aktinien und die Kalkgebilde erzeugenden Korallen.

Giftapparate der Cnidaria sind Nesselzellen (Cnidocyten, Nematocyten). In ihnen werden, hervorgegangen aus Teilen des GOLGI-Apparates, die Nesselkapseln (Cniden, Cnidocysten, Nematocysten) gebildet. Sie bestehen aus einer Blase, deren Membran am nach außen liegenden Pol so nach innen eingestülpt ist, daß die Einstülpung mit einem keulenförmigen Teil beginnt, der sich in einem aufgerollten Schlauch fortsetzt. Als Auslösemechanismus dient ein stiftartiger Fortsatz auf der Außenseite der Nesselzelle, das Cnidocil. Jedes Tier besitzt je nach Größe Millionen bis Milliarden Nesselzellen, die vor allem auf den Tentakeln lokalisiert sind.

Bei Berührung des Cnidocils durch ein Beutetier oder einen Angreifer öffnet sich die unter hohem Druck stehende Nesselkapsel, und der eingestülpte Teil wird innerhalb von 0,003–0,005 Sekunden handschuhartig nach außen gestülpt. Die Empfindlichkeit des Auslösemechanismus wird durch viele exogene und endogene Faktoren gesteuert.

Bei den Cniden vom Penetrantentyp (Heteronemen) trägt der zuerst erscheinende keulenförmige Teil an der Spitze 3 sog. Stilette und an der Außenseite Widerhaken. Die Stilette durchschlagen das Außenskelett oder die Haut des Beutetieres bzw. Angreifers, und die Widerhaken verankern ihn. Dadurch wird es dem folgenden schlauchförmigen Teil möglich, in das Gewebe des Beutetieres einzudringen. Aus dem Ende des Schlauches tritt dann das in der Blase befindliche Sekret aus. Die Gefährlichkeit für den Menschen und die durch Nesseltiere ausgelösten Schäden werden nicht allein durch die Wirksamkeit der Gifte bestimmt, sondern auch durch die Eindringtiefe der Nematocystenschläuche in die Haut. Bei einigen Scyphomedusen wurde bei einem Angriff auch die Ausscheidung von Schleimstoffen beobachtet, die das Tier umgaben und in denen zahlreiche entladene und intakte Nesselkapseln enthalten waren (304).

Neben den Nesselkapseln vom Penetrantentyp gibt es solche mit klebenden Schläuchen (Glutinanten) oder umschlingenden Schläuchen (Volventen,

Tab. 42-1: Gefährliche Nesseltiere (Cnidaria)

Art	Vorkommen
Klasse Hydrozoa	
Ordnung Hydroidea	
Familie Milleporidae	
Millepora alicornis, Feuerkoralle	trop. Ozeane (Pazifik, Indik, Karibik)
M. platiphylla, Feuerkoralle	westind. Inseln
Ordnung Siphonophora	
Familie Physaliidae	
Physalia physalis, Portugiesische Galeere	trop. Atlantik, Mittelmeer
Physalia utriculus	Indik, Pazifik, Südjapan, Hawaii
Klasse Scyphozoa	
Ordnung Semaeostomae	
Familie Pelagiidae	
Chrysaora quinquecirrha	trop. und subtrop. Meere
Pelagia noctiluca, Leuchtqualle	Adria
Familie Cyaneidae	
Cyanea capillata, Gelbe Haarqualle	Nordsee, westl. Ostsee, Nordpazifik, Nordatlantik
C. lamarckii, Blaue Haarqualle	Nordsee, westl. Ostsee, Nordatlantik
Ordnung Rhizostomae	
Familie Rhizostomidae	
Rhizostoma pulmo, Lungenqualle	Indik
Stomolophus meleagris	trop. und subtrop. Atlantik
Ordnung Cubomedusae	
Familie Carybdeidae	
Carybdea alata, Seewespe	Pazifik, Indik, Atlantik
Carybdea marsupialis	Atlantik, Westindien, Mittelmeer
Familie Chirodropidae	
Chiropsalmus quadrigatus, Seewespe	Indik, Nordaustralien
Chironex fleckeri, Seewespe	Indik, Nordaustralien
Klasse Anthozoa	
Unterklasse Hexacorallia	
Ordnung Actinaria	
Familie Actiniidae	
Actinia equina, Purpurrose, Erdbeerrose, Pferdeaktinie	Mittelmeer, Schwarzes Meer, Nordsee
Anemonia sulcata, Wachsrose	Mittelmeer, Atlantikküste Frankreichs, Adria
Condylactis aurantiaca, Goldrose	Adria
Tealia felina, Seedahlie, Dickhörnige Seerose	Nordsee, westliche Ostsee
Familie Sagartiidae	
Sagartia elegans, Seeanemone	Mittelmeer, selten in der Nordsee

Desmonenem), die dem Festhalten des Beutetieres dienen.

Abgeschossene Nesselzellen sind funktionslos geworden und werden durch neue ersetzt.

Eine Übersicht über einige gefährliche Nesseltiere, deren Zahl mit etwa 100 angegeben wird, und ihr Vorkommen gibt Tabelle 42-1.

42.2.2 Gifte der Nesseltiere

Zur Chemie der Giftstoffe liegen zahlreiche Untersuchungen vor. Meistens werden dazu die Nematocysten von den übrigen Zellen abgetrennt und die Toxine durch Gelfiltration oder Immunaffinitätschromatographie isoliert. Neben Hilfsfermenten, besonders Hyaluronidase, Kollagenase, Elastase, DNase, wurden kleinmolekulare Substanzen, Polypeptide und Proteine nachgewiesen (49).

Die kleinmolekularen Substanzen, wie Anemonin (Imidazolylessigsäure-dimethylbetain), Actinin (γ-Dimethylamino-buttersäure-methylbetain), Tetramethylammoniumhydroxid, Histamin, Serotonin, Prostaglandine, Kinin-artig wirkende Peptide u. a. (49, Ü 36, Ü 51) dürften wahrscheinlich vor allem für den initialen Schmerz nach dem Angriff durch ein Nesseltier verantwortlich sein.

Die Primärstruktur des ersten Nesselgifttoxins, des ATX-II, wurde 1976 durch WUNDERER und Mitarbeiter aufgeklärt (363).

Die nachgewiesenen hochmolekularen Neurotoxine lassen sich in 2 Gruppen einteilen:

- Polypeptide mit 46–51 Aminosäuren, dazu auch eines mit 27 Aminosäuren (ATX III), die auf die Natriumkanäle tierischer Membranen wirken,
- Proteine mit relativen Molekülmassen von 15 000–21 000, die durch Sphingomyelin hemmbare cytolytische, damit auch hämolytische Wirksamkeit besitzen (32, 34).

Vermutlich kommen Vertreter beider und anderer Typen gemeinsam in den Giften eines Tieres vor.

Polypeptide mit Wirkung auf die Na^+-Kanäle wurden u. a. isoliert aus

- *Anemonia sulcata* (siehe S. 589, Bild 42-6) (ATX-I, 46 Aminosäurereste, Abb. 42-1, ATX II, 47 Aminosäurereste, ATX III, 27 Aminosäurereste, ATX V, 46 Aminosäurereste),
- *Anthopleura xanthogrammica* (AP-A, 49 Aminosäurereste),
- *Anthopleura elegantissima* (AP-C, 47 Aminosäurereste),
- *Anthopleura fuscoviridis* (AFT-I, 47 Aminosäurereste, AFT-II, 48 Aminosäurereste),
- *Bolocera tuediae* (BTTX I und BTTX II, M_r etwa 5000),
- *Radianthus macrodactylus* (RTX II, RTX III, 48 Aminosäurereste) und
- *Radianthus paumotensis* (Rp I–IV, 48–49 Aminosäurereste).

Sie besitzen 3 S-S-Brücken, an beiden Kettenenden geladene und in der Kette Cluster hydrophober Aminosäurereste. Sie zeigen untereinander, mit Ausnahme des ATX-III, BTTX I und BTTX II, weitgehende Homologie (220, 331, 361, 376). Auch aus *Condylactes aurantiaca* wurden derartige Polypeptide erhalten (30).

Cytolytische Toxine wurden u. a. isoliert aus *Actinia equina* (Equinatoxine, siehe S. 589, Bild 42-7), *A. tenebrosa* (Tenebroside), *A. cari, Condylactis gigantea, Stychodactyla (Stoichactis) helianthus, S. kenti* (Kentin, Stoichactin), *Epiactis prolifera* (Epiactine), *Pseudactinia varia* (Variolysin), *P. flagellifera, Parasicyonis actinostoloides* (Parasitoxin), *Radianthus koseirensis* und *Gyrostoma helianthus, Tealia felina* (Tealiatoxin), *T. lofotensis, Anthopleura xanthogrammica, A. michaelseni, A. japonica* (32, 36, 49, 203, 247, 308, 312, 348).

Von BERNHEIMER (34) wird vorgeschlagen, die Cytolysine einheitlich zu benennen und die Bezeichnung aus dem Artnamen und der Wirkung abzuleiten, z. B. Equinolysin aus *Actinia equina* (statt Equinatoxin), Kentolysin aus *Stychodactyla kenti* (statt Kentin).

Cytolytische Proteine mit weiteren Wirkungen wurden ebenfalls gefunden, beispielsweise ein Vertreter mit antihistaminergem Effekt bei *Tealia felina* (Tealitoxin, M_r 7800, 91), sowie die cardiotonen Tenebrosine A (M_r 19 800) und C (M_r 20 200) aus *Actinia tenebrosa* (108,242).

Auch Cytolysine mit relativen Molekülmassen, die von den oben genannten abweichen, wurden nachgewiesen, z. B. mit M_r 300 000 bei *Stomolophus meleagris* (346), 240 000 bei *Physalia physalis* (Glykoprotein, 49), 150 000 und 600 000 bei *Chironex fleckeri* (92), 260 000 bei *Rhizostoma pulmo* (Rhizolysin, 55) und M_r 70 000 bei *Cyanea capillata* (354). Möglicherweise sind sie teilweise Oligomere cytolytischer Proteine (62).

Die auf die Na^+-Kanäle wirkenden Polypeptide verzögern die physiologische Inaktivierung der Kanäle und führen zu einem massiven Na^+-Einstrom in die Zellen. In kleinen Konzentrationen sind sie positiv inotrop wirksam, in höheren Dosen verursachen sie Arrhythmien (163, 244, 341, 355).

Die cytolytischen Toxine werden bevorzugt in Sphingomyelindomänen der Membran eingebaut und bilden in der Membran stabile multimere Komplexe aus, die als Ionenkanäle wirken können (82).

Je nach Zusammensetzung des Giftes unterscheiden sich die Wirkungen der Gifte der einzelnen Nesseltiere sehr stark. Vorherrschend sind schmerzaus-

G A A C L C K S D G P N T R G N S M S G T I W V F G C P S G W N N C E G R A I I G Y C C K Q

Abb. 42-1: Toxin ATX I aus der Wachsrose *(Anemonia sulcata)*.
(Aminoacylrest-Schlüssel siehe Tab. 38-1.)

lösende, dermonekrotische, cardiotoxische, neurotoxische oder/und myotoxische Effekte. Auch allergische Reaktionen können auftreten (52).

Die letalen Dosen sind aufgrund der unterschiedlichen Reinheit der getesteten Isolierungsprodukte bis jetzt nur schwer vergleichbar. Für Equinatoxin I beträgt die LD_{50} 23 µg/kg, i.v., Maus, für Equinatoxin II 35 µg/kg, und für Equinatoxin III 83 µg/kg (203). Die LD_{50} des Toxingemisches von *Chrysaora quinquecirrha* liegt bei 0,37 mg/kg, i.v., Maus (62), die des Gemisches von *Cyanea capillata* bei 0,7 mg/kg, i.v., Maus (Ü 36), die eines Nematocystenextraktes von *Hydra attenuata* bei 5 mg/kg (184). Weniger als 2 µg/kg ATX I oder ATX II sind in der Lage, nach intramuskulärer Applikation Krebse zu töten (31).

Kontaktmöglichkeit mit Nesseltieren besteht für den Menschen vor allem beim Schwimmen im Meer. Die Berührung der sich oft meterweit ausbreitenden Tentakeln läßt sich nicht immer vermeiden. Gefährlich ist auch das Verreiben auf die Haut gelangter noch intakter Nesselkapseln auf Partien mit besonders dünner Haut, z. B. zwischen den Fingern, oder ins Auge.

Kontakt mit den in der Ost- und Nordsee vorkommenden Quallen *Cyanea capillata* (siehe S. 589, Bild 42-8) und *C. lamarckii* führt beim Menschen meistens nur zu Brennen, Rötung und Juckreiz der betroffenen Hautpartien. Die in diesen Gewässern häufig zu findende Ohrenqualle, *Aurelia aurita*, gilt als ungefährlich. Kürzlich beschrieben Burnett und Mitarb. (54) jedoch den Vergiftungsfall eines 30-jährigen Meeresbiologen, der nach Kontakten mit *Aurelia aurita* am Arm und am Knie bis zu 9 Tagen bestehende Ulcerationen zeigte.

Wesentlich gefährlicher ist die Berührung vieler nur in wärmeren Meeren vorkommender Nesseltiere. Aus der Klasse der Hydrozoa verursacht die Portugiesische Galeere, *Physalia physalis* (siehe S. 589, Bild 42-9), oft schwere, jedoch selten tödliche Vergiftungen («Portuguese man-of-war-sting»). Die Stiche können sogar einen Handschuh durchdringen und sind äußerst schmerzhaft. Die Haut um die Stichstelle rötet sich und schwillt, wie auch die regionalen Lymphknoten, an. Als Allgemeinsymptome werden Übelkeit, Erbrechen und Bewußtlosigkeit beobachtet. Bei einem 4jährigen Mädchen kam es zum akuten Nierenversagen (125). Der Tod kann im Koma kurze Zeit nach dem Stich eintreten (50, 100, 282, Ü 2, Ü 36).

Besonders gefährliche Vertreter der Klasse der Scyphozoa sind *Chironex fleckeri*, die Seewespe (gilt als gefährlichstes Meerestier überhaupt, Ü 36), *Chiropsalmus quadrigatus* und *Chrysaora quinquecirrha* (133). *Pelagia noctiluca* wird für Vergiftungsfälle (lokale Hautveränderungen, anaphylaktische Reaktionen) im Mittelmeer verantwortlich gemacht (133, 344).

Im Indopazifik verursacht die Seewespe jährlich mehrere Todesfälle. Ihr Gift wirkt vorwiegend cardiotoxisch und führt sehr schnell (innerhalb von Sekunden, längstens nach wenigen Minuten) zum akuten Herzversagen (52, 204, Ü 36).

Die Wirkungen von *Chrysaora quinquecirrha* demonstriert folgender Vergiftungsfall: Eine 31jährige deutsche Touristin schwamm im Indischen Ozean weit hinaus, verspürte plötzlich heftige, brennende Schmerzen am Oberkörper und bemerkte eine «größere rötliche Masse», mit großer Wahrscheinlichkeit *Chrysaora quinquecirrha*. Die Frau schwamm mit großem Kraftaufwand zum Ufer zurück und erlitt einen Kreislaufzusammenbruch. Die Haut sah aus wie nach einer Verbrennung. Nach Aufnahme in ein deutsches Krankenhaus zeigten Oberkörper und Arme massive ödematöse Schwellungen. Sensibilität und Bewegungsfähigkeit von Händen und Füßen waren herabgesetzt. Es bildeten sich große Blasen und Nekrosen. Trotz intensiver und langwieriger Behandlung (u. a. Fasciotomie) war sechs Monate nach dem Unfall die Sensibilität im Bereich der Unterarme und Hände noch nicht wiederhergestellt. Greifen und andere Bewegungsabläufe der Hände waren nicht möglich (133).

Die meisten Vertreter der Klasse der Anthozoa können vom Menschen ohne Schaden berührt werden. Einige Arten verursachen nesselähnlichen Hautausschlag oder nekrotische Hautveränderungen, die nur langsam heilen. Oft entwickeln sich Sekundärinfektionen.

Bei Verletzungen durch *Cyanea*-Arten der Nord- und Ostsee genügt es, die betroffenen Hautpartien lokal mit verdünnter Ammoniumhydroxidlösung zu behandeln. Die Giftapparate gefährlicher tropischer und subtropischer Arten dürfen keinesfalls mit Wasser von der Haut abgewaschen werden, da dies weitere Reaktionen noch intakter Nematocysten provozieren würde. Die Inaktivierung muß mit verdünnter Ammoniaklösung oder 10%igem Formalin, zur Not auch mit Zucker, Salz, Olivenöl oder trockenem Sand, vorgenommen werden. Nach dem Antrocknen können Tentakeln und Schleim leicht abgekratzt werden (Ü 36). Bei Stichen von *Physalia physalis* wird das Auflegen von Eis auf die betroffenen Stellen empfohlen (100). Die Vergiftungserscheinungen sind symptomatisch zu behandeln (Schockbehandlung, künstliche Beatmung, Herzmassage usw., 53, Ü 36). Gegen die Gifte von *Chironex fleckeri* ist in Australien ein Antiserum verfügbar, das bei rechtzeitiger Anwendung erfolgreich sein kann (53, 93, 102). Verapamil trägt zur Verhinderung der Herzkomplikationen bei (51).

Die spezifisch an den Na^+-Kanälen angreifenden Toxine der Cnidaria können zur Klärung von Reizübertragungsmechanismen eingesetzt werden. Einige positiv inotrop wirksame Stoffe könnten klinische Bedeutung zur Behandlung der Herzinsuffizienz erlangen (266).

42.3 Peptidtoxine der Kegelschnecken (*Conus*-Arten)

Die Gattung *Conus*, Kegelschnecken (Conidae, Ordnung Neogastropoda, Neuschnecken, 53 000 Arten, Klasse Gastropoda, Schnecken, 95 000 Arten, nur 350 im Gebiet), umfaßt etwa 500 Arten.

Die Vertreter der Gattung *Conus* kommen in subtropischen und tropischen Meeren vor. Bei ihnen ist die mit Zähnchen besetzte Reibeplatte der Mundhöhle, die Radula, so umgestaltet, daß sie nur wenige, einige Millimeter lange, hohle, mit Widerhaken besetzte, aus Chitin aufgebaute Zähne bildet. Etwa 50 dieser nicht mehr mit der Unterlage verbundenen Giftzähne werden in der sackförmig gestalteten Radula gespeichert. Jeweils einer von ihnen gelangt durch einen noch unbekannten Mechanismus durch den Pharynx, wo er durch die Giftdrüse «aufgeladen» wird, in den Rüssel (Proboscis). Er wird als Giftpfeil in die Weichteile des Beutetieres (Würmer, Schnekken, Fische) oder Angreifers eingestochen oder eingeschossen. Die piscivoren Arten graben sich meistens so in den Sand ein, daß nur noch ihr hellrot gefärbter Rüssel sichtbar ist, der sich wie ein Wurm auf dem Sand windet. Dadurch angelockte Fische werden mit dem Giftpfeil gestochen und sind in Sekundenschnelle gelähmt. Die Schnecke stülpt ihren dehnbaren Magen über die Beute und beginnt die Verdauung (70, 245, 246, Ü 81, Ü 117).

Da viele der für den Menschen gefährlichen *Conus*-Arten, z. B. *C. geographus, C. textile, C. tulipa* und *C. magus*, sehr schöne Gehäuse haben, die von Touristen gesammelt werden, sind Vergiftungen nicht selten (siehe S. 589, Bild 42-10). *C. geographus*, der gefährlichste Vertreter, kann bis 15 cm lang werden.

Die milchig trüben Gifte sind komplexe Gemische, die neben Enzymen (269) und niedermolekularen Substanzen, z. B. Arachidonsäure (185), Serotonin (31), γ-Butyrobetain und N-Methylpyridiniumsalzen (70), als Hauptwirkstoffe Peptide und toxische Proteine enthalten.

Eine systematische Benennung der Peptidtoxine von *Conus*-Arten wurde von Gray und Olivera (118) vorgeschlagen: ein griechischer Buchstabe vor dem Namen, der auf das Target hinweist, α = nicotinerger Acetylcholinrezeptor, μ = Natriumkanäle des Muskels oder ω = präsynaptische spannungsaktivierte Calciumkanäle. Auf den Namen folgen ein Großbuchstabe für die *Conus*-Art, z. B. G für *C. geographus*, M für *C. magus*, S für *C. striatus*, römische Zahlen für die Zuordnung zu homologen Klassen und ein weiterer Großbuchstabe bei Sequenzvarianten.

Von den etwa 10 fischfangenden, für den Menschen besonders gefährlichen Arten (70), sind die toxischen Peptide von *C. geographus* und *C. magus* sehr gut untersucht. Allein im Gift von *C. geographus* konnten etwa 100 Peptide nachgewiesen werden. Charakterisiert wurden u. a. bei:

- *Conus geographus:* α-Conotoxine G I, G I A und G II, μ-Conotoxine G III A (Geographustoxin), G III B ([Pro^7]-μ-Conotoxin) und G III C, ω-Conotoxine G VI A, G VI B, G VI C, G VII A und G VII B, Lys-Conopressin (G), Sleeper-Peptid (Conopeptid G V, Conantokinin) und Conotoxin GS,
- *Conus magus:* α-Conotoxin M I, ω-Conotoxine MV II A und M VII B (Abb. 42-2, 70, 117, 118, 212, 245, 365).

Die Verbindungen sind aus 13 (G I, G II) bis 34 Aminosäuren (Conotoxin GS) aufgebaute lineare Peptide, die mehrere, meistens 3, durch S-S-Brücken gebildete Schleifen enthalten. Sie sind sehr reich an L-Cystein (bis 50%). Als ungewöhnliche Bausteine kommen in ihnen L-Hydroxyprolin und γ-Carboxy-L-glutamat vor. Ihre C-terminale Carboxylgruppe trägt eine Amidgruppierung (118).

Neben den Peptiden wurden auch toxische Proteine in den Giften der Kegelschnecken gefunden, z. B. Striatoxin, ein cardiotoxisches Glykoprotein (M_r 25 000) und zwei weitere ichthyotoxische Verbindungen (M_r 10 000–14 000) in der piscivoren Art *C. striatus*, die 90% der Toxizität ausmachen (70).

Über die Chemie der Gifte der nicht piscivoren Arten ist relativ wenig bekannt. Ihre Toxine sind meistens für Wirbeltiere und den Menschen weniger gefährlich. Jedoch auch die Toxine von *C. textile* und *C. marmoreus*, die sich von anderen Schnecken ernähren, können zu Vergiftungen mit Todesfolge führen (Ü 81 a). Aus *C. textile* wurden 5 teilweise ZNS-aktive Peptide (12–27 Aminosäurereste, 245) und 3 hämolytische Proteine isoliert. In *C. eburneus* wurde Eburnetoxin (M_r 28 000) und in *C. tessulatus* Tessulatoxin M_r 28 000) nachgewiesen (70).

E C C N P A C G R H Y S C – NH₂	α-Conotoxin GI
R D C C T P̲ P̲ K K C K D R Q C K P̲ Q R C C A – NH₂	μ-Conotoxin GIIIA
C K S P̲ G S S C S P̲ T S Y N C C R S C N P̲ Y T K R C Y – NH₂	ω-Conotoxin GVIA
G E g g L Q g N Q g L I R g K S N – NH₂	Sleeper-Peptid
A C S G R G S R C P̲ P̲ Q C C M G L R C G R G N P Q K C I G A H g D V – NH₂	Conotoxin-GS

(intrachenare S-S-Brücken vorhanden)

P̲ = L-Hydroxyprolin, g = γ-Carboxy-L-Glutaminsäure

Abb. 42-2: Peptidtoxine der Gifte der Kegelschnecken (*Conus*-Arten). (Aminoacylrestschlüssel siehe Tab. 38-1.)

Aus der Benennung der Conotoxine gehen Angriffspunkte der Gifte hervor. Die α-Conotoxine blockieren spezifisch nicotinerge Acetylcholinrezeptoren. In Konzentrationen von 20–80 μg/kg hemmen sie die neuromuskuläre Erregungsübertragung bei Ratten, wobei α-Conotoxin G I 2,5 × stärker wirksam ist als α-Conotoxin M I (208). Die LD_{50} von α-Conotoxin G I beträgt für Mäuse 12 μg/kg, i. p. Der Tod erfolgt durch Atemlähmung (68).

Die μ-Conotoxine greifen selektiv an den Na^+-Kanälen des Muskels, kaum an denen der Nervenzellen an. Ihre Wirkung ist durch Tetrodotoxin aufhebbar (69). Sie können zur Immobilisierung des quergestreiften Muskels, unbeeinflußt durch axonale oder synaptische Mechanismen, herangezogen werden (245).

Auch die ω-Conotoxine werden hochselektiv nur an Subtypen (N-Subtyp) der Ca^{2+}-Kanäle gebunden (170). Mit ihrer Hilfe ist das LAMBERT-EATON-Myasthenie-Syndrom diagnostizierbar, eine Erkrankung, bei der der Organismus Autoantikörper gegen endogene Ca^{2+}-Kanäle bildet (245).

Während α-, μ- und ω-Conotoxine zur Paralyse führen, gibt es auch Inhaltsstoffe der Kegelschnekken mit anderen Effekten. Zu ihnen gehören die Conantokinine (auch als «sleeper peptid» bezeichnet), die über einen Angriff am Glutamatrezeptor (N-Methyl-δ-aspartat-Subtyp) Verhaltensänderungen bei Mäusen induzieren (118, 245, 268). Erwähnenswert sind auch vasopressinähnlich wirksame Peptide (Conopressin, 246).

Bisher wurden etwa 60 Vergiftungsfälle des Menschen durch *Conus*-Arten beschrieben, ca. 30 davon mit tödlichem Ausgang (118, Ü 36). Nach dem Stich einer gefährlichen *Conus*-Art (die einzige europäische Art *C. mediterraneus* ist ungefährlich, Ü 36) entwickelt sich eine sehr schmerzhafte punktförmige Wunde. Danach kommt es zu Paraesthesien am ganzen Körper, Seh- und Koordinationsstörungen, Erbrechen und in schweren Fällen zu Muskellähmung, Koma und Herzstillstand (Ü 3, Ü 36).

Die Behandlung der Vergiftungen kann nur symptomatisch erfolgen, eventuell macht sich künstliche Beatmung erforderlich (Ü 36).

Aufgrund ihrer spezifischen Angriffspunkte eignen sich die Conotoxine hervorragend zur Untersuchung von Struktur und Funktionsweise von Rezeptoren und Ionenkanälen.

42.4 Peptidtoxine der Spinnentiere (Arachnida)

42.4.1 Spinnentiere als Gifttiere

Zur Klasse der Spinnentiere, Arachnida, gehören etwa 75 000 Arten. Spinnentiere sind flügel- und fühlerlose, luftatmende Gliederfüßer (Arthropoda). Am aus Verschmelzung von Kopf und Brust hervorgegangenen Vorderkörper (Prosoma) befinden sich alle Gliedmaßen. Das vorderste Gliedmaßenpaar, die Cheliceren, bildet die Mundwerkzeuge. Das 2. Paar sind die Kiefertaster, Pedipalpen. Auf die Cheliceren und Pedipalpen folgen 4 Paar Laufbeine (148).

Von den 9 Ordnungen (andere Autoren geben bis zu 11 Ordnungen an) der Arachnida sind besonders die Araneae, Webspinnen, die Scorpiones, Skorpione, und die Acari, Milben, Zecken, von toxikologischem Interesse.

Bild 42-5: *Acanthaster planci*, Dornenkrone

Bild 42-6: *Anemonia sulcata*, Wachsrose

Bild 42-7: *Actinia equina*, Pferdeaktinie

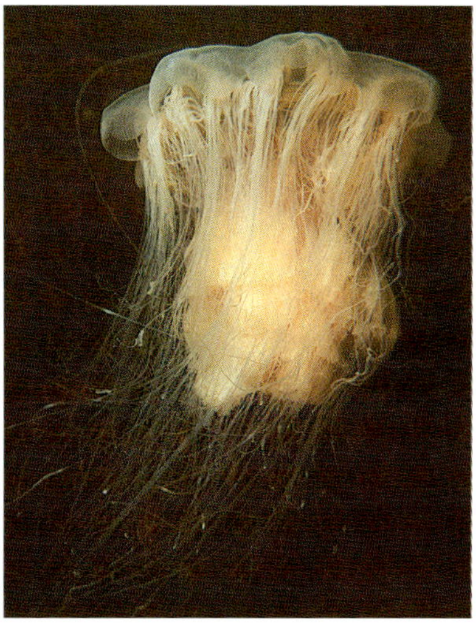

Bild 42-8: *Cyanea capillata*, Gelbe Haarqualle

Bild 42-9: *Physalia physalis*, Portugiesische Galeere

Bild 42-10: *Conus tulipa, C. magus, C. textile* (oben von links nach rechts), *C. geographus* (unten)

Bild 42-11: *Argyroneta aquatica*, Wasserspinne

Bild 42-12: *Loxosceles laeta*

Bild 42-13: *Latrodectus mactans*, Schwarze Witwe

Bild 42-14: *Scaptocosa raptoria*

Bild 42-15: *Phoneutria fera*

Bild 42-16: *Euscorpius flavicaudis*

42.4.2 Peptidtoxine der Webspinnen (Araneae)

Von der Ordnung der Araneae, Webspinnen (etwa 30 000 Arten), kommen ungefähr 1000 Arten in Mitteleuropa vor. Alle bilden Gifte. Keine der einheimischen Arten stellt jedoch eine Lebensgefahr für den Menschen dar. Eine nennenswerte Giftwirkung für den Menschen unter den mitteleuropäischen Vertretern besitzen nur *Cheiracanthium* (fälschlich auch *Chiracanthium) punctorium*, Ammen-Dornfinger (Clubionidae, Sackspinnen), und *Agyroneta aquatica*, Wasserspinne (Agelenidae, Trichterspinnen; siehe S. 590, Bild 42-11). Erstere ist im Südwesten Deutschlands, in Rheinhessen und im Odenwald, in Italien, Jugoslawien, in der Schweiz und in Südfrankreich in Wohngespinsten unter Steinen und an Gräsern zu finden, letztere kommt im gesamten Gebiet vor, in selbstgebauten Luftglocken im Wasser lebend. In den letzten Jahren wurden in Belgien einige, offenbar eingeschleppte Exemplare von *Lactrodectus mactans*, Schwarze Witwe, und *L. geometricus* (Theridiidae, Ü 36) gefunden. Die Gefahr einer Einbürgerung dieser Spinnen besteht.

Eine Auswahl von Giftspinnen zeigt Tabelle 42-2 (siehe S. 590, Bild 42-12 bis 42-15). Als besonders gefährlich gelten, wegen möglicherweise zum Tode führender Vergiftungen, Vertreter der Gattungen *Atrax, Hadronyche, Trechona, Loxosceles, Latrodectus, Harpactirella, Sicarius* und *Phoneutria*. Lokale Effekte, besonders tiefe Nekrosen, werden u. a. nach Bissen von Vertretern aus den Gattungen *Acanthoscurria, Pamphobeteus, Phormictopus* und *Loxosceles* ausgelöst (Ü 36). Es ist zu bemerken, daß die früher

Tab. 42-2: Wichtige Giftspinnen (Ü 36, Ü 51)

Art	Vorkommen
Unterordnung Opisthothelae	
Infraordnung Mygalomorphae, Vogelspinnen	
Familie Theraphosidae	
Acanthoscurria-Arten	Südamerika
Pamphobeteus-Arten	Südamerika
Phormictopus-Arten	Südamerika
Grammostola-Arten	Südamerika
Familie Dipluridae	
Atrax robustus	Australien
Hadronyche-Arten	Australien
Trechona venosa	Südamerika
Trechona adspersa	Südamerika
Familie Sicariidae	
Sicarius-Arten	Südafrika, Südamerika
Infraordnung Araneomorphae, Webespinnen	
Familie Loxoscelidae	
Loxosceles reclusa, Braune Spinne	Süden der USA
Loxosceles laeta	Südamerika bis Kalifornien
Familie Theridiidae, Kugelspinnen	
Latrodectus tredecimguttatus, Malmignatte, Kara-Kurt	Südeuropa bis Zentralasien
Latrodectus mactans, Schwarze Witwe	Nord- und Südamerika, in Westeuropa eingeschleppt
Steatoda-Arten (*Lithyphantes*-Arten)	weltweit verbreitet
Familie Araneidae, Kreuzspinnen	
Mastophora-Arten, Podadora	Südamerika
Familie Lycosidae, Wolfsspinnen	
Scaptocosa raptoria (Lycosa raptoria)	Südamerika
Familie Barychelidae	
Harpactirella lightfootii	Südafrika
Familie Ctenidae, Kammspinnen	
Phoneutria fera	Südamerika
Phoneutria nigriventer	Südamerika
Phoneutria keyserling	Südamerika

als sehr gefährlich geltende Tarantel, *Lycosa narbonensis* (Lycosidae, Wolfsspinnen), und auch die großen Vertreter der Vogelspinnen, z. B. *Theraphosa leblondi*, Körperlänge 9–12 cm (Theraphosidae), in dieser Übersicht fehlen. Ihre Bisse haben nur relativ geringe, lokale Effekte.

Als Giftapparate fungieren bei den Webspinnen die Cheliceren. Kurz vor ihrer Spitze münden die Ausführgänge der beiden Giftdrüsen, die sich bei den Vogelspinnen ganz in den Grundgliedern der Cheliceren befinden, sich bei den übrigen Webspinnen aber bis in den Vorderkörper erstrecken (148).

Die beim Biß abgegebene mittlere Giftmenge liegt bei den in dieser Hinsicht gut untersuchten südamerikanischen Giftspinnen zwischen 0,3 mg (bei *Latrodectus geometricus*) und 4,8 mg (bei *Grammostola iheringii*, berechnet als Trockengift).

Die Gifte der Spinnen enthalten neben kleinmolekularen Bestandteilen, z. B. Adrenalin, DOPamin, Epinin, 3,4-Dihydroxyphenylessigsäure (221), und Hilfsfermenten, besonders Hyaluronidase, Sphingomyelinase, Phospholipase D (bei *Loxosceles reclusa*, 33), Phosphodiesterasen und Proteasen (Kap. 42.9), Acylpolyamine, Peptide und Proteine als Toxine.

Die Peptid- und Proteotoxine scheinen bei den meisten Spinnengiften zu dominieren. Ihre Molmassen liegen in der Regel zwischen M_r 5000 und 12 000, können aber auch wesentlich größer sein. Beispielsweise wurden isoliert aus:

- *Phoneutria fera* Verbindungen mit M_r 5500–5900, aufgebaut aus ca. 53 Aminosäureresten, neurotoxisch (94),
- *Dugesiella hentzi*, Arkansastarantel, Verbindungen mit M_r 6700, aufgebaut aus 59 Aminosäureresten, nekrotoxisch (197),
- *Pterinochilus*-Arten, Verbindungen mit M_r 7000 (257),
- *Atrax robustus*, Robustoxin (Atraxotoxin, Atraxin), aufgebaut aus 42 Aminosäureresten, neurotoxisch, nur im Gift der männlichen Tiere (305),
- *Atrax versutus*, Versutoxin, 42 Aminosäurereste (45),
- *Eurypelma californicum*, ESTX (Eurypelma spider toxin), M_r 4479, aufgebaut aus 38 Aminosäureresten (292),
- *Agelenopsis aperta*, μ-Agatoxine I–VI, M_r 4264, 4137, 4188, 4199, 4199, 4159, neurotoxisch (316),
- *Lycosa singoriensis*, Verbindungen mit M_r 11 780, aufgebaut aus 104 Aminosäureresten (112, 121),
- *Loxosceles reclusa*, Verbindung mit M_r 37 000, 2 Isopeptide aufgebaut aus 324 bzw. 319 Aminosäureresten, nekrotoxisch (112),
- *Latrodectus tredecimguttatus*, α-Latrotoxin, M_r 118 000, auch als Dimer oder Tetramer vorliegend, Monomer aufgebaut aus etwa 1042 Aminosäureresten, neurotoxisch (278, 288), und
- *Agelenopsis*-Arten, ω-Agatoxine, M_r 7000–15 000 (5).

Die Aminosäurezusammensetzung wurde in einigen Fällen bestimmt. Auffällig sind ein hoher Anteil an basischen Aminosäuren und eine Vielzahl von S-S-Brücken. Die Primärstruktur ist bisher nur in wenigen Fällen (z. B. μ-Agatoxine, ESTX, Robustoxin, Abb. 42-3), die Raumstruktur nur in einem Fall bekannt (μ-Agatoxin V, 316).

Neben den Peptid- und Proteotoxinen wurden aus Spinnengiften auch relativ kleinmolekulare Gifte isoliert. Besonderes Interesse haben die Acylpolyamingifte (286) aus Vertretern der für den Menschen wenig gefährlichen Gattungen *Argiope, Nephila, Araneus* (Araneidae), *Agelenopsis* (Agelenidae), *Aphonopelma* (Theraphosidae) und *Hebestatis* (Ctenizidae) sowie aus der Gattung *Harpactirella* (Barychelidae) gefunden. Diese Stoffe (Abb. 42-4) enthalten eine stark basische Kopfgruppe mit der Grundstruktur Arylacetyl-asparaginyl-polyamin-X. Der Arylacetylrest ist entweder ein 2,4-Dihydroxyphenylacetyl-

A C V G E N K Q C A D W A G P H C C D G Y Y C T C R Y F P K C I C R N N N – N H$_2$

μ-Agatoxin

I F E C V F S C D I E K E G K P C K P K G E K K C T G G W K C K I K L C L K I

Eurypelma-Toxin (ESTX)

C A K K R N W C G K N E D C C C P M K C I Y A W Y N Q Q G S C Q T T I T G L F K K C

Robustoxin

Abb. 42-3: Peptidtoxine von Spinnengiften. (Aminoacylrestschlüssel siehe Tab. 38-1.)

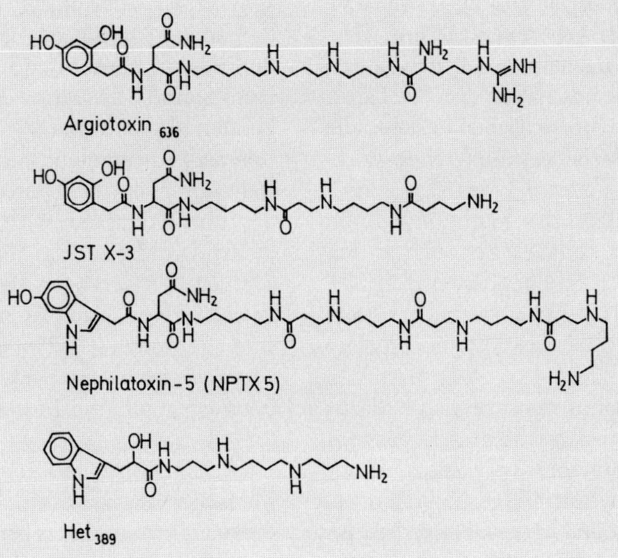

Abb. 42-4: Acylpolyamine von Spinnengiften.

oder ein Indolyl- oder 4- bzw. 6-Hydroxyindolylacetylrest. Als Polyamin fungiert meistens Spermin oder ein dem Spermin ähnliches Polyamin. Angeschlossen sind Aminoacylreste. Aber auch von Aminosäuren völlig freie Acylpolyamine treten auf. Die Acylpolyamine werden oft von hohen Konzentrationen L-Glutaminsäure begleitet.

Es wurden u. a. erhalten:

- aus *Argiope trifasciata*, einer nordamerikanischen Spinne: das Argiotoxin$_{636}$, gleich dem Argiopin aus *A. lobata* (166),
- aus *Argiope aurantiaca*: Argiotoxin$_{636}$, Argiotoxin$_{659}$ und Argiotoxin$_{673}$ (5),
- aus *Argiope lobata*: Argiopin, Argiopinin I–V, Pseudoargiopinin I–III (122),
- aus *Araneus gemma*: AN$_{622}$ und AN$_{758}$ (5),
- aus *Nephila clavata*, der japanischen Joro-Spinne: Clavamin, JSTX-2, JSTX-3, JSTX-4 (Joro spider toxins) und NPTX-1 bis NPTX-12 (Nephilatoxins, 18, 340, 345),
- aus *Nephila maculata*, in Papua-Neuguinea vorkommend: NSTX-1, NSTX-2 und NSTX-3 (Nephila spider toxins, 19, 166, 339),
- aus *Hebestatis theveniti*, Nordamerika: Het$_{403}$ und Het$_{389}$, auch in *Harpactirella* spec., Moçambique, gefunden (315),
- aus *Rhechosticta chalcodes (Aphonopelma chalcodes)*, Nordamerika: Apc$_{600}$ und Apc$_{728}$ (315),
- aus *Agelenopsis aperta*: 5 α-Agatoxine (M_r 452, M_r 488, M_r 489, M_r 504, M_r 505; 316).

Die Wirkungsmechanismen einiger Spinnengifttoxine sind bekannt. α-Latrotoxin wird an spezifische Rezeptoren gebunden und bewirkt die Freisetzung von Acetylcholin an motorischen und die von Catecholaminen an adrenergen Nervenenden. Die Wechselwirkung mit seinen Targetzellen führt zur Depolarisation und zum massiven Einstrom von Ca^{2+}-Ionen, der die Transmitterfreisetzung zur Folge hat (113, 219, 278). Möglicherweise schließt die Wirkung von α-Latrotoxin die Hydrolyse von Phosphatidylinositolphosphat und damit die Stimulation der Proteinkinase C ein (263, 278).

Die Wirkung des Giftes von *Phoneutria nigriventer* soll über die Aktivierung von Na^+-Kanälen zustande kommen (113), ebenso die der μ-Agatoxine (5). Dagegen greifen die ω-Agatoxine an spannungsaktivierten Ca^{2+}-Kanälen an (5, 165, 166).

Die Acylpolyamine entfalten ihre neurotoxischen Effekte sowohl in Insekten als auch in Vertebraten. Sie wirken als Antagonisten excitatorischer Aminosäuren, besonders von L-Glutaminsäure, an den entsprechenden Synapsen und verhindern die Weiterleitung excitatorischer postsynaptischer Potentiale (113, 165, 166, 286, 287, 351). Die Bindung erfolgt irreversibel an den Nicht-NMDA-Rezeptoren (Quisqualat- und Kainatrezeptoren). Bindungsproteine für JSTX-3 konnten aus Ratten-Hippocampus-Gewebe isoliert werden (306).

Essentielles Strukturmerkmal für die glutamatantagonistische Wirkung soll der 2,4-Dihydroxyphenylacetyl-asparagin-Rest sein (252). Struktur-Wirkungs-Untersuchungen an NSTX-3 weisen der positiven Ladung im terminalen Arginnteil des Moleküls eine entscheidende Rolle zu (338). Die Acylpolyamine sind nur am aktivierten Rezeptor wirksam. Diese Voraussetzung wird durch den hohen Glutamatgehalt der Gifte geschaffen (160, 221).

Unabhängig von der neurotoxischen besitzen die Nephilatoxine auch mastzelldegranulierende Wirksamkeit (345).

Besonders große Gefahr der Vergiftung durch Spinnen besteht in Südamerika. Aber auch in den USA sind Todesfälle nach Spinnenbissen nicht selten. In Australien sind *Atrax*-Arten, besonders *Atrax robustus*, am gefährlichsten. Im Mittelmeergebiet sind *Latrodectus*-Arten häufig.

Spinnen beißen nur dann, wenn sie sich bedroht fühlen. Unter bestimmten Umständen, z. B. vor dem Schlüpfen der Jungen, kann ihre Angriffslust erhöht sein. Kontaktmöglichkeit mit giftigen Spinnen besteht in den entsprechenden Ländern beispielsweise an versteckten Stellen in Häusern, im Freien an Pflanzen, in im Freien befindlichen Toilettengebäuden, in Wohnungen, Zelten u. a. Tabelle 42-3 enthält Angaben zur Toxizität einiger Spinnen-Arten.

Der Biß von *Atrax robustus* ist sehr schmerzhaft. Kurze Zeit nach dem Biß setzen Übelkeit, Erbrechen, Diarrhoe, Schwitzen, Speichelfluß, Blutdruckanstieg und Atembeschwerden, eventuell auch Krämpfe, ein. Der Betroffene kann mehrere Stunden im Koma verbringen. Der Tod tritt durch Atemlähmung ein. Todesfälle sind jedoch selten (343, Ü 36).

Die Toxine aus *Loxosceles*-Arten sind cytotoxisch und hämolytisch wirksam. Nach dem Biß von *Loxosceles*-Arten entwickeln sich starke Lokalsymptome, z. B. Schmerzen, Rötung, Ödembildung und Nekrosen. Als Allgemeinsymptome können Übelkeit, Fieber, Hämaturie und Hämoglobinurie auftreten. Die Auswertung von 216 Fällen in Chile zeigte, daß sich die meisten Vergiftungen in Schlafzimmern beim Schlafen oder beim Anziehen ereigneten (295).

Der Biß von *Latrodectus*-Arten, die manchmal in

Tab. 42-3: Toxizität einiger Spinnen-Arten (nach 47)

Art	mittlere Trockengiftmenge (mg) pro Tier	LD, Maus, mg pro Tier i. v.	s. c.
Acanthoscurria atrox	2,40	0,300	0,850
Pamphobeteus roseus	1,60	0,850	1,700
Grammostola actaeon	3,70	0,490	1,150
Trechona venosa	1,00	0,030	0,070
Loxosceles rufipes	0,70	0,200	0,300
Latrodectus geometricus	0,30	0,230	0,450
Phoneutria fera	1,25	0,006	0,0134

sehr großer Zahl auf engem Raum auftreten können, ist zunächst wenig schmerzhaft, erst in den folgenden 60 min nimmt der Schmerz zu. Es kommt zu Rötung und Schwellung der Bißstelle und der umgebenden Lymphknoten, Blutdruckanstieg, ausgeprägtem Angstgefühl, Störungen von Nieren- und Blasentätigkeit, Schweißausbruch, Atembeschwerden und Krämpfen, nach mehreren Tagen auch zu juckendem Ausschlag. Die Gesichtsmuskulatur ist schmerzhaft verzogen (Facies latrodectismica). Todesfälle treten durch Atem- oder Herzversagen auf, sind aber selten (46, 205, Ü 36). Die LD_{50} des Giftes von *Latrodectus tredecimguttatus* beträgt für Mäuse 0,9 mg/kg, s. c., für Meerschweinchen 0,075 mg/kg (256, Ü 36).

Die Giftstoffe aus *Scaptocosa raptoria* wirken beim Menschen vorwiegend lokal nekrotisierend. Allgemeinsymptome sind selten. Der Biß der Tarantel, *Lycosa tarentula*, erzeugt ebenfalls nur begrenzte Nekrosen. Als Behandlungsmethode wurde im 18. Jahrhundert ein langer und temperamentvoller Tanz empfohlen (Tarantella!, 293, Ü 3, Ü 36).

Am stärksten wirksam ist das Gift aus *Phoneutria*-Arten. Die Bisse selbst sind äußerst schmerzhaft. Sie führen zu einer Schädigung des zentralen und peripheren Nervensystems und, besonders bei Kindern und kranken Personen, innerhalb von 2–5 h zum Tod durch Atemlähmung. Gesunde Erwachsene haben die Vergiftung meistens nach 1–2 Tagen überstanden. Die maximal bei einem Biß abgegebene Giftmenge von 8 mg reicht aus, ein Kind zu töten (47, 94, 294, Ü 36).

Im Gegensatz dazu haben die Bisse des einheimischen Ammen-Dornfingers, *Cheiracanthium punctorium*, und der Wasserspinne, *Agyroneta aquatica*, keine gefährlichen Auswirkungen. Der schmerzhafte Biß des Ammen-Dornfingers führt meistens nur zu lokaler Schwellung, Rötung, kleinflächigen Nekrosen, bisweilen auch zu Unwohlsein, Fieber, Schüttelfrost und Kreislaufkollaps. Die Symptome klingen jedoch innerhalb von 3 Tagen wieder ab (131). Die Wasserspinnen sind wenig beißfreudig. Ihr Biß verursacht heftige Schmerzen und später Taubheit im Bereich der Bißstelle. Der Biß unserer Garten-Kreuzspinne, *Araneus diadematus* (*A. gemma*, Aranaeidae, Kreuzspinnen), wird nur nadelstichartig empfunden (Ü 3).

Bei allen Spinnenbissen ist an die Möglichkeit von Sekundärinfektionen zu denken, die u. U. schwerwiegendere Folgen haben können als die Vergiftung selbst (248).

Für die Behandlung von Vergiftungen durch die gefährlichen exotischen Spinnen stehen Antiseren zur Verfügung. Ansonsten müssen symptomatische

Maßnahmen durchgeführt werden. Bei Bissen durch den Ammen-Dornfinger genügen Umschläge mit essigsaurer Tonerde und Verabreichung von Analgetica (Ü 36).

Spinnentoxine dienen in zunehmendem Maße zur Aufklärung von Struktur und Funktion von Ionenkanälen und neuromuskulären Übertragungsprozessen. Aufgrund ihrer neurotoxischen Wirkung auf Insekten werden sie als Insekticide interessant. Da bei der Pathogenese einiger Erkrankungen, z. B. der ALZHEIMERschen Krankheit, vermutlich Störungen der Reizübertragung durch excitatorische Aminosäuren beteiligt sind, könnten sich auch therapeutische Einsatzgebiete für die Acylpolyamine ergeben (5, 160, 165).

42.4.3 Peptidtoxine der Skorpione (Scorpiones)

Skorpione (Scorpiones), von denen etwa 1500 Arten bekannt sind, kommen besonders in subtropischen und tropischen Gegenden vor. Sie können bis zu 25 cm lang werden. Die für den Menschen gefährlichen Arten treten besonders in Wüsten und Halbwüstengebieten auf. In Mitteleuropa wird lediglich vereinzelt *Euscorpius carpathicus* (Chactidae) gefunden. Sein Verbreitungsgebiet erstreckt sich von Südeuropa bis Niederösterreich. *Euscorpius flavicaudis* (siehe S. 590, Bild 42-16) dringt von Süden her bis Mittelfrankreich vor. Von den 9 Familien der Ordnung Scorpiones können lediglich Vertreter der Familie der Buthidae, der etwa 500 Arten angehören, dem Menschen schwere gesundheitliche Schäden zufügen bzw. Todesfälle verursachen.

Bei den Skorpionen ist der Hinterkörper (Opisthosoma), der breit am Vorderkörper ansetzt, in ein Mesosoma und ein schlankes, schwanzartiges, sehr bewegliches, 6gliedriges Metasoma (Postabdomen) differenziert, das in seinem blasig aufgetriebenen, zwiebelförmigen Endglied 2 Giftdrüsen enthält (siehe S. 607, Bild 42-17 u. 42-18). Die Giftdrüsen münden dicht unterhalb der Spitze des nadelförmigen Abschnittes. Sie sind von Muskelhüllen umgeben, die das Gift nach dem Einstich in das Opfer pressen. Das Postabdomen wird meistens nach vorn gekrümmt über dem Rücken getragen, der Stich erfolgt also über den Kopf des Tieres hinweg in die mit den Scheren festgehaltene Beute. Einige Skorpione sind in der Lage, bei Kontakt mit einem Angreifer durch Reiben von verschiedenen Körperteilen (Stridulieren) vor dem Stich Warnlaute hervorzubringen. Die meisten Vertreter sind wenig beißfreudig. Ihre Beute töten sie meistens mit den zu mächtigen Scheren ausgebildeten Endgliedern ihrer Pedipalpen. Nur in Notfällen wird gestochen.

Die beim Stich abgegebene Giftmenge liegt zwischen 0,04–0,38 mg (berechnet als Trockengift) bei *Tityus bahiensis*, und 7 mg bei *Opisthophthalmus capensis*. Erst 2–3 Wochen nach dem Stich ist die Giftblase wieder gefüllt (Ü 51). Tabelle 42-4 gibt einen Überblick über für den Menschen gefährliche Skorpione und ihr Vorkommen.

Das Gift vieler Skorpione ist gut untersucht. Schmerzauslösende Faktoren sind Serotonin und in einigen Fällen Histamin. Hilfsfermente sind Phospholipase A, Phosphatasen, Acetylcholinesterase, 5'-Ribonuclease, DNase, ATPase, Hyaluronidase und Proteinasen (4, s. auch Kap. 42.9).

Die Benennung der Toxine erfolgt oft nach dem Namen der Gattung, Art, Unterart, bisweilen auch unter Einbeziehung des Autornamens, und einer Zahl, z. B. Bot I = Toxin I aus *Buthus occitanus tunetanus*, AaH I = Toxin I aus *Androctonus australis* HECTOR, CsE v3 = Toxinvariante 3 von *Centruroides sculpturatus* EWING, Be IT_2 = Insektentoxin II aus *Buthus eupeus*, aber auch völlig willkürlich, z. B. Charybdotoxin aus *Leiurus quinquestriatus*.

Die Toxine sind relativ hitzestabile neurotoxische Polypeptide, die sich in 2 Gruppen einteilen lassen (Abb. 42-5):

- große Toxine, basische einkettige Polypeptide mit 57–78 Aminosäuren und 4 Disulfidbrücken,
- kleine Toxine, basische einkettige Polypeptide mit 35–39 Aminosäuren und 3 oder 4 Disulfidbrükken.

Von den großen Toxinen, zu denen das bereits 1970 von ROCHAT und Mitarbeitern (274) in seiner Primärstruktur aufgeklärte Neurotoxin I von *Androctonus australis* gehört, sind bereits über 40 Vertreter strukturell bekannt. Darunter Toxine von *Androctonus australis, A. mauretanicus mauretanicus, Buthus occitanus paris, Buthus occitanus tunetanus, Mesobuthus (Buthus) eupeus, Centruroides exilicauda (C. sculpturatus), C. suffusus suffusus, Leiurus quinquestriatus quinquestriatus, Centruroides limpidus tecomanus* und *Tityus serrulatus*. Die Mehrzahl der Verbindungen dieser Gruppen zeigen zahlreiche homologe Aminosäuresequenzen, leiten sich also vermutlich von einem gemeinsamen Urtoxin ab. Diese homologen Peptide werden wegen ihrer starken Wirkung auf höhere Tiere auch als Neurotoxine (neurotoxic mammalian toxins) bezeichnet. Eine weitere Gruppe mit abweichender Primärstruktur wird wegen ihrer starken Wirkung auf Insekten als Insektotoxine, insect toxins, zusammengefaßt, zu ihr gehören auch die kleinen Toxine. Bei Betrachtung der

Kanäle gebunden und beeinflussen deren Aktivierung. β-Toxine werden besonders in süd- und mittelamerikanischen Skorpionen gefunden, z. B. in *Centruroides suffusus suffusus* (Css II) und *Tityus serrulatus* (γ-Toxin, 113).

Die Toxine mit 35–39 Aminosäuren, z. B. Noxiustoxin, Charybdotoxin und Leiurotoxin, greifen dagegen ähnlich wie Apamin (Kap. 42.5.1) oder Dendrotoxin (Kap. 42.8.3.4) an Ca^{2+}-aktivierten K^+-Kanälen reizbarer Membranen an (3, 14, 56, 202, 330). Sie besetzen jedoch wahrscheinlich unterschiedliche Bindungssstellen.

Zur neurotoxischen Wirksamkeit der Skorpiontoxine tragen auch ihre transmitterfreisetzenden Effekte bei (20, 22).

In Tabelle 42-5 sind Angaben zur Toxizität von Skorpionen und deren Toxinen zusammengestellt.

Skorpione verursachen jährlich etwa 150 000 Unfälle, darunter eine große Anzahl von Todesfällen, besonders in Süd- und Mittelamerika, Nord- und Südafrika, Australien und im Vorderen und Mittleren Orient (15, Ü 36). In einem Krankenhaus der Stadt Leon in Mexiko wurden von 1981–1986 38 086 Vergiftungen durch Skorpionstiche behandelt, 77% davon bei Personen unter 30 Jahren. Die Häufigkeit der Stiche nahm im Frühjahr stark zu und war im Winter am geringsten. Die meisten Stiche wurden durch *Centruroides infamatus infamatus* hervorgerufen. Das Ausbleiben von Todesfällen wird auf die schnelle Gabe von Antiseren zurückgeführt (76). Sehr empfindlich für Skorpionstiche sind Kleinkinder. Die

Tab. 42-5: Toxizität einiger Skorpiongifte und ausgewählter Toxine

Art bzw. Toxin	LD_{50} mg/kg, s. c., Maus	Literatur
Buthus occitanus	7,0	Ü 36
Androctonus australis	6,0	Ü 36
Leiurus quinquestriatus	0,33	Ü 36
Centruroides limpidus	5,0	Ü 29
Tityus serrulatus	1,45	Ü 36
Tityus bahiensis	9,35	Ü 36
Buthotus judaicus	8,0	Ü 36
Buthacus arenicola	3,5	Ü 36
Bot I	0,09	210
Bot II	0,16	210
AaH I	0,000010 [1)]	178
AaH II	0,000001 [1)]	178
AaH III	0,000007 [1)]	178

[1)] intracerebro-ventriculäre Applikation

Wirkung der Stiche einer Art kann in Abhängigkeit von Ort, Jahreszeit, Wetter (besonders hohe Angriffslust der Tiere bei heißem und windigem Wetter) und anderen Faktoren variieren (Ü 3, Ü 36). Vergiftungsgefahr besteht vor allem, wenn durch Unachtsamkeit auf einen Skorpion getreten wird (festes Schuhwerk!) oder beim Anziehen von Kleidungsstücken oder Schuhen, in denen sich die Tiere versteckt hatten. Besondere Gefahren bestehen auch beim Rasten auf Wiesen, da der Rand von Grasnarben ein beliebter Aufenthaltsort der Tiere ist (15, Ü 36).

Skorpionstiche rufen an der Stichstelle sehr starke, brennende Schmerzen hervor, die in ein Gefühl des Prickelns und schließlich der Taubheit übergehen. An Allgemeinsymptomen werden Erregung, Angstzustände, Seh- und Sprachstörungen, unregelmäßiger Puls und unregelmäßige Atmung, Schwankungen von Körpertemperatur und Blutdruck sowie Erbrechen beobachtet. Innerhalb von 20, selten 30 h nach dem Stich tritt in schweren, unbehandelten Fällen der Tod durch Atemlähmung ein. Rückfälle nach vorübergehender Besserung des Zustandes sind möglich (15, 76, 319, 357, 358, Ü 36). Pathologisch sind Hämorrhagien in verschiedenen Organen, Nekrosen des Herzmuskels und Lungenödem nachweisbar (358). Der Stich eines weniger gefährlichen Skorpions, z. B. des in Europa vorkommenden *Euscorpius carpathicus*, hat allenfalls die Folgen eines Wespenstichs.

Zur Behandlung gefährlicher Vergiftungen stehen spezifische und polyvalente Seren zur Verfügung, die rasch und in genügend großer Dosis gegeben werden müssen. Weitere Maßnahmen sind symptomatischer Natur (15, 76, 124, 357, Ü 36).

Die gereinigten Neurotoxine der Skorpione dienen in der Forschung als wertvolle Marker bei der Untersuchung neuromuskulärer Prozesse, besonders bei der Charakterisierung von Na^+- und K^+-Kanälen reizbarer Membranen (196).

42.4.4 Peptide und Proteine als Gifte der Zecken (Ixodides)

Die Familien der Ixodidae, Zecken, und Argasidae, Lederzecken, gehören der Unterordnung der Ixodides oder Metastigmata (Ordnung Acari, Milben) an. Alle Vertreter sind blutsaugende Tiere und können mehr als das 200fache ihres Körpergewichtes an Blut aufnehmen. Sie sind weltweit als Überträger von Arboviren, Rickettsien, Spirochaeten und parasitischen Protozoen gefürchtet, können aber auch teilweise durch Gifte im Speicheldrüsensekret erhebliche

Krankheitserscheinungen bei Mensch und Tier auslösen. Am gefährlichsten ist die Zeckenparalyse (tick paralysis).

Die bekannteste mitteleuropäische Art ist der Holzbock, *Ixodes ricinus*. Während seiner Entwicklung muß er 3mal Blut saugen, die Larve zunächst auf Eidechsen oder bodenbrütenden Vögeln, die Nymphe auf Säugetieren und schließlich das erwachsene Zeckenweibchen wiederum auf Säugetieren oder auf dem Menschen. Die Tiere streben zum Licht und lassen sich auf Bäumen oder Sträuchern nieder. Mit Hilfe des HALLERschen Organs an der Oberseite des ersten Laufbeinpaares «riechen» sie die kurzkettigen Fettsäuren, besonders die Buttersäure, auf der Haut des Tieres oder Menschen, lassen sich fallen und suchen mit Hilfe ihres Temperatursinnes besonders warme Körperstellen auf, z. B. die Achselhöhlen. Dort durchschneiden sie mit ihren messerartigen Cheliceren die Epidermis und scheiden eine erhärtende Flüssigkeit aus, mit der sie ihre Mundwerkzeuge «einzementieren». Durch die Abgabe von Cytolysinen erweitern sie die Wunde. Ausgeschiedene Antikoagulanzien verhindern die Blutgerinnung. Während der Saugpausen geben die Zekken überschüssige Flüssigkeit der Blutmahlzeit in Form ihres Speichels in die Blutbahn ab. Während der Holzbock zwar als Überträger von Arboviren, der Erreger der Frühsommer-Meningoenzephalitis, und des Bakteriums *Borrelia burgdorferi*, des Erregers einer als Lyme-Borreliose bezeichneten Gelenkentzündung, sehr gefürchtet ist, verursacht das Sekret des Tieres selbst meistens nur lokale Reizerscheinungen. In seltenen Fällen wurden auch Lähmungserscheinungen beobachtet.

Andere Arten, z. B. *Dermacentor variabilis*, *D. andersoni* und *Argas persicus* (Nordamerika) sowie *Ixodes holocyclus* (Australien) können Erytheme, allergische Dermatitis und Lähmungen hervorrufen.

Im Sekret der Speicheldrüsen der Zecken wurden u. a. nachgewiesen: Antikoagulanzien (bei *Ixodes ricinus* Ixodin, ein Antithromboplastin, und Ixin, ein Antithrombin, 159), Cytolysine, Prostaglandine, Esterasen sowie Glykosidasen und bei einigen Arten (z. B. *Ixodes holocyclus* und *Dermacentor andersoni*) paralytisch wirksame Toxine. Die Prostaglandine und die Esterasen führen zu einer erhöhten Durchlässigkeit der Blutkapillaren im Bereich der Bißstelle. Viele dieser Stoffe und zahlreiche weitere Antigene (109, 362) können auch allergische Reaktionen auslösen (175).

Die paralytisch wirksamen Peptidtoxine von *D. andersoni* und *I. holocyclus* haben eine relative Molmasse von 40 000–60 000 (140, 328). Sie blokkieren die Acetylcholinfreisetzung an neuromuskulären Synapsen (64). Das Toxin aus dem Speicheldrüsensekret von *Ornithodorus savignyi* ist ein einkettiges Glykopeptid, das 43 Aminosäurereste enthält. Die Möglichkeit, daß dieses Peptid durch in den Speicheldrüsen der Tiere lebende Rickettsien produziert wird, ist nicht auszuschließen (235).

Zum Schutz vor Zecken ist der Körper so weit wie möglich zu bedecken. Körperkontrolle nach Waldspaziergängen ist notwendig. Da die Übertragung von Infektionserregern frühestens 24 h nach Zekkenbefall erfolgt, sind rechtzeitig entfernte Zecken harmlos. Ersticken der Tiere durch Beträufeln mit Öl oder ähnlichen Mitteln bzw. das Betupfen mit Knoblauchsaft erleichtert das Entfernen durch Herausdrehen mit einer Pinzette entgegen dem Uhrzeigersinn. Die Meinung, daß Öl oder ähnliche Mittel die Abgabe des Mageninhaltes der Tiere auslösen und damit die Infektionsgefahr vergrößern, gilt als widerlegt (17). Gegen die durch Zecken übertragene Encephalitis ist Impfschutz möglich.

42.5 Peptidtoxine der Insekten (Hexapoda)

Die Klasse der Insekten, Hexapoda, umfaßt 33 Ordnungen, von denen 29 in Mitteleuropa vertreten sind. Gegenwärtig sind über eine Million Insekten-Arten bekannt, d. h. etwa 75% aller Tierarten sind Insekten. Die Zahl der in Mitteleuropa lebenden Arten wird auf etwa 30 000 geschätzt (bei insgesamt 40 000 Tierarten).

Viele Insekten besitzen mit Giftdrüsen verbundene, beißende oder stechende Mundwerkzeuge, z. B. Heteroptera, Wanzen, wie der bei uns heimische Gemeine Rückenschwimmer, *Notonecta glauca*, und Diptera, Zweiflügler, wie Mücken, Bremsen und Wadenstecher. Zum Teil dient ihr Gift der Verteidigung, bei blutsaugenden Vertretern aber vorwiegend der Erleichterung der Nahrungsaufnahme durch Abgabe von Antikoagulanzien, Fibrinolytica und Hyperämica in das Gewebe des Opfers.

Bei den Hymenoptera, Hautflüglern, ist der Giftstachel aus dem Legestachel hervorgegangen. Als toxikologisch wichtige Vertreter dieser Gruppe sind besonders Bienen (Kap. 42.5.1), Wespen (Kap. 42.5.2) und eine Reihe von Ameisen zu nennen (35, 57, 299).

Bei den Coleoptera, Käfern, wird das Gift aus Pygidial- und Prothorakaldrüsen ausgeschieden bzw. verspritzt (Kap. 2.1.1). Viele von ihnen besitzen darüber hinaus die Fähigkeit, sich durch Reflexblutung zu verteidigen, z. B. die Meloidae, Ölkäfer (Kap. 6.6), und Coccinelidae, Marienkäfer (Kap. 4.10.4). Auch Peptide werden von einigen Käfern zur Verteidigung eingesetzt (Kap. 42.1).

Bei den Raupen der Lepidoptera, Schmetterlinge, kommen Gifthaare vor, die Enzyme und toxische Proteine enthalten (Kap. 42.1).

Eine Anzahl weiterer Insekten sind passiv giftig. Sie enthalten in ihrem Körper Giftstoffe, die im Verdauungstrakt eines Räubers frei werden. Einige von ihnen nehmen diese Gifte aus ihren Nahrungspflanzen auf, z. B. herzwirksame Steroide (Kap. 12.2.4.1), Phenylpropanderivate (Kap. 14.5), Aristolochiasäure (Kap. 22.12) und Alkaloide (Kap. 30.1).

Nur von relativ wenigen Giftstoffen von Insekten ist die chemische Struktur bekannt. Doch bereits jetzt kann festgestellt werden, daß jede Naturstoffgruppe unter den Insektengiften vertreten ist.

42.5.1 Peptidtoxine der Bienen (Apoidea)

Zur Überfamilie der Apoidea, Bienen, die 6 Familien umfaßt, gehören etwa 20 000 Arten, von denen etwa 560 in Mitteleuropa vorkommen. Sie leben solitär, sozial oder als Schmarotzer (Kuckucksbienen).

Nicht alle Bienen vermögen den Menschen zu stechen. Da es sich beim Stechapparat um einen umgewandelten Legeapparat handelt, stechen nur die Weibchen. Der Stachel vieler Arten ist zu kurz, um die menschliche Haut zu durchdringen. Mit schmerzhaften Stichen ist vor allem zu rechnen durch *Apis mellifera*, Honigbiene (siehe S. 607, Bild 42-19) und *Bombus*-Arten, Hummeln (siehe S. 607, Bild 42-20), sowie auch durch *Megachile*-Arten, Blattschneiderbienen, *Osmia*-Arten, Mauerbienen, und *Halictus*-Arten, Furchenbienen.

Das Gift der Honigbiene, die in Mitteleuropa neben den Wespen Hauptverursacher stark schmerzender Insektenstiche sein dürfte, ist sehr gut untersucht. Die Giftblase einer Biene enthält etwa 0,3 mg Frischgift (0,1 mg Trockengift). Der Giftstachel wird von zwei mit Widerhaken versehenen Stechborsten begleitet, die das Eindringen des Stachels in die Haut des Opfers begünstigen und ihn dort verankern. Der Stachel bleibt in der elastischen Haut des Menschen oder der Säugetiere stecken. Die Giftblase wird aus dem Körper der Biene herausgerissen und pumpt auch nach Entfernung der Biene, die den Stich mit dem Leben bezahlt, weiter Gift in die Wunde. Der Rest des Giftes wird dann meistens vom Betroffenen selbst beim Herausziehen des Giftapparates aus der Haut in die Wunde gedrückt. Der zurückbleibende Giftapparat markiert durch die Ausscheidung von Alarmpheromonen auch das Angriffsziel für die übrigen Verteidiger des Bienenstocks. Sticht die Biene andere Insekten, kann sie den Stachel aus dem spröden Chitinpanzer des Opfers meistens unbeschadet wieder befreien.

Bienengift enthält (% vom Trockengift):

- Peptidtoxine: Melittin (45–50%), Apamin (1–3%), MCD (mast-cell degranulating peptide, Peptid 401, 1–3%), Secapin (0,5–2,0%), Tertiapin (0,1%), Histaminpeptide (1–2%), Melittin F (Fragment des Melittins) und Cardiopep,
- direkt schmerzauslösende Amine: DOPamin (0,2–1,0%), Noradrenalin (0,1–0,5%), Serotonin (0,00025%) und Histamin (0,5–2%, s. Kap. 17.3.6, 17.4.5, 17.5),
- Hilfsfermente: Hyaluronidase (1–3%), Phospolipase A_2 (10–12%), sowie saure Phosphatase ($<$ 1%, Kap. 42.9) und einen Proteaseinhibitor (1%),
- Alarmpheromone (4–8%): über 20 flüchtige Verbindungen, besonders aktiv sind Isopentylacetat, 2-Nonanol, n-Butylacetat und n-Hexylacetat, begleitet von höhermolekularen Stoffen, z. B. Eicos-11-en-1-ol, die als Fixative dienen (110, 150, 226, 299).

Die drei Hilfsfermente, ein weiteres nicht enzymatisch wirksames Protein (Allergen C) und Melittin sind als Antigene wirksam und auslösende Ursachen von Bienengiftallergien (302).

Melittin (Abb. 42-6) ist ein aus 26 Aminosäuren aufgebautes Peptid, dessen Carboxylende amidiert ist. Cysteinreste fehlen völlig. Der Gehalt an basischen Aminosäuren und die Abwesenheit von Aminodicarbonsäuren bedingen seine Basizität (I. P. bei pH 10). Im Bienengift liegt es zu etwa 10% als N_1-Formyl-melittin vor. Es besteht aus 2 helicalen Teilen, die durch den zentralen Prolinrest verbunden sind. Die Aminosäuren in den Positionen 1–20 haben hauptsächlich hydrophobe Seitenketten, während die in den Positionen 21–26 hydrophil sind. Dadurch erhält das Molekül lyobipolaren Charakter. Außerdem bilden die Aminosäuren 21–24 einen Schwerpunkt positiver Ladungen im Molekül. Diese Eigenschaften befähigen das Melittin zu intensiver Wechselwirkung mit Membranphospholipiden (128, 129).

Die Struktur des Melittins und seiner Isopeptide wurde 1967 durch HABERMANN und JENTSCH (130, 167) ermittelt.

Melittine aus nicht in Europa vorkommenden *Apis*-Arten *(A. cerana, A. dorsata, A. florea)* bestehen ebenfalls aus 26 Aminosäuren und zeigen nur in den Positionen 5, 10, 15, 22, 25 und 26 Abweichungen vom Melittin von *A. mellifera* (299).

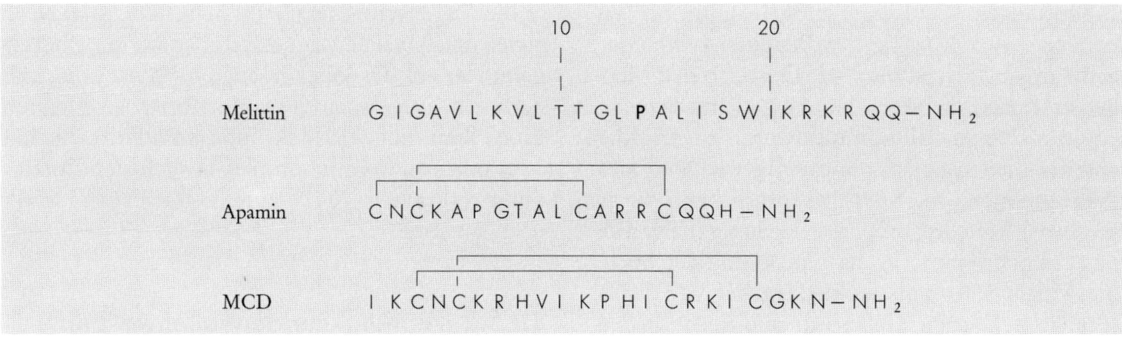

Abb. 42-6: Toxische Peptide des Giftes der Honigbiene *(Apis mellifera)*. (Aminoacylrestschlüssel siehe Tab. 38-1.)

Die Biogenese des Melittins erfolgt aus Prepromelittin (70 Aminosäuren) über Promelittin (49 Aminosäuren) durch limitierte Proteolyse. Sie konnte mit Hilfe isolierter m-RNA im zellfreien System ermöglicht werden (150, 190, 223).

Durch seine Wechselwirkung mit den Membranphospholipiden wirkt Melittin permeabilitätserhöhend und in höheren Konzentrationen zerstörend auf zelluläre Membranen (111, 191, 192). Wahrscheinlich werden aus 4 Melittinmonomeren entstandene Aggregate in die Membran integriert, bilden dort Poren für Anionen, heben das Ruhepotential der Zellen auf und versetzen schmerzrezipierende Zellen in den Zustand einer chronischen Stimulation (265). Außerdem verändert Melittin die Aktivität membrangebundener Enzymsysteme, z. B. der Phospholipase A_2 (105) sowie der Proteinkinase C (Bindung von Melittin direkt an die katalytische Domäne der PKC, 243), und induziert die Freisetzung verschiedener Mediatoren, u. a. von Serotonin und Histamin. Die Hemmung der Sauerstoffradikalproduktion in neutrophilen Zellen wird auf die Bindung von Melittin an Calmodulin zurückgeführt (320).

Melittin ist aufgrund seines hohen Gehalts im Bienengift und seiner vielfältigen Wirkungen für die meisten Effekte des Bienengifts, z. B. Schmerzauslösung und Hautreaktionen, (mit)verantwortlich. Die LD_{50} von Melittin beträgt bei Mäusen 3,5 mg/kg, i. v. (129, 226).

Apamin (Abb. 42-6) ist ein aus 18 Aminosäuren aufgebautes, stark basisches Peptid, das ebenfalls eine C-terminale Amidgruppe trägt. Es enthält 4 Halbcystinreste, also 2 S-S-Brücken. Seine Struktur wurde 1967 bzw. 1968 durch Habermann und Mitarbeiter und Vernon und Mitarbeiter unabhängig voneinander aufgeklärt (129).

Apamin ist ein zentral wirkendes Neurotoxin, das trotz seiner Größe und Basizität die Blut-Hirn-Schranke zu überwinden vermag und motorische Hyperaktivität und Krämpfe hervorruft. Sein Angriffspunkt sind die Ca^{2+}-aktivierten K^+-Kanäle, deren Durchlässigkeit herabgesetzt wird. Zwei Argininreste in der Nähe des C-terminalen Endes und die Disulfidbrücken sind für die Wirkung essentiell (56, 222, 330).

Die LD_{50} von Apamin liegt nach intravenöser Applikation bei 4 mg/kg, Maus. Intraventriculär sind 50 ng für ein Tier letal (127, 129).

MCD besteht aus 22 Aminosäuren. Es ist ebenfalls ein stark basisches Peptid, besitzt eine C-terminale Amidgruppe und 4 Halbcysteinreste, also ebenfalls 2 intrachenare S-S-Brücken. Die Strukturaufklärung erfolgte 1969 durch Haux (147).

Ebenso wie Apamin greift MCD an K^+-Kanälen an und beeinflußt Transportvorgänge von K^+-Ionen. Die Bindungsstellen der beiden Peptide unterscheiden sich jedoch. Dendrotoxin und β-Bungarotoxin hemmen allosterisch die Bindung von MCD. Bei direkter Applikation in das Gehirn von Mäusen verursacht MCD Krämpfe und Atemlähmung (56, 222, 330). Bei intravenöser Gabe ist die Toxizität wesentlich geringer (LD_{50} 40 mg/kg, Maus, 127, 129). Die mastzelldegranulierende Wirkung (Name des Peptids!) kommt unspezifisch durch die Polyanionenstruktur des Peptids zustande und hat keine Beziehung zur neurotoxischen Aktivität (330).

Über die anderen Peptide des Bienengiftes ist nur wenig bekannt. Secapin (24 Aminosäurereste) und Tertiapin (20 Aminosäurereste) bewirken in sehr hohen Dosen u. a. Hypothermie. Cardiopep soll die Herztätigkeit stimulieren. Das Vorkommen der Histaminpeptide Ala-Gly-Pro-Ala-Gln-Histamin und Ala-Gly-Gln-Gly-Histamin (Procamin) ist umstritten (299).

Die Toxizität des Bienengiftes für Mensch und Tier beruht auf dem komplexen Zusammenspiel aller enthaltenen bzw. freigesetzten pharmakologisch aktiven Substanzen. Die LD_{50} des Bienengiftes beträgt für Mäuse etwa 6 mg/kg, i. v. Bei einer Giftmenge von 0,1 mg je Stich ist die letale Dosis für den Menschen erst nach mehreren tausend Stichen erreicht (Ü 36). Im Normalfall kommt es nach einem oder mehreren Bienenstichen nur zur Entwicklung von Lokalreaktionen. Sie sind gekennzeichnet durch eine etwa handtellergroße, druckschmerzhafte Rötung und Schwellung in der Umgebung der Stichstelle. Mögliche Komplikationen ergeben sich durch Sekundärinfektionen. Gefährlich sind Stiche in den Mund- und Rachen-Bereich, da durch eine Verlegung der Atemwege der Erstickungstod droht, sowie Stiche direkt in Blutgefäße. In Abhängigkeit von Alter, Konstitution und Gewöhnung (Imker!) verträgt ein gesunder Mensch ohne weiteres 50 und mehr Bienenstiche. Nach mehreren hundert Stichen machen sich systemische Wirkungen bemerkbar, die im Extremfall zum Tod führen können. Dazu gehören Kopfschmerzen, Übelkeit, Gelenkschwellungen, Urticaria und Krämpfe bis hin zum akuten Nieren- und Kreislaufversagen. Bei sensibilisierten Personen kann bereits ein Bienenstich einen lebensgefährlichen anaphylaktischen Schock (Asthmaanfall, Kreislaufversagen) binnen weniger Minuten auslösen (72, 115, 191, 226).

In den USA beträgt die Zahl der jährlichen Todesfälle durch Bienenstiche etwa 40, in Frankreich etwa 12. Besonders betroffen sind Männer im Alter über 30 Jahren, die unter cardiovasculären Erkrankungen leiden (40, 126, 141). Möglicherweise läßt sich ein Teil der nicht erklärbaren Todesfälle (sudden death cases) auf nicht erkannte anaphylaktische Reaktionen gegenüber Bienenstichen zurückführen (303).

Erste Maßnahme nach Bienenstichen ist die vorsichtige Entfernung des Stachels (kein Ausdrücken der Giftblase!), am besten mit einer Pinzette. Die betroffene Region sollte dann mit Wasserstoffperoxidlösung (notfalls statt dessen Iodtinktur) betupft und mit einer kühlenden Salbe bedeckt werden. Bei Stichen in die Mundhöhle muß möglichst schnell ein Glucocorticoid intravenös gespritzt oder inhaliert werden. Intubation kann erforderlich sein. Antihistaminica schaffen Linderung. Eventuell muß Hämodialyse oder Hämoperfusion durchgeführt werden. Einem 6jährigen Kind, das von ca. 500 Bienen gestochen worden war, konnte durch schnelle Zufuhr des antikörperhaltigen Blutes von Imkern das Leben gerettet werden. Bei schweren allergischen Reaktionen sind sofort Glucocorticoide und Calciumsalze gegen den Bronchospasmus und die Blutdrucksenkung Adrenalin intravenös zu applizieren (Ü 73).

Bei nachgewiesener Bienengiftallergie ist eine Desensibilisierung möglich (120, 146, 228, 359).

Bienengift wird therapeutisch bei Rheuma, Neuralgien und Myalgien eingesetzt. Die Wirkung beruht nicht nur auf der lokal erzeugten Hyperämie, sondern u. a. auch auf antiinflammatorischen Effekten. Eine Hemmung von Makrophagenfunktionen (134, 320) und von Immunkomplex-ausgelösten Entzündungsreaktionen (342) durch Bienengift wurde nachgewiesen.

42.5.2 Peptidtoxine der Faltenwespen (Vespoidea)

Zahlreiche Hautflügler, Hymenoptera, werden als Wespen bezeichnet. Dazu gehören u. a. Vertreter der in der Unterordnung Apocrita zusammengefaßten Überfamilien Cynipoidea, Gallwespen, Ichneumonoidea, Schlupfwespen, Scolioidea, Dolchwespen, Sphecoidea, Grabwespen, Pompiloidea, Wegwespen, und Vespoidea, Faltenwespen.

Für den Menschen gefährlich werden nur die Vespoidea, die mit etwa 100 Arten in Mitteleuropa vertreten sind. Hier sind es vor allem die Mitglieder der Familie der Vespidae, Soziale Faltenwespen, Unterfamilie Vespinae, die besonders gefürchtet sind. Zu ihnen gehören die Gattungen:

- *Vespa* mit *V. crabro*, Hornisse (siehe S. 607, Bild 42-21),
- *Paravespula* mit *P. germanica*, Deutsche Wespe (siehe S. 607, Bild 42-22), *P. vulgaris*, Gemeine Wespe (siehe S. 607, Bild 42-23), *P. rufa*,
- *Dolichovespula* mit *D. saxonica*, Kleine Hornisse, Sächsische Wespe (siehe S. 608, Bild 42-24),
- *Vespula* mit *V. austriaca*, *Polistes* mit *P. gallicus*.

Die Stiche einheimischer Schlupfwespen, Wegwespen und Grabwespen sind kaum schmerzhaft. Von den in wärmeren Ländern wegen des starken Stichschmerzes sehr gefürchteten Dolchwespen kommen in Mitteleuropa nur ungefährliche Vertreter vor.

Die Vespoidea sind 7–40 mm lange Insekten mit kräftig schwarzgelber Zeichnung. Ihre Vorderflügel sind in Ruhe gefaltet (Faltenwespen!). Die Facettenaugen sind auf der Innenseite nierenförmig eingeschnitten. Die Fühler sind gekniet. Der im Hinterleib befindliche Stechapparat, den nur die weiblichen Tiere besitzen, ist ähnlich gebaut wie der der Bienen. Die Widerhaken der Stechborsten sind jedoch kaum entwickelt, so daß der Stachel wieder aus der Haut des Menschen gezogen werden kann. Daher kann eine Wespe mehrmals stechen. Durch die große Beweglichkeit des Hinterleibes können Wespen vom Stachel nahezu in jeder Richtung Gebrauch machen.

In Wespengiften wurden gefunden:

- Peptidtoxine: Wespenkinine, Mastoparane, chemotaktische Peptide, bis zu 4% des Trockengewichts,
- Proteotoxine,
- Hämolysine,
- direkt schmerzauslösende Amine: Noradrenalin, Adrenalin (nicht bei allen Arten), Tyramin, DOPamin, Histamin, Serotonin, β-Phenylethylamin (249, 301) und bei der Hornisse Acetylcholin (bis zu 5% des Trockengiftes, s. Kap. 17.2.7, 17.3.6, 17.4.5, 17.5),
- neuroaktive Aminosäuren: γ-Amino-n-buttersäure, β-Alanin, Taurin, L-Glutaminsäure (1),
- Hilfsfermente: Hyaluronidase, Phospholipase A_1, Phospholipase A_2, Lysophospholipase (die zwei letztgenannten sporadisch), Phospholipase B, saure Phosphatase (fehlt in vielen Giften), Lipasen (bei einigen staatenbildenden Wespen), Proteasen (selten gefunden) und ein Proteaseinhibitor (s. Kap. 42.9).

Bei dieser Aufzählung ist zu berücksichtigen, daß sie teilweise auf Einzelbefunden basiert und daß nicht alle Komponenten in jedem Wespengift gefunden wurden. Vorwiegend wurden in Ostasien vorkommende Arten untersucht. Über die mitteleuropäischen Wespen (154, 301, 302) gibt es nur wenige Untersuchungen.

Beim Wespengift können die Fermente, ihre Isoenzyme, ein als Antigen 5 bezeichnetes Protein sowie weitere Proteine als Antigene fungieren und Ursache von allergischen Reaktionen nach Wespenstichen sein (156, 157, 227).

Eine bedeutende Gruppe der Peptidtoxine der Wespengifte sind die Wespenkinine (Abb. 42-7). Sie sind aus 9 bis 18 Aminosäuren aufgebaute Peptide, die die Sequenz oder eine Teilsequenz des Bradykinins, flankiert von weiteren Aminosäureresten, besitzen. Wie bei den folgenden Peptidtoxinen fehlen in ihnen Cysteinreste. Einige Vertreter sind auch Glykopeptide (182, 230, 231, 262, 299, 371, 372).

Die Wespenkinine verursachen die Depletion präsynaptischer Transmitterspeicher und blockieren somit langsam und irreversibel die Reizübertragung (261). Der Blutdruck wird durch die Kinine ernied-

Polistes chinensis	S K **R P P G F S P F R**
Vespa mandarinia	G **R P P̲ G F S P F R** I D
Vespa xanthoptera	A **R P P G F S P F R** I V
Paravespula maculifrons	T A T T R R R G **R P P G F S P F R**

(An T und T der Paravespula-Sequenz: X bzw. Z)

P̲ = Hydroxyprolin; X = N-AcGalNH$_2$1→2Gal1, Z = NAcGalNH$_2$2→3Gal1
Bradykininsequenzen fett gedruckt (Bradykinin = **R P P G F S P F R**)

Kinine

Vespa crabro	I N L K A L L A V A L L I L – NH_2	Mastoparan-C
Vespa mandarinia	I N L K A I A A L A K K L L – NH_2	Mastoparan-M
Paravespula vulgaris	I N W K K I K S I I K A A M N	unbenannt

Mastoparane

Vespa crabro	F L P L I L R K I V T A L – NH_2	Crabrolin
Vespa mandarinia	F L P I I G K L L S G L L – NH_2	Ves-CP-M
Vespa xanthoptera	F L P I I A K L L G G L L – NH_2	Ves-CP-X

Chemotaktische Peptide

C_6H_5-CO-D-Ala-D-Phe-Val-Ile-D-Asp-Asp-D-Glu-Gln

Lophorotoxin

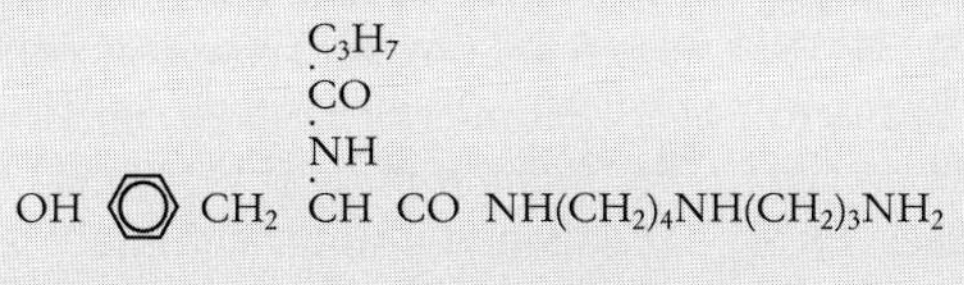

δ-Philanthotoxin (PTX-4.3.3.)

Abb. 42-7: Toxische Peptide der Gifte von Wespen. (Aminoacylrestschlüssel siehe Tab. 38-1.)

rigt, die Gefäßpermeabilität der Haut erhöht. Auch an der Schmerzentstehung sind die Kinine beteiligt (Ü 36).

Weitere Peptidtoxine sind die Mastoparane (Abb. 42-7), basische, hydrophobe Tetradeca- oder Pentadecapeptidamide (152, 153, 154, 230, 302). Die Mastoparane besitzen lyobipolaren Charakter. Sie werden unter Änderung ihrer Konformation (Reaktion der basischen Aminosäuren der Peptide mit negativ geladenen Resten von Membranproteinen, Fixierung einer hydrophoben α-Helix in der Membran, 302) in Membranen eingebaut und können deren Permeabilität verändern. Einige Mastoparane wirken hämolysierend, aktivieren die Phospholipase A_2, degranulieren Mastzellen, veranlassen die Freisetzung von Catecholaminen aus den chromaffinen Zellen des Nebennierenmarks und induzieren die Serotoninfreisetzung aus Thrombocyten. Durch die Wechselwirkung mit Calmodulin werden calmodulin-abhängige Enzyme, z. B. die Phosphodiesterase, beeinflußt (230, 231). Einige Effekte der Mastoparane werden über G-Proteine vermittelt (251).

Die sog. chemotaktischen Peptide der Wespengifte (Wespen-CPs, Abb. 42-7) haben zum Teil neben ihrer chemotaktischen Wirkung auf Lymphocyten ähnliche Effekte wie die Mastoparane. Sie sind ebenfalls vorwiegend aus hydrophoben Aminosäuren aufgebaut (230, 231). Auch sie besitzen Membranaktivität und induzieren, jedoch in geringerem Maße als die Mastoparane, die Freisetzung von Histamin (230, 231).

Neben den Peptiden wurden auch Proteotoxine isoliert, so z. B. das Mandaratoxin aus *Vespa mandarinia*, der Mandarin-Hornisse, einer ostasiatischen Art. Es ist ein basisches Protein (M_r 21 000), das den Einstrom der Natriumionen in Nervenzellen und damit die Nervenleitfähigkeit blockiert (299). Ein weiteres Protein aus diesem Gift (M_r 20 000–40 000) löst eine atrioventrikuläre Blockade aus (156). Aus *Vespa orientalis*, vom Mittelmeergebiet bis Ostasien verbreitet, wurde ein als VOLF (Vespa orientalis lethal factor) bezeichnetes Protein erhalten, das wegen seiner Acetylcholinesterase-Aktivität starke Giftwirkung besitzt (LD 80 μg/kg Maus, i. v., 285).

Über die Struktur der Hämolysine ist ebenfalls noch wenig bekannt. Eine direkt hämolytisch wirksame Fraktion aus *Polistes comanchus navajoe* (Vespidae) enthielt 6 lytisch wirksame Proteine mit dem Hauptbestandteil Polistin (M_r 26 000, 299). Ein hochtoxisches, stark hämolytisch wirksames Protein mit Phospholipase A_1-Aktivität (M_r 32 000, LD_{50} 0,23 mg/kg Maus) wurde aus dem Gift von *Vespa basalis*, einer auf Taiwan vorkommenden Wespe, isoliert (154).

Bemerkenswert ist das Vorkommen des Hepatotoxins Lophorotoxin (Lophyrotomin, Abb. 42-7) in den Larven von *Lophora (Lophyrotoma) interrupta*, einer australischen, auf *Eucalyptus*-Arten lebenden Blattwespe. Dieses benzoylierte Octapeptid enthält vier D-Aminosäurereste. Es führt zum Massensterben von Weidetieren, die die Larven zusammen mit den Blättern fressen (244 a). Das Toxin wurde auch in den auf Birken lebenden Larven der europäischen Art *Arge pullata*, «Sägefliege» (Argidae, Unterordnung Symphyta, Pflanzenwespen), gefunden. Die Aufnahme der herabgefallenen Larven zusammen mit Weidegräsern durch Schafe führte in Dänemark zu Tierverlusten (172 a).

Wenn auch für den Menschen und höhere Tiere toxikologisch unbedeutend, so jedoch vom Wirkungsmechanismus her äußerst bemerkenswert, sind die Gifte von Wespen-Arten, die durch Stiche andere Insekten lähmen, um sie als Beute einzutragen oder um ihre Eier in ihnen abzulegen. Als Beispiel sei eine Grabwespe (Fam. Sphecidae), der Bienenwolf, *Philanthus triangulum*, genannt. Er paralysiert Honigbienen durch einen Stich durch die häutige Membran hinter der linken oder rechten Vorderhüfte, um ihre Honigblase auszudrücken oder um sie als Nahrung für seine Brut in sein Nest tragen zu können. Sein Gift enthält neben Acetylcholin und L-Glutaminsäure drei niedermolekulare Peptide, β-Philanthotoxin (M_r 243), γ-Philanthotoxin und δ-Philanthotoxin (M_r 435, Philanthotoxin-4.3.3., PTX-4.3.3.). Die Philanthotoxine hemmen die praesynaptische Rückspeicherung von Glutamat und blockieren postsynaptisch die offenen Ionenkanäle am Glutamatrezeptor-Ionophor-Komplex. δ-Philanthotoxin entfaltet die intensivste Wirkung, β-Philanthotoxin wirkt synergistisch. Wie die Acylpolyamingifte der Spinnen, die einen ähnlichen Effekt besitzen, sind sie nur am aktivierten Glutamatrezeptor wirksam. Das erklärt die hohe Glutamatkonzentration im Gift (260).

Die Wespengifte führen beim Menschen nach dem Stich der Insekten zu Schmerzen und zu lokaler Ödem- und Erythembildung. An systemischen Effekten können Blutdrucksenkung, Nierenschädigung und Kreislaufversagen hervorgerufen werden. Wie bei den Bienengiften sind auch nach Wespenstichen anaphylaktische Reaktionen möglich (26).

Besonders gefährlich sind die asiatischen Arten *Vespa mandarinia* und *V. tropica*. Die bei einem Stich abgegebene Giftmenge von *V. mandarinia* vermag intravenös 270 g Maus zu töten, die LD_{50} des reinen Giftes beträgt 4,1 mg/kg, i. p., Maus (300).

Gefahr für den Menschen besteht besonders dann, wenn er plötzlich von Hornissenschwärmen überfallen wird und sehr viele Stiche erleidet. Über Todesfälle wird vorwiegend aus asiatischen Ländern berichtet. In den USA wurden von 1950–1959 101 Todesfälle durch Wespenstiche (ohne Angabe der Art) verursacht (26).

Die Behandlungsmaßnahmen entsprechen denen nach Bienenstichen.

42.6 Peptid- und Proteotoxine der Knorpel- und Knochenfische (Chondrichthyes und Osteichthyes)

Neben den bereits erwähnten passiv giftigen Fischen, die Giftstoffe ihrer Nahrung speichern (Kap. 4.8, Kap. 28.2.2), sind auch eine Vielzahl durch den Besitz von Giftstacheln aktiv giftige Fische bekannt. Eine Auswahl zeigt Tabelle 42-6; siehe S. 608, Bild 42-25 u. 42-26. Von den genannten Arten kommen *Dasyatis pastinaca, Trachinus vipera* und *T. draco* in der Nordsee, *D. pastinaca* und *T. draco* darüber hinaus, wenn auch selten, in der westlichen Ostsee vor.

Bei vielen aktiv giftigen Fischen sind einige der Flossenstrahlen zu Stacheln umgeformt, die aufgerichtet werden können. Beim Stechrochen trägt der Schwanz an der Oberseite einen mit Widerhaken besetzten Stachel, mit dem meistens über den Kopf zugeschlagen wird. Die Doktorfische besitzen seitlich an der Schwanzbasis einen Stachel, der in einer Hautscheide liegt und ausgeklappt werden kann.

Die meisten Stacheln tragen in rinnenförmigen Vertiefungen bis dicht unter die Spitze durch Epidermiszellen verdeckte, einzellige, holokrine Giftdrüsen, die zum Teil knötchenförmig angehäuft sein können. Beim Stich werden die Epidermiszellen und die Drüsenzellen lokal zerstört, und ihr Inhalt gelangt in die Wunde. Bei anderen Tieren, z. B. beim Steinfisch, gibt es ein dem Stachel eng anliegendes, blasenförmiges Giftreservoir, das am Ende des Stachels mündet und bei seinem Eindringen in eine Wunde durch den Druck des Gewebes des Opfers ausgedrückt wird. Einige Vertreter der Familie der

Tab. 42-6: Aktiv giftige Fische (Ü 51, Ü 119: 3; 445 u. a.)

Systematische Stellung	Vertreter
Klasse Chondrichthyes, Knorpelfische	
Ordn. Rajiformes, Rochenartige	
Fam. Dasyatidae, Stechrochen	*Dasyatis pastinaca* u. a. Arten
Fam. Urolophidae, Stechrochen	*Urolophus fuscus* u. a. Arten
Fam. Myliobatidae, Stechrochen	*Myliobates*-Arten
Klasse Osteichthyes, Knochenfische	
Ordn. Siluriformes, Welse	
Fam. Plotosidae	*Plotosus anguillaris* u. a. Arten
Fam. Ariidae	*Arius bilineatus*
Ordn. Perciformes, Barschartige	
Fam. Trachinidae, Drachenfische	*Trachinus draco*, Petermännchen *T. vipera*, Kleines Petermännchen
Fam. Acanthuridae, Doktorfische	*Ctenochaetes strigosus*, *Acanthurus coeruleus*, Blauer Doktorfisch u. a. Arten
Ordn. Scorpaeniformes, Panzerwangen	
Fam. Scorpaenidae, Drachenköpfe	*Scorpaena*-Arten, Skorpionsfische *Synanceja verrucosa*, Steinfisch *Pterois volitans*, Rotfeuerfisch *Scorpaenopsis*-Arten, Falsche Steinfische *Dendrochirus*-Arten *Sebastes*-Arten *Sebastodes*-Arten *Apistus*-Arten *Inimicus*-Arten u. a. Gattungen
Ordn. Batrachoidiformes	
Fam. Batrachidae	*Thalassophryne dowi* u. a. Arten

Blenniidae, Schleimfische, z. B. *Meiacanthus*-Arten, und der Monognatidae, Tiefseeaale, nicht jedoch die Muränen, besitzen auch Giftzähne (16).

Es ist bekannt, daß es sich bei den sehr wirksamen Giften um Eiweißstoffe handelt. Wegen der schweren Gewinnbarkeit des Giftes sind sie nur in wenigen Fällen, z. B. bei *Arius bilineatus*, aufgetrennt, und pharmakologisch untersucht (7) oder, wie beispielsweise bei *Trachinus vipera*, chemisch charakterisiert worden (258). Das letale Toxin Trachinin von *T. vipera* ist ein sehr instabiles tetrameres Protein aus 4 identischen Untereinheiten mit einer Molmasse von 324 000 und einer LD von 0,1 mg/kg (Maus, i. v., 258).

An kleinmolekularen Bestandteilen wurden Serotonin, Histamin, Adrenalin und Noradrenalin in Fischgiften gefunden (28).

Das in etwa 200 Drüsen auf dem Rücken und den Afterflossen gebildete, im Hautsekret von *Pardachirus marmoratus*, der Mosesflunder, einem Plattfisch, enthaltene ichthyotoxische Pardaxin ist aus 33 Aminosäureresten aufgebaut. Es besitzt folgende Primärstruktur:

GFFALIPKIISSPLFKTLLSAVGSALSSSGGQE.

In Konzentrationen bis 10^{-7}M bildet es an Zellen von Eukaryonten Ionenkanäle und führt zu einer Ausschüttung von Acetylcholin an neuromuskulären Synapsen, in höheren Konzentrationen wirkt es cytolytisch (264). Weitere Wirkstoffe des Hautsekrets sind die bereits erwähnten hämolytisch wirksamen, saponinartigen Steroidaminoglykoside (Kap. 13.2.3.3). Das Gift von *P. marmoratus* tötet kleinere Fische und weist Haie zurück.

Bis auf die genannten pharmakologischen Untersuchungen kann man Aussagen zur Toxizität der einzelnen Fische fast nur aus Vergiftungsfällen ableiten.

Zu Vergiftungen durch Stechrochen kommt es vor allem dann, wenn Badende auf die versteckt am Boden liegenden Fische treten. Dabei können große Wunden entstehen (bis zu 30 cm lang), die sehr schmerzhaft sind und sekundär infiziert werden können. Bei ungenügender Behandlung entstehen Nekrosen. An Allgemeinsymptomen werden Übelkeit, Erbrechen, Blutdrucksenkung, Angst- und Kollapszustände beobachtet (Ü 2, Ü 36, Ü 119). Todesfälle sind möglich. Sie treten besonders dann auf, wenn Stachelteile im Körper des Menschen verbleiben (375). Für eine Maus (20 g) sind 0,56 mg des Trockengiftes einer *Urolophus*-Art tödlich (Ü 119).

Vergiftungen durch Welse, z. B. *Arius bilineatus*, werden gelegentlich bei Fischern beobachtet (9). Die vorderen Knochenstrahlen der Flossen der Fische verursachen große Wunden, durch die das Gift eindringen kann. Vergiftungssymptome sind Schmerzen, Ödeme, Lymphknotenschwellungen, lokale Gefühllosigkeit, Übelkeit, Schwäche und Kreislaufstörungen. Todesfälle sind nicht bekannt (9, Ü 36, Ü 81 a).

Von Vergiftungen durch die auch in Nord- und Ostsee vorkommenden Drachenfische können Fischer beim Entleeren der Netze und Sortieren der Fische, Angler, Taucher oder Badende, die auf die Fische treten, betroffen sein. Die Stiche sind sehr schmerzhaft. Sie verursachen Rötung und Schwellung der Einstichstelle und der umgebenden Lymphknoten, in schweren Fällen auch Kollapserscheinungen. Die wenigen beschriebenen Todesfälle waren die Folge von Sekundärinfektionen (28, Ü 2, 36). Für Mäuse sind 0,0004 ml des Giftes eines Drachenfisches tödlich, das Gift eines Tieres genügt, um 250 Mäuse von 17 g Körpermasse zu töten. Der Tod tritt nach kurzer Zeit durch Atemlähmung ein (Ü 119).

Unter den Drachenköpfen bieten die Rotfeuerfische, die häufig in Aquarien gehalten werden, auch in Mitteleuropa Anlaß zu Vergiftungen. Die nach einem Stich einsetzenden brennenden Schmerzen breiten sich sehr schnell aus und können bis zur Bewußtlosigkeit des Betroffenen führen, weitere Vergiftungssymptome sind Schwäche, Abnahme der Herzfrequenz, Temperaturerhöhung und Atembeschwerden (136, 28, Ü 36).

Scorpaena-Arten, Skorpionsfische, sind in wärmeren Gebieten eine sehr häufige Vergiftungsursache, in erster Linie bei Fischern (in den USA ca. 300 Fälle/Jahr, Ü 36, Ü 119).

Die *Synanceja*-Arten, Steinfische, die sich im Sand des Meeresbodens eingraben und besonders Sporttaucher gefährden, gehören zu den gefährlichsten Giftfischen. Sie verursachen extreme Schmerzen, Schwellungen, kaum heilende Wunden, Schüttelfrost, Schwitzen und in vielen Fällen innerhalb weniger Stunden den Tod. Die LD_{50} des Giftes von *Synanceja horrida* beträgt 200 μg Protein/kg, i. v., Maus (Ü 119).

Als Behandlungsmaßnahmen nach Stichen giftiger Fische empfiehlt Habermehl (Ü 36) u. a. 30–90minütiges Eintauchen des betroffenen Körperteils in möglichst heißes Wasser, Gabe von Antibiotika und Anti-Tetanus Immunglobulin, eventuell operative Behandlung der Wunde und ansonsten symptomatische Therapie. Bei Stichen durch die gefährlichen Steinfische sollte so schnell wie möglich ein Antivenin angewendet werden (Ü 119).

Bild 42-17: *Buthus spec.*

Bild 42-18: *Tityus spec.*

Bild 42-19: *Apis mellifera*, Honigbiene

Bild 42-20: *Bombus terrestris*, Erdhummel

Bild 42-21: *Vespa crabro*, Hornisse

Bild 42-22: *Paravespula germanica*, Deutsche Wespe

Bild 42-23: *Paravespula vulgaris*, Gemeine Wespe

Bild 42-24: *Dolichovespula saxonica*, Sächsische Wespe

Bild 42-25: *Pterois volitans*, Rotfeuerfisch

Bild 42-26: *Acanthurus leucosternon* (Doktorfisch)

Bild 42-27: *Phyllomedusa sauvagei* (Makifrosch)

Bild 42-28: *Rana temporaria*, Grasfrosch

42.7 Peptidtoxine der Lurche (Amphibia)

42.7.1 Lurche als Gifttiere

Zur Klasse der Amphibien, Lurche, gehören die rezenten Ordnungen Caudata (Urodela), Schwanzlurche, Anura (Salientia), Froschlurche, und Gymnophiona, Blindwühlen. Die letzteren sind tropische Tiere, die für unsere Betrachtungen ohne Interesse sind.

Die Schwanzlurche, die sich durch einen zeitlebens vorhandenen Schwanz von den Froschlurchen unterscheiden, sind wegen der im Hautsekret vorkommenden giftigen Steroidalkaloide der Vertreter der Gattung *Salamander* und *Cryptobranchia* (Kap. 37.9) sowie wegen des Vorkommens von Tetrodotoxin bei Vertretern der Gattungen *Taricha, Cynops, Notophthalmus* und *Triturus* (Kap. 28.2.3) toxikologisch bedeutend.

Die im Erwachsenenstadium schwanzlosen Froschlurche scheinen ebenfalls durchweg giftige Hautsekrete zu produzieren. Gut untersucht sind die Indolylalkylamine der Kröten (Kap. 17.4.5), die cardiotoxischen Steroide der Kröten (Kap. 12.2.4.2), die giftigen Spiropiperidinalkaloide und deren Verwandte bei Baumsteigerfröschen (Kap. 32.11), die Steroidalkaloide bei Pfeilgiftfröschen (Kap. 37.8) und das Tetrodotoxin bei *Atelopus*-Arten (Kap. 28.2.3). Über die pharmakologisch aktiven Peptide der Scheibenzüngler (Discoglossidae), der Echten Frösche (Ranidae) und der Baumfrösche (Hylidae) sind in den letzten 3 Jahrzehnten viele Details bekannt geworden (Kap. 42.7.2).

42.7.2 Peptidtoxine der Froschlurche (Anura)

Zur Ordnung der Anura, Froschlurche, gehören 2000 Arten. In Mitteleuropa werden jedoch nur 20 davon gefunden.

Toxische Peptide und toxische Proteine scheinen in den Hautsekreten aller Arten vorzukommen. Ihre toxikologische Bedeutung tritt jedoch bei den Vertretern, die stark giftige Verbindungen aus anderen Stoffgruppen enthalten, in den Hintergrund. Die Toxizität der Hautsekrete der einheimischen Scheibenzüngler (Discoglossidae), vertreten durch die Gattung Unken *(Bombina)*, der Echten Frösche (Ranidae), vertreten durch die Gattung Frösche *(Rana)*, und der Baumfrösche (Hylidae), vertreten durch den Laubfrosch *(Hyla arborea)*, scheint allein auf dem Gehalt an toxischen Peptiden oder toxischen Proteinen zu beruhen. Über die Untersuchung der Hautsekrete der mitteleuropäischen Vertreter der Gattungen *Alytes*, Geburtshelferkröten, und *Pelobates*, Krötenfrösche, liegen keine Publikationen vor. Um einen allgemeinen Überblick über die makromolekularen Toxine der Froschlurche zu erhalten, müssen auch die Sekrete nicht im Gebiet heimischer Arten mit in die Betrachtungen einbezogen werden.

Als Beispiele für die zahlreichen toxischen Peptide der Hautsekrete von Fröschen (Übersichten: 95, 96) seien, gegliedert nach der Molekülgröße, genannt:

- das Tripeptid Pyr-His-Pro-NH_2 aus *Bombina orientalis* (Heimat Nordostchina), das mit dem Thyroliberin der Säugetiere und des Menschen identisch ist (239),
- Dermorphin (Abb. 42-8), ein Heptapeptid aus *Phyllomedusa sauvagei* (siehe S. 608, Bild 42-27), *Ph. rhodei* und anderen *Phyllomedusa*-Arten, Makifrösche (Hylidae, Baumfrösche), in Südamerika beheimatete Tiere (225),
- Deltorphine (Abb. 42-8), eine Gruppe von Heptapeptiden aus *Phyllomedusa*-Arten (97),
- Bradykinin, ein Nonapeptid, häufig in den Hautsekreten von Fröschen vorkommend, u. a. gefunden bei *Rana temporaria*, Grasfrosch (280 μg/g Haut), und *R. esculenta*, Wasserfrosch (siehe S. 608u. 625, Bilder 42-28 und 42-29) (25 μg/g Haut, 13), an Bradykininanaloga wurden u. a. isoliert [Thr^6]-Bradykinin, [Val^1,Thr^6]-Bradykinin, [Hyp^6]-Bradykinin, Ranakinin N, Ranakinin R und Phyllokinin (Abb. 42-8, 95, 232, 234, 369),
- Caerulein (Abb. 42-8), ein Decapeptid, es wird u. a. von *Litoria caerulea*, Korallenfinger, einer australischen Baumfroschart (siehe S. 625, Bild 42-30), und von der in Südafrika beheimateten Art *Xenopus laevis*, Krallenfrosch (Pipidae, Zungenlose Frösche; siehe S. 625, Bild 42-31) gebildet (11, 79), ähnliche Peptide wurden bei *Phyllomedusa sauvagei* (Phyllocaerulein, Abb. 42-8) und *Hylambatus maculatus* gefunden (95, 214), sie haben mit Gastrin und Cholecystokinin gemeinsame Teilsequenzen (214),
- Physalaemin (Abb. 42-8), ein Undecapeptid aus dem Sekret verschiedener Arten der südamerikanischen Baumfroschgattungen *Physalaemus* und *Phyllomedusa* (99),
- Ranatensin (Abb. 42-8), ein Undecapeptid aus dem nordamerikanischen Leopardfrosch, *Rana pipiens* (370),
- Granuliberin-R (Abb. 42-8), ein Dodecapeptid aus *Rana rugosa* (370),
- Kassinin (Abb. 42-8), ein Dodecapeptid aus afri-

	10	20	30

Cardiotoxin (N.n.a.) L K C – N – – K L V P L F Y K T C P A G K N L – – C Y K M F M V A – T – – – P
Cobramin A (N.n.n.) L K C – N – – K L I P L A Y K T C P A G K N L – – C Y K M Y M V S N K T – V P

Cytotoxine

Cobrotoxin (N.n.a.) L E C H – – – N Q Q S S Q T P T T T G C S G G E T N C Y K K R W R D H – – – –
Erabutoxin b (L.s.) R I C F – – – N Q H S S Q P Q T T K T C P S G E S S C Y H K Q W S D F – – – –

Kurzkettige α-Neurotoxine

α-Bungarotoxin (B.m.) I V C H T T A T S P I S – A V T – – – C P P G E N L C Y R K M W C D A F C S S
Toxin 3 (N.n.s.) I R C F – – – I T P D I T S I D – – – C P N G – H V C Y T K T W C D A F C S I

Langkettige α-Neurotoxine

ϰ-Bungarotoxin (B.m.) R T C L – – – I S P S S T P Q T – – – C P N G Q D I C F L K A Q C D K F C S I

ϰ-Toxin

	40	50	60	70

Cardiotoxin K V P V K R G C I D V C P K S S – L V L K Y V C C N T – D R C N (60–4)
Cobramin A V – – – K R G C I D V C P K N S – L V L K Y E C C N T – D R C N (60–4)

Cobrotoxin R G Y R T E R G C – – G C P S V K – N G I E I N C C T T D R C N N (62–4)
Erabutoxin b R G T I I E R G C – – G C P T V K – P G I K L S C C E S E V C N N (62–4)

α-Bungarotoxin R G K V V E L G C A A T C P S K K P Y E E V T – C C S T D K C N P H P K Q R P G (74–5)
Toxin 3 R G K R V D L G C A A T C P T V K T G V D I Q – C C S T D N C N P F P T R K R P (71–5)

ϰ-Bungarotoxin R G P V I E Q G C V A T C P Q F R S N Y R S L L C C T T D N C N H

Lage der S-S-Brücken: C3→ C24, C17→C45; C49→C61, C62→C68, bei den langkettigen außerdem C30→C34

N.n.a. = Naja naja atra, N.n.n. = Naja naja naja, L.s. = Laticauda semifasciata, B.m. = Bungarus multicinctus, N.n.s. = Naja naja siamensis, A.h. = Agkistrodon halys

Fettgedruckte Aminosäuren kennzeichnen invariante Sequenzen der Gruppe. Bindestriche wurden eingefügt, um Homologien sichtbar zu machen. Zahlen in Klammer geben die Zahl der Aminosäurereste und der S-S-Brücken an.

Abb. 42-9: α- und ϰ-Toxine aus Schlangengiften. (Aminoacylrestschlüssel siehe Tab. 38-1.)

Innenseite durch 2 Lysylreste fixiert. Der kompakte Teil bleibt außerhalb der Zelle. Die Störung der Membranstruktur durch das Toxin verändert die Ionenpermeabilität drastisch und macht die Membranphospholipide den im Schlangengift enthaltenen Phospholipasen A_2 zugänglich. Durch Depolarisation kommt es zur Kontraktion von Herz-, Skelett- und glatten Muskelzellen. Neuronen verlieren ihre Fähigkeit, Aktionspotentiale zu bilden. In hohen Konzentrationen wirken diese Toxine cytolytisch (85, 144, 194).

Die α-Neurotoxine besitzen in den Schlingen wenig hydrophobe Aminoacylreste, können sich also nicht in die Membran einlagern, sondern blockieren curareähnlich nicotinerge Rezeptoren an der Membranoberfläche der neuromuskulären Synapsen (194). Für die Bindung ist vermutlich die Schlinge 1 (Reste 6–16) verantwortlich (145). Bei den kurzket-

```
                          10        20        30
                          |         |         |
Agkistrodotoxin (A.h.)   NLLQFNKMIKEETGKNAIPFYAFYGCYCGGGGQGKPKDG
                         40        50        60        70
                         |         |         |         |
                         TDRCCFVHDCCYGRLVNCNTKSDIYSYSLKEGYITCGKGT
                         80        90        100       110       120
                         |         |         |         |         |
                         NCEEQICECDRVAAECFRRNLDTYNNGYMFYRDSKCTETSEEC

                          10        20        30        40
                          |         |         |         |
Myotoxin I (C.v.c.)      YKRCHKKEGHCFPKTVICLPPSSDFGKMDCRWKWKCCKKGCVN
```

β-Toxine

```
Dendrotoxin (D.a.)       ZPRRKLCILHRNPGRCYDKIPAFYYNQKKKQCERFDWSG
                         40        50
                         |         |
                         CGGNSNRFKTIEECRRTCIG
```

Fasciculin

```
Crotamin (C.d.t.)        YLQCHKKGGHCFPKEKICLPPSSKFGKMDCRWRWKCCKKGSG
```

Na^+-Kanalaktivator

C.v.c. = Crotalus viridis concolor, D.a. = Dendroaspis angusticeps, C.d.t. = Crotalus durissus terrificus

Abb. 42-10: β-Toxine, ein Fasciculin und ein Na^+-Kanalaktivator aus Schlangengiften. (Aminoacylrestschlüssel siehe Tab. 38-1.)

tigen α-Neurotoxinen ist die Blockade meistens reversibel, bei den langkettigen irreversibel.

Cytotoxine wurden bei den Elapidae-Gattungen *Naja* und *Hemachatus* gefunden. α-Neurotoxine konnten aus allen Giften der Elapidae und Hydrophiidae erhalten werden. Die α-Toxine sind chemisch sehr stabil. Sie überstehen in wäßriger Lösung Erhitzen bis zum Siedepunkt ohne Aktivitätsverluste.

Die ersten Sequenzen wurden bereits 1967–1970 durch EAKER und PORATH (88), BOTES und STRYDOM (43) und YANG und Mitarbeiter (366, 367) aufgeklärt.

Bisher sind nur wenige ϰ-Toxine bekannt. Zu ihnen gehören u. a. das ϰ-Bungarotoxin (einkettig, 66 Aminosäurereste, 5 S-S-Brücken, Homologie zu den langen α-Neurotoxinen vorhanden, in physiologischem Milieu als Dimer vorliegend) aus *Bungarus multicinctus* und ϰ-Flavitoxin aus *B. flaviceps*. Sie hemmen die neuromuskuläre Reizübertragung kaum, blockieren aber die Reizübertragung an neuroneuronalen Synapsen (60).

β-Toxine leiten sich ebenfalls von Phospholipasen ab, haben aber im Gegensatz zu den α-Toxinen meistens noch Phospholipase-A_2-Aktivität (198). Von den Phospholipasen können sie durch ihre neurotoxische Wirkung abgegrenzt werden. Sie werden wegen ihrer präsynaptischen Wirksamkeit, die sie neben der postsynaptischen besitzen, auch als präsynaptische Toxine bezeichnet. In ihrer Struktur weichen sie wesentlich stärker voneinander ab als die α-Toxine.

β-Toxine sind entweder einkettige Phospholipasen oder enthalten mindestens eine Untereinheit, die einer Phospholipase homolog ist. Zu dieser Gruppe gehören

- Agkistrodotoxin: einkettig, 122 Aminosäurereste, einer Phospholipase homolog, 7 S-S-Brücken, aus dem Gift von *Agkistrodon halys* (Abb. 42-10, 187),
- Notexin: einkettig, 117 Aminosäurereste, einer Phospholipase homolog, 7 S-S-Brücken, aus dem Gift von *Notechis scutatus scutatus* (135),
- β-Bungarotoxin (Isotoxingemisch, Hauptkomponente, β_1-Bungarotoxin): zweikettig, 120 + 60 Aminosäurereste, durch eine S-S-Brücke verbunden, größere Kette einer Phospholipase, kleinere Kette einem Proteinaseinhibitor homolog, aus dem Gift von *Bungarus multicinctus* (188),
- Crotoxin: Komplex aus dem sauren Crotoxin A, dreikettig, 40 + 34 + 14 Aminosäurereste, durch 3 S-S-Brücken verbunden, und dem basischen Crotoxin B, einkettig, 124 Aminosäurereste, einer Phospholipase homolog, letzteres wird bei Kontakt mit Zellmembranen aus dem Komplex freigesetzt und an den Zellen gebunden, aus dem Gift von *Crotalus durissus terrificus* (107),
- Taipoxin: dreikettig, 119 + 118 + 113, alle 3 Ketten der Phospholipase A_2 homolog, aus dem Gift von *Oxyuranus scutellatus scutellatus* (103, 107, 200, 201).

Ähnliche präsynaptisch hemmende Toxine sind u. a. Mojavetoxin aus *Crotalus scutatus scutatus*, Caudoxin aus *Bitis caudalis* und Caerulotoxin aus *Bungarus fasciatus* (368).

β-Toxine hemmen die Ausschüttung von Acetylcholin aus den Axonterminalen an motorischen Endplatten. Der Wirkungsmechanismus ist unbekannt.

Einige β-Toxine sind darüber hinaus in hohen Dosen in der Lage, die Membran quergestreifter Muskelzellen zu zerstören. Folge davon ist das Auftreten von Myoglobinurie. Sie werden daher auch als myonekrotische Toxine oder Myotoxine bezeichnet. Zu ihnen gehören Notexin aus *Notechis scutatus*, Taipoxin aus *Oxyuranus scutellatus*, Crotoxin aus *Crotalus durissus terrificus*, Myotoxin I (Abb. 42-10) und II aus *Crotalus viridis concolor* und Viriditoxin aus *Crotalus viridis viridis* (38, 139).

β-Toxine kommen bei Elapidae und Crotalidae vor. Auch bei Viperidae wurden ähnliche, aber noch wenig untersuchte Komplexe gefunden (48, 77, 78, 107).

Eine Reihe von Toxinen, die die Acetylcholinfreisetzung an motorischen Endplatten, aber auch an sympathischen und parasympathischen Zweigen des autonomen und zentralen Nervensystems bei Reizübertragung potenzieren, werden als Fasciculine bezeichnet. Es sind Homologe von KUNITZ-Proteinaseinhibitoren. Zu ihnen gehört das Dendrotoxin (Abb. 42-10) aus *Dendroaspis angusticeps*. Sie blockieren spezifisch spannungsgesteuerte K^+-Kanäle und verhindern einen inaktivierenden K^+-Ausstrom aus den Neuronen. Dadurch verlängern sie deren Aktionspotential (29).

Eine weitere Gruppe präsynaptisch fördernder Toxine, die nur geringe Toxizität besitzt, hemmt die Acetylcholinesterase. Diese Toxine sind den kurzkettigen α-Neurotoxinen homolog und haben 4 S-S-Brücken. Zu ihnen gehören z. B. die Toxine F_7 (Fasciculin 2) und F_8 aus dem Gift von *Dendroaspis angusticeps*. Sie werden auch als Angusticeps-Toxine bezeichnet.

Die Toxine beider Gruppen wirken synergistisch. Eine Reihe weiterer Polypeptide, die selbst wirkungslos sind, aber die Effekte der Gifte der beiden anderen Gruppen potenzieren, begleiten diese (synergistische Toxine, zweikettig 62–63 Aminosäurereste). Sie kommen nebeneinander im Gift von *Dendroaspis angusticeps* vor, wurden aber auch bei anderen *Dendroaspis*-Arten, *Hemachatus haemachatus* und *Naja nivea* nachgewiesen (142, 143).

Na^+-Kanalaktivatoren wurden bei *Crotalus*-Arten gefunden. Da sie Homologie mit der Pankreasribonuclease aufweisen, nimmt man an, daß sie von einer «Ur-Ribonuclease» abgeleitet sind. Zu ihnen gehören

- Crotamin aus *Crotalus durissus terrificus* (Abb. 42-10),
- Myotoxin aus *C. viridis viridis* und
- Peptid C aus *C. viridis helleri* (106, 198).

Die Hämorrhagine sind Proteine mit Molmassen von 20000–100000, häufig auch in die Klassen I (20000–30000), II (30000–60000) und III (60000–100000) unterteilt. Sie sind letal wirkende Metalloproteasen (bisher nur Zinkionen nachgewiesen), die die Basalmembran der Kapillaren und/oder die Proteinaseinhibitoren des Blutplasmas zerstören. Dadurch kommt es zu einem Austritt des Blutes in das Gewebe und zur Entbremsung der Bildung endogener Proteinasen. Sie kommen in den Giften von Crotalidae und Viperidae vor (39).

42.8.3.4 Toxikologie

Entsprechend ihrer heterogenen Zusammensetzung zeigen die Schlangengifte bei parenteraler Zufuhr sehr komplexe Wirkungen. Peroral gegeben sind sie unwirksam. Die Zusammensetzung des Giftes und damit auch die Wirkung ist innerhalb einer Art und sogar beim Gift eines Tieres beträchtlichen Schwankungen unterworfen (Abhängigkeit von Jahreszeit, Ort und anderen Faktoren). Für die klinische Symptomatik sind weiterhin die Menge des injizierten Giftes, der Applikationsort (besondere Gefahr besteht beim Biß direkt in ein Blutgefäß) und der Allgemeinzustand des Betroffenen entscheidend.

Tab. 42-8 zeigt die LD_{50}-Werte einiger Schlangengifte für die Maus, die pro Biß ejizierte Giftmenge und in einigen Fällen die tödliche Dosis für einen Menschen.

Die durchschnittliche Letalitätsrate nach Schlangenbissen wird mit 2,4% angegeben (Elapidae 25%, Crotalidae 2,3%, Viperidae 2%, Ü 36). In einer Statistik aus dem Jahr 1954 wird die Gesamtzahl der hospitalisierten und tödlich endenden Fälle für alle Länder außer Europa, der Sowjetunion und China mit 30 000 bis 40 000 pro Jahr angegeben (332). Der größte Teil davon (25 000 bis 30 000 Todesfälle/Jahr) entfällt auf Süd- und Südostasien, danach folgt Südamerika mit 3000–4000 Todesfällen. 75% aller Schlangenbisse bleiben ohne ernsthafte Folgen (Ü 36). Unter Berücksichtigung der heute möglichen Behandlungsmethoden ist anzunehmen, daß die Zahl der tödlichen Vergiftungen seit 1954 zurückgegangen ist.

Die meisten Todesfälle sollen in Asien durch *Vipera (Daboia) russelli* und *Echis carinatus* und in Süd- und Zentralamerika durch *Bothrops jararaca* sowie *Crotalus durissus durissus* verursacht werden (Ü 3). Die in Europa heimischen Schlangenarten sind relativ ungefährlich. Die hier beobachteten schweren Vergiftungen werden meistens durch exotische Schlangen bei Schlangenhaltern hervorgerufen.

Der Biß der Nattern (Colubridae) führt im allgemeinen nur zu lokalen Erscheinungen, z. B. Ödembildung, Hautverfärbung und Taubheitsgefühl (Ü 36). In wenigen Fällen kommt es zu Kopfschmerzen, Erbrechen, Kollaps, Nierenversagen und nur selten zum Tod (83, 215).

Von wesentlich größerer toxikologischer Bedeutung ist die Familie der Elapidae, Giftnattern. Die Gifte dieser Schlangen wirken vorwiegend neurotoxisch, die der Kobras auch cardiotoxisch. Lokale Vergiftungserscheinungen können fehlen. Allgemeinsymptome, die oft erst nach einer Latenzzeit von 2–3 h auftreten, sind zunehmende Muskelschwäche, Koordinations- und Sprachstörungen, Akkomodationslähmung, Atembeschwerden, Erbrechen, Krämpfe und schließlich der Tod durch Atemlähmung (267, 259, 335, 358). Sehr bekannte Giftschlangen aus dieser Gruppe sind die Kobras. So soll z. B. KLEOPATRA zu ihrem Selbstmord die Ägyptische Brillenschlange, *Naja haje*, benutzt haben. Im alten Ägypten wurden diese Schlangen auch zur Hinrichtung von zum Tode Verurteilten verwendet (Ü 79). Sehr gefährlich ist die Königskobra, *Ophiophagus hannah*, die mit einer Länge bis zu 5 m gleichzeitig die größte Giftschlange ist (360). Ihr Biß soll innerhalb von 3 min einen Elefanten töten können. Die Speikobra, *Naja nigricollis*, die wie andere Ko-

Tab. 42-8: Toxizität einiger Schlangengifte (Ü 36, 281)

Art	Menge pro Biß in mg Trockengew.	LD_{50} Maus, mg/kg i. p.	i. v.	Tödl. Dosis für den Menschen (75 kg) in mg
Bungarus caeruleus	10		0,09	6
Dendroaspis polylepis	1 000			120
Micrurus fulvius	2– 6	0,97		
Naja naja	210	0,40	0,40	15
Notechis scutatus	30– 70	0,04		
Enhydrina schistosa	7– 20		0,01	
Bitis arietans	130–200	3,68		
Echis carinatus	12		2,30	5
Vipera berus	10	0,80	0,55	75
V. russelli	130–250		0,08	42
Agkistrodon piscivorus	90–145	5,11	4,00	
A. rhodostoma	40– 60		6,20	
Bothrops atrox	70–160	3,80	4,27	
Crotalus adamanteus	370–700	1,89	1,68	
C. atrox	175–320	3,71	4,20	
C. horridus horridus	75–150	2,91	2,63	
C. viridis viridis	35–100	2,25	1,61	
Lachesis muta muta	280–450	5,93		

bras auf der Suche nach Beute nachts auch in die Häuser kommt, spritzt ihr Gift dem «Gegner» in die Augen. Besonders häufig sind in Indien Vergiftungen durch *Naja naja* (360). Fast immer tödlich endet der Biß der Schwarzen Mamba, *Dendroaspis polylepis*, einer auf Bäumen lebenden Schlange, die sich bei Erschrecken schnell aufrichtet und durch jede weitere Bewegung des Menschen zum Biß provoziert wird. Die Kraits sind wenig angriffslustig und höchstens nachts gefährlich.

Die Seeschlangen (Hydrophiidae) können bei Badenden und vor allem bei Fischern schwere Unfälle verursachen. Ihre Giftdrüsen enthalten ein mehrfaches der für einen Menschen tödlichen Dosis. Die Toxine haben kaum lokale Symptome zur Folge, sondern wirken vorwiegend myotoxisch. Vergiftungserscheinungen sind Muskelschmerzen, motorische Störungen und Lähmungen. Nach 3–6 h kommt es zu Myoglobinurie und zum Tod durch Atemlähmung (334, 347, Ü 36). Die Zahl der Vergiftungen durch Seeschlangen ist wahrscheinlich gering, aber die Letalitätsrate unbehandelter Fälle ist sehr hoch (347).

Die Toxine der Viperidae, Vipern, Ottern, wirken nekrotisierend und hämolysierend. Ihre Bisse sind in den meisten Fällen sehr schmerzhaft und rufen ausgeprägte Lokalsymptome (Ödembildung, Entzündung, Verfärbung, Lymphangitis, Lymphadenitis) hervor. An Allgemeinsymptomen treten Angstzustände, Schwindelgefühl, Kopfschmerzen, Übelkeit, Erbrechen, Durchfall und Tachykardie auf. Eine bedrohliche Blutdrucksenkung kann Kollaps herbeiführen. Störungen der Blutgerinnung werden häufig beobachtet. Krämpfe und Bewußtlosigkeit sind die Folgen innerer Blutungen, besonders im Gehirn. Nieren- und Leberschäden sind ebenfalls möglich. Tödliche Fälle enden im cardiovasculären Schock, manchmal auch erst nach 2–3 Wochen durch Versagen der Nieren- oder Herztätigkeit (89, 218, 229, 318, 324, 356, Ü 3, Ü 36, Ü 73). Gefährlich sind vor allem die exotischen Vipern *Vipera (Daboia) russelli, Vipera (Daboia) palaestinae* (Letalitätsrate 6,6%), *Bitis lachesis* (5,2%) und *Echis carinatus* (20%). In Burma verursacht *Vipera russelli*, die Indische Kettenviper, 97% aller Schlangenbisse bei Reisbauern (229).

Der Biß der mitteleuropäischen Vipern *Vipera berus* und *V. aspis* ist zwar schmerzhaft, jedoch beim gesunden Erwachsenen nur lebensbedrohlich, wenn ein größeres Blutgefäß getroffen wird. Lebensgefährlich kann der Biß für Kinder und alte Menschen sein. Bei der Auswertung von 113 Bißunfällen, die sich in der Schweiz durch diese beiden Schlangen ereigneten, wiesen 13 Patienten keine, 62 leichte (lokales Ödem), 24 mittelschwere und 14 Patienten schwere Vergiftungserscheinungen auf. Zu den mittelschweren Symptomen gehörten Erbrechen, Diarrhoe, Abdominalkrämpfe und Blutdruckabfall, zu den schweren außerdem Kreislaufschock und angioneurotisches Ödem des Oropharynx. Todesfälle traten nicht auf. Die meisten Bisse ereigneten sich im Juli (325). Giftigste europäische Schlange, deren Biß u. U. zum Tod führen kann, ist *V. ammodytes*. Gefahr besteht vor allem in Gebieten östlich des Adriatischen Meeres. Unfälle sind auch beim Baden möglich (Ü 3, Ü 36).

Zur Familie der Crotalidae, Grubenottern, gehören viele besonders in Amerika gefürchtete Giftschlangen. Ihre Toxine rufen heftige Lokalsymptome hervor (starke Schmerzen, Ödembildung, Nekrose), wirken aber auch gerinnungshemmend, neurotoxisch und myotoxisch (*Crotalus*-Arten). Die neurotoxischen Effekte des Giftes von *C. durissus* zeigen sich beispielsweise im Herabsinken der Augenlider, in Sensibilitäts- und Bewußtseinsstörungen, in Sprechschwierigkeiten und möglicherweise in tödlichen Lähmungen, die myotoxischen in Myoglobinurie und Rhabdomyolyse (23, 137, 138, 183, 281, Ü 3, Ü 36).

Ein 29jähriger Schlangenhalter, der durch eine Lanzenotter, *Bothrops atrox*, in den linken Vorderarm gebissen worden war, wurde 18 h nach dem Biß wegen Rotfärbung des Urins und Ausdehnung des Ödems bis auf die linke Thoraxseite in stationäre Behandlung genommen. Hier wurden vollständige Defibrinierung, Hämolyse und Nierenversagen festgestellt. Behandlungsmaßnahmen waren Gabe von 100 ml Crotaliden-Antivenin und Prednison sowie Transfusion und Hämodialyse. Als Komplikationen traten Serumkrankheit und gramnegative Sepsis auf (324).

Besonders gefährliche Grubenottern sind *Crotalus durissus* (Letalitätsrate 12%) und *Agkistrodon microlepidota* (20%). *Bothrops*-Arten sind sehr angriffslustig und verursachen tiefgehende Nekrosen (Letalitätsrate nach Bissen von *Bothrops jararacussu* 7,2%). Die Sterblichkeit nach Bissen des Buschmeisters, *Lachesis muta*, ist dagegen gering (0,2%, Ü 36).

Wirkungsvollste Therapiemaßnahme nach Bissen giftiger Schlangen ist die Gabe entsprechender Antiseren. Sie kann noch Stunden und Tage nach dem Biß von Nutzen sein, muß aber wegen der Gefahr anaphylaktischer Reaktionen mit Vorsicht erfolgen. Weiterhin sind, auch in leichteren Fällen, Ruhigstellung des betroffenen Körperteils, Beruhigung des Patienten (möglicherweise hat er einen Angstschock erlitten), Gabe von Analgetica und eventuell Therapie des Schocks erforderlich (114, 199, 217, 229,

325, 347, Ü 36, Ü 73). Im Tierversuch reduzierte Chlorpromazin die Toxizität der Gifte von *Bungarus caeruleus, B. multicinctus* und *β*-Bungarotoxin (67).

Schlangengifte werden in der Volksmedizin vieler Länder schon seit vielen Jahrhunderten (älteste Veröffentlichung aus dem Jahre 2500 v. Chr. aus Indien) verwendet (Ü 79) und spielen auch heute noch eine große Rolle bei der Behandlung verschiedener Erkrankungen. So werden Neurotoxine aus Kobra und Sandotter wegen ihrer langanhaltenden analgetischen Wirkung parenteral oder in Form von Einreibungen bei Neuralgien angewendet. Viperntoxine dienen percutan appliziert zur unspezifischen Reiztherapie. Ihre proteolytische Wirkung wird ebenso wie die der Gifte der Crotalidae zur Beeinflussung der Blutgerinnung genutzt.

Schlangengifte sind wegen ihres hohen Enzymgehalts ein wichtiges Ausgangsmaterial für die Gewinnung von Enzymen. Mit zunehmender Einsicht in ihre Wirkungsmechanismen wird die Bedeutung einzelner Wirkstoffe als Hilfsmittel in der Forschung weiter ansteigen.

42.9 Enzyme als Bestandteile von Tiergiften

Die Aufgabe der in Giften aktiv giftiger Tiere vorkommenden Enzyme ist es, die Ausbreitung der Toxinmoleküle im Gewebe des Opfers zu begünstigen, deren Eindringen in die Zelle zu ermöglichen, synergistisch mit den Toxinen zu wirken und bei den Reptilien und Spinnen die Verdauung des Beutetieres einzuleiten bzw. durchzuführen (Übersichten: 373, Ü 51).

Am weitesten verbreitet scheint die Hyaluronidase (Hyaluronatglucanohydrolase) zu sein. Sie kommt u. a. vor in den Giften von Nesseltieren (Cnidaria), Tausendfüßern (Myriapoda), Insekten (Hexapoda), Spinnen (Araneae), Skorpionen (Scorpiones), Krustenechsen (Helodermatidae) und Schlangen (Serpentes). Durch enzymatische Hydrolyse der Hyaluronsäure, die das Rückgrat der Proteoglykane des Bindegewebes tierischer Zellen bildet, ermöglicht sie die Ausbreitung der Peptidtoxine der Gifte im Gewebe (daher auch als «spreading factor» bezeichnet). Eine direkte Giftwirkung besitzt sie nicht. Die Beteiligung bei der Bildung von Ödemen ist jedoch nicht auszuschließen.

Ebenfalls häufig in tierischen Giften anzutreffen sind Phospholipasen, besonders Phospholipase A_2 (PLA_2). Sie wurde u. a. in Giften von Insekten (168, 250, 277, 298, 310), Spinnen (322), Skorpionen (322) und in sehr hoher Konzentration in denen von Schlangen (164, 311) nachgewiesen. PLA_2 spaltet bei Abwesenheit von Ca^{2+}-Ionen die Esterbindungen in Stellung 2 von sn-3-Glycerophosphatiden, Substrate sind in erster Linie freie Phospholipide, z. B. des Blutplasmas. Als Spaltprodukte eines Glycerophosphatids entstehen ein Lysophospholipid und eine ungesättigte Fettsäure. Ersteres besitzt cytolytische und damit hämolytische Aktivität, letztere kann als Praekursor von Prostaglandinen fungieren (155).

Die hämolytische Wirkung der PLA_2 ist indirekt. Gewaschene Erythrocyten werden in der Regel nicht lysiert. Die Gegenwart lyobipolarer Toxine, z. B. von Melittin oder Cytotoxinen der Schlangengifte, erlaubt jedoch der PLA_2 einen direkten Angriff auf die Membran. Peptidtoxine und Phospholipasen wirken in diesem Falle synergistisch. Einige Phospolipasen tierischer Gifte sind jedoch auch allein zu einer direkten Attacke auf die Membran in der Lage. Diese Fähigkeit verleiht ihnen Toxizität (44, 169).

Folgen der PLA_2-Wirkung sind durch indirekte oder direkte Membranschädigung erleichtertes Eindringen der Gifte in die Zellen, Cytolyse bzw. Hämolyse, Histaminfreisetzung, Ödembildung und Schmerzauslösung (via Prostaglandinbiosynthese). Unabhängig von ihrer hydrolytischen Aktivität kann PLA_2 durch Bindung der Phospholipide antikoagulatorisch wirken (41). PLA_2 ist neben der Hyaluronidase häufig auch das allergisierende Prinzip tierischer Gifte.

Weitere in Tiergiften gefundene Phospholipasen sind Phospholipase A_1 (PLA_1, spaltet den Acylrest in Position 1 der Glycerophosphatide ab), Phospholipase B (PLB, spaltet beide Acylreste gleichzeitig oder nacheinander ab), Phospholipase C (PLC, spaltet den phosphorylierten Aminoalkohol ab) und Phospholipase D (PLD, spaltet den Aminoalkohol ab). PLA_1 und PLB wurden u. a. im Gift einiger Wespen (179, 180, 333) und Schlangen (27) gefunden. PLC wurde aus Schlangengiften isoliert (384). Phospholipase D kommt im Gift von Spinnen vor (33).

Ebenfalls in Tiergiften anzutreffen sind proteolytische Fermente und Peptidasen. Proteinasen (Peptidpeptidohydrolasen) unterschiedlicher Spezifität kommen in den Giften von Spinnen (171, 172) und Schlangen (149, 164, 314, 323), aber auch von einigen Wespen (297) vor. Sie stehen bei Spinnen und Schlangen im Dienste der Verdauung der Beutetiere, fördern aber auch die Giftausbreitung und sind an der nekrotischen Wirkung der Gifte beteiligt. In den Giftdrüsen sind sie sicherlich durch Proteinaseinhibitoren ruhiggestellt.

Einige Proteinasen der Schlangengifte haben blutgerinnungsfördernde Aktivität. Sie wirken thrombinähnlich oder aktivieren Prothrombin bzw. Faktor X (10, 164, 206, 207, 326, 327, 337). Andere Schlangengifte hemmen die Blutgerinnung aufgrund der Defibrinierung durch die in ihnen enthaltenen fibrinolytischen Enzyme, durch Aktivierung endogener Vorstufen von fibrinolytischen Enzymen im Blutplasma oder durch Hemmung von Antiproteinasen. Auch thrombinähnliche Enzyme, die in vitro eine Blutgerinnung auslösen, führen, in die Blutbahn gebracht, zu einer noch nicht völlig erklärbaren Verbrauchskoagulopathie (189, 206).

Sowohl in den Giften von Spinnen als auch von Krustenechsen und Schlangen wurden Kininogenasen (bradykinin releasing enzymes) nachgewiesen. Das durch sie gebildete Bradykinin ist wahrscheinlich an der Schmerzauslösung beteiligt und für den Blutdruckabfall beim Opfer verantwortlich (6, 149, 158).

Esterasen unterschiedlicher Substrataffinität kommen in Tiergiften ebenfalls vor. Phosphomono- und Phosphodiesterasen sind in Spinnengiften (241, 283) und allen Schlangengiften vorhanden (164). Lipasen treten in den Giften einiger staatenbildender Wespen auf (297). Saure Phosphatasen sind u. a. Allergene vieler Insektengifte (25, 299). ATPasen sollen an der Giftwirkung von Spinnen- und Schlangengiften beteiligt sein (58, 181, 296).

Weitere Enzyme wurden aus Schlangengiften isoliert. Bei allen Familien konnten über die bereits genannten Enzyme hinaus nachgewiesen werden: L-Aminosäureoxidase, 5'-Nucleotidase, Desoxyribonuclease, Ribonuclease, NAD-Nucleosidase, Arylamidase und Peptidasen. Bei Crotalidae und Elapidae kommen außerdem Endopeptidasen sowie Argininesterhydrolase und bei Elapidae Acetylcholinesterase sowie Glycerophosphatase vor. Eine Reihe weiterer Enzyme treten bei Schlangengiften sporadisch auf (164, 169). Während die Bedeutung der Enzyme der Schlangengifte bei der Verdauung des Beutetieres erwiesen erscheint, ist die Beteiligung der meisten Enzyme an der Giftwirkung vermutlich gering. Auch im Wespengift wurden sporadisch weitere Fermente gefunden (297).

42.10 Literatur

1. Abe, T., Hariya, Y., Kawai, N., Miwa, A. (1989), Toxicon 27: 683
2. Abe, T., Kawai, N. (1983), Comp. Biochem. Physiol. C, 76 C: 221
3. Abia, A., Lobaton, C. D., Moreno, A., Garcia-Sancho, J. (1986), Biochem. Biophys. Acta 856: 403
4. Achyuthan, K. E., Agarwal, O. P., Ramachandra, L. K. (1982), Indian J. Biochem. Biophys. 19: 356
5. Adams, M. E. (1988), Int. Congr. Ser. – Excerpta Med. 832 (Neurotox. 88): 49
6. Akhunov, A., Golubenko, Z., Zadykov, A. S. (1981), Doklady Akademii Nauk. SSSR 257: 1478
7. Al-Hassan, J. M., Thomson, M., Ali, M., Criddle, R. S. (1987), J. Toxicol. Toxin Rev. 6: 1
8. Alagon, A., Passani, L. D., Smart, J., Schleuning, W. D. (1986), J. Exp. Med. 164: 1835
9. Alnaqeeb, M. A., Alhassan, J. M., Thomson, M., Criddlem, R. S. (1989), Toxicon 27: 789
10. Alexander, G., Grothusen, I., Zepeda, H., Schwartzman, R. J. (1988), Toxicon 26: 953
11. Anastasi, A., Erspamer, V., Endean, R. (1968), Arch. Biochem. Biophys. 125: 67
12. Anastasi, A., Erspamer, V., Bucci, M. (1972), Arch. Biochem. Biophys. 148: 443
13. Anastasi, A., Erspamer, V., Bertaccini, G. (1965), Comp. Biochem. Physiol. 14: 43
14. Anderson, C. S., Mac Kinnon, R., Smith, C., Miller, C. (1988), J. Gen. Physiol. 91: 317
15. Anonym (1990), Naturwiss. Rdsch. 43: 69
16. Anonym (1990), ref.: Naturwissenschaften 43: 119
17. Anonym (1990), Dtsch. Apoth. Ztg. 28: 1588
18. Aramaki, Y., Yasuhara, T., Shimazaki, K., Kawai, N., Nakajima, T. (1987), Biomed. Res. 8: 241
19. Aramaki, Y., Yasuhara, T., Higashijima, T., Miwa, A., Kawai, N., Nakajima, T. (1987), Biomed. Res. 8: 167
20. Arantes, E. C., Prado, W. A., Sampaio, S.V., Giglio, J. R. (1989), Toxicon 27: 907
21. Argiolas A., Pisano, J. J. (1984), J. Biol. Chem. 259: 10106
22. Azevedo, A. D., Silva, A. B., Cunha-Melo, J. R., Freire-Maia, L. (1983), Toxicon 21: 753
23. Azevedo-Marques, M. M., Hering, S. E., Cupo, P. (1987), Toxicon 25: 1163
24. Barberio, C., Delfino, G., Mastromei, G. (1987), Toxicon 25: 899
25. Barboni, E., Kemeny, D. M., Campos, S., Vernon, C. A. (1987), Toxicon 25: 1097
26. Barss, P. (1989), Med. J. Australia 151: 659
27. Bechis, G., Sampieri, F., Yuan, P. M., Brando, T., Martin, M. F., Diniz, C. R., Rochat, H. (1984), Biochem. Biophys. Res. Commun. 122: 1146
28. Becker, H. (1986), Pharm. Unserer Zeit 15: 8
29. Benishin, C. G., Sorensen, R. G., Brown, W. E., Krueger, B. K., Blaustein, M. P. (1988), Mol. Pharmacol. 34: 152

30. BERESS, R., BERESS, L., WUNDERER, G. (1975), Hoppe-Seylers Z. Physiol. Chem. 357: 409
31. BERESS, L., BERESS, R., WUNDERER, G. (1975), Toxicon 13: 359
32. BERNHEIMER, A.W., AVIGAD, L.S., BRANCH, G., DOWDLE, E., LAI, C.Y. (1984), Toxicon 22: 183
33. BERNHEIMER, A.W., CAMPBELL, B.J., FORRESTER, L.J. (1985), Science 228: 590
34. BERNHEIMER, A.W. (1986), Toxicon 24: 1031
35. BERNHEIMER, A.W., AVIGAD, L.S., SCHMIDT, J.O. (1980), Toxicon 18: 271
36. BERNHEIMER, A.W., LAI, C.Y. (1985), Toxicon 23: 791
37. BERNHEIMER, A.W., WEINSTEIN, S.A., LINDER, R. (1986), Toxicon 24: 841
38. BIEBER, A.L., MCPARLAND, R.H., BECKER, R.R. (1987), Toxicon 25: 677
39. BJARNASON, J.B., FOX, J.W. (1988), J. Toxicol. Toxin Rev. 7: 121
40. BLAAUW, P.J., SMITHUIS, L.O.M.J. (1985), J. Allergy Clin. Immunol. 75: 556
41. BOFFA, M.C., BOFFA, G.A. (1976), Biochem. Biophys. Acta 429: 839
42. BOQUET, P. (1964), Toxicon 2: 5
43. BOTES, D.P., STRYDOM, D.J. (1969), J. Biol. Chem. 244: 4147
44. BOUGIS, P.E., MARCHOT, P., ROCHAT, H. (1987), Toxicon 25: 427
45. BROWN, M.R., SHEUMACK, D.D., TYLER, M.I., HOWDEN, M.E.H. (1988), Biochem. J. 250: 401
46. BROWN, A.F.T. (1989), Med. J. Australia 151: 705
47. BÜCHERL, W. (1956), Arzneim. Forsch. 6: 293
48. BUKULOVA-ORLOVA, T.G., BURSTEIN, E.A., CHORBANOV, B.P., ALEKSIEV, B.A., ATANASOV, B.P. (1979), Biochem. Biophys. Acta 577: 44
49. BURNETT, J.W., CALTON, G.J. (1987), Toxicon 25: 581
50. BURNETT, J.W., GABLE, W.D. (1989), Toxicon 27: 823
51. BURNETT, J.W., OTHMAN, I.B., ENDEAN, R., FENNER, P.J., CALLANAN, V.I., WILLIAMSON, J.A. (1990), Toxicon 28: 242
52. BURNETT, J.W., CALTON, G.J. (1987), Toxicon 25: 581
53. BURNETT, J. (1989), Natural Toxins (Pergamon Press, New York): 160
54. BURNETT, J.W., CALTON, G.J., LARSEN, J.B. (1988), Toxicon 26: 215
55. CARIELLO, L., ROMANO, G., SPAGNUOLO, A., ZANETTI, L. (1988), Toxicon 26: 1057
56. CASTLE, N.A., HAYLETT, D.G., JAKINSON, D.H. (1988), J. Membr. Biol. 105: 91
57. CAVILL, G.W.K., ROBERTSON, P.L., WHITFIELD, F.B. (1964), Science 146: 79
58. CHAN, T.K., GEREN, C.R., HOWELL, D.E., ODELL, G.V. (1975), Toxicon 13: 61
59. CHEJFEC, G.I., LEE, I., WARREN, W.H., GOULD, V.E. (1985), Peptides 6 (Suppl. 3): 107
60. CHIAPPINELLI, V.A. (1986), Pharmacol. Ther. 31: 1
61. CLELAND, J.B., SOUTHCOTT, R.V. (1965), zit.: in Ü 2: 1384
62. COBBS, C.S., GAUR, P.K., RUSSO, A.J., WARNICK, J.E. (1983), Toxicon 21: 385
63. COHEN, I., ZUR, M., KAMINSKY, E., DE VRIES, A. (1969), Toxicon 7: 3
64. COOPER, B.J., SPENCE, I. (1976), Nature 263: 693
65. COTTRELL, G.A., TWAROG, B.M. (1972), Brit. J. Pharmacol. 44: 365P
66. COURAUD, F., JOVER, E., DUBOIS, J.M., ROCHAT, H. (1982), Toxicon 20: 9
67. CROSLAND, R.D. (1989), Toxicon 27: 655
68. CRUZ, L.J., GRAY, W.R., OLIVERA, B.M. (1978), Arch. Biochem. Biophys. 190: 539
69. CRUZ, L.J., KUPRYSZEWSKI, G., LECHEMINANT, G.W., GRAY, W.R., OLIVERA, B.M., RIVIER, J. (1989), Biochemistry 28: 3437
70. CRUZ, L.J., GRAY, W.R., YOSHIKAMI, D., OLIVERA, B.M. (1985), J. Toxicol. Toxin Rev. 4: 107
71. CSORDAS, A., MICHL, H. (1970), Monatsh. Chem. 101: 182
72. DAHL, W.V. (1989), Immunol. Allergy Clin. N. Amer. 9: 555
73. DALOZE, D., BRAEKMAN, J.C., PASTEELS, J.M. (1986), Science 233: 221
74. DE JONG, M.C.J.M., BLEUMINK, E. (1977), Arch. Dermatol. Res. 259: 263
75. DEHAYE, J.P., WINAND, J., DAMIEN, C., GOMEZ, F., POLOCZEK, P., ROBBERECHT, P., VANDERMEERS, A., VANDERMEERS-PIRET, M.C., STIEVENART, M., CHRISTOPHE, J. (1986), Am. J. Physiol. 251 (5,Pt. 1): G 602
76. DEHESADAVILA, M. (1989), Toxicon 27: 281
77. DELORI, P.J. (1971), Biochimie 53: 941
78. DELORI, P.J. (1973), Biochimie 55: 1031
79. DOCKRAY, G.J., HOPKINS, C.R. (1975), J. Cell. Biol. 64: 724
80. DOMINGOS POSSANI, L., MARTIN, B.M., SVENDSEN, I.B. (1982), Carlsberg Res. Commun. 47: 285
81. DOWDLE, E.B. (1982), South African J. Sci. 78: 378
82. DOYLE, J.W., KEM, W.R., VILALLONGA, F.A. (1989), Toxicon 27: 465
83. DU TOIT, D.M. (1980), S. African Med. J. 57: 507
84. DUFTON, M.J., DRAKE, A.F., ROCHAT, H. (1986), Biochim. Biophys. Acta 869: 16
85. DUFTON, M.J., HIDER, R.C. (1988), Pharmacol. Ther. 36: 1
86. DUFTON, M.J. (1984), J. Mol. Evol. 20: 128
87. DUFTON, M.J., HARVEY, A.L. (1989), Trends Pharmacol. Sci. 10: 258
88. EAKER, D., PORATH, J. (1967), Int. Cong. Biochem. Tokyo, Col. VIII-3, Abstr. III (The Science Council of Japan, Tokyo): 499
89. EFRATI, P. (1979), in: Ü 39: 52, 956
90. EL-AYEB, M., ROCHAT, H. (1985), Toxicon 23: 755
91. ELLIOTT, R.C., KONYA, R.S., VICKNESHWARA, K. (1986), Toxicon 24: 117
92. ENDEAN, R. (1987), Toxicon 25: 483
93. ENDEAN, R., SIZEMORE, D.J. (1988), Toxicon 26: 425
94. ENTWISTLE, I.D., JOHNSTONE, R.A.W., MEDZIHRADSZKY, D., MAY, T.E. (1982), Toxicon 20: 1059
95. ERSPAMER, V., ERSPAMER, G.F., MAZZANTI, G., EN-

DEAN, R. (1984), Comp. Biochem. Physiol. C: Comp. Pharmacol. Toxicol. 77C: 99
96. ERSPAMER, V. (1984), Comp. Biochem. Physiol. C: Comp. Pharmacol. Toxicol. 79C: 1
97. ERSPAMER, V., MELCHIORRI, P., FALCONIERI-ERSPAMER, G., NEGRI, L., CORSI, R., SEVERINI, C., BARRA, D., SIMMACO, M., KREIL, G. (1989), Proc. Natl. Acad. Sci. USA 86: 5188
98. ERSPAMER, V., ANASTASI, A. (1962), Experientia 18: 58
99. ERSPAMER, V., ANASTASI, A., BERTACCINI, G., CEI, J. M. (1964), Experientia 20: 489
100. EXTON, D. R., FENNER, P. J., WILLIAMSON, J. A. (1989), Med. J. Australia 151: 625
101. FENNER, P. J., WILLIAMSON, J. A., SKINNER, R. A. (1989), Med. J. Australia 151: 621
102. FENNER, P. J., WILLIAMSON, J. A., BLENKIN, J. A. (1989), Med. J. Australia 151: 708
103. FOHLMANN, J., LIND, P., EAKER, D. (1977), FEBS Lett. 84: 367
104. FONTECILLA-CAMPS, J. C. (1989), J. Mol. Evol. 29: 63
105. FÖRSTERMANN, U., NEUFANG, B. (1985), Amer. J. Physiol. 249: H 14
106. FOY, J. W., ELZINGA, M., TU, A. T. (1979), Biochemistry 18: 678
107. FRAENKEL-CONRAT, H. (1983), J. Toxicol. Toxin Rev. 1: 205
108. GALETTIS, P., NORTON, R. S. (1990), Toxicon 28: 695
109. GAUCI, M., STONE, B. F., THONG, Y. H. (1988), Int. Arch. Allergy Appl. Immunol. 87: 208
110. GAULDIE, J., HANSON, J. M., RUMJANEK, F. D., SHIPOLINI, R. A., VERNON, C. A. (1976), Eur. J. Biochem. 61: 369
111. GEORGHIOU, S., THOMPSON, M. MUKHOPADHYAY, A. K. (1982), Biophys. J. 37: 159
112. GEREN, C. R., CHAN, T. K., HOWELL, D. E., ODELL, G. V. (1976), Arch. Biochem. Biophys. 174: 90
113. GEREN, C. R. (1986), J. Toxicol. Toxin Rev. 5: 161
114. GILON, D., SHALEV, O., BENBASSAT, J. (1989), Toxicon 27: 1105
115. GOLDEN, D. B. K., MARSH, D. G., KAGEY-SOBOTKA, A., FREIDHOFF, L., SZKLO, M., VALENTINE, M. D., LICHTENSTEIN, L. M. (1989), J. Am. Med. Assoc. 262: 240
116. GOMES, A., DATTA, A., SARANGI, B., KAR, P. K., LAHIRI, S. C. (1983), Indian J. Exp. Biol. 21: 203
117. GRAY, W. R., LUQUE, A., OLIVERA, B. M., BARRETT, J., CRUZ, L. J. (1981), J. Biol. Chem. 256: 4734
118. GRAY, W. R., OLIVERA, B. M., CRUZ, L. J. (1988), Ann. Rev. Biochem. 57: 665
119. GREGOIRE, J., ROCHAT, H. (1983), Toxicon 21: 153
120. GRIMM, I. (1982), Z. Hautkrankh. 57: 78
121. GRISHIN, E. V., VOLKOVA, T. M., GALKIN, A. A., PEGANOVA, L. F. (1979), Bioorganitscheskaja Chimija 5: 1455
122. GRISHIN, E. V., VOLKOVA, T. M., ARSENIEV, A. S. (1989), Toxicon 27: 541
123. GRISHIN, E. V. (1980), in: Front. Bioorg. Mol. Biol. Proc. Int. Symp. (Ed.: ANANCHENKO, S. N., Pergamon Press, Oxford): 93
124. GUERON, M., SOFER, S. (1990), Toxicon 28: 127
125. GUESS, H. A., SAVITEER, P. L., MORRIS, C. R. (1982), Pediatrics 70: 979
126. GUPTA, S., O'DONNELL, J., KUPA, A., HEDDLE, R., SKOWRONSKI, G., ROBERTS-THOMSON, P. (1988), Med. J. Australia 149: 602
127. HABERMANN, E. (1977), Naunym-Schmiedebergs Arch. Exp. Pathol. Pharmacol. 300: 189
128. HABERMANN, E. (1973), Angew. Chem. 1: 47
129. HABERMANN, E. (1972), Science 177: 314
130. HABERMANN, E., JENTSCH, J. (1967), Hoppe-Seylers Z. Physiol. Chem. 348: 37
131. HABERMEHL, G. (1974), Naturwissenschaften 61: 368
132. HABERSETZER-ROCHAT, C., SAMPIERI, F. (1976), Biochemistry 15: 2254
133. HACH-WUNDERLE, V. et al. (1987), Dtsch. Med. Wschr. 112: 1865
134. HADJIPETROU-KOUROUNAKIS, L., YIANGOU, M. (1988), J. Rheumatol. 15: 1126
135. HALPERT, J., EAKER, D. (1976), J. Biol. Chem. 251: 7343
136. HANIMANN, J. B. (1976), Schweiz. Apoth. Ztg. 114: 255
137. HARDY, D. L. (1986), J. Toxicol. Clin. Toxicol. 24: 1
138. HARDY, D. L., JETER, M., CORRIGAN, J. J. (1982), Toxicon 20: 487
139. HARRIS, J. B. (1984), Prog. Med. Chem. 21 (Eds. ELLIS, G. P., WEST, G. B., Elsevier Science Publishers, B.V., Amsterdam): 63
140. HARRIS, J. B. (1982), Adverse Drug React. Acute Poisoning 1: 143
141. HARVEY, P., SPERBER, S., KETTE, F., HEDDEE, R. J., ROBERT-THOMSON, P. J. (1984), Med. J. Australia 140: 209
142. HARVEY, A. L., ANDERSON, A. J., MBUGUA, P. M., KARLSSON, E. (1984), J. Toxicol. Toxin Rev. 3: 91
143. HARVEY, A. L., KARLSSON, E. (1982), Brit. J. Pharmacol. 77: 153
144. HARVEY, A. L. (1985), J. Toxicol. Toxin Rev. 4: 41
145. HARVEY, A. L., HIDER, R. C., HODGES, S. J., JOUBERT, G. J. (1984), Brit. J. Pharmacol. 82: 709
146. HAUSTEIN, U. F., SCHÖNBORN, C. (1984), Medizin Aktuell 10: 264
147. HAUX, P. (1969), Hoppe-Seylers Z. Physiol. Chem. 350: 536
148. HEIMER, S. (1988), Wunderbare Welt der Spinnen, Urania Verlag, Leipzig
149. HENRIQUES, O. B., EVSEEVA, L. (1969), Toxicon 6: 205
150. HIDER, R. C. (1988), Endeavour 12: 60
151. HIDER, R. C., KHADER, F. (1982), Toxicon 20: 175
152. HIRAI, Y., YASUHARA, T., YOSHIDA, H., NAKAJIMA, T., FUJINO, M., KITADA, C. (1979), Chem. Pharm. Bull. 27: 1942
153. HIRAI, Y., KUWADA, M., YASUHARA, T., YOSHIDA, H., NAKAJIMA, T. (1979), Chem. Pharm. Bull. 27: 1945

Bild 42-29: *Rana esculenta*, Wasserfrosch

Bild 42-30: *Litoria caerulea*, Korallenfinger

Bild 42-31: *Xenopus laevis*, Krallenfrosch

Bild 42-32: *Bombina variegata*, Gelbbauchunke

Bild 42-33: *Naja naja karouthia*, Monokelkobra

Bild 42-34: *Bitis lachesis*, Puffotter

Bild 42-35: *Vipera berus*, Kreuzotter

Bild 42-36: *Vipera aspis*, Aspisviper

Bild 42-37: *Agkistrodon contortrix*, Kupferkopf

Bild 42-38: *Bothrops atrox*, Gewöhnliche Lanzenotter

Bild 42-39: *Crotalus atrox*, Texas-Klapperschlange

Bild 42-40: *Crotalus horridus horridus*, Gestreifte Klapperschlange

154. Ho, C. L., Ko, J. L. (1988), Biochem. Biophys. Acta 963: 414
155. Ho, C. L. (1981), Proc. Natl. Sci. Council Republic China 5: 181
156. Hoffman, D. R., Wood, C. L. (1984), J. Allergy Clin. Immunol. 74: 93
157. Hoffmann, D. R. (1985), J. Allergy Clin. Immunol. 75: 599
158. Hoffmann, D. R. (1977), J. Allergy Clin. Immunol. 59: 364
159. Hoffmann, A., Walsman, P., Riesener, G., Paintz, M., Markwardt, F. (1991), Pharmazie 46: 209
160. Hofmann, I. (1989), Naturwiss. Rdsch. 42: 288
161. Hseu, TH. et al. (1977), J. Mol. Evol. 10: 167
162. Hsiao, T. H., Fraenkel, G. (1969), Toxicon 7: 119
163. Seneberg, B. G., Ravens, U. (1984), J. Physiol. 357: 127
164. Iwanaga, S., Suzuki, T. (1979), in: Ü 39: 52, 58
165. Jackson, H., Parks, T. N. (1989), Annu. Rev. Neurosci. 12: 405
166. Jackson, H., Usherwood, P. N. R. (1988), Trends Neuro. Sci. 11: 278
167. Jentsch, J. (1972), Liebigs Ann. Chem. 757: 193
168. Jentsch, J., Dielenberg, D. (1972), Liebigs Ann. Chem. 757: 187
169. Jimenez-Porras, J. M. (1970), Clin. Toxicol. 3: 389
170. Johnson, D. S., Corpuz, G. P., Cruz, L. J. (1988), Protein Struct.-Funct. Relat. Proc. Int. Symp. (Ed.: Zaider, Z. H., Elsevier Science Publishers B.V., Amsterdam): 67
171. Jong, Y. S., Norment, B. R., Heitz, J. R. (1979), Toxicon 17: 529
172. Kaiser, E., Raab, W. (1966), Toxicon 4: 251
172a Kannan, R., Oelrichs, P. B., Thomsborg, S. M., Williams, D. H. (1988), Toxicon 26: 224
173. Kao, C. Y., Salwen, M. J., Hu, S. L., Pitter, H. M., Woollard, J. M. R. (1989), Toxicon 27: 1351
174. Kapeyan, C., Martinez, G., Rochat, H. (1985), FEBS Lett. 181: 211
175. Kaufman, W. R. (1989), Parisitol. Today 5: 47
176. Karlson, E. (1979), in: Handbuch der Experimentellen Pharmacology 52: 159
177. Kennedy, M.W., Qureshi, F. (1986), Immunology 58: 515
178. Kharrat, R., Darbon, H., Rochat, H., Granier, C. (1989), Eur. J. Biochim. 181: 381
179. King, T. P., Valentine, M. D. (1987), Clin Rev. Allergy 5: 137
180. King, T. P., Kochoumian, L., Joslyn, A. (1984), Arch. Biochem. Biophys. 230: 1
181. Kini, R. M., Gowda, T.V. (1982), Indian J. Biochem. Biophys. 19: 152
182. Kishimura, H., Yasuhara, T., Yoshida, 2., Nakajima, T. (1976), Chem. Pharm. Bull. 24: 2896
183. Kitchens, C. S., Hunter, S., Vanmierop, L. H. S. (1987), Toxicon 25: 455
184. Klug, M., Weber, J., Tardent, P. (1989), Toxicon 27: 325
185. Kobayashi, J., Nakamura, H., Hirata, Y., Ohizumi, Y. (1982), Life Sci. 31: 1085
186. Komori, Y., Nikai, T., Sugihara, H. (1988), Biochem. Biophys. Res. Commun. 154: 613
187. Kondo, K., Zhang, J., Xu, K., Kagamiyama, H. (1989), J. Biochem. (Tokyo) 105: 196
188. Kondo, K., Narita, K., Lee, C.Y. (1978), J. Biochem. (Tokyo) 83: 101
189. Kornalik, F. (1985), Pharmacol. Ther. 29: 353
190. Kreil, G., Suchanek, G., Kindas-Mügge, I. (1977), Federat. Proc. 36: 2081
191. Kroegel, C. (1986), Dtsch. Med. Wschr. 111: 1157
192. Ksenzhek, O. S., Gevod, V. S. (1985), Biologicheskie Membrany 2: 395
193. Lamy, M., Pastureaud, M. H., Novak, F., Ducombs, G., Vincendeau, P., Maleville, J., Texier, L. (1986), Toxicon 24: 347
194. Lauterwein, J., Wüthrich, K. (1978), FEBS Lett. 93: 181
195. Lazarovici, P., Primor, N., Loew, L. M. (1986), J. Biol. Chem. 261: 16704
196. Lazdunski, M., Barhanin, J., Fosset, M., Frelin, C., Hugues, M., Lombet, A., Meiri, H., Mourre, G., Pauron, D., Renaud, J. F., Romey, G., Schmid, A., Schmid-Antomarchi, H., Schweitz, H., Vigne, P., Vijverberg, H. P. M. (1987), in: Neurotoxins and their Pharmacological Implication (Ed.: Janner, P.): 65
197. Lee, C. K., Chan, T. K., Ward, B. C., Howell, D. E., Odell, G.V. (1974), Arch. Biochem. Biophys. 164: 341
198. Lee, C.Y. (1979), in: Neurotoxins-Tools in Neurobiology, Advances in Cytopharmacol. 3 (Ed.: Ceccarelli, B., Clementi, F., Raven Press, New York): 1
199. Lehmann, H. U., Nikl, C., Strauss, D., Hochrain, H. (1980), Notfallmedizin 6: 1048
200. Lind, P. (1982), Eur. J. Biochem. 128: 71
201. Lind, P., Eaker, D. (1982), Eur. J. Biochem. 124: 441
202. Lucchesi, K., Ravindran, A., Young, H., Moczydlowski, E. (1989), J. Memb. Biol. 109: 269
203. Macek, P, Lebez, D. (1988), Toxicon 26: 441
204. Maguire, E. J. (1968), Med. J. Australia 2: 1137
205. Maretic, Z. (1983), Toxicon 21: 457
206. Markland, F. S. Jr. (1983), J. Toxicol. Toxin. Rev. 2: 119
207. Markland, F. S., Pirkle, H. (1977), in: Chem. Biol. Thrombin (Proc. Conf.) (Eds.: Lundblad, R. L., Fenton, J. W. I., Mann, K. G., Ann Arbor Science, Ann Arbor): 71
208. Marshall, I. G., Harvey, A. L. (1990), Toxicon 28: 231
209. Martin, B. M., Carbone, E., Yatani, A., Brown, A. M., Ramirez, A. N., Gurrola, G. M. (1988), Toxicon 26: 785
210. Martin, M. F., Vargas, O., Rochat, H. (1989), Colloq INSERM 174 (Forum Pept. 2nd 1988): 483
211. McDonald, N. M., Cottrell, G. A. (1972), Comp. Gen. Pharmacol. 3: 750

212. McIntosh, M., Cruz, L.J., Hunkapiller, M.W., Gray, W. R., Olivera, B. M. (1982), Arch. Biochem. Biophys. 218: 329
213. Mebs, D. (1984), Toxicon 22: 306
214. Mebs, D. (1983), Naturwiss. Rdsch. 36: 78
215. Mebs, D. (1977), Dtsch. Med. Wschr. 102: 1429
216. Mebs, D. (1969), Hoppe Seylers Z. Physiol. Chem. 350: 821
217. Mebs, D., Pohlmann, S., von Tenspolde, W. (1988), Toxicon 26: 453
218. Meissner, A., Hausmann, B., Linn, C., Piepgras, P., Mönig, H., Wronski, R., Bruhn, H. (1989), Dtsch. Med. Wchschr. 114: 1484
219. Meldolesi, J., Scheer, H., Madeddu, L., Wanke, E. (1986), Trends Pharmacol. Sci. 7: 151
220. Metrione, R.M., Schweitz, H., Walsh, K.A. (1987), FEBS Lett. 218: 59
221. Michaelis, E.K., Thai, V., Gosh, S., Early, S.L., Decedue, E. (1988), Int. Congr. Ser. Excerpta Med. 832 (Neurotox' 88): 83
222. Moczydlowski, E., Lucchesi, K., Ravindran, A. (1988), J. Membrane Biol. 105: 95
223. Mollay, C., Kreil, G., Vilas, U. (1982), Proc. Natl. Acad. Sci. USA-Biol. Sci. 79: 2260
224. Montecucchi, P.C., Henschen, A., Erspamer, V. (1981), in: Structure and Activity of Natural Peptides, Selected Topics (Ed.: Voelter, W., Weitzel, G., Berlin, New York): 225
225. Montecucchi, P.C., De Castiglione, R., Piani, S., Gozzini, L., Erspamer, V. (1981), Int. J. Pept. Protein Res. 17: 225
226. Mücke, W., Mücke, H.W. (1988), Z. Allg. Med. 64: 402
227. Mulfinger, L.M., Benton, A.W., Guralnick, M.W., Wilson, R.A. (1986), J. Allergy Clin. Immunol. 77: 681
228. Müller, U. (1981), Allergologie 2: 51
229. Myint-Lwin, Philipps, R.E., Tun-Pe, Warrel, D.A., Tin-Nu-Swe, Maung-Maung-Lay(1985), Lancet 7: 1259
230. Nakajima, T., Yasuhara, T., Uzu, S., Wakamatsu, K., Miyazawa, T., Fukuda, K., Tsukamoto, Y. (1985), Peptides 6 (Suppl. 3): 425
231. Nakajima, T., Uzu, S., Wakamatsu, K., Saito, K., Miyazawa, T., Yasuhara, T., Tsukamoto, V., Fujino, M. (1986), Biopolymers 25 (Suppl.): 115
232. Nakajima, T., Yasuhara, T., Ishikawa, O. (1981), zit.: C. A. 94: 11787d
233. Nakajima, T., Yasuhara, T., Kawai, N. (1988), Int. Congr. Ser. Excerpta Med. 832 (Neurotox. 88): 77
234. Nakajima, T. (1968), Chem. Pharm. Bull. 16: 769
235. Neitz, A.W.H., Bezuidenhout, J.D., Vermeulen, N.M.J., Potgieter, D.J.J., Howell, C.J. (1983), Toxicon. Suppl. 3: 317
236. Neumann, W., Habermann, E. (1954), Hoppe-Seylers Z. Physiol. Chem. 296: 166
237. Neuwinger, H. D., Scherer, G. (1976), Biol. Unserer Zeit 6: 75
238. Nikai, T., Imai, K., Sighara, H., Tu, A.T. (1988), Arch. Biochem. Biophys. 264: 270
239. Nitta, K., Koseki, T., Takayanagi, G., Terasaki, Y., Masaki, N., Kawanchi, H. (1982), zit.: C. A. 97: 160883 w
240. Nitta, K., Takayanagi, G., Kawauchi, H., Hakomori, S. (1987), Cancer Res. 47: 4877
241. Norment, B. R., Jong, Y. S., Heitz, J. R. (1979), Toxicon 17: 539
242. Norton, R. S., Bobek, G., Ivanov, J. O., Thompson, M., Fiala-Beer, E., Moritz, R. L., Simpson, R.J. (1990), Toxicon 28: 29
243. O'Brian, C. A., Ward, N. E. (1989), Mol. Pharmacol. 36: 355
244. Odinokov, S.E., Nabiullin, A.A., Kozlovskaya, E.P., Elyakov, G.B. (1989), Pure Appl. Chem. 61: 497
244 a. Oelrichs, P. B. (1983) Toxicon (Suppl. 3): 321
245. Olivera, B.M., Rivier, J., Clark, C., Ramilo, C.A., Carpuz, G.P., Abogadie, F.C, Mera, E., Woodward, S.R., Hillyard, D.R., Cruz, L.J. (1990), Science 249: 257
246. Olivera, B.M., Gray, W.R., Zeikus, R., McIntosh, J.M., Karga, J., Rivier, J., de Santos, V., Cruz, L.J. (1985), Science 230: 1338
247. Olson, C.E., Pockl, E.E., Calton, G.J., Burnett, J.W. (1984), Toxicon 22: 733
248. Oppenheim, B. A., Taggart, I. (1990), Lancet 335: 228
249. Owen, M.D., Bridges, A.R. (1982), Toxicon 20: 1075
250. Owen, M.D., Pfaff, L.A., Reisman, R.E., Wypych, J. (1990), Toxicon 28: 813
251. Ozaki, Y., Matsumoto, Y., Yatomi, Y., Higashihara, M., Kariya, T., Kume, S. (1990), Biochem. Biophys. Res. Commun. 170: 779
252. Pan-Hou, H., Suda, Y. (1987), Brain Res. 418: 198
253. Park, H.J., Lee, Y.L., Kwon, H.Y., Shin, W.I., Suh, S.W. (1989), Taehan Saengri Hakkoechi 23: 79
254. Parker, D.S., Raufman, J.P., O'Donohue, T.L., Bledsoe, M., Yoshida, H., Pisano, J.J. (1984), J. Biol. Chem. 259: 11751
255. Pashkov, V.S., Maiorov, V.N., Bytrov, V.F., Hoang, A.N., Volkova, T.M. (1988), Biophys. Chem. 1987 31: 121
256. Pavan, M., Valcurone Dazzini, M. (1971), Chem. Zool. 6: 365
257. Perret, B.A. (1974), Toxicon 12: 303
258. Perriere, C., Goudeyperriere, F., Petek, F. (1988), Toxicon 26: 1222
259. Phan Dan(1984), Folia Ophthal. 9: 345
260. Piek, T., Dunbar, S.J., Kits, K.S., van Marle, J., van Wilgenburg, H. (1985), Pestic. Sci. 16: 488
261. Piek, T. (1990), Comp. Biochem. Physiol. C 96: 223
262. Pisano, I. (1966), Mem. Inst. Butantan 33: 441
263. Pozzan, T., Gatti, G., Dozio, N., Vicentinni, L.M., Meldolesi, J. (1985), J. Cell. Biol. 99: 628
264. Primor, N., Parness, J., Zlotkin, E. (1978), in: Toxines, Animal Plant and Microbial (Ed.: Rosenberg, P., Pergamon, Oxford): 539
265. Prince, E.C., Gunson, D.E., Scarpa, A. (1985), Trends Biochem. Sci. 10: 99

266. Rathmayer, W. (1979), Neurotoxins – Tools in Neurobiology, Advances in Cytopharmacology 3 (Eds.: Ceccarelli, B., Clementi, F., Raven Press, New York): 335
267. Reid, H. A. (1978), Brit. Med. J. I: 1598
268. Rivier, J., Galayaen, R., Simon, L., Cruz, L.J., Olivera, B.M., Gray, W.R. (1987), Biochemistry 26: 8508
269. Richaud, J., Rabesandratana, H., Brygoo, E. R. (1972), Arch. Inst. Pasteur Madagascar 41: 135
270. Robberecht, P., Waelbroeck, M., Dehaye, J. P., Winand, J., Vandermeers, A., Vandermeers-Piret, M., Christophe, J. (1984), FEBS Lett. 166: 277
271. Rocca, E., Ghiretti, F. (1964), Toxicon 2: 79
272. Rochat, H., Bernhard, P., Courand, F. (1979), in: Neurotoxins – Tools in Neurobiology, Advances in Cytopharmacology 3 (Eds. Ceccarelli, B., Clementi, F., Raven Press, New York): 325
273. Rochat, H., Kopeyan, C., Garcia, L. G., Martinez, G., Rosso, J. P., Pakaris, A., Martin, M. F., Garcia, A., Martin Moutot, N. (1979), in: Anim. Plant Microb. Toxins Proc. Int. Symp. 4th (Ed.: Ohsaka, A., Hayashi, K., Sawai, Y., Plenum, New York): 79
274. Rochat, H., Rochat, C., Miranda, F., Lissitzky, S., Edman, P. (1970), Eur. J. Biochem. 17: 262
275. Roller, J. A. (1977), Clin. Toxicol. 10: 423
276. Roseghini, M., Erspamer, F. G., Severini, C. (1988), Comp. Biochem. Physiol. 91: 281
277. Rosenberg, P., Isha, J., Gitter, S. (1977), Toxicon 15: 14
278. Rosenthal, L., Meldolesi, J. (1989), Pharmacol. Ther. 42: 115
279. Rotschild, M., Keutmann, H., Lane, N. J., Parsons, J., Prince, W., Swales, L. S. (1979), Toxicon 117: 285
280. Russell, F. E., Bogert, C. M. (1981), Toxicon 19: 341
281. Russell, F. E., Puffer, H.W. (1970), Clin. Toxicol. 3: 433
282. Russell, F. E. (1966), Toxicon 4: 65
283. Russell, F. E. (1966), Toxicon 4: 153
284. Russell, F. E. (1984), Symp. Zool. Soc. London 52 (Struc. Dev. Evol. Reptiles): 469
285. Russos, A. J., Cobbs, C. S., Ishay, J. S., Calton, G. J., Burnett, J.W. (1983), Toxicon 21: 166
286. Saccomano, N. A., Volkmann, R. A., Jackson, H., Parks, N. (1989), Annual Report in Medicinal Chemistry 24 (Academic Press, San Diego): 287
287. Saito, M., Sahara, Y., Miwa, A., Shimazaki, K., Nakajima, T., Kawai, N. (1989), Brain Res. 481: 16
288. Salikhov, S. I., Tashmukhamedov, M. S., Adylbekov, M.T., Korneev, A. S., Sadykov, A. S. (1982), Doklady Akademii Nauk SSR 262: 485
289. Sampaio, S.V., Laure, C.J., Giglio, J. R. (1983), Toxicon 21: 265
290. Sandrin, E., Boissannas, R. A. (1962), Experientia 18: 59
291. Sasagawa, S., Suzuki, K., Fujikura, T. (1987), Exp. Parasitol 64: 71
292. Savel-Niemann, A. (1989), Biol. Chem. Hoppe-Seyler 370: 485
293. Schanbacher, F. L., Lee, C. K., Hall, J. E., Wilson, I. B., Howell, D. E., Odell, G.V. (1973), Toxicon 11: 21
294. Schenberg, S., Pereira-Lima, F. A. (1971), in: Venomous Anim. Their Venoms 3 (Ed.: Buecherl, W., Academic Press, New York): 279
295. Schenone, H., Saavedra, T., Rojas, A., Villarroel, F. (1989), Revista do Instituto de Medicina Tropical de Sao Paulo 31: 403
296. Schenone, H., Suarez, G. (1978), in: Ü 39: 48, 247
297. Schmidt, J. O., Blum, M. S., Overal, W. L. (1986), Toxicon 24: 907
298. Schmidt, J. O., Blum, M. S. (1978), Science 200: 1064
299. Schmidt, J. O. (1982), Ann. Rev. Entomol. 27: 339
300. Schmidt, J. O., Yamane, S., Matsuura, M., Starr, C. K. (1986), Toxicon 24: 950
301. Schrader, K. D., Schulze, U., König, W. A. (1986), Fres. Z. Anal. Chem. 324: 358
302. Schulze, U., Schrader, K. D., Chen, R., Grotjahn, L., König, W. A. (1987), Z. Naturforsch. B: Chem. Sci. 42: 897
303. Schwartz, H. J., Sutheimer, C., Gauerke, M. B., Yunginger, J.W. (1988), Clin. Allergy 18: 461
304. Shanks, A. L., Graham, W. M. (1988), Mar. Ecol. Prog. Ser. 45: 81
305. Sheumak, D. D., Claasens, R., Whiteley, N, M., Howden, M. E. H. (1985), FEBS Lett. 181: 154
306. Shimazaki, K., Hagiwara, K., Kawai, N., Nakajima, T. (1989), Biomed. Res. 10: 401
307. Shiomi, K., Yamamoto, S., Yamanaka, H., Kikuchi, T., Konno, K. (1990), Toxicon 28: 469
308. Shiomi, K., Tanaka, E., Yamanaka, H., Kikuchi, T. (1985), Toxicon 23: 865
309. Shiomi, K., Yamamoto, S., Yamanaka, H., Kikuchi, T. (1988), Toxicon 26: 1077
310. Shipolini, R. A., Callewart, G. L., Cottrell, R. C., Doonah, S., Vernon, C. A., Banks, B. E. C. (1971), Eur. J. Biochem. 20: 459
311. Shipolini, R. A., Ivanov, C., Petkov, V., Ganschev, K. (1970), zit.: C. A. 79: 62373p
312. Shryock, J., Bianchi, C. P. (1983), Toxicon 21: 81
313. Siebeneick, H. U., Chemie Unserer Zeit 10: 33
314. Sigur, E., Sigur, J., Nommeots, M., Ilomets, I. (1979), Toxicon 17: 623
315. Skinner, W. S., Dennis, P. A., Lui, A., Carney, R. L., Quistad, G. B. (1990), Toxicon 28: 541
316. Skinner, W. S., Adams, M. E., Quistad, G. B., Kataoka, H., Cesarin, B. J., Enderlin, F. E., Schooley, D. A. (1989), J. Biol. Chem. 264: 2150
317. Soares, M. F. M., Oliveira, E. B., Mota, I., Macedo, M. S. (1988), Braz. J. Med. Biol. Res. 21: 527
318. Soe-Soe, Than-Than, Khin-Ei-Kan(1990), Toxicon 28: 461
319. Sofer, S., Gueron, M. (1988), Toxicon 26: 931
320. Somerfield, S. D., Stach, J. L., Mraz, C., Gervais, F., Skamene, E. (1986), Inflammation 10: 175
321. Songdahl, J. H., Shapiro, B. I. (1974), Toxicon 12: 109

322. Sosa, B.P., Alagon, A.C., Possani, L.D., Julia, J.Z. (1979), Comp. Biochem. Physiol. 64B: 231
323. Soto, J.G., Perez, J.C., Minton, S.A. (1988), Toxicon 26: 875
324. Stahel, E., Marbet, G.A. (1983), Schweiz. Med. Wschr. 113: 970
325. Stahel, E., Wellauer, R., Freyvogel, T.A. (1985), Schweiz. Med. Wschr. 115: 890
326. Stocker, K., Barlow, G.H. (1976), Methods in Enzymology 45: (Proteolytic Enzymes, Pt. B): 214
327. Stocker, K., Fischer, H., Meier, J. (1982), Toxicon 20: 265
328. Stone, B.F., Doube, B.M., Binnington, K.C., Goodger, B.V. (1979), in: Recent Adv. Acarol. 1 (Proc. Int. Congr. 5th 1978, Ed.: Rodriguez, J.G., Academic Press, New York): 347
329. Strejan, G.H. (1978), Immunol. Ser. 7: 693
330. Strong, P.N. (1990), Pharmacol. Ther. 46: 137
331. Sunahara, S., Muramoto, K., Tenma, K., Kamiya, H. (1987), Toxicon 25: 211
332. Swaroop, S., Grab, B. (1956), in: Venoms (Eds.: Buckley, E.E., Porges, N. Public. 44, American Association for the Advancement of Science, Washington): 439
333. Takasaki, C., Fukumoto, M. (1989), Toxicon 27: 449
334. Tamiya, N., Puffer, H. (1974), Toxicon 12: 85
335. Tan, K.K., Choo, K.E., Ariffin, W.A. (1990), Toxicon 28: 225
336. Tejedor, F.J., Catterall, W.A. (1988), Proc. Natl. Acad. Sci. USA 85: 8742
337. Terada, S., Rikimaru, T., Kimoto, E., Hao, X., Li, H., Tsuzuiki, Y., Kawasaki, H. (1988), Fukuoka-Daigaku Rigaku Shuho 18: 75
338. Teshima, T., Matsumoto, T., Wakamiya, T., Shiba, T., Nakajima, T., Kawai, N. (1990), Tetrahedron 46: 3813
339. Teshima, T., Wakamiya, T., Aramaki, Y., Nakajima, T., Kawai, N., Shiba, T. (1987), Tetrahedron Lett. 28: 3509
340. Teshima, T., Matsumoto, T., Miyagawa, M., Wakamiya, T., Shiba, T., Narai, N., Yoshioka, M. (1990), Tetrahedron 46: 3819
341. Tesseraux, I., Guelden, M., Schumann, G. (1989), Toxicon 27: 201
342. Thomsen, P., Bjursten, M., Ahlstedt, S., Bagge, U., Björksten, B. (1984), Agents and Actions, 14: 662
343. Tibbals, J., Duncan, A.W., Sutherland, S. (1983), Toxicon Suppl. 3: 453
344. Togias, A.G., Burnett, J.W., Kagey-Sobotka, A., Lichtenstein, L.M. (1985), J. Allergy Clin. Immunol. 75: 672
345. Toki, T. et al. (1988), Biomed. Res. 9: 421
346. Toom, P.M., Phillips, T.D. (1975), Toxicon 13: 261
347. Tu, A.T. (1987), Ann. Emergency Med. 16: 1023/149
348. Turk, T., Macek, P., Gubensek, E. (1989), Toxicon 27: 375
349. Undar, L., Akpinar, A., Yanikoglou, A. (1990), Hospital Doctor, 10. Mai: 28
350. Undar, L., Akpinar, A., Yanikoglou, A. (1990), Lancet 335: 470
351. Usherwood, P.N.R. (1987), in: Neurotoxine and Their Pharmacological Implications (Ed.: Jenner, P., Raven Press, New York): 133
352. Vandermeers, A., Gourlet, P., Vandermeers-Piret, M.C., Cauvin, A., De Neef, P., Rathe, J., Svoboda, M., Robberecht, P., Christophe, J. (1987), Eur. J. Biochem. 164: 321
353. Vandermeers, A., Vandermeers-Piret, M.C., Robberecht, P., Waelbroeck, M., Dehaye, J.P., Winand, J., Christophe, J. (1984), FEBS Lett. 166: 273
354. Walker, M.J.A., Martinez, T.T., Godin, D.V. (1977), Toxicon 15: 339
355. Warashina, A., Ogura, T., Fujita, S. (1988), Comp. Biochem. Physiol. C: Comp. Pharmacol. Toxicol. 90C: 351
356. Warrell, D.A., Ormerod, L.D., Davidson, N. (1975), Brit. Med. J. 697
357. Watt, D.D., Simard, J.M. (1984), J. Toxicol. Toxin Rev. 3: 181
358. Watt, D.D., Babin, D.R., Mlejnek, R.V. (1974), J. Agric. Food Chem. 22: 43
359. Wenz, W. (1990), Allerg. Immunol. 36: 183
360. Wetzel, W.W., Christy, N.P. (1989), Toxicon 27: 393
361. Widmer, H., Wagner, G., Schweitz, H., Lazdunski, M., Wuethrich, K. (1988), Eur. J. Biochem. 171: 177
362. Wikel, S.K., Howard, V.M., Olsen, F.W.Jr. (1986), J. Toxicol. Toxin Rev. 5: 145
363. Wunderer, G., Machleidt, W., Wachter, H.C. (1976), Hoppe-Seylers Z. Physiol. Chemie 357: 239
364. Yamazaki, M., Kimura, K., Kisugi, J., Muramoto, K., Kamiya, H. (1989), Cancer Res. 49: 3834
365. Yanagawa, Y., Abe, T., Satake, M., Odani, S., Suzuki, J., Ishikawa, K. (1988), Biochemistry 27: 6256
366. Yang, C.C., Yang, H.J., Huang, J.S. (1969), Biochim. Biophys. Acta 188: 65
367. Yang, C.C., Yang, H.J., Chiu, H.C. (1970), Biochim. Biophys. Acta 214: 355
368. Yang, C.C. (1984), Snake 16: 90
369. Yasuhara, T. et al. (1979), Chem. Pharm. Bull. 27: 486
370. Yasuhara, T., Ishikawa, O. Nakajima, T. (1979), Chem. Pharm. Bull. 27: 492
371. Yasuhara, T., Yoshida, H., Nakjima, T. (1977), Chem. Pharm. Bull. 25: 936
372. Yoshida, H., Geller, R.G., Pisano, J.J. (1976), Biochemistry 15: 61
373. Zeller, E.A. (1951), in: The Enzymes (Eds.: Sumner, J.B., Myrback, K., Academic Press, New York): 986
374. Zetler, G. (1985), Peptides 6 (Suppl. 3): 33
375. Zirpkowski, L., Rolant, F. (1966), J. Invest. Dermatol. 46: 439
376. Zykova, T.A., Kozlovskaya, E.P., Elyakov, G.B. (1988), Bioorganicheskaya Khimiya 14: 878

Mit Ü gekennzeichnete Zitate siehe Kap. 43.

43 Kapitalüberschreitende Literatur

Ü 1. *Altmann*, H. (1991), Giftpflanzen - Gifttiere: Merkmale, Giftwirkung, Therapie, BLV-Verlagsgesellsch. München

Ü 2. *Banner*, A. H. (1977), Hazardous Marine Animals, in: Forensic Medicine III (Ed.: *Tedeschi*, C. G., *Ekkert*, W. G., *Tedeschi*, L. G.): 1378 W. B. Saunder Company, Philadelphia

Ü 3. *Bassus*, W. (1965), Gifte im Tierreich, A. Ziemsen-Verlag, Lutherstadt, Wittenberg

Ü 4. *Bell*, E. A., *Charlewood*, B.V. (1980), Encyclopedia of Plant Physiology New Series 8 (Secondary Plant Products), Springer-Verlag, Berlin

Ü 5. *Bellanger*, J. L. (1965), Die Jagd nach dem Drachen, Urania Verlag, Leipzig

Ü 6. *Bentz*, H. (1969), Nutztiervergiftung – Erkennung und Verhütung, Gustav Fischer Verlag, Jena

Ü 7. *Berge*, F., *Rücke*, V. A. (1845), Giftpflanzenbuch, Hoffmannsche Verlags-Buchhandlung, Stuttgart

Ü 8. *Boit*, H. G. (1961), Ergebnisse der Alkaloidchemie bis 1960, Akademie-Verlag, Berlin

Ü 9. *Bresinsky*, A., *Besl*, H. (1985), Giftpilze – Ein Handbuch für Apotheker, Ärzte und Biologen, Wiss. Verlagsgesellsch. mbH, Stuttgart

Ü 10. *Brugsch*, H., *Klimmer*, O. R. (1966), Vergiftungen im Kindesalter, Ferdinand Enke Verlag, Stuttgart

Ü 11. *Buff*, W., *van der Dunk*, K. (1988), Giftpflanzen in Natur und Garten: Bestimmungsmerkmale und Biologie: Anwendung in Medizin, Volksheilkunde und Homöopathie; Symptomatik und Therapie der Vergiftungen, 2. neubearb. Aufl., Berlin, Hamburg, Verlag P. Parey

Ü 12. *Clarke*, E. S. C. (1970), The Forensic Chemistry of Alkaloids, in: Ü 76: XII, 513

Ü 13. *Conn*, E. E. (1981), Biochemistry of Plants 7 (A Comprehensive Treatise of Secondary Plant Products), Academic Press, New York

Ü 14. *Daunderer*, M., *Weger*, N. (1982), Vergiftungen, Erste-Hilfe-Maßnahmen des behandelnden Arztes, Springer-Verlag, Berlin

Ü 15. *Döpke*, W. (1976), Ergebnisse der Alkaloidchemie, Band I: 1960–1968, Akademie-Verlag, Berlin

Ü 16. *Döpke*, W. (1978), Ergebnisse der Alkaloidchemie, Band II: 1969–1970, Akademie-Verlag, Berlin

Ü 17. *Eisner*, T. (1972), Chemical Ecology – On Arthropods and how they Live as Chemists, Verh. Dtsch. Zool. Gesellsch. 65: 123

Ü 18. *Encke*, F., *Buchheim*, G., *Seybold*, S. (1993), Zander-Handwörterbuch der Pflanzennamen, 14. Aufl., Verlag Eugen Ulmer, Stuttgart

Ü 19. *Evans*, F. J., *Schmidt*, R. J. (1980), Plants and Plant Products that Induce Contact Dermatitis, Planta Med. 38: 289

Ü 20. *Faulkner*, D. J. (1984), Nat. Prod. Rep. 1: 251

Ü 21. *Faulkner*, D. J. (1988), Nat. Prod. Rep. 5: 613

Ü 22. *Faulkner*, D. J. (1987), Nat. Prod. Rep. 4: 539

Ü 23. *Faulkner*, D. J. (1984), Nat. Prod. Rep. 1: 551

Ü 24. *Fitschen*, J. (1959), Gehölzflora, Akademische Verlagsgesellschaft, Geest & Portig, K.-G., Leipzig

Ü 25. *Florkin*, M., *Scheer*, B. J. (1967–1979), Chemical Zoology 1–11, Academic Press, New York

Ü 26. *Förster*, W., *Sziegoleit*, W., *Griegel*, B., *Arnold*, D. (1989), Allgemeinmedizinische Arzneitherapie, 6. Aufl., S. Hirzel Verlag, Leipzig

Ü 27. *Forth*, W. et al. (1986), Allgemeine und Spezielle Pharmakologie und Toxikologie, Wissenschaftsverlag Mannheim, Wien, Zürich

Ü 28. *Franke*, G. (1975/76), Nutzpflanzen der Tropen und Subtropen, Band I, II und III, Hirzel-Verlag, Leipzig

Ü 29. *Frohne*, D., *Jensen*, U. (1992), Systematik des Pflanzenreiches unter besonderer Berücksichtigung chemischer Merkmale und pflanzlicher Drogen, 4. Aufl., Gustav-Fischer Verlag, Jena

Ü 30. *Frohne*, D., *Pfänder*, H. J. (1987), Giftpflanzen – Ein Handbuch für Apotheker, Ärzte, Toxikologen und Biologen, 3. Aufl., Wiss. Verlagsgesellsch. mbH, Stuttgart

Ü 31. *Gessner*, O. (1931: 1. Auflage; 1953: 2. Auflage; 1974: 3. Auflage, herausgegeben und neubearbeitet von *Orzechowski*, G.), Gift- und Arzneipflanzen von Mitteleuropa, Carl-Winter-Universitäts-Verlag, Heidelberg

Ü 32. *Gmelin*, J. F. (1803), Allgemeine Geschichte der Pflanzengifte, Raspesche Buchhandlung, Nürnberg

Ü 32a. *Grunert*, C. (1989), Gartenblumen von A bis Z, 7. Aufl., Neumann Verlag, Radebeul

Ü 33. *Habermehl*, G. (1987), Mitteleuropäische Giftpflanzen und ihre Wirkstoffe, Springer Verlag, Berlin, Heidelberg, New York

Ü 112. *Schütte*, H. R. (1982), Bausteine der modernen Physiologie, Biosynthese niedermolekularer Naturstoffe, Gustav Fischer Verlag, Jena
Ü 113. *Siegers*, C. P. (1978), I. Vergiftungen durch Pflanzen; II. Vergiftungen durch Pilze, Z. allg. Med. 54: 1151, 1190
Ü 114. *Stary*, F., *Berger*, Z. (1983), Giftpflanzen, Artia-Verlag, Prag
Ü 115. *Stephan*, U. (1985), BI-Lexikon Toxikologie, Bibliographisches Institut: Leipzig
Ü 116. *Stresemann*, E.: Exkursionsfauna für die Gebiete der DDR und BRD, Wirbellose I (1983); Wirbellose II/1 (1984); Wirbellose II/2 (1984); Wirbeltiere 3 (1983), Verlag Volk und Wissen, Berlin
Ü 117. *Tedeschi*, C. G., *Eckert*, W. G., *Tedeschi*, L. G. (1977), Forensic Medicine – a Study in Trauma and Environmental Hazards, III, Environmental Hazards, W. B. Saunder Company, Philadelphia
Ü 118. *Teuscher*, E. (1990), Pharmazeutische Biologie, Vieweg-Verlag, Braunschweig
Ü 119. *Tu*, A. R. (1983/91), Handbook of Natural Toxins, 6 Bde., Marcel Dekker Inc., New York
Ü 120. *Turner*, W. B., *Aldridge*, D. C. (1983), Fungal Metabolites II, Academic Press, London
Ü 121. *Tursch*, B., *Braekman*, J. C., *Daloze*, D. (1976), Arthropod Alkaloids, Experientia 32: 401
Ü 122. *Watt*, J. M., *Breyer-Brandwijk*, M. G. (1982), The Medicinal and Poisonous Plants of Southern and Eastern Afrika, E. und S. Livingstone LTD., Edinburgh
Ü 123. *Wehmer*, C. (1929, 1931, 1935), Die Pflanzenstoffe I, II und Ergänzungsband, Gustav Fischer Verlag, Jena
Ü 124. *Weymar*, H. (1979), Lernt Pflanzen kennen, Neumann Verlag, Leipzig
Ü 125. *Wirth*, W., *Gloxhuber*, C. (1985), Toxikologie – für Ärzte, Naturwissenschaftler und Apotheker, Georg Thieme Verlag, Stuttgart, New York
Ü 126. *Zlotkin*, E. (1973), Chemistry of Animals Venoms, Experientia 29: 1453

44 Anhang

Informationszentren für Vergiftungsfälle in der Bundesrepublik Deutschland

In folgenden Krankenanstalten und Kliniken bestehen offizielle Informationszentren für Vergiftungsfälle. Diese Zentren geben Tag und Nacht telefonisch Auskunft. Ihnen liegt die vom Bundesgesundheitsamt zusammengestellte Informationskartei über toxische Stoffe vor, die in Haushalts-, Pflanzenschutz- und Schädlingsbekämpfungsmitteln enthalten sind.

Zentren mit durchgehendem 24-Stunden-Dienst

14050 Berlin
Universitätsklinikum Rudolf Virchow
Standort Charlottenburg
Reanimationszentrum
Spandauer Damm 130
Tel.: 030/3035-3466/3035-2215/3035-3436/
Zentrale: 030/3035-0

14059 Berlin
Beratungsstelle für Vergiftungserscheinungen und Embryonaltoxikologie
Pulsstraße 3–7
Zentrale: 030/3023022
Telefax: 030/34307021

53113 Bonn
Informationszentrale gegen Vergiftungen
Universitätskinderklinik und Poliklinik
Adenauerallee 119
Tel.: 0228/2873211/2873333
Telex: 8869546 klbo d
Telefax: 0228/2873314

38124 Braunschweig
Städtisches Klinikum
Medizinische Klinik II
Salzdahlumer Straße 90
Tel.: 0531/6880

28203/28205 Bremen
Kliniken der Freien Hansestadt Bremen
Zentralkrankenhaus
Klinikum für Innere Medizin – Intensivstation
St.-Jürgen-Straße
Tel.: 0421/4975268/4973688

99089 Erfurt
Gemeinsames Giftinformationszentrum GGIZ
Nordhäuser Straße 74
Tel.: 0361/730730
Fax: 0361/7307317

79106 Freiburg
Informationszentrale für Vergiftungen
Universitäts-Kinderklinik
Mathildenstraße 1
Tel.: 0761/2704361
Pforte: 0761/27043 00/01

37075 Göttingen
Vergiftungsinformationszentrale
Universitäts-Kinderklinik und -Poliklinik
Robert-Koch-Straße 40
Tel.: 0551/39-6239/39-6210
Zentrale: 0551/390/391
Telex: 96703 unigö

22307 Hamburg
Giftinformationszentrale Hamburg
I. Med. Abteilung
Allgemeines Krankenhaus Barmbek
Rübenkamp 148
Tel.: 040/6385-3345/3346
Zentrale: 040/6385-1

66424 Homburg/Saar
Beratungsstelle für Vergiftungsfälle im Kindesalter
Universitätskinderklinik im Landeskrankenhaus
Tel.: 06841/162257/162846
Zentrale: 06841/160

34117 Kassel
Untersuchungs- u. Beratungsstelle für Vergiftungen
Labor Dres. med. M. Hess, G. Schonard, K. Kruse
Karthäuserstr. 3
Tel.: 0561/9188-320
Telefax: 0561/9188-299

24105 Kiel
Zentralstelle zur Beratung bei Vergiftungsfällen
I. Medizinische Universitätsklinik
Schittenhelmstraße 12
Tel.: 0431/5974268
Zentrale: 0431/5971393/1394
Telefax: 0431/5971302

56073 Koblenz
Städtisches Krankenhaus Kemperhof
Intensivstation der I. Medizinischen Klinik
Entgiftungszentrale
Koblenzer Straße 115–155
Tel.: 0261/499-648

04107 Leipzig
Toxikologischer Auskunftsdienst
Härtelstraße 16–18
Tel.: 0341/311916 (während der Arbeitszeit)

67063 Ludwigshafen/Rh.
Vergiftungsinformationszentrale
Medizinische Klinik C
Klinikum der Stadt Ludwigshafen am Rhein
Bremserstraße 79
Tel.: 0621/503-431
Zentrale: 503-0

55131 Mainz
Beratungsstelle bei Vergiftungen
II. Medizinische Klinik und Poliklinik der Johannes-Gutenberg-Universität
Langenbeckstraße 1
Tel.: 06131/232466/7
Zentrale: 06131/171

41061 Mönchengladbach 1
Toxikologische Untersuchungs- und Beratungsstelle
Labor Dr. med. P. A. Tarkkanen,
Dr. rer. nat. Th. Stein, Dr. med. H. Kehren,
Dr. med. B. Beckers
Wallstraße 10
Tel.: 02161/81940
Telex: 8529136
Telefax: 02161/819450

81675 München
Giftnotruf München
(Toxikologische Abteilung der II. Medizinischen Klinik rechts der Isar der TU)
Ismaninger Straße 22
Tel.: 089/4140-2211
Telex: 524404 klire d
Telefax: (089) 4140-2467

48149 Münster
Beratungs- und Behandlungsstelle
für Vergiftungserscheinungen
Medizinische Univ.-Klinik B
Albert-Schweizer-Str. 33
Tel.: 0251/836245/836188
Zentrale: 0251/831

90419 Nürnberg
2. Medizinische Klinik
Klinikum Nürnberg
Toxikologische Intensivstation
Giftinformationszentrale
Flurstraße 17
Tel.: 0911/3982451
Zentrale: 0911/39 80
Telefax: 0911/3982451

26871 Papenburg/Ems
Marienhospital-Kinderklinik
Hauptkanal rechts 75
Tel.: 04961/83-301
Zentrale: 04961/83-0

Mobile Gegengift-Depots

81675 München
Toxikologische Abteilung der II. Medizinischen Klinik rechts der Isar der TU
Ismaninger Straße 22
Tel.: 089/41402211 oder über Berufsfeuerwehr München (innerhalb des Ortsnetzes): 112
Telex: 524404 klire d
Telefax: 089/4140-2467

46047 Oberhausen
Berufsfeuerwehr
Brücktorstraße 30
Tel.: 0208/8585-1
oder Notruf (innerhalb des Ortsnetzes): 112

92421 Schwandorf
Freiw. Feuerwehr
Eltmannsdorfer Straße 30 a
Tel.: 09431/4440

Informations- und Behandlungszentren für Vergiftungen in anderen deutschsprachigen europäischen Ländern

Zentren mit durchgehendem 24-Stunden-Dienst

Schweiz – 8030 Zürich
Schweizerisches Toxikologisches Informationszentrum
Klosbachstraße 107
Tel.: (0) 1/2515151 (Notfälle)
(0) 1/2516666 (nichtdringliche Anfragen)
Telefax: (0) 1/2518833
Sprachen: Deutsch, Englisch, Französisch, (Italienisch)

Österreich – 1090 Wien
Vergiftungsinformationszentrale
Spitalgasse 23
Tel.: (0222) 40400/2222
Notruf: (0222) 434343
Sprachen: Deutsch, Englisch (Französisch)

Verzeichnis der Bildautoren

BAUCH, R., Greifswald: 24-2 (1)
BRENNEISEN. R., Bern: 17-14, 18-8, 20-1, 36-5 (4)
FIEDLER, G., Chemnitz: 12-20, 12-26, 42-2, 42-16, 42-17, 42-18 (6)
FIEDLER, W., Leipzig: 7-23, 42-7, 42-8, 42-11 (4)
HEIMER, S., Dresden: 28-1, 42-15 (2)
HERMANN, H.-J., Schleusingen: 22-1, 32-10, 37-8, 37-9, 42-27, 42-30, 42-31, 42-32, 42-35 (9)
HOYOS, J., Caracas: 8-14 (1)
JASPERSEN-SCHIB, R., Zürich: 7-1, 12-11, 14-4, 15-3, 17-8, 17-20, 18-5, 18-12, 31-1 (9)
KLAEBER, W., Berlin: 2-3, 10-12, 14-13, 16-8, 17-6, 17-10, 30-1, 42-3, 42-22, 42-24, 42-37, 42-38, 42-39, 42-40 (14)
KÖNIG, G., Zürich: 4-13, 42-5 (2)
KREISEL, H., Greifswald: 7-22, 10-9, 17-4, 32-4 (4)
LANGE, H., Leipzig: 12-14, 17-17 (2)
LIESKE, H., Hamburg: 42-12 (1)
LINDEQUIST, U., Greifswald: 3-1, 4-4, 4-11, 4-12, 6-5, 7-13, 7-17, 7-18, 7-21, 15-4, 30-3, 30-13, 32-2, 37-1, 39-1, 39-2, 39-3, 40-1, 41-3, 41-4 (20)
MAJAK, W., Kaamloops: 20-2 (1)
MARTIN, M. L., Salamanca: 8-1 (1)
MEBS, D., Frankfurt: 13-11, 28-2, 29-1, 42-9 (4)
PAUSE, H.-U., Reitzenhain: 7-19, 7-20, 10-11, 16-5, 17-1 (5)
REINHARD, H. (Bildarchiv H. LANGE, Leipzig): 32-9, 42-13, 42-33, 42-34, 42-36 (5)
SANDBERG, F., Uppsala: 12-14 (1)
SCHMIDT-STOHN, G., Bienenbüttel: 17-2, 17-3, 17-5, 17-7, 17-19, 32-5, 40-2 (7)
SCHRÖDER, H., Stralsund: 2-1, 4-14, 6-10, 6-11, 17-11, 17-12, 18-17, 37-10, 42-4, 42-10, 42-19, 42-20, 42-21, 42-23, 42-28, 42-29 (16)
SCHUSTER, R., Greifswald: 2-7, 6-6, 7-8, 8-6, 10-2, 10-7, 12-17, 12-18, 16-9, 17-9, 17-21, 19-3, 23-2, 25-3, 25-6, 25-8, 25-10, 26-3, 34-4, 41-7 (20)
TEUSCHER, E., Greifswald: 2-4, 2-5, 2-6, 2-8, 2-9, 2-10, 2-11, 2-12, 2-13, 2-14, 2-15, 2-16, 2-17, 3-2, 3-3, 3-4, 4-1, 4-2, 4-3, 4-5, 4-6, 4-7, 4-8, 4-9, 4-10, 6-1, 6-2, 6-3, 6-4, 6-7, 6-8, 6-9, 6-12, 6-13, 7-2, 7-3, 7-4, 7-5, 7-6, 7-7, 7-9, 7-10, 7-11, 7-12, 7-14, 7-15, 7-16, 8-2, 8-3, 8-4, 8-5, 8-7, 8-8, 8-9, 8-10, 8-11, 8-12, 8-13, 8-15, 8-16, 10-1, 10-3, 10-4, 10-5, 10-6, 10-8, 10-10, 10-13, 12-1, 12-2, 12-3, 12-4, 12-5, 12-6, 12-7, 12-8, 12-9, 12-10, 12-12, 12-13, 12-16, 12-19, 12-21, 12-22, 12-23, 12-24, 12-25, 13-1, 13-2, 13-3, 13-4, 13-5, 13-8, 13-9, 13-10, 14-1, 14-2, 14-3, 14-5, 14-6, 14-7, 14-8, 14-9, 14-10, 14-11, 14-12, 15-1, 15-2, 15-5, 15-6, 15-7, 15-8, 15-9, 15-10, 15-11, 15-12, 16-1, 16-2, 16-3, 16-4, 16-6, 16-7, 16-10, 17-13, 17-15, 17-16, 17-18, 18-1, 18-2, 18-3, 18-4, 18-6, 18-7, 18-9, 18-10, 18-11, 18-13, 18-14, 18-15, 18-16, 19-1, 19-2, 19-4, 19-5, 22-2, 22-3, 22-4, 22-5, 22-6, 22-7, 22-8, 22-9, 22-10, 22-11, 22-12, 22-13, 22-14, 22-15, 23-1, 24-1, 25-1, 25-2, 25-4, 25-5, 25-7, 25-9, 26-1, 26-2, 26-4, 26-5, 26-6, 26-7, 26-8, 26-9, 26-10, 26-11, 27-1, 27-2, 27-3, 30-2, 30-4, 30-5, 30-6, 30-7, 30-8, 30-9, 30-10, 30-11, 30-12, 31-2, 31-3, 31-4, 31-5, 31-6, 31-7, 32-1, 32-3, 32-6, 32-7, 32-8, 33-1, 33-2, 33-3, 33-4, 33-5, 33-6, 33-7, 34-2, 34-3, 35-1, 35-2, 36-1, 36-2, 36-3, 36-4, 36-6, 36-7, 36-8, 37-2, 37-3, 37-4, 37-5, 37-6, 37-7, 39-4, 41-1, 41-2, 41-5, 41-6, 41-8, 41-9 (231)
THOMASS, R., Dresden: 2-2, 42-14 (2)
TSCHIESCHE, K.-H., Stralsund: 13-6, 13-7, 42-1, 42-6, 42-25, 42-26 (6)

45 Register

Kursiv gedruckte Wörter geben die wissenschaftlichen Namen der Organismen (Mikroorganismen, Pilze, Pflanzen, Tiere) wieder. Fettgedruckte Seitenzahlen verweisen auf Strukturformeln oder systematische Namen chemischer Verbindungen. Kursive fettgedruckte Seitenzahlen verweisen auf Farbabbildungen der Organismen.

AaH I 598
AaH II **597**, 598
AaH III 598
Abamagenin **220**, 229
Abrin 575 ff.
Abrus precatorius 574 f., *571*, 577
Absidia 63
Abuta grisebachii 379
Acacia 290, 297
Acajoubaum 44
Acalyphin 332
Acanthaceae 434, 438
Acanthaster planci 230 f., 582
Acanthella 150
A. acuta 123
Acanthifolicin 76, **77**
Acanthogobius 436
Acanthophis antarcticus 613
Acanthoscurria 591
A. atrox 594
Acanthosicyos horridus 165
Acanthuridae 605
Acanthurus 60
A. coeruleus 605
A. leucosternon ***608***
Acari 598
Acer negundo 292
A. pseudoplatanus 292
Aceraceae 292
Acetonitril 468
o-Acetoxy-aloeemodin 277
16-O-Acetoxy-gamabufotalin 204
16β-Acetoxyscillareninglykoside 204
16β-Acetoxy-scillarenin 204
3-Acetylaconitin 521
3-Acetyladonitoxin **194**
11-O-Acetylambellin 398
Acetylandromedol 134
5-Acetylbryoamarid 166
Acetylcaranin 393 f., **394**, 398
Acetylcephalotaxin 386
6-O-Acetylchamissonolid 110
4,6-Di-O-Acetylchamissonolid 110
Acetylcholin 312, **313**, 603
Acetylcholinesterase 595, 622
Acetyldehydrorhishitinol 531
Acetyldelcosin 518, **519**, 522
3-Acetyldeoxynivalenol 118
15-Acetyldeoxynivalenol 118
4-O-Acetyl-6-desoxy-chamissonolid 110
Acetyldigitoxin 188, **189**
11-O-Acetyl-1,2-β-epoxy-ambellin 398
16-O-Acetylgamabufotalinrhamnosid 204
1-Acetylglucobrassicin 348
Acetylheliosupin 447
N^{α}-Acetylhistamin **327**
23-O-Acetyl-12β-hydroxy-solasodin 529
N-Acetylhystrin 492
N-Acetyllolin 410
Acetyllycopsamin 447
7-Acetyllycopsamin 447
N-Acetylmezcalin 314
14-Acetylneolin 518
O-Acetylsamandarin 541
7-Acetylscorpoidin 447
3-Acetylstrophadogenin 194
14-O-Acetyltalatisamin **518**
3-S-Acetylthiomethacrylsäure 226
15-Acetylthioxy-furodysininlacton 123, **124**
Acevaltrat **98**
Achillea millefolium 114 f.
Acilius sulcatus 213
Acinosolsäure **221**
Acinosolsäure A 239
Acinosolsäure B 239
Acinosolsäure-30-methylester 239
Acinospesigenin 239
Ackee 291
Ackerbohne ***502***
Ackerkrummhals 447
Ackerling, Rissiger 29
Acnistine 209
Acnistus 209
Acokanthera 185
A. ouabaia 201
Aconin 517, **518**, 521
Aconitin 517, **518**, 520 ff.
Aconitum 519 ff.
A. anthora 520
A. carmichaelii 520, 522
A. chasmanthicum 520
A. ferox 520
A. hemsleyanum 520
A. japonicum 520
A. lamarckii 520
A. lycoctonum 519
A. maximum 520
A. napellus 519, ***535***
A. nasutum 520
A. paniculatum 520
A. variegatum 520
A. volubile 520
A. vulparia 519, 521, ***535***
A. yezoense 520
Aconosin 517
Acorus 252
A. calamus ***250***, 252
A. europaeum 252
Acremonium 412
A. coenophialum 409
A. loliae 412
A. lorii 412
Acrolein 468
Acromelalgie 296
Acromelsäure A **296**
Acromelsäuren 296
Acrophorus 42
Acryloylcholin **313**
Actinaria 105, 584
Actinia cari 585
A. equina 312, 584 f., ***589***
A. tenebrosa 585
Actinidia 514
A. chinensis 318
Actinidiaceae 514
Actinidin 97, 99
Actiniidae 584
Actinin **584**
Actinomadura 402
Actinomycetes 368, 402, 421
Actinopyga 241
A. agassi 241
Acutiphycin **59**
Acylphloroglucinole 41 ff., 135
Acylpolyamine 592 ff.
Adalia 79
Adalin **79**
Adenia digitata 574 f.
A. volkensii 574 f.
Adenium 185
Adenostyles alliariae ***431***, 445
Adigenin **182**, 195

Adlerfarn ***125***, 115ff.
Adlerfarngewächse 115
Adlumidicein 364, **365**, 375
(−)-Adlumidin 375
Adociidae 488
Adonis 185, 193f.
A. aestivalis 193f.
A. aleppica 193f.
A. amurensis 193f.
A. annua 193f.
A. flammea 193f.
A. mongolica 194
A. vernalis 193f., ***197***
Adonisröschen 193f.
A., Brennendes 193
A., Frühlings- 193, ***197***
A., Herbst- 193
A., Sommer- 193
Adonitoxigenin **182**, 194
Adonitoxigenol 194
Adonitoxilogenin **182**, 194
Adonitoxin **194**
Adonitoxol **194**
3-ADON 118
15-ADON 118
Adrenalin 591ff., 603, 606
L(−)-Adrenalin 318
Adynerigenin **195**
Adynerin **196**
Aescigenin 236
Aescin 224, 235f.
α-Aescin 236
β-Aescin 235, **236**
Aesculus 235f.
Ae. glabra 235, 236
Ae. hippocastanum 235f.
Ae. indica 236
Ae. octandra 235
Ae. parviflora 235
Ae. pavia 235
Ae. punduana 236
Ae. turbinata 236
Aethusa cynapium ***38***, 33
Aethusanol A **33**
Aethusanol B **33**
Aethusin **33**
Affennuß 297
Aflatoxicol 69f.
Aflatoxikosen 65
Aflatoxin B_1 69, 70, 73
Aflatoxin B_2 69, 70
Aflatoxin G_1 69, 70
Aflatoxin G_2 69, 70
Aflatoxin GM_1 69, 70
Aflatoxin GM_2 69, 70
Aflatoxin M_1 69, 70
Aflatoxin M_2 69, 70
Aflatoxine 69ff.
Aflatrem 401, 412, **415**, 416
AFT-I 585
Agabus bipustulatus 213
Agaricaceae 307
Agaricales 307f.
Agaricon 307, **308**
Agaricus 307f.
A. arvenis 307
A. augustus 307
A. bisporus ***304***, 307f., 349
A. bitorquis 307
A. campestris 307
A. macrosporus 307
A. perrarus 307
A. silvaticus 565
A. xanthodermus ***304***, 307
Agarin 293
Agaritin 307, **308**
μ-Agatoxin **592**
α-Agatoxine 593
μ-Agatoxine 592f.
ω-Agatoxine 592f.
Agavaceae 223, 229
Agavengewächse 229
Agelas 438
A. dispar *150*
A. flabelliformis 181
A. nakamura 123
A. oroides 438
A. spec. ***431***
Agelasidin 123
Agelasidin A **124**
Agelasimin A **150**
Agelasimine 150f.
Agelasin A **150**
Agelasin B 151
Agelasine 150f.
Agelenidae 591ff.
Agelenopsis 591ff.
A. aperta 591ff.
Agelin A **150**
Ageline 150
Agglutinine 570
Agkistrodon contortrix 614, ***626***
A. contortrix mokasen 614
A. halys 618
A. halys blomhoffi 614
A. halys halys 614
A. microlepidota 620
A. piscivorus 619
A. piscivorus piscivorus 614
A. rhodostoma 619
Agkistrodotoxin **617**, 618
Agroclavin 401, 406, **407**, 410f.
Agrocybe 320
A. dura 29
Agrocybin **29**
Agroporis 272
Agrostemma githago 238, ***250***
A. linicola 238
Agrostis 409
Agyroneta aquatica 591, 594
Ahlenlaufkäfer 261
Ahorn, Berg- 292
A., Eschen- 292
Ährenlilie 25, 160
Aizoaceae 17, 393
Ajacin 518, **519**, 522
Ajacinin 522
Akee 291
Akelei 340
Akipflaume 291
Akuammicin 401, 416
Akuammin 401, 416
Alant, Echter 114, ***125***
Alantolacton **111**, 114
Alaternin **269**, 272
Albaspidin 43, 44
Albaspidin AA **43**
Albaspidin BB **43**
Albaspidin PB **43**
Albaspidine 280
Albiflorin **95**, 96
Alcyonaria 151
Alcyonium digitatum 151
Aleukie, alimentäre toxische 65, 120
Aleurites 138
A. fordii 145
Alexandrium cohorticula 503
A. fundyense 503
Alizarin **269**, 270
Alkaloide
- Begriffsbestimmung 357
- Biogenese 358
- Chemie 357
- Klassifizierung 357
- Metabolismus 358
- Speicherung 358
- Toxikologie 362
- Verbreitung 361
Alkylchinone 47ff.
Alkylphenole 44ff.
6-Alkyl-1,4-naphthochinone 272
Allergen C 600
Alliaceae 223
Alliaria 185
A. petiolata 200, ***342***, 348
Allisid **199**, **201**
Allium cepa 297
Allobufadienolide 183
Allocardenolide 183
Allocolchicine 388
Allocryptopin 364, 376
α-Allocryptopin **367**, 371, 374
β-Allocryptopin **367**, 374
D-Allomethylose **184**
D-Allose **184**
Allosid A 200
Almrausch 133
Aloe, Bewehrte ***286***
Aloe 270, 278, 474
A. africana 278
A. ferox 278, ***286***
A. gillilandi 475
A. ibitiensis 474
A. spicata 278
A. vera 278
Aloeemodin **269**, 271, 273, 275, 277
Aloeemodindianthrone 275
Aloenin 278
Aloin **270**, **273**, 278
Alpendost, Grauer ***431***, 445
Alpenflieder 145
Alpenlattich, Gewöhnlicher 445
Alpenrose, Bewimperte 133
A., Rostblättrige 133, ***143***
Alpenveilchen 240
A., Efeublättriges 240
A., Europäisches 240
A., Wildes 240
Alpinigenin 364, 371
Alraunwurzel ***449***, 455
Alsidium corallinum 295
Alstonia 514
Alstroemeria lightu 25, ***37***
Alstroemeriaceae 25
Alternaria 64, 73f.
Alternaria alternata 73
Alternaria tenuis 73
Alternariol **74**
Alternariol-methylether **74**
Alteromonas 435

Altertoxin **74**
Alveolysin 551
Alytesin **610**
Amabilin 447
Amanin **565**
Amanita 291, 293ff., 319, 564ff.
A. abrupta 291
A. bisporigera 564
A. citrina 319, ***323***
A. hygroscopica 564
A. muscaria 293f., ***303***, 309
A. ochreata 564
A. pantherina 293f., ***303***
A. phalloides ***554***, 564, 566f.
A. porphyria 319
A. pseudoporphyria 291
A. solitaria 291
A. suballiacea 564
A. tenuifolia 564
A. verna 564, 566ff.
A. virosa 564, 566ff.
Amanitaceae 293, 319, 564
α-Amanitin 564, **565**
β-Amanitin 564, **565**
γ-Amanitin 564, **565**
Amanullin **565**
Amaranthaceae 106, 255
Amaryllidaceae 361, 393ff.
Amaryllidaceenalkaloide 393ff.
Amaryllis belladonna 394, 398
Amaryllisgewächse 393
Amatoxine 564ff.
Ambellin 393f., **394**, 397
Ambrosia artemisiifolia 114
Ameisen 16, 105
A., Weiße 100
Ameisensäure 16
Amentoflavon 280
Americanine 239
Amine 302ff.
α-Aminoadipinsäure 294
4-Aminobiphenyl 467
4-Amino-5-brompyrrolo[2,3-d] pyrimidin **505**
γ-Aminobuttersäure 239
N[N-(3-Amino-3-carboxypropyl)-3-amino-3-carboxypropyl]azetidin-2-carbonsäure 297
N-(3-Amino-3-carboxypropyl)azetidin-2-carbonsäure 297
α-Aminodimethyl-γ-butyrothetin 226
2-Amino-dipyrido[1,2-a:3′,2′-d]imidazol 287
L-2-Amino-hex-4-insäure 291
L-2-Amino-3-hydroxyhex-4-insäure 291
L-α-Amino-γ-(isoxazolin-5-on-2-yl)-buttersäure **289**, 290
α-Amino-β-methylamino-propionsäure **311**, 312
3-Amino-1-methyl-5 H-pyridol[4,3-b]-indol 287
2-Amino-9 H-pyrido[2,3-b]indol 287
L-2-Amino-pent-4-insäure 291
L-2-Amino-4-pent-4-insäure **290**
β-Aminopropionitril **289**, 290
Aminosäuren 287ff.
D-Aminosäuren 288
L-Aminosäuren 287f.
L-Aminosäureoxidase 622
Amiteol 105
Ammi majus 257, 259
Ammodendrin **487**, 490, 492
Ampfer 277f.
A., Alpen- 277f.
A., Fluß- 277
A., Garten- 277
A., Knäuel- 277
A., Krauser 277
A., Strand- 277
A., Stumpfblättriger 277
A., Sumpf- 277
Amphibia 361, 436, 609
Amphidinium 60, 62
Amphidinolid B **63**
Amphidinolide 62
Amphiporus 479
A. angulatus 479
A. lactifloreus 479
Amphiscolops 62
Amphora coffaeformis 295
Amsinckia intermedia 446
Amurensin 364, **366**, 371
Amurensinin 364, **366**
Amuresterol 234
Amurin 364, 371
Amurolin 364, 371
Amuronin 364, **365**, 371
Amygdalin 24, 332, **333**, 335f.
Amygdalus 335
A. communis var. *amara* ***324***, 336
Anabaena 58, 558ff.
A. flos-aquae 59, 438
A. lemmermannii 504
A. spec. ***72***
Anabasein 478, **479**
Anabasin **467**, 470
Anabasis 466
A. aphylla 488
Anacardiaceae 44
Anacardium occidentale 44, 46
Anacardsäuren 44, **45**, 46
Anadenanthera peregrina 325
Anadolin 447
Anadonta cygnea 559
Anagallis arvensis 166
Anagyrin **487**, 488ff., 492
Anamirta cocculus 109
Ananas 318, 326
Ananas comosus 318
Ananaskirsche 210
Anandamid 52
Anatabin 459, **467**
Anatoxin A(s) **438**
Anatoxin-A **59**
Anatoxine 59
Anchusa arvensis 447
A. officinale 447
A. officinalis ***432***
Ancistrodial 105
Andira 271
A. araroba 271
(−)-Androbiphenylin 388
Androctonus amoreuxi 596
A. australis 595f., 598
A. crassicauda 596
A. mauretanicus 596
A. mauretanicus mauretanicus 595
Androcymbin 389
Androcymbium 389
Andromeda 133
A. japonica 134
A. polifolia 133f.
Andromedanderivate 133ff.
Andromedenol **134**
Andromedol **134**
Andromedolderivate 134
Andromedotoxine 134
Anemone 22
A. nemorosa 22f.
Anemonencampher 22
Anemonia sulcata 584f., ***589***
Anemonin 22, **584**
Anemonol 21
Angelica archangelica 257, ***267***
A. silvestris 257
α-Angelicalacton 21
Angelicin 255, **256**, 257
Angelika, Echte 257
22β-Angeloyloxy-23-hydroxy-oleanolsäure **163**, 164
22β-Angeloyloxy-oleanolsäure **163**
O^7-Angelylheliotridin 443ff., 447
9-Angelylretronecin 447
Angiolathyrismus 290
Anguidin 118
Anguillaria 389
Anguina agrostis 511
Angusticeps-Toxine 615, 618
Angustifolin **487**, 492
Anhalamin 314
Anhalinin 314
Anhydrocannabisativin 52
Anhydrohirundigenin **212**
Anhydrolycorinium **394**
Anhydrolycoriniumchlorid 393f., 398
4,9-Anhydrotetrodotoxin 434
Anisatin **109**
Anisodoris nobilis 505
Anisomorpha buprestoides 99
Anisomorphal **99**
Anisosticta 79
Annelida 313
Annonaceae 368, 379
annual rye grass toxicity 512
Annuithrin **113**
Anopla 581
Anoplacopros 313
Anopterus 517
Antamanid 564
Antelaea azadirachta 159
Anthecotulid **113**, 114
Anthemis cotula 114f.
Anthemisglykosid B 332
Anthocephalus 428
Anthopleura elegantissima 585
A. fuscoviridis 585
A. japonica 585
A. michaelseni 585
A. pacifica 105
A. xanthogrammica 585
A. grandiflora 151
Anthoxanthum odoratum 253, ***267***
Anthozoa 312, 583f., 586
Anthracen-Derivate 67f., 266ff.
Anthrachinonderivate 188, 269ff.
Anthranoyllycoctonin 518, **519**, 522

Anthriscus silvestris 260
Anthurium 21, 339
A. andreanum ***20***
Antiaris 185
D-Antiarose **184**
Antidesma 138
Antigen, protektives 551
Antigen 5 603
O-Antigene 549
Anura 319, 326f., 609
Aobamidin 364, 375
AP-A 585
Apamin 600, **601**
AP-C 585
Apc$_{600}$ 593
Apc$_{728}$ 593
Äpfel 302
Apfel 335
A., Kultur- 336
A., Wild- 336
Apfelsine 256, 326
Aphaenogaster 479
A. fulva 479
A. tennesseensis 479
Aphanizomenon 58
A. flos-aquae 504
Aphanorphin 504
Aphantoxin 504
Aphantoxin II 504
Aphis jacobaeae 441
Aphonopelma 591ff.
A. chalcodes 593
Aphyllin **487**, 492
Apiaceae 28, 30, 31, 33, 106, 223, 248, 255, 257, 260, 474
Apigenin **54**, 55
Apiol **248**, 251
Apiopaeonosid 96
D-Apiose **184**
Apis 600
A. cerana 600
A. dorsata 600
A. florea 600
A. mellifera 600ff., ***607***
Apistus 605
Apium graveolens 255, 257
Aplysia **30**, 581
A. kurodai 101, 123, 581
A. punctata ***572***, 581
Aplysianin E 581
Aplysianin P 581
Aplysiapyranoid D **101**
Aplysiapyranoide 101
Aplysiaterpenoid A **101**
Aplysiatoxin 58, **59**
Aplysiatoxine 58, 59
Aplysin **122**, 123
Aplysinopsis reticulata 422
Apoatropin **453**, 454, 456f.
Apocarotinoide 176
Apocrita 602
Apocynaceae 97, 185, 194, 201f., 416f., 440, 514
Apocynum 185
A. cannabinum ***198***, 202
Apoidea 600
Aporheidin 364, 371
Aporhein 364, 371
Aposcopolamin **453**, 456, 458
Apothekerasthma 381
Apovincamin 417
Aprikose 335f.
Aptenia 393
Apterin **256**, 257
Aptinus 262
Aquifoliaceae 339, 503
Aquilaria 145f.
Aquilegia 340
A. atrata 22
A. vulgaris 22, 340
Aquilid A 116
L-Arabinose **184**
Aracana 313
Araceae 47, 252
Arachis hypogaea ***554***, 570
Arachnida 261, 588
Arachnoides 42
Aragupetrosin A 488
Aralia 34
Araliaceae 28, 223, 236, 434
Araliengewächse 236
Aranaeidae 594
Araneae 319, 591, 621
Araneidae 591, 591ff.
Araneomorphae 591
Araneus 591ff.
A. diadematus 594
A. gemma 593f.
Arborin 430
Arborinin **430**
Archangelin **256**, 257
Arctia caja ***431***, 441, 582
Arctiidae 441, 582
Arctiopicrin 114
Arctiopikrin **113**
Arctium lappa 114
Areca catechu 471f., ***483***
Arecaceae 297, 434, 471
Arecafrucht ***483***
Arecaidin 471, **472**
Arecasamen ***483***
Arecolin 471ff., **472**
Arenobufagin **183**, 204, 207
Argas persicus 599
Argasidae 598
Arge pullata 604
Argemone mexicana ***360***, 374
A. platyceras 374
Argentinogenin 207
Argidae 604
Argininesterhydrolase 622
Argiope 591ff.
A. aurantiaca 593
A. lobata 593
A. trifasciata 593
Argiopin 593
Argiopinine 593
Argiotoxine 593
Argiotoxin$_{636}$ **593**
Argobuccinum 312
ARGT 512
Argyreia 410f.
A. nervosa 410
Argyroneta aquatica ***590***
Aricin 429
Ariidae 605
Aristolactame 380
Aristolochia 379f.
A. clematitis ***378***, 380
A. durior 380
A. macrophylla 380
A. rotunda 380
A. sipho 380
Aristolochiaceae 106, 252, 368, 379
Aristolochiasäure I **367**
Aristolochiasäure II **367**
Aristolochiasäure III **367**
Aristolochiasäuren 364, 380
Arius bilineatus 605f.
Arkansastarantel 591ff.
Armeniaca 335
A. vulgaris 336
Armepavin 193
Armfühler 361, 422
Armillariella mellea 121
A. polymyces ***126***, 121
Armillylorselinat **121**
Armoracia rusticana 351
Arnica 109f., 115
A. chamissonis ***107***, 109, 114
A. montana ***107***, 109f., 114
Arnifolin **110**
Arnika 109f., 114
A., Wiesen- 114
allo-Aromadendren 118
Aromia moschata 99
Aromolin 364, **365**, 376
Aronstab, Gefleckter ***20***, 21, 339, ***342***, 620
Aronstabgewächse 47, 252
Arothron 436
Arothron spec. ***431***
Arsenik, vegetabilisches 390
Arteglasin A **113**, 114
Artemisia 92f.
A. abrotanum 92
A. absinthium ***89***, 92
A. annua 115
A. apiacea 115
A. campestris 92
A. cina 106, 109
A. douglasiana 106
A. dracunculus 92
A. maritima 92, 94, 109
A. pontica 92
A. verlotiorum 92
A. vulgaris 92
Artemisiaalkohol 93
Artemisiaketon 93
Artemisiifolin 114
Artemisin **109**
Artemisinin 115
Arthropoda 261f., 326f., 340
Artischocke ***108***, 114
Arum maculatum ***20***, 21, 339, ***342***, 620
Aruncus 335
Aruspongine 488
Arylamidase 622
Asaphidion 261
Asaron 252f.
α-Asaron **248**, 252
β-Asaron **248**, 252
cis-Asaron 252
trans-Asaron 252
Asarum 252
A. europaeum ***250***
Ascaridol 118
Ascaris lumbricoides 581
Aschenblume 444

Ascidiaceae 422
Asclepiadaceae 185, 202
Asclepiadin 212
Asclepias 184f., 207, 465
Ascochyta 64
A. pisi 67
Ascomycetes 63, 270, 306, 355, 405
Ascorbigen 348
Asebotoxin 134
Asebotoxin X 135
Asebotoxine 134
Asparagaceae 223, 225
Asparagosid E **226**
Asparagoside 226, ***227***
Asparagus 225ff., 297
Asparagus densiflorus 225f.
A. officinalis 225f., 576, ***232***
A. plumosus 225
A. setaceus 225f.
A. sprengeri 225
A. tenuifolius 225f.
Asparagussäure 226
Asparasaponine 226, **227**
Aspergillus 64, 66f., 69, 74f., 254, 270, 355, 411ff.
A. aculeatus 67
A. alutaceus 74, 75
A. brevipes 75
A. chevalieri 67
A. clavatus 66, 412
A. flavipes 67
A. flavus 63, 69, *72*, 412
A. fumigatus 411f.
A. giganteus 66, 576
A. glaucus 75
A. melleus 66, 75
A. nidulans 69
A. nomius 70
A. ochraceus 66, 74
A. oryzae 412
A. parasiticus 70
A. sulphureus 66, 75
A. sydowi 69
A. terreus 66, 67, 68
A. verruculosum 412
A. versicolor 69, *72*, 412
A. viridi-nutans 75
Asperidol A **151**, 152
Asperugo 446
Asperula odorata 253
Asperumin 447
Asphodelaceae 270, 278
Aspidiaceae 42
Aspidin 43
Aspidin BB **43**
Aspidin PB **43**
Aspidinol 42f., **43**
Aspidochirota 240
Aspisviper ***626***
Assacu 142
Asteraceae 28, 34, 56, 92f., 106ff., 132, 255, 334, 440ff., 517
Asterias amurensis 234
A. forbesi 234
A. pectinifera 230f.
A. rubens 230f.
A. vulgaris 234
Asterogenol **233**, 234
Asteroidea 230f., 271
Asteron **233**, 234
Asteropus sarasinosus 229
Asterosapogenin I 234
Asterosaponine 230ff.
Asterosterol 234
Astichopodosid C **241**
Astichopus 241
Astragalus 298, 354f., 477
A. bisulcatus 298, 477
A. lentiginosus 477
A. miser ***359***
A. miser var. *serotinus* 355
A. pectinatus 298
A. praelongus 298
A. racemosus 298
Astropecten aurantiacus 234
A. irregularis 230
A. latespinosus 436
A. polyacanthus 435f.
ATA 120
Atelopidtoxin 436
Atelopodidae 436
Atelopus ambulatorius 436
A. chiriquensis 436
A. oxyrhynchus 436
A. senex 436
A. varius 436
A. zeteki 436
Atergatis 504
A. floridus 435, 436
Atisin 517, **518**, 520
ATPase 595
Atractylis gummifera ***126***, 132
Atractylosid **132**
Atractyloside 498
Atrax 591, 594
A. robustus 591f., 594
A. versutus 591ff.
Atraxin 591ff.
Atraxotoxin 591ff.
Atropa belladonna ***450***, 455f.
Atropamin **453**
Atropin 452, **453**, 454ff.
ATX I **585**
ATX II 585f.
ATX III 585
Aubergine 17, 527, 532
Aurapten 433
Aurelia aurita 586
Autumnalin 389
Autumnolid **111**, 114
Avarol 123f.
Avaron 123, **124**
Axinella cannabina 123
Axisonitril 1 **124**
Axisonitril-1 123
Ayahuasca 403f.
Azadirachta indica 159
Azalee 133
L-Azetidincarbonsäure **293**
Azetidin-2-carbonsäure 191
6-Azidotetrazolo-[5,1-a]phthalazin **362**
Azoverbindungen 305ff.

Babylonia japonica 422, 436
Baccatin **148**
Baccatin I 147
Baccharis coridifolia 119
Bacillus 435
B. anthracis 551
B. cereus 555
Bacillus-anthracis-EF-Toxin 551
Bacillus-cereus-α-Hämolysin 551
BACT 557f.
Badoh negro 411
Baeocystin **320**
Baeometra 389
Baikiaea plurijuna 297
L-Baikiain **296**
(S)-(−)-Baikiain 297
Bakterien 421
Bakterientoxine 549ff.
Balansia 409f.
B. epichloe 409
Baldrian 97
B., Echter ***90***, 97
B., Indischer 97
Baldriangewächse 97f.
Baldrinal 98
Baliospermum 138
Balsamapfel 168, ***179***, 576
Balsambirne 168
Balsamgurke 168
Bambus 338
Bambusa 338
B. arundinacea 338
Banane 318, ***323***, 326
Banisteriopsis caapi 403
B. inebrians 403
B. rushbyana 325, 403
B. caapi 325
Bär, Brauner ***431***, 441, 582
Barbaloin 278
Bärenklau, Gemeiner 257
B., Riesen- 257, ***267***
Bärenspinner 441
Barettin 422, **423**
Bärlapp 465
Barogenin 530
R_1-Barrigenol 235f.
Barringtogenol C **221**, 235f.
Barschartige 506, 605
Barychelidae 591
Basidiomycetes 29, 121f., 132, 169ff., 270, 296f., 307f., 505
Batrachidae 605
Batrachoidiformes 605
Batrachotoxin **540**, 541
Batrachotoxine 540f.
Batrachotoxinin A **540**, 541
Batzella 428
Batzellin A **428**
Batzelline 428
Baumfreund 47
B., Kletternder ***71***
Baumfrösche 609
Baumsteigerfrösche 480, 540
Baumwolle 172, ***180***
Baumwürgergewächse 192, 314
Bayogenin **221**, 239
Bebuxin 539
Becherprimel 48
Begonia tuberhybrida 17, 166
Begoniaceae 17, 166
Beifuß 92
B., Feld- 92
B., Gemeiner 92
B., Römischer 92
B., Strand- 92, 109
B., Verlots- 92

Beifußambrosie 114
Beinbrech 25
B., Europäischer ***162***, 160
Beinwell, Futter- 447
B., Gemeiner 446f., ***449***
B., Knoten- 446f.
B., Rauher 446f.
Belladin 393, **394**, 397
Belladonnalilie 394
Belladonnin 454, 457
α-Belladonnin **453**
Bembidion 261
Benz[a]anthracen 467
Benzaldehyd 261, 340
Benz[a]pyren 467
Benzo[a]pyren 498
1,4-Benzochinone 261
1,4-Benzochinon 262
Benzoesäure 261
2,3-Benzofluoren 498
Benzoylaconin 517, 521
Benzoylcyanid 340
Benzoylecgonin 454, 460
Benzoylhypaconin 517
Benzoylmesaconin 517
Benzoyloxypaeoniflorin 96
Benzoylpaeoniflorin **95**, 96
Berbamin 364, **365**, 368, 376
Berberidaceae 260, 361, 368, 488
Berberin 364, **366**, 369, 371, 374, 376
Berberis 376
B. empetrifolia 376
B. integerrima 376
B. vulgaris ***377***, 376
Berberitze 376
B., Gemeine ***377***
Berberitzengewächse 260, 488
Bergamotte 255, 256
Bergapten 255, **256**, 257, 430
Bergheilwurz 257
Berglorbeer 91, 133, ***143***
Bergmolch 436
Bergwohlverleih ***107***, 109, 114
Beriberi, akute kardiale 65
Beriberi, kardiale 68
Bermudagras 409
Bersaldegenin-1,3,5-orthoacetat **206**
Besenginster ***501***, 491
Beta 17
Betacyane 239
Betalaine 294
Betalaminsäure 294
Betelbissen 471f.
Betelnußpalme 471
Betulinsäure 163
β-Hydroxy-α-methylen-butyrolacton 24
Biber 515
Bicucullin 364, **365**, 368, 375, 376
Bienen 326, 600
Bienenfreund 48
Bienenkittharz 247
Bienenwolf 604
Bignoniaceae 514
Bilabole 46
Billia 235
Bilsenkraut 458
B., Ägyptisches 458
B., Schwarzes ***450***, 458
Bingelkraut, Einjähriges 338
B., Wald- 338
Bipindogenin **182**, 190, 199, 201, 207
Bipolaris sorokiana 69
Bipyridyl 459
Birne 335
Bisabolanderivate aus *Ciocalypta*-Arten **124**
Bishatisin 522
Bishomopalytoxin 78
Bitis arietans 613, 615, 619
B. caudalis 618
B. gabonica 613
B. lachesis ***625***, 620
Bitterkraut, Duftendes 111
Bittermandelöl 332
Bivvitosid C **241**
Bivvitosid D **241**
Blasenkäfer 99f.
Blasenkirsche 210
B., Laternen- 210
B., Wilde 210, ***232***
Blasenstrauch, Gelber 291, ***303***
B., Gemeiner 574
Blastmycetine 401, 421f.
Blattkäfer ***90***, 99, 207, 261, 340
Blattschneiderbiene 600
Blaualgen 58f., 421, 503ff.
Bläulinge 340
Blauregen, Chinesischer ***571***, 574
B., Reichblühender 291
Blenniidae 606
Blighia sapida 291
Blindgras 272
Blumenkohl 17, 351
Blumenpolypen 312
Blumentiere 583
Blutblume, Katharines 397
Blutströpfchen 340
B., Gemeines 340, ***342***
Bockkäfer 99
Bodenwanzen 207
Bogenhanf 229
Bohadschia 241
Bohne, Feuer- ***571***, 573
B., Garten- 297, 573
D-Boivinose **184**
Bokharaklee 254
Bolbitiaceae 320
Boldin 368
Boletaceae 132, 169
Boletus edulis 297, 308, 565
B. luridus 310, ***321***
Bolocera tuediae 585
Bomarea 25
Bombardierkäfer 262
Bombesin **610**, 611
Bombesine 610f.
Bombina 609ff.
B. bombina 326
B. orientalis 609
B. variegata ***625***
Bombinin **610**, 611
Bombus 600
B. terrestris ***607***
Boraginaceae 343, 440ff., 446ff.
Borago officinale 447
Bordetella pertussis 557
Bordetella-Adenylatcyclasetoxin 550, 557
Borkenkäfer 261
Borneol 93
Borneylacetat 91, 93
(–)-Borneylisovalerianat 98
Borretsch 447
Borretschgewächse 440ff., 446ff.
Bot I **597**, 598
Bot II 598
Bothrops alternatus 614
B. atrox 619f., ***626***
B. atrox asper 614
B. atrox atrox 614
B. jararaca 614, 619
B. jararacussu 614f., 620
B. neuwiedi 614
Botryodiplodin 412
Botulinumtoxin 550f.
Botulismus 556
Botulismus-Toxine 556
Bovinocidin 354
Brachinus 262
Bradykinin 609, **610**
bradykinin releasing enzyme 612, 622
Bradykinine 610f.
[Hyp[6]]-Bradykinin 609
[Thr[6]]-Bradykinin 609
[Val[1],Thr[6]]-Bradykinin 609
Brassica 348, 352
B. juncea 349, 352
B. napus 351
B. nigra 349, 351, ***359***
B. oleracea 351, ***359***
B. rapa 351
Brassicaceae 166, 185, 199f., 349, 350ff., 454
Braunalgen 57, 101, 123, 149, 159
Braunkohl 351
Braunschlange 613
Braunwurzgewächse 187, 488
Brautprimel 48
Brechnuß ***414***
Brechwurzel ***378***, 380f.
Breitbandseeschlange, Blaue 613
Bremsen 599
Brennessel 326
Breoganin 364, **366**, 375
Brevetoxin B **61**
Brevetoxine 60, 62
Brillenschlange, Ägyptische 613
B., Ostindische 613
B., Schwarzweiße 613
Brokkoli 351
19-Bromo-aplysiatoxin 58
7-Bromo-2,4(1H,3H)-chinazolidion 434
17-Bromo-oscillatoxin 58
Brotkrumenschwamm 123, ***126***, 229
Brucin 401, 418ff., **419**
Brustwurz 257
Brutblatt 205
Bryoamarid **165**, 166
Bryobiosid 166
Bryocumarsäure 167
Bryodin 576
Bryodulcigenin 166
Bryodulcosid **165**, 166
Bryodulcosigenin **165**

Bryonia 165ff.
B. alba 166
B. dioica ***162***, 164, 166, 576
Bryonin 166
Bryonolsäure **165**
Bryonosid 164, **165**, 166
Bryophyllin A 206
Bryophyllin B 206
Bryophyllum 185, 205
B. daigremontianum 206
B. pinnatum 206
B. tubiflorum 206
Bryophyta 270
Bryopsidales 122, 149
Bryosid 1 166
Bryosid 2 **165**, 166
Bryostatin I ***77***
Bryostatine 76
Bryotoxin C **206**
Bryotoxine 206
Bryozoa 76, 312, 361, 422
BTTX I 585
BTTX II 585
Buccinidae 313
Buccinum undatum 313, ***322***
Buche 17
B., Rot- 297, ***304***
Bucheckern 297
Buchengewächse 57
Buchsbaum 538
B., Gemeiner 538, ***553***
Buchsbaumgewächse 538f.
Buchweizen 280
B., Echter 280, ***286***
B., Tatarischer 280
Bufadienolide 182, 202ff.
Bufalin **183**, 207
Bufarogenin 207
Bufo 207f.
B. arenarius 207
B. bufo 207, ***231***, 319
B. calamita 207
B. marinus ***360***, 368
B. mauretanicus 319
B. viridis 207
Bufogenine 207
Bufonidae 207, 480
Bufotalidin 203
Bufotalin **183**, 207f.
Bufotalinin 208
Bufotalyl-arginylkorksäureester **208**
Bufotenidin **320**, 326
Bufotenin 319, **320**, 326
Bufotenin-N-oxid **320**
Bufothionin 326
Bufotoxine 207
Bufoviridin **320**, 326
Bugula neritina 76
Bulbitermes 152
Bulbocapnin 364, **366**, 368, 375f.
Bulbocodium 389
Bulgarsenin 445
α-Bungarotoxin 615, **616**
β-Bungarotoxin 618, 621
κ-Bungarotoxin **616**, 617
Bungarus caeruleus 613, 619, 621
B. candidus 613
B. fasciatus 613, 618
B. flaviceps 617
B. multicinctus 613, 615, 617f., 621
Buntnessel 132
Bupleurotoxin 32
Bupleurum longiradiatum 32
Burkitt-Lymphom 145
Burmalackbaum 44
Burzelkraut 17
Büschelschön 48
Buschmeister 614
5-(3-Buten-1-ynyl)-2,2′-bithienyl **34**
Buthacus 596
B. arenicola 598
Buthidae 596
Buthotus judaicus 598
Buthus eupeus 595f.
B. occitanus 596, 598
B. occitanus paris 595
B. occitanus tunetanus 595
B. spec. ***607***
Butropin **453**, 459
Buttermuschel, Alaska- 503
Butternuß 318
γ-Butyrobetain 587
Buxaceae 361, 538f.
Buxamin E 538, **539**
Buxaminol E **539**
Buxtauin-M 539
Buxthienin-M 539
Buxus 538f.
B. microphylla 539
B. sempervirens 538f., ***553***
Buxus-Alkaloide 538f.
Byssochlamys fulva 66
B. nivea 66

Caapi 403
Cacospongia mollior 157
Cacospongionolid **157**, 158
Cactaceae 313f., 361, 368, 438
Cadaverin 305
β-Cadinen 94
Caerulein 609, **610**
Caeruleine 610f.
Caerulotoxin 618
Caesalpinia tinctoria 297
Caesalpiniaceae 271, 278, 297, 438
Cajin 582
Calabarbohne ***396***, 403
Calamagrostis 409
Calcinose 213
Calebassencurare 420
C-Calebassin 401, **419**, 420
Calendula officinalis ***107***, 114, 115
Calfatimin 364, 376
Californidin 364, **367**, 374
Calla palustris ***20***, 21
Callilepis laureola 132
Callitris preisii 260
Calloselasma rhodostoma 614
Calocedrus decurrens 260
Calonectria nivalis 118
Calonyction 410
C. album 410
Calosoma 261
C. prominens 261
Calotropis 185
Caltha palustris ***20***, 22f.
calve crooked disease 492
Calycotomin 488f.
Calystegia 410
Camellia irrawandensis 499
C. kissi 499
C. sinensis 499f., ***502***
C. taliensis 499
Campanulaceae 28
Campher 93
Camptorrhiza 389
Campylobacter jejuni 551
L-Canalin 291
Canavalia ensiformis 290, ***303***, 570, 573
L-Canavanin **290**, 290f.
Canescein **201**
Cannabaceae 50
Cannabichromen **50f.**, 53
Cannabichromensäure **50**
Cannabicitran **50**
Cannabidiol **50**, 51
Cannabidiolsäure **50**, 51
Cannabidivarol 51
Cannabigerol **50**, 51
Cannabigerolsäure **50**
Cannabinoide 49ff.
Cannabinol 49, **50**, 51
Cannabinolsäure **50**
Cannabis indica 51
C. ruderalis 51
C. sativa 49f., ***71***
Cannabisativin 52
Cannogenin **182**, 202
Cannogeninrhamnosid **191**
Cannogenol **182**, 190, 192, 201
Cantharellus cibarius 122, 308
Cantharidin **99**, 100
Cantharidinimid 100
Canthigaster 436
Canthigasteridae 436
Capnoidin 364, 375
Capparaceae 305, 349
Capparis spinosa 349, ***359***
Caprifoliaceae 379, 514
Capsaicin **317**
Capsaicinoide 317f.
Capsella 185
C. bursa-pastoris ***180***, 200
Capsicum 316
C. annuum 532
C. annuum var. *annuum* 316, ***323***
C. anomalum 316
C. baccatum var. *pendulum* 317
C. chinense 317
C. frutescens 317
C. pubescens 317
Carabidae 16, 261f.
Carabus auratus ***19***, 16
Caragana arborescens 291, ***571***, 574
Caranx 60
Carbazolalkaloide 422
Carbochromen 430
28-Carboxy-oleananderivate 239
Carcinoscorpius rotundicauda 435
Cardanole 44, **45f.**
15:1(8′)-Cardanol 45
Cardenobufogenine 207
Cardenobufotoxine 207
Cardenolide 182, 187ff.
Cardiopep 600f.
Cardiospermin-p-hydroxybenzoat **333**, 335
Cardiospermin-p-hydroxy-cinnamat 335

Cardiotoxin **616**
Cardiotoxine 615
Cardole 44, **45**
Δ^3-Caren 91, 101
Caricaceae 349
Carissa 185
Carotinoide 176
trans-Carveylacetat 93
Carvon 101
Carya illionensis 318
Carybdea alata 584
C. marsupialis 584
Carybdeidae 584
Caryophyllaceae 223, 238, 576
Cascarosid A **273**
Cascarosid B **273**
Cascarosid D **273**
Cashewnuß 17
Cassain **519**
Cassava 338
Cassia 271
Cassia angustifolia 278
Cassia senna 278, ***286***
Castalagin **57**
Castanospermin 477, **478**
Castanospermum australe 477
Castor fiber 515
Castoramin 515
Casuarin 58
Catalagin 58
Catawbiense-Hybriden 133
(+)-Catechin **56**
Catechine 56ff.
Catechingerbstoffe 56ff., 471
Catechintrimer aus Eichenrinde **57**
Catecholamine 318, 520
Catha edulis 314ff.
Cathaeduline 315
Catharanthus roseus ***414***, 417
Cathin 314
Cathinon 314, **315**
Caudata 609
Caudoxin 618
Caulerpa prolifera 122
Caulerpaceae 122, 149
Caulerpales 122, 149
Caulophyllum 488
Cavinin 398
CBD 51
CBN 49
Celamide 422
Celastraceae 185, 192, 314, 361, 440
Celastrol 315
Celliamin 203
Cembren A 152
Centranthus 97
C. ruber 98
Centroceras clavulatum 295
Centruoides exilicauda 595f.
C. gracilis 596
C. infamatus infamatus 596, 598
C. limpidus 598
C. limpidus limpidus 596
C. limpidus tecomanus 595f.
C. noxius 596
C. santa maria 596
C. sculpturatus 595f.
C. suffusus suffusus 595f., 598
Cephaelin 364, **367**, 369, 381
Cephaelis 380f.
C. acuminata 380
C. ipecacuanha ***378***, 380f.
Cephalodiscidae 542
Cephalodiscus gilchristi 542
Cephalofortunein 386, **387**
Cephalomannin 147
Cephalopoda 436, 582
Cephalosporium 64
C. crotocigenum 118
Cephalostatin 1 **542**
Cephalostatine 542
Cephalotaxaceae 386
Cephalotaxin 386f., **387**
Cephalotaxinon 386
Cephalotaxus 386
C. fortunei 386
C. harringtonia ***378***, 386
Cephalotaxus--Alkaloide 386f.
Cephalothrix linearis 436
Cerambycidae 99
Cerasus 335
C. avium ssp. *avium* 336
C. vulgaris 336
Cerbera 183, 185
Cerberosid 202
Cercocarpus 335
Cerebratulus lacteus 581
Cerura vinula ***19***, 16
Cestrum diurnum 213
α-Chaconin **528**, 530
β_1-Chaconin **528**, 530
β_2-Chaconin **528**, 530
γ-Chaconin **528**, 530
Chactidae 595
Chaerophyllum temulum 34
Chaetoglobosin A 75, **76**
Chaetoglobosine 75
Chaetomium 64, 69, 75
C. elatum 67
C. kurzeanum 512
Chalinopsilla 293
Chamaebatia 335
Chamaecytisus 493
C. austriacus 489
C. purpureus 489
C. supinus 489
Chamaedaphne 133
Ch. calyculata 133, 135f.
Chamaemelum nobile ***108***, 114
Chamigranepoxid **122**, 123
Chamissonolid **110**
Champignon 307f.
Ch., Feld- 307
Ch., Gift- ***304***, 307
Ch., Großsporiger 307
Ch., Karbol- 307f.
Ch., Riesen- 307
Ch., Stadt- 307
Ch., Wald- 565
Ch., Weißer Anis- 307
Ch., Zweisporiger ***304***, 307
Champignonartige 307
Chanoclavin I 406, **407**, 410f.
Charantin 168
Charley 461
Charonia sauliae 436
Charybdotoxin 595, **597**, 598
Cheilanthifolin 364, 374, 376
Cheiracanthium punctorium 591, 594
Cheiranthus 185, 199
Ch. cheiri ***197***, 199
Cheirosid A **199, 201**
Cheirotoxin **199, 201**
Chelerythrin 364, **367**, 369, 373f., 376
Chelidonin 364, **367**, 369, 373
Chelidonium majus ***360***, 373, 488
Chelilutin 376
Chelirubin 364
Chenopodiaceae 17, 223, 368, 466, 488
Chenopodium 17
Chermes ilicis 271
Chicorée 112, 114
Chimonanthin 480
Chinarindenbaum ***414***, 428
Chinazolinalkaloide 434ff.
Chincherinchee 191
Chinesenprimel 48
Chinidin **429**
Chinin **429**, 430
Chinolinalkaloide 417, 428ff.
Chinolizidinalkaloide 487ff.
Chiriquitoxin 434, **435**
Chirodropidae 584
Chironex fleckeri 584ff.
Chiropsalmus quadrigatus 584, 586
Chlamys 504
6-Chlorhyellazol 422
Chlorodesmin **149**
Chlorodesmis fastigiata 149
Chlorogensäure 498
Chlorophyta 101, 122, 149
Choenomeles 335
Ch. speciosa ***324***, 336
Choleraenterotoxin 555
Choleraerreger ***554***
Choleratoxin 550f., 555
5α-Cholestan-3α,7α,12α,26,27-pentol-26-sulfat 181
Chondodendron 379
Ch. microphyllum 379
Ch. platyphyllum 379
Ch. tomentosum 379
Chondria 28, **30**
Ch. armata 295
Ch. baileyana 295
Ch. dasyphylla **30**
Chondrichthyes 605
Chondrococcus 101
Chondrocurarin **365**, 379
Chondrocurin 364, **365**, 379
N^b-nor-Chondrocurin 379
Chondrodendron 379
Chorchorosid A 194
Chordata 361
Chordatiere 361
Choriaster granulatus 234
Christrose 22, 202
Christusdorn ***144***, 139, 142
Chroococcaceae 558
Chrysantheme ***108***, 114
Chrysanthemum 93, 114f.
Ch. cinerariifolium 96
Ch. coccineum ***90***, 96
Ch. indicum ***108***
Chrysanthemumepoxid 93
trans-Chrysanthenol 93
Chrysaora quinquecirrha 584, 586

Chrysarobinum 271
Chrysolina 207
Ch. coerulans 207
Chrysomela 99
Ch. populi 261
Chrysomelidae 99, 207, 261, 340, 582
Chrysomelidial **99**
Chrysomelinae 99
Chrysophanein 275
Chrysophanol **67**, **269**, 272, 275f.
Chrysophanol-1-β-D-glucosid **273**
Chrysophanol-8-β-D-glucosid **273**
Cibarian **354**, 355
Cichorium endivia 112, 114
C. intybus ***107***, 112, 114f.
Cicuta 30
C. douglasii 30
C. virosa ***37***, 30f.
Cicutol **31**
Cicutoxin 30, **31**
Ciguatera 60
Ciguatoxin 60, **61**, 62
Cimicifuga 488
C. europaea 488
Cimora 314
Cinchona 271, 428f.
C. calisaya 428
C. ledgeriana 428
C. micrantha 428f.
C. officinalis ***414***, 428f.
C. pubescens 428f.
C. succirubra 428
Cinchonidin **429**
Cinchonin **429**
Cinchonismus 430
Cineol 94
1,8-Cineol 93, 101
Cinerarien 444
Cinerin **96**
Cinnamomum camphora 251
Cinnamoylcocain 454, 460
cis-Cinnamoylcocain **453**
Cinnamoylethylamin 315
13-Cinnamoyloxylupanin 492
Cinobufagin 207
Ciocalypta 123
Cissampelos ovalifolia 379
Citreorosein **269**, 276
Citreorosidin 275
Citreoviridin 67, **68**
Citrinin **67**
Citronellal 99
Citrullus 165
Citrus 256
C. aurantium ssp. *bergamia* 255
Citrusfrüchte 305
Cladosporium 64
C. fulvum 67
C. herbaceum 118
Clavamin 593
Clavaria miyblana 293
Clavariopsis aquatica 67
Clavatin 66
Claviceps 326, 405ff.
C. fusiformis 405ff.
C. microcephala 405
C. paspali 405ff., 412
C. purpurea 405ff., ***413***
Clavicipitaceae 405, 409
Clavicipitales 405
Claviform 66
Clavinalkaloide 406ff., 410
Clavizepin 364, **367**, 376
Clavularia viridis 151
Clematis 22
C. recta 22
C. vitalba 22
Cliona celata 422
Clionamid 422, **423**
Clithionein 296, **297**
Clitidin 296, **465**
Clitocybe acromelalga 296f., 465
C. augeana 309
C. dealbata 309
C. diatreta 29, 309
C. fragrans 309
C. frittiliformis 309
C. illudens 122
C. phyllophila 309
C. rivulosa 309
C. tornata 309
Clivatin 394
Clivia miniata ***395***, 394
Clivie ***395***
Clivimin 393, 393f.
Clivonidin 393f.
Clivonin 393f.
Clivorin 443f.
Clostridium botulinum 556
C. perfringens 552f., ***553***
C. tetani 555
Clubionidae 591
Clusiaceae 271, 279
Cnidaria 151, 312, 326, 327, 583ff., 621
Cobramin A **616**
Cobrotoxin **616**
Cocain **453**, 454f., 460
Cocainschock 461
Cocastrauch ***450***, 460, 465
Coccinella quinquepunctata 79
C. septempunctata ***72***, 79, 441
C. undecimpunctata 79
Coccinellidae 79
Coccinellin **79**
Coccinia 165
Cocculus laurifolius 386
Coccus lacca 271
Cochliobolus lunatus 64
Cochlodinium 503
Codein 364, **366**, 369, 371ff.
Codiaceae 122, 149
Coelenterata 583
Coelosphaerium 58
Coffea 497f.
C. × arabusta 497f.
C. abeokutae 497
C. arabica ***501***, 497f.
C. canephora 497f.
C. dewevrei 497
C. liberica 497
Coffein **495**, 496ff.
Coke 461
Cola 500
C. acuminata 500
C. nitida 500, ***502***
C. vera 500
Colasamen 500, ***502***
(−)-Colchibiphenylin 388
Colchicaceae 390
Colchicamid **389**
Colchicein 388f.
Colchicin **388**, 389ff.
Colchicon 388
Colchicosid **388**, 389f.
Colchicum 389ff.
C. agrippinum 390
C. alpinum 390
C. autumnale 390f., ***395***
C. bornmuelleri 390
C. byzantinum 390
C. haussknechtii 390
C. speciosum 390
C. variegatum 390
Colchifolin **388**, 389
Colchiritchin 389
Coleoptera 79, 207, 213, 599
Coleus forskohlii 132
Collybia maculata 505
C. peronata 310
Colorines 386
Colubridae 612f., 614, 619
α-Colubrin 401, 418, **419**
β-Colubrin 401, 418, **419**
Columbamin 364, 369, 376
Colutea arborescens 291, ***303***, 574
Combretaceae 58, 295
Con A 578
Conantokinin 587
Concanavalin A 570, 573, 578
Condylactis aurantiaca 584f.
C. gigantea 312, 585
Conhydrin 474, **475**
Conhydrinon 474, **475**
γ-Conicein 474, **475**
Conidae 587
(+)-Coniin 474ff., **475**
Conium maculatum 474f., ***483***
Connatin **308**
Conocybe 319f.
Conopeptid GV 587
α-Conotoxin GI **588**
[Pro[7]]-μ-Conotoxin 587
μ-Conotoxin GIIIA **588**
Conotoxin GS 587, **588**
ω-Conotoxin GVIA **588**
α-Conotoxine 587f.
μ-Conotoxine 587f.
ω-Conotoxine 587f.
Conringia 185
Consolida ajacis 522
C. cardiopetalum 522
C. orientalis 522
C. regalis 522
Consolidin 522
Constrictotermes 152
Conus 587f.
C. eburneus 587
C. geographus 587, ***589***
C. magus 587, ***589***
C. marmoreus 587
C. striatus 587
C. tessulatus 587
C. textile 587, ***589***
C. tulipa 587, ***589***
Convallamarosid 191
Convallaria 185
C. majalis ***180***, 190f., 293
Convallariaceae 190, 223, 227

Convallatoxin 190, **191**, **192**, 194
Convallatoxol 190, **191**
Convallatoxolosid **191**
Convallosid **191**, **192**
Convergin **79**
Convicin **510**
Convolvamin 411
Convolvin 411
Convolvulaceae 410f., 452, 454
Convolvulus 410, 411
C. tricolor 410, ***414***
Coolia 60
Coprin **292**
Coprinaceae 292, 320
Coprinus 292
C. alopecia 292
C. atramentarius 292, ***303***
C. comatus 292
C. micaceus 292, ***303***
Coptisin 364, **366**, 369, 371, 373, 375f.
Corallium rubrum 151
Coraritermes 152
Corchorosid A 200, **201**
Cordonarian **355**
Coritoxigenin **182**
Corlumin 364, 368, 376
Cornigerin **388**, 389f.
Cornigeron 388
Coroglaucigenin 199
Corollin **354**
Coronarian **354**
Coronilla 185, 196
C. coronata 196
C. emerus 196
C. minima 196
C. scorpioides 196, 199, 256
C. vaginalis 196
C. varia 196, 199, 354f., ***359***
Coronillin **354**
Coronillobiosid **199**
Corotoxigenin 199
Cortexon 213
Cortinariaceae 170, 308, 320, 402, 473, 564
Cortinarin A **473**
Cortinarin B **473**
Cortinarine 473f.
Cortinarius 473f.
C. brunneofolius 473
C. croceofolius 473
C. fluorescens 473
C. gentilis 473
C. henrici 473
C. infractus 402
C. orellanoides 473
C. orellanus 473f., ***483***
C. rainierensis 473
C. speciosissimus 473f.
C. splendens 473f., ***483***
C. violaceus 473
Corycavin 364, 375
Corydalin 364, 375f.
Corydalis 375f.
C. cava 375, ***377***
C. claviculata 375
C. lutea 375
C. nobilis 375
C. ochroleuca 375
Corydin 364, 376
Corynebacterium diphtheriae ***554***, 557
C. rathayi 511
Coryneinchlorid 520f.
Corynetoxin H 17a **511**, 512
Corynetoxin U 17a **511**, 512
Corynetoxine 511f.
Corynocarpaceae 354
Corynocarpus laevigatus 354
Corypalmin 364, 375f.
Corysamin 364, 375
Corysolidin 376
Corytuberin 364, **366**, 376, 380
Coscinasteria tenuispina 234
Cosmos bipinnatus 56, ***71***, 113
C. sulphureus 56
Costaclavin **407**
Costatolid **101**
Costunolid **113**, 114
Cotinin 459, **467**, 469
Cotoneaster 335f.
C. horizontalis ***324***, 335
C. hybridus watereri 336
C. integerrimus 335f.
C. lucidus 336
C. nebrodensis 335
C. praecox 336
C. simonsii 335
C. zabelii 336
Cotyledon 185
C. wallichii 206
Cotyledonose 206
Coumarouna odorata 253
Courbonia virgata 305
Crabrolin **603**
Crack 461
Crassifolazonin 364, **367**, 376
Crassifolin 375
Crassostrea 504
Crassulaceae 185, 205, 440, 476
Crataegus 335
Criasbetain 393, **394**, 398
Cribrochalina 35
Crinafolidin 393, 398
Crinafolin 393, **394**, 398
Crinidin 393f., 397
Crinoidea 230, 271
Crinum × *powellii* ***395***, 397
C. amabile 394
C. asiaticum 394, 398
C. latifolium 398
Crocetin 176, **177**
Crocin 176, **177**
Crocus 176f.
C. albiflorus 176
C. chrysanthus 176
C. neapolitanus 176
C. sativus 176f.
C. speciosus 176
C. vernus 176
Crossaster papposus 234
Crotalaria 290, 440ff.
C. brevidens 441
C. crispata 447
C. glauca 441
C. juncea 441
C. retusa 447
C. spectabilis 441
Crotalidae 612, 612f., 614, 618ff.
Crotalus 618, 620
C. adamanteus 614, 619
C. atrox 614, 619, ***626***
C. durissus 620
C. durissus durissus 614, 619
C. durissus terrificus 614, 618
C. horridus horridus 614, 619, ***626***
C. ruber lucasensis 615
C. scutatus scutatus 618
C. viridis concolor 618
C. viridis helleri 618
C. viridis viridis 614, 618f.
Crotamin **617**, 618
Crotocin 118
Croton 138
C. flaveus 145
C. lobatus 139
C. tiglium 136, 139, ***144***, 576
Crotonfaktor A_1 136
Crotoxin 618
Crustilinole 171
Cryptobranchidae 542
Cryptobranchus maximus 542
Cryptopin 364, 375
Cryptostegia 185
C. madagascariensis 183
Cryptothethia crypta 505, 510
CsE v3 **597**
CT 555
Ctenidae 591
Ctenitis 42
Ctenizidae 591ff.
Ctenochaetes strigosus 605
Ctenochaetus 60
Ctenochidae 441
Cubitermes 152
Cubomedusae 584
Cucumaria 241
Cucumariosid A_2 **241**
Cucumariosid G_1 **241**
Cucumis 165
Cucurbita 165, 295
C. pepo 295
Cucurbitaceae 164ff., 168, 295, 576
Cucurbitacin B **165**
Cucurbitacin D **165**
Cucurbitacin E **165**
Cucurbitacin I **165**
Cucurbitacin J **165**
Cucurbitacin K **165**
Cucurbitacin L **165**
Cucurbitacin S **165**
Cucurbitacine 164ff.
Cucurbitin **295**
Cudonia circinans 306
Cularin 364, **366**, 368, 375f.
Culcita novaguineae 234
Cumarin **253**, 253f.
Cumarine 253ff.
Cumarinsäure **253**
Cumarolignane 259
p-Cumaroyllupinin 492
Cupressaceae 91, 94, 260
Curare 420
Curarea 379
Curare-Alkaloide 420
C-Curarin I 401, 420
C-Curarin **419**
Curassivin 447
Curin 364, 379
Curvularia lunata 64

Cuscuta 410
Cuskhygrin 211, **453**, 454, 456f., 460
Cyanea capillata 584ff., ***589***
Cyanea lamarckii 584, 586
Cyaneidae 584
Cyaneolyta 99
β-Cyanoalanin **289**, 334, 340
L-β-Cyanoalanin 290
Cyanobakterien 58, 421f., 438
2-Cyanoethyldiazoniumhydroxid 472
Cyanoginosine 558
Cyanolipide 340f.
Cyanophyceae 58, 421f., 503ff.
Cyanoviridine 558
Cybister lateralimarginalis 213
Cycadaceae 311
Cycadales 311f.
Cycas 290, 311
C. circinalis 311, ***321***
C. revoluta 311
Cycasin **311**
Cyclamen 240
C. coum 240
C. europeum 240
C. hederifolium 240
C. neapolitanum 240
C. persicum 240
C. purpurascens 240
Cyclamigenin A^2 **221**, 240
Cyclamigenin B **221**
Cyclamin **240**
Cyclamin B 240
Cyclamiretin A **221**, 240
Cycloamanide 564
Cyclobuxamin-H 539
Cyclobuxin-B **539**
Cyclobuxin-D 538, **539**
Cyclochlorotin 560
Cycloiridale 168
Cycloneosamandion **541**
Cyclopamin **534**
3,4-Cyclopentenopyrido[2,3-b]carbazol 287
Cyclopiazonsäure 412
α-Cyclopiazonsäure **411**
Cycloprotobuxin-A **539**
Cycloprotobuxin-C **539**
Cyclopsin **534**
Cyclovirobuxin-C **539**
Cyclovirobuxin-D **539**
Cydonia 335
C. oblonga ***324***, 336
Cymarin 194, **194**, 201, 202
D-Cymarose **184**
Cynanchin 212
Cynanchum 212
C. caudatum 212
C. glaucescens 212
C. nigrum 212
C. vincetoxicum 212, ***232***
Cynara scolymus ***108***, 114, 115
Cynaropikrin **113**, 114
Cynodon 409
C. dactylon 409
Cynoglossum officinale 446f., ***449***
Cynops ensicauda 436
C. pyrrhogaster 436
Cyperaceae 255, 405
Cyphomandra 455
5α-Cyprinol-26-sulfat 181
Cyprinus carpio 181
Cysteodesmus 99, 100
Cystodytes dellechaijei 362
Cystodytin A **362**
Cystodytine 362
Cystophora moniliformis 123
Cystoseira stricta 150
Cytisin **487**, 488ff.
Cytochalasane 75f.
Cytochalasin B 75, **76**
Cytochalasin E **76**
Cytolysine 585, 599, 615
Cytotoxin, Tracheales 557
Cytotoxine 610, 615ff.
- von *Corynebacterium diphtheriae* 557

Daboia palaestinae 613
D. russelli 613
Dactylopius 271
Dactylospongenon A **124**
Dactylospongenone 123
Dactylospongia 123
Dahlia 35, 56, 114
Dahlie 56, 114
Daigredorigenin-3-acetat 206
Daigremontianin **206**
Dallisgras 409
Dammarenole 237
Danaus plexippus ***231***, 206, 441
Danthonia 409
D. decumbens 338
Daphnanderivate 136ff., 145ff.
Daphne 145
D. alpina 145
D. arbuscula 145
D. blagayana 145
D. caucasica 145
D. cneorum 145
D. genkwa 146
D. laureola 145f.
D. mezereum ***161***, 145f.
D. odora 146
D. pontica 145
D. striata 145
D. tangutica 146
Daphnetoxin **146**
Daphnopsis 145f.
Darlingpea 477
DAS 118
Dasyatidae 605
Dasyatis pastinaca 605
Dattelpalme 297
Datumetin **453**, 457
Datura 209, 457ff.
D. × candida 457
D. arborea 457
D. ceratocaula 457
D. ferox 457
D. innoxia 457
D. metel 457
D. meteloides 457
D. sanguinea 457f.
D. stramonium ***450***, 457ff.
D. suaveolens 403, 457f.
Daturalactone 209
Daucus carota 34, 257
(+)-Davonon 93
Debromo-aplysiatoxin 58
Decahydrochinolinalkaloide 480
Decylvanillylamid **317**
Δ^{16}-Dehydroadynerigenin 195
Dehydrobufotenin 326
Dehydrocorydalin 369, 375
Dehydrocostuslacton **113**, 114
Dehydrofluorodaturatin 458
3-Dehydro-scilliphäosidin 204
1,2-Dehydrotestosteron 213
1-Dehydrotrillenogenin **225**
Deinagkistrodon acutus 614
Delcosin 518, **519**, 522
Delelatin 522
Delorin 522
Delphelatin 518
Delphelin 518, 522
Delphinin 517, 518, **518**, 522f.
Delphinium 522f.
D. ajacis 522
D. ambigua 522
D. andersonii 523
D. barbeyi 523
D. cashmerianum 522
D. consolida 522, ***535***
D. elatum 522, ***536***
D. grandiflorum 522
D. nuttallianum 523
D. occidentale 523
D. orientale 522f.
D. staphisagria 518, 523
D. verdunense 522
Delphonin 517f., **518**
Delsemin 518, 522f.
Delsin 522
Delsolin 518, **519**, 522
Delsonin 518, 522
Deltalin 518, 522
Deltamin 518
[D-Ala^2]Deltorphin I **610**
[D-Ala^2]Deltorphin II **610**
Deltorphine 609, 610f.
Demania alcalai 78
D. reynaudii 78
Demansia guttata 613
D. nuchalis 613
D. olivacea 613
D. textilis 613
Demecolcin **388**, 389ff.
3-Demethylcolchicin 388
DEN 305
Dendroaspis 614, 618
D. angusticeps 613, 618
D. jamesoni 613
D. polylepis 613, 619f.
D. viridis 613
Dendrobates 480
D. histrionicus 480, ***484***
D. lehmanni ***484***
Dendrobatidae 480, 540
Dendrobium 515
Dendrochirota 241
Dendrochirus 605
Dendrochium toxicum 65
Dendrodoa grossularia 423
Dendrodochis toxicosis 65
Dendrodoris limbata 123
Dendrolasin 105, 123, 124
Dendrophthora 576
Dendrotoxin **617**, 618

Denisonia superba 613
Dennstaedtia hirsuta 116
Deoxyirisochin **49**
Deoxynivalenol 118, **119**, 157
Dercitin **428**
Dercitus 428
Dermacentor andersoni 599
D. variabilis 599
Dermaptera 262
Dermasterias imbricata 234
Dermocybe 270
Dermorphin 609, **610**
Dermorphine 610f.
Desacetylcinobufagin 207
Desacetylelaterinid 167
N-Desacetyl-N-formyl-colchicin **388**, 389f.
10-Desacetyl-10-β-hydroxybutyryl-taxol-A 147
Desacetyllanatosid C 188, **189**
N-Desacetyl-N-oxobutyrylcolchicin 390
N-Desacetyl-N-(3-oxobutyryl)-colchicin **388**
Desacetylprotoveratrin-A 534
Desacetylprotoveratrin-B 534
Desacetylscillirosid **205**
Desacetylscillirosidin 204
10-Desacetyl-taxol-A 147
10-Desacetyl-taxol-B 147
Desaspidin 43
Desaspidin BB **43**
Descarbamoyl-saxitoxin 503, **504**
N-Desethylaconitin 517
Desglucocheirotoxin **191**
Desglucocheirotoxol **191**
Desglucocyclamin I 240
Desglucocyclamin II 240
Desglucoerysimosid 200
Desglucohellebrin 203
Desglucohyrcanosid 199
Desmethylcephalotaxinon 386
3-Desmethylcolchicon 388
4′-Desmethylpodophyllotoxin **260**
Desmethylteleocidine 422
Desoxyaloin **273**
11-Desoxy-4,9-anhydrotetrodotoxin 434
16-Desoxybarringtogenol C 236
14-Desoxybufadienolide 183
6-Desoxychamissonolid 110
22-Desoxycucurbitacine 166
22-Desoxycucurbitosid 166
20-Desoxy-13, 16-dihydroxyingenolester 140
2-Desoxy-D-glucose **184**
Desoxyharringtonin 386f.
20-Desoxy-16-hydroxyingenolester 140
5′-Desoxy-5-iodo-tubercidin **505**
20-Desoxyingenolester 140
10-Desoxyiridogermanal 168
21-Desoxyiridogermanal 168
Desoxyiripallidal 168
8-Desoxylactucin 112
Desoxymannojirimycin **478**
Desoxynupharidin **516**, 517
7-epi-Desoxynupharidin **516**
18-Desoxypalustrin 477
12-Desoxyphorbolester 141
Desoxypodophyllotoxin **260**
3′-Desoxyrhaponticosid 275
Desoxyribonuclease 622
11-Desoxytetrodotoxin 434
Desoxyvasicin 404
Desoxyviroisin **567**
Dhurrin **333**, 337f.
Diacetoxyscirpenol 118, **119**
Diamantklapperschlange 614
α,γ-Diaminobuttersäure 290
L-α,γ-Diaminobuttersäure 289
Diamphidia 582
Diamphotoxin 582
Dianella revoluta 272
14,16-Dianhydrogitoxigenin 183
diarrhetic shellfish poisoning 60
Diatomophyceae 295
Diatretin 1 **29**
Diatretin 2 **29**
4-Diaza-cyclohexa-2,5-dien-1-on 307
6,6′-Dibromindigo 313
17, 19-Dibromooscillatoxin A 58
Dibromophakellin 438
S-(1,2-Dicarboxymethyl)-L-cystein 226
28,30-Dicarboxyoleanane 239
Dicentra 376
D. cucullaria 376
D. eximia 376, ***377***
D. spectabilis 376, ***377***
Dicentrin 364, 376
Dichternarzisse ***395***, 397
Dickblattgewächse 205, 476
Dictamnin **430**, **433**
Dictamnus albus 430f., ***431***
Dictyodial **149**, 150
Dictyopteris undulata 123
Dictyota dichotoma 149, 150
Dicumarol **254**, 254f.
20, 21-Didehydroacutiphycin 59
Didehydrofalcarinol 237f.
Didemnium chartaceum 362
Didesacetylprotoveratrin-A 534
2,5-Didesoxy-2,5-imino-D-mannitol **478**
Didrovaltrat **98**
Dieffenbachia ***19***, 18f., 339
Diethoxythiobinupharidin 515, **516**
Diethylamin 305
Diethylnitrosamin 305
Diginatigenin **182**, 188
Diginatin **189**
Diginea simplex 295
Diginin 188
D-Diginose **184**
Digipurpurin 188
Digitalinum verum 188, **189**
Digitalis 185, 187ff., 271
D. ambigua 187
D. ferruginea 187ff.
D. grandiflora 187f.
D. laevigata 187f.
D. lanata ***180***, 187f.
D. lutea 187f.
D. purpurea ***180***, 185, 187ff., 222
Digitalonin 188
D-Digitalose **184**
Digitanolglykoside 188
Digitogenin **220**, 223
Digitonin 189, **222**
Digitoxigenin **182**, 192, 194f., 201f., 207
Digitoxigenyl-methylkorksäureester **208**
Digitoxin **184**, 185, 188, **189**
Digitoxinin 188
D-Digitoxose **184**
Diglucophäosid **205**
Digoxigenin **182**, 188
Digoxin **189**
11α,13-Dihydroarnifolin 110
Dihydrocapsaicin **317**
23,24-Dihydrocucurbitacine 166
Dihydrofumarilin 375
Dihydrogriesenin 111
11α,13-Dihydrohelenalin **110**
11α,13-Dihydrohelenalinester 109
Dihydrolycorin 398
Dihydromarthasteron **233**, 234
Dihydronepetalacton 97, 99
Dihydrorhipocephalin **122**
Dihydrosafrol 251
Dihydrosanguinarin 374, 376
5α–4,5-Dihydroscillirosidinglykoside 204
5α–4,5-Dihydroscillirosidin 204
C-Dihydrotoxiferin 401, **419**, 420
Dihydroxerulin **29**
1,8-Dihydroxy-2-acetonaphthochinon 273
2,3-Dimethoxy-1,4-benzochinon 261
3,4-Dihydroxybenzoesäure-ethylester 261
3,4-Dihydroxybenzoesäure-methylester 261
3,4-Dihydroxybenzoesäure 261
1,25-Dihydroxycalciferol **212**
2α,14β-Dihydroxy-carda-16,20(22)-dienolid **195**
14β,19-Dihydroxy-5α-card-20(22)-enolid 199
6,7β-Dihydroxydesoxynupharidin-Dimer 515, **516**
13, 19-Dihydroxyingenolester 140
3β,13α-Dihydroxylupanin 491
3,13-Dihydroxylupanin 487
2′,6′-Dihydroxy-4′-methoxyacetophenon 135
L-3,4-Dihydroxyphenylalanin 510
1,4-Dihydroxyphenylessigsäure-methylester 261
3,4-Dihydroxyphenylessigsäure 591ff.
16β,11β-Dihydroxyscillarenin 204
Dihydroxy-7,16-secotrinervita-7, 11, (15)17 2β,3α-trien 152
6,6′-Dihydroxythiobinupharidinsulfoxid 515, **516**
6,6′-Dihydroxythiobinupharidin 515f.
Dihydroxythujaplicatin 91
3,6-Dihydroxytropin 457
15β,16α-Dihydroxyuzarigenin 192
Diisobuttersäuredisulfid 226
22β-Dimethylacryloyl-oleanolsäure **163**

Dimethylamin 305
2,3-Dimethyl-1,4-benzochinon 261
2,5-Dimethylbenzochinon 261
O-Dimethylchondrocurin 379
N^{α},N^{α}-Dimethylhistamin **327**
Dimethyl-methylazoxycarboxamid 308
Dimethylnitrosamin 305
3, 3'-Dimethylquercetin **54**
Dimethyltryptamin 404
N,N-Dimethyltryptamin **320**, 325f.
Dineutus 213
Dinoflagellata 60, 362
Dinogunellin 506
Dinophyceae 60ff., 503f.
Dinophysiales 60
Dinophysis 60
D. acuminata 60
D. acuta 60
D. fortii 60, 62
D. mitra 60
D. norvegica 60
D. rotunda 60
D. triops 60
Dinophysistoxine 60
Dinophysistoxin-1 **60**, 62
Dinophysistoxin-3 **60**
Diodon 436
Diodontidae 436
Dioon edule 311
Dioscin 227, **228**
Dioscoreaceae 223, 327, 454
Diosgenin **220**, 226, 529
Diphtherieerreger ***554***
Diphtherietoxin 551, 557
Diphylleia cymosa 260
Dipidax 389
Diplopterys cabrerana 325, 403f.
Dipluridae 591
Dipsacaceae 255, 514
Dipsacales 97
Dipsacus 514
Diptam ***431***
Diptera 17, 599
Dipteryx odorata ***250***, 253
2,3'-Dipyridyl 467
Dirca 145
Dirphia 327
Discina 305f.
D. fastigiata 306
D. gigas 306
Discoglossidae 609
Disidea pallescens 157
Disideintriacetat **157**
Dispholidus 614
D. typus 613
Diterpen aus *Penicillus dumetosus* **149**
Diterpenalkaloide 517ff.
Diterpene 132ff., 467
Diterpene aus *Halichondria spec.* **150**
Diterpene, makrocyclische 136ff.
Divicin 511
Divinylketone 101
Djenkolbohnen 297
L-Djenkolsäure **297**
Dlochrysa 99, 207
D. fastuosa ***90***, 207
DMDP **478**
DMN 305
DNase 584, 595
Dodecandrin 575
Doktorfische 605
Dolabella auricularia 59
Dolchwespen 602
Doldengewächse 30, 31, 33, 248, 257, 474
Dolichoderinae 16, 99
cis-trans-Dolichodial **99**
Dolichos biflorus 570
Dolichovespula 602
D. arenaria 319
D. saxonica 602, ***608***
Domestin 364, 375
Domoinsäure 295
Domosäure **295**
DON 118
L-DOP 510
DOPamin 318, 591ff., 600, 603
Doppelbeere, Alpen- 514
D., Blaue 514
Doridosin **505**
Dornenkrone 230, 582
Dornenkronenseestern 230
Dornfarn 42
Dornfarn, Breitblättriger ***38***, 42
Dornfinger, Ammen- 591, 594
Doronin 445
Dororenin 445
Dorotheanthus 393
Dothideales 64
Dotterblume, Sumpf- ***20***
Drachenfische 605f.
Drachenköpfe 605
Dragmacidin 422, **423**
Dragmacidon 422
Dreizack, Strand- 340, ***342***
Dreizackgewächse 340
Dreizahn 338
Drummondin A **279**, 280
Drupacin 386
Drüsenameisen 16, 99
Dryopteris 42
D. abbreviata 42
D. austriaca 42
D. carthusiana 42
D. cristata 42
D. dilatata ***38***, 42f.
D. filix-mas ***38***, 42f.
D. pseudo-mas 42
D. spinulosa 42
D. villarii 42
DT 557
Duboisia 459
D. hopwoodii 459
D. leichhardtii 459
D. myoporoides 459
Duftwicke 288
Dugesiella hentzi 591ff.
Dunalia 209
Düngerling, Blauender 320
D., Dunkelrandiger 320
D., Runzeliger 320
Duwock 477
Dysidea 123
Dytiscidae 213, 261, 428
Dytiscus 213
D. marginalis ***232***
Eberesche ***37***, 23, 336
E., Amerikanische 23
E., Holunderblättrige 23
Eberraute 92
Eburicolsäure 169
(–)-Eburnamin 416
Eburnetoxin 587
Ecbalium elaterium ***162***, 164f.
Ecdysterone 203
Ecgonin 454
Ecgonine 452
Echimidin **441**, 443, 447
Echinacea 444
E. angustifolia 445
E. purpurea ***432***, 445
Echinaster *271*
E. luzonicus 234
E. sepositus 234, ***249***
Echinasteridae 271
Echinatin 443, 445, 447
Echinocystis 165
Echinodermata 230ff., 240ff., 582
Echinodictyum 505
Echinoidea 230
Echinosid A **242**
Echinoside **241**
Echis carinatus 613, 619, 619f.
Echium lycopsis 447
E. plantagineum 447
E. vulgare ***449***, 447
Echiumin 447
Echsen 611
Ecklonia kurome 57
Eckol **56**
Eclipta 35
Edelfalter 340, 441
Edelwicke, Wohlriechende 288
edema factor 551
EF 551
Efeu 236ff.
E., Gemeiner 34, 236, ***249***
Efeusumach 44
Eibe ***161***, 147ff.
Eibengewächse 147
Eiche 57
E., Flaum- 57
E., Stiel- 57
E., Trauben- 57
E., Zerr- 57
Eichenprozessionsspinner ***572***
Eierfrucht 527, 532
Einbeere, Vierblättrige 224f., ***232***
Einbeerengewächse 224
Eisbergsalat 114
Eisenhut 519
E., Blauer 519, ***535***
E., Bunter 520
E., Gegengift- 520
E., Gelber 520, ***535***
E., Hahnenfußblättriger 520
E., Rispen- 520
Eisenkrautgewächse 163
Eisseestern 234, ***249***
Ekzem, faciales 65
Eladin 522
Elaeophorbia 138
Elapidae 612f., 617ff.
Elasin 518, 522
Elastase 584
Elatericin A 166

Elaterin 164
α-Elaterin 166
Elaterinid **165**, 166, 167
Elatidin 518, **519**, 522
Elatin 518, **519**, 522f.
Eldelidin 522
Eldelin 518
Eledoisin 582
Eledone cirrhosa 582
E. moschata 582
Elefantenläuse 45
Elefantenohr 397
Elemicin 247ff., **248**, 251f.
Eleusine coracan 338
Eleutherosid M **237**
Elfenbeinmuschel, Japanische 422
Elfpunkt 79
Ellagsäure 57
Elsbeere 23
Elymoclavin 406, **407**, 408, 410f.
Emericella 69, 412
E. striata 412
Emetamin 364, 381
Emetin 364, **367**, 369, 381
Emodin **67**, **269**, 271f., 275ff.
Emodinanthronglucosid B 273
Emodinanthron-8-O-β-gentiobiosid 273
Emodindianthrone 275
Emodinglucosid B **273**
Emodin-8-β-D-gentiobiosid **273**
Emodin-8-β-D-glucosid **273**
Emodin-8-β-D-primverosid **273**
Endecaphylline 354
Endivie 112, 114
Endoconidium temulentum 512
Endomyaria 312
Endopeptidasen 622
Endotoxine, bakterielle 549f.
Engelwurz, Echte ***267***
E., Wald- 257
Enhydrina schistosa 613, 619
Enopla 478
Enterotoxine 551ff.
- von *Clostridium perfringens* 552ff.
- von *Staphylococcus aureus* 551f.
- von *Vibrio cholerae* 555
Entoloma sinuatum 310
Enzyme
- Bestandteile von Tiergiften 621f.
epena 325
Ephedra 316
E. distachya 316, ***322***
E. equisetina 316
E. gerardiana 316
Ephedraceae 316
Ephedradrin 316
L(–)-Ephedrin **316**
L(–)-Ephedroxan **316**
Epiactine 585
Epiactis prolifera 585
Epiaphyllin 492
(–)-Epicatechin **56**
Epicauta 99, 100
E. albida 100
E. lemniscata 100
E. occidentalis 100
E. pennsylvanica 100
E. temexa 100
Epichloe typhina 409f.
epidemic dropsy 374
(–)-Epigallocatechin **56**
Epiheterodendrin 338
Epiisopiloturin **439**
Epilotaustralin 338
Epinephrin 318
Epinin 591ff.
Epipachysamin A 539f., **540**
3-epi-Periplogenin 194
Epipolasis 123
Episolacapin 532
1,2-β-Epoxyambellin 398
Epoxyganoderiole 171
1,10-Epoxy-14-hydroperoxy-4-lepidozen 105
6,17-Epoxylathyrolester 140
Epoxyocimen 92
Epoxyrhodophytin **30**
Equinatoxin I 586
Equinatoxin II 586
Equinatoxin III 586
Equinatoxine 585
Equinolysin 585
Equisetaceae 477
Equisetum 465, 477
E. arvense 477
E. fluviatile 477
E. hyemale 477
E. palustre 477, ***484***
E. ramosissimum 477
E. sylvaticum 477
Erabutoxin **616**
Eragrostis 409
Eranthin 204
Eranthin-β-glucosid 204
Eranthis hyemalis 204
Erbse 290
Erbsenstrauch, Baumartiger 291
E., Gemeiner ***571***, 574
Erdbeerrose 312, 584
Erdbeertomate 210
Erdburzeldorn 160, ***162***
Erdhummel ***607***
Erdkröte 207, ***231***
Erdläufer 340
Erdnuß 17, ***554***, 570, 574
Erdrauch 374f.
E., Gemeiner 374, ***377***
E., Vailants 374
Erdrauchgewächse 374ff.
Erdscheibe 240
Erdschieber 121
Eremefortine 412
Eremurus 270
Ergin 406, 410
β,β,-Ergoannam 406
Ergobasin 406
Ergobutin 406, **407**
Ergobutyram 406
Ergobutyrin 406, **407**
Ergochrome 407f.
Ergocornam 406
Ergocornin 406, **407**, 410
Ergocristam 401, 406, **407**
Ergocristin 406, **407**, 410
α-Ergocryptam 406
β-Ergocryptam 406
α-Ergocryptin 406, **407**, 408
β-Ergocryptin 406, **407**
Ergoheptin 406
Ergohexin 406
Ergolinalkaloide 411
Ergometrin 401, 406, **407**, 408, 410
Ergonin 406, **407**, 410
Ergonovin 406
Ergopeptame 406
Ergopeptine 406, 410
α-Ergoptin 406, **407**, 410
Ergosin 406, **407**, 410
Ergosterolperoxid 170
Ergostin 406, **407**
Ergotamin 401, 406, **407**, 408f.
Ergotaminin 406
Ergotismus 65
Ergotismus convulsivus 408f.
Ergotismus gangraenosus 408f.
Ergovalin 406, **407**, 410
Ericaceae 117, 133ff., 488
Eriphia 504
Erucifolin 444, 445
Erycanosid **201**
Erychrosid **201**
Erychrosol **201**
Erycorchosid **201**
Erycordin **201**
Erylosid A 229
Erylus lendenfeldi 229
Eryscenosid **201**
Erysimin 200
Erysimol **201**
Erysimosid **199**, 200, **201**
Erysimotoxin 200
Erysimum 185, 199ff.
E. × allionii hort 200
E. arkansanum 200
E. cheiranthoides 200f.
E. crepidifolium 199ff.
E. decumbens 200
E. diffusum 200f.
E. durum 200
E. helveticum ***197***, 200
E. hieraciifolium 200f.
E. odoratum 200
E. perovskianum ***198***, 200f.
E. pulchellum 200
E. repandum 199ff.
E. silvestre 200
E. suffruticosum 200f.
Erysodin 386, **387**
Erysopin 386
Erysothiovin 386, **387**
Erysovin 386, **387**
Erythralin 386
Erythralinin 386
Erythrina 386
E. crista-galli ***378***, 386
Erythrina-Alkaloide 386
α-Erythroidin 386, **387**
β-Erythroidin 386, **387**
Erythromelalgie 296
Erythronium americanum 24
E. dens-canis 25
E. grandiflorum 25
Erythrophleum guineense 518
Erythrophleum-Alkaloide 518
Erythroxylaceae 460
Erythroxylum 460f., 465
E. coca ***450***, 460
E. novogranatense 460
E. recurrens 460

E. steyermarkii 460
Escalloniaceae 517
Escherichia coli 551, 555
Eschscholtzin 364, **367**
Eschscholzia 374
E. californica ***360***, 374
Eschscholzin 374
Escorpion 611
Esculentsäure **221**, 239
Esculentsäure-30-methylester 239
Eseramin 401, **403**
Esterasen 582, 599, 622
Estragon 92
ESTX **592**
Esulon A 139
Esulon B 139
2-β-Ethoxy-6-O-isobutyryl-2,3-dihydrohelenalin 109
Ethoxythiobinupharidin 515f.
Ethylidengyromitrin **306**
Ethyl-1,4-benzochinon 261, 262
N-Ethyl-3-(2-methylbutyl)-piperidin 99
Euatromonosid 193
Euatrosid 192
Eubacteriaceae 421
Eucanecin 445
Eudesmanderivate aus *Axinella cannabina* **124**
Eudesmanolide 110, 113f.
Eudesmen-1,6-diol 105
Eudesmol 252
β-Eudesmol 91
Eudistoma 362
Eu. olivacea 422
Eudistomin A **423**
Eudistomin C **423**
Eudistomine 401, 422f.
Eunicea 152
Eunicella verrucosa 151
Euonymus 185, 192f.
Eu. atropurpurea 192f.
Eu. europaea ***197***, 192f.
Eu. japonica 192f.
Eu. latifolia 192f.
Eu. nana 192, 192f.
Eu. verrucosa 192f.
Eupatolid 114
Eupatoriopikrin **113**, 114
Eupatorium 444
Eu. cannabinum ***108***, 114, 445
Euphohelin A **141**
Euphohelin C **141**
Euphoheline 140
Euphohelionon 140
Euphohelioscopin 140
Euphorbia 138, 138ff., 140
Eu. acaulis 140
Eu. antiquorum 139f.
Eu. balsamifera 139
Eu. biglandulosa 140
Eu. broteri 140
Eu. buxoides 139
Eu. canariensis 140
Eu. cereiformis 139
Eu. characias 140
Eu. coerulescens 140, 145
Eu. cooperi 141
Eu. cotinifolia 141
Eu. cyparissias 139, 140, ***144***
Eu. ebracteolata 141
Eu. epithymoides 139
Eu. erythraea 141
Eu. esula 139, 140
Eu. fidjiana 141
Eu. fischerana 141
Eu. fortissima 141
Eu. franckiana 141
Eu. geniculata 139
Eu. glandulosa 141
Eu. helioscopia 139, ***144***
Eu. heptagona 139
Eu. hermentiana 141
Eu. hirta 141
Eu. ingens 139, 141
Eu. jolkinii 141
Eu. kamerunica 139, 141
Eu. kansui 141
Eu. lactea 141
Eu. lagascae 141
Eu. laterifolia 139
Eu. lathyris 139f., 142, ***144***
Eu. ledienii 141, 145
Eu. mammillaris 139
Eu. marginata 142
Eu. megalantha 139, 141
Eu. milii 139, 141f., ***144***
Eu. myrsinites 139, 141
Eu. neriifolia 141
Eu. obesa 139
Eu. pallasii 141
Eu. palustris 139
Eu. peplus 139
Eu. piscatoria 139
Eu. poisonii 141
Eu. polyacantha 141
Eu. polychroma 139
Eu. pulcherima 139, 142
Eu. quadrialata 141
Eu. resinifera 139, 141, ***144***
Eu. royleana 141
Eu. segueiriana 139
Eu. serrulata 139
Eu. sieboldiana 141
Eu. splendens 139
Eu. stricta 141
Eu. tirucalli 139, 141, 145
Eu. triangularis 141
Eu. trigona 139, 141
Eu. unispira 141
Euphorbiaceae 136ff., 334, 338, 349, 438, 440, 454, 478, 574, 576
Euphorbiafaktoren 140
Euphornin 140, **141**
Euphornin A **141**
Euphornine 140
Euphoscopin A **141**
Euphoscopin B **141**
Euphoscopine 140
Euproctis chrysorrhoea ***572***, 582
Europin 447, 448
Eurotiales 63
Eurypelma californicum 592
Eurypelma-Toxin **592**
Euscorpius carpathicus 595, 598
Eu. flavicaudis ***590***, 595
Euthyneura 361
Evatromonosid **189**, 193
Evobiosid **193**
Evomonosid **193**
Evonigenin **182**
Evonin 193
Evonogenin 192
Evonolosid **193**
Evonosid 192, **193**
Evonymin 193
Excoecaria 138
Exotoxin A von *Pseudomonas aeruginosa* 557
Exotoxine, bakterielle 550ff.
Expansin 66

Fabaceae 185, 196, 223, 253, 255f., 271, 288, 290f., 296ff., 310, 334, 337, 354, 368, 386, 403, 434, 438, 440, 477f., 488ff., 510, 518, 573f., 576
Fadenröhre, Indische 295
Fadenwürmer 581
Fagaceae 57, 255
γ-Fagarin **430**, 433
Fagopyrin 276, **280**
Fagopyrum 271, 280
F. esculentum 280, ***286***
F. tataricum 280
Fagus silvatica 297, ***304***
Fälbling, Großer Rettich- 171
F., Tongrauer 170, ***179***
Fälblinge 170f.
Falcarindiol **33**, 34
Falcarindion **33**
Falcarinol **33**, 34, 237, 238, 248
Falcarinolon **33**, 34
Falcarinon **33**, 248
Fallacinol **269**, 276
Fallopia convolvulus 276
Faltenwespen 319, 602
F., Soziale 602
Färberröte ***268***, 270
Farne 270, 334
Farnesylacetonepoxid **122**, 123
Farnesylbenzochinon 48
Farnesylhydrochinon **122**, 123
Fasciculine 615, 618
Fasciculol E **170**
Fasciculol F **170**
Fasciculole 170
Faserkopf 308
fast death factor 558
Fatsia 34
F. japonica 34
Faulbaum ***268***, 272ff.
Favin 510
Favismus 511
FDF 558
Federsterne 230, 271
Feigenbaum ***268***
F., Echter 256
Feldsalat 97
(−)-Fenchon 91
Fenchylacetat 91
Feruloylhistamin 316
Festuca 409
F. arundinacea 409f.
Festuclavin 406, **407**, 411
Fetthenne 465, 476
F., Große 476
Feueralgen 60
Feuerameisen 479
Feuerdorn ***324***, 335

Feuerkoralle 584
Feuersalamander ***553***
Feuerwalzen 422
Fiancin 393, 397
Ficus carica 256, ***268***
Fiederspiere 335
Fijianolide 76
Filixsäure 43
Filixsäure BBB **43**
Fingerhut 187ff.
F., Gelber 187
F., Glatter 187
F., Großblütiger 187
F., Purpurroter 187
F., Rostfarbener 187
F., Roter ***180***, 222
F., Wolliger ***180***, 187
Fisch 305
Fisetin **54**, 55
Flachs 339
F., Neuseeländer 166
Flachslilie, Blaue 272
Flagelloscypha pilatii 122
Flamingoblume 21, 339
F., Große ***20***
Flämmling, Breitblättriger 320
Flaschenkürbis 165
Flavanderivate 54ff.
Flavaspidsäure 43f.
Flavaspidsäure BB **43**
k-Flavitoxin 617
Flavon 48
Flavonoide 55ff.
Flavonolignane 259
(–)-Flavoskyrin **67**
Flechten 270
Fleischwaren 305
Fliederprimel 48
Fliege, Spanische ***90***
Fliegenpilz, Roter 293, ***303***
Floridanin 445
Florilenalin **111**, 114
Florosenin 445
Fluorodaturatin 458
Flußzeder 260
Flustra foliacea 422
Flustramin A 401, 422, **423**
Fontanesia 514
Forficula auricularia 261, ***268***
Forficulidae 261
Formaldehyd 468
Formicidae 16, 99
Formicinae 16
Formicoidae 479
N-Formyllolin 410
N-Formylnicotin 459
(–)-N-Formylnorephedrin 314
N-Formylnornicotin 467
Forskolin **132**
Franganin 193, 274
Frangufolin 193, 274
Frangula 272
F. alnus 272
Frangulamin 193
Frangulanin 274
Frangulin A **273**
Frangulin B **273**
Fritillaria 25, 537
F. acmopetala 537
F. camtschatcensis 537
F. imperialis ***536***, 537f.
F. meleagris ***536***, 537f.
F. pallidiflora 537
Frosch, Grab- 402
Frösche 480, 609
F., Echte 609
F., Ruder- 610
F., Zungenlose 609
Froschlurche 319, 326f., 609
Frugosid **199**
Frullania 114f.
Frullaniaceae 114
(–)-Frullanolid **113**, 114
Fuchsbohnen 488
Fuchsisenecionin 444f.
D-Fucose **184**
Fugu 436
F. poecilonotus 435
F. rubripes rubripes 436
F. vermicularis vermicularis 435
Fumaria 374f.
F. officinalis 374f., ***377***
F. vaillantii 374f.
Fumariaceae 368, 374ff.
Fumaricin 364, 375
Fumarilin 364, **365**, 375
Fumarin 375
Fumaritin 364, 375
Fumigaclavin A
–, B **411**
Fumigaclavine 401, 411
Fumitremorgen A 416
Fumitremorgen B 416
Fumitremorgene 401, 412
Fumitremorgin B **415**
Fumitremorgine 412
Fünfpunkt 79
Fungi imperfecti 63
Furanocumarine 255, 430
Furanoganodersäuren 171
Furchenbiene 600
Furchenschwimmer 213
Furocaulerpin **122**
Furocumarine 248, 255ff.
ent-Furodysinin 123, **124**
Furosesquiterpene 123
Furospongin 2 **150**, 151
(25 R)-Furosta-5,20-dien-3β,26-diol 226
5β-Furostan-3β,22,26-triol **220**
(25 S)-5β-Furostan-3β,22,26-triol 226
Furost-5-en-3β,17α,22,26-tetraol **220**
Furost-5-en-3β,22,26-triol **220**
(25 S)-Furost-5-en-3β,22,26-triol 226
Fusarenon-X **119**
Fusarium 64, 66, 118
F. graminearum 68, 118
F. moniliforme 66, 68
F. nivale 68
F. oxysporum 68, 69
F. poae 118, 120
F. roseum 68, 118, 560
F. sambucinum 68
F. solani 68
F. sporotrichoides 68, 118, 120, ***125***
F. tricinctum 118
Fußblatt 260
6-F., Staubblättriges ***268***

Gabelschwanz ***19***, 16
Gabunviper 613
Gafrinin 111
Gagea 25
Gaillardia 114
G. aristata ***108***
Gaillardin 114
Galangin **54**
Galanthamin 393f., **394**, 397ff.
Galanthin 393f., **394**, 397
Galanthus elwesii 397
G. nivalis 21, 393, 397f.
Galeere, Portugiesische 584, ***589***
Galega × hartlandii 310
G. bicolor 310
G. officinalis ***321***
G. orientalis 310
Galegin **310**
Galerina 564, 568
G. autumnalis ***554***
G. marginata 564f., 568
Galinsoga parviflora 114f.
Galium 271
G. odoratum 253f., ***267***
(–)-Gallocatechin **56**
Galloylpaeoniflorin 96
Gamabufalin 208
Gamabufotalin 204, 207
Gamabufotalinglykoside 204
Gamabufotalinrhamnosid **205**
Gambierdiscus 60
G. toxicus 62
Gammabufotalin **183**
Gandavense-Hybriden 133
Gandodermatriol 171
Ganoderale 171
Ganoderensäuren 171
Ganoderiole 171
Ganoderma lucidum 171f., ***179***
Ganodermadiol 171
Ganodermataceae 171
Ganodermenenol 171
Ganodermsäuren 171
Ganodersäure C **172**
Ganodersäure D **172**
Ganodersäure R **172**
Ganodersäure S **172**
Ganodersäuren 171
Ganolucidinsäuren 171
Gänsedistel, Sumpf- 112
Gänsefuß 17
Gänsefußgewächse 488
Gänsesterbe 200
Garrya 517
Garryaceae 517
Gartenkresse 166
Gartenraute 256
Gastrolacton **99**
Gastropoda **30**, 439, 581, 587
Gauchheil, Acker- 166
Gaukler 213
Geigeria 111
G. filifolia 111f.
Geißbart 335
Geißblatt, Deutsches 514
Geißblattgewächse 379, 514
Geißklee 493

G., Schwarzer 489
Geißraute, Echte ***321***
Gelbbauchunke ***625***
Gelbfußtermite 101
Gelbrandkäfer 213, ***232***
Geneserin 401, **403**
Genista 493
G. germanica 489
G. pilosa 489
G. radiata 489
G. tinctoria 489, ***501***
Genkwadaphnin 146
Gentiana 514
Gentianaceae 97, 514
Gentiobiosyloleandrin **196**
Gentitoxin **354**, 355
Geodia baretti 422, 510
G. gigas 327
Geoglossaceae 306
Geographustoxin 587
Geophilidae 340
Georginie 56
Gephyrotoxin **480**
Geraniol 101
Geranylbenzochinon **47**, 48
Germacranolide 113f.
Germacren D 93
Germer 532
G., Schwarzer 532
G., Weißer 532, ***536***
Germerin **533**, 534, 537
Germin **533**, 534, 537
Germinalin **534**
Germitetrin **533**, 534
Gerronema 320
G. fibula 320
G. swartzii 320
Gerste 338
Gibberella avenaceae 118
G. fujikuroi 68
G. zeae 68
Gießkannenschimmel 411
Giftbeere ***450***, 455
Gifte, biogene
–, Definition 1
–, Geschichte 1ff.
–, Isolierung 2
–, pharmakologische Testung 3
–, Rolle in biologischen Systemen 7
–, Struktur und Wirkung 5
–, Strukturaufklärung 3
–, Toxikodynamik 10f.
–, Toxikokinetik 9f.
–, toxikologische Bewertung 9
– Evolution 8
– in der Nahrung 6
– Resistenz 8
Giftheil 520
Giftigkeit, sekundäre 4
–, primäre 4
Giftnattern 612
Giftprimel 48
Giftschlange, opistoglyphe 614
–, proteroglyphe 614
–, solenoglyphe 614
Giftschlangen 612ff.
Giftsumach ***38***, 44
Gila-Monster 611
Gilatoxin 612
Gillichthys 436
Ginkgo biloba 46, ***71***
Ginkgoaceae 46
Ginkgobaum 46, ***71***
Ginkgogewächse 46
Ginkgolsäuren 46
Ginkgotoxin **46**
Ginsenoside 224
Ginster 493
G., Deutscher 489
G., Färber- 489, ***501***
G., Haar- 489
G., Kugel- 489
Gitaloxigenin **182**, 188
Gitaloxin **189**
Githagosid **238**
Gitonin 189
Gitorosid **189**
Gitoxigenin **182**, 188, 192, 195
Gitoxin **189**
Glanzgras, Rohr- ***323***, 326
Glaucin 364, 368, 376
Glaux maritima 48
Gleditsia 271
Gleichflügler 207
Gliederfüßer 261f., 326, 340
Gliedertiere 327
Gloetrichia 58
Glomeridae 434
Glomerin **434**
Glomeris marginata ***431***, 434
Gloriosa 389
G. rothschildiana 389
G. simplex 389
G. superba ***378***, 389
Gloydius 612
Glucoalyssin **347**
Glucoberteroin **347**, 351
Glucobipindogeningulomethylosid **199**
Glucobrassicanapin **347**
Glucobrassicin **347**, **348**, 350f.
Glucobrassicin-1-sulfonat 348
Glucocapparin **347**
Glucocheirolin **347**
Glucocoroglaucigenin **199**
Glucocorotoxigenin **199**
Glucodigifucosid 188, **201**
Glucoerucin **347**, 351
Glucoerycordin **201**
Glucoerysimosid **199**, **201**
Glucoerysodin 386
Glucoerysolin **347**
Glucoevatromonosid 188, **189**
Glucoevonogenin **193**
Glucoevonolosid **193**
Glucofrangularosid A 273
Glucofrangulin **273**
Glucofrangulin A **270**
Glucofrangulin B **273**
Glucofrangulin-A-anthron 273
Glucogitaloxin 188, **189**
Glucogitorosid 188, **189**
Glucohellebrin 203
Glucoiberin **347**, 351
Glucoiberverin **347**
Glucolanodoxin 188, **189**
D-Glucomethylose **184**
Gluconapin **347**, 351
Gluconapoleiferin **347**
Gluconasturtin **347**, 351
Glucoraphanin **347**, 351
Glucorapiferin 348
Glucoscillaren A 204, **205**
Glucoscillaren A-diacetat **205**
Glucoscillaren (1–3) **205**
Glucoscilliphäosid **205**
D-Glucose **184**
Glucosinolate 200, 346ff.
Glucosyloleandrin **196**
Glucotropaeolin **347**, 349
Glucoveracintin 534
Glucoverodoxin 188, **189**
D-Glutaminsäure 288
L-Glutaminsäure 287
γ-L-Glutamyl-L-2-amino-hexa-3(Z),5-diensäure 582
β-N-(γ-L-Glutamyl)-4-formyl-phenylhydrazin 307
N-γ-L(+)-Glutamyl-4-hydroxy-anilin 307
Glyceria 337
Glycerophosphatase 622
Glycyrrhetinsäure **221**, 223
Glycyrrhizinsäure **223**, 224
Glykosid B_2 **233**
Glykosid F **191**
Glykosid U **191**
Glykosidasen 599
Glykoside, Cyanogene 332ff.
C-Glykosylverbindung 275
Gnadenkraut, Gemeines 167
Gnetatae 316
Gnidia 145f.
Gnidilatidin 146
Gnidimacrin **146**
Gniditrin 146
Gobiidae 436
Goitrin **348**, 350, 352
Goldafter ***572***
Goldhafer 213
Goldkolben 444
Goldlack ***197***, 199
Goldmohn 374
Goldregen, Alpen- 490
G., Gemeiner ***484***, 490
Goldrose 584
Goldschmied 16
Goldstern 25
Gomphosphaeria 58
Goniotropis 262
Gonyaulax catenella 503
Gonyautoxin 1 **504**
Gonyautoxin 4 **504**
Gonyautoxine 503f.
Goodeniaceae 255
Gorgonaria 151
Gossypium 172f.
G. hirsutum ***180***
Gossypol 172f.
Gossypurpurin 172
Gossyverdurin 172
Gottesgnadenkraut 167f.
Gracilin B **150**
Gramin **326**, 489, 492
Grammostola 591
G. actaeon 594
G. iheringii 591ff.
Gränke, Polei- 133
Granulatosid A **233**, 234
Granuliberin-R 609, **610**, 611

Gras 52
Gräser 409
Grasfrosch ***608***, 609
Gratiogenin **167**
Gratiogenin-3β-D-glucopyranosid 167
Gratiola officinalis 167f.
Gratiosid 167
Graukappe 505
Gravelliferon 430
Graveolin 430
Grayanosid A 134
Grayanosid B **134**, 135
Grayanotoxin 135
Grayanotoxin I **134**
Grayanotoxin II **134**
Grayanotoxin III **134**
Grayanotoxin IV **134**
Grayanotoxin XVIII **134**
Grayanotoxine 134f.
green tobacco sickness 470
Greiskraut, Alpen- ***432***, 444f.
G., Berg- 445
G., Eberrauten 445
G., Fluß- 445
G., Frühlings- 444f.
G., Fuchssches ***432***, 444f.
G., Gemswurz- 444
G., Hain- 444f.
G., Jacobs 444f.
G., Krauses 445
G., Moor- 445
G., Raukenblättriges 445
G., Schweizer 445
G., Silberblatt- 445
G., Spreizblättriges 445
G., Sumpf- 445
G., Wald- 445
G., Wasser- 445
Grevillea robusta 47
Grevillol 47
Griesenin 111
Grossheimin 114
Grossularine 423
Grossularin-1 **423**
Grubenotter, Malayische 614
Grubenottern 612
Grünalgen 101, 122, 149
Grünkohl 351
Grünwidderchen 340
GTX 1 504
GTX 2 504
GTX 3 504
GTX 4 504
GTX 5 503
GTX 6 503
GTX 8 503
epi-GTX 8 503
Guajanolide 111ff.
Guanidinderivate 310
Guatteria megalophylla 379
Guernseylilie 397
D-Gulomethylose **184**
Gurke 165
Gurkenkraut 447
Guttiferae 279
Guvacin 471, **472**
Guvacolin 471, **472**
Gymnodiales 61
Gymnodinium breve 61, 362
G. catenatum 503, 505
Gymnopilus 320
G. liquiritiae 320
Gymnothorax 60
Gynocardin **333**
Gypsogenin **221**
Gyridinal 213
Gyridinon 213
Gyrinidae 213
Gyrinidion 213
Gyrinus 213
Gyromitra 305f.
G. esculenta ***304***, **305ff.**
G. fastigiata 306
G. gigas 306
Gyromitrin **306**
Gyrostemonaceae 349
Gyrostoma helianthus 585

Haarqualle, Blaue 584
H., Gelbe 584, ***589***
Haarschleierling 473
Haarschleierlinge 308, 402, 564
Haarstrang, Echter 257
Hab-mich-lieb 48
Habuschlange 614
Hacelia attenuata 234
Hadronyche 591
Hadrurus 596
Haemanthamin 393, **394**, 397f.
Haemanthidin 393, **394**, 397
Haemanthus albiflos 397
H. hybridus 397
H. kalbreyeri 398
H. katharinae 397
H. multiflorus 398
Hagenia abyssinica 41, 42
Hahnenfuß 340
H., Acker- 22
H., Brennender 22
H., Gift- ***37***, 22
H., Illyrischer 22
H., Knolliger 22
H., Scharfer ***20***, 22
Hahnenfußgewächse 21f., 193, 202, 340, 355, 488, 517, 519, 522
Hahnenkamm 386
Hainanolid 386
Hainfreund 48
Hainschönchen 48
Hakenlilie 394
Halichondria 76, 150, 158
H. melanodocia 60
H. okadai 60, 76
H. panicea ***126***, 123, 229
Halichondriidae 229
Halichondrin B **77**
Haliclona 293, 422
Halictus 600
Halisulfat 1 **157**
Halisulfat 2 **157**
Halisulfate 158
Halityle regularis 234
Hallimasch ***126***
Halodeima 241
Halshalin **111**
Halysschlange 614
α-Hämolysin 551
Hämolysine 603f., 611
Hämorrhagine 615, 618
Hanf ***71***, 49, 50
H., Bengalischer 441
Hanfgewächse 50
Hapalindol A **421**
Hapalindole 422
Hapalochlaena maculosa 436
Hapalosiphon fontinalis 422
H. melanodocia 422
Harlekinschlange 613
Harmalanin 401, **404**
Harmalicin 401, **404**
Harmalin 401, **404**
Harmalol 401, **404**
Harman 287, **404**, 418
Harmelraute 404
Harmin 401, **404**
Harmol 401, **404**
Harnsäure 497
Harpactirella 591f.
H. lightfootii 591
Harringtonin 386, **387**
Harry 373
Hartheu 279
H., Berg- 279
H., Flügel- 279
H., Kanten- 279
H., Liegendes 279
H., Rauhhaariges 279
H., Schönes 279
H., Sumpf- 279
H., Tüpfel- 279, ***286***
Hartheugewächse 279
Harungana 271
Hasch 52
Haschisch 52
Haschisch-Öl 52
Haselwurz 252
H., Europäische ***250***, 252
Häubling, Herbst- ***554***
H., Nadelholz- 564
Hautflügler 16, 312, 319, 599ff.
Haworthia 270
HCN 468ff.
Heavenly blue 410
Hebeloma 170f.
H. crustuliniforme 170, ***179***
H. sinapizans 171
H. vinosophyllum 170, ***179***
Hebelomasäure A **171**
Hebelomasäuren 171
Hebestatis 591ff.
H. theveniti 593
Hebevinosid II **171**
Hebevinosid III **171**
Hebevinoside 170, 171
Heckenkirsche, Rote 514
H., Schwarze 514
H., Tataren- 514
H., Tatarische ***502***
Hedera 236ff.
H. colchica 236
H. helix 34, 236, ***249***
H. nepalensis 238
H. rhombea 237
H. taurica 237
Hederacolchiside 237
Hederacosid A **237**
Hederacosid B **237**
Hederacosid C **237**
Hederagenin **221**, 237ff.

Hederasaponin B **237**
Hederasaponin C **237**, 238
Hederasaponin K 10 **237**
Hederasaponosid C 237
α-Hederin **237**, 238
β-Hederin **237**
Heidekrautgewächse 117, 133ff., 488
Heidelbeere 488
Heideröschen 145
Helenalin **110**, **111**, 114
Helenalinester 109, 114
Helenanolide **110**
Helenium 111, 114f.
H. autumnale ***107***, 111
H. bigelovii 111
H. hoopesii 111
H. microcephalum 111f.
Heleurin 447
Heliangin 114
Helianthus annuus ***108***, 114, 115
Heliconius 340
Helioscopinolide 140
Heliospectine 612
Heliosupin 447
Heliotrin **441**, 443, 447f.
Heliotrin-N-oxid 443
Heliotrop 447, ***449***
Heliotropium 343
H. arborescens 447, ***449***
H. europaeum 447
H. indicum 447
H. lasiocarpum 447
Helix pomatia 578
Helleborogenon **183**, 203
Helleborus 22, 185, 202ff.
H. dumetorum 202f.
H. foetidus 22, 202f.
H. guttatus 202
H. multifidus 203
H. niger 22, ***198***, 202f.
H. odorus 202f.
H. purpurascens ***198***, 202f.
H. viridis 22, 202f.
Hellebrigenin **183**, 203, 207f.
Hellebrin 203
Hellerkraut 348
Helmbohne 570
Helminthogermacren 105
Helminthosporium 64, 75
H. oryzae 157
Helmling, Schwarzgezähnelter 309
Heloderma 611f.
H. horridum 611f.
H. suspectum 611f.
Helodermatidae 611, 621
Helodermin 612
Helvella esculenta 305
Helvellaceae 305
Helveticosid 200, **201**
Hemachatus 617
H. haemachatus 613, 618
Hemerocallis 272
H. lilio-asphodelus 272
Hemibrevetoxine 61
Hemichordata 361, 542
Henricia 271
H. sanguinolenta 230, 234
Hepatica nobilis ***37***, 22
Hepaticae 106
Hepatitis X 73
Heptadeca-1,9-dien-4,6-diin-Derivate 33
cis, cis-3-(n-Heptadeca-8′, 11′-dienyl)brenzcatechin 44
Heptadecadienyl-resorcin 47
Heptadeca-8′, 11′, 14′-(trienyl)brenzcatechin 44
5-(Heptadeca-8(Z), 11’(Z), 14’(Z)-trienylresorcin 47
Heptadecenylresorcin 47
cis-5-(n-Heptadec-12’-enyl)resorcin 45
cis-3-(n-Hept-8’-enyl)-brenzcatechin 44
Heracleum 258
H. mantegazzianum 257f., ***267***
H. sphondylium 257, 258
Herbain 401, 416
Herbalin 401, 416
Herbstfeuerröschen 193
Hering 305
Heringsrogen 302
Herniarin 430
Heroin 372f.
Herz, Flammendes 376, ***377***
H., Tränendes 376, ***377***
Herzblume 376
Herzkirsche 336
Hesperis 185
H. matronalis 200
Heterodendrin **333**, 335, 338
Heterogynidae 340
Heterometrus 596
Heteropachyloidellus robustus 261
Heterophylloidin 520
Heteroptera 207, 599
Het_{389} 593, **593**
Het_{403} 593
Heu 52
Heuschrecken 207, 441
Hexacorallia 584
Hexapoda 206f., 261, 326, 334, 361, 599, 621
Hexenröhrling, Netzstieliger 310, ***321***
2(1-Hex-5-enyl)-5-nonylpyrrolidin **479**
Hierochloe odorata 253
Higenamin 520f.
Hippeastrin 393f., 398
Hippeastrum hybridum ***395***, 397
H. vittatum 397
Hippoaesculin 236
Hippocastanaceae 235, 292
Hippodamin **79**
Hippomane 138
Hippospongia metachromia 123
Hiptage madablota 354
Hiptagensäure 354
Hiptagin 355
Hirschkolbensumach 44
Hirse 337
Hirtentäschel 200
H., Gemeines ***180***
Hirundigenin **212**
Hirundosid A **212**
Histamin 239, 302, 305, 326, **327**, 585, 595, 600, 603, 606
Histaminpeptide 600
L-Histidin 288
Histiopteris incisa 116
Histrionicotoxin **480**
Histrionicotoxine 480
Hohltiere 583
Hokbusin A 518
Holcus lanatus 338
H. mollis 338
Holocalin **333**, 339
Holocynthia 504
Holothuria 240, 241
H. leucospilota 241
H. mexicana ***250***
Holothurie, Kletten- 241
Holothurin 242
Holothurin A 242
Holothurin A_1 **241**
Holothurin A_2 **241**
Holothurine **241**
Holothuroidea 230, 240ff.
Holotoxin A **242**
Holotoxine **241**
Holunder, Roter ***342***
H., Schwarzer 339
H., Zwerg- ***341***
Holzapfel 336
Holzbock 599
Holzrasling, Ulmen- 29
Holzritterling, Rötlicher 291
Homalanthus 138
L-Homoarginin 290
Homobaldrinal 98
Homobatrachotoxin **540**, 541
Homofluorodaturatin 458
Homoglomerin **434**
Homogyne alpina 445
Homoharringtonin 386f., **387**
α-Homojirimycin **478**
Homolycorin 393, **394**, 397
Homopahutoxine 312
Homopalytoxin 78
Homoptera 207
1-Homovaltrat **98**
Honigbiene 247, 600ff., ***607***
Honiggras, Weiches 338
Hopfen 41
H., Gemeiner 41
Hoplonemertini 478
Hordenin **326**
Hordeum vulgare 338
Hormothamnin A 558
Hormothamnine 558
Hormothamnion 558
H. enteromorphoides 558
Hornisse 602, ***607***
H., Kleine 602
H., Mandarin- 604
Hornklee, Gemeiner 337, ***341***
Hornkorallen 151
Horridumtoxin 612
Hottentotta minimax 596
HT-2 118
Huflattich ***432***, 440, 445
Hülse 339
Hulst 339
Humboldtion A 281
Hummel 600
Humulon **42**
Humulus lupulus 41f.
Hundezahn 25
Hundsgiftgewächse 194, 201f., 416f.

Hundskamille, Stink- 114
Hundspetersilie 33, ***38***
Hundswürger 212
H., Hanfartiger ***198***, 202
Hundszunge, Echte 447, ***449***
Huntington-Chorea 287
Hura 138
H. crepitans 139, 142, ***161***
Huratoxin **137**, 142
Hyacinthaceae 204
Hyacinthus orientalis 21
Hyacynthaceae 191
Hyaluronidase 584, 591 ff., 595, 600, 603, 612, 621
Hyazinthe 21
Hydra attenuata 586
Hydrastin 364
α-Hydrastin **365**, 368, 375
Hydrazin 468
Hydrazin-Derivate 305 f.
Hydrochinon 261 f., 307
Hydroidea 584
Hydrophiidae 612 f., 620
Hydrophyllaceae 48
Hydrothassa 99
1-(2-Hydroxyacetyl)-pyrazol 306
7-Hydroxyaloin 278
N-Hydroxyaminoverbindungen 287
2α-Hydroxy-6-O-angelicoyl-2,3-dihydrohelenalin 110
(2 S,3 R)-(−)-3-Hydroxybaikiain 297
4β-Hydroxybatrachotoxin 541
4-Hydroxy-β-cyclocitral 176, **177**
4-Hydroxybenzaldehyd 261
4-Hydroxybenzen-diazonium-salze 307
4-Hydroxybenzoesäure-methylester 261
4-Hydroxybenzoesäure 261
19-Hydroxybufalin 207
4-Hydroxy-n-butyl-n-propyl-phthalat 229
4-Hydroxycephalotaxin 386
11-Hydroxycephalotaxin 386
Hydroxychavicol 472
8-Hydroxy-2-chinolincarbonsäure-methylester 428
16-Hydroxycholesterol 160
3′-Hydroxycotinin 469
3β-Hydroxy-4,5-dehydro-card-20(22)-enolid 192
11α-Hydroxy-desglucohellebrin 203
3-β-F-Hydroxy-2,3-dihydrowithaferin **209**
N'-Hydroxy-N,N-dimethylharnstoff 308
2α-Hydroxy-8,14β-epoxy-carda-16,20(22)-dienolid **195**
22-Hydroxyfurostanol-3,26-O-bisdesmeosid 225
Hydroxygalegin **310**
4-Hydroxyglucobrassicin **347**, 348
16-Hydroxygratiogenin 167
Hydroxyhebevinogenin 170
11α-Hydroxyhellebrigenin 203
γ-Hydroxy-L-homoarginin 290
6β-Hydroxyhyoscyamin **453**, 456, 459
7β-Hydroxyhyoscyamin **453**, 459
4-Hydroxy-3-indolylmethylglucosinolat 351
6-Hydroxyinfractin 402
13-Hydroxyingenolester 140
16-Hydroxyiridal **168**
2α-Hydroxy-6-O-isovaleryl-2,3,11α,13-tetrahydrohelenalin 110
7-Hydroxylathyrolester 140
22-Hydroxylcholesterol 160
4-Hydroxylupanin 487
13-Hydroxylupanin 487, 489
13α-Hydroxylupanin 491 f.
5-Hydroxy-6-methoxyflavon 48
4-Hydroxymethyl-diazonium-ion **308**
18-Hydroxy-14-O-methylgadesin 522
1-Hydroxymethyl-7-hydroxy-pyrrolizidin 490
4-Hydroxymethyl-phenylhydrazin **308**
6-Hydroxymethyl-9-β-D-ribofuranosylpurin 505
7β-Hydroxy-O-methyl-solanocapsin 532
3-Hydroxymultiflora-7,9 (11)-dien-29-säure 167
Hydroxynorcytisin 490
14β-Hydroxy-3-oxo-20,22-bufadienolid 203
20α-Hydroxy-4-pregnan-3-on 213
30-Hydroxypetuniasteron A 211
9-Hydroxyphäosidin 204
m-Hydroxyphenylglycin 142
Hydroxy-β-pinenylvicianosid **95**
4-Hydroxypyrrolidon-2 **294**
19-Hydroxy-sarmentogenin 190
11α-Hydroxyscilliglaucosidin 204
4-Hydroxysedamin 476
5-Hydroxysedamin 476
2α-Hydroxy-6-O-senecionyl-2,3-dihydrohelenalin 110
12β-Hydroxysolasodin 529 f.
2α-Hydroxy-6-O-tigloyl-2,3,11α,13-tetrahydrohelenalin 110
Hydroxytropine 454
Hydrozoa 312, 583 f.
Hyella caespitosa 422
Hyellazol 422
Hygrin **453**, 455 f., 460
Hygrine 453
Hygrocybe 320
Hygrolin **453**, 456
Hygrophoraceae 320
Hyla arborea 609
Hylambatus maculatus 609
Hylidae 326, 609
Hymenacidion spec. 438
Hymenidin **438**
Hymenin **438**
Hymenocallis littoralis 398
Hymenochaetaceae 169
Hymenograndin **111**
Hymenoptera 16, 312, 319, 599 ff.
Hymenoratin **111**
Hymenoxon **111**, 112
Hymenoxys odorata 111 f.
Hyoscin **453**
Hyoscyamin **453**, 454 ff., 457 ff., 459
Hyoscyamin-N-oxid 456
Hyoscyamus 458 f.
H. muticus 458
H. niger ***450***, 458
Hypaconin 517, **518**, 521
Hypaconitin 517, **518**, 520 ff.
Hypacron **116**
Hyperforin **279**, 280
Hypericaceae 279
Hypericin **279**, 280
Hypericodehydrodianthron 279
Hypericum 271, 279 f.
H. androsaemum 279
H. barbatum 279
H. coris 279
H. drummondii 280
H. elegans 279
H. elodes 279
H. hirsutum 279
H. humifusum 279
H. maculatum 279
H. montanum 279
H. olympicum 279
H. patulum 279
H. perforatum ***286***, 279 f.
H. pulchrum 279
H. richeri 279
H. tetrapterum 279
Hypholoma fasciculare ***179***, 170
H. sublateritium 170
Hypnea valentinae 505
Hypocreales 63
Hypoglycin A 291
L-Hypoglycin 291 f., **292**
Hypolepidiaceae 115
Hypolepis punctata 116
Hypolosid A **116**
Hypolosid C **116**
Hypoloside 116
Hypothyroidismus 296
Hypsizygus tessulatus 29
Hyrcanogenin **182**, 199
Hyrcanosid **199**
Hystrin 492
H_2O_2 262

Iberis 166
I. amara 166
I. gibraltarica 166
I. sempervirens 166
I. umbellata ***162***, 166
Ibotensäure 293 ff., **294**
Icterogenin **163**, 164
Idiochroma dorsalis 261
Igelfische 436
Igelgurke 165
Ignis sacer 408
IHVD-Valtrat **98**
Ilex aquifolium 339, ***341***
I. paraguariensis 503
Ilimachinon 123, **124**
Illicium anisatum 109
I. religiosum 109
I. verum 109
Illudin S **121**, 122
Illudine 122
Ilybius fenestratus 213, 428
Imidazolalkaloide 438 f.
Imidazolylalkylamine 326 f.

Immergrün 416
I., Gemeines ***414***, 416
I., Großes 416
I., Krautiges 416
I., Madagaskar- ***414***, 417
Imperatorin 255, **256**, 257f.
Imperialin **538**
Indian Oil 52
Indicin-N-oxid 448
Indigo, Kriechender 291
Indigofera endecaphylla 291, 354
I. spicata 354
I. suffruticosa 354
(–)-Indolactam 401, **421**
Indolactame 421
Indolalkaloide 401ff.
Indolizidinalkaloide 411, 477ff.
Indolylacetonitrile 348
Indolylalkylamine 319ff.
L-Indospicin **290**, 291
Infractin 402
Infractopicrin 402
Ingenol **137**
Ingenolester 140, 142
Ingenol-3-hexadecanoat **137**
Ingenol-3,5-dibenzoat **137**
Ingol **141**
Ingolester 141
Inimicus 605
Inkalilie 25, ***37***
Inocybe 308ff., 320f.
I. aeruginascens 320f.
I. calamistrata 320
I. corydalina 320
I. fastigiata 309
I. geophylla 309, ***321***
I. godeyi 309
I. griseolilacina 309
I. jurana 308
I. lacera 309
I. lilacina 309
I. mixtilis 309
I. napipes 309
I. obscuroides 309
I. patouillardi 309f., ***321***
I. pudica 309
I. obliquus 169
Inotodiol 169
Insekten 206f., 261, 326, 334, 361, 599, 621f.
Insektenblüten, Dalmatinische 96
Insektotoxine 595
Integerrimin 445
Intermedin 447
Intybin 112
Inula helenium ***125***, 114, 115
I. royleana 517
Iochroma 209
Ipecosid 364, 381
Iphigenia 389
Ipomoea 410
I. alba 410
I. bahiensis 411
I. carnea 411
I. fistulosa 411
I. muelleri 411
I. pes-caprae 411
I. tricolor 410, ***413***
I. violacea 410f.
Ips pini 261
Ircina 157
I. muscarum 150
Iridaceae 48, 176
Iridale 168
cis-trans-Iridodial **99**
Iridogermanal 168
δ-Iridogermanal 168
Iridoide 97ff.
Iridolacton 99
Iridomyrmecin 97, **99**
Irieol **149**, 150
Iriflorental 168
α-Irigermanal **168**
Iripallidal 168
Iris 48, 168f.
I. florentina 168
I. foetidissima 168
I. germanica 168
I. missouriensis 168
I. pallisii 168
I. pseudacorus 48, 168, ***179***
I. sibirica 48
I. versicolor 168
Irisgewächse 48
Irisochin **49**
Iriversical 168
α-Iron **168**
γ-Iron 168
Isatidin 443
Isertia 428
Islandicin **67**
Islanditoxin 560, **561**
cis-Isoasaron 252
trans-Isoasaron 252
Isobaimonidin **538**
Isobergapten **256**, 257
Isoboldin 364, 368, 375f.
Isobuttersäure 16
6-O-Isobutyryl-2,3,11α,13-tetrahydrohelenalin 109
Isochinolinalkaloide 364ff., 520
Isochorypalmin 364
Isocolchicin 389
Isoconcinndiol **149**, 150
Isocorydin 364, 375f., 376
(–)-Isocorypalmin **366**, 375
Isodelphelin 522
Isodihydrohistrionicotoxin **480**
Isoergin 410
trans-Isoeugenolmethylester 252
Isoevonin 193
Isofumigaclavin A 411
Isofumigaclavin B 411
Isofumigaclavine 401, **411**
Isofurogermacran 118
Isoharringtonin 386f.
Isoimperatorin **256**, 257, 430
Isoiridogermanal 168
Isoiridomyrmecin 97, **99**
Isolaurinterol **122**, 123
Isoneriucumarinsäure **195**
Isopicropodophyllon 260
Isopilocarpin 439
Isopimpinellin **256**, 257, 430
Isopinocamphon 93
Isoplexis sceptrum 187
Isoptera 100f., 152
Isopteropodin 423
Isorhoeadin 364, 371
Isorubijervin **533**, 534
Isosafrol 251
Isosiphonidin **207**
Isosolacapin 532
α-Isospartein **487**, 491
β-Isospartein 487
Isostichopus 241
Isotetrandin 364, **365**, 376
Isothebain 364, **366**, 371
(+)-Isothujon **88**, 91ff.
(+)-Isothujylalkohol 92
Isouramil 511
Isovaleriansäure 16, 98
Isovaleroxyhydroxydidrovaltrat 98
Isovaltrat **98**
Isovelleral **121**
Isowogonin **54**
β-Isoxazolin-5-on-2-yl)-L-alanin(**289**
Itomanidole 402
Iuridae 596
Ivalin 110
Ixin 599
Ixocarpalacton B **210**
Ixocarpalactone 209, 210
Ixodes holocyclus 599
I. ricinus 599
Ixodidae 598
Ixodides 598
Ixodin 599
I_5A **597**

Jaborosa 209
Jaborosalactole 209
Jaborosalactone 209
Jackbohne 290, ***303***, 570, 573f.
Jacobin **441**, 443ff.
Jacozin **441**, 445
Jagilonsäure 239
Jakobslilie ***396***, 397
Jaligonsäure **221**
Jania 435, 504
Jaquemontia 410
Jararaca 614
Jararacussu 614
Jasminin 515
Jasmium 514f.
Jasmolin **96**
Jateorhizin 364
Jatropha 138, 142, 145
J. curcas 139, 142, 145
J. gossypifolia 139
J. multifida 139
J. urens 326
Jatrophatrion 142
Jatrophon 142
Jatrorrhizin 364, **366**, 369, 376
Jervin **533**, 534
Jochpilz 63
Johannisbeere 17
Johanniskraut 279f.
J., Alpen- 279
J., Bart- 279
J., Echtes 279, ***286***
J., Großblumiges 279
J., Japanisches 279
J., Nadel- 279
J., Olympisches 279
Joints 52
Jonquille 397
Joro spider toxins 593

JSTX-3 **593**
JSTX 593
Juckbohne 326
Judenkirsche 210
Juglans cinerea 318
J. regia 318
Julus 261
Juncaceae 405
Juncaginaceae 340
Junceella fragilis 152
Junceellolid A **151**
Junceellolide 152
Juniperus 94, 260
J. chinensis 94
J. communis ***89***, 94 f.
J. depressa 94
J. horizontalis 94
J. oxycedrus 94
J. phoenicea 94
J. pseudosabina 94
J. sabina ***89***, 94 f., 260
J. sibirica 94
J. thuringifera 94
J. virginiana 94

Kabeljau 302
Käfer 79, 207, 213, 261, 272, 599
Kaffee 17, 132, 497
Kaffee, Abeokuta- 497
K., Arabusta- 497
K., Berg- ***501***, 497
K., Excelsa- 497
K., Robusta- 497
Kaffeesäurealdehyd 239
Kaffeesäureester 247
Kahlkopf 319
K., Blaufleckender 320
K., Spitzkegeliger 320, ***323***
Kainsäure **295**
allo-Kainsäure **295**
Kaiserkrone ***536***, 537
Kakao 17, 302, 503
Kakaobaum ***502***
Kalanchoe 185, 205 f.
K. blossfeldiana 206
K. daigremontiana 206, ***231***
K. lanceolata 206
K. pinnata 206
K. prolifera 206
K. tubiflora 206
Kälberkropf, Betäubender 34
Kalbreclasin 393, 398
Kalbreclasine **394**
Kalebasse 165
Kalihinol F **150**
Kalihinole 150, 151
Kalla, Sumpf- ***20***, 21
Kalmanol 134, **135**
Kalmia 133, 134, 135
K. angustifolia 133 f., 136
K. latifolia 133 ff., ***143***
Kalmiatoxin I **134**
Kalmiatoxin VI **134**
Kalmiatoxine 134 f.
Kalmus ***250***, 252
Kalopanaxsaponin 237
Kamille, Echte 114, ***125***
K., Römische ***108***, 114
Kammolch 436
Kammspinnen 591
Kammstern 230
Kammtang, Gemeiner 101
Kampferbaum 251
Kämpferol **54**, 55
Na^+-Kanalaktivatoren 618
Kanerosid **196**
Kanker 261
Kapernstrauch, Echter 349, ***359***
Kapernstrauchgewächse 349
Kapkobra 613
Kappenmohn 374
K., Kalifornischer ***360***, 374
Kapstachelbeere 210
Kapuzinerkresse, Große 166, 349
Kapuzinerkressengewächse 349
Karakabeere 354
Karakin **354**, 355
Kara-Kurt 591
Karambola 17
Kardenartige 97
Karminsäure 271
Kartoffel 17, 527, 530 ff.
Kartoffelkäfer ***572***, 582
Karwinskia 271, 281
K. humboldtiana 281
Karwinskion 281
Kaschubaum 44
Käse 302, 305
Kashin-Beck-Erkrankung 65
Kassie, Senna- ***286***
Kassina 610
Kassinin 609, **610**
Kastanie 235 f.
K., Moretonbay- 477
Kat 314
Katahdion 531
Käthchen, Flammendes 206
Katzenminze, Echte 97
Kegelschnecken 587
Kellerhals 145
Kempa-6,8(9)-dien-3-on-14-acetat 152
Kentin 585
Kentolysin 585
Keramadin **438**
Kermesbeere ***250***, 238 ff.
Kermesbeergewächse 238
Kermessäure 271
Ketoaldehyde 101
6'-Ketostearylvelutinal 121
3-Ketoursolsäure 163
Kettenviper, Indische 613
Khat 314 ff.
Khatamine 314 f.
Khatstrauch ***322***
Khellolglucosid 204
Kiebitzei 537
Kif 52
Kininogenasen 622
Kirsche 335
K., Vogel- 336
Kirschlorbeer ***324***, 337
Kissenprimel 48
Kiwi 318
Klapperschlange, Gestreifte ***626***
K., Ketten- 614
K., Prärie- 614
K., Texas- 614, ***626***
Klatschmohn 370
Klebsiella pneumoniae 305
Klee 337
K., Weiß- 337
Klette, Große 114
Klivie 394
Klumpfuß, Schöngelber 473, ***483***
Knoblauchsrauke 200, ***342***, 348
Knochenfische 235 f., 361, 605
Knollenbegonie 17, 166
Knollenblätterpilz, Gelber ***323***, 319
K., Grüner ***554***, 564
K., Spitzhütiger 564
K., Weißer 564
Knollenblätterpilze 564 ff.
Knopfkraut, Kleinblütiges 114
Knorpelfische 605
Knorpelkirsche 336
Knorpelmöhre, Große 257
Knotenameisen 16
Knotenblume, Frühlings- 393
K., Sommer- 393, 397
Knöterich 17, 276 ff.
K., Ampfer- 276
K., Floh- 276, ***285***
K., Pfeffer- 276
K., Vogel- 276, ***285***
K., Wasser- 276
K., Wiesen- 276
K., Winden- 276
Knöterichgewächse 274, 276 f., 280
Kobra, Formosa- 613
Kochia scoparia 17, 18
Kofferfisch ***322***
Kohl 348, 350
Kohlenmonoxid 468 ff.
Kohlrabi 351
Kohlrübe 351, 352
Kokardenblume ***108***, **114**
Kokkelskörner 109
Koks 461
Kokusaginin **430**
Kollagenase 584
Koloquinte 165
Komfrey 446 f.
Königsblume 145
Königskobra 613
Königslilie 25
Kontaktallergene 112
Kopfeibe 386
K., Fortunes 386
K., Steinfrüchtige ***378***, 386
Kopffüßer 581
Korakan 338
Korallenbäumchen 527, 532
Korallenfinger 609, ***625***
Korallenotter 613
Korallenstrauch ***378***, 386
Korallentiere 583
Korbblütengewächse 34, 56, 92, 93, 132, 440 ff.
Kornrade 238, ***250***
Kosmee ***71***, 56, 113
Kosotoxin iB iB **42**
Krabben 436, 504
Krait, Blauer 613
K., Gelber 613
K., Malayischer 613
Kraken 319, 326
Krallenfrosch 609, ***625***
Kranzfühler 312
Krapp 270

Kreiselkäfer 213
Kreisling, Helm- 306
Kreosotstrauch 259
Kresse, Durchwachsenblättrige 200
Kreuzbaum 574
Kreuzblütengewächse 199, 350ff., 454
Kreuzdorn 272
K., Alpen- 272
K., Felsen- 272
K., Purgier- 272, ***285***
K., Zwerg- 272
Kreuzdorngewächse 272, 281
Kreuzkraut, Gemeines 444f.
Kreuzkröte 207
Kreuzotter 612f., ***626***
Kreuzspinne 591, 594
Kreysigia 389
Kriebelkrankheit 408
Kriechtiere 611ff.
Krimpsiekte 206
Krokus 176f.
Kronwicke 196, ***359***
K., Berg- 196
K., Bunte 196, 354
K., Kleine 196
K., Scheiden- 196
K., Strauch- 196
Kröten 207, 326, 480
Kröten, Echte 207f.
Krotonölbaum 136, ***144***, 576
Krustenanemonen 78, 439
Krustenechsen 611, 621f.
Kryptoaescin 236
Küchenzwiebel 297
Kugelprimel 48
Kugelspinnen 591
Kuhschelle, Gemeine 22
Kumausallen **30**
Kupferkopf 614, ***626***
K., Australischer 613
Kürbis 165
K., Garten- 295
Kürbisgewächse 164ff.
Kurzflügler 78, 99, 261
Kwashiorkor 65

Laburnamin 490
Laburnin 490
Laburnum 490
L. × *watereri* 490
L. alpinum 490
L. anagyroides ***484***, 490
Laccainsäure 271
Lachesis muta 620
L. muta muta 614, 619
Lackporling, Glänzender 171f., ***179***
Lackporlingsartige 171
Lacksumach 44
Lactaral **121**
Lactarius 121
L. necator 121
L. piperatus 121
L. rufus 121, 310
L. torminosus 121
L. turpis 121
L. vellereus 121, ***126***
Lactiflorin 96
Lactobacillus 305
Lactone aliphatischer Säuren ff. 21
Lactone, makrocyclische 101
Lactophrys 313
Lactoria 313
Lactrodectus geometricus 591f.
Lactuca 112
L. muralis 112
L. sativa 112, 114f.
L. serriola 112
L. virosa ***107***, 112
Lactucin **112**, 114
Lactucopicrin **112**
Lactucopikrin 114
Lactupikrin 112
Ladenbergia 428
Lady Jane 373
Laetiporus sulphureus 122
Lagenaria 165
Lagocephalus 436
Lakritze 224
Lamellaria 362
Lamellarin A **362**
Lamellarine 362
Lamiaceae 93, 97, 106, 132
Lampionblume 210
Lampridae 207
Lampteromyces japonica 122
Lanagitosid 189
Lanatigosid 189
Lanatosid A 188, **189**
Lanatosid B 188, **189**
Lanatosid C 188, **189**
Lanatosid D 188, **189**
Lanatosid E 188, **189**
Lanodoxin **189**
Lantabetulinsäure 163f.
Lantaden A **163**, 164
Lantaden B **163**, 164
Lantaden D **163**
Lantadene 164
Lantana 164
L. camara 160, ***162***, 163ff.
Lantanilsäure **163**
Lantaninilsäure **163**
Lantanolsäure **163**, 164
Lantinsäure **163**, 164
Lanzenotter, Gewöhnliche 614, ***626***
L., Halbrund- 614
Lanzenschlange, Neuwied- 614
Laportea 326
Larrea divaricata 259
Lasiocarpin **441**, 443, 447f.
Lasiocarpin-N-oxid 448
Lasiodiplodin 142
Lasiosiphon 145, 146
Lastreopsis 42
L-Lathyrin 290
Lathyrismus 290
Lathyrogene **289**
Lathyrol **141**
Lathyrolester 140
Lathyrus 288ff.
L. aphaca 289
L. cicera 289
L. clymenum 289
L. hirsutus 290
L. latifolius 288f.
L. linifolius 288
L. montanus 288
L. niger 288
L. nissola 289
L. odoratus ***286***, 288ff.
L. pratensis ***286***, 288
L. sativus 288ff.
L. sylvestris 288f.
L. tuberosus 288
L. vernus 288, 289
Laticauda semifasciata 613, 615
Latilin 393
Latrodectus 591, 594
L. geometricus 594
L. mactans ***590***, 591
L. tredecimguttatus 591, 594
α-Latrotoxin 592f.
Latrunculia magnifica 76
Latrunculin A *77*
Lattich 112
L., Gift- ***107***, 112
L., Kompaß- 112
Latua 455
Laubfrosch 609
Laubfrösche 326
Laubmoose 106
Laufkäfer 16
L., Gold- ***19***
Lauraceae 91, 106, 114, 251, 368, 379
Laurencia 28, 30, 101, 123
L. decidua 123
L. filiformis 123
L. glomerata 122, 123
L. hybrida **30**
L. majuscula 123
L. obtusa 150, 159
L. pinnata 150
L. pinnatifida **30**
L. snydera 150
L. venusta 159
Laurencianol **149**, 150
Laurocerasus officinalis ***324***, 337
Laurus nobilis 114, 115
Läuseblume 444
Lavendelheide 133
L., Japanische 133, ***143***
L., Reichblühende 133
Lebensbaum, Abendländischer ***72***, 91
L., Japanischer 91
L., Morgenländischer 91
L., Riesen- 91
Leberblümchen ***37***
Lectine 291, 510f., 570ff., 611
– der Schmetterlingsblütengewächse 573f.
–, toxische 574
Lecythidaceae 297
Lecythis ollaria 297
Lederkorallen 105, 151, 312
Lederzecken 598
Ledol **118**
Ledum 117
L. groenlandicum 117
L. palustre 117f., ***125***
Lein 339
L., Saat- 330, ***341***
Leingewächse 339
Leiurotoxin **597**, 598
Leiurus quinquestriatus 595ff., 598
L. quinquestriatus quinquestriatus 595
Lelobanidin 476

Lembotropis 493
L. nigricans 488, 489
Lens 290
Leopardfrosch 609
Lepalin 118
Lepalol 118
Lepidium 185
L. perfoliatum 200
L. sativum 166
Lepidoptera 16, 334, 340, 441
Lepiota 565, 568
L. brunneoincarnata 564f., 568
L. helveola 564
Lepiotaceae 565
Lepista nebularis 505
L. nuda 29
Leptasterias polaris 234
Leptinotarsa decemlineata ***572***, 582
Leptinotarsin 582
Leptodactylidae 326
Leptodactylus 319, 327
Leptosynapta inhaerens 241
Lerchensporn 375f.
L., Gelber 375
L., Hohler 375, ***377***
L., Ranken- 375
Letalfaktor 551
Leucaena leucocephala 296
Leucanthemum vulgare 113
Leucetta chagosensis 439
Leuchtqualle 584
D-Leucin 288
Leucojum aestivum 393, 397
L. vernum 393, ***395***, 397
Leucothoe 133, 134
L. catesbaei 133
L. fontanesiana 133, ***143***
L. grayana 134
Leucothol A 135
Leukoagaricon 307, **308**
Leukoanthocyanidine 56ff.
Leukocyanidin **56**
Leukodelphinidin **56**
Leurocristin **417**, 418
Levarterenol 318
Levisticum officinale 34, 257
Levkoje 200
LF 551
Liagora farinosa **30**
Libanotis pyrenaica 257
Liebstöckel 248
L., Garten- 34, 257
Lignanderivate 91
Lignane 94, 248, 259ff.
Ligularia 444
L. clivorum 444
L. dentata 444
Ligularinin 444
Ligularizin 444
Liguster, Gemeiner 515, ***535***
Ligustrosid **515**
Ligustrum vulgare 515, ***535***
Liliaceae 24, 160, 166, 185, 190, 191, 204, 223, 224, 225, 227, 270, 272, 278, 389f., 390, 474, 532, 537, 576
Liliendolde 394
Liliengewächse 24, 190, 191, 204, 224, 225, 227, 272, 278, 390, 532, 537
Lilium 25
L. henryi 25
L. regale 25
Limabohne 337
Limette 256
Limnanthaceae 349
Limonen 101
Linaceae 339
Linalool 101
Linamarin **333**, 337ff., 340
Linckia guildingi 234
Linse 290, 574
Linum 339
L. capitatum 260
L. flavum 260
L. usitatissimum 339, ***341***
Linustatin **333**, 338f.
Lipasen 603, 622
Lipide, Cyanogene 340f.
Lipopeptide 558
Lipopolysaccharide 549f.
Lipostichaerin 506
Lippenblütengewächse 93
Lippia 160, 163
L. rehmannii 163
Lithospermum 446
Lithyphantes 591
Litoria caerulea 609, ***625***
Littonia 389
Lobelanidin 476
Lobelia 466
L. inflata 476
Lobeliaceae 466, 476
Lochnericin 401
Lochnerinin 416
locoweed-Vergiftungen 478
Loganiaceae 97, 418, 514
Loganiengewächse 418
Lokundjosid 190, **191**
Lolch, Steifer 409, 511
L., Taumel- ***502***, 512
Lolin 512
Loliolid 110
Lolitrem B **415**
Lolitreme 401, 412
Lolium 409f.
L. perenne 409, 412, ***413***, 415, 511
L. rigidum 409, 511
L. temulentum ***502***, 512
Longipeditermes 152
Lonicera 514
L. alpigena 514
L. caerulea 514
L. nigra 514
L. periclymenum 514
L. tatarica ***502***, 514
L. xylosteum 514
Lophophora 313
L. williamsii 313ff., ***322***
Lophora interrupta 604
Lophorotoxin **603**, 604
Lophozozymus 504
L. pictor 78
Lophyrotomin 604
Loranthaceae 576
Lorbeer, Echter 114
Lorbeergewächse 91, 251
Lorbeerrose, Schmalblättrige 133
Lorchel 305f.
L., Frühjahrs- ***304***, 305ff.
L., Gift- 305
L., Riesen- 306
L., Zipfel- 306
Lorchelartige 305
Lotaustralin **333**, 337ff., 340
Lotus 337
L. corniculatus 337, ***341***
Löwenzahn, Gemeiner 114
Loxosceles 591, 594
L. laeta ***590***, 591
L. reclusa 591f.
L. rufipes 594
Loxoscelidae 591
Loxylostosidin A **514**
LPS 549f.
Lqq V **597**
LSD 411
LT 555
Lubimin **531**
Lucibufagine 207
Lucidensäure D_1 **172**
Lucidensäuren 171
Lucidin **269**, 271
Lucidinsäuren 171
Lucidon A **172**
Lucidone 171
Luffa 165
Luidia maculata 234
L. sarsi 230
Lumbriconereis heteropoda 313
Lunaria 185
L. rediviva ***180***, 200
Lungenkraut, Echtes 446, ***449***
Lungenqualle 584
Lungenschnecken 361
Lupanin **487**, 488ff., 491ff.
Lupine 491ff.
L., Blaue 489, 491
L., Gelbe 489
L., Veränderliche 491
L., Vielblättrige 489ff., ***501***
L., Weiße 489
Lupinin **487**, 488f., 492
Lupinose 65, 560
Lupinus 491ff.
L. albus 489, 491f.
L. angustifolius 489, 491f.
L. argenteus 492
L. burkei 492
L. caudatus 492
L. cruckshanksii 491
L. formosus 492
L. hartwegii 489, 491
L. hirsutus 488
L. latifolius 492f.
L. leucophyllus 492
L. littoralis 492
L. luteus 489, 491f.
L. micranthus 488
L. mutabilis 491
L. nanus 491
L. perennis 491
L. polyphyllus 489, 491f., ***501***
L. sericeus 492
L. subcarnosus 491
Lurche 361, 609
Luteolin **54**, 55
(–)-Luteoskyrin **67**, 68
Lutjanas 60
Luzerne 337
L., Saat- 291

Luzonicosid **233**, 234
Lycaconitin 518, **519**
Lycaenidae 340
Lycidae 428
Lycium 209
Lycoctonin 518, **519**, 522
Lycopersicon esculentum 318, 527, 532
Lycopodium 465
Lycopsamin 447
Lycopsis arvensis 447
Lycorenin 393, **394**, 397
Lycorin 393f., **394**, 397f.
Lycoris longituba 398
Lycorisid 393f., **398**
Lycosa narbonensis 591ff.
L. raptoria 591
L. singoriensis 591ff.
Lycosidae 591f.
Lygaeidae 207
Lymantriidae 582
Lyngbya 58, 558
L. contorta 58
L. gracilis 58
L. majuscula 58, 421, 558
Lyngbyatoxin A 401, **421**
Lyonia 133, 134
Lyoniatoxin **134**
Lyoniatoxine 134
Lyonol A **134**, 135
Lyonole 134
Lyophyllin **308**
Lyophyllum connatum ***304***, 308
Lyratol 93
Lys-Conopressin 587
Lysergol 410
(+)-Lysergsäure 406
D-Lysergsäure 406
D-Lysergsäurediethylamid 411
Lysergsäure-α-hydroxyethylamid 410
Lysophospholipase 603
Lysophospholipide 582
Lytta 99
L. vesicatoria ***90***, 100

Macis 248
Macoline 379
Macranthogenin 203
Macrophyllin 445
Macrozamia 311
Macrozamin **311**
Magnoflorin 364, **366**, 368, 373, 376, 380
Magnoliaceae 106, 368
Mahonia 376
M. aquifolium 376, ***377***
Mahonie ***377***, 376
Mahuannine 316
Maianthemum bifolium 228f., ***249***, 293
M. canadense 228
M. dilatatum 228
Maiapfel 260
Maiglöckchen ***180***, 190f., 293
Maiglöckchengewächse 190, 227
Mais 297
Maitotoxin 60, 62f.
Maiwurm ***90***, 99
Maiwürmer 99
Majdin 401, **416**, 417
Majoridin 401, **416**
Majusculamide 558
Majusculon **122**, 123
Makifrösche 609
Makrele 305, 504
Makroalgen 101f., 122f., 149, **160**
Mallotus philippinensis 41f.
Malmignatte 591
Malpighiaceae 325, 354, 403
Malus 335
M. domestica 336
M. sylvestris 336
Malvaceae 172, 434
Malyngamide 558
Mamba, Jamesons 613
M., Östliche Grüne 613
M., Schwarze 613
M., Westliche Grüne 613
Mammalia 361
Mamushi 614
Mandaratoxin 604
Mandel 335
M., Bittere ***324***, 336
M., Süße 17
Mandelonitril 340
Mandelonitrilbenzoat 340
Mandragora 455
M. officinarum ***449***, 455
Mangifera indica 44, 46
Mangobaum 44
Mangold 17
Manihot esculenta 338, ***341***
M. utilissima 338
Manihotoxin 338
Maniok 338, ***341***
Manneshand, Tote 151
Mannsblut 279
Manteltiere 361, 422, 434, 505
Manzamin A **423**
Manzamine 401, 422
Maokomin **316**
Marasmiellus ramealis 29
Marcfortine 411
Margerite, Bunte 96
Mariengras, Duft- 253
Marienkäfer ***72***, 79, 441
Marihuana 52
Marijuana 52
Marinobufagin 207f.
Marmesin **256**, 257
Marmormolch 436
Marsdenia 185
marsh staggers 415
Marthasterias glacialis 234, ***249***
Marthasteron **233**, 234
Märzbecher 393, ***395***, 397
Masheri 468
mast-cell degranulating peptide 581, 600, 610
Mastixdistel ***126***, 132
Mastoparan-C **603**
Mastoparane 603f.
Mastoparan-M **603**
Mastophora 591
Mastzellen degranulierendes Peptid 581, 600, 610
Maté 503
Matricaria recutita 114f., ***125***
Matrin **487**, 489
Matthiola 185, 200
Mauerbienen 600
Mauerlattich 112
Mauerpfeffer 476
M., Scharfer 476, ***484***
MCD 600, **601**
Mecambridin 364, 371
Medicago 223, 337
M. sativa 291
Mediterraneol A **149**, 150
Meerhand 151
Meerrettich 351
Meerzwiebel 185, ***231***
M., Echte 204
M., Falsche 191
Megachile 600
Megetra 99
Mehlbeere 23
M., Echte 23
Meiacanthus 606
Meisterwurz 257
Melanorrhoea usitata 44
Melia azederach 159
Meliaceae 159, **160**
Melianthaceae 532
Melica 338
Melilotosid **253**
Melilotsäure 254
Melilotus 253, 253f.
M. alba 253ff., ***267***
M. altissima 254
M. officinalis 253, ***267***
Melittin 600, **601**
Melittin F 600
Melleolid **121**
Meloe proscarabaeus 100
M. violaceus ***90***, 99
Meloidae 99f.
Melone 165
Menisdaurin **339**
Menispermaceae 106, 109, 368, 379, 386
Menyanthaceae 97
Menyanthes 514
3-Mercaptoisobuttersäure 226
Mercurialis annua 338
M. perennis 338
Merendera 389
Meretrix 504
Merk, Breitblättriger 34
Merucathin 314, **315**
Merucathinon 314, **315**
Mesaconin 517, **518**, 521
Mesaconitin 517, **518**, 520ff.
mescal buttons 313
Mesembryanthemum 17, 18, ***19***
Mesobuthus eupeus 595f.
M. tamulus 596
Mespilus 335
Metachromin A **124**
Metachromine 123
Metanicotin **459**
Meteloidin **453**, 457
Methacrylsäure 16
L-Methionin 288
5-Methoxy-N,N-dimethyltryptamin 325, 326
(25 S)-22α-Methoxy-furost-5-en-3β,26-diol 226
(25 S)-22α-Methoxy-furost-5-en-3β,14α,26-triol 228

18-Methoxygadesin 518, **519**, 522
4-Methoxyglucobrassicin **347**, 348
Methoxyphenylpropene 247ff.
5-Methoxypodophyllotoxin 260
5-Methoxypsoralen 255
8-Methoxypsoralen 255
6-Methoxysorigenin-8-O-D-glucopyranosid **274**
6-Methoxysorinin **274**
3-Methoxystypandron **273**
N-Methyladrenalin 520
N-Methylammodendrin 492
N-Methylanabasin 467, 476
N-Methylanatabin 467
Methylaplysinopsin 422
N-Methylasimilobin 364, 371
Methylazoxymethanolglykoside 311
Methyl-1,4-benzochinon 261, 262
3-Methyl-1,4-benzochinon 261
O-Methylbufotenin 326
22β-2-Methylbutanoyloxy-3-oxo-oleanolsäure **163**
2-Methylbuttersäure 16
1-Methyl-2-chinolon 428
4α-Methyl-5α-cholest-8-en-3β-ol 181
N-Methylconiin 474, **475**
N-Methylcystein 493
5-Methylcysteinsulfoxid 352
3-Methylcytidin 510
N-Methylcytisin **487**, 488ff.
N-Methyldemecolcin **388**, 389
3-Methyl-2′-desoxycytidin 510
3-Methyl-2′-desoxyuridin 510
N^{β}-Methyl-α,β-diaminopropionsäure 290
5-Methyl-2,3′-dipyridyl 467
Methylecgonin **453**, 454
α-Methylen-γ-butyrolacton 24
L-α-(Methylencyclopropyl)-glycin **292**
O-12′-Methylergocornin 406
O-12′-Methyl-α-ergocryptin 406
Methyleugenol 248
N-Methyl-N-formylhydrazin **306**
6-Methylhept-5-en-2-on 99
Methylhydrazin **306**
Methylisoeugenol 248
1-Methylisoguanosin **505**
N-Methylisopelletierin 476
Methyllycaconitin 518, 522, 523
2-Methyl-3-methoxy-1,4-benzochinon 261
N-Methylmezcalin 314
N-Methylmyosmin 467
3(Methylnitrosamino)propionaldehyd **472**
3(Methylnitrosamino)propionitril **472**
4-(Methylnitrosamino)-1-(3-pyridyl)-1-butanol 469
4(Methylnitrosamino)-1-(3-pyridyl)-1-butanon 467ff., **468**
N-Methylpseudoconhydrin 474
O-Methylpsychotrin 364, 381
6-Methylpurin 505
N-Methylpyridiniumsalze 587
N-Methylpyrrolidin 456
3-Methylquercetin **54**
6-Methyl-9β-D-ribofuranosyl-purin **505**
Se-Methyl-L-selenocystein **297**, 298
N-Methylserotonin **320**
O-Methylsolanocapsin 532
N-Methylsolasodin 529f.
4-Methylstrictaminiumchlorid 417
2-Methyltetrahydro-β-carbolin 326
3-Methylthio-isobuttersäure 226
N-Methyltryptamin **320**
Methylxanthine 495ff.
Metridium dianthus 312
Metriorrhynchus rhipidius 428
Metrius 262
Meyenaster gelatinosus 234
Mezcalin 313, **314**
Mezerein **146**
Micranda 138
Microascales 64
Microcladia 101
Microcystin LR **559**
Microcystine 558f.
Microcystis 58, 558
M. aeruginosa 504, 558ff.
M. aquatilis ***554***
M. viridis 558f.
Microviridin 559
Micrurus corallinus 613
M. fulvius 613, 619
Miesmuschel 60, 295
Milben 598
Milchling 121
M., Birken- 121
M., Pfeffer- 121
M., Rotbrauner 121, 310
M., Wolliger 121, ***126***
Milchstern 191f.
M., Bóuches 191
M., Dolden- 191, ***197***
M., Garten- 191
M., Geschwänzter 191
M., Kochs 191
M., Nickender 191
M., Pyramiden- 191
M., Schopfiger 191
Millepora alicornis 584
M. platiphylla 584
Milleporidae 584
Milliamine **137**, 142
Mimosa hostilis 325
M. pudica 296, ***304***
Mimosaceae 296f., 325
L-Mimosin **296**
Minovincin 401, 416
Miotoxin A **119**
Miotoxine 119
Miserotoxin **354**, 355
Mispel 335
Mistel 576
M., Kiefern- 576
M., Laubholz- ***572***, 576
M., Tannen- 576
Mistellectin I 576f.
Mistellectin II 576f.
Mistellectin III 576
Mistellectine 575
Mittagsblume ***19***, 17
ML I 576
ML II 576
ML III 576
MNPA **472**
MNPN **472**
Modeccin 574f.
Mohn, Arznei- 370ff.
M., Bastard- 370
M., Island- 370
M., Klatsch- ***360***, 373
M., Lecoques 370
M., Päonien- 370
M., Pfauen- 370
M., Saat- 370
M., Sand- 370
M., Schlaf- ***360***, 370ff.
M., Tulpen- 370
Mohngewächse 370ff., 488
Mohrenhirse 338, ***341***
Mohrrübe 17, 34, 248
Mojavetoxin 618
Mokassinschlange 614
Molidae 436
Molliorin A **157**, 158
Mollusca 312, 326f., 361
Momordica charantia 168, ***179***, 576
Momordicin I **168**
Momordicin II **168**
Momordicine 168
Momordicoside 168
Monarch 206, ***231***, 441
Mondbohne 337
Mondwinde 410
Moniliales 64
Monimiaceae 368
Monocrotalin **441**, 442f.
Monognatidae 606
Monokelkobra ***625***
Monomorin I **479**
Monomorin III **479**
Monomorium 479
Monomorium pharaonis 16, 479
Monoplex echo 436
Monoterpenalkaloide 514f.
Monoterpene 88ff.
Montanin 393
Moose 270
Moostierchen 76, 312, 361, 422
5-MOP 255, **256**
8-MOP 255, **256**
Moraceae 255f., 478
Moraxella 504
Morganella morganii 305
Morinda 271
Moringaceae 349
morning glory seeds 411
Morphin 364, **366**, 368f., 371ff.
Morphinismus 372
Mortierella 63
Moschusbock 99
Moschuskrake 582
Mosesflunder 235, 606
Mosesine 235
Mosesin-2 **235**
MPA 136
Mücken 599
Mucor 63
Mucuna hassjo 296
M. pruriens 326
Multiflorin 492
Mummel 516
M., Große 516
M., Zwerg- 516
Muramin 364, 371

Muränen 606
Murex 439
M. brandaris 313, ***322***, 439
M. trunculus 313, ***322***
Murexin **438**, 439
Muricidae 423
Muricoidea 313
Musa 318
M. × *paradisiaca* 318, ***323***
M. acuminata 318
M. balbisiana 318
Musaceae 318
Muscaridin **309**
Muscarin 294, 308 ff., **309**
allo-Muscarin **309**
epi-Muscarin **309**
epiallo-Muscarin **309**
Muscazon **294**
Muscheln 504
Muscimol 293, **294**
Musicin **278**
Muskatblüte 248
Muskatnußbaum 248
Muskatnüsse 248
Muskatnußgewächse 248
Mutterkorn 405 ff.
M., Roggen- ***413***
Mutterkornalkaloide 406 ff.
Mutterkraut 93, 114
Mya 504
Mycelis muralis 112
Mycena pelianthina 309
Mycetophilidae 16
Mycotoxikosen 64 f.
Mycotoxinbildner
–, Vorkommen 64
–, Wachstum 64
Mycotoxine 63 ff., 118 ff., 560
–,Chemie 63
–, Effekte im menschlichen und tierischen Organismus 64
–, Produzenten 63
Mygalomorphae 591
Mylabris 99, 100
M. cichorii ***90***, 100
M. phalerata 100
Myliobates 605
Myliobatidae 605
Myobatrachidae 402, 480
Myoscorpin 447
Myosmin **467**
Myosotis palustris 447
M. sylvatica 447
M. minimus 22
Myotoxin I **617**
Myotoxine 618
Myrcen 101, 118
Myriapoda 261, 326, 327, 334, 340, 361, 434, 582, 621
Myricetin **54**, 55
Myristica fragrans 248
Myristicaceae 248, 325
Myristicin 247 ff., **248**, 251
Myristoylphorbolacetat 136
Myrmeciinae 16
Myrmicinae 16, 479
Myrothecium 64, 118
Myrothecium verrucaria 67, 119
Myrrha 79
Myrrhin 79
Myrtenal 118
Mytilus 504
M. edulis 60, 295

Naamidin A **438**
Naamidine 438
NAB **468**, 470
Nabeling, Blaustieliger 320
N., Heftel- 320
Nachtschatten 526
N., Argentinischer 527
N., Beißbeer- 527, 532
N., Bittersüßer 526, 529, ***536***
N., Gelbbeeriger 527, 530
N., Rotbeeriger 526, 530
N., Schwarzer 526, 529, ***536***
Nachtschattengewächse 208, 210, 211, 213, 316, 454 ff., 466, 488, 526
Nachtviole, Gemeine 200
Nacktkiemer 123
Nacktsamer 334
NAD-Nucleosidase 622
Naematolin 170
Naematoloma fasciculare 170
Naematolon 170
Naja 614, 617
N. atra 613
N. haje 613, 619
N. melanoleuca 613
N. naja 619 f.
N. naja karouthia ***625***
N. naja naja 613
N. nigricollis 613, 619
N. nivea 613, 618
Napellin 517, **518**
Naphthalenderivate 266 ff.
1,4-Naphthochinon 272
2-Naphthylamin 467
Naraspflanze 165
Narcein 364, **365**, 368, 371 f.
Narciclasin 393, **394**, 398
Narcissidin 393, 397
Narcissus 21
N. biflorus 393
N. exsertus 393
N. incomparabilis 397
N. jonquilla 397
N. poeticus 393, ***395***, 397
N. pseudonarcissus 393, 397 f.
N. tazetta ***396***, 397
N. triandrus 397
Narcotolin 371
Nardoa gomophia 234
Narthecin 160
Narthecium ossifragum 25, 160, ***162***
Narthesid A 160
Narthesid B **25**, 160
Narthesterol 160
Narthogenin **25**
Narwedin 393, **394**, 398
Narzisse 21
N., Gelbe 393
N., Weiße 393, 397 f.
N., Westalpen- 393
N., Zweiblütige 393
Nasenotter, Chinesische 614
Nasutitermes 152
NAT 470
Natalorange 418
Natema 403
Natica lineata 436
Natterkopf, Gemeiner 447, ***449***
N., Wegerichblättriger 447
Nattern 612
Naviculales 295
NDGA 259
Nebularin **505**
Necine 440
Necinsäuren 440
Nectriaceae 118
Nelkengewächse 238
Nematoda 581
Nemertillin **479**
Nemertini 361, 436, 478, 581
Nemognatha 99, 100
Nemophila 48
Nemophila menziesii 48
Nemorensin 445
Neoanisatin **109**
Neocycasin A **311**
Neocycasin B **311**
Neocycasin Bα **311**
Neodigitalinum verum 188, **189**
Neodigoxin 184
Neoevonin 193
Neogastropoda 313, 587
Neogermitrin 534
Neoglucobrassicin **347**, 348, 351
Neoglucoverodoxin 184, 188, **189**
Neoglykoside 184
Neolignane 248
Neolin 517
Neolinustatin **333**, 339
Neoodorobiosid 188, **189**
Neopellin 518, 520
Neopetasitenin 445
Neoplatyphyllin 445
Neoprazerigenin A 228
Neosaxitoxin 503, **504**
Neosurugatoxin **421**, 422
Neothyonidiosid **241**
Neothyonidium 241
Neotigogenin 530
Nepaline 238
Nepeta cataria 97
Nepetalacton 97
Nephila 591 ff.
N. clavata 593
N. maculata 593
Nephila spider toxins 593
Nephilatoxine 593, 593 f.
Nephilatoxin-5 **593**
Nephropathie, endemische 65
Nepodin **278**
Nepodin-5-glucosid **278**
Neposid **278**
Neptunea 312
N. antiqua 312
N. arthritica 312
Nereistoxin **313**
Neriasid **195**
Neridienone 195
Nerifol 196
Nerigosid **196**
Nerine ***396***
Nerine bowdenii ***396***, 397
N. sarniensis 397
Nerinin 393, 397
Nerita albicilla 423
Neritidae 423

Neriucumarinsäure **195**
Nerium 185, 194ff.
N. indicum 195
N. odorum 195
N. oleander ***197***, 194ff.
Neriumol 196
Neriumosid **196**
Neriumoside **195**
Nesseltiere 312, 326f., 583ff., 621
Netzflügler, Echte 207
Neurolathyrismus 290
Neurolathyrogene 289
neurotoxic shellfish poisoning 61
Neurotoxine 585, 595, 601
- aus *Clostridium botulinum* 556
- aus *Clostridium tetani* 555
α-Neurotoxine 615ff.
Neuschnecken 587
NG **472**
NGC **472**
Nicalbine 209
Nicandendron 455
Nicandra 209
N. physaloides ***450***, 455
Nic-lactole 209
Nic-lactone 209
Nicotellin **467**
Nicotiana 465, 466ff.
N. × *sanderae* 466f.
N. alata 466f.
N. attenuata 466
N. glauca 470
N. paniculata 466
N. quadrivalvis 466
N. repanda 466
N. rustica 466ff., ***483***
N. silvestris 466
N. tabacum 466ff., ***483***
N. tomentosiformis 466
N. trigonophylla 466
N. undulata 466
Nicotin 456, 459, 465ff., **467**, 476f.
Nicotin-N-oxid 469
Nicotyrin **467**
Nieswurz 202ff.
N., Grüne 202
N., Hecken- 202
N., Schwarze 22, ***198***, 202
N., Stinkende 22, 202
N., Wohlriechende 202
Nigrescigenin **182**
Nimbaum 159
Nimbin 159, **160**
Nitrile 349ff.
Nitroalkene 101
1-Nitro-1-(E)-pentadecen 101
3-Nitropropanol 354f.
6-(3-Nitropropanoyl)-D-glucose **354**
3-Nitropropionsäure 354f.
3-Nitropropyl-β-D-allolactosid **354**, 355
3-Nitropropyl-β-D-laminaribiosid **354**, 355
Nitrosamine 305, 467ff.
N'-Nitrosoanabasin **468**, 470
N'-Nitrosoanatabin **468**, 470
N-Nitrosodiethylamin 467f.
N-Nitrosoethylmethylamin 468
N-Nitrosoguvacin **472**
N-Nitrosoguvacolin **472**
N'-Nitrosonornicotin 467, **468**, 469
N-Nitrosopiperidin 305
N-Nitrosopyrrolin 468
Nitroverbindungen, Aliphatische 354f.
Nitzschia pungens 295
Nitzschiaceae 295
NIV 118
Nivalenol 118, **119**
Niveusin C **113**, 114
NNAL 469
NNK **468**, 469f.
NNN **468**, 469f.
Nobilin **113**, 114
Nocardiopsis 402, 421
Nodularia 58, 558
N. spumigena 560
Nodularin **559**, 560
Noradrenalin 600, 603, 606
L(−)-Noradrenalin 318
Noranabasamin 480
N_b-Norchondrocurin 364
Nordihydrocapsaicin **317**
meso-Nordihydroguajaretsäure 259f., **260**
(−)-Norephedrin 314, **315**
Norepinephrin 318
Norharman 287, 404
Norharmin 401, **404**
Norhyoscyamin 456f., 459
Norlignane 259
Nornicotin 459, 467
(−)-Norpallidin 375
(+)-Norpseudoephedrin 314, **315**
Norsanguinarin 374
Norsesquiterpene 115ff.
Norwogonin **54**, 55
Noscapin 364, **365**, 368, 371
Nostoc 58, 558ff.
Nostocaceae 59, 558, 560
Notechis ater 613
N. scutatus 618f.
N. scutatus scutatus 613, 618
Notexin 618
Notodontidae 16
Notonecta glauca 599
Notophthalmus viridescens 436
Novacin 401, 418, **419**
Noxiustoxin **597**, 598
Noyain 364, **366**, 375
NPTX 593
NPTX 5 **593**
NSTX 593
5'-Nucleotidase 622
Nudaurin 364, 371
Nuphacristin **516**
3-epi-Nuphamin 515, **516**
Nuphar 515ff.
N., lutea 516f., ***535***
N., pumila 516
Nuphar-Alkaloide 515f.
Nupharidin 515, **516**, 517
Nupharin 517
Nupharolidin 516
Nupharolutin 516
Nupharopumilin 517
nyakwana 325
Nymphaea alba 516f., ***535***
Nymphaeaceae 516
Nymphaein 516
Nymphalidae 206, 340, 441

Obamegin 364, 376
Obtusenyn **30**
Obtusin **30**
Ochratoxin A 67, **74**, 75
Ochratoxin B **74**, 75
Ochratoxin C **74**
Ochratoxine 74f.
Ochsenfrosch, Amerikanischer 611
Ochsenzunge, Gebräuchliche ***432***, 447
Ochtodes 101
cis-βOcimen 101
Ocotea venenosa 379
Octacorallia 151
Octadec-5-in-7(Z), 9(Z), 12(Z)-triensäure **30**
Octobrachia 319, 326
Octopus dofleini 582
O. maculosus 435f.
Ödemfaktor 551
Odoracin 146
Odoratin 146
Odorosid A **196**
Odorosid H **196**
Odospirosid 227, **228**
Oenanthe aquatica 32
O. crocata 31f., ***38***
O. fistulosa 32
O. peucedanifolia 32
O. pimpinelloides 32
O. sarmentosa 32
Oenanthetol **32**
Oenantheton **32**
Oenanthotoxin 31, **32**
Officinalisnine 226, **227**
Ohchinolid A 159, **160**
Ohrenqualle 586
Ohrwurm, Gemeiner 261, ***268***
Ohrwürmer 262
Oil 52
Okadainsäure 60, **61**, 76
Ölbaumgewächse 515
Ölbaumpilz, Leuchtender 122, ***126***
Oleaceae 28, 514f.
Oleagenin **195**
Oleander 194ff., ***197***
O., Gelber ***198***, 202
Oleandrigenin **182**, 192, 195, 207
Oleandrin **196**
L-Oleandrose **184**
Oleanolsäure **163**, **221**, 223, 236f.
Oleasid A **196**
Oleaside 195
Olepupuan 123, **124**
Olivoretine 401, 421
Ölkäfer 99
Oluliuqui 411
Omphalea diandra 478
Omphalotus olearius 122, ***126***
O. olivascens 122
Oncopeltus fasciatus 207
Onitisin **116**
Onyalai 65
Ophidia 612
Ophiobolin A 157
Ophiophagus hannah 613, 619
Ophiura albida 230

Ophiuroidea 230
Opiliones 261
Opisthophthalmus capensis 595
Opisthothelae 591
Opium 370ff.
Opuntia 314
Orangen 17, 302
Orchidaceae 438, 440, 515
Orcialanin 238
Oreina 207
Orellanin **473**, 473f.
Orellin **473**
Orellinin **473**
Oreophilin 364
Orientalidin 371
Orientalon **278**
Orientidin 364, 371
Oripavin 364, **366**, 371
Ornithodorus savignyi 599
Ornithogalum 185, 191f.
O. boucheanum 191f.
O. caudatum 191
O. comosum 191
O. gussonei 191f.
O. magnum 192
O. nutans 191
O. orthophyllum 191
O. pyramidale 191
O. schelkovnikovii 192
O. thyrsoides 191
O. umbellatum 191f., ***197***
Ornithoglossum 389
Ornithopus 337
Oroidin **438**
Orthoporus 261
Oscillatoria 58, 558ff.
O. acutissima 59
O. agardhii 558ff.
O. nigroviridis 58
Oscillatoriaceae 58, 421, 558
Oscillatoria-Toxine 559
Oscillatoxin A 58
Osmia 600
Osteichthyes 235, 326, 361, 605
Osteolathyrismus 290
Osteolathyrogene 289
Osterglocke 397f.
Osterluzei 379f.
O., Gemeine ***378***, 380
O., Rundknollige 380
Osterluzeigewächse 252, 379
Ostodes 138
Ostraciidae 313
Ostracion 313
O. lentiginosus 313, ***322***
17β-Östradiol 213
Ostreopsis 60
Östron 213
Ostruthol **256**, 257
Otosenin 445
Ottern 612
Ouabagenin **182**
Ouabain 201
Ouabagenin 201
Oudemansiella melanotricha 29
Oxadiazolidinderivate 295
Oxalidaceae 17
Oxalis 17
O. acetosella 18, ***19***
Oxalsäure 17ff., 278
N^{γ}-Oxalyl-L-α,γ-diaminobuttersäure **289**
N^{α}-Oxalyl-L-α,β-diaminopropionsäure 289
N^{β}-Oxalyl-L-α,β-diaminopropionsäure **289**
15-Oxasteroidglykoside 212
N(3-Oxobutyl)-cytisin 490
17-Oxospartein 487, 491
Oxyacanthin 364, **365**, 376
Oxyberberin 376
Oxygonum 271
Oxyhydrastinin 374
Oxypaeoniflorin **95**, 96
Oxypeucedanin 248, **256**, 257
Oxytropis 298
O. halleri 477
O. sericea 477
Oxyuranus microlepidotus 613
O. scutellatus 613, 618
O. scutellatus scutellatus 618

Pachlioptera aristolochiae 380
Pachybolus 261
Pachydiction coriaceum 149
Pachydictyol A **149**
Pachygone ovata 386
Pachylacton 149
Pachymerium ferrugineum 340
Pachysamin A 539, **540**
Pachysander ***553***
Pachysandra 539f.
P. terminalis 539, ***553***
Pachysandrin A 539, **540**
Pachystermin A 539, **540**
Padus 335
P. serotina 336
Paecilomyces 64
P. ehrlichii 66
P. varoti 66
Paederus 78
Paeonia 95f.
P. albiflora 95f.
P. delavayi 95
P. lactiflora 95
P. mascula 95
P. mlokosewitschii 95
P. moutan 22, 95
P. officinalis 22, 95
P. peregrina 95
P. suffruticosa 95
P. tenuifolia ***89***, 95
P. wittmanniana 95
Paeoniaceae 95
Paeoniflorigenon **95**, 96
Paeoniflorin **95**
Paeonilacton B **95**
Paeonilactone 96
Paeonol 96
Paeonosid 96
Pahutoxin 312, **313**
(–)-Palladin 375
Pallason A **49**
Pallason B **49**
Palmatin 364, **366**, 369, 375, 376
Palmengewächse 471
Palmfarne 290, 311f.
Palmidine 275
Palmoside 275
Palustrol **118**
Palythoa caribaeorum 76
P. mamillosa 76
P. spec. ***72***
P. toxica 76
P. tuberculosa 76
Palytoxin 76f., **77**, 78
Pama 613
Pampelmuse 256
Pamphobeteus 591
P. roseus 594
Panaeolina 320
Panaeolus 320f.
P. subbalteatus 320
Pancratistatin 393, **394**, 398
Pancratium littorale 398
Pandanaceae 361
Pandaros acanthifolium 76
Pandinus 596
Panicein-B_2 123, **124**
Paniculatin 517, **518**, 520
Panicum 409
Pantherin 293
Pantherpilz 293, ***303***
Panzergeißler 60ff., 503f.
Panzerwangen 605
Papaver 370ff.
P. argemone 370f.
P. bracteatum 370ff.
P. burseri 370
P. dubium 370f.
P. glaucum 370
P. hybridum 370f.
P. kerneri 370
P. lecoquii 370f.
P. nudicaule 370f.
P. orientale 370f.
P. pavoninum 370
P. rhaeticum 370
P. rhoeas ***360***, 370f.
P. sendtneri 370
P. somniferum ***360***, 370ff.
Papaveraceae 361, 368, 370ff., 488
Papaverin 364, **365**, 368, 371f.
Papaverrubine 364, 371
Papilio machaon 16
Papilionidae 16
Paprika 316, 532
Parabuthus transvaalicus 596
Paragorgia arborea 151
paralytic shellfish poisoning 504
Paranemertes 479
Parasicyonis actinostoloides 585
Parasitoxin 585
Parasorbinsäure **23**
Parasorbosid **23**
Paravespula 602
P. germanica 602, ***607***
P. rufa 602
P. vulgaris 602, ***608***
Parazoanthus axinellae 439
Pardachirus marmoratus 235, 606
P. pavoninus 235
Pardaxin **606**
Pardaxine 235
Parfumin 364, **365**, 375
Paris polyphylla 225
P. quadrifolia 224f., ***232***
Paropsis atomaria 340
Parthenocissus quinquefolia 17f.
Parthenolid **113**, 114

Paspalicin 406
Paspalin 406
Paspalinin 406, **415**
Paspalinine 401
Paspalitrem A 406
Paspalitrem B 406
Paspalitreme 412
Paspalsäure 406
Paspalum 415
P. dilatatum 409
paspalum staggers 415
Passiflora caerulea ***413***
P. incarnata 404f.
Passiflorengewächse 575
Passifloraceae 334, 404, 575
Passionsblume 404
P., Blaue ***413***
Pastinak 255
Pastinak, Gemeiner ***268***, 257
Pastinaca sativa 257, ***268***
Paternostererbse ***571***, 574
Patinopecten 504
P. yessoensis 62
Patiria pectinifera 234
Patulin 67
Pavoninin-1 **235**
Paxillin 401, 412, **415**, 416
PbTx-2 61
Pecannuß 17, 318
Pectenotoxine 60, 62
Pectenotoxin-1 **61**
Pectenotoxin-2 **61**
Pectenotoxin-3 **61**
Pederin **78**
Pedicularis 514
Pedilanthus 138
(+)-Peganin 311, 404
Peganum harmala 404f., ***413***
Peinamine 379
Pelagia noctiluca 584, 586
Pelagiidae 584
Pelamis platurus 613
Pellote 313
α-Peltatin 260
β-Peltatin 260
Peltsche 196
Penares 181
Penasterol 181
Pendolmycin 401, 421
Penicillinsäure 66, **67**
Penicillium 64, 66, 67, 74f., 254, 270, 355, 411ff.
P. avellanum 67
P. brevi-compactum 66
P. camemberti 412
P. canescens 412
P. caseicolum 412
P. charlesii 68
P. chermesinum 411
P. chrysogenum 66
P. citreonigrum 65
P. citreoviride 67f.
P. citrinum 67f.
P. claviforme 66f.
P. concavo-rugulovasum 411
P. crustosum 412
P. cyclopium 66f., 75, 412
P. duclauxii 412
P. equinum 66
P. expansum 66f.
P. fellutanum 68
P. griseofulvum 412
P. griseum 66
P. implicatum 67
P. islandicum 67f., 560
P. janczewskii 412
P. jensenii 67
P. lapidosum 66
P. lividum 67
P. luteum 69
P. miczynskii 68
P. ochrosalmoneum 68
P. odoratum 67
P. patulum 66
P. paxilli 412
P. puberulum 66, 412
P. pulvillorum 68
P. purpurogenum 73
P. roqueforti 66f., 120, 411
P. rubrum 73
P. rugulosum 67
P. stoloniferum 66
P. tardum 67
P. toxicarium 68
P. urticae 66
P. variabile 67
P. verrucosum 74
P. viridicatum 66f., 75
P. wortmanni 67
Penicillus dumetosus 149
Penitrem A 416
Penitrem B 416
Penitrem C **415**
Penitreme 401, 412
Penniclavin 410
Pennogenin **220**, 226, 228
Pennogenintetraglykosid **225**
Pennogenintriglykosid 225
Pentacta 241
cis,-cis-3-(n-Pentadeca-8′, 11′-dienyl)brenzcatechin 44
cis, cis, cis-3(n-Pentadeca-8′, 11′, 14′-trienyl)-brenzcatechin 44
cis, cis, cis-3(n-Pentadeca-8’, 11’, 13’-trienyl)-brenzcatechin 44
trans-3-(Pentadec-8’-enyl)-brenzcatechin 44
Pentadecenyl-resorcin 47
5-(Pentadec-10-enyl)resorcin 47
5-Pentadecylresorcin 45
Pentanortriterpene 159
Peptid C 618
Peptid, Mastzelldegranulierendes 581, 600, 610
Peptid 401 600
Peptidalkaloide 315
Peptidasen 621f.
Peptide 547ff.
Peptide, chemotaktische 603f.
Peptide, Kinin-artig wirkende 585
Peptidtoxine
- der Bienen 600ff.
- der Faltenwespen 602ff.
- der Fische 605f.
- der Froschlurche 609ff.
- der Insekten 599ff.
- der Kegelschnecken 587f.
- der Kriechtiere 611ff.
- der Nesseltiere 583ff.
- der Skorpione 595ff.
- der Spinnentiere 588ff.
- der Webspinnen 591ff.
- der Zecken 598f.
- von Bakterien 549ff.
- von Blaualgen 558ff.
- von höheren Pilzen 564ff.
- von Knollenblätterpilzen 564ff.
- von niederen Pilzen 560
- von Tieren 581ff.
Perciformes 506, 605
Perhydro-9b-azaphenalene 79
Periploca 185
P. graeca 202
Periplocin **202**
Periplocoside 202
Periplogenin **182**, 190, 194, 202, 207
Periplorhamnosid 194
Perlgras 338
Perlolin 512
α-Peroxyachifolid **113**, 114
Persica 335
P. vulgaris 336
Pertussistoxin 550f., 557
Perulactone 209, 210
Peruvosid **202**
Pestwurz, Gemeine ***432***, 445
P., Weiße 445
Petasitenin **441**, 443, 445
Petasites albus 445
P. hybridus ***432***, 444f.
Petermännchen 327, 605
P., Kleines 605
Petersilie 34
P., Garten- 248, 251, 257
Petroformyn-1 **35**
Petroselinum crispum 34, 247f., 257
Petrosia 28
P. ficiformis 35
P. seriata 488
Petrosin 488
Petrosin A 488
Petrosin B 488
Petunia 211
P. axillaris 211
Petunia × hybrida 211, ***232***
P. violaus 211
Petuniasteron A **211**
Petuniasteron D **211**
Petuniasteron-D-diacetat 211
Petuniasterone 211
Petuniasterone C-Serie **211**
Petunie 211
P., Garten- ***232***
Petuniolid C **211**
Petuniolide 211
Peucedanin **256**, 257
Peucedanum 259
P. alsaticum 257
P. austriacum 257
P. cervaria 257
P. emodi 260
P. hexandrum 260
P. officinale 257
P. oreoselinum 257
P. ostruthium 257
P. palustre 257
P. versipelle 260
P. verticillare 257
Peyotl 313ff., ***322***

Pezizales 305
Pfaffenhütchen 192f.
P., Breitblättriges 192
P., Europäisches 192, ***197***
Pfeffer, Cayenne- 316
P., Rosa 46
P., Schwarzer 94
P., Spanischer 316, ***323***
Pfefferbaum, Brasilianischer 44, 45
Pfeifenwinde 380
Pfeiffrösche 319, 326, 327
Pfeilgiftfrosch ***553***
Pfeilgiftfrösche 540
Pferdeaktinie 584, ***589***
P., Gemeine 312
Pferdesaat, Haarstrang- 32
P., Röhrige 32
Pfifferling, Echter 122, 308
Pfingstrose 95f.
P., Chinesische 95
P., Dünnblättrige ***89***
P., Edel- 95
P., Garten- 95
P., Großblättrige 95
P., Großblumige 95
P., Strauch- 95
Pfingstrosengewächse 95
Pfirsich 335f.
Pflanzenwespen 604
Pflasterkäfer 99
Pflaume 318, 326, 335f.
PHA 573, 578
Phacelia 48
Ph. campanularia 48
Ph. minor 48
Ph. tanacetifolia 48, ***71***
Phacelie, Rainfarn- 48, ***71***
Phaedon 99
Phaeophyta 57, 101, 123, 149
Phakellia flabellata 438
Phalangiidae 272
Phalangium opilio 272
Phalaris arundinacea ***323***, 326
Phallacidin **566**
Phallacin 566
Phallisacin **566**
Phallisin **566**
Phalloidin **566**
Phalloin **566**
Phallolysine 564
Phallotoxine 564ff.
Pharbitis 410
Ph. purpurea 410
Phaseollin 573
Phaseolus 337
Ph. coccineus ***571***, 573
Ph. lunatus 337
Ph. vulgaris 297, 573
Phasin 573
Phasmatidae 99
Phasmida 99
α-Phellandren 101
Phellopterin **256**, 257
Phenol 261, 307
α-Phenylacetoxytropan **453**, 456
D-Phenylalanin 288
L-Phenylalanin 288
Phenylalkylamine 313ff.
2-Phenylethanol 261
Phenylethylamin 302, 305, 603
Phenylpropanderivate 247ff.
– Abbauprodukte 261
Pheromone 101
δ-Philanthotoxin **603**
Philanthotoxine 604
Philanthus triangulum 604
Philodendron 47
P. bipennifolium 47
P. elegans 47
P. erubescens 47
P. radiatum 47
P. sagittifolium 47
P. scandens 47, ***71***
Phloracanthal **99**
Phloracanthol 99
Phloraspidinol BB **43**
Phloraspin BB **43**
Phloropyron BB **43**
Phlorotannine 56f., 57
Phoenix dactylifera 297
Pholiotina 320
Phoma 64, 75
Ph. foveata 67
Ph. sorghina 65
Phomopsin A **561**
Phomopsine 560
Phomopsis 75
Ph. leptostromiformis 65, 560
Ph. rossiana 560
Phoneutria 591, 594
Ph. fera ***590***, 591f., 594
Ph. keyserling 591
Ph. nigriventer 591, 593
Phoracantha semipunctata 99
Phoradendron 576
Phorbol **137**
Phorbolester 142
Phormictopus 591
Phormium tenax 166
Phosphatase, saure 600, 603, 622
Phosphatasen 595
Phosphodiesterasen 591ff., 612
Phospholipase A 582f., 595
Phospholipase A_1 603, 621
Phospholipase A_2 600, 603, 616ff., 621
Phospholipase B 603, 621
Phospholipase C 621
Phospholipase D 591ff., 621
Phospholipasen 612, 621
Photinus ignitius 207
Ph. marginellus 207
Phyllobates 480, 540
Ph. aurotaenia 540
Ph. bicolor 540
Ph. terribilis 540, ***553***
Ph. vittatus 540, ***553***
Phyllocaerulein 609, **610**
Phyllokinin 609, **610**
Phyllomedusa 609
Ph. rhodei 609
Ph. sauvagei ***608***, 609ff.
Physalacton **210**
Physalaemin 609, **610**, 611
Physalaemus 609
Physalia physalis 584ff., ***589***
Ph. utriculus 584
Physaliidae 584
Physalin A **210**
Physalin B **210**
Physalin C **210**
Physalin E **210**
Physalin L **210**
Physalin O **210**
Physaline 209f.
Physalis 209f.
Ph. alkekengi var. *alkekengi* 210, ***232***
Ph. alkekengi var. *franchetii* 210
Ph. franchetii 210
Ph. ixocarpa 210
Ph. peruviana 210f.
Ph. pruinosa 210
Physalolactone 209, 210
Physanole **211**
Physcion 67, **269**, 272, 275ff.
Physciondianthrone 275
Physcion-1-β-D-glucosid ***273***
Physcion-8-β-D-glucosid ***273***
Physostigma venenosum ***396***, 403
Physostigmin 401, **403**
Physovenin 401, **403**
Phythämagglutinin 570, 573, 578
Phytium ultimum 67
Phytoalexine 5, 105
Phytolacca 238ff.
Ph. acinosa 239
Ph. americana 238ff., ***250***, 576
Ph. decandra 238
Ph. dioica 239
Ph. dodecandra 239, 575
Ph. octandra 239
Ph. rivinoides 239
Phytolaccaceae 238
Phytolaccagenin 239
Phytolaccagenin A 239
Phytolaccagensäure 239
Phytolaccasaponin B **239**
Phytolaccoside **239**
Phytotuberin 531
Piceid 277
Picrocrocin 176, **177**
Picrohelenin **111**
Picropodophyllon 260
Pieris 133f., 136
P. floribundi 133
P. formosanum 136
P. japonica 133ff., ***143***
Pieristoxine 134
Pierosid A 134f.
Pierosid B 134, **135**
Pierosid C 135
Pikrotoxinin 106, **109**
Pilatin **121**
(+)-Pilocarpidin **439**
(+)-Pilocarpin **439**
Pilocarpus 438f.
P. jaborandi 439
P. microphyllus 439
P. pennatifolius 439
P. racemosus 439
(+)-Pilosin **439**
Pilumnus 504
Pilzmücken 16
Pimelea 145, 146
Pimpinella major 257
Pimpinelle, Große 257
Pimpinellin **256**, 257
Pindé 403
α-Pinen 91, 93, 101
β-Pinen 101

trans-Pinocarveol 118
Pinselschimmel 411
L-Pipecolinsäure **296**, 297
Piper 466
P. nigrum 94
Piperaceae 466
Piperalol 121, **121**
Piperdial 121, **121**
Piperideinalkaloide 471 ff.
Piperidin 305
Piperidinalkaloide 477 ff.
Piperidincarbonsäure 297
Pipidae 326, 609
Piptadenia peregrina 325
Piptocephalia 63
Pisaster 234
P. gigantes 234
Pisum 290
Pithecellobium 297
P. bigeminum 297
Pittosporaceae 28, 255
Pituri 459
Piule 411
PLA A_1 621
Placopecten 504
Plagiodial 99
Plagiolacton 99
Plakidin B **362**
Plakidine 362
Plakortis 362
Plannipennia 207
Plantaginaceae 97, 514
Plantago 514
Planten 318
Platain 318
Platambin 105
Platipodia 504
Platterbse 288 ff.
P., Berg- 288
P., Breitblättrige 289
P., Duftende ***286***, 288
P., Erdnuß- 288
P., Frühlings- 288
P., Gras- 289
P., Knollen- 288
P., Purpurne 289
P., Ranken- 289
P., Rauhhaarige 290
P., Rote 289
P., Schwarze 288
P., Wald- 288
P., Wiesen- ***286***, 288
Plattschwanzseeschlange 613
Platyphyllin **441**, 445
PLA_2 621
PLB 621
PLC 621
PLD 621
Plectonema radiosum 505
Pleocnemia 42
Plexaura flexuosa 312
Plicatin 91
Plocamenon 102
Plocamium 101 f.
P. cartilagineum 101
P. coccineum 101
P. costatum 101
Plotosidae 605
Plotosus anguillaris 605
Plumeria 185
Pluteaceae 320
Pluteus 320
Pluviin 393, 397
Poa 409
Poaceae 213, 253, 326, 334, 337 f., 405, 409, 440, 511
Podadora 591
Podophyllin 260
Podophyllotoxin 94, 259, **260**
Podophyllotoxine 260 f.
Podophyllotoxon **260**
Podophyllum hexandrum ***268***
P. peltatum 260
P. pleianthum 260
Poinsettie 139
Pokeberrygenin 239
Pokeweed mitogen 239, 578
Polaskia 314
Polistes 602
P. comanchus navajoe 604
P. gallicus 602
Polyacetylene 28
Polybotrya 42
Polychaeta 313
Polyclada 582
Polyfurosid **228**
Polygodial 123, **124**, 277
Polygonaceae 17, 271, 274, 276 f., 280, 478
Polygonatosid A **228**
Polygonatosid B **228**
Polygonatosid C **228**
Polygonatosid E **228**
Polygonatosid G **228**
Polygonatum 227 ff.
P. commutatum 227
P. latifolium 227 f.
P. multiflorum 227 ff., ***249***, 290, 293
P. odoratum 227 f., ***249***, 293
P. officinale 227
P. polyanthum 228
P. stenophyllum 228
P. verticillatum 227
Polygonum 17, 271, 276 f.
P. affine 276
P. amphibium 276
P. amplexicaule 276
P. aviculare ***285***, 276 f.
P. bistorta 276
P. convolvulus 276
P. cuspidatum 276 f.
P. dumetorum 276
P. hydropiper 276 f.
P. lapathifolium 276
P. orientale 276
P. persicaria 276 f., ***285***
P. polystachum 276
P. sachalinense 276
P. tinctorium 277
P. weyrichii 276
Polyin aus *Marasmiellus ramealis* **29**
Polyine 28 ff.
Polyine aus *Hypsizygus tessulatus* **29**
Polyketide 40 ff.
Polyommatus icarus 340
Polypodiaceae 115 f.
Polyporensäure 169
Polysaccharide 278
Polystichum 42
Ponerinae 16
Porifera 35, 123 f., 150 f., 157 f., 229, 327, 361 f., 422, 428, 438, 488, 505, 510
Porophyllum 35
Porst 117
P., Grönländischer 117
P., Sumpf- 117, 118, ***125***
Porthesia similis 582
Portuguese man-of-war-sting 586
Portulaca oleracea 17
Portulacaceae 17
Portulak 17
Pot 52
Pouoside 159
Precoccinellin **79**
Predicentrin 364, 375
Pregnanderivate 213
Pregnanglykoside 185
Pretazettin 393, **394**, 397 f.
Primel 47
P., Gift- ***71***
P., Hohe 47, 48
P., Wald- 47 f.
P., Wiesen- 47 f.
Primelgewächse 47, 240
Primetin **54**, 55
Primin **47**
Primula 47
P. denticulata 48, 55
P. elatior 47, 48
P. hirsuta 48
P. latifolia 48
P. malacoides 48
P. minima 48
P. obconica 48, ***71***
P. praenitens 48
P. sinensis 48
P. veris 47, 48
P. vulgaris 48
Primulaceae 47, 166, 223, 240
Pristimerin 315
Procris geryon 340
Progoitrin **347**, **348**, 351
Prokaryota 421
D-Prolin 288
Prophalloin 566
6-O-Propionyl-11α,13-dihydrohelenalin 110
Propolis 247
n-Propyl-1,4-benzochinon 261
Propylea 79
Propylein 79
8-Propyl-10-phenyl-lobeliolon 476
Propyl-Δ^9-THC 51
Prorocentrales 60
Prorocentrolid 62, **63**
Prorocentrum 60
P. lima 60, 62
Proscillaridin A 204, **205**
Prosobranchia 361 f.
Prostaglandine 585, 599
Prosurugatoxin **421**, 422
Proteaceae 47, 452, 454
Proteaseinhibitor 600, 603
Proteasen 591 ff., 603
Proteinasen 582, 595, 621
Proteine 547 ff.
Proteine, ribosomen-inaktivierende 574
Proteotoxine

- der Faltenwespen 603f.
- der Fische 605f.
- der Kriechtiere 611ff.
- der Krustenechsen 611ff.
- der Schlangen 612ff.
- von Bakterien 549ff.
- von Tieren 581ff.
Proteus 305
Protoaescigenin **221**, 235f.
Protoalkaloide 357
Protoanemonin 21ff.
Protocrocin 176
Protodioscin 163
Protoemetin 364, **367**, 381
Protofagopyrin 280
Protogonyaulax 503f.
P. acatenella 503
P. catenella 503
P. cohorticula 503
P. polyedra 503
P. tamarensis 503
Protogonyautoxine 503
Protogracilin 163
Protohypericin 279
Protopin **367**, 369, 371, 373ff., 375
Protopolygonatosid E **228**
Protopolygonatosid G **228**
Protoreaster nodosus 234
Protothaca 504
Protoveratridin **533**, 534
Protoveratrin-A **533**, 534, 537
Protoveratrin-B **533**, 534
Protoverin **533**
Protoverin C 534
Prozessionsspinner 582
P., Eichen- 582
P., Kiefern- 582
Prunasin 24, **333**, 334ff.
Prunkwinde 410
P., Dreifarbige ***413***
Prunus 335
P. domestica 318
P. domestica ssp. *domestica* 336
P. laurocerasus 337
P. serotina 337
Psammechinus miliaris 230
Psammocinia 157
Psathyrella 320
P. candolleana 320
Pseudactinia flagellifera 585
P. varia 585
Pseudechis 613
Pseudoalkaloide 357
Pseudoconhydrin 474, **475**
D(–)-Pseudoephedrin **316**
L-Pseudoephedroxan 316
Pseudoguajanolide 109, 111, 113f.
Pseudohypericin **279**, 280
Pseudojervin 534
Pseudolycorin 393, **394**, 398
Pseudomeloe 99
Pseudomerucathin 314, **315**
Pseudomonas 435
P. aeruginosa 550
Pseudomonas-aeruginosa-Exotoxin A 551
Pseudopederin **78**
Pseudophonus 16
Pseudophrynamin A **402**
Pseudophrynamine 401, 480
Pseudophryne 480
P. coriacea 402
P. corroroboree 542
Pseudopterogorgia elisabethae 152
Pseudopterosin E **151**
Pseudopterosine 152
Pseudopurpurin **269**, 271
Pseudostrychnin 401, 418
Pseudotropin 211, **453**
Psilocin **320**, 325
Psilocybe 319ff.
P. baeocystis 320
P. bohemica 320
P. cubensis 319f.
P. cyanescens 320
P. mairie 325
P. mexicana 319
P. retirugis 320
P. semilanceata 320f., ***323***
Psilocybin 309, **320**, 325
Psolus 241
Psolusosid A **241**
Psoralea 256
P. corylifolia 256
P. drupaceae 256
Psoralen 255, **256**, 257, 430f.
Psorospermum 271
PSP 504
Psychotria 404
P. carthagenensis 403
P. viridis 403
Psychotrin 364, **367**, 381
PT 557
Ptaquilosid **116**
Ptelein **430**
Pteridiaceae 115
Pteridium aquilinum 115ff., ***125***
Pteridophyta 270
Pterinochilus 591ff.
Pteris aquilina 115
P. cretica 116
Pterobranchia 361, 542
Pterocereus 314
Pterois volitans 605, ***608***
Pterosin B **116**
Pterosin Z **116**
PTX_{1-5} 62
Ptychodiscus 60
P. brevis 61f., 362
Pubescenolide 209
Puffbohne 510f.
Pufferfische 436
Puffotter 613, ***625***
Pugulina ternatane 436
Pulmonaria officinalis 446, ***449***
Pulsatilla vulgaris 22f.
Pulsatillacampher 22
Pumiliotoxin A **480**
Pumiliotoxin B **480**
Pumiliotoxin C **480**
Pumiliotoxine 480
Punica 466
Punicaceae 466
Puppenräuber 261
Purgiernuß 142
Purinalkaloide 495ff.
Purpur, Tyrrhenischer 423
Purpureagitosid 189
Purpureaglykosid A 188, **189**
Purpureaglykosid B 188, **189**
Purpurin **269**, 271
Purpurrose 312, 584
Purpurstern ***249***
Purshia tridentata 166
Putrescin 305
Puwainaphycin C 560
PWM 239, 578
PX 1 503
PX 4 503
Pycnopodia helianthoides 234
PYR 305
Pyracantha 335, 336
P. coccinea ***324***, 336
Pyrethrin **96**
Pyrethrine 96f.
Pyrethroide 96
Pyrethrum 96
Pyridin 456
Pyridinalkaloide 98, 465ff.
Pyrimidinderivate 510ff.
Pyroclavin 406, **407**
Pyrodinium bahamense 503
Pyrosomida 422
Pyrota 99
Pyrrhophyceae 60
Pyrrolalkaloide 479
Pyrrolidincarbonsäure 295
Pyrrolidinderivate 295
Pyrrolizidinalkaloide 410, 440ff., 512
Pyrura sacciformis 434
Pyrus 335

Qinghaosu 115
Quamoclit 410
Qu. coccinea 410
Qu. lobata 410, ***413***
Quebrachamin 401, 416
Quercetin **54**, 55, 280
Quercitrin **54**
Quercus 57
Qu. cerris 57
Qu. petraea 57
Qu. pubescens 57
Qu. robur 57
Questin **269**, 276
Questinol **269**, 276
Quillajasäure **221**, 238
Quisqualis indica 295
Quisqualissäure **295**
Quitte 335
Qu., Echte ***324***, 336

Rachenblütler 167
Radianthus koseirensis 585
R. macrodactylus 585
R. paumotensis 585
Radieschen 351
Rainfarn ***89***, 93, 114
Rajiformes 605
Rana 609
R. catesbeiana 611
R. esculenta 609, ***625***
R. pipiens 609
R. rugosa 609
R. temporaria ***608***, 609
Ranakinin N 609, **610**
Ranakinin R 609
Ranatensin 609, **610**, 611
Ranidae 480, 609

Ranunculaceae 21f., 185, 193, 202, 223, 340, 355, 361, 368, 440, 488, 517, 519, 522
Ranunculin 22
Ranunculol 21
Ranunculus 22, 340
R. acris ***20***, 22
R. arvensis 22
R. bulbosus 22
R. ficaria 22, ***37***
R. flammula 22
R. illyricus 22
R. nemorosus 22
R. repens 22
R. sceleratus 22f., ***37***
R. thora 22
Raps 350, 351
Rapünzchen 97
Rasling, Weißer ***304***, 308
Raubkäfer 99, 261
Rauhkopf, Goldgelber 473
R., Orangefuchsiger 473, ***483***
R., Spitzgebuckelter 473
Rautengewächse 430, 438
Rauwolfia 514
Raygras, Einjähriges 511
R., Englisches 409, ***413***
RCA_I 575
RCA_{II} 575
Rebendolde 31
R., Safran- ***38***, 32
Reckhölderle 145
Red Oil 52
Rehmannsäure **163**
Reis 17
Reistoxikose, Gelbe 65, 68
Reizker, Tannen- 121
Remija 428
Reptilia 611ff.
Resedaceae 349
Resedengewächse 349
Reserpin 401, 416
Reserpinin 401, **416**, 417
Resibufogenin **183**, 207
Resiniferatoxin **137**
Resiniferonol **137**
Resvertarol 276
Retamin **487**, 489
Reticulin 364, 374
Reticulitermes 152
R. flavipes 101
Retrorsin **441**, 443, 445
Rettich 351
Retusin 442
Reynosin **113**, 114
Reynoutria japonica 276
R. sachalinensis 276
Rhabarber 17, 18, 274ff.
Rh., Arznei- 274, ***285***
Rh., Gemeiner 274
Rh., Kanton- 274
Rh., Königs- 274
Rh., Sibirischer 274, ***285***
Rhabdophis 208, 614
Rhacophoridae 610
Rhamnaceae 271, 272, 281, 361
Rhamnetin **54**
L-Rhamnose **184**
(–)-(4'-α-Rhamnosyloxycinnamoyl)-epilupinin 488
Rhamnoveracintin 534
Rhamnus 271, 272ff.
Rh. alnifolius 272
Rh. alpinus 272f.
Rh. carolianus 272f.
Rh. catharticus 272ff., ***285***
Rh. davuricus 272f.
Rh. fallax 272
Rh. frangula ***268***, 272ff.
Rh. imeretinus 272f.
Rh. japonicus 272f.
Rh. pallasii 272f.
Rh. pumilus 272
Rh. purshianus 272f.
Rh. saxatilis 272f.
Rh. utilis 272f.
Rhaphanus sativus 351
Rhaponticin 275
Rhaponticosid 275
Rhapontik 274
Rhechosticta chalcodes 593
Rheidine 275
Rhein **269**, 275ff.
Rheinchrysin 275
Rheinoside 275
Rheum 17, 271, 274ff.
Rh. × *hybridum* 274
Rh. alexandrae 274
Rh. compactum 274
Rh., emodi 274
Rh. officinale 274f.
Rh., palmatum 274f., ***285***
Rh., rhabarbarum 18, 274f.
Rh., rhaponticum 274f., ***285***, 18
Rhinesomas 313
Rhinocricus 261
Rhizoctonia leguminicola 65, 477f.
Rhizolysin 585
Rhizophoraceae 440, 454
Rhizopus 63
Rhizostoma pulmo 584f.
Rhizostomae 584
Rhizostomidae 584
Rhodanwasserstoffsäure **333**, 347, **348**
Rhodexin A **192**
Rhodexin B 192
Rhodexosid **192**
Rhododendron, Japanischer ***143***
Rhododendron 133ff.
Rh. catawbiense 134, ***143***
Rh. ferrugineum 133f., ***143***
Rh. hirsutum 133f.
Rh. japonicum 134, ***143***
Rh. kiusianum 133
Rh. luteum 133f.
Rh. maximum 134
Rh. metternichii 134
Rh. obtusum 133
Rh. ponticum 134
Rh. simsii 133f.
Rhododendron-Hybride ***143***
Rhodogastria 441
Rhodojaponin I **134**
Rhodojaponin III **134**
Rhodojaponine 134
Rhodomelaceae **30**, 159, 295
Rhodophyllaceae 309
Rhodophyllus rhodopolius 309
Rh. sinuatus 310
Rhodophyta **30**, 101, 123, 150
Rhodotoxin 134
Rhoeadin 364, **367**, 369, 371
Rhoeagenin 364, **367**, 371
Rhus 44
Rh. toxicodendron 44
Rh. typhina 44
Ribasin 364, **367**, 375
Ribonuclease 622
5'-Ribonuclease 595
Ricin 575ff.
Ricin D 575
Ricinolsäure **575**
Ricinus communis ***571***, 574f., 577
Ricinus-Agglutinin 570, 575
Ridelliin 445
Riemenblatt 394, ***395***
Riesenbohne 290
Riesenmohn, Türkischer 370
Riesensalamander 542
Rindenkorallen 151
Rindfleisch 302
Ringelblume, Garten- ***107***, 114
Ringelwürmer 313
Ringhalskobra 613
1-RIP 576
Rishitin **531**
Rishitinol 531
Rißling, Rötender 309
Rißpilz 308
R., Blaufüßiger 320
R., Grünender 320
R., Grüngebuckelter 320
R., Kegeliger 309
R., Lilastieliger 309
R., Napfknollen- 309
R., Rosafarbener 309
R., Rübenstieliger 309
R., Seidiger 309, ***321***
R., Struppiger 309
R., Violettlicher 309
R., Weinroter 308
R., Ziegelroter 309, ***321***
Ritter 16
Ritterling, Gelbblättriger 169
R., Getropfter 169
R., Halsband- 169
R., Pappel- 169
R., Schwefel- 310
R., Seifen- 169, ***179***
R., Weißbrauner 169
Ritterlingsartige 169, 308f., 505
Rittersporn 522
R., Feld- 522, ***535***
R., Garten- 522
R., Hoher 522, ***536***
R., Orientalischer 522
Ritterstern ***395***, 397
Rivea 410
R. corymbosa 410f.
Rivularia firma 422
Rizinus ***571***, 574
Robinia pseudoacacia 291, ***571***, 574, 576
Robinie ***571***, 574, 576
R., Gemeine 291
Robustol 47
Robustoxin **592**
Rochenartige 605
Roggen 337

Röhrling, Körnchen- 132, 169
Roquefortin **411**
Roquefortin A 411f.
Roquefortin B 411f.
Roquefortin C 401, 411f.
Roridin E 118, **119**
Roridine 119
Rosaceae 23, 255, 334ff., 517
Rosellinia 75
Rosengewächse 23, 335ff.
Rosenkohl 348, 351, ***359***
Rosenlorbeer 194
cis-Rosenoxid **99**
Roseotoxin B 560
Roseotoxin S 560, **561**
Rosmarinheide, Polei- 133
Roßkastanie, Gelbe 235
R., Gemeine 235
R., Kahle 235
R., Langtraubige 235
R., Rotblühende 235
Roßkastaniengewächse 235
Rotalgen 28, **30**, 101, 123, 150, 159, 402, 435, 504
Rotdeckenkäfer 428
Rötegewächse 253, 270, 380, 428, 497
Rötelritterling, Violetter 29
Rotfeuerfisch 605f., ***608***
Rotkohl 351
Rötling, Niedergedrückter 309
R., Riesen- 310
Rötlingsartige 309
Rottlerin 41, **42**
Rotwasserbaum 519
RPA-I 574
Rp I–IV 585
RTX II 585
RTX III 585
Rübe, Weiße 351
Rubia 271
R. tinctorum ***268***, 270, 271
Rubiaceae 97, 253, 269ff., 361, 368, 380, 403, 423, 428, 497
Rubijervin **533**, 534
Rübling, Bitterer 505
R., Brennender 310
R., Gefleckter 505
Rubratoxin A **73**
Rubratoxin B **73**
Rubratoxine 73
Rübsen 350f.
Ruchgras, Gemeines 253, ***267***
Rückenschwimmer, Gemeiner 599
Rudbeckia 35, 114
R. hirta ***125***
Rudbeckie, Rauhe ***125***
(+)-Rugulosin **67**, 68
Ruhmeskrone ***378***, 389
Rumex 17, 18, 271, 277f.
R. acetosa 18, 277ff., ***285***
R. acetosella 277ff.
R. alpinus 277
R. ambiguus 277
R. conglomeratus 277
R. crispus 277
R. hastatus 277
R. hydrolapathum 277
R. maritimus 277
R. obtusifolius 277
R. palustris 277
R. patientia 277
R. pulcher 277
R. rugosus 277
R. thyrsiflorus 277
Rumohra 42
Ruscogenin 226, 229
Russula emetica 121, ***126***
R. queletii 121
R. sardonia 121
R. subnigricans 297
Russulaceae 121, 297
Ruta graveolens 256, ***414***, 430f.
Rutaceae 255f., 368, 428, 430, 434, 438
Rutacultin 430
Rutamarin 430
Rutaretin 430
Rutarin 430
Rutin **54**, 55, 280
ryegrass staggers 415

(+)–Sabinen **88**, 91, 93f.
α-Sabinen 91
(+)-Sabinol **88**, 91, 94
Sabinolester 94
trans-Sabinol 91
Sabinylacetat 92, 94
Sackmoos 114
Sackspinnen 591
Sadebaum ***89***, 94, 260
S., Chinesischer 94
Safran 176f.
Safranal 176, **177**
Safrol **248**, 251f.
Saftkugler 434
Sagartia elegans 584
Sagartiidae 584
Salamander 541
S., Alpen- 541
S., Feuer- 541
Salamandra 541
S. atra 541
S. salamandra 541, ***553***
Salamandridae 541
Salami 302
Salat, Grüner 112, 114
Salbei 93
S., Dalmatinischer 93
S., Echter ***89***, 93
S., Griechischer 94
S., Spanischer 94
Salicylaldehyd 261
Salicylsäuremethylester 261
Salientia 609
Salmonella 552, 555
S. cholerae-suis 555
S. enteritidis 555
S. typhimurium 551, 555
Salomonssiegel 227, ***249***, 293
Salpen 422
Saltatoria 207
Salutaridin 364, 371
Salvadoraceae 349
Salvia 93
S. officinalis ***89***, 93
S. triloba 94
Samandaridin **541**
Samandarin **541**, 542
Samandaron **541**, 542
Samandinin **541**, 542
Samanin **541**
Sambucus ebulus 339, ***341***
S. nigra 339
S. racemosa 339, ***342***
Sambunigrin **333**, 339
Sammetblume ***38***, 34
San Pedro 314
Sanarelli-Schwartzman-Phänomen 550
Sandbüchsenbaum 142, ***161***
Sandelholzgewächse 488
Sandersonia 389
Sandotter 612f.
Sandrasselotter 613
Sanguinarin 364, **367**, 369, 371, 373f., 376
Sankt Antoniusfeuer 408
Sansevieria 229
S. caniculata 229
S. grandis 229
S. trifasciata 229
Sansevierigenin **220**, 229
Santalaceae 28, 440, 488
Santonin 106, **109**
β-Santonin **109**
Sapindaceae 255, 291
Sapium 138
Saponaceolid A **169**
Saponaria officinalis ***572***, 576
Saponin 2 **237**
Saponin 4 **237**
Saponine 48, 220ff., 477, 573
Saponoside 227
Sapotaceae 223, 440
Sapucajanuß 297
Sarasinosid A_1 **229**
Sarcin 576
Sarcophycin **151**, 152
Sarcophytum glaucum 152
Sarcotragus 157
Sardelle 302, 305
Sargassaceae 159
Sarmentogenin **182**, 190, 192, 207
Sarmentologenin **182**, 190
Sarmentosigenin A 190
Sarmentosin-epoxid **333**
Sarothamnus scoparius 491, ***501***
Sarracenia 474
Sarraceniaceae 474
Sarracin 445
Sarsapogenin **220**, 226
Sarsinoside 159
Sassafras albidum 251
Satratoxin H **119**
Saubohne 574
Sauerampfer 17
S., Bahndamm- 277
S., Garten- 277
S., Kleiner 277
S., Wiesen- 18, 277, ***285***
Sauerkirsche 336
Sauerklee 17
S., Wald- ***19***, 18
Sauerkraut 302
Säugetiere 361
Säuren, aliphatische 16ff.
Sauria 611
Savinin 94
Saxidomonas 504

S. giganteus 503
Saxifragaceae 434
Saxitoxin 503, **504**
Saxosterol 160
Scalardial **157**, 158
Scaptocosa raptoria 591, 594
Scaritoxin 60, 62
Schachblume 25, ***536***, 537
Schachtelhalm 465, 477
Sch., Acker- 477
Sch., Ästiger 477
Sch., Sumpf- 477, ***484***
Sch., Teich- 477
Sch., Wald- 477
Sch., Winter- 477
Schachtelhalmgewächse 477
Schadspinner 582
Schafgarbe, Gemeine 114
Scharbockskraut 22, ***37***
Schattenblume, Zweiblättrige ***249***, **293**
Schefflera 34
Sch. arboricola 34
Scheibenbecherling 305
Scheibenquallen 583
Scheibenzüngler 609
Scheinmyrte 109
Scheinquitte 335
Sch., Japanische ***324***, 336
Schierling, Gefleckter 474f., ***483***
Schildfarngewächse 42
Schillerporling, Schiefer 169
Schinken 302, 305
Schinus terebinthifolius 44, 46
Schirmblatt 260
Schirmling, Fleischbräunlicher 565
Sch., Fleischrötlicher 564
Schirmlingsartige 565
Schitomordnik 614
Schizanthin A **460**
Schizanthin B **460**
Schizanthin D **460**
Schizanthine 459
Schizanthus 459
Sch. grahamii 459
Sch. pinnatus ***450***, 459
Schizothrix calcicola 58
Schlafmützen 374
Schlammschwimmer 213
Schlangen 208, 612, 621f.
Schlangenäuglein 446
Schlangenstern, Gemeiner 230
Schlangensterne 230
Schläuche, Cuviersche 241
Schlauchpflanzen 474
Schlauchpilze 63, 355
Schleierlingsartige 170
Schleifenblume 166
Sch., Doldige ***162***
Schleimfische 606
Schleimkopf, Bitterer 402
Schlüsselblume 47
Sch., Behaarte 48
Sch., Hohe 47
Sch., Klebrige 48
Schmerwurz, Gemeine ***323***, 327
Schmetterlinge 105, 207, 327, 334, 340, 441
Schmetterlingsblütengewächse 196, 288, 296ff., 310, 337, 386, 403, 441, 477, 488, 510, 518, 574
Schminkbeere 238
Schmuckkörbchen 56, 113
Schnapskopf 313
Schnecken **30**, 439, 504, 581, 587
Schneckenklee 337
Schnee 461
Schneebeere ***378***
Schneebeere, Gemeine 379
Schneeglöckchen 397
Sch., Gemeines 21
Sch., Kleines 393
Schneerose 202
Schnellschwimmer 213
Schnellschwimmkäfer 105
Schnurbaum, Japanischer 489, 493, ***501***
Schnurwürmer 361, 436, 478, 581
Schokolade 17, 302, 305, 503
Schöllkraut 373, 488
Sch., Großes ***360***, 373
Schöterich 199ff.
Sch., Acker- 200
Sch., Blaßgelber 200
Sch., Bleicher 199
Sch., Brach- 199
Sch., Duft- 200
Sch., Grauer 200
Sch., Harter 200
Sch., Lack- 200
Sch., Schweizer ***197***, 200
Sch., Spreiz- 199
Sch., Steifer 200
Schreckensklapperschlange 614
Schuppenameisen 16
Schuppenkriechtiere 611
Schwaden 338
Schwalbenschwanz 16
Schwalbenwurz, Weiße 212, ***232***
Schwalbenwurzgewächse 202
Schwämme 28, 35, 76, 123f., 150f., 157f., 160, 229, 293, 327, 361, 368, 422, 428, 438, 488, 505, 510
Schwammgurke 165
Schwan 582
Schwanzlurche 326, 609
Schwarzkäfer 261, 272
Schwefelkopf 170
Sch., Grünblättriger 170, ***179***
Sch., Ziegelroter 170
Schweigrohr ***19***
Schweinefleisch 302
Schweinsberger Krankheit 446
Schweinsohr 21
Schwertbohne 290, 573
Schwertlilie 48, 168f.
Sch., Sibirische 48
Sch., Wasser- 48, ***179***
Schwertliliengewächse 176
Schwester des Ololiuqui 457
Schwimmkäfer 213, 261, 428
Schwindling, Ast- 29
Schwingel, Rohr- 409f.
Sciadotenia toxifera 379
Scillaren A 204, **205**
Scillaren A-diacetat **205**
Scillarenin **183**, 204
Scillarenin-β-D-glucosid **205**
Scillarenin-3-α-L-rhamnosid 204
Scillarenin-3-α-L-rhamnosido-β-D-glucosid 204
Scillarenin-3-O-α-L-2′,3′-diacetyl-rhamnosido-4′-β-D-glucosid 204
Scillglaucosidin-3-β-D-glucosid 204
Scillicyanogenin **183**, 204
Scillicyanosid 204, **205**
Scilliglaucogenin **183**, 204
Scilliglaucosid 204, **205**
Scilliglaucosidin **183**, 204
Scilliglaucosidin-α-L-rhamnosid **205**
Scilliglaucosidin-3-α-L-rhamnosid 204
Scilliphäosid 204, **205**
Scilliphäosidin **183**, 204
12-epi-Scilliphäosidin 204
Scilliphäosidin-β-D-glucosid **205**
Scilliphäosidinglykoside 204
Scilliphäosidin-3-α-L-rhamnosid 204
Scillirosid 204, **205**
Scillirosidin **183**, 204
Scillirubrosid 204, **205**
Scillirubrosidin **183**, 204
Scillirubrosidin-α-L-rhamnosid **205**
Scillirubrosidinglykoside 204
Scolopendra subspinipes 327
S. subspinipes dehaani 582
Scolytidae 261
Scomber 305
S. scombrosus 504
Scombridae 305
scombroid fish poisoning 305
Scombroid-Vergiftung 305
Scopolamin **453**, 454ff., 457ff., 459
Scopolia carniolica 455
S. stramonifolia 455
Scorpaena 605f.
Scorpaenichthys marmoratus 506
Scorpaenidae 605
Scorpaeniformes 605
Scorpaenopsis 605
Scorpio maurus palmatus 596
Scorpiones 595, 621
Scorpionidae 596
Scorpiosid 199
Scorpoidin 447
Scoulerin 364, 374ff.
Scrophulariaceae 97, 167, 185, 187, 223, 271, 434, 440, 488, 514
Scutellaria baicalensis 55
Scyphozoa 312, 583f.
Scytonema pseudohofmanni 59
S. saleyeriense 505
Scytonemataceae 505
Scytophycin A 59
Scytophycin B **59**
SEA 552
seaweed dermatitis 59
SEB 552
Sebastes 605
Sebastiana 138
Sebastodes 605
Secale 337
Secalonsäure A 407
Secapin 600f.
Secocularidin **366**, 375
Secocularin 364
SEC 1 552
SEC 2 552

SEC 3 552
SED 552
Sedacrin **476**
Sedacryptin **476**
(–)-Sedamin **476**
Sederin 476
Sedinin **476**
Sedinon 476
Sedridin **476**
Sedum 465, 476
S. acre 476, ***484***
S. maximum 476
S. sieboldii 476
S. spectabile 476
SEE 552
Seeanemone 584
Seedahlie 584
Seegurke, Mexikanische ***250***
Seegurken 230
Seehasen **30**, 105, 123, 581
Seeigel 230, 582
Seerose ***535***
S., Dickhörnige 584
S., Weiße 516
Seerosen 105
Seerosengewächse 516
Seescheiden 422
Seeschlange, Gemeine 613
Seeschlangen 612
Seesonne 230
Seestern, Gemeiner 230
Seesterne 230, 271, 436, 583
Seewespe 584
SEF 552
Segolin A **362**
Seidelbast 145
S., Berg- 145
S., Gemeiner 145, ***161***
S., Gestreifter 145
S., Lorbeer- 145
S., Rosmarin- 145
Seidenpflanze 465
Seidenpflanzengewächse 212
Seifenkraut 576
S., Echtes ***572***
Selenocystathionin **297**, 298
Selenocystein 297
Selenomethionin 297, 298
α-Selinen 118
β-Selinen 105
Sellerie 255, 257
Semaeostomae 584
Semecarpus anacardium 44
Semperviron 538
Senaetnin 443
Senbusin C 517
Senecio 440, 444 ff.
S. abrotanifolius 445
S. adonidifolius 444 f.
S. alpinus ***432***, 444 f.
S. aquaticus 445
S. bicolor 444 f.
S. brasiliensis 446
S. cruentus 444 f.
S. congestus 445
S. doronicum 444
S. elegans 444
S. erraticus 444 f.
S. erucifolius 445
S. fluviatilis 445
S. fuchsii ***432***, 444 f.
S. gaudinii 444, 445
S. incanus 444
S. jacobaea 444 f.
S. longilobus 445
S. nemorensis 444 f.
S. paludosus 445
S. riddellii 444, 446
S. rivularis 445
S. subalpinus 445
S. sylvaticus 445
S. vernalis 444 f.
S. vulgaris 444 f.
Senecionin **441**, 443 ff.
Senecioylcholin **313**
Seneciphyllin 443 ff.
Senecivernin 444, 445
Senf 350
S., Sarepta- 349
S., Schwarzer 349, 351, ***359***
S., Weißer 348 f., 351, ***359***
Senföle 347 ff.
Senfölglucoside 346
Senkirkin **441**, 443 ff.
Sennesstrauch 278
Sennidine 275
Sennosid A **270**
Sennosid A_1 **270**
Sennosid C **270**
Sennosid D **270**
Sennosid E **270**
Sennoside 275
Sepositosid A 234
Septifer 504
Septoria nodorum 66
D-Serin 288
Serjansäure 239
Serotonin 318 f., **320**, 326, 585, 587, 595, 600, 603, 606
Serpentes 612, 621
Serradella 337
Serriola 60
Sesquiterpenalkaloide 515 ff.
Sesquiterpene 98, 105 ff., 531
Sesquiterpenesteralkaloide 315
Sesquiterpenlactone 92, 105 ff.
Sesterterpene 157 f.
Setoclavin 410
Sexangularetin **54**, 55
Shigatoxine 550 f.
Shigella dysenteriae 551, 555
S. sonnei 555
shigella toxin like 551
Shigella-ähnliche-Toxine 551
Shit 52
Sicariidae 591
Sicarius 591
Siebenpunkt ***72***, 79
Silberblatt, Ausdauerndes ***180***, 200
Silbereiche 47
Silberkraut 411
Siluriformes 605
Sinactin 364, 375, 376
Sinalbin **347**, 348
Sinapis alba 348, 349, 351, ***359***
Sincamidin 447
Sinigrin **347**, 349, 351
Sinnpflanze, Schamhafte 296, ***304***
Sipholenosid A 229
Siphonella siphonella 229
Siphonellinol 159, **160**
Siphonochalina siphonella 35, 159
Siphonophora 584
Sistrurus catenatus 614
Sisymbrium officinale 200
Sitoindosid IX **209**
Sitoindosid X **209**
Sitoindoside 318
Sium latifolium 34
Skimmianin 417, **430**, 433
Skorpione 326, 595, 621
Skorpionsfische 605
Skorpionskraut 196, 256
Skytanthin 514
Skytanthus 514
Slaframin 477, **478**
Slaframintoxikose 65
Sleeper-Peptid 587, **588**
slobber hay-Syndrom 478
Smilacaceae 223
Smilagenin **220**, 228
Smipin 488, 492
Sojabohne 574
Solacapin 527, **528**, 532
Solacasin 532
Soladulcidin 527, **528**
Soladulcidintetraosid **528**, 529
Solamargin 527, **528**, 529
β-Solamargin **528**
α-Solamarin **528**, 529 f.
β-Solamarin **528**, 529 f.
Solanaceae 105, 208 ff., 210 f., 213, 223, 255, 316, 454 ff., 466, 488, 526 ff.
Solandra 455
Solanidin 527, **528**, 533
α-Solanin **528**, 530
β-Solanin 527
Solanocapsin 527, **528**, 530, 532
Solanocastrin 532
Solanum 526 ff.
S. alatum 526, 530
S. capsicastrum 527, 532
S. diflorum 532
S. dulcamara 526, 529, ***536***
S. luteum 527, 530
S. lycopersicon 532
S. malacoxylon 213
S. melongena 527, 532
S. nigrum 526, 529 f., ***536***
S. nitidibaccatum 527
S. pseudocapsicum 527, 532
S. tuberosum 527, 530 f.
S. verbascifolium 213
S. vernei 530
S. villosum 527
Solanum-Alkaloide 527 ff.
Solasodin 527, **528**, 529 f.
Solasonin 527, **528**, 529 f.
Solaster endeca 234
S. papposus 230
Solavetivenon 531
Solenolid A 152
Solenolid C **151**
Solenolid E 152
Solenolide 152
Solenopodium 152
Solenopsine **479**
Solenopsis 479
S. invicta 479

S. saevissima 479
S. xyloni 479
Sommerblutströpfchen 193
Sommerzypresse 17
Somnirol 208
Sonchus palustris 112
Sonnenblume ***108***, 114
Sonnenbraut 111, 114
S., Herbst- ***107***, 111
Sonnenhut 114
S., Purpur- ***432***
S., Purpurroter 445
S., Schmalblättriger 445
Sonnenwende 447, ***449***
S., Europäische 447
Sophocarpin **487**, 489
Sophora japonica 489, 493, ***501***
Sorbaria 335
Sorbus 23, 24, 335
S. americana 23
S. aria 23
S. aucuparia 23, ***37***, 336
S. chamaemespilus 23
S. domestica 23
S. sambucifolia 23
S. tianshanica 23
S. torminalis 23
Sorghum 337f.
S. bicolor 338, ***341***
Sorinin **274**
Spaltblume ***450***, 459
Spargel 225ff., 297, 576
S., Gemüse- 225, ***232***
S., Zartblättriger 225
Spargelerbse 337
Spargelkohl 351
Spargelkrätze 226
Spargelpilz 292
Spartein **487**, 489ff.
Spartioidin 445
Spartium scoparium 491
Spathulin **113**, 114
Spatoglossum schmittii 149
Spatol **149**, 150
Spatzenzunge 145
S., Acker- 145
Spatzenzungengewächse 145f.
Speciosamin **388**
Speciosin **388**, 389
Spectabilin 442
Speedball 461
Speierling 23
Speik 48
Speikobra 613f.
Spergulagensäure **221**, 239
Sperlingskraut 145
Sperminalkaloide 316
Sphacelia typhina 409
Sphaeriales 63
Sphaeroides 436
Sphaeropsidales 64
Sphingomyelinase 591ff.
Sphondin **256**, 257
Spierstrauch 335
Spinacea oleracea 18
Spinaceamin **327**
Spinat 17f., 326f.
S., Ewiger 277
Spindelschnecke, Gemeine 312
Spindelstrauch 192
S., Voralpen- 192
S., Warzen- 192
Spinne, Braune 591
S., Joro- 593
Spinnen 326, 621f.
Spinnentiere 261, 588
Spiraea 335, 517
Spiropachysin 539f.
Spiropiperidinalkaloide 480
Spirosta-5,25(27)-dien-1β,3β,11α-triol 203
Spirostreptus 261
Spitzkiel, Seidenzottiger 477
Spitzklette, Gemeine 114
Spondylus 504
Spongia arabica 150
S. mycofijiensis 76, 123
S. officinalis 150
Spongialacton A **150**
Spongionella gracilis 150
Spongiosin **505**
Spongothymidin **510**
Spongouridin **510**
Sporidesmium bakeri 65
Spornblume 97
Spornblume, Rote 98
Sprekelia formosissima ***396***, 397
Sprengerine 226
Sprintillamin 203
Sprintillin 203
Spritzgurke ***162***, 164f.
Spulwurm 581
Squamata 611
ST 555
Stabschrecken 99
Stachelbeere 17
Stachelgurke 165
Stachelhäuter 230ff., 240ff.
Stachelmohn, Gemeiner ***360***, 374
Stachelschnecke ***322***
Stachelschnecken 313
Stachybotrys 64, 118, 119
S. alternans 65
S. atra 118
Stachyobotryotoxikose 65, 120
Stachyurin 58
Ständerpilze 29, 121f., 169ff.
Stangeria 311
Stangeriaceae 311
Staphisagrin 518
Staphisin 518
Staphylinidae 78, 99, 261
Staphylococcen-α-Toxin 551
Staphylococcen-δ-Lysin 550
Staphylococcus 435
S. aureus 551f.
Staudenknöterich, Japanischer 276
S., Sachaliner 276
Staurosporin **402**
Stearylvelutinal **121**
Steatoda 591
Stechameisen 16
Stechapfel 457
S., Weißer ***450***, 457
Stechginster ***501***, 489, 493, 570
Stechpalme ***341***, 339
Stechpalmengewächse 339, 503
Stechrochen 605f.
Steinfisch 605
Steinfische, Falsche 605
Steinklee 253
S., Echter 253, ***267***
S., Hoher 254
S., Weißer 253, ***267***
Steinkleekrankheit 255
Steinpilz 297, 308, 565
Steinröschen 145
Steinsame 446
Stellera 145
Stelospongia canalis 123
Stenocereus 314
Stephanin 364, **366**
Steppenraute 404f., ***413***
Sterculiaceae 361, 500, 503
Sterigmatocystin **69**
Sterigmatocystine 69
Stern von Bethlehem 191
Sternanis 109
S., Japanischer 109
Sternwinde 410
S., Gelappte ***413***
Steroidalkaloide 526ff.
Steroide 181ff.
–, Herzwirksame 182ff.
Steroidsaponine 189, 203, 224ff.
Sterolsulfate 234
Stichaeus grigorjewi 506
Stichoposide **241**
Stichopus 240, 241
Stichostatin 1 241
Stictocardia 410
Stigonemataceae 422
Stillingia 138
Stizolobinsäure **296**
Stizolobium hassjo 296
Stizolobsäure 294, **296**
STL 551
Stoff 52
Stoichactin 585
Stolonidiol **151**, 152
Stomolophus meleagris 584, 585
Strandigel 230
Strandmilchkraut 48
Streptococcus faecalis 551, 555
Streptolysin O 551
Streptolysin S 551
Streptomyces 402
S. mediocidicus 421
S. toyocaensis 505
S. tubercidus 505
Streptoverticillium blastmyceticum 421
S. olivoreticuli 421
Striatoxin 587
Strictamin 401, 416
Strophadogenin **182**, 194
Strophallosid **201**
Strophanthidin **182**, 190, 192, 194, **199**, 201, 202
Strophanthidindiginosid 194
Strophanthidindigitalosid **194**
Strophanthidinfucosid **194**
Strophanthidol **182**, 190, 194, 201
g-Strophanthin 201
h-Strophanthin 201
k-Strophanthin 201
k-Strophanthin-β 194
k-Strophanthosid-β **194**, 201
k-Strophanthosid **194**, 201
Strophanthus 185, 201

S. gratus ***198***, 201
S. kombe 201
Stropharia cubensis 319
Strophariaceae 170, 319, 320
Strophiurichthys 313
Strychnin 401, 418ff., **419**
Strychnos 418ff., 514
S. castelnaei 420
S. crevauxiana 420
S. guianensis 420
S. ignatii 418
S. nux-vomica ***414***, 418ff.
S. spinosa 418
S. toxifera 420
S. usambarensis 420
Studentenblume 34, ***38***
Stummelfußfrösche 436
Sturmhut 519
STX 503
dc-STX 503
neo-STX 503f.
Stychodactyla helianthus 585
S. kenti 585
Stylocheilus longicauda 58, 59
Stylopin 364, **366**, 373, 375
Stypandra imbricata 272
Stypandrol 272
Suillin **132**, 169
Suillus 132
S. granulatus 132, 169
Sulferalin **111**
Sulforaphen **347**
Sulfuretin **56**
Sumach 44
S., Kletternder 44
Sumachgewächse 44
summer syndrome 410
Sumpfdotterblume 22
Supinin 443, 445, 447
Surucucu 614
Surugatoxin **421**, 422
Süßgräser 213, 253, 326, 337f., 511
Sutherlandin 332
Swainsona canescens 477
Swainsonin 477, **478**
sweet clover disease 255
swimmers itch 421
Swinholid A 76
Symbiodinium 60
Symlandin 447
Symphoricarpos albus ***378***, 379
Symphyta 604
Symphytin **441**, 443, 447
Symphytum 446
S. × *uplandicum* 446f.
S. asperum 446f.
S. officinale 446f., ***449***
S. tuberosum 446f.
Synadenium 138
S. grantii 145
Synanceja 606
S. horrida 606
S. verrucosa 605
Synapta 241
Syndrom, Östrogenes 65
Syriogenin **182**, 192

Tabak 465, 466ff.
T., Bauern- ***483***, 466
T., Virginischer ***483***, 466
Tachykinine 610f.
Tadeonal 277
Tagetes 34
T. erecta 34
T. patula 34
T. tenuifolia 34
T. vulgaris 34, ***38***
Taglilie 272
Taipan 613
Taipoxin 618
Talatisamin 517, **518**, 520
Talatissamin 520
Talatizamin 520
Talgsumach 44
Tamarinde, Wilde 296
Tamus communis ***323***, 327
Tanaceton B 93
Tanacetum parthenium 93, 106, 114f.
Tanacetum vulgare ***89***, 91, 93, 114f.
Tangeritin 56
Taonia australasica 150
Taonianon **149**, 150
Tapes 504
Tapinoma nigerimum 99
Tarantel 591ff.
Taraxacum officinale 114f.
Taraxinsäureglucosid 114
Taricha granulosa 436
T. rivularis 436
T. tarosa 436
Täubling, Spei- ***126***
T., Stachelbeer- 121
T., Zitronenblättriger 121
Taumelkäfer 213
Taumelkrankheit 477
Tausendfüßer 261, 326f., 334, 340, 361, 434, 582, 621
Taxaceae 147
Taxamairin 147
Taxanderivate 147ff.
Taxan-Tetraol 147, **148**
Taxin 147
Taxin A 147, **148**
Taxin B **148**
Taxiphyllin **333**, 334, 338, 340
Taxol A 147, **148**
Taxol B 147, **148**
Taxol C 147, **148**
Taxus baccata 147, ***161***
T. brevifolia 149
T. mairei 147
Taxusin 147, **148**
Tazette ***396***, 397
Tazettin 393f., **394**, 397
TCT 557
Tealia felina 584f.
T. lofotensis 585
Tealiatoxin 585
Tecoma 514
Tectona 271
Tectus 504
Tee, Grüner 499
T., Paraguay- 503
T., Schwarzer 17, 499
Teegewächse 499
Teestrauch 499, ***502***
Teichmolch 436
Teichrose 516, ***535***
Telecinobufagin 207f.
Telekia speciosa 114
Telekie 114
Telekin **113**, 114
Teleocidin A-1 **421**
Teleocidin A-2 **421**
Teleocidin B-1 **421**
Teleocidin B-3 **421**
Teleocidin B-4 **421**
Teleocidine 401, 421f.
Telitoxicum 379
Telocinobufagin **183**
Teloidin **453**
Tenebrionidae 261, 272
Tenebroside 585
Tenebrosine 585
Tentaculata 312, 361, 422
Tenuazonsäure 73, **74**
Teonanacatl 319ff.
Termiten 100f., 105, 152, 262
Terpenalkaloide 514ff.
Terpene 86ff.
–, Biogenese 86
–, Chemie und Terminologie 86
–, Verbreitung und Bedeutung 87
Terpenophenole 123
Terpenperoxide 95
α-Terpinen 101
Terpinen-4-ol 94
Terpineol 94
Terpinolen 101
α-Terthienyl **34**, 35
(2,2′:5′,2″-Terthiophen) **34**
Tertiapin 600f.
Tesquino 457
Tessaria 35
Tessulatoxin 587
Tetanus 556
Tetanustoxin 550, 555
12-O-Tetradecanoylphorbol-13-acetat 136, **137**
Tetraflavaspidsäure BBBB **43**
Tetragonolobus 337
(–)-trans-Δ⁹-Tetrahydrocannabinol 49
Δ⁹Tetrahydrocannabinol **50**
(–)-Δ⁹-trans-Tetrahydrocannabinol **50**
Tetrahydrocannabinolsäure A 51
(–)-Δ⁹-trans-Tetrahydrocannabinolsäure A **50**
Tetrahydrocannabinolsäure B 51
Δ⁹-Tetrahydrocannabiorcol **50**
Δ⁹-Tetrahydrocannabivarol **50**
1,2,23,24-Tetrahydrocucurbitacine 166
Tetrahydroharmalin 401
Tetrahydroharmin **404**
(+)-Tetrahydropalmatin **366**, 375f.
Tetrahydrorhombifolin **487**, 492
Tetrahydroxybufadienolide 208
2,3,4′,5-Tetrahydroxystilben-2-β-D-glucopyranosid 276
Tetramethylammoniumhydroxid 585
Tetramin 312
Tetraodon 436
Tetraodontidae 436
Tetraphyllin-B-sulfat **333**
Tetraprenylhydrochinon **150**
Tetrastemma 479

Tetraterpene 176f.
2,3,4,6-Tetra(3-nitropropanoyl)-α-D-glucose 355
Tetrodonsäure 434
Tetrodotoxin 434ff., **435**
11-nor-Tetrodotoxin-6(R)-ol 434
Teufelsauge 193
Teurilen 159
Thais floridiana 313
Thaisidae 423
Thalamita 504
Thalassophryne dowi 605
Thaliaceae 422
Thalictosid **355**
Thalictrum 340, 517
T. aquilegifolium 22, 340, ***342***, 355
Thaumetopoea pinivora 582
Th. pityocampa 582
Th. processionea ***572***, 582
Th. wilkinsoni 582
Thaumetopoeidae 582
Δ^9-THC-C_1 **50**
Δ^9-THC-C_3 **50**
Δ^9-THC-C_4 **50**
Δ^9-THC-C_5 **50**
Δ^1-THC 49
Δ^8-THC 49
Δ^9-THC 49, 51ff.
Theaceae 223, 499
Thebain 364, **366**, 369, 371f.
Thein 500
Thelenostatin 1 241
Thelenota 241
Thelenotoside **241**
Thelotornis 614
Th. kirtlandii 613
Theobroma cacao ***502***, 503
Theobromin **495**, 496ff.
Theonella swinhoei 76
Theophyllin **495**, 496ff.
Theraphosa leblondi 591ff.
Theraphosidae 591f.
Theridiidae 591
Thermopsin **487**, 488
Thermopsis 488
Thesinin 447
Thevetia 185
Th. neriifolia 202
Th. ovata 202
Th. peruviana ***198***, 202
Thevetin A 202
Thevetin B **202**
L-Thevetose **184**
Thiaminase 117, 477
Thiaminase I 116
Thiloa glaucocarpa 58
Thiobinupharidin 515, **516**
Thiocyanate 348
Thiox-glucosinolate 348
Thitsiole 44
Thlaspi 348
Th. arvense 352
Thornasterol A **233f.**
Thornasterosid **233**
Thornasterosid A 230
Thromidia catalai 234
Thuja 91
Th. occidentalis ***72***, 91
Th. orientalis 91
Th. plicata 91
Th. standishii 91
Thujan **88**
Thujanderivate 88ff.
Thujaplicatin 91
Thujaplicine 91
(−)-Thujon **88**, 91ff.
α-l-Thujon 91
β-d-Thujon 91
cis-Thujon 91
trans-Thujon 91
Thujylalkohol 92
Thuj-4-en-2-ylacetat 93
Thunfisch 302, 305
Thunnus 305
Thymelaea 145
Th. passerina 145
Thymelaeaceae 145f.
Thymolester 110
Thymolether 110
Thyone fusus 241
Thyroliberin 609
Thyrsiferol 159
Thyrsiferyl-23-acetat 159
Tiefseeaale 606
Tiere
–, aktiv giftige 7
–, passiv giftige 7
Tigerschlange 613
Tiglianderivate 136ff.
Tiglinsäure 16
Tigloidin 211, **453**, 454, 457
Tigloylmeteloidin **453**, 457
13-Tigloyloxylupanin 492
3α-Tigloyloxytropan 211
6-O-Tigloyl-11α,13-dihydrohelenalin **110**
Tigogenin 529
Tigonin 189
Tintenbaum, Ostindischer 45
Tintling 292
T., Fuchsräude- 292
T., Glimmer- 292, ***303***
T., Grauer 292, ***303***
T., Schopf- 292
Tintlingsartige 292
Tityus bahiensis 595f., 598
T. cambridgei 596
T. serrulatus 595f., 598
T. spec. ***607***
T. trinitatis 596
Tlitliltzin 411
Todesotter 613
Tollkirsche ***450***
Tollkraut, Krainer 455
Toloache 457
Toluchinon 261f.
Toluol 261
Tolypothrix byssoidea 505
T. distorta 505
T. tenuis 505
Tomate 17, 318, 326, 527, 532
Tomatidenol 527, **528**
Tomatidin 527, **528**
Tomatillofrucht 210
α-Tomatin **528**, 532
β-Tomatin 532
Tomentosin **113**, 114
Tonkabohne ***250***, 253
Torachryson-4-β-D-glucopyranosid **275**
Torachryson-(6-oxalyl)-4-β-D-glucopyranosid **275**
Torfgränke, Hüllblütige 133
Tovariaceae 349
toxic shock syndrome 552
toxic shock syndrome toxin 552
Toxicodendron 44
T. diversilobum 44
T. quercifolium ***38***, 44
T. radicans 44
T. succedaneum 44
T. verniciflua 44
T. vernix 44
Toxiferin 420
C-Toxiferin I 401, **419**, 420
C-Toxiferin II 420
Toxikologie
–, Definition 1
–, klinische 12
Toxin BE 555f.
Toxin B1 503, **504**
Toxin B2 503
Toxin C1 503, **504**
Toxin C2 503
Toxin C3 503
Toxin C4 503
Toxin S 555
α-Toxin von *Clostridium perfringens* 551f.
δ-Toxin von *Clostridium perfringens* 551f.
α-Toxin von *Staphylococcus aureus* 551f.
Toxin 3 **616**
Toxine, Alternaria- 74
α-Toxine 615ff.
β-Toxine 615ff.
k-Toxine 615ff.
F-2 Toxin 68
HT-2 Toxin 118, **119**
PR-Toxin **120**
Toxin-S 582
T-2 Toxin 118, 119, **119**
Toxinologie
–, Definition 1
Toxizität
–, akute 9
–, chronische 9
Toxopneustidae 582
Toyocamycin **505**
Toyocamycin-5′-α-D-glucopyranosid **505**
TPA 136
Trachinidae 605
Trachinus draco 327, 605
T. vipera 605f.
Traganth, Kümmerlicher ***359***
Trametenolsäure 169
3-trans-Laurediol **30**
Traubenheide 133, ***143***
Traubenkirsche 335
T., Späte 336
Träuschlingsartige 170, 319
Trechenolide 209
Trechona 591
T. adspera 591
T. venosa 591, 594
Tremorgene 412
Trepang 242
3,7,8-Triacetylingol-12-tigliat **141**

Triangularin 445
Tribolium castaneum 261
1,5,7-Tribromo-2,6,8-trichloro-2,6-dimethyloct-3-en **101**
Tribulus 160, 163
T. terrestris 160, ***162***, 163
Trichocereus 313, 314
T. macrogonus 314
T. pachanoi 314
T. peruvianus 314
T. terscheckii 314
Trichoderma 64, 118
Trichodermin 119
Tricholidsäure **169**, 170
Tricholoma 169
T. albobrunneum 169
T. focale 169
T. fulvum 169
T. pessundatum 169
T. populinum 169
T. saponaceum 169, ***179***
T. sulphureum 310
Tricholomataceae 169, 296, 308 f., 320, 505
Tricholomopsis rutilans 291
Trichophyton 75
Trichothecene 118 ff.
Trichothecium 64
T. roseum 118
Trichterling 309
T., Bitterer 309
T., Bleiweißer 309
T., Duft- 309
T., Feld- 309
T., Fleischfalber 29, 309
T., Nebelgrauer 505
T., Rinnigbereifter 309
Trichterspinnen 591
Trichterwinde 410
Tridacna 504
5-Tridecyl-resorcin 47
Trifolium 337
T. nigrescens 337
T. repens 337
Triglochin 340
T. maritimum 340, ***342***
Triglochinin **333**, 337, 339, 340
Trigonellin 498
12,15,16-Trihydroxy-octadeca-9(Z)-13(E)-diensäure 167
9,12,13-Trihydroxy-octadeca-10(E)-15(Z)-diensäure 167
3α,9β,13α-Trihydroxy-11β,12β-epoxytrinervit-15(17)-en-tripropionat 152
Trilliaceae 223, 224
Trillin **228**
Trimeresurus flavoviridis 614
Trimethylamin 305
2,3,5-Trimethyl-1,4-benzochinon 261
Trinervitermes 152
Triodontidae 436
T-2 Triol 118, **119**
Tripneustes gratilla 582
Trisetum flavescens 213
Triterpene 159 ff., 315
Triterpensaponine 235 ff.
Triterpensäureester, Icterogene 160
Triticum 337 f.
Triturus 436
T. alpestris 436
T. cristatus 436
T. marmoratus 436
T. viridescens 436
T. vulgaris 436
Trompetennarzisse 397
Tropacocain **453**, 455, 460
Tropaeolaceae 166, 349
Tropaeolum majus 166, 349
Tropanalkaloide 211, 411, 452 ff.
Tropeine 452
Tropidechis carinatus 613
Tropin 211, **453**, 456, 458
Tropinon 455
Tropolonalkaloide 388 ff.
α-Truxillin **453**, 455, 460
β-Truxillin 455, 460
Trypsininhibitoren 573
Tryptamin 302, **320**
Tryptanthrin 277
L-Tryptophan 288
Tryptoquivalin 401, 412, **415**
Tschagapilz 169
TSST 1 552
TTX 434
Tubencurare 379
Tubercidin **505**
Tubercidin-5-α-D-glucopyranosid **505**
Tubocurare 379
Tubocurarin 364, **365**, 368, 379
Tulipa 24 f.
T. biflora 24
T. clusiana 24
T. fosteriana 24
T. gesneriana 24
T. greigii 24
T. kaufmanniana 24
T. marjoletti 24
T. praestans 24
T. sylvestris 24
T. tarda 24
Tulipalin A
Tulipalin B *24*
Tuliposid A
Tuliposid B *24*
Tullidinol 281
Tullidora 281
Tulpe 24 f.
T., Wilde 24
Tulpenfinger 25
Tumorpromoter aus *Jatropha curcas* **137**
Tung-Öl 145
Tunicata 361 f., 422, 505
Tüpfelfarngewächse 115
Turbanschnecke 60
Turbinaria ornata 159
Turbinarsäure 159, **160**
Turbo 504
T. pica 60
Tussilagin 443, 445
Tussilago farfara ***432***, 440, 444 f.
Tutufa lissostoma 436
Tylecodon 185
Tylophorin 212
Tyramin 302, 305, 603
Tyria jacobaeae 441
L-Tyrosin 288
T-2 118
T-2 Toxin 118
T-496 **281**
T-514 **281**
T-516 281
T-544 **281**

UDA 578
Udotaceae 122, 149
Ulex europaeus 489, 493, ***501***, 570, 578
Umbelliferon 430
Umbellularia californica 91
Umbellulon **88**, 91, 93
Uncaria pteropoda 423
Undulatin 393, 397
Ungeremin 393, **394**, 398
Unke, Rotbauch- 326
Unken 609
Uräusschlange 613
Urginea 185
U. aphylla 204
U. hesperia 204
U. maritima 204 f., ***231***
U. numidica 204
U. pancration 204
U. physodes 183, 205
U. sanguinea 205
Uroblaniulus 261
Urodela 326, 609
Urolophidae 605
Urolophus 606
Urolophus fuscus 605
Urtica 326
U. dioica 326
Urticaceae 361, 438
Urtica-dioica-Agglutinin 578
Urushiole 44, **45**
Usaramin 445
Uzarigenin **182**, 192, 195, 199, 201

Vaccinium myrtillus 488
Valepotriate 97 f.
Valeriana 97, 514
V. jatamansi 97
V. officinalis ***90***, 97
V. wallichii 97
Valerianaceae 97 f., 514
Valerianella 97
Vallota speciosa ***396***, 397
Vallote **396, 397**
Valtrat **98**
Valtropin **453**, 459
Vanillylamid 316
Variabilin **157**, 158
Variolysin 585
Veilchen, März- 354
Veilchengewächse 354
Vejovidae 596
Vejovis 596
Velleral **121**
venta-seca 58
Ventilago 271
Venustatriol 159, **160**
Veracintin **533**, 534
Veralodin 534
Veramarin 534
Veratoxine 551
Veratramin 534
Veratroylzygadenin **533**, 534

Veratrum 532ff., 537
V. album 532, 534, ***536***, 537
V. californicum 532, 534, 537
V. nigrum 532, 534
V. viride 537
Veratrum-Alkaloide 532ff.
Verazin **533**
Verbenaceae 97, 160, 163, 271
Verbindungen, Cyanogene 332ff.
Vergiftungen
–, Diagnostik 12f.
–, Therapie 13
–, akzidentelle 6f.
Vergißmeinnicht, Sumpf- 447
V., Wald- 447
Vernadigin **194**
Verodoxin **189**
Verrucarin A 118f.
Verruculogen 401, 412, **415**, 416
Versicolorin A **69**
Versicolorine 69
Versutoxin 591ff.
Verticicladia abietina 66
Verticimonosporium 118
Verticin 538
Verticin-N-oxid 538
Verticinon 538
very fast death factor 59
Vescalagin **57**, 58
Ves-CP-M **603**
Ves-CP-X **603**
Vespa 602
V. basalis 604
V. crabro 602, ***607***
V. mandarinia 604
V. orientalis 604
V. tropica 604
Vespa orientalis lethal factor 604
Vespidae 602
Vespoidea 602
Vespula 602
V. austriaca 602
V. germanica 319
VFDF 59
Vibrio 435
V. alginolyticus 435
V. cholerae 551, ***554***, 555
V. damsela 435
V. fischeri 435
V. parahaemolyticus 555
Vicia 290, 337, 510f.
V. articulata 510
V. ervilia 510
V. faba ***502***, 510
V. narbonensis 510
V. sativa 290, 510
Vicianin **333**, 334
Vicin **510**
Viciosid 510
Vielbindenbungar 613
Vinblastin **417**, 418
Vinca 416f.
V. herbacea 416f.
V. major 416
V. minor ***414***, 416f.
V. rosea 417
Vincadifformin 401, 416, 417
Vincadin 416
Vincaleukoblastin 401, **417**
Vincamajin 401, **416**, 417
Vincamajorein 401, 416
Vincamin 401, **416**, 417
Vincaminorein 401, 416
Vincanin 401, 416
Vincarin 401, 416
Vincarubin 416
Vincetoxicum hirundinaria 212
V. officinale 212
Vincetoxigenin 212
Vincetoxin 212
Vincin 401, **416**, 417
Vincristin **417**, 418
Vindolin 401, **417**
Vinylketone 101
Viola odorata 354
Violaceae 354
Viomellein **74**, 75
Viper, Aspis- 612f.
V., Horn- 612
V., Palästina- 613
V., Sand- 612f.
Vipera ammodytes 612f., 620
V. aspis 612f., 615, 620, ***626***
V. berus 612f., 615, 619f., ***626***
V. palaestinae 613, 620
V. russelli 613, 619f.
Viperidae 612f., 618f., 620
Vipern 612
Viriditoxin **74**, 75, 618
Viridobufotoxin 208
Viridoflorin 447
Viroidin **567**
Viroisin 566, **567**
Virola 325
V. calophylla 325
V. elonganta 325
V. theiodora 325
Virotoxine 564, 566f.
Viscaceae 576
Viscotoxine 576f.
Viscum album ***572***, 576
Vitaceae 17
Vitis vinifera 17
Vittatin 397
Vogelbeere 23, 335f.
V., Echte 23
Vogelspinnen 591f.
VOLF 604
Volkensin 575
Vomicin 401, 418, **419**
Vomitoxin 118
Vonones sayi 261
Vorderkiemer 361
Vulgaron A 93

Wacholder 94
W., Gemeiner ***89***, 94
W., Kriech- 94
W., Spitzblättriger 94
W., Stink- 94
W., Virginischer 94
W., Zwerg- 94
Wachsrose 584, ***589***
Wadenstecher 599
Waldameise, Rote ***19***
Waldlorbeer 145
Waldmeister 253, ***267***
Walking horse disease 446
Walnuß 17, 318
Wandelröschen 160, ***162***, 163f.
Wanzen 207, 599
Wanzenkraut, Stinkendes 488
Warburganal 277
Wasserblattgewächse 48
Wasserdost ***108***, 114
W., Gemeiner 445
Wasserfenchel 32
Wasserfrosch 609, ***625***
Wassermelone 165
Wassermokkassinschlange 614
Wasserpfeffer 276
Wasserschierling 30
W., Giftiger ***37***
Wasserspinne ***590***, 591, 594
water blooms 58
Weberknecht 272
Weberknechte 261
Webespinnen 319, 591
Wechselkröte 207
Wegerauke 200
Wegwarte 112
W., Gemeine ***107***
Weichkorallen 151
Weichtiere 312, 326, 327, 361
Weihnachtsstern 139
Wein 302, 305
Wein, Wilder 17f.
Weinraute ***414***, 430
Weintraube 17
Weißdorn 335
Weißkohl 17, 351
Weißwurz 227ff.
W., Breitblättrige 227
W., Duftende 227
W., Quirl- 227
W., Vielblütige 227, ***249***, 290, 293
Weizen 17, 337f.
Wellhornschnecke 313, ***322***
Welschkohl 351
Welse 605
Wermut ***89***, 92
Wespe, Deutsche 319, 602, ***607***
W., Gemeine 602, ***608***
W., Sächsische 602, ***608***
Wespen 326, 327, 602, 621f.
Wespen-CPs 604
Wespenkinine **603**
white stuff 373
Wicke 290, 337, 510
W., Einblütige 510
W., Linsen- 510
W., Maus- 510
W., Saat- 290, 510, 574
Widderchen 340
Wiesenarnika ***107***, 109
Wiesenbläuling 340
Wiesendermatitis 115
Wiesenkerbel 260
Wiesenraute 340
W., Akelei- 340, ***342***, 355
Wiesenschlüsselblume 47, 48
Wikstroemia 145
L-Willardiin **296**, 297
Winde 410
W., Dreifarbige ***414***
Windengewächse 410f., 454
Windenknöterich, Hecken- 276
Windröschen, Busch- 22
Winterling 204
Winton disease 446

Wirrkopf 308
Wirsingkohl 347, 351
Wisteria floribunda 291
Wisteria sinensis ***571***, 574
Withaferin A 208 ff., **209**
Withaferin D **209**
Withania 209
W. somnifera 208 f., ***231***
Withanol 208
Withanolid E **209**
Withanolide 208 ff., 455, 458
13,14-seco-16,24-cyclo-Withanolide 210
Withanon 208
Withaperuvin C **210**
Withaperuvine 209 f.
Withaphysaline 209 f.
Withasteroide 208
Witheringia 209
Witwe, Schwarze ***590***, 591
Wogonin **54**, 55
Wohlverleih, Berg- 110
Wolfsmilch 138 ff.
W., Esels- 139 f.
W., Garten- 139
W., Kleine 139
W., Sonnenwend- 139, ***144***
W., Spring- ***144***, 139
W., Steife 139
W., Sumpf- 139
W., Zypressen- ***144***, 139 f.
Wolfsmilchgewächse 137 ff., 338, 349, 454, 574
Wolfsspinnen 591 f.
woodcutter's disease 115
Wortmannin **68**, 69
Wucherblume 114
W., Rosenrote ***90***, 96
W., Wiesen- 113
Wulstling 293
W., Porphyrbrauner 319
Wulstlinge 319
Wulstlingsartige 293, 319, 564
Wunderbaum 574
Wundkraut, Heidnisch 444
Wurmbaea 389
Wurmfarn 42
W., Dorniger 42
W., Gemeiner ***38***, 42
Wurzelrübling, Schwarzhaariger 29

Xanthanol 114
Xanthanolide 110, 111, 113 f.
Xanthium strumarium 114
Xanthodermin 307, **308**
Xanthokermessäure ***273***
Xantholignane 259
Xanthomegnin **74**, 75
Xanthotoxin 255, **256**, 257 f., 430, 433
Xenopus laevis 609, 611, ***625***
Xerula melanotricha 29
Xerulin 29
Xerulinsäure 29
Xestospongia 35, 488
X. vanilla 159
Xestospongine 488
Xestovanin A 159, **160**
Xoan 159
D-Xylose **184**
Xylostosidin **514**
7-Xylosyl-taxol-A 147
Xysmalobium 185

Yajé 403
yakee 325
Yamogenin **220**, 226, 228 f.
Yamswurzgewächse 327, 454
yato 325
yellow rice syndrome 65, 68
Yerba 503
Yersinia enterocolitica 555
Yessetoxin 60
Yessotoxin **61**, 62
Yokohamabohne 296
yopo 325
Yponomeuta cagnellus 207
Yponomeutidae 207
Yuanhuadin 146
Yuanhuafin 146
Yuanhuanin 146
Yuanhuatin 146
yurema 325

Zahnspinner 16
Zamiaceae 311
Zantedeschia 21
Z. aethiopica ***20***, 21
Zarcilla 376
Zärtling, Violettblättriger 320
Zaunrübe 166 f.
Z., Rotbeerige ***162***, 166, 576
Z., Weiße 166
Zaunwinde 410
Zea mays 297
Zearalenol **68**, 69
Zearalenon **68**, 69
Zearalenone 68 f., 118
Zecken 598
Zedrachbaum 159
Zeitlose 390
Z., Alpen- 390
Z., Herbst- 390 f., ***395***
Zephirblume, Rosa 397
Z., Weiße ***396***, 397
Zephyranthes candida ***396***, 397
Z. grandiflora 398
Z. rosea 397
Zerynthia polyxena 380
Zetekitoxin 434, 436
Zeuxis siquijorensis 436
Zichorie 112
Zierin **333**, 339
Zigaretten 467, 470
Zigarren 467, 470
Zimmerkalla ***20***, 21
Zinnia elegans 114
Zinnie 114
Zinniolid 114
Zinnobermotte 441
Zitrone 256
Zoanthidae 78, 439
Zompantlibohnen 386
Zonarol **122**, 123
Zonitis 99
Zosimus 504
Z. aeneus 436
Z. integerrimus 436
Zweiflügler 17, 599
Zwergginster 493
Z., Kopf- 489
Z., Österreichischer 489
Z., Purpur- 489
Zwergmehlbeere 23
Zwergmispel 335
Z., Filz- 335
Z., Gemeine 335
Z., Niedergestreckte ***324***, 335
Z., Simons 335
Zwergschlüsselblume 48
Zygacin 534
Zygadenin **533**, 534
Zygaena filipendula 340, ***342***
Zygaenidae 340
Zygomycetes 63
Zygophyllaceae 160, 259, 404, 434
Zygosporin E 75, **76**
Zygosporine 75
Zygosporium 75
Zypressengewächse 91, 94